KB090705

한번에 합격한다

건축기사

필기 | 빈도별 기출문제로 한 번에 합격하기

정하정 지음

BM (주)도서출판 성안당

■ 도서 A/S 안내

성안당에서 발행하는 모든 도서는 저자와 출판사, 그리고 독자가 함께 만들어 나갑니다.

좋은 책을 펴내기 위해 많은 노력을 기울이고 있습니다. 혹시라도 내용상의 오류나 오탈자 등이 발견되면 "좋은 책은 나라의 보배"로서 우리 모두가 함께 만들어 간다는 마음으로 연락주시기 바랍니다. 수정 보완하여 더 나은 책이 되도록 최선을 다하겠습니다.

성안당은 늘 독자 여러분들의 소중한 의견을 기다리고 있습니다. 좋은 의견을 보내주시는 분께는 성안당 쇼핑몰의 포인트(3,000포인트)를 적립해 드립니다.

잘못 만들어진 책이나 부록 등이 파손된 경우에는 교환해 드립니다.

저자 문의 e-mail : summerchung@hanmail.net(정하정)

본서 기획자 e-mail : coh@cyber.co.kr(최옥현)

홈페이지 : http://www.cyber.co.kr   전화 : 031) 950-6300

머리말

　고도의 경제 성장으로 우리의 생활수준이 향상되고 요구가 다양해짐에 따라 이를 충족시켜 줄 수준 높은 건축기술자가 많이 필요한 것이 현실이나 아직까지는 여러모로 부족한 실정이다. 또한, 경제가 어려운 상황에서 건축기사, 건축산업기사 등의 자격증 취득은 취업의 필수 요건이라고 하겠다.

　필자는 건축 기사 시험에 대비하는 수험생들이 짧은 기간 안에 효율적으로 시험에 대비할 수 있도록 서적의 구성에 중점을 두어 본 서적을 집필하였으므로 이 책 한 권만을 충실이 습득한다면 수험생 여러분들이 쉽게 합격할 수 있을 것이라고 믿으며, 여러분의 앞날에 행운이 함께하시기를 기원합니다.

　본 서적의 특징은 다음과 같다.

첫째, 한국산업인력공단의 출제 기준에 따라 출제된 과년도 문제를 과목별, 단원별, 난이도별, 중요도별로 분류하여 수록하였고, 모든 문항에 출제 빈도, 출제 년도 등의 출제 경향을 한 눈에 파악하여 학습할 수 있도록 하였다. 특히, 출제 횟수에 비중을 많이 두어 배열하였다.

둘째, "한권으로 끝내는 건축기사"의 방대한 내용을 빈도별로 중요한 기출문제로만 구성하여 과거에 많이 출제된 문제와 최근의 출제 경향을 파악하기 쉽도록 하였다. 다시 말하면, 60점이면 합격이니 이에 맞는 분량과 난이도에 따라 학습할 수 있도록 수록하였다.

셋째, 과년도 문제를 과목별, 단원별, 분야별로 분류하여 출제 빈도가 높은 문제들로만 엄선하였고, 간단하고 명쾌한 해설을 수록하였다. 특히 문항의 윗부분에는 문항의 키워드와 출제 빈도 및 중요도를 표기하여 시험 준비에 도움이 되도록 하였고, 표기된 의미는 다음과 같다.

구분	출제 빈도				중요도				비고
	상	중상	중하	하	상	중상	중하	하	
	★★★★				★★★★				매우 중요
		★★★				★★★			비교적 중요
			★★				★★		중요
				★				★	선택

넷째, 본 서적은 "한 권으로 끝내는 건축기사"의 자매서라고 할 수 있으며, 문항의 구성, 해설의 모든 면에서 간결하고 수험생의 이해를 쉽게 할 수 있도록 하였다.

　필자는 수험생 여러분들이 시험에 효과적으로 대비할 수 있도록 집필에 최선을 다하였으나, 필자의 학문적인 역량이 부족하여 본 서적에 본의 아닌 오류가 발견될지도 모르겠다. 추후 여러분의 조언과 지도를 받아서 완벽을 기할 것을 약속드린다.

　끝으로 본 서적의 출판 기회를 마련해 주신 도서출판 성안당의 이종춘 회장님, 김민수 사장님, 최옥현 전무님과 임직원 여러분, 편집과 교정에 수고해 주신 분들에게 진심으로 감사를 드립니다.

저자 정하정

27개년 기출문제를 빈도별 및 단원별로 정리하여 단기간 학습을 통해 합격할 수 있게 하였다.

❷ 상업건축계획

❶ 사무소

01 | 구조 코어의 형식
19②, 14②, 13①, 08④, 06①

다음 중 구조 코어로서 가장 바람직한 코어 형식으로, 바닥면적이 큰 고층, 초고층 사무소에 적합한 것은?

① 중심 코어형　　② 편심 코어형
③ 독립 코어형　　④ 양단 코어형

해설 중심 코어형은 가장 바람직한 코어 형식으로 바닥면적이 큰 경우에 많이 사용하고, 내부 공간 외관이 모두 획일적으로 되기 쉬우며, 자사 빌딩에는 적합하지 않은 경우가 있다.

02 | 렌터블의 의미
15④, 04①

'렌터블(rentable)비가 높다'는 말을 설명한 것으로 가장 적절한 것은?

04 | 기둥 간격의 결정요소
22②, 18①, 14②, 13①

다음 중 사무소 건축의 기둥 간격 결정요소와 가장 거리가 먼 것은?

① 책상 배치의 단위
② 주차 배치의 단위
③ 엘리베이터의 설치 대수
④ 채광상 층높이에 의한 깊이

해설 고층 사무소의 기둥 간격 결정요소와 공조방식, 동선상의 거리, 자연광에 의한 조명한계, 엘리베이터의 설치 대수, 전물의 외관과는 무관하다.

05 | 고층 사무소 건축
15①, 12④, 10②, 03②

고층 사무소 건축에 관한 설명으로 옳지 않은 것은?

① 토지이용 효율이 높아진다.
② 화재와 지진 등의 재난에 대한 대비가 필요하다.
③ 층고를 낮게 할 경우 건축비를 절감시킬 수 있다.
④ 고층일수록 설비비의 감소로 단위면적당 건축비가 절

최신기출문제를 출제빈도별로 정리하여 최근 출제 경향을 한 눈에 파악할 수 있도록 하였다.

19 | 전도 방지를 위한 자중
18①, 12②, 97②

그림과 같은 옹벽에 토압 10kN이 가해지는 경우 이 옹벽이 전도되지 않기 위해서는 어느 정도의 자중(自重)을 필요로 하는가?

① 11.71kN　　② 10.44kN
③ 12.71kN　　④ 9.71kN

해설 옹벽의 전도는 옹벽 하단부 좌측 점(A점)을 중심으로 일어나므로 A점에서 일어나는 모멘트의 합이 0이 되어야 한다. 즉, 자중에 의한 휨모멘트와 하중(10kN)에 의한 휨모멘트의 합이 0이다.
② M_P(하중에 의한 휨모멘트)$= -10 \times 2 = -20 \mathrm{kN} \cdot \mathrm{m}$

20 | 1방향 철근콘크리트 슬래브의 특성
08①, 05①, 98②

1방향 철근콘크리트 슬래브에 관한 설명 중 옳은 것은?

① 1방향 슬래브에서는 정철근 및 부철근에 평행하게 수축·온도 철근을 배치한다.
② 슬래브 끝의 단순 받침부에는 철근을 배치하면 안 된다.
③ 슬래브의 정철근 및 부철근의 중심 간격은 600mm 이하로 해야 한다.
④ 1방향 슬래브의 두께는 최소 100mm 이상으로 해야 한다.

해설 ㉮ 1방향 슬래브에서는 정모멘트 철근 및 부모멘트 철근에 직각 방향으로 수축·온도 철근을 배치하여야 한다.
㉯ 슬래브 끝의 단순 받침부에서도 내민 슬래브에 의하여 부모멘트가 일어나는 경우에는 이에 상응하는 철근을 배치하여야 한다.
㉰ 슬래브의 정모멘트 철근 및 부모멘트 철근의 중심 간격은 위험단면에서는 슬래브 두께의 2배 이하이어야 하고, 또한 300mm 이하로 하여야 한다. 기타 단면에서는 슬래브 두께의 3배 이하로 하고, 또한 450mm 이하로 해야 한다.

출제연도와 회차를 표시하고, 문제의 키워드를 표시하여 출제빈도를 파악할 수 있게 하였다.

문제의 출제빈도와 중요도에 따른 표기임

CHAPTER
01 | 건설경영 |

ENGINEER ARCHITECTURE

빈도별 기출문제

❶ 건설업과 건설경영

01 | VE(가치공학)의 정의
21①, 08②, 05①④, 03④

건축공사에서 VE(Value Engineering)의 정의로 옳지 않은 것은?

① 기능 분석
② 비용 절감
③ 조직적 노력
④ 제품 위주의 사고

해설 VE(Value Engineering)의 정의는 **기능 분석**과 설계, 비용(원가) **절감**, 발주자·사용자 중심의 사고, 브레인스토밍 및 **조직적인 노력** 등이다.

02 | CIC의 정의
19④, 15①, 10④

건설 프로세스의 효율적인 운영을 위해 형성된 개념으로 건설 생산에 초점을 맞추고 이에 관련된 계획, 관리, 엔지니어링, 설계, 구매, 계약, 시공, 유지 및 보수 등의 요소들을 주요 대상으로 하는 것은?

① CIC(Computer Intergrated Construction)
② MIS(Management Information System)
③ CIM(Computer Intergrated Manufacturing)
④ CAM(Computer Aided Manufacturing)

해설 ㉮ MIS(Management Information System, **경영정보시스템**)는 재무, 인사관리 등의 요소들을 대상으로 건설업체의 업무수행을 전산화 처리하여 업무를 신속하게 수행하도록 하는 것이다.
㉰ CIM(Computer Intergrated Manufacturing)은 컴퓨터 통합생산으로 철저한 고객지향에 기반을 두고 제조업의 비즈니스 속도와 유연성 향상을 목표로 삼아, 생산·판매·기술 등 각 업무기능의 낭비와 정체를 제거하고 업무 자체의 단순화·표준화를 위해 컴퓨터 네트워크로 통합하는 것을 말한다.
㉱ CAM(Computer Aided Manufacturing)은 컴퓨터를 사용해 제조작업을 하는 프로그램 설계작업인 CAD 작업 후에 컴퓨터를 이용한 제품의 제조·공정·검사 등을 시행하는 과정이다.

03 | 라인-스태프 조직의 정의
17④, 00②

공기단축을 목적으로 공정에 따라 부분적으로 완성된 도면만을 가지고 각 분야(전기, 기계, 건축, 토목 등)의 전문가들로 구성하여 패스트 트랙(fast track) 공사를 진행하기에 적합한 조직 구조는?

① 기능별 조직(functional organization)
② 매트릭스 조직(matrix organization)
③ 태스크 포스 조직(task force organization)
④ 라인 - 스태프 조직(line-staff organization)

해설 **기능별 조직**은 업무를 기능별(설계·시공 부문)로 나누어 전문 기능을 가진 부문 간의 전문 직장이나 전문가에게 관련 작업의 지휘와 명령 및 감독을 맡기는 방식이다. **매트릭스 조직**은 명령 계통이 2군데로서 업무 간의 조정이 용이하고 최소의 자원으로 최대의 효과를 얻을 수 있으며, 전문가를 효과적으로 배치할 수 있는 방식이다. **태스크 포스(전담반) 조직**은 조직의 시활이 걸린 중요한 조직으로써 각 분야의 전문가들이 모인 한시적인 조직으로 상호 의존적인 기능을 필요로 하는 경우에 효과적인 조직이다.

04 | CALS의 정의
17②, 13①

건설공사 기획부터 설계, 입찰 및 구매, 시공, 유지관리의 전 단계에 있어 업무절차의 전자화를 추구하는 종합건설 정보망 체계를 의미하는 것은?

① CALS
② BIM
③ SCM
④ B2B

해설 ㉮ BIM(Building Information Modeling) : 일반적인 설계를 3차원 CAD로 전환하고 엔지니어링(물량 산출, 견적, 공정 계획, 에너지 해석, 구조 해석 및 법률 검토 등)과 시공 관련 정보를 통합 활용하는 기술이다.
㉱ SCM(Supply Chain Management, **공급사슬관리** 또는 유통총공급망관리) : 물건과 정보가 생산자로부터 소비자에게 이동하는 전 과정을 실시간으로 한눈에 볼 수 있는 시스템으로 기업의 경쟁력을 강화할 수 있고, 모든 거래 당사자들의 연관된 사업범위 내 가상 조직처럼 정보를 공유할 수 있다.
㉲ B2B(Business-to-Business) : 기업과 기업 사이의 거래를 기반으로 한 비즈니스 모델을 의미한다.

저자의 보다 자세하고 정확한 해설을 담았다.

정답 01.④ 02.① 03.④ 04.①

필기

직무 분야	건설	중직무 분야	건축	자격 종목	건축기사	적용 기간	2020. 1. 1. ~ 2024. 12. 31.

○ 직무내용 : 건축시공 및 구조에 관한 공학적 기술이론을 활용하여, 건축물공사의 공정, 품질, 안전, 환경, 공무관리 등을 통해 건축프로젝트를 전체적으로 관리하고 공종별 공사를 진행하며 시공에 필요한 기술적 지원을 하는 등의 업무수행

필기검정방법	객관식	문제 수	100	시험시간	2시간 30분

필기과목명	문제 수	주요 항목	세부항목	세세항목
건축계획	20	1. 건축계획 원론	1. 건축계획 일반	1. 건축계획의 정의와 영역 2. 건축계획과정
			2. 건축사	1. 한국건축사 2. 서양건축사
			3. 건축설계 이해	1. 건축도면의 이해 2. 건축도면의 표현
		2. 각종 건축물의 건축계획	1. 주거건축계획	1. 단독주택 2. 공동주택 3. 단지계획
			2. 상업건축계획	1. 사무소 2. 상점
			3. 공공문화 건축계획	1. 극장 2. 미술관 3. 도서관
			4. 기타 건축물계획	1. 병원 2. 공장 3. 학교 4. 숙박시설 5. 장애인·노인·임산부 등의 편의시설계획 6. 기타 건축물
건축시공	20	1. 건설경영	1. 건설업과 건설경영	1. 건설업과 건설경영 2. 건설생산조직 3. 건설사업관리
			2. 건설계약 및 공사관리	1. 건설계약 2. 건축공사 시공방식 3. 시공계획 4. 공사진행관리 5. 크레임관리

필기과목명	문제 수	주요 항목	세부항목	세세항목
건축시공	20	1. 건설경영	3. 건축적산	1. 적산 일반 2. 가설공사 3. 토공사 및 기초공사 4. 철근콘크리트공사 5. 철골공사 6. 조적공사 7. 목공사 8. 창호공사 9. 수장 및 마무리공사
			4. 안전관리	1. 건설공사의 안전 2. 건설재해 및 대책
			5. 공정관리 및 기타	1. 공정관리 2. 원가관리 3. 품질관리 4. 환경관리
		2. 건축시공기술 및 건축재료	1. 착공 및 기초공사	1. 착공계획 수립 2. 지반조사 3. 가설공사 4. 토공사 및 기초공사
			2. 구조체공사 및 마감공사	1. 철근콘크리트공사 2. 철골공사 3. 조적공사 4. 목공사 5. 방수공사 6. 지붕공사 7. 창호 및 유리공사 8. 미장, 타일공사 9. 도장공사 10. 단열공사 11. 해체공사
			3. 건축재료	1. 철근 및 철강재 2. 목재 3. 석재 4. 시멘트 및 콘크리트 5. 점토질재료 6. 금속재 7. 합성수지 8. 도장재료 9. 창호 및 유리 10. 방수재료 및 미장재료 11. 접착제

필기과목명	문제 수	주요 항목	세부항목	세세항목
건축구조	20	1. 건축구조의 일반사항	1. 건축구조의 개념	1. 건축구조의 개념 2. 건축구조의 분류
			2. 건축물 기초설계	1. 토질 2. 기초
			3. 내진·내풍설계	1. 내진·내풍설계의 개념 2. 내진·내풍설계의 원리
			4. 사용성설계	1. 처짐·진동에 관한 구조제한 2. 소음에 관한 구조제한
		2. 구조역학	1. 구조역학의 일반사항	1. 힘과 모멘트 2. 구조물의 특성 3. 구조물의 판별
			2. 정정 구조물의 해석	1. 보의 해석 2. 라멘의 해석 3. 트러스의 해석 4. 아치의 해석
			3. 탄성체의 성질	1. 응력도와 변형도 2. 단면의 성질
			4. 부재의 설계	1. 단면의 응력도 2. 부재단면의 설계
			5. 구조물의 변형	1. 구조물의 변형
			6. 부정정 구조물의 해석	1. 부정정 구조물의 개요 2. 변위일치법 3. 처짐각법 4. 모멘트분배법
		3. 철근콘크리트구조	1. 철근콘크리트구조의 일반사항	1. 철근콘크리트구조의 개요 2. 철근콘크리트구조 설계방법
			2. 철근콘크리트구조 설계	1. 구조계획 2. 각부 구조의 설계 및 계산 3. 각부 구조 설계기준 및 구조제한
			3. 철근의 이음·정착	1. 철근의 부착 2. 정착길이 3. 갈고리에 의한 정착 4. 철근의 이음
			4. 철근콘크리트구조의 사용성	1. 철근콘크리트구조의 처짐 2. 철근콘크리트구조의 내구성 3. 철근콘크리트구조의 균열
		4. 철골구조	1. 철골구조의 일반사항	1. 철골구조의 개요 2. 철골구조의 구조 설계방법
			2. 철골구조 설계	1. 철골구조 계획 2. 각부 구조의 구조 설계 및 계산 3. 각부 구조 설계기준 및 구조제한

필기과목명	문제 수	주요 항목	세부항목	세세항목
건축구조	20	4. 철골구조	3. 접합부 설계	1. 접합의 종류 및 특징 2. 각부 접합부의 설계와 계산
			4. 제작 및 품질	1. 공장제작 정밀도 및 검사 2. 현장설치 정밀도 및 검사
건축설비	20	1. 환경계획 원론	1. 건축과 환경	1. 건축과 풍토 2. 건축과 기후 3. 일조와 일사 4. 건축과 바람 5. 친환경건축 6. 신재생에너지
			2. 열환경	1. 전열이론 2. 단열 및 보온계획 3. 습기와 결로 4. 건물에너지 해석
			3. 공기환경	1. 공기의 오염인자 및 영향 2. 환기와 통풍 3. 필요환기량 산정
			4. 빛환경	1. 빛이론 2. 자연채광 3. 인공조명
			5. 음환경	1. 음향이론 2. 흡음과 차음 3. 실내음향 4. 소음과 진동
		2. 전기설비	1. 기초적인 사항	1. 전류와 전압 2. 직류와 교류 3. 전자력, 정전기
			2. 조명설비	1. 조명의 기초사항 2. 광원의 종류 3. 조명방식 및 특징
			3. 전원 및 배전, 배선설비	1. 수변전설비 및 예비전원 2. 전기방식 및 배선설비 3. 동력 및 콘센트설비
			4. 피뢰침설비	1. 피뢰설비 2. 항공장애등설비
			5. 통신 및 신호설비	1. 전화설비 2. 인터폰설비 3. TV공동수신설비 4. 표시설비 5. 정보화설비
			6. 방재설비	1. 방범설비 2. 자동화재탐지설비

필기과목명	문제 수	주요 항목	세부항목	세세항목
건축설비	20	3. 위생설비	1. 기초적인 사항	1. 유체의 물리적 성질 2. 위생설비용 배관재료 3. 관의 접합 및 용도 4. 펌프의 종류 및 용도
			2. 급수 및 급탕설비	1. 급수·급탕량 산정 2. 급수방식 및 특징 3. 급탕방식 및 특징
			3. 배수 및 통기설비	1. 위생기구의 종류 및 특징 2. 배수의 종류와 배수방식 3. 통기방식 4. 배수·통기관의 재료 및 특징 5. 우수배수
			4. 오수정화설비	1. 오수의 양과 질 2. 오수정화방식 및 특징
			5. 소방설비	1. 소화의 원리 2. 소화설비 3. 경보설비 4. 피난구조설비 5. 소화용수설비 6. 소화활동설비
			6. 가스설비	1. 도시가스 및 액화석유가스 2. 가스공급과 배관방식 3. 가스설비용 기기
		4. 공기조화설비	1. 기초적인 사항	1. 공기의 기본구성 2. 습공기의 성질 및 습공기선도 3. 공기조화(냉·난방)부하 4. 공기조화계산식과 공조프로세스
			2. 환기 및 배연설비	1. 오염물질의 종류 및 필요환기량 2. 환기설비의 종류 및 특징 3. 배연설비기준
			3. 난방설비	1. 난방설비의 종류 및 특징 2. 난방설비의 구성요소 및 특징
			4. 공기조화용 기기	1. 중앙 및 개별 공기조화기 2. 덕트와 부속기구 3. 취출구·흡입구와 기류분포 4. 열원기기 5. 전열교환기 6. 펌프와 송풍기 7. 공기조화배관
			5. 공기조화방식	1. 공기조화방식의 분류 2. 각종 공조방식 및 특징 3. 조닝계획과 에너지절약계획

필기과목명	문제 수	주요 항목	세부항목	세세항목
건축설비	20	5. 승강설비	1. 엘리베이터설비	1. 엘리베이터의 종류 및 특징 2. 엘리베이터의 대수 산정 3. 엘리베이터의 배치 4. 엘리베이터 설치 시 고려사항
			2. 에스컬레이터설비	1. 에스컬레이터의 구조 및 특징 2. 에스컬레이터의 대수 산정 3. 에스컬레이터의 배열
			3. 기타 수송설비	1. 덤웨이터 2. 이동보도 3. 컨베이어
건축관계법규	20	1. 건축법·시행령· 시행규칙	1. 건축법	1. 총칙 2. 건축물의 건축 3. 건축물의 유지와 관리 4. 건축물의 대지 및 도로 5. 건축물의 구조 및 재료 등 6. 지역 및 지구의 건축물 7. 건축설비 8. 특별건축구역 등 9. 보칙
			2. 건축법 시행령	1. 총칙 2. 건축물의 건축 3. 건축물의 유지와 관리 4. 건축물의 대지 및 도로 5. 건축물의 구조 및 재료 등 6. 지역 및 지구의 건축물 7. 건축물의 설비 등 8. 특별건축구역 9. 보칙
			3. 건축법 시행규칙	1. 총칙 2. 건축물의 건축 3. 건축물의 유지와 관리 4. 건축물의 대지 및 도로 5. 건축물의 구조 및 재료 등 6. 지역 및 지구의 건축물 7. 건축물의 설비 등 8. 특별건축구역 등 9. 보칙
			4. 건축물의 설비기준 등에 관한 규칙 및 건축물의 피난·방화구조 등의 기준에 관한 규칙	1. 건축물의 설비기준 등에 관한 규칙 2. 건축물의 피난·방화구조 등의 기준에 관한 규칙

필기과목명	문제 수	주요 항목	세부항목	세세항목
건축관계법규	20	2. 주차장법 · 시행령 · 시행규칙	1. 주차장법	1. 총칙 2. 노상주차장 3. 노외주차장 4. 부설주차장 5. 기계식 주차장 6. 보칙
			2. 주차장법 시행령	1. 총칙 2. 노상주차장 3. 노외주차장 4. 부설주차장 5. 기계식 주차장 6. 보칙
			3. 주차장법 시행규칙	1. 총칙 2. 노상주차장 3. 노외주차장 4. 부설주차장 5. 기계식 주차장 6. 보칙
		3. 국토의 계획 및 이용에 관한 법 · 시행령 · 시행규칙	1. 국토의 계획 및 이용에 관한 법률	1. 총칙 2. 광역도시계획 3. 도시 · 군기본계획 4. 도시 · 군관리계획 5. 개발행위의 허가 등 6. 용도지역 · 용도지구 및 용도구역에서의 행위제한 7. 도시 · 군계획시설사업의 시행 8. 도시계획위원회
			2. 국토의 계획 및 이용에 관한 법률 시행령	1. 총칙 2. 광역도시계획 3. 도시 · 군기본계획 4. 도시 · 군관리계획 5. 개발행위의 허가 등 6. 용도지역 · 용도지구 및 용도구역에서의 행위제한 7. 도시 · 군계획시설사업의 시행 8. 도시계획위원회
			3. 국토의 계획 및 이용에 관한 법률 시행규칙	1. 총칙 2. 광역도시계획 3. 도시 · 군기본계획 4. 도시 · 군관리계획 5. 개발행위의 허가 등 6. 용도지역 · 용도지구 및 용도구역에서의 행위제한 7. 도시 · 군계획시설사업의 시행 8. 도시계획위원회

차 례

PART **04** 건축설비

Chapter 03 국토의 계획 및 이용에 관한 법, 시행령, 시행규칙

빈도별 기출문제

ENGINEER ARCHITECTURE

❶ 건축계획 일반

01 | 모듈
08①, 03①

건축 모듈(module)에 대한 기술 중에서 가장 잘못된 것은 어느 것인가?

① 양산의 목적과 공업화를 위해 쓰여진다.
② 모든 치수의 수직과 수평이 황금비를 이루도록 하는 것이다.
③ 복합 모듈은 기본 모듈의 배수로서 정한다.
④ 모든 모듈은 인간척도에 맞추어 채택된다.

해설 건축 모듈에 있어서 **치수의 수직, 수평 관계는 정수비**를 이루도록 하는 것이다.

02 | 계획조사방법
21②, 17①, 12①, 10②

건축계획 단계에서 조사방법에 관한 설명으로 옳지 않은 것은?

① 설문조사를 통하여 생활과 공간 간의 대응관계를 규명하는 것은 생활행동 행위의 관찰에 해당된다.
② 이용 상황이 명확하게 기록되어 있는 시설의 자료 등을 활용하는 것은 기존 자료를 통한 조사에 해당된다.
③ 건물의 이용자를 대상으로 설문을 작성하여 조사하는 방식은 생활과 공간의 대응관계 분석에 유효하다.
④ 주거단지에서 어린이들의 행동특성을 조사하기 위해서는 생활행동 행위 관찰방식이 일반적으로 가장 적절한 방법이다.

해설 **직접 관찰**을 통하여 생활과 공간 간의 대응관계를 규명하는 것은 생활행동 행위의 관찰에 해당된다.

03 | 모듈
05②, 00③, 99②

건축의 모듈러 코디네이션(modular coordination)에 관한 설명 중 틀린 것은?

① 건축의 공업화를 위한 선행조건이 된다.
② 절단에 의한 재료의 낭비를 줄인다.
③ 다른 부품과의 호환성을 제공한다.
④ 건물의 내구성능을 높인다.

해설 **건축 모듈**은 인체 척도에 맞게 만든 것이 아니라 **건축의 공업화를 진행**하기 위해서 여러 가지 과정에서 생산되는 건축재료의 부품, 그리고 건축물 사이에서 치수의 통일이나 조정을 할 필요성에 따라 기준 치수의 값을 모아 놓은 것을 말한다.

04 | 공간의 치수계획
20④, 17②

건축공간의 치수계획에서 "압박감을 느끼지 않을 만큼의 천장 높이 결정"은 다음 중 어디에 해당하는가?

① 물리적 스케일
② 생리적 스케일
③ 심리적 스케일
④ 입면적 스케일

해설 건축공간의 치수를 인간을 기준으로 보면 **물리적 스케일**(인간이나 물체의 물리적 크기로 단위 공간의 크기, 출입구의 크기, 천장 높이, 이동 간격 등), **생리적 스케일**(실내 창문의 크기를 필요환기량으로 결정) 및 **심리적 스케일**(인간의 심리적 여유감이나 안정감을 위해 필요한 공간) 등이 있다.

05 | 미의 특성
21①, 18②

건축계획에서 말하는 미의 특성 중 변화 혹은 다양성을 얻는 방식과 가장 거리가 먼 것은?

① 억양(accent)
② 대비(contrast)
③ 균제(proportion)
④ 대칭(symmetry)

해설 대칭(질서 잡기가 쉽고 통일감을 얻기 쉽지만 때로는 표정이 단정하여 견고한 느낌을 주기도 한다. 또한 대칭성에 의한 안정감은 원시, 고딕, 중세에 있어서 중요시되어 정적인 안정감(완벽함)과 위엄성(엄숙함) 및 고요함이 있으며 웅대하여 균형을 얻는 데 가장 확실한 방법)은 **미의 특성 중 변화 또는 다양성을 얻을 수 없으나** 기념 건축물, 종교 건축물에 많이 사용하였다.

06 | 치수 규정 요인
02④, 98①

다음의 치수 규정 요인 중 구축적 조건에 직접 영향을 미치는 것은?

① 행동적 조건
② 환경적 조건
③ 기술적 조건
④ 사회·경제적 조건

해설 **공간치수의 요인**에는 **행동적 조건**(건축물의 공간을 사용하는 사람들에 의해 형성되는 기능적인 조건), **환경적 조건**[외적환경(자연환경)과 인공환경(건축설비 환경) 및 인간의 사회적, 심리적, 생리적인 요구에 의한 환경적인 조건], **기술적 조건**(건축물 구성 부재의 생산, 운반 및 조립 등의 **구축적인 조건**) 및 **사회·경제적인 조건**[건축물의 시설 경영·관리 및 경제성(관리비, 유지비, 건축비 등) 등의 조건] 등이 있다.

07 | 사용 후 평가
19①, 98

POE(Post-Occupancy Evaluation)의 의미로 가장 알맞은 것은?

① 건축물 사용자를 찾는 것이다.
② 건축물을 사용해 본 후에 평가하는 것이다.
③ 건축물의 사용을 염두에 두고 계획하는 것이다.
④ 건축물 모형을 만들어 설계의 적정성을 평가하는 것이다.

해설 POE(Post Occupancy Evaluation)는 건축물을 사용해 본 후에 평가하는 것이다.

❷ 건축사

❶ 한국 건축사

01 | 사찰의 특성
20①,②, 16④, 10④

다음의 각 사찰에 대한 설명 중 옳지 않은 것은?

① 부석사의 가람배치는 누하진입형식을 취하고 있다.
② 화엄사는 경사된 지형을 수단(數段)으로 나누어 정지(整地)하여 건물을 적절히 배치하였다.
③ 통도사는 산지에 위치하나 산지가람처럼 건물들을 불규칙하게 배치하지 않고 직교식으로 배치하였다.
④ 봉정사 가람배치는 대지가 3단으로 나누어져 있으며 상단 부분에 대웅전과 극락전 등 중요한 건물들이 배치되어 있다.

해설 **통도사의 가람배치**는 창건 당시부터 신라시대의 전통법식에서 벗어나 냇물을 따라 동서로 길게 배치된 산지도 평지도 아닌 **구릉(자연) 형태**로서 탑이 자유롭게 배치된 **자유식의 형태**를 갖추고 있다.

02 | 주심포식의 특성
14④, 01④, 07②

고려시대 주심포 양식의 특징이 아닌 것은?

① 기둥 위에 창방과 평방을 놓고 그 위에 공포를 배치한다.
② 소로는 비교적 자유롭게 배치된다.
③ 연등 천장 구조로 되어 있다.
④ 우미량을 사용한다.

해설 ①항은 **다포식**에 대한 설명으로, 다포식의 구조는 기둥 위의 주간에 낀 창방에 폭이 넓고 두꺼운 평방을 돌리고 그 위에 포작을 둔다.

03 | 오래된 목조 건축물
03②, 01②, 99①

목조 건축물로서 우리나라에서 가장 오래된 것은?

① 부석사 무량수전
② 봉정사 극락전
③ 법주사 팔상전
④ 화엄사 보광대전

해설 우리나라에서 현존하는 **가장 오래된 목조 건축물**은 **봉정사 극락전**(672년경)이고, 목조 건축물에는 부석사의 무량수전(1270년경), 수덕사 대웅전(1308년) 등이 있다.

04 | 현존 목조 건축물
21④, 17①, 11④, 07④

현존하는 우리나라 목조 건축물 중 가장 오래된 것은?

① 부석사 무량수전
② 봉정사 극락전
③ 법주사 팔상전
④ 화엄사 보광대전

해설 우리나라에서 현존하는 **가장 오래된 목조 건축물은 봉정사 극락전**(672년경)이고, 현존하는 목조 건축물 중 고려시대의 건축물은 강릉의 객사문(936년경)이다.

05 | 주심포식 건축물
22②, 14①, 06④, 96②

다음 중 주심포(柱心包) 건물이 아닌 것은?

① 강릉 객사문
② 수덕사 대웅전
③ 남대문
④ 무위사 극락전

해설 서울의 **남대문은 조선 초기의 다포식** 건축물이고, 조선시대의 절충식 건축물에는 평양 승인전, 평양 보통문, 개심사 대웅전이 있다.

06 | 누하진입방식
17④, 09②, 01①

불사 건축의 진입방법에서 누하진입방식을 취한 것은?

① 부석사
② 통도사
③ 화엄사
④ 범어사

해설 불사의 진입방식 중 **누하진입방식에는 부석사**, 은혜사, 해인사 및 봉정사 등이 있고, 우각진입방식에는 수덕사, 화엄사 및 범어사 등이 있다.

07 | 주심포식의 특성
03①, 97①

주심포계 건축 양식의 일반적인 설명 중 틀린 것은?

① 기둥 위 주두 위에만 공포를 둔다.
② 출목은 2출목 이하이고 대부분 연등 천장이다.
③ 창방 위에 평방을 받아 구조적 안정을 가진다.
④ 대표적인 건물로서 봉정사 극락전, 관음사 원통전이 있다.

해설 **주심포식은 기둥 위에 창방만을 설치**하나, **다포식은 기둥 위에 창방과 평방을 놓고 그 위에 공포를 배치하는 공포 양식이다.**

08 | 주심포식의 특성
21②, 13②

주심포형식에 관한 설명으로 옳지 않은 것은?

① 공포를 기둥 위에만 배열한 형식이다.
② 장혀는 긴 것을 사용하고 평방이 사용된다.
③ 봉정사 극락전, 수덕사 대웅전 등에서 볼 수 있다.
④ 맞배지붕이 대부분이며 천장을 특별히 가설하지 않아 서까래가 노출되어 보인다.

해설 주심포형식

㉮ 주심포형식은 기둥 위에 창방만을 설치하나, 다포형식은 기둥 위에 창방과 평방을 놓고 그 위에 공포를 배치하는 공포 양식이다.
㉯ 주심포형식에 있어서 **장혀는 단장혀(짧은 장혀)를 사용**한다.
㉰ 봉정사 극락전은 현존하는 우리나라 목조 건축물 중 가장 오래된 고려시대의 것이다.

09 | 1탑 3금당 배치
19④, 05②

한국 고대 사찰배치 중 1탑 3금당 배치의 대표적인 예는?

① 미륵사지
② 불국사지
③ 청암리사지
④ 정림사지

해설 고구려 절터인 **청암리사지**, 상오리사지, 원오리사지 및 정릉사지 등에서는 1탑 3금당(불탑의 수가 1개이고, 금당의 수가 3개인 불사) 형식을 취하고 있다.

10 | 칠량가
18④, 13④

한국 건축의 가구법과 관련하여 칠량가에 속하지 않는 것은?

① 무위사 극락전
② 수덕사 대웅전
③ 금산사 대적광전
④ 지림사 대적광전

해설 한국 건축의 가구법 중 칠량가의 종류에는 무위사 극락전, 금산사 대적광전 및 지림사 대적광전 등이 있고, **수덕사 대웅전은 11량가**이다.

11 | 한국 건축의 르네상스
18②, 14①

다음의 한국 근대건축 중 르네상스 양식을 취하고 있는 것은?

① 명동성당
② 한국은행
③ 덕수궁 정관헌
④ 서울 성공회성당

해설 **명동성당은 고딕 양식**이고, **덕수궁 정관헌은 절충주의**이며, **서울 성공회성당은 로마네스크 양식이다.** 한국은행과 국립중앙박물관(구 중앙청)은 르네상스 양식이다.

12 | 다포식 건축물
22①, 05①

다음 중 다포식(多包式) 건물에 속하지 않는 것은?

① 서울 동대문
② 창덕궁 돈화문
③ 전등사 대웅전
④ 봉정사 극락전

해설 ① 서울 동대문 : 조선 후기의 **다포식**
② 창덕궁 돈화문 : 조선 중기의 **다포식**
③ 전등사 대웅전 : 조선 중기의 다포식
④ 봉정사 극락전 : 고려시대의 주심포식

13 | 다포식 건축물
21①, 13①

다음 중 다포식(多包式) 건축으로 가장 오래된 것은?

① 창경궁 명정전
② 전등사 대웅전
③ 불국사 극락전
④ 심원사 보광전

해설 창경궁 명정전, 전등사 대웅전은 조선시대 중기의 다포식이고, 불국사 극락전은 조선시대 후기의 다포식이며, 심원사 보광전은 고려시대의 다포식이다.

14 | 익공식 건축물
17④, 08④

다음 중 익공식(翼工式) 건물은?

① 강릉 오죽헌
② 서울 동대문
③ 봉정사 대웅전
④ 무위사 극락전

해설 서울의 동대문과 봉정사의 대웅전은 다포식, 무위사 극락전은 주심포식이다.

15 | 한국의 건축
17②, 11①

한국 건축의 의장적 특징에 대한 설명 중 옳지 않은 것은?

① 대부분의 한국 건축은 인간적 척도 개념을 나타내는 특징이 있다.
② 기둥의 안쏠림으로 건축의 외관에 시·지각적인 안정감을 느끼게 하였다.
③ 한국 건축은 서양 건축과 달리 지붕면이 정면이 되고 박공면이 측면이 된다.
④ 한국 건축은 공간의 위계성이 없어 각 공간의 관계가 주(主)와 종(從)의 관계를 갖지 않는다.

해설 **한국 건축**은 의장적 특성 중 공간(안채, 사랑채, 행랑채, 별당채 등)의 위계성이 엄격하고, **각 공간과의 관계는 주종 관계**(안마당, 바깥마당, 사랑마당, 별당마당 등)를 갖고 있다.

16 | 공포 양식
15④, 00②

한국 전통 건축물의 양식을 나타낸 것 중에서 바르게 짝지어진 것은?

① 남대문 - 다포 양식
② 동대문 - 주심포 양식
③ 부석사 무량수전 - 익공 양식
④ 강릉 오죽헌 - 주심포 양식

해설 서울의 남대문은 조선 초기의 다포식, **동대문은 조선 후기의 다포식**, 부석사 무량수전은 고려시대의 주심포식, 강릉의 오죽헌은 조선 초기의 익공식이다.

17 | 한국 건축의 고딕
11④, 08②

다음의 한국 근대건축 중 고딕 양식을 취하고 있는 것은?

① 명동성당
② 덕수궁 정관헌
③ 서울 성공회 성당
④ 한국은행

해설 덕수궁의 **정관헌**과 서울 성공회 성당은 로마네스크 양식이고, **한국은행**, 국립중앙박물관(구 중앙청), 서울역사(비잔틴풍)는 르네상스 양식이다.

18 | 고대 본관 건축가
05④, 97④

고려대학교 본관 건물은 누구의 작품인가?

① 박동진
② 박길룡
③ 김수근
④ 김중업

해설 김중업의 작품은 명보극장, 프랑스 대사관, 서강대학교 본관, 제주대학 본관, 삼일빌딩 등이 있고, 박길룡의 작품은 화신백화점, 경성제대 본관(문예진흥원 청사) 등이 있으며, 김수근의 작품은 자유센터, 세운상가, 국립부여박물관 등이 있다. 또한, **박동진의 작품은 보성전문학교 본관(고려대학교 본관)**, 도서관, 영락교회 등이 있다.

19 | 현존 목조 건축물
01①, 98②

현존하는 한국 목조 건축물 중 고려시대의 건축물은?

① 송광사 국사당
② 강릉 객사문
③ 범어사 대웅전
④ 화엄사 각황전

해설 고려시대의 목조 건축 형식을 잘 나타내고 있는 주심포식으로는 안동 봉정사 극락전, 영주의 부석사 무량수전과 조사당, 예산 수덕사 대웅전과 같은 불교 건축과 **강릉 객사문**이 남아 있다.

20 | 다포식의 특성
20③

공포형식 중 다포형식에 관한 설명으로 옳지 않은 것은?

① 출목은 2출목 이상으로 전개된다.
② 수덕사 대응전이 대표적인 건물이다.
③ 내부 천장구조는 대부분 우물천장이다.
④ 기둥 상부 이외에 기둥 사이에도 공포를 배열한 형식이다.

해설 공포형식 중 다포식은 공포의 출목을 **2출목 이상**으로 하고 **고려 말기부터** 시작되어 조선시대에 이르러 많이 사용되었으며 **주심포식에** 비해 외형이 정비되고 장중한 외관을 가졌다. 또한 **기둥 위에 창방과 평방을 놓고 그 위(기둥과 기둥의 사이)에 공포를 배치**하며 내부 천장구조는 대부분 **우물천장**이다. 대표적인 건축물로는 서울 남대문, 안동 봉정사 대웅전, 창경궁 명정전, 창덕궁 돈화문, 강화 전등사 약사전과 대웅전, 화엄사 대웅전과 각황전, 통도사 대웅전, 범어사 대웅전, 불국사 극락전과 대웅전, 서울 동대문 등이 있다. **수덕사 대웅전은 주심포식**이다.

21 | 봉정사 극락전의 특징
19②

봉정사 극락전에 관한 설명으로 옳지 않은 것은?

① 지붕은 팔작지붕의 형태를 띠고 있다.
② 공포를 주상에만 짜놓은 주심포 양식의 건축물이다.
③ 우리나라에 현존하는 목조 건축물 중 가장 오래된 것이다.
④ 정면 3칸에 측면 4칸의 규모이며, 서남향으로 배치되어 있다.

해설 **봉정사 극락전의 지붕은 맞배(박공)지붕**이면서 처마에는 안허리와 앙곡을 두었고, 서까래 위 평고대는 단면이 삼각형인 부재를 사용하여 부연착고까지 겸하도록 하는 고식을 보이며, 하중도리는 각재를 사용하였다.

22 | 다포식의 특성
19①

공포형식 중 다포식에 관한 설명으로 옳지 않은 것은?

① 다포식 건축물로는 서울 숭례문(남대문) 등이 있다.
② 기둥 상부 이외에 기둥 사이에도 공포를 배열한 형식이다.
③ 규모가 커지면서 내부출목보다는 외부출목이 점차 많아졌다.
④ 주심포식에 비해서 지붕하중을 등분포로 전달할 수 있는 합리적인 구조법이다.

해설 공포 양식 중 다포식은 창방 위에 평방을 두고 주간포작을 갖고 있는 것이 특징이고, 중기에서부터는 일반적으로 **내부의 출목수가 외부의 출목수보다 많아지게** 되었으며, 이러한 수법은 장연의 구배에 의해서 중도리의 위치가 높아짐에 따라 내부중도리의 높이에 맞추어 내부의 출목수가 증가하는 방법이다.

2 서양 건축사

01 | 전시공간의 융통성
19②, 17②, 14①, 13④, 06②, 01①

다음 중 전시공간의 융통성을 주요 건축개념으로 한 것은?

① 퐁피두 센터
② 루브르 박물관
③ 구겐하임 미술관
④ 슈투트가르트 미술관

해설 파리 **퐁피두 센터**의 국립현대미술관은 회화, 조각, 데생, 사진, 디자인, 건축, 실험주의 영화, 비디오, 조형미술 등 1905년부터 오늘에 이르기까지 현대 작가들이 일군 가장 **훌륭한 작품들을 소개**하고 있다.

02 | 건축 양식의 발전
02②, 96①

건축 양식의 발달 순서 중 옳은 것은?

① 로마 – 비잔틴 – 고딕 – 로마네스크 – 르네상스 – 바로크
② 그리스 – 로마네스크 – 르네상스 – 바로크 – 로코코
③ 초기 크리스트교 – 비잔틴 – 로마네스크 – 로코코 – 르네상스
④ 이집트 – 로마–비잔틴 – 로마네스크 – 르네상스 – 고딕

해설 서양 건축의 시대 구분(건축 양식의 발전)
고대건축(**이집트**–서아시아)–**고전건축**(그리스–로마)–중세건축(**초기 기독교**–비잔틴–사라센–**로마네스크–고딕**)–근세건축(**르네상스–바로크–로코코**)–근대건축–현대건축의 순이다.

03 | 바실리카식 교회당
20①,②, 17①, 99①, 96③

바실리카식 교회당의 각부 명칭과 관계 없는 것은?

① 아일
② 파일론
③ 트랜셉트
④ 나르텍스

해설 **아일**(aisle, 측랑)은 바실리카식 교회 건축 또는 그 교회당 내부 중앙을 사이에 둔 좌우의 양쪽 길이고, **트랜셉트**(transept)는 바실리카식 교회당의 내부 반원형으로 들어간 부분 또는 교회당의 십자형 평면에 있어서 좌우 돌출(날개) 부분이다. **나르텍스**(narthex)는 바실리카식 교회당 입구 부분의 홀로 교회당의 일반 출입 부분이다. 또한, **파일론**(pylon)은 **고대 이집트의 신전 앞에 있는 문**으로서 파일론의 앞에는 2개의 오벨리스크가 있다.

04 | 모듈러의 설정
05①

인체의 치수를 기본으로 해서 황금비를 적용, 전개하고 여기서 등차적 배수를 더한 모듈러(modulor)라고 하는 설계 단위를 설정한 근대 건축가는?

① 오귀스트 페레
② P. 베에렌스
③ 프랭크 로이드 라이트
④ 르 코르뷔지에

해설 **르 코르뷔지에**는 스위스의 건축가, 화가로서 콘크리트를 이용한 독자적인 양식의 창조와 입체주의적 표현수단을 건축에 적용하였다는 점을 높이 평가할 수 있으며, 특히 1947년부터 1952년까지 마르세이유의 고층 공동주택을 **표준척 모듈러의 대규모 실현**으로 건축 활동의 정상을 차지하였다. 특히 도시계획에 있어서 그의 영향은 2차 세계대전 후 현저하게 나타난다.

05 | 서양 건축 양식
02②, 00①

건물과 그 양식이 서로 관련이 없는 것은?

① 피사 사탑 – 바로크 양식
② 산타소피아 사원 – 비잔틴 양식
③ 노틀담 사원 – 고딕 양식
④ 성 피에트로 대성당 – 르네상스 양식

해설 **피사 사탑**의 평면은 지름 52피트의 원형으로 외관은 8층의 아케이드로 장식되었고, 전부가 대리석으로 형성된 **이탈리아 로마네스크 건축 양식**이다.

06 | 서양 건축의 발전
22②, 17①, 15②

서양 건축 양식의 시대 순서로 옳은 것은?

① 로마 – 로마네스크 – 고딕 – 르네상스 – 바로크
② 로마 – 로마네스크 – 고딕 – 바로크 – 르네상스
③ 로마네스크 – 로마 – 고딕 – 르네상스 – 바로크
④ 로마네스크 – 로마 – 고딕 – 바로크 – 르네상스

해설 서양 건축의 시대 구분(건축 양식의 발전)
고대건축(이집트–서아시아)–**고전건축**(그리스–로마)–중세건축(**초기 기독교**–**비잔틴**–사라센–**로마네스크**–**고딕**)–근세건축(**르네상스**–**바로크**–**로코코**)–근대건축–현대건축의 순이다.

07 | 건축물과 건축가
19②, 12④, 06④

다음 중 건축가와 작품이 잘못 연결된 것은?

① 르 코르뷔지에 – 사보이 주택
② 오스카 니마이머 – 브라질 국회의사당
③ 프랭크 로이드 라이트 – 뉴욕 구겐하임 미술관
④ 미스 반 데어 로에 – 레버하우스

해설 레버하우스는 고든 번샤프트의 작품이다.

08 | 근대 건축의 5원칙
19②, 11②, 06①

다음 중 르 코르뷔지에가 제시한 근대 건축의 5원칙에 속하는 것은?

① 옥상정원   ② 유기적 건축
③ 노출콘크리트   ④ 유니버설 스페이스

해설 르 코르뷔지에는 현대 건축과 구조를 설계하는 데 기본이 되는 **5대 원칙(필로티, 골조와 벽의 기능적 독립, 자유로운 평면, 자유로운 파사드 및 옥상정원)**을 주장했다.

09 | 건축물과 건축가
18②, 07②, 97④

건축가와 그의 작품 연결이 잘못된 것은?

① Marcel Breuer – 파리 유네스코 본부
② Le Corbusier – 동경 국립서양미술관
③ Antonio Gaudi – 시드니 오페라 하우스
④ Frank Lloyd Wright – 구겐하임 미술관

해설 시드니 오페라 하우스는 Jorn Utzon의 작품이다.

10 | 돔 건축의 건축물
09④, 00③, 97②

다음 건축물 중 돔 구조로 된 것은?

① 로마 소재 판테온 신전
② 이스탄불 소재 성 소피아 성당
③ 플로렌스 소재 산타마리아 델 피오레 성당
④ 보오베 소재 샤르트르 성당

해설 **성 소피아 성당**은 서로마의 장축형 바실리카식 평면구성과 동로마의 중앙 집중식 평면구성을 잘 조합하였으며, 주 공간은 **중앙 돔과 부공간의 반구형 돔을 유기적으로 조화**시켰다.

11 | 고딕 건축의 특성
07①, 05④

다음 중 고딕 건축과 가장 관계가 먼 것은?

① 첨두 아치(pointed arch)
② 장미창(rose window)
③ 첨탑(spire)
④ 펜덴티브(pendentive)

[해설] **펜덴티브(pendentive)는 비잔틴 건축에 사용한 양식으로** 돔을 형성하기 위하여 네 귀에 생긴 부분을 말한다. 사각형의 평면 위에 돔 지붕이 얹히는 경우 생기는 모서리 부분으로, 일반적으로 그 평면에 외접한 큰 원을 저면으로 하는 반구의 일부로 되어 있다.

12 | 찰스 무어의 사조
06②, 00②

찰스 무어(Charles Moore)의 사조는 어느 것인가?

① 신합리주의
② 대중주의
③ 표현주의
④ 브루탈리즘

[해설] **대중주의**는 예술의 대중화를 주체로 하는 건축사조로서 **찰스 무어에 의해서 주장**되었으며, 공간의 창조에 신체와 기억을 통해 체험되고 지각되는 장소로서 개념을 도입하였고, 작품으로는 '본인의 주택', '이탈리아 광장의 오페라 무대장치 디자인'이 있다.

13 | 론헤론의 건축 운동
04①, 00③, 96③

론헤론의 '움직이는 도시'의 계획안이다. 다음 중 어느 건축 운동과 관계가 깊은가?

① CIAM
② Archigram
③ Post-modern
④ Bauhaus

[해설] ㉮ **아키그램(Archigram)** : 건축 운동의 그룹으로 피터 쿡 등을 주축으로 결성된 그룹이며, 강요된 환경의 규범적인 권위주의의 체계를 부정하고, 건축과 도시의 가변성과 이동성에 대해 주장했다.
㉯ **바우하우스(Bauhaus)** : 그로피우스가 1919년 독일의 수공예학교와 예술학교를 통합하여 응용미술 교육기관으로 바우하우스를 설립하고, 나치 정권에 의해 폐교가 되기까지 예술과 공업의 통합, 표준화, 공업화 등을 통한 공장 생산과 대량 생산 방식의 예술로의 도입, 건축을 중심으로 한 모든 예술의 통합, 이론 교육과 실기 교육의 병행 등을 교육 목표로 운영했다.

14 | 오토 바그너의 주장
21④, 16①, 13②

오토 바그너(Otto Wagner)가 주장한 근대건축의 설계지침 내용으로 옳지 않은 것은?

① 경제적인 구조
② 그리스 건축 양식의 복원
③ 시공재료의 적당한 선택
④ 목적을 정확히 파악하고 완전히 충족시킬 것

[해설] **오토 바그너의 근대 건축의 설계지침은 목적을 정밀하게 파악**하고, 이것을 완전하게 충족시킬 것, **시공재료의 적당한 선택**으로 근대 건축의 미학에 맞는 표현을 추구하며, **간편하고 경제적인 구조를 주장**하였고, 이러한 방법으로 자연적으로 발생하는 건축형태가 필요하다고 하였다.

15 | 근대 건축의 5원칙
22①, 16①, 12④

르 코르뷔지에가 주장한 근대 건축 5원칙에 속하지 않는 것은?

① 필로티
② 옥상 정원
③ 유기적 공간
④ 자유로운 평면

[해설] 르 코르뷔지에는 현대건축과 구조를 설계하는 데 기본이 되는 **5대 원칙(필로티, 골조와 벽의 기능적 독립, 자유로운 평면, 자유로운 파사드 및 옥상 정원)**을 주장했다.

16 | 르네상스 교회 건축
22②, 06①, 00①

르네상스 교회 건축 양식의 특징으로 옳은 것은?

① 수평을 강조하며 정사각형, 원 등을 사용하여 유심적 공간구성을 했다.
② 직사각형의 평면구성으로 볼트구조의 지붕을 구성하며 종탑을 설치했다.
③ 플라잉 버트레스 회중석의 벽체를 높여 빛을 내부로 도입하고 공간에 상승감을 부여했다.
④ 타원형 등 곡선평면을 사용하여 동적이고 극적인 공간 연출을 했다.

[해설] **로마네스크 양식**은 직사각형의 평면구성으로 볼트 구조의 지붕을 구성하며 종탑을 설치하였고, **고딕 양식**은 플라잉 버트레스 회중석의 벽체를 높여 빛을 내부로 도입하고 공간에 상승감을 부여하였다. **바로크 양식**은 타원형 등 곡선평면을 사용하여 동적이고 극적인 공간연출을 하였다.

17 | 그리스의 오더
22②, 16②

그리스 건축의 오더 중 도릭 오더의 구성에 속하지 않는 것은?

① 볼류트(volute)
② 프리즈(frieze)
③ 아바쿠스(abacus)
④ 에키누스(echinus)

해설 그리스 건축의 **도릭 오더의 주두**는 **아바쿠스**(abacus), **에키누스**(echinus), 아뮬렛(amulet)으로 되어 있고, 원 주위에 얹어지는 엔타블러처(entablature)는 아키트레이브(architrave), **프리즈**(frieze) 및 코니스(cornice)로 구성되어 있다. 또한, **볼류트**(volute)는 우렁이나 소라처럼 빙빙 비틀린 **형태**이다.

18 | 건축물과 건축가
19④, 07①

다음 중 건축가와 작품의 연결이 옳지 않은 것은?

① 월터 그로피우스(Walter Gropius)-아테네 미국대사관
② 프랭크 로이드 라이트(Frank Lloyd Wright)-구겐하임 미술관
③ 르 코르뷔지에(Le Corbusier)-롱샹의 교회당
④ 미스 반 데어 로에(Mies Van der Rohe)-MIT 공대 기숙사

해설 MIT 기숙사는 **알바 알토**의 작품이다.

19 | 그리스의 아고라
19①, 12④

로마 시대의 것으로 그리스의 아고라(agora)와 유사한 기능을 갖는 것은?

① 포럼(forum)
② 인슐라(insula)
③ 도무스(domus)
④ 판테온(pantheon)

해설 그리스 시대의 아고라(공공, 회합의 장소로 사회생활, 업무, 정치활동의 중심지)와 로마 시대의 포럼(집회, 시장으로 사용되는 도시 중심의 광장), 즉 **그리스의 아고라와 로마의 포럼은 유사한 기능**을 갖고 있다.

20 | 로마 건축의 특성
18①, 09①

고대 로마 건축에 대한 설명 중 옳지 않은 것은?

① 바실리카 울피아는 황제를 위한 신전으로 배럴 볼트가 사용되었다.
② 판테온은 거대한 돔을 얹은 로툰다와 대형 열주 현관이라는 두 주된 구성요소로 이루어진다.
③ 콜로세움의 1층에는 도릭 오더가 사용되었다.
④ 인슐라(insula)는 다층의 집합주거 건물이다.

해설 바실리카 울피아는 황제를 위한 신전으로 **완벽한 배럴.및 교차 볼트가 사용되지는** 않았다.

21 | 분묘 건축의 형태
17④, 14①

고대 이집트의 분묘 건축의 형태에 속하지 않는 것은?

① 인슐라
② 피라미드
③ 암굴 분묘
④ 마스타바

해설 고대 이집트 분묘의 형식에는 피라미드, 암굴 분묘, 마스타바 등이 있고, **인슐라**(insula)는 로마시대의 7~8층 이상의 중정식 고층 건축물로서 밀집된 시가지의 노동자를 위한 주택이다.

22 | 바실리카식 교회당
17②, 09②

초기 기독교 시대의 바실리카 양식의 본당의 평면도에서 회랑의 중앙 부분을 나타내는 용어는?

① 아일(aisle)
② 페디먼트(pediment)
③ 네이브(nave)
④ 아트리움(atrium)

해설 초기 기독교 건축의 바실리카식 교회당의 평면은 동서를 주축으로 잡고, 중정에서 전실(narthex, 회랑의 중앙 부분)을 통해 성당으로 들어서며, 성당 내부는 3~5주간으로 구분된다. **중앙에 신랑(nave, 넓고 높다)**, 양측에 측랑(aisle, 낮고 좁다)이 있다.

23 | 건축의 복합성과 대립성
14④, 05④

포스트 모더니즘의 건축가로 "건축의 복합성과 대립성(Complexity and Contradiction In Architecture)"이라는 저서를 쓴 건축가는?

① 다니엘 번함
② 조셉 팍스턴
③ 로버트 벤투리
④ 피터 아이젠만

해설 **로버트 벤투리**(Robert Venturi)의 초창기 작품으로는 노인의 집인 필라델피아 소재 길드 하우스와 Chest Hill 소재 어머니의 집 등이 있고, 저서로는 "**건축의 다양성과 대립성**", "Lasvegas의 교훈", "Campidoglio에서 본 전망" 등이 있다.

24 | 서양 건축의 발전
18①, 07②

서양 건축 양식의 역사적인 순서로서 옳게 배열된 것은?

① 비잔틴-로마네스크-고딕-르네상스-바로크
② 비잔틴-고딕-로마네스크-르네상스-바로크
③ 비잔틴-로마네스크-고딕-바로크-르네상스
④ 비잔틴-고딕-로마네스크-바로크-르네상스

해설 서양 건축의 시대 구분(건축 양식의 발전)
고대건축(**이집트**-서아시아)-**고전건축**(그리스-로마)-중세건축
(**초기 기독교**-**비잔틴**-사라센-**로마네스크**-**고딕**)-근세건축(르
네상스-**바로크**-로코코)-근대건축-현대건축의 순이다.

25 | 미너렛의 의미
22①, 12②

이슬람(사라센) 건축 양식에서 미너렛(minaret)이 의미하는
것은?

① 이슬람교의 신학원시설
② 모스크의 상징인 높은 탑
③ 메카방향으로 설치된 실내제단
④ 열주나 아케이드로 둘러싸인 중정

해설 미너렛은 이슬람의 예배당인 모스크 끝에 세워진 높은 탑으로
성직자가 예배시각을 알려주던 곳이다.

26 | 비잔틴 건축의 특성
21④, 10④

다음과 같은 특징을 갖는 건축 양식은?

• 사라센문화의 영향을 받았다.
• 도저렛(dosseret)과 펜덴티브 돔(pendentive dome)이 사용
되었다.

① 로마 건축
② 이집트 건축
③ 비잔틴 건축
④ 로마네스크 건축

해설 비잔틴 건축은 사라센 건축의 영향을 받았고, 동양적 요소를
가미한 건축형식을 장려하였다. 내부는 조각, 회화장식으로
화려하게 마감하고, 외부는 재료의 본질성을 강조하였다. 평
면형은 각 부분이 정사각형, 라틴 십자형에서 그리스 십자형
을 많이 이용하였고, 도저렛과 펜덴티브 돔 등이 사용된 건축
양식이다.

27 | 레이트 모던의 특성
22①, 09②

레이트 모던(Late Modern) 건축 양식에 관한 설명으로 옳
지 않은 것은?

① 기호학적 분절을 추구하였다.
② 퐁피두 센터는 이 양식에 부합되는 건축물이다.
③ 공업기술을 바탕으로 기술적 이미지를 강조하였다.
④ 대표적 건축가로는 시저 펠리, 노만 포스터 등이 있다.

해설 포스트 모더니즘은 기호학적 분절을 추구하였다.

28 | 르네상스 건축가
10①, 02②

르네상스 시대의 건축가가 아닌 사람은?

① 비트루비우스
② 브루넬레스키
③ 미켈란젤로
④ 알베르티

해설 브루넬레스키, 미켈란젤로 및 알베르티는 르네상스 시대의 건
축가이고, **비트루비우스는 로마 시대의 건축가**이다.

29 | 서양 건축의 발전
08④, 03④

다음 건축 양식의 시대적 순서가 가장 옳게 된 항은 어느
것인가?

ⓐ 이집트	ⓑ 초기 그리스도교
ⓒ 고딕	ⓓ 그리스
ⓔ 비잔틴	ⓕ 바로크
ⓖ 르네상스	ⓗ 로마
ⓘ 로코코	ⓙ 로마네스크

① ⓐ-ⓑ-ⓓ-ⓗ-ⓙ-ⓒ-ⓘ-ⓔ-ⓕ-ⓖ
② ⓐ-ⓓ-ⓗ-ⓙ-ⓒ-ⓘ-ⓖ-ⓑ-ⓕ-ⓔ
③ ⓐ-ⓑ-ⓓ-ⓗ-ⓙ-ⓒ-ⓔ-ⓕ-ⓖ-ⓘ
④ ⓐ-ⓓ-ⓗ-ⓑ-ⓔ-ⓙ-ⓒ-ⓖ-ⓕ-ⓘ

해설 서양 건축의 시대 구분(건축 양식의 발전)
고대건축(**이집트**-서아시아)-**고전건축**(그리스-로마)-중세건축
(**초기 기독교**-**비잔틴**-사라센-**로마네스크**-**고딕**)-근세건축(르
네상스-**바로크**-로코코)-근대건축-현대건축의 순이다.

30 | 피사의 대사원
01④, 99①

사탑으로 유명한 피사(pisa)의 대사원 양식은?

① 로마네스크
② 르네상스
③ 비잔틴
④ 바로크

해설 피사의 대사원은 **로마네스크** 양식에 속한다.

31 | 그리스의 오더
09④, 06④

고대 그리스에서 사용되던 오더(order)로 가장 단순하고 장중한 느낌을 주며, 다른 오더와 달리 주초가 없는 것은?

① 도릭 오더(doric order)
② 이오닉 오더(ionic order)
③ 코린티안 오더(corinthian order)
④ 터스칸 오더(tuscan order)

해설 그리스 신전 건축의 오더 중 **도릭 오더**는 목조 건축에서 발전된 것으로, 가장 오래된 기본적 오더로 가장 간단하고, 가장 웅장한 외형을 가지고 있다. **주초가 없는** 특성이 있다.

32 | 건축 운동의 시대순
09①, 99③

다음에서 시기적으로 가장 먼저인 것은?

① 포스트 모더니즘(Post Modernism)
② 아르누보(Art Nouveau)
③ 바우하우스(Bauhaus)
④ 세제숀(Secession)

해설 연대별로 나열하면, **아르누보 → 세제숀 → 바우하우스 → 포스트 모더니즘**의 순이다.

33 | 서양 건축의 발전
06②, 03①

다음 중 건축 양식의 발달 순서가 옳게 된 것은?

① 초기 그리스도교 – 비잔틴 – 로마네스크 – 로코코 – 르네상스
② 로마 – 비잔틴 – 고딕 – 로마네스크 – 르네상스 – 바로크
③ 그리스 – 로마네스크 – 르네상스 – 바로크 – 로코코
④ 이집트 – 비잔틴 – 로마네스크 – 르네상스 – 고딕

해설 서양 건축의 시대 구분(건축 양식의 발전)
고대건축(**이집트 – 서아시아**) – **고전건축**(그리스 – 로마) – 중세건축(**초기 기독교 – 비잔틴 – 사라센 – 로마네스크 – 고딕**) – 근세건축(르네상스 – 바로크 – 로코코) – 근대건축 – 현대건축의 순이다.

34 | 판테온의 시대
04②

판테온(pantheon)은 어느 시대 건축인가?

① 그리스 시대
② 로마 시대
③ 르네상스 시대
④ 고딕 시대

해설 로마인은 원형과 다각형으로도 신전을 세웠는데 가장 유명한 것이 **판테온**이다. 이것은 원형 평면의 신전 건축으로서 가장 완벽하며, **로마 건축을 대표하는 걸작** 중의 하나이다.

35 | 건축물과 건축가
02④, 98①

다음 조합 중 틀린 것은?

① 라이트(Wright) – 유기적 건축 – 낙수장(落水莊)
② 페레(Perret) – 철근콘크리트구조의 선구자 – 롱샹 성당
③ 그로피우스(Gropious) – 국제주의 건축 – 바우하우스
④ 설리번(Sullivan) – 기능주의 건축 – 고층 건축

해설 르 코르뷔지에(Le Corbuiser) – 철근콘크리트구조의 선구자 – 롱샹 교회

36 | 피렌치 성당의 돔
02①, 97④

르네상스 건축의 시점으로 보는 피렌체 성당(플로렌스 성당)의 돔에 대한 설명으로 옳지 않은 것은?

① 브루넬레스키가 현상 설계에서 당선된 작품이다.
② 반원형 돔의 형태를 띠고 있다.
③ 안팎 2중 셀(shell)로 되어 있다.
④ 8개의 메인 리브와 16개의 마이너 리브로 되어 있다.

해설 피렌체 성당은 **팔각형 형태의 돔**(8개의 주축과 16개의 보조축)의 형태를 띠고 있고, 2중 표피구조로 이루어져 있다.

37 | 아크로폴리스
19④

그리스 아테네의 아크로폴리스에 관한 설명으로 옳지 않은 것은?

① 프로필리어는 아크로폴리스로 들어가는 입구건물이다.
② 에렉테이온신전은 이오닉 양식의 대표적인 신전으로 부정형평면으로 구성되어 있다.
③ 니케신전은 순수한 코린트식 양식으로서 페르시아와의 전쟁의 승리기념으로 세워졌다.
④ 파르테논신전은 도릭 양식의 대표적인 신전으로서 그리스 고전건축을 대표하는 건물이다.

해설 그리스 아테네의 아크로폴리스에 있어서 **니케신전**은 소규모의 신전(8.3m×5.4m)으로 아크로폴리스 누문인 프로필리어의 정면 남측에 있으며 최초의 **이오니아식 건축물**로서 페르시아와의 전쟁의 승리를 기념하기 위하여 세워진 신전이다.

38 | 그리스의 오더
18④

다음과 같은 특징을 갖는 그리스 건축의 오더는?

• 주두는 에키누스와 아바쿠스로 구성된다.
• 육중하고 엄정한 모습을 지니는 남성적인 오더이다.

① 코린트 오더
② 도리아식 오더
③ 이오니아 오더
④ 콤포지트 오더

해설 그리스 및 로마의 오더 특성 중 **코린트식 오더**는 사용된 예가 극히 적으며 미완성의 상태에서 로마인에게 전해져 로마인이 완성하여 사용한 오더 양식이고, **이오니아식 오더**는 주두의 소용돌이 무늬가 특징으로 주신은 도리아식 오더보다 한 층 더 가늘고 길며 섬세한 형식이며, **콤포지트식 오더**는 코린트식과 이오니아식 오더의 복합으로 개선문과 같이 화려한 건축물에 많이 사용되었다.

39 | 신고전주의 특성
18④

18세기에서 19세기 초에 있었던 신고전주의 건축의 특징으로 옳은 것은?

① 장대하고 허식적인 벽면장식
② 고딕건축의 정열적인 예술창조운동
③ 각 시대의 건축 양식의 자유로운 선택
④ 고대 로마와 그리스 건축의 우수성에 대한 모방

해설 고전주의 건축 양식의 경향은 18세기에서 19세기 초에 있었던 **고전주의 건축 양식**은 유럽에서 일어난 건축문화운동으로 고전건축의 우수한 면(안정, 위엄, 조화, 균제 및 규칙 등)을 모방하는, 즉 **로마와 그리스의 우수성과 경향을 모방하려던 건축 양식**이다.

40 | 로마 건축의 특성
16①

고대 로마 건축에 관한 설명으로 옳지 않은 것은?

① 카라칼라 황제 욕장은 정사각형 안에 직사각형을 담은 배치를 취하였다.
② 바실리카 울피아는 신전 건축물로서 로마식의 광대한 내부 공간을 전형적으로 보여준다.
③ 콜로세움의 외벽은 도리스-이오니아-코린트 오더를 수직으로 중첩시키는 방식을 사용하였다.
④ 판테온은 거대한 돔을 얹은 로툰다와 대형 열주 현관이라는 두 주된 구성요소로 이루어진다.

해설 트라야누스 광장의 일부분인 **바실리카 울피아**(AD 112년)**의 기능**은 다양한 업무(상업, 법률 및 행정 등)**를 위한 장소**로 진보된 건축 형태인 **교차 볼트나 배럴 볼트**(콘스탄티누스 황제의 바실리카에서 사용)**의 형태를 갖추지는 못하였고, 이후부터 볼트 구조가 사용되었다.**

CHAPTER 02 ENGINEER ARCHITECTURE

| 각종 건축물의 건축계획 |

빈도별 기출문제

❶ 주거건축계획

1 단독주택

01 | 매개 역할의 공간
08②, 07①, 99③, 98①, 96③

주택의 외부와 내부를 연결하여 매개 역할을 하는 공간이 아닌 것은?

① terrace
② utility
③ dining porch
④ entrance

해설 주택의 내부와 외부를 연결하여 **매개 역할을 하는 공간**에는 **테라스, 다이닝 포치, 현관** 및 서비스 야드 등이 있다.

02 | 주방의 작업대 배열
22①, 16②, 12④, 08④, 07①, 05④, 04②, 97①

주택의 주방계획에서 작업대 배열에 관한 다음 기술 중 가장 적당한 것은?

① 냉장고 → 레인지 → 싱크대 → 조리대
② 싱크대 → 레인지 → 냉장고 → 조리대
③ 레인지 → 냉장고 → 조리대 → 싱크대
④ 냉장고 → 싱크대 → 조리대 → 레인지

해설 부엌설비의 배열 순서는 냉장고 → 준비대 → 개수대(싱크대) → 조리대 → 가열대(레인지) → 배선대 → 식당의 순이다.

03 | 주거면적의 기준
20③, 19①, 16④, 15④, 09④, 96③

송바르 드 로브의 주거면적 기준으로 옳은 것은?

① 병리기준 : $6m^2$, 한계기준 : $12m^2$
② 병리기준 : $8m^2$, 한계기준 : $14m^2$
③ 병리기준 : $6m^2$, 한계기준 : $14m^2$
④ 병리기준 : $8m^2$, 한계기준 : $12m^2$

해설 주거면적 (단위 : m^2/인 이상)

구분	최소한 주택의 면적	콜로뉴 (cologne) 기준	송바르 드 로브(사회학자)			국제주 거회의 (최소)
			병리 기준	한계 기준	표준 기준	
면적	10	16	8	14	16	15

04 | 주택의 문골
22②, 16④, 11④, 09②, 06①, 03②, 97④

고유의 우리나라 주택의 문골 부분 면적이 큰 이유는?

① 출입하는 데 편리하게 하기 위해서
② 하기에 고온다습을 견디기 위해서
③ 동기에 일조 효과를 충분히 얻기 위해서
④ 개방적인 느낌을 갖기 위해서

해설 한옥주택이 양식주택에 비하여 **개방적이고 통기적인 형태**(문골부를 크게 잡는 형태)로 되어 있는 원인은 온도가 높고 위도에 비하여 여름철과 겨울철의 기온 차이가 심하고, **여름철에는 고온다습**하여 무덥기 때문이다.

05 | 한·양식 주택의 비교
19①, 16①, 10②, 06②

한식주택과 양식주택의 차이점에 대한 기술 중 잘못된 것은?

① 양식주택은 실의 위치별 분화이며, 한식주택은 실의 기능별 분화이다.
② 양식주택은 입식생활이며, 한식주택은 좌식생활이다.
③ 양식주택의 실은 단일 용도이며, 한식주택의 실은 혼용도이다.
④ 양식주택의 가구는 주요한 내용물이며, 한식주택의 가구는 부차적 존재이다.

해설 한식주택은 위치별 분화(조합 평면, 은폐적)이고, 양식주택은 기능별 분화(분화 평면, 개방적)이다.

06 주택의 동선계획
17②, 09①, 05②, 03④, 01②

동선계획에 관한 설명 중 옳지 않은 것은?

① 동선이 가지는 요소는 속도, 빈도, 하중의 3가지가 있다.
② 동선에는 공간이 필요하고 가구를 둘 수 없다.
③ 하중이 큰 가사 노동의 동선은 길게 나타난다.
④ 개인, 사회, 가사 노동권의 3개 동선이 서로 분리되어야 바람직하다.

해설 동선계획에 있어서는 동선은 짧고, 직선적이어야 하므로 **하중이 큰 가사노동의 동선은 짧게 나타낸다.**

07 주거공간의 결정요소
07④, 99①,④

다음 주거공간계획 결정요소를 적은 내용 중 거리가 먼 것은?

① 미래의 주거생활 패턴 추구
② 신체적인 욕구
③ 전통성 재현
④ 사용자의 경제성 고려

해설 주거공간계획 결정요소에는 미래의 주거생활 패턴 추구, 신체적인 욕구, 사용자의 경제성 고려 등이 있다.

08 주택의 치수 및 기준척도
20③, 19④, 17④, 13②

주택의 평면과 각 부위의 치수 및 기준척도에 관한 설명으로 옳지 않은 것은?

① 치수 및 기준척도는 안목치수를 원칙으로 한다.
② 층 높이는 2.4m 이상으로 하되, 5cm를 단위로 한 것을 기준척도로 한다.
③ 거실 및 침실의 평면 각 변의 길이는 10cm를 단위로 한 것을 기준척도로 한다.
④ 계단 및 계단참의 평면 각 변의 길이 또는 너비는 5cm를 단위로 한 것을 기준척도로 한다.

해설 계단 및 계단참의 평면 각 변의 길이 또는 너비는 **10cm를 단위로 한 것을 기준척도로 한다.**

09 실의 면적
08①, 02①, 97②, 96③

실내 재실자의 체취를 기준으로 할 때 성인 1인당 소요 실용적을 $18m^3/hr$로 본다면, 실내환기 횟수 3회/hr, 재실 인원 7인용 침실의 최소 바닥넓이는 얼마인가?

① $13m^2$
② $14m^2$
③ $15m^2$
④ $16m^2$

해설 성인 1인당 $18m^3/hr$의 신선한 공기를 필요로 한다.

$$실용적(기적) = \frac{소요\ 환기량}{환기\ 횟수} = \frac{18 \times 7}{3} = 42m^3/h의\ 기적을$$

요한다.
그런데 층의 높이가 3m이므로 $42 \div 3 = 14m^2$이다.

10 단위 실면적 산정
01④, 99②, 96②

주거공간에서 단위 실면적 산정을 위한 구성분자로 크게 고려하지 않아도 되는 것은?

① 인체 동작면적
② 거주 인원 수
③ 통로면적
④ 가구면적

해설 단위 실면적 산정의 구성분자는 인체 동작공간[생활 행위에 따른 동작을 가능하게 하는 공간]-단위공간[사람+가구+여유(인체 동작공간)]-**실내공간**[단위공간+여유(생활양식과 전통 등)]-**주거 공간**[실내공간+여유(생활양식, 전통, 지위의 상징 등)]-**주거 집합공간** 순으로 구성되고, **통로면적을 고려하지 않아도 된다.**

11 일사의 방지법
06①

다음 중 여름철 단층주택에서 서쪽 창에 들어오는 일사를 방지하기 위한 방법으로 가장 적합하지 않은 것은?

① 처마길이를 크게 한다.
② 창밖에 낙엽수를 심는다.
③ 창에 수직루버를 설치한다.
④ 처마 끝에 발을 매단다.

해설 태양의 고도가 낮은 서향의 일사는 수평루버나 차녀로서 일사를 조절하기는 대단히 힘들므로 수직루버를 사용해야 한다. **처마길이를 크게 하는 것은 효과가 없다.**

12 | 단독주택의 계획
02④, 97④

단독주택계획에 관한 사항 중 가장 적절하지 못한 것은?

① 주거면적은 통상 주택면적의 약 80% 정도이다.
② 주택 각실의 배치는 실 상호 간의 동선연결 및 최적방위(orientation)대를 고려하여 결정한다.
③ 소규모의 주택은 소위 리빙 키친(living kitchen) 형식의 도입이 바람직하다.
④ 각실의 치수계획은 인체 동작 치수를 기본으로 하여 결정하는데 이는 소위 공간분석(space program) 작업의 주된 내용이다.

해설 주거면적은 주택의 총면적에서 공용 부분(현관, 복도, 부엌, 유틸리티, 화장실 등)을 제외한 부분의 면적을 말하며, **건축면적의 50~60%로서 평균 55% 정도**를 말한다.

13 | 집합주택의 계획
01④, 99②

집합주택 계획상의 특징에 대한 기술 중 거리가 먼 것은?

① 이용자의 대상은 불특정 다수이다.
② 개별적인 세대의 요구에 대응하는 계획이 가능하다.
③ 거주자를 계층으로 파악하고 주양식(住樣式)을 계획하는 것이 필요하다.
④ 영역성(territoriality)은 계획상 중요한 요소이다.

해설 집합주택은 각 세대의 요구에 대응하는 계획이 **불가능하다.** 이와는 반대로 단독주택은 각 세대의 요구에 대응하는 계획이 가능하다.

14 | 주택의 부엌계획
19②, 12①, 07②

주택의 부엌계획에 관한 설명 중 옳지 않은 것은?

① 일사가 긴 서쪽은 음식물이 부패하기 쉬우므로 피하도록 한다.
② 작업삼각형은 냉장고와 개수대 그리고 배선대를 잇는 삼각형이다.
③ 부엌가구의 배치유형 중 ㄱ자형은 부엌과 식당을 겸할 경우 많이 활용되는 형식이다.
④ 부엌가구의 배치유형 중 일렬형은 면적이 좁은 경우 이용에 효과적이므로 소규모 부엌에 주로 활용된다.

해설 부엌에서의 **작업삼각형(냉장고, 싱크대, 조리대)**은 삼각형 세 변 길이의 합이 짧을수록 효과적이다. 삼각형 세 변 길이의 합은 3.6~6.6m 사이에서 구성하는 것이 좋으며, 싱크대와 조리대 사이의 길이는 1.2~1.8m가 가장 적당하다. 또한 삼각형의 가장 짧은 변은 개수대와 냉장고 사이의 변이 되어야 한다.

15 | 부엌의 ㄷ자형 작업대
21②, 14④, 10④

주택에서 부엌 작업대의 배치유형 중 ㄷ자형에 대한 설명으로 옳은 것은?

① 가장 간결하고 기본적인 설계형태로 길이가 4.5m 이상되면 동선이 비효율적이다.
② 두 벽면을 따라 작업이 전개되는 전통적인 형태이다.
③ 평면계획상 외부로 통하는 출입구의 설치가 곤란하다.
④ 작업동선이 길고 조리면적은 좁지만 다수의 인원이 함께 작업할 수 있다.

해설 부엌 작업대의 배치방식 중 ㄷ자형은 **인접한 3면의 벽에 작업대를 배치한 형태**로서 작업동선이 짧고 조리 면적은 좁아, **다수의 인원이 함께 작업할 수 없다.** 일자형은 가장 간결하고 기본적인 설계형태로 길이가 4.5m 이상이 되면 동선이 비효율적이다.

16 | 부엌 설계의 크기
18①, 03④, 99①

부엌 설계의 합리적인 크기를 결정하기 위한 내용 중 거리가 가장 먼 것은?

① 작업대 면적
② 주부의 동작에 필요한 공간
③ 후드(hood) 설치에 의한 공간
④ 주택 연면적, 가족 수 및 평균 작업인 수

해설 부엌 크기와 후드(hood) 설치에 의한 공간은 **무관**하다.

17 | 주택의 현관
16④, 10④, 07②

주택의 현관에 대한 설명 중 옳지 않은 것은?

① 현관 위치는 주택의 북측이 가장 좋으며 주택의 남측이나 중앙 부분에는 위치하지 않도록 한다.
② 현관 위치는 대지 형태, 방위, 도로와의 관계에 영향을 받는다.
③ 현관 크기는 주택 규모와 가족 수, 방문객 예상 수 등을 고려한 출입량에 중점을 두어 계획하는 것이 바람직하다.
④ 현관 크기는 현관에서 간단한 접객 용무를 겸하는 것 외에 불필요한 공간을 두지 않는 것이 좋다.

해설 **현관 위치**는 대지 형태, 방위 또는 도로와의 관계에 의해서 결정되고, **건물 중앙부에 위치**하는 것이 좋다.

18 | 공간의 조닝 방법
15④, 03②

다음 중 주택의 평면계획 시 사용되는 공간의 조닝 방법과 가장 거리가 먼 것은?

① 융통성에 의한 조닝
② 가족 전체와 개인에 의한 조닝
③ 정적 공간과 동적 공간에 의한 조닝
④ 주간과 야간의 사용시간에 의한 조닝

해설 주택 평면계획 시 사용되는 공간의 조닝 방법에는 **가족 전체와 개인**, **정적 공간과 동적 공간**, **주간과 야간의 사용시간**에 대한 조닝 등이 있다.

19 | 주택의 평면계획
11④

주택의 평면계획에서 적당치 않은 것은?

① 현관은 도로를 생각해서 정한다.
② 거실은 남향보다 못한 동향으로 할 수도 있다.
③ 응접실은 사용시간이 짧으니 북향도 될 수 있다.
④ 부엌은 식품의 부패 관계로 남향을 피해야 한다.

해설 부엌은 음식물의 부패 관계로 **서향을 피하고 남향으로** 해야 한다.

20 | 리빙 키친의 특성
06②

거실, 식사실, 부엌을 한 공간에 꾸며 놓은 소위 리빙 키친(living kitchen)에 관한 기술 중 틀린 것은?

① 통로로 쓰이는 부분이 절약되어 다른 실의 면적이 넓어질 수 있다.
② 부엌 부분의 통풍과 채광이 좋아진다.
③ 주부의 동선이 단축된다.
④ 중소형 아파트나 주택에는 적합하지 않다.

해설 **리빙 키친**이란 식당, 거실, 부엌을 모두 겸한 방으로서 **아파트나 소주택에서 적합한 형식**이다.

21 | 주거수준
00③

주거수준(housing level)이 고소득 계층을 위주로 공급되는 병폐를 갖는 사항은?

① 과밀주거(over-crowding)
② 수용력(accommodation density)
③ 점유율(occupancy ratio)
④ 과소주거(under-utilization space)

해설 주거수준에 있어서 **고소득층**이 차지하고 있는 주거면적은 크지만, 이곳에 거주하는 인원은 매우 적으므로 **점유율의 병폐**를 일으킨다.

22 | 부엌의 병렬형 작업대
22①, 15②

주택 부엌의 가구배치유형 중 병렬형에 관한 설명으로 옳은 것은?

① 연속된 두 벽면을 이용하여 작업대를 배치한 형식이다.
② 폭이 길이에 비해 넓은 부엌의 형태에 적당한 유형이다.
③ 작업면이 가장 넓은 배치유형으로 작업효율이 좋다.
④ 좁은 면적 이용에 효과적이므로 소규모 부엌에 주로 이용된다.

해설 ① ㄱ자형
③ ㄷ자형
④ 일자(직선)형

23 | 테라스하우스
19②, 08②

테라스하우스에 대한 설명 중 옳지 않은 것은?

① 시각적인 인공 테라스형은 위층으로 갈수록 건물의 내부 면적이 작아지는 형태이다.
② 각 세대의 깊이는 7.5m 이상으로 하여야 한다.
③ 경사가 심할수록 밀도가 높아진다.
④ 평지보다 더 많은 인구를 수용할 수 있어 경제적이다.

해설 아래층 세대의 지붕은 위층 세대의 개인 정원이 될 수 있고, 세대상 2.7m의 높이 차가 적당하다. 테라스하우스는 후면에 창문이 없기 때문에 **각 세대의 깊이는 6.0~7.5m 이상 되어서는 안 된다.**

24 | 주택의 작업대 배치유형
19④, 13①

주택의 부엌가구 배치유형에 관한 설명으로 옳지 않은 것은?

① ㄴ형 부엌과 식당을 겸할 경우 많이 활용된다.
② ㄷ자형은 작업공간이 좁기 때문에 작업효율이 나쁘다.
③ 병렬형은 작업동선은 줄일 수 있지만 몸을 앞뒤로 바꾸는 데 불편하다.
④ 일(一)자형은 좁은 면적 이용에 효과적이므로 소규모 부엌에 주로 사용된다.

해설 주택의 부엌가구 배치유형 중 **ㄷ자형**은 많은 수납공간과 작업공간을 얻을 수 있고, 가장 편리하고 능률적이며 **작업효율이 좋은 배치방법**이다.

25 | 부엌의 작업 삼각형
18②, 14②

주택 주방의 작업 삼각형의 꼭지점에 해당하지 않는 것은?

① 냉장고 　　　　② 개수대
③ 가열대 　　　　④ 배선대

해설 부엌에서 **작업 삼각형(냉장고, 싱크대, 조리대)**은 삼각형 세 변 길이의 합이 짧을수록 효과적이고, 3.6~6.6m 사이에서 구성되며, 싱크대와 조리대 사이의 길이는 1.2~1.8m가 가장 적당하다. 또한, 삼각형의 가장 짧은 변은 개수대와 냉장고 사이의 변이 되어야 한다.

26 | 부엌의 병렬형 작업대
18①, 08①

다음과 같은 특징을 갖는 부엌의 평면형은?

- 작업 시 몸을 앞뒤로 바꾸어야 하는 불편이 있다.
- 식당과 부엌이 개방되지 않고 외부로 통하는 출입구가 필요한 경우에 많이 쓰인다.

① 일렬형 　　　　② ㄱ자형
③ 병렬형 　　　　④ ㄷ자형

해설 **일렬형**은 몸의 방향을 바꿀 필요가 없고, 좁은 면적에 유리하나 동선이 길어지며, **ㄱ자형**은 배치에 여유가 있고, 동선이 짧아지나 각이 진 부분에 유의해야 한다. **ㄷ자형**은 작업공간을 가운데 둘 수 있고, 다른 공간과 연결이 한 면에 국한되므로 위치 결정이 어렵다.

27 | 단독주택의 계획
18①, 07④

단독주택계획에 대한 설명 중 옳지 않은 것은?

① 건물은 가능한 한 동서로 긴 형태가 좋다.
② 동지 때 최소한 4시간 이상의 햇빛이 들어와야 한다.
③ 인접 대지에 기존 건물이 없더라도 개발 가능성을 고려하도록 한다.
④ 건물이 대지의 남측에 배치되도록 한다.

해설 **주택배치**에 있어서 대지 남측에 공간을 충분히 두어 햇빛을 충분히 받을 수 있도록 하기 위하여 **대지 북측으로 배치**하여야 한다.

28 | 주택의 거실계획
17③, 12②

주택의 거실계획에 관한 설명으로 옳지 않은 것은?

① 거실에서 문이 열린 침실의 내부가 보이지 않게 한다.
② 거실이 다른 공간들을 연결하는 단순한 통로의 역할이 되지 않도록 한다.
③ 거실의 출입구에서 의자나 소파에 앉을 경우 동선이 차단되지 않도록 한다.
④ 일반적으로 전체 연면적의 10~15% 정도의 규모로 계획하는 것이 바람직하다.

해설 주택의 **거실의 크기**는 주택 전체 면적의 **21~25% 정도**가 필요하다.

29 | 주택의 동선계획
21①, 12①

주택의 동선계획에 관한 설명으로 옳지 않은 것은?

① 동선은 가능한 한 굵고 짧게 계획하는 것이 바람직하다.
② 동선의 3요소 중 속도는 동선의 공간적 두께를 의미한다.
③ 개인, 사회, 가사노동권의 3개 동선은 상호 간 분리하는 것이 좋다.
④ 화장실, 현관 등과 같이 사용빈도가 높은 공간은 동선을 짧게 처리하는 것이 중요하다.

해설 동선은 일상생활에 있어서 어떤 목적이나 작업을 위하여 사람이나 물건이 움직이는 자취를 나타내는 선으로, **동선의 3요소**는 **길이(속도), 하중, 빈도**이다.

30 | 2층 주택의 단란 영향
17②, 10①

2층 단독주택에서 1층에 부모가, 2층에 자녀들이 거주할 경우에 가족의 단란에 가장 영향을 줄 수 있는 요소는?

① 계단의 배치
② 침실의 방위
③ 건물의 층고
④ 식당과 부엌의 연결방법

해설 단독주택에 있어서 1층에는 부모가, 2층에는 자녀가 거주하는 경우, **가족의 단란에 영향을 끼칠 수 있는 요인 중 가장 중요한 요인은 1, 2층을 연결하는 계단의 위치**이다.

31 | 한국 건축의 평면형식
16④, 12①

한국 건축의 평면형식에 관한 설명으로 옳지 않은 것은?

① 쌍봉사 대웅전은 2칸 장방형 평면이다.
② 퇴 없이 측면이 단칸인 평면은 평안도 살림집에서 많이 나타난다.
③ 중부 지방 민가에서는 ㄱ자형 평면이 많은데 이를 곱은 자집이라고도 한다.
④ 다각형 평면으로는 육각과 팔각이 많이 사용되었는데 대개 정자에서 나타난다.

해설 **쌍봉사 대웅전은 단칸 정방형 평면**이다.

32 | 한국 건축의 평면형식
16②, 10④

전통 주거건축 중 부엌, 방, 대청, 방의 순으로 배열되는 일 (一)자형 평면을 가진 민가형은?

① 평안도 지방형
② 함경도 지방형
③ 남부 지방형
④ 개성 지방형

해설 **북부 지방(함경도, 평안도)**은 방의 배치가 전(田)자 형태로 되어 있고, 부엌의 바닥을 온돌방 높이와 동일하게 하여 식사와 작업을 하는 등 방한과 보온을 고려한 평면형이다. **개성 지방형**은 ㄱ자형으로 툇마루와 대청을 연결시켰고, 방의 수를 많이 설치할 수 있게 하였다. **제주 지방**은 일자형과 유사하나 방 뒤에 또 하나의 방을 두어 서고 또는 쌀창고의 기능을 첨부하고 있다.

33 | 데드 스페이스의 절감
16①, 09①

다음 중 주거공간의 효율을 높이고, 데드 스페이스(dead space)를 줄이는 방법과 가장 거리가 먼 것은?

① 기능과 목적에 따라 독립된 실로 계획한다.
② 유닛 가구를 활용한다.
③ 가구와 공간의 치수 체계를 통합한다.
④ 침대, 계단 밑 등을 수납공간으로 활용한다.

해설 **기능과 목적에 따라 독립된 실을 구성하면 연결 복도의 증가로 인하여 데드 스페이스가 증가**한다.

34 | 주택의 계획
11①, 08①

다음의 주택계획에 관한 설명 중 틀린 것은?

① 부엌은 사용시간이 길고 부패하기 쉬운 물건을 많이 두는 곳이므로 서향은 피하는 것이 좋다.
② $50m^2$ 이하의 소규모 주택에서는 복도를 두는 것이 공간 활용상 경제적이다.
③ 주택의 규모가 비교적 작을 때에는 거실과 식사 부분을 동일 공간으로 처리하여도 좋다.
④ 현관 크기는 주택 규모와 가족 수, 그리고 방문객 예상 수 등을 고려한 출입량에 중점을 두는 것이 타당하다.

해설 $50m^2$ 이하의 소규모 주택에서는 **복도를 두지 않는 것이 공간 활용상 경제적**이다.

35 | 방위와 실의 배치
13②, 08④

다음 중 방위에 따른 주택의 실 배치가 가장 부적절한 것은?

① 남-식당, 아동실, 가족 거실
② 서-부엌, 화장실, 가사실
③ 북-냉장고, 저장실, 아틀리에
④ 동-침실, 식당

해설 **부엌과 가사실 : 동쪽 또는 북쪽, 화장실 : 북쪽**

36 | 주택설계의 방향
06②, 96③

주택설계 방향에 대한 설명 중 부적당한 것은?

① 생활의 쾌적함이 증대되도록 한다.
② 가사노동이 경감되도록 한다.
③ 집안의 가장이 중심이 되도록 한다.
④ 좌식과 의자식이 혼용되도록 한다.

해설 **가족 본위의 주거가 되도록** 한다.

정답 30. ① 31. ① 32. ③ 33. ① 34. ② 35. ② 36. ③

37 | 주택의 평면계획
03①, 02①

주택의 평면계획에 관한 사항 중 틀린 것은?

① 거실은 평면계획상 통로나 홀(hall)로서 사용하는 것이 좋다.
② 노인 침실은 일조가 충분하고 전망 좋은 조용한 곳에 배치하고 식당, 욕실 등에 근접시킨다.
③ 부엌은 사용시간이 길므로 동남 또는 남쪽에 배치해도 좋다.
④ 현관 위치는 대지 형태, 도로와의 관계에 의하여 결정된다.

해설 거실은 평면계획상 통로나 홀로서 사용하는 것이 **좋지 않다**.

38 | 주택의 기준척도
19④

다음은 주택의 기준척도에 관한 설명이다. ( ) 안에 알맞은 것은?

> 거실 및 침실의 평면 각 변의 길이는 ( )를 단위로 한 것을 기준척도로 할 것

① 5cm
② 10cm
③ 15cm
④ 30cm

해설 주택의 평면과 각 부위의 치수 및 기준척도(주택건설기준 등에 관한 규칙 제3조)
㉮ 치수 및 기준척도는 안목치수를 원칙으로 한다.
㉯ 거실 및 침실의 평면 각 변의 길이는 **5cm를 단위**로 한 것을 기준척도로 한다.
㉰ 거실 및 침실의 반자높이(반자를 설치하는 경우만 해당)는 2.2m 이상으로 하고, 층높이는 2.4m 이상으로 하되 각각 5cm를 단위로 한 것을 기준척도로 한다.
㉱ 부엌, 식당, 욕실, 화장실, 복도, 계단 및 계단참의 평면 각 변의 길이 또는 너비는 5cm를 단위로 한 것을 기준척도로 한다.
㉲ 창호설치용 개구부의 치수는 한국산업규격이 정하는 창호개구부 및 창호부품의 표준모듈호칭치수에 의한다.

2 공동주택

01 | 아파트의 주거단위계획
99④, 98③, 97②

아파트 주거단위계획(block plan)의 결정조건 중 부적당한 것은?

① 중요한 거실이 모퉁이에 배치되지 않도록 할 것
② 각 단위 플랜이 1면 이상 외기에 면할 것
③ 현관이 계단에서 멀지 않을 것
④ 모퉁이에서 다른 주거가 들여다보이지 않을 것

해설 각 단위 플랜이 **2면 이상** 외기에 면할 것

02 | 공동계단의 유효폭
18②, 17④, 14④, 13①

주택단지 안의 건축물 또는 옥외에 설치하는 계단 중 공동으로 사용하는 계단의 유효폭은 최소 얼마 이상으로 해야 하는가?

① 90cm
② 120cm
③ 150cm
④ 180cm

해설 주택단지 안의 건축물 또는 옥외에 설치하는 계단의 각 부위의 치수는 다음 표의 기준에 적합하여야 한다(주택건설기준 등에 관한 규정 제16조).

계단의 종류	유효폭	단높이	단너비
공동으로 사용하는 계단	120cm 이상	18cm 이하	26cm 이상
건축물의 옥외계단	90cm 이상	20cm 이하	24cm 이상

03 | 아파트의 평면형식
18②, 09②, 04④, 13①

아파트의 평면형식에 관한 설명으로 옳지 않은 것은?

① 집중형은 기후 조건에 따라 기계적 환경조절이 필요하다.
② 편복도형은 공용복도에 있어서 프라이버시가 침해되기 쉽다.
③ 홀형은 승강기를 설치할 경우 1대당 이용률이 복도형에 비해 적다.
④ 편복도형은 단위면적당 가장 많은 주호를 집결시킬 수 있는 형식이다.

해설 **집중형**은 단위면적당 가장 많은 주호를 집결시킬 수 있는 형식이다.

4 | 프라이버시와 거주성
19④, 06②, 04②

다음의 공동주택 평면형식 중 각 주호의 프라이버시와 거주성이 가장 양호한 것은?

① 계단실형
② 중복도형
③ 편복도형
④ 집중형

해설 계단실형의 아파트도 독립성이 유지되나 한 주호가 2개 층으로 이루어져 있는 **복층형 아파트의 독립성이 가장 높다.**

5 | 메조네트형의 특성
17④, 15④, 12④

아파트의 형식 중 메조네트형에 관한 설명으로 옳지 않은 것은?

① 다양한 평면구성이 가능하다.
② 소규모 주택에 적용 시 경제적이다.
③ 통로가 없는 층은 통풍 및 채광 확보가 용이하다.
④ 트리플렉스형은 하나의 주거단위가 3층형으로 구성된 형식이다.

해설 한 개의 주호가 두 개 층에 나뉘어 구성되는 메조네트(복층)형은 독립성이 가장 크고 전용면적비가 크나, **소규모 주택(50m² 이하)에는 부적합**하다. 또한 구조, 설비 등이 복잡하므로 다양한 평면구성이 불가능하며, 비경제적이다.

6 | 공간의 융통성 부여 방법
12②, 07②, 02②

아파트 단위주호 평면계획에서 공간의 융통성을 부여하는 방법으로 가장 옳지 않은 것은?

① 식당과 거실을 동일 실로 하고 부엌을 분리한다.
② 거실에 인접한 침실의 출입은 거실을 거치지 않도록 한다.
③ 발코니 면적을 가급적 크게 한다.
④ 침실은 서로 인접되지 않도록 하여 독립성을 유지한다.

해설 아파트 단위주호 평면계획에서 공간의 융통성을 부여하는 방법은 ①, ② 및 ③이고, ④항에서 **침실의 독립성은 공간의 융통성을 부여하지 못한다.**

7 | 아파트의 평면형식
01④, 96③

아파트의 평면형식에 대한 설명 중 틀린 것은?

① 홀형은 계단 또는 엘리베이터 홀로부터 직접 주거단위로 들어가는 형식으로 프라이버시가 양호하다.
② 트리플렉스형(triplex type)은 하나의 주거단위가 3층형으로 구성된 것으로 프라이버시 확보율이 높다.
③ 집중형은 대지 이용도가 높고 채광, 통풍에도 좋아 경제적이고 이상적인 형이다.
④ 갓복도형은 프라이버시에 문제가 있다.

해설 집중형은 대지의 이용도가 높고 채광, 통풍이 **좋지 않아 비경제적이고 이상적이지 못한 형**이다.

8 | 메조네트형의 특성
22②, 19④, 03①

메조넷형 아파트에 관한 설명으로 옳지 않은 것은?

① 다양한 평면구성이 가능하다.
② 소규모 주택에서는 비경제적이다.
③ 편복도형일 경우 프라이버시가 양호하다.
④ 복도와 엘리베이터홀은 각 층마다 계획된다.

해설 메조넷(복층)형은 한 주호가 2개 층에 나뉘어 구성되어 있는 형식으로 **공용복도와 엘리베이터는 한 층씩 걸러서 설치**하므로 정지층이 감소하여 경제적이다. 또한 평면계획 시 문간층(거실, 부엌), 위층(침실)으로 계획하며 다른 평면형의 상·하층을 서로 포개게 되므로 구조와 설비 등이 복잡해지고 설계가 어렵다.

9 | 아파트의 평면형식
22②, 14②

아파트의 평면형식에 관한 설명으로 옳지 않은 것은?

① 홀형은 통행부면적이 작아서 건물의 이용도가 높다.
② 중복도형은 대지이용률이 높으나 프라이버시가 좋지 않다.
③ 집중형은 채광·통풍조건이 좋아 기계적 환경조절이 필요하지 않다.
④ 홀형은 계단실 또는 엘리베이터홀로부터 직접 주거단위로 들어가는 형식이다.

해설 **집중형**은 단위주거의 위치에 따라 **채광, 통풍, 일조조건이 나쁘고**, 특히 복도 부분의 환기와 채광이 극히 불량하므로 **기계적인 환기조절이 필요**하다.

10 | 아파트의 평면형식
19②, 00①

아파트의 평면형식에 관한 설명으로 옳지 않은 것은?

① 중복도형은 부지의 이용률이 적다.
② 홀형(계단실형)은 독립성(privacy)이 우수하다.
③ 집중형은 복도 부분의 자연환기, 채광이 극히 나쁘다.
④ 편복도형은 복도를 외기에 터 놓으면 통풍, 채광이 중복도형보다 양호하다.

해설 아파트의 평면계획 중 **중복도형은 부지의 이용률이 크다.**

11 | 아파트의 평면형식
18①, 07④

아파트의 평면형식에 관한 설명으로 옳지 않은 것은?

① 중복도형은 모든 세대의 향을 동일하게 할 수 없다.
② 편복도형은 각 세대의 거주성이 균일한 배치구성이 가능하다.
③ 홀형은 각 세대가 양쪽으로 개구부를 계획할 수 있는 관계로 일조와 통풍이 양호하다.
④ 집중형은 공용 부분이 오픈되어 있으므로 공용 부분에 별도의 기계적 설비계획이 필요 없다.

해설 아파트의 평면형식 중 **집중형**은 부지의 이용률이 높으나 각 세대별로 조망이 다르고 기후조건에 따라 **기계적 환경조절이 필요**하며, 통풍과 채광에 불리하고 프라이버시가 좋지 않다.

12 | 메조네트형의 특성
22①, 05④

아파트의 단면형식 중 메조넷형식(maisonnette type)에 관한 설명으로 옳지 않은 것은?

① 하나의 주거단위가 복층형식을 취한다.
② 양면 개구부에 의한 통풍 및 채광이 좋다.
③ 주택 내의 공간의 변화가 없으며 통로에 의해 유효면적이 감소한다.
④ 거주성, 특히 프라이버시는 높으나 소규모 주택에는 비경제적이다.

해설 **메조넷형(복층형, 듀플렉스형)**은 한 주호가 2개 층으로 나뉘어 구성된 형식으로 주택 내의 **공간의 변화가 있으며** 통로면적의 감소로 인해 **유효면적이 증가**한다.

13 | 아파트의 단면형식
21④, 15②

공동주택의 단면형식에 관한 설명으로 옳지 않은 것은?

① 트리플렉스형은 듀플렉스형보다 공용면적이 크게 된다.
② 메조넷형에서 통로가 없는 층은 채광 및 통풍 확보가 양호하다.
③ 플랫형은 평면구성의 제약이 적으며 소규모의 평면계획도 가능하다.
④ 스킵 플로어형은 동일한 주거동에서 각기 다른 모양의 세대배치가 가능하다.

해설 **트리플렉스형**(triplex type, 하나의 주호가 3개 층으로 구성)은 복층(메조넷)형(한 주호가 2개 층에 나뉘어 구성)보다 공용면적을 적게 차지한다.

14 | 편복도와 홀형의 비교
20①,②

동일한 대지조건, 동일한 단위주호면적을 가진 편복도형 아파트가 홀형 아파트에 비해 유리한 점은?

① 피난에 유리하다.
② 공용면적이 작다.
③ 엘리베이터의 이용효율이 높다.
④ 채광, 통풍을 위한 개구부가 넓다.

해설 동일한 대지조건, 동일한 단위주호의 면적을 가진 **편복도형 아파트**가 홀형 아파트에 비해 유리한 점은 **엘리베이터의 이용효율이 높다**는 점이다.

15 | 아파트의 친교공간
21④, 00①

아파트에서 친교공간 형성을 위한 계획방법으로 옳지 않은 것은?

① 아파트에서의 통행을 공동출입구로 집중시킨다.
② 별도의 계단실과 입구 주위에 집합단위를 만든다.
③ 큰 건물로 설계하고 작은 단지는 통합하여 큰 단지로 만든다.
④ 공동으로 이용되는 서비스시설을 현관에 인접하여 통행의 주된 흐름에 약간 벗어난 곳에 위치시킨다.

해설 아파트의 친교공간을 형성하는 방식은 ①, ②, ④항 이외에 작은 건물로 설계하고, 큰 단지는 분할하여 작은 단지로 만드는 것이 원칙이다.

16 | 탑상형 공동주택
20③, 16②

탑상형 공동주택에 관한 설명으로 옳지 않은 것은?

① 각 세대에 시각적인 개방감을 준다.
② 각 세대의 거주 조건이나 환경이 균등하다.
③ 도심지 내의 랜드마크적인 역할이 가능하다.
④ 건축물 외면의 4개의 입면성을 강조한 유형이다.

해설 **탑상형 공동주택**은 대지의 조망을 해치지 아니하고, 건축물의 그림자도 적어서 변화를 줄 수 있는 형태이지만, **단위 주거의 실내환경 조건이 불균등**하게 된다.

17 | 아파트의 계단실형
21②, 17②

아파트의 평면형식 중 계단실형에 관한 설명으로 옳은 것은?

① 대지에 대한 이용률이 가장 높은 유형이다.
② 통행을 위한 공용면적이 크므로 건물의 이용도가 낮다.
③ 각 세대가 양쪽으로 개구부를 계획할 수 있는 관계로 통풍이 양호하다.
④ 엘리베이터를 공용으로 사용하는 세대가 많으므로 엘리베이터의 효율이 높다.

해설 ①항에서 대지에 대한 이용률이 가장 높은 형식은 **집중형**이고, ②항에서 통행을 위한 공용면적이 크므로 건물의 이용도가 낮은 형식은 **중복도형**이며, ④항에서 엘리베이터를 공용으로 사용하는 세대가 많으므로 엘리베이터의 효율이 높은 형식은 **중복도형**이다.

18 | 래드번의 5가지 원리
21④, 17①

래드번(Radburn) 계획의 5가지 기본원리로 옳지 않은 것은?

① 기능에 따른 4가지 종류의 도로 구분
② 자동차 통과도로 배제를 위한 슈퍼블록 구성
③ 보도망 형성 및 보도와 차도의 평면적 분리
④ 주택단지 어디로나 통할 수 있는 공동 오픈 스페이스 조성

해설 **래드번 계획** 중 5가지 기본원리로 **도로 교통의 개선**, 즉 **보도와 차도의 완전한 분리**가 가능하다.

19 | 메조네트형의 특성
10②, 05①

공동주택의 형식 중 메조네트형에 대한 설명으로 옳지 않은 것은?

① 주호의 프라이버시와 독립성이 양호하다.
② 양면 개구에 의한 일조, 통풍 및 전망이 좋다.
③ 주택 내의 공간의 변화가 있다.
④ 평면구성의 제약이 적고 소규모 주택에 면적면에서 적용이 유리하다.

해설 평면구성의 제약이 **많고**, 소규모 주택에 면적면에서 적용이 **불리**하다.

20 | 아파트의 평면형식
16④, 07①

다음 중 아파트의 평면형식에 따른 분류에 속하지 않는 것은?

① 홀형   ② 복도형
③ 집중형   ④ 탑상형

해설 **탑상형**은 아파트의 동 배치방법이다.

21 | 공동주택의 복도 폭
14①,②

공동주택에서 2세대 이상이 공동으로 사용하는 복도의 유효폭은 최소 얼마 이상이어야 하는가? (단, 갓복도의 경우)

① 90cm   ② 120cm
③ 150cm   ④ 180cm

해설 주택단지 안의 건축물 또는 옥외에 설치하는 계단 중 **공동주택으로 사용하는 계단의 유효폭은 최소 120cm(1.2m) 이상**으로 하여야 한다.

22 | 아파트의 형식
13②, 96②

아파트 형식에 관한 설명 중 적당하지 않은 것은?

① 계단실형은 각 단위주택의 독립성을 유지할 수 있으나 승강기를 설치할 경우 건설비가 많이 든다.
② 중복도형은 일조·통풍에 난점이 있으며 통로 등 공용 부분의 면적률이 높아진다.
③ 복층형(maisonette type)은 1주호가 2층 이상의 층에 걸쳐 있는 주호 형식이다.
④ 편복도형은 공용 부분의 면적이 많아지고 복도에 의해 프라이버시가 방해받기 쉽다.

23 | 아파트의 형식
07②, 03②

아파트의 형식에 대한 기술 중 옳지 않은 것은?

① 홀형은 계단 또는 엘리베이터홀에서 각 세대로 직접 들어가는 형식으로 프라이버시가 양호하다.

② 트리플렉스형은 하나의 주거단위가 3층으로 구성된 것으로 통로가 없는 층의 평면은 채광 및 통풍에 문제가 있다.

③ 스킵 플로어 형식은 주거단위의 단면을 단층형과 복층형에서 동일 층으로 하지 않고 반 층씩 엇나게 하는 형식을 말한다.

④ 집중형은 부지의 이용률은 높으나 통풍 및 채광에는 불리하다.

해설 **트리플렉스형**은 하나의 주거단위가 3층으로 구성된 것으로, 통로가 없는 층의 평면은 **채광 및 통풍**에 문제가 **없다.**

24 | 공동주택의 단면형식
06④, 04④

공동주택의 단위주거 단면 구성형태에 대한 설명 중 틀린 것은?

① 복층형(메조네트형)은 엘리베이터의 정지 층 수를 적게 할 수 있다.

② 스킵 플로어형은 주거단위의 단면을 단층형과 복층형에서 동일 층으로 하지 않고 반 층씩 엇나게 하는 형식을 말한다.

③ 트리플렉스형은 듀플렉스형보다 프라이버시의 확보율이 낮고, 통로면적도 불리하다.

④ 플랫형은 주거단위가 동일 층에 한하여 구성되는 형식이다.

해설 트리플렉스형은 듀플렉스형보다 프라이버시의 확보율이 **높고**, 통로면적도 **유리**하다.

25 | 공동주택의 단위주호
00②, 99③

공동주택의 거주자는 다양한 가족 구성을 가진 가구로 이루어져 있다는 점을 감안할 때, 단위주호계획에서 우선적으로 고려해야 할 사항은?

① 거실공간의 융통성 ② 침실의 독립성
③ 수납공간의 증대 ④ 침실면적의 증대

해설 공동주택에서 입주자의 개성에 따라 가구 등에 의한 실내공간의 변화뿐만 아니라 단위주거 안의 칸막이 변경이나 실내공간의 크기를 달리할 수 있는 구조로 계획함이 타당하나, 현재로서는 불가능하다. 이에 대한 대책으로 **단위주호계획**에서 **우선적으로 고려하여야 할 사항**은 **거실공간의 융통성**이다.

26 | 국지도로의 유형
20①,②

다음 설명에 알맞은 국지도로의 유형은?

불필요한 차량진입이 배제되는 이점을 살리면서 우회도로가 없는 cul-de-sac형의 결점을 개량하여 만든 패턴으로서 보행자의 안전성 확보가 가능하다.

① loop형 ② 격자형
③ T자형 ④ 간선분리형

해설 ② 격자형 : 교통을 균등분산시키고 넓은 지역을 서비스할 수 있다. 도로의 교차점은 40m 이상 떨어져 있어야 하고 업무 또는 주거지역으로 직접 연결되어서는 안 된다. 가로망의 형태가 단순·명료하고 가구 및 획지 구성상 택지의 이용효율이 높다.
③ T자형 : 격자형이 갖는 택지의 이용효율을 유지하면서 지구 내 통과교통의 배제, 주행속도의 저하를 위하여 도로의 교차방식을 주로 T자 교차로 한 형태이다. 통행거리가 **조금 길어지고**, 보행자에 있어서는 불편하기 때문에 **보행자 전용도로와의 병용이 가능**하다.
④ 간선분리형 : 주도로와 간선도로를 분리한 형태의 도로이다.

27 | 타운하우스의 특성
18④

타운하우스에 관한 설명으로 옳지 않은 것은?

① 각 세대마다 주차가 용이하다.

② 프라이버시 확보를 위한 경계벽 설치가 가능하다.

③ 단독주택의 장점을 고려한 형식으로 토지이용의 효율성이 높다.

④ 일반적으로 1층은 침실 등 개인공간, 2층은 거실 등 생활공간으로 구성된다.

해설 타운하우스의 규모는 다양하게 할 수 있으나 동일한 건축 양식으로 계획한 주택으로, 단독주택과 같이 독립정원을 가지고 있으나 접근도로 및 주차장은 공동으로 사용하며, 사생활보호를 위해 세대 사이의 경계벽을 설치하여 분리하는 것이 특징이다. 건물의 길이가 긴 경우에는 2~3세대씩 전진, 후퇴시켜 다양한 변화를 준다. ④항은 **테라스하우스의 특성**이다.

28 | 주택단지의 복리시설
18④

주택법상 주택단지의 복리시설에 속하지 않는 것은?

① 경로당   ② 관리사무소
③ 어린이놀이터   ④ 주민운동시설

해설 주택법상 "**복리시설**"이란 주택단지의 입주자 등의 생활복리를 위한 다음의 공동시설을 말한다.
 ㉮ **어린이놀이터**, 근린생활시설, 유치원, **주민운동시설** 및 **경로당**
 ㉯ 그 밖에 입주자 등의 생활복리를 위하여 제1종 근린생활시설, 제2종 근린생활시설(총포판매소, 장의사, 다중생활시설, 단란주점 및 안마시술소는 제외), 종교시설, 판매시설 중 소매시장 및 상점, 교육연구시설, 노유자시설, 수련시설, 업무시설 중 금융업소, 지식산업센터, 사회복지관, 공동작업장, 주민공동시설 및 도시·군계획시설인 시장 등이다.

29 | 근린생활권의 특성
18②

근린생활권에 관한 설명으로 옳지 않은 것은?

① 인보구는 가장 작은 생활권단위이다.
② 인보구 내에는 어린이놀이터 등이 포함된다.
③ 근린주구는 초등학교를 중심으로 한 단위이다.
④ 근린분구는 주간선도로 또는 국지도로에 의해 구분된다.

해설 **근린주구**는 도시계획의 종합계획에 따른 **최소 단위**가 되고 외부로부터의 통과교통의 유입을 배제하되, **주위의 간선도로를 경계로 하는 단위**이다.

30 | 아파트 구형의 어휘
17①

전통적인 주택의 골목길을 적층(積層) 주택인 아파트에 구현하고자 했던 설계어휘는?

① 진입광장   ② 공중가로
③ eco-bridge   ④ 데크식 주차장

해설 **진입광장**은 입구부에 조성된 원형광장으로 단지 진입로와 보행공간으로 연결하는 광장이다. **에코 브리지**(eco-bridge, 생태통로)는 도로개설이나 택지개발 등 각종 개발사업에 의해서 야생동·식물의 서식처가 단절되거나 훼손 또는 파괴된 서식처를 연결하기 위한 인공구조물이다. **데크식 주차장**은 아파트 단지 전부를 데크로 2층으로 들어올려 데크층 위에 아름다운 공원과 자동차 없는 아이들의 안전한 놀이터를 조성하고 그 아래에 주차장을 설치하는 첨단 공법이다.

31 | 단지 내 도로의 속도
16①

공동주택단지 안의 도로의 설계속도는 최대 얼마 이하가 되도록 하여야 하는가?

① 10km/h   ② 15km/h
③ 20km/h   ④ 30km/h

해설 주택건설기준 등에 관한 규정 제26조 ③항의 규정에 의하여 공동주택단지 안의 도로는 유선형 도로로 설계하거나, 노면의 요철 포장 또는 과속방지턱의 설치 등을 통하여 **도로의 설계속도**(도로설계의 기초가 되는 속도)가 **20km/h 이하**가 되도록 하여야 한다.

3 단지계획

01 | 단지 내 공동시설
20①,②, 13④, 12④, 09①

주거단지 내의 공동시설에 관한 설명으로 옳지 않은 것은?

① 중심을 형성할 수 있는 곳에 설치한다.
② 이용빈도가 높은 건물은 이용거리를 길게 한다.
③ 확장 또는 증설을 위한 용지를 확보하는 것이 좋다.
④ 이용성, 기능상의 인접성, 토지 이용의 효율성에 따라 인접하여 배치한다.

해설 주거단지 내 공동시설의 이용빈도가 높은 건물은 **이용거리를 짧게** 한다.

02 | 도시 이미지의 요소
14④, 12②, 10①, 07①

다음 중 케빈 린치(Kevin Lynch)가 주장한 '도시 이미지'의 구성요소가 아닌 것은?

① paths   ② edges
③ linkages   ④ landmark

해설 케빈 린치가 제시한 도시의 형태 및 시각적 환경의 지각을 형성하는 이미지 요소에는 부드러운 반복성, 날카로운 다양성 및 계속성[집과 집 또는 토지의 접합점(nodes), 공간 사이의 출입구(path), 모서리(corner), 물체의 뾰족한 끝부분(edges), 기념물(landmarks), 구역(districts)] 등이다.

03 | 단지 내 각 도로의 종류
19④, 14①, 09①, 04②

주거단지의 각 도로에 관한 설명으로 옳지 않은 것은?

① 격자형 도로는 교통을 균등분산시키고 넓은 지역을 서비스할 수 있다.
② 선형 도로는 폭이 넓은 단지에 유리하고 한쪽 측면의 단지만을 서비스할 수 있다.
③ 루프(loop)형은 우회도로가 없는 쿨데삭(cul-de-sac)형의 결점을 개량하여 만든 유형이다.
④ 쿨데삭(cul-de-sac)형은 통과교통을 방지함으로써 주거환경의 쾌적성과 안전성을 모두 확보할 수 있다.

해설 격자형 도로의 교차점은 40m 이상 떨어져 있어야 하며 업무 또는 주거지역으로 직접 연결되어서는 안 된다. **선형 도로(linear road pattern)는 폭이 좁은 단지에 유리하고 양 측면 또는 한 측면의 단지를 서비스할 수 있다.**

04 | 페리의 근린주구
21②, 17③, 15①, 12④

페리(C.A.Perry)의 근린주구에 관한 설명으로 옳지 않은 것은?

① 경계 : 4면의 간선도로에 의해 구획
② 지구 내 상업시설 : 지구 중심에 집중하여 배치
③ 오픈 스페이스 : 주민의 일상생활 요구를 충족시키기 위한 소공원과 위락공간체계
④ 지구 내 가로체계 : 내부 가로망은 단지 내의 교통량을 원활히 처리하고 통과교통을 방지

해설 지구 내 상업시설은 **주거지 내의 교통의 교차지점(결절점)이나 인접하는 주구와 같은 점포지구에 근접해서 배치**되어야 한다.

05 | 편의시설 중 매개시설
22②, 19④, 15④

장애인·노인·임산부 등의 편의증진 보장에 관한 법령에 따른 편의시설 중 매개시설에 속하지 않는 것은?

① 주출입구 접근로
② 유도 및 안내설비
③ 장애인전용주차구역
④ 주출입구 높이차이 제거

해설 장애인편의시설 중 매개시설에는 주출입구 접근로, 장애인전용주차구획, 주출입구 높이차이 제거 등, 내부시설에는 출입구(문), 복도, 계단 또는 승강기 등, **위생시설**에는 화장실(대·소변기, 세면대 등), 욕실, 샤워실, 탈의실 등, **안내시설**에는 점자블록, **유도 및 안내설비**, 경보 및 피난설비 등이 있다.

06 | 보차의 평면 분리
20④, 15①, 11①

주택단지계획에서 보차 분리의 형태 중 평면 분리에 해당하지 않는 것은?

① T자형
② 루프(loop)
③ 쿨데삭(cul-de-sac)
④ 오버브리지(overbridge)

해설 보차 분리의 형태에는 **평면 분리(쿨데삭, 루프, T자형 등)**, 면적 분리(보행자 공간, 몰프라자 등), **입체 분리(오버 브리지, 언더패스, 지하가 등)** 및 시간 분리(시간제 차량, 차 없는 날 등) 등이 있다.

07 | 래드번의 주택단지계획
20③, 13②, 10④

래드번(Radburn) 주택단지계획에 대한 설명으로 옳지 않은 것은?

① 주거구는 슈퍼블록 단위로 계획하였다.
② 주거지 내의 통과교통으로 간선도로를 계획하였다.
③ 보행자의 보도와 차도를 분리하여 계획하였다.
④ 중앙에는 대공원 설치를 계획하였다.

해설 래드번의 **주택단지계획**에서 주거지 내의 자동차의 통과도로(교통)의 배제를 위한 **슈퍼블록으로 구성**하였다.

08 | 쿨데삭의 특성
19②, 14②, 09④

주택단지 내 도로의 형태 중 쿨데삭(cul-de-sac)형에 관한 설명으로 옳지 않은 것은?

① 통과교통이 방지된다.
② 우회도로가 없기 때문에 방재·방범상으로는 불리하다.
③ 주거환경의 쾌적성과 안전성 확보가 용이하다.
④ 대규모 주택단지에 주로 사용되며, 도로의 최대 길이는 1km 이하로 한다.

해설 쿨데삭의 적정 길이는 최대 120~300m로 한다.

09 | 단지의 진입도로 폭
19①, 15①,④

공동주택을 건설하는 주택단지는 기간도로와 접하거나 기간도로부터 당해 단지에 이르는 진입도로가 있어야 한다. 주택단지의 총 세대수가 400세대인 경우 기간도로와 접하는 폭 또는 진입도로의 폭은 최소 얼마 이상이어야 하는가? (단, 진입도로가 1개이며, 원룸형 주택이 아닌 경우)

① 4m
② 6m
③ 8m
④ 12m

해설 진입도로의 최소폭

주택단지의 총 세대수	기간도로와 접하는 폭 또는 진입도로의 폭
300세대 미만	6m 이상
300세대 이상 500세대 미만	8m 이상
500세대 이상 1,000세대 미만	12m 이상
1,000세대 이상 2,000세대 미만	15m 이상
2,000세대 이상	20m 이상

10 | 단지 내 교통계획
16④, 02②, 98②

단지계획에 있어서 교통계획의 주요 착안 사항 중 틀린 것은?

① 통행량이 많은 고속도로는 근린주구 단위를 분리시킨다.
② 근린주구 단위 내부로의 자동차 통과진입을 극소화한다.
③ 2차 도로 체계는 주도로와 연결하고 통과도로를 이루게 한다.
④ 단지 내의 교통량을 줄이기 위하여 고밀도 지역을 진입구 주변에 배치시킨다.

해설 단지계획에 있어서 교통계획에 2차 도로의 체계는 주도로와 연결되어 **쿨데삭(cul - de - sac)**을 이루게 한다.

11 | 아파트의 어린이놀이터
10②, 05①, 03④

아파트 단지 내 어린이놀이터 계획에 대한 설명 중 맞지 않는 것은?

① 어린이가 안전하게 접근할 수 있어야 한다.
② 어린이가 놀이에 열중할 수 있도록 외부 시선은 차단되어야 한다.
③ 차량통행이 빈번한 곳은 피하여 배치한다.
④ 이웃에 소음이 가지 않도록 한다.

해설 어린이가 노는 모습을 관찰할 수 있도록 외부 **시선** 차단이 **없어야 한다.**

12 | 편의시설
19①, 15②

아파트에 의무적으로 설치해야 하는 장애인 · 노인 · 임산부 등의 편의시설에 속하지 않는 것은?

① 점자 블록
② 장애인전용주차구역
③ 높이 차이가 제거된 건축물 출입구
④ 장애인 등의 통행이 가능한 접근로

해설 아파트에 **의무적으로** 설치해야 하는 장애인 · 노인 · 임산부 등의 편의시설에는 ②, ③ 및 ④항은 매개시설에 속하고, 내부시설 중 **출입구**와 **계단** 및 **승강기**는 **의무사항**이고, 안내시설인 **점자 블록**은 **권장사항**이다.

13 | 단지의 도로 형식
17②, 10②

주거단지의 도로 형식에 대한 설명 중 옳지 않은 것은?

① 격자형은 가로망의 형태가 단순 · 명료하고, 가구 및 획지 구성상 택지의 이용효율이 높다.
② T자형은 도로의 교차방식을 주로 T자 교차로 한 형태로 통행거리는 짧으나 보행자 전용도로와의 병용이 불가능하다는 단점이 있다.
③ 쿨데삭(cul - de - sac)형은 각 가구와 관계없는 자동차의 진입을 방지할 수 있다는 장점이 있다.
④ 루프(loop)형은 우회도로가 없는 쿨데삭형의 결점을 개량하여 만든 패턴으로 도로율이 높아지는 단점이 있다.

해설 주거단지 도로 형식 중 T자형 도로는 격자형이 갖는 택지의 이용효율을 유지하면서 지구 내 통과교통의 배제, 주행속도의 저하를 위하여 도로의 교차방식은 주로 T자 교차로 한 형태로서 통행거리가 **조금 길게** 되고, 보행자는 불편하기 때문에 **보행자 전용도로와의 병용에 유리**하다.

14 | 래드번 슈퍼블록의 효과
16②, 13④

래드번(Radburn) 계획에서 슈퍼블록을 구성함으로써 얻어질 수 있는 효과로 옳지 않은 것은?

① 충분한 공동의 오픈 스페이스 확보 가능
② 건물을 집약화함으로써 고층화, 효율화 가능
③ 커뮤니티 시설의 중심배치로 간선도로변의 활성화 가능
④ 도로교통의 개선, 즉 보도와 차도의 완전한 분리 가능

해설 래드번 계획에서 슈퍼블록은 간선도로에 의해 분할되지 않는 주거로 약 10~20ha 정도로 구성하고, 커뮤니티 시설의 중심배치는 **간선도로변의 활성화가 불가능**하며, 보도(보행자)와 차도(자동차 교통)의 분리이다.

15 | 페리의 근린주구 이론
22②, 16①

페리의 근린주구 이론의 내용으로 옳지 않은 것은?

① 주민에게 적절한 서비스를 제공하는 1~2개소 이상의 상점가를 주요 도로의 결절점에 배치하여야 한다.
② 내부가로망은 단지 내의 교통량을 원활히 처리하고 통과교통에 사용되지 않도록 계획되어야 한다.
③ 근린주구의 단위는 통과교통이 내부를 관통하지 않고 용이하게 우회할 수 있는 충분한 넓이의 간선도로에 의해 구획되어야 한다.
④ 근린주구는 하나의 중학교가 필요하게 되는 인구에 대응하는 규모를 가져야 하고, 그 물리적 크기는 인구밀도에 의해 결정되어야 한다.

해설 페리의 근린주구 이론에서 근린주구는 **하나의 초등학교를 필요로 하는 인구에 대응하는 규모**를 가져야 하고, 그 물리적인 크기는 인구밀도에 의해 결정되어야 한다.

16 | 단지의 보행자 공간계획
11①, 07①

주거단지계획 시 보행자를 위한 공간계획에 관한 설명 중 옳지 않은 것은?

① 보행자가 차도를 걷거나 횡단하는 것이 용이하지 않도록 한다.
② 보행로에 흥미를 부여하여 질감, 밀도, 조경 및 스케일에 변화를 준다.
③ 광장 등을 보행자 공간에 포함시켜 다양성을 높인다.
④ 커뮤니티의 중심부에는 유보로(promenade)를 설치하면 안 된다.

해설 커뮤니티의 중심부에는 유보로(promenade)를 **설치**해야 한다.

17 | 페리의 근린주구 이론
16④, 04①

페리(C. A. Perry)의 근린주구 이론의 기초가 되는 시설이 아닌 것은?

① 초등학교
② 병원
③ 도서관
④ 파출소

해설 페리의 근린주구 이론에 의하면, 공공시설 용지는 유치권이 주구의 크기와 같은 **초등학교**, 기타 공공시설(**병원, 도서관** 등)의 용지는 주구의 중심 혹은 공공지의 주위에 일단의 방식으로 배치되어야 하고, **파출소는** 근린분구의 **중심시설**이다.

18 | 주택단지의 주거밀도
03②, 98②

공동주택단지의 주거밀도를 계획하는 데 가장 기본이 되는 사항은?

① 지반의 경사도와 토지 이용률
② 건축의 구조와 주택형식
③ 호수밀도와 인구밀도
④ 주택의 규모와 건폐율

해설 **주거밀도**란 상반된 요구들의 적정수준을 수량적인 관계로 규정한다는 뜻에서 중요한 사항은 **호수밀도, 인구밀도**(총밀도, 순밀도), 건폐율, 용적률 및 토지 이용률 등이 있다.

19 | 건축계획 시 적정규모
02②, 00③

건축계획 시 적정규모의 산정방식 중 틀린 것은?

① 영리시설과 공공시설 간에는 각기 다른 적정기준값을 적용한다.
② 건물 이용자의 측면에서 항상 여유 있는 규모를 확보한다.
③ 사용자 수와 소요 규모의 관계는 사례조사 방법과 치수 적응 방법을 통하여 예측한다.
④ 면적은 주로 1인당의 m^2로 나타내고 있으나 역으로 단위면적당의 수용인원으로 표시하기도 한다.

해설 건축물 **이용자의 충족도**와 그 시설의 **이용률**의 두 가지 점을 **감안**하여 결정한다.

② 상업건축계획

① 사무소

01 | 구조 코어의 형식
19②, 14②, 13①, 08④, 06①

다음 중 구조 코어로서 가장 바람직한 코어 형식으로, 바닥면적이 큰 고층, 초고층 사무소에 적합한 것은?

① 중심 코어형   ② 편심 코어형
③ 독립 코어형   ④ 양단 코어형

> **해설** 중심 코어형은 가장 바람직한 코어 형식으로 바닥면적이 큰 경우에 많이 사용하고, 내부 공간 외관이 모두 획일적으로 되기 쉬우며, 자사 빌딩에는 적합하지 않은 경우가 있다.

02 | 렌터블의 의미
15④, 04①

'렌터블(rentable)비가 높다'는 말을 설명한 것으로 가장 적절한 것은?

① 서비스를 보다 좋게 할 수 있다.
② 임대료 수입이 더 증가할 수 있다.
③ 코어 부분에 대한 면적을 보다 많이 확보할 수 있다.
④ 주차장 공간을 보다 많이 확보할 수 있다.

> **해설** 렌터블(유효율)비란 연면적에 대한 대실면적의 비로서 기준층에 있어서는 80%, 전체로는 70~75% 정도가 알맞고, '렌터블비가 높다.'는 말은 임대면적이 증대하므로 '임대료의 수입을 높일 수 있다.'는 말과 같다.

03 | 기준층 평면형태의 한정
02④, 01①, 00②

고층 사무소 건축의 기준층 평면형태를 한정하는 요소 중 옳지 않은 것은?

① 구조상 스팬의 한도
② 도시경관 배려
③ 동선상의 거리
④ 자연경관의 한계

> **해설** 사무소 건물의 기준층 평면형을 좌우하는 요소에는 구조상 스팬의 한도, 동선상의 거리, 자연경관의 한계, 자연광에 의한 조명 한계, 덕트, 배선, 배관 등 설비시스템상의 한계, 방화구획상 면적, 채광조건, 공용시설, 비상시설 등이 있다. 도시경관 배려, 사무실 내의 작업능률, 대피상 최소 피난거리, 엘리베이터의 대수 등과는 무관하다.

04 | 기둥 간격의 결정요소
22②, 18①, 14②, 13①

다음 중 사무소 건축의 기둥 간격 결정요소와 가장 거리가 먼 것은?

① 책상 배치의 단위
② 주차 배치의 단위
③ 엘리베이터의 설치 대수
④ 채광상 층높이에 의한 깊이

> **해설** 고층 사무소의 기둥 간격 결정요소와 공조방식, 동선상의 거리, 자연광에 의한 조명한계, 엘리베이터의 설치 대수, 건물의 외관과는 무관하다.

05 | 고층 사무소 건축
15①, 12④, 10②, 03②

고층 사무소 건축에 관한 설명으로 옳지 않은 것은?

① 토지이용 효율이 높아진다.
② 화재와 지진 등의 재난에 대한 대비가 필요하다.
③ 층고를 낮게 할 경우 건축비를 절감시킬 수 있다.
④ 고층일수록 설비비의 감소로 단위면적당 건축비가 절감된다.

> **해설** 고층 사무소 건축은 고층일수록 설비비와 단위면적당 건축비가 증가된다.

06 | 오피스 랜드스케이프
22②, 13④, 09②, 03④

다음 중 오피스 랜드스케이프(office landscape)의 특징에 해당되지 않는 것은?

① 공간의 효율적 이용   ② 조경면적의 확대
③ 사무능률의 향상   ④ 시설비와 유지비 절감

> **해설** 오피스 랜드스케이프와 조경면적은 무관하다.

07 | 기준층 평면형태의 결정요소
22①, 17②, 03①

사무소 건축의 기준층 평면형태 결정요소에 대한 설명 중 가장 부적절한 것은?

① 구조상 스팬의 한도
② 방화구획상 면적
③ 덕트, 배선, 배관 등 설비시스템상의 한계
④ 대피상 최소 피난거리

> **해설** 사무소 건물의 기준층 평면형을 좌우하는 요소와 도시경관 배려, 사무실 내의 작업능률, 대피상 최소 피난거리, 엘리베이터의 대수 등과는 무관하다.

08 | 오피스 랜드스케이핑
17①, 08②, 05④

사무소 건축계획 중 오피스 랜드스케이핑에 관한 설명으로 옳지 않은 것은?

① 작업장의 집단을 자유롭게 그루핑하여 불규칙한 평면을 유도한다.
② 개실시스템의 한 형식으로 배치를 의사전달과 작업흐름의 실제적 패턴에 기초를 둔다.
③ 변화하는 작업의 패턴에 따라 조절이 가능하며 신속하고 경제적으로 대처할 수 있다.
④ 대형 가구 등 소리를 반향시키는 기재의 사용이 어렵다.

해설 오피스 랜드스케이핑은 **개방식 시스템의 한 형식**으로 배치를 의사전달과 작업흐름의 실제적 패턴에 기초를 둔다.

09 | 3중 지역 배치
16④, 01④, 00③

사무소 건축에 있어서 3중 지역 배치(triple zone layout)의 특징 중 잘못된 것은?

① 서비스 부분을 중심에 위치하도록 한다.
② 대여 사무실 건물에 적합하다.
③ 고층 사무소 건축에 전형적인 해결방식이다.
④ 부가적인 인공조명과 기계환기가 필요하다.

해설 **전용 사무실이 주된 고층 건축물에 적합**하다.

10 | 유효율(렌버블비)
14④, 10④, 06②

사무소 건축에서 유효율(rentable ratio)이란?

① 건축면적에 대한 대실면적
② 연면적에 대한 대실면적
③ 기준층 면적에 대한 대실면적
④ 연면적에 대한 건축면적

해설 유효율(rentable ratio)은 **연면적에 대한 대실면적의 비**이다.

11 | 고층 사무소의 특성
12④, 10②, 03②

고층 사무소 건축에 관한 기술 중 적합하지 않은 것은?

① 층고를 낮게 할 경우, 건축비를 절감시킬 수 있다.
② 외장재는 경량재가 좋다.
③ 고층화할 경우, 토지 이용률이 높아진다.
④ 승강기는 이용하기 편하도록 여러 곳에 분산하는 것이 좋다.

해설 승강기는 이용하기 편하도록 **한 곳에 집중 배치**하는 것이 좋다.

12 | 엘리베이터 대수의 산정
10①, 10④, 96③

사무소 건축의 엘리베이터 대수 계산을 위한 이용자 수의 측정 기준은?

① 출근 시 5분간의 출입 인원 수
② 정오의 출입 인원의 평균 수
③ 퇴근 시 5분간의 출입 인원 수
④ 하루 출입 총인원의 1분간의 평균

해설 **출근 시 5분간 1대가 운반하는 인원 수**를 기준으로 한다.

13 | 코어 플랜
05④, 03④, 00①

사무소 건축의 코어 플랜에 관한 설명 중 옳지 않은 것은?

① 코어의 위치는 사무소 건축의 성격이나 평면형, 구조, 설비방식 등에 따라 결정한다.
② 중심 코어형은 바닥면적이 큰 경우에 유리하며, 분리 코어형은 2방향 피난에 유리하다.
③ 편심 코어형은 기준층 바닥면적이 큰 경우에 유리하며, 독립 코어형은 고층일 경우 구조적으로 유리하다.
④ 임대사무소에서 가장 경제적인 코어형은 중심 코어형이며, 분리 코어형은 한 개의 대공간이 필요한 전용 사무소에 적합하다.

해설 편심 코어형은 기준층 바닥면적이 **작은 경우**에 유리하며, 내진구조상 **불리하다**.

14 | 실단위계획
19②, 04①, 96③

사무소 건축의 실단위계획에 관한 설명으로 옳지 않은 것은?

① 개실시스템은 독립성과 쾌적감의 이점이 있다.
② 개방식 배치는 전면적을 유용하게 사용할 수 있다.
③ 개방식 배치는 개실시스템보다 공사비가 저렴하다.
④ 오피스 랜드스케이프(Office Landscape)는 개실시스템을 위한 실단위계획이다.

해설 오피스 랜드스케이프(Office Landscape)는 **개방식 시스템을 위한 실단위계획**이다.

15 | 통로의 경제적인 폭
02④, 98②

다음 그림과 같은 사무실 내의 통로로 한 사람이 다닐 수 있는 가장 경제적인 폭(d)은 얼마인가?

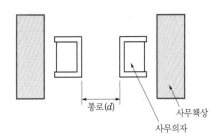

통로(d)
사무책상
사무의자

① 450mm
② 600mm
③ 900mm
④ 1,000mm

해설 한 사람이 다닐 수 있는 가장 경제적인 폭은 60cm(600mm) 정도이다.

16 | 엘리베이터의 배치방법
21④, 18④, 14①

사무소 건물의 엘리베이터 배치 시 고려사항으로 옳지 않은 것은?

① 교통동선의 중심에 설치하여 보행거리가 짧도록 배치한다.
② 여러 대의 엘리베이터를 설치하는 경우, 그룹별 배치와 군 관리 운전방식으로 한다.
③ 일렬배치는 6대를 한도로 하고, 엘리베이터 중심 간 거리는 10m 이하가 되도록 한다.
④ 엘리베이터 홀은 엘리베이터 정원 합계의 50% 정도를 수용할 수 있어야 하며, 1인당 점유면적은 0.5~0.8m² 로 계산한다.

해설 일렬배치는 **4대를 한도**로 하고, 엘리베이터 중심 간 거리는 **8m 이하**가 되도록 한다.

17 | 개방식 배치의 특성
21②, 18②, 14④

사무실 건축의 실단위계획에 있어서 개방식 배치(open plan)에 관한 설명으로 옳지 않은 것은?

① 독립성과 쾌적감 확보에 유리하다.
② 공사비가 개실시스템보다 저렴하다.
③ 방의 길이나 깊이에 변화를 줄 수 있다.
④ 전면적을 유효하게 이용할 수 있어 공간 절약상 유리하다.

해설 독립성과 쾌적감 확보에 **불리**하다.

18 | 실단위계획
21①, 17④, 10①

사무소 건축의 실단위계획에 대한 설명 중 옳지 않은 것은?

① 개실시스템은 독립성과 쾌적감의 이점이 있다.
② 개실시스템은 연속된 긴 복도로 인해 방 깊이에 변화를 주기가 용이하다.
③ 개방식 배치는 개실시스템보다 공사비가 저렴하다.
④ 개방식 배치는 전면적을 유용하게 이용할 수 있다.

해설 개실시스템은 방 길이에는 변화를 줄 수 있으나, 연속된 긴 복도로 인하여 **방 깊이에 변화를 줄 수 없다.**

19 | 오피스 랜드스케이핑
22①, 14①

사무소 건축의 오피스 랜드스케이핑(office landscaping)에 관한 설명으로 옳지 않은 것은?

① 의사전달, 작업흐름의 연결이 용이하다.
② 일정한 기하학적 패턴에서 탈피한 형식이다.
③ 작업단위에 의한 그룹(group)배치가 가능하다.
④ 개인적 공간으로의 분할로 독립성 확보가 용이하다.

해설 **오피스 랜드스케이핑**(office landscape)은 계급, 서열에 의한 획일적인 배치에 따른 반성으로 사무의 흐름이나 작업의 성격을 중시하여 능률적으로 배치한 형식으로, 개방식의 일종으로 칸막이가 설치되어 있지 않으므로 **소음이 발생하기 때문에 프라이버시가 결여되어 있는 형식**이다. 또한 ④항은 **개실식**에 대한 설명이다.

20 | 엘리베이터의 설치계획
18①, 15②

엘리베이터의 설치계획에 관한 설명으로 옳지 않은 것은?

① 군 관리운전의 경우 동일 군 내의 서비스층은 같게 한다.
② 승객의 층별 대기시간은 평균 운전간격 이상이 되게 한다.
③ 서비스를 균일하게 할 수 있도록 건축물 중심부에 설치하는 것이 좋다.
④ 건축물의 출입층이 2개 층이 되는 경우는 각각의 교통수요량 이상이 되도록 한다.

해설 승객의 층별 대기시간은 **평균 운전간격 이하**(10초 이내)가 되게 한다.

정답 15. ② 16. ③ 17. ① 18. ② 19. ④ 20. ②

21 | 엘리베이터의 설치계획
17②, 13①

사무소 건축에서 엘리베이터 계획 시 고려사항으로 옳지 않은 것은?

① 수량 계산 시 대상 건축물의 교통 수요량에 적합해야 한다.
② 승객의 층별 대기시간은 평균 운전 간격 이상이 되게 한다.
③ 군 관리 운전의 경우 동일 군 내의 서비스층은 같게 한다.
④ 초고층, 대규모 빌딩인 경우는 서비스 그룹을 분할(조닝)하는 것을 검토한다.

해설 승객의 층별 대기시간은 평균 운전간격 이하(10초 이내)가 되게 한다.

22 | 개방식 배치의 특성
15②, 12④

사무소 건축계획에서 개방식 배치에 관한 설명으로 옳지 않은 것은?

① 개인의 독립성 확보가 용이하다.
② 전면적을 유용하게 이용할 수 있다.
③ 공간의 길이나 깊이에 변화를 줄 수 있다.
④ 기본적인 자연채광에 인공조명이 필요한 형식이다.

해설 개인의 독립성 확보가 난이하다(어렵다).

23 | 스모크 타워
14④, 08②

고층 건물의 스모크 타워(smoke tower)에 관한 설명으로 옳은 것은?

① 보일러실 굴뚝의 보조설비이다.
② 화재 시 연기를 배출시키기 위하여 설치한다.
③ 쿨링 타워의 보조설비로서 옥상층에 설치한다.
④ 주방 조리대 상부에 설치하여 냄새, 연기, 수증기 등을 흡출하는 설비이다.

해설 배연실은 고층 건축물에 있어서 화재 시 연기를 배출하도록 하는 설비로서, 설치 장소는 특별 피난계단 및 피난계단의 전실에 설치하며 전실의 외부에 면하는 창이 있어도 설치해야 한다. ③항은 냉각탑, ④항은 레인지 후드에 대한 설명이다.

24 | 편심형 코어의 특성
21④, 07①

사무소 건축의 코어 형식 중 편심형 코어에 관한 설명으로 옳지 않은 것은?

① 고층인 경우 구조상 불리할 수 있다.
② 각 층 바닥면적이 소규모인 경우에 사용된다.
③ 바닥면적이 커지면 코어 이외에 피난시설 등이 필요해진다.
④ 내진구조상 유리하며 구조 코어로서 가장 바람직한 형식이다.

해설 편심 코어형(코어의 위치가 한쪽으로 편중되어 있는 형식)은 내진구조상 불리하고, 구조 코어로 가장 바람직한 형식은 중심 코어형이다.

25 | 중심 코어형의 특성
20④, 17①

다음 설명에 알맞은 사무소 건축의 코어 유형은?

• 코어와 일체로 한 내진구조가 가능한 유형이다.
• 유효율이 높으며, 임대 사무소로서 경제적인 계획이 가능하다.

① 편심형　　　　　　② 독립형
③ 분리형　　　　　　④ 중심형

해설 편단 코어형은 바닥면적이 커지면 코어 이외에 피난시설, 설비 샤프트 등이 필요하다. 양단 코어형은 방재상 유리하고, 복도가 필요하므로 유효율이 떨어진다. 중앙 코어형은 대여 사무실로 적합하고, 유효율이 높으며, 대여 빌딩으로서 가장 경제적인 계획을 할 수 있다.

26 | 외 코어형의 특성
21②, 13④

다음 설명에 알맞은 사무소 건축의 코어 유형은?

• 코어를 업무공간에서 분리시킨 관계로 업무공간의 융통성이 높은 유형이다.
• 설비덕트나 배관을 코어로부터 업무공간으로 연결하는데 제약이 많다.

① 외 코어형　　　　② 편단 코어형
③ 양단 코어형　　　④ 중앙 코어형

해설 ② **편단 코어형** : 바닥면적이 커지면 코어 이외에 피난시설, 설비샤프트 등이 필요하다.
③ **양단 코어형** : 방재상 유리하고 복도가 필요하므로 유효율이 떨어진다.
④ **중앙 코어형** : 대여사무실로 적합하고 유효율이 높으며 대여빌딩으로서 가장 경제적인 계획을 할 수 있다.

27 | 사무소의 코어 계획
19④, 16②

사무소 건축에서 코어 계획에 관한 설명으로 옳지 않은 것은?

① 코어 부분에는 계단실도 포함시킨다.
② 코어 내의 각 공간은 각 층마다 공통의 위치에 두도록 한다.
③ 엘리베이터 홀이 출입구 문에 바싹 접근해 있지 않도록 한다.
④ 코어 내에서 화장실은 외래자에게 잘 알려질 수 없는 곳에 위치시킨다.

해설 코어 내 공간의 위치가 **명확할 것**. 특히, 화장실은 그 위치가 **외래자에게 잘 알려질 수 있도록 하되**, 출입구 홀이나 복도에서 화장실 내부가 들여다보이지 않도록 한다.

28 | 엘리베이터의 조닝
11①, 06②

사무소 건축에서 엘리베이터 조닝에 대한 설명 중 부적당한 것은?

① 엘리베이터의 설비비를 절약할 수 있다.
② 일주 시간이 단축되어 수송능력이 향상된다.
③ 건물 전체를 몇 개의 그룹으로 나누어 서비스하는 방식이다.
④ 내부 교통의 편리성이 높아져 이용자에게 혼란을 줄 우려가 없다.

해설 내부 교통의 편리성이 **높아지나**, 이용자에게 혼란을 줄 우려가 **있다**.

29 | 건축의 코어 형태
11②, 06②

다음의 사무소 건축의 코어(core) 형태에 관한 설명 중 가장 부적당한 것은?

① 편심 코어형은 일반적으로 소규모 사무소 건물에 많이 쓰인다.
② 외 코어형은 사무실 공간과 간섭이 적다.
③ 중앙 코어형은 기준층 바닥면적이 대규모인 경우에 적합하다.
④ 양단 코어형은 대여 사무소에 주로 사용되며 방재상 불리하다.

해설 중심 코어형은 대여 사무소에 주로 사용되며, 양측 코어형은 방재 및 피난상 유리하다.

30 | 건축의 코어 형태
09④, 04④

사무소 건축의 코어에 대한 설명으로 옳지 않은 것은?

① 주내력벽 구조체로 내진벽 역할을 한다.
② 중심 코어형은 바닥면적이 작은 경우에 적합하며 저층 건물에 주로 사용된다.
③ 양단 코어형은 2방향 피난에 이상적이며 방재상 유리하다.
④ 공용 부분을 한곳에 집약시킴으로써 사무소의 유효면적을 증대시키는 역할을 한다.

해설 중심 코어형은 바닥면적이 **큰 경우에 적합**하며 **고층 건물**에 주로 사용된다.

31 | 임대사무소의 유효율
07①,②

다음 중 일반 임대사무소 건축에 있어서 임대면적과 연면적의 비(임대면적/연면적)로 가장 적절한 것은?

① 10% ② 25%
③ 50% ④ 75%

해설 렌터블(유효율)비란 연면적에 대한 면적의 비로서, **기준층에 있어서는 80%, 전체로는 70~75% 정도**가 알맞다.

$$렌터블(유효율)비 = \frac{대실면적}{연면적} \times 100(\%)$$

32 | 노크스의 계산식
05②

노크스의 계산식에 의한 사무소의 엘리베이터 대수 산정의 가정 조건으로 부적당한 것은?

① 2층 이상 거주자 전부의 30%를 15분간에 한쪽 방향으로 수송한다.
② 실제 주행 속도는 정규 속도의 80%로 본다.
③ 엘리베이터가 1층에서 손님을 태우기 위한 시간을 10초로 한다.
④ 엘리베이터는 정원의 90%가 타는 것으로 본다.

해설 엘리베이터는 **정원의 80%**가 타는 것으로 본다.

33 | 코어 플랜 계획의 이점
04②, 97②

고층 사무소 건축에서 코어 플랜(core plan)으로 계획할 때의 이점에 대한 설명 중 옳지 않은 것은 어느 것인가?

① 고층인 경우 구조적으로 불리하게 된다.
② 사무소의 유효면적률을 높일 수 있다.
③ 설비계통의 순환이 좋아져 각 층에서의 계통거리가 최단거리가 된다.
④ 서비스 부분의 각 층이 균등하고, 정돈된 외관을 갖출 수 있다.

해설 고층인 경우 **구조적으로 유리**하게 된다.

34 | 인텔리전트화의 특성
02②, 98①

사무소 건축물의 인텔리전트화와 거리가 먼 것은?

① 건축물 내 실내환경 관리의 자동화
② 건물의 대형화
③ 렌터블비의 증대
④ 사무공간의 쾌적성

해설 **건축물의 인텔리전트화**란 건축물 내의 **실내환경 관리를 자동화**하고, **건축물을 대형화**하며, **사무공간의 쾌적함**을 위주로 설계를 하는 것이며, **렌터블비와는 무관**하다.

35 | 개실 시스템의 특성
20④

사무소 건축의 실단위계획 중 개실시스템에 관한 설명으로 옳지 않은 것은?

① 공사비가 저렴하다.
② 독립성과 쾌적감이 높다.
③ 방길이에 변화를 줄 수 있다.
④ 방깊이에 변화를 줄 수 없다.

해설 **개실시스템**(individual room system)은 **독립성과 쾌적감이 높**고 방길이에 변화를 줄 수 있으나, 방깊이에는 변화를 줄 수 없다. 또한 칸막이벽의 증가로 인하여 공사비가 고가이다.

36 | 개방식 배치의 특성
19①

사무소 건축의 실단위계획 중 개방식 배치에 관한 설명으로 옳지 않은 것은?

① 공사비를 줄일 수 있다.
② 실의 깊이나 길이에 변화를 줄 수 없다.
③ 시각차단이 없으므로 독립성이 적어진다.
④ 경영자의 입장에서는 전체를 통제하기가 쉽다.

해설 개실시스템은 방의 길이에는 변화를 줄 수 있으나, 연속된 긴 복도로 인하여 방의 깊이에는 변화를 줄 수 없다. **개방식 시스템은 실의 깊이와 길이에 변화를 줄 수 있다.**

37 | 스팬의 결정요소
16④

다음 중 사무소 건물의 스팬(span) 결정요인과 가장 거리가 먼 것은?

① 지하층의 주차 단위
② 냉·난방설비 방식
③ 층고에 의한 유효 채광범위
④ 사무실의 작업 단위(책상배열 단위)

해설 **사무소 건축에 있어서 기둥 간격(스팬)**은 구조 계획적으로 상하층을 통해 가로, 세로 간격을 서로 같은 간격으로 배치하는 것이 가장 바람직하다. **기둥 간격의 결정요인**에는 **책상 배치의 단위, 주차배치의 단위, 채광상 층높이에 의한 깊이** 등이 있으며, 엘리베이터의 대수, 냉·난방설비 방식, 건물의 외관과는 무관하다.

38 | 오피스 랜드스케이핑
20③

사무소 건축에서 오피스 랜드스케이핑(office land-scaping)에 관한 설명으로 옳지 않은 것은?

① 프라이버시 확보가 용이하여 업무의 효율성이 증대된다.
② 커뮤니케이션의 융통성이 있고 장애요인이 거의 없다.
③ 실내에 고정된 칸막이를 설치하지 않으며 공간을 절약할 수 있다.
④ 변화하는 작업의 패턴에 따라 조절이 가능하며 신속하고 경제적으로 대처할 수 있다.

해설 오피스 랜드스케이핑은 **개방식 시스템의 한 형식**으로, 의사전달과 작업흐름의 실제적 패턴에 기초를 두고 계획하며, **개인적 공간분할이 되지 않아 독립성 확보가 어렵다.** 특히 음향적으로 연결되므로 불편하다. 반면 개인적 공간분할로 독립성 확보가 쉬운 방식은 개실시스템이다.

39 | 엘리베이터의 계획
16①

사무소 건축의 엘리베이터 계획에 관한 설명으로 옳지 않은 것은?

① 군 관리운전의 경우 동일 군 내의 서비스층은 같게 한다.
② 승객의 층별 대기시간은 평균 운전간격 이하가 되게 한다.
③ 실내공간의 확장을 용이하게 할 수 있도록 건축물의 한쪽 끝에 설치한다.
④ 초고층, 대규모 빌딩인 경우는 서비스 그룹을 분할(조닝)하는 것을 검토한다.

해설 사무소 건축의 **엘리베이터 배치**는 주출입구, 홀에 면해서 1개소에 집중 배치하고, **외래객에게 잘 알려진 곳에 배치**하여야 한다.

2 은행

01 | 드라이브인 뱅크의 특성
99④, 97③

드라이브인 은행(drive-in bank)의 계획 시 참고사항 중 옳지 않은 것은?

① 주위에 충분한 주차시설을 두어야 한다.
② 너무 복잡한 중심부 도로가에 있으면 교통 혼잡 때문에 좋지 않다.
③ 쌍방 통화설비를 하여야 한다.
④ 모든 업무를 드라이브인 창구에서만 처리한다.

해설 드라이브인 뱅크의 업무는 **일반 창구와 드라이브인 창구의 두 군데에서 취급**하므로, 모든 업무가 드라이브인 창구에서만이 아니라 일반 창구에서도 이루어질 수 있다.

02 | 은행 건축의 특성
16④, 13①, 08①, 04④, 03②

은행 건축에 관한 설명으로 옳지 않은 것은?

① 금고실은 고객대기실에서 떨어진 위치에 둔다.
② 일반적으로 주 출입문은 안여닫이로 함이 타당하다.
③ 영업실의 면적은 은행원 1인당 최소 $20m^2$ 이상 되어야 한다.
④ 은행실은 고객대기실과 영업실로 나누어지며 은행의 주체를 이루는 곳이다.

해설 은행 영업실의 면적은 **은행원 1인당 최소 $10m^2$ 정도**(은행 건축의 규모를 결정함)이다.

03 | 은행 건축의 시설 규모
13①, 08①, 03④

은행의 시설 규모 결정요인과 가장 거리가 먼 것은?

① 이용 고객의 수
② 고객 서비스를 위한 시설 규모
③ 고객의 이용 시간
④ 장래의 예비 스페이스

해설 은행의 시설 규모를 결정하는 요인에는 은행원의 수, **이용 고객의 수, 고객의 서비스를 위한 시설 규모, 장래의 예비 공간** 등이 고려되어야 한다.

04 | 은행 건축의 특성
17①, 13②

은행 건축계획에 관한 설명으로 옳지 않은 것은?

① 고객이 지나는 동선은 되도록 짧게 한다.
② 영업실의 면적은 행원 수×4~5m^2 정도로 한다.
③ 규모가 큰 건물에 은행을 계획하는 경우, 고객 출입구는 최소 2개소 이상 설치하여야 한다.
④ 일반적으로 출입문은 안여닫이로 하며, 전실을 둘 경우에 바깥문은 밖여닫이 또는 자재문으로 하기도 한다.

해설 규모가 큰 건물에 은행을 계획하는 경우, 고객의 출입구는 되도록 1개소로 하고, 안여닫이로 하는 것이 보편적이다.

05 | 은행 건축의 배치계획
16①, 07④

은행 건축의 배치계획에 대한 설명 중 옳지 않은 것은?

① 아이들이 많은 지역에서는 주출입구를 회전문으로 하지 않는 것이 좋다.
② 야간금고는 가능한 한 주출입구 근처에 위치하도록 하며 조명시설이 완비되도록 한다.
③ 고객이 지나는 동선은 되도록 짧게 한다.
④ 경비 및 관리의 능률상 은행 내 출입은 주출입구 하나로 집약시키고 별도의 출입구는 설치하지 않는다.

해설 경비 및 관리의 능률상 은행 내 출입은 주출입구 하나로 집약시키나, **별도의 출입구(직원, 고객)를 설치**한다.

06 | 은행의 주출입구
17③, 11④

은행의 주출입구에 관한 설명으로 옳지 않은 것은?

① 겨울철의 방풍을 위해 방풍실을 설치하는 것이 좋다.
② 내부와 면한 출입문은 도난방지상 바깥여닫이로 하는 것이 좋다.
③ 이중문을 설치하는 경우, 바깥문은 바깥여닫이 또는 자재문으로 계획할 수 있다.
④ 어린이들의 출입이 많은 곳에서는 안전을 고려하여 회전문 설치를 배제하는 것이 좋다.

해설 **은행의 주출입구**는 겨울철에 열 보호를 위하여 전실을 두거나 방풍용 칸막이를 설치하고, **도난방지상 반드시 안여닫이**로 하고 **전실을 두는 경우에는 바깥문은 외여닫이, 자재문**으로 한다.

07 | 은행의 주출입구
10①, 96③

은행의 주출입구(방풍실부)로서 가장 적합한 것은?

① 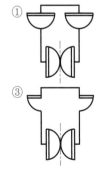 ②

③ ④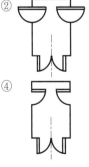

08 | 은행의 공간계획
02④, 99③

은행의 공간계획으로 옳지 않은 것은?

① 고객이 지나는 동선은 되도록 짧게 한다.
② 업무 내의 흐름은 가급적 고객이 알기 어렵게 한다.
③ 큰 건물인 경우 고객의 출입구는 한 곳으로 하고 문은 안쪽으로 열리게 한다.
④ 고객공간과 업무공간과의 사이는 보안상 엄격히 구분하도록 한다.

해설 고객공간과 업무공간과의 사이에는 원칙적으로 **구분이 없어야** 한다.

09 | 은행의 공간계획
01④

은행의 내부공간계획에 대한 설명 중 옳지 않은 것은?

① 고객공간과 업무공간과의 사이에는 원칙적으로 구분이 없어야 한다.
② 고객이 지나는 동선은 되도록 짧아야 한다.
③ 업무 내부의 일의 흐름은 되도록 고객이 알기 어렵게 한다.
④ 큰 건물의 경우에 고객 출입구는 되도록 2~3개소로 한정하고 안으로 열리도록 한다.

해설 큰 건물의 경우에 고객 출입구는 되도록 **1개소**로 한정하고 안으로 열리도록 한다.

10 | 은행의 건축계획
18②

은행 건축계획에 관한 설명으로 옳지 않은 것은?

① 은행원과 고객의 출입구는 별도로 설치하는 것이 좋다.
② 영업실의 면적은 은행원 1인당 1.2m² 를 기준으로 한다.
③ 대규모의 은행일 경우 고객의 출입구는 되도록 1개소로 하는 것이 좋다.
④ 주출입구에 이중문을 설치할 경우 바깥문은 바깥여닫이 또는 자재문으로 할 수 있다.

해설 영업실의 면적은 은행원 1인당 **10m²** 를 기준으로 한다.

11 | 은행의 건축계획
20③

은행 건축계획에 관한 설명으로 옳지 않은 것은?

① 고객과 직원과의 동선이 중복되지 않도록 계획한다.
② 대규모 은행일 경우 고객의 출입구는 되도록 1개소로 계획한다.
③ 이중문을 설치할 경우 바깥문은 바깥 여닫이 또는 자재문으로 계획한다.
④ 어린이의 출입이 많은 경우에는 주출입구에 회전문을 설치하는 것이 좋다.

해설 은행의 주출입구는 도난 방지상 반드시 안여닫이로 하고, 겨울철 기온이 낮은 우리나라에서는 열 보호를 위해 현관에 **전(방풍)실**을 둔다. 전실을 설치한 경우에는 **바깥문을 외여닫이, 자재(회전)문으로 해야** 하며, **어린이들의 출입이 많은 지역에서는 회전문보다 여닫이문을 사용해야 안전하다.** 특히 직원과 고객의 출입구는 별도로 설치한다.

3 상점

01 | AIDMA법칙의 요소
22①, 20①,②, 19②, 18①, 13④, 11①, 09①, 07①

상점의 매장 및 정면구성에서 요구되는 AIDMA법칙의 내용으로 옳지 않은 것은?

① Memory   ② Interest
③ Attention   ④ Attraction

해설 상점의 광고요소(AIDMA법칙)에는 **주의**(Attention), **흥미**(Interest), **욕망**(Desire), **기억**(Memory) 및 **행동**(Action) 등이 있다.

02 | 매장 가구의 배치계획
09②, 06①, 98③

상점 건축의 매장 가구의 배치계획 중 고려할 사항으로 부적당한 것은?

① 고객 측에서 상품이 효과적으로 보이게 한다.
② 들어오는 고객과 종업원의 시선이 직접 마주치지 않게 한다.
③ 감시가 쉽고 또한 고객에게 감시하는 인상을 주어 미연에 도난을 방지하도록 한다.
④ 고객과 종업원의 동선이 원활하여 다수의 고객을 수용하게 하고 소수의 종업원으로 족하게 한다.

해설 감시가 쉬운 반면에 **고객에게 감시하는 인상을 주지 않도록 한다.**

03 | 진열창 계획 시 반사방지
00③, 96①

상점 건축의 진열창 계획 시 반사방지를 위한 대책 중 잘못된 것은?

① 쇼윈도 안의 조도를 외부, 즉 손님이 서 있는 쪽보다 어둡게 한다.
② 특수한 곡면유리를 사용하여 외부의 영상이 객의 시야에 들어오지 않게 한다.
③ 차양을 설치하여 외부에 그늘을 준다.
④ 평유리는 경사지게 설치한다.

해설 쇼윈도 안의 조도를 외부, 즉 손님이 서 있는 쪽보다 **밝게** 한다.

04 | 상점계획
19④, 06②, 04①

상점계획에 대한 설명 중 옳지 않은 것은?

① 고객의 동선은 일반적으로 짧을수록 좋다.
② 점원의 동선과 고객의 동선은 서로 교차되지 않는 것이 바람직하다.
③ 대면판매형식은 일반적으로 시계, 귀금속, 의약품상점 등에서 쓰인다.
④ 쇼케이스배치유형 중 직렬형은 다른 유형에 비하여 상품의 전달 및 고객의 동선상 흐름이 빠르다.

해설 상점계획에서 **고객 동선**은 상품의 판매를 촉진하기 위하여 **가능한 한 길게** 하고, 종업원 동선은 소수의 인원으로 효율적으로 상품을 관리할 수 있도록 가능한 한 짧게 한다.

05 | 진열창 배치
21④, 15①, 09④

상점 건축의 진열장 배치에 관한 설명 중 옳은 것은?

① 도난을 방지하기 위하여 손님에게 감시한다는 인상을 주도록 계획한다.
② 들어오는 손님과 종업원의 시선이 정면으로 마주치도록 계획한다.
③ 동선이 원활하여 다수의 손님을 수용하고 다수의 종업원으로 관리하게 한다.
④ 손님 쪽에서 상품이 효과적으로 보이도록 계획한다.

해설 도난을 방지하기 위하여 손님에게 감시한다는 인상을 **주지 않도록 계획**하고, 들어오는 손님과 종업원의 시선이 정면으로 **마주치지 않도록 계획**하며, 동선이 원활하여 다수의 손님을 수용하고 **소수의 종업원**으로 관리하게 한다.

06 | 매장의 평면 형태
19④, 14④

상점 매장의 가구배치에 따른 평면유형에 관한 설명으로 옳지 않은 것은?

① 직렬형은 부분별로 상품 진열이 용이하다.
② 굴절형은 대면판매방식만 가능한 유형이다.
③ 환상형은 대면판매와 측면판매방식을 병행할 수 있다.
④ 복합형은 서점, 패션점, 액세서리점 등의 상점에 적용이 가능하다.

해설 **굴절 배열형**은 진열 케이스 배치와 고객의 동선이 굴절 또는 곡선으로 구성된 형식의 상점으로, **대면판매와 측면판매의 조합**에 의해서 이루어지며, 백화점 평면배치에는 적합하지 않다.

07 | 판매방식의 종류
19②, 15②

상점의 판매방식에 관한 설명으로 옳지 않은 것은?

① 측면판매방식은 직원 동선의 이동성이 많다.
② 대면판매방식은 측면판매방식에 비해 상품 진열면적이 넓어진다.
③ 측면판매방식은 고객이 직접 진열된 상품을 접촉할 수 있는 관계로 선택이 용이하다.
④ 대면판매방식은 쇼케이스를 중심으로 판매원이 고정된 자리나 위치를 확보하는 것이 용이하다.

해설 대면판매형식은 측면판매형식에 비해 상품의 진열면적이 **좁아**진다.

08 | 진열창의 반사 글레어
16②, 11①

상점 내에서 조명에 의한 반사 글레어(reflected glare)를 방지하기 위한 대책으로 옳지 않은 것은?

① 젖빛 유리구를 사용한다.
② 간접 조명방식을 채택한다.
③ 반사면의 정반사율을 높게 한다.
④ 광도가 낮은 배광기구를 이용한다.

해설 평활하고 광택이 있는 반사면의 정반사율을 **낮게** 한다.

09 | 상점의 진열창
15④, 09②

상점의 쇼윈도에 대한 설명 중 옳지 않은 것은?

① 상점의 전면이 넓지 않을 경우 일반적으로 쇼윈도와 출입구는 비대칭적으로 처리하는 것이 좋다.
② 평형은 일반적으로 많이 사용되는 기본형으로 상점 내의 면적을 넓게 사용할 수 있다.
③ 곡면형은 곡면유리를 사용하여 쇼윈도의 구성에 변화를 주어 일단 형태감에서 통행인의 시선을 자연스럽게 유도할 수 있다.
④ 경사형은 유리면을 경사지게 처리하여 단조로움이 적게 되지만 유리면의 눈부심이 크다.

해설 경사형은 유리면을 경사지게 처리하여 단조로움이 적게 되지만 **유리면의 눈부심이 작다.**

10 | 상점의 배치 방위
02②, 97①

다음의 점포계획 중 그 방위가 가장 적절하지 못한 것은?

① 식료품점 – 도로의 서쪽
② 음식점 – 도로의 북쪽
③ 여름용품점 – 도로의 북쪽
④ 양복점, 서점 – 도로의 남쪽

해설 음식점은 양지바른 쪽으로 **도로의 남쪽이 유리**하다.

④ 백화점

01 | 에스컬레이터의 위치
18④, 12②, 00①

백화점 매장에 에스컬레이터를 설치할 경우, 설치 위치로 가장 알맞은 곳은?

① 매장의 한쪽 측면
② 매장의 가장 깊은 곳
③ 백화점의 주출입구 근처
④ 백화점의 주출입구와 엘리베이터 존의 중간

해설 엘리베이터의 위치는 출입구의 반대쪽에 위치하고, **에스컬레이터의 위치는 엘리베이터와 출입구의 중간** 또는 매장 중앙에 가까운 장소로서 고객의 눈에 잘 띄는 곳이 좋다.

02 | 평면계획상의 형태
02①, 99③, 98②

백화점의 평면계획상 가장 적합치 않은 기술은?

① 백화점 기준층에 있어서 외부창을 가급적 적게 계획한다.

② 백화점 진열장의 조명은 가급적 휘도가 낮도록 한다.

③ 백화점의 고객권은 상품권의 동선과 가능한 한 분리시킨다.

④ 엘리베이터, 에스컬레이터 등 수직동선 설비는 고객 출입구에 근접시켜 동선의 원활한 연결이 가능하게 한다.

해설 엘리베이터의 위치는 주출입구, 홀에 면하여 1개소에 집중 배치하고, 에스컬레이터의 위치는 엘리베이터의 군과 출입구의 중간 또는 매장의 중앙에 가까운 장소로서 매장을 바라다 볼 수 있는 장소나 고객의 눈에 잘 띄는 장소에 설치한다.

03 | 에스컬레이터의 배치
19①, 01④, 00③

백화점의 에스컬레이터 배치에 관한 설명으로 옳지 않은 것은?

① 교차식 배치는 점유면적이 작다.

② 직렬식 배치는 점유면적이 크나 승객의 시야가 좋다.

③ 병렬식 배치는 백화점 매장 내부에 대한 시계가 양호하다.

④ 병렬 연속식 배치는 연속적으로 승강할 수 없다는 단점이 있다.

해설 병렬 연속식 배치법은 교통이 연속(연속적으로 승강할 수 있다)되고, 승강객과 하강객이 명확히 구분되며, 승객의 시야가 넓어지고, 에스컬레이터의 찾기 쉬운 장점이 있으나, 점유면적이 넓고, 시선이 마주치는 단점이 있다.

04 | 보행자 동선, 휴식처
18④, 10①, 07④, 99①

쇼핑센터의 공간 구성에서 페디스트리언 지대(padestrian area)의 일부로서 고객을 각 상점에 유도하는 보행자 동선인 동시에 고객의 휴식처로서 기능을 갖고 있는 곳을 무엇이라 하는가?

① 몰(mall)

② 코트(court)

③ 핵상점(magnet store)

④ 허브(hub)

해설 코트는 몰의 군데군데 고객이 머물 수 있는 공간을 마련한 곳으로 고객의 휴식처가 되는 동시에 안내를 제공하고 쇼핑센터의 연출장이기도 한 곳이다. 핵상점은 쇼핑센터의 고객을 끌어들이는 기능을 갖고 있으며, 일반적으로 백화점, 종합 슈퍼가 이에 해당된다. 허브는 승객이나 물류 수송의 중심지 역할을 하는 교통의 요지이다.

05 | 백화점의 기본계획
99①, 97②

백화점 건축의 기본계획에 관한 설명 중 부적당한 것은?

① 고객권은 판매권과 결합하며 종업원권, 상품권과 접한다.

② 매장면적은 전체 면적의 50%, 유효면적에 대해서는 60~70% 정도로 한다.

③ 출입구는 모퉁이를 피하고, 점내 주요 통로의 직선적 위치에 설치한다.

④ 에스컬레이터는 엘리베이터와 출입구의 중간, 매장의 중앙에 가까운 장소에 배치한다.

해설 고객권은 상품권(상품의 반입, 보관 및 배달의 기능을 하는 곳)과 절대적으로 분리하여야 한다.

06 | 진열창 배치방법
22②, 19①, 05④, 01④

다음 설명에 알맞은 백화점 진열장 배치방법은?

- Main통로를 직각배치하며, Sub통로를 45° 정도 경사지게 배치하는 유형이다.
- 많은 고객이 매장공간의 코너까지 접근하기 용이하지만, 이 형의 진열장이 많이 필요하다.

① 직각배치

② 방사배치

③ 사행배치

④ 자유유선배치

해설 직각배치(rectangular system)는 가장 일반적인 방법으로 면적을 최대로 사용할 수 있으나 통행량에 따라 통로 폭의 변화가 어렵고 엘리베이터로 접근이 어렵다. 방사(사행)배치는 주통로 이외의 제2통로를 45° 사선으로 배치한 것으로 많은 고객이 판매장의 구석까지 가기 쉬운 이점이 있다. 자유유선배치는 매장의 변경과 이동이 어려우므로 계획을 세울 때 복잡하다.

07 | 쇼핑센터 몰의 계획
10②, 03①, 01①

쇼핑센터의 공간 구성요소인 몰(mall)계획에 관한 설명 중 틀린 것은?

① 몰은 쇼핑센터 내의 주요 보행동선으로 쇼핑 거리인 동시에 고객의 휴식공간이다.

② 몰에는 층 외로 개방된 open mall과 닫혀진 실내공간으로 된 enclosed mall이 있다.

③ 몰에는 코트(court)를 설치해 각종 연회, 이벤트 행사 등을 유치하기도 한다.

④ 몰의 활성화를 위해 전문점들과 중심 상점의 주출입구는 몰과 면하지 않도록 거리를 두어야 한다.

해설 전문점들과 중심 상점의 주출입구는 쇼핑센터 내 주요 보행 동선으로 고객을 각 상점으로 고르게 유도하는 쇼핑거리인 동시에 고객의 휴식처인 **몰에 면하도록** 하여야 한다.

08 | 자연채광의 고려 대상
12①, 09①, 96③

다음 중 자연채광이 별로 문제되지 않는(고려사항이 되지 않는) 것은 어느 것인가?

① 사무소 사무실　　　② 학교 교실
③ 병원 병실　　　　　④ 백화점 매장

해설 사무소의 사무실, 학교의 교실 및 병원의 병실은 **자연채광에** 대하여 고려하지 않으면 안 된다. 그러나 **백화점과 같은 판매시설에서는 무창 건축으로 계획**하므로, 즉 조명과 환기설비에 대해 계획상 고려하기 때문에 자연채광에 대한 고려는 필요하지 않다.

09 | 백화점의 평면배치
02②, 98①

백화점 평면배치에서 적합하지 않은 것은?

① 직각배치법　　　　② 유선형 배치법
③ 사행배치법　　　　④ 굴절배치법

해설 **굴절배열형**은 진열 케이스 배치와 객의 동선이 굴절 또는 곡선으로 구성된 형식의 상점으로, 대면판매와 측면판매의 조합에 의해서 이루어지며, **백화점 평면배치에는 부적합**하다.

10 | 쇼핑센터 몰의 계획
18①, 04①

쇼핑센터의 몰(mall)의 계획에 대한 설명으로 옳지 않은 것은?

① 전문점들과 중심 상점의 주출입구는 몰에 면하도록 한다.
② 중심 상점들 사이의 몰의 길이는 150m를 초과하지 않아야 하며, 길이 40~50m마다 변화를 주는 것이 바람직하다.
③ 몰에는 자연광을 끌어들여 외부 공간과 같은 성격을 갖게 한다.
④ 다층으로 계획할 경우, 다층 및 각 층 간의 시야의 개방감이 적극적으로 고려되어야 한다.

해설 중심 상점들 사이의 몰의 길이는 **240m**를 초과하지 않아야 하며, 길이 **20~30m마다 변화**를 주는 것이 바람직하다.

11 | 쇼핑센터의 페디스트리언
22②, 07②, 01②

쇼핑센터의 가장 특징적인 요소로서의 페디스트리언 지대(pedestrian area)에 관한 설명으로 옳지 않은 것은?

① 고객에게 변화감과 다채로움, 자극과 흥미를 제공한다.
② 바닥면의 고저, 천장 및 층높이를 다양하게 구성하도록 한다.
③ 바닥면에 사용하는 재료는 붉은 벽돌, 타일, 돌 등을 사용한다.
④ 사람들의 유동적 동선이 방해되지 않는 범위에서 나무나 관엽식물을 둔다.

해설 바닥의 고저 차를 두는 것은 반드시 **피해야 할 사항**이다.

12 | 진열창 배치방법
17②, 10①

백화점의 진열장 배치에 대한 설명 중 옳지 않은 것은?

① 직각배치방식은 판매장 면적이 최대한으로 이용되고 간단하다.
② 사행배치는 주통로 이외의 제2 통로를 상·하교통계를 향해서 45° 사선으로 배치한 것이다.
③ 사행배치는 많은 고객이 판매장 구석까지 가기 쉬운 이점이 있으나 이형의 진열장이 필요하다.
④ 자유유선배치방식은 획일성을 탈피할 수 있으며, 변화와 개성을 추구할 수 있고 시설비가 적게 든다.

해설 자유유선 배치방식은 획일성을 탈피할 수 있으며, 변화와 개성을 추구할 수 있으나, 이형 진열대로 인하여 **시설비가 많이 든다.**

13 | 백화점의 무창 건축
17②, 00①

백화점의 계획에서 매장 부분의 외관을 무창으로 하는 이유로 옳지 않은 것은?

① 창으로부터 역광이 없도록 하여 디스플레이(display)가 유리하게 하기 위해서이다.
② 실내의 공기조화 또는 냉방시설에 유리하고 조도를 일정하게 하기 위해서이다.
③ 인접건물의 화재 시 백화점 인화를 방지하기 위해서이다.
④ 외부 벽면에 상품을 전시하고 그 옆으로 통로를 만들어 매장에 유리함을 주기 위해서이다.

해설 백화점을 **무창으로 건축**하는 경우에는 화재 또는 정전 시의 고객들에게 대단히 큰 혼란을 가져온다.

14 | 엘리베이터 승객의 집중
15④, 13②

엘리베이터를 이용하는 서비스 대상 건축물의 교통 수요량과 승객의 집중시간 분석을 하려고 한다. 백화점의 경우 일반적으로 적용되는 승객 집중시간은?

① 일요일 개장 직후   ② 일요일 정오 전후
③ 금요일 오후 6시 전후   ④ 토요일 오후 3시 전후

해설 엘리베이터를 이용하는 서비스 대상 건축물의 교통 수요량과 승객의 집중시간 분석을 하려고 할 때, **백화점에 있어서 승객의 집중시간은 일요일 정오 전후**이다.

15 | 쇼핑센터의 몰
21②, 16②

쇼핑센터의 몰(mall)에 관한 설명으로 옳은 것은?

① 전문점과 핵상점의 주출입구는 몰에 면하도록 한다.
② 쇼핑체류시간을 늘릴 수 있도록 방향성이 복잡하게 계획한다.
③ 몰은 고객의 통과동선으로서 부속시설과 서비스기능의 출입이 이루어지는 곳이다.
④ 일반적으로 공기조화에 의해 쾌적한 실내기후를 유지할 수 있는 오픈 몰(open mall)이 선호된다.

해설 쇼핑센터의 몰은 **쇼핑 체류시간을 늘릴 수 있도록** 하나, 확실한 **방향성과 식별성이 단순하도록 계획**한다. **보행자 연결로**(pedestrian mall)는 고객의 통과동선으로서 부속시설과 서비스 기능의 출입이 이루어지는 곳이며, 공기조화에 의해 쾌적한 실내기후를 유지할 수 있는 **인클로즈몰이 선호**된다.

16 | 기둥 간격의 결정요소
21②, 18②

다음 중 백화점의 기둥 간격 결정요소와 가장 거리가 먼 것은?

① 화장실의 크기
② 에스컬레이터의 배치방법
③ 매장 진열장의 치수와 배치방법
④ 지하주차장의 주차방식과 주차폭

해설 백화점의 기둥 간격(스팬)을 결정하는 요인에는 기준층 **판매대의 배치**와 치수, 그 주위의 통로 폭, 엘리베이터와 **에스컬레이터의 배치**와 유무, 지하주차장의 설치, **주차방식과 주차폭** 등이 있다. 각 층별 매장의 상품구성, 화장실의 크기, 공조실의 폭과 위치, 백화점의 스팬과는 무관하다.

17 | 매장의 배치 형태
21④, 17①

백화점 매장의 배치유형에 관한 설명으로 옳지 않은 것은?

① 직각형 배치는 매장 면적의 이용률을 최대로 확보할 수 있다.
② 직각형 배치는 고객의 통행량에 따라 통로 폭을 조절하기 용이하다.
③ 경사형 배치는 많은 고객이 매장공간의 코너까지 접근하기 용이한 유형이다.
④ 경사형 배치는 main 통로를 직각 배치하며, sub 통로를 45° 정도 경사지게 배치하는 유형이다.

해설 **직각배치**(rectangular system)는 가장 일반적인 방법으로 **면적을 최대로 사용할 수 있으나** 통행량에 따라 **통로 폭 변화가 어렵고** 엘리베이터로 접근이 어렵다.

18 | 진열창 배치방법
12④, 09④

백화점의 진열대 배치방법에 관한 설명으로 옳지 않은 것은?

① 직각배치는 판매장이 단조로워지기 쉽다.
② 직각배치는 매장면적을 최대한으로 이용할 수 있다.
③ 사행배치는 많은 고객이 판매장 구석까지 가기 쉬운 이점이 있다.
④ 자유유선배치는 매장의 변경 및 이동이 쉬우므로 계획에 있어 간단하다.

해설 백화점 진열대 배치방식 중 **자유유선배치**는 매장의 변경과 이동이 **어려우므로** 계획을 세울 때 **복잡하다**.

19 | 핵점포의 면적비
12②, 04④

쇼핑센터에서 전체 면적에 대한 일반적인 핵점포의 면적비로 가장 적당한 것은?

① 약 50%   ② 약 30%
③ 약 20%   ④ 약 10%

해설 **쇼핑센터를 구성하는 주요한 요소**에는 **핵점포, 몰, 코트, 전문점 및 주차장** 등이 있으며, 면적의 구성은 규모, 핵수에 따라 다르므로 **핵점포가 전체의 50%**, 전문점 부분이 25%, 공유 스페이스(몰, 코트 등)가 약 10% 정도이다.

20 | 쇼핑센터의 계획
08②, 05②

쇼핑센터 계획에 대한 설명 중 옳지 않은 것은?

① 전문점들과 중심 상점의 주출입구는 몰에 면하지 않도록 한다.
② 페디스트리언 지대(pedestrian area)의 구성을 통해 구매 의욕을 도모하고 휴식 공간을 마련한다.
③ 몰(mall)에는 확실한 방향성과 식별성이 요구된다.
④ 2차적 고객 유도를 위해 은행, 우체국, 미장원 등 소규모 편익시설을 포함시킨다.

해설 전문점들과 중심 상점의 주출입구는 몰에 **면하도록** 한다.

21 | 백화점 모듈 결정요인
05②

다음 중 백화점 모듈 결정요인과 가장 거리가 먼 것은?

① 지하주차장의 주차방식과 주차폭
② 에스컬레이터의 유무
③ 엘리베이터의 배치방식
④ 화장실의 크기

해설 각 층별 매장의 상품 구성, 화장실의 크기, 공조실의 폭과 위치, 백화점의 스팬과는 무관하다.

22 | 승강설비의 위치
02④, 98②

백화점 평면계획에 있어서 엘리베이터와 에스컬레이터의 위치로 가장 적당한 곳은?

① 고객의 출입구 근처에 있어야 좋다.
② 엘리베이터는 주출입구에서 가까운 곳이 좋다.
③ 엘리베이터는 주출입구에서 먼 곳에, 에스컬레이터는 그 중간이 좋다.
④ 에스컬레이터는 매장 가장자리가 좋다.

해설 엘리베이터의 위치는 출입구의 반대쪽에 위치하고, **에스컬레이터의 위치는 엘리베이터와 출입구의 중간 또는 매장 중앙에 가까운 장소**로 고객의 눈에 잘 띄는 곳이 좋다.

23 | 백화점의 매장계획
01②, 98③

다음 백화점의 매장계획에 관한 기술 중 부적당한 것은?

① 기둥 간격의 결정은 계단, 엘리베이터와 관련된 층고계획과 밀접한 관계가 있다.
② 매장의 통로 폭은 전시형식, 매장의 종류에 따라 결정되어야 한다.
③ 판매대의 경사배치는 고객이 매장의 구석까지 유도하기 쉬운 배치방법이다.
④ 판매대는 매장의 손쉬운 변경을 고려하여 규격화된 것을 사용하는 것이 보통이다.

해설 기둥 간격의 결정은 계단, 엘리베이터와 관련된 층고계획과 관계가 없다.

24 | 매장의 동선계획
00②

백화점 매장의 동선계획에 관한 사항 중 옳지 않은 것은?

① 매장 내의 주통로는 3.3m 이상, 부통로는 2.6m 이상으로 한다.
② 순수 교통에 필요한 면적은 매장면적의 20~30%를 차지한다.
③ 양측 통로는 최소 1.9m 이상, 편측 통로는 1.4m 이상으로 한다.
④ 주통로, 에스컬레이터 앞, 현관과 이들을 연결하는 부분의 폭은 2.7~3.0m 정도로 한다.

해설 순수 교통에 필요한 면적은 매장면적의 50~70%를 차지한다.

25 | 고객의 주 보행동선
17③

쇼핑센터에서 고객의 주 보행동선으로서 중심상점과 각 전문점에서의 출입이 이루어지는 곳은?

① 몰(mall)
② 코트(court)
③ 터미널(terminal)
④ 페디스트리언 지대(pedestrian area)

해설 **코트**는 몰의 군데군데에 고객이 머물 수 있는 공간을 마련한 곳으로 고객의 휴식처가 되는 동시에 안내를 제공하고 쇼핑센터의 연출장이기도 한 곳이다. **터미널**은 기둥 따위의 끝머리 장식 또는 운송기관의 종착역이며, **페디스트리언 지대**(쇼핑의 도로)는 고객에게 변화감과 다채로움, 자극과 변화와 흥미를 주며 쇼핑을 유쾌하게 할 뿐만 아니라 휴식을 할 수 있는 장소를 제공한다.

❸ 공공문화 건축계획

1 극장

01 가시거리 1차 허용한도
21④, 14④, 12①,②, 06①, 03②, 97④, 96③

극장 건축계획에서 연기자의 표정을 읽을 수 있는 시각한계를 초과하여 관객의 수용 요구에 응하는 1차 허용한도는?

① 10m   ② 15m

③ 22m   ④ 35m

해설 제1차 허용한계(극장에서 잘 보여야 하는 것과 동시에 많은 관객을 수용해야 되는 요구를 만족하는 한계)는 22m이다.

02 극장의 가시거리
19④, 16①, 15④, 06①

다음은 극장의 가시거리에 대한 설명이다. ( ) 안에 들어갈 말로 알맞은 것은?

> 연극 등을 감상하는 경우 연기자의 표정을 읽을 수 있는 가시한계는 (㉮)m 정도이다. 그러나 실제적으로 극장에서는 잘 보여야 되는 동시에 많은 관객을 수용해야 하므로 (㉯)m까지를 1차 허용한도로 한다.

① ㉮ 22, ㉯ 35   ② ㉮ 22, ㉯ 38

③ ㉮ 15, ㉯ 22   ④ ㉮ 20, ㉯ 35

해설 극장의 관객석에서 무대 중심을 볼 수 있는 한계는 연극 등을 감상하는 경우 연기자의 표정을 읽을 수 있는 시각한계는 15m라고 하고, 제1차 허용한계(극장에서 잘 보여야 하는 것과 동시에 많은 관객을 수용해야 되는 요구를 만족하는 한계)는 22m, 제2차 허용한계(연기자의 일반적인 동작을 감상할 수 있는 한계)는 35m까지 고려되어야 한다.

03 플라이 갤러리의 정의
22①, 18②, 08②, 04①, 02②

극장 무대 주위의 벽에 6~9m 높이로 설치되는 좁은 통로로, 그리드 아이언에 올라가는 계단과 연결되는 것은?

① 그린룸
② 호리존트
③ 플라이 갤러리
④ 슬라이딩 스테이지

해설 그린룸은 출연자 대기실을 말하며 주로 무대 가까운 곳에 배치한다. **호리존트**는 극장의 무대 뒷쪽에 설치된 곡면의 벽으로 광선, 화광 일광을 조사하고 구름, 무지개 등 진보된 조명기로 자연의 효과를 주기 위한 방법으로 사용한다. **슬라이딩 스테이지**는 이동무대를 의미한다.

04 무대배경용의 벽
22②, 21②, 19②, 17④, 13①

극장 건축에서 무대의 제일 뒤에 설치되는 무대배경용 벽을 나타내는 용어는?

① 프로시니엄   ② 사이클로라마

③ 플라이 로프트   ④ 그리드 아이언

해설 ① **프로시니엄 아치** : 관람석과 무대 사이에 격벽이 설치되고 이 격벽의 개구부의 틀을 말한다.
③ **플라이 로프트** : 무대 뒤편의 좁은 통로이다.
④ **그리드 아이언** : 무대 상부의 격자형태의 발판으로 이 곳에서 배경막과 조명 등을 조절한다.

05 표정과 동작의 가시거리
18①, 06②, 99②, 98③

연극을 감상하는 경우 연기자의 표정을 읽을 수 있는 시각한계는?

① 12m   ② 13m

③ 14m   ④ 15m

해설 배우의 표정이나 동작을 자세히 감상할 수 있는 구역, 인형극, 아동극 객석의 범위로서 15m를 **한도**로 한다.

06 극장의 무대
02①, 99①

극장의 무대에 관한 기술 중 틀린 것은?

① 그리드 아이언(grid iron)은 무대 막을 받들기 위한 구조이다.
② 플라이 로프트(fly loft)는 무대 상부의 공간이다.
③ 플라이 갤러리(fly gallery)는 무대장치를 보관하는 곳이다.
④ 그린룸(green room)은 연기자 대기실이다.

해설 **플라이 갤러리**(fly gallery)는 그리드 아이언에 올라가는 계단과 연결되게 **무대 주위의 벽에 6~9m 높이**로 설치되는 좁은 통로이고, 세트실은 프로그램과 관련된 모든 세트를 제작하고, 설치, 녹화 후 해체된 무대장치를 보관하는 곳이다.

07 | 극장 건축의 제실
20④, 14④, 08④

극장 건축의 관련 제실에 대한 설명 중 옳지 않은 것은?

① 앤티룸(anti room)은 출연자들이 출연 바로 직전에 기다리는 공간이다.
② 의상실은 실의 크기가 1인당 최소 8~9m²가 필요하며 그린룸이 있는 경우 무대와 동일한 층에 배치하여야 한다.
③ 배경 제작실의 위치는 무대에 가까울수록 편리하며 제작 중의 소음을 고려하여 차음설비가 요구된다.
④ 그린룸(green room)은 출연자 대기실을 말하며 주로 무대 가까운 곳에 배치한다.

해설 의상실은 실의 크기가 1인당 최소 4~5m²가 필요하며 그린룸이 있는 경우 무대와 반드시 동일한 층에 배치할 필요는 없다.

08 | 그린룸의 역할
18④, 14①, 10②

극장 건축에서 그린룸(green room)의 역할로 가장 알맞은 것은?

① 배경 제작실
② 의상실
③ 관리 관계실
④ 출연 대기실

해설 그린룸(green room)은 무대에 출연하기 전 준비가 다 된 연기자가 기다리는 방을 말하며, 무대와 가까이, 같은 층에 두는데, 그 크기는 30m² 이상으로 한다.

09 | 애리나형의 특성
17④, 13②, 09②

극장의 평면형식 중 애리나형에 관한 설명으로 옳지 않은 것은?

① 무대배경을 만들지 않으므로 경제성이 있다.
② 무대장치나 소품은 주로 낮은 가구들로 구성된다.
③ 연기는 한정된 액자 속에서 나타나는 구상화의 느낌을 준다.
④ 가까운 거리에서 관람하면서 가장 많은 관객을 수용할 수 있다.

해설 연기는 한정된 액자 속에서 나타나는 구성화의 느낌을 주는 형식은 프로시니엄형(픽쳐 프레임형)이다.

10 | 극장의 객석계획
16②, 09④, 04①

극장의 객석계획에 관한 설명 중 옳지 않은 것은?

① 연극 등을 감상하는 경우 연기자의 표정을 읽을 수 있는 가시한계는 15m 정도이다.
② 객석의 세로 통로는 무대를 중심으로 하는 방사선상이 좋다.
③ 좌석을 엇갈리게 배열(stagger seats)하는 방법은 객석의 바닥 구배가 완만할 경우에는 사용할 수 없으며 통로 폭이 좁아지는 단점이 있다.
④ 객석은 무대의 중심 또는 스크린의 중심을 중심으로 하는 원호의 배열이 이상적이다.

해설 좌석을 엇갈리게 배열(stagger seats)하는 방법은 객석의 바닥 구배를 완만하게 할 수 있고, 통로 폭이 좁아지는 단점이 있다.

11 | 극장 내부의 사용 재료
10④, 08①, 97②

다음 중 극장의 음향계획에서 극장 측면벽에 사용되는 재료에 대한 설명으로 가장 알맞은 것은?

① 무대 쪽 벽은 반사재, 객석 쪽 벽은 흡음재
② 무대 쪽 벽은 흡음재, 객석 쪽 벽은 반사재
③ 모두 반사재
④ 모두 흡음재

해설 객석부에서 무대 가까이에는 반사재를 사용하고, 뒤쪽은 흡음재를 사용하여야 한다.

12 | 극장의 음향계획
22②, 03②

극장 건축의 음향계획에 관한 설명으로 옳지 않은 것은?

① 음향계획에 있어서 발코니의 계획은 될 수 있는 한 피하는 것이 좋다.
② 음의 반복 반사현상을 피하기 위해 가급적 원형에 가까운 평면형으로 계획한다.
③ 무대에 가까운 벽은 반사체로 하고 멀어짐에 따라서 흡음재의 벽을 배치하는 것이 원칙이다.
④ 오디토리움 양쪽의 벽은 무대의 음을 반사에 의해 객석 뒷부분까지 이르도록 보강해주는 역할을 한다.

해설 음의 반복 반사현상을 피하기 위해 가급적 **원형**, 반원형, 타원형, 사각형의 형태는 **피하는 것이 좋다**.

13 | 극장의 평면형식
19④, 04④

극장의 평면형식에 관한 설명으로 옳지 않은 것은?

① 오픈 스테이지형은 무대장치를 꾸미는데 어려움이 있다.
② 프로시니엄형은 객석수용능력에 있어서 제한을 받는다.
③ 가변형 무대는 필요에 따라서 무대와 객석을 변화시킬 수 있다.
④ 애리나형은 무대배경설치비용이 많이 소요된다는 단점이 있다.

해설 극장의 무대형식 중 **애리나(arena)형**은 가까운 거리에서 관람하면서 많은 관객을 수용할 수 있고 **무대배경을 만들지 않으므로 경제성이 있으며** 무대장치나 소품은 주로 낮은 기구들로 구성한다.

14 | 애리나형의 특성
19①, 07②

극장의 평면형식 중 관객이 연기자를 사면에서 둘러싸고 관람하는 형식으로 가장 많은 관객을 수용할 수 있는 형식은?

① 아레나(arena)형
② 가변형(adaptable stage)
③ 프로시니엄(proscenium)형
④ 오픈 스테이지(open stage)형

해설 극장의 **평면형식**에는 **프로시니엄형(픽처프레임형)**은 연기자가 제한된 방향으로만 관객을 대하게 되고, **오픈 스테이지형**은 연기자와 관객 사이의 친밀감을 높게 하며 연기자와 관객이 하나의 공간 속에 놓여 있다. **가변형 무대**는 필요에 따라서 무대와 객석을 변화시킬 수 있고 최소한의 비용으로 극장 표현에 대한 최대한의 선택 가능성을 부여한다.

15 | 극장의 무대 특성
19①, 05②

극장의 무대의 관한 설명으로 옳지 않은 것은?

① 프로시니엄 아치는 일반적으로 장방형이며, 종횡의 비율은 황금비가 많다.
② 프로시니엄 아치의 바로 뒤에는 막이 쳐지는데, 이 막의 위치를 커튼라인이라고 한다.
③ 무대의 폭은 적어도 프로시니엄 아치폭의 2배, 깊이는 프로시니엄 아치폭 이상으로 한다.

④ 플라이 갤러리는 배경이나 조명기구, 연기자 또는 음향 반사판 등을 매달 수 있도록 무대 천장 밑에 철골로 설치한 것이다.

해설 **플라이 갤러리(fly gallery)**는 그리드 아이언에 올라가는 계단과 연결되게 무대 주위의 벽에 6~9m 높이로 설치되는 좁은 통로이다. ④항은 **그리드 아이언(grid iron)**에 대한 설명이다.

16 | 애리나형의 특성
18②, 06④

애리나(arena)형 극장에 대한 설명으로 옳지 않은 것은?

① 연기자가 일정한 방향으로만 관객을 대하므로 강연, 콘서트, 독주, 연극공연에 가장 좋은 형식이다.
② 가까운 거리에서 관람하면서 많은 관객을 수용할 수 있다.
③ 무대배경을 만들지 않으므로 경제성이 있다.
④ 무대장치나 소품은 주로 낮은 기구들로 구성한다.

해설 연기자가 제한된 방향으로만 관객을 대하게 되고, 강연, 연극, 독주, 콘서트 등에 가장 적합한 극장의 평면형식은 **프로시니엄형(픽처 프레임형)**이다.

17 | 애리나형의 특성
20①,②, 16②

극장의 평면형 중 애리나(arena)형에 관한 설명으로 옳은 것은?

① 투시도법을 무대공간에 응용한 형식이다.
② 무대의 장치나 소품은 주로 높은 기구로 구성된다.
③ 픽츄어 프레임 스테이지(picture frame stage)라고도 한다.
④ 가까운 거리에서 관람하면서 가장 많은 관객을 수용할 수 있다.

해설 극장의 평면 형태 중 애리나형은 무대의 장치나 소품은 주로 **낮은 가구로 구성**된다. 투시도법을 무대공간에 응용함으로써 하나의 구상화와 같은 느낌이 들게 하는 형식은 **프로시니엄형(픽처 프레임형)**이다.

18 | 애리나형의 특성
17①, 12④

극장의 평면형 중 애리나(arena)형에 관한 설명으로 옳은 것은?

① picture frame stage라고도 불리운다.
② 무대의 배경을 만들지 않으므로 경제적이다.
③ 연기자가 한쪽 방향으로만 관객을 대하게 된다.
④ 투시도법을 무대 공간에 응용함으로써 하나의 구상화와 같은 느낌이 들게 한다.

해설 picture frame stage라고도 불리고, **연기자가 한쪽 방향으로만 관객을 대하게 되며, 배경은 한 폭의 그림과 같은 느낌을 주게** 되어 전체적인 통일의 효과를 얻는 데 가장 좋은 형태 또는 투시도법을 무대공간에 응용함으로써 하나의 구성화와 같은 느낌이 들게 하는 방식은 **프로시니엄형(픽처 프레임형)**이다.

19 | 극장의 음향계획
16④, 06④

극장의 음향계획에 대한 설명 중 옳지 않은 것은?

① 무대 근처에는 음의 반사재를 취한다.
② 불필요한 음은 적당히 감쇠시키고 필요한 음의 청취에 방해가 되지 않게 한다.
③ 반사음의 집중이 없도록 한다.
④ 천장계획에 있어서 돔(dome)형은 음원의 위치 여하를 막론하고 음을 확산시키므로 바람직하다.

해설 천장계획에 있어서 돔(dome)형은 음원의 위치 여하를 막론하고 음의 **반향**을 일으키므로 **바람직하지 않다.**

20 | 프로시니엄형의 특성
13④, 10①

극장의 평면형 중 프로시니엄형에 대한 설명으로 옳지 않은 것은?

① 강연, 콘서트, 독주, 연극 공연 등에 적합하다.
② 연기자가 일정한 방향으로만 관객을 대하게 된다.
③ 무대의 배경을 만들지 않으므로 경제성이 있다.
④ picture frame stage라고도 불린다.

해설 무대의 배경을 만들지 않으므로 경제성이 있는 형식은 **애리나(센트럴) 스테이지형**이다.

21 | 공연장의 객석계획
11②, 04①

공연장 객석계획에 대한 설명 중 옳은 것은?

① 객석과 객석의 전후 간격은 60~80cm가 가장 이상적이다.
② 관객이 객석에서 무대를 볼 때 적당한 수평 시각의 허용한도는 90°이다.
③ 객석의 가시거리의 한계에서 배우의 일반적인 동작만 보이는 2차 허용거리는 22m이다.
④ 관객의 눈과 무대 위의 점을 연결하는 가시선을 가리지 않도록 객석의 단면 결정을 해야 한다.

해설 객석과 객석의 전후 간격은 **횡렬 6석 이하는 80cm, 7석 이상은 85cm 이상**으로 하고, 관객이 객석에서 무대를 볼 때 적당

한 수평시각의 허용한도는 60°이하이며, 객석의 가시거리의 한계에서 배우의 일반적인 동작만이 보이는 2차 허용거리는 35m이다.

22 | 극장의 제 용어
09④, 06①

다음의 극장에 관한 용어의 설명 중 옳지 않은 것은?

① 그린룸(green room) – 배경 제작실로 위치는 무대에 가까울수록 편리하다.
② 앤티룸(anti room) – 출연자들이 출연 바로 직전에 대기하는 공간이다.
③ 플라이 갤러리(fly gallery) – 무대 주위의 벽에 6~9m 높이로 설치되는 좁은 통로이다.
④ 프롬프터 박스(prompter box) – 객석 쪽에서 보이지 않게 설치된 대사를 불러주는 곳이다.

해설 그린룸(green room)은 무대 옆에 설치하여 가벼운 식사를 할 수 있는 설비를 갖춘 대기실이다.

23 | 오픈 스테이지형의 특성
02②, 99②

다음의 설명에 맞는 극장의 평면형은 다음 중 어느 것인가?

㉮ 관객이 부분적으로 연기자를 둘러싸고 있는 형태이다.
㉯ 배우는 관객석 사이나 무대 아래로부터 출입한다.
㉰ 관객이 연기자에 좀더 근접하여 관람할 수 있다.

① 오픈 스테이지형   ② 애리나형
③ 프로시니엄형   ④ 가변형

해설 오픈 스테이지형의 특징은 관객이 연기자에 좀더 접근하여 관람할 수 있고, 연기자는 혼란스러운 방향감 때문에 통일된 효과를 내기 힘들며, 대학의 부속 극장이나 극단의 전용 극장에 사용된다.

24 | 그린룸의 의미
09②, 05①

극장에서 green room이란 무엇을 뜻하는가?

① 온실   ② 출연 대기실
③ 연주실   ④ 분장실

해설 **온실**은 광선, 온도, 습도 등 자유롭게 각종 식물의 생육환경을 조절하여 인공으로 식물을 재배하는 실이고, **연주실**은 여러 사람 앞에서 악기로 음악을 들려 주는 곳이며, **분장실**은 배우들이 의상을 바꾸어 입거나 분장하는 데 쓰이는 연극무대에 속하는 실이다.

25 | 극장의 제 용어
02④, 97④

다음 용어 중 극장 계획과 관련이 없는 것은?

① 큐비클 시스템(cubicle system)
② 프롬프터 박스(prompter box)
③ 오픈 스테이지(open stage)
④ 그리드 아이언(grid iron)

해설 큐비클 시스템(cubicle system)은 **병실 선정방식의 일종**이다.

26 | 무대 전환방식
00③, 97④

극장 계획에 있어서 일반적인 프로시니엄 아치(proscenium arch) 형식의 무대를 위한 무대 전환방식이 아닌 것은?

① 이동무대(wagon stage)
② 회전무대(revolving stage)
③ 승강무대(lift stage)
④ 애리나 스테이지(arena stage)

해설 애리나 스테이지는 가까운 거리에서 관람하면서 가장 많은 관객을 수용할 수 있는 무대의 형식으로 객석과 무대가 한 공간에 있으므로 양자의 입체감을 높여준다.

27 | 오픈 스테이지형의 특성
20④

극장의 평면형식 중 오픈 스테이지(open stage)형의 관한 설명으로 옳은 것은?

① 연기자가 남측방향으로만 관객을 대하게 된다.
② 강연, 음악회, 독주, 연극공연에 가장 적합한 형식이다.
③ 가장 일반적인 극장의 형식으로 어떠한 배경이라도 창출이 가능하다.
④ 무대와 객석이 동일 공간에 있는 것으로 관객석이 무대의 대부분을 둘러싸고 있다.

해설 오픈 스테이지형은 관객석에 의해서 무대의 대부분이 둘러싸여 있어(관객이 부분적으로 연기자를 둘러싸고) 연기자와 관객 사이의 친밀감을 높게 하며 연기자와 관객이 하나의 공간 속에 놓여있는 형식으로, 특징은 다음과 같다.
　㉮ 연기자는 다양한 방향감으로 통일된 효과를 내기가 어렵다.
　㉯ 관객이 연기자에게 좀 더 근접하여 관람할 수 있다.
　㉰ 배우는 관객석 사이나 무대 아래로부터 출입하고 무대장치를 꾸미는 데 어려움이 있다.
　㉱ 대학의 부속극장이나 극단의 전용극장에 사용된다.
　또한 ①, ②, ③항은 프로시니엄(픽처프레임스테이지)형에 대한 특성이다.

28 | 프로시니엄형의 특성
17②

극장의 프로시니엄에 관한 설명으로 옳은 것은?

① 무대배경용 벽을 말하며 쿠펠 호리존트라고도 한다.
② 조명기구나 사이클로라마를 설치한 연기부분 무대의 후면 부분을 일컫는다.
③ 무대의 천장 밑에 설치되는 것으로 배경이나 조명기구 등을 매다는 데 사용된다.
④ 그림에 있어서 액자와 같이 관객의 시선을 무대에 쏠리게 하는 시각적 효과를 갖는다.

해설 ①항은 사이클로라마, ③항은 그리드 아이언에 대한 설명이다.

29 | 극장의 평면형식
20③

극장의 평면형식에 관한 설명으로 옳지 않은 것은?

① 애리너형에서 무대배경은 주로 낮은 가구로 구성된다.
② 프로시니엄형은 픽처프레임스테이지형이라고도 불린다.
③ 오픈 스테이지형은 관객석이 무대의 대부분을 둘러싸고 있는 형식이다.
④ 프로시니엄형은 가까운 거리에서 관람하게 되며 가장 많은 관객을 수용할 수 있다.

해설 프로시니엄형(picture frame stage)은 연기자와 관객의 접촉면이 1면으로 한정되어 있어 많은 관람석을 두면 객석과의 거리가 멀어져 관객의 수용능력에 제한이 많다. ④항은 **애리나형에 대한 설명**이다.

2 미술관

01 | 대규모 미술관의 순회 형식
02④, 00②

대규모의 미술관 평면계획에 있어서 전시실의 순회 형식으로 가장 좋은 것은?

① 연속순로 형식
② 중앙홀 형식
③ 갤러리 및 복도 형식
④ 중앙홀 형식과 갤러리 형식의 혼합방식

해설 전시실의 순회 형식 중 연속순로 형식은 소규모의 전시실에 알맞은 형식이며, 한 실을 폐쇄하면 전체 동선이 막히게 되는 단점이 있으므로, **대규모 미술관 평면계획에 있어서 전시실 순회 형식은 중앙홀 형식이 가장 적합**하다.

02 | 실의 순서에 의한 순회 형식
19④, 12②, 07①, 99③

전시실의 순회 형식 중 많은 실을 순서별로 통해야 하는 불편이 있어 대규모의 미술관 계획에 있어서 바람직하지 않은 것은?

① 연속순로 형식
② 갤러리 형식
③ 중앙홀 형식
④ 복도 형식

해설 전시실의 순회 형식 중 **연속순로 형식**은 구형 또는 다각형의 각 전시실을 연속적으로 동선을 형성하는 형식으로, 단순함과 공간절약의 장점이 있으나, **많은 실을 순서대로 통해야** 하고, 1실을 폐쇄하면 전체 동선이 막히게 되므로 **소규모의 전시실에 적합**하다.

03 | 전시실의 조명설계
12②, 02①, 98②

미술관 전시실의 조명설계에 관한 설명 중 부적당한 것은?

① 광색이 부드럽고 변화가 있어야 한다.
② 조명설계는 인공광선과 자연광선을 종합해서 고려한다.
③ 대상에 따라서 spot light도 고려되어야 한다.
④ 광원에 의한 현휘를 방지하도록 한다.

해설 전시실의 조명계획에 있어서 **광색이 부드럽고 변화가 없어야** 하며, 관람객의 그림자가 전시물 위에 생기지 않도록 하여야 한다.

04 | 회화의 명시 조건
05①, 03②

미술관 계획에 있어 회화의 명시 조건 중 **최량시각(最良視覺)**은?

① 27~30°
② 42~45°
③ 47~50°
④ 57~60°

해설 벽면에 진열하는 전시물은 관람자의 눈이 부시지 않도록 하기 위하여 확산광을 이용하도록 하며, 최량의 각도는 15~45°(27~30°) 이내에서 광원의 위치를 정하여야 한다.

05 | 고측광창 방식
04④, 00③

전시실의 채광방식 중 천장에 가까운 측면에서 채광하는 방법으로 다음 그림과 같은 모습을 보이기도 하는 것은?

① 고측광창 방식(clerestory)
② 정광창 방식(top light)
③ 측광창 방식(side light)
④ 정측광창 방식(top side light)

해설 **고측광창 방식**은 천장에 가까운 측면에서 채광하는 방법으로 전시실의 벽면이 관람자 위치의 조도보다 낮은 특성을 갖고 있는 전시실의 자연채광 방식이다.

06 | 디오라마 전시의 특성
21④, 18①, 11④, 10④

전시공간의 특수전시기법 중 현장감을 가장 실감나게 표현하는 방법으로 하나의 사실 또는 주제의 시간상황을 고정시켜 연출하는 것으로 현장에 임한 느낌을 주는 것은?

① 파노라마 전시   ② 디오라마 전시
③ 아일랜드 전시   ④ 하모니카 전시

해설 **파노라마 전시**는 연속적인 주제를 선적으로 구성하여 연계성 깊게 연출하는 방법으로, 단일한 정황을 파노라마로 연출하는 방법이고, **아일랜드 전시**는 사방에서 감상해야 하는 전시물을 벽면에서 띄워 전시하는 방법이고, **하모니카 전시**는 사각형 평면을 반복시키는 전시 기법이다.

07 | 특수전시 기법의 특성
22①, 21②, 18④, 15①

특수전시 기법에 관한 설명으로 옳지 않은 것은?

① 하모니카 전시는 전시내용을 통일된 형식 속에서 규칙적으로 반복시켜 표현하는 기법이다.
② 파노라마 전시는 연속적인 주제를 연관성 있게 표현하기 위해 선형의 파노라마로 연출하는 기법이다.
③ 디오라마 전시는 하나의 사실 또는 주제의 시간 상황을 고정시켜 연출하는 것으로 현장에 임한 느낌을 주는 기법이다.
④ 아일랜드 전시는 실물을 직접 전시할 수 없으나 오브제 전시만의 한계를 극복하기 위해 영상매체를 사용하여 전시하는 기법이다.

해설 **아일랜드 전시**는 전시물의 사방에서 감상할 필요가 있는 조각물이나 모형을 전시하기 위해 벽면에서 떼어 놓아 전시하는 방법이고, **영상 전시**는 실물을 직접 전시할 수 없거나 오브제 전시만을 극복하기 위해 영상매체를 사용하여 전시하는 기법이다.

08 | 정측광 방식의 특성
13②, 08②, 00③

미술관 자연채광법에서 정측광 방식에 관한 설명으로 옳은 것은?

① 전시실의 중앙부를 가장 밝게 하여 전시 벽면의 조도를 균등하게 한다.
② 전시실의 측면창에서 직접 광선을 사입하는 방법으로 소규모 전시에 적합하다.
③ 관람자가 서 있는 위치의 상부에 천장을 불투명하게 하여 중앙부는 어둡게 하고 전시 벽면에 조도를 충분하게 하는 방법이다.
④ 천장 가까운 측면에서 채광하는 방법으로 측광식과 정광식을 절충한 방법이다.

해설 **정광창**(top light) **방식**은 전시실의 중앙부를 가장 밝게 하여 전시 벽면의 조도를 균등하게 하고, **측광창**(side light) **방식**은 전시실의 측면창에서 직접 광선을 사입하는 방법으로 소규모 전시에 적합하다. **고측광창**(clearstory) **방식**은 천장 가까운 측면에서 채광하는 방법으로 측광식과 정광식을 절충한 방법이며, 천장 높이가 3m를 넘는 경우에는 적용할 수 없다.

09 | 미술관의 건축계획
02④, 97②

미술관의 건축계획에 관한 설명 중 부적당한 것은?

① 대지는 도시 가까이 교통이 편리한 곳을 선정하되 매연, 소음, 방재에 안정한 장소를 선정한다.
② 진열실의 조명 및 채광은 항상 적당한 조도로서 균일하여야 하며, 방향성이 나타나는 점 광원을 사용할 경우도 고려한다.
③ 회화를 감상할 위치는 화면 대각선의 1~1.5배의 거리가 이상적이다.
④ 특정의 진열실만을 보고 가는 관람자가 없도록 모든 진열실을 거쳐서 출구로 나가도록 한다.

해설 관람객이 반드시 모든 전시실을 보도록 하는 것이 아니라 **희망에 의하여 전시실을 볼 수 있도록 동선계획**을 해야 한다.

10 | 전시실 순회 형식의 특성
21②, 18④, 05④

미술관의 전시실 순회 형식에 대한 설명 중 틀린 것은?

① 연속순로 형식은 단순함과 공간절약의 의미에서 이점은 있으나 많은 실을 순서별로 통해야 하는 불편이 있다.
② 중앙홀 형식에서 중앙홀이 크면 동선의 혼란은 많으나 장래의 확장에는 유리하다.
③ 갤러리 및 코리더 형식은 각 실에 직접 들어갈 수 있는 점이 유리하며 필요시에 자유로이 독립적으로 폐쇄할 수가 있다.
④ 갤러리 및 코리더 형식에서는 복도 자체도 전시공간으로 이용 가능하다.

해설 중앙홀 형식에서 중앙홀이 크면 동선의 혼란은 **없으나**, 장래의 확장에는 **불리**하다.

11 | 연속순로 형식의 특성
22②, 17①, 10①

미술관의 연속순로 형식에 대한 설명 중 옳은 것은?

① 많은 실을 순서별로 통하여야 하는 불편이 있으나 공간절약의 이점이 있다.
② 중심부에 하나의 큰 홀을 두고 그 주위에 각 전시실을 배치하여 자유로이 출입하는 형식이다.
③ 평면적인 형식으로 2, 3개 층의 입체적인 방법은 불가능하다.
④ 각 실을 필요시에는 자유로이 독립적으로 폐쇄할 수 있다.

해설 **중앙홀 형식**(②항)은 중심부에 하나의 큰 홀을 두고 그 주위에 각 전시실을 배치하여 자유로이 출입하는 형식이고, **연속순로 형식**(③항)은 평면적인 형식 또는 2, 3개 층의 입체적인 방법도 가능하며, **갤러리 및 복도 형식**(④항)은 각 실을 필요시에는 자유로이 독립적으로 폐쇄할 수 있다.

12 | 파노라마 전시의 특성
21①, 13④

연속적인 주제를 선(線)적으로 관계성 깊게 표현하기 위하여 전경(全景)으로 펼쳐지도록 연출하는 것으로 맥락이 중요시될 때 사용되는 특수전시 기법은?

① 아일랜드 전시
② 파노라마 전시
③ 하모니카 전시
④ 디오라마 전시

해설 ① **아일랜드 전시** : 사방에서 감상해야 하는 전시물을 벽면에서 띄워 전시하는 방법
③ **하모니카 전시** : 사각형 평면을 반복시키는 전시 기법
④ **디오라마 전시** : 배경과 실물 또는 모형으로 재현하는 방법으로 하나의 사실 또는 주제의 시간상황을 고정시켜 연출하는 전시 기법

13 | 갤러리 및 코리더의 특성
15②, 12①

미술관 전시실의 순회 형식 중 갤러리 및 코리더 형식에 관한 설명으로 옳은 것은?

① 많은 전시실을 순서별로 통해야 하는 불편이 있다.
② 필요시에는 자유로이 독립적으로 전시실을 폐쇄할 수 있다.
③ 프랭크 로이드 라이트는 이 형식을 기본으로 뉴욕 구겐하임 미술관을 설계하였다.
④ 중심부에 하나의 큰 홀을 두고 그 주위에 각 전시실을 배치하여 자유로이 출입하는 형식이다.

해설 **연속 순로 형식**은 많은 전시실을 순서별로 통하여야 하는 불편이 있다. **중앙홀 형식**은 중심부에 하나의 큰 홀을 두고 그 주위에 각 전시실을 배치하여 자유로이 출입하는 형식으로 프랭크 로이드 라이트는 이 형식을 기본으로 뉴욕 구겐하임 미술관을 설계하였다.

14 | 연속순로 형식의 특성
15①, 08④

다음과 같은 특징을 갖는 미술관 전시실의 순회 형식은?

- 각 전시실이 연속적으로 동선을 형성하고 있으며, 단순함과 공간 절약의 의미에서 이점을 갖고 있다.
- 많은 실을 순서별로 통하여야 하는 불편이 있다.
- 1실을 폐문시켰을 때는 전체 동선이 막히게 된다.

① 연속순로 형식
② 갤러리 형식
③ 중앙홀 형식
④ 코리더 형식

해설 **중앙홀 형식**은 중심부에 하나의 큰 홀을 두고 그 주위에 각 전시실을 배치하여 자유로이 출입하는 형식이다. 연속순로 형식은 평면적인 형식 또는 2, 3개 층의 **입체적인 방법도 가능하**며, **갤러리 및 복도 형식**은 각 실을 필요시에는 자유로이 독립적으로 폐쇄할 수 있다.

15 | 연속순로 형식의 특성
14②, 99①

다음 미술관 전시실 계획에 관한 설명 중 연속순로 형식에 해당하는 것은?

① 각 실에 직접 들어갈 수 있고 필요시에는 부분적으로 폐쇄할 수 있다.
② 단순하고 공간절약의 장점이 있으나 여러 실을 순서별로 통해야 하는 불편이 있다.
③ 중앙에 큰 홀을 두어 동선의 혼란을 줄이고 높은 천창을 설치할 수 있다.
④ 연속된 전시실의 한쪽으로 복도를 두어 각 실을 배치할 수 있다.

해설 **갤러리 및 복도 형식**(①, ④항)은 각 실에 직접 들어갈 수 있고 필요시에는 부분적으로 폐쇄할 수 있으며, 연속된 전시실의 한쪽으로 복도를 두어 각 실을 배치할 수 있다. **중앙홀 형식**(③항)은 중앙에 큰 홀을 두어 동선의 혼란을 줄이고 높은 천창을 설치할 수 있다.

16 | 전시실 순회 형식의 특성
13①, 09④

미술관 전시실의 순회 형식에 관한 설명 중 옳지 않은 것은?

① 연속순로 형식은 각 전시실이 연속적으로 동선을 형성하고 있으며 비교적 소규모 전시에 적합하다.
② 갤러리(gallery) 형식은 각 실에 직접 들어갈 수 있는 점이 유리하며, 필요시에는 자유로이 독립적으로 폐쇄할 수 있다.
③ 중앙홀 형식은 중앙홀이 크면 동선의 혼란은 없으나 장래의 확장에 많은 무리를 가지고 있다.
④ 중앙홀 형식은 작은 부지에서 효율적이나 많은 실을 순서별로 통해야 하는 불편이 있다.

해설 **중앙홀 형식**은 작은 부지에서 효율적이나 홀을 이용하여 각 실을 자유로이 출입할 수 있고, **많은 실을 순서별로 통해야 하는 불편**이 있는 형식은 **연속순로 형식**이다.

17 | 전시실 순회 형식의 특성
12④, 04②

전시실의 순회 형식에 관한 설명으로 옳지 않은 것은?

① 연속순로 형식은 소규모의 전시실에 이용하면 적은 대지면적에서도 가능하고 편리하다.

② 중앙홀 형식은 중심부에 큰 홀을 두고 그 주위에 각 전시실이 배치되어 있다.

③ 연속순로 형식은 많은 실을 순서별로 통하여야 하는 불편이 있다.

④ 갤러리 및 코리더 형식은 각 실을 독립적으로 폐쇄할 수 없다는 단점이 있다.

해설 전시실의 순회동선은 관람자가 가벼운 기분으로 전시 경로를 따라 순회할 수 있는 배실계획이 되어야 하고, 갤러리 및 코리더 형식은 **각 실을 독립적으로 폐쇄할 수 있다는 장점**이 있다.

18 | 미술관의 각종 평면형식
11②, 06①

다음의 미술관의 각종 평면형식에 대한 설명 중 옳지 않은 것은?

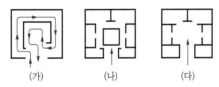

(가)　　　　(나)　　　　(다)

① '가'의 경우는 소규모의 전시실에 이용이 불가능하며 대규모의 전시실에 적합하다.

② '나'의 경우는 필요시 자유로이 각 실을 독립적으로 폐쇄할 수 있다.

③ '다'의 경우는 확장 및 전시실의 융통성 있는 선택적 사용이 가능하다.

④ '나', '다'의 경우는 각 실에 직접 들어갈 수 있는 점이 유리하다.

해설 보기의 '가'는 **연속순로 형식**으로 소규모의 전시실에 **적합**하고, 보기의 '다'는 **중앙홀 형식**으로 장래의 확장에 무리가 **많다**.

19 | 갤러리 및 코리더의 특성
19②, 16②

미술관 전시공간의 순회 형식 중 갤러리 및 코리더 형식에 관한 설명으로 옳은 것은?

① 복도의 일부를 전시장으로 사용할 수 있다.

② 전시실 중 하나의 실을 폐쇄하면 동선이 단절된다는 단점이 있다.

③ 중앙에 커다란 홀을 계획하고 그 홀에 접하여 전시실을 배치한 형식이다.

④ 이 형식을 채용한 대표적인 건축물로는 뉴욕 근대미술관과 프랭크 로이드 라이트의 구겐하임 미술관이 있다.

해설 ②항은 **연속순로 형식**, ③항과 ④항은 **중앙홀 형식**에 대한 설명이다.

20 | 전시실의 계획
09④, 07④

미술관의 전시장 계획에 관한 설명 중 옳은 것은?

① 조명의 광원은 감추고 눈부심이 생기지 않는 방법으로 투사한다.

② 인공조명을 주로 하고 자연채광은 고려하지 않는다.

③ 광원의 위치는 수직벽면에 대해 10~25°의 범위 내에서 상향 조정이 좋다.

④ 회화를 감상하는 시점의 위치는 화면대각선의 2배 거리가 가장 이상적이다.

해설 **인공조명과 동시에 자연채광을 고려**하고, 광원의 위치는 수직벽면에 대해 15~45°의 범위 내에서 상향조정이 좋으며, 회화를 감상하는 시점의 위치는 화면 대각선의 **1.0~1.5배** 거리가 가장 이상적이다.

21 | 관람객의 동선계획
08①, 03④

미술관 관람객 동선에 대한 설명 중 적절하지 못한 것은?

① 승강이 어려운 장애인을 고려하여 바닥 레벨이 자주 바뀌는 것은 좋지 않다.

② 관리 목적상 현관 내에서 입구와 출구를 별도로 두지 않는다.

③ 일방통행으로 관람하는 것이 원칙이며 단조롭지 않도록 독립 전시와 벽면 전시를 병행하여 변화를 준다.

④ 전시 공간의 동선계획은 규모, 위치 조건, 공간 구성요소의 조건이나 배치에 따라 결정된다.

해설 관리 목적상 현관 내에서 입구와 출구를 **별도로 설치**한다.

22 | 미술관의 계획
06④, 04①

미술관 계획에 대한 설명으로 부적당한 것은?

① 연속순로 형식은 중심부에 하나의 큰 홀을 두고 그 주위에 각 전시실을 배치하여 자유로이 출입하는 형식으로 대규모의 전시실에 적합하다.
② 갤러리 형식은 복도에서 각 실에 직접 들어갈 수 있으며 필요시 독립적으로 폐쇄할 수 있다.
③ 이용자의 출입구는 직원 출입구와 구분한다.
④ 동선에는 이용자, 직원 등의 사람동선과 전시자료 등의 물건동선이 있다.

해설 **중앙홀 형식**은 중심부에 하나의 큰 홀을 두고 그 주위에 각 전시실을 배치하여 자유로이 출입하는 형식으로 대규모의 전시실에 적합하다.

23 | 전시실의 조명 및 채광
10②, 07①

다음 중 미술관 전시실의 조명 및 채광계획에 관한 설명으로 옳지 않은 것은?

① 인공조명을 주로 하고 자연채광은 전혀 고려하지 아니한다.
② 광원이 현휘를 주지 않도록 한다.
③ 관객의 그림자가 전시물상에 나타나지 않도록 한다.
④ 광색이 적당하고 변화가 없게 한다.

해설 인공조명과 동시에 **자연채광을 고려**해야 한다.

24 | 전시물 광원의 위치
00③, 98①

전시물에 대한 광원의 위치 선정상 적당하지 않은 것은?

① 벽면 전시물에 대한 광원의 위치는 눈부심 방지를 위해 15~45°의 범위에 둔다.
② 관람객의 위치는 화면의 1~1.5배 거리에서 눈높이 1.5m를 기준으로 한다.
③ 자연채광 시 벽면 진열은 천창, 책상 위 진열은 측창, 독립물체는 고측창 방식을 취한다.
④ 조명의 광원은 감추고 눈부심이 생기지 않는 방법으로 투사한다.

해설 관람객의 위치는 **화면 대각선**의 1~1.5배 거리에서 눈높이 1.5m를 기준으로 한다.

25 | 전시실 순회 형식
20③

미술관 전시실의 순회 형식에 관한 설명으로 옳지 않은 것은?

① 연속순회 형식은 전시벽면이 최대화되고 공간절약효과가 있다.
② 연속순회 형식은 한 실을 폐쇄하면 다음 실로의 이동이 불가능하다.
③ 갤러리 및 복도형식은 관람자가 전시실을 자유롭게 선택하여 관람할 수 있다.
④ 중앙홀 형식에서 중앙홀이 크면 장래의 확장에는 용이하나 동선의 혼잡이 심해진다.

해설 **중앙홀 형식**(중앙에 큰 홀을 두고 그 주위에 각 전시실을 배치하여 자유로이 출입하는 형식)은 **중앙에 큰 홀을 두어 동선의 혼란을 줄이고 높은 천창**을 설치할 수 있다.

26 | 아일랜드 전시의 특성
18②

사방에서 감상해야 할 필요가 있는 조각물이나 모형을 전시하기 위해 벽면에서 띄어놓아 전시하는 특수전시 기법은?

① 아일랜드 전시
② 디오라마 전시
③ 파노라마 전시
④ 하모니카 전시

해설 **디오라마 전시**는 가장 실감 나게 현장감을 표현하는 방법으로, 하나의 사실 또는 주제의 시간상황을 고정시켜 연출하는 것을 말하며 현장에 있는 느낌을 주는 전시 방법이다. **파노라마 전시**는 연속적인 주제를 선적으로 관계성이 깊게 표현하기 위하여 선형 또는 전경(全景)으로 펼쳐지도록 연출하여 맥락이 중요시될 때 사용되는 특수전시 기법이며, **하모니카 전시**는 동선계획이 쉬운 전시기법으로 **일정한 형태의 평면을 반복**시켜 전시공간을 구획하는 방식이며 전시효율이 높은 전시 방법이다.

27 | 전시실 순회 형식
16④

전시실 순회 방식에 관한 설명으로 옳지 않은 것은?

① 연속순회 형식은 비교적 소규모 전시실에 적합하다.
② 중앙홀 형식은 홀의 크기가 크면 중앙부 동선의 혼란이 있다.
③ 갤러리 및 코리더 형식은 복도 자체도 전시공간으로 이용이 가능하다.
④ 갤러리 및 코리더 형식은 각 실에 직접 들어갈 수 있는 점이 유리하다.

해설 전시실 순회 형식 중 **중앙홀 형식**은 **홀의 크기가 크면 동선의 혼란이 없으나**, 홀의 크기가 작으면 동선의 혼란이 발생한다.

3 도서관

01 | 서고면적의 산정
17②, 13④, 12②

능률적인 작업용량으로서 10만 권을 수장할 도서관 서고면적으로 가장 알맞은 것은?

① 350m²
② 500m²
③ 800m²
④ 950m²

해설 서고는 150~250권/m² 정도이므로
$100,000 \div (150 \sim 250) = 667 \sim 400\text{m}^2$

02 | 반개가식의 특성
20①,②, 19①, 17①, 16①, 06②

도서관의 출납시스템 중 열람자는 직접 서가에 면하여 책의 체제나 표지 정도는 볼 수 있으나 내용을 보려면 관원에게 요구하여 대출기록을 남긴 후 열람하는 형식은?

① 폐가식
② 안전개가식
③ 자유개가식
④ 반개가식

해설 폐가식은 서고를 열람실과 별도로 설치하여 열람자가 책의 목록에 의해서 책을 선택하고 관원에게 대출기록을 남긴 후 책을 대출하는 형식이고, 안전개가식은 자유개가식과 반개가식의 장점을 취한 형식이다. 자유개가식은 열람자 자신이 서가에서 책을 고르고 그대로 검열을 받지 않고 열람할 수 있는 방법이다.

03 | 서고면적의 산정
17①, 11①, 10①, 07④, 96③

공공도서관에 200,000권의 책을 넣는 서고의 바닥면적으로 가장 적당한 것은?

① 1,000m²
② 600m²
③ 500m²
④ 400m²

해설 서고는 1m²당 150~250권이므로
$200,000 \div (150 \sim 250) = 1,333 \sim 800\text{m}^2$

04 | 안전개가식의 특성
21④, 20④, 18①, 15④, 13①

도서관의 출납시스템 유형 중 이용자가 자유롭게 도서를 꺼낼 수 있으나 열람석으로 가기 전에 관원의 검열을 받는 형식은?

① 폐가식
② 반개가식
③ 자유개가식
④ 안전개가식

해설 도서관의 열람형식 중 안전개가식은 자유개가식과 반개가식의 장점을 취한 형식으로서 열람자가 책을 직접 서가에서 뽑지만 관원의 검열을 받고 대출의 기록을 남긴 후 열람하는 방식이며, 보통 1실의 규모는 15,000권 이하이다.

05 | 서고의 계획
01②

도서관의 서고에 대한 계획 조건으로 옳지 않은 것은?

① 개가식 서고 통로는 폐쇄식 서고의 통로보다 커야 한다.
② 아동 열람실은 개가식으로 하는 것이 이상적이다.
③ 서고의 채광과 통풍을 원활히 할 수 있는 넓은 창호가 되어야 한다.
④ 서고의 층고는 열람실의 층고와 달리 별도 계획을 할 수 있다.

해설 서고의 채광과 통풍은 서적의 손실을 방지하기 위하여 인공조명과 기계환기를 원칙으로 한다.

06 | 자유개가식의 특성
22②, 15②, 10②

도서관의 출납시스템 중 자유개가식에 대한 설명으로 옳은 것은?

① 도서의 유지관리가 용이하다.
② 책의 내용 파악 및 선택이 자유롭다.
③ 대출절차가 복잡하고 관원의 작업량이 많다.
④ 열람자는 직접 서가에 면하여 책의 체제나 표지 정보를 볼 수 있으나 내용은 볼 수 없다.

해설 ①, ③항은 폐가식에 대한 설명이고, ④항은 반개가식에 대한 설명이다.

07 | 폐가식의 특성
19②, 07④, 06①

도서관의 출납시스템 중 폐가식에 대한 설명으로 틀린 것은?

① 서고와 열람실이 분리되어 있다.
② 규모가 큰 도서관의 독립된 서고의 경우에 많이 채용된다.
③ 도서의 유지 관리가 좋아 책의 망실이 적다.
④ 대출절차가 간단하여 관원의 작업량이 적다.

해설 대출절차가 복잡하여 관원의 작업량이 많다.

08 | 서고면적의 산정
17②, 13①, 11②

다음 중 도서관의 서고면적 $1m^2$당 능률적인 작업용량으로 서의 수용 권 수로 가장 알맞은 것은?

① 100권
② 200권
③ 300권
④ 400권

해설 도서관의 계획에서 서고의 수장능력은 능률적인 작업용량으로서 서고면적 150~250권/m^2, **평균 200권/m^2 정도**이다.

09 | 서고면적의 산정
11④, 06④, 96②

도서관에 서고면적을 산정할 때 장서가 50만 권일 경우 어느 정도 필요한가?

① 1,000~1,500m^2
② 1,500~2,000m^2
③ 2,000~2,500m^2
④ 3,000~4,000m^2

해설 서고는 1m^2당 150~250권이므로
$500,000 \div (150 \sim 250) = 3,333 \sim 2,000m^2$

10 | 캐럴의 정의
12④, 07②, 99④

도서관에서는 이용자가 일정 기간 자료를 점유하여 이용하거나 연구하기 위한 독립적인 개실이 요구되는데, 이러한 독립적인 개실을 일반적으로 무엇이라 하는가?

① 캐럴(carrel)
② 북 모빌(book mobile)
③ 계원석(information desk)
④ 레퍼런스 서비스(reference service)

해설 **북 모빌**은 자동차를 이용하여 도서를 대출하는 형식의 도서관이고, **계원석**은 열람실 내 전반의 관리를 위한 자리이며, **레퍼런스 서비스**는 이용자의 의문이나 질문에 대한 적절한 자료를 제시, 제공하여 해결을 돕는 서비스이다.

11 | 도서관 건축의 특성
05④, 03④, 99④

다음은 도서관 건축계획에 주요한 사항들이다. 다른 종류의 건축계획에서보다 상대적으로 그 중요도가 가장 큰 내용은?

① 관내시설과 인근의 유사시설과 상호 관계 검토
② 시설물의 운영 목적, 내용, 방법의 구체적 분석
③ 도서관의 내용의 성장에 따른 증축 고려
④ 건설기금과 경상비에 대한 검토

해설 도서관 계획 시 유의할 사항에는 관내의 문화·교육시설과의 분업, 부근의 다른 유사시설과의 상호 관계에 대한 구체적 규정, 봉사의 목적, 내용, 방법의 구체적 분석, 목적에 따른 도서관 시설의 구성요소 검토, **장래 20년 정도의 성장 문제(증축의 고려 등)**, 이용할 수 있는 건설 기금과 경상비의 문제 등이 있다.

12 | 장래의 증축
21②, 18④, 07②

도서관 건축계획에서 장래에 증축을 반드시 고려해야 할 부분은 다음 중 어느 것인가?

① 서고
② 대출실
③ 사무실
④ 휴게실

해설 도서관의 서고 위치는 modular system에 의하여 배치를 하나, 위치를 고정시키지는 않고, **필요시(서고 확장 시)에 따라서 서고의 위치를 변경**할 수 있도록 한다.

13 | 도서관 출납시스템
19④, 14④

도서관 출납시스템에 관한 설명으로 옳지 않은 것은?

① 폐가식은 서고와 열람실이 분리되어 있다.
② 반개가식은 새로 출간된 신간서적안내에 채용된다.
③ 안전개가식은 서가열람이 가능하여 도서를 직접 뽑을 수 있다.
④ 자유개가식은 이용자가 자유롭게 도서를 꺼낼 수 있으나 열람석으로 가기 전에 관원에게 체크를 받는 형식이다.

해설 **안전개가식**은 이용자가 자유롭게 도서를 꺼낼 수 있으나 열람석으로 가기 전에 관원에게 체크를 받는 형식이다.

14 | 서고면적의 산정
18②, 14②

도서관에서 능률적인 작업용량으로서 30만 권을 수장할 서고면적으로 가장 알맞은 것은?

① 600m^2
② 900m^2
③ 1000m^2
④ 1500m^2

해설 도서관의 서고는 150~250권/m^2이므로
$300,000 \div (150 \sim 250) = 2,000 \sim 1,200m^2$ 정도이다.

15 | 도서관 출납시스템
17④, 09④

도서관 출납시스템에 대한 설명 중 옳지 않은 것은?

① 자유개가식은 대출수속이 간편하며 책 내용 파악 및 선택이 자유롭다.
② 자유개가식은 서가의 정리가 잘 안 되면 혼란스럽게 된다.
③ 폐가식은 규모가 큰 도서관의 독립된 서고의 경우에 채용한다.
④ 폐가식은 서가나 열람실에서 감시가 필요하나 대출절차가 간단하여 관원의 작업량이 적다.

해설 폐가식은 서가나 열람실에서 감시가 **필요하지 않으나**, 대출절차가 **복잡**하여 관원의 작업량이 **많다**.

16 | 열람실과 서고계획
21①, 02②

도서관의 열람실 및 서고계획에 관한 설명으로 옳지 않은 것은?

① 서고 안에 캐럴(carrel)을 둘 수도 있다.
② 서고면적 1m²당 150~250권의 수장능력으로 계획한다.
③ 열람실은 성인 1인당 3.0~3.5m²의 면적으로 계획한다.
④ 서고실은 모듈러플래닝(modular planning)이 가능하다.

해설 열람실은 성인 1인당 2.0~2.5m²가 **적당**하다.

17 | 서고의 모듈계획
21④, 14①

다음 중 도서관에 있어 모듈계획(module plan)을 고려한 서고계획 시 결정 및 선행되어야 할 요소와 가장 거리가 먼 것은?

① 엘리베이터의 위치
② 서가 선반의 배열 깊이
③ 서고 내의 주요 통로 및 교차통로의 폭
④ 기둥의 크기와 방향에 따른 서가의 규모 및 배열의 깊이

해설 도서관 계획 시 모듈의 결정요인에는 기둥의 크기와 방향, 서가 선반의 배열 깊이, 서고 내 주요 통로와 교차통로의 너비, 일렬서가의 수, 공기유통, 기계장치 및 배선의 배열, 천장의 높이와 조명의 종류, 서고의 증축될 방향 등이 있다. 엘리베이터의 위치와는 무관하다.

18 | 자유개가식의 특성
16④, 08④

도서관 출납시스템의 유형 중 열람자 자신이 서가에서 책을 꺼내어 책을 고르고 그대로 검열을 받지 않고 열람하는 형식은?

① 자유개가식
② 안전개가식
③ 반개가식
④ 폐가식

해설 **안전개가식**은 자유개가식과 반개가식의 장점을 취한 형식이고, **반개가식**은 열람자가 직접 서가에 면하여 책의 체제나 표지 정도는 볼 수 있으나, 내용을 보려면 관원에게 요구해야 하는 형식이다. **폐가식**은 서고를 열람실과 별도로 설치하여 열람자가 책의 목록에 의해서 책을 선택하고 관원에게 대출기록을 남긴 후 책을 대출하는 형식이다.

19 | 기둥 간격 결정요소
15②, 12①

다음 중 도서관의 기둥 간격 결정과 가장 밀접한 관계가 있는 공간은?

① 서고
② 캐럴
③ 출납실
④ 시청각자료실

해설 도서관의 **기둥 간격의 결정**에는 서고, 도서관의 열람실, 서고의 책상 및 책장의 배열에 있어서 모듈러 시스템(기둥의 간격 등)의 필요성이 절실히 요구되고, **캐럴, 출납실, 시청각자료실**과 모듈러 시스템은 **무관**하다.

20 | 도서관 출납시스템
14②, 07②

도서관 출납시스템에 대한 설명 중 옳지 않은 것은?

① 자유개가식은 대출 수속이 간편하다.
② 자유개가식은 소규모 아동 열람에 편리하다.
③ 폐가식은 열람실에서 감시가 필요하다.
④ 폐가식은 대출절차가 복잡하다.

해설 폐가식은 열람실에서 감시가 **필요없다**.

21 | 도서관의 건축계획
11④, 09①

다음의 도서관 건축계획에 대한 설명 중 옳지 않은 것은?

① 대지조건과 도서관의 내부 기능의 관계를 검토하여 출입구의 배치장소를 결정한다.
② 증축 예정지는 기능적 긴밀성의 유지를 위해 도서관의 평면구성보다는 단면구성을 고려하여 계획한다.
③ 도서관의 신축지에는 대지 선정과 배치 단계에서부터 장래의 성장에 따른 증축 가능한 공간을 확보할 필요가 있다.
④ 도서관의 각 구성요소의 조합에 따른 평면형식 중 서고식의 경우, 서고와 열람실은 제각기 독립된 방향의 확장을 고려한다.

해설 증축 예정지는 기능적 긴밀성의 유지를 위해 도서관의 **단면구성보다는 평면구성**을 고려하여 계획한다.

22 | 도서관의 건축계획
20③

도서관 건축에 관한 설명으로 옳지 않은 것은?

① 캐럴(carrel)은 서고 내에 설치된 소연구실이다.
② 서고의 내부는 자연채광을 하지 않고 인공조명을 사용한다.
③ 일반열람실의 면적은 $0.25{\sim}0.5m^2$ 정도의 규모로 계획한다.
④ 서고면적 $1m^2$당 150~250권 정도의 수장능력을 갖도록 계획한다.

해설 열람실은 성인 1인당 $2.0{\sim}2.5m^2$(실 전체)가 적당하고, 일반열람실과 서고는 2.3m, 열람실은 3.0~3.5m 정도이므로 서로 다른 층고로 하는 것이 이상적이다.

❹ 기타 건축물계획

1 병원

01 | 간호사 대기소
07④, 05①, 98③

병원의 간호사 대기소에 관한 다음 기술에서 ( ) 속에 적당한 것은?

1개의 간호사 대기소에서 관리할 수 있는 병상 수는 (㉠)개 이하로 하며, 간호사의 보행거리는 (㉡)m 이내가 되도록 한다.

① ㉠ 10~20 ㉡ 40
② ㉠ 20~30 ㉡ 40
③ ㉠ 30~40 ㉡ 24
④ ㉠ 40~50 ㉡ 24

해설 종합병원에 있어서 **일반병동**과 정신병동은 **30~40개 병상**이고, 결핵병동은 40~50개 병상 정도이며, **간호단위의 보행거리는 24m 이내**로 한다.

02 | 병원의 건축 연면적
00③, 98①

병상 수 200 bed를 둘 때 일반 종합병원의 건축 연면적으로 알맞은 것은?

① $5,000m^2$
② $10,000m^2$
③ $15,000m^2$
④ $20,000m^2$

해설 종합병원 1 bed당 **건축 연면적은 43~66m²**이다.
∴ $(43{\sim}66){\times}200=8,600{\sim}13,200m^2$

03 | 분관식의 특성
18②, 13④, 11④, 09②

병원 건축의 형식 중 분관식에 대한 설명으로 옳지 않은 것은?

① 동선이 길어진다.
② 채광 및 통풍이 좋다.
③ 대지면적에 제약이 있는 경우에 주로 적용된다.
④ 환자는 주로 경사로를 이용한 보행 또는 들것으로 운반된다.

해설 대지면적에 제약이 **없는 경우**에 주로 적용된다.

04 | 종합병원의 면적 배분
16④, 14②, 02①, 00①

종합병원에서 가장 면적 배분이 큰 부분은?

① 병동부
② 외래부
③ 중앙진료부
④ 관리부

해설 종합병원의 면적 배분은 **병동부(25~35%)**-중앙진료부·공급부(15~25%)-외래진료부(10~20%)-관리부(10~15%) 순으로 배분된다.

05 | 분관식의 특성
20①,②, 13②, 10②

종합병원의 건축형식 중 분관식(pavilion type)에 대한 설명으로 옳지 않은 것은?

① 평면 분산식이다.
② 채광 및 통풍조건이 좋다.
③ 일반적으로 3층 이하의 저층 건물로 구성된다.
④ 재난 시 환자의 피난이 어려우며 공사비가 높다.

해설 분관식은 평면 분산식으로 되어 있으므로 재난 시 환자의 **피난에 유리**하나, 공사비가 증대되는 단점이 있다.

06 | 종합병원의 건축계획
19②, 15④, 10②

종합병원계획에 관한 설명으로 옳지 않은 것은?

① 수술부는 타 부분의 통과교통이 없는 장소에 배치한다.
② 수술실의 바닥은 전기도체성 마감을 사용하는 것이 좋다.
③ 간호사 대기실은 각 간호단위 또는 층별, 동별로 설치한다.
④ 평면계획 시 모듈을 적용하여 각 병실을 모두 동일한 크기로 하는 것이 좋다.

해설 평면계획 시 모듈을 적용하여 각 병실을 모두 **상이한 크기**로 하는 것이 좋다.

07 | 종합병원의 건축계획
19①, 08①, 06①

종합병원 건축계획에 대한 설명 중 옳지 않은 것은?

① 우리나라의 일반적인 외래진료방식은 오픈 시스템이며 대규모의 각종 과를 필요로 한다.
② 1개의 간호사 대기소에서 관리할 수 있는 병상 수는 30~40개 이하로 한다.
③ 병실의 창문은 환자가 병상에서 외부를 전망할 수 있게 하는 것이 좋다.

④ 수술실의 바닥마감은 전기 도체성 마감을 사용하는 것이 좋다.

해설 우리나라의 일반적인 외래진료방식은 **클로즈드 시스템**이며 대규모의 각종 과를 필요로 하고, 병실의 창문 높이는 90cm 이하로 한다.

08 | 분관식의 특성
12④, 11①, 06②

병원 건축형식 중 분관식에 대한 설명으로 옳은 것은?

① 각 병실마다 고르게 일조를 얻을 수 있다.
② 급수, 난방 등의 배관 길이가 짧게 된다.
③ 관리가 편리하고 동선이 짧게 된다.
④ 대지가 협소해도 가능하다.

해설 급수, 난방 등의 **배관 길이가 길게** 되고, **관리가 불편**하며, 동선이 길게 된다. 또한, 대지가 협소하면 **불가능**하다.

09 | 종합병원의 건축계획
09②, 05④, 04①

병원 건축계획에 관한 기술 중 가장 부적당한 것은?

① 도심부에 병원 건축을 계획할 경우 블록 타입(block type)보다는 파빌리온 타입(pavillion type)이 유리하다.
② 중앙진료부는 외래부와 병동부의 중간에 위치하는 편이 좋다.
③ 병동부의 전체 면적에 대한 비율은 40% 정도가 적당하다.
④ 심근, 협심증 환자를 대상으로 집중 치료하는 간호단위를 C.C.U(Coronary Care Unit)라 한다.

해설 도심부에 병원 건축을 계획할 경우 블록 타입(block type)보다는 파빌리온 타입(pavillion type)이 **불리**하다.

10 | 종합병원의 건축계획
10④, 08②, 03②

종합병원의 건축계획에 관한 기술 중 가장 부적당한 것은?

① 병동부의 1간호 단위는 보통 30~40bed 정도이다.
② 수술 부문은 타부분의 통과교통이 없는 곳에 위치시키도록 한다.
③ 병동 배치방식 중 분관식(pavilion type)은 동선이 짧게 되는 이점이 있다.
④ 일반적으로 병원 건축의 모든 시설 규모는 입원 환자의 병상 수에 의해 결정된다.

해설 병동 배치방식 중 분관식(pavilion type)은 동선이 **길게** 되는 **단점**이 있다.

11 | 파빌리온과 블록 타입의 비교
01④

병원 건축에 있어서 파빌리온 타입(pavilion type)이 블록 타입(block type)보다 유리한 점은?

① 관리상 편리하다.
② 대지면적의 효율성이 높다.
③ 위생, 난방, 기계설비에 경제적이다.
④ 각 실의 채광을 균등히 할 수 있다.

해설 관리상 **불편**하고, 대지면적의 효율성이 **낮으며**, 위생, 난방, 기계설비에 **비경제적**이다.

12 | 고층 밀집형의 특성
22②, 16②

고층 밀집형 병원에 관한 설명으로 옳지 않은 것은?

① 병동에서 조망을 확보할 수 있다.
② 대지를 효과적으로 이용할 수 있다.
③ 각종 방재대책에 대한 비용이 높다.
④ 병원의 확장 등 성장변화에 대한 대응이 용이하다.

해설 고층 밀집형(집중형) 병원은 병원의 확장 등 성장변화에 대한 대응이 난이하다.

13 | 종합병원의 건축계획
18④, 08④

종합병원의 건축계획에 대한 설명 중 옳지 않은 것은?

① 전체적으로 바닥의 단차이를 가능한 한 줄이는 것이 좋다.
② 수술부는 타 부문의 통과교통이 없는 장소에 배치한다.
③ 일반적으로 병동부가 차지하는 면적은 병원 전체에서 25~35% 정도이다.
④ 외래진료부의 구성단위는 간호단위를 기본단위로 한다.

해설 외래진료부의 구성단위는 과별 환자 수, 병동부의 구성단위는 간호단위를 기본단위로 한다.

14 | 종합병원의 건축계획
18①, 10①

종합병원의 건축계획에 대한 설명 중 옳지 않은 것은?

① 부속진료부는 외래환자 및 입원환자 모두가 이용하는 곳이다.
② 집중식 병원 건축에서 부속진료부와 외래부는 주로 건물의 저층부에 구성된다.
③ 간호사 대기소는 각 간호단위 또는 각 층 및 동별로 설치한다.

④ 외래진료부의 운영방식에 있어서 미국의 경우는 대개 클로즈드 시스템인 데 비하여, 우리나라는 오픈 시스템이다.

해설 외래진료부의 운영방식에 있어서 미국의 경우는 대개 **오픈 시스템**인 데 비하여, 우리나라는 **클로즈드 시스템**이다.

15 | 배치 방식 중 집중식의 특성
17②, 05①

병원 건축의 병동 배치형식 중 집중식(block type)에 대한 설명으로 옳지 않은 것은?

① 재난 시 환자의 피난이 용이하다.
② 공조설비가 필요하게 되어 설비비가 높다.
③ 대지를 효과적으로 이용할 수 있다.
④ 병동에서의 조망을 확보할 수 있다.

해설 재난 시 환자의 피난이 **난이**하다.

16 | 간호사 대기소
14④, 09④

병원의 간호사 대기소에 관한 설명 중 옳지 않은 것은?

① 계단이나 엘리베이터 홀 등에 가능한 한 인접시켜 외부인의 출입을 감시할 수 있도록 한다.
② 병실군의 한쪽 끝에 위치시켜 복도의 상황을 쉽게 알 수 있도록 한다.
③ 1개의 간호사 대기소에서 관리할 수 있는 병상 수는 30~40개 이하로 한다.
④ 간호사 대기소에서 병실군까지 보행하는 거리를 24m 이내가 되도록 한다.

해설 병실군의 **중앙 부분**에 위치시켜 **환자, 복도** 및 **병실의 상황**을 쉽게 알 수 있도록 한다.

17 | 간호단위의 병상 수 과다
14②, 09②

다음 중 병원 건축에서 간호단위의 병상 수가 과다한 경우 나타나는 문제점과 가장 관계가 먼 것은?

① 환자 보호자들에 의한 간호가 불가능해진다.
② 전체 환자의 상태를 파악하기 어려워진다.
③ 간호사들의 동선이 길어진다.
④ 병실 간호 능력이 저하된다.

해설 환자 보호자들에 의한 간호와는 무관하다.

18 수술부의 동선
14①, 07①

다음 중 의사 및 간호사의 수술부에서 동선으로 가장 적합한 것은?

① 급한 환자일 경우 별도의 실을 경유하지 않고 수술실로 직접 간다.
② 세면실만을 거쳐 수술실로 간다.
③ 갱의실에서 세면실을 거쳐 수술실로 간다.
④ 갱의실, 세면실, 마취실을 차례로 거쳐 수술실로 간다.

해설 의사와 간호사의 동선은 갱의실에서 세면실을 거쳐 수술실로 간다. 즉, **갱의실 → 세면실 → 수술실**의 순이다.

19 파빌리온 타입의 특성
21④, 13①

병원 건축에 있어서 파빌리온 타입(pavilion type)에 관한 설명으로 옳은 것은?

① 대지 이용의 효율성이 높다.
② 고층 집약식 배치형식을 갖는다.
③ 각 실의 채광을 균등히 할 수 있다.
④ 도심지에서 주로 적용되는 형식이다.

해설 파빌리온형은 대지 이용의 효율성이 **낮고 저층 분산식** 배치형식을 가지며 **도심지 외곽**에서 주로 적용되는 형식이다.

20 외래의 클로즈드 시스템
21①, 16①

클로즈드 시스템(closed system)의 종합병원에서 외래진료부 계획에 관한 설명으로 옳지 않은 것은?

① 환자의 이용이 편리하도록 2층 이하에 두도록 한다.
② 부속 진료시설을 인접하게 하여 이용이 편리하게 한다.
③ 중앙주사실, 약국은 정면 출입구에서 멀리 떨어진 곳에 둔다.
④ 외과 계통 각 과는 1실에서 여러 환자를 볼 수 있도록 대실로 한다.

해설 클로즈드 시스템(closed system)은 중앙주사실, 약국은 정면 출입구에 근접한 곳에 둔다.

21 종합병원의 건축계획
11④, 07①

병원 건축계획에 관한 설명으로 옳지 않은 것은?

① 병실 출입구는 침대가 통과할 수 있는 폭이어야 한다.
② 간호 단위의 구성 시 간호사의 보행거리는 24m 이내가 되도록 한다.
③ 1개의 간호사 대기소에서 관리할 수 있는 병상 수는 30~40개 이하로 한다.
④ 병원의 환자용 계단에 대체하여 설치하는 경사로의 경사는 최대 1/6 이하로 한다.

해설 병원의 환자용 계단에 대체하여 설치하는 경사로의 경사는 법 규상 최대 1/8 이하로 하나, 1/20 정도가 좋다.

22 종합병원의 외래진료부
11②, 09②

종합병원의 외래진료부에 관한 설명 중 옳지 않은 것은?

① 내과는 진료검사에 시간이 걸리므로 소진료실을 다수 설치한다.
② 정형외과는 보행이 편리한 곳에 두고 미끄러질 염려가 있는 바닥 마무리와 경사로를 피한다.
③ 외과는 1실에서 여러 환자를 볼 수 있도록 대실로 한다.
④ 안과는 진료실, 기공실, 검사실, 암실을 설치하며, 검안을 위해 3m 정도 거리를 확보한다.

해설 안과는 진료실, 기공실, 검사실, 암실을 설치하며, 검안을 위해 **5m 정도** 거리를 확보한다.

23 병원의 수술실
11②, 03④

병원의 수술실에 대한 설명으로 옳지 않은 것은?

① 타 부분의 통과 교통이 없는 장소에 배치한다.
② 인공조명은 음영이 생기지 않는 조명으로 한다.
③ 자연채광을 충분히 할 수 있도록 남측에 큰 창을 설계하는 것이 좋다.
④ 공기조화는 다른 병실과는 별도 계통으로 하여 수술실만을 독립하여 조정할 수 있게 한다.

해설 **인공조명(무영등)**을 원칙으로 하나, 부득이 자연채광을 한다면 **북측**에 큰 창을 설계하는 것이 좋다.

24 | 고층 밀집형의 특성
08④, 06①

다음 중 병원 건축에 있어서 단일 고층 건물 형식의 유리한 점이 아닌 것은?

① 각 병실을 남향으로 할 수 있어 일조, 통풍 조건이 좋아진다.
② 업무의 효율화가 가능하다.
③ 낮은 건폐율로 주변 공지 확보에 유리하다.
④ 병동의 관리가 용이하다.

해설 집중식은 현대의 병원 건축에 주로 사용되는 방식으로 **일조, 통풍이 나쁘다.** 일조와 통풍이 좋은 것은 분관식이다.

25 | 구급동선과의 연결
03②, 97①

병원의 평면계획상 구급동선은 어디에 연결되어야 하는가?

① 병동부
② 외래부
③ 중앙치료부
④ 서비스부

해설 병원의 평면계획에 있어서 구급동선은 **중앙치료부(중앙진료부)와 연결**되어야 한다.

26 | 집중식의 특성
02①, 00①

병원 건축의 배치형식에서 집중식(block type)에 대한 설명으로 적당하지 않은 것은?

① 전체적으로 통풍과 일조가 유리하다.
② 시설 및 설비를 집중시킬 수 있어 관리비, 설비비가 절약된다.
③ 고층이 되기 쉽다.
④ 최근 많이 적용되고 있는 형태이다.

해설 전체적으로 통풍과 일조가 **불리**하다.

27 | 종합병원의 건축계획
02②, 98②

다음 종합병원 건축계획에 관련된 사항 중 옳지 않은 것은?

① 외래진료부는 건강진단으로 질병의 예방, 조기 발견 그리고 건강증진을 도모하는 기능을 가지고 있다.
② 응급부는 입원수속 전의 중환자에 대한 신속하고 적절한 처치 및 검사조치를 행한다.
③ 수술부는 중앙진료부에 속한다.
④ 관리부는 외래 및 중앙진료부의 진료활동을 수행하는 데 필요한 물품의 공급과 관리업무를 수행한다.

해설 ④항은 **공급부(supply center)**에 대한 설명으로 외래 및 중앙진료부의 진료활동을 수행하는 데 필요한 물품의 공급과 관리업무를 수행한다.

28 | 외래의 클로즈드 시스템
20④

종합병원에서 클로즈드 시스템(closed system)의 외래진료부에 관한 설명으로 옳지 않은 것은?

① 내과는 소규모 진료실을 다수 설치하도록 한다.
② 환자의 이용이 편리하도록 1층 또는 2층 이하에 둔다.
③ 중앙주사실, 회계, 약국 등 정면출입구 근처에 설치한다.
④ 전체 병원에 대한 외래진료부의 면적비율은 40~45% 정도로 한다.

해설 클로즈드 시스템(대규모의 각종 과를 필요로 하는 우리나라의 일반적인 외래진료방식)에 있어서 **전체 병원에 대한 외래진료부의 면적비율은 10~15% 정도**로 한다.

29 | 분관식의 특성
17③

병원 건축의 형식 중 분관식(pavilion type)에 관한 설명으로 옳은 것은?

① 저층 분산형의 형태이다.
② 각 병실의 채광 및 통풍조건이 불리하다.
③ 환자의 이동은 주로 에스컬레이터를 이용한다.
④ 외래부, 부속진료부는 저층부에, 병동은 고층부에 배치한다.

해설 병원의 건축형식 중 **분관식**은 각 **병실의 채광 및 통풍조건이 유리**하고, 환자의 이동에 주로 **경사로를 이용한 보행** 또는 들것을 **사용**하며, 외래부, 부속진료부 및 병동부를 각각 별동으로 배치한다.

2 공장

01 | 공장의 지붕 형태
20③, 18②, 16②, 13④, 04①

공장 건축의 지붕형에 대한 기술 중 옳지 않은 것은?

① 뾰족지붕 – 직사광선을 어느 정도 허용하는 결점이 있다.
② 솟을지붕 – 채광, 환기에 적합한 방법이다.
③ 톱날지붕 – 북향의 채광창으로 하루종일 변함없는 조도를 유지할 수 있다.
④ 샤렌지붕 – 기둥이 많이 소요되는 단점이 있다.

해설 샤렌지붕은 기둥이 **적게 소요**되는 장점이 있다.

02 | 톱날지붕의 특성
22①, 06②, 05①

기계공장에서 지붕의 형식을 톱날지붕으로 하는 가장 주된 이유는?

① 실내의 주광조도를 일정하게 하기 위하여
② 빗물의 배수를 충분히 하기 위하여
③ 소음을 적게 하기 위하여
④ 온도를 일정하게 유지하기 위하여

해설 톱날지붕은 외쪽지붕이 연속하여 톱날 모양으로 된 지붕으로서, 해가림을 겸하고 변화가 적은 북쪽 광선만을 이용하며, **균일한 조도를 필요로 하는 방직공장에 주로 사용**된다.

03 | 공장 건축의 레이아웃
20①,②, 18①, 07④ 05②, 01②,

공장 건축의 레이아웃 계획에 관한 설명 중 옳지 않은 것은?

① 다품종 소량생산이나 주문생산 위주의 공장에는 공정중심의 레이아웃이 적합하다.
② 레이아웃 계획은 작업장 내의 기계설비 배치에 관한 것으로 공장 규모가 커지더라도 별다른 변화는 없다.
③ 고정식 레이아웃은 조선소와 같이 제품이 크고 수량이 적을 경우에 적용된다.
④ 플랜트 레이아웃은 공장 건축의 기본설계와 병행하여 이루어진다.

해설 레이아웃 계획은 작업장 내의 기계설비 배치에 관한 것으로 **공장 규모의 변화에 대응**하여야 한다.

04 | 분관식과 집중식의 비교
00③, 98②

공장 건축의 건물형식 중에서 분관식(pavilion type)과 집중식(block type)에 관한 다음 설명 중 부적당한 것은?

① 분관식은 대지가 부정형, 고저차가 있을 때 유리하다.
② 집중식은 대지가 평탄, 정형일 때 유리하며, 일반 기계조립 공장 등에 유리하다.
③ 분관식은 공장 확장의 빈도가 클 때에 적합하며, 건설 기간의 단축이 가능하다.
④ 집중식은 내부 배치에 탄력성이 있고 건축비가 저렴하나 공간의 효율이 나쁘다.

해설 공장 건축의 집중식은 내부 배치의 탄력성과 융통성이 있고, 건축비가 저렴하며, **공간의 효율이 매우 좋다.**

05 | 공장 건축계획
02④, 00③

공장 계획에 관한 기술 중 옳지 않은 것은?

① 수운은 육운에 비하여 싸므로 충분히 고려하는 것이 좋다.
② 위치는 원료 공급 및 노동력 조달이 가까운 곳이 좋다.
③ 큰 기계의 설치는 건물 기초에 튼튼하게 연결시킨다.
④ 공장에는 대체로 작업환경상 습도 공급이 가장 쉽다.

해설 큰 기계의 설치는 **건물 기초와 분리하여 설치**한다.

06 | 제품중심 레이아웃의 특성
21②, 18④, 13②, 10②

다음 설명에 알맞은 공장 건축의 레이아웃(layout) 형식은?

• 생산에 필요한 모든 공정과 기계류를 제품의 흐름에 따라 배치하는 형식이다.
• 대량생산에 유리하며 생산성이 높다.

① 고정식 레이아웃
② 혼성식 레이아웃
③ 제품중심의 레이아웃
④ 공정중심의 레이아웃

해설 **공정중심의 레이아웃(기계설비의 중심)**은 주문공장생산에 적합한 형식으로, 생산성이 낮으나 다품종 소량생산방식 또는 예상생산이 불가능한 경우와 표준화가 행해지기 어려운 경우에 적합하다. **고정식 레이아웃**은 선박이나 건축물처럼 제품이 크고 수가 극히 적은 경우에 사용하며, 주로 사용되는 재료나 조립부품이 고정된 장소에 있다.

07 | 톱날지붕의 특성
22①, 17④, 06②

다음 중 기계공장의 지붕을 톱날형으로 하는 이유로 가장 적당한 것은?

① 빗물 처리가 용이하다.
② 모양이 좋다.
③ 소음이 줄어든다.
④ 균일한 조도를 얻을 수 있다.

해설 **톱날지붕**은 외쪽 지붕이 연속하여 톱날 모양으로 된 지붕으로서 해가림을 겸하고 변화가 적은 북쪽 광선만을 이용하며, **균일한 조도를 필요로 하는 방직공장에 주로 사용**된다.

08 | 공장 건축계획
17①, 14①, 10①

공장 건축에 관한 설명 중 옳은 것은?

① 자연환기방식의 경우 환기방법은 채광형식과 관련하여 건물형태를 결정하는 매우 중요한 요소가 된다.
② 재료반입과 제품반출 동선은 동일하게 하고 물품동선과 사람동선은 별도로 하는 것이 바람직하다.
③ 외부인 동선과 작업원 동선은 동일하게 하고, 견학자는 생산과 교차하지 않는 동선을 확보하도록 한다.
④ 계획 시부터 장래 증축을 고려하는 것이 필요하며 평면형은 가능한 요철이 많은 것이 유리하다.

해설 원료의 동선(낮은 부분에서 높은 부분으로)과 제품의 동선(높은 부분에서 낮은 부분으로) 즉, **원료와 제품의 동선은 반대 방향**으로 하고, 외부인 동선과 작업자의 동선을 **엄격히 구분**하며, 평면형은 가능한 한 **요철이 없는 것이 유리**하다.

09 | 공장 건축계획
11④, 08④, 03①

공장 건축계획에 관한 설명 중 옳지 않은 것은?

① 평면계획 시 관리 부분과 생산공정 부분을 구분하고 동선이 혼란되지 않게 한다.
② 공장 건축의 형식에서 집중식(block type)은 건축비가 저렴하고 공간효율도 좋다.
③ 공정중심의 레이아웃은 소종다량생산(小種多量生産)이나 표준화가 쉬운 경우에 적합하다.
④ 공장작업장의 지붕형식으로 균일한 조도를 얻기 위해 톱날지붕을 도입하는 경우가 있다.

해설 공정중심의 레이아웃은 주문 생산, **다품종 소량생산**이나 표준화가 **어려운** 경우에 적합하고, 공장부지 선정은 노동력의 공급이 쉽고, 원료의 공급이 용이한 곳에 정한다.

10 | 공장 건축의 레이아웃
00②, 98③

공장 건축의 레이아웃(layout)에 관한 설명 중 부적당한 것은?

① 레이아웃이란 공장 건축의 평면요소 간의 위치 관계를 결정하는 것을 말한다.
② 레이아웃은 장래성을 고려하여 융통성을 가져야 한다.
③ 중화학공업, 시멘트공업 등 장치공업 등으로 불리는 공장의 레이아웃은 융통성을 크게 할 수 있다.
④ 생산 공정 간의 시간적·수량적인 균형을 이루기 쉽다.

해설 중화학공업, 시멘트공업 등 장치공업 등으로 불리는 공장의 레이아웃은 융통성이 **매우 작다.**

11 | 공장 건축의 레이아웃
22②, 12④, 08②

다음 공장 건축의 레이아웃(layout)에 관한 설명 중 옳지 않은 것은?

① 레이아웃이란 공장 건축의 평면 요소 간의 위치 관계를 결정하는 것을 말한다.
② 고정식 레이아웃은 조선소와 같이 제품이 크고 수량이 적은 경우에 행해진다.
③ 중화학공업, 시멘트공업 등 장치공업 등은 시설의 융통성이 크기 때문에 신설 시 장래성에 대한 고려가 필요없다.
④ 제품중심의 레이아웃은 대량생산에 유리하며 생산성이 높다.

해설 중화학공업, 시멘트공업 등 장치공업 등은 시설의 융통성이 **작기 때문에** 신설 시 장래성에 대한 고려가 필요없다.

12 | 공장 건축의 레이아웃
21①, 20④, 16①

공장 건축의 레이아웃(layout)에 관한 설명으로 옳지 않은 것은?

① 제품중심의 레이아웃은 대량생산에 유리하며 생산성이 높다.
② 레이아웃이란 생산품의 특성에 따른 공장의 건축면적 결정방식을 말한다.
③ 공정중심의 레이아웃은 다종 소량생산으로 표준화가 행해지기 어려운 주문생산에 적합하다.
④ 고정식 레이아웃은 조선소와 같이 조립부품이 고정된 장소에 있고 사람과 기계를 이동시키며 작업을 행하는 방식이다.

해설 공장 건축의 레이아웃(평면배치)은 공장 사이의 여러 부분(작업장 안의 기계설비, 자재와 제품의 창고, 작업자의 작업구역 등)의 상호 위치 관계를 결정하는 것 또는 공장 건축의 평면요소 간의 위치 관계를 결정하는 것이다.

13 | 공장 건축의 레이아웃
21④, 15②

공장 건축의 레이아웃에 관한 설명으로 옳지 않은 것은?

① 장래 공장규모의 변화에 대응한 융통성이 있어야 한다.
② 제품중심의 레이아웃은 생산에 필요한 모든 공정, 기계기구를 제품의 흐름에 따라 배치한다.
③ 이동식 레이아웃은 사람이나 기계가 이동하여 작업하는 방식으로 제품이 크고, 수량이 적을 때 사용된다.
④ 레이아웃은 공장 생산성에 미치는 영향이 크므로 공장의 배치계획, 평면계획은 이것에 부합되는 건축계획이 되어야 한다.

해설 고정식 레이아웃은 재료나 조립부품은 고정된 장소에 있고 사람이나 기계를 작업장소로 이동시켜 작업하는 방식으로, 제품이 크고, 수량이 적은 경우에 사용되는 방식이다.

14 | 제품중심 레이아웃의 특성
19④, 14②

공장의 레이아웃 형식 중 생산에 필요한 모든 공정과 기계류를 제품의 흐름에 따라 배치하는 형식은?

① 고정식 레이아웃
② 혼성식 레이아웃
③ 제품중심의 레이아웃
④ 공정중심의 레이아웃

해설 생산에 필요한 기계, 기구와 모든 공정을 제품의 흐름에 따라 배치하는 형식은 제품중심의 레이아웃(연속 작업식)이다.

15 | 공정중심 레이아웃의 특성
19①, 14④

다음 설명에 알맞은 공장 건축의 레이아웃 형식은?

• 동종의 공정, 동일한 기계설비 또는 기능이 유사한 것을 하나의 그룹으로 집합시키는 방식
• 다종의 소량 생산의 경우, 예상 생산이 불가능한 경우 표준화가 이루어지기 어려운 경우에 채용

① 고정식 레이아웃   ② 혼성식 레이아웃
③ 공정중심의 레이아웃   ④ 제품중심의 레이아웃

해설 공정중심의 레이아웃(기계설비의 중심)은 주문공장생산에 적합한 형식으로 생산성이 낮으나 다종소량생산방식으로 예상 생산이 불가능한 경우와 표준화가 행해지기 어려운 경우 사용한다.

16 | 공정중심 레이아웃의 특성
13①, 06②

다품종 소량생산으로 예상 생산이 불가능한 경우, 표준화가 곤란한 경우에 알맞은 공장 건축의 레이아웃 방식은?

① 혼성식 레이아웃
② 고정식 레이아웃
③ 제품중심 레이아웃
④ 공정중심 레이아웃

해설 고정식 레이아웃은 제품의 크기가 크고 수가 적은 경우(건축물과 선박 등)에 사용하고, 제품중심 레이아웃(연속 작업식)은 대량생산에 적합하고 생산성이 높다.

17 | 녹지계획의 효용성
13①, 00①

공장 녹지계획의 효용성과 관계가 없는 것은?

① 생산 및 노동 환경의 보전
② 공해 및 재해 방지의 완화
③ 상품 이미지의 향상과 선전
④ 원료 수급 및 저장의 원활

해설 공장 녹지계획의 효용성은 생산 및 노동 환경의 보전, 공해 및 재해 방지의 완화, 상품 이미지의 향상과 선전, 지역사회와의 조화 및 조경이나 미화성 등이다.

18 | 파빌리온 타입의 특성
11①, 07②

공장 건축형식 중 파빌리온 타입(pavilion type)에 대한 설명으로 틀린 것은?

① 통풍, 채광이 좋다.
② 공장의 신설과 확장이 용이하다.
③ 공간효율이 좋고 건축비가 저렴하다.
④ 공장 건설을 병행할 수 있으므로 조기 완성이 가능하다.

해설 집중식((block type) 배치는 공간효율이 좋고 건축비가 저렴하다.

19 | 공장 건축의 레이아웃
10①, 04④

공장 건축의 레이아웃(layout)에 대한 설명 중 옳지 않은 것은?

① 고정식 레이아웃은 기능이 동일하거나 유사한 공정, 기계를 집합하여 고정 배치하는 방식이다.
② 레이아웃은 장래 공장 규모의 변화에 대응한 융통성이 있어야 한다.
③ 제품중심의 레이아웃은 대량 생산에 유리하며 생산성이 높다.
④ 표준화가 어려운 경우에 적합한 형식은 공정중심의 레이아웃이다.

해설 **공정중심 레이아웃**은 기능이 동일하거나 유사한 공정, 기계를 집합하여 고정 배치하는 방식이다.

20 | 파빌리온 타입의 특성
02④, 00②

공장 건축에서 파빌리온 타입(pavilion type)에 대한 설명으로 틀린 것은?

① 통풍, 채광이 좋다.
② 공장의 신설과 확장이 용이하다.
③ 건축비가 저렴하다.
④ 화학공장 등에 유리하다.

해설 건축비가 고가이다.

21 | 운반계획 시 고려사항
00③, 98③

공장 계획에 있어서 운반계획 시 우선 고려해야 할 사항이 아닌 것은?

① 운반속도와 하중
② 운반 대상
③ 운반 방향
④ 운반시간과 빈도

해설 공장 계획에 있어서 **운반계획 시 고려해야 할 사항**은 **운반 대상**(고체, 액체 및 기체 등), **운반 방향**(수직, 수평, 경사 및 복합 방향 등) 및 **운반시간과 빈도**(단속적, 연속적, 정기, 부정기 및 사용빈도 등) 등이다.

22 | 공장 건축계획
19②

공장 건축계획에 관한 설명으로 옳지 않은 것은?

① 기능식 레이아웃은 소종 대량생산이나 표준화가 쉬운 경우에 주로 적용된다.
② 공장의 지붕형식 중 톱날지붕은 균일한 조도를 얻을 수 있다는 장점이 있다.
③ 평면계획 시 관리 부분과 생산공정 부분을 구분하고 동선이 혼란되지 않게 한다.
④ 공장 건축의 형식에서 집중식(block type)은 건축비가 저렴하고 공간효율도 좋다.

해설 **공정중심(기능식)의 레이아웃**은 주문생산, **다품종 소량생산**이나 표준화가 **어려운** 경우에 적합하고, 공장부지 선정은 노동력의 공급이 쉽고 원료의 공급이 용이한 곳에 정한다.

3 학교

01 | 이용률과 순수율
19②, 14④, 10④

1주간의 평균 수업시간이 30시간의 어느 학교의 설계제도교실이 사용되는 시간은 24시간이다. 그 중 6시간은 다른 과목을 위해 사용된다. 설계제도 교실의 이용률과 순수율은 각각 얼마인가?

① 이용률 80%, 순수율 25%
② 이용률 80%, 순수율 75%
③ 이용률 60%, 순수율 25%
④ 이용률 60%, 순수율 75%

해설 ㉮ 그 교실이 사용되고 있는 시간은 24시간, 1주일의 평균 수업시간은 30시간이다.

$$\therefore 이용률 = \frac{24}{30} \times 100(\%) = 80\%$$

㉯ 그 교실이 사용되고 있는 시간은 24시간, 일정 교과를 위해 사용되는 시간은 24−6=18시간이다.

$$\therefore 순수율 = \frac{18}{24} \times 100(\%) = 75\%$$

02 | 오픈 플랜 스쿨
02④, 01②, 99②, 96③

오픈 플랜 스쿨(open plan school)을 설명한 것으로 부적당한 것은?

① 자연채광과 자연통풍에 크게 의존한다.
② 칠판, 수납장 등의 가구는 이동식이 많다.
③ 바닥 마감재는 흡음성 및 활동성을 고려하여 카펫이 좋다.
④ 평면형은 가변식 벽구조(movable partition)로 하여 융통성을 갖도록 한다.

[해설] 오픈 스쿨은 아동이나 학생을 학력 등의 정도에 따라서 몇 사람씩으로 하여 몇 개의 그룹으로 나누고, 각 그룹에 각기 몇 사람의 교원이 적절한 지도를 하는 개인별 또는 팀 티칭이 전제되며, **인공조명과 공기조화설비를 사용**한다.

03 | 단층교사의 특성
20①, ②, 19④, 04④

학교 건축에서 단층교사에 관한 설명으로 옳지 않은 것은?

① 내진·내풍구조가 용이하다.
② 학습활동을 실외로 연장할 수 있다.
③ 계단이 필요 없으므로 재해 시 피난이 용이하다.
④ 설비 등을 집약할 수 있어서 치밀한 평면계획이 용이하다.

[해설] 학교 건축에서 단층교사의 특성은 ①, ②, ③항 이외에 개개의 교실에서 밖으로 직접 출입할 수 있으므로 복도의 혼잡을 피할 수 있다. **다층교사는 부지의 이용률을 높이고 평면계획에 있어서 치밀한 계획을 세울 수 있으며** 건축설비의 배선과 배관을 집약시킬 수 있다.

04 | 이용률과 순수율
22②, 18④, 09④, 06②

주당 평균 40시간을 수업하는 어느 학교에서 음악실에서의 수업이 총 20시간이며 이 중 15시간은 음악시간으로, 나머지 5시간은 학급 토론시간으로 사용되었다면, 이 교실의 이용률과 순수율은?

① 이용률 37.5%, 순수율 75%
② 이용률 50%, 순수율 75%
③ 이용률 75%, 순수율 37.5%
④ 이용률 75%, 순수율 50%

[해설] ㉮ 1주일의 평균 수업시간은 40시간이고 그 교실이 사용되고 있는 시간은 20시간이다.

$$\therefore\ \text{이용률(\%)} = \frac{\text{그 교실이 사용되고 있는 시간}}{\text{1주일의 평균 수업시간}} \times 100\%$$

$$= \frac{20}{40} \times 100 = 50\%$$

㉯ 그 교실이 사용되고 있는 시간은 20시간이고 일정 교과(설계제도)를 위해 사용되는 시간은 20−5 =15시간이다.

$$\therefore\ \text{순수율} = \frac{\text{일정 교과를 위해 사용되는 시간}}{\text{그 교실이 사용되고 있는 시간}} \times 100\%$$

$$= \frac{15}{20} \times 100 = 75\%$$

05 | 플래툰형의 특성
22①, 09①, 05④

다음의 설명에 알맞은 학교 운영방식은?

- 전 학급을 2분단으로 하고, 한쪽이 일반교실을 사용할 때 다른 분단은 특별교실을 사용한다.
- 교사의 수와 적당한 시설이 없으면 실시가 곤란하다.

① 교과교실형(department system)
② 플래툰형(platoon type)
③ 달톤형(dalton type)
④ 개방학교(open school)

[해설] **교과교실형**은 모든 교실이 특정교과 때문에 만들어지고, 일반교실이 없는 형식이다. **달톤형**은 학급, 학년을 없애고 학생들은 각자의 능력에 맞게 교과를 선택하고, 일정한 교과가 끝나면 졸업하는 형식이다. **오픈 스쿨**은 종래에 학급단위로 하던 수업을 거부하고, 개인의 자질과 능력 또는 경우에 따라서는 학년을 없애고, 그룹별 지도와 팀 티칭(교수학습제) 등 다양한 학습활동을 할 수 있게 만든 학교이다.

06 | 학교 건축의 융통성
18②, 13②, 08④

학교 건축에 요구되는 융통성과 가장 거리가 먼 것은?

① 한계 이상의 학생 수 증가에 대응하는 융통성
② 지역사회의 이용에 의한 융통성
③ 광범위한 교과내용의 변화에 대응하는 융통성
④ 학교 운영방식의 변화에 대응하는 융통성

[해설] 학교 건축의 융통성이 요구되는 원인은 **지역사회의 이용에 의한 융통성, 광범위한 교과내용의 변화에 대응하는 융통성 및 학교 운영방식의 변화에 대응**하는 융통성 등이다.

07 | 종합교실형의 특성
16④, 12④, 01④

학교 운영방식 중 종합교실형에 관한 설명으로 옳지 않은 것은?

① 교실의 이용률이 높다.
② 교실의 순수율이 높다.
③ 초등학교 저학년에 적합한 형식이다.
④ 학생의 이동을 최소한으로 할 수 있다.

해설 종합교실형은 **교실의 순수율이 가장 낮고**, 초등학교 저학년에 적합한 형식이며, 순수율을 가장 높일 수 있는 방식은 **교과교실형**이다.

08 | 초등학교의 교실 환경
10①, 06②, 04②

초등학교 건축의 교실 환경 계획에 관한 설명 중 적당하지 않은 것은?

① 교실의 색채는 저학년의 경우 난색계통, 고학년은 대체로 사고력의 증진을 위해 중성색이나 한색 계통의 배색이 좋다.
② 채광창 유리의 면적은 교실면적의 1/4 정도가 적당하다.
③ 교실 채광은 일조시간이 긴 방위를 택하고 1방향 채광일 때는 깊은 곳까지 고른 조도가 얻어질 수 있도록 한다.
④ 책상면의 조도는 교실의 칠판면 조도보다 더 밝아야 한다.

해설 일반적으로 교실 채광은 칠판을 향해 좌측 채광을 원칙으로 하고, 책상면의 조도는 교실의 칠판면의 조도보다 **어두워야** 현휘현상을 방지할 수 있다. 즉, **칠판의 조도 > 책상의 조도**이다.

09 | 플래툰형의 특성
14①, 04④

학교 운영방식 중 전(全) 학급을 2분단으로 하고, 한 분단이 일반교실을 사용할 때 다른 분단은 특별교실을 사용하는 방식은?

① 종합교실형(U형)
② 일반교실·특별교실형(U·V형)
③ 플래툰형(P형)
④ 달톤형(D형)

해설 **플래툰형**은 **전 학급을 2개의 분단으로 하고, 한 분단이 일반교실을 사용할 때, 다른 분단은 특별교실을 사용**하는 형식으로 분단의 교체는 점심시간이 되도록 계획한다.

10 | 클러스터형의 정의
98③, 96③

학교 건축에 있어서 블록 플랜(block plan)을 위한 클러스터링(clustering)이란?

① 층 수마다 학년 단위로 분할 배치하는 것
② 교실을 일렬로 배치하는 것
③ 일반교실 동(棟) 양끝에 특별교실을 배치하는 것
④ 교실을 단위별로 그루핑(grouping)하여 독립시키는 것

해설 학교 건축물의 블록 플랜의 종류에는 엘보형(복도를 교실과 분리시키는 형식)과 **클러스터형**[교실을 소단위(2~3개소)로 분할하는 방식 또는 **교실을 단위별로 그루핑하여 독립**시키는 형식] 등이 있다.

11 | 학교의 운영방식
21①, 13④, 11①

학교 운영방식에 관한 설명으로 옳지 않은 것은?

① 종합교실형은 각 학급마다 가정적인 분위기를 만들 수 있다.
② 교과교실형은 초등학교 저학년에 대해 가장 권장되는 방식이다.
③ 플래툰형은 미국의 초등학교에서 과밀을 해소하기 위해 실시한 것이다.
④ 달톤형은 학급, 학년 구분을 없애고 학생들은 각자의 능력에 따라 교과를 선택하고 일정한 교과를 끝내면 졸업하는 형식이다.

해설 **교과교실형**은 **중학교 고학년(3학년)**에 적용되는 방식이고, **종합교실형**은 **초등학교 저학년**에 대해 가장 권장되는 방식이다.

12 | 교사의 배치형식
21④, 03②

학교 교사의 배치형식에 관한 설명으로 옳지 않은 것은?

① 분산병렬형은 넓은 부지를 필요로 한다.
② 폐쇄형은 일조, 통풍 등 환경조건이 불균등하다.
③ 집합형은 이동동선이 길어지고 물리적 환경이 나쁘다.
④ 분산병렬형은 구조계획이 간단하고 생활환경이 좋아진다.

해설 학교 건축의 **집합형**은 다른 동과의 유기적인 구성으로 **물리적 환경이 좋다.**

13 | 플래툰형의 특성
18②, 08①

학교 건축계획에서 그림과 같은 평면 유형을 갖는 학교 운영방식은?

① 달톤형
② 플래툰형
③ 교과교실형
④ 종합교실형

해설 **플래툰형**은 전 학급을 **2개의 분단으로 구분**하고 한 분단이 일반교실을 사용할 때 다른 분단은 **특별교실**(가사, 공업, 및 재봉의 실과교실, 사회교실, 자연교실, 음악교실, 미술실, 공작실, 도서관, 시청각실, 방송실, 어학실, 다목적실, 체육관, 강당 등)을 **사용**한다.

14 | 학교의 강당 계획
18①, 03④

학교의 강당 계획에 관한 사항 중 옳지 않은 것은?

① 강당 겸 체육관은 커뮤니티의 시설로서 자주 이용될 수 있도록 고려하여야 한다.
② 강당 및 체육관으로 겸용하게 될 경우 체육관 목적으로 치중하는 것이 좋다.
③ 체육관의 크기는 배구코트의 크기를 표준으로 한다.
④ 강당은 반드시 전교생을 수용할 수 있도록 크기를 결정하지는 않는다.

해설 체육관과 겸용할 때는 **농구코트 1면** 또는 **배구코트 2면**을 표준 규모로 하는 것이 좋다.

15 | 교과교실형의 특성
17①, 08②

학교 운영방식 중 교과교실형에 대한 설명으로 옳지 않은 것은?

① 교실의 순수율이 높다.
② 시간표 짜기와 담당 교사 수를 맞추기가 용이하다.
③ 학생 소지품을 두는 곳을 별도로 만들 필요가 있다.
④ 학생들의 동선계획에 많은 고려가 필요하다.

해설 시간표 짜기와 담당 교사 수를 맞추기가 매우 어렵다.

16 | 학교 운영방식의 특성
19①, 01②

학교 운영방식에 관한 설명으로 옳지 않은 것은?

① 교과교실형은 교실의 순수율은 높으나 학생의 이동이 심하다.
② 종합교실형은 학생의 이동이 없고 초등학교 저학년에 적합하다.
③ 일반교실, 특별교실형은 각 학급마다 일반교실을 하나씩 배당하고 그 외에 특별교실을 갖는다.
④ 플래툰(platoon)형은 학급과 학년을 없애고 학생들은 각자의 능력에 따라서 교과를 선택하는 방식이다.

해설 플래툰형(platoon type, P형)은 학교 운영방식 중 전 학급을 2분단으로 하고, 한쪽이 일반교실로 사용할 때 다른 분단은 특별교실로 사용하며, 교사의 수와 적당한 시설이 없으면 실시가 곤란한 방식이다. ④항은 달톤형에 대한 설명이다.

17 | 초등학교 저학년
16②, 15②

초등학교 저학년에 가장 권장되는 학교 운영방식은?

① 달톤형
② 플래툰형
③ 종합교실형
④ 교과교실형

해설 초등학교 저학년에 권장되는 학교 운영방식은 **종합교실형**이고, 고학년은 일반교실·특별교실형이다.

18 | 이용률과 순수율
15④, 03②

어느 학교의 1주간의 평균 수업시간이 40시간인데 제도교실이 사용되는 시간은 20시간이다. 그 중 4시간은 다른 과목을 위해 사용된다. 제도교실의 이용률과 순수율은 각각 얼마인가?

① 이용률 50%, 순수율 20%
② 이용률 50%, 순수율 80%
③ 이용률 20%, 순수율 50%
④ 이용률 80%, 순수율 50%

해설 ㉮ 이용률 = $\dfrac{\text{교실이 사용되고 있는 시간}}{\text{1주일의 평균 수업시간}} \times 100\%$이다.

그런데 1주일의 평균 수업시간은 40시간이고, 교실이 사용되고 있는 시간은 20시간이다.

∴ 이용률 = $\dfrac{20}{40} \times 100 = 50\%$

㉯ 순수율 = $\dfrac{\text{일정교과를 위해 사용되는 시간}}{\text{교실이 사용되고 있는 시간}} \times 100\%$이다.

그런데 교실이 사용되고 있는 시간은 20시간이고, 일정 교과(설계제도)를 위해 사용되는 시간은 20-4=16시간이다.

∴ 순수율 = $\dfrac{16}{20} \times 100 = 80\%$

19 | 한국 건축의 융통성
15①, 07①

학교 건축계획 시 고려되는 융통성의 해결 수단과 가장 관계가 먼 것은?

① 방 사이벽(partition)의 이동
② 각 교실의 특수화
③ 교실 배치의 융통성
④ 공간의 다목적성

해설 교실 내의 융통성을 해결하기 위한 방법으로는 방 사이벽(partition wall)의 이동(구조상의 문제), 교실 배치의 융통성(배치계획의 문제) 및 공간의 다목적성(평면계획상의 문제) 등이 있다.

20 | 분산 병렬형의 특성
14④, 07④

학교 건축의 배치계획 중 분산 병렬형에 대한 설명으로 옳지 않은 것은?

① 일종의 핑거 플랜이다.
② 일조 · 통풍 등 교실의 환경조건이 불균등하다.
③ 구조계획이 간단하고 규격형의 이용도 편리하다.
④ 상당히 넓은 부지를 필요로 한다.

해설 일조 · 통풍 등 교실의 환경조건이 균등하다.

21 | 단층교사의 특성
13④, 09④

학교 건축에서 단층교사에 대한 설명 중 옳지 않은 것은?

① 재해 시 피난이 유리하다.
② 학습활동을 실외에 연장할 수 있다.
③ 개개의 교실에서 밖으로 직접 출입할 수 있으므로 복도가 혼잡하지 않다.

④ 부지의 이용률이 높으며 설비의 배선, 배관을 집약할 수 있다.

해설 부지의 이용률이 낮고, 설비의 배선, 배관을 집약할 수 없다.

22 | 분산 병렬형의 특성
13②, 03①

학교 건축의 배치계획 중 분산 병렬형 배치계획에 대한 설명으로 부적당한 것은?

① 일조 · 통풍 등 교실의 환경조건이 균등하다.
② 놀이터와 정원이 생긴다.
③ 부지를 최대한 효율적으로 사용할 수 있다.
④ 구조계획이 간단하고 시공이 용이하다.

해설 부지를 최대한 효율적으로 사용할 수 없다.

23 | 달톤형의 특성
11④, 05②

학교 운영방식의 종류 중 학급, 학생 구분을 없애고 학생들은 각자의 능력에 맞게 교과를 선택하고 일정한 교과가 끝나면 졸업하는 방식은?

① 플래툰형(platoon type)
② 달톤형(dalton type)
③ 교과교실형(department system)
④ 종합교실형(usual type)

해설 플래툰형은 두 그룹(일반교실과 특별교실)으로 분리하여 시설 이용의 효율화를 도모하는 방식이고, 교과교실형은 모든 교실은 특정교과를 위한 설비를 해야 하고, 학생은 교과가 바뀔 때마다 교실을 이동하는 방식이다. 종합교실형은 교실 안에 모든 교과학습을 할 수 있도록 설비하는 방식이다.

24 | 배치 중 폐쇄형의 특성
11②, 07①

학교 교사의 배치계획 중 폐쇄형에 대한 설명으로 옳지 않은 것은?

① 화재 및 비상시에 불리하다.
② 일조 · 통풍 등 환경조건이 불균등하다.
③ 일종의 핑거 플랜으로 구조계획이 간단하다.
④ 교사 주변에 활용되지 않은 부분이 많은 결점이 있다.

해설 일종의 핑거 플랜(분산 병렬)형은 구조계획이 간단하고, 생활환경이 좋아지나 넓은 부지를 필요로 한다.

25 | 학교의 운영방식
10②, 06①

학교 운영방식에 관한 기술 중 옳지 않은 것은?

① 종합교실형(A)은 교실 수와 학급 수가 일치하며, 초등학교 고학년 이상에 적당한 방식이다.
② 교과교실형(V)은 모든 교실이 특정 교과 때문에 만들어지며, 일반교실은 없다.
③ 플래툰형(P)은 각 학급을 2분단(일반교실, 특별교실)으로 나누어 운영하는 방식으로, 충분한 교사 수와 적당한 시설을 요구하고 있다.
④ 달톤형(D)은 학급과 학년을 없애고 학생들의 능력에 따라 교과목을 선택하는 방식이다.

해설 종합교실형(A)은 교실 수와 학급 수가 일치하며, 초등학교 **저학년**에 적당한 방식이다.

26 | 학교 건축의 세부계획
09①, 06①

학교 건축의 세부계획에 대한 설명 중 옳지 않은 것은?

① 미술실은 반드시 북측 채광을 고집할 필요는 없고 고른 조도를 얻을 수 있으면 된다.
② 초등학교 강당의 학생 1인당 소요 면적은 $0.4m^2$ 정도이다.
③ 시청각자료실은 일반교실, 특별교실 등에 가까운 것이 좋으며 관리 부문과도 인접하여 배치한다.
④ 체육관은 배구코트를 둘 수 있는 크기가 필요하며, 그러기 위해서는 최소 $300m^2$의 면적이 요구된다.

해설 체육관은 **농구코트** 또는 **배구코트 2면**을 둘 수 있는 크기가 필요하며, **최소 $400m^2$의 면적**이 요구된다.

27 | 학교의 운영방식
07④, 98①

학교 운영방식에 관한 설명 중 옳지 않은 것은?

① 교과교실형(V형)은 학생의 이동률이 심한 것이 단점이다.
② 플래툰형(P형)은 교사의 수와 적당한 시설이 없으면 실시가 곤란하다.
③ 달톤형(D형)은 우리나라에서는 입시학원이나 사설 외국어 학원에서 사용하고 있다.
④ 종합교실형(A형)은 초등학교 고학년에 가장 적합하다.

해설 종합교실형(A형)은 초등학교 **저학년**에 가장 적합하다.

28 | 초등학교의 운영방식
04②, 02④

초등학교의 운영방식에 관한 기술 중 부적당한 것은?

① 교과교실형(V형)은 학생의 이동률이 심한 것이 단점이다.
② 플래툰형(P형)은 교사의 수가 대체적으로 많아야 하고 시설이 좋아야 한다.
③ 달톤형(D형)은 우리나라에서는 입시학원이나 사설 외국어학원에서 사용하고 있다.
④ 종합교실형(A형)은 특히 초등학교 고학년에 적합하다.

해설 **종합교실형**은 교실의 수는 학급의 수와 일치하며 각 학급은 교실 안에서 스스로 모든 교과를 행한다. **초등학교 저학년**에 대해 가장 권장할 만한 형태이고, 교실의 이용률을 높일 수 있으나 순수율은 높일 수 없다.

29 | 초등학교의 교실 조직
00②, 96③

초등학교의 교실 조직에 대한 설명 중 옳지 않은 것은?

① 플래툰형은 전 학급을 2분단으로 나누고 한쪽이 일반교실을 사용할 때 다른 분단은 특별교실을 사용한다.
② 교과교실형은 모든 교실이 특정교과 때문에 만들어지며 일반교실은 없다.
③ 교과교실, 특별교실형은 전체 면적의 이용률이 높아진다.
④ 종합교실형은 초등학교 저학년에게 가장 적당한 형이다.

해설 교과교실형, 특별교실형은 전체 면적의 이용률이 **낮아진다**.

30 | 학교의 운영방식
21②

학교 운영방식에 관한 설명으로 옳지 않은 것은?

① 종합교실형은 교실의 이용률이 높지만 순수율은 낮다.
② 일반교실 및 특별교실형은 우리나라 중학교에서 주로 사용되는 방식이다.
③ 교과교실형에서는 모든 교실이 특정 교과를 위해 만들어지고 일반교실이 없다.
④ 플래툰형은 학년과 학급을 없애고 학생들은 각자의 능력에 따라 교과를 선택하고 일정한 교과가 끝나면 졸업을 한다.

해설 **플래툰형**은 전 학급을 2개의 분단으로 하고 **한 분단이 일반교실을 사용**할 때 **다른 분단은 특별교실을 사용**하는 형식으로, 분단의 교체는 점심시간이 되도록 계획하는 형식이다. ④항은 **달턴형**에 대한 설명이다.

31 | 분산 병렬형의 특성
19②

학교의 배치형식 중 분산 병렬형에 관한 설명으로 옳지 않은 것은?

① 일종의 핑거플랜이다.
② 구조계획이 간단하고 시공이 용이하다.
③ 부지의 크기에 상관없이 적용이 용이하다.
④ 일조 · 통풍 등 교실의 환경조건을 균등하게 할 수 있다.

해설 분산 병렬형 배치법은 일종의 핑거플랜으로, **구조계획이 간단**하고 시공이 용이하며, 규격형의 이용도 편리하다. 놀이터와 정원이 생기고, 일조 · 통풍 등 교실의 환경조건이 **균등하다.** **상당히 넓은 부지를 필요**로 하며, 효율적으로 사용할 수 **없다.**

32 | 학교의 운영방식
17③

학교 운영방식에 관한 설명으로 옳지 않은 것은?

① 달톤형은 다양한 크기의 교실이 요구된다.
② 교과교실형은 각 교과교실의 순수율이 낮다는 단점이 있다.
③ 플래툰형은 교사 수 및 시설이 부족하면 운영이 곤란하다는 단점이 있다.
④ 종합교실형은 학생의 이동이 없으며, 초등학교 저학년에 적합한 형식이다.

해설 교과교실(V)형은 모든 교실이 특정 교과를 위해 만들어지며, 일반교실은 없다. 장점은 각 교과 전문의 교실이 주어져, 시설의 질이 높아지고, **각 교과의 순수율이 높아진다.** 중학교 고학년에 권장할 형식이다. 단점은 학생의 이동이 많고, 전문교실을 100%로 하지 않는 한 이용률이 반드시 높지는 않으며, 시간표 짜기와 담당교사 수를 맞추기 힘들다. 또한, 안정된 수업 분위기가 불가능하다.

33 | 학교의 운영방식
20④

학교 운영방식에 관한 설명으로 옳지 않은 것은?

① 종합교실형은 초등학교 저학년에 권장되는 방식이다.
② 교과교실형은 교실의 이용률은 높으나, 순수율은 낮다.
③ 달톤형은 학급과 학년을 없애고 각자의 능력에 따라 교과를 선택하는 방식이다.
④ 플라툰형은 전 학급을 2분단으로 나누어 한 쪽이 일반교실을 사용할 때, 다른 쪽은 특별교실을 사용한다.

해설 교과교실형(V형)은 중학교 **고학년**에 가장 권장되는 형식으로 **교실의 순수율이 높고** 학생 소지품을 두는 곳을 별도로 만들

필요가 있으며 학생들의 동선계획에 많은 고려가 필요하다. 또한 시간표 짜기와 담당교사 수를 맞추기가 매우 난이하고 모든 교실이 특정 교과 때문에 만들어지며 일반 교실은 없는 방식이다. 특히 학생의 이동으로 인하여 안정된 수업 분위기가 불가능하다.

34 | 학교의 운영방식
20③

학교의 운영방식에 관한 설명으로 옳지 않은 것은?

① 플래툰형은 교과교실형보다 학생의 이동이 많다.
② 종합교실형은 초등학교 저학년에 가장 권장할 만한 형식이다.
③ 달턴형은 규모 및 시설이 다른 다양한 형태의 교실이 요구된다.
④ 일반 및 특별교실형은 우리나라 중학교에서 일반적으로 사용되는 방식이다.

해설 플래툰형(platoon type, P형)은 학교 운영방식 중 전 학급을 2분단으로 하고, 한쪽이 일반교실로 사용할 때 다른 분단은 특별교실로 사용하며, 교사의 수와 적당한 시설이 없으면 실시가 곤란한 방식이다. 또한 교사의 전체 면적이 증대되나 이용률을 높일 수 있으며, **교과교실형보다 학생의 이동이 적다.**

4 숙박시설

01 | 연면적과 숙박면적의 비
20①,②,④ 19②, 18①, 14④, 12④, 11①, 09②, 06①, 03④, 02②, 99②,③,④, 97④, 96①,②

다음 호텔 중 연면적에 비해 숙박면적의 비가 일반적으로 가장 큰 호텔은?

① commercial hotel
② apartment hotel
③ residential hotel
④ resort hotel

해설 호텔에 따른 숙박 면적비가 큰 것부터 나열하면, **커머셜 호텔**(commercial hotel) → 리조트 호텔(resort hotel) → 레지던셜 호텔(residential hotel) → 아파트먼트 호텔(apartment hotel)의 순이다.

02 | 리조트 호텔의 종류
17④, 16②, 00①

호텔의 명칭 중 리조트 호텔의 종류가 아닌 것은?

① beach hotel
② club house
③ harbor hotel
④ mountain hotel

해설 리조트 호텔의 종류에는 **비치 호텔**, **마운틴 호텔**, **스키 호텔**, **클럽 하우스** 및 **핫 스프링 호텔** 등이 있고, 시티 호텔의 종류에는 커머셜 호텔, 레지던셜 호텔, 아파트먼트 호텔 및 터미널 호텔 등이 있으며, **시티 호텔 중 터미널 호텔**의 종류에는 스테이션 호텔, **하버(부두) 호텔** 및 에어포트(공항) 호텔 등이 있다.

03 | 시티 호텔의 종류
21①, 13②, 12①④, 08②, 03②

시티 호텔(city hotel)의 종류가 아닌 것은?

① 커머셜 호텔(commercial hotel)

② 터미널 호텔(terminal hotel)

③ 클럽 하우스(club house)

④ 아파트먼트 호텔(apartment hotel)

해설 시티 호텔의 종류에는 **커머셜 호텔**, 레지던셜 호텔, **아파트먼트 호텔**, **터미널 호텔(스테이션 호텔**, **하버 호텔**, **에어포트 호텔 등**) 등이 있고, **리조트 호텔**의 종류에는 해변 호텔, 산장 호텔, 온천 호텔 및 **클럽 하우스** 등이 있다.

04 | 호텔의 기능과 소요실
03④

호텔의 각 기능별 부분과 그 소요실에 관한 내용 중 옳지 않은 것은?

① 숙박 부분 : 객실, 공동 욕실, 트렁크 룸

② 공공 부분 : 로비, 라운지, 나이트 클럽, 오락실, 상점

③ 관리 부분 : 지배인실, 사무실, 보이실, 리넨실, 홀

④ 요리 부분 : 배선실, 주방, 식기실, 냉동실, 식품고

해설 보이실과 리넨실은 숙박 부분, 홀은 퍼블릭 스페이스(공공부분)이다.

05 | 퍼블릭 스페이스의 종류
14①

호텔의 소요실 중 퍼블릭 스페이스(public space)에 속하지 않는 것은?

① 그릴

② 로비

③ 리넨실

④ 라운지

해설 호텔의 퍼블릭 스페이스(public space)의 **종류**에는 현관, 홀, **그릴, 로비, 라운지**, 식당, 오락실, 연회실, 매점, 나이트클럽, 바, 볼룸, 당화실, 독서실, 진열장, 프런트 카운터, 이발실, 미용실, 엘리베이터, 계단, 정원, 커피숍, 흡연실 등이 있고, **리넨실은 숙박 부분**에 속한다.

06 | 리넨실의 정의
01②

호텔에 있어서 리넨실(linen room)의 용도에 대하여 옳게 설명한 것은?

① 화물 엘리베이터나 덤 웨이터를 설치하여 이용하는 장소이다.

② 휴식 및 숙직용 베드를 설치하고 싱크를 설치하는 종업원 휴게실이다.

③ 객실의 예비 침구 및 숙박고객의 세탁물을 수납하는 장소이다.

④ 숙박고객의 도난방지를 위하여 설치해 놓은 장소이다.

해설 리넨실은 호텔에서 **침대 시트**, 휘장, 책상보, 셔츠, 머플러 등 **기타 의류를 수납**, **보관**, **정리하여 두는 방**이다.

07 | 퍼블릭 스페이스의 계획
21④, 17①, 09①, 05②

호텔의 퍼블릭 스페이스(public space) 계획에 대한 설명 중 가장 부적절한 것은 어느 것인가?

① 프런트 오피스는 기계화된 설비보다는 많은 사람을 고용함으로써 고객의 편의와 능률을 높여야 한다.

② 프런트 데스크 후방에 프런트 오피스를 연속시킨다.

③ 로비는 개방성과 다른 공간과의 연계성이 중요하다.

④ 주식당은 외래객이 편리하게 이용할 수 있도록 출입구를 별도로 설치한다.

해설 프런트 오피스는 **많은 사람을 고용**보다는 **기계적 설비를 사용**함으로써 **고객의 편의와 능률**을 높여야 한다.

08 | 호텔의 특성
20③, 09④, 05④

다음의 호텔에 대한 설명 중 옳지 않은 것은?

① 아파트먼트 호텔은 장기간 체류하는 데 적합한 호텔로서 각 객실에는 주방설비를 갖추고 있다.

② 커머셜 호텔은 스포츠 시설을 위주로 이용되는 숙박시설을 갖추고 있다.

③ 터미널 호텔은 교통기관의 발착 지점에 위치한다.

④ 리조트 호텔은 조망 및 주변경관의 조건이 좋은 곳에 위치하는 것이 좋다.

해설 **클럽 하우스**는 스포츠 시설을 위주로 이용되는 숙박시설을 갖추고 있고, **커머셜 호텔**은 주로 상업상, 사무상의 여행자를 위한 호텔이다.

09 | 호텔의 건축계획
16①, 10①, 05④

호텔의 건축계획에 관한 설명 중 옳지 않은 것은?

① 주식당(main dining room)은 숙박객 및 외래객을 대상으로 하며 외래객이 편리하게 이용할 수 있도록 출입구를 별도로 설치한다.
② 기준층의 객실 수는 기준층의 면적이나 기둥 간격의 구조적인 문제에 영향을 받는다.
③ 로비는 퍼블릭 스페이스의 중심으로 휴식, 면담, 담화, 독서 등 매우 다목적으로 사용되는 공간이다.
④ 객실의 크기는 대지나 건물의 형태에 영향을 받지 않는다.

해설 객실의 크기는 대지나 건물의 형태에 영향을 **받는다**.

10 | 시티 호텔의 고려사항
11②, 07②, 99①

시가지 호텔(city hotel) 계획에서 크게 고려하지 않아도 되는 것은?

① 연회장　　　　　② 레스토랑
③ 발코니　　　　　④ 주차장

해설 **시티 호텔**은 교통 및 상업 중심지의 도시에 위치하며, 일반 관광객 외에 상업, 사무 등 각종 비즈니스를 위한 여행자에 최대한 편의를 제공하는 호텔로서, 주로 **야간 숙박에 사용되므로 조망(발코니)은 고려하지 않아도 무방**하다.

11 | 터미널 호텔의 종류
22①, 18④

다음 중 터미널 호텔의 종류에 속하지 않는 것은?

① 해변 호텔
② 부두 호텔
③ 공항 호텔
④ 철도역 호텔

해설 **시티 호텔**의 종류에는 **커머셜 호텔**, 레지던셜 호텔, 아파트먼트 호텔, **터미널 호텔(스테이션 호텔, 하버 호텔, 에어포트 호텔** 등) 등이 있고, **리조트 호텔**의 종류에는 **해변 호텔**, 산장 호텔, 온천 호텔 및 **클럽하우스** 등이 있다.

12 | 호텔의 건축계획
17②, 10④

호텔 계획에 대한 설명 중 옳은 것은?

① 호텔의 동선에서 물품 동선과 고객 동선은 교차시키는 것이 좋다.
② 프런트 오피스는 수평 동선이 수직 동선으로 전이되는 공간이다.
③ 현관은 퍼블릭 스페이스의 중심으로 로비, 라운지와 분리하지 않고 통합시킨다.
④ 주식당은 숙박객 및 외래객을 대상으로 하며, 외래객이 편리하게 이용할 수 있도록 출입구를 별도로 설치하는 것이 좋다.

해설 호텔의 동선계획에서 물품동선과 고객 동선은 **분리하고**, 로비(lobby)는 수평동선에서 수직동선으로 전이되는 공간이며, 현관은 호텔의 외부 접객장소로서 **로비 및 라운지와는 분리**한다.

13 | 호텔의 외관 형태 결정
16④, 04②

호텔의 건축적 형식으로서 외관의 형태 결정 요인으로 가장 크게 작용하는 부분은 다음 중 어느 것인가?

① 관리 부분
② 공공 부분
③ 숙박 부분
④ 설비 부분

해설 호텔 건축의 기능적인 부분은 관리 부분, 공공(사교) 부분 및 숙박 부분으로 나누어지며, **숙박 부분**은 호텔의 가장 중요한 부분으로 이에 의하여 **호텔의 형이 결정**된다.

14 | 호텔의 건축계획
15②, 12②

호텔 계획에 관한 설명으로 옳지 않은 것은?

① 시티 호텔은 대부분 고밀도의 고층형이다.
② 호텔의 적정 규모는 일반적으로 시장성을 따른다.
③ 리조트 호텔의 건축형식은 주변 조건에 따라 자유롭게 이루어진다.
④ 커머셜 호텔은 일반적으로 리조트 호텔에 비해 넓은 공공 공간(public space)을 갖는다.

해설 **리조트 호텔**은 일반적으로 **커머셜 호텔**에 비해 넓은 공공 공간(public space)을 갖는다.

15 | 호텔의 건축계획
13②, 08④

다음의 호텔 건축에 대한 설명 중 옳지 않은 것은?

① 호텔의 공공 부분은 호텔 전체의 매개공간 역할을 한다.
② 호텔의 관리 부분에 의해 호텔의 외형이 결정된다.
③ 호텔의 숙박 부분은 호텔의 가장 중요한 부분으로 객실은 쾌적성과 개성을 필요로 한다.
④ 호텔의 공공 부분 중 수익성 부분은 일반적으로 1층과 지하층에 두는 경우가 많다.

해설 호텔의 **숙박 부분**에 의해 호텔의 외형이 결정된다.

16 | 침대와 가구의 배치
13②, 04②

호텔 객실의 평면계획에서 침대 및 가구의 배치에 영향을 끼치는 요인과 가장 거리가 먼 것은?

① 객실의 층 수
② 실폭과 실길이의 비
③ 욕실의 위치
④ 반침의 위치

해설 객실의 평면형은 종횡비(실폭과 실길이의 비)와 욕실, 반침의 위치에 따라 결정하며, 객실의 단위폭은 최소 욕실폭+객실의 출입구폭+반침깊이로 결정한다.

17 | 호텔의 기준층 계획
13①, 10④

호텔 건축의 기준층 계획에 대한 설명 중 옳지 않은 것은?

① 기준층은 호텔에서 객실이 있는 대표적인 층을 말한다.
② 동일 기준층에 필요한 것으로는 서비스실, 배선실 등이 있다.
③ 기준층의 객실 수는 기준층의 면적이나 기둥 간격의 구조적인 문제에 영향을 받는다.
④ H형 또는 ㅁ자형 평면은 거주성이 좋아 일반적으로 가장 많이 사용되는 형식이다.

해설 호텔의 형태 중 H자 평면형과 더블 H자 평면형 및 ㅁ자 평면형은 거주성이 **좋지 않고**, 한정된 체적 속에 외기 접촉면이 최대인 장점이 있으며, **일자형**은 가장 많이 사용하는 형식이다.

18 | 호텔의 기능과 소요실
05①

호텔의 각 실에 대하여 가장 관계 있는 것끼리 바르게 연결된 것은?

A. 트렁크룸(trunk room)	① 숙박 관계 부분
B. 클로크룸(cloak room)	② 퍼블릭 스페이스
C. 로비(lobby)	③ 관리 관계 부분
D. 팬트리(pantry)	④ 요리 관계 부분

① A-①, B-④, C-②, D-③
② A-②, B-①, C-③, D-④
③ A-③, B-④, C-①, D-②
④ A-①, B-③, C-②, D-④

해설 호텔의 소요실에서 트렁크룸은 숙박 부분, 클로크룸은 관리 관계 부분, 로비는 공공 부분(퍼블릭 스페이스) 및 팬트리는 요리 관계 부분에 속한다.

19 | 호텔의 건축계획
00③, 98③

다음 호텔 계획에 관한 설명 중 옳지 않은 것은?

① 로비(lobby)는 퍼블릭 스페이스(public space)의 중심이 되도록 계획한다.
② 일반적으로 호텔의 형태는 숙박 부분 계획에 의해 영향을 받는다.
③ 로비는 라운지(lounge)와 구별하여 계획한다.
④ 공공 부분, 사교 부분은 일반적으로 저층에 배치하는 것이 이용성이 좋다.

해설 라운지(넓은 복도), 로비(현관홀, 계단 등에 접해 있는 휴식, 면담, 독서, 담화, 응접 등을 위한 공간)의 구분이 **확실하지 않다.**

5 기타 건축물

01 | 셀프 서비스 레스토랑
03②, 98③

셀프 서비스(self service)가 주가 되는 형식의 음식점은?

① 스낵바(snack bar)
② 카페테리아(cafeteria)
③ 그릴(grill)
④ 레스토랑(restaurant)

해설 카페테리아는 셀프 서비스이고, 스낵바, 그릴, 레스토랑은 카운터 서비스의 식당이다.

빈도별 기출문제

ENGINEER ARCHITECTURE

| 건설경영 |

빈도별 기출문제

❶ 건설업과 건설경영

01 | VE(가치공학)의 정의
21①, 08②, 05①·④, 03④

건축공사에서 VE(Value Engineering)의 정의로 옳지 않은 것은?

① 기능 분석
② 비용 절감
③ 조직적 노력
④ 제품 위주의 사고

해설 VE(Value Engineering)의 정의는 **기능 분석**과 설계, **비용(원가) 절감**, 발주자·사용자 중심의 사고, 브레인스토밍 및 **조직적인 노력** 등이다.

02 | CIC의 정의
19④, 15①, 10④

건설 프로세스의 효율적인 운영을 위해 형성된 개념으로 건설 생산에 초점을 맞추고 이에 관련된 계획, 관리, 엔지니어링, 설계, 구매, 계약, 시공, 유지 및 보수 등의 요소들을 주요 대상으로 하는 것은?

① CIC(Computer Intergrated Construction)
② MIS(Management Information System)
③ CIM(Computer Intergrated Manufacturing)
④ CAM(Computer Aided Manufacturing)

해설 ㉮ MIS(Management Information System, 경영정보시스템)는 재무, 인사관리 등의 요소들을 대상으로 건설업체의 업무수행을 전산화 처리하여 업무를 신속하게 수행하도록 하는 것이다.
㉯ CIM(Computer Intergrated Manufacturing)은 컴퓨터 통합생산으로 철저한 고객지향에 기반을 두고 제조업의 비즈니스 속도와 유연성 향상을 목표로 삼아, 생산·판매·기술 등 각 업무기능의 낭비와 정체를 제거하고 업무 자체의 단순화·표준화를 위해 컴퓨터 네트워크로 통합하는 것을 말한다.
㉰ CAM(Computer Aided Manufacturing)은 컴퓨터를 사용해 제조작업을 하는 프로그램 설계작업인 CAD 작업 후에 컴퓨터를 이용한 제품의 제조·공정·검사 등을 시행하는 과정이다.

03 | 라인-스태프 조직의 정의
17④, 00②

공기단축을 목적으로 공정에 따라 부분적으로 완성된 도면만을 가지고 각 분야(전기, 기계, 건축, 토목 등)의 전문가들로 구성하여 패스트 트랙(fast track) 공사를 진행하기에 적합한 조직 구조는?

① 기능별 조직(functional organization)
② 매트릭스 조직(matrix organization)
③ 태스크 포스 조직(task force organization)
④ 라인-스태프 조직(line-staff organization)

해설 **기능별 조직**은 업무를 기능별(설계·시공 부문)로 나누어 전문 기능을 가진 부문 간의 전문 직장이나 전문가에게 관련 작업의 지휘와 명령 및 감독을 맡기는 방식이다. **매트릭스 조직**은 명령 계통이 2군데로서 업무 간의 조정이 용이하고 최소의 자원으로 최대의 효과를 얻을 수 있으며, 전문가를 효과적으로 배치할 수 있는 방식이다. **태스크 포스(전담반) 조직**은 조직의 사활이 걸린 중요한 조직으로써 각 분야의 전문가들이 모인 한시적인 조직으로 상호 의존적인 기능을 필요로 하는 경우에 효과적인 조직이다.

04 | CALS의 정의
17②, 13①

건설공사 기획부터 설계, 입찰 및 구매, 시공, 유지관리의 전 단계에 있어 업무절차의 전자화를 추구하는 종합건설 정보망 체계를 의미하는 것은?

① CALS
② BIM
③ SCM
④ B2B

해설 ㉮ BIM(Building Information Modeling) : 일반적인 설계를 3차원 CAD로 전환하고 엔지니어링(물량 산출, 견적, 공정 계획, 에너지 해석, 구조 해석 및 법률 검토 등)과 시공 관련 정보를 통합 활용하는 기술이다.
㉯ SCM(Supply Chain Management, 공급사슬관리 또는 유통 총공급망관리) : 물건과 정보가 생산자로부터 소비자에게 이동하는 전 과정을 실시간으로 한눈에 볼 수 있는 시스템으로 기업의 경쟁력을 강화할 수 있고, 모든 거래 당사자들의 연관된 사업범위 내 가상 조직처럼 정보를 공유할 수 있다.
㉰ B2B(Business-to-Business) : 기업과 기업 사이의 거래를 기반으로 한 비즈니스 모델을 의미한다.

정답 01. ④ 02. ① 03. ④ 04. ①

05 | 린건설의 관리 방법
22①, 18①

린건설(Lean Construction)에서의 관리 방법으로 옳지 않은 것은?

① 변이관리
② 당김생산
③ 흐름생산
④ 대량생산

> **해설** 린시스템의 궁극적인 목표는 프로젝트관리방식의 새로운 개념으로써 **낭비를 제거하는** 것으로 가치를 창출하지 않는 모든 활동을 낭비로 규정하고 있으며, 생산에 투입되는 자원에 대하여 창출되는 가치가 최대화되기 위해서는 무엇보다 낭비를 제거해야 한다. 또한, **린시스템의 특징은 소품종 대량생산이 아닌 다품종 소량(적시)생산**, 평준화생산, 흐름생산(Flow) 및 지속, 병용, 소형 장비 사용 등에 있다.

06 | 건설공사의 특성
19①

건설공사의 일반적인 특징으로 옳은 것은?

① 공사비, 공사기일 등의 제약을 받지 않는다.
② 주로 도급식 또는 직영식으로 이루어진다.
③ 육체노동이 주가 되므로 대량생산이 가능하다.
④ 건설 생산물의 품질이 일정하다.

> **해설** 건설공사의 일반적인 특징
> ㉮ 시설공사의 발주자 또는 건축주로부터 공사의 주문을 받아 건설하는 주문생산 위주의 산업이다.
> ㉯ 공사의 형태나 내용면에서 복합적인 종합산업이고 이동산업이다.
> ㉰ 공사의 대부분이 옥외에서 이루어지므로 기상과 자연조건의 영향을 크게 받는다.
> ㉱ 공사비와 공사기일에 **제약을 받고**, 육체노동이 주가 되므로 **대량생산이 불가능**하고, 건설 생산물의 품질이 일정하지 못하다.

07 | VE(가치공학)의 수행단계
21④

가치공학(Value Engineering)수행계획 4단계로 옳은 것은?

① 정보(informative)－제안(proposal)－고안(speculative)－분석(analytical)
② 정보(informative)－고안(speculative)－분석(analytical)－제안(proposal)
③ 분석(analytical)－정보(informative)－제안(proposal)－고안(speculative)
④ 제안(proposal)－정보(informative)－고안(speculative)－분석(analytical)

> **해설** 가치공학(VE)이 하는 일은 최저의 비용으로 적절한 품질과 신뢰성이 있는 상품을 생산하기 위하여 원료에서부터 최종 제품에 이르기까지 생산의 전 국민에 경영기술과 공학적인 기술을 총체화하는 연구라 할 수 있다. **수행계획의 4단계는 정보(안내)→고안→분석→제안의 순이다.**

08 | BIM의 정의
21④

개념설계에서 유지관리단계까지 건물의 전 수명주기 동안 다양한 분야에서 적용되는 모든 정보를 생산하고 관리하는 기술을 의미하는 용어는?

① ERP(Enterprise Resource Planning)
② SOA(Service Oriented Architecture)
③ BIM(Building Information Modeling)
④ CIC(Computer Integrated Construction)

> **해설** ① **ERP(전사적 자원관리)** : 조직이 회계, 구매, 프로젝트관리, 리스크관리와 규정 준수 및 공급망 운영 같은 일상적인 비즈니스 활동을 관리하는 데 사용하는 소프트웨어 유형을 나타낸다.
> ② **SOA** : 대규모 컴퓨터시스템을 구축할 때의 개념으로 업무상의 일 처리에 해당하는 소프트웨어 기능을 서비스로 판단하여 그 서비스를 네트워크상에 연동하여 시스템 전체를 구축해 나가는 방법론이다.
> ④ **CIC** : 건설프로세스의 효율적인 운영을 위해 형성된 개념으로 **건설생산에 초점**을 맞추고, 이에 관련된 **계획, 관리, 엔지니어링, 설계, 구매, 계약, 시공, 유지 및 보수 등의 요소들**을 주요 대상으로 하는 것이다.

09 | CV의 정의
21①

달성가치(Earned Value)를 기준으로 원가관리를 시행할 때 실제 투입원가와 계획된 일정에 근거한 진행성과의 차이를 의미하는 용어는?

① CV(Cost Variance)
② SV(Schedule Variance)
③ CPI(Cost Performance Index)
④ SPI(Schedule Performance Index)

> **해설** ② **SV(Schedule Variance)** : 공정편차로서 (달성공사비－계획공사비)로 성과측정시점까지 지불된 기성금액(수행작업량에 따른 기성금액)에서 성과측정시점까지 투입예정된 공사비를 제외한 비용이다.

③ CPI(Cost Performance Index)

공사비지출지수(원가지수)로서 성과측정시점까지의 $\dfrac{\text{달성공사비}}{\text{실투입비}}$

$= \dfrac{\text{실제로 지불된 기성금액 (수행작업량에 따른 기성금액)}}{\text{실제로 투입된 금액}}$ 이다.

④ SPI(Schedule Performance Index)

공정수행지수(공정지수)로서 성과측정시점까지의

$\dfrac{\text{달성공사비}}{\text{계획공사비}} = \dfrac{\text{실제로 지불된 기성금액 (수행작업량에 따른 기성금액)}}{\text{투입예정된 공사금액}}$ 이다.

10 | PMIS의 특성
21①

PMIS(프로젝트관리정보시스템)의 특징에 관한 설명으로 옳지 않은 것은?

① 합리적인 의사결정을 위한 프로젝트용 정보관리시스템이다.

② 협업관리체계를 지원하며 정보의 공유와 축적을 지원한다.

③ 공정진척도는 구체적으로 측정할 수 없으므로 별도 관리한다.

④ 조직 및 월간업무현황 등을 등록하고 관리한다.

해설 공정진척도는 구체적으로 **측정할 수 있으므로** 별도 관리한다.

11 | 공급망관리의 필요성
21②

공급망관리(supply chain management)의 필요성이 상대적으로 가장 적은 공종은?

① PC(Precast Concrete)공사

② 콘크리트공사

③ 커튼월공사

④ 방수공사

해설 **공급망관리**(供給網管理, SCM)란 부품제공업자로부터 생산자, 배포자, 고객에 이르는 **물류의 흐름을 하나의 가치사슬관점에서 파악**하고 필요한 정보가 원활히 흐르도록 지원하는 시스템을 말한다.

❷ 건설계약 및 공사관리

01 | 공동도급의 장점
15④, 08①, 07②, 97②, 96②

공동도급(joint venture)방식의 장점 중 옳지 않은 것은?

① 2인 이상의 업자가 공동으로 도급하므로 자금 부담이 경감된다.

② 대규모 공사를 단독으로 도급하는 것보다 적자 등의 위험 부담이 분담된다.

③ 공동도급 구성원 상호 간의 이해 충돌이 없고 현장관리가 용이하다.

④ 각 구성원이 공사에 대하여 연대 책임을 지므로, 단독 도급에 비해 발주자는 더 큰 안정성을 기대할 수 있다.

해설 공동도급 구성원 상호 간의 이해 충돌이 **많고**, 현장관리가 **어렵다.**

02 | 설계도서의 누락 부분
13④, 02①, 96③

공사계약을 맺은 다음 설계도서에 현저하게 빠진 부분이 있음을 발견했을 때 그 조치로서 시공업자가 해야 할 일은?

① 공사비의 범위 내에서 시공해야 한다.

② 공사를 감리하는 건축사에게 신고해야 한다.

③ 직접 건축주에게 신고해야 한다.

④ 건설업자의 부담으로 시공해야 한다.

해설 도급계약을 맺은 후 설계도서에 현저하게 **빠진 부분이 발견되었을 경우와 시방서와 설계도의 내용이 서로 다를 때** 시공자가 취해야 하는 태도는 **공사를 감리하는 건축사에게 신고하여** 조치를 취하도록 한다.

03 | 공사의 순서
20①,②, 98②, 96①

공사 도급계약 체결 후 공사 순서로 옳은 것은?

① 가설공사 – 기초공사 – 구조체공사 – 방수공사 – 지붕공사 – 내부 마무리공사

② 가설공사 – 기초공사 – 방수공사 – 구조체공사 – 토공사 – 지붕공사

③ 기초공사 – 가설공사 – 지붕공사 – 구조체공사 – 방수공사 – 토공사

④ 기초공사 – 구조체공사 – 지붕공사 – 방수공사 – 토공사 – 방습공사

해설 공사 도급계약 체결 후 공사 순서는 ① 공사 착공 준비 – ② 가설공사 – ③ 토공사 – ④ 지정 및 기초공사 – ⑤ 구조체공사 – ⑥ 방수·방습공사 – ⑦ 지붕 및 홈통공사 – ⑧ 외벽 마무리공사 – ⑨ 창호공사 – ⑩ 내부 마무리공사의 순이다.

04 | 경쟁입찰의 업무순서
19④, 15④, 08④, 98②

일반 경쟁입찰의 업무순서에 따라 다음의 항목을 옳게 나열한 것은?

A. 입찰공고	B. 입찰등록
C. 견적	D. 참가등록
E. 입찰	F. 현장설명
G. 개찰 및 낙찰	H. 계약

① A → B → F → D → C → E → G → H
② A → D → F → C → B → E → G → H
③ A → B → C → F → D → G → E → H
④ A → D → C → F → E → G → B → H

해설 입찰순서는 입찰공고 또는 입찰통지 → 참가등록 → 설계도서 교부, 현장설명(입찰공고 후에 즉시 이루어짐), 질의응답, 적산 및 견적 → 입찰등록 → 입찰 → 개찰, 재입찰, 수의계약 → 낙찰 → 계약이다.

05 | 공동도급의 정의
21②, 17①, 07①, 03④

공동도급(joint venture)방식에 대한 설명으로 옳은 것은?

① 2명 이상의 수급자가 어느 특정 공사에 대하여 협동으로 공사를 체결하는 방식이다.
② 발주자, 설계자, 공사 관리자의 세 전문 집단에 의하여 공사를 수행하는 방식이다.
③ 발주자와 수급자가 상호 신뢰를 바탕으로 팀을 구성하여 공동으로 공사를 수행하는 방식이다.
④ 공사 수행방식에 따라 설계/시공(D/B) 방식과 설계/관리(D/M) 방식으로 구분한다.

해설 ②항은 건설사업관리(C.M) 계약방식, ③항은 파트너링 계약방식, ④항은 턴키 도급방식에 대한 설명이다.

06 | CM의 주요 업무
18②, 04②, 01④

CM(Construction Management)의 주요 업무가 아닌 것은?

① 부동산 관리업무 및 설계부터 공사관리까지 전반적인 지도, 조언, 관리업무
② 입찰 및 계약 관리업무와 원가관리업무
③ 현장조직 관리업무와 공정관리업무
④ 자재조달업무와 시공도 작성업무

해설 자재조달업무와 시공도 작성업무는 시공자의 업무이다.

07 | 공사금액의 결정도급방식
18①, 09④, 03②

공사금액의 결정 방법에 따른 도급방식이 아닌 것은?

① 정액도급
② 공종별 도급
③ 단가도급
④ 실비정산 보수가산 도급

해설 도급금액의 결정 방법에는 정액도급, 단가도급, 실비청산 보수 도급방식 및 성능발주방식 등이 있으며, 도급의 방식에는 일식도급, 분할도급 및 공동도급 등이 있다.

08 | 시방서의 설명
17①, 13①, 08②

시방서에 관한 설명으로 옳지 않은 것은?

① 시방서는 계약 서류에 포함되지 않는다.
② 시방서는 설계도서에 포함된다.
③ 시방서에는 공법의 일반사항, 유의사항 등이 기재된다.
④ 시방서에는 재료 메이커를 지정하지 않아도 좋다.

해설 공사 도급계약 시 첨부 서류의 종류에는 도급계약서, 도급계약약관, 현장설명서, 설계도서(공사용 도면, 구조계산서, 시방서, 건축설비계산 관계 서류, 토질 및 지질 관계 서류, 기타 공사에 필요한 서류 등)이다. 즉 시방서는 계약 서류에 포함된다.

09 | CM에 대한 설명
14②, 06②, 01②

CM(Construction Management)에 대한 설명으로 옳은 것은?

① 설계단계에서 시공법까지는 결정하지 않고 요구 성능만을 시공자에게 제시하여 시공자가 자유로이 재료나 시공방법을 선택할 수 있는 방식이다.

② 시공주를 대신하여 전문가가 설계자 및 시공자를 관리하는 독립된 조직으로 시공주, 설계자, 시공자의 조정을 목적으로 한다.

③ 설계 및 시공을 동일 회사에서 해결하는 방식을 말한다.

④ 2개 이상의 건설회사가 공동으로 공사를 도급하는 방식을 말한다.

해설 성능발주방식은 설계단계에서 시공법까지는 결정하지 않고 요구 성능만을 시공자에게 제시하여 시공자가 자유로이 재료나 시공방법을 선택할 수 있는 방식이다. **턴키방식**은 설계 및 시공을 동일 회사에서 해결하는 방식이다. **공동도급방식**은 2개 이상의 건설회사가 공동으로 공사를 도급하는 방식이다.

10 | 입찰에 대한 설명
07④, 06①, 96①

입찰에 관한 설명 중 옳은 것은?

① 일반 공개입찰은 입찰자가 많으므로 담합의 우려가 많다.

② 지명 경쟁입찰은 입찰자가 한정되므로 부적격자에게 낙찰될 우려가 많다.

③ 특명입찰은 수의계약이라고도 하며 공사비가 증가될 우려가 있다.

④ 현장 설명은 보통 응찰과 동시에 이루어진다.

해설 일반 공개입찰은 입찰자가 많으므로 **담합의 우려가 적고**, 지명 경쟁입찰은 입찰자가 한정되므로 **부적격자에게 낙찰될 우려가 적으며**, 현장 설명은 보통 **입찰공고 후**에 이루어진다.

11 | 공사수행방식에 따른 계약
15②, 12②, 10①

다음 중 공사수행방식에 따른 계약에 해당되지 않는 것은?

① 설계 · 시공 분리 계약
② 단가도급 계약
③ 설계 · 시공 일괄 계약
④ 턴키 계약

해설 계약방식의 종류

분류	전통적인 계약방식			업무 범위에 따른 방식
	직영방식	도급방식		
		공사비 지불	공사 실시	
종류		단가, 정액, 실비정산 보수가산	일식, 분할, 공동도급	턴키도급, 공사관리계약, 프로젝트 관리, 파트너링, BOT방식

12 | 시공계획의 원칙
06①, 04①

건축공사는 시공 전에 수립하는 시공계획이 공사의 성패를 좌우한다 할 수 있다. 다음 중 시공계획의 원칙이라 할 수 없는 항목은?

① 작업량을 최소화한다.

② 각 작업 또는 설비는 가능한 한 장기간 균일한 작업량을 할 수 있게 한다.

③ 기계설비에 다소 비용을 요구해도 인건비를 절감하는 방안을 모색한다.

④ 설비의 공비시간(空費時間)을 크게 한다.

해설 설비의 공비시간(空費時間)을 작게 한다.

13 | 분할도급의 종류
05④, 03①

분할도급의 종류에 대한 설명 중 옳지 않은 것은?

① 전문공종별 분할도급은 기업주와 시공자와의 의사소통이 잘 되나 공사 전체 관리가 곤란하다.

② 공정별 분할도급은 정지, 구체, 마무리공사 등 과정별로 나누어 도급을 주는 방식이다.

③ 공구별 분할도급은 설계완료분만 발주하거나 예산배정상 구분될 때 편리하다.

④ 직종별, 공종별 분할도급은 직영제도에 가까운 것으로서 총괄도급의 하도급에 많이 적용된다.

해설 공정별 분할도급은 설계완료분만 발주하거나 예산배정상 구분될 때 편리하다.

14 | 실비정산 보수가산도급
21④, 17②, 11①

다음 중 실비정산 보수가산계약제도의 특징이 아닌 것은?

① 설계와 시공의 중첩이 가능한 단계별 시공이 가능하다.
② 복잡한 변경이 예상되거나 긴급을 요하는 공사에 적합하다.
③ 계약 체결 시 공사비용의 최대값을 정하는 최대 보증 한도 실비정산 보수가산계약이 일반적으로 사용된다.
④ 공사금액을 구성하는 물량 또는 단위공사 부분에 대한 단가만을 확정하고 공사 완료 시 실시 수량의 확정에 따라 정산하는 방식이다.

해설 **단가도급방식**은 공사금액을 구성하는 물량 또는 단위공사 부분에 대한 단가만을 확정하고 공사 완료 시 실시 수량의 확정에 따라 정산하는 방식이다.

15 | CM(건설사업관리)의 단계
20④, 16①, 12②

공사계약제도 중 공사관리방식(CM : Construction Management)의 단계별 업무내용 중 비용의 분석 및 VE기법의 도입, 대안 공법의 검토를 하는 단계는?

① pre-design 단계(기획단계)
② design 단계(설계단계)
③ pre-construction 단계(입찰·발주 단계)
④ construction 단계(시공단계)

해설 **기획단계**는 사업 발굴, 기획 및 타당성 조사 등의 단계이다. **입찰·발주 단계**는 공사별, 단계별 발주, 업자 선정 시 사전심사, 성실하고 우수한 업자 선정 등의 단계이다. **시공단계**는 원가관리, 시공관리, 안전관리, 품질관리 및 공사관리 등의 단계이다.

16 | 지명 경쟁입찰의 선정 이유
22②, 15①, 98①

지명 경쟁입찰을 택하는 이유 중 가장 중요한 것은?

① 양질의 시공 결과 기대
② 공사비의 절감
③ 준공 기일의 단축
④ 공사감리의 편리

해설 **지명 경쟁입찰**은 공사비의 절감, 공사의 질을 확보함과 동시에 부적격 업자를 제거하는 데 목적이 있으나, 가장 중요한 사항은 **공사의 질을 확보**하는 데 있다.

17 | 실비정산 보수가산도급
99②, 98②

부실공사, 폭리 등 도급자나 건축주 입장에서 불이익 없이 가장 정확하고 양심적으로 건축공사를 충실히 수행하는, 즉 사회 정의상 이론적으로 가장 이상적인 도급계약 형태는 다음 중 어느 것인가?

① 정액도급
② 공동도급
③ 턴키(turn-key)도급
④ 실비정산 보수가산도급

해설 **실비정산 보수가산도급**은 공사의 실비를 건축주와 도급자가 확인하여 정산하고 시공주는 정한 보수율에 따라 도급자에게 보수액을 지불하는 방식으로, 가장 이상적인 도급방식이다.

18 | 직영제도의 특성
14④, 10②

건축시공 계약제도 중 직영제도(direct management system)에 관한 사항 중 옳지 않은 것은?

① 공사내용이 단순하며 시공과정이 용이할 때 많이 사용된다.
② 확실성 있는 공사를 할 수 있다.
③ 입찰 및 계약의 번잡한 수속을 피할 수 있다.
④ 공사비 절감과 공기단축을 하기 쉬운 제도이다.

해설 **공사비의 증대와 공기의 연장**이 되기 쉬운 제도이다.

19 | 공사계약서의 내용
12①, 97②

건축공사계약서의 내용과 관계가 없는 것은?

① 도급금액
② 설계변경 사항
③ 인도검사 및 인도시기
④ lower limit

해설 공사계약서의 내용은 공사내용, **도급금액** 및 그 지불방법, **설계변경 사항**, 공사착수 시기 및 그 완성 시기(**인도 검사 및 인도 시기**), 천재 및 그 외의 불가항력에 의한 손해 부담, 각 당사자(발주자, 시공자)의 이행 지체, 그 외 채무 불이행의 경우 지연이자, 위약금, 계약에 관한 분쟁 해결방법 등이다. **lower limit(제한적 최저가 입찰제)**는 **부실공사를 방지**할 목적으로 예정가격 대비 90% 이상의 입찰자 중 가장 낮은 금액으로 입찰한 자를 적격자로 결정하는 방법이다.

20 | 실행 예산의 정의
11④, 09②

도급자가 공사를 착공하기 전에 공사 내용과 공기를 가장 효과적으로 달성하면서 집행 가능한 최소의 투자를 전제하여 시공 계획과 손익의 목표를 합리적으로 표현한 금액적 계획서를 일반적으로 무엇이라 하는가?

① 목표 예산
② 실행 예산
③ 도급 예산
④ 소요 예산

해설 **목표 예산**(target budgeting)은 목표 이익을 미리 설정한 뒤 예상 수입에서 목표 이익을 제외한 부분을 허용 비용으로 도출, 경영목표에 맞춰 예산 편성과 운영을 해나가는 예산이다.

21 | 공구별 분할도급의 특성
09④, 01①

대규모 공사에서 지역별로 공사 발주 시에 사용되며 업자 상호 간 경쟁으로 공기단축과 시공기술 향상을 기대할 수 있는 도급방식은?

① 전문공종별 분할도급
② 공정별 분할도급
③ 공구별 분할도급
④ 직종별, 공종별 분할도급

해설 **공구별 분할도급**은 중소업자에 균등 기회를 주고 입찰자 상호 간 경쟁으로 공사기일 단축, 시공기술 향상에 유리하다.

22 | 공사감리자의 업무
22②, 19②

건설현장에서 공사감리자로 근무하고 있는 A씨가 하는 업무로 옳지 않은 것은?

① 상세시공도면의 작성
② 공사시공자가 사용하는 건축자재가 관계법령에 의한 기준에 적합한 건축자재인지 여부의 확인
③ 공사현장에서의 안전관리지도
④ 품질시험의 실시 여부 및 시험성과의 검토, 확인

해설 **공사감리자의 업무**는 ②, ③, ④항 이외에 건축물 및 대지가 관계법령에 적합하도록 공사시공자 및 건축주를 지도, 시공계획 및 공사관리의 적정 여부 확인, 공정표의 검토, **상세시공도면의 검토·확인**, 구조물의 위치와 규격의 적정 여부의 검토·확인, 설계변경의 적정 여부의 검토·확인 등이 있다.

23 | 각종 도급방식의 비교
06②, 00②

각종 도급방식의 설명 중 옳지 않은 것은?

① 정액도급제도는 총공사비만 결정한 후 경쟁입찰 후 최저 입찰자의 계약을 체결하는 제도이다.
② 실비정산식 시공계약제도는 건축주, 감독자, 시공자 3자가 입회하여 공사에 필요한 실비와 보수를 협의하여 정하고 시공자에게 지급하는 방법이다.
③ 턴키도급방식은 건설업자가 금융, 시공, 시운전까지 주문자가 필요로 하는 것을 인도하는 방법이나 건축주의 의도가 반영되지 못하는 단점이 있다.
④ 공동도급방식은 기술, 자본 그리고 위험을 분담시킬 수 있으며, 경비를 절감한다.

해설 **공동도급방식**(joint venture)은 두 명 이상의 도급업자가 어느 특정한 공사에 한하여 협정을 체결하고 공동 기업체를 만들어 협동으로 공사를 도급하는 방식으로, 공사가 완성되면 해산한다. 장점에는 융자력의 증대, 위험의 분산, 기술의 확충, 시공의 확실성이 확보되나 공동도급 구성원 상호 간의 이해 충돌이 많고, 현장관리가 어려우며, **경비가 증가**한다.

24 | 업무 범위에 따른 계약방식
06①, 04①

공사계약방식에는 전통적인 계약방식과 업무 범위에 따른 계약방식이 있는데, 다음 중 업무 범위에 따른 계약방식의 종류가 아닌 것은?

① 공동도급 계약방식(joint venture contract)
② 턴키 계약방식(turn-key contract)
③ 공사관리 계약방식(construction management contract)
④ 프로젝트 관리 계약방식(program management of project management contract)

해설 **업무 범위에 따른 계약방식**에는 턴키 도급계약, 공사관리 계약, 프로젝트 관리 계약, BOT 방식, 파트너링 방식 등이 있다.

25 | PQ 제도의 특성
04②, 00②

PQ 제도에 관한 설명으로 옳지 않은 것은?

① 업체 간의 효과적 경쟁을 유발시킨다.
② 수주에서 관리까지 종합적 평가가 가능하다.
③ 평가의 공정성으로 신규업체 참여가 가능하다.
④ 매 프로젝트마다 공사규모, 특성에 맞는 심사기준을 정해 입찰 전에 응찰자에게 통보하여 실적을 제출하도록 한다.

해설 평가의 공정성으로 자격을 가진 업체만 참여가 가능하므로 **신규업체 참여가 불가능**하다.

26 | 일반 경쟁입찰의 특성
02④, 00①

당해 공사 수행에 필요한 최소한의 자격 요건을 갖춘 불특정 다수업체를 대상으로 자유 시장경제원리에 가장 적합한 입찰방법은?

① 일반 경쟁입찰
② 제한 경쟁입찰
③ 지명 경쟁입찰
④ 수의계약

해설 **공개입찰(일반 경쟁입찰)**은 공사시공자를 널리 공고(관보, 공보, 신문 등)하여 **입찰시키는 방법**으로 가장 민주적이며, 관청공사에 많이 채용된다.

27 | 도급자의 의무 완료 시기
02④

공사 도급자가 그 의무를 완료한 시기를 적은 것이다. 다음 중 옳은 것은?

① 도급자가 건축주로부터 공사대금을 다 받았을 때
② 준공 검사증을 건축주가 받았을 때
③ 도급자와 건축주 사이에 건물의 인수인계를 끝내고 그 증서를 받았을 때
④ 감독책임자로부터 준공 검사를 받았을 때

해설 모든 공사에 있어서 **도급자나 건축주가 의무를 끝낸 시기는** 항상 서면으로 날인을 끝낸 때이므로, 공사 도급자가 의무를 완료한 시기라는 것은 **도급자와 건축주가 서로 건축물의 인수인계를 끝내고 그 증서를 받은 때**를 말한다.

28 | 대안입찰제도의 특징
20①,②

대안입찰제도의 특징에 관한 설명으로 옳지 않은 것은?

① 공사비를 절감할 수 있다.
② 설계상 문제점의 보완이 가능하다.
③ 신기술의 개발 및 축적을 기대할 수 있다.
④ 입찰기간이 단축된다.

해설 **대안입찰**은 입찰 시 도급자가 당초 설계의 기본방침의 변경없이 동등 이상의 기능 및 효과를 가진 공법으로 공사비 절감, 공기단축 등의 내용으로 하는 대안을 제시하는 입찰제도로서, 장단점은 다음과 같다.

㉮ 장점
　㉠ 시공능력 위주의 낙찰이 가능하고 설계상의 문제점 제거 및 공사비가 절감된다.
　㉡ 기업의 기술개발과 경쟁력 배양이 가능하고 신기술 및 신공법개발이 활성화된다.
　㉢ 입찰제도의 문제점, 즉 부실공사의 방지와 덤핑 등이 해소된다.
㉯ 단점
　㉠ 행정력의 낭비를 가져온다(심사의 기술적 평가기준 미비, 전문인력의 부재, 심의기간의 소요 등).
　㉡ 시공 중 분쟁의 발생가능성이 있고 선정되지 못한 업체의 설계비, 인력손실이 발생한다.
　㉢ 대기업이 유리하여 중소기업 육성이 저해된다.

29 | 특명입찰의 정의
19④

건축주가 시공회사의 신용, 자산, 공사경력, 보유기자재 등을 고려하여 그 공사에 적격한 하나의 업체를 지명하여 입찰시키는 방법은?

① 공개 경쟁입찰
② 제한 경쟁입찰
③ 지명 경쟁입찰
④ 특명입찰

해설 **공개(일반) 경쟁입찰**은 공사시공자를 널리 공고(관보, 공보, 신문 등)하여 입찰시키는 방법으로 가장 민주적이며 관청공사에 많이 채용된다. **제한 경쟁입찰**은 제한요건(지역, 특수 기술, 도급금액 및 자본금 제한 등)을 제시하여 입찰하는 방식이다. **지명 경쟁입찰**은 건축주(발주자)의 판단(자산, 신용, 기술능력 및 공사경험 등)에 의해 공사에 가장 적격하다고 인정되는 3~7개의 회사를 선정한 후 입찰시키는 방식이다. **특명입찰**은 하나의 업체를 선택하는 방식이 지명 경쟁입찰과 상이한 점이다.

30 | 공사감리자의 업무
19①

다음 중 공사감리업무와 가장 거리가 먼 항목은?

① 설계도서의 적정성 검토
② 시공상의 안전관리지도
③ 공사 실행예산의 편성
④ 사용자재와 설계도서와의 일치 여부 검토

해설 공사감리자가 수행하여야 하는 감리업무에는 ①, ②, ④항 이외에 건축물 및 대지가 관계법령에 적합하도록 공사시공자 및 건축주를 지도, 시공계획 및 공사관리의 적정 여부 확인, 상세 시공도면의 검토, 확인, 구조물의 위치와 규격의 적정 여부의 검토, 확인, 품질시험의 실시 여부 및 시험성과의 검토, 확인, 설계변경의 적정 여부의 검토, 확인 등이 있다.

31 | CM의 주요 업무
18④

건설사업관리(CM)의 주요 업무로 옳지 않은 것은?

① 입찰 및 계약관리업무
② 건축물의 조사 또는 감정업무
③ 제네콘(genecon)관리업무
④ 현장조직관리업무

해설 CM의 주요 업무에는 부동산관리업무 및 설계부터 공사관리까지 전반적인 지도, 조언, 관리업무, 입찰 및 계약관리업무, 원가관리업무, 현장조직관리업무와 공정관리업무 등이 있고, **제네콘**은 선진국형 건설형태로 종합적인 건설관리만 맡고 부분별 공사는 하청업자에게 넘겨주어 공사를 진행하는 방식이다.

❸ 건축적산

01 | 철재 계단의 도장면적
15④, 09④, 08④, 07②, 05④, 03②, 97④

도장공사에서 철재 계단(양면 칠) 면적 산정에서 가장 옳은 것은?

① 경사면적×1.5배
② 경사면적×2배
③ 경사면적×2.5~3배
④ 경사면적×3~5배

해설 도장공사에 있어서 **철재 계단**(양면 칠)의 경우에는 **경사면적**의 (3.0~5.0)배 정도이다.

02 | 시멘트 창고의 면적
21①, 12②, 09②, 98③,④, 97①

시멘트 600포대를 저장할 수 있는 시멘트 창고의 최소 필요 면적으로 옳은 것은?

① $18.46m^2$
② $21.64m^2$
③ $23.25m^2$
④ $25.84m^2$

해설 **시멘트의 창고면적**(A)=$0.4×\dfrac{\text{시멘트 포대 수}(N)}{\text{쌓기 단수}(n)}$에서 N=600포대, n=13포대이다.

∴ 시멘트의 창고면적(A)=$0.4×\dfrac{600}{13}$=$18.46m^2$

03 | 공사의 원가 중 공사용수비
06④, 02①,④, 96③

건축공사의 원가 계산 시 현장에 있어서 공사용수비를 포함하는 것은?

① 경비 및 외주비
② 노무비
③ 재료비
④ 공통가설비

해설 공사용수비는 공통가설비에 속한다.

04 | 벽돌의 소요 매수
14②, 12①

벽면적 $4.8m^2$ 크기에 1.5B 두께로 시멘트 벽돌을 쌓고자 할 때 벽돌 소요 매수는? [단, B형 벽돌(표준형)을 사용하며 손율은 4%로 한다.]

① 374매
② 743매
③ 1,118매
④ 1,487매

해설 ㉮ 정미 소요량 1.5B의 $1m^2$ 당 224매이므로
224×4.8=1,076매
㉯ 할증률은 4%이므로 1,076×(1+0.04)=1,119매

05 | 콘크리트량의 산정
22②, 18④, 14①, 06④, 03①, 98①, 96①

다음 그림과 같은 건물에서 G_1과 같은 보가 8개 있다고 할 때 보의 총콘크리트량을 구하면? (단, 보의 단면상 슬래브와 겹치는 부분은 제외하며, 철근량은 고려하지 않는다.)

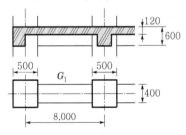

① $11.52m^3$
② $12.23m^3$
③ $13.44m^3$
④ $15.36m^3$

해설 보의 콘크리트량의 산정방법(V)
= (보의 너비)×(보의 춤－바닥판의 두께)
×보의 기둥 간 안목거리
= $0.4×(0.6-0.12)×7.5×8$=$11.52m^3$

06 | 견적 시 산출방법
00③, 96③

견적할 때 산출방법 중 옳지 않은 것은?

① 외부 쌍줄비계는 벽 중심선에서 90cm 거리의 지면에서 건물 높이까지의 외주면적으로 계산한다.
② 철골재는 도면 정미수량에 대형 형강은 7% 이내의 할증률을 가산한다.
③ 잔토 처리량은 흙파기 체적에 되메우기 체적을 빼고 토량환산계수를 곱하여 산출한다.
④ 목재 플러시문 양면 칠 도장면적은 문틀, 문선 포함 안목 면적에 1.5~2.5를 곱하여 계산한다.

해설 플러시문의 양면 칠 도장면적은 문틀·문선을 포함한 안목면적에 2.7~3.0배를 곱하여 계산한다.

07 | 동바리 소요량 산정
17①, 07②, 04①, 97③

철근콘크리트 건축물 6m×10m 평면에 높이가 4m일 때 동바리 소요량은 몇 공·m³가 되는가?

① 21.6   ② 216
③ 240   ④ 264

해설 동바리 소요량 = (상층 바닥판의 면적×층높이)×0.9이다.
그런데, 상층 바닥판의 면적은 60m²이고, 층높이는 4m이므로 동바리 소요량=60×4×0.9=216공·m³이다.

08 | 벽돌의 정미량 산정
20④, 14②, 11②, 07④, 03④, 96③

벽두께 1.0B, 벽면적 30m² 쌓기에 소요되는 벽돌의 정미량은? [단, 기본 벽돌(190×90×57mm) 사용]

① 3,900매   ② 4,095매
③ 4,470매   ④ 4,604매

해설 벽두께 1.0B로 149매/m²가 소요되므로 149×30=4,470매

09 | 공통가설비의 종류
13①,②, 98③, 96①

다음 가설공사항목 중 공통가설비에 속하지 않는 것은?

① 가설건물비   ② 비계 및 발판
③ 가설울타리   ④ 실험연구비

해설 가설공사항목 중 공통가설비의 종류에는 가설건물비, 가설울타리, 현장사무소, 각종 실험실, 실험연구비 및 공사용수비 등이 있고, 비계 및 발판, 동바리는 속하지 않는다.

10 | 벽돌의 정미량 산정
15④, 07①, 05①, 01④

벽두께 1.5B, 벽면적 20m² 쌓기에 소요되는 표준형 벽돌의 정미량은? (단, 줄눈은 10mm로 한다.)

① 2,240매
② 3,360매
③ 4,480매
④ 6,720매

해설 벽두께 1.5B의 벽돌(표준형, 장려형)의 정미 소요량은 224매/m²이다.
∴ 224×20=4,480매

11 | 형태에 의한 단가 분류
05①, 04①, 03④, 01①

건축비의 예측을 위한 형태에 의한 단가의 분류로서 바르게 구성된 것은?

① 재료단가, 노무단가, 복합단가, 공종단가
② 재료단가, 노무단가, 복합단가, 외주단가
③ 재료단가, 노무단가, 복합단가, 합성단가
④ 재료단가, 노무단가, 부위단가, 외주단가

해설 단가의 형태에는 재료단가, 노무단가, 복합단가, 합성단가 등으로 분류된다.

12 | 콘크리트의 모래와 자갈량
06①

배합비 1 : 2 : 4로 콘크리트 1m³를 만드는 데 소요되는 모래와 자갈량으로 적당한 것은?

① 모래 0.40m³, 자갈 0.8m³
② 모래 0.45m³, 자갈 0.9m³
③ 모래 0.50m³, 자갈 1.0m³
④ 모래 0.55m³, 자갈 1.1m³

해설 콘크리트 배합비가 $1 : m : n$인 경우 골재의 소요량은 다음과 같다.
$V=1.1m+0.57n$에서 $m=2$, $n=4$이므로
$V=1.1×2+0.57×4=4.48m³$

모래의 소요량 : $\dfrac{m}{V}=\dfrac{2}{4.48}=0.4464m³$

자갈의 소요량 : $\dfrac{n}{V}=\dfrac{4}{4.48}=0.8928m³$

13 | 상세한 공사비 견적방법
22②, 19①, 14④, 09①

건축공사에서 활용되는 견적방법 중 가장 상세한 공사비의 산출이 가능한 견적방법은?

① 명세견적
② 개산견적
③ 입찰견적
④ 실행견적

해설 **개산견적**은 과거에 실시한 건축물의 실적자료를 가지고 공사비의 전량을 산출하는 방법이다. **입찰견적**은 입찰 시에 제출하는 견적이고, **실행견적**은 공사현장의 주위여건 및 시공상의 조건(내역서, 설계도서, 계약조건 등) 등을 조사, 검토, 분석한 후 계약내역과는 별도로 작성한 실제 소요공사견적이다.

14 | 직접 공사비의 원가 종류
22①, 19①, 10②, 07①

다음 중 건축공사의 직접 공사비 원가로 바르게 구성된 것은?

① 자재비, 노무비, 장비비, 간접비
② 자재비, 노무비, 장비비, 경비
③ 자재비, 노무비, 외주비, 경비
④ 자재비, 노무비, 외주비, 간접비

해설 총공사비는 총원가와 부가 이윤으로 구성된다. 총원가는 공사원가와 일반관리비 부담금으로 구성된다. 공사원가는 직접 공사비와 간접 공사비로 구성되고, **직접 공사비**에는 **재료비, 노무비, 외주비, 경비**가 포함되고, 간접 공사비는 공통 경비이다.

15 | 타일의 매수 산정
19④, 07②, 00②

타일 108mm 각으로 줄눈을 5mm로 타일 $6m^2$를 붙일 때 타일 장 수는? (단, 정미량으로 계산)

① 350장
② 400장
③ 470장
④ 520장

해설 타일 108mm 각, 줄눈 5mm인 경우 : 타일 장 수(정미량)는 $78장/m^2$이다.
∴ $78장/m^2 \times 6m^2 = 468장$

16 | 공사원가의 계산방법
17①, 05④, 03①

건축공사의 공사원가 계산방법으로 옳지 않은 것은?

① 재료비 = 재료량 × 단위당 가격
② 경비 = 소요(소비)량 × 단위당 가격
③ 고용보험료 = 재료비 × 고용보험요율(%)
④ 일반관리비 = 공사원가 × 일반관리비율(%)

해설 고용보험료 = **기준소득월액** × 고용보험요율(9%)

17 | 콘크리트량의 산출방법
14④, 06①, 01①

각 부재에 대한 콘크리트량 산출방법으로서 틀린 것은?

① 기둥 : 기둥 단면적 × 슬래브 두께를 포함한 층높이
② 계단 : 길이 × 평균두께 × 계단 폭
③ 보 : 보 폭 × 바닥판 두께를 뺀 보 춤 × 내부 유효 길이
④ 연속 기초 : 단면적 × 중심 연장 길이

해설 콘크리트량의 산출에 있어서 **기둥의 콘크리트량 = 기둥의 단면적 × 바닥판 간의 높이**(기둥 높이는 바닥판의 두께를 뺀 것으로 한다.)

18 | 거푸집 면적의 산출방법
08②, 06②, 02①

거푸집 면적의 산출방법에 대한 기술이 잘못된 것은?

① $1m^2$ 이하의 개구부는 주위의 사용재를 고려하여 거푸집 면적에서 공제하지 않는다.
② 기둥 거푸집 면적 산정 시 기둥 높이는 상하층 바닥 안목 간의 높이를 적용한다.
③ 기초 경사부의 경우 경사도 30° 미만의 경우 거푸집 면적을 계상한다.
④ 기초와 지중보, 기둥과 벽체의 접합부 면적은 거푸집 면적에서 공제하지 않는다.

해설 기초의 경사부는 $\theta \geq 30°$인 경우에는 비탈면 거푸집을 계상하고, $\theta < 30°$인 경우에는 기초 주위의 수직면 거푸집(기초보의 춤)만을 계상한다.

19 | 계산 철골량의 산정
08①, 02②, 98①

철골조 건축물의 연면적이 $1,000m^2$일 때 개산 철골량으로 옳은 것은?

① 40~60ton
② 60~80ton
③ 80~100ton
④ 100~150ton

해설 철골조 건축물에 있어서 연면적당 0.1~0.15t이므로,
철골의 중량 = (0.1~0.15) × 1,000 = 100~150t

20 | 할증율의 비교
06④, 04④, 99②

다음 수량 산출 시 할증률이 가장 큰 것은?

① 원형철근
② 대형 형강
③ 고장력 볼트
④ 이형철근

해설 **고장력 볼트와 이형철근**의 할증률은 3%이고, **원형철근**의 할증률은 5%이며, **대형 형강**의 할증률은 7%이다. 그러므로 할증률이 가장 큰 것은 대형 형강이다.

21 | 재료비의 내용
06④, 03②, ④

건축공사비 구성요소의 하나인 재료비의 내용이 아닌 것은?

① 직접 재료비

② 간접 재료비

③ 운임, 보관비 등의 부대 비용

④ 일반관리비

> **해설** 공사비 구성요소의 재료비는 직접 재료비(건축물의 실체를 구성하는 재료비), 간접 재료비(공사에 보조적으로 소비되는 재료비) 및 부대 비용(운임 및 보관비 등)으로 구성되며, 일반관리비는 재료비에 포함되지 않는다.

22 | 스틸 새시 도장면적
09①

다음 중 스틸 새시를 양면 칠할 경우 소요 면적 계산으로 적절한 것은? (단, 문틀·창선반 포함)

① 안목면적의 1배   ② 안목면적의 1.2~1.4배

③ 안목면적의 1.6~2.0배   ④ 안목면적의 2.1~2.5배

> **해설** 스틸 새시에 있어서 양면 칠을 하는 경우에는 안목면적×(1.6~2.0)배 정도이다.

23 | 목재의 재적 산정
99①, 97③

통나무 말구지름 9cm에 길이 12.4m짜리 5개의 재적은?

① 0.210m³   ② 0.502m³

③ 1.048m³   ④ 2.572m³

> **해설** $V=\left(D+\dfrac{L'-4}{2}\right)^2 L\times\dfrac{1}{10,000}\,[\text{m}^3]$에서
>
> $D=9\text{cm}$, $L=12.4\text{m}$, $L'=12\text{m}$이므로
>
> $\therefore\ V=\left(9+\dfrac{12-4}{2}\right)^2\times 12.4\times\dfrac{1}{10,000}=0.20956\text{m}^3$
>
> 그런데 5개이므로 $0.20956\times 5=1.0478\text{m}^3$

24 | 블록의 소요 매수 산정
98③, 97③

콘크리트 블록(block) 벽체 3×5m의 크기가 있다. 블록의 소요 매수는 다음 중 어느 것인가? (단, 기본형임)

① 145매   ② 150매

③ 195매   ④ 225매

> **해설** 블록의 소요량 산정 시 운반 파손, 시공 손실 등을 보아 정미량의 4%를 가산하여 산정하면 기본형 블록은 1m²당 13매가 소요되고, 장려형 블록은 1m²당 17매가 소요된다.
> 그러므로 블록의 소요량=3m×5m×13매=195매가 소요된다.

25 | 연면적당 콘크리트량
97④, 95④

철근콘크리트조의 사무소 건축 연건평(延建坪) 1m²당 콘크리트의 소요량은 대체로 다음 중 어느 것에 가까운가?

① 0.1m³   ② 0.3m³

③ 0.6m³   ④ 0.9m³

> **해설** 철근콘크리트조의 거푸집, 철근, 콘크리트 소요량의 개산
>
> | 품명 | 거푸집 | 철근 | 콘크리트 |
> |---|---|---|---|
> | 연면적당 소요량 | 4~5m² | 60~90kg | 0.4~0.7m² |

26 | 재료의 할증률
21②, 02②, 99③

다음 중 할증률의 연결이 옳게 된 것은?

① 시멘트 벽돌－3%

② 강관－7%

③ 단열재－9%

④ 봉강－5%

> **해설** 강관의 할증률은 5%이고, 시멘트 벽돌의 할증률은 5%이며, 단열재의 할증률은 10%이다.

27 | 건설공사의 경비
16②, 02②, 01④

다음 중 건설공사 경비에 포함되지 않는 것은?

① 외주제작비   ② 현장관리비

③ 교통비   ④ 업무추진비

> **해설** 건설공사의 경비(현장관리비)의 종류에는 전력비, 운반비, 기계경비, 특허권 사용료, 기술료, 연구개발비, 품질관리비, 가설비, 보험료, 안전관리비, 소모품비, 여비, 교통비 및 업무추진비 등이 있다.

28 | 외줄비계면적의 산정
19②

다음과 같은 철근콘크리트조 건축물에서 외줄비계면적으로 옳은 것은? (단, 비계높이는 건축물의 높이로 함)

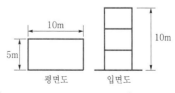

① 300m²   ② 336m²

③ 372m²   ④ 400m²

해설 겹비계 및 외줄비계의 면적(A)

$=$건축물의 높이(H)$\times$(비계의 외주길이(l)$+3.6$)

$= 10\times[(10+5)\times2+3.6]$

$= 336\text{m}^2$

29 | 벡돌의 소요 매수 산정
16④, 13②

벽면적 4.8m^2 크기에 1.5B 두께로 붉은 벽돌을 쌓고자 할 때 벽돌 소요 매수로 옳은 것은? (단, 표준형 벽돌을 사용하며, 할증률은 3%로 한다.)

① 374매　　　　② 743매

③ 1,108매　　　④ 1,487매

해설 1.5B의 정미 소요량은 224매/m^2이므로,

정미 소요량$=4.8\text{m}^2\times224$매$/\text{m}^2=1,076$매이고, 할증률은 3%이다.

∴ $1,076\times(1+0.03)=1,108.28$매≒1,108매

30 | 벽돌의 정미량 산정
00②,④, 96①

50m^2의 바닥을 벽돌 모로 세워 깔기할 때 소요되는 벽돌량으로 옳은 것은? (단, 정미량이고, 벽돌은 표준형임)

① 3,250매　　　② 3,750매

③ 6,500매　　　④ 7,450매

해설 벽돌을 모로 세우면 벽두께는 0.5B이므로 1m^2당 75매가 소요된다.

∴ 75매$/\text{m}^2\times50\text{m}^2=3,750$매

31 | 체적환산계수
21②, 17②

토공사에 적용되는 체적환산계수 L의 정의로 옳은 것은?

① $\dfrac{\text{흐트러진 상태의 체적}(\text{m}^3)}{\text{자연상태의 체적}(\text{m}^3)}$

② $\dfrac{\text{자연상태의 체적}(\text{m}^3)}{\text{흐트러진 상태의 체적}(\text{m}^3)}$

③ $\dfrac{\text{다져진 상태의 체적}(\text{m}^3)}{\text{자연상태의 체적}(\text{m}^3)}$

④ $\dfrac{\text{자연상태의 체적}(\text{m}^3)}{\text{다져진 상태의 체적}(\text{m}^3)}$

해설 토공사에 있어서

토량(체적)환산계수 $=\dfrac{\text{흐트러진 상태의 토량(체적)}}{\text{자연상태의 토량(체적)}}$이다.

32 | 모르타르량의 산정
14①, 96③

기본 벽돌(190×90×57) 3,000매를 벽두께 1.0B로 쌓을 때 필요한 모르타르량은 얼마인가?

① 0.99m^3

② 1.05m^3

③ 1.15m^3

④ 1.25m^3

해설 기본 벽돌(190×90×57mm) 1,000매를 벽두께 1.0B로 쌓는 데 필요한 모르타르의 양은 0.33m^3이다. 3,000장을 쌓는 데 필요한 모르타르의 양은 $0.33\text{m}^3\times\dfrac{3,000}{1,000}=0.99\text{m}^3$이다.

33 | 타일의 정미량 산정
22①, 12②

타일크기가 10cm×10cm이고 가로세로 줄눈을 6mm로 할 때 면적 1m^2에 필요한 타일의 정미수량은?

① 94매

② 92매

③ 89매

④ 85매

해설 타일의 크기는 10cm, 줄눈은 6mm이므로 단위를 mm로 변환하여 산정하면

∴ 타일의 수량

$=\dfrac{1\text{m}\times1\text{m}}{(\text{타일의 크기}+\text{줄눈의 크기})\times(\text{타일의 크기}+\text{줄눈의 크기})}$

$=\dfrac{1,000\text{mm}\times1,000\text{mm}}{(100+6)\text{mm}\times(100+6)\text{mm}}=88.999$ ≒ 89매

또한 다음 도표에서 타일의 매수를 확인할 수 있다.

구분		0	1.0	1.5	2.0	3.0	4.0	4.5	5.0	6.0	7.0	7.5	8.0	9.0	10.0	10.5
정사각형	52	370	356	350	343	331	319	313	308	298	287	283	278	269	260	256
	55	331	319	314	308	298	287	283	278	269	260	256	252	245	237	233
	60	278	269	265	260	252	245	241	237	230	223	220	216	210	204	202
	76	174	169	167	164	161	156	155	152	149	145	144	142	139	135	134
	90	124	121	120	118	116	113	112	111	109	106	105	104	102	100	99
	97	106	104	103	102	100	98	97	96	94	93	92	91	90	88	88
	100	100	98	97	96	95	93	92	91	89	87	87	86	85	83	82
	102	96	95	94	93	91	89	88	87	86	85	84	83	81	80	79
	108	86	85	84	83	81	80	79	78	77	76	75	74	73	72	72
	150	45	44	44	43	43	42	42	42	41	41	41	40	40	39	39
	152	44	43	43	42	42	41	41	41	40	40	40	39	38	38	38
	182	31	30	30	30	30	29	29	29	29	28	28	28	28	27	27
직사각형	57×40	439	421	412	404	338	373	366	358	345	332	327	321	310	299	294
	87×57	202	196	194	190	186	180	178	175	171	166	164	162	158	154	152
	100×60	167	162	161	158	154	150	149	147	143	139	138	136	133	130	129
	108×60	154	150	149	147	143	140	138	136	133	130	129	127	124	121	120
	152×76	87	85	84	83	82	80	80	79	77	76	75	74	73	72	71
	180×57	98	95	95	93	91	89	88	87	86	84	83	82	81	79	78
	180×87	64	63	63	62	61	60	60	59	58	57	57	56	55	54	54
	200×100	50	49	49	49	48	47	47	46	46	45	45	45	44	43	43
	227×60	74	72	71	70	69	68	67	66	65	65	64	63	62	60	60

34 | 철골재의 할증률
20①,②, 17②

철골재의 수량산출에서 사용되는 재료별 할증률로 옳지 않은 것은?

① 고장력볼트 : 5% ② 강판 : 10%

③ 봉강 : 5% ④ 강관 : 5%

해설 고장력볼트의 할증률은 3%이다.

35 | 건축재료의 할증률
20①,②, 17②

철골재의 수량 산출 시 적용하는 할증률이 옳지 않은 것은?

① 유리 : 1% ② 단열재 : 5%

③ 붉은벽돌 : 3% ④ 이형철근 : 3%

해설 건축재료의 할증률을 보면, 단열재의 할증률은 10% 정도이다.

36 | 콘크리트의 총중량 산정
99③, 98③

철근콘크리트보로서 폭 30cm, 춤 60cm, 길이 6m짜리 10개의 중량은?

① 21,600kg ② 25,920kg

③ 12,592kg ④ 15,184kg

해설 콘크리트의 중량

(단위 : t/m³)

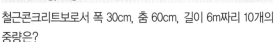

종류	철근 콘크리트	무근 콘크리트	경량콘크리트	
			LG 150	LG 120
중량	2.4	2.3	2.0	1.8

$\therefore$ 보의 중량 $= 0.3 \times 0.6 \times 6 \times 10 \times 2.4 = 25.92t = 25,920kg$

37 | 철근의 중량 산정
98②, 96③

높이 3.5m인 철근콘크리트조의 중간층 기둥의 단면이 그림과 같을 때 이 기둥의 철근의 중량으로 적당한 것은? (단, 재료의 손율은 2%이며 hoop의 간격은 30cm이다.)

① 75kg
② 85kg
③ 96kg
④ 106kg

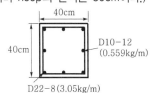

40cm
40cm
D10-12 (0.559kg/m)
D22-8(3.05kg/m)

해설 ㉮ 대근은 기둥의 상·하단에서 기둥 폭만큼의 부분은 중간 부분의 1/2간격으로 배근하므로, 대근의 개수는 중간 부분 10개, 상·하 부분 4개이므로 총 14개이다.

$\therefore 1.6 \times 14 \times 0.559 \times (1+0.02) = 12.77kg$

㉯ 주근은 $3.5 \times 8 \times 3.05 \times (1+0.02) = 87.108kg$

따라서 ㉮, ㉯에서 $12.77 + 87.108 = 99.878kg$

38 | PC 기둥의 개수 산정
21④, 18①

철근콘크리트 PC 기둥을 8ton 트럭으로 운반하고자 한다. 차량 1대에 최대로 적재 가능한 PC 기둥의 수는? (단, PC 기둥의 단면크기는 30cm×60cm, 길이는 3m임)

① 1개 ② 2개

③ 4개 ④ 6개

해설 철근콘크리트 PC 기둥 1개의 무게

=기둥의 체적×철근콘크리트의 비중

$= (0.3m \times 0.6m \times 3m) \times 2.4t/m^3 = 1.296t$

그러므로 8ton 트럭을 사용하며, $8 \div 1.296 = 6.17$개 이하이므로 적재 가능한 개수는 6개이다.

39 | 콘크리트량의 산정
21①, 16②

시멘트 200포를 사용하여 배합비가 1 : 3 : 6의 콘크리트를 비벼냈을 때의 전체 콘크리트의 양은? (단, 물·시멘트비는 60%이고 시멘트 1포대는 40kg이다.)

① $25.25m^3$ ② $36.36m^3$

③ $39.39m^3$ ④ $44.44m^3$

해설 콘크리트 $1m^2$의 시멘트 소요량 산출

현장 배합비 $1 : m : n$에서 $V = 1.1m + 0.57n$이고,

시멘트의 소요량 $= \dfrac{1,500}{V}[kg] = \dfrac{1.5}{V}[t] = \dfrac{37.5}{V}$ [포대]

$\therefore V = 1.1m + 0.57n = 1.1 \times 3 + 0.57 \times 6 = 6.72$이고,

시멘트의 소요량 $= \dfrac{1,500}{V}kg = \dfrac{1,500}{6.72} = 223.21kg$

즉, 콘크리트 $1m^3$에 소요되는 시멘트는 223.21kg이나 220kg으로 산정한다. 그러므로, 200포대의 시멘트는

200포대×40kg/포대=8,000kg,

$8,000 \div 220 = 36.36m^3$이다.

40 | 줄기초 파기 토량 산정
14④, 10②

다음 그림과 같은 줄기초 파기의 파낸 토량은 얼마인가?
(단, 토량환산계수 $L=1.2$임)

① $96m^3$
② $115.2m^3$
③ $130.7m^3$
④ $145.9m^3$

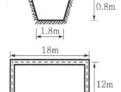

해설 ㉮ 줄기초 파기 토량은 (단면적×기초의 길이)이므로

ㄱ 단면적 : $\dfrac{(a+b)h}{2} = \dfrac{(2.2+1.8)\times0.8}{2} = 1.6m^2$

ㄴ 길이 : $2\times(18+12)=60m$

∴ 토량=단면적×기초의 길이=$1.6\times60=96m^3$

㉯ **토량환산계수가 1.2이므로** $96\times1.2=115.2m^3$**이다.**

41 | 3종의 시간당 계수
12①, 01④

기계경비 산정 시 고려하게 되는 3종의 시간당 계수가 아닌 것은?

① 상각비 계수
② 관리비 계수
③ 정비비 계수
④ 경비 계수

해설 기계경비는 표준품셈상의 건설기계의 경비 산정기준에 의한 비용으로서 **기계손료(상각비, 정비비, 관리비 등)**이다.

42 | 터파기의 여유 폭
11④, 09④

흙막이를 설치한 후, 높이 7m의 터파기 여유 폭은?

① 10~30cm
② 30~50cm
③ 60~90cm
④ 90~120cm

해설 터파기의 여유 폭(너비)

구분	흙막이가 없는 경우				흙막이가 있는 경우	
높이	1.0m 이하	2.0m 이하	4.0m 이하	4.0m 이상	5.0m 이하	5.0m 이상
터파기 폭	20cm	30cm	50cm	60cm	60~90cm	90~120cm

43 | 철근의 운반량
07①, 05④

설계도서에서 정미량으로 산출한 D10 철근량은 2,870kg이다. 할증을 고려한 소요량으로서 8m짜리 철근을 몇 개 운반해야 하는가? (단, D10 철근은 0.56kg/m)

① 650개
② 660개
③ 673개
④ 681개

해설 원형철근의 할증률은 5%, **이형철근의 할증률은 3%**이므로 총 철근의 소요량은 $2,870kg\times1.03=2,956.1kg$이고, D10의 철근 1개의 무게는 $0.56kg/m\times8=4.48kg$이다.

∴ $2,956.1\div4.48=659.84375개≒660개$

44 | 벽돌의 구입량 산정
06④, 04①

길이 4.6m, 높이 3.4m의 벽을 두께 1.0B와 0.5B로 각각 쌓을 때의 벽돌(시멘트 벽돌, 표준형) 구입량의 조합으로 알맞은 수량은?

① 1.0B−2,447매, 0.5B−1,232매
② 1.0B−2,331매, 0.5B−1,173매
③ 1.0B−2,401매, 0.5B−1,208매
④ 1.0B−2,464매, 0.5B−1,207매

해설 ㉮ 1.0B 벽체의 $1m^2$당 벽돌의 정미 소요량은 149매이고, 할증률은 5%(=0.05)이므로 구입량은
벽면적×149×(1+0.05)=$3.4\times4.6\times149\times(1+0.05)$
=$2,446.878 ≒ 2,447매$

㉯ 0.5B 벽체의 $1m^2$당 벽돌의 정미 소요량은 75매이고, 할증률은 5%(=0.05)이므로 구입량은
벽면적×75×(1+0.05)=$3.4\times4.6\times75\times(1+0.05)$
=$1,231.65 ≒ 1,232매$

45 | 철골재의 할증률
06①, 03①

철골재의 수량 산출에서 도면 정미 수량에 가산할 할증률로서 부적당한 것은?

① 경량 형강 : 10%
② 강판 : 10%
③ 봉강 : 5%
④ 각 파이프 : 5%

해설 경량 형강의 할증률은 5%이다.

46 | 레미콘 트럭의 산정
04④, 99②

폭 6m, 두께 15cm로 630m의 도로를 $7m^3$ 레미콘을 이용하여 시공하고자 한다. 주문해야 할 레미콘 트럭 대수는?

① 40대
② 59대
③ 74대
④ 81대

해설 콘크리트의 총소요량 산정
콘크리트의 총량 = 폭 × 두께 × 길이
$$= 6m \times 0.15m \times 630m$$
$$= 567m^3$$
그런데 레미콘의 용량은 $7m^3$이므로 $567m^3 \div 7m^3$/대 = 81대분

47 | 공사비 중 경비 종류
02②, 01④

공사비의 구성항목 중 경비에 속하지 않는 것은?

① 공통가설비
② 산재보험료
③ 안전관리비
④ 일반관리비

해설 공사가격은 총원가와 이윤으로 구성되는데, **총원가는 공사원가(재료비, 노무비, 경비)와 일반관리비로 구성**된다.

48 | 구조체 수량 산출 시 공제
01②, 00③

구조체의 수량 산출 시에 공제해야 되는 항목은?

① 철근콘크리트 중 철근의 체적
② 콘크리트구조물의 지정인 말뚝의 머리
③ $1m^2$ 이상의 개구부의 거푸집 면적
④ 기둥과 보가 접하는 부분의 거푸집 면적

해설 거푸집 면적의 산정에 있어서 $1m^2$ 이하의 개구부는 주위의 사용재를 고려하여 거푸집 면적에서 빼지 않는다. 즉, **$1m^2$ 이상의 개구부의 거푸집 면적은 공제해야 한다.**

49 | 철골의 가공, 조립의 소요량
00①, 97④

철골 1ton당 가공 및 조립에 필요한 소요량으로서 잘못된 것은?

① 리벳 : 300개
② 비계공 : 3명
③ 인부 : 0.25~0.35인
④ 철골공 : 4~5명

해설 철골의 가공 및 조립에 있어서 **철골공은 공장작업 시 10.17인/t, 현장작업 시 12.57인/t**이며, **비계공은 3인**이다.

50 | 수장공사 적산 시 주의사항
19④

수장공사 적산 시 유의사항에 관한 설명으로 옳지 않은 것은?

① 수장공사는 각종 마감재를 사용하여 바닥-벽-천장을 치장하므로 도면을 잘 이해하여야 한다.
② 최종 마감재만 포함하므로 설계도서를 기준으로 각종 부속공사는 제외하여야 한다.
③ 마무리공사로서 자재의 종류가 다양하게 포함되므로 자재별로 잘 구분하여 시공 및 관리하여야 한다.
④ 공사범위에 따라서 주자재, 부자재, 운반 등을 포함하고 있는지 파악하여야 한다.

해설 **수장공사 적산 시 유의사항** 중 최종 및 부속마감재만 포함하므로 설계도서를 기준으로 **각종 부속공사를 포함**하여야 한다.

51 | 파워셔블의 굴착량 산정
20④

Power shovel의 1시간당 추정 굴착작업량을 다음 조건에 따라 구하면?

> **[조건]**
> $Q = 1.2m^3$, $f = 1.28$, $E = 0.9$, $K = 0.9$, $C_m = 60$초

① $67.2m^3$/h
② $74.7m^3$/h
③ $82.2m^3$/h
④ $89.6m^3$/h

해설 시간당 굴삭토량
$$= 버킷의\ 용량(Q) \times \frac{3,600}{사이클타임(C_m[초])}$$
$$\times 작업효율(E) \times 굴삭계수(K) \times 토량환산계수$$
$$= 1.2 \times \frac{3,600}{60} \times 0.9 \times 0.9 \times 1.28$$
$$= 74.65 ≒ 74.7m^3/h$$

52 | 화강석의 재료량 산정
18④

다음 조건에 따라 바닥재로 화강석을 사용할 경우 소요되는 화강석의 재료량(할증률 고려)으로 옳은 것은?

- 바닥면적 : $300m^2$
- 화강석판의 두께 : 40mm
- 정형돌
- 습식 공법

① $315m^2$
② $321m^2$
③ $330m^2$
④ $345m^2$

해설 화강석 붙임의 일위대가표

품명	규격	단위	수량	비고
화강석	정형물	m^2	1.1	할증 10% 가산
모르타르	1 : 3	m^3	0.045	
철물		kg	2.25	1.0~3.5kg의 평균치
석공		인	1.5	
인부	붙임공	인	0.35	
	모르타르 비빔공	인	0.045	

$$\therefore 1.1 \times 300 = 330m^2$$

53 | 블록의 매수 산정
17③

벽마감공사에서 규격 200×200mm인 타일을 줄눈 너비 10mm로 벽면적 $100m^2$에 붙일 때 붙임매수는 몇 장인가? (단, 할증률 및 파손은 없는 것으로 가정한다.)

① 2,238매
② 2,248매
③ 2,258매
④ 2,268매

해설 타일 매수=벽 및 바닥의 면적÷[(타일의 가로길이+줄눈의 너비)×(타일의 세로길이+줄눈의 너비)]이다.
$$\therefore 타일 매수 = 100,000,000 \div [(200+10) \times (200+10)]$$
$$= 2,267.57매 ≒ 2,268매$$

54 | 시멘트 창고의 조건
17③

가설건축물 중 시멘트 창고에 관한 설명으로 옳지 않은 것은?

① 바닥구조는 일반적으로 마루널깔기로 한다.
② 창고의 크기는 시멘트 100포당 2~3m²로 하는 것이 바람직하다.
③ 공기의 유통이 잘 되도록 개구부를 가능한 한 크게 한다.
④ 벽은 널판붙임으로 하고 장기간 사용하는 것은 함석붙이기로 한다.

해설 시멘트 창고의 설치에 있어서 **시멘트의 풍화**(시멘트가 공기 중의 습기를 받아 천천히 수화반응을 일으켜 작은 알갱이 모양으로 굳어졌다가 주변의 시멘트와 달라붙어 결국에는 큰 덩어리가 되는 현상) **현상을 방지하기 위하여 출입구 이외의 창호는 설치하지 않는 것이 바람직하다.** 즉, 공기의 유통을 막기 위하여 개구부를 가능한 한 작게 설치한다.

55 | 시멘트 창고의 면적 산정
20③, 16①

8개월간 공사하는 어느 공사 현장에 필요한 시멘트량이 2,397포이다. 이 공사 현장에 필요한 시멘트 창고면적으로 적당한 것은? (단, 쌓기 단 수는 13단)

① $24.6m^2$
② $54.2m^2$
③ $73.8m^2$
④ $98.5m^2$

해설  $A(시멘트의 창고면적)=0.4 \times \dfrac{시멘트의 포대 수}{쌓기 단 수}$ 이다.
그런데, 시멘트의 포대 수는 600포대 이하인 경우에는 저장 포대 수로, 600포대 이상 1,800포대 이하인 경우에는 600포대, 1,800포대를 초과하는 경우에는 저장 포대 수의 1/3로 한다. 그러므로, 시멘트의 포대 수는 2,397포대의 1/3로 하고, 쌓기 단 수는 13단으로 한다.

$$\therefore A = 0.4 \times \frac{시멘트의 포대 수}{쌓기 단 수} = 0.4 \times \frac{2,397 \times \frac{1}{3}}{13}$$
$$= 24.583m^2$$

④ 공정관리 및 기타

01 | QC 활동의 도구
20③,④, 19①, 18①, 16②, 14④, 13②, 10④, 06④, 05①, 04①, 98③

다음 중 QC 활동의 도구가 아닌 것은?

① 파레토도
② 특성 요인도
③ 기능 계통도
④ 히스토그램

해설 품질관리 7가지의 수법은 히스토그램, 특성 요인도, 파레토도, 체크 시트, 각종 그래프, 산점도, 층별 등이다.

02 | 네트워크 공정표의 용어
19②, 14②, 11②, 08④, 07④, 06②, 03④

네트워크(network)에 관한 용어로서 관계 없는 것은?

① 커넥터(connector)
② 크리티컬 패스(critical path)
③ 더미(dummy)
④ 플로트(float)

해설 네트워크(network)에 관한 용어에는 크리티컬 패스(critical path), 더미(dummy), 작업단위(activity), 자원정보(operation), 작업 소요시간(duration) 및 플로트(float) 등이 있고, 커넥터(connector)는 부재를 접합할 때 사용하는 접합구이다.

03 공기단축 불가능의 한계점
20③, 14①, 08②, 06④, 04④, 99②, 97④

아무리 비용을 투자해도 그 이상 공기를 단축할 수 없는 한계점은?

① 특급점(crash point)
② 표준점(normal point)
③ 포화점
④ 경제 속도점

해설 표준(정상)점은 정상 공기(정상적으로 공사를 진행하는 경우의 소요 공사 기간)와 정상 비용(정상적으로 공사를 진행하는 경우의 소요 비용)이 만나는 점 또는 **직접비와 간접비가 최소로 되는 점**으로, 이때의 공기를 최적 공기라고 한다.

04 EST, EFT의 산정방법
18④, 12①, 08④, 99③, 96③

PERT, CPM 공정표 작성시에 EST와 EFT의 계산방법 중 옳지 않은 것은?

① 작업의 흐름에 따라 전진 계산한다.
② 개시 결합점에서 나간 작업의 EST는 0으로 한다.
③ 어느 작업의 EFT는 그 작업의 EST에 소요 일수를 가하여 구한다.
④ 복수의 작업에 종속되는 작업의 EST는 선행작업 중 EFT의 최소값으로 한다.

해설 복수의 작업에 종속되는 작업의 EST는 선행작업 중 EFT의 **최대값**으로 한다.

05 예정과 실제 비교 공정표
00③, 99①, 97④

기성고와 공사의 진척 상황을 기입하여 예정과 실제를 비교하면서 공정을 관리해 나가는 공정표는?

① 열기식 공정표
② 횡선식 공정표
③ 절선식 공정표
④ 구간 공정표

해설 절선(사선)식 공정표는 공사 지연에 조속히 대처할 수 있고, **공사의 기성고를 표시하는 데 편리**하지만 작업의 관련성은 나타낼 수 없다. **열기식 공정표**는 각 공사의 착수와 완료일을 기록하는 **간단한 공정표**로서 부분 공정을 나타낼 때 사용하며, **가장 간단한 공정표**이다. 특히, 재료 및 인부를 준비하는 데 가장 적당한 공정표이다.

06 품질관리의 통계적 수법
08①, 04②, 00③, 98②

품질관리에 있어서 통계적 수법을 활용할 때 유의할 사항 중 잘못 기술된 것은?

① 사실을 나타내는 올바른 데이터를 사용할 것
② 간단한 수법을 효율적으로 사용할 것
③ 통계적 수법을 사용하여 나온 결론을 학문적으로 표현할 것
④ 통계적 수법의 활용과 아울러 문제 해결을 위한 기술적인 뒷받침이 있을 것

해설 통계적 수법을 사용하여 나온 결론을 학문적이 아닌 **실용적으로 표현**할 것

07 공정계획 작성 시 유의사항
02②, 97④

공정계획을 작성할 때 유의해야 할 사항 중 옳지 않은 것은?

① 마감공사는 구체공사가 끝나는 대로 순서적으로 시작하여 타 공사 기간과 중복시키는 것이 좋다.
② 재료입수의 어려움, 부품 제작 일수, 운반 사정 등을 고려하여 발주시기를 조정하도록 한다.
③ 시공기재는 사용시기에 불구하고 공사를 개시할 때 그 전부를 현장에 반입시켜 편의를 도모한다.
④ 방수공사, 도장공사, 미장공사와 같이 시공단계가 많은 공사는 충분한 공기를 고려하도록 한다.

해설 시공기재는 **공정관리 및 공사진행의 순서에 의해 현장에 반입**시켜 편의를 도모한다.

08 TQC 도구 중 히스토그램
22②, 19④, 12④, 09①

TQC를 위한 7가지 도구 중 다음 설명이 의미하는 것은?

모집단에 대한 품질 특성을 알기 위하여 모집단의 분포 상태, 분포의 중심 위치, 분포의 산포 등을 쉽게 파악할 수 있도록 막대그래프 형식으로 작성한 도수분포도를 말한다.

① 히스토그램
② 특성 요인도
③ 파레토도
④ 체크시트

해설 **파레토도**는 불량, 결점, 고장 등의 발생 건수(또는 손실금액)를 분류 항목별로 나누어 크기의 순서대로 나열해 놓은 그림이며, **체크시트**는 주로 계수치의 데이터가 분류 항목별 어디에 집중되어 있는가를 알아보기 위하여 쉽게 나타낸 그림이나 표이다.

09 | 발주자의 현장관리제도
20④, 12②, 03①

다음 중 발주자에 의한 현장관리제도라고 볼 수 없는 것은?

① 착공 신고제도
② 공정관리
③ 현장회의 운영
④ 중간 관리일

해설 발주자에 의한 현장관리제도에는 착공 신고제도, 현장회의 운영, 시공계획서의 제출 및 승인, 기성금의 신청, **중간 관리일** 및 클레임 관리 등이 있다.

10 | 품질관리의 요소
15②, 11②, 07②

다음 중 건설공사의 품질관리와 가장 거리가 먼 것은?

① ISO 9000
② CIC
③ TQC
④ Control Chart

해설 CIC는 컴퓨터, 정보통신 및 자동화 생산, 조립기술 등을 토대로 건설 행위를 수행하는 데 필요한 기능들과 인력을 유기적으로 연계하여, 각 건설업체의 업무를 각 회사의 특성에 맞게 최적화하는 개념으로 정의될 수 있다.

11 | 공정관리의 중간 관리일
11④, 09②, 04④

공정관리 용어로서 전체 공사 과정 중 관리상 특히 중요한 몇몇 작업의 시작과 종료를 의미하는 특정 시점을 무엇이라 하는가?

① 중간 관리일
② 절점
③ 표준점
④ 비작업일

해설 마일스톤(중간 관리일, milestone)은 사업을 계획기간 내에 완성하기 위하여 사업 추진 과정에서 관리 목적상 반드시 지켜야 하는 **중요한 몇몇 작업의 시작과 종료를 의미하는 특정 시점을 의미**한다.

12 | MCX 기법의 공기단축
07①, 03④, 00③

MCX(Minimum Cost Expenditing) 기법에 의한 공기단축 방법에 관한 설명 중 옳지 않은 것은?

① 주공정선(critical path) 이외의 작업을 선택한다.
② 비용구배가 최소인 작업부터 단축한다.
③ 단축 가능 한계까지 단축한다.
④ 보조 주공정선(sub-critical path)의 발생을 확인한다.

해설 주공정선(critical path) 내에서 비용구배가 가장 낮은 작업을 선택하여 1일씩 단축한다. 공기단축 순서는 다음과 같다. **주공정선을 구하고 단축가능작업을 선택한다. → 비용구배를 구한다. → 비용구배가 최소인 작업부터 단축한다. → 보조 주공정선을 구한다. → 기존 주공정선과 보조 주공정선을 비교한다.**

13 | 여유 시간의 산정
99④, 97②, ③

다음 network에서 작업 ④→⑥의 TF는 얼마인가?

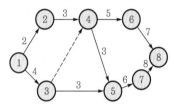

① 0일
② 5일
③ 10일
④ 15일

해설 TF = 그 작업의 LFT-그 작업의 EFT = 15-10 = 5일
FF = 후속작업의 EST-그 작업의 EFT = 10-10 = 0일
DF = TF-FF = 5-0 = 5일

14 | TQC 도구의 설명
01②, 98③

다음의 TQC를 위한 도구에 관한 설명 중 틀린 것은?

① 파레토도는 가로축에 시공불량의 내용이나 원인별로 분류해서 크기 순으로 나열하고, 세로축에는 그 영향도를 잡아 막대그래프를 작성하고 다음에 그 누적비율을 꺾임선으로 표시한 것이다.
② 특성 요인도는 원인과 결과의 관계를 알기 쉽게 나무 형상으로 도시한 것으로서 공정 중에 발생한 문제나 하자분석을 할 때 사용한다.
③ 히스토그램은 공사 또는 품질상태가 만족스러운 상태에 있는가의 여부를 판단하는데 가로축에 복성치를, 세로축에 도수를 잡고 구간의 폭으로 주상(柱狀)의 그림을 그린 도수도(度數圖)를 말한다.
④ 관리도는 품질특성과 이것에 영향을 미치는 두 종류의 데이터의 상호관계를 보는 것으로서 상관도라고도 한다.

해설 **산포(상관)도**는 품질특성과 이것에 영향을 미치는 두 종류의 데이터의 상호관계를 보는 것이다.

15 | PERT와 CPM 공정의 차이
00③, 99②

PERT와 CPM 공정표의 차이점으로 옳은 것은?

① CPM은 더미(dummy)를 사용하나 PERT는 사용하지 않는다.
② CPM은 신규 및 경험이 없는 건설공사에 이용되나 PERT는 경험이 있는 공사에 이용된다.
③ CPM은 소요시간 추정에서 1점 추정인 반면 PERT는 3점 추정으로 한다.
④ CPM은 화살선으로 작업을 표시하나 PERT는 원으로 작업을 표시한다.

해설 PERT는 더미(dummy)를 사용하나 CPM은 사용하지 않으며, PERT는 신규 및 경험이 없는 건설공사에 이용되나 CPM은 경험이 있는 공사에 이용된다. PERT는 화살선으로 작업을 표시하나 CPM은 원으로 작업을 표시한다.

16 | 더미의 정의
22①, 17①, 09②

네트워크 공정표에서 작업의 상호 관계만을 도시하기 위해 사용하는 화살선을 무엇이라 하는가?

① dummy
② event
③ activity
④ critical path

해설 더미(dummy)란 네트워크 공정표에서 작업 활동 및 그 기간 등을 갖지 않고, 실선만으로 정확한 표현을 할 수 없는 작업 상호 관계를 나타내기 위해 사용하는 점선의 화살표를 말한다.

17 | 발주자의 현장관리제도
16④, 12②, 03①

발주자에 의한 현장관리로 볼 수 없는 것은?

① 착공신고
② 하도급계약
③ 현장회의 운영
④ 클레임 관리

해설 발주자에 의한 현장관리에는 착공신고제도, 현장회의 운영, 시공계획서의 제출 및 승인, 기성금의 신청, 중간관리일 및 클레임 관리 등이 있다.

18 | TQC 도구의 설명
16①, 01②, 98③

통합품질관리 TQC(Total Quality Control)를 위한 도구에 관한 설명으로 옳지 않은 것은?

① 파레토도란 층별 요인이나 특성에 대한 불량점유율을 나타낸 그림으로서 가로축에는 층별 요인이나 특성을, 세로축에는 불량건수나 불량손실금액 등을 표시하여 그 점유율을 나타낸 불량해석도이다.
② 특성요인도란 문제로 하고 있는 특성과 요인 간의 관계, 요인 간의 상호관계를 쉽게 이해할 수 있도록 화살표를 이용하여 나타낸 그림이다.
③ 히스토그램이란 모집단에 대한 품질특성을 알기 위하여 모집단의 분포상태, 분포의 중심위치, 분포의 산포 등을 쉽게 파악할 수 있도록 막대그래프 형식으로 작성한 도수분포도를 말한다.
④ 관리도란 통계적 요인이나 특성에 대한 두 변량 간의 상관관계를 파악하기 위한 그림으로서 두 변량을 각각 가로축과 세로축에 취하여 측정값을 타점하여 작성한다.

해설 ④항은 산점도(산포도)에 대한 설명이고, 관리도는 공정의 상태를 나타내는 특정치에 관해서 그려진 그래프로서 공정을 관리(안전)상태로 유지하기 위하여 사용하는 품질 관리의 7가지 기법 중 하나이다.

19 | 네트워크 공정표의 화살표
16④, 10①

화살 선형 network의 화살표에 대한 설명 중 옳지 않은 것은?

① 화살표 밑에는 계획작업 일수를 숫자로 기재한다.
② 더미(dummy)는 화살 점선으로 표시한다.
③ 화살표 위에는 결합점 번호를 기재한다.
④ 화살표의 길이는 특정한 의미가 없다.

해설 화살표 위에는 작업명을 기재하고, 아래에는 작업 일수를 기재한다.

20 | 네트워크 공정표의 장점
15④, 08①

network(네트워크) 공정표의 장점이라고 볼 수 없는 것은?

① 작업 상호 간의 관련성 파악이 용이하다.
② 진도관리를 명확하게 실시할 수 있으며 적절한 조치를 취할 수 있다.
③ 계획 관리면에서 신뢰도가 높고 전산기 이용이 가능하다.
④ 작성 및 검사에 특별한 기능이 필요 없고 경험이 없는 사람도 쉽게 작성할 수 있다.

해설 네트워크 공정표의 장점에는 ①, ② 및 ③ 등이 있고, 단점으로는 다른 공정표보다 익숙해질 때까지 작성시간이 더 필요하며 진척 관리에 있어 특별한 연구가 필요하다. 특히, **작성 및 검사에 특별한 기능이 필요**하다.

21 | PERT 기법의 예상 시간
15②, 08④

낙관적 시간 $a = 4$, 개연적 시간 $m = 7$, 비관적 시간 $b = 8$이라고 할 때 PERT 기법에서 적용하는 예상 시간은 얼마인가? (단, 단위는 주)

① 5.8주 ② 6.0주
③ 6.3주 ④ 6.7주

해설 예상 시간 = $\dfrac{\text{낙관적 시간} + 4 \times \text{개연적 시간} + \text{비관적 시간}}{6}$

$= \dfrac{4 + 4 \times 7 + 8}{6} = 6.6667$주

22 | 네트워크 공정표의 용어
15①, 08④

다음 중 네트워크 공정표에서 사용되는 용어의 설명으로 옳지 않은 것은?

① critical path : 처음 작업부터 마지막 작업에 이르는 모든 경로 중에서 가장 긴 시간이 걸리는 경로
② activity : 작업을 수행하는 데 필요한 시간
③ float : 각 작업에 허용되는 시간적인 여유
④ event : 작업과 작업을 결합하는 점 및 프로젝트의 개시점 혹은 종료점

해설 activity는 프로젝트를 구성하는 작업단위를 의미하고, 작업을 수행하는 데 필요한 시간은 소요시간(duration)이다.

23 | TQC 도구 중 특성 요인도
05②, 00①

TQC를 위한 7가지 도구 중 보기에서 설명하는 것은 무엇인가?

> 결과에 대한 원인이 어떻게 관계하는지를 알기 쉽게 작성한 것으로 생선뼈 그림이라고도 한다.

① 산점도
② 체크 시트
③ 각종 그래프
④ 특성 요인도

해설 **특성 요인도**는 결과에 원인이 어떻게 관계하고 있는가를 한눈에 알 수 있도록 작성한 그림 또는 원인과 결과의 관계를 알기 쉽게 나무 형상으로 도시한 것으로서 공정 중에 발생한 문제나 하자 분석을 할 때 사용한다. **산포도(상관도)**는 공정의 상태를 나타내는 특성치에 관해서 그려진 그래프로서 공정을 관리 상태(안전 상태)로 유지하기 위해 사용된다. 또한, **관리도**는 제조 공정이 잘 관리된 상태에 있는지를 조사하기 위해 사용하는 경우도 있다.

24 | 여유 시간의 산정
98②, 97①

다음 그림은 어느 공사의 네트워크 공정표이다. 이 공사를 최단 공기가 늦어지지 않는 범위 안에서 결합점 ③에서의 slack(시간적 여유)은 어느 것인가? (단, slack=float)

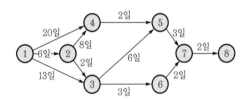

① 3일 ② 5일
③ 7일 ④ 10일

해설 주공정선은 ① - ④ - ⑤ - ⑦ - ⑧이므로,
총소요일수 : 20+2+3+2=27(일)
그런데 TF = 그 작업의 LFT - 그 작업의 EFT
　　　　= △ - (□ + 소요일수)
그런데 ③의 LFT = 27-6-3-2=16(일) 즉, △ = 16(일)
③의 EFT = 13일, 즉, □ = 13(일)
∴ TF = LFT - EFT = 16-13 = 3(일)

25 | LOB의 정의
20④, 17②

고층 건축물 공사의 반복작업에서 각 작업조의 생산성을 기울기로 하는 직선으로 각 반복작업의 진행을 표시하여 전체 공사를 도식화하는 기법은?

① CPM ② PERT
③ PDM ④ LOB

해설 **CPM**은 공기설정에 있어서 최소의 비용으로 최적의 공기를 얻는 것을 목적으로 하는 공정관리기법이고, **PERT**는 목표기일에 작업을 완성하기 위한 시간, 자원, 기능을 조정하는 공정관리 기법이며, **PDM**은 제품개변의 정의에서부터 설계, 개발, 제조, 출하 및 고객서비스에 이르기까지 전반에 걸친 제품정보를 통합관리하는 시스템이다.

26 | 공기단축의 시행의 특성
21④

공정관리에서 공기단축을 시행할 경우에 관한 설명으로 옳지 않은 것은?

① 특별한 경우가 아니면 공기단축 시행 시 간접비는 상승한다.
② 비용구배가 최소인 작업을 우선 단축한다.
③ 주공정선상의 작업을 먼저 대상으로 단축한다.
④ MCX(minimum cost expediting)법은 대표적인 공기단축방법이다.

해설 공정관리의 공기단축에 있어서 특별한 경우가 아니면 **공기단축 시행 시 직접비는 상승**하고, **간접비는 감소**한다.

27 | 원가 절감의 수단
04②, 01①

공사원가 절감의 수단으로서 적합하지 않은 것은?

① 가동률 향상
② 공정개선
③ 구매방법의 개선
④ 실제 원가의 상승

해설 ①, ②, ③ 외에 공업화의 추진, 가설비 및 경비의 절약, 품질보증의 체계, 기계설비의 점검, 정비의 철저 등이 있고, **실제 원가의 상승은 공사원가의 증가를 초래**한다.

28 | 네트워크 공정표의 특성
00③, 98③

network 공정에 관한 설명 중 옳지 않은 것은?

① 작업을 EST에서 시작하고, LFT로 완료할 때 생기는 여유를 토털 플로트(TF)라 한다.
② 작업을 EST로 시작하고 후속작업도 EST로 시작해도 존재하는 여유시간을 프리 플로트(FF)라 한다.
③ 크리티컬 패스상에서 디펜던트 플로트(DF)는 0(zero)이다.
④ 플로트(float)는 공기에 영향을 미친다.

해설 **플로트**는 작업의 여유시간으로 **공사기간에 영향을 끼치지 않**는다.

29 | 크리티컬 패스의 결정
96①,④

다음 네트워크 공정표에서 크리티컬 패스(critical path)는 어느 것인가?

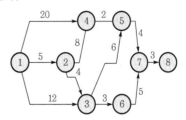

① ①-②-③-⑤-⑦-⑧
② ①-③-⑥-⑦-⑧
③ ①-④-⑤-⑦-⑧
④ ①-②-④-⑤-⑦-⑧

해설 ① ①-②-③-⑤-⑦-⑧ : 5+4+6+4+3=22일
② ①-③-⑥-⑦-⑧ : 12+3+5+3=23일
③ ①-④-⑤-⑦-⑧ : 20+2+4+3=29일
④ ①-②-④-⑤-⑦-⑧ : 5+8+2+4+3=22일
∴ 주공정선(critical path)은 ①-④-⑤-⑦-⑧이다.

❶ 착공 및 기초공사

01 MIP 파일의 정의
07①, 06②, 05①, 04④, 01④, 00③, 98①

파이프 회전봉의 선단에 커터(cutter)를 장치한 것으로 지중을 파고 다시 회전시켜 빼내면서 모르타르를 분출시켜 지중에 소일 콘크리트 파일(soil concrete pile)을 형성시킨 말뚝은?

① 오거 파일(auger pile)

② 시아이피 파일(C.I.P pile)

③ 엠아이피 파일(M.I.P pile)

④ 피아이피 파일(P.I.P pile)

해설 CIP pile(Cast-In-Place pile)은 스크루 오거 머신으로 땅 속에 구멍을 뚫고 철근을 조립한 후 모르타르 주입용 파이프를 밑창까지 꽂은 다음 구멍에 자갈을 다져 넣고 파이프를 통해 모르타르를 주입하여 콘크리트 기둥을 만든 것이다. PIP pile(Packed-In-Place pile)은 스크루 오거를 회전시켜 땅 속에 밀어 넣어 오거를 뽑아 올리면서 오거의 중심관 선단으로부터 모르타르나 잔자갈 콘크리트를 주입하여 말뚝을 형성하는 공법이다.

02 히빙 파괴의 정의
20①, ②, 06④, 03②, 96③

흙막이 공사 시 지표 재하하중의 중량을 견디지 못해 흙막이 저면의 흙이 붕괴되어 바깥에 있는 흙이 안으로 밀려 볼록하게 되어 파괴되는 현상을 무엇이라 하는가?

① 히빙(heaving) 파괴

② 보일링(boiling) 파괴

③ 수동토압(passive earth pressure) 파괴

④ 전단(shearing) 파괴

해설 **수동토압 파괴**는 수동토압(벽의 뒤채움을 압축하고, 뒤채움의 흙이 압축되어 붕괴를 일으킬 때 작용하는 토압 또는 지붕에 옹벽 형식의 벽이 있어 어느 한 방향으로 힘을 가했을 때 흙은 횡압으로 인해 수축하고, 또 위로 떠밀려 오르는 상태로 될 때의 흙의 저항력)에 의한 파괴이고, **전단파괴**는 전단응력 또는 전단변형에 의해 생기는 파괴이다.

03 사질지반의 토질조사법
12④, 02④, 01①, 98②

사질지반의 토질조사를 할 때 비교적 신뢰성이 있는 방법은?

① 페니트레이션 테스트

② 신 월 샘플링

③ 베인 테스트

④ 전기탐사법

해설 사질(모래질)지반의 토질조사를 할 때 비교적 신뢰성이 있는 방법으로 모래의 밀도와 전단력의 측정에 가장 유효한 방법은 **페니트레이션 테스트**(penetration test, **표준관입시험**)이다.

04 파워셔블의 굴착량 산정
12④

버킷 용량 1.5m³의 파워셔블을 이용하여 사이클 타임 1분, 작업효율 100%로 작업할 경우 체적변화계수 1.2인 흙의 시간당 작업량은? (단, 굴삭계수는 0.6)

① 38.88m³

② 64.8m³

③ 108.3m³

④ 150.4m³

해설 시간당 굴삭토량(m³/h)

$$= 버킷의 용량(Q) \times \frac{3,600}{C_m (사이클\ 타임,\ 초)} \times 작업효율(E)$$
$$\times 굴삭계수(K) \times 토량환산계수$$

$$= 버킷의 용량(Q) \times \frac{60}{C_m (사이클\ 타임,\ 분)} \times 작업효율(E)$$
$$\times 굴삭계수(K) \times 토량환산계수$$

$$= \frac{60 \times 1.5 \times 0.6 \times 1.2 \times 1}{1} = 64.8m^3/h$$

정답 01. ③ 02. ① 03. ① 04. ②

05 | 어스 앵커의 특성
20④, 15①, 02②, 98②

다음 중 어스 앵커 공법에 대한 설명으로 옳지 않은 것은?

① 버팀대가 없어 굴착 공간을 넓게 활용할 수 있다.
② 인접한 구조물의 기초나 매설물이 있는 경우 효과가 크다.
③ 대형 기계의 반입이 용이하다.
④ 시공 후 검사가 어렵다.

해설 인접한 구조물의 기초나 매설물이 있는 경우 **효과가 적고, 불리한 방식이다.**

06 | 지반면 상부의 굴착 기계
20③, 11①, 07②, 99④

다음 굴착기계 중 지반면보다 위에 있는 흙의 굴착에 가장 좋은 것은?

① 파워셔블(power shovel)
② 드래그 라인(drag line)
③ 클램셸(clamshell)
④ 백호(back hoe)

해설 **드래그 라인**은 기체에서 붐을 뻗쳐 그 선단에 와이어 로프로 매단 스크레이퍼 버킷 앞쪽에 투하해 버킷을 앞쪽으로 끌어당기면서 토사를 긁어 모으는 작업이다. 기체는 높은 위치에서 깊은 곳을 굴착할 수도 있어 적합하다. **클램셸**(clamshell)은 붐의 선단에서 클램셸 버킷을 와이어 로프로 매달아 바로 아래로 떨어뜨려 흙을 퍼 올리는 굴착기계이다. **백호**(드래그셔블)는 도랑을 파는 데 적합한 터파기 기계이다.

07 | 흙의 함수비 특성
17④, 07②, 04①, 00③

흙의 함수비에 관한 설명 중 옳지 않은 것은?

① 함수비를 감소시키기 위해서는 sand drain 공법이 사용된다.
② 함수비가 크면 전단강도가 작아진다.
③ 모래지반에서 함수비가 크면 내부 마찰력이 감소된다.
④ 점토지반에서 함수비가 크면 점착력이 증가한다.

해설 모래지반의 지내력은 함수율에 의해 거의 변화가 없으나, 진흙은 함수율의 감소로 전단강도가 매우 증가하고, 지내력이 증대된다. 즉, 점토지반에 있어서 **함수비가 크면 점착력이 감소**하고, 함수비가 작으면 점착력이 증대된다.

08 | 탈수 공법의 종류
15①, 13④, 99①, 98①

지하수가 많은 지반을 탈수하여 건조한 지반으로 만드는 공법 중 거리가 먼 것은?

① sand drain 공법
② vibroflotation 공법
③ well point 공법
④ paper drain 공법

해설 지하수가 많은 지반을 탈수하여 건조한 지반으로 만드는 공법에는 sand drain 공법, well point 공법, paper drain 공법 등이 있고, vibroflotation(바이브로플로테이션) 공법은 지표로부터 관입되는 진동체의 진동과 물제트에 의한 물다짐을 병용하여 모래, 자갈 등의 재료를 보급하면서 **느슨한 모래 지반(연약 지반)을 다지는 공법**이다.

09 | 연약 점토의 점착력 판정
13②, 10①, 08②, 06④

연약 점토의 점착력을 판정하기 위한 지반조사 방법으로 가장 적당한 것은?

① 표준관입시험
② 베인 테스트
③ 샘플링
④ 스웨덴 테스트

해설 **베인 테스트**는 지반조사 시험방법의 하나로서 연한 점토질 지반에 적합하고, **회전력에 의하여 진흙의 점착력을 판별**하며 전단강도를 측정하는 시험이다.

10 | 기준점의 기준 내용
13②, 05①, 02①, 00①

기준점(bench mark)에 대한 설명으로 틀린 것은?

① 바라보기 좋고 공사에 지장이 없는 곳에 설치한다.
② 공사 착수 전에 설정되어야 한다.
③ 이동의 우려가 없는 곳에 설치한다.
④ 반드시 기준점은 1개만 설치한다.

해설 **기준점**(bench mark)은 공사 중에 높이를 잴 때의 기준으로 하기 위하여 설정하는 것으로 기준점은 ①, ②, ③ 외에 **건축물의 각 부에서 헤아리기 좋도록 2개소 이상 보조 기준점을 표시해 두어야** 한다. 수직 규준틀에 설치하고, 공사 착수 전에 설정해야 하며, 공사 완료 시까지 존치되어야 한다.

11 | 흙막이의 명칭
20③, 02②, 98②, 93

다음 그림의 형태를 가진 흙막이의 명칭은?

① H-말뚝 토류판
② 슬러리월
③ 소일콘크리트말뚝
④ 시트파일

해설 철재널말뚝의 종류

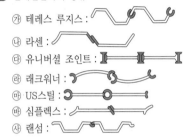

㉮ 테레스 루지스 :
㉯ 라센 :
㉰ 유니버셜 조인트 :
㉱ 래크워너 :
㉲ US스틸 :
㉳ 심플렉스 :
㉴ 랜섬 :

12 | 기준점에 대한 기술
18①, 14②, 08④

다음 중 기준점(bench mark)에 관한 설명으로 옳지 않은 것은?

① 신축할 건축물의 높이의 기준을 삼고자 설정하는 것으로 대개 발주자, 설계자 입회 하에 결정된다.
② 바라보기 좋고 공사에 지장이 없는 1개소에 설치한다.
③ 부동의 인접 도로 경계석이나 인근 건물의 벽 또는 담장을 이용한다.
④ 공사가 완료된 뒤라도 건축물의 침하, 경사 등을 확인하기 위해 사용되는 경우가 있다.

해설 기준점(bench mark)은 건축물의 각 부에서 헤아리기 좋도록 **2개소 이상 보조 기준점**을 표시해 두어야 한다.

13 | 가설건축물의 설명
17②, 13④, 10④

공사 현장의 가설건축물에 대한 설명으로 옳지 않은 것은?

① 하도급자 사무실은 후속 공정에 지장이 없는 현장사무실과 가까운 곳에 둔다.
② 시멘트 창고는 통풍이 되지 않도록 출입구 외에는 개구부 설치를 금하고, 벽, 천장, 바닥에는 방수, 방습처리한다.
③ 변전소는 안전상 현장사무실에서 가능한 멀리 위치시킨다.

④ 인화성 재료 저장소는 벽, 지붕, 천장의 재료를 방화구조 또는 불연구조로 하고 소화설비를 갖춘다.

해설 변전소는 안전상 현장사무실에서 **가능한 가까이** 위치시킨다.

14 | 지하 연속벽의 특징
17①, 08②, 03②

지하 연속벽(slurry wall)에 관한 설명으로 옳지 않은 것은?

① 차수성이 우수하다.
② 비교적 지반 조건에 좌우되지 않는다.
③ 소음 · 진동이 적고, 벽체의 강성이 높다.
④ 공사비가 타 공법에 비하여 저렴하고 공기가 단축된다.

해설 공사비가 타 공법에 비하여 **고가이고 공기가 연장(길어짐)**된다.

15 | 허용지지력의 산출
17①, 05①, 00③

시험말뚝을 박을 때에 허용지지력 산출에 별로 영향을 주지 않는 것은?

① 추의 낙하 높이
② 말뚝의 최종 관입량
③ 말뚝의 길이
④ 추의 무게

해설 시험말뚝을 박을 때에 **허용지지력 산출에 영향을 주는 요인**에는 말뚝의 무게, **공이의 무게, 공이의 낙하 높이**, 복동 공기공이의 타격 에너지 및 **말뚝의 최종 관입량** 등이다.

16 | 슬러리 월의 특성
16④, 13④, 09②

지하 연속벽 공법 중 슬러리 월(slurry wall)에 대한 특징으로 옳지 않은 것은?

① 시공 시 소음 · 진동이 크다.
② 인접 건물의 경계선까지 시공이 가능하다.
③ 주변 지반에 대한 영향이 적고 차수 효과가 확실하다.
④ 지반 굴착 시 안정액을 사용한다.

해설 지하 연속벽 공법 중 **슬러리 월 공법**은 ②, ③, ④항 외에 **진동 및 소음이 적고**, 벽체의 강성이 높으며, 벽의 접합부와 구조적인 연속성이 있다.

17 | 계측기와 항목
16①, 07②, 03②

건축물의 터파기 공사 시에 실시하는 계측의 항목과 계측기를 연결한 것이다. 틀린 것은?

① 지하수의 수압 – 트랜싯
② 흙막이벽의 측압, 수동토압 – 토압계
③ 흙막이벽의 중간부 변형 – 경사계
④ 흙막이벽의 응력 – 변형계

해설 지하수의 수압에는 피에조미터(piezo-meter)가 사용되고, 수위계는 지중 수위의 변화, 트랜싯은 측량기의 일종으로 고저차와 인접 구조물의 이동을 측량하는 기구이다.

18 | 수평 규준틀의 용도
15④, 14①, 13①

가설공사에서 건물의 각부 위치, 기초의 너비 또는 길이 등을 정확히 결정하기 위한 것은?

① 벤치마크
② 수평 규준틀
③ 세로 규준틀
④ 현상측량

해설 벤치마크(기준점)는 고저 측량을 할 때 표고의 기준이 되는 점으로 이동될 염려가 없는 인근 건축물의 벽이나 담장을 이용한다. **수평 규준틀**은 기초파기와 기초공사를 할 때, 말뚝과 꿸대를 사용하여 공사의 수직과 수평의 기준이 되는 규준틀이며, 세로 규준틀은 조적공사(벽돌, 블록, 돌공사)에서 고저 및 수직면의 기준으로 사용하는 규준틀이다.

19 | 건설기계와 작업
15②, 08②, 03④

다음 각 건설기계와 주된 작업의 연결이 틀린 것은?

① 클램셀-굴착
② 백호-정지
③ 파워셔블-굴착
④ 그레이더-정지

해설 백호(드래그셔블)는 굴삭용 기계이고, 정지용 기계에는 불도저, 앵글 도저, 스크레이퍼, 그레이더 등이 있다.

20 | 표준관입시험의 특성
15②, 08①, 99①

다음 중 표준관입시험의 설명으로 옳은 것은?

① 점토 지반에서는 표준관입시험을 행할 수 없다.
② 추의 낙하높이는 100cm이다.
③ 지반의 전단강도를 측정하는 방법이다.
④ N값은 샘플러를 30cm 관입하는 데 소요되는 타격횟수이다.

해설 표준관입시험(standard penetration test)법은 모래의 전단력은 모래의 컨시스턴시 또는 상대밀도를 측정하는 데 사용한다. 사질지반의 토질조사 시 비교적 신뢰성이 있는 지반조사법으로 보링 구멍을 이용하여 로드 끝에 샘플러를 단 것을 63.5kg의 추를 76cm의 높이에서 자유 낙하시켜 30cm 관입시키는 데 필요한 타격횟수로 나타낸다. 값이 클수록 밀실한 토질이다.

21 | 사운딩의 종류
14①, 12④, 09②

다음 중 사운딩(sounding) 시험에 속하지 않는 시험법은?

① 표준관입시험
② 콘관입시험
③ 베인전단시험
④ 평판재하시험

해설 사운딩은 로드 선단에 붙인 저항체를 지중에 넣고 관입, 회전, 인발 등에 의해 토층의 성상을 탐사하는 시험법이다. **사운딩(sounding) 시험의 종류**에는 표준관입시험, 베인시험, 휴대용 화란식 동적 콘(원추)관입시험 및 스웨덴식 사운딩 테스트 등이 있다.

22 | 불도저의 작업시간 산정
13②, 09④, 08①

토량 470m³를 불도저로 작업하려고 한다. 작업을 완료할 수 있는 시간을 산출하였을 때 맞는 시간은? (단, 불도저의 삽날 용량은 1.2m³, 토량환산계수는 0.8, 작업효율은 0.8, 1회 사이클 시간은 12분이다.)

① 120.40시간
② 122.40시간
③ 132.40시간
④ 140.40시간

해설 시간당 굴삭토량(m³/h)

$$= 버킷의 용량(Q) \times \frac{60}{C_m (사이클\ 타임,분)} \times 작업효율(E)$$
$$\times 굴삭계수(K) \times 토량환산계수$$
$$= \frac{60 \times 1.2 \times 1 \times 0.8 \times 0.8}{12} = 3.84 m^3/h \,이고,\ 토량은\ 470m^3$$

이므로 작업시간 $= \frac{470}{3.84} = 122.3958$시간이다.

23 | 언더피닝 공법
13②, 06④, 03①

건축공사에서 언더피닝(under pinning) 공법의 설명으로 옳은 것은?

① 용수량이 많은 깊은 기초 구축에 쓰이는 공법이다.
② 기존 건물의 기초 혹은 지정을 보강하는 공법이다.
③ 터파기 공법의 일종이다.
④ 일명 역구축 공법이라고도 한다.

해설 언더피닝이란 기존 건축물의 기초를 보강 또는 새로이 기초를 삽입하는 공사의 총칭이다. 기초 침하가 심한 경우, 지하실 바닥을 높게 하는 경우, 기초 내력을 증가시켜야 하는 경우 및 현재의 기초보다 깊은 지하실을 축조하는 경우에 필요로 한다.

24 | 탄성파식 지하탐사의 정의
11④, 06②, 01①

지반의 구성층을 파악하기 위하여 낙하추 또는 화약의 폭발로 지반을 조사하는 방법은?

① 충격식 보링 지하탐사
② 전기저항식 지하탐사
③ 가스관 꽂음에 의한 지하탐사
④ 탄성파식 지하탐사

해설 **전기저항식 지하탐사법**은 지중에 전류를 통하여 각 처의 전위를 측정하고 거리와 전기저항의 관계 등으로 지표의 토질, 암반, 지하수의 깊이 등을 판별하는 방법이다. **충격식 보링**은 와이어 로프의 끝에 충격날(bit)을 달고 60~70cm 상하 이동하여 구멍 밑에 낙하 충격을 주어 토사, 암석을 파쇄하여 천공하는 방식이다.

25 | 역타 공법의 특성
10②, 02④, 00②

top down 공법(역타 공법)에 대한 설명 중 옳지 않은 것은?

① 지하와 지상작업을 동시에 한다.
② 주변 지반에 대한 영향이 적다.
③ 기둥 및 기초는 리버스 공법이 많이 사용된다.
④ 수직 부재 이음부 처리에 유리한 공법이다.

해설 수직 부재 이음부 처리에 **불리한 공법**이다.

26 | 말뚝의 이음방법
07②, 05②, 01④

건축물의 지정공사에 사용하는 말뚝의 이음방법이 아닌 것은?

① 충전식 이음
② 볼트식 이음
③ 용접식 이음
④ 맞댐 이음

해설 건축물의 지정공사에 사용하는 **말뚝의 이음방법**에는 장부식 이음, **충전식 이음**, **볼트식 이음**, **용접식 이음** 등이 있다.

27 | 웰 포인트 공법의 특성
07①, 04①, 97④

웰 포인트 공법에 관한 설명 중에서 틀린 것은?

① 흙막이의 토압이 줄어든다.
② 웰 포인트는 비교적 지하수위가 얕은 모래지반의 배수에 유리하다.
③ 인접 지반에 침하를 야기시키기 쉽다.
④ 모래지반보다 점토질 지반에서 탈수 효과가 크다.

해설 모래지반보다 점토질 지반에서 **탈수 효과가 작다.**

28 | 가설사무소의 면적 산정
05②, 02④, 99③

공사 현장에 135명이 근무할 가설사무소를 건축할 때 기준 면적으로 옳은 것은?

① $445.5m^2$
② $405m^2$
③ $420m^2$
④ $400m^2$

해설 사무소의 기준면적 $= 3.3m^2 \times$ 인원수$= 3.3 \times 135 = 445.5m^2$

29 | 지반개량 공법에 대한 기술
00①, 99③, 96②

다음 지반개량 공법에 관한 기술 중에서 틀린 것은?

① 연약한 점토질 지반에는 샌드 파일(sand pile) 공법이 많이 쓰인다.
② 바이브로플로테이션(vibroflotation) 공법은 부드러운 모래질 지반 다짐에 효과가 적다.
③ 실트층, 점토층, 물이 많은 점토층에는 벤토나이트(bentonite) 공법을 적용할 수 있다.
④ 그라우트(grout) 공법은 점토질의 지반에서는 투수성이 적으므로 효과가 거의 없다.

해설 바이브로플로테이션(vibroflotation) 공법은 부드러운 모래질 지반 다짐에 **효과가 매우 크다.**

30 | 철재 널말뚝의 종류
02②, 98②

다음 그림의 철재 널말뚝의 명칭은?

① 라센(larssen)
② 유니버셜 조인트(universal joint)
③ 테레스 루지스(terres rouges)
④ 랜섬(ransom)

해설 ① 테레스 루지스 :
② 라센 :
③ 유니버설 조인트 :
④ 랜섬 :

31 | 아일랜드 컷 공법의 정의
01②, 98③

좁은 대지 내에서 대지 중앙부에 기초 구조물을 먼저 축조하는 공법은?

① 오픈 컷 공법
② 트렌치 컷 공법
③ 우물통식 공법
④ 아일랜드 컷 공법

해설 **오픈 컷 공법**은 흙막이의 유무에 관계 없이 지표면보다 아래쪽에 굴착 부분이 노출된 상태의 흙파기이다. **트렌치 컷 공법**은 아일랜드 공법(좁은 대지 내에서 대지 중앙부에 기초 구조물을 먼저 축조하는 공법)과 역순으로 흙을 파내는 공법이다. **우물통식 공법**은 용수량이 대단히 많고 깊은 기초를 구축할 때 사용하는 공법이다.

32 | 쌍줄비계의 정의
01②

고층 건물공사 시 많은 자재를 올려 놓고 작업해야 할 외장 공사용 비계로서 적합한 것은?

① 겹비계
② 외줄비계
③ 쌍줄비계
④ 달비계

해설 **겹비계**는 하나의 기둥에 띠장만을 붙인 비계로 띠장이 기둥의 양쪽에 2겹으로 된 것이다. **외줄비계**는 비계기둥이 1줄이고, 띠장을 한쪽에만 단 비계로서 경작업 또는 10m 이하의 비계에 이용된다. **달비계**는 건축물에 고정된 돌출보 등에서 밧줄로 매단 비계로서 권양기가 붙어 있어 위·아래로 이동시키는 비계이다. 외부 마무리, 외벽 청소, 고층 건축물의 유리창 청소 등에 쓰인다.

33 | 토질시험
98①, 96②

토질시험과 관계가 없는 것은?

① 조립률
② 예민비
③ 3축 압축
④ 간극비

해설 **조립률**은 콘크리트용 골재의 입도를 표시하는 지표이다.

34 | 트랜치 컷 공법의 정의
18④, 12②

흙파기 공법 중 지반이 극히 연약하여 온통파기를 할 수 없을 때에 측벽이나 주열선 부분만을 먼저 파내고 그곳에 기초와 지하 구조물을 축조한 다음 나머지 중앙 부분을 파내고 나머지 구조물을 완성하는 흙파기 공법은?

① 트렌치 컷(trench cut) 공법
② 아일랜드 컷(island cut) 공법
③ 뉴매틱 웰 케이슨(pneumatic well caisson) 공법
④ 지하 연속벽 공법

해설 **아일랜드 컷 공법**은 지하 공사에서 비탈지게 오픈 컷으로 파낸 밑면의 중앙부에 먼저 기초를 시공한다. 그런 다음 주위 부분을 앞에 시공한 기초에 흙막이벽의 반력을 지지하게 하여 주변의 흙을 파내고 그 부분의 구조체를 시공하는 방법이다. **지하 연속벽 공법**은 지수벽 또는 구조체 등으로 이용하기 위해서 지하로 크고 깊은 트렌치를 굴착하여 철근망을 삽입한다. 다음에 콘크리트를 타설한 패널을 연속적으로 축조해 나가거나, 원형 단면의 굴착공을 파서 연속적으로 주열을 형성하는 공법이다.

35 | 지반조사법의 종류
18②, 01②

지반조사의 시험에 관계되는 것을 연결한 것 중 옳은 것은?

① 진흙의 점착력 – 베인시험(vane test)
② 지내력 – 정량분석시험
③ 연한 점토 – 표준관입시험
④ 염분 – 신 월 샘플링(thin wall sampling)

해설 지내력은 다이얼 게이지, 모래의 염화물은 정량분석시험, 모래의 밀도는 표준관입시험, 연한 점토는 베인 테스트, 시료 채취는 신 월 샘플링(thin wall sampling)과 관계가 깊다.

36 | 파이핑 현상의 정의
19①, 15①

사질지반 굴착 시 벽체 배면의 토사가 흙막이 틈새 또는 구멍으로 누수가 되어 흙막이벽 배면에 공극이 발생하여 물의 흐름이 점차로 커져 결국에는 주변 지반을 함몰시키는 현상을 일컫는 것은?

① 보일링 현상
② 히빙 현상
③ 액상화 현상
④ 파이핑 현상

해설 **액상화 현상**은 포화된 느슨한 모래가 진동이나 지진 등의 충격을 받으면 입자들이 재배열되어 약간 수축하며 큰 과잉 간극 수압을 유발하게 되고 그 결과로 유효 응력과 전단강도가 크게 감소되어 모래가 유체처럼 흐르는 현상이다.

37 | 웰 포인트 공법에 대한 기술
18④, 14④

웰 포인트(well point) 공법에 관한 설명 중 틀린 것은?

① 인접 대지에서 지하수위 저하로 우물 고갈의 우려가 있다.
② 투수성이 비교적 낮은 사질 실트층까지도 강제 배수가 가능하다.
③ 압밀침하가 발생하지 않아 주변 대지, 도로 등의 균열 발생 위험이 없다.
④ 흙의 안전성을 대폭 향상시킨다.

해설 압밀침하가 발생하므로 주변 대지, 도로 등의 **균열 발생 위험**이 있다.

38 | 보링에 관한 기술
18②, 14②

지반조사 중 보링에 대한 설명으로 옳지 않은 것은?

① 보링의 깊이는 일반적인 건물의 경우 대략 지지 지층 이상으로 한다.
② 채취 시료는 충분히 햇빛에 건조시키는 것이 좋다.
③ 부지 내에서 3개소 이상 행하는 것이 바람직하다.
④ 보링 구멍은 수직으로 파는 것이 중요하다.

해설 채취 시료를 햇빛에 건조시키는 것은 **좋지 않다.**

39 | 토공사용 기계의 용도
16④, 00②

토공사용 기계에 관한 기술 중 옳지 않은 것은?

① 파워셔블(power shovel)은 매우 깊게 팔 수 있는 기계로서 보통 약 3m까지 팔 수 있다.
② 드래그라인(drag line)은 기계를 설치한 지반보다 낮은 장소 또는 수중을 굴착하는 데 사용된다.
③ 불도저(bull dozer)는 일반적으로 흙의 표면을 밀면서 깎아 단거리 운반을 하거나 정지를 한다.
④ 크램셸(clamshell)은 수직 굴착 등 일반적으로 협소한 장소의 굴착에 적합한 것으로 자갈 등의 적재에도 사용된다.

해설 굴착기계 중 **3m 정도 높은 곳의 굴착에는 파워셔블**을 사용하고, **5~6m 낮은 곳의 굴착에는 드래그셔블**을 사용한다.

40 | 크램셸의 작업 용도
21①, 07④

수직굴삭, 수중굴삭 등에 사용되는 깊은 흙파기용 기계이며 연약지반에 사용하기에 적당한 기계는?

① 드래그셔블
② 크램셸
③ 모터 그레이더
④ 파워셔블

해설 ① **백호(드래그셔블)** : 도랑을 파는데 적합한 터파기 기계이다.
③ **모터 그레이더** : 앞뒤의 차바퀴 사이에 토공판을 부착하여 스스로 이동하면서 토공판으로 지면을 평평하게 깎으면서 고르는 기계이다.
④ **파워셔블** : 지반면보다 높은 곳의 흙파기에 적합하고, 파기면은 1.5m가 가장 알맞으며 약 3m까지 굴삭할 수 있는 기계이다.

41 | 파워셔블의 작업 용도
22②, 11①

기계가 위치한 곳보다 높은 곳의 굴착에 가장 적당한 건설기계는?

① Dragline
② Back hoe
③ Power Shovel
④ Scraper

해설 ① **드래그라인** : 기체에서 붐을 뻗쳐 그 선단에 와이어로프로 매단 스크레이퍼 버킷 앞쪽에 투하해 버킷을 앞쪽으로 끌어당기면서 토사를 긁어모으는 작업이다. 기체는 높은 위치에서 깊은 곳을 굴착할 수도 있어 적합하다.
② **백호(드래그셔블)** : 도랑을 파는 데 적합한 터파기 기계이다.
④ **스크레이퍼** : 흙을 파서 나르는 기계의 하나로 땅을 얇게 깎아 다른 장소로 운반한다.

42 | 연약 점토 지반의 탈수 공법
16①, 13④

투수성이 나쁜 점토질 연약 지반에 적합하지 않은 탈수 공법은?

① 샌드 드레인(sand drain) 공법
② 생석회 말뚝(chemico pile) 공법
③ 페이퍼 드레인(paper drain) 공법
④ 웰 포인트(well point) 공법

해설 투수성이 나쁜 연약한 점토질 또는 실트질의 토질일 때 지반의 수분을 탈수하기 위한 지반개량 공법에는 샌드 드레인 공법, 생석회 공법, 페이퍼 드레인 공법 등이 있다. 웰 포인트 공법은 투수성이 좋은 지반에 적합한 공법이다.

43 | 토공사 시 주의사항
16①, 07①

다음 중 토공사를 할 경우 주의해야 할 현상으로 가장 거리가 먼 것은?

① 파이핑(piping)
② 보일링(boiling)
③ 히빙(heaving)
④ 그라우팅(grouting)

해설 **토공사 시 주의해야 할 현상**에는 **파이핑**(piping, 시공한 흙막이에 대한 수밀성이 불량하여 널말뚝의 틈새로 물과 미립 토사가 유실되면서 지반 내에 파이프 모양의 수로가 형성되어 지반이 점차 파괴되는 현상), **보일링**(boiling, 흙파기 저면을 통해 상승하는 유수로 인하여 모래의 입자가 부력을 받아 저면 모래지반의 지지력이 없어지는 현상), **히빙 현상**(heaving, 흙막이 바깥에 있는 흙의 중량과 지표재 하중의 중량을 견디지 못하여 저면의 흙이 붕괴되고, 흙막이 바깥의 흙이 흙막이 안으로 밀려들어 볼록해지는 현상) 등이 있다.

44 | 중력배수 공법의 종류
15②, 11②

다음 배수 공법 중 중력배수 공법에 해당하는 것은?

① 웰 포인트 공법
② 진공압밀 공법
③ 전기 삼투 공법
④ 집수정 공법

해설 ①항은 출수가 많고 깊은 터파기에서 진공 펌프와 원심 펌프를 사용하여 지하수위를 낮추는 배수 공법이다. ②항은 지중을 진공상태로 만들어 재하중으로서 성토 대신 대기압을 이용하여 연약 점토층을 탈수에 의해 압밀을 촉진시키는 공법이다. ③항은 지반개량 공법으로 지중에 전기를 통하여 물을 전류의 이동과 함께 점토지반의 간극수 탈수, 배수하는 공법이다. 또한, **중력배수 공법**의 종류에는 **집수정 공법**, 명거 및 암거의 배수 공법, 깊은 우물 공법 등이 있다.

45 | 언더피닝 공법의 종류
14①, 09④

다음 중 언더피닝(under pinning) 공법의 종류가 아닌 것은?

① 갱 · 피어 공법
② 잭 파일(jacked pile) 공법
③ 그라우트 주입 공법
④ 콘크리트 VH 타설법

해설 **언더피닝의 종류**에는 이중 널말뚝 공법, 차단벽 공법, 웰 포인트 공법, pit well 공법, 현장 콘크리트 말뚝 공법, 강재 파일 공법, 지반안정 공법, **그라우트 주입 공법**, **잭 파일 공법**, **갱 · 피어 공법** 등이 있다.

46 | 주상도의 요소
22①, 17②

지질조사를 통한 주상도에서 나타나는 정보가 아닌 것은?

① N치
② 투수계수
③ 토층별 두께
④ 토층의 구성

해설 지질조사를 통한 **주상도**(지층의 순서, 두께, 종류 등의 관계를 표시한 주상의 단면도)에 나타나는 정보는 N(타격횟수), **토층의 구성**, **토층의 두께** 등이 있고, **투수계수**는 침투유량을 (수두경사×단면적)으로 나눈 값으로 불교란시료의 투수시험에 의하거나, 현지에서 양수시험에 의해 구할 수 있다.

47 | 계측기와 항목
21②, 12①

계측관리항목 및 기기에 관한 설명으로 옳지 않은 것은?

① 흙막이벽의 응력은 변형계(strain gauge)를 이용한다.
② 주변건물의 경사는 건물경사계(tiltmeter)를 이용한다.
③ 지하수의 간극수압은 지하수위계(water level meter)를 이용한다.
④ 버팀보, 앵커 등의 축하중변화상태의 측정은 하중계(load cell)를 이용한다.

해설 **피에조미터**(piezo meter)는 지하수의 간극수압측정에, **지하수위계**는 지하수위측정에 사용한다.

48 | 제자리 말뚝 공법의 비교
99②, 97③

다음 제자리 말뚝 지정의 공법과 특징을 연결한 것 중 틀린 것은?

① 페디스털 파일(pedestal pile)−구근(球根)
② 어스 드릴 파일(earth drill pile)−굴착속도가 늦다
③ 리버스 서큘레이션 파일(reverse circulation pile)−굴착용 비트
④ MIP 말뚝(mixed in place pile)−소일 콘크리트(soil concrete)

해설 어스 드릴 파일(earth drill pile)−굴착속도가 **빠르다**.

49 | 지반의 상대밀도
14④, 06②

모래지반에서 N값 20일 때 해당되는 지반의 상대밀도는?

① 아주 느슨하다
② 느슨하다
③ 중정도 모래
④ 밀실한 모래

해설 표준관입시험(사질지반에 이용)

표준 샘플러를 관입량 30cm에 달하는 데 요하는 타격횟수(N)를 구하여 모래의 밀도를 측정하는 것으로, 측정한 값에 따라 상태는 다음과 같다.

N값	5 이하	5~10	10~30	30~50 이상
모래의 상대밀도	아주 느슨한 모래	느슨한 모래	중정도 모래	밀실한 모래

50 | 말뚝시험에 관한 기술
13②, 00①

말뚝시험에 관한 기술 중 틀린 것은?

① 시험말뚝은 3개 이상으로 한다.
② 말뚝은 연속적으로 박되 휴식시간을 두지 말아야 한다.
③ 최종 침하량은 최후 타격 시의 침하량을 말한다.
④ 시험말뚝은 사용말뚝과 똑같은 조건으로 한다.

해설 최종 침하량은 5회 또는 10회 타격한 평균값을 말한다.

51 | 스웨덴식 사운딩시험의 정의
12②, 10④

로드의 선단에 붙은 스크루 포인트(screw point)를 회전시키며 압입하여 흙의 관입저항을 측정하고 흙의 경도나 다짐 상태를 판정하는 시험은?

① 베인시험(vane test)
② 신 월 샘플링(thin wall sampling)
③ 표준관입시험(penetration test)
④ 스웨덴식 사운딩시험(swedish sounding test)

해설 신 월 샘플링(thin wall sampling)은 시료 채취기의 튜브가 얇은 살로 된 것으로서 시료를 채취하는 것이며, 연한 점토의 채취에 적당하다. 표준관입시험(standard penetration test)은 모래의 컨시스턴시 또는 상대밀도를 측정하는 데 사용한다. 특히, 사질지반의 토질조사 시 비교적 신뢰성이 있는 지반 조사법이다.

52 | 기성 말뚝 공법의 종류
12①, 97④

시공법에 따른 말뚝의 분류 중 기성 말뚝 공법에 속하지 않는 것은?

① 어스 드릴 공법   ② 디젤 해머
③ 프리보링 공법   ④ 유압 해머

해설 어스 드릴 공법은 끝에 뾰족한 강제 샤프트의 주변에 나사형으로 된 날이 연속된 천공기를 지중에 틀어 박아 토사를 들어내어 구멍을 파서 콘크리트를 부어 말뚝을 형성하는 제자리 콘크리트 말뚝 공법의 일종이다.

53 | 시공기계에 관한 기술
10①, 99①

시공기계에 관한 다음 기술 중 옳지 않은 것은?

① 타워 크레인은 고층 건물의 건설용으로 쓰여지고 있는 것이 많다.
② 백호(back hoe)는 기계 몸체의 설치 위치보다 낮은 곳을 파는 데 적합하다.
③ 가이 데릭은 철골 세우기 공사에 사용된다.
④ 바이브레이션 롤러는 콘크리트 치기할 때 다지기에 사용한다.

해설 진동 롤러(vibrating roller)는 도로 다지기에 사용(도로, 제방, 비행장 활주로 등)되고, 진동기(vibrator)는 콘크리트 치기할 때 다지기에 사용된다.

54 | 베인시험의 정의
09④, 98③

토질시험 중 보링의 구멍을 이용하여 +자 날개형의 테스터를 지반에 때려박고 회전시켜 그 회전력에 의하여 진흙의 점착력을 판별하는 시험방법은?

① 표준관입시험
② 베인시험
③ 3축 압축시험
④ 콤포지트 샘플링

해설 표준관입시험(standard penetration test)은 타격횟수(N)를 측정하여 흙층의 강도를 조사하는 방법이다. 3축 압축시험은 토질시험법이다. 콤포지트 샘플링은 샘플링 튜브의 두께가 두꺼운 것을 사용하는 시료의 채취방법이다.

55 | 흙막이의 측압계수
09①, 05②

흙막이 설계 시 고려하는 측압계수는 지하수위에 따라 변화하는데, 다음 중 단단한 점토의 측압계수(K)로 옳은 것은?

① 0.2~0.5   ② 0.6~0.8
③ 0.9~1.1   ④ 1.2~1.4

해설 측압계수

지반상태	모래지반		진흙지반	
	지하수가 얕은 경우	지하수가 깊은 경우	연한 점토	단단한 점토
측압계수	0.3~0.7	0.2~0.4	0.5~0.8	0.2~0.5

56 | 지하 연속벽 공법의 특징
06①, 04④

다음 중 지하 연속벽 공법의 특징으로 맞는 것은?

① 인접 건물의 경계선까지 시공이 불가능하다.
② 흙막이벽은 벽의 길이에 제한이 있다.
③ 시공 시의 소음·진동이 크다.
④ 흙막이벽은 깊은 지층까지 조성할 수 있다.

해설 지하 연속벽 공법은 인접 건물에 접근한 작업을 할 수 있고, **진동·소음이 적으며**, 벽체의 강성이 높고, 길이에 제한이 없다. 또한 매우 깊은 벽(약 60m까지)을 구조할 수 있고, 시공 중 주위 지반에 지장이 없으며 안전성이 높다. 그러나 장비가 고가이므로 공사비가 비싸다.

57 | 웰 포인트 공법에 관한 기술
06①, 04②

웰 포인트 공법에 관한 내용으로 옳지 않은 것은?

① 출수가 많은 깊은 터파기에 있어 지하수 배수 공법의 일종이다.
② 흙막이 공사가 간단히 된다.
③ 수분이 많은 점토질 지반에 적당한 공법이다.
④ 지내력이 증가한다.

해설 수분이 많은 점토질 지반에 **부적당한 공법**이다.

58 | 표준관입시험에 관한 기술
05④, 03④

표준관입시험의 기술 중 틀린 것은?

① 추의 무게는 63.5kg
② 추의 낙하 높이는 100cm
③ N치는 30cm 관입하는 타격횟수
④ 토질 시험의 일종임

해설 표준관입시험(standard penetration test)법은 보링 구멍을 이용하여 로드 끝에 샘플러를 단 것을 63.5kg의 **추를 76cm의 높이**에서 **자유 낙하**시켜 30cm 관입시키는 데 필요한 타격횟수로 나타낸다. 값이 클수록 밀실한 토질이다.

59 | 보링의 정의
05④, 03②

토질 조사에 있어 중요한 것으로 지중 토질의 분포, 토층의 구성 등을 알 수 있고 주상도를 그릴 수 있는 정보를 제공할 수 있는 방법은 무엇인가?

① 터파보기
② 물리적 지하탐사법
③ 베인테스트
④ 보링

해설 터파보기(시험 파기, 구멍 파보기)는 건축물의 위치에서 삽으로 구멍을 파보는 방법이고, **물리적 탐사법**은 지반 구성층의 판단과 지층 변화의 심도를 아는 데 사용한다. **베인테스트**(vane test)는 보링의 구멍을 이용하여 +자 날개형의 베인테스터를 지반에 때려 박고 회전시켜 그 회전력에 의하여 진흙의 점착력(전단강도)을 판별하는 것으로, 보링과 함께 점토질 지반의 조사에 신뢰성이 있다.

60 | 지반정착 공법에 관한 기술
04②, 98③

지반정착 공법(earth anchor method)에 관한 기술 중 옳은 것은?

① 이 공법은 내부 작업공간이 협소하게 되어 내부 시공이 어렵다.
② 주위 지반의 여유가 없거나 지하 매설물이 없을 때 유리한 방법이다.
③ 공사 중 건물이 부상하는 것을 방지하기 위해 건물을 지반에 고정하는 방법이다.
④ PC 강선의 녹막이 처리를 위해 뿌리 부분까지 시멘트풀을 주입한다.

해설 지반정착 공법은 내부 작업공간이 협소해도 **내부 시공이 쉽고**, 주위 지반의 여유가 없거나 지하 매설물이 없을 때 **불리한 방법**이다. PC 강선은 **축조 후에 제거**해야 하므로 **뿌리 부분까지 시멘트풀을 주입하지 않는다**.

61 | 흙의 성질
04①, 00③

흙의 성질을 나타낸 내용 중 옳지 않은 것은?

① 외력에 의하여 간극 내의 물이 밖으로 유출하여 입자의 간격이 좁아지며 침하하는 것을 압밀침하라 한다.
② 함수량은 흙 속에 포함되어 있는 물의 중량을 나타낸 것으로 일반적으로 함수비로 표시한다.
③ 투수량이 큰 것일수록 침투량이 크며, 모래는 투수계수가 크다.
④ 자연 시료에 대한 이긴 시료의 강도비를 푸아송비라 한다.

해설 자연 시료에 대한 이긴 시료의 강도비를 예민비라고 하고, 푸아송비는 세로 변형도에 대한 가로 변형도의 비이다.

62 | 제자리 말뚝의 기계 굴삭
04①, 00③

말뚝 시공법 중 제자리 말뚝에서 기계굴삭 공법이 아닌 것은?

① 리버스 서큘레이션 공법
② 관입 공법
③ 보아홀 공법
④ 심초 공법

해설 제자리 콘크리트 말뚝공사의 기계굴삭 공법은 어스 드릴 공법, 리버스 서큘레이션 공법, 베노토 공법(올케이싱 공법), 관입 공법, 보아홀 공법, 지중 연속벽 공법, 프리팩트 파일 공법 등이 있다. 인력굴삭 공법에는 심초 공법, 치환 공법에는 이코스 공법과 오거 파일 공법 등이 있다.

63 | 모래의 실제 접지압의 상태
00②

지반의 접지압(接地壓)은 보통 등분포로 가정하나 모래의 실제 접지압은?

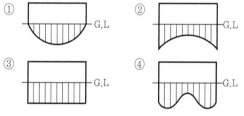

① ② ③ ④

해설 모래와 같은 입상토에 하중을 가하면 그 압력은 주변에서 최소이고, 중앙에서 최대가 된다.

64 | 평판재하시험에 관한 기술
19④

평판재하시험에 관한 설명으로 옳지 않은 것은?

① 재하판의 크기는 45cm각을 사용한다.
② 침하의 증가가 2시간에 0.1mm 이하가 되면 정지한 것으로 판정한다.
③ 시험할 장소에서의 즉시침하를 방지하기 위하여 다짐을 실시한 후 시작한다.
④ 지반의 허용지지력을 구하는 것이 목적이다.

해설 평판재하시험의 시험면은 구조물 설치예정지표면의 자연상태(다짐을 실시하지 않은 상태)에서 행해져야 한다.

65 | 가설울타리의 높이
19②

공사장 부지경계선으로부터 50m 이내에 주거·상가건물이 있는 경우에 공사현장 주위에 가설울타리는 최소 얼마 이상의 높이로 설치하여야 하는가?

① 1.5m ② 1.8m
③ 2m ④ 3m

해설 공사현장경계의 가설울타리는 높이 1.8m 이상(지반면이 공사현장 주위의 지반면보다 낮은 경우에는 공사현장 주위의 지반면에서의 높이 기준)으로 설치하고, 야간에도 잘 보이도록 발광시설을 설치하며, 차량과 사람이 출입하는 가설울타리 입출구에는 잠금장치가 있는 문을 설치하여야 한다. 다만, 공사장 부지경계선으로부터 50m 이내에 주거·상가건물이 집단으로 밀집되어 있는 경우에는 높이 3m 이상으로 설치하여야 한다.

66 | 말뚝의 연직도와 경사도
20④

기성말뚝세우기 공사 시 말뚝의 연직도나 경사도는 얼마 이내로 하여야 하는가?

① 1/50 ② 1/75
③ 1/80 ④ 1/100

해설 말뚝세우기

말뚝은 설계도서 및 시공계획서에 따라 정확하고 안전하게 세워야 한다(표준시방서 개정).
① 시공기계는 말뚝이 소정의 위치에 정확하게 설치될 수 있도록 견고한 지반 위의 정확한 위치에 설치하여야 한다.
② 말뚝을 정확하고도 안전하게 세우기 위해서는 정확한 규준틀을 설치하고 중심선 표시를 용이하게 하여야 하며, 말뚝을 세운 후 검측은 직교하는 2방향으로부터 하여야 한다.
③ 말뚝의 연직도나 경사도는 1/50 이내로 하고, 말뚝박기 후 평면상의 위치가 설계도면의 위치로부터 D/4(D는 말뚝의 바깥지름)와 100mm 중 큰 값 이상으로 벗어나지 않아야 한다.

67 | 강제말뚝의 부식 대책
18②

강제말뚝의 부식에 대한 대책과 가장 거리가 먼 것은?

① 부식을 고려하여 두께를 두껍게 한다.
② 에폭시 등의 도막을 설치한다.
③ 부마찰력에 대한 대책을 수립한다.
④ 콘크리트로 피복한다.

해설 강제말뚝의 부식 방지방법에는 말뚝의 두께를 증가하고, 방식재(에폭시 등), 시멘트(콘크리트) 또는 합성수지를 피복하거나, 내부식성 금속의 도금법인 전기도금법을 사용한다.

68 | 평판재하시험에 관한 기술
19①

지반조사 시 실시하는 평판재하시험에 관한 설명으로 옳지 않은 것은?

① 시험은 예정기초면보다 높은 위치에서 실시해야 하기 때문에 일부 성토작업이 필요하다.
② 시험재하판은 실제 구조물의 기초면적에 비해 매우 작으므로 재하판크기의 영향, 즉 스케일이펙트(scale effect)를 고려한다.
③ 하중시험용 재하판은 정방형 또는 원형의 판을 사용한다.
④ 침하량을 측정하기 위해 다이얼게이지 지지대를 고정하고 좌우측에 2개의 다이얼게이지를 설치한다.

해설 **평판재하시험(지내력시험)**은 기초저면까지 판 자리에서 직접 재하하여 허용지내력을 구하는 시험법으로, 시험은 **예정기초저면**에서 행한다.

69 | 벤치마크에 관한 기술
18①

건축물 높낮이의 기준이 되는 벤치마크(Bench mark)에 관한 설명으로 옳지 않은 것은?

① 이동 또는 소멸 우려가 없는 장소에 설치한다.
② 수직규준틀이라고도 한다.
③ 이동 중 훼손될 것을 고려하여 2개소 이상 설치한다.
④ 공사가 완료된 뒤라도 건축물의 침하, 경사 등의 확인을 위해 사용되기도 한다.

해설 **세로(수직)규준틀**은 조적조(벽돌, 블록, 돌 등) 등의 고저 및 수직면의 규준으로 사용하는 규준틀이고, **벤치마크(규준점)**는 고저측량을 할 때 표고의 기준이 되는 점으로 **세로(수직)규준틀과는 무관**하다.

70 | 트레미관의 용도
16④

건축공사에서 제자리 콘크리트말뚝이나 수중콘크리트를 칠 경우 콘크리트 속에 2m 이상 묻혀 있도록 하여 콘크리트치기를 용이하게 하는 것은?

① 리바운드 체크
② 웰 포인트
③ 트레미관
④ 드릴링 바스켓

해설 **리바운드 체크**는 기성 콘크리트파일을 항타할 때 파일의 반발도를 측정하는 데 목적이 있고, 파일을 해머로 항타하면 일정 깊이만큼 들어갔다가 다시 약간 튀어나오는 정도를 측정하는 것이다. **웰 포인트 공법**은 출수가 많고 깊은 터파기에서 진공펌프와 원심펌프를 병용하는 **지하수 배수 공법**의 일종으로, **지하 수위를 낮추는(저하시키는) 공법**이다.

71 | 사질지반의 타격횟수
16②

표준관입시험에서 상대밀도의 정도가 중간(medium)에 해당될 때 사질지반의 N값으로 옳은 것은?

① 0~4
② 4~10
③ 10~30
④ 30~50

해설 표준관입시험의 N값

N값	0~4	4~10	10~30	50 이상
모래의 상대밀도	몹시 느슨하다	느슨하다	보통(중간)	다진 상태

❷ 구조체공사 및 마감공사

1 철근콘크리트공사

01 | 콘크리트 압축강도의 산정
17④, 13①, 09①.②, 01②, 98①.④

지름 100mm, 높이 200mm인 원주 공시체로 콘크리트의 압축강도를 시험했더니 250kN에서 파괴되었다면 이 콘크리트의 압축강도는?

① 25.4MPa
② 28.5MPa
③ 31.8MPa
④ 34.2MPa

해설 **콘크리트의 압축강도**$(\sigma) = \dfrac{P(\text{하중})}{A(\text{단면적})}$

여기서, $P = 250,000\text{N}$ $A = \dfrac{\pi D^2}{4} = \dfrac{\pi \times 100^2}{4}$

$\therefore \ \sigma = \dfrac{P}{A} = \dfrac{250,000}{\dfrac{\pi \times 100^2}{4}} = 31.8\text{MPa}$

02 | 거푸집의 존치기간
02①

철근콘크리트조 건축물의 거푸집 중 존치기간이 가장 길어야 하는 곳은?

① 보
② 기둥
③ 보 밑
④ 기초

해설 콘크리트 압축강도를 시험할 경우 거푸집의 해체 시기는 기초, 보, 기둥, 벽 등의 측면은 5MPa 이상이다. **슬래브, 보의 밑면**, 아치 내면은 단층구조인 경우 설계기준 압축강도의 2/3배 이상 또는 **최소 14MPa 이상**이다. 다층구조인 경우에는 설계기준 압축강도 이상 또는 구조계산에 의해 단축할 수 있으나, 최소 강도는 14MPa 이상이다.

03 | 물·시멘트비의 산정
06①

콘크리트의 배합강도 210kg/cm², 시멘트의 28일 압축강도 350kg/cm²일 때 물·시멘트비로 가장 옳은 것은? (단, 사용 시멘트는 보통 포틀랜드 시멘트임)

① 60%
② 63%
③ 65%
④ 67%

해설 물·시멘트비

보통 포틀랜드 시멘트	$X = \dfrac{61}{\dfrac{F}{K}+0.34}$ [%/wt]
조강 포틀랜드 시멘트	$X = \dfrac{41}{\dfrac{F}{K}+0.03}$ [%/wt]
고로, 실리카 시멘트	$X = \dfrac{110}{\dfrac{F}{K}+1.09}$ [%/wt]

여기서, X : 물·시멘트비, F : 배합강도(kg/cm²), K : 시멘트 강도(kg/cm²)

$$\therefore \ X = \frac{61}{\dfrac{F}{K}+0.34} = \frac{61}{\dfrac{210}{350}+0.34} = 64.89\%$$

04 | 베이스 콘크리트의 정의
12④, 09④, 08②, 04④, 01①

유동화 콘크리트의 용어 중에서 베이스 콘크리트에 대한 설명으로 옳은 것은?

① 유동화 콘크리트를 제조하기 위해 혼합된 유동화제를 첨가하기 전의 콘크리트
② 유동화 콘크리트를 제조하기 위해 혼합된 유동화제를 첨가한 후의 콘크리트
③ 기초 콘크리트에 타설하기 위해 현장에 반입된 레디믹스트 콘크리트
④ 지하층에 콘크리트를 타설하기 위해 현장에 반입된 레디믹스트 콘크리트

해설 유동화 콘크리트의 압축강도는 **유동화제 첨가 전의 콘크리트(베이스 콘크리트)와 거의 같은 정도**이다. 따라서 유동화 콘크리트의 조합 강도에 의한 물·시멘트비는 유동화제의 첨가 전후에 공기량이 현저하게 변화하지 않는 것을 조건으로 베이스 콘크리트에서 얻어진 값을 그대로 채용하면 좋다.

05 | 콘크리트보의 이어붓기 위치
07①, 99④

등분포하중을 받는 T형보의 콘크리트 이어붓기의 위치로서 가장 적당한 위치는 어느 것인가? (단, L은 스팬의 길이이다.)

① 1/2 L
② 1/4 L
③ 3/4 L
④ 1/5 L

해설 보·바닥판의 이음은 그 간사이의 중앙부(스팬의 1/2)에 수직으로 하며, 캔틸레버로 내민보나 바닥판은 이어붓지 않는다 (중앙부는 전단력이 작고, 압축응력은 수직한 이음면에 직각으로 작용한다).

06 | ALC 패널의 설치 공법
20①,②, 12④, 08②, 05②

다음 중 ALC(Autoclaved Lightweight Concrete) 패널의 설치 공법이 아닌 것은?

① 수직 철근 공법
② 슬라이드 공법
③ 커버 플레이트 공법
④ 피치 공법

해설 ALC(Autoclaved Lightweight Concrete) 패널의 설치 공법의 종류에는 수직 철근 공법, 슬라이드 공법, 커버 플레이트 공법 및 볼트 조임 공법 등이 있다.

07 | 콘크리트 크리프 현상
20①,②, 17②, 13②

콘크리트의 크리프에 관한 설명으로 옳지 않은 것은?

① 습도가 높을수록 크리프는 크다.
② 물·시멘트비가 클수록 크리프는 크다.
③ 콘크리트의 배합과 골재의 종류는 크리프에 영향을 끼친다.
④ 하중이 제거되면 크리프 변형은 일부 회복된다.

해설 습도가 높을수록 크리프는 작다.

08 | 콘크리트 경화 전 균열 원인
19②, 15④, 06④, 02②

콘크리트 균열의 발생시기에 따라 구분할 때 콘크리트의 경화 전 균열의 원인이 아닌 것은?

① 크리프수축
② 거푸집의 변형
③ 침하
④ 소성수축

해설 굳지 않은 콘크리트의 균열은 콘크리트타설에서 응결이 종료될 때까지 발생하는 초기균열(**침하, 수축균열, 플라스틱(소성) 수축균열, 거푸집변형**에 따른 균열 및 **진동, 충격·가벼운 재하**에 따른 균열 등)이고, **건조(크리프)수축** 및 **수화열**은 **경화 후의 균열**이다.

09 | 시공연도와 관련된 요소
17④, 02③, 97③

다음 중 콘크리트 배합 시 시공연도와 관계가 없는 것은?

① 시멘트 강도
② 골재의 입도
③ 혼화제
④ 혼합방법

해설 콘크리트의 시공연도에 영향을 주는 요인은 **수량**뿐만 아니라, 시멘트의 분말도, 골재의 성질 및 모양, 배합 및 비비기의 정도, 혼합 후의 시간 등에 따라 달라진다.

10 | 철근의 갈고리
13①, 11①, 10②, 09④

이형철근이라도 단부에 반드시 갈고리(hook)를 설치해야 하는 경우가 있다. 다음 중 갈고리를 설치하지 않아도 되는 경우는?

① 스터럽
② 띠철근
③ 굴뚝의 철근
④ 지중보의 돌출 부분 철근

해설 이형철근이라고 하더라도 갈고리(hook)를 설치해야 하는 경우는 원형철근, 기둥과 보(지중보 제외)의 돌출 부분의 철근, 보의 스터럽, 기둥의 띠철근, 굴뚝의 철근 등이다.

11 | 미끄럼 거푸집의 장치
10①, 00③, 97①

미끄럼 거푸집(sliding form)에서 거푸집을 일정한 속도로 계속 끌어올리는 장치의 명칭은?

① 요크(york)
② 메탈(metal)
③ 유로(euro)
④ 워플(waffle)

해설 미끄럼 거푸집에서 거푸집을 일정한 속도로 끌어올리는 데 사용하는 기구를 **요크**라고 한다.

12 | 콘크리트의 이어붓기
06④, 04①, 00②, 97④

콘크리트의 이어붓기에 관한 설명 중 부적당한 것은 어느 것인가?

① 보는 단부에서 이어치기한다.
② 보와 상판(바닥슬래브)은 이어치기로 하지 않고 동시에 칠 필요가 있다.
③ 상판은 될 수 있는 한 중앙 부근에서 수직으로 이어친다.
④ 기둥의 이어치기는 하단에서 한다.

해설 보는 **중앙부**(스팬의 1/2) 부근에서 이어치기한다.

13 | 바닥 콘크리트의 헌치 형태
14②, 10②, 97①

땅에 접하는 바닥 콘크리트의 경우 그림과 같이 벽에 가까운 부분을 두껍게 하는 이유는?

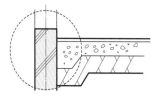

① 부착력 증진
② 휨에 대한 보강
③ 전단력에 대한 보강
④ 압축력에 대한 보강

해설 **드롭 헌치**(너비를 크게 한 헌치)는 보나 슬래브의 단부 단면을 중앙부의 단면보다 크게 한 부분으로서 폭을 크게 하여 그 부분의 **전단력 보강**을 위하여 단부의 단면을 증가한 부분이다.

14 | 해사 사용 시 대책
06②, 04②, 02④

철근콘크리트의 골재로서 부득이 해사(海砂)를 사용할 때 특히 처리할 점은?

① 구조 내력상 중요한 부분에 보강근을 넣는다.
② 충분히 물로 씻어낸다.
③ 조강 포틀랜드 시멘트를 사용한다.
④ 충분히 건조한 후에 사용한다.

해설 염분은 철근을 녹슬게 하므로 염분을 제거하기 위해서 **물로 깨끗이 씻어서 사용**한다.

15 | 보 거푸집의 올림 정도
04④, 03②, 98①

보의 거푸집은 중앙에서 간사이(span)의 얼마 정도로 치켜 올리는 것이 보통인가?

① 1/300~1/500
② 1/150~1/200
③ 1/100~1/200
④ 1/50~1/100

해설 보 및 바닥 거푸집은 중앙에서 **간사이의 1/300~1/500 정도**로 치켜 올리는 것이 보통이나 지나치게 올리지 말아야 한다.

16 | 조립률의 비교
01②, 99②, 97①

다음과 같은 잔골재 입도곡선 중 조립률이 가장 큰 것은?

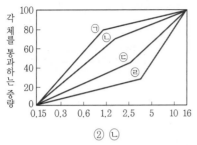

① ㉠
② ㉡
③ ㉢
④ ㉣

해설 조립률의 산출방법

$$FM = \frac{각 \, 체에 \, 남은 \, 양의 \, 누계(\%)의 \, 합계}{100}$$

그러므로 각 체에 남은 양의 누계(%)의 합계가 큰 경우는 ④항의 경우이다.

17 | 굳지 않은 콘크리트의 성질
00③, 99②, 97③

아직 굳지 않은 콘크리트의 성질에 관한 다음 기술 중 옳은 것은?

① 컨시스턴시가 작은 콘크리트는 워커빌리티가 나쁜 것을 의미한다.
② 워커빌리티의 양부는 시공 조건을 무시해서 판정할 수 없다.
③ 플라스티시티는 수량의 다소에 의한 연도의 정도로 표시되는 아직 굳지 않은 콘크리트의 성질을 말한다.
④ 피니셔빌리티는 굵은 골재의 최대 치수, 잔골재율, 잔골재 입도, 컨시스턴시 등에 의한 다짐의 용이 정도를 나타내는 아직 굳지 않은 콘크리트의 성질이다.

해설 컨시스턴시와 워커빌리티는 의미가 다르고, **컨시스턴시(반죽 질기)**는 수량의 다소에 의한 연도의 정도로 표시되는 아직 굳지 않은 콘크리트의 성질을 말한다. **피니셔빌리티**는 굵은 골재의 최대 치수, 잔골재율, 잔골재 입도, 컨시스턴시 등에 의한 **마무리하기 쉬운 정도**를 나타내는 아직 굳지 않은 콘크리트의 성질이다.

18 | 쪼갬인장강도의 산정
13④

지름 100mm, 높이 200mm의 콘크리트 공시체를 쪼갬인장강도시험에 의해 강도를 측정했더니 파괴하중이 63kN이었다. 이 공시체의 인장강도는?

① 0.8MPa
② 1.5MPa
③ 2MPa
④ 3MPa

해설 콘크리트의 인장강도$(\sigma) = \frac{2P}{\pi d l}$

여기서, $P = 63,000 \text{N}$, $d = 100 \text{mm}$, $l = 200 \text{mm}$이므로

$$\sigma = \frac{2P}{\pi d l} = \frac{2 \times 63,000}{\pi \times 100 \times 200} = 2.005 \text{MPa}$$

19 | 굳지 않은 콘크리트의 성질
08④

굳지 않은 콘크리트의 성질에 관한 다음 설명 중 옳지 않은 것은?

① 피니셔빌리티(finishability)란 굵은 골재의 최대 치수, 잔골재율, 골재의 입도, 반죽질기 등에 따라 마무리하기 쉬운 정도를 말한다.
② 단위수량이 많으면 컨시스턴시(consistency)가 좋아 작업이 용이하고 재료 분리가 일어나지 않는다.
③ 블리딩(bleeding)이란 콘크리트 타설 후 표면에 물이 모이게 되는 현상을 말한다.
④ 워커빌리티(workability)란 작업의 난이도 및 재료의 분리에 저항하는 정도를 나타내며 골재의 입도와도 밀접한 관계가 있다.

해설 단위수량이 많으면 컨시스턴시(consistency)가 좋아 작업이 용이하나, **재료 분리가 일어난다.**

20 | 내부 진동기의 사용법
04②

콘크리트의 내부 진동기(internal vibrator) 사용법에 대한 기술 중 옳지 않은 것은?

① 진동기는 가급적 수직 방향으로 사용하는 것이 좋다.
② 진동기는 1개소에 대하여 1분 이상 사용하는 것이 좋다.
③ 진동기의 운행 간격은 60cm를 넘지 않는 것이 좋다.
④ 진동기는 뽑을 때 서서히 뽑아내는 것이 좋다.

해설 진동기는 1개소에 대하여 **보통 30~40초, 최대 1분 이하**로 사용하는 것이 좋다.

21 | 제치장 콘크리트의 시공
02④, 98②

제치장 콘크리트의 시공에 관한 사항 중 옳지 않은 것은?

① 피복두께는 보통 때보다 1 cm 이상 더 두껍게 하는 것이 바람직하다.
② 혼합을 충분히 하여 균등하고 플라스틱한 콘크리트를 사용하는 것이 좋다.
③ 배합은 될 수 있는 대로 빈배합(lean mix)으로 하여야 한다.
④ 콘크리트를 부어넣을 때는 슈트에서 직접 기둥이나 보에 떨어뜨리지 않고 비빔판에 받아서 삽으로 떠 넣는다.

해설 배합은 될 수 있는 대로 **부배합(rich mix)**으로 해야 한다.

22 | 프리패브 콘크리트의 기술
21④, 18①, 06②, 97④

프리패브 콘크리트(prefab concrete)에 관한 설명 중 잘못된 것은?

① 제품의 품질을 균일화 및 고품질화할 수 있다.
② 작업의 기계화로 노무 절약을 기대할 수 있다.
③ 공장 생산으로 기계화하여 부재의 규격을 쉽게 변경할 수 있다.
④ 자재를 규격화하여 표준화 및 대량생산을 할 수 있다.

해설 공장생산으로 기계화하여 부재의 규격을 쉽게 **변경할 수 없다.**

23 | 레미콘의 규격
22①, 15②, 11②, 08④

레미콘의 규격 [25 – 24 – 150]이 각각 의미하는 것은?

① 잔골재 최대 치수 – 콘크리트 압축강도 – 슬럼프값
② 굵은 골재 최대 치수 – 콘크리트 압축강도 – 슬럼프값
③ 잔골재 최대 치수 – 슬럼프값 – 콘크리트 압축강도
④ 굵은 골재 최대 치수 – 슬럼프값 – 콘크리트 압축강도

해설 레미콘의 표시 형식을 보면 25(굵은 골재의 최대 직경, mm) – 24(압축강도, MPa) – 150(슬럼프, mm)이다.

24 | 프리스트레스트 콘크리트
19②, 09④, 07④

프리스트레스트 콘크리트(prestressed concrete)에 대한 설명 중 옳지 않은 것은?

① 포스트텐션(post – tension)법은 콘크리트의 강도가 발현된 후에 프리스트레스를 도입하는 현장형 공법이다.

② 구조물의 자중을 경감할 수 있으며, 부재단면을 줄일 수 있다.
③ 화재에 강하며, 내화피복이 불필요하다.
④ 고강도이면서 수축 또는 크리프 등의 변형이 작은 균일한 품질의 콘크리트가 요구된다.

해설 화재에 약하므로 내화피복이 필요하고, 항복점 이상에서 진동 및 충격에 약하다.

25 | 서중 콘크리트에 관한 기술
18④, 15④, 12②

서중 콘크리트에 대한 설명으로 옳은 것은?

① 동일 슬럼프를 얻기 위한 단위수량이 많아진다.
② 장기 강도의 증진이 크다.
③ 콜드 조인트가 쉽게 발생하지 않는다.
④ 워커빌리티가 일정하게 유지된다.

해설 장기 강도의 증진이 **적고**, 콜드 조인트가 **쉽게 발생**하며, 워커빌리티가 일정하게 **유지되지 못한다.**

26 | 적산온도의 적용 콘크리트
18②, 14①, 11②

다음 중 적산온도와 관계 깊은 콘크리트는?

① 고내구성 콘크리트
② 노출 콘크리트
③ 경량 콘크리트
④ 한중 콘크리트

해설 **적산온도**는 콘크리트의 강도가 재령과 온도와의 함수로서, 즉 Σ(시간×온도)의 함수로 표시되는 총합이다. **한중 콘크리트**는 하루 평균 기온이 0~4℃일 때 간단한 주의와 보온으로 시공하는 콘크리트로서 배합강도 및 그에 따른 물·시멘트비는 콘크리트 강도의 기온에 따른 보정값을 사용하는 방법과 적산온도 방식에 의한 방법이 사용된다.

27 | 폴리머 함침 콘크리트의 기술
17④, 11②, 09②

폴리머 함침 콘크리트에 대한 설명 중 틀린 것은?

① 시멘트계의 재료를 건조시켜 미세한 공극에 수용성 폴리머를 함침, 중합시켜 일체화한 것이다.
② 내화성이 뛰어나며 현장 시공이 용이하다.
③ 내구성 및 내약품성이 뛰어나다.
④ 고속도로 포장이나 댐의 보수공사 등에 사용된다.

해설 내화성이 작고, 현장 시공이 난이하다.

28 | 염화물량의 기준
16②,④, 09④

프리스트레스트 콘크리트 공사에서 강재의 부식 저항성과 관련하여 PSC 그라우트 중에 포함되는 염화물량은 얼마 이하를 원칙으로 하는가?

① $0.3kg/m^3$
② $0.4kg/m^3$
③ $0.5kg/m^3$
④ $0.6kg/m^3$

해설 프리스트레스트 콘크리트 공사에서 강재의 부식 저항성은 일반적으로 비빌 때의 PSC 그라우트 중에 함유되는 염화물 이온의 총량으로 설정한다. 비빌 때의 PSC 그라우트 중에 함유되는 염화물 이온의 총량은 **$0.3kg/m^3$ 이하를 원칙**으로 한다.

29 | 갱폼의 정의
15①, 14①, 08④

다음 중 사용할 때마다 부재의 조립, 분해를 반복하지 않아 벽식 구조인 아파트 건축물에 적용 효과가 큰 대형 벽체 거푸집은?

① gang form
② sliding form
③ air tube form
④ traveling form

해설 슬라이딩 폼은 벽체용 거푸집으로 거푸집과 벽체 마감공사를 위한 비계틀을 일체로 조립하여 한꺼번에 인양시켜 설치하는 거푸집이고, **에어 튜브 폼**은 1차 콘크리트 타설 후 에어 튜브를 설치하여 2차 콘크리트 타설 시 주로 구조물의 내부에 설치하는 것이다. **트레블링 폼(바닥 거푸집)**은 바닥에 콘크리트를 타설하기 위한 거푸집으로 장선, 멍에, 서포트 등을 일체로 제작하여 부재화한 거푸집이다.

30 | 진동기의 최대 콘크리트
14①, 08④, 05①

콘크리트 공사에서 진동기의 효과가 가장 잘 발휘될 수 있는 콘크리트는?

① 부배합 저슬럼프
② 부배합 고슬럼프
③ 빈배합 저슬럼프
④ 빈배합 고슬럼프

해설 **콘크리트의 진동다짐**은 좋은 배합의 콘크리트보다 **빈배합의 저슬럼프 콘크리트에 유효**하며, 유동성이 적은 콘크리트에 진동을 주면 플라스틱한 성질을 주기 때문이다. 진동기는 될 수 있는 한 꽂이식 진동기를 사용해야 한다.

31 | 경량골재의 취급 및 저장
11④, 09④, 04④

경량 콘크리트공사에서 경량골재의 취급 및 저장에 관한 내용 중 옳지 않은 것은?

① 골재의 짐부리기, 쌓아올리기 및 물뿌리기를 할 때 입자가 분리되지 않도록 한다.
② 골재를 쌓아둘 곳은 될 수 있는 대로 물빠짐이 좋게 한다.
③ 골재를 쌓아둘 곳은 직사광선을 많이 받아 골재가 쉽게 건조될 수 있는 장소를 택한다.
④ 골재에 때때로 물을 뿌리고 표면에 포장 등을 하여 항상 같은 습윤상태를 유지한다.

해설 골재를 쌓아둘 곳은 **직사광선을 덜 받아** 골재가 습윤상태를 유지할 수 있는 장소를 택한다.

32 | 철근콘크리트공사의 기술
11①, 03④, 97④

다음 철근콘크리트공사에 관한 기술 중 옳지 않은 것은?

① 보 밑의 동바리(지보공)는 설계기준강도의 100%까지 경화되었을 때 완전히 해체한다.
② 보의 콘크리트 이어붓기의 위치로서는 span의 1/4 지점이 적당하다.
③ 염화칼슘을 혼입한 콘크리트는 장기 강도가 저하된다.
④ AE제는 콘크리트의 워커빌리티 증진과 내구성 증진 등에 유효하다.

해설 보의 콘크리트 이어붓기의 위치로서는 **span의 1/2(중앙부)** 지점이 적당하다.

33 | 거푸집에 관한 기술
07②, 06②, 98③

거푸집에 관한 설명으로 틀린 것은?

① 터널 거푸집(tunnel form)은 한 구획 전체의 벽판과 바닥면을 ㄱ자형, ㄷ자형으로 견고하게 짜고 이동설치가 용이하다.
② 워플 거푸집(waffle form)은 옹벽, 피어 등의 특수 거푸집으로 고안된 것이다.
③ 메탈 폼(metal form)은 철판, 앵글 등을 써서 패널로 제작된 철제 거푸집이다.
④ 슬라이딩 폼(sliding form)은 돌출부가 없는 사일로 등에 사용되며 공기는 약 1/3 정도 단축 가능하다.

해설 **워플 거푸집(waffle form)**은 2방향 장선 바닥판을 만드는 거푸집이다. 옹벽, 피어 등의 특수 거푸집으로 고안된 거푸집은 **갱 폼(gang form)**이 사용된다.

34 | 콘크리트 시공연도의 영향
06①, 03①, 01④

굳지 않은 콘크리트의 작업성(workability)에 영향을 미치는 요인에 대한 설명으로 옳은 것은?

① 단위수량의 증가와 워커빌리티의 향상은 비례적이다.
② 빈배합이 부배합보다 워커빌리티가 좋다.
③ 깬자갈의 사용은 워커빌리티를 개선한다.
④ AE제에 의해 연행된 공기포는 워커빌리티를 개선한다.

해설 단위수량의 증가와 워커빌리티의 향상은 무관하고, 빈배합이 부배합보다 워커빌리티가 좋지 않으며, 깬자갈의 사용은 워커빌리티를 감소시킨다.

35 | 쇄석 굵은 골재의 실적률
05②, 00②, 99④

콘크리트용 부순 굵은 골재의 입형 판정 실적률은 얼마 이상이어야 하는가?

① 50%
② 53%
③ 55%
④ 57%

해설 골재의 공극률과 실적률

골재의 종류	공극률	실적률
모 래	30~45	55~70
자 갈	35~40	60~65
쇄 석	40~45	**55~60**

36 | 콘크리트 품질관리
05①, 01②, 98①

콘크리트의 품질관리에 있어서 설계도서에 지정한 사항으로 가장 중요한 것은?

① 콘크리트의 종류
② 설계기준강도
③ 굵은 골재의 관리
④ 물·시멘트비의 관리

해설 설계기준강도는 콘크리트 품질관리에 있어서 가장 중요한 사항이다.

37 | 콘크리트 경화 전 균열 원인
15④, 06④, 02②

다음은 콘크리트의 균열의 원인을 기록한 것이다 이 중에서 균열의 시기에 따라 구분할 때 콘크리트의 경화 전 균열의 원인이 아닌 것은?

① 거푸집 변형
② 진동 또는 충격
③ 소성수축, 침하
④ 건조수축, 수화열

해설 굳지 않은 콘크리트의 균열은 콘크리트 타설에서 응결이 종료될 때까지 발생하는 초기 균열(**침하, 수축 균열, 플라스틱(소성) 수축 균열, 거푸집 변형**에 따른 균열 및 **진동, 충격·가벼운 재하**에 따른 균열 등)이고, **건조수축 및 수화열**은 **경화 후의 균열**이다.

38 | 거푸집 공사의 용어
03④

다음 거푸집 공사의 용어에서 잘못 기술된 것은?

① 파이프 서포트(pipe support) : 높이 조절이 간단하다.
② 슬라이딩 폼(sliding form) : silo, 굴뚝 등의 콘크리트 공사에 적당하다.
③ 메탈 폼(metal form) : 콘크리트면이 정확하고 평활하다.
④ 보우 빔(bow beam) : 서포트가 필요하다.

해설 보우 빔(bow beam)은 철근의 장력을 이용해 만든 조립보로서 버팀 기둥(support)이 **불필요**하므로 무지주 공법이라고도 한다. 특징은 버팀 기둥에 의한 상층 콘크리트의 하중이 작용하지 않으므로 빨리 거푸집을 제거할 수 있다.

39 | 유동화 콘크리트의 기술
20①,②, 12②, 07②

유동화 콘크리트에 대한 설명으로 옳지 않은 것은?

① 높은 유동성을 가지면서도 단위수량은 통상의 콘크리트보다 적다.
② 일반적으로 유동성을 높이기 위하여 화학혼화제를 사용한다.
③ 동일한 단위시멘트량을 갖는 보통 콘크리트에 비하여 압축강도가 매우 높다.
④ 건조수축은 동일한 유동성을 갖는 콘크리트에 비하여 매우 적다.

해설 동일한 단위시멘트량을 갖는 보통 콘크리트에 비하여 **압축강도가 거의 동일**하다.

40 | 철근의 가공 조립의 기술
02①, 97④

철근의 가공 조립에 관한 기술 중 옳지 않은 것은?

① 철근은 반드시 방청도료를 칠한다.
② 직경 25mm 이하의 철근은 상온에서 가공한다.
③ 기둥 철근의 hoop에는 스페이서를 끼운다.
④ 철근의 조립은 녹, 기름 등을 제거한 후 행한다.

해설 철근은 반드시 방청도료를 **칠하지 않는다.**

---

41 | 무지주 공법의 특징
99①

NS(Non Support) slab 구법의 특징이 아닌 것은?

① 바닥의 장기 균열의 원인으로 되는 상부의 동바리 하중이 감소된다.
② 후속작업이 적어져 공기가 단축된다.
③ 운반이나 이동 시 균열이 적어진다.
④ 종래의 프리스트레스와 같은 특수한 설비를 필요로 한다.

해설 운반이나 이동 시 **균열 발생이 많아지므로** 운반 시 주의해야 한다.

42 | 무지주 공법의 특징
19①

무지보공 거푸집에 관한 설명으로 옳지 않은 것은?

① 하부공간을 넓게 하여 작업공간으로 활용할 수 있다.
② 슬래브(slab) 동바리의 감소 또는 생략이 가능하다.
③ 트러스형태의 빔(beam)을 보 거푸집 또는 벽체 거푸집에 걸쳐놓고 바닥판 거푸집을 시공한다.
④ 층고가 높을 경우 적용이 불리하다.

해설 **무지보공(무동바리) 거푸집**은 보우빔(Bow beam)과 페코빔(Pecco beam) 등이 있고, 각각의 정의와 특성은 다음과 같다.
⑦ 보우빔(Bow beam) : 하층의 작업공간을 확보하기 위하여 철골트러스와 유사한 경량가설보를 설치하여 바닥콘크리트를 타설하는 공법으로 **층고가 높고 큰 스팬에 유리**하며, 하층의 작업공간 확보가 유리하다. 구조적으로 안전성을 확보하고 스팬이 일정한 경우에만 적용한다.
⑭ 페코빔(Pecco beam) : 무지주 공법이나 안에 보가 있어 스팬의 조절이 가능한 공법이다.

43 | 경량기포콘크리트의 기술
19④, 14①

경량기포콘크리트(ALC)에 관한 설명으로 옳지 않은 것은?

① 기건비중은 보통 콘크리트의 약 1/4 정도로 경량이다.
② 열전도율은 보통 콘크리트의 약 1/10 정도로서 단열성이 우수하다.
③ 유기질 소재를 주원료로 사용하여 내화성능이 매우 낮다.
④ 흡음성과 차음성이 우수하다.

해설 **경량기포콘크리트**(Autoclaved Lightweight Concrete)의 특성은 ①, ②, ④항 이외에 건조수축률이 매우 작으므로 균열발생이 적고 기공구조이기 때문에 흡수율이 높은 편이며 방수 및 방습처리가 필요하다. 또한 경량으로 인력에 의한 취급이 가능하고 현장에서 절단과 가공이 가능하며 **불연재인 동시에 내화재료**이다.

44 | 콘크리트의 공기량 변화
18②, 14④

콘크리트 중 공기량의 변화에 관한 설명으로 옳은 것은?

① AE제의 혼입량이 증가하면 공기량도 증가한다.
② 시멘트 분말도 및 단위 시멘트량이 증가하면 공기량은 증가한다.
③ 잔골재 중의 0.15~0.3mm의 골재가 많으면 공기량은 감소한다.
④ 콘크리트의 온도가 낮으면 공기량은 증가한다.

해설 시멘트 분말도 및 단위 시멘트량이 증가하면 **공기량은 감소**하고, 잔골재 중의 0.15~0.3mm의 골재가 많으면 **공기량은 증가**하며, 콘크리트의 온도가 낮으면 공기량은 **감소**한다.

45 | 적층 공법의 정의
18①, 04④

다음은 공법에 관한 내용이다. 맞는 내용은?

> 미리 공장생산한 기둥이나 보, 바닥판, 외벽, 내벽 등을 한 층씩 쌓아 올라가는 조립식으로 구체를 구축하고 이어서 마감 및 설비공사까지 포함해 차례로 한 층씩 완성해 가는 공법

① 하프 PC 합성 바닥판 공법
② 역타 공법
③ 적층 공법
④ 지하 연속벽 공법

해설 **하프 PC 합성 바닥판 공법**은 하프 PC 합성 바닥판, 하프 PC 판 자체가 거푸집 역할을 담당하는 일반화된 공법이다. **역타 공법**은 지하층 토공사에 앞서 지하층 외부 옹벽공사와 기둥공사를 지상에서 선시공하고, 지상 및 지하 구조물 공사와 터파기를 동시에 시공하는 공법이다. **지하 연속벽 공법**은 현장 주변의 인근 구조물의 안전 유지에 절대적인 효과를 이루기 위한 공법이다.

46 | 레미콘의 사용 이유
17④, 12④

레디믹스트 콘크리트(ready mixed concrete)를 사용하는 이유로서 옳지 않은 것은?

① 시가지에서는 콘크리트를 혼합할 장소가 좁다.
② 현장에서는 균질인 골재를 얻기 힘들다.
③ 콘크리트의 혼합이 충분하여 품질이 고르다.
④ 콘크리트의 운반거리 및 운반시간에 제한을 받지 않는다.

해설 콘크리트의 운반거리 및 운반시간에 **제한을 받는다.**

47 | 매스콘크리트의 타설
17④, 10④

매스콘크리트의 타설 및 양생에 대한 설명으로 옳지 않은 것은?

① 내부 온도가 최고 온도에 달한 후에는 보온하여 중심부와 표면부의 온도 차 및 중심부의 온도 강하 속도가 크지 않도록 양생한다.

② 부어넣기 중의 이어붓기 시간간격은 외기온도가 25℃ 미만일 때는 150분으로 한다.

③ 부어넣는 콘크리트의 온도는 온도 균열을 제어하기 위해 가능한 한 저온(일반적으로 35℃ 이하)으로 해야 한다.

④ 거푸집널 및 보온을 위해 사용한 재료는 콘크리트 표면부의 온도와 외기온도와의 차이가 작아지면 해체한다.

해설 매스콘크리트는 부어넣기 중의 이어붓기 시간간격은 균열 제어 관점에서 **구조물의 형상과 구속조건에 따라 적절히 정한다.** 온도 변화에 의한 응력은 신구 콘크리트의 유효 탄성계수 및 온도 차이가 클수록 커지므로 이어붓기 시간간격을 지나치게 길게 하는 일을 피해야 하고, 너무 짧게 하면 콘크리트 전체의 온도가 높아져서 균열 발생 가능성이 커질 우려가 있다.

48 | 클라이밍 폼의 특징
17①, 11②

클라이밍 폼의 특징에 대한 설명으로 옳지 않은 것은?

① 고소 작업 시 안전성이 높다.
② 거푸집 해체 시 콘크리트에 미치는 충격이 적다.
③ 초기 투자비가 적은 편이다.
④ 기계설치가 불필요하다.

해설 초기 투자비가 **많은 편**이다.

49 | 갱폼의 특징
21④, 14④

철큰콘크리트공사에 사용되는 거푸집 중 갱폼(gang form)의 특징으로 옳지 않은 것은?

① 기능공의 기능도에 따라 시공 정밀도가 크게 좌우된다.
② 대형장비가 필요하다.
③ 초기 투자비가 높은 편이다.
④ 거푸집의 대형화로 이음 부위가 감소한다.

해설 거푸집 중 **갱폼**은 기능공의 기능도에 따라 시공 정밀도가 크게 **좌우되지** 않는다.

50 | 진동다짐에 관한 기술
16①, 13①

콘크리트 시공 시 진동다짐에 관한 설명으로 옳지 않은 것은?

① 진동의 효과는 봉의 직경, 진동수 등에 따라 다르다.

② 안정되어 엉기거나 굳기 시작한 콘크리트라도 콘크리트의 표면에 페이스트가 엷게 떠오를 때까지 진동기를 사용해야 한다.

③ 진동기를 인발할 때에는 진동을 주면서 천천히 뽑아 콘크리트에 구멍을 남기지 말아야 한다.

④ 고강도 콘크리트에서는 고주파 내부 진동기가 효과적이다.

해설 안정되어 엉기거나 굳기 시작한 콘크리트라도 콘크리트의 표면에 페이스트가 엷게 떠오를 때까지 **진동기를 사용해서는 안 된다.**

51 | 거푸집의 긴장재
19①, 02④

철근콘크리트공사 중 거푸집이 벌어지지 않게 하는 긴장재는?

① 세퍼레이터(separator)   ② 스페이서(spacer)
③ 폼 타이(form tie)   ④ 인서트(insert)

해설 철근콘크리트공사 중 거푸집이 벌어지지 않게 하는 긴장재는 **폼 타이(form tie)**이다.

52 | 콘크리트 이어붓기의 기술
18④, 05④

콘크리트 이어붓기에 관한 기술 중 틀린 것은?

① 슬래브(slab)의 이어붓기는 가장자리에서 한다.
② 보의 이어붓기는 전단력이 가장 작은 스팬의 중앙부에서 수직으로 한다.
③ 아치의 이어붓기는 아치축에 직각으로 한다.
④ 기둥의 이어붓기는 바닥판 윗면에서 수평으로 한다.

해설 슬래브(slab)의 이어붓기는 스팬의 1/2(중앙부) 부근에서 한다.

53 | 거푸집의 하중 종류
18①, 01④

바닥판과 보 밑 거푸집 설계 시 고려해야 하는 하중은?

① 생콘크리트 중량, 충격하중
② 생콘크리트 중량, 측압
③ 작업하중, 측압
④ 충격하중, 거푸집 자중

해설 바닥판, 보의 거푸집 하중 계산에는 **생콘크리트 중량**(2,300kgf/m³), **작업하중** 및 **충격하중** 등을 고려해야 한다.

54 | 4변 고정 슬래브의 철근 배근
16②, 00①

슬래브에서 4변 고정인 경우 철근 배근을 가장 많이 해야 하는 부분은?

① 짧은 방향의 주간대
② 짧은 방향의 주열대
③ 긴 방향의 주간대
④ 긴 방향의 주열대

해설 주변 고정 바닥판의 철근 배근을 많이 해야 하는 부분부터 나열하면, **단변 방향의 단부 – 단변 방향의 중앙부 – 장변 방향의 단부 – 장변 방향의 중앙부** 순이다.

55 | 콘크리트 이어붓기의 기술
15④, 11④

콘크리트 이어붓기에 대한 설명으로 옳지 않은 것은?

① 보 및 슬래브의 이어붓기 위치는 전단력이 작은 스팬의 중앙부에 수직으로 한다.
② 아치이음은 아치축에 직각으로 설치한다.
③ 부득이 전단력이 큰 위치에 이음을 설치할 경우에는 시공이음에 축 또는 홈을 두거나 적절한 철근을 내어 둔다.
④ 염분 피해의 우려가 있는 해양 및 항만 콘크리트구조물에서는 시공 이음부를 설치하는 것이 좋다.

해설 염분 피해의 우려가 있는 해양 및 항만 콘크리트구조물에서는 시공 이음부를 **설치하지 않는 것이 좋다.**

56 | 콘크리트 이어치기의 기술
15②, 10①

철근콘크리트공사에서 콘크리트 이어치기에 대한 설명으로 옳지 않은 것은?

① 콘크리트의 이어치기는 원칙적으로 응력이 집중되는 곳에서 한다.
② 보는 스팬의 중앙 또는 단부의 1/4 부분에서 이어친다.
③ 기둥·기초는 슬래브의 상단에서 이어친다.
④ 캔틸레버보는 이어치기를 하지 않고 한번에 타설한다.

해설 콘크리트의 이어치기는 원칙적으로 **응력이 집중되는 곳을 피한다.**

57 | 고강도 콘크리트의 설계기준강도
15①, 08①

다음 중 건축공사 표준시방서에 규정된 고강도 콘크리트의 설계기준강도로 맞는 것은?

① 보통 콘크리트–40MPa 이상,
경량골재 콘크리트–24MPa 이상
② 보통 콘크리트–40MPa 이상,
경량골재 콘크리트–27MPa 이상
③ 보통 콘크리트–33MPa 이상,
경량골재 콘크리트–21MPa 이상
④ 보통 콘크리트–33MPa 이상,
경량골재 콘크리트–24MPa 이상

해설 고강도 콘크리트는 콘크리트의 설계기준강도가 **보통 콘크리트**인 경우에는 **40MPa**($40N/mm^2$) 이상이고, **경량 콘크리트**인 경우에는 **27MPa**($27N/mm^2$) 이상이다.

58 | 제치장 콘크리트의 시공
13④, 11②

제치장 콘크리트의 시공에 관한 설명으로 옳지 않은 것은?

① 배합수로 사용하는 지하수질도 착색을 일으키는 원인이 될 수 있으므로 주의해야 한다.
② 콘크리트를 한꺼번에 높이 타설하는 경우 기포가 쉽게 발생할 수 있다.
③ 콘크리트는 묽은 비빔으로 사용하므로 진동기를 사용하지 않는다.
④ 창문, 벽체줄눈, 폼 타이 구멍 등의 위치가 맞지 않은 재시공 및 보수가 어려운 편이다.

해설 콘크리트는 **된비빔으로 사용**하므로 진동기를 사용해야 한다.

59 | 콘크리트의 건조수축 영향인자
21④, 12①

콘크리트의 건조수축 영향인자에 관한 설명 중 틀린 것은?

① 시멘트의 화학성분이나 분말도에 따라 건조수축량이 변화한다.
② 골재 중에 포함된 미립분이나 점토, 실트는 일반적으로 건조수축을 증대시킨다.
③ 바다모래에 포함된 염분은 그 양이 많으면 건조수축을 증대시킨다.
④ 단위수량이 증가할수록 건조수축량은 작아진다.

해설 콘크리트의 건조수축에 있어서 단위수량이 증가할수록 **건조수축량은 많아진다.**

60 | 철근의 정착 위치
21②, 12①

철근의 정착 위치에 관한 설명으로 옳지 않은 것은?

① 지중보의 주근은 기초 또는 기둥에 정착한다.
② 기둥철근은 큰 보 혹은 작은 보에 정착한다.
③ 큰 보의 주근은 기둥에 정착한다.
④ 작은 보의 주근은 큰 보에 정착한다.

해설 철근의 정착 위치는 기둥의 주근은 기초에, 바닥판의 철근은 보 또는 벽체에, 벽철근은 기둥, 보, 기초 또는 바닥판에, 보의 주근은 기둥에, 작은 보의 주근은 큰 보에, 또 직교하는 끝부분의 보 밑에 기둥이 없는 경우에는 보 상호 간에, 지중보의 주근은 기초 또는 기둥에 정착한다.

61 | 쇄석 콘크리트에 관한 기술
21④, 11①

쇄석 콘크리트에 관한 설명으로 옳지 않은 것은?

① 모래의 사용량은 보통 콘크리트에 비해서 많아진다.
② 쇄석은 각이 둔각인 것을 사용한다.
③ 보통 콘크리트에 비해 시멘트 페이스트의 부착력이 떨어진다.
④ 깬자갈 콘크리트라고도 한다.

해설 쇄석 콘크리트는 보통 콘크리트에 비해 시멘트풀의 부착력이 증대(자갈의 표면이 거칠어 시멘트풀의 부착력이 증대)한다.

62 | 프리스트레스트 콘크리트
22②, 07②

프리스트레스트 콘크리트에 관한 설명으로 옳은 것은?

① 진공매트 또는 진공펌프 등을 이용하여 콘크리트로부터 수화에 필요한 수분과 공기를 제거한 것이다.
② 고정시설을 갖춘 공장에서 부재를 철재 거푸집에 의하여 제작한 기성제품 콘크리트(PC)이다.
③ 포스트텐션 공법은 미리 강선을 압축하여 콘크리트에 인장력으로 작용시키는 방법이다.
④ 장스팬구조물에 적용할 수 있으며 단위부재를 작게 할 수 있어 자중이 경감되는 특징이 있다.

해설 ① 진공(버큠)콘크리트는 진공매트 또는 진공펌프 등을 이용해 콘크리트 속에 잔류해 있는 잉여수를 제거함으로써 콘크리트의 강도를 증대시킨다.
② 고정시설을 갖춘 공장에서 부재를 철재 거푸집에 의하여 제작한 프리캐스트 콘크리트이다.
③ 프리텐션 공법은 미리 강선을 인장하여 콘크리트에 압축력을 작용시키는 방법으로 대규모의 건축부품 등을 만든다.

63 | 동해에 의한 피해현상
13①, 09④

다음 보기는 콘크리트구조물의 동해에 의한 피해현상을 나타낸 것이다. 어느 현상을 설명한 것인가?

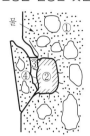

① 콘크리트가 흡수
② 흡수율이 큰 쇄석이 흡수, 포화상태가 됨
③ 빙결하여 체적 팽창 압력
④ 표면 부분 박리

① 레이턴스
② pop out
③ 폭열현상
④ 알칼리 골재반응

해설 폭열현상은 화재 시 급격한 고온에 의해 내부 수증기압이 발생하고, 이 수증기압이 콘크리트의 인장강도보다 크게 되면 콘크리트 부재 표면이 심한 폭음과 함께 박리 및 탈락하는 현상이고, 알칼리 골재반응은 콘크리트 중의 수산화알칼리와 골재 중의 알칼리 반응성 물질(실리카, 황산염 등) 사이에서 일어나는 화학반응이다.

64 | 철근공사에 관한 기술
13①, 09①

다음 중 철근콘크리트구조의 철근공사와 관련된 내용으로 옳지 않은 것은?

① 기둥의 주근은 기초에, 바닥 철근은 보 또는 벽체에 정착시킨다.
② 기둥의 철근 피복두께는 콘크리트 표면에서 기둥 주근 표면까지의 길이이다.
③ 철근의 이음에서 겹침이음은 용접이음에 비해 응력 전달의 효과가 낮다.
④ 나선철근이란 기둥의 주철근을 연속으로 감싸는 철근으로서 주로 원형 단면에 사용한다.

해설 기둥의 철근 피복두께는 콘크리트 표면에서 기둥의 대근(띠철근) 표면까지의 길이이다.

65 | 프리캐스트 콘크리트의 내구성
12②, 05②

프리캐스트 철근콘크리트공사의 내구성 확보를 위한 기준으로 옳지 않은 것은?

① 단위시멘트량의 최소값은 $300kg/m^3$로 한다.
② 물·시멘트비는 55% 이하로 한다.
③ 콘크리트에 함유된 염화물은 염화물 이온량으로서 $0.5kg/m^3$ 이하로 한다.
④ 동결 융해 작용을 받는 콘크리트는 AE 콘크리트로 한다.

해설 콘크리트에 함유된 염화물은 염화물 이온량으로서 $0.3kg/m^3$ 이하로 한다.

66 | 굳지 않은 콘크리트의 성질
11①, 09①

다음 중 굳지 않은 콘크리트의 성질에 관한 내용으로 옳지 않은 것은?

① 시멘트는 분말도가 높아질수록 점성이 높아지므로 컨시스턴시도 커진다.
② 사용되는 단위수량이 많을수록 콘크리트의 컨시스턴시는 커진다.
③ 입형이 둥글둥글한 강모래를 사용하는 것이 모가 진 부순 모래의 경우보다 워커빌리티가 좋다.
④ 비빔시간이 너무 길면 수화작용을 촉진시켜 워커빌리티가 나빠진다.

해설 시멘트는 분말도가 높아질수록 점성이 높아지므로 **컨시스턴시는 작아진다.**

67 | 콘크리트 펌프 압송관의 호칭
10④, 09①

굵은 골재의 최대 치수가 40mm일 경우, 콘크리트 펌프 압송관의 최소 호칭치수로 가장 적당한 것은?

① 50mm
② 75mm
③ 100mm
④ 125mm

해설 굵은 골재의 최대 치수에 대한 압송관의 호칭치수

굵은 골재의 최대 치수(mm)	20	25	40
압송관의 호칭치수(mm)	100 이상		125 이상

68 | 콘크리트 강도의 영향 요소
08④, 00①

다음 중 콘크리트 강도에 있어 가장 큰 영향을 주는 요소는?

① 시멘트의 품질
② 물·시멘트비
③ 골재의 품질
④ 슬럼프값

해설 콘크리트 강도에 영향을 주는 요인에는 **물·시멘트비**, 재료의 품질, 시공방법, 보양, 재령 및 시험방법 등으로 가장 중요한 영향은 물·시멘트비이다.

69 | 골재 분리의 감소 대책
07④, 01④

골재 분리를 줄이기 위한 방법으로 옳지 않은 것은?

① 중량골재와 경량골재 등 비중 차가 큰 골재를 사용한다.
② 플라이애시 등의 포졸란을 적당량 혼합한다.
③ 세장한 골재보다는 둥근 골재를 사용한다.
④ AE제나 AE감수제 등을 사용하여 사용 수량을 감소시킨다.

해설 중량골재와 경량골재 등 비중 차가 **작은 골재를 사용**한다.

70 | 숏크리트의 요소
07④, 96①

다음 중 숏크리트(shotcrete)와 가장 관계가 없는 것은?

① 건나이트
② 본닥터
③ 제트크리트
④ 그라우팅 공법

해설 그라우팅은 압력을 가하여 그라우트(시멘트, 다량의 물, 때로는 혼화제, 모래 등을 섞어서 만든 것)를 **주입하는 일**로서 바위의 쪼개진 틈이나 쌓아 올린 돌과 돌 사이 또는 벽돌을 쌓아 올린 틈, 지반의 빈틈 사이 그리고 콘크리트 속의 빈틈, 타일의 뒷면 등에서 실시한다.

71 | 염소이온량의 기준
07①, 05①

보통 콘크리트공사에서 콘크리트에 포함된 염화물량은 염소 이온량으로서 얼마 이하가 되어야 하는가?

① $0.10kg/m^3$
② $0.20kg/m^3$
③ $0.30kg/m^3$
④ $0.40kg/m^3$

해설 건축공사 표준시방서에는 염화물 이온 총량으로 콘크리트 $1m^3$당 **0.3kg을 넘지 않도록** 하는 총량 규정을 새롭게 도입하고 있다.

72 | 거푸집 측압의 영향 요소
07①, 02①

거푸집 측압에 영향을 주는 요인에 관한 설명 중 틀린 것은?

① 콘크리트 타설속도가 빠를수록 측압이 크다.
② 묽은 콘크리트일수록 측압이 크다.
③ 철근량이 많을수록 측압이 크다.
④ 단면이 클수록 측압이 크다.

해설 철근량이 많을수록 **측압이 작다.**

73 | 슬럼프값의 증대 대책
05④, 97②

콘크리트 배합에 있어서 슬럼프값을 증대시키는 방법으로 틀린 것은 어느 것인가?

① 사율(砂率)을 크게 한다.
② 모래를 굵은 것을 쓴다.
③ 자갈을 굵은 것을 쓰도록 한다.
④ 표면 활성제를 첨가한다.

해설 콘크리트 배합 시 **잔골재율**(사율)을 **증가시키면** 콘크리트의 유동성이 작아지고 점성이 커져서 **슬럼프가 작게(감소)** 된다.

74 | 프리팩트 콘크리트 공법
05②, 99①

다음 중 거푸집 내에 자갈을 먼저 채우고, 공극부에 유동성이 좋은 모르타르를 주입해서 일체의 콘크리트가 되도록 한 공법으로 주로 탱크(tank)의 기초, 지수벽 등의 콘크리트, 차폐 콘크리트, 수중 콘크리트, 콘크리트구조물의 보수 등에 사용하는 공법은?

① 압입 공법
② 진공 콘크리트 공법
③ 뿜칠 콘크리트 공법
④ 프리팩트 콘크리트 공법

해설 문제의 설명은 **프리팩트 콘크리트에 대한 설명**이고, 특성은 재료의 분리와 수축이 보통 콘크리트의 1/2 정도로 작고, 철근과의 부착이 잘 되어 구조물의 수리와 개조 시에 유리하며, 주입 모르타르가 고압으로 수송되므로 수밀성도 높고 내구성도 크다. 또한, 시공이 비교적 용이하며, 그라우트(grout)는 유동성이 크고, 물과 잘 섞이지 않으므로 수중 시공에 우수하다.

75 | ALC의 시공전 확인 및 준비
05①, 00③

ALC(Autoclaved Lightweight Concrete)의 시공 전에 확인 및 준비사항으로 옳지 않은 것은?

① 화학적으로 유해한 영향을 받을 수 있는 장소에 사용할 경우에는 필요한 방호 처리를 한다.
② 쌓기 직전의 블록이나 설치 직전의 패널은 습윤상태를 유지해야 한다.
③ 블록 및 패널 나누기를 하여 먹매김하고 개구부 및 설비용 배관 등이 위치한 곳에는 작업 전에 필요한 준비를 한다.
④ 작업 부위는 작업 전에 청소를 하고 바닥이 균일하지 않은 곳은 시멘트 모르타르로 수평을 맞춘다.

해설 쌓기 직전의 블록이나 설치 직전의 패널은 **기건상태를 유지해**야 한다.

76 | 철근의 정착 위치
07②, 99①

철근의 정착 위치에 관한 설명 중 옳지 않은 것은?

① 지중보의 철근은 기초 또는 기둥에 정착한다.
② 기둥철근은 큰 보 또는 작은 보에 정착한다.
③ 벽철근은 기둥, 보 또는 바닥판에 정착한다.
④ 바닥철근은 보 또는 벽체에 정착한다.

해설 기둥철근은 기초에 정착한다.

77 | 콘크리트 측압의 영향 요소
06①, 99①

콘크리트의 측압에 영향을 주는 요소들을 열거한 내용 중 옳지 않은 것은?

① 거푸집의 강성이 작을수록 측압이 크다.
② 콘크리트의 타설 속도가 빠를수록 측압이 크다.
③ 콘크리트 비중이 클수록 측압이 크다.
④ 부재 단면이 클수록 측압이 크다.

해설 거푸집의 강성이 **클수록** 측압이 커진다.

78 | 생콘크리트의 측압의 기술
04①, 01①

생콘크리트 측압에 대한 기술로 옳은 것은?

① 슬럼프값이 크고, 빈배합일수록 크다.
② 벽두께가 두껍고, 부어넣는 속도가 느릴수록 크다.
③ 시공연도가 좋고, 진동기를 사용하면 측압이 증가된다.
④ 부어넣기 높이가 기둥에서 1.5m, 벽에서 1m의 경우 측압의 증가는 없다.

해설 슬럼프값이 크면 크고, 빈배합일수록 작으며, 벽두께가 두껍고 부어넣는 속도가 빠를수록 크고, 부어넣기 높이가 기둥에서 1.0m, 벽에서 0.5m의 경우 측압은 최대이다.

79 | 슬라이딩 폼(미끄럼) 정의
05④, 03②

높이 약 1.0~1.2m 정도로 콘크리트가 완료될 때까지 폼을 해체하지 않고 콘크리트를 부어가면서 콘크리트의 경화 상태에 따라 거푸집을 요크(yoke)나 기타 장비로 끌어올리면서 콘크리트 치기를 중단 없이 연속적으로 시공하는 거푸집 시스템은?

① euro form
② tunnel form
③ sliding form
④ table form

해설 euro form은 대형 벽판이나 바닥판(경량 형강이나 합판을 사용)을 짜서 간단히 조립할 수 있게 만든 거푸집이다. tunnel form은 한 구획 전체의 벽판과 바닥판을 ㄱ자형 또는 ㄷ자형으로 짜서 이동하며 사용하는 이동식 거푸집이다. table form(플라잉 폼)은 바닥 전용 거푸집으로서 거푸집판, 장선, 멍에, 서포트 등을 일체로 제작하여 수평·수직 방향으로 이동하는 거푸집이다.

80 | 콘크리트의 시멘트량
04②, 00③

콘크리트공사에서 시멘트량에 관한 기술 중 옳지 않은 것은?

① 모래의 최대 크기가 작을수록 시멘트 사용량이 적다.
② 자갈이 클수록 시멘트 사용량이 적다.
③ 기온이 높을수록 시멘트 사용량이 적다.
④ 동일 슬럼프이면 물·시멘트비가 클수록 시멘트 사용량이 적다.

해설 모래의 최대 크기가 작을수록(공간이 증대) 시멘트 사용량이 많다.

81 | 콘크리트 조인트의 종류
03①, 00①

콘크리트 joint의 종류에 대해 나열한 것 중 계획된 joint가 아닌 것은?

① control joint
② construction joint
③ cold joint
④ expansion joint

해설 control joint(조절줄눈), construction joint(시공줄눈) 및 expansion joint(신축줄눈)는 미리 계획된 줄눈이고, cold joint(콜드 조인트)는 계획되지 않은 줄눈이다.

82 | 콘크리트용 골재의 품질
20①,②

콘크리트용 골재의 품질에 관한 설명으로 옳지 않은 것은?

① 골재는 청정, 견경하고 유해량의 먼지, 유기불순물이 포함되지 않아야 한다.
② 골재의 입형은 콘크리트의 유동성을 갖도록 한다.
③ 골재는 예각으로 된 것을 사용하도록 한다.
④ 골재의 강도는 콘크리트 내 경화한 시멘트페이스트의 강도보다 커야 한다.

해설 콘크리트용 골재의 구비조건에 있어서 골재는 둥글고(예각이 아닐 것) 표면이 거칠어야 한다.

83 | 콘크리트 배합의 영향 요소
20④, 16②

콘크리트 배합에 직접적인 영향을 주는 요소가 아닌 것은?

① 시멘트 강도
② 물·시멘트비
③ 철근의 품질
④ 골재의 입도

해설 콘크리트 배합 시 품질에 영향을 주는 요인에는 물·시멘트비, 재료의 품질(시멘트, 골재, 물의 품질 등), 시공방법(비비기 방법과 부어넣기 방법), 보양, 재령 및 시험방법 등이 있다. 특히, 철근의 품질은 콘크리트 배합 시 아무런 영향을 주지 않는다.

84 | 수밀콘크리트의 시공의 기술
16②, 10①

수밀콘크리트 시공에 대한 설명 중 옳지 않은 것은?

① 불가피하게 이어치기할 경우 이어치기면의 레이턴스를 제거하고 빈배합 콘크리트를 사용한다.

② 콘크리트의 표면마감은 진공처리방법을 사용하는 것이 좋다.

③ 타설이 완료된 콘크리트면은 충분한 습윤양생을 한다.

④ 연속타설 시간 간격은 외기온도가 25℃를 넘었을 경우는 1.5시간, 25℃ 이하일 경우는 2시간을 넘어서는 안된다.

해설 수밀콘크리트 시공에서 **불가피하게 이어치기할 경우**, 이어치기면의 레이턴스를 제거하고 **부배합 콘크리트**를 사용한다.

85 | 일반콘크리트의 내구성의 기술
20③

일반콘크리트의 내구성에 관한 설명으로 옳지 않은 것은?

① 콘크리트에 사용하는 재료는 콘크리트의 소요내구성을 손상시키지 않는 것이어야 한다.

② 굳지 않은 콘크리트 중의 전 염소이온량은 원칙적으로 $0.3kg/m^3$ 이하로 하여야 한다.

③ 콘크리트는 원칙적으로 공기연행콘크리트로 하여야 한다.

④ 콘크리트의 물 – 결합재비는 원칙적으로 50% 이하이어야 한다.

해설 콘크리트의 물 – 결합재비는 원칙적으로 60% 이하이어야 한다.

86 | 시스템비계의 기준
21④, 19②

표준시방서에 따른 시스템비계에 관한 기준으로 옳지 않은 것은?

① 수직재와 수직재의 연결은 전용의 연결조인트를 사용하여 견고하게 연결하고, 연결 부위가 탈락 또는 꺾어지지 않도록 하여야 한다.

② 수평재는 수직재에 연결핀 등의 결합방법에 의해 견고하게 결합되어 흔들리거나 이탈되지 않도록 하여야 한다.

③ 대각으로 설치하는 가새는 비계의 외면으로 수평면에 대해 40~60° 방향으로 설치하며 수평재 및 수직재에 결속한다.

④ 시스템비계 최하부에 설치하는 수직재는 받침철물의 조절너트와 밀착되도록 설치하여야 하며 수직과 수평으로 유지하여야 한다. 이때 수직재와 받침철물의 겹침길이는 받침철물 전체 길이의 1/5 이상이 되도록 하여야 한다.

해설 시스템비계 최하부에 설치하는 수직재는 받침철물의 조절너트와 밀착되도록 설치하여야 하며 수직과 수평으로 유지하여야 한다. 이때 수직재와 받침철물의 겹침길이는 **받침철물 전체 길이의 1/3 이상**이 되도록 하여야 한다.

87 | 콘크리트의 경화 후 균열
19④

콘크리트의 균열을 발생시기에 따라 구분할 때 경화한 후 균열의 원인에 해당되지 않는 것은?

① 알칼리골재반응　　　② 동결융해

③ 탄산화　　　　　　　④ 재료분리

해설 굳지 않은 콘크리트의 균열은 콘크리트타설에서 응결이 종료될 때까지 발생하는 초기균열(**침하, 수축균열, 플라스틱(소성) 수축균열, 거푸집변형**에 따른 균열 및 **진동, 충격·가벼운 재하**에 따른 균열 등)이고, **건조수축 및 수화열**은 **경화 후의 균열**이다.

88 | 수밀콘크리트의 시공의 기술
20④

수밀콘크리트의 시공에 관한 설명으로 옳지 않은 것은?

① 수밀콘크리트는 누수원인이 되는 건조수축균열의 발생이 없도록 시공하여야 하며 0.1mm 이상의 균열 발생이 예상되는 경우 누수를 방지하기 위한 방수를 검토하여야 한다.

② 거푸집의 긴결재로 사용한 볼트, 강봉, 세퍼레이터 등의 아래쪽에는 블리딩수가 고여서 콘크리트가 경화한 후 물의 통로를 만들어 누수를 일으킬 수 있으므로 누수에 대하여 나쁜 영향이 없는 재질의 것을 사용하여야 한다.

③ 소요품질을 갖는 수밀콘크리트를 얻기 위해서는 전체 구조부가 시공이음 없이 설계되어야 한다.

④ 수밀성의 향상을 위한 방수제를 사용하고자 할 때에는 방수제의 사용방법에 따라 배처플랜트에서 충분히 혼합하여 현장으로 반입시키는 것을 원칙으로 한다.

해설 수밀콘크리트의 시공에 있어서 **소요품질을 갖는 수밀콘크리트**를 얻을 수 있도록 **적당한 간격으로 시공이음을 두어야** 한다.

89 | 콘크리트 펌프의 사용 기술
18④

콘크리트 펌프 사용에 관한 설명으로 옳지 않은 것은?

① 콘크리트 펌프를 사용하여 시공하는 콘크리트는 소요의 워커빌리티를 가지며 시공 시 및 경화 후에 소정의 품질을 갖는 것이어야 한다.
② 압송관의 지름 및 배관의 경로는 콘크리트의 종류 및 품질, 굵은 골재의 최대 치수, 콘크리트 펌프의 기종, 압송조건, 압송작업의 용이성, 안전성 등을 고려하여 정하여야 한다.
③ 콘크리트 펌프의 형식은 피스톤식이 적당하고 스퀴즈식은 적용이 불가하다.
④ 압송은 계획에 따라 연속적으로 실시하며 되도록 중단되지 않도록 하여야 한다.

해설 콘크리트를 **압송하는 방식**에는 **압축공기**의 압력에 의한 것, 피스톤으로 압송하는 것, 튜브 속의 **콘크리트를 짜내는 식의 것** 등이 사용된다.

90 | 한중 콘크리트에 관한 기술
20③

한중 콘크리트에 관한 설명으로 옳은 것은?

① 한중 콘크리트는 공기연행콘크리트를 사용하는 것을 원칙으로 한다.
② 타설할 때의 콘크리트온도는 구조물의 단면치수, 기상조건 등을 고려하여 최소 25℃ 이상으로 한다.
③ 물−결합재비는 50% 이하로 하고, 단위수량은 소요의 워커빌리티를 유지할 수 있는 범위 내에서 되도록 크게 정하여야 한다.
④ 콘크리트를 타설한 직후에 찬바람이 콘크리트표면에 닿도록 하여 초기 양생을 실시한다.

해설 ② 타설할 때의 콘크리트온도는 구조물의 단면치수, 기상조건 등을 고려하여 **5~20℃ 정도**로 한다.
③ 물−결합재비는 **60% 이하**로 하고, 단위수량은 소요의 워커빌리티를 유지할 수 있는 범위 내에서 되도록 **작게 정하여야** 한다.
④ 콘크리트를 타설한 직후에 찬바람이 **콘크리트표면에 닿지 않도록 하여 초기 양생**을 실시한다.

91 | 철근의 가공 · 조립의 기술
17③

철근의 가공 · 조립에 관한 설명으로 옳지 않은 것은?

① 철근배근도에 철근의 구부리는 내면 반지름이 표시되어 있지 않은 때에는 건축구조기준에 규정된 구부림의 최소 내면 반지름 이하로 철근을 구부려야 한다.
② 철근은 상온에서 가공하는 것을 원칙으로 한다.
③ 철근 조립이 끝난 후 철근배근도에 맞게 조립되어 있는지 검사하여야 한다.
④ 철근의 조립은 녹, 기름 등을 제거한 후 실시한다.

해설 철근의 가공에 있어서 철근배근도에 **철근의 구부리는 내면 반지름이 표시되어 있지 않은 때**에는 건축구조 설계기준에 규정된 **구부림의 최소 내면 반지름 이상으로** 철근을 구부려야 한다.

92 | 철근조립에 관한 기술
20③

철근콘크리트공사에서 철근조립에 관한 설명으로 옳지 않은 것은?

① 황갈색의 녹이 발생한 철근은 그 상태가 경미하다 하더라도 사용이 불가하다.
② 철근의 피복두께를 정확하게 확보하기 위해 적절한 간격으로 고임재 및 간격재를 배치하여야 한다.
③ 거푸집에 접하는 고임재 및 간격재는 콘크리트제품 또는 모르타르제품을 사용하여야 한다.
④ 철근을 조립한 다음 장기간 경과한 경우에는 콘크리트를 타설 전에 다시 조립검사를 하고 청소하여야 한다.

해설 철근콘크리트공사에서 철근조립에 있어서 **황갈색의 녹이 발생한 철근**은 그 상태가 경미한 경우에도 **사용은 가능**하다.

93 | 플라이애시의 사용 장점
20③, 17②

콘크리트에 사용되는 혼화제 중 플라이애시의 사용에 따른 이점으로 볼 수 없는 것은?

① 유동성의 개선
② 초기 강도의 증진
③ 수화열의 감소
④ 수밀성의 향상

해설 **플라이애시의 특징**은 워커빌리티를 개선하고, 건조수축을 감소시키며, 수화열의 감소로 인하여 **초기 강도는 낮으나**, 장기강도는 증대된다.

94 | 특수콘크리트에 관한 기술
17②

특수콘크리트 공사에 관한 설명으로 옳지 않은 것은?

① 하루의 평균기온이 4℃ 이하가 예상되는 조건일 때 한중 콘크리트로 시공한다.

② 하루의 평균기온이 25℃를 초과하는 것이 예상되는 경우 서중 콘크리트로 시공한다.

③ 매스콘크리트로 다루어야 할 부재치수는 일반적인 표준으로서 하단이 구속된 벽조의 경우 두께 0.8m 이상으로 한다.

④ 섬유보강 콘크리트의 시공은 품질이 얻어지도록 재료, 배합, 비비기 설비 등에 대하여 충분히 고려한다.

해설 매스콘크리트로 다루어야 하는 구조물의 부재 치수는 일반적인 표준으로서 넓이가 넓은 평판구조의 경우 **두께 0.8m 이상**, 하단이 구속된 벽조의 경우 **두께 0.5m 이상**으로 한다.

95 | 수밀콘크리트의 물·결합재
17①

수밀콘크리트의 물·결합재비 기준으로 옳은 것은? (단, 건축공사표준시방서 기준)

① 40% 이하

② 45% 이하

③ 50% 이하

④ 55% 이하

해설 수밀콘크리트의 **물결합재의 비는 50% 이하**를 표준으로 하고, 매스콘크리트에서는 이보다 5% 크게 할 수 있으나, 재료분리가 일어나지 않도록 하고, 공사시방서에 따른다(건축공사표준시방서 기준).

96 | 고강도 콘크리트 굵은 골재
17①

고강도 콘크리트공사에 사용되는 굵은 골재에 대한 품질기준으로 옳지 않은 것은? (단, 건축공사표준시방서 기준)

① 절대건조밀도 : $2.5g/cm^3$ 이상

② 흡수율 : 3.0% 이하

③ 점토량 : 0.25% 이하

④ 씻기시험에 의한 손실량 : 1.0% 이하

해설 강도 콘크리트의 골재의 품질

구분	절대건조밀도 (g/cm³)	흡수율 (%)	실적률 (%)	점토량 (%)	씻기시험의 손실량 (%)	유기불순물 (%)	염분 (%)	안정성 (%)
잔골재	2.5 이상	3.0 이하	–	1.0 이하	2.0 이하	표준색 이하	0.04 이하	10 이하
굵은골재		2.0 이하	59 이상	0.25 이하	1.0 이하	–	–	12 이하

97 | 콘크리트의 보수·보강
16④

콘크리트 보수 및 보강에 관한 설명으로 옳지 않은 것은?

① 주입 공법은 작업의 신속성을 위하여 균열 부위에 주입파이프를 설치하여 보수재를 고압·고속으로 주입하는 공법이다.

② 표면처리 공법은 균열 0.2mm 이하 부위에 수지로 충전하고 균열 표면에 보수재료를 씌우는 공법이다.

③ 충전 공법 사용재료는 실링재, 에폭시수지 및 폴리머 시멘트 모르타르 등이 있다.

④ 탄소섬유접착 공법은 탄소섬유판을 에폭시수지 등으로 콘크리트면에 부착시켜 탄소섬유판의 높은 인장저항성으로 콘크리트를 보강하는 공법이다.

해설 **콘크리트 보수 및 보강방법** 중 **주입 공법**은 균열의 표면뿐만 아니라 내부까지 충전하는 공법으로, 두꺼운 콘크리트벽이나 균열폭이 넓은 곳(0.2mm 이상)에 사용하고, 균열선을 따라 주입용 파이프를 100~300mm 정도의 간격으로 설치하여 주입재료(저점성의 에폭시수지, 폴리머 시멘트 슬러리, 팽창 시멘트 등)를 **저압·저속으로 주입하는 공법**이다.

2 철골공사

01 | 공장 가공의 제작 순서
16①, 08②, 04④, 98②, 96③

철골공사에서 공장 가공 제작 순서로서 옳은 것은?

① 원척도-금매김-본뜨기-구멍뚫기-리벳치기-절단-가
조립-녹막이칠
② 원척도-본뜨기-금매김-구멍뚫기-절단-리벳치기-가
조립-녹막이칠
③ 원척도-본뜨기-구멍뚫기-리벳치기-금매김-절단-가
조립-녹막이칠
④ 원척도-본뜨기-금매김-절단-구멍 뚫기-가조립-리
벳 치기-녹막이칠

해설 철골공사의 공장 제작 순서는 **원척도- 본뜨기- 금매김- 절단
및 가공- 구멍뚫기- 가조립- 리벳치기(본조립) - 검사 - 녹막
이칠 - 운반**의 순이다.

02 | 스티프 레그 데릭의 용도
01②, 99③

철골 세우기용 기계설비에서 수평이동이 용이하고 또 건물
의 층수가 적고 긴 평면일 때나 또는 당김줄을 맬 수 없을
때 유리한 것은?

① 스티프 레그 데릭(stiff leg derrick)
② 가이 데릭(guy derrick)
③ 트럭 크레인(truck crane)
④ 진폴(gin pole)

해설 **가이 데릭**은 가장 많이 사용되는 기중기이며, 가이로 마스트
를 지지하는 형식으로 철골 세우기에 사용된다. **트럭 크레인**
은 운반작업에 편리하고 평면적이 넓은 장소에 적합하며, 철
골 세우기 작업 장소에서는 출입이 곤란하다. **진폴(폴데릭)**은
중량 재료를 달아 올리는 데 사용하며, 널말뚝 빼기와 목조건
물 세우기에 사용한다.

03 | 가이 데릭에 관한 기술
16④, 10①, 98③, 96①

가이 데릭(guy derrick)에 대한 설명 중 옳지 않은 것은?

① 기계 대수는 평면높이의 가동 범위 · 조립 능력과 공기
에 따라 결정한다.
② 붐(boom)의 길이는 마스트의 길이보다 길다.
③ 볼휠(ball wheel)은 가이 데릭 하단부에 위치한다.
④ 붐(boom)의 회전각은 360°이다.

해설 붐(boom)의 길이는 마스트의 길이보다 **짧다.**

04 | 고장력볼트에 관한 기술
03②, 98①

고장력볼트 접합에 관한 다음 기술 중 옳은 것은 어느 것인가?

① 일군(一群)의 볼트를 조일 때는 주변부에서 중앙부를
향해서 조인다.
② 볼트 두부를 조이는 경우는 너트를 조이는 경우보다도
토크(torque)를 크게 해야 한다.
③ 마찰접합으로 마찰력이 생기는 접면(接面)은 미리 기름
등을 발라 녹이 생기지 않도록 한다.
④ 예비 조임은 표준 볼트장력의 50%로 한다.

해설 일군(一群)의 볼트를 조일 때는 **중앙부에서 주변부를 향해서**
조이고, 마찰접합으로 마찰력이 생기는 접면(接面)은 녹슨 상
태 또는 거친 상태로 하며, 예비 조임은 표준 볼트장력의 80%
로 한다.

05 | 시험 기구와 사용 개소
02②, 98②

다음의 각종 시험에 사용하는 기구와 사용 개소의 조합 중
옳지 않은 것은?

① 다이얼 게이지(dial gauge)-지내력시험
② 공기량 측정기(air meter)-콘크리트시험
③ 슈미트 테스트 해머(schmidt test hammer)-철골리벳
시험
④ 페니트로 미터(penetro meter)-토질시험

해설 **슈미트 테스트 해머**(schmidt test hammer)는 **콘크리트 강도**
시험에 사용한다.

06 | 철골공사에 관한 기술
18①, 05②, 03①

철골공사에 관한 사항 중 옳지 않은 것은?

① 볼트접합부는 부식하기 쉬우므로 방청도장을 해야 한다.
② 볼트죄기에는 임팩트 렌치, 토크 렌치 등을 사용한다.
③ 철골은 화재에 의한 강성저하가 심하므로 반드시 내화
피복을 해야 한다.
④ 용접 후 용접부의 안전성을 확인하기 위한 비파괴검사
에는 침투탐상법, 초음파탐상법 등이 있다.

해설 볼트접합부는 **방청도장**을 하지 않아야 한다.

07 | 철골공사에 관한 기술
07④, 06①, 04③

다음 철골공사에 관한 설명 중 틀린 것은 어느 것인가?

① 리벳치기에서 리벳은 900~1,000℃로 가열한 것을 사용하고, 600℃ 이하로 냉각된 것은 사용할 수 없다.
② 녹막이 도장은 작업 장소의 온도가 5℃ 이하, 또는 상대습도가 80% 이상일 때는 작업을 중지한다.
③ 철골이 콘크리트에 묻히는 부분은 특히 녹막이칠을 잘해야 한다.
④ 볼트접합은 일반적으로 처마 높이 9m 이하이고, 스팬이 13m 이하의 건축물에서 사용한다.

해설 철골이 콘크리트에 묻히는 부분은 **녹막이칠을 하지 않아야 한다.**

08 | 철골용접에 관한 기술
13②

철골의 용접에 관한 설명 중 옳지 않은 것은?

① 금속아크용접이란 용접봉과 용접될 모체 금속에 전류를 보내서 전기 아크를 일으켜 이때 생기는 열로 용접봉과 모재를 동시에 녹이는 방식이다.
② 위핑(weeping)이란 용착금속과 모재가 융합되지 않고 겹쳐져 있는 상태를 말한다.
③ 루트(root)란 맞댄용접에 있어 트임새 끝의 최소 간격을 말한다.
④ 그루브(groove) 용접이란 두 부재 간의 사이를 트이게 한 홈에 용착금속을 채워 용접하는 것이다.

해설 **위핑**(weeping)이란 운봉을 용접 방향에 대하여 가로로 왔다 갔다 움직여 용착금속을 녹여 붙이는 것이고, **오버랩**은 용착금속과 모재가 융합되지 않고 겹쳐져 있는 상태를 말한다.

09 | 주각에 관한 기술
04①, 96③

다음 중 주각에 대한 설명이 아닌 것은?

① 주각부의 인장력은 주각의 연결 리벳이 부담한다.
② 주각부에 사용한 앵커볼트는 ϕ19~32mm가 많이 쓰인다.
③ 주각부의 베이스 플레이트의 두께는 휨응력에 저항할 수 있는 두께를 설치한다.
④ 기둥의 직압력을 기초에 전달할 수 있도록 베이스 플레이트를 기둥 하부에 단다.

해설 주각부의 휨모멘트에 의한 **주각부의 인장력**은 **앵커볼트의 인장 내력**과 **콘크리트의 부착력으로 부담**하도록 한다.

10 | 피시 아이의 정의
21①, 18②, 10①

용접작업 시 용착금속 단면에 생기는 작은 은색의 점으로 수소의 영향에 의해서 발생하며 100℃로 가열하여 24시간 방치하면 수소가 방출되어 회복되는 불완전 용접의 종류는?

① 피시 아이(fish eye)
② 블로 홀(blow hall)
③ 슬래그 섞임(slag inclusion)
④ 크레이터(crater)

해설 **공기 구멍**(blow hole)은 용융금속이 응고될 때 방출되어야 할 가스가 남아서 생기는 용접부의 빈 자리로서 공 모양 또는 길쭉한 모양의 구멍이 생기는 것이다. **슬래그 섞임**은 용접봉의 피복재 심선과 모재가 변해 생긴 회분이 용착금속 내에 혼입되는 것이다. **크레이터**는 아크용접에서 용접비드의 끝에 남은 우묵하게 패인 곳이다.

11 | 모살용접의 정의
22①, 17②, 13①

철골공사에서 겹침 이음, T자 이음 등에 사용되는 용접으로 목두께의 방향이 모재의 면과 45° 또는 거의 45°의 각을 이루는 것은?

① 완전용입 맞댐용접
② 부분용입 맞댐용접
③ 모살용접
④ 다층용접

해설 **완전용입 맞댐용접**은 용접하고자 하는 부분의 단면을 전부 용착시키는 방식이다. **부분용입 맞댐용접**은 용접하고자 하는 부분의 단면을 전부 용접하지 않고 일부만 용착시키는 방법이다. **다층용접**은 단면이 큰 용접부를 여러 번 겹쳐서 형성시키는 용접이다.

12 | 용접결함의 종류
19④, 11②

다음과 같은 원인으로 인하여 발생하는 용접결함의 종류는?

원인 : 도료, 녹, 밀 스케일, 모재의 수분

① 피트
② 언더컷
③ 오버랩
④ 슬래그 함입

해설 **언더컷의 원인**은 운봉불량, 전류과대, 용접봉의 선택 부적합 등이고, **오버랩의 원인**은 전류 과소, 슬래그 함입의 원인은 운봉 부적합, 전류과소 등이다.

13 | 밀 스케일의 정의
18④, 11④

압연강재가 냉각될 때 표면에 생기는 산화철 표피를 무엇이라 하는가?

① 스패터
② 밀 스케일
③ 슬래그
④ 비드

해설 **스패터**는 아크용접과 가스용접에서 용접 중에 튀어나오는 슬래그 또는 금속입자이다. **슬래그**는 용접비드의 표면을 덮는 비금속물질로 피복제 중의 가스 발생 물질 이외의 플럭스나 분해 생성 물질이다. **비드**는 아크용접 또는 가스용접에서 용접봉이 1회 통과할 때 용재 표면에 용착된 금속층이다.

14 | 철골의 철근 관통 구멍의 직경
18④, 06②

철골의 구멍뚫기에서 이형철근 D22의 관통 구멍의 지름으로 옳은 것은?

① 24mm   ② 28mm
③ 31mm   ④ 35mm

해설 철골의 철근 관통 구멍의 직경

(단위 : mm)

구분		구멍의 직경							
원형철근		원형철근 직경+10							
이형철근	호칭	D10	D13	D16	D19	D22	D25	D29	D32
	구멍 직경	21	24	28	31	35	38	43	46

15 | 용접자세의 기호
17④, 11④

철골공사 용접작업의 용접자세를 표현하는 기호로 옳은 것은?

① F : 수평자세
② H : 수직자세
③ O : 상향자세
④ V : 하향자세

해설 철골의 용접작업의 용접자세는 **하향자세**는 F(flat position), **수평자세**는 H(horizontal position), **수직자세**는 V(vertical position), **상향자세**는 O(overhead position)이다.

16 | 철골과 철근콘크리트의 합성
19①, 11④

철근콘크리트 슬래브와 철골보가 일체로 되는 합성구조에 관한 설명 중 옳지 않은 것은?

① 시어 커넥터가 필요하다.
② 바닥판의 강성을 증가시키는 효과가 크다.
③ 자재를 절감하므로 경제적이다.
④ 경간이 작은 경우에 주로 적용한다.

해설 **경간이 큰 경우에 주로 적용**한다.

17 | 고장력볼트에 관한 기술
18②, 14②

고력볼트 접합에 관한 설명으로 옳지 않은 것은?

① 현대 건축물의 고층화, 대형화 추세에 따라 소음이 심한 리벳은 현재 거의 사용하지 않고 볼트접합과 용접접합이 대부분을 차지하고 있다.
② 토크 세어형 고력볼트는 조여서 소정의 축력이 얻어지면 자동적으로 핀테일이 파단되는 구조로 되어 있다.
③ 고력볼트의 조임 기구는 토크 렌치와 임팩트 렌치 등이 있다.
④ 고력볼트의 접합형태는 모두 마찰접합이며, 마찰접합은 하중이나 응력을 볼트가 직접 부담하는 방식이다.

해설 고력볼트의 접합형태는 **마찰, 인장 및 전단접합**이며, 마찰접합은 하중이나 응력을 볼트가 직접 부담하는 방식이다.

18 | 자동용접기의 정의
16④, 03④

철골공사에서 용접봉의 내밀기, 이동 등을 기계화한 것이고, 서브머지 아크 용접법에 쓰이며, 용접봉은 코일상으로 돌려 감은 것을 쓰고, 피복재 대신에 분말상의 플럭스를 쓰는 용접기기 명칭으로 가장 적합한 것은?

① 직류 아크 용접기
② 교류 아크 용접기
③ 자동 용접기
④ 반자동 용접기

해설 **직류 아크 용접기**는 직류를 사용하는 용접기로서 아크가 용접되어 있고, 용접 자세가 교류보다 용이한 용접기이다. **교류 아크 용접기**는 값이 싸고, 고장이 적어 많이 쓰이는 용접기이다. **반자동 용접기**는 용접공이 용접봉을 손으로 운봉하는 것은 수동 용접과 같으나, 봉의 내밀기를 자동화한 것으로 코일상의 와이어가 쓰이는 용접기이다.

19 | 철골공사의 공구
16②, 09①

다음 중 철골공사에 사용되는 공구가 아닌 것은?

① 턴 버클(turn buckle)
② 리머(reamer)
③ 임팩트 렌치(impact wrench)
④ 세퍼레이터(separator)

해설 세퍼레이터(separator, 격리재)는 벽 거푸집이 오무라지는 것을 방지하고, **거푸집의 간격을 일정**하게 하는 데 사용하며, 콘크리트공사에 사용된다.

20 | 스캘럽의 정의
21②, 15①

철골부재의 용접 시 이음 및 접합 부위의 용접선의 교차로 재용접된 부위가 열영향을 받아 취약해짐을 방지하기 위하여 모재에 부채꼴 모양으로 모따기를 한 것은?

① Blow Hole
② Scallop
③ End Tap
④ Crater

해설 ① **블로홀(blow hole)** : 용접의 결함 중 공모양 또는 길쭉한 모양의 구멍이 생기는 것이다.
③ **엔드탭(end tap)** : 용접의 시발부와 종단부에 임시로 붙이는 보조판 또는 아크의 시발부에 생기기 쉬운 결함을 없애기 위해서 용접이 끝난 다음 떼어낼 목적으로 붙이는 버팀판이다.
④ **크레이터(crater)** : 용접의 결함 중 아크용접에서 용접비드 끝에 남는 우묵하게 패인 것이다.

21 | 플럭스의 정의
14②, 09②

철골가공 및 용접에 있어 자동 용접의 경우 용접봉의 피복재 역할로 쓰이는 분말상의 재료를 무엇이라 하는가?

① 플럭스(flux)
② 슬래그(slag)
③ 시드(sheathe)
④ 샤모테(chamotte)

해설 **슬래그**는 용접비드의 표면을 덮은 비금속물질로서 피복재 중의 가스 발생 물질 이외의 플럭스나 분해 생성물이 슬래그가 된다. **시드**는 포스트텐션 방식에 있어서 PC 강재의 배치 구멍을 만들기 위해 콘크리트를 부어넣기 전에 미리 배치된 튜브이다. **샤모테**는 소성 점토를 빻아서 만든 것으로 점성 조절용으로 사용한다.

22 | 피트의 형상
12④, 09①

철골공사의 용접 결함의 종류 중 아래의 그림에 해당하는 것은?

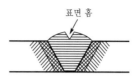
표면 홈

① 언더컷(under cut)
② 피트(pit)
③ 오버랩(over lap)
④ 슬래그 섞임(slag inclusion)

해설 용접의 결함 중 **피트는 공기 구멍이 발생함으로서 용접부의 표면에 생기는 작은 구멍**을 말하고, 대책으로는 사전에 녹을 제거하고, 모재 선택 시 주의한다.

23 | 위핑의 정의
10②, 03①

철골용접작업 중 운봉을 용접 방향에 대해 가로로 왔다 갔다 움직여 용착금속을 녹여 붙이는 용어로 옳은 것은?

① 밀 스케일(mill scale)
② 그루브(groove)
③ 위핑(weeping)
④ 블로 홀(blow hole)

해설 **밀 스케일**은 주로 철강재를 가열, 압연, 가공 등을 할 때 표면에 붙은 산화철로 된 찌꺼기이다. **그루브**는 유리, 금속판으로 만든 반사용 반사갓 또는 아크 용접구의 한 가지이다. **블로 홀**은 용융금속이 응고할 때 방출되어야 할 가스가 남아서 생기는 용접부의 빈 자리 또는 금속이나 유리 등을 주조할 때 그 속에 남은 기포를 말한다.

24 | 철골부재의 각 부 접합방법
09②, 01④

철골부재 각 부에 사용되는 접합방법으로 옳지 않은 것은?

① 기초 콘크리트와 베이스 플레이트-용접
② 기둥과 기둥-고장력볼트
③ 기둥과 보-용접
④ 보와 보-고장력볼트

해설 주각 또는 **기초 콘크리트와 베이스 플레이트의 접합**은 앵커 **볼트를 사용**하고, 이중 너트와 와셔를 사용하며, 볼트의 끝은 나사가 너트 밖으로 3선 이상 나오도록 해야 한다.

25 | 용접 시 주의사항
08①, 00③

철골공사 접합 중 용접에 대한 주의사항으로 틀린 것은?

① 현장용접을 하는 부재는 그 용접부위에 얇은 에나멜 페인트 이외의 칠을 해서는 안 된다.
② 용접봉의 교환 또는 다층용접일 때에는 먼저 슬래그를 제거하고 청소한 후 용접한다.
③ 용접할 소재는 용접에 의한 수축변형이 생기고, 또 마무리 작업도 고려해야 되므로 치수에 여분을 두어야 한다.
④ 용접이 완료되면 슬래그 및 스패터를 제거하고 청소한다.

해설 현장용접을 하는 부재는 그 **용접선에서 50mm 이내의 부분에는 보일드유 이외의 칠을 해서는 안 된다.**

26 | 접합용접의 용어
06①, 03④

철골부재 접합용접의 용어와 그 설명이 틀린 것은?

① 슬래그 감싸돌기 – 용접봉의 피복재 심선과 모재가 변하여 생긴 회분이 용착금속 내에 혼입되는 것
② 오버랩 – 용접금속과 모재가 융합되지 않고 겹쳐지는 것
③ 위핑 – 용접봉의 운봉을 용접 방향에 대하여 가로로 왔다 갔다 움직여 용착금속을 녹여 붙이는 것
④ 공기구멍 및 선상조직 – 용접 상부에 따라 모재가 녹아 용착금속이 채워지지 않고 홈으로 남게 된 부분

해설 **공기구멍 및 선상조직**은 용용금속이 응고할 때, 방출되어야 할 가스가 남아서 생기는 공처럼 길게 된 빈 자리이고, **언더컷**은 용접 상부에 따라 모재가 녹아 용착금속이 채워지지 않고 홈으로 남게 된 부분이다.

27 | 모살용접의 정의
05④, 03①

철판과 철판이 겹치든가 맞닿는 부분이 각을 이루도록 용접하는 것은?

① 맞댐용접   ② 모살용접
③ 용입용접   ④ 다층용접

해설 **맞댐(맞대기)용접**은 용접하고자 하는 두 개의 모재를 맞대고 실시하는 용접이다. **용입용접**은 용접 부위에 용융 금속물을 부어 넣어서 냉각, 접합시키는 용접이다. **다층용접**은 단면이 큰 용접부를 여러 번 겹쳐서 형성시키는 용접 또는 비드를 여러 층으로 겹쳐 쌓은 용접으로, 모재의 두께가 클 때는 용착금속의 층을 겹쳐서 용접하는 것이다.

28 | 철골의 기초 상부 및 고름질
04②, 02①

철골공사의 기초 상부 및 고름질 방법에 해당되지 않는 것은?

① 전면바름 마무리법
② 나중 채워넣기 중심바름법
③ 나중 매입공법
④ 나중 채워넣기법

해설 철골공사의 기초 상부 및 고름질 방법에는 **전면바름 마무리법, 나중 채워넣기 중심바름법, 나중 채워넣기 +자바름법 및 나중 채워넣기법** 등이 있고, **나중(가동) 매입공법**은 지름이 작은 앵커볼트를 사용하는 철골공사에서 사용하는 앵커볼트 묻기 방법이다.

29 | 철골용접에 관한 기술
98③, 97①

철골의 용접에 관한 설명 중 옳지 않은 것은?

① 반자동 용접기란 운봉은 수동용접과 같으나 봉의 내밀기를 자동화한 것이다.
② 위핑(weeping)이란 용착금속과 모재가 융합되지 않고 겹쳐져 있는 상태를 말한다.
③ 루트(root)란 맞댄용접에 있어 트임새 끝의 최소 간격을 말한다.
④ 그루브(groove) 용접이란 부재 간의 사이를 띄운 홈에 용착금속을 채워 용접하는 것이다.

해설 **위핑**(weeping)이란 **용접봉의 운봉 조작방법**이고, **오버랩**은 용착금속과 모재가 융합되지 않고 겹쳐져 있는 상태를 말한다.

30 | 철골접합에 관한 기술
19②

철골공사의 접합에 관한 설명으로 옳지 않은 것은?

① 고력볼트접합의 종류에는 마찰접합, 지압접합이 있다.
② 녹막이도장은 작업장소 주위의 기온이 5℃ 미만이거나 상대습도가 85%를 초과할 때는 작업을 중지한다.
③ 철골이 콘크리트에 묻히는 부분은 특히 녹막이칠을 잘해야 한다.
④ 용접접합에 대한 비파괴시험의 종류에는 자분탐상시험, 초음파탐상시험 등이 있다.

해설 철골이 콘크리트에 묻히는 부분은 특히 녹막이칠을 하지 않아야 한다.

3 조적공사

01 | 결원 아치의 줄눈
99②, 98①

벽돌 결원 아치(segmental arch) 쌓기의 줄눈에 대한 기술 중 옳은 것은?

① 줄눈은 원호(圓弧)의 중심에 모이게 한다.
② 줄눈은 양 지점 간(spring line)의 1/2점에 모이게 한다.
③ 줄눈은 반드시 양 지점 간의 2배 되는 대칭축상에 모이게 한다.
④ 줄눈 방향에 관계없이 호형(弧形)으로 쌓는다.

해설 벽돌 결원 아치(segmental arch) 쌓기에서 **아치의 줄눈 방향**은 원호의 중심에 모이도록 한다.

02 | 영롱쌓기의 정의
17②, 11①, 08①, 02②

벽돌벽에 장식적으로 구멍을 내어 쌓는 벽돌쌓기 방식은?

① 엇모쌓기
② 영롱쌓기
③ 무늬쌓기
④ 층단 떼어쌓기

해설 **영롱쌓기**는 **벽돌벽에 장식적으로 구멍을 내어 쌓는** 벽돌쌓기 방식 또는 벽돌벽에 삼각형, 사각형, 십자형 등의 **구멍을 벽면 중간에 규칙적으로 만들어 쌓는** 방식이다.

03 | 창대벽돌의 경사도
14④, 12①, 05②

벽돌공사 중 창대쌓기에서 창대벽돌은 공사시방에 정한 바가 없을 때에는 그 윗면을 몇 도의 경사로 옆세워 쌓는가?

① 10°
② 15°
③ 20°
④ 25°

해설 창대쌓기에 있어서 **창대벽돌은 윗면을 15°내외로 경사지게 하여 옆세워 쌓고,** 창대벽돌의 앞 끝은 밑의 벽돌 벽면에 일치시키거나, B/8~B/4 정도 내밀어 쌓으며, 위 끝은 창틀 밑에 1.5cm 정도 들어가 끼우게 한다.

04 | 돌다듬기의 순서
07④

돌다듬기 종류를 시공 순서와 같게 나열한 것은?

A. 정다듬   B. 혹두기
C. 도드락다듬   D. 물갈기
E. 잔다듬

① A - B - C - D - E
② B - A - C - E - D
③ B - C - A - E - D
④ C - B - A - E - D

해설 석재의 가공 순서(공구)는 혹두기(쇠메) → 정다듬(정) → 도드락다듬(도드락 망치) → 잔다듬(양날 망치) → 물갈기(숫돌, 기타) 순이다.

05 | 와이어 메시의 역할
17②, 14④, 10②, 05④

블록조 벽체에 와이어 메시를 가로 줄눈에 묻어 쌓기도 하는데 이에 관한 설명 중 틀린 것은?

① 전단작용에 대한 보강이다.
② 수직하중을 분산시키는데 유리하다.
③ 블록과 모르타르의 부착을 좋게 하기 위한 것이다.
④ 교차부의 균열을 방지하는데 유리하다.

해설 **와이어 메시**(wire mesh)는 속 빈 시멘트 블록을 쌓을 때 수평 줄눈에 묻어 쌓아, **전단작용에 대한 보강**이고, **횡력, 편심하중을 분산**시키는 데 유리하며, 벽체, 벽체의 모서리 및 교차부의 **균열을 방지하는 역할**을 한다.

06 | 벽돌벽의 균열 원인
14④, 07①, 96③

다음 중 벽돌벽의 균열 원인이 아닌 것은?

① 기초의 부동침하
② 건물 벽면의 불합리한 배치
③ 벽돌 강도보다 강한 모르타르 사용
④ 이질재와 접합

해설 벽돌벽의 균열에서 **시공상의 결함**에는 벽돌 및 모르타르의 강도 부족(**모르타르의 강도가 벽돌의 강도보다 약한 경우에 균열이 발생**), **재료의 신축성,** 이질재와의 접합부, 통줄눈 시공, 콘크리트 보 밑 모르타르 다져넣기 부족, 세로줄눈의 모르타르 채움 부족 등이 있다.

07 | 백화 방지대책
06④, 03②, 97①

조적벽에 발생하는 백화(efflorescence)를 방지하기 위한 방법으로 효과가 없는 것은?

① 줄눈 모르타르에 방수제를 넣는다.
② 줄눈 모르타르에 석회를 사용한다.
③ 처마를 충분히 내고 벽에 직접 비가 맞지 않도록 한다.
④ 벽면에 실리콘 방수를 한다.

해설 줄눈 모르타르에 석회를 사용하면 백화현상을 촉진시킨다.

08 | 건식공법에 관한 기술
04②, 02④, 01①

돌공사 중 건식공법의 설명으로 옳지 않은 것은?

① 뒤사춤을 하지 않고 긴결철물을 사용하여 고정하는 공법이다.
② 앵커 철물 혹은 합성수지 접착제를 이용하여 정착시킨다.
③ 구조체의 변형, 균열의 영향을 받지 않는 곳에 주로 사용한다.
④ 경화시간과는 관계없으나 시공 정밀도가 요구되므로 작업능률은 저하한다.

해설 돌공사 중 건식공법은 모르타르의 사용량이 적고 급결제를 사용하므로 경화시간과 관계가 적으며 시공의 정밀도가 요구되나 작업능률이 증대된다.

09 | 백화 방지대책
22②, 18①, 12②

벽돌에 생기는 백화를 방지하기 위한 방법으로 옳지 않은 것은?

① 10% 이하의 흡수율을 가진 양질의 벽돌을 사용한다.
② 벽돌면 상부에 빗물막이를 설치한다.
③ 파라핀 도료를 발라 염류가 나오는 것을 방지한다.
④ 줄눈 모르타르에 석회를 넣어 바른다.

해설 줄눈 모르타르에 석회를 사용하면 백화현상을 촉진시킨다.

10 | 백화현상에 관한 기술
21②, 16①, 13④

백화현상에 대한 설명으로 옳지 않은 것은?

① 시멘트는 수산화칼슘의 주성분인 생석회(CaO)의 다량 공급원으로서 백화의 주된 요인이다.
② 백화현상은 사용하는 미장 표면뿐만 아니라 벽돌 벽체, 타일 및 착색 시멘트 제품 등의 표면에도 발생한다.

③ 배합수 중에 용해되는 가용 성분이 시멘트 경화체의 표면건조 후 나타나는 백화를 1차 백화라 한다.
④ 겨울철보다 여름철의 높은 온도에서 백화 발생빈도가 높다.

해설 겨울철보다 여름철의 높은 온도에서 백화 발생빈도가 낮다.

11 | 벽량의 정의
21①, 12②, 09④

벽돌조 건물에서 벽량이란 해당 층의 바닥면적에 대한 무엇의 비를 말하는가?

① 벽면적의 총합계
② 높이
③ 벽두께
④ 내력벽 길이의 총합계

해설 조적조에 있어서 벽량이란 내력벽 길이의 총합계를 그 층의 바닥면적으로 나눈 값으로 단위는 cm/m²이다. 즉, 벽량이란 해당 층의 바닥면적에 대한 내력벽 길이의 총합계를 의미한다.

12 | 물갈기 · 광내기의 재료
19④, 10④

석재의 표면 마무리의 물갈기 및 광내기에 사용하는 재료가 아닌 것은?

① 금강사　　　　　② 숫돌
③ 황산　　　　　　④ 산화주석

해설 물갈기와 광내기에 사용되는 재료에는 초벌에는 철사, 금강사 등이 있다. 재벌에는 카보런덤 등의 인조숫돌을 사용하고, 정벌에는 인조숫돌 및 산화주석(산화주석을 헝겊에 묻혀 사용)을 사용한다.

13 | 벽돌쌓기 시공의 기술
17④, 10④

벽돌쌓기의 시공에 관련된 설명으로 옳지 않은 것은?

① 연속되는 벽면의 일부를 나중쌓기할 때에는 그 부분은 층단 들여쌓기로 한다.
② 내력벽쌓기에서는 세워쌓기나 옆쌓기가 주로 쓰인다.
③ 벽돌쌓기 시 줄눈 모르타르가 부족하면 하중 분담이 일정하지 않아 벽면에 균열이 발생할 수 있다.
④ 창대쌓기는 물흘림을 위해 벽돌을 15° 정도 기울여 벽면에서 3~5cm 정도 내밀어 쌓는다.

해설 내력벽쌓기에서는 길이쌓기나 마구리쌓기가 주로 쓰인다.

14 | 벽돌쌓기 공사에 관한 기술
16①, 07④

벽돌쌓기 공사에 대한 설명 중 틀린 것은?

① 가로 및 세로줄눈의 너비는 도면 또는 공사시방서에 정한 바가 없을 때에는 20mm를 표준으로 한다.
② 벽돌쌓기는 도면 또는 공사시방서에서 정한 바가 없을 때에는 영식 쌓기 또는 화란식 쌓기로 한다.
③ 세로줄눈의 모르타르는 벽돌 마구리면에 충분히 발라 쌓도록 한다.
④ 하루의 쌓기 높이는 1.2m(18켜 정도)를 표준으로 하고, 최대 1.5m(22켜 정도) 이하로 한다.

해설 가로 및 세로줄눈의 너비는 도면 또는 공사시방서에 정한 바가 없을 때에는 **10mm를 표준**으로 한다.

15 | 블록쌓기에 관한 기술
15②, 10②

다음 중 블록쌓기에 대한 설명으로 옳지 않은 것은?

① 살두께가 큰 편을 아래로 쌓는다.
② 특별한 지정이 없으면 줄눈은 10mm가 되게 한다.
③ 하루의 쌓기 높이는 1.5m 이내를 표준으로 한다.
④ 줄눈 모르타르는 쌓은 후 줄눈 누르기 및 줄눈파기를 한다.

해설 사춤을 쉽게 하기 위하여 **살두께가 큰 편을 위로** 쌓는다.

16 | 석재의 주용도
13②, 96②

다음 석재의 주용도로서 부적당하게 연결된 것은?

① 화강암–구조용, 외부 장식용
② 안산암–구조용
③ 응회암–경량골재
④ 트래버틴–외부 장식용

해설 **트래버틴**은 대리석의 한 종류로서 다공질이며 석질이 균일하지 못하나 석판으로 만들어 물갈기를 하면 평활하고 광택이 나는 부분과 구멍과 골이 진 부분이 있어 **특수한 실내장식재**로 쓰인다. 외장용으로는 **화강암, 안산암, 점판암** 등이 있으며, 내장용으로는 대리석, 사문암, 응회암 등이 있다.

17 | 벽돌벽의 두께 산정
10①, 08②

표준형 벽돌을 사용해 줄눈 10mm로 시공할 때 2.0B 벽돌벽의 두께는?

① 210mm
② 390mm
③ 320mm
④ 430mm

해설 2.0B = 1.0B+10mm+1.0B = 190+10+190 = 390mm이다.

18 | 허튼층쌓기의 정의
04④, 01②

면이 네모진 돌을 수평줄눈이 부분적으로 연속되고, 세로줄눈이 일부 통하도록 쌓는 돌쌓기 방식은?

① 바른층쌓기
② 허튼층쌓기
③ 층지어쌓기
④ 허튼쌓기

해설 **허튼층쌓기**는 돌쌓기의 가로(수평)줄눈이 직선으로 되지 않게 불규칙한 돌을 흩트려 쌓는 방법이다.

19 | 모르타르 사춤쌓기의 정의
04①, 97③

돌의 맞댐면에 모르타르 또는 콘크리트를 깔고 뒤에는 잡석다짐으로 하는 견치돌 석축쌓기 방법은?

① 귀갑쌓기
② 건쌓기
③ 찰쌓기
④ 모르타르 사춤쌓기

해설 **귀갑쌓기**는 거북등의 껍질 모양(정육각형)으로 된 무늬, 돌면이 육각형으로 두드러지게 특수한 모양을 한 쌓기법이다. **건쌓기(건성쌓기)**는 돌, 석축 등을 모르타르나 콘크리트 등을 쓰지 않고 잘 물려서 그냥 쌓는 쌓기법이다. **찰쌓기**는 돌, 벽돌쌓기 등에 있어서 콘크리트나 모르타르를 써서 쌓는 쌓기법이다.

20 | 조적식 기초에 관한 기술
19②

조적식 구조의 기초에 관한 설명으로 옳지 않은 것은?

① 내력벽의 기초는 연속기초로 한다.
② 기초판은 철근콘크리트구조로 할 수 있다.
③ 기초판은 무근콘크리트구조로 할 수 있다.
④ 기초벽의 두께는 최하층의 벽체두께와 같게 하되 250mm 이하로 하여야 한다.

해설 조적식 구조의 **기초벽의 두께는 250mm 이상**으로 하여야 한다.

21 | 벽체구조에 관한 기술
18④

벽체구조에 관한 설명으로 옳지 않은 것은?

① 목조벽체를 수평력에 견디게 하고 안정한 구조로 하기 위해 귀잡이를 설치한다.
② 벽돌구조에서 각 층의 대린벽으로 구획된 각 벽에 있어서 개구부의 폭의 합계는 그 벽의 길이의 2분의 1 이하로 하여야 한다.
③ 목조벽체에서 샛기둥은 본기둥 사이에 벽체를 이루는 것으로서 가새의 옆휨을 막는데 유효하다.
④ 너비 180cm가 넘는 문꼴의 상부에는 철근콘크리트 인방보를 설치하고, 벽돌벽면에서 내미는 창 또는 툇마루 등은 철골 또는 철근콘크리트로 보강한다.

> **해설** 목조벽체를 수평력에 견디게 하기 위해 수직부에 배치하는 부재를 가새라 하고, 귀잡이보는 지붕틀과 도리가 네모구조로 된 것을 굳세게 하기 위하여 귀에 45° 방향으로 보강한 부재이며, **버팀대**는 가로재(보 등)와 세로재(기둥 등)가 맞추어지는 안귀에 빗대는 보강재이다.

22 | 보강 블록조의 내력벽의 기술
18①

보강 콘크리트 블록조의 내력벽에 관한 설명으로 옳지 않은 것은?

① 사춤은 3켜 이내마다 한다.
② 통줄눈은 될 수 있는 한 피한다.
③ 사춤은 철근이 이동하지 않게 한다.
④ 벽량이 많아야 구조상 유리하다.

> **해설** **보강 콘크리트 블록조**는 철근의 배근을 위하여 구멍을 일치시켜야 하므로 부득이하게 **통줄눈**(세로줄눈이 서로 통하는 줄눈)을 **사용**하여야 한다.

23 | 벽돌공사에 관한 기술
16④

벽돌공사에 관한 설명으로 옳지 않은 것은?

① 치장줄눈은 줄눈 모르타르가 충분히 굳은 후에 줄눈파기를 한다.
② 벽돌쌓기에서 하루의 쌓기 높이는 1.2m를 표준으로 한다.
③ 붉은 벽돌은 벽돌쌓기 하루 전에 물호스로 충분히 젖게 하여 표면에 습도를 유지한 상태로 준비한다.
④ 세로줄눈의 모르타르는 벽돌 마구리면에 충분히 발라 쌓도록 한다.

> **해설** 치장줄눈은 쌓기가 완료되는 대로 줄눈을 흙손으로 눌러대고, 하루 일이 끝날 무렵에 깊이 10mm 정도로 줄눈 파기를 한 뒤 1:1 모르타르를 바른다. 또, 치장 모르타르는 벽면의 상부로부터 하부까지 발라 내려오고, 방수제를 넣어서 사용하기도 하며, 백시멘트에 색소를 넣어서 사용하기도 한다.

4 목공사

01 | 목공사의 철물 용도
22②, 19①, 12②, 02④

다음 중 목공사에 사용되는 철물에 관한 설명으로 옳지 않은 것은?

① 감잡이쇠는 큰 보에 걸쳐 작은 보를 받게 하고, 안장쇠는 평보를 대공에 달아매는 경우 또는 평보와 ㅅ자보의 밑에 쓰인다.
② 못의 길이는 박아 대는 재두께의 2.5배 이상이며, 마구리 등에 박는 것은 3.0배 이상으로 한다.
③ 볼트구멍은 볼트지름보다 3mm 이상 커서는 안 된다.
④ 듀벨은 볼트와 같이 사용하여 듀벨에는 전단력, 볼트에는 인장력을 분담시킨다.

> **해설** **안장쇠**는 큰 보에 걸쳐 작은 보를 받게 하고, **감잡이쇠**는 평보를 대공에 달아매는 경우 또는 평보와 ㅅ자보의 밑에 쓰인다.

02 | 엇꺾쇠의 사용처
13④, 11②, 09④

목조 지붕틀 구조에 있어서 중도리와 ㅅ자보를 연결하는 데 가장 적합한 철물은?

① 띠쇠
② 감잡이쇠
③ 주걱볼트
④ 엇꺾쇠

> **해설** 목조 지붕틀 중 왕대공 지붕틀 구조에 있어서 **중도리와 ㅅ자보를 연결**하는 데 가장 적합한 철물은 **엇꺾쇠** 등이고, 띠쇠는 ㅅ자보와 왕대공, 감잡이쇠는 왕대공과 평보, 평주걱 볼트는 기둥과 보의 접합 부분에 사용한다.

03 | 목조 뼈대 세우기 순서
00③, 96①

목조건물의 뼈대 세우기 순서로서 가장 옳은 것은?

① 기둥 – 층도리 – 인방보 – 큰 보
② 기둥 – 인방보 – 층도리 – 큰 보
③ 기둥 – 큰 보 – 인방보 – 층도리
④ 기둥 – 인방보 – 큰 보 – 층도리

해설 목조건물의 **뼈대 세우기** 순서는 기둥 – 인방보 – 층도리 – 큰 보의 순이다.

04 | ㄱ자쇠의 용도
16②

목조 지붕틀 구조에서 모서리 기둥과 층도리 맞춤에 사용하는 철물은?

① 띠쇠   ② 감잡이쇠
③ 주걱볼트   ④ ㄱ자쇠

해설 **띠쇠**는 띠 모양으로 된 이음철물 또는 좁고 긴 철판을 적당한 길이로 잘라 양쪽에 볼트, 가시못 구멍을 뚫은 철물로서 두 부재의 이음새, 맞춤새에 대어 두 부재가 벌어지지 않도록 보강하는 철물이다. **감잡이쇠**는 평보와 ㅅ자보의 밑 부분에 사용되는 보강철물이며, **주걱볼트**는 볼트의 머리가 주걱 모양으로 되고, 다른 끝은 넓적한 띠쇠로 된 볼트이다.

5 방수공사

01 | 라이닝 공법의 정의
18②, 12②, 06④, 04①, 00①

유리섬유, 합성섬유 등의 망상포를 적층하여 도포하는 도막방수 공법은?

① 코팅 공법   ② 라이닝 공법
③ 멤브레인 공법   ④ 루핑 공법

해설 **유제형 도막방수**는 수지유제를 바탕 콘크리트 면에 여러 번 발라 두께 0.5~1.0mm 정도의 바름막을 형성하여 방수층을 형성하는 공법으로, **도막의 보강 및 두께를 확보**하기 위하여 **유리섬유, 비닐론, 데빌론 등의 망상포를 사용**하는 공법을 **라이닝 공법**이라고 한다.

02 | 바깥방수의 선택 이유
98③, 96③

철근콘크리트조 건물의 지하실 방수공사에서 시공의 어려움, 공비의 고저를 생각하지 않고 시공하는 경우 가장 좋은 것은?

① 콘크리트 방수제를 넣는다.
② 콘크리트에 AE제를 넣는다.
③ 방수 모르타르를 바른다.
④ 아스팔트 바깥방수법으로 시공한다.

해설 방수방법 중 철근콘크리트조 건축물의 지하실 방수공사에서 시공의 난이, 공비의 고저 등을 생각하지 않는 경우 **아스팔트 바깥방수법**이 유효하다.

03 | 안방수와 바깥방수의 비교
20③, 16①, 09①

바깥방수와 비교한 안방수의 특징에 관한 설명으로 옳지 않은 것은?

① 공사가 간단하다.
② 공사비가 비교적 싸다.
③ 보호 누름이 없어도 무방하다.
④ 수압이 작은 곳에 이용된다.

해설 보호 누름이 **반드시 필요**하다.

04 | 도막방수에 대한 기술
19④, 99②, 98①

도막방수에 관한 설명으로 옳지 않은 것은?

① 복잡한 형상에 대한 시공성이 우수하다.
② 용제형 도막방수는 시공이 어려우나 충격에 매우 강하다.
③ 에폭시계 도막방수는 접착성, 내열성, 내마모성, 내약품성이 우수하다.
④ 셀프레벨링 공법은 방수 바닥에서 도료상태의 도막재를 바닥에 부어 도포한다.

해설 용제(솔벤트)형 도막방수는 합성고무를 솔벤트에 녹여 방수피막(0.5~0.8mm)을 형성하는 방수 공법으로, 바탕처리는 충분히 건조시키고 한 층의 시공이 완료되면 1.5~2시간 경과 후 다음 층의 작업을 하므로 시공이 복잡하며, **완성된 도막은 외상에 매우 약하므로 보호층이 필요**하다.

05 | 실링 공사의 재료의 기술
18②, 06①, 00③

실링 공사의 재료에 관한 기술 중 옳지 않은 것은?

① 개스킷은 콘크리트의 균열 부위를 충전하기 위해 사용하는 부정형 재료이다.
② 프라이머는 접착면과 실링재와의 접착성을 좋게 하기 위해 도포하는 바탕처리 재료이다.
③ 백업재는 소정의 줄눈 깊이를 확보하기 위해 줄눈 속을 채우는 재료이다.
④ 마스킹 테이프는 시공 중에 실링재 충전 개소 이외의 오염방지와 줄눈 선을 깨끗이 마무리하기 위한 보호 테이프이다.

해설 **에폭시수지 접착제**는 콘크리트의 균열 부위를 충전하기 위해 사용하는 부정형 재료이다.

06 방수공사의 성능 확인
17④, 11④, 07①

건축 방수공사의 성능 확인을 위한 가장 일반적인 시험방법은?

① 수밀시험
② 기밀시험
③ 실물시험
④ 담수시험

해설 건축 방수공사에 있어서 성능 확인을 위한 가장 일반적인 시험방법은 방수성(투수 저항성) 시험, 내피로성 시험, 내외상성(충격시험, 패임 등) 시험, 내후시험, 부품(들뜸)시험, 방수성 안전시험, 내화학 열화성 및 방습층 시험 등이 있으나, **가장 일반적인 방수성능시험법은 담수시험이다.**

07 방수층의 신축줄눈 역할
05①

아스팔트 방수층에 신축줄눈을 설치하는 이유로서 가장 옳은 것은?

① 부분적인 보수를 쉽게 하기 위해서
② 방수층 보호 누름을 떠올리지 못하게 하기 위해서
③ 보기 좋게 하기 위해서
④ 지붕 마무리면의 팽창, 수축 등에 의한 균열을 방지하기 위해서

해설 아스팔트 방수층의 신축줄눈은 누름 모르타르 또는 지붕 마무리면의 팽창, 수축 등에 의한 균열을 방지하기 위하여 신축줄눈을 설치한다.

08 시트방수의 정의
17①, 12②

합성고무와 열가소성 수지를 사용하여 1겹으로 방수효과를 내는 공법은?

① 도막방수
② 시트방수
③ 아스팔트방수
④ 표면도포방수

해설 **도막방수**는 액체로 된 방수도료를 한 번 또는 여러 번 칠하여 상당한 두께의 방수막을 형성하는 방수법이다. **아스팔트방수**는 널리 사용되는 공법으로, 아스팔트펠트, 루핑 등을 여러 층 접합하여 방수층을 형성하는 방수법이다. **표면도포방수**는 표면에 방수제를 도포하여 방수하는 방법이다.

09 방수공사에 대한 기술
19①, 06②

방수공사에 관한 설명으로 옳은 것은?

① 보통 수압이 적고 얕은 지하실에는 바깥방수법, 수압이 크고 깊은 지하실에는 안방수법이 유리하다.
② 지하실에 안방수법을 채택하는 경우 지하실 내부에 설치하는 칸막이벽, 창문틀 등은 방수층시공 전 먼저 시공하는 것이 유리하다.
③ 바깥방수법은 안방수법에 비하여 하자보수가 곤란하다.
④ 바깥방수법은 보호누름이 필요하지만, 안방수법은 없어도 무방하다.

해설 보통 수압이 적고 얕은 지하실에는 **안방수법**, 수압이 크고 깊은 지하실에는 **바깥방수법**이 유리하다. 지하실에 안방수법을 채택하는 경우 지하실 내부에 설치하는 칸막이벽, 창문틀 등은 **방수층시공 후 하는 것이 유리하다.** 바깥방수법은 보호누름이 **필요하지 않지만,** 안방수법은 반드시 **필요하다.**

10 시멘트 액체방수의 기술
18④, 14②

시멘트 액체방수에 대한 설명으로 옳지 않은 것은?

① 값이 저렴하고 시공 및 보수가 쉬운 편이다.
② 바탕의 상태가 습하거나 수분이 함유되어 있더라도 시공할 수 있다.
③ 바탕 콘크리트의 침하, 경화 후의 건조수축, 균열 등 구조적 변형이 심한 부분에도 사용할 수 있다.
④ 옥상 등 실외에서는 효력의 지속성을 기대할 수 없다.

해설 바탕 콘크리트의 침하, 경화 후의 건조수축, 균열 등 구조적 변형이 심한 부분에도 **사용할 수 없다.**

11 멤브레인방수 공법
21②, 16④

멤브레인방수 공법에 해당되지 않는 것은?

① 아스팔트방수
② 콘크리트 구체방수
③ 도막방수
④ 합성고분자 시트방수

해설 **멤브레인방수**(얇은 피막상의 방수층으로 전면을 덮는 방수방식)의 종류에는 **아스팔트방수, 합성고분자 시트방수, 도막방수 및 개량 아스팔트 시트방수** 등이 있다. **콘크리트 구체방수**는 방수액을 구조체에 혼합하여 사용하는 방수법이다.

12 | 아스팔트 방수재료의 기술
22①, 01④

아스팔트 방수재료에 관한 설명으로 옳지 않은 것은?

① 아스팔트컴파운드는 블로아스팔트에 동식물성 섬유를 혼합한 것이다.
② 아스팔트프라이머는 아스팔트싱글을 용제로 녹인 것이다.
③ 아스팔트펠트는 섬유원지에 스트레이트아스팔트를 가열용해하여 흡수시킨 것이다.
④ 아스팔트루핑은 원지에 스트레이트아스팔트를 침투시키고 양면에 컴파운드를 피복한 후 광물질분말을 살포시킨 것이다.

해설 아스팔트프라이머는 **블론아스팔트를 휘발성 용제로 희석한 흑갈색의 액체**로서 아스팔트방수층을 만들 때 콘크리트, 모르타르바탕에 부착력을 증가시키기 위하여 제일 먼저 사용하는 역청재료이다.

13 | 멤브레인방수 공법
19①, 17①

다음 중 멤브레인방수공사에 해당되지 않는 것은?

① 아스팔트방수공사
② 실링방수공사
③ 시트방수공사
④ 도막방수공사

해설 **멤브레인방수**는 구조물의 외부에 얇은 피막상의 방수층으로 전면을 덮는 방수로서 **아스팔트방수**, 개량아스팔트시트방수, **합성고분자시트방수**, **도막방수** 등이 있으며 지붕, 차양, 발코니, 외벽 및 수조 등에 사용되는 방수법이다.

14 | 아스팔트 방수공사의 기술
16①, 10②

아스팔트 방수공사에 관한 설명 중 옳지 않은 것은?

① 아스팔트의 용융 중에는 최소한 30분에 1회 정도로 온도를 측정하며, 접착력 저하 방지를 위하여 200℃ 이하가 되지 않도록 한다.
② 한랭지에서 사용되는 아스팔트는 침입도 지수가 적은 것이 좋다.
③ 지붕 방수에는 침입도가 크고 연화점(軟化点)이 높은 것을 사용한다.
④ 아스팔트 용융솥은 가능한 한 시공 장소와 근접한 곳에 설치한다.

해설 한랭지에서 사용되는 아스팔트는 **침입도 지수가 크고**, 연화점이 낮은 것이 좋다.

15 | 시멘트 액체방수의 기술
17②, 11①

시멘트 액체방수에 대한 설명으로 옳지 않은 것은?

① 모체 표면에 시멘트 방수제를 도포하고 방수 모르타르를 덧발라 방수층을 형성하는 공법이다.
② 옥상 등 실외에서는 효력의 지속성을 기대할 수 없다.
③ 시공은 바탕처리 → 지수 → 혼합 → 바르기 → 마무리 순으로 진행한다.
④ 시공 시 방수층의 부착력을 위하여 방수할 콘크리트 바탕면은 충분히 건조시키는 것이 좋다.

해설 시공 시 방수층의 부착력을 위하여 방수할 콘크리트 바탕면은 **충분히 물축임을 하는 것이 좋다.**

16 | 실재방수의 정의
14④, 96③

프리패브 건축, 커튼월 공법의 성행에 따른 건축물의 각 부분의 접합부, 특히 스틸 새시 주위, 균열부 보수 등에 많이 이용되는 방수 공법은?

① 아스팔트방수
② 시트방수
③ 도막방수
④ 실재방수

해설 **아스팔트방수**는 아스팔트가 방수, 내수, 내구성이 있는 것을 이용한 방수법이다. **시트방수**는 콘크리트의 강도 증진, 공기 단축 등에 따른 콘크리트의 균열 발생 증가와 복잡한 현대 건축 구조(고층화, 경량화, 돔, 셸 등의 특수 구조체)에 따른 방수 처리 미비점을 우수한 성능의 고분자 재료로 처리하는 방수법이다. **도막방수**(도포, 수지, 고분자 방수)는 도료상의 방수제를 바탕면에 여러 번 칠하여 상당한 살두께의 방수막을 만드는 공법이다.

17 | 시멘트 액체방수의 기술
05②, 00②

시멘트 액체방수에 대한 기술 중 옳지 않은 것은?

① 시멘트 방수제를 모체에 침투시키거나 방수제를 혼합한 모르타르를 바르는 방수 공법이다.
② 방수 모르타르 바름은 방수제를 혼합 반죽한 모르타르를 2~3회 발라 총두께가 10~20mm 정도가 되게 바른다.
③ 방수층이 넓을 때에는 적당한 위치에 신축줄눈을 시공한다.
④ 하절기에는 낮시간을 이용하여 작업을 실시하여 능률을 높인다.

해설 하절기에는 **새벽이나 저녁시간을 이용**하여 작업을 실시하여 능률을 높인다.

18 | 아스팔트방수 공법
05②, 96②

다음의 방수법에서 아스팔트방수 공법은 어느 것에 속하는가?

① 피막방수법　　　　② 모체방수법
③ 도포방수법　　　　④ 시트방수법

해설 **모체방수법**은 구조 부재인 콘크리트 자체를 수밀하게 하는 방수법이다. **도포방수법**은 방수제를 도포하여 방수하는 방법이다. **시트방수법**은 시트 1층에 의한 방수 효과를 기대하는 공법이다.

19 | 도막방수에 관한 기술
99②, 98①

도막방수에 관한 설명 중 옳지 않은 것은?

① 도막방수의 바탕솔칠은 시멘트 액체방수에 준하여 실시한다.
② 도막방수에는 노출 공법과 비노출 공법이 있다.
③ 유제형 도막방수는 인화성이 강하므로 시공 시 화기를 엄금한다.
④ 용제형 도막방수는 강풍이 불 경우 방수층 접착이 불량하다.

해설 **용제형 도막방수**는 인화성이 강하므로 시공 시 화기를 엄금한다.

20 | 블로운아스팔트의 정의
20①,②

잔류유(찌꺼기)를 저온으로 장시간 증류한 것으로 응집력이 크고 온도에 의한 변화가 적으며 연화점이 높고 안전하여 방수공사에 많이 사용되는 것은?

① 아스팔트펠트　　　② 블로운아스팔트
③ 아스팔타이트　　　④ 레이크아스팔트

해설 ① 아스팔트펠트 : 유기질의 섬유(목면, 마사, 폐지, 양털, 무명, 삼, 펠트 등)로 원지포를 만들어 원지포에 스트레이트 아스팔트를 침투시켜 롤러로 압착하여 만든 것으로 흑색 시트형태이다. 방수와 방습성이 좋고 가벼우며 넓은 지붕을 쉽게 덮을 수 있어 기와지붕의 밑에 깔거나 방수공사를 할 때 루핑과 같이 사용한다.
③ 아스팔타이트 : 천연아스팔트로서 역청분을 많이 포함한 검고 견고한 아스팔트이다.
④ 레이크아스팔트 : 천연아스팔트로서 지구표면의 낮은 곳에 괴어 반액체 또는 고체로 굳은 아스팔트이다.

21 | 아스팔트프라이머의 역할
20④

아스팔트방수공사에서 아스팔트프라이머를 사용하는 가장 중요한 이유는?

① 콘크리트면의 습기 제거
② 방수층의 습기침입 방지
③ 콘크리트면과 아스팔트방수층의 접착
④ 콘크리트 밑바닥의 균열 방지

해설 **아스팔트방수공사**에 있어서 **아스팔트프라이머**(블론아스팔트를 휘발성 용제로 희석한 흑갈색의 액체)를 사용하는 이유는 **콘크리트, 모르타르바탕에 아스팔트방수층** 또는 아스팔트타일붙이기 시공을 할 때의 **초벌용 도료로 접착력을 증대**시키기 위하여 사용한다.

22 | 멤브레인방수의 정의
18①

아스팔트방수층, 개량 아스팔트 시트방수층, 합성고분자계 시트방수층 및 도막방수층 등 불투수성 피막을 형성하여 방수하는 공사를 총칭하는 용어로 옳은 것은?

① 실링방수　　　　　② 멤브레인방수
③ 구체침투방수　　　④ 벤토나이트방수

해설 **실링방수**는 실링재(퍼티, 캐스킷, 코킹 및 실란트 등)를 사용한 방수 공법이고, **구체침투방수**는 지하구조체(일반 지하층, 지하주차장, 지하수조 및 공동구)의 외면을 물의 침입으로부터 방지하는 방수 공법이며, **벤토나이트방수**는 건축물의 지하 외벽, 굴착용 흙막이벽, 흙되메우기 밑부분의 바닥판의 방수공사와 터널 주위 및 구조이음부의 실링공사에 벤토나이트방수제를 시공하는 방수법이다.

23 | 안방수와 바깥방수의 비교
17②

방수공사에서 안방수와 바깥방수를 비교한 설명으로 옳지 않은 것은?

① 바탕 만들기에서 안방수는 따로 만들 필요가 없으나 바깥방수는 따로 만들어야 한다.
② 경제성(공사비)에서는 안방수는 비교적 저렴한 편인 반면 바깥방수는 고가인 편이다.
③ 공사시기에서 안방수는 본공사에 선행해야 하나 바깥방수는 자유로이 선택할 수 있다.
④ 안방수는 바깥방수에 비해 시공이 간편하다.

해설 방수공사에 있어서 **안방수는 공사시기를 자유롭게 선택**할 수 있으나, **바깥방수는 본공사에 선행**되어야 한다.

24 | 용제형 도막방수의 기술
20④

용제형(Solvent) 고무계 도막방수 공법에 관한 설명으로 옳지 않은 것은?

① 용제는 인화성이 강하므로 부근의 화기는 엄금한다.
② 한 층의 시공이 완료되면 1.5~2시간 경과 후 다음 층의 작업을 시작하여야 한다.
③ 완성된 도막은 외상(外傷)에 매우 강하다.
④ 합성고무를 휘발성 용제에 녹인 일종의 고무도료를 칠하여 두께 0.5~0.8mm의 방수피막을 형성하는 것이다.

해설 용제형(solvent) 고무계 도막방수의 완성된 도막은 외상에 매우 **약하다**.

25 | 아스팔트의 표준 용융온도
20③

방수공사용 아스팔트의 종류 중 표준 용융온도가 가장 낮은 것은?

① 1종
② 2종
③ 3종
④ 4종

해설 방수용 아스팔트의 종류에 따른 용융온도

종류	1종	2종	3종, 4종
용융온도	220~230℃	240~250℃	260~270℃

6 지붕공사

01 | 지붕 및 금속판 잇기의 기술
15①, 11①

지붕잇기 중 금속판 지붕 및 금속판 잇기에 대한 설명으로 옳지 않은 것은?

① 금속판 지붕은 다른 재료에 비해 가볍고, 시공이 쉽다.
② 겹침의 두께가 작으며, 물매를 완만하게 할 수 있다.
③ 열전도가 크고 온도 변화에 의한 신축이 크기 때문에 바탕재와의 연결이 쉽다.
④ 대기 중에 장기간 노출되면 산화하며, 염류나 가스에 부식되기 쉽다.

해설 열전도가 크고 온도 변화에 의한 신축이 크기 때문에 바탕재와의 **연결이 어렵다**.

7 창호공사 및 유리공사

01 | 창호의 기능검사
16④, 11④, 06④

다음 중 창호의 기능검사와 가장 관계가 먼 것은?

① 내열성
② 내풍압성
③ 기밀성
④ 수밀성

해설 창호의 기능 검사에는 내풍압성, 기밀성, 수밀성, 차음성, 단열성, 방화성 및 내구성 등이 있다.

02 | 유리공사에 관한 기술
08②, 04①, 00①

유리공사에 관한 설명으로 옳지 않은 것은?

① 망입유리는 방화, 방도용으로 사용된다.
② 복층유리는 단열목적 유리이다.
③ 열선흡수유리는 실내의 냉방효과를 좋게 하기 위해 사용된다.
④ 자외선 투과유리는 의류품의 진열창, 식품이나 약품의 창고 등에 사용된다.

해설 **자외선 투과유리**는 유리에 함유되어 있는 성분 가운데 산화제이철을 산화제일철로 환원하여 상당량의 자외선을 투과시킬 수 있는 유리로서 온실이나 병원의 일광욕실, **요양소 등에 사용**한다. **자외선 흡수유리**는 상점의 진열장 또는 용접공의 보안경 등에 사용한다.

03 | 창호공사에 관한 기술
02④, 99④, 98③

창호공사에 관한 기술 중 옳지 않은 것은?

① 널 양면 붙임문의 널을 제혀쪽매로 한 것을 쓸 때 쪽매 두께는 15mm 정도로 한다.
② 빈지문의 널은 같은 나비의 것을 2장으로 나누어 대고 맞댄 쪽매로 하는 것이 원칙이다.
③ 비늘살문의 비늘살 길이가 600mm 이상일 때는 세로 살을 넣는다.
④ 플러시문 널막이 가로살의 거리 간격은 250~450mm 정도로 한다.

해설 **빈지문**은 마루널과 같이 **반턱** 또는 **제혀쪽매**로 해 대는 것이 보통이며, 두꺼운 널에 띠장을 댄 것을 덧문으로 사용하며, 언제든지 떼어낼 수 있다.

04 | 홀딩도어의 정의
22②, 19④

실의 크기 조절이 필요한 경우 칸막이 기능을 하기 위해 만든 병풍모양의 문은?

① 여닫이문　　　　　② 자재문
③ 미서기문　　　　　④ 홀딩도어

해설 ① **여닫이창호** : 경첩 등을 축으로 개폐되는 창호
　　② **자재창호** : 주택보다는 대형 건물의 현관문으로 많이 사용되어 많은 사람들이 출입하기에 편리한 문으로 안팎 자재로 열고 닫게 된 여닫이문의 일종
　　③ **미서기창호** : 웃틀과 밑틀에 두 줄로 홈을 파서 문 한 짝을 다른 한 짝 옆에 밀어붙이게 한 창호

05 | 각 유리에 관한 기술
19②

다음 각 유리에 관한 설명으로 옳지 않은 것은?

① 망입유리는 파손되더라도 파편이 튀지 않으므로 진동에 의해 파손되기 쉬운 곳에 사용된다.
② 복층유리는 단열 및 차음성이 좋지 않아 주로 선박의 창 등에 이용된다.
③ 강화유리는 압축강도를 한층 강화한 유리로 현장가공 및 절단이 되지 않는다.
④ 자외선투과유리는 병원이나 온실 등에 이용된다.

해설 복층유리는 **단열 및 차음성이 좋아** 주로 건물의 외부창 등에 이용되고, **선박의 창에는 강화유리가 사용**된다.

06 | 회전문에 관한 기술
18④

다음 중 회전문(revolving door)에 관한 설명으로 옳지 않은 것은?

① 큰 개구부나 칸막이를 가변성 있게 한 장치의 문이다.
② 회전날개 140cm, 1분 10회 회전하는 것이 보통이다.
③ 원통형의 중심축에 돌개철물을 대어 자유롭게 회전시키는 문이다.
④ 사람의 출입을 조절하고 외기의 유입과 실내공기의 유출을 막을 수 있다.

해설 큰 개구부나 칸막이를 가변성 있게 한 장치의 문은 **접이문에 대한 설명**이고, 건축법규의 규정에 의하면 **회전문의 회전속도는 분당 회전수가 8회를 넘지 아니하도록 할 것**(피난 · 방화규칙 제12조 5호)

8 미장공사 및 타일공사

01 | 테라조 현장갈기의 기술
15②, 09②, 05②, 96③,④

테라조(terrazzo) 현장갈기에 대한 시공 내용 중 옳지 않은 것은?

① 여름철 갈기는 3일 이상 충분히 경화시킨 다음 갈기 시작한다.
② 초벌갈기는 돌알이 균등하게 나타나도록 하고 바로 이어서 중갈기를 행한다.
③ 정벌갈기는 중갈기가 끝나고 시멘트 풀먹임을 2~3회 거듭한 후 행한다.
④ 광내기 왁스칠은 시간을 두고 얇게 여러 번 행하는 것이 좋다.

해설 카보런덤 숫돌로 돌알이 균등하게(최대 면적이 될 때까지) 나타나도록 갈고, **물씻기 청소 후 테라조와 동일한 색의 시멘트 풀을 문질러서 잔 구멍과 튄 돌알의 구멍을 메운다.** 그 후 시멘트 풀먹임이 경화된 다음 중갈기를 하며, 중갈기와 시멘트 풀먹임을 2~3회 거듭하고 정벌갈기를 하고 고운 숫돌로 마무리한 후 청소한다.

02 | 균열 발생이 최대인 미장
12②, 09④, 97①

다음 미장재료로 동일 두께의 미장을 하였을 때 균열이 가장 크게 나타나는 것은?

① 1 : 3 모르타르　　　② 킨즈 시멘트
③ 석고 플라스터　　　④ 돌로마이트 플라스터

해설 **돌로마이트 플라스터**는 백운석(탄산마그네슘을 상당량 함유하고 있는 석회석)을 원료로 하여 소석회와 같은 방법으로 제조하며, 경화가 늦고, **건조 · 경화 시에 수축률이 커서 균열이 집중적으로 크게 생기므로 여물을 사용**하는데, 요즘은 무수축성의 석고 플라스터를 혼입하여 사용한다.

03 | 타일의 동해 방지대책
04②, 02①, 98①

타일의 동해(凍害)를 방지하기 위한 설명 중 틀린 것은?

① 타일은 소성온도가 높은 것을 사용한다.
② 타일은 흡수성이 높은 것일수록 모르타르가 잘 밀착되므로 동해방지에 효과가 크다.
③ 붙임용 모르타르의 배합비를 좋게 한다.
④ 줄눈 누름을 충분히 하여 빗물의 침투를 방지하고 타일 바름 밑바탕의 시공을 잘한다.

해설 타일은 **흡수성이 낮은 것**일수록 모르타르가 잘 밀착이 되므로 동해방지에 효과가 크다.

04 | 기경성 미장재료
15①

다음 중 공기의 유통이 좋지 않은 지하실과 같이 밀폐된 방에 사용하는 미장 마무리 재료로 가장 적합하지 않은 것은?

① 돌로마이트 플라스터
② 혼합 석고 플라스터
③ 시멘트 모르타르
④ 경석고 플라스터

해설 **돌로마이트 플라스터 바름**은 **기경성**, 즉 탄산가스와 화합해서 경화하는 성질을 갖고 있는 미장재료이므로 지하실의 외벽 부분, 습기와 접하고 있는 곳 및 **밀폐된 장소**에는 부적당하다.

05 | 석고 플라스터에 관한 기술
22②, 15①, 11②, 01②, 98②

석고 플라스터에 대한 기술 중 틀린 것은 어느 것인가?

① 석고 플라스터는 경화 지연제를 넣어서 경화시간을 너무 빠르지 않게 한다.
② 라스 보드를 바탕으로 할 경우 일반적으로 초벌에는 부착용 순 플라스터를 사용한다.
③ 석고 플라스터는 공기 중의 탄산가스를 흡수하여 표면에서 서서히 경화한다.
④ 시공 중에는 될 수 있는 한 통풍을 피하고 경화 후에는 적당한 통풍을 시켜야 한다.

해설 **석고 플라스터**는 **수경성**(물과 결합하여 경화)이고, 경화시간이 빠르다.

06 | 타일시공에 관한 기술
11②, 07②, 05④, 99④

타일시공에 관한 다음 기술 중 틀린 것은?

① 타일 나누기는 먼저 기준선을 정확히 정하고 될 수 있는 대로 온장을 사용하도록 한다.
② 타일을 붙이기 전에 바탕의 불순물을 제거하고 청소를 해야 한다.
③ 타일 붙임 바탕의 건조상태에 따라 뿜칠 또는 솔질로 물을 고루 축인다.
④ 외부 대형 타일시공 시 줄눈의 표준 너비는 5mm 정도가 적당하다.

해설 타일시공 시 줄눈의 표준 너비는 **대형 타일(외부용)**은 **9mm 정도**, 대형 타일(내부용)은 5~6mm 정도, 소형 타일은 3mm 정도, 모자이크 타일은 2mm 정도가 가장 적당하다.

07 | 테라조 현장 바름에 관한 기술
15④

테라조(terrazzo) 현장 바름공사에 대한 내용으로 옳지 않은 것은?

① 줄눈 나누기는 최대 줄눈 간격 2m 이하로 한다.
② 바닥 바름두께의 표준은 접착 공법(초벌바름)일 때 20mm 정도이다.
③ 갈기는 테라조를 바른 후 손갈기일 때 2일, 기계갈기일 때 3일 이상 경과한 후 경화 정도를 보아 실시한다.
④ 마감은 수산으로 중화 처리하여 때를 벗겨내고, 헝겊으로 문질러 손질한 후 왁스 등을 바른다.

해설 **테라조 바름 마감**
① **테라조를 바른 후 5~7일 이상 경과한 후 경화 정도를 보아 갈아내기**를 한다.
② **벽면 이외의 갈아내기는 기계갈기**로 하고, 돌의 배열이 균등하게 될 때까지 갈아 낮춘다.
③ 눈먹임, 갈아내기를 여러 회 반복하되 숫돌은 점차로 눈이 고운 것을 사용하고, 최종마감은 마감 숫돌로 광택이 날 때까지 갈아낸다.
④ 산 수용액으로 중화처리하여 때를 벗겨내고 헝겊으로 문질러 손질한 후 바탕이 오염되지 않도록 적정한 보양재(고무 매트 등)을 사용하여 보양한 후 최후 공정으로 왁스 등을 발라 마감한다.

08 | 타일의 접착력 시험법
21①, 18②, 07④, 99②

타일공사에서 시공 후 타일 접착력 시험에 대한 설명 중 틀린 것은?

① 타일의 접착력 시험은 200m² 당 한 장씩 시험한다.
② 시험할 타일은 먼저 줄눈 부분을 콘크리트 면까지 절단하여 주위의 타일과 분리시킨다.
③ 시험은 타일시공 후 4주 이상일 때 행한다.
④ 시험 결과의 판정은 접착강도가 1MPa 이상이어야 한다.

해설 시험 결과의 판정은 접착강도가 **0.39MPa 이상**이어야 한다.

09 | 돌로마이트 플라스터의 기술
19①, 14①, 08④

돌로마이트 플라스터 바름에 대한 설명으로 옳지 않은 것은?

① 실내 온도가 5℃ 이하일 때는 공사를 중단하거나 난방하여 5℃ 이상으로 유지한다.
② 정벌바름용 반죽은 물과 혼합한 후 2시간 정도 지난 다음 사용하는 것이 바람직하다.
③ 초벌바름에 균열이 없을 때에는 고름질하고나서 7일 이상 경과한 후 재벌바름한다.
④ 재벌바름이 지나치게 건조할 때는 적당히 물을 뿌리고 정벌바름한다.

> **해설** 돌로마이트 플라스터의 바름에 있어서 정벌바름용 반죽은 물과 혼합한 후 **12시간 정도** 지난 다음 사용하는 것이 바람직하고, 시멘트와 혼합한 정벌바름 반죽은 2시간 이상 경과한 것은 사용할 수 없다.

10 | 석고 플라스터 바름의 기술
21②, 16②, 10②

석고 플라스터 바름에 대한 설명으로 옳지 않은 것은?

① 보드용 플라스터는 초벌바름, 재벌바름의 경우 물을 가한 후 2시간 이상 경과한 것은 사용할 수 없다.
② 실내온도가 10℃ 이하일 때는 공사를 중단한다.
③ 바름작업 중에는 될 수 있는 한 통풍을 방지한다.
④ 바름작업이 끝난 후 실내를 밀폐하지 않고 가열과 동시에 환기하여 바름면이 서서히 건조되도록 한다.

> **해설** 석고 플라스터 바름은 실내 온도가 **5℃ 이하일 때에는 공사를 중단**하거나 난방하여 5℃ 이상으로 유지한다. 정벌바름 후 난방할 때는 바름면이 오염되지 않도록 주의하며, 실내를 밀폐하지 않고 가열과 동시에 환기하여 바름면이 서서히 건조되도록 한다.

11 | 돌로마이트 플라스터의 기술
21②, 12①

돌로마이트 플라스터바름에 관한 설명으로 옳지 않은 것은?

① 정벌바름용 반죽은 물과 혼합한 후 12시간 정도 지난 다음 사용하는 것이 바람직하다.
② 바름두께가 균일하지 못하면 균열이 발생하기 쉽다.
③ 돌로마이트 플라스터는 수경성이므로 해초풀을 적당한 비율로 배합해서 사용해야 한다.
④ 시멘트와 혼합하여 2시간 이상 경과한 것은 사용할 수 없다.

> **해설** 돌로마이트 플라스터는 기경성의 미장재료로 소석회보다 점성이 커서 풀이 필요 없고 변색, 냄새, 곰팡이가 없으며, 돌로마이트석회, 모래, 여물, 때로는 시멘트를 혼합하여 만든 바름재료로서 마감표면의 경도가 회반죽보다 크다. 그러나 건조, 경화 시에 수축률이 가장 커서 균열이 집중적으로 크게 생기므로 여물을 사용하는데, 요즘에는 무수축성의 석고 플라스터를 혼입하여 사용한다.

12 | 타일공사에 관한 기술
16④, 07④

타일공사에 관한 설명 중 옳은 것은?

① 모자이크 타일의 줄눈 너비의 표준은 5mm이다.
② 벽체타일이 시공되는 경우 바닥타일은 벽체 타일을 붙이기 전에 시공한다.
③ 타일을 붙이는 모르타르에 시멘트 가루를 뿌리면 백화가 방지된다.
④ 바탕 모르타르를 바른 후 타일을 붙일 때까지는 여름철(외기온도 25℃ 이상)은 3~4일 이상의 기간을 두어야 한다.

> **해설** 모자이크 타일의 줄눈 너비의 **표준은 2mm이고**, 벽체타일이 시공되는 경우 바닥타일은 **벽체타일을 붙인 후에 시공**하며, 타일을 붙이는 모르타르에 시멘트 가루를 뿌리면 **백화가 촉진**된다.

13 | 미장재료의 균열 방지대책
22②, 10①

미장공사에서 균열을 방지하기 위하여 고려해야 할 사항 중 옳지 않은 것은?

① 바름면은 바람 또는 직사광선 등에 의한 급속한 건조를 피한다.
② 1회의 바름두께는 가급적 얇게 한다.
③ 쇠 흙손질을 충분히 한다.
④ 모르타르바름의 정벌바름은 초벌바름보다 부배합으로 한다.

> **해설** 모르타르바름의 정벌바름은 초벌바름보다 **빈배합**으로 한다.

14 | 셀프 레벨링재에 관한 기술
07①, 05④

셀프 레벨링재 바름에 대한 설명으로 옳지 않은 것은?

① 재료는 대부분 기배합 상태로 이용되며, 석고계 재료는 물이 닿지 않는 실내에서만 사용한다.

② 모든 재료의 보관은 밀봉 상태로 건조시켜 보관해야 하며, 직사광선이 닿지 않도록 한다.

③ 경화 후 이어치기 부분의 돌출 및 기포 흔적이 남아 있는 주변의 튀어나온 부위는 연마기로 갈아서 평탄하게 하고, 오목하게 들어간 부분 등은 된비빔 셀프 레벨링재를 이용하여 보수한다.

④ 셀프 레벨링재의 표면에 물결무늬가 생기지 않도록 창문 등을 밀폐하여 통풍과 기류를 차단하고, 시공 중이나 시공 완료 후 기온이 10℃ 이하가 되지 않도록 한다.

해설 셀프 레벨링재의 표면에 물결무늬가 생기지 않도록 창문 등을 밀폐하여 통풍과 기류를 차단하고, 시공 중이나 시공 완료 후 **기온이 5℃ 이하**가 되지 않도록 한다.

15 | 균열 발생이 최소인 미장재료
03①, 00①

미장 공법 중 균열이 가장 적게 생기는 것은?

① 회반죽 바름

② 소석고 플라스터 바름

③ 경석고 플라스터 바름

④ 마그네시아 시멘트 바름

해설 **경석고 플라스터**는 응결이 대단히 느리므로 명반 등을 촉진제로 배합한 것이다. 약간 붉은 빛을 띤 백색을 나타내며, **균열이 가장 작게 생긴다.**

16 | 미장재료의 균열 방지대책
02②, 00③

미장공사의 균열을 방지하는 방법으로 옳지 않은 것은?

① 각 층바르기를 되도록 두껍게 한다.

② 초벌, 재벌에는 조골재를 사용함이 좋다.

③ 필요 이상 시멘트 등의 미세 재료를 많이 쓰지 않는다.

④ 콘크리트 바탕에는 물축이기를 하고 미장공사를 한다.

해설 각 층바르기를 **되도록 얇게** 한다.

9 도장공사

01 | 도장공사 시 주의사항
15②, 12②, 08④, 06①④, 04②, 00③, 98③, 97①

도장공사에 관한 주의사항으로 옳지 않은 것은?

① 바탕의 건조가 불충분하거나 공기의 습도가 높을 때는 시공하지 않는다.

② 초벌부터 정벌까지 같은 색으로 시공해야 한다.

③ 야간은 색을 잘못 칠할 염려가 있으므로 시공하지 않는다.

④ 직사광선은 가급적 피하고 도막이 손상될 우려가 있을 때에는 칠하지 않는다.

해설 초벌, 재벌 및 정벌의 색깔을 3회에 걸쳐서 **다음 칠을 하였는지 안 하였는지 구별하기 위해** 처음에는 연하게 최종적으로 원하는 색으로 진하게 칠한다.

02 | 뿜칠의 도장재료
04②, 03④, 01④, 96①

스프레이 건을 사용한 뿜칠 마무리를 할 경우 가장 적당한 도료는?

① 유성 페인트

② 래커(lacquer)

③ 바니시(varnish)

④ 에나멜(enamel)

해설 **래커**는 **특별한 초벌 공정이 필요**하며, 또 심한 속건성이어서 솔로 바르기가 힘들기 때문에 **스프레이를 사용**한다. 바를 때는 래커와 시너의 비율 1 : 1로 섞어서 쓰며, 목재면 또는 금속면 등의 외부용에 쓰인다.

03 | 클리어 래커의 특징
20①②, 17①, 12④, 99③

목재의 무늬나 바탕의 특징을 잘 나타내는 마무리 도장은?

① 에나멜칠

② 클리어 래커칠

③ 오일 스테인칠

④ 유성 페인트칠

해설 **클리어 래커칠**은 래커에 안료를 가하지 않은 래커의 일종으로 주로 **목재면의 투명 도장**에 쓰이며, **오일 바니시**에 비하여 도막은 얇으나 견고하고, 담색으로서 우아한 광택이 있다. 내수성, 내후성은 약간 떨어지고, 내부용으로 사용한다.

04 | 도장공사에 관한 기술
01②, 99②

도장공사에 관한 사항 중 옳지 않은 것은?

① 유성 페인트보다 합성수지계의 도료가 공정능률이 좋다.
② 뿜칠은 보통 30cm 거리로 칠면에 직각으로 일정 속도로 이행(移行)한다.
③ 뿜칠은 겹쳐지면 두께가 틀려지므로 절대 겹쳐서는 안된다.
④ 여름은 겨울보다 건조제를 적게 넣는다.

해설 뿜칠은 1/2~1/3 정도의 너비로 겹치게 칠하고, **방향을 직교 교차시켜 칠두께가 균등**하게 한다.

05 | 초벌과 재벌의 상이한 색
21④, 17②, 08①, 03②, 00③

페인트칠의 경우 초벌과 재벌 등은 바를 때마다 그 색을 약간씩 다르게 하는 이유는?

① 희망하는 색을 얻기 위해
② 색이 진하게 되는 것을 방지하기 위해
③ 착색안료를 낭비하지 않고 경제적으로 하기 위해
④ 다음 칠을 하였는지 안 하였는지 구별하기 위해

해설 초벌, 재벌 및 정벌의 색상을 3회에 걸쳐서 **다음 칠을 하였는지 안 하였는지 구별하기 위해** 처음에는 연하게 하고, 최종적으로 원하는 색으로 진하게 칠한다.

06 | 스프레이 도장방법
22②, 19②, 07②, 99①

건축공사 스프레이 도장방법에 관한 설명으로 옳지 않은 것은?

① 도장거리는 스프레이 도장면에서 300mm를 표준으로 한다.
② 매 회의 에어스프레이는 붓도장과 동등한 정도의 두께로 하고, 2회분의 도막두께를 한 번에 도장하지 않는다.
③ 각 회의 스프레이 방향은 전회의 방향에 평행으로 진행한다.
④ 스프레이할 때는 항상 평행이동하면서 운행의 한 줄마다 스프레이너비의 1/3 정도를 겹쳐 뿜는다.

해설 각 회의 뿜도장 방향은 제1회 때와 제2회 때를 **서로 직교하게 진행시켜서** 뿜칠을 해야 한다.

07 | 도장공사 시 주의사항
19①, 15④, 10②

도장공사 시 주의사항으로 옳지 않은 것은?

① 바탕의 건조가 불충분하거나 공기의 습도가 높을 때에는 시공하지 않는다.
② 불투명한 도장일 때에는 초벌부터 정벌까지 같은 색으로 시공해야 한다.
③ 야간에는 색을 잘못 도장할 염려가 있으므로 시공하지 않는다.
④ 직사광선은 가급적 피하고 도막이 손상될 우려가 있을 때에는 도장하지 않는다.

해설 불투명한 도장이라 하더라도 초벌, 재벌 및 정벌의 색깔을 3회에 걸쳐서 다음 칠을 하였는지, 안 하였는지 구별하기 위해 처음에는 연하게, 최종적으로 원하는 색으로 진하게 칠한다.

08 | 도장공사에 관한 기술
21②, 15④, 10②

칠공사에 관한 설명으로 옳지 않은 것은?

① 한랭 시나 습기를 가진 면은 작업을 하지 않는다.
② 초벌부터 정벌까지 같은 색으로 도장해야 한다.
③ 강한 바람이 불 때는 먼지가 묻게 되므로 외부공사를 하지 않는다.
④ 야간은 색을 잘못 칠할 염려가 있으므로 작업을 하지 않는 것이 좋다.

해설 초벌, 재벌 및 정벌의 색상을 3회에 걸쳐서 **다음 칠을 하였는지 안 하였는지 구별하기 위해** 처음에는 연하게 칠하고, 최종적으로 원하는 색으로 진하게 칠한다.

09 | 페인트공사의 주의사항
02④, 00①

페인트공사에 관한 주의사항으로서 옳지 않은 것은?

① 바탕의 건조가 불충분한 경우 또는 공기 중의 습도가 큰 경우에는 도장을 하지 않을 것
② 건조를 빨리하기 위해 가능한 한 바람이 강한 날을 선택하여 도장할 것
③ 야간은 색조를 분간하기 어려우므로 분별하기 어려운 색의 도장을 하지 않을 것
④ 바름횟수를 확실히 하기 위해 밑칠의 색을 층마다 조금씩 변화시킬 것

해설 바람이 강한 날은 **도장공사를 중지**해야 한다.

10 | 도장공사 시 주의사항
22①, 10④

도장공사 시 유의사항으로 옳지 않은 것은?

① 도장마감은 도막이 너무 두껍지 않도록 얇게 몇 회로 나누어 실시한다.
② 도장을 수회 반복할 때에는 칠의 색을 동일하게 하여 혼동을 방지해야 한다.
③ 칠하는 장소에서 저온, 다습하고 환기가 충분하지 못할 때는 도장작업을 금지해야 한다.
④ 도장 후 기름, 산, 수지, 알칼리 등의 유해물이 배어 나오거나 녹아 나올 때에는 재시공한다.

해설 도장공사 시 도장을 수회 반복할 때에는 **칠의 색을 상이하게 하여 혼동을 방지**해야 한다.

11 | 도장결함의 종류
20①,②

다음에서 설명하고 있는 도장결함은?

도료를 겹칠하였을 때 하도의 색이 상도막표면에 떠올라 상도의 색이 변하는 현상

① 번짐
② 색분리
③ 주름
④ 핀홀

해설
② 색분리 : 혼합이 불충분하거나 안료입자의 분산성에 이상이 있는 경우에 발생하는 현상
③ 주름 : 건조수축 중 건조 시 온도 상승과 초벌칠 건조불량으로 발생하는 현상
④ 핀홀 : 주로 도금강판에 발생하는 현상으로, 바늘로 찍은 듯한 미세한 구멍이 다량 존재하는 현상

12 | 금속의 내구성 증대
02④, 98①

다음 금속재료 중 건축재료로서 내구성 증대와 미관을 좋게 하기 위한 일반적인 표면처리방법으로 쓰이지 않는 것은?

① 철강재 : 방청도장 유성 페인트칠
② 알루미늄재 : 내알칼리성 절연 피막처리
③ 동판 : 아연도금
④ 철판 : 에나멜 소부(燒付) 도장

해설 **동판**은 표면처리가 **불필요**하고, **철판**은 **아연도금**으로 처리한다.

13 | 도장공사 시 주의사항
20④

도장작업 시 주의사항으로 옳지 않은 것은?

① 도료의 적부를 검토하여 양질의 도료를 선택한다.
② 도료량을 표준량보다 두껍게 바르는 것이 좋다.
③ 저온다습 시에는 작업을 피한다.
④ 피막은 각 층마다 충분히 건조경화한 후 다음 층을 바른다.

해설 도료량은 표준량을 사용하되, **칠막의 각 층은 얇게 하고** 충분히 건조시킨다.

14 | 목부바탕만들기 공정
18④

다음 중 도장공사를 위한 목부바탕만들기 공정으로 옳지 않은 것은?

① 오염, 부착물의 제거
② 송진의 처리
③ 옹이땜
④ 바니시칠

해설 **목부바탕만들기의 공정**에는 **오염, 부착물 제거**(오염, 부착물 제거, 유류는 휘발유, 시너 닦기 등), **송진의 처리**(송진의 긁어내기, 인두 지짐, 휘발유 닦기 등), **연마지 닦기**(대패자국, 엇거스름, 찍힘 등을 #120~150 연마지로 닦기 등), **옹이땜**(셀락, 니스를 옹이 및 그 주위에 2회 붓칠하기) 및 **구멍땜**(퍼티를 사용하여 구멍, 갈램, 틈서리, 우묵한 곳의 땜질하기 등) 등이 있다.

15 | 도료의 보관 창고의 기술
20③

도장공사에 필요한 가연성 도료를 보관하는 창고에 관한 설명으로 옳지 않은 것은?

① 독립한 단층건물로서 주위 건물에서 1.5m 이상 떨어져 있게 한다.
② 건물 내의 일부를 도료의 저장장소로 이용할 때는 내화구조 또는 방화구조로 구획된 장소를 선택한다.
③ 바닥에는 침투성이 없는 재료를 깐다.
④ 지붕은 불연재로 하고 적절한 높이의 천장을 설치한다.

해설 도료의 창고는 ①, ②, ③항 이외에 지붕은 불연재료로 하고 **천장은 설치하지 않으며**, 희석제를 보관할 때에는 위험물취급에 관한 법규에 준하고 소화기 및 소화용 모래를 비치한다.

10 기타 공사

01 | 목업테스트의 기본성능시험
19②, 14①, 08④

금속 커튼월의 mock up test에 있어 기본성능시험의 항목에 해당되지 않는 것은?

① 정압수밀시험　　　② 방재시험
③ 구조시험　　　　　④ 기밀시험

> **해설** 커튼월의 mock up test에 있어 기본성능시험의 항목에는 예비시험, 기밀시험, 정압수밀시험, 구조시험(설계풍압력에 대한 변위와 온도변화에 따른 변형을 측정), 누수, 이음매검사와 창문의 열손실 등이 있다.

02 | 커튼월 공사에 관한 기술
12①, 08②, 06①

건축공사 중 커튼월 공사에 관한 다음 내용 중 옳지 않은 것은?

① 커튼월을 구조체에 설치할 때는 비계작업을 원칙으로 한다.
② 공사의 상당 부분을 공장 제작하므로 현장공정을 크게 단축시키는 것이 가능하다.
③ 제조공정의 경우 전체 공정계획을 고려하여 출하계획을 작성함으로써 작업 중단이 생기지 않고 적시 생산이 되도록 유도한다.
④ 커튼월 부재의 긴결 방식은 슬라이드 방식, 회전방식, 고정방식 등이 있다.

> **해설** 커튼월 공사에서 커튼월을 구조체에 부착하는 작업은 **무비계 작업(비계를 설치하지 않고 하는 작업)을 원칙**으로 하나, 부득이한 경우에는 달비계를 사용하기도 한다.

03 | 커튼월에 관한 기술
22②, 13①

커튼월(curtain wall)에 관한 설명으로 옳지 않은 것은?

① 주로 내력벽에 사용된다.
② 공장생산이 가능하다.
③ 고층건물에 많이 사용된다.
④ 용접이나 볼트조임으로 구조물에 고정시킨다.

> **해설** 커튼월이란 외벽을 구성하는 비내력벽 구조로서 주로 **비내력벽에 사용**된다.

04 | 커튼월 공사의 특징
21④, 17②

건축물 외벽공사 중 커튼월 공사의 특징으로 옳지 않은 것은?

① 외벽의 경량화
② 공업화 제품에 따른 품질 제고
③ 가설비계의 증가
④ 공기단축

> **해설** 커튼월 공사의 특징은 ①, ②항 및 ④항 이외에 현장시공의 기계화에 따른 성력화, 외장 마무리의 다양화, 가설 비계의 생략 또는 절감 등이 있고, 특히, 커튼월을 구조체에 부착하는 작업은 **무비계 작업(비계를 설치하지 않고 하는 작업)을 원칙으로** 하나, 부득이한 경우에는 달비계를 사용하기도 한다.

05 | 단열공사에 관한 기술
18①, 06④

건축 마감공사로서 단열공사와 관련된 다음 내용 중 옳지 않은 것은?

① 단열시공 바탕은 단열재 또는 방습재 설치에 지장이 없도록 못, 철선, 모르타르 등의 돌출물을 제거해 평탄하게 청소한다.
② 설치 위치에 따른 단열 공법 중 단열성능이 적고 내부결로가 발생할 우려가 있는 외단열 공법이다.
③ 단열재를 접착제로 바탕에 붙이고자 할 때에는 바탕면을 평탄하게 한 후 밀착하여 시공하되 초기 박리를 방지하기 위해 압착상태를 유지시킨다.
④ 단열재료에 따른 공법으로 성형판 단열재 공법, 현장 발포재 공법, 뿜칠 단열재 공법으로 분류되고, 시공 부위별 단열 공법으로는 벽단열, 바닥단열, 지붕단열 공법 등이 있다.

> **해설** 설치 위치에 따른 단열 공법 중 단열성능이 적고 내부결로가 발생할 우려가 적은 **내단열 공법**이다.

06 | 파이프 구조공사의 기술
18①, 01②

파이프 구조공사에 관한 기술 중 옳지 않은 것은?

① 파이프는 형강에 비하여 강도가 크다.
② 파이프의 부재 형상은 복잡하여 공사비가 증대된다.
③ 파이프 구조는 대규모의 공장, 창고, 체육관, 동·식물원 등에 이용된다.
④ 파이프 구조는 경량이며 외관이 산뜻하나, 접합부의 절단 가공이 어렵다.

> **해설** 파이프의 부재 형상은 **간단하여 공사비가 절감**된다.

❸ 건축재료

1 목재

01 목재의 방부제
17②, 12④, 05①

목재에 사용하는 방부제가 아닌 것은?

① 크레오소트(creosote)
② 콜타르(coal tar)
③ 카세인(casein)
④ P.C.P(Penta Chloro Phenol)

해설 **목재의 방부제**에는 **크레오소트**(흑갈색 용액으로 방부력이 우수하고 내습성이 있으며, 값이 싸다.), **콜타르**(방부력이 약하고 흑색이므로 사용 장소가 제한되고 도포용으로만 사용) 및 P.C.P(무색이고 가장 방부력이 우수하며, 그 위에 페인트를 칠할 수 있으나, 크레오소트에 비해 값이 비싸고, 석유 등의 용제로 녹여 사용해야 한다.) 등을 사용하고, **카세인**은 **지방질을 뺀** 우유를 자연 산화시키거나, **카세인을 분리한 다음 건조시킨 접착제이다.**

02 목재의 일반적인 성질
21①, 15①, 00③

건축용 목재의 일반적인 성질에 대한 기술 중 옳지 않은 것은?

① 목재의 함수율이 섬유포화점 이하에서는 함수율이 증가함에 따라 강도는 감소한다.
② 목재의 함수율이 섬유포화점 이상에서는 함수율이 증가함에 따라 팽창한다.
③ 목재의 심재는 변재보다 건조에 의한 수축이 적다.
④ 기건상태의 목재의 함수율은 15% 정도이다.

해설 목재의 함수율이 섬유포화점 이상에서는 함수율이 변하더라도 **팽창과 수축은 변하지 않는다.**

03 콜타르 효능
21①, 10④

방부력이 약하고 도포용으로만 쓰이며 상온에서 침투가 잘되지 않고 흑색이므로 사용장소가 제한되는 유성방부제는?

① 캐로신
② PCP
③ 염화아연 4%용액
④ 콜타르

해설 **콜타르**는 유기물(석유 원유, 각종 석탄, 수목 등)의 고온 건류 시 부산물로 얻어지는 흑갈색의 유성액체이다. 비교적 휘발성이 있고 악취가 나며, 비중은 1.1~1.2 정도이다. 가열하여 도포하면 방부성이 우수하나, 목재를 흑갈색으로 착색시키고 페인트칠도 불가능하게 하므로 보이지 않는 곳에 사용한다.

04 천연 건조의 장점
18①, 13②

목재를 천연 건조시킬 때의 장점이 아닌 것은?

① 비교적 균일한 건조가 가능하다.
② 시설투자비용 및 작업비용이 적다.
③ 시간적 효율이 높다.
④ 옥외용으로 사용 시 예상되는 수축, 팽창의 발생을 감소시킬 수 있다.

해설 시간적 **효율이 낮다.**

2 석재

01 콘크리트용 부순 골재
19②, 16④

보통 콘크리트용 부순 골재의 원석으로서 가장 적합하지 않은 것은?

① 현무암
② 안산암
③ 화강암
④ 응회암

해설 보통 콘크리트용 골재의 강도는 시멘트풀이 경화했을 때 시멘트풀의 최대 강도 이상이어야 하므로 사암 등과 같은 **연질 수성암(응회암)은** 골재로서 **부적당**하다. 쇄석 콘크리트의 골재는 석회암, 경질사암, 안산암, 섬록암, 화산암, **화강암** 및 **현무암** 등이 사용된다.

02 화강암의 특성
10①, 97②

건축 석재에서 석영, 장석, 운모석으로 이루어졌으며 통상 강도가 크고, 내구성이 커서 내·외부 벽체, 기둥 등에 다양하게 사용되는 석재는?

① 화강암
② 석영암
③ 대리석
④ 점판암

해설 **화강암의 성분은 석영, 장석, 운모, 휘석, 각섬석** 등으로 되어 있다.

석재에 관한 설명으로 옳지 않은 것은?

① 심성암에 속한 암석은 대부분 입상의 결정광물로 되어 있어 압축강도가 크고 무겁다.
② 화산암의 조암광물은 결정질이 작고 비결정질이어서 경석과 같이 공극이 많고 물에 뜨는 것도 있다.
③ 안산암은 강도가 작고 내화적이지 않으나, 색조가 균일하며 가공도 용이하다.
④ 화성암은 풍화물, 유기물, 기타 광물질이 땅속에 퇴적되어 지열과 지압을 받아서 응고된 것이다.

해설 안산암은 강도가 크고, 내화적이나, 색조가 불균일하며 가공도 쉽다.

3 시멘트 및 콘크리트

다음 시멘트 광물 조성 중 발열량이 높고 응결시간이 가장 빠른 것은?

① 규산삼석회
② 규산이석회
③ 알루민산삼석회
④ 알루민산철사석회

해설 발열량이 크고 응결시간이 빠른 순서로 늘어 놓으면 알루민산삼칼슘-규산삼칼슘-규산이칼슘-알루민산철사칼슘 순이다.

콘크리트의 내화·내열성에 대한 기술 중 옳지 않은 것은?

① 콘크리트의 내화·내열성은 사용한 골재의 품질에 크게 영향을 받는다.
② 콘크리트는 내화성이 우수해서 600℃ 정도의 화열을 받아도 압축강도는 거의 저하하지 않는다.
③ 철근콘크리트 부재의 내화성을 높이기 위해서는 철근의 피복두께를 충분히 하면 좋다.
④ 화재를 당한 콘크리트의 중성화 속도는 화재를 당하지 않은 것에 비하여 크다.

해설 콘크리트는 내화성이 우수해서 500℃ 정도의 화열을 받으면, 압축강도는 10~20% 정도이므로 사용이 불가능하다.

콘크리트의 중성화와 가장 관계가 높은 것은?

① 산소
② 이산화탄소
③ 염분
④ 질소

해설 콘크리트는 원래 알칼리성(pH로 12 정도)이므로 철근의 녹을 보호하는 역할을 하고 있다. 그러나 시일의 경과와 더불어 공기 중의 이산화탄소의 작용을 받아 수산화칼슘이 서서히 탄산칼슘으로 되며, 알칼리성을 잃어가는 현상을 콘크리트의 중성화라고 한다.

콘크리트용 재료 중 시멘트에 관한 설명으로 틀린 것은?

① 중용열 포틀랜드 시멘트는 수화작용에 따르는 발열이 적기 때문에 매스 콘크리트에 적당하다.
② 조강 포틀랜드 시멘트는 조기강도가 크기 때문에 한중 콘크리트 공사에 주로 쓰인다.
③ 알칼리 골재반응을 억제하기 위한 방법으로써 내황산염 포틀랜드 시멘트를 사용한다.
④ 조강 포틀랜드 시멘트를 사용한 콘크리트의 7일 강도는 보통 포틀랜드 시멘트를 사용한 콘크리트의 28일 강도와 거의 비슷하다.

해설 알칼리 골재반응을 억제하기 위하여 혼합재의 혼합비율이 큰 시멘트인 플라이애시 시멘트(혼합비 10~30%)나 고로 슬래그 시멘트(혼합비 30~65%)를 사용한다.

보통 포틀랜드 시멘트 경화체의 성질을 기술한 것 중 틀린 것은?

① 경화체의 강도는 공극량 또는 고체부분 용적의 함수로 나타낸다.
② 경화체의 모세관 수가 소실되면 모세관 장력이 작용하여 건조 수축을 일으킨다.
③ 모세관 공극은 물·시멘트비가 커지면 감소한다.
④ 모세관 공극에 있는 수분은 응결하면 팽창되고 이에 의해 내부압이 발생하여 경화체의 파괴를 초래한다.

해설 모세관 공극은 물·시멘트비가 커지면 증가한다.

06 | 시멘트 분말의 비표면적
17①, 11①

다음 시멘트 중 시멘트 분말의 비표면적이 가장 큰 것은?

① 보통 포틀랜드 시멘트
② 중용열 포틀랜드 시멘트
③ 조강 포틀랜드 시멘트
④ 백색 포틀랜드 시멘트

해설 시멘트의 비표면적을 보면, 보통 포틀랜드 시멘트 $2,800\text{cm}^2/\text{g}$ 이상, 중용열 포틀랜드 시멘트 $2,800\text{cm}^2/\text{g}$ 이상, **조강 포틀랜드 시멘트 $3,300\text{cm}^2/\text{g}$ 이상**, 백색 포틀랜드 시멘트 $3,000\text{cm}^2/\text{g}$ 이상이다.

07 | 알칼리 골재반응 대책
15②, 03②

최근 국내에서 생산되는 쇄석 골재를 사용한 콘크리트의 일부에서도 알칼리 골재반응이 일어날 수 있다는 내용의 연구 보고가 발표되기 시작했다. 다음 중 알칼리 골재반응의 대책이라 할 수 없는 것은?

① 반응성 골재를 사용하지 않는다.
② 콘크리트 중의 알칼리량을 감소시킨다.
③ 포졸란 반응을 일으킬 수 있는 혼화재를 사용한다.
④ 반응 시 발생되는 균열을 방지하기 위해 균열 방지 구조 철근을 사용한다.

해설 알칼리 골재반응의 방지대책으로는 단위시멘트량을 최소화하고, 반응 시 발생되는 균열을 방지하기 위해 **균열방지 구조 철근의 사용과는 무관**하다.

08 | AE제의 효능
13②, 11①

콘크리트 혼화제 중 AE제를 첨가함으로써 나타나는 결과가 아닌 것은?

① 동결융해 저항성 증대
② 내구성 증진
③ 철근과의 부착강도 증진
④ 압축강도 감소

해설 **AE 콘크리트**는 잔골재와 단위수량이 감소하고, 염류 및 동결융해에 저항성이 증가하며, 수밀성이 커지고, 화학작용에 대한 저항성도 크며, 건조수축이 작아진다. 또한, **철근 부착강도가 저하되고, 감소 비율은 압축강도보다 커지며**, 마감 모르타르 및 타일 첨부용 모르타르의 부착력도 약간 저하된다.

09 | 굵은 골재 최대 치수의 공기량
13②, 10②

AE제, AE 감수제 및 고성능 AE 감수제를 사용하는 콘크리트의 적정 공기량은 콘크리트 용적 대비 얼마인가? (단, 굵은 골재의 최대 치수가 20mm이며, 환경은 간혹 수분과 접촉하여 결빙이 되면서 제빙화학제를 사용하지 않는 경우)

① 1% ② 3%
③ 6% ④ 7%

해설 동결융해작용을 받는 콘크리트 공사의 배합에 있어서 굵은 골재 최대 치수에 따른 공기량은 다음과 같다.

굵은 골재의 최대 치수(mm)	40	25, 20
공기량(%)	5.5	6.0

10 | 플라이애시의 효능
13②, 09①

다음 중 플라이애시를 콘크리트에 사용함으로써 얻을 수 있는 장점에 해당되지 않는 것은?

① 워커빌리티가 개선된다.
② 건조수축이 적어진다.
③ 초기 강도가 높아진다.
④ 수화열이 낮아진다.

해설 초기 강도가 낮아진다.

11 | 콘크리트의 혼화재료의 기술
08②, 00③

콘크리트용 혼화재료에 관한 기술 중 옳지 않은 것은?

① 포졸란은 시공연도를 좋게 하고 블리딩과 재료 분리 현상을 저감시키는 혼화재이다.
② 플라이애시와 실리카퓸은 고강도 콘크리트 제조용으로 많이 사용한다.
③ 응결과 경화를 촉진하는 혼화재로는 염화칼슘과 규산소다 등이 사용된다.
④ 알루미늄 분말과 아연 분말은 방동제로 많이 사용하는 혼화재이다.

해설 알루미늄 분말과 아연 분말은 **기포(발포)제로 많이 사용**하는 혼화제이다.

12 | 모르타르, 콘크리트의 유해
04①, 99③

모르타르 또는 콘크리트의 시공에 있어서 상당량 포함되어도 유해(有害)하지 않은 물질은?

① 당류
② 유지류
③ 희염산
④ 규조토

해설 규조토는 시멘트의 혼화제, 연마제로 쓰이므로 콘크리트 시공에 유해한 것이라고는 할 수 없다.

13 | 포졸란의 효능
04①, 97②

포졸란(pozzolan)을 사용한 콘크리트의 효과 중 옳지 않은 기술은?

① 수밀성이 커진다.
② 경화작용이 늦어지므로 장기 강도가 낮아진다.
③ 해수 등에 화학적 저항이 크다.
④ 워커빌리티(workability)가 좋아지고 블리딩(bleeding) 및 재료 분리가 감소된다.

해설 경화작용이 늦어지므로 **장기 강도가 높아진다.**

14 | 굳지 않은 콘크리트의 성질
98③, 97②

다음 중 콘크리트의 성질에 관한 설명 중 옳지 않은 것은?

① 피니셔빌리티(finishability)란 굵은 골재의 최대 치수, 잔골재율, 골재의 입도, 반죽 질기 등에 따라 마무리하기 쉬운 정도를 말한다.
② 단위수량이 많으면 컨시스턴시(consistency)가 좋아 작업이 용이하고 재료 분리가 일어나지 않는다.
③ 블리딩(bleeding)이란 콘크리트 타설 후 표면에 물이 고이게 되는 현상으로서 레이턴스의 원인이 된다.
④ 워커빌리티(workability)란 작업의 난이도 및 재료의 분리에 저항하는 정도를 나타내며 골재의 입도와도 밀접한 관계가 있다.

해설 단위수량이 많으면 컨시스턴시(consistency)가 좋아 작업이 용이하나, **재료 분리가 일어난다.**

15 | 시멘트 분말도 시험방법
18①

시멘트 분말도 시험방법이 아닌 것은?

① 플로시험법
② 체분석법
③ 피크노메타법
④ 브레인법

해설 시멘트 분말도 시험방법에는 브레인법(공기투과장치에 의한 비표면적의 시험법), 표준체에 의한 방법 및 피크노메타법 등이 있고, 플로시험법은 콘크리트의 시공연도(워커빌리티)의 시험방법이다.

4 점토질 재료

01 | 타일의 흡수율 비교
20③, 07①, 05①

타일의 흡수율 크기의 대소 관계가 알맞은 것은?

① 석기질 > 도기질 > 자기질
② 도기질 > 석기질 > 자기질
③ 자기질 > 석기질 > 도기질
④ 석기질 > 자기질 > 도기질

해설 타일의 흡수율

(단위 : %)

구 분	자기질	석기질	도기질	비 고
흡수율	3	5	18	

02 | 흡수율이 적은 타일
14②, 97②

건축물에 이용하는 타일 중 흡수율이 작아 겨울철 동파의 우려가 가장 적은 것은?

① 도기질 타일
② 석기질 타일
③ 토기질 타일
④ 자기질 타일

해설 도기질 타일은 흡수율이 커서 동해를 받을 수 있으므로 내장용으로만 사용하고, **동파의 우려가 가장 적은 것은 자기질 타일이다.**

5 금속재료

01 | 비철금속에 관한 기술
16④, 01②, 99①

다음 비철금속에 관한 설명 중 옳지 않은 것은?

① 동에 아연을 합금시킨 것이 황동으로 일반적인 황동은 아연 함유량이 40% 이하이다.
② 구조용 알루미늄 합금은 4~5%의 동을 함유하므로 내식성이 좋다.
③ 주로 합금 재료로 쓰이는 주석은 유기산에는 거의 침해되지 않는다.
④ 아연은 철강의 방식용에 피복재로서 사용할 수 있다.

해설 알루미늄에 동을 첨가하면 **순도가 낮아져 내식성이 나빠지나**, 동과 알루미늄의 합금은 강도가 증가하고, 내열성과 연신율이 향상된다.

02 | 건축용 강재의 시험 항목
20④, 15④, 05①, 98③

건축용 강재(철근, 철골, 리벳 등)의 재료시험 항목에서 일반적으로 제외되는(중요시되지 않는) 항목은?

① 압축강도시험
② 인장강도시험
③ 굽힘시험
④ 연신율

해설 건축용 강재의 재료시험 항목에는 일반 구조용[항복점, 인장 강도, 연신율, 굴곡(굽힘) 시험 등], 용접 구조용[항복점, 인장 강도, 연신율, 굴곡(굽힘)시험, 충격시험 등] 및 리벳용 압연 강재 [인장강도, 항복점, 연신율, 굴곡(굽힘)시험 등] 등이 있다.

03 | 철 탄소량의 물성 변화
01①, 97①

다음 철금속 재료의 탄소함유량이 0.025%에서 2.11%로 변화하는 데 따른 제반 물성 변화에 대한 설명으로 옳지 않은 것은?

① 인장강도는 증가한다.
② 탄성계수는 증가한다.
③ 신율은 증가한다.
④ 경도는 증가한다.

해설 철에 함유된 성분 중 **탄소량이 증가하는 경우**에는 **강도(인장 과 압축)**, **경도**, 비열, 전기저항, **탄성계수 등을 증가**시키고, 내식성은 좋으나, **연율(신율)**, 수축률, 비중, 열전도율, 용접 성 등은 **감소시킨다**.

04 | 부식성이 큰 금속의 나열
22②, 19④, 11④

서로 다른 종류의 금속재가 접촉하는 경우 부식이 일어나는 경우가 있는데 부식성이 큰 금속 순으로 옳게 나열된 것은?

① 알루미늄 > 철 > 주석 > 구리
② 주석 > 철 > 알루미늄 > 구리
③ 철 > 주석 > 구리 > 알루미늄
④ 구리 > 철 > 알루미늄 > 주석

해설 금속의 부식원인(대기, 물, 흙 속, 전기작용에 의한 부식) 중 서로 다른 금속이 접촉하고, 그곳에 수분이 있으면 전기분해가 일어나 이온화경향이 큰 쪽이 음극이 되어 전기부식작용을 받는다는 것이다. 이온화경향이 큰 것부터 나열하면 Mg > Al > Cr > Mn > Zn > Fe > Ni > Sn > H > Cu > Hg > Ag > Pt > Au의 순이다.

05 | 경량형 강재의 특징
19④, 12①

다음 중 경량형 강재의 특징에 관한 설명으로 옳지 않은 것은?

① 경량형 강재는 중량에 대한 단면계수, 단면 2차 반경이 큰 것이 특징이다.
② 경량형 강재는 일반구조용 열간압연한 일반형 강재에 비하여 단면형이 크다.
③ 경량형 강재는 판두께가 얇지만 판의 국부좌굴이나 국부변형이 생기지 않아 유리하다.
④ 일반구조용 열간압연한 일반형 강재에 비하여 재두께가 얇고 강재량이 적으면서 휨강도는 크고 좌굴강도도 유리하다.

해설 경량형 강재는 판두께가 얇아 판의 **국부좌굴이나 국부변형**이 생겨 **불리**하다.

06 | 와이어 메시의 정의
98③, 96③

연강 철선을 전기 용접하여 정방형 또는 장방형으로 만든 것으로 콘크리트 다짐 바닥, 지면 콘크리트 포장 등에 사용하는 금속재는?

① 와이어 라스(wire lath)
② 와이어 메시(wire mesh)
③ 메탈 라스(metal lath)
④ 익스팬디드 메탈(expanded metal)

해설 **와이어 라스**는 철선 또는 아연도금 철선을 엮어서 그물 모양으로 만든 것으로 미장 바탕용에 사용된다. **메탈 라스**는 얇은 철판에 많은 절목을 넣어 이를 옆으로 늘여 만든 것으로 도벽 바탕에 사용된다. **익스팬디드 메탈**은 메탈 라스의 일종이다.

07 | 금속재료의 특성
17①

금속재료의 종류와 특성에 관한 설명으로 옳지 않은 것은?

① 구조용 특수강이란 강의 탄소량을 0.5% 이하로 하고 니켈, 망간, 규소, 크롬, 몰리브덴 등의 금속원소 1~2종을 약 5% 이하로 첨가한 것을 말한다.
② 스테인리스강은 공기 및 수중에서 잘 부식되지 않는 강을 말하며, 일반적으로 전기저항이 작고 열전도율이 높으며 경도에 비해 가공성이 우수하다.
③ 내후성강은 대기 중에서의 내식성을 보통강보다 2~6배 증대시키면서 보통강과 동등 이상의 재질, 가공성, 용접성 등을 갖게 한 강재이다.
④ TMCP 강재는 탄소당량이 낮음에도 불구하고 용접성을 개선하여 용접성이 우수하며, 강재의 두께가 증가하더라도 항복강도의 저하가 없도록 한 것이다.

[해설] 스테인리스강은 공기 및 수중에서 잘 부식되지 않는 강을 말한다. 일반적으로 **전기저항이 크고**, **열전도율이 낮으며**, 경도에 비해 가공성이 우수하다.

6 합성수지

01 | 열가소성 수지의 종류
21④, 13①, 10④, 00③, 98②

건축물의 천장재, 블라인드 등을 만드는 합성수지 중 열가소성 수지는?

① 알키드수지
② 요소수지
③ 폴리스티렌수지
④ 실리콘수지

[해설] **알키드수지**는 도료의 원료으로 사용한다. **요소수지**는 일용 잡화(완구, 장식품), 접착제 등으로 사용한다. **폴리스티렌수지**는 사용 범위가 넓고, 벽타일, **천장재**, **블라인드**, 도료, 전기용품, 발포제품(저온 단열재) 등으로 사용한다. 또한, **실리콘수지**는 실리콘유, 실리콘 고무 및 성형품, 접착제, 그 밖의 전기절연재로 사용된다.

02 | 플라스틱 바름 바닥재
12①, 07①, 04④, 01②

최근에는 바닥 마감재의 시공성 확보 및 일체성을 위해 플라스틱 바름 바닥재의 사용이 많아지고 있다. 플라스틱 바름 바닥재와 설명으로 옳지 않은 것은?

① 폴리우레탄 바름 바닥재 – 공기 중의 수분과 화학반응하는 경우 저온과 저습에서 경화가 늦으므로 5℃ 이하에서는 촉진제를 사용한다.
② 에폭시수지 바름 바닥재 – 수지 페이스트와 수지 모르타르용 결합재에 경화제를 혼합하여 생기는 기포의 혼입을 막도록 소포제를 첨가한다.
③ 불포화 폴리에스테르 바름 바닥재 – 표면 경도(탄력성), 신축성 등이 폴리우레탄에 가까운 연질이고 페이스트, 모르타르, 골재 등을 섞어서 사용한다.
④ 푸란수지 바름 바닥재 – 탄력성과 미끄럼 방지에 유리해 체육관에 많이 사용한다.

[해설] **클로로프렌 고무 바름 바닥재**는 탄력성과 미끄럼 방지에 유리해 체육관에 많이 사용하고, **푸란수지 바름 바닥재**는 내약품성 및 내열성이 우수하지만 고가이므로 전지의 제조나 도금 등의 강산을 취급하는 공장에만 사용한다.

03 | 건축재료에 관한 기술
01④, 97③

건축재료에 관한 설명 중 옳지 않은 것은?

① 합성수지 에멀션 페인트는 일반적으로 실내의 모르타르 마감면의 도장에 사용한다.
② 알루미늄은 가공성이 풍부하고 연성이 크다.
③ 아크릴계 수지의 도막은 무색, 투명하고 내약품성이 크다.
④ 페놀수지는 전기절연재료로서는 부적당하다.

[해설] 페놀수지는 전기절연재료로 **적당**하다.

04 | 열가소성 수지의 종류
19②, 06①, 03④

다음 중 열가소성 수지는?

① 페놀수지
② 요소수지
③ 멜라민수지
④ 염화비닐수지

[해설] **열경화성 수지**의 종류에는 **페놀수지, 요소수지, 멜라민수지, 폴리에스테르수지, 에폭시수지, 실리콘수지** 등이 있다. **열가소성 수지**의 종류에는 **아크릴수지, 염화비닐수지, 폴리프로필렌수지, 폴리에틸렌수지** 등이 있다.

05 | 액세스 플로어의 용도
08①, 04②, 01①

인텔리전트 빌딩 및 전자계산실에서 배선, 배관 등이 복잡한 공간의 바닥 구성재료로 적합한 것은?

① 복합 바닥(composite floor)
② 워플 바닥(waffle floor)
③ 액세스 플로어(access floor)
④ 장선 바닥(joist floor)

해설 액세스 플로어는 인텔리전트 빌딩 및 컴퓨터실에서 배선·배관을 위한 복잡한 공간을 구성하는 바닥 구성재료이다.

06 | 폴리에틸렌수지의 용도
08④, 00③

벽재, 발포 보온판 및 건축용 성형품으로 이용되는 열가소성 수지는?

① 폴리에틸렌수지
② 아크릴수지
③ 멜라민수지
④ 페놀수지

해설 **폴리에틸렌수지**는 건축용 성형품, 방수필름, 벽재, 발포보온판 등에 사용된다. **아크릴수지**는 채광판, 유리대용품 등에 사용된다. **멜라민수지**는 벽판, 천장판 카운터, 도료 등, **페놀수지**는 전기·통신 기자재류, 도료, 접착제, 수지판 등에 사용된다.

7 도장재료

01 | 알루미늄의 녹막이 도료
16④, 06②, 04④, 03①, 01①, 00②, 98①

크롬산 아연을 안료로 하고, 알키드수지를 전색제로 한 것으로서 알루미늄 녹막이 초벌칠에 적당한 것은?

① 광명단
② 징크로메이트 도료
③ 그래파이트 도료
④ 알루미늄 도료

해설 **징크로메이트 도료**는 납을 함유하지 않은 도료로서, 크롬산 아연을 안료로 하고 알키드수지를 전색제로 사용한 것으로, 녹막이 효과가 좋고 알루미늄의 녹막이 초벌칠에 적당하다.

02 | 도장재료와 희석제
20③, 12④, 10②, 08②, 06④, 03②

칠공사에 사용되는 칠의 종류와 희석제의 관계가 잘못 연결된 것은?

① 송진 건류품 – 테레빈유
② 석유 건류품 – 휘발유·석유
③ 콜타르 증류품 – 미네랄 스피릿
④ 송근 건류품 – 송근유

해설 콜타르 증류품 – 벤졸, 솔벤트 나프터 등, 석유 건류품 – 미네랄 스피리트

03 | 건성유(보일드유)의 효능
12①, 06②, 04①, 96③

유성 페인트의 정벌칠에서 광택과 내구력을 증가시키는 데 좋은 것은 다음 중 어느 것인가?

① 드라이어
② 건성유(보일드유)
③ 스티플
④ 캐슈

해설 유성 페인트에 있어서 페인트의 배합은 초벌, 재벌, 정벌 및 도포 시의 계절, 피도물의 성질, 광택의 유무 등에 따라 적당히 변경해야 한다. **건조성 지방유(건성유, 보일드유) 등 유량을 늘리면 광택과 내구력이 증가하나 건조가 늦다.** 용제를 늘리면 건조가 빠르고 귀얄질이 잘 되나 옥외 도장 시 내구력을 떨어뜨린다.

04 | 녹막이칠의 도료
21②, 16②, 12④, 10①

다음 중 녹막이칠에 부적합한 도료는?

① 광명단
② 크레오소트유
③ 아연분말 도료
④ 역청질 도료

해설 녹막이 도장재료에는 **광명단 조합 페인트, 크롬산아연 방청 페인트, 아연분말 프라이머, 역청질 도료,** 에칭 프라이머, 광명단 크롬산 아연 방청 프라이머, 타르 에폭시 수지 도료 등이 있다. **크레오소트유는 목재의 방부제이다.**

05 | 도료용 천연수지
16①, 10①, 02②

다음 중 도료용 천연수지가 아닌 것은?

① 로진(rosin)
② 셸락(shellac)
③ 내추럴 고무(natural gum)
④ 알키드수지(alkyd resin)

해설 도료용 수지에 있어서 로진, 셸락, 코펄 및 내추럴 고무는 천연수지이고, 알키드수지는 합성수지 중 **열경화성 수지이다.**

8 창호 및 유리

01 도어체크의 정의
21①, 14①, 10①, 08①, 07①, 06①, 03②

문 위틀과 문짝에 설치하여 문이 자동적으로 닫혀지게 하는 장치로서 도어 클로저(door closer)라고 명명되는 것은?

① 도어 체크(door check)
② 함자물쇠
③ 체인 로크
④ 피벗 힌지(pivot hinge)

해설 **함자물쇠**는 문 면에 달고 함 속에는 끝이 경사진 헛자물대와 작은 밀어 잠그레가 있는 자물쇠이다. **체인 로크**는 체인으로 된 잠금쇠이다. **피벗 힌지**는 플로어 힌지를 사용할 때 문의 위 촉의 돌대로 사용하는 철물이다.

02 판유리에 관한 기술
05②, 02①

판유리에 관한 설명 중 옳지 않은 것은?

① 망입유리는 화재 시 조각이 날리지 않으므로 방화문에 사용할 수 있다.
② 이중유리는 단열, 차음, 방서의 특성을 가지므로 을종 방화문에 적당하다.
③ 강화유리는 절단할 수 없으므로 주문할 때 정한 치수로 해야 한다.
④ 신축 중인 건물에 유리를 끼우는 시기는 일반적으로 내부 마감공사가 시작되기 전에 끼워야 한다.

해설 이중유리는 단열, 차음, 방서의 특성을 가지나 **방화문이나 방화창에는 부적당**하다.

03 유리의 주성분
04④

다음 중 유리의 주성분으로 옳은 것은?

① Na_2O ② CaO
③ SiO_2 ④ K_2O

해설 유리 성분의 비율은 SiO_2(71~73%)−Na_2O(14~16%)−CaO(8~15%)−MgO(1.5~3.5%)−Al_2O_3(0.5~1.5%)이므로 **주성분은 SiO_2**이다.

04 창유리의 투과 성질
21④, 16①

보통 창유리의 특성 중 투과에 관한 설명으로 옳지 않은 것은?

① 투사각 0도일 때 투명하고 청결한 창유리는 약 90%의 광선을 투과한다.
② 보통의 창유리는 많은 양의 자외선을 투과시키는 편이다.
③ 보통 창유리도 먼지가 부착되거나 오염되면 투과율이 현저하게 감소한다.
④ 광선의 파장이 길고 짧음에 따라 투과율이 다르게 된다.

해설 **보통 창유리**는 산화제일철이 들어 있으므로 **자외선을 거의 투과시키지 못하며**, 산화제일철을 산화제일철로 환원시킨 자외선 투과유리는 자외선을 잘 투과시킨다.

05 유리섬유에 관한 기술
17①, 12④

다음 중 유리섬유(glass fiber)에 대한 설명으로 옳지 않은 것은?

① 경량이면서 굴곡에 강하다.
② 단위면적에 따른 인장강도는 다르고, 가는 섬유일수록 인장강도는 크다.
③ 탄성이 적고 전기절연성이 크다.
④ 내화성, 단열성, 내수성이 좋다.

해설 경량이면서 **굴곡에 약하다.**

06 로이유리의 특징
15②, 13①

Low−E 유리의 특징으로 옳지 않은 것은?

① 가시광선($0.4~0.78\mu m$) 투과율은 맑은 유리와 비교할 때 큰 차이가 없다.
② 근적외선($0.78~2.5\mu m$) 영역의 열선 투과율은 현저히 낮다.
③ 색유리를 사용했을 때보다 실내는 훨씬 밝아진다.
④ 실외의 물체들이 자연색 그대로 실내로 전달되지 않는다.

해설 실외의 물체들이 자연색 그대로 **실내로 전달된다.**

07 | 안전유리의 종류
05④, 01①

다음 중 안전유리가 아닌 것은?

① 겹친유리
② 강화유리
③ 망입유리
④ 형판유리

> **해설** **안전유리**는 강도가 커서 잘 파괴되지 않으며, 또 파괴되더라도 파편의 위험이 적거나 없어서 비교적 안전하게 사용할 수 있는 유리이다. **안전유리의 종류**는 **겹친유리, 강화유리** 및 **망입유리** 등이 있다. **형판유리**는 판유리의 한 면에 각종 무늬를 돋힌 것으로 2~5mm 두께의 **판유리**이다.

08 | 여닫이문의 창호철물
19④

창호철물 중 여닫이문에 사용하지 않는 것은?

① 도어행거(door hanger)
② 도어체크(door check)
③ 실린더록(cylinder lock)
④ 플로어힌지(floor hinge)

> **해설** **도어행거**는 접문의 이동장치에 쓰는 것으로서 문짝의 크기에 따라 사용하며 2개 또는 4개의 바퀴가 달린 창호철물이다. **도어체크(클로저)**는 문과 문틀에 장치하여 문을 열면 저절로 닫히는 장치가 되어 있는 창호철물로 여닫이문에 사용한다. **실린더록**은 함자물쇠의 일종으로 자물쇠장치를 실린더 속에 한 것이다. **플로어힌지**는 문짝에 다는 경첩 대신에 여닫이문의 위·아래 촉을 붙이며 마루에는 구멍(소켓)이 있어 촉의 작용을 한다. 경첩으로 유지할 수 없는 무거운 자재여닫이문에 사용하는 창호철물이다.

09 | 로이유리의 정의
19②

열적외선을 반사하는 은소재도막으로 코팅하여 방사율과 열관류율을 낮추고 가시광선투과율을 높인 유리는?

① 스팬드럴유리
② 접합유리
③ 배강도유리
④ 로이유리

> **해설** **스팬드럴유리**는 플로트판유리의 한쪽 면에 세라믹질의 도료를 코팅한 다음 고온에서 용착 반경화시킨 불투명한 색유리이다. **접합유리**는 투명판유리 2장 사이에 아세테이트, 부틸셀룰로오스 등 합성수지막을 넣어 합성수지 접착제로 접착시킨 유리로서, 보통 판유리에 비해 투광성은 약간 떨어지나 차음성, 보온성이 좋은 편이다. **배강도유리**는 판유리를 열처리하여 유리표면에 적절한 크기의 압축응력층을 만들어 파괴강도를 증대시키고 파손되었을 때 판유리와 유사하게 깨지도록 한 유리이다.

9 방수재료 및 미장재료

01 | 기경성의 미장재료
18④, 15②, 09①, 02②

다음의 미장재료 중 기경성으로만 조합된 것은?

① 회반죽, 석고 플라스터, 돌로마이트 플라스터
② 시멘트 모르타르, 석고 플라스터, 회반죽
③ 석고 플라스터, 돌로마이트 플라스터, 진흙
④ 진흙, 회반죽, 돌로마이트 플라스터

> **해설** ① 회반죽·돌로마이트 플라스터 : 기경성, 석고 플라스터 : 수경성
> ② 시멘트 모르타르·석고 플라스터 : 수경성, 회반죽 : 기경성
> ③ 석고 플라스터 : 수경성, 돌로마이트 플라스터·진흙 : 기경성

02 | 유성페인트의 마감재료
05④

벽면의 미장재료가 다음과 같을 때 유성 페인트칠을 가장 빨리 할 수 있는 재료는?

① 콘크리트
② 시멘트 모르타르
③ 회반죽
④ 석고 플라스터

> **해설** **석고 플라스터**는 순수한 석고의 미장재료로서 결함(빠른 응결과 체적 팽창)을 조절하기 위한 혼합재로 석회, 돌로마이트, 점토 등을 섞는다. 약한 산성으로 접촉된 목재의 부식을 방지한다. 특히, **유성 페인트를 즉시 칠할 수 있다.**

03 | 침입도의 정의
15①, 09②

방수공사에 사용하는 아스팔트의 견고성 정도를 침의 관입 저항으로 평가하는 방법은?

① 침입도
② 마모도
③ 연화점
④ 신도

> **해설** **아스팔트의 침입도** 시험은 아스팔트의 견고성 정도를 침의 관입 저항으로 평가하는 방법이다. 시험온도는 25℃, 추의 무게는 100g으로 고정쇠를 5초 동안 눌러 시료 속으로 들어가게 하고, 시험은 3회 실시해 평균값으로 하며, 침입도의 단위는 0.1mm, 즉 침입도 1=0.1mm이고, 표준 침의 굵기는 1.0mm이다.

04 | 미장재료 경화의 기술
05②, 99②

미장재료의 경화에 대한 설명으로 틀린 것은?

① 석회는 수중에서 경화하지 않는다.
② 소석고는 물을 가하면 석고 성분으로 환원해 경화한다.
③ 무수석고 플라스터는 응결시간이 길고 응결경화에 의한 수축이 거의 없다.
④ 마그네시아 시멘트는 수경성 물질이다.

해설 마그네시아 시멘트는 공기와 물에서는 경화하지 않으나, 염화마그네슘 용액과 섞어서 반죽하면 응결, 경화하는 **특수한 미장재료**이다.

05 | 지붕공사에 사용하는 재료
04①, 03①

다음 중 지붕공사에 주로 사용하는 재료는?

① 천연 아스팔트
② 스트레이트 아스팔트
③ 아스팔트 피치
④ 블론 아스팔트

해설 **천연 아스팔트**는 록 아스팔트, 레이트 아스팔트, 아스팔트 타이트 등이 있다. **스트레이트 아스팔트**는 아스팔트 성분을 될 수 있는 대로 분해, 변화하지 않도록 만든 것으로 지하실 방수에 사용된다. **피치**는 타르에서 비교적 추출하기 쉬운 것을 증류에 의해 추출한 나머지로 검은색의 점성이 있는 고체 물질이다.

06 | 기경성의 미장재료
02④, 97④

다음의 미장재료 중 기경성 재료가 아닌 것은?

① 진흙
② 석고 플라스터
③ 회반죽
④ 돌로마이트 플라스터

해설 미장재료 중 **기경성 재료**에는 석회계 플라스터(**회반죽**, 회사벽, **돌로마이트 플라스터**)와 흙반죽, **진흙**, 섬유벽 등이 있고, **수경성 재료**에는 시멘트계(시멘트 모르타르, 인조석, 테라조 현장 바름 등)과 **석고계 플라스터**(혼합 석고 플라스터, 보드용 석고 플라스터, 크림용 석고 플라스터, 킨즈 시멘트 등)가 있다.

07 | 아스팔트 양부 판정 요소
02②, 97③

방수공사에 사용하는 아스팔트의 양부(良否)를 판정하는 데 필요치 않은 것은 다음 중 어느 것인가?

① 침입도(針入度)
② 신도(伸度)
③ 연화점(軟化点)
④ 마모도(磨耗度)

해설 아스팔트의 품질 판정 시 고려할 사항은 **침입도, 연화점,** 이황화탄소(가용분), 감온비, **늘음도**(신도, 다우스미스식), 비중 등이 있고, **마모도와는 무관**하다.

08 | 아스팔트 콤파운드의 침입도
99③

건축공사의 방수용 아스팔트 콤파운드의 침입도는 다음 중 어떤 것을 사용하는가?

① 5°
② 15°
③ 30°
④ 35°

해설 블론 아스팔트는 한랭지에서 10~20°, 온난지에서 20~30°, 아스팔트 콤파운드는 15~25° 정도이다.

10 접착제

01 | 변형 측정 기구
14①, 11②, 96②

다음 재료시험 중 탄성계수를 구할 때 변형 측정에 이용하는 기구 중 가장 정밀도가 높은 것은?

① 다이얼 게이지(dial gauge)
② 콤퍼레이터(comparator)
③ 마이크로미터(micrometer)
④ 와이어 스트레인 게이지(wire strain gauge)

해설 다이얼 게이지는 미세한 변이를 다이얼형 지시부에 기계적으로 확대해 나타내는 계측기로서 응답속도가 느리므로 진동 계측은 힘들다. **콤퍼레이터**는 길이 변화에 대한 측정기로서 1/1,000mm까지의 정밀도를 갖고 있는 기구이다. **마이크로미터**는 길이를 측정하는 측정기의 하나이다.

02 | 목재 접착제
03①, 00②, 99④

목재 접착에 이용되는 접착제로서 내수, 내구성적인 측면에서 품질이 가장 우수한 것은?

① 요소계 수지
② 페놀계 수지
③ 비닐계 수지
④ 아교

해설 페놀수지는 페놀(석탄산)과 포르말린을 원료로 하고 산과 알칼리를 촉매로 하여 만들며, 건축재로는 합판 대용의 판류, **1류 합판의 접착제**(목재의 접착에 이용되는 내수, 내수성적인 측면에서 품질이 우수한 접착제), 내알칼리성 도장재, 다공질로 만든 단열재, 포장재로 사용한다.

03 | 목재 접착제
05④, 96③

목재의 접착제가 아닌 것은?

① 멜라민수지
② 스티롤수지
③ 카세인
④ 페놀수지

해설 목재의 접착에 사용하는 접착제는 1류 합판에는 페놀수지풀을, 2류 합판에는 요소수지풀 또는 멜라민수지풀을, 3류 합판에는 카세인을 사용한다.

04 | 목재 접착제의 수지
21②, 16①

목재의 접착제로 활용되는 수지로 가장 거리가 먼 것은?

① 요소수지
② 멜라민수지
③ 폴리스티렌수지
④ 페놀수지

해설 내수합판의 접착제로 사용되는 접착제의 종류에는 페놀수지 접착제, 멜라민수지 접착제 및 요소수지 접착제 등이 있다.

빈도별 기출문제

ENGINEER ARCHITECTURE

1 건축구조의 개념

01 | 창호에 관한 기술
00③, 99③

창호에 관한 설명 중 옳지 않은 것은?

① 오르내리창에 크레센트를 사용한다.
② 윗홈대는 밑홈대보다 홈을 깊이 판다.
③ 자재문에는 도어 체크를 붙인다.
④ 플로어 힌지는 중량의 자재문에 사용한다.

해설 자재문은 안팎으로 여닫는 여닫이문으로서 **자유 경첩**이나 **플로어 힌지**를 단다.

02 | 보강 콘크리트 블록조의 기술
06②

보강 콘크리트 블록조에 대한 설명 중 잘못된 것은?

① 내력벽으로 둘러싸인 부분의 바닥면적은 80m²를 넘지 않도록 한다.
② 벽체의 줄눈은 통줄눈이 되지 않도록 한다.
③ 철근 보강 시 철근은 굵은 것을 조금 넣는 것보다 가는 것을 많이 넣는 것이 좋다.
④ 벽은 집중적으로 배치하지 말아야 하며 가능한 한 균등히 배치한다.

해설 벽체의 줄눈은 **철근의 배근을 위해 통줄눈**이 되도록 한다.

03 | 회전 돌쩌귀의 중심
01①, 98①, 96③

회전창문의 돌쩌귀 중심은 어느 것인가?

① 창문의 수평 중심선보다 약 2.5cm가량 올려 달아야 한다.
② 창문의 수평 중심선보다 약 2.5cm가량 내려 달아야 한다.
③ 창문의 수평 중심선과 일치시켜야 한다.
④ 한쪽은 약 1cm가량 올려 달고 다른 한쪽은 약 1cm 가량 내려 달아야 한다.

해설 회전창은 좌우 선대의 중앙부에 회전 지도리를 대고, 창의 위는 안으로, 밑은 밖으로 돌려 여는 창이다.

04 | 목구조의 보강철물
03②

목구조의 보강철물에 관해 잘못 설명하고 있는 것은?

① 왕대공과 평보의 맞춤부에는 반드시 띠쇠로 보강한다.
② 처마도리와 깔도리는 볼트로 긴결한다.
③ 토대는 기초에 앵커볼트로서 고정한다.
④ ㅅ자보와 빗대공의 맞춤부의 보강철물로 꺾쇠가 있다.

해설 왕대공과 평보의 맞춤부에는 반드시 **감잡이쇠로 보강**하고, **띠쇠는 왕대공과 ㅅ자보의 맞춤 부분에 보강**할 때 사용한다.

05 | 멀리온의 용도
21①, 17①, 04②, 03④

창 면적이 클 때 스틸바만으로는 약하며, 또한 여닫을 때의 진동으로 유리가 파손될 우려가 있으므로 이것을 보강하고 외관을 꾸미기 위해 사용하는 것은?

① 슬래트(slat)
② 멀리온(mullion)
③ 크레센트(crescent)
④ 지도리(pivot)

해설 **슬래트(솔기)**는 철재 셔터를 구성하는 좁은 쪽이다. **크레센트**는 오르내리창의 윗막이대 윗면에 대어 다른 창의 밑막이에 걸리게 되는 걸쇠이다. **지도리**는 장부가 구멍에 들어 끼어 돌게 한 철물이다.

06 | 조적조 내력벽의 규정
02②

조적조 내력벽에 관한 기술 중 옳지 않은 것은?

① 내력벽의 기초는 연속기초로 하여야 한다.
② 내력벽의 길이는 10m를 넘을 수 없다.
③ 토압을 받는 내력벽의 높이가 2.8m 이내일 경우는 조적조로 할 수 있다.
④ 내력벽으로 둘러싸인 부분의 바닥면적은 80m²를 넘을 수 없다.

정답 01. ③ 02. ② 03. ③ 04. ① 05. ② 06. ③

해설 토압을 받는 내력벽의 높이가 2.5m를 넘지 않는 경우는 조적조로 할 수 있다.

07 | 셸구조의 정의
15①, 07④, 06②

곡면판이 지니는 역학적 특성을 응용한 구조로서 외력은 주로 판의 면내력으로 전달되기 때문에 경량이고 내력이 큰 구조물을 구성할 수 있는 것은?

① 트러스구조
② 커튼월구조
③ 셸구조
④ 패널구조

해설 **트러스구조**는 2개 이상의 부재를 삼각형의 형태로 조립하여 마찰이 없는 활절(회전절점)로 연결하여 만든 뼈대구조이다. **커튼월구조**는 건축물의 외장재로서 벽을 미리 공장에서 제작한 다음 현장에서 판을 부착하여 외벽을 형성하는 구조이다. **패널구조**는 벽과 기둥, 바닥판 등을 한 장의 패널로 형성하는 구조이다.

08 | 조립식 구조의 특성
09①, 96③

조립식 구조의 특성 중 옳지 않은 것은?

① 공장 생산이 가능하며 대량 생산할 수 있다.
② 각 부품과의 접합부가 일체가 되어 절점을 강접합으로 하기가 용이하다.
③ 기계화 시공으로 단기 완성이 가능하다.
④ 현장 거푸집 공사가 절약되며 정밀도가 높고 강도가 큰 콘크리트 부재를 사용할 수 있다.

해설 각 부품과의 접합부를 **일체화하기가 곤란**하다.

09 | 테두리보의 춤
05①, 02④, 99④

조적조에서 테두리보의 춤은 벽체 두께의 얼마 이상으로 해야 하는가?

① 1.5배   ② 2.5배
③ 3배   ④ 3.5배

해설 건축물 각 층의 내력벽 위에는 **춤이 벽두께의 1.5배**인 철골구조 또는 철근콘크리트구조의 **테두리보를 설치**해야 한다.

10 | 벽돌조의 규정
02①, 00③, 99③

벽돌조 규정에 관한 사항 중 옳지 않은 것은?

① 칸막이벽 두께는 9cm 이상으로 해야 한다.
② 내력벽의 길이는 10m를 넘을 수 없다.
③ 최상층의 벽체 두께는 최소 12cm 이상이어야 한다.
④ 폭이 1.8m를 넘는 개구부의 상부에는 철근콘크리트의 웃인방을 설치해야 한다.

해설 최상층의 벽두께는 **1층의 경우에는 150mm(15cm), 2층인 경우에는 190mm(19cm) 이상**이어야 한다.

11 | 벽돌벽의 두께 산정
05②

미장이 안 된 표준형 벽돌벽 1.5B 벽체의 두께는? (단, 공간쌓기 아님.)

① 280mm
② 290mm
③ 300mm
④ 310mm

해설 1.5B란 **벽두께가 벽돌 1장 반이라는 뜻**이므로 한 장과 반 장 사이에 줄눈이 존재하므로 190(한 장)+10(줄눈)+90(반 장)=290mm이다.

12 | 목조의 토대에 관한 기술
04①

목조의 토대에 관한 기술 중 옳지 않은 것은?

① 토대는 기초 위에 가로 놓아 상부에서 오는 하중을 기초에 전달한다.
② 토대의 크기는 보통 기둥과 같이 하거나 다소 작게 한다.
③ 토대의 모서리, T자형, +자형으로 접합되는 요소에는 귀잡이 토대를 설치한다.
④ 토대와 토대의 이음은 턱걸이 주먹장 이음 또는 엇걸이 산지 이음 등으로 한다.

해설 토대의 크기는 보통 **기둥과 같이 하거나 다소 크게** 한다.

13 | 가새의 설치방법
98③

목조 벽체의 가새 설치방법 중 내풍상 가장 효과적인 것은?

① 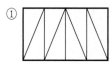 ②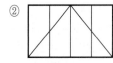

③  ④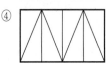

해설 가새의 경사는 45°에 가까울수록 유리하고, 좌우대칭으로 배치하며, 인장가새와 압축가새를 변갈아 설치한다.

14 | 건축구조의 구조별 특징
17②, 11④

건축구조의 구조별 특징을 기술한 것 중 옳지 않은 것은?

① 조적식 구조는 압축력에는 강하지만 횡력에 취약하다.
② 가구식 구조는 삼각형보다 사각형으로 조립하면 더욱 안정한 구조체를 이룰 수 있다.
③ 조립식 구조는 부재를 공장에서 생산·가공하여 현장에서 조립하므로 공기가 짧다.
④ 일체식 구조는 비교적 균일한 강도를 가진다.

해설 가구식 구조는 긴 부재를 서로 짜맞추어 구성된 구조로 사각형보다 삼각형의 구조가 더욱 안정된 구조가 된다.

15 | 목구조에 대한 기술
15②, 05④

목구조에 대한 설명 중 틀린 것은?

① 목골구조는 건물의 뼈대는 목재로 구성하고, 벽에는 벽돌, 돌 등을 쌓아 막은 구조이다.
② 목구조는 주로 목재를 써서 뼈대를 조립한 가구식 구조를 말한다.
③ 심벽 목구조는 기둥·샛기둥의 내외면에 메탈라스 또는 철망을 치고 모르타르 등으로 마감한 구조로 기둥, 샛기둥, 가새 등은 외부에 보이지 않게 한다.
④ 목재 패널구조는 합판 또는 널재로 대형 패널을 만들어 구조 내력 부재로 이용하는 목조 건물의 구조법이다.

해설 평벽식 목구조는 기둥·샛기둥의 내외면에 메탈라스 또는 철망을 치고, 모르타르 등으로 마감한 구조로 기둥, 샛기둥, 가새 등은 외부에서 보이지 않게 하는 구조이다. 심벽식 목구조는 기둥의 복판에 벽을 쳐서 기둥이 벽의 바깥쪽으로 내보이게 하는 구조이다.

16 | 풍압력의 크기 결정요소
15④, 96③

건축물에 작용하는 풍압력의 크기와 관계 없는 것은?

① 건축물의 높이 ② 건축물의 무게
③ 건축물의 형상 ④ 풍속

해설 풍압력 = 풍력계수 × 속도압이다. 풍력계수는 건축물의 형상과 관계가 있고, 속도압은 건축물의 높이, 기본 풍속 등과 관계가 깊으므로 건축물의 무게와는 무관하다.

17 | 골조-아웃리거 시스템
14②, 10④

다음 골조-아웃리거 시스템에 관한 설명 중 ( ) 안에 가장 알맞은 것은?

> 건물이 고층화됨에 따라 횡하중에 의한 횡변형이 많이 발생하게 된다. 보통 골조-전단벽 구조에서는 횡하중을 부담하는 코어에 아웃리거와 ( )을/를 설치하여 외곽기둥과 연결시킨다.

① 벨트 트러스
② 프리스트레스트 빔
③ 합성 슬래브
④ 슈퍼 칼럼

해설 골조-아웃리거 시스템은 건축물이 고층화됨에 따라 횡하중에 의한 횡변형이 발생하게 된다. 보통은 골조-전단벽 구조에서는 횡하중을 부담하는 코어에 아웃리거와 벨트 트러스를 설치하여 외곽기둥과 연결시킨다.

18 | 튜브 구조의 정의
10①, 08④

초고층 건물의 구조형식 중 건물의 외곽 기둥을 밀실하게 배치하고 일체화하여 초고층 건물을 계획하는 구조형식은?

① 메가 칼럼 구조
② 대각 가새 구조
③ 전단벽 구조
④ 튜브 구조

해설 메가 칼럼 구조는 강진이나 태풍 등에 대비하여 건축물의 안전을 보장하도록 축조하기 위하여 구형 구조물(댐퍼)을 설치하여 건축물의 중앙 부분의 진동을 완화하는 구조이다. 대각 가새 구조는 압축부재 또는 인장부재로 가새를 경사지게 배치하여 수평하중(지진 또는 태풍 등)을 트러스 거동에 의해 저항하는 구조이다. 전단벽 구조는 일정한 두께를 가진 긴 수직벽체가 건축계획적으로 공간을 분할하는 역할을 함과 동시에 횡력 및 중력에 대하여 저항하는 역할을 하는 구조이다.

정답 13. ④ 14. ② 15. ③ 16. ② 17. ① 18. ④

19 | 윗문틀의 홈의 깊이
06①, 96②

목재로 미서기문을 만들 때 윗문틀의 적당한 문짝 홈의 깊이는?

① 5mm

② 10mm

③ 15mm

④ 20mm

해설 홈의 깊이는 **웃홈대는 15mm**, 밑홈대는 3mm 정도로 한다.

20 | 조적조 벽체에 관한 기술
05②, 96③

조적조 벽체에 관한 설명 중 옳지 않은 것은?

① 내력벽의 길이는 10m를 넘을 수 없다.

② 내력벽으로 둘러싸인 부분의 바닥면적은 80m²를 넘을 수 없다.

③ 하나의 층에 있어 개구부와 바로 위층의 개구부까지 수직거리는 90cm 이상으로 해야 한다.

④ 각 층의 대린벽으로 구획된 벽에서는 개구부의 너비의 합계는 그 벽 길이의 1/2 이하로 한다.

해설 하나의 층에 있어 개구부와 바로 위층의 개구부까지의 수직거리는 **60cm 이상**으로 해야 한다.

21 | 횡력에 대한 안전한 구조법
02②, 00③

가구식 구조물의 횡력에 대한 안전한 구조법으로 가장 올바른 것은?

① 샛기둥을 많이 설치한다.

② 가새를 유효하게 설치한다.

③ 기둥과 보의 단면계수값을 증가시킨다.

④ 기둥 부재의 단면을 크게 한다.

해설 **가새**는 사각형 구조는 일반적으로 불안전한 구조이므로 이를 삼각형의 안전구조로 하여 **횡력에 대한 변형**, 이동 등을 방지하는 목적으로 설치하는 부재이다.

22 | 조적조에 관한 기술
01①, 96③

조적조에 대한 설명 중 옳지 않은 것은?

① 조적재가 벽돌인 경우에는 내력벽 두께는 벽 높이의 1/20 이상으로 한다.

② 개구부 폭의 합계는 벽길이의 1/2 이하로 한다.

③ 최상층 부분의 내력벽 높이는 4m를 넘을 수 없다.

④ 조적식 구조인 칸막이벽 두께는 15cm 이상으로 하여야 한다.

해설 조적식 구조인 **칸막이벽의 두께는 9cm 이상**으로 해야 한다.

23 | 지붕잇기의 최소 물매
00③, 96②

지붕잇기 재료의 최소 물매로서 부적당한 것은?

① 아스팔트 루핑 : 3/10

② 금속판 기와가락 이음 : 4/10

③ 천연 슬레이트(소형) : 5/10

④ 평기와 : 4/10

해설 금속판 기와가락 이음의 물매는 **2.5/10 정도**이다.

24 | 목구조에 관한 기술
04①

목구조에 관한 설명 중 옳지 않은 것은?

① 왕대공 지붕틀이 연직하중만을 받을 경우 왕대공은 압축재이다.

② 가새는 목조 벽체를 수평력에 견디게 한다.

③ 왕대공 지붕틀의 간사이는 20m 정도까지는 할 수 있으나 보통 10m 정도로 한다.

④ 층도리는 2층 마룻바닥이 있는 부분에 수평으로 대는 가로재이다.

해설 **왕대공 지붕틀**이 연직하중만을 받을 경우 왕대공은 **수직부재**이므로 **인장재**이다.

25 | 개구부 폭의 합계
03①, 97④

대린벽으로 구획된 10m 길이의 조적조 벽체에 최대한 허용 가능한 개구부 폭의 합계는?

① 4m   ② 5m

③ 6m   ④ 7m

해설 각 층의 대린벽으로 구획된 벽에서 **문꼴 너비의 합계는 그 벽길이**의 1/2 **이하로** 한다. 그러므로, $10 \times \frac{1}{2} = 5\text{m}$ 이하로 해야 한다.

26 | 벽돌조의 규정
02①, 00②

벽돌조의 규정에 관한 기술 중 옳지 않은 것은?

① 칸막이벽 두께는 9cm 이상으로 해야 한다.
② 벽 두께는 높이의 1/15 이상으로 해야 한다.
③ 벽돌내쌓기의 정도는 2B를 한도로 한다.
④ 폭이 1.8m를 넘는 개구부의 상부에는 철근콘크리트의 웃인방을 설치해야 한다.

해설 벽두께는 조적재가 **벽돌**인 **경우**에는 **벽 높이의 1/20 이상**, 블록조인 경우에는 벽 높이의 1/16 이상으로 하여야 한다.

27 | 골조-아웃리거의 정의
22①, 18④

고층건물의 구조형식 중에서 건물의 중간층에 대형 수평부재를 설치하여 횡력을 외곽기둥이 분담할 수 있도록 한 형식은?

① 트러스구조
② 튜브구조
③ 골조아웃리거구조
④ 스페이스프레임구조

해설 **트러스구조**는 2개 이상의 부재를 삼각형의 형태로 조립하여 마찰이 없는 활절(회전절점)로 연결하여 만든 뼈대구조이고, **튜브구조**는 초고층건물의 구조형식 중 건물의 외곽기둥을 밀실하게 배치하고 일체화하여 초고층건물을 계획하는 구조이며, **스페이스프레임구조**는 선 모양의 부재로 만든 트러스를 가로와 세로 두 방향으로 평면이나 곡면의 형태로 판을 구성한 구조이다.

❷ 토질 및 기초

01 | 모래지반의 응력분포
07④, 04①, 02①, 00③, 99①

독립기초가 모래지반 위에 놓여 있을 때 중심 압축력에 대한 지반반력의 분포로서 합당한 것은?

①
②
③
④

해설 탄성체에 가까운 **경질 점토에 하중**을 가하면 그 압력은 **주변에서 최대**이고, 중앙에서 최소로 된다. 모래와 같은 입상토에 하중을 가하면 그 압력은 **주변에서 최소**이고, 중앙에서 최대로 된다. 실제 기초 설계에 있어서는 보통 응력은 일정하고, 30° 각도로 넓어진다고 가정한다.

02 | 부동침하의 방지대책
15④, 09②, 05④, 03④

연약지반에서 부동침하를 방지하는 대책으로 옳지 않은 것은?

① 건물을 경량화한다.
② 지하실을 강성체로 설치한다.
③ 줄기초와 마찰말뚝기초를 병용한다.
④ 건물의 구조 강성을 높인다.

해설 **이질·일부 지정**을 **사용**하는 경우에는 오히려 **부동침하가 증**대되고, 온통기초나 마찰말뚝을 사용한다.

03 | 토질에 발생하는 현상
08④, 07①, 03①, 00③

신축 건물의 기초파기 중 토질에 생기는 현상과 관계가 가장 적은 것은?

① 보일링(boiling)
② 파이핑(piping)
③ 융기현상(heaving)
④ 언더피닝(under-pinning)

해설 **파이핑 현상**은 흙막이벽의 부실공사로 인하여 흙막이벽의 뚫린 구멍 또는 이음새를 통해 물이 공사장 내부 바닥으로 파이프 작용을 하여 보일링 현상이 생기는 현상이다. **언더피닝은 기존 구조물의 기초를 보강** 또는 **새로이 기초를 삽입하는 공사의 명칭**을 말한다.

04 | 부동침하의 방지대책
11④, 09①, 06①

다음 중 부동침하를 방지하기 위한 대책과 가장 관계가 먼 것은?

① 구조물의 하중을 기초에 균등하게 분포시킨다.
② 필요 시 복합기초를 사용한다.
③ 기초 상호 간을 지중보로 연결한다.
④ 건물의 길이를 길게 한다.

해설 건물의 길이를 **짧게 한다.**

05 | 지반의 허용지내력 비교
21④, 19①, 07②

각 지반의 허용지내력의 크기가 큰 것부터 순서대로 올바르게 나열된 것은?

A. 자갈	B. 모래	C. 연암반	D. 경암반

① B > A > C > D
② A > B > C > D
③ D > C > A > B
④ D > C > B > A

해설 지반의 허용지내력은 **경암반**(4,000kN/m²)−**연암반**(1,000~2,000 kN/m²)−**자갈**(300kN/m²)−점토와 **모래**(100kN/m²)의 순이고, 단기하중에 의한 지반의 허용지내력도는 장기하중에 의한 지반의 허용지내력도의 1.5배로 한다.

06 | 부동침하의 원인
22①, 17② ▱▱▰

부동침하의 원인과 가장 거리가 먼 것은?

① 건물이 경사지반에 근접되어 있을 경우
② 건물이 이질지반에 걸쳐 있을 경우
③ 이질의 기초구조를 적용했을 경우
④ 건물의 강도가 불균등할 경우

해설 **부동침하의 원인**은 연약층, **경사지반, 이질지층**, 낭떠러지, 일부 증축, 지하수위 변경, 지하구멍, 메운 땅 흙막이, **이질지정** 및 일부 지정 등이 있다.

07 | 부동침하의 방지대책
21①, 18② ▱▱▰

연약지반에 기초구조를 적용할 때 부동침하를 감소시키기 위한 상부구조의 대책으로 옳지 않은 것은?

① 폭이 일정할 경우 건물의 길이를 길게 할 것
② 건물을 경량화할 것
③ 강성을 크게 할 것
④ 부분증축을 가급적 피할 것

해설 **부동침하의 원인**은 **연약층**, 경사지반, 이질지층, 낭떠러지, **증축**, **지하수위 변경**, 지하구멍, 메운 땅 흙막이, **이질 지정** 및 일부 지정 등이고, **연약지반에 대한 대책**에는 **상부구조와의 관계**(건축물의 경량화, **평균길이를 짧게 할 것**, 강성을 높게 할 것, 이웃 건축물과 거리를 멀게 할 것, 건축물의 중량을 분배할 것 등)와 **기초구조와의 관계**(굳은 층(경질층)에 지지시킬 것, 마찰말뚝을 사용할 것 및 지하실을 설치할 것 등)가 있다.

08 | 액상화의 정의
16②, 10④ ▱▰▰

다음에서 설명하는 용어는?

> 포화 사질토가 비배수 상태에서 급속한 재하를 받게 되면 과잉간극수압의 발생과 동시에 유효 응력이 감소하며, 이로 인해 전단저항이 크게 감소하는 현상

① 히빙
② 액상화
③ 보일링
④ 틱소트로피

해설 **히빙 현상**은 하부 지반이 연약할 때 흙파기 저면선에 대하여 흙막이 바깥에 있는 흙의 중량과 지표재 하중의 중량을 견디지 못해 저면의 흙이 붕괴되고 흙막이 바깥에 있는 흙이 안으로 밀려 들어 볼록해지는 현상이다. **보일링 현상**은 흙파기의 저면이 투수성이 좋은 사질 지반으로 지하수가 얕게 있거나 흙파기 저면의 부근에 피압수가 있는 경우, 흙파기 저면을 통해 상승하는 유수로 말미암아 모래의 입자가 부력을 받아 저면 모래지반의 지지력이 없어지는 현상이다. **틱소트로피**는 이산구조의 점성토가 시간이 지남에 따라 면모구조(미세한 토립자, 즉 점토광물의 배열상태를 표시하는 모델임)화되면서 강도를 회복하는 현상이다.

09 | 기성콘크리트 말뚝의 간격
17④, 16④ ▱▱▰

말뚝머리지름이 400mm인 기성콘크리트 말뚝을 시공할 때 그 중심 간격으로 가장 적당한 것은?

① 750mm
② 800mm
③ 900mm
④ 1,000mm

해설 말뚝의 배치방법

말뚝의 종류	나무	기성 콘크리트	현장 타설 (제자리) 콘크리트	강재
말뚝의 간격	말뚝 직경의 2.5배 이상		말뚝 직경의 2배 이상 (**폐단강관말뚝 : 2.5배**)	
	60cm 이상	75cm 이상	(직경+1m) 이상	75cm 이상

그러므로, ㉮ 750mm 이상, ㉯ 말뚝 직경의 2.5배 이상이므로 2.5×400=1,000mm 이상이다. ㉮, ㉯의 최대값을 택하면, 1,000mm 이상이다.

10 | 연약지반에 대한 대책
21④, 17③ ▱▱▰

연약지반에 대한 안전확보대책으로 옳지 않은 것은?

① 지반개량 공법을 실시한다.
② 말뚝기초를 적용한다.
③ 독립기초를 적용한다.
④ 건물을 경량화한다.

해설 연약지반의 기초에 대한 대책은 **상부 구조와의 관계**(건축물의 **경량화**, 평균길이를 짧게 할 것, 강성을 높게 할 것, 이웃 건축물과 거리를 멀게 할 것, 건축물의 중량을 분배할 것)와 기초구조와의 관계(굳은 층(경질층)에 지지시킬 것, **마찰말뚝을 사용할 것**, 지하실을 설치할 것) 및 **지반과의 관계**(흙다지기, 물빼기, 고결, 바꿈 등의 처리를 하며, 방법으로는 전기적 고결법, 모래 지정, 웰 포인트, 시멘트 물주입법 등) 등이 있다.

11 | 현장콘크리트 말뚝의 간격
15④, 11①

다음 ( ) 안에 알맞은 숫자가 순서대로 옳게 짝지어진 것은? (단, KBC 2009 기준)

> 현장타설 콘크리트 말뚝을 배치할 때 그 중심 간격은 말뚝머리지름의 ( )배 이상, 또한 말뚝머리지름에 ( )mm를 더한 값 이상으로 한다.

① 2.5, 900
② 2.5, 1,000
③ 2.0, 900
④ 2.0, 1,000

해설 현장타설 콘크리트 말뚝을 배치할 때 그 중심 간격은 2.0배 이상, 또한 말뚝머리지름에 1,000mm를 더한 값 이상으로 한다.

12 | 얕은 기초의 종류
13②

기초의 지정 형식에 따른 분류에서 얕은 기초에 속하는 것은?

① 말뚝기초
② 직접기초
③ 피어기초
④ 잠함기초

해설 기초의 지정 형식에 의한 분류에는 얕은 기초(직접 기초로서 기초판이 직접 또는 잡석다짐 정도의 경미한 지정을 통하여 지반에 하중을 전달하는 기초)와 깊은 기초가 있다. 깊은 기초의 종류에는 말뚝기초, 피어기초 및 잠함기초 등이 있다.

13 | 연약지반에 대한 대책
13①, 02②

굳은 지반이 없는 연약지반에 대한 대책으로 옳지 않은 것은?

① 지지말뚝을 사용한다.
② 구조체의 강성을 높인다.
③ 평면 길이를 짧게 한다.
④ 이웃 건물과의 거리를 멀게 한다.

해설 마찰말뚝을 사용한다.

14 | 연약지반의 기초구조
11②, 08②

연약지반의 기초구조에 대한 설명 중 틀린 것은?

① 기초 상호 간을 지중보로 연결한다.
② 가능한 한 경질 지반에 지지한다.
③ 흙다지기, 강제 배수 등의 방법으로 지반을 개량한다.
④ 말뚝의 사용을 배제한다.

해설 마찰말뚝의 사용을 권장한다.

15 | 토질 및 지반
10①, 07①

다음의 토질 및 지반에 관한 설명 중 틀린 것은?

① 자갈층·모래층은 투수성이 큰 편이지만 젖은 점토층은 투수성이 작다.
② 점토와 모래의 중간인 크기를 갖는 흙을 실트라 한다.
③ 지진 시 액상화 현상은 모래질 지반보다 점토질 지반에서 일어나기 쉽다.
④ 점토질 지반에서 흙의 내부 마찰각이 같은 경우 점착력이 클수록 옹벽에 가해지는 토압은 작아진다.

해설 지진 시 액상화 현상은 점토질 지반보다 모래질 지반에서 일어나기 쉽다.

16 | 말뚝에 관한 기술
08①, 05②

다음의 말뚝에 관한 설명 중 틀린 것은?

① 말뚝은 지지하는 상태에 따라 지지말뚝과 마찰말뚝으로 대별된다.
② 말뚝기초의 내력은 말뚝의 지지력과 지반의 지내력의 합계가 되지만 일반적으로 말뚝의 지지력은 무시한다.
③ 말뚝의 지지력은 일반적으로 시일이 경과함에 따라 증가한다.
④ 지지말뚝의 경우 말뚝저항의 중심은 말뚝의 끝에 있다.

해설 말뚝기초의 내력은 말뚝의 지지력과 지반의 지내력의 합계가 되는데, 일반적으로 지반의 지내력은 무시하고, 말뚝의 지지력에 의한다.

17 | 연약지반에 대한 대책
03①

연약지반의 구조에 관한 대책 중 부적당한 것은?

① 건물을 경량화한다.
② 기초에 마찰말뚝을 이용한다.
③ 이웃 건물과의 거리를 좁힌다.
④ 지하실을 설치한다.

해설 이웃 건물과의 거리를 넓힌다(멀게 한다).

18 | 기초 설계에 관한 기술
01②, 97①

기초 설계에 관한 기술 중 틀린 것은?

① 온통기초는 연약지반에 적합하다.
② 지반의 압밀현상은 점토층에서 잘 일어난다.
③ 건물 기초 설계 시에는 부동침하가 일어나지 않도록 하여야 한다.
④ 말뚝기초에서 강관말뚝을 사용하는 것은 콘크리트 말뚝보다 큰 힘을 받아 경제적이기 때문이다.

해설 말뚝기초에서 **강관말뚝을 사용하는 것**은 콘크리트 말뚝보다 큰 힘을 받지만, 가격이 비싸므로 **비경제적**이다.

19 | 말뚝기초에 관한 기술
19④

말뚝기초에 관한 설명으로 옳지 않은 것은?

① 말뚝기초는 지반이 연약하고 기초상부의 하중을 지지하지 못할 때 보강 공법으로 쓰인다.
② 지지말뚝은 굳은 지반까지 말뚝을 박아 하중을 직접 지반에 전달하며 주위 흙과의 마찰력은 고려하지 않는다.
③ 마찰말뚝은 주위 흙과의 마찰력으로 지지되며 n개를 박았을 때 그 지지력은 n배가 된다.
④ 동일 건물에서는 서로 다른 종류의 말뚝을 혼용하지 않는다.

해설 마찰말뚝(말뚝의 지지력을 주로 말뚝둘레의 마찰저항에 의한 말뚝 또는 말뚝 주면의 마찰저항이 선단저항보다 비교적 큰 경우의 말뚝)은 주위 흙과의 마찰력으로 지지되나 n개를 박았을 때 그 지지력은 n배가 되지 않는다.

20 | 온통기초에 관한 기술
20④

온통기초에 관한 설명으로 옳지 않은 것은?

① 연약지반에 주로 사용된다.
② 독립기초에 비하여 구조해석 및 설계가 매우 단순하다.
③ 부동침하에 대하여 유리하다.
④ 지하수가 높은 지반에서도 유효한 기초방식이다.

해설 **온통기초**(건물의 하부 전체 또는 **지하실 전체를 하나의 기초판으로 구성**한 기초로서 **매트기초라고도 함**)는 독립기초에 비해 **구조해석 및 설계가 매우 복잡**하다.

21 | 말뚝기초에 관한 기술
18④

말뚝기초에 관한 설명으로 옳지 않은 것은?

① 사질토(砂質土)에는 마찰말뚝의 적용이 불가하다.
② 말뚝내력(耐力)의 결정 방법은 재하시험이 정확하다.
③ 철근콘크리트말뚝은 현장에서 제작 양생하여 시공할 수도 있다.
④ 마찰말뚝은 한 곳에 집중하여 시공하지 않는 것이 좋다.

해설 **마찰말뚝**(굳은 지반이 매우 깊이 존재하고 있어 굳은 지반까지 말뚝을 박을 수 없는 경우 말뚝과 지반의 마찰력에 의해 지지되는 말뚝)은 **사질토에 적합한 말뚝**이다.

22 | 말뚝재료별 구조세칙
17①

KBC2016에 따른 말뚝재료별 구조세칙에 관한 내용으로 옳지 않은 것은?

① 현장타설 콘크리트 말뚝을 배치할 때 그 중심간격은 말뚝머리지름의 1.5배 이상 또한 말뚝머리지름에 500mm를 더한 값 이상으로 한다.
② 나무말뚝은 갈라짐 등의 흠이 없는 생통나무 껍질을 벗긴 것으로 말뚝머리에서 끝마구리까지 대체로 균일하게 지름이 변화하고 끝마구리의 지름이 120mm 이상의 것을 사용한다.
③ 기성 콘크리트 말뚝을 타설할 때 그 중심간격은 말뚝머리지름의 2.5배 이상 또한 750mm 이상으로 한다.
④ 매입말뚝을 배치할 때 그 중심간격은 말뚝머리지름의 2배 이상으로 한다.

해설 현장타설 콘크리트 말뚝을 배치할 때, 그 **말뚝 간의 중심거리는 말뚝머리지름의 2.0배 이상 또한 말뚝머리지름에 1,000mm를 더한 값 이상**으로 한다.

③ 내진 · 내풍설계

01 | 밑면의 전단력의 영향 요소
19①,④, 16④, 07④

지진하중설계 시 밑면의 전단력과 관계없는 것은?

① 유효건물중량
② 중요도계수
③ 지반증폭계수
④ 가스트계수

해설 등가정적해석법을 사용하여 밑면 전단력의 크기가 가장 작은 경우는 건물의 중량이 작고 주기가 긴 구조물이다. 그 이유는 **밑면 전단력은 건물의 유효중량**, 설계스펙트럼가속도에 **비례**하고, 건물의 중요도계수, 반응수정계수, 건물의 **고유주기** 등에 **반비례**하기 때문이다.

02 | 지진 규모의 정의
21①, 16④, 10①

지진계에서 기록된 진폭을 진원의 깊이와 진앙까지의 거리 등을 고려하여 지수로 나타낸 것으로 장소에 관계없는 절대적 개념의 지진 크기를 말하는 것은?

① 규모
② 진도
③ 진원시
④ 지진동

해설 **진도**는 사람이 느끼는 감각, 물체의 이동 등을 계급별로 구분하는 상대적 개념의 지진 크기이고, **진원시**는 어떤 지점에서 지진동을 느꼈다면 이 지진동이 전파하기 시작한 시각, 즉 지진파가 처음 발생한 시각이다. **지진동**은 지진파가 지표에 도달하여 관측되는 표면층의 진동으로 지진동의 세기는 지진계로 측정하고, 또 인체의 감각으로 판단하는 것이다.

03 | 제진에 대한 기술
22②, 14①, 09①

지진에 대응하는 기술 중 하나인 제진(制震)에 대한 설명으로 옳지 않은 것은?

① 기존 건물의 구조 형식에 좌우되지 않는다.
② 지반계수에 의한 제약을 받지 않는다.
③ 소형 건물에 일반적으로 많이 적용된다.
④ 댐퍼 등을 사용하여 흔들림을 효과적으로 제어한다.

해설 **제진**(특수한 장치를 이용하여 지진력에 대응할 수 있는 힘을 구조물 내에서 발생 또는 흡수하여 지진력을 감소시키는 기술)은 **소형 건물에는 일반적으로 적용하지 못하는 단점**이 있다.

04 | 지진저항시스템의 기술
21①, 18②, 16②

지진력저항시스템 중 다음 각 구조시스템에 관한 설명으로 옳지 않은 것은?

① 모멘트골조방식 : 수직하중과 횡력을 보와 기둥으로 구성된 라멘조가 저항하는 구조방식
② 연성모멘트골조방식 : 횡력에 대한 저항능력을 증가시키기 위하여 부재와 접합부의 연성을 증가시킨 모멘트골조
③ 이중골조방식 : 횡력의 25% 이상을 부담하는 전단벽이 연성모멘트골조와 조화되어 있는 구조방식
④ 건물골조방식 : 수직하중은 입체골조가 저항하고 지진하중은 전단벽이나 가새골조가 저항하는 구조방식

해설 **이중골조방식**은 모멘트골조와 전단벽 또는 가새골조로 이루어진 이중골조시스템에 있어서 전체 지진력은 각 골조의 횡강성비에 비례하여 분배하되 **모멘트골조가 설계 지진력의 최소한 25%를 부담하여야 하는 방식**이다. 또한, **이중골조방식**은 **연성모멘트골조방식**(25% 이상의 횡력을 부담하는 구조)에 전단벽 또는 가새골조구조가 조합된 구조이다. 즉, **이중골조방식=연성모멘트골조방식+(전단벽 또는 가새골조구조)**이다.

05 | 내진보강대책
19②, 11①

다음 중 구조물의 내진보강대책으로 적합하지 않은 것은?

① 구조물의 강도를 증가시킨다.
② 구조물의 연성을 증가시킨다.
③ 구조물의 중량을 증가시킨다.
④ 구조물의 감쇠를 증가시킨다.

해설 지진하중은 작용하는 하중 또는 질량에 비례하므로 구조물의 중량을 증대시키면 지진하중도 증대되므로, **내진보강대책**으로는 **구조물의 중량을 감소**시킨다.

06 | 가스트 영향계수의 정의
22①, 20④

바람의 난류로 인해 발생되는 구조물의 동적거동성분을 나타내는 것으로 평균변위에 대한 최대변위의 비를 통계적인 값으로 나타낸 계수는?

① 활하중저감계수
② 중요도계수
③ 가스트영향계수
④ 지역계수

해설 ① **활하중저감계수** : $C = 0.3 + \dfrac{4.2}{\sqrt{A}}$ 로서 A는 영향면적으로 36m^2 이상이고, 등분포활하중은 기본등분포활하중에 저감계수를 곱하여 저감할 수 있다.

② **중요도계수** : 건축물의 중요도에 따라 적설하중, 설계풍속 및 지진응답계수를 증감하는 계수이다.

④ **지역계수** : 단주기 지반증폭계수와 1초 주기 지반증폭계수에 따라 결정된 계수로서 지반의 종류와 재현주기 2,400년의 예상되는 최대 지진의 유효지반가속도의 관계에서 구할 수 있는 계수이다.

07 | 지진의 진도, 규모의 기술
16②, 13④

지진의 진도(intensity)와 규모(magnitude)에 대한 설명으로 옳지 않은 것은?

① 진도는 상대적 개념의 지진 크기이다.

② 규모는 장소에 관계없는 절대적 개념의 크기이다.

③ 진도는 사람이 느끼는 감각, 물체 이동 등을 계급별로 구분한다.

④ 규모는 지반의 운동 정도를 평가하나 정밀하지는 않다.

해설 **지진의 규모**(지진계에서 기록된 진폭을 진원의 깊이와 진앙까지의 거리 등을 고려하여 지수로 나타낸 것으로, 장소에 관계없는 절대적 개념의 지진 크기)는 진원에서 방출된 지진에너지의 양을 나타내고, 지진계에 기록된 지진파의 진폭을 이용하여 계산한 절대적인 척도로서 지반의 운동 정도를 평가하나, 그 값은 매우 정밀하다.

08 | 지진응답계수의 영향 요소
15④, 13②

밑면 전단력 산정 시 활용되는 지진응답계수를 구성하는 4가지 항목과 가장 거리가 먼 것은?

① 반응수정계수　　② 건물의 중요도 계수
③ 건물의 유효 중량　　④ 건물의 고유주기

해설 내진설계에 있어서 지진응답계수의 산정과 가장 관계가 있는 것에는 설계 스펙트럼 가속도, **건물의 중요도 계수**, 건물의 고유주기 및 반응수정계수 등이 있다.

09 | 지반의 종류와 호칭
12②, ④

KBC 2009 지반의 분류에 따른 지반 종류와 호칭이 옳게 연결된 것은?

① S_A : 보통암 지반　　② S_B : 연암지반
③ S_C : 경암지반　　④ S_D : 단단한 토사지반

해설 지반의 분류에서 S_A : **경암지반**, S_B : **보통암 지반**, S_C : **매우 조밀한 토사지반 또는 연암지반**, S_D : **단단한 토사지반**, S_E : **연약한 토사지반**이다.

10 | 허용층간변위
10②, 07②

다음 중 내진 특등급 구조물의 허용층간변위는? (단, h_{sx}는 x층 층고)

① $0.005 h_{sx}$

② $0.010 h_{sx}$

③ $0.015 h_{sx}$

④ $0.020 h_{sx}$

해설 설계층간변위는 어느 층에서도 다음 표에 규정한 허용층간변위(Δa)를 초과해서는 안 된다.

구분	내진등급			비고
	특급	Ⅰ급	Ⅱ급	
허용층간변위 (Δa)	0.010 h_{sx}	0.015 h_{sx}	0.020 h_{sx}	h_{sx} : x층의 층고임

11 | 내진설계 시 띠철근의 간격
02①, 97④

그림과 같이 배근(8-D19)된 기둥에서 극한강도설계법에 의한 내진설계 시 양단부에 배치할 띠철근의 간격으로 옳은 것은?

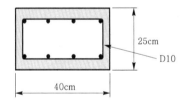

① 12cm

② 15cm

③ 24cm

④ 30cm

해설 D10의 지름은 0.953cm이고, D19의 지름은 1.91cm이다. **종방향 철근의 최소 지름의 8배 이하**(1.91cm×8=15.28cm 이하), **띠철근 지름의 24배 이하**(0.953cm×24=22.872cm 이하), **골조 부재 단면의 최소 치수의 1/2 이하**(25cm×1/2=12.5cm 이하) 및 **30cm 이하** 중 최소값을 택하면 12.5cm → 12cm이다.

12 | 지진구역계수
17②, 08②

건축구조기준에 따른 우리나라 지진구역 및 이에 따른 지진 구역계수값이 옳게 연결된 것은?

① 지진구역 Ⅰ : 0.22g, 지진구역 Ⅱ : 0.14g
② 지진구역 Ⅰ : 0.17g, 지진구역 Ⅱ : 0.11g
③ 지진구역 Ⅰ : 0.11g, 지진구역 Ⅱ : 0.17g
④ 지진구역 Ⅰ : 0.14g, 지진구역 Ⅱ : 0.22g

해설 우리나라의 지진구역 및 지진구역계수

지진 구역	해당 행정구역	지역 계수 S
Ⅰ	서울특별시, 부산광역시, 인천광역시, 대구광역시, 대전광역시, 광주광역시, 울산광역시 경기도, 강원도 남부(강릉시, 동해시, 삼척시, 원주시, 태백시, 영월군, 정선군), 충청북도, 충청남도, 전라북도, 전라남도 북동부(광양시, 나주시, 순천시, 여수시, 곡성군, 구례군, 담양군, 보성군, 장성군, 장흥군, 화순군), 경상북도, 경상남도	0.22
Ⅱ	강원도 북부(속초시, 춘천시, 고성군, 양구군, 양양군, 인제군, 철원군, 평창군, 화천군, 홍천군, 횡성군), 전라남도 남서부(목포시, 강진군, 고흥군, 무안군, 신안군, 영광군, 영암군, 완도군, 진도군, 함평군, 해남군), 제주도	0.14

13 | 허용층간변위
21②, 17①

다음 중 내진 Ⅰ등급 구조물의 허용층간변위로 옳은 것은?
(단, h_{sx}는 x층 층고)

① $0.005h_{sx}$ ② $0.010h_{sx}$
③ $0.015h_{sx}$ ④ $0.020h_{sx}$

해설 설계층간변위는 어느 층에서도 다음 표에 규정한 허용층간변위(Δa)를 초과해서는 안 된다.

구분	내진등급			비고
	특급	Ⅰ급	Ⅱ급	
허용층간변위 (Δa)	$0.010\ h_{sx}$	$0.015\ h_{sx}$	$0.020\ h_{sx}$	h_{sx} : x층의 층고임

14 | 이중골조방식의 정의
19②

횡력의 25% 이상을 부담하는 연성모멘트골조가 전단벽이나 가새골조와 조합되어 있는 구조방식을 무엇이라 하는가?

① 제진시스템방식   ② 면진시스템방식
③ 이중골조방식   ④ 메가칼럼 – 전단벽구조방식

해설 제진시스템방식은 구조물에 입력되는 진동을 인위적으로 제어하고 조절하는 구조형태로서 입력되는 진동에너지를 감소시키는 방법의 원리를 이용하는 방식이다. **면진시스템방식**은 건물과 기초 사이에 진동을 감소시킬 수 있는 분리장치를 삽입하여 지반과 건물을 분리시켜 지반진동이 상부 건물에 직접 전달되는 것을 차단하는 구조형태이다. **메가칼럼 – 전단벽구조방식**은 대규모 기둥의 구조로 초고층건축물에서 철골조는 압축하중에 대하여 콘크리트골조보다 압축에 의한 좌굴에 취약하기 때문에 외부는 철골로, 하부 내부는 철근콘크리트로 한 내부충진철골조를 주로 사용한다.

15 | 철근콘크리트의 내구성
19①

철근콘크리트구조물의 내구성설계에 관한 설명으로 옳지 않은 것은?

① 설계기준강도가 35MPa을 초과하는 콘크리트는 동해저항콘크리트에 대한 전체 공기량기준에서 1% 감소시킬 수 있다.
② 동해저항콘크리트에 대한 전체 공기량기준에서 굵은 골재의 최대 치수가 25mm인 경우 심한 노출에서의 공기량기준은 6.0%이다.
③ 바닷물에 노출된 콘크리트의 철근부식 방지를 위한 보통골재콘크리트의 최대 물결합재비는 40%이다.
④ 철근의 부식 방지를 위하여 굳지 않은 콘크리트의 전체 염소이온량은 원칙적으로 0.9kg/m³ 이하로 하여야 한다.

해설 콘크리트의 부식 방지를 위하여 **굳지 않은 콘크리트의 전체 염소이온량**은 원칙적으로 **0.30kg/m³** 이하로 하여야 한다. 다만, 책임구조기술자의 승인을 받은 경우 0.60kg/m³까지 허용될 수 있다.

16 | 이중골조시스템의 기술
18①

지진력저항시스템의 분류 중 이중골조시스템에 관한 설명으로 옳지 않은 것은?

① 모멘트골조가 최소한 설계지진력이 75%를 부담한다.
② 모멘트골조와 전단벽 또는 가새골조로 이루어져 있다.
③ 전체 지진력은 각 골조의 횡강성비에 비례하여 분배한다.
④ 일정 이상의 변형능력을 갖도록 연성상세설계가 되어야 한다.

해설 **이중골조시스템**은 모멘트골조와 전단벽 또는 가새골조로 이루어진 골조로 전체 지진력은 각 골조의 횡강성비에 비례하여 분배하되, **모멘트골조가 설계지진력의 최소한 25%를 부담**하여야 한다.

| 구조역학 |

빈도별 기출문제

---

❶ 구조역학의 일반사항

◼ 힘과 모멘트

01 | 부재의 작용하는 힘
18④, 08②, 97①

그림에서 AC 부재가 받는 힘은?

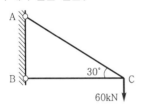

① 30kN

② $30\sqrt{3}$ kN

③ $60\sqrt{3}$ kN

④ 120kN

해설 AC 부재가 받는 힘을 T라고 하고, 점 C에서 **힘의 비김 조건** 중 $\Sigma Y = 0$에 의해서 $T\sin 30° - 60\text{kN} = 0$에서 $\sin 30° = 1/2$이다.

그러므로, $T = \dfrac{60}{\sin 30°} = \dfrac{60}{\dfrac{1}{2}} = 120\text{kN}$이다.

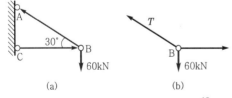

(a) 　　　　　　　(b)

$\Sigma Y = 0$에 의해서, $T\sin 60° - 10\text{kN} = 0$에서 $T = \dfrac{10}{\sin 60°}$이고,

$\sin 60° = \dfrac{\sqrt{3}}{2}$이므로 $T = \dfrac{10}{\dfrac{\sqrt{3}}{2}} = 11.547\text{kN}$

---

02 | 힘의 평형(비김)
16④, 11②, 09①

그림과 같은 구조물에 작용되는 4개의 힘이 평형을 이룰 때 F의 크기 및 거리 x는?

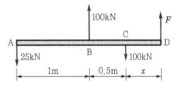

① $F = 25\text{kN}, \ x = 1\text{m}$

② $F = 50\text{kN}, \ x = 1\text{m}$

③ $F = 25\text{kN}, \ x = 0.5\text{m}$

④ $F = 50\text{kN}, \ x = 0.5\text{m}$

해설 4개의 힘이 평형을 이룬다면, 힘의 비김 조건($\Sigma X = 0$, $\Sigma Y = 0$, $\Sigma M = 0$)이 성립되어야 하므로,

㉮ $\Sigma Y = 0$에 의해서 $-25\text{kN} + 100\text{kN} - 100\text{kN} + F = 0$
∴ $F = 25\text{kN}(\uparrow)$

㉯ F의 힘이 작용하는 점의 $\Sigma M_F = 0$에 의해서
$-25 \times (1 + 0.5 + x) + 100 \times (0.5 + x) - 100x = 0$
∴ $x = 0.5\text{m}$

---

03 | 합력의 위치
11②, 09①, 05②

그림에서 R은 평행한 두 힘 P_1, P_2의 합력이다. 합력 R이 작용하는 점을 P_1으로부터 x라 할 때 x의 값으로 맞는 것은?

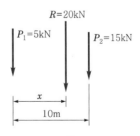

① 7.3m　　　　② 7.5m

③ 7.8m　　　　④ 8.1m

해설 합력의 위치를 구하기 위하여 **바리뇽의 정리를 이용**하면, 즉 바리뇽의 정리란 **여러 힘**($P_1 = 5kN$, $P_2 = 15kN$)의 임의의 한 점(P_1의 작용선 상의 한 점)에 대한 모멘트의 합은 그들의 합력($R = 20kN$)의 그 점(P_1의 작용선 상의 한 점)에 대한 모멘트와 같다.

바리뇽의 정리에 의하면, $20x = 15 \times 10$

∴ $x = 7.5m$

---

04 | 구조체에 작용하는 힘
03④, 00①

그림과 같은 로프에 생기는 힘 P의 값은 얼마인가? (단, 하중(100N)은 로프의 한가운데에 매달려 있으며 2개의 로프가 이루는 각은 120°이다.)

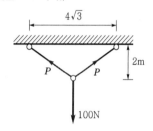

① 0N 　　　　② 50N

③ 100N 　　　④ 200N

해설 힘의 작용을 도시하면 다음과 같다.

힘의 비김 조건($\Sigma X = 0$, $\Sigma Y = 0$)**에** 의해서 식을 세우면

$\Sigma Y = 0$에 의해서, $\dfrac{P}{2} + \dfrac{P}{2} - 100 = 0$

∴ $P = 100N$

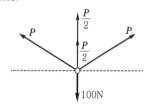

---

2 구조물의 판별

01 | 부정정 차수
13①, 10①

다음 구조물의 부정정 차수는?

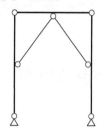

① 1차 부정정 　　② 2차 부정정

③ 3차 부정정 　　④ 4차 부정정

해설 ㉮ $S + R + N - 2K$에서, $S = 8$, $R = 4$, $N = 3$, $K = 7$이다.
그러므로, $S + R + N - 2K = 8 + 4 + 3 - 2 \times 7 = 1$차 부정정보
㉯ $R + C - 3M$에서, $R = 4$, $C = 21$, $M = 8$이다.
그러므로, $R + C - 3M = 4 + 21 - 3 \times 8 = 1$차 부정정보

---

02 | 부정정 차수
17①, 14①, 08④

다음 그림과 같은 구조물의 판별로 옳은 것은?

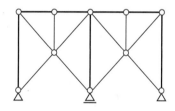

① 불안정 　　　　② 정정

③ 1차 부정정 　　④ 2차 부정정

해설 S(부재 수) + R(반력 수) + N(강절점 수) - $2K$(절점 수)
$= 17 + 5 + 0 - 2 \times 10 = 2$(2차 부정정)
R(반력 수) + C(강절점 수) - $3M$(부재 수) = $5 + 48 - 3 \times 17$
$= 2$(2차 부정정)
그러므로, 판별식의 값이 2이면 안정(정정, 부정정) 구조물의 2차 부정정 구조물이다.

03 | 정정 구조물
03②, 98, 92

다음 그림과 같은 구조물에서 안정한 구조물로 하기 위한 방법이 아닌 것은?

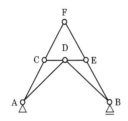

① A지점을 이동지점(roller)으로 한다.
② AB 사이에 부재를 넣는다.
③ DF 사이에 부재를 넣는다.
④ B지점을 회전단(hinged end)으로 한다.

해설 $S+R+N-2K=8+3+0-2\times6=-1$

1차 불안정 구조물이므로 정정 구조물로 바꾸려면 $S+R+N-2K=0$이 성립되어야 한다. 즉, S, R, N중에서 어느 하나라도 1개를 증가시켜야 한다. ②, ③, ④항은 정정구조물이 되나, ①항은 2차 불안정 구조물이 된다.

04 | 정정 구조물
21①, 15②, 08①

그림과 같은 구조물은?

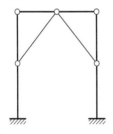

① 불안정 구조물
② 안정이며, 정정 구조물
③ 안정이며, 1차 부정정 구조물
④ 안정이며, 2차 부정정 구조물

해설 S(부재 수) + R(반력 수) + N(강절점 수) - $2K$(절점 수)
$=8+6+0-2\times7=0$
R(반력 수) + C(강절점 수) - $3M$(부재 수) $=6+18-3\times8=0$
그러므로 판별식의 값이 0이면, 안정(정정, 부정정) 구조물의 정정 구조물이다.

05 | 부정정 차수
22②, 14②, 97③

그림과 같은 구조물의 부정정 차수는?

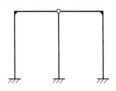

① 1차 부정정
② 2차 부정정
③ 3차 부정정
④ 4차 부정정

해설 ㉮ $R+C-3M$에서 $R=3\times3=9$, $C=3+4+3=10$, $M=5$이다.
그러므로, $R+C-3M=9+10-3\times5=4$차 부정정
㉯ $S+R+N-2K$에서 $S=5$, $R=3\times3=9$, $N=2$, $K=6$이다.
그러므로, $S+R+N-2K=5+9+2-2\times6=4$차 부정정

06 | 부정정 차수
21④, 13②, 09④

그림과 같은 구조물의 부정정(不靜定) 차수는?

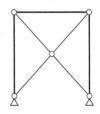

① 1차
② 2차
③ 3차
④ 4차

해설 ㉮ $S+R+N-2K$에서 $S=7$, $R=4$, $N=0$, $K=5$이다.
그러므로, $S+R+N-2K=7+4+0-2\times5=1$차 부정정보
㉯ $R+C-3M$에서 $R=4$, $C=18$, $M=7$이다.
그러므로, $R+C-3M=4+18-3\times7=1$차 부정정보

07 | 정정 구조물
21②, 19①, 16④

다음과 같은 구조물의 판별로 옳은 것은? (단, 그림의 하부 지점은 고정단임.)

① 불안정
② 정정
③ 1차 부정정
④ 2차 부정정

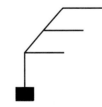

해설 ㉮ $S+R+N-2K=6+3+5-2\times7=0$(정정 구조물)
㉯ $R+C-3M=3+15-3\times6=0$(정정 구조물)

08 | 불안정 구조물
15①, 12②, 07①

그림과 같은 구조물의 판별로 옳은 것은?

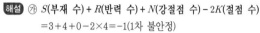

① 불안정
② 정정
③ 1차 부정정
④ 2차 부정정

해설 ㉮ S(부재 수) $+ R$(반력 수) $+ N$(강절점 수) $- 2K$(절점 수)
$= 3 + 4 + 0 - 2 \times 4 = -1$(1차 불안정)
㉯ R(반력 수) $+ C$(구속 수) $- 3M$(부재 수)
$= 4 + 4 - 3 \times 3 = -1$(1차 불안정)

09 | 부정정 차수
00②, 96③

다음 구조물의 부정정 차수는?

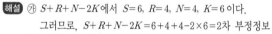

① 1차 부정정
② 2차 부정정
③ 3차 부정정
④ 4차 부정정

해설 ㉮ $S + R + N - 2K$에서 $S = 6$, $R = 4$, $N = 4$, $K = 6$이다.
그러므로, $S + R + N - 2K = 6 + 4 + 4 - 2 \times 6 = 2$차 부정정보
㉯ $R + C - 3M$에서 $R = 4$, $C = 16$, $M = 6$이다.
그러므로, $R + C - 3M = 4 + 16 - 3 \times 6 = 2$차 부정정보

10 | 부정정 차수
19④, 12①

다음 그림과 같은 라멘의 부정정 차수는?

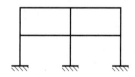

① 6차 부정정
② 8차 부정정
③ 10차 부정정
④ 12차 부정정

해설 ㉮ $S + R + N - 2K$에서 $S = 10$, $R = 9$, $N = 11$, $K = 9$이다.
그러므로, $S + R + N - 2K = 10 + 9 + 11 - 2 \times 9 = 12$차 부정정 구조물
㉯ $R + C - 3M$에서 $R = 9$, $C = 33$, $M = 10$이다.
그러므로, $R + C - 3M = 9 + 33 - 3 \times 10 = 12$차 부정정 구조물

11 | 부정정 차수
14④, 01①

트러스의 부정정 차수로 옳은 것은?

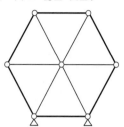

① 1차 부정정
② 2차 부정정
③ 3차 부정정
④ 4차 부정정

해설 ㉮ $R + C - 3M = 3 + 34 - 3 \times 12 = 1$차 부정정
㉯ $S + R + N - 2K = 12 + 3 + 0 - 2 \times 7 = 1$차 부정정

12 | 정정보의 힌지 수
18①, 13②

다음 그림과 같은 부정정보를 정정보로 만들기 위해 필요한 내부 힌지의 최소 개수는?

① 1개
② 2개
③ 3개
④ 4개

해설 부정정보를 단순보로 바꾸려면, 부정정 차수만큼의 활절점을 배치하여야 하므로 보를 판별하면,
㉮ $S + R + N - 2K = 3 + 5 + 2 - 2 \times 4 = 2$차 부정정보
㉯ $R + C - 3M = 5 + (3 + 3) - 3 \times 3 = 2$차 부정정보
그러므로, **2개의 활절점**을 내부에 설치해야 한다.

13 | 정정 구조물
20①,②

다음 그림과 같은 구조물의 부정정 차수로 옳은 것은?

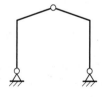

① 정정
② 1차 부정정
③ 2차 부정정
④ 3차 부정정

구조물의 판별식

㉮ $S=4$, $R=4$, $N=2$, $K=5$이므로
$$n(구조물의 차수)=S(부재의 수)+R(반력의 수)$$
$$+N(강절점의 수)-2K(절점의 수)$$
$$=4+4+2-2\times5=0(정정)$$

㉯ $R=4$, $C=8$, $M=4$이므로
$$n(구조물의 차수)=R(반력의 수)+C(구속의 수)$$
$$-3M(부재의 수)$$
$$=4+8-3\times4=0(정정)$$

14 | 부정정 차수
20④

다음 그림과 같은 구조물의 부정정 차수는?

① 3차 부정정　　　② 4차 부정정
③ 5차 부정정　　　④ 6차 부정정

㉮ $S=6$, $R=6$, $N=6$, $K=6$이므로
$$S+R+N-2K=6+6+6-2\times6=6차 부정정보$$
㉯ $R=6$, $C=18$, $M=6$이므로
$$R+C-3M=6+18-3\times6=6차 부정정보$$

15 | 부정정 차수
17②

다음 두 구조물의 부정정 차수의 합은?

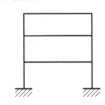

① 9　　　　② 10
③ 11　　　④ 12

㉮ 왼쪽 구조물을 판별하면,
㉠ $S+R+N-2K$에서, $S=4$, $R=4$, $N=2$, $K=5$이므로
$$S+R+N-2K=4+4+2-2\times5=0(정정)$$
㉡ $R+C-3M$에서, $R=4$, $C=8$, $M=4$이므로
$$R+C-3M=4+8-3\times4=0(정정)$$
㉯ 오른쪽 구조물을 판별하면,
㉠ $S+R+N-2K$에서, $S=9$, $R=6$, $N=10$, $K=8$이므로
$$S+R+N-2K=9+6+10-2\times8=9(9차 부정정)$$
㉡ $R+C-3M$에서, $R=6$, $C=30$, $M=9$이므로,
$$R+C-3M=6+30-3\times9=9(9차 부정정)$$
∴ ㉮, ㉯에 의해서 부정정 차수합$=0+9=9$

---

❷ 정정 구조물의 해석

▮ 보의 해석

01 | 전단력의 산정
17①, 05③, 03④, 97②, 96①

그림과 같은 하중을 받는 단순보에서 스팬의 중앙인 E점의 전단력값으로 옳은 것은?

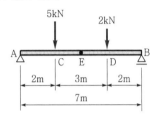

① 0　　　　　　② -0.86kN
③ -0.5 kN　　④ $+2.5$kN

㉮ 반력
㉠ $\Sigma X=0$에 의해서 $H_A=0$
㉡ $\Sigma Y=0$에 의해서 $V_A-5-2+V_B=0$ ⋯⋯⋯⋯⋯⋯ ①
㉢ $\Sigma M_B=0$에 의해서
$$V_A\times(2+3+2)-5\times(3+2)-2\times2=0$$
$$\therefore\ V_A=\frac{29}{7}\,kN(\uparrow)$$
$V_A=\dfrac{29}{7}$를 식 ①에 대입하면,
$$\frac{29}{7}-5-2+V_B=0 \quad \therefore\ V_B=\frac{20}{7}\,kN(\uparrow)$$

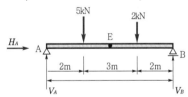

㉯ 전단력
$$\therefore\ S_E=\frac{29}{7}-5=\frac{29}{7}-\frac{35}{7}=-\frac{6}{7}=-0.857kN$$

02 | 휨모멘트 값의 산정
19④, 02①, 00②

그림에서 보 중앙점의 휨모멘트는?

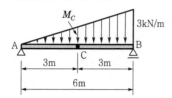

① $3.50\text{kN} \cdot \text{m}$ ② $6.75\text{kN} \cdot \text{m}$

③ $8.00\text{kN} \cdot \text{m}$ ④ $10.50\text{kN} \cdot \text{m}$

해설 ㉮ 반력

   ㉠ $\Sigma Y = 0$에 의해서 $V_A - 3 \times 6 \times 1/2 + V_B = 0$ ············ ①

   ㉡ $\Sigma M_B = 0$에 의해서 $V_A \times 6 - 3 \times 6 \times 1/2 \times 2 = 0$

     $\therefore V_A = 3\text{kN}(\uparrow)$

     $V_A = 3\text{kN}$을 식 ①에 대입하면, $V_B = 6\text{kN}(\uparrow)$

  ㉯ C점의 **휨모멘트**(M_C) $= 3 \times 3 - 3 \times 1.5 \times 1/2 \times 1$

          $= 6.75\text{kN} \cdot \text{m}$

03 | 반력의 산정
19②, 05④, 00③, 98③

그림과 같은 단순보의 반력은?

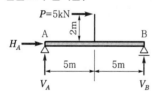

① $H_A = 5\text{kN}, \ V_A = 1\text{kN}, \ V_B = 1\text{kN}$

② $H_A = -5\text{kN}, \ V_A = 1\text{kN}, \ V_B = -1\text{kN}$

③ $H_A = 5\text{kN}, \ V_A = 1\text{kN}, \ V_B = -1\text{kN}$

④ $H_A = -5\text{kN}, \ V_A = -1\text{kN}, \ V_B = 1\text{kN}$

해설 힘의 비김 조건에 의해서 반력을 구하면 다음과 같다.

  ㉮ $\Sigma X = 0$에 의해서 $H_A + 5 = 0$ $\therefore H_A = -5\text{kN}$

  ㉯ $\Sigma Y = 0$에 의해서 $V_A + V_B = 0$ ······················· ①

  ㉰ $\Sigma M_B = 0$에 의해서 $V_A \times 10 + 5 \times 2 = 0$ $\therefore V_A = -1\text{kN}$

   $V_A = -1\text{kN}$을 식 ①에 대입하면 $-1 + V_B = 0$

   $\therefore V_B = 1\text{kN}(\uparrow)$

04 | 반력의 산정
06④, 05①, 98③

그림에서 A점의 반력은?

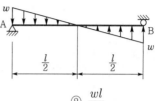

① $\dfrac{wl}{3}$ ② $\dfrac{wl}{4}$

③ $\dfrac{wl}{5}$ ④ $\dfrac{wl}{6}$

해설 등변분포하중의 상태를 집중하중으로 바꾸어 생각하면 아래 그림과 같다.

  $\Sigma M_B = 0$에 의해서 R_A를 상향으로 가정하면,

  $R_A l - \dfrac{wl}{4} \times \dfrac{5l}{6} + \dfrac{wl}{4} \times \dfrac{l}{6} = 0$ $\therefore R_A = \dfrac{wl}{6}(\uparrow)$

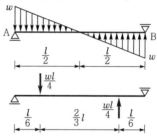

05 | 휨모멘트 값의 산정
05②, 00③, 96①,③

그림과 같은 부재의 A점의 휨모멘트 값 중 옳은 것은?

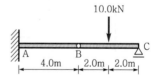

① $10.0\text{kN} \cdot \text{m}$ ② $20.0\text{kN} \cdot \text{m}$

③ $40.0\text{kN} \cdot \text{m}$ ④ $60.0\text{kN} \cdot \text{m}$

해설 ㉮ 다음 그림에서 **단순보 부분(BC)부터** 풀이를 하면 다음과 같다.

   ㉠ $\Sigma M_C = 0$에 의해서

     $R_B \times 4 - 10 \times 2 = 0$ $\therefore R_B = 5\text{kN}(\uparrow)$

   ㉡ $\Sigma M_B = 0$에 의해서

     $-R_C \times 4 + 10 \times 2 = 0$ $\therefore R_C = 5\text{kN}(\uparrow)$

④ **캔틸레버보 부분(AB)을** 풀이하면 다음과 같다.

B지점의 수직력 5kN(↑)과 비기도록 캔틸레버 부분 B지점에는 수직력 5kN(↓)이 작용한다.

∴ $M_A = -5 \times 4 = -20 \text{kN} \cdot \text{m}$

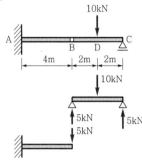

06 | 최대 휨모멘트 값의 산정
07①, 01④, 97②

그림과 같은 보의 최대 휨모멘트 값은?

① 약 $2.5 \text{kN} \cdot \text{m}$

② 약 $3.3 \text{kN} \cdot \text{m}$

③ 약 $4.8 \text{kN} \cdot \text{m}$

④ 약 $7.6 \text{kN} \cdot \text{m}$

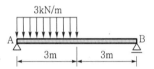

해설 우선 등분포하중을 집중하중으로 바꾸어 작용시키면 그림 (b)와 같다.

즉, 3kN/m×3m=9kN이고, 지점 A에서 오른쪽으로 1.5m 떨어진 점에서 작용한다.

㉮ 반력[그림 (b) 참고]

　㉠ $\Sigma X = 0$에 의해서 $H_A = 0$ ∴ 수평 반력은 없다.

　㉡ $\Sigma Y = 0$에 의해서 $V_A - 9 + V_B = 0$ ······················· ①

　㉢ $\Sigma M_B = 0$에 의해서 $V_A \times 6 - 9 \times 4.5 = 0$

　　∴ $V_A = 6.75 \text{kN}(\uparrow)$

　　$V_A = 6.75 \text{kN}$을 식 ①에 대입하면 $6.75 - 9 + V_B = 0$

　　∴ $V_B = 2.25 \text{kN}(\uparrow)$

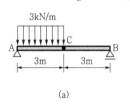 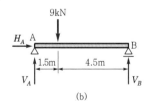

(a) (b)

㉯ **최대 휨모멘트는** 전단력이 0인 점에서 일어나므로

$S_x' = 6.75 - 3x = 0$ ∴ $x = 2.25 \text{m}$

㉰ **최대 휨모멘트**($M_{\max}$)

$= V_A x - 3x \dfrac{x}{2} = 6.75 \times 2.25 - 3 \times 2.25 \times \dfrac{2.25}{2}$

$= 7.59375 \text{kN} \cdot \text{m} ≒ 7.6 \text{kN} \cdot \text{m}$

07 | 최대 휨모멘트 값의 산정
21①, 13①,②, 10②

그림과 같은 등변분포하중이 작용하는 단순보의 최대 휨모멘트 $M_{\max}$는?

① $25\sqrt{3} \text{kN} \cdot \text{m}$

② $25\sqrt{2} \text{kN} \cdot \text{m}$

③ $90\sqrt{3} \text{kN} \cdot \text{m}$

④ $90\sqrt{2} \text{kN} \cdot \text{m}$

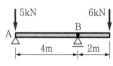

해설 우선, 전단력이 0인 점에서 휨모멘트는 최대값을 가지므로 전단력이 0인 점을 구한 후 휨모멘트를 구하면 최대 휨모멘트를 구할 수 있다. 그러므로, A지점의 수직반력을 구하면 $\Sigma M_B = 0$에 의해서 $V_A \times 8 - 90 \times 4 = 0$, $V_A = 45 \text{kN}$이고, 전단력이 0인 점은 A지점으로부터 $x[\text{m}]$만큼 떨어진 점을 구하면 $45 - \dfrac{5x^2}{2}$이므로 $x = 3\sqrt{2} \text{m}$이다.

∴ $M_{\max} = 45 \times 3\sqrt{2} - 15\sqrt{2} \times 3\sqrt{2} \times \dfrac{1}{2} \times \sqrt{2}$

　　$= 90\sqrt{2} \text{kN} \cdot \text{m}$

08 | 휨모멘트 값의 산정
03④

그림에서 C점의 휨모멘트 값(M_C)은?

① $-3 \text{kN} \cdot \text{m}$

② $-6 \text{kN} \cdot \text{m}$

③ $-9 \text{kN} \cdot \text{m}$

④ $-12 \text{kN} \cdot \text{m}$

해설 A지점의 수직반력을 R_A라고 하고 상향으로 가정한다.

$\Sigma M_B = 0$에 의해서 $R_A \times 6 - 6 + 12 = 0$

∴ $R_A = -1 \text{kN}$, 즉 하향의 힘이다.

∴ C점의 휨모멘트 $M_C = -1 \times 3 - 6 = -9 \text{kN} \cdot \text{m}$

09 | 반력의 산정
05④, 03①

그림과 같은 하중을 받는 보에서 B점의 반력값으로 옳은 것은?

① 6kN

② 7.5kN

③ 9.0kN

④ 11kN

해설 B지점의 수직반력 V_B의 방향을 상향으로 가정하고, A점에 작용하는 모든 모멘트의 합이 0이 되어야 하므로, 즉

$\Sigma M_A = 6 \times (4+2) - V_B \times 4 = 0$

∴ $V_B = \dfrac{36}{4} = 9 \text{kN}$

10 | 휨모멘트 값의 산정
06④, 00①, 96③

그림과 같은 하중을 받는 단순보에서 C점의 휨모멘트 값으로 맞는 것은?

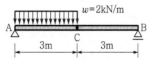

① 5.0kN · m
② 4.5kN · m
③ 4.0kN · m
④ 3.5kN · m

해설 우선 **등분포하중을 집중하중으로 바꾸어** 작용시키면 그림 (b)와 같다.

즉, 2kN/m×3m=6kN이고, 지점 A에서 오른쪽으로 1.5m 떨어진 점에서 작용한다.

㉮ **반력**[그림 (b) 참고]
  ㉠ $\Sigma X=0$에 의해서 $H_A=0$ ∴ 수평반력은 없다.
  ㉡ $\Sigma Y=0$에 의해서 $V_A-6+V_B=0$ ·················· ①
  ㉢ $\Sigma M_B=0$에 의해서 $V_A \times 6-6 \times 4.5=0$
    ∴ $V_A=4.5kN(\uparrow)$
    $V_A=4.5kN$을 식 ①에 대입하면 $4.5-6+V_B=0$
    ∴ $V_B=1.5kN(\uparrow)$

㉯ **휨모멘트**
  $M_C=4.5 \times 3-6 \times 1.5=4.5kN \cdot m$

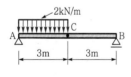

(a)

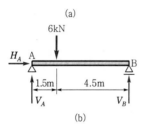

(b)

11 | 반력의 산정
21②, 15②, 08②

다음 그림과 같은 단순보에서 반력 R_A의 값은?

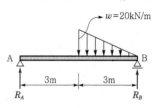

① 5kN
② 10kN
③ 20kN
④ 25kN

해설 반력을 구하기 위해 우선 **등변분포하중을 집중하중**(환산하중)으로 바꾸고, 작용점을 구하면 20kN/m×3m ×1/2=30kN이고, 삼각형의 무게 중심점이 B점으로부터 좌측으로 2m 떨어진 점에서 수직 하향으로 작용하므로 다음 그림과 같다.

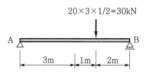

또한 A지점의 반력을 구하기 위해 **힘의 비김조건** 중 $\Sigma M_B=0$에 의해서 $R_A \times 6-30 \times 2=0$이므로
$R_A=10kN(\uparrow)$이다.

12 | 수직반력의 산정
22①, 17④, 11④

그림과 같은 단순보의 양단 수직반력을 구하면?

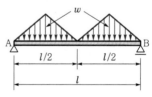

① $R_A=R_B=\dfrac{wl}{2}$
② $R_A=R_B=\dfrac{wl}{4}$
③ $R_A=R_B=\dfrac{wl}{6}$
④ $R_A=R_B=\dfrac{wl}{8}$

해설 **등변분포하중을 집중하중**으로 바꾸면, 그림 (b)와 같고, 지점 A의 수직반력(V_A), 지점 B의 수직반력(V_B)을 상향으로 가정하고, **힘의 비김 조건** 중 $\Sigma M=0$을 이용하면,
㉮ $\Sigma M_B=0$이므로
$$V_A l-\frac{wl}{8} \times \frac{5l}{6}-\frac{wl}{8} \times \frac{2l}{3}-\frac{wl}{8} \times \frac{l}{3}-\frac{wl}{8} \times \frac{l}{6}=0$$
$$\therefore V_A=\frac{wl}{4}(\uparrow)$$

㉴ $\Sigma M_A = 0$이므로

$$-V_B l + \frac{wl}{8} \times \frac{5l}{6} + \frac{wl}{8} \times \frac{2l}{3} + \frac{wl}{8} \times \frac{l}{3} + \frac{wl}{8} \times \frac{l}{6} = 0$$

$$\therefore V_B = \frac{wl}{4}(\uparrow)$$

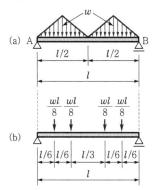

13 | 수직반력의 산정
20④, 14①

다음 그림과 같은 보에서 A점의 수직반력을 구하면?

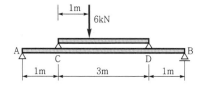

① 2.4kN
② 3.6kN
③ 4.8kN
④ 6.0kN

해설 간접 하중을 직접 하중으로 바꾸면

㉮ C점의 수직반력 $V_C(\uparrow)$, D점의 수직반력 $V_D(\uparrow)$로 가정하고 **힘의 비김 조건을 이용**하면,

　㉠ $\Sigma M_D = 0$에 의해서,
　　$V_C \times 3 - 6 \times 2 = 0$ ∴ $V_C = 4\text{kN}(\uparrow)$

　㉡ $\Sigma Y = 0$에 의해서,
　　$V_C - 6 + V_D = 0$, $4 - 6 + V_D = 0$ ∴ $V_D = 2\text{kN}(\uparrow)$
　　그러므로, 직접하중은 C점에서 4kN($\downarrow$), D점에서 2kN($\downarrow$)이 작용한다.

㉯ A점의 수직반력 $V_A(\uparrow)$로 가정하고, **힘의 비김 조건을 적용**하면 $\Sigma M_B = 0$에 의해서,
　　$V_A \times 5 - 4 \times 4 - 2 \times 1 = 0$
　　$\therefore V_A = 3.6\text{kN}(\uparrow)$

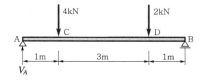

14 | 휨모멘트도
12④, 04①,④

그림과 같은 캔틸레버보에 집중하중 P가 작용할 때 휨모멘트도로 맞는 것은?

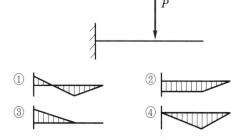

① ② ③ ④

해설 ㉮ 반력
　㉠ $\Sigma X = 0$에 의해서 $H_B = 0$
　㉡ $\Sigma Y = 0$에 의해서 $V_B - P = 0$ ∴ $V_B = P(\uparrow)$
　㉢ $\Sigma M_B = 0$에 의해서 $P_a - R_{MB} = 0$
　　$\therefore R_{MB} = P_a$

㉯ 휨모멘트
　㉠ $0 \le x \le b$ $M_X = 0$, $M_A = M_{x=0} = 0$,
　　$M_C = M_{x=b} = 0$
　㉡ $b \le x \le a+b$
　　$M_X = -Px$, $M_C = M_{x=b} = -Pb$,
　　$M_B = M_{x=a+b} = -P(a+b) = -Pl$
그러므로, 휨모멘트도(B.M.D.)는 그림 (b)와 같다.

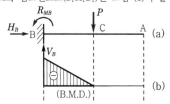

15 | 최대 휨모멘트 값의 산정
03①, 99②

단순보의 전단력도가 그림과 같을 때 보의 최대 휨모멘트는?

① 10.1kN · m
② 8.5kN · m
③ 9.4kN · m
④ 11.8kN · m

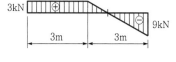

해설 보의 최대 **휨모멘트는 전단력이 0인 점에서 일어나며**, 휨모멘트의 값은 **전단력도의 면적과 동일**하다.

전단력이 0이 되는 점은 다음 그림에서 알 수 있듯이

$$x = 3 + 3 \times \frac{3}{9+3} = 3.75\text{m}$$

∴ A점에서 우측으로 3.75m 떨어진 점에서 전단력이 0이 되고 $M_{\max}$이 생긴다.

$$\therefore M_{max} = 3 \times 3 + 3 \times 0.75 \times \frac{1}{2} = 10.125 \text{kN} \cdot \text{m}$$

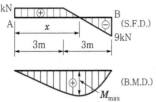

16 | 반력의 산정
02④, 98①

그림에서 B지점의 반력은?

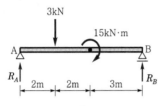

① 1.0kN ② 2.0kN
③ 2.5kN ④ 3.0kN

해설 B지점은 이동지점이므로 수직반력 $R_B(\uparrow)$만이 생기며, **힘의 비김 조건**에 의해서 풀이하면,
$\Sigma M_A = 0$에 의해서 $-R_B \times 7 + 15 + 3 \times 2 = 0$
$\therefore R_B = 3 \text{kN}(\uparrow)$

17 | 반력의 산정
06②, 96②

그림과 같은 보의 A점의 반력은?

① 1kN
② 1.6kN
③ 2kN
④ 3kN

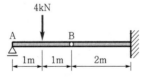

해설 오른쪽 그림과 같이 구조물을 분해하면, 즉 **게르버보는 단순보와 캔틸레버보로 분해**된다. 그러므로 AB 부분은 단순보로, BC 부분은 캔틸레버보로 풀이하고, 그림 (b)에서 힘의 비김 조건 중에서, $\Sigma M_B = 0$에 의해서
$V_A \times 2 - 4 \times 1 = 0$
$\therefore V_A = 2 \text{kN}$

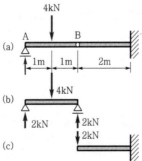

18 | 휨모멘트의 반곡점 위치
20④, 14④

다음 그림과 같은 내민보에서 휨모멘트가 0이 되는 두 개의 반곡점 위치를 구하면? (단, A점으로부터의 거리)

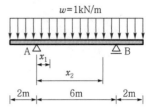

① $x_1 : 0.765 \text{m}$, $x_2 : 5.235 \text{m}$

② $x_1 : 0.785 \text{m}$, $x_2 : 5.215 \text{m}$

③ $x_1 : 0.805 \text{m}$, $x_2 : 5.195 \text{m}$

④ $x_1 : 0.825 \text{m}$, $x_2 : 5.175 \text{m}$

해설 ㉮ **반력**
$V_A = 5 \text{kN}(\uparrow)$, $H_A = 0(\rightarrow)$, $V_B = 5 \text{kN}(\uparrow)$이다.

㉯ **휨모멘트**
$2 \text{m} \leq x \leq 8 \text{m}$에서 $M_X = -x\dfrac{x}{2} + 5(x-2)$이다.

그런데, $M_X = 0$이므로, 이를 식으로 정리하면,
$$M_X = -x\frac{x}{2} + 5(x-2) = -\frac{x^2}{2} + 5x - 10$$
$$= -x^2 + 10x - 20 = 0$$
이다. 그러므로,
$$x = \frac{-10 \pm \sqrt{10^2 - 4 \times (-1) \times (-20)}}{2 \times (-1)}$$
$$= \frac{-10 \pm \sqrt{20}}{-2}$$
$$\therefore x = \frac{-10 + \sqrt{20}}{-2} = 2.7639 \text{m},$$
$$x = \frac{-10 - \sqrt{20}}{-2} = 7.2361 \text{m}$$

그런데 A지점으로부터의 거리를 물었으므로
$x_1 = 2.7639 - 2 = 0.7639 \text{m}$, $x_2 = 7.2361 - 2 = 5.2361 \text{m}$

19 | 전단력의 방향과 크기
18②, 09①

다음 그림과 같은 단순보의 일부 구간으로부터 떼어낸 자유물체도에서 각 번호에 해당하는 좌우 측면의 전단력의 방향과 그 값으로 옳은 것은?

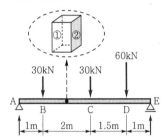

① ① : 19.09kN($\uparrow$), ② : 19.09kN($\downarrow$)

② ① : 19.09kN($\downarrow$), ② : 19.09kN($\uparrow$)

③ ① : 16.09kN($\uparrow$), ② : 16.09kN($\downarrow$)

④ ① : 16.09kN($\downarrow$), ② : 16.09kN($\uparrow$)

해설 ㉮ 반력

㉠ $\Sigma M_E = 0$에 의해서

$V_A \times 5.5 - 30 \times 4.5 - 30 \times 2.5 - 60 \times 1 = 0$에서

$\therefore V_A = 49.09\text{kN}(\uparrow)$

㉡ $\Sigma Y = 0$에 의해서 $V_A - 30 - 30 - 60 + V_B = 0$에서,

$V_A = 49.09\text{kN}$이므로

$49.09 - 30 - 30 + 60 + V_B = 0$

$\therefore V_B = 70.91\text{kN}(\uparrow)$

㉯ 전단력

㉮의 단면 : $1 \leq x \leq 3$m인 경우

$S_X = 49.09 - 30 = 19.09\text{kN}(\uparrow)$

㉯의 단면 : $2.5 \leq x \leq 4.5$m인 경우

$S_X = -70.91 + 60 + 30 = 19.09\text{kN}(\downarrow)$

20 | 연행하중의 최대 휨모멘트
12②, 10④

다음 보에서 B점으로부터 2개의 하중이 지나갈 때 최대 휨모멘트가 발생하는 거리 x를 구하면?

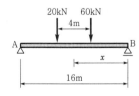

① 6.5m

② 7.5m

③ 8.5m

④ 9.5m

해설 연행하중의 **최대 휨모멘트**는 연행하중이 단순보 위를 지날 때, **최대 휨모멘트**는 보에 실리는 전 하중 합력의 작용점과 그와 가장 가까운 하중(또는 부근의 큰 하중)과의 사이가 보의 지간의 중앙에 의하여 2등분될 때, 그 하중 바로 밑의 단면에서 일어난다.

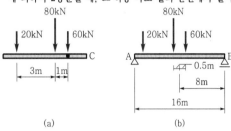

(a)   (b)

㉮ 보에 실리는 전 하중 합력의 작용점[바리뇽의 정리에 의해, 그림 (a) 참고]

㉠ 두 힘의 합력을 구하면, $R = -20 + (-60) = -80$, 즉 하향의 80kN

㉡ 60kN 하중의 작용선상 임의의 한 점을 C라 하고, 임의의 한 점과 80kN($\downarrow$)과의 거리를 x[m]라고 하면, $\Sigma M_C = -20 \times 4 = -80\text{kN} \cdot \text{m}$

㉢ 바리뇽의 정리 : 여러 힘들의 임의의 점에 대한 모멘트의 합은 그들의 합력이 되는 점에 대한 모멘트와 같다. 즉, $\Sigma M_C = -80 = 80x$ $\therefore x = 1$m이다.

㉯ 전 하중 합력의 작용점과 그와 가장 가까운 하중(또는 부근의 큰 하중)과의 사이가 보의 지간 중앙에 의하여 2등분될 때 그 하중 바로 밑의 단면에서 일어나고, 합력 80kN과 60kN 사이의 거리가 1m이므로 $\dfrac{16}{2} - 0.5 = 7.5$m이다[그림 (b) 참고].

21 | 게르버보의 휨모멘트
04①, 98②

그림과 같은 게르버보에서 B점의 휨모멘트는?

① $-2.25\text{kN} \cdot \text{m}$

② $-4.5\text{kN} \cdot \text{m}$

③ $-9\text{kN} \cdot \text{m}$

④ $0\text{kN} \cdot \text{m}$

해설 게르버보를 풀이하기 위하여 **내민보 부분과 단순보 부분**으로 나누면 그림 (b)와 같다. 단순보 부분에 실린 하중은 내민보 부분의 부재력에 영향을 끼치나, 내민보 부분에 실린 하중은 단순보 부분의 부재력에 아무런 영향을 끼치지 않는다. 그러므로 **단순보 부분부터 풀이**한다.

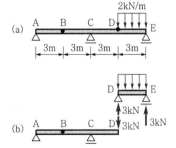

㉮ **단순보 부분(DE 부분)** : 등분포하중을 집중하중으로 바꾸면, 점 D에서 오른쪽으로 1.5m 떨어진 곳에 2kN/m×3m =6kN이 작용한다.
우선 반력을 구하면 D점의 수직반력(V_D)을 상향, 수평반력(H_D)을 우향, E점의 수직반력(V_E)을 상향으로 가정한다.
㉠ $\sum X=0$에 의해서 $H_D=0$
㉡ $\sum Y=0$에 의해서 $V_D+V_E=0$
㉢ $\sum M_E=0$에 의해서 $V_D\times3-6\times1.5=0$kN
∴ $V_D=3$kN
㉯ **내민보 부분(AD 부분)**
㉠ 반력 :
ⓐ $\sum X=0$에 의해서 $H_A=0$
ⓑ $\sum Y=0$에 의해서 $V_A+V_C=0$ ······················ ①
ⓒ $\sum M_A=0$에 의해서 $V_C\times6+3\times9=0$
∴ $V_C=4.5$kN($\uparrow$)
$V_C=4.5$kN을 식 ①에 대입하면 $V_A=-1.5$kN,
즉 하향의 1.5kN이다.
㉡ 휨모멘트
$0\leq x\leq6$m
$M_X=-1.5x$
$M_B=M_{x=3}=-1.5\times3=-4.5$kN·m

22 | 반력의 산정
18①, 07①

그림에서 B점의 반력(R_B)값은?

① 0kN
② 2kN
③ 4kN
④ 6kN

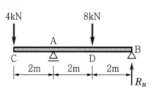

해설 R_B를 구하기 위하여 A점에 모멘트 중심을 잡고 $\sum M_A=0$에 의해서
$\sum M_A=-4\times2+8\times2-R_B\times4=0$
∴ $R_B=2$kN($\uparrow$)

23 | 휨모멘트 값의 산정
03①,④

등분포하중 ω와 B지점에 모멘트하중 ωl^2이 작용하는 그림과 같은 단순보에서 중앙점의 휨모멘트의 크기를 구한 값은?

① $\dfrac{1}{8}\omega l^2$

② $\dfrac{3}{8}\omega l^2$

③ $\dfrac{5}{8}\omega l^2$

④ $\dfrac{5}{16}\omega l^2$

해설 $\sum M_B=R_A l-\omega l\dfrac{l}{2}+\omega l^2=0$

∴ $R_A=-\dfrac{\omega l^2}{2l}=-\dfrac{\omega l}{2}$

중앙점의 휨모멘트(M_c) $=-\dfrac{\omega l}{2}\times\dfrac{l}{2}-\dfrac{\omega l}{2}\times\dfrac{l}{4}=-\dfrac{3\omega l^2}{8}$

24 | 수직반력의 산정
02①, 00②

그림과 같은 단순보에서 지점 A의 수직반력값은?

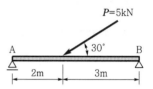

① 1kN
② 1.5kN
③ 2kN
④ 2.5kN

해설 **반력** : A지점은 이동지점이므로 수직반력(V_A)을 상향으로 가정하고, B지점은 회전지점이므로 수직반력(V_B)을 상향으로, 수평반력(H_B)을 우향으로 가정하고 **힘의 비김 조건**을 성립시킨다.
$\sum M_B=0$에 의해서 $V_A\times5-2.5\times3=0$
∴ $V_A=1.5$kN($\uparrow$)

25 | 전단력과 휨모멘트 값의 산정
96③

다음과 같은 캔틸레버보의 점 C에서 전단력과 휨모멘트의 값은?

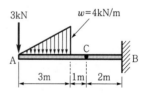

① $V_c=-6$kN, $M_c=-24$kN·m
② $V_c=-9$kN, $M_c=-36$kN·m
③ $V_c=-6$kN, $M_c=-36$kN·m
④ $V_c=-9$kN, $M_c=-24$kN·m

해설 ㉮ 우선 C점까지의 **등변분포하중을 집중하중으로** 바꾸어 보면
그림 (b)와 같다. 그리고 등변분포하중을 집중하중으로 바
꾸면 $3m \times 4kN/m \times 1/2 = 6kN$이다.

㉯ **전단력**을 구하면 $S_c = -3 - 6 = -9kN$

㉰ **휨모멘트**를 구하면 $M_c = -3 \times 4 - 6 \times 2 = -24kN \cdot m$

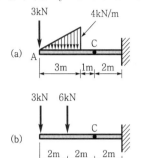

27 | 휨모멘트 값의 산정
20①,②

다음 그림과 같은 보에서 고정단에 생기는 휨모멘트는?

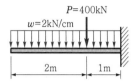

① $500kN \cdot m$ ② $900kN \cdot m$

③ $1,300kN \cdot m$ ④ $1,500kN \cdot m$

해설 M_A(고정단에 생기는 휨모멘트)
= 집중하중에 의한 휨모멘트 + 등분포하중에 의한 휨모멘트
$= -400 \times 1 - (200 \times 3) \times 1.5 = -1,300kN \cdot m$
여기서, $2kN/cm = 200kN/m$

26 | 최대 휨모멘트의 발생 위치
91②

다음 그림과 같은 보에서 최대 휨모멘트가 생기는 위치는?
(단, A지점으로부터의 거리)

① $\frac{1}{2}l$

② $\frac{3}{4}l$

③ $\frac{2}{3}l$

④ $\frac{3}{8}l$

해설 최대 휨모멘트는 전단력이 0이 되는 점에서 일어나므로, 전단
력이 0인 점을 찾는다.

반력 $V_A = \frac{3wl}{8}$이고,

$S_X = V_A - wx = \frac{3wl}{8} - wx = 0$

$\therefore x = \frac{3}{8}l$

28 | 하중의 절대값
20④, 16①

다음 그림은 각 구간에서 직선적으로 변화하는 단순보의 휨
모멘트도이다. C점과 D점에 동일한 힘 P_1이 작용하고 보
의 중앙점 E에 P_2가 작용할 때 P_1과 P_2의 절대값은?

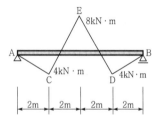

① $P_1 = 4kN, P_2 = 6kN$ ② $P_1 = 4kN, P_2 = 8kN$

③ $P_1 = 8kN, P_2 = 10kN$ ④ $P_1 = 8kN, P_2 = 12kN$

해설 휨모멘트도(B.M.D.)에서 $P_1(\downarrow)$, $P_2(\uparrow)$로,
A지점의 수직반력 $V_A(\uparrow)$, 수평반력 $H_A(\rightarrow)$,
B지점의 수직반력 $V_B(\uparrow)$로 가정하면,
$M_c = V_A \times 2 = 4kN \cdot m$ 이므로
$V_A = 2kN$이고, $M_E = 2 \times 4 - P_1 \times 2 = -8$
$\therefore P_1 = 8kN(\downarrow)$
또한, $M_D = 2 \times 6 - 8 \times 4 + P_2 \times 2 = 4$
$\therefore P_2 = 12kN(\uparrow)$

29 | 반력의 산정
18②

다음 그림과 같은 내민보에서 A점 및 B점에서의 반력을 각 각 R_A, R_B라 할 때 반력의 크기로 옳은 것은?

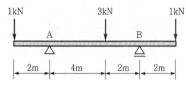

① $R_A = 3\text{kN}$, $R_B = 2\text{kN}$

② $R_A = 2\text{kN}$, $R_B = 3\text{kN}$

③ $R_A = 2.5\text{kN}$, $R_B = 2.5\text{kN}$

④ $R_A = 4\text{kN}$, $R_B = 1\text{kN}$

해설 반력의 산정

A지점은 회전지점이므로 수직 $R_A(\uparrow)$, 수평 $H_A(\rightarrow)$가 작용하고, B지점은 이동지점이므로 수직 $R_B(\uparrow)$이 발생한다.

㉮ $\Sigma Y = 0$에 의해서 $-1 + R_A - 3 + R_B - 1 = 0$ ·············· ①

㉯ $\Sigma M_B = 0$에 의해서 $-1 \times 8 + R_A \times 6 - 3 \times 2 + 1 \times 2 = 0$

∴ $R_A = \dfrac{8+6-2}{6} = 2\text{kN}(\uparrow)$을 식 ①에 대입하면

$R_B = 3\text{kN}(\uparrow)$이다.

30 | 반력의 산정
18①

그림과 같은 내민보에서 A지점의 반력값은?

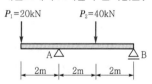

① 20kN

② 30kN

③ 40kN

④ 50kN

해설 A지점의 반력을 $V_A(\uparrow)$로 가정하고, $\Sigma M_B = 0$에 의하여 산정하면

$\Sigma M_A = -20 \times (2+2+2) + V_A \times (2+2) - 40 \times 2 = 0$

∴ $V_A = 50\text{kN}(\uparrow)$

31 | 전단력이 0인 위치
17②

다음 그림과 같은 단순보에 등변분포하중이 작용할 때 전단력이 '0'이 되는 점에 대하여 A점으로부터의 거리를 구하면?

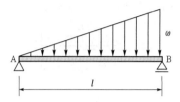

① $\dfrac{l}{\sqrt{2}}$

② $\dfrac{l}{\sqrt{3}}$

③ $\dfrac{l}{\sqrt{4}}$

④ $\dfrac{l}{\sqrt{5}}$

해설 ㉮ 반력의 산정

A지점은 회전지점이므로 수직 $V_A(\uparrow)$, 수평 $H_A(\rightarrow)$가 작용하고, B지점은 이동지점이므로 수직 $V_B(\uparrow)$가 발생한다. 그러므로 $\Sigma M_B = 0$에 의해서,

$V_A \times l - \dfrac{\omega l}{2} \times \dfrac{l}{3} = 0$ ∴ $V_A = \dfrac{\omega l}{6}$이고, $V_B = \dfrac{\omega l}{3}$이다.

㉯ 전단력의 산정

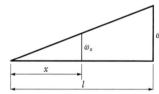

지점 A로부터 임의의 거리 x만큼 떨어진 단면 x의 전단력을 S_x라 하고, 단면의 왼쪽을 생각한다. 여기서, 그림을 참고로 등변분포하중의 임의의 한 점에 대한 하중의 최대값 (ω_x)을 구한다. 삼각형의 닮음을 이용하면, $x : \omega_x = l : \omega$이고, $\omega_x = \dfrac{\omega x}{l}$이므로, 이 점까지의 등변분포하중을 집중하중으로 환산(w)하면, 삼각형의 면적과 일치하므로 $w = x \dfrac{\omega x}{l} \times \dfrac{1}{2} = \dfrac{\omega x^2}{2l}$이다.

그러므로, $S_x = \dfrac{\omega l}{6} - \dfrac{\omega x^2}{2l}$에서, $S_x = \dfrac{\omega l}{6} - \dfrac{\omega x^2}{2l} = 0$

∴ $x^2 = \dfrac{l^2}{3}$

∴ $x = \sqrt{\dfrac{l^2}{3}} = \dfrac{l}{\sqrt{3}}$이다. 즉, 등변분포하중이 전체에 걸쳐서 작용하는 경우, 전단력이 0인 점은 지점 A로부터 $\dfrac{l}{\sqrt{3}}$인 점에서 발생한다.

2 라멘의 해석

다음 그림과 같이 힘 P가 작용할 때 휨모멘트가 0이 되는 곳은 몇 개나 되는가?

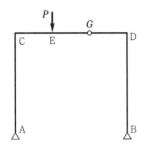

① 2   ② 3
③ 4   ④ 5

해설 ㉮ **반력**

　㉠ $\Sigma M_B = 0$에 의해서

　　$V_A l - P\dfrac{2}{3}l = 0$　　　$\therefore V_A = \dfrac{2}{3}P$

　㉡ $\Sigma Y = 0$에 의해서

　　$\dfrac{2}{3}P - P + V_B = 0$　　$\therefore V_B = \dfrac{P}{3}$

　㉢ $\Sigma M_G = 0$에 의해서

　　$\dfrac{2}{3}P \times \dfrac{2}{3}l - H_A h - P\dfrac{l}{3} = 0$

　　$\therefore H_A = \dfrac{Pl}{9h}$

　㉣ $\Sigma X = 0$에 의해서

　　$H_A - H_B = 0$　　　$\therefore H_A = H_B = \dfrac{Pl}{9h}$

㉯ **휨모멘트**

　㉠ AC부재 : 점 A에서 임의의 거리 x만큼 떨어진 단면을 X라 하고 단면의 왼쪽을 생각하면

　　$0 \leq x \leq h$

　　$M_X = -H_A x = -\dfrac{Pl}{9h}x$

　　$M_A = M_{x=0} = 0,\ M_C = M_{x=h} = -\dfrac{Pl}{9}$

　㉡ CD부재 : 점 C에서 임의의 거리 x만큼 떨어진 단면을 X라 하고 단면의 왼쪽을 생각하면

　　$0 \leq x \leq \dfrac{l}{3}$

　　$M_X = -\dfrac{Pl}{9} + V_A x = -\dfrac{Pl}{9} + \dfrac{2}{3}Px$

　　$M_C = M_{x=0} = -\dfrac{Pl}{9}$

　　$M_E = M_{x=\frac{l}{3}} = -\dfrac{Pl}{9} + \dfrac{2}{3}P \times \dfrac{l}{3} = \dfrac{Pl}{9}$

$$\dfrac{l}{3} \leq x \leq \dfrac{2l}{3}$$

$$M_X = -\dfrac{Pl}{9} + V_A x - P\left(x - \dfrac{l}{3}\right)$$

$$= -\dfrac{Pl}{9} + \dfrac{2}{3}Px - P\left(x - \dfrac{l}{3}\right)$$

$$M_E = M_{x=\frac{l}{3}} = -\dfrac{Pl}{9} + \dfrac{2}{3}P \times \dfrac{l}{3} - P\left(x - \dfrac{l}{3}\right) = \dfrac{Pl}{9}$$

$$M_G = M_{x=\frac{2}{3}l} = -\dfrac{Pl}{9} + \dfrac{2}{3}P \times \dfrac{2}{3}l - P\left(\dfrac{2}{3}l - \dfrac{l}{3}\right) = 0$$

$$\dfrac{2l}{3} \leq x \leq l$$

$$M_X = -\dfrac{Pl}{9} + \dfrac{2}{3}Px - P\left(x - \dfrac{l}{3}\right)$$

$$M_G = M_{x=\frac{2}{3}l} = 0$$

$$M_D = M_{x=l} = -\dfrac{Pl}{9} + \dfrac{2}{3}Pl - P\left(l - \dfrac{l}{3}\right) = -\dfrac{Pl}{9}$$

　㉢ DB부재 : 점 D에서 임의의 거리 x만큼 떨어진 단면을 X라 하고 단면의 왼쪽을 생각하면

　　$0 \leq x \leq h$

　　$M_X = -\dfrac{Pl}{9} + H_A x = -\dfrac{Pl}{9} + \dfrac{Pl}{9h}x$

　　$M_D = M_{x=0} = -\dfrac{Pl}{9}$

　　$M_B = M_{x=h} = -\dfrac{Pl}{9} + \dfrac{Pl}{9h}h = 0$

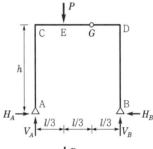

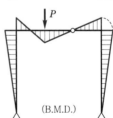

(B.M.D.)

다음 그림과 같이 수평하중 30kN이 작용하는 라멘구조에서 E점에서의 휨모멘트 값(절대값)은?

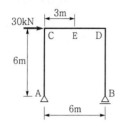

① 40kN · m

② 45kN · m

③ 60kN · m

④ 90kN · m

해설 ㉮ **반력**

A지점은 회전지점이므로 수직반력(V_A)을 하향으로, 수평반력(H_A)을 좌향으로 가정하고, B지점은 이동지점이므로 수직반력(V_B)을 상향으로 가정한다.

힘의 비김조건($\sum X=0$, $\sum Y=0$, $\sum M=0$)을 이용하면

㉠ $\sum X=0$에 의해서 $30-H_A=0$ $\therefore H_A=30$kN

㉡ $\sum Y=0$에 의해서 $-V_A+V_B=0$ ························· ①

㉢ $\sum M_B=0$에 의해서 $30\times 6-V_A\times 6=0$ $\therefore V_A=30$kN

㉣ $V_A=30$kN을 식 ①에 대입하여 구하면 $V_B=30$kN

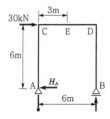

㉯ **휨모멘트**

$M_E=-30\times 3+30\times 6=90$kN · m

그림과 같은 정정 라멘에서 BD부재의 축방향력으로 옳은 것은? (단, + : 인장력, − : 압축력)

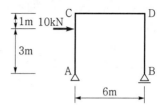

① 5kN

② −5kN

③ 10kN

④ −10kN

해설 **단순보계 라멘의 풀이**에서 반력을 구하면,

A지점은 회전지점이므로 수직반력을 V_A(↓), 수평반력을 H_A(←), B지점은 이동지점이므로 수직반력을 V_B(↑)라고 가정하면, **힘의 비김 조건**에 의해서

㉮ $\sum M_B=0$에 의해서

$-V_A\times 6m-10\times 3=0$에서 $V_A=5$kN(↓)

㉯ $\sum Y=0$에 의해서

$-V_A+V_B=0$에서 $V_A=V_B$이다.

그러므로, $V_B=5$kN(↑)

$\therefore$ BD 부재의 축방향력은 −5kN이다.

04 | 휨모멘트 값의 산정
20①,②, 16②, 97③

정정 라멘의 CD부재에서 C, D점의 휨모멘트 값 중 옳은 것은?

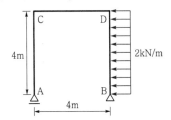

① (C) 0kN · m, (D) 16kN · m

② (C) 16kN · m, (D) 16kN · m

③ (C) 0kN · m, (D) 32kN · m

④ (C) 32kN · m, (D) 32kN · m

해설 ㉮ 반력 : A지점은 **이동지점**이므로 **수직반력**이 생기고, B지점은 **회전지점**이므로 수직반력과 수평반력이 생긴다. 그러므로 방향과 기호를 그림과 같이 가정한다. 또한, **등분포하중을 집중하중으로 바꾸면** 그림 (b)와 같다.

$2kN/m \times 4m = 8kN$

㉠ $\Sigma X = 0$에 의해서

$H_B - 8 = 0$

$\therefore H_B = 8kN$

㉡ $\Sigma Y = 0$에 의해서

$-V_A + V_B = 0$ ············· ①

㉢ $\Sigma M_B = 0$에 의해서

$+V_A \times 4 - 8 \times 2 = 0$

$\therefore V_A = 4kN$

$V_A = 4kN$을 식 ①에 대입하면

$-4 + V_B = 0$

$\therefore V_B = 4kN$

㉯ **휨모멘트**

㉠ DB부재 : 점 B에서 임의의 거리 x만큼 떨어진 단면 X의 휨모멘트를 M_X라고 하고, 단면의 오른쪽을 생각하면,

$0 \leq x \leq 4m$

$M_X = 8 \times x - 2x \times \dfrac{x}{2}$

$= 8x - x^2$

$M_B = M_x = 0 = 0$

$M_D = M_x = 4 = 8x - x^2 = 8 \times 4 - 4^2 = 16kN \cdot m$

㉡ CD 부재 : 점 D에서 임의의 거리 x만큼 떨어진 단면 X의 휨모멘트를 M_X라고 하고, 단면의 오른쪽을 생각하면

$0 \leq x \leq 4m$

$M_X = 16 - 4x$

$M_D = M_{x=0} = 16 - 4 \times 0 = 16kN \cdot m$

$M_C = M_{x=4} = 16 - 4 \times 4 = 0$

휨모멘트도는 그림 (c)와 같다.

05 | 전단력 값의 산정
17①, 12④, 07④

그림과 같은 구조물에서 EB부재의 전단력의 크기는?

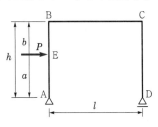

① $\dfrac{Pa}{l}$

② $\dfrac{Pb}{l}$

③ P

④ 0

해설 ㉮ 반력

㉠ $\Sigma X = 0$에 의해서 $P - H_A = 0$ $\therefore H_A = P$

㉡ $\Sigma Y = 0$에 의해서 $-V_A + V_B = 0$ $\therefore V_A = V_B$

㉢ $\Sigma M_D = 0$에 의해서 $-V_A l + Pa = 0$

$\therefore V_A = \dfrac{Pa}{l}, \quad V_B = \dfrac{Pa}{l}$

㉯ 전단력

$0 \leq x \leq a, \quad S_X = P,$

$S_A = S_{x=0} = P, \quad S_E = S_{x=a} = P$

$a \leq x \leq h, \quad S_X = P - P = 0,$

$S_E = S_{x=a} = 0, \quad S_B = S_{x=h} = 0$

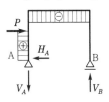

다음 그림과 같은 3회전단 구조물의 반력은?

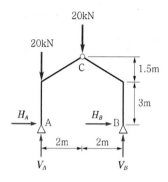

① $H_A = 4.44$kN, $V_A = 30$kN

$H_B = -4.44$kN, $V_B = 10$kN

② $H_A = 0$, $V_A = 30$kN

$H_B = 0$, $V_B = 10$kN

③ $H_A = -4.44$kN, $V_A = 30$kN

$H_B = 4.44$kN, $V_B = 10$kN

④ $H_A = 4.44$kN, $V_A = 50$kN

$H_B = -4.44$kN, $V_B = -10$kN

해설 반력을 구하기 위한 힘의 비김조건에 의해서

㉮ $\Sigma X = 0$에 의해서 $H_A + H_B = 0$ ························· (1)

㉯ $\Sigma Y = 0$에 의해서 $V_A - 20 - 20 + V_B = 0$ ················· (2)

㉰ $\Sigma M_B = 0$에 의해서 $V_A \times 4 - 20 \times 4 - 20 \times 2 = 0$

$\therefore V_A = 30$kN($\uparrow$)

$V_A = 30$kN을 식 (2)식에 대입하면 $30 - 20 - 20 + V_B = 0$

$\therefore V_B = 10$kN($\uparrow$)

㉱ 왼쪽 강구면의 C점에 대한 휨모멘트 $M_C = 0$이므로

$-H_A \times 4.5 + 30 \times 2 - 20 \times 2 = 0$

$\therefore H_A = 4.44$kN

위 값을 식 (1)에 대입하면

$\therefore H_B = -4.44$kN

그림과 같은 단순보형 라멘의 휨모멘트도로 맞는 것은?

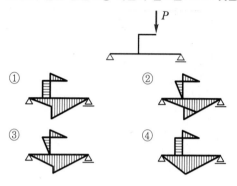

해설 단면력도를 그리면 다음 그림과 같다.

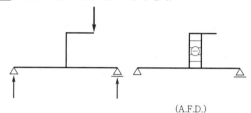

(A.F.D.)

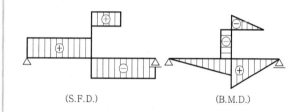

(S.F.D.)   (B.M.D.)

그림과 같은 구조물의 반력은?

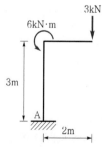

① $H_A = 3$kN, $V_A = 0$, $M_A = 6$kN·m

② $H_A = 0$, $V_A = 3$kN, $M_A = 6$kN·m

③ $H_A = 3$kN, $V_A = 0$, $M_A = 0$

④ $H_A = 0$, $V_A = 3$kN, $M_A = 0$

해설 반력

㉮ $\Sigma X = 0$에 의해서 $H_A = 0$

㉯ $\Sigma Y = 0$에 의해서 $V_A - 3 = 0$

∴ $V_A = 3kN(\uparrow)$

㉰ $\Sigma M_A = 0$에 의해서

$R_{MA} - 6 + 2 \times 3 = 0$

∴ $R_{MA} = 0$

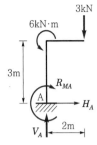

09 | 반력의 산정
01②, 96③

그림에서 점 D에서의 반력의 크기는?

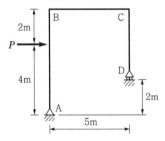

① P

② $0.5P$

③ $0.8P$

④ $0.4P$

해설 반력

㉮ $\Sigma X = 0$에 의해서 $H_A = 0$, $P + H_A = 0$

∴ $H_A = -P$, 즉 좌향 P이다.

㉯ $\Sigma Y = 0$에 의해서 $V_A + V_D = 0$ ······························ ①

㉰ $\Sigma M_D = 0$에 의해서 $V_A \times 5 + P \times 2 + P \times 2 = 0$

∴ $V_A = -\dfrac{4}{5}P$, 즉 하향 $\dfrac{4}{5}P$이다.

$V_A = -\dfrac{4}{5}P$를 식 ①에 대입하면,

$-\dfrac{4}{5}P + V_D = 0$

∴ $V_D = \dfrac{4}{5}P = 0.8P$

10 | 반력이 0인 경우의 하중
00①

그림과 같은 정정(靜定) 라멘에 하중이 작용해서 A점에 반력이 생기지 않을 때, 집중하중 P의 값으로 올바른 것은?

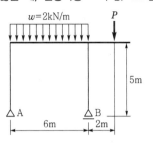

① 12kN

② 14kN

③ 16kN

④ 18kN

해설 $V_A = 0$이 되기 위한 조건을 구한다.

즉, $\Sigma M_B = 0$에 의해서 $V_A \times 6 - 2 \times 6 \times 3 + P \times 2 = 0$

그런데 $V_A = 0$이므로 $-2 \times 6 \times 3 + P \times 2 = 0$

∴ $P = 18kN$

11 | 휨모멘트가 0인 부재
16④

그림과 같은 구조물에서 모멘트가 작용하지 않는 부재($M = 0$)는?

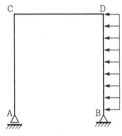

① 없음

② CD부재

③ BD부재

④ AC부재

해설 지점 A에서의 반력은 수직반력만 작용하므로 AC부재의 휨모멘트 값은 0이다. 즉, AC부재는 휨모멘트가 발생하지 않는다.

③ 트러스의 해석

그림에 표시한 트러스의 부재 A, B, C에 생기는 축응력의 부호로 올바르게 나타낸 것은? (단, 압축응력 −, 인장응력 +)

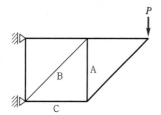

A	B	C		A	B	C
① +, +, −			② +, −, +		
③ +, −, −			④ −, +, +		

해설 캔틸레버 형태의 트러스에서 부재력을 구하기 위해 **크레모나 도해법을 이용하여 풀이한다.** 부재력의 인장과 압축의 구분은 다음과 같다.

압축재　　　　　　　　인장재

㉮ 외력과 부재로서 구획되는 구역에 바우의 기호를 붙인다.
(U 1, 2, 3, 4, 5)

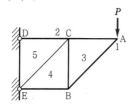

㉯ 각 절점에서 시력도를 그리면 다음과 같다.

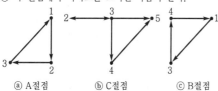

　ⓐ A절점　　　　ⓑ C절점　　　　ⓒ B절점

㉰ **부재력을 구하여** 표시하면 다음 그림과 같다.
　㉠ AC, CD, CB부재는 ◄──○──○──► 상태이므로 인장재이다.
　㉡ CE, BE, AB부재는 ──○──○── 상태이므로 압축재이다.

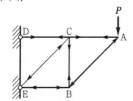

다음과 같은 트러스에서 a부재의 부재력은 얼마인가?

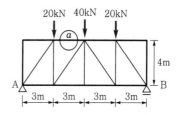

① 20kN(인장)　　　　　② 30kN(압축)
③ 40kN(인장)　　　　　④ 60kN(압축)

해설 트러스 구조의 반력을 구하면
　㉮ $\Sigma M_B = 0$에 의해서
$$V_A \times (3+3+3+3) - 20 \times (3+3+3) - 40 \times (3+3) - 20 \times 3 = 0$$
$$\therefore V_A = \frac{180+240+60}{12} = 40\text{kN}(\uparrow)$$
　㉯ **부재력의 산정**(오른쪽 그림 참고)
　　절단법을 이용하여 a부재의 부재력을 T라고 하고, 부재력을 구하면,
　　$\Sigma M_E = 0$에 의해서,
$$40 \times 3 - T \times 4 = 0$$
$$\therefore T = 30\text{kN}(압축력)$$

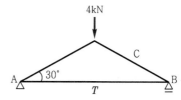

그림과 같은 하중이 작용하는 트러스의 하현재(T)의 응력은?

① $\sqrt{3}$ kN　　　　　② 2kN
③ $2\sqrt{3}$ kN　　　　④ 4kN

해설 트러스의 풀이
　㉮ **반력**
　　㉠ $\Sigma X = 0$에 의해서
　　　$H_A = 0$
　　㉡ $\Sigma Y = 0$에 의해서
　　　$V_A - 4 + V_B = 0$ ············ ①
　　㉢ $\Sigma M_B = 0$에 의해서
　　　$V_A \times 2 - 4 \times 1 = 0$
　　　$\therefore V_A = 2\text{ kN}$

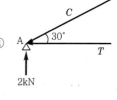

$V_A = 2\text{kN}$을 식 ①에 대입하면,

$2 - 4 + V_B = 0$ $\therefore V_B = 2\text{kN}$

ⓐ 절점법을 이용한다.

㉠ $\Sigma X = 0$에 의해서

$-C\cos 30° - T = 0$ ·························· ②

㉡ $\Sigma Y = 0$에 의해서

$2 - C\sin 30° = 0$ $\therefore C = 4\text{kN}$

$C = 4\text{kN}$을 식 ②에 대입하면

$-4\cos 30° - T = 0$

$\therefore T = -4\cos 30° = -4 \times \dfrac{\sqrt{3}}{2} = -2\sqrt{3}\,\text{kN}$

04 | 부재의 응력 산정
01④

그림과 같은 트러스의 A부재의 응력은 얼마인가? (단, 인장력을 +, 압축력을 −로 한다.)

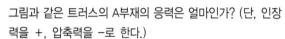

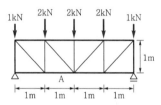

① $+3\text{kN}$ ② -3kN

③ $+4\text{kN}$ ④ -4kN

해설 절단법을 사용한다(오른쪽 그림 참고).

A부재의 응력을 L이라고 하면

$\Sigma M_D = 0$에 의해서

$4 \times 1 - 1 \times 1 - L \times 1 = 0$

$\therefore L = 3\text{kN}$

즉 ○→ ←○ 이므로 인장력 3kN이 작용한다.

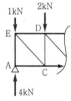

05 | 반력의 산정
22①, 13①, 09①

다음 그림과 같은 트러스의 반력 R_A와 R_B는?

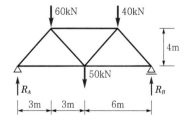

① $R_A = 60\text{kN}$, $R_B = 90\text{kN}$

② $R_A = 70\text{kN}$, $R_B = 80\text{kN}$

③ $R_A = 80\text{kN}$, $R_B = 70\text{kN}$

④ $R_A = 100\text{kN}$, $R_B = 50\text{kN}$

해설 반력

힘의 비김 조건에 의해서

㉮ $\Sigma M_B = 0$에 의해서

$R_A \times 12 - 60 \times 9 - 50 \times 6 - 40 \times 3 = 0$에서

$\therefore R_A = 80\text{kN}(\uparrow)$

㉯ $\Sigma Y = 0$에 의해서

$R_A - 60 - 50 - 40 + R_B = 0$에서 $R_A = 80\text{kN}$을 대입하면,

$80 - 60 - 50 - 40 + R_B = 0$이다. $\therefore R_B = 70\text{kN}(\uparrow)$

06 | 부재의 응력 산정
97①

정정 트러스의 C-C′부재력 중 옳은 것은?

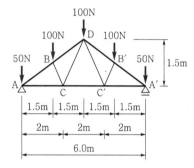

① 100N ② 150N

③ 200N ④ 250N

해설 절단법을 이용하여 풀이한다.

㉮ 반력

㉠ $\Sigma M_{A'} = 0$에 의해서

$V_A \times 6 - 50 \times 6 - 100 \times 4.5 - 100 \times 3 - 100 \times 1.5 = 0$

$\therefore V_A = 200\text{N}$

㉡ $\Sigma Y = 0$에 의해서

$200 - 50 - 100 - 100 - 100 - 50 + V_A' = 0$

$\therefore V_A' = 200\text{N}$

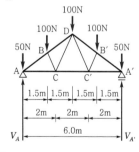

㉯ 절단법

C-C′부재의 응력을 N이라고 하면

$\Sigma M_D = 0$에 의하여

$200 \times 3 - 50 \times 3 - 100 \times 1.5 - N \times 1.5 = 0$

$\therefore N = 200\text{N}$

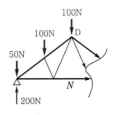

07 | 철골트러스에 관한 기술
19④, 12②

철골트러스의 특성에 관한 설명으로 옳지 않은 것은?

① 직선부재들이 삼각형의 형태로 구성되어 안정적인 거동을 한다.

② 트러스의 개방된 웨브공간으로 전기배선이나 덕트 등과 같은 설비배관의 통과가 가능하다.

③ 부정정 차수가 낮은 트러스의 경우에는 일부 부재나 접합부의 파괴가 트러스의 붕괴를 야기할 수 있다.

④ 직선부재로만 구성되기 때문에 비정형건축물의 구조체에는 적용되지 않는다.

해설 철골트러스는 직선부재로만 이루어지므로 곡선형에는 도입이 어렵다. **정형 및 비정형구조물의 도입과는 무관**하다.

08 | 부재력의 산정
19②, 02②

그림과 같은 트러스의 부재의 부재력은?

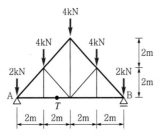

① $T=4\text{kN}$ ② $T=6\text{kN}$

③ $T=8\text{kN}$ ④ $T=16\text{kN}$

해설 **절단법 이용**(오른쪽 그림 참고)

$\Sigma M_C=0$에 의해서

$-2\times2+8\times2-T\times2=0$

$\therefore\ T=6\text{kN}$

그런데 하중의 상태는 ○→ ←○ 이므로 인장력이다.

즉, $+6\text{kN}$이다.

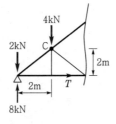

09 | 웨브재의 축방향력 산정
16①, 99①

그림과 같은 래티스보에서 $V=3\text{kN}$일 때 웨브재의 축방향력은?

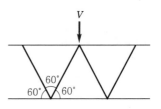

① 1.5kN   ② 2.0kN

③ $\sqrt{3}$ kN   ④ 3.0kN

해설 래티스보의 래티스 축력은 다음과 같이 산정한다.

$$\text{래티스보의 축력}(N)=\frac{V(\text{전단력})}{2\cos\theta(\text{래티스가 수직과 이루는 각})}\text{이다.}$$

즉, $N=\dfrac{V}{2\cos\theta}$ 에서 $V=3\text{kN}$, $\theta=30°$이므로

$\therefore N=\dfrac{3}{2\cos30}=\dfrac{3}{2\times\dfrac{\sqrt{3}}{2}}=\dfrac{3}{\sqrt{3}}=\dfrac{3}{\sqrt{3}}\times\dfrac{\sqrt{3}}{\sqrt{3}}=\sqrt{3}\,\text{kN}$

10 | 응력이 0인 부재
15④, 10④

그림과 같은 트러스가 절점 C 및 D에서 하중을 지지하고 있다. 이 트러스에서 응력이 발생하지 않는 부재는 어느 것인가?

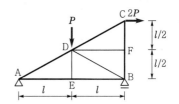

① DF

② DE 및 DB

③ DE 및 DF

④ DE, DB 및 DF

해설 절점 E에는 수직하중이 작용하지 않으므로 DE부재의 응력이 0이고, 절점 F에는 수평하중이 작용하지 않으므로 DF부재의 응력이 0이다. 즉, 부재의 응력이 0인 부재는 DE부재와 DF부재이다.

11 | 압축재의 수 산정
06②, 04①

그림과 같은 트러스에서 압축재의 수는 몇 개인가?

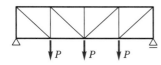

① 8개　　　　　　　② 9개

③ 7개　　　　　　　④ 10개

해설 하중의 작용점에 따른 부재력은 트러스 구조에서 하중의 작용점의 위치가 변화한다고 해도 반력의 크기는 변화하지 않으므로 크레모나 도해법에 의해 도시해 가면 반드시 동일한 형태의 도해법이 된다. 그러므로 결국 트러스 중앙부의 수직재까지 진행하여 그림 (a)의 트러스에서 수직재에 생기는 응력은 P의 압축력이 작용하나, 그림 (b)의 트러스에서 수직재에 생기는 응력은 0이 되는 변화가 있을 뿐 다른 부재의 부재력은 동일하다.

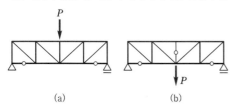

(a)	(b)

그림 (a), (b)에서 굵은 선은 압축재, 가는 선은 인장재이며, ─o─ 부재의 응력은 0이다.
위의 트러스에서 알 수 있듯이, 압축력의 부재는 8개이다.

12 | 부재력의 산정
00③

그림과 같은 트러스에서 A부재의 부재력의 값은? (단, 압축응력은 −, 인장응력은 +로 나타낸다.)

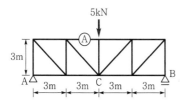

① −5kN　　　　　　② −4kN

③ +6kN　　　　　　④ +4kN

해설 절단법을 이용한다(절단면 $X-X$).
A부재의 응력을 S라고 하고
인장력으로 가정하면
$\Sigma M_C = 0$에 의해서
$2.5 \times 6 + S \times 3 = 0$
∴ $S = -5\text{kN}$
즉, 압축력 5kN이 작용한다.

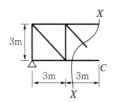

13 | 트러스의 해법
98③

정정 트러스 해법 중 맞지 않는 것은?

① 크레모나법　　　　② 바리뇽법

③ 쿨만법　　　　　　④ 리터법

해설 트러스 해법에는 절점(격점)법, 절단법, 리터법, 응력계수법, 영향선에 의한 방법 및 도해법(크레모나, 쿨만 도해법) 등이 있다.

14 | 부재력 산정
98③

그림과 같은 정정 트러스에서 •표한 부재의 응력값은?

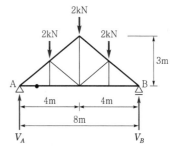

① 2kN　　　　　　　② 3kN

③ 4kN　　　　　　　④ 5kN

해설 절점에 모인 3개의 부재 중에서 2개 부재의 재축선이 일직선이고, 이 절점에 외력이 작용하지 않으면 2개 부재의 응력은 같고, 나머지 1개 부재의 응력은 0이다.

㉮ 반력
$\Sigma M_B = 0$에 의하여
$V_A \times 8 - 2 \times 6 - 2 \times 4 - 2 \times 2 = 0$
∴ $V_A = 3\text{kN}$

㉯ 절점 A
AE부재의 응력을 N_2, AD부재의 응력을 N_1이라고 하자(오른쪽 그림 참고).
㉠ $\Sigma Y = 0$에 의해서
$3 - \dfrac{3}{5} N_1 = 0$
∴ $N_1 = 5\text{kN}$
㉡ $\Sigma X = 0$에 의해서
$-\dfrac{4}{5} N_1 + N_2 = 0$
∴ $N_2 = \dfrac{4}{5} \times 5 = 4\text{kN}$

15 | 부재력 산정
98②

그림과 같은 대칭 트러스에서 사재(d)의 응력은 얼마인가?

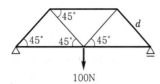

① $30\sqrt{2}$ N 압축
② 50N 인장
③ $50\sqrt{2}$ N 압축
④ $50\sqrt{2}$ N 인장

해설 ㉮ 우선 각 **지점의 반력을 구하면**

  ㉠ $\Sigma X = 0$ 에 의해서
  $H_A = 0$

  ㉡ $\Sigma Y = 0$ 에 의해서
  $V_A - 100 + V_B = 0$ ·········· ①

  ㉢ $\Sigma M_A = 0$ 에 의해서
  $100 \times 1 - V_B \times 2 = 0$ $\therefore V_B = 50$N

  $V_B = 50$N을 식 ①에 대입하면

  $V_A - 100 + 50 = 0$ $\therefore V_A = 50$N

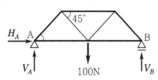

㉯ **절점법을 이용**한다.

$\Sigma Y = 0$ 에 의해서
$-d \sin 45° + 50 = 0$
$\therefore d = 50\sqrt{2}$ N(압축)

16 | 인장 및 압축재의 산정
98①

그림과 같은 하중을 받는 트러스에서 ①, ②, ③의 부재에 생기는 축응력의 부호로서 맞는 것은? [단, 인장력은 (+), 압축력은 (−)로 한다.]

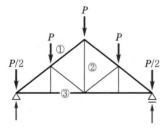

① ① +, ② −, ③ +
② ① −, ② +, ③ +
③ ① −, ② −, ③ +
④ ① +, ② −, ③ −

해설 트러스의 응력 상태는 ① **양식 지붕틀의 수직, 수평 부재는 인장력**을, **사재는 압축력**을 받는다.

  ㉮ **압축재(−)** : ━━━━━
  ㉯ **인장재(+)** : ━━━━━

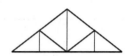

17 | 응력이 0인 부재
18④

다음 트러스구조물에서 부재력이 '0'이 되는 부재의 개수는?

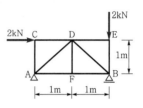

① 1개
② 2개
③ 3개
④ 4개

해설 트러스의 부재력에 있어서 하나의 절점에 3개의 부재가 모이고, 그 중 **2개의 부재가 동일 직선상**에 있는 경우 그 절점에 외력이 작용하지 않으면 동일 직선상에 있는 2개의 부재응력의 크기는 같거나 모두 0이 되며, 다른 **1개의 부재응력은 항상 0**이 된다. 그러므로 트러스의 부재력이 0인 부재는 다음과 같다(○이 표시된 부재).

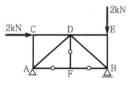

④ 아치의 해석

01 | 3회전단에 관한 기술
20①,②, 18④, 10④

그림과 같은 3회전단의 포물선 아치가 등분포하중을 받을 때 단면력에 관한 설명으로 옳은 것은?

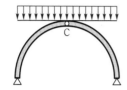

① 축방향력만 존재한다.
② 축방향력과 휨모멘트가 존재한다.
③ 전단력과 축방향력이 존재한다.
④ 축방향력, 전단력, 휨모멘트가 모두 존재한다.

해설 3회전단의 포물선 아치가 등분포하중을 받을 때 **단면력은 축방향력만 존재**한다.

02 | 구조물의 응력 계산
12①, 03①

구조물의 응력 계산에 관한 기술 중 틀린 것은?

① 트러스(truss)는 주로 축방향 응력으로 외력에 저항한다.
② 라멘(rahmen)은 주로 휨모멘트와 전단응력으로 외력에 저항한다.
③ 아치(arch)는 주로 축방향 응력과 전단응력으로 외력에 저항한다.
④ 셸(shell)은 주로 면내응력으로 외력에 저항한다.

해설 구조물의 응력 계산방법
　㉮ **트러스**는 주로 축방향 응력으로 외력에 저항하고, 라멘은 축방향력, 휨모멘트 및 전단력이 모두 작용하나, 주로 휨모멘트와 전단응력으로 외력에 저항한다.
　㉯ **아치**는 상부에서 오는 수직하중이 아치의 축선을 따라 좌우로 나누어져 밑으로 **압축력만을 전달하게 한 것**이고, **부재의 하부에 인장력이 생기지 않게 구조화한 것**이다. 셸은 주로 면내응력으로 외력에 저항하는 구조이다.

03 | 3회전단의 전단력
19①, 11①

등분포하중을 받는 그림과 같은 3회전단 아치에서 C점의 전단력을 구하면?

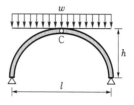

① 0
② $\dfrac{wl}{2}$
③ $\dfrac{wl}{4}$
④ $\dfrac{wl}{8}$

해설 반력을 구하면, $\Sigma M_B = V_A l - wl\dfrac{l}{2} = 0$

그러므로, $V_A = \dfrac{wl}{2}(\uparrow)$이고, $V_B = \dfrac{wl}{2}(\uparrow)$이다.

∴ C점의 전단력 $= \dfrac{wl}{2} - \dfrac{wl}{2} = 0$

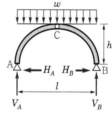

04 | 휨모멘트 값의 산정
15④, 99①

그림의 포물선 아치에서 중앙 C점의 휨모멘트의 값은?

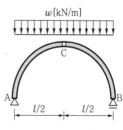

① $\dfrac{wl^2}{16}$
② $\dfrac{wl^2}{8}$
③ $\dfrac{wl^2}{4}$
④ 0

해설 우선 등분포하중을 집중하중으로 바꾸어 작용시키면, 그림 (b)와 같고, 집중하중의 크기는 wl이다.

⑦ 반력

　ⓐ $\Sigma X = 0$에 의해서 $H_A = 0$

　ⓑ $\Sigma Y = 0$에 의해서 $V_A - wl + V_B = 0$ ·················· ①

　ⓒ $\Sigma M_B = 0$에 의해서 $V_A l - wl \dfrac{l}{2} = 0$

$$\therefore V_A = \frac{wl}{2} (\uparrow)$$

$V_A = \dfrac{wl}{2}$ 을 식 ①에 대입하면,

$$\frac{wl}{2} - wl + V_B = 0$$

$$\therefore V_B = \frac{wl}{2} (\uparrow)$$

⑭ 휨모멘트

$0 \leq x \leq l$, $M_x = \dfrac{wl}{2} x - \dfrac{wx^2}{2}$ 이다.

그런데 C점은 $x = \dfrac{l}{2}$이므로

$$M_C = M_{x=\frac{l}{2}} = \frac{wl}{2} x - \frac{wx^2}{2}$$

$$= \frac{wl}{2} \times \frac{l}{2} \times \frac{w\left(\dfrac{l}{2}\right)^2}{2} = \frac{wl^2}{8}$$

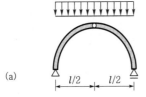

(a)

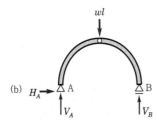

(b)

---

1 응력도와 변형도

01 | 푸아송 수
18①, 15①, 10①, 07②

직경 22mm, 길이 50cm의 강봉에 축방향 인장력을 작용시켰더니 길이는 0.04cm 늘어났고 직경은 0.0006cm 줄었다. 이 재료의 푸아송 수는?

① 0.34 　　　　　② 2.93

③ 0.015 　　　　　④ 66.67

해설 m(푸아송의 수) $= \dfrac{\varepsilon (\text{세로변형도})}{\beta (\text{가로변형도})} = \dfrac{\dfrac{\Delta l}{l}}{\dfrac{\Delta d}{d}} = \dfrac{d\Delta l}{l\Delta d}$ 에서

$d = 22\text{mm} = 2.2\text{cm}$, $\Delta l = 0.04\text{cm}$, $l = 50\text{cm}$, $\Delta d = 0.0006\text{cm}$ 이므로

$$\therefore m = \frac{2.2 \times 0.04}{50 \times 0.0006} = 2.933$$

02 | 탄성계수와 푸아송 비
20①,②, 09②, 03②

단면의 지름이 150mm, 재축 방향의 길이가 300mm인 원형 강봉의 윗면에 300kN의 힘이 작용하여 재축 방향의 길이가 0.16mm 줄어들었고, 단면의 지름이 0.01mm 늘어났다면 이 강봉의 탄성계수 E와 푸아송 비는?

① 31,830MPa, 0.25 　　② 31,830MPa, 0.125

③ 39,630MPa, 0.25 　　④ 39,630MPa, 0.125

해설 ⑦ 탄성계수를 구하면

$$E = \frac{\sigma}{\varepsilon} = \frac{\dfrac{P}{A}}{\dfrac{\Delta l}{l}} = \frac{Pl}{A\Delta l} \text{ 에서 } P = 300,000\text{N},$$

$A = \dfrac{\pi \times 150^2}{4} = 17,671.45867\text{mm}^2$, $l = 300\text{mm}$,

$\Delta l = 0.16\text{mm}$이므로

$$\therefore E = \frac{Pl}{A\Delta l} = \frac{300,000 \times 300}{\dfrac{\pi \times 150^2}{4} \times 0.16} = 31,831\text{MPa}$$

⑭ 푸아송 비 $\left(\dfrac{1}{m}\right) = \dfrac{\beta}{\varepsilon} = \dfrac{\dfrac{\Delta d}{d}}{\dfrac{\Delta l}{l}} = \dfrac{l\Delta d}{d\Delta l}$ 에서 $\Delta d = 0.01\text{mm}$,

$\Delta l = 0.16\text{mm}$, $l = 300\text{mm}$, $d = 150\text{mm}$이므로

$$\therefore \frac{1}{m} = \frac{l\Delta d}{d\Delta l} = \frac{300 \times 0.01}{150 \times 0.16} = 0.125$$

정답 01. ② 02. ②

03 | 인장응력과 늘어난 길이
22①, 14②, 03②

직경(D) 30mm, 길이(L) 4m인 강봉에 90kN의 인장력이 작용할 때 인장응력(σ_t)과 늘어난 길이(ΔL)는 약 얼마인가? (단, 강봉의 탄성계수는 $E = 200,000$MPa)

① $\sigma_t = 127.3$MPa, $\Delta L = 1.43$mm

② $\sigma_t = 127.3$MPa, $\Delta L = 2.55$mm

③ $\sigma_t = 132.5$MPa, $\Delta L = 1.43$mm

④ $\sigma_t = 132.5$MPa, $\Delta L = 2.55$mm

해설 ㉮ σ_t(인장응력도) $= \dfrac{P(\text{하중})}{A(\text{단면적})} = \dfrac{P}{\dfrac{\pi D^2}{4}}$

$$= \frac{90,000}{\dfrac{\pi \times 30^2}{4}} = 127.32\text{N/mm}^2 = 127.32\text{MPa}$$

㉯ E(탄성계수) $= \dfrac{\sigma(\text{응력도})}{\varepsilon(\text{변형도})} = \dfrac{\dfrac{P(\text{하중})}{A(\text{단면적})}}{\dfrac{\Delta L(\text{변형된 길이})}{L(\text{원래의 길이})}} = \dfrac{PL}{A\Delta L}$

$\therefore \Delta L = \dfrac{PL}{AE} = \dfrac{90,000 \times 4,000}{\dfrac{\pi \times 30^2}{4} \times 200,000} = 2.546\text{mm}$

04 | 변위값
13④, 09④, 08②

다음 중 상단과 하단이 고정된 길이 6m, 단면적 1cm²인 강봉의 상단으로부터 2m 지점에 45kN의 하향 축력이 작용할 때 하중 작용점의 변위는? (단, $E_s = 200,000$MPa)

① 3.0mm

② 3.5mm

③ 4.0mm

④ 4.5mm

해설 양단이 고정되어 있으므로 늘어나는 길이와 줄어드는 길이는

같다. 즉, $\Delta l_1 = \dfrac{P_1 l_1}{AE}$, $\Delta l_2 = \dfrac{P_2 l_2}{AE}$에서 $\Delta l_1 = \Delta l_2$이므로

$\dfrac{P_1 l_1}{AE} = \dfrac{P_2 l_2}{AE}$이고, $P_1 l_1 = P_2 l_2$이므로 $P_1 : P_2 = l_2 : l_1$이다. 그러므로 **하중은 거리의 비에 역비례**하므로 45kN의 힘은 상단에서 2m 부분의 하중은 30kN이고, 상단에서 2m 이상 6m 이하 부분의 하중은 15kN이다.

그런데, $E = \dfrac{\sigma}{\varepsilon} = \dfrac{\dfrac{P}{A}}{\dfrac{\Delta l}{l}} = \dfrac{Pl}{A\Delta l}$에서 $\Delta l = \dfrac{Pl}{AE}$이다.

여기서, $P = 30$kN, $l = 2$m, $A = 1$cm² $= 0.0001$m²,
$E = 200,000$MPa

$\Delta l = \dfrac{Pl}{AE} = \dfrac{30,000 \times 2}{0.0001 \times 200,000 \times 10^6} = 0.003\text{m} = 0.3\text{cm} = 3\text{mm}$

05 | 응력도의 비
21②, 12①

인장력을 받는 원형 단면 강봉의 지름을 4배로 하면 수직응력(normal stress)는 기존 응력도의 얼마로 줄어드는가?

① 1/2

② 1/4

③ 1/8

④ 1/16

해설 σ(수직응력도) $= \dfrac{P(\text{하중})}{A(\text{단면적})} = \dfrac{P}{\dfrac{\pi D^2}{4}}$ 이다. 그런데 D^2에 반비례하므로 직경이 4배가 되면 수직응력도는 $\dfrac{1}{4^2} = \dfrac{1}{16}$ 이다.

06 | 인장응력
18④, 04①

직경 24mm의 봉강에 65kN의 인장력이 작용할 때 인장응력의 크기는 약 얼마인가?

① 128MPa

② 136MPa

③ 144MPa

④ 150MPa

해설 단위 통일에 유의한다.

σ(응력도) $= \dfrac{P(\text{하중})}{A(\text{단면적})}$ 에서

$A = \dfrac{\pi D^2}{4}$ 이므로 $\sigma = \dfrac{P}{\dfrac{\pi D^2}{4}} = \dfrac{4P}{\pi D^2}$ 이다.

그런데, $P = 65$kN $= 65,000$N, $D = 24$mm이다.

$\therefore \sigma = \dfrac{4P}{\pi D^2} = \dfrac{4 \times 6,500}{\pi \times 24^2} = 143.68$MPa

07 | 전단변형도
17②, 11②

그림과 같은 강재가 전단력을 받아 점선과 같이 변형되었을 때 전단변형도를 구하면?

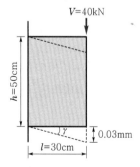

① 0.0006rad

② 0.0001rad

③ 0.00125rad

④ 0.00075rad

해설 사각형 단면에 균일한 전단응력이 작용하면 각 변의 길이는 변하지 않고, 각도가 변하여 사각형의 단면은 마름모꼴로 변하는 각도는 $\tan\alpha = \dfrac{dl}{l}$ 이고, 전단응력에 의한 전단변형량은 극히 작으므로 **전단변형도**는 $\gamma = \dfrac{dl}{l}$ 이다.

$$\therefore \gamma = \frac{dl}{l} = \frac{0.03}{300} = 0.0001\,\mathrm{rad}$$

08 원래의 길이
17①, 08①

탄성계수가 $10^4\mathrm{kN/cm^2}$이고 균일한 단면을 가진 부재에 인장력이 작용하여 $1\mathrm{kN/cm^2}$의 인장응력도가 발생하였다. 이때 부재의 길이가 0.5mm 증가했다면 부재의 원래의 길이는?

① 4m
② 5m
③ 8m
④ 10m

해설 $E(\text{영계수}) = \dfrac{\sigma(\text{응력도})}{\varepsilon(\text{변형도})} = \dfrac{\dfrac{P(\text{하중})}{A(\text{단면적})}}{\dfrac{\Delta l(\text{변형된 길이})}{l(\text{원래의 길이})}}$,

$\varepsilon = \dfrac{\Delta l}{l} = \dfrac{\sigma}{E}$ 에서 $l = \dfrac{E\Delta l}{\sigma}$ 이다.

여기서, $\sigma = 1\mathrm{kN/cm^2}$, $E = 10^4\mathrm{kN/cm^2}$, $\Delta l = 0.05\mathrm{cm}$

$$\therefore l = \frac{E\Delta l}{\sigma} = \frac{10^4 \times 0.05}{1} = 500\mathrm{cm} = 5\mathrm{m}$$

2 단면의 성질

01 단면계수
06④, 05④, 04④, 02①, 99④, 97③

원형 단면의 지름을 D라고 하면 단면계수 Z는?

① $\pi D^3/16$
② $\pi D^3/32$
③ $\pi D^2/64$
④ $\pi D^3/64$

해설 원형의 지름을 D라고 할 때, 단면계수는 다음과 같이 구한다.

$Z(\text{단면계수}) = \dfrac{I(\text{도심축에 대한 단면 2차 모멘트})}{y(\text{도심축으로부터 상·하면까지의 거리})}$

그런데 원형의 단면 2차 모멘트 $= \dfrac{\pi D^4}{64}$ 이고, $y = \dfrac{D}{2}$ 이다.

$$\therefore Z = \frac{\dfrac{\pi D^3}{64}}{\dfrac{D}{2}} = \frac{\pi D^3}{32}$$

02 단면 2차 반경
19④, 04④, 99③, 98②

그림과 같은 단면에서 $x-x$축에 대한 단면 2차 반경값으로 맞는 것은?

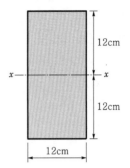

12cm
12cm
x — x
12cm

① 5.5cm
② 6.9cm
③ 7.7cm
④ 8.1cm

해설 $i(\text{단면 2차 반경}) = \sqrt{\dfrac{I(\text{단면 2차 모멘트})}{A(\text{단면적})}}$ 에서

$A = 12 \times 24 = 288\mathrm{cm^2}$, $I = \dfrac{bh^3}{12} = \dfrac{12 \times 24^3}{12} = 13,824\mathrm{cm^3}$이므로

$$\therefore i = \sqrt{\frac{I}{A}} = \sqrt{\frac{13,824}{288}} = 6.93\mathrm{cm}$$

03 도심
22②, 17①, 15②, 12①, 10②, 07①

다음과 같은 사다리꼴 단면의 도심 y_0값은?

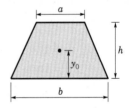

a
h
y_0
b

① $h(2a+b)/3(a+b)$
② $h(a+b)/3(2a+b)$
③ $3h(2a+b)/(a+b)$
④ $h(a+2b)/3(a+b)$

해설 $y_0(\text{도심}) = \dfrac{G_x(\text{단면 1차 모멘트})}{A(\text{단면적})}$ 이다. 그런데, $I_x(\text{단면 2차 모멘트})$와 $A(\text{단면적})$를 구하기 위하여 사다리꼴을 2개의 삼각형으로 나누어 생각하면, $I_x = \left(\dfrac{ah}{2} \times \dfrac{2h}{3}\right) + \left(\dfrac{bh}{2} \times \dfrac{h}{3}\right) = \dfrac{ah^2}{3}$

$+ \dfrac{bh^2}{6} = \dfrac{h^2}{6}(2a+b)$이고, 면적은 $\dfrac{(a+b)h}{2}$ 이다.

$$\therefore y_0 = \frac{G_x(\text{단면 1차 모멘트})}{A(\text{단면적})} = \frac{\dfrac{h^2}{6}(2a+b)}{\dfrac{(a+b)h}{2}} = \frac{h(2a+b)}{3(a+b)}$$

04 | 휨모멘트의 효율
03②, 99②, 98②, 96③

단면적 A와 단면계수 Z가 다음과 같은 4개의 I형강이 있다. 휨모멘트에 대한 효율이 가장 좋은 것은?

① $A = 39\text{cm}^2$, $Z = 254\text{cm}^2$
② $A = 27\text{cm}^2$, $Z = 370\text{cm}^2$
③ $A = 40\text{cm}^2$, $Z = 321\text{cm}^2$
④ $A = 35\text{cm}^2$, $Z = 390\text{cm}^2$

해설 $\sigma(\text{휨응력도}) = \dfrac{M(\text{휨모멘트})}{Z(\text{단면계수})}$ 이다.

즉, $\sigma = \dfrac{M}{Z}$ 이다. $\therefore M = \sigma Z$

그런데 $\sigma = \dfrac{P}{A}$ 이므로 $M = \dfrac{P}{A}Z$ 이다.

즉, **휨모멘트가 가장 효율이 좋은 것은 단면적에 반비례**하고, **단면계수에 비례**한다.

① $M = \dfrac{P}{A}Z = \dfrac{P}{39} \times 254 = 6.51P$
② $M = \dfrac{P}{A}Z = \dfrac{P}{27} \times 370 = 13.70P$
③ $M = \dfrac{P}{A}Z = \dfrac{P}{40} \times 321 = 8.025P$
④ $M = \dfrac{P}{A}Z = \dfrac{P}{35} \times 390 = 11.14P$

05 | 좌굴축
07④, 01②

그림과 같은 단면을 가진 압축재에서 최소 단면 2차 반경을 구하기 위한 좌굴축은?

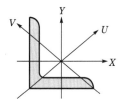

① V축
② Y축
③ U축
④ X축

해설 등변 산형강에 있어서 압축재의 주축은 U축, V축이고, 단면 2차 반경이 최소인 축으로 좌굴하므로 **좌굴축은 V축**이다.

06 | 단면계수
99③

그림과 같이 하중이 작용하는 캔틸레버보에서 A점에 필요한 단면계수 Z에 가장 가까운 값은? (단, 재료의 허용 휨응력은 5MPa로 한다.)

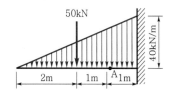

① $19,000\text{cm}^3$
② $19,500\text{cm}^3$
③ $20,000\text{cm}^3$
④ $20,500\text{cm}^3$

해설 $\sigma(\text{허용 휨응력도}) \geqq \dfrac{M(\text{휨모멘트})}{Z(\text{단면계수})}$ 에서 $Z \geqq \dfrac{M}{\sigma}$ 이 된다.

㉮ $M_A = -30 \times 3 \times 1/2 \times 1 - 50 \times 1 = -45 - 50 = -95\text{kN} \cdot \text{m}$

㉯ $\sigma = 5\text{MPa}$

$\therefore$ ㉮, ㉯에서 $Z \geqq \dfrac{95,000,000}{5} = 19,000,000\text{mm}^3 = 19,000\text{cm}^3$

7 | 도심까지의 거리
13①, 09④, 05②

그림과 같은 단면의 X, Y축으로부터 도심까지의 거리 (x_0, y_0)는? (단, 단위는 cm이다.)

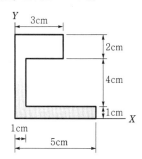

① $(1.3, 3.1)$
② $(2.0, 4.2)$
③ $(1.2, 2.8)$
④ $(1.6, 3.4)$

해설 y(X축으로부터 도심까지의 거리)

$= \dfrac{G_X(X\text{축에 대한 단면 1차 모멘트})}{A(\text{단면적})}$ 이다.

도형을 오른쪽 그림과 같이 3개로 나누어 생각하면,

$y = \dfrac{G_X}{A} = \dfrac{G_X}{A_1 + A_2 + A_3}$

이고,

$x = \dfrac{G_Y}{A} = \dfrac{G_Y}{A_1 + A_2 + A_3}$

이다.

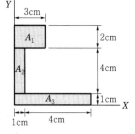

그런데, G_X(X축에 대한

단면 1차 모멘트)

$= A_1 y_1 + A_2 y_2 + A_3 y_3 = 6×6+4×3+5×0.5 = 50.5\text{cm}^3$이고,

G_Y(Y축에 대한 단면 1차 모멘트)$= A_1 x_1 + A_2 x_2 + A_3 x_3$

$= 6×1.5+4×0.5+5×2.5 = 23.5\text{cm}^3$이다.

그러므로 $y = \dfrac{G_X}{A} = \dfrac{50.5}{15} = 3.3666 ≒ 3.37\text{cm}$,

$x = \dfrac{G_Y}{A} = \dfrac{23.5}{15} = 1.5666 ≒ 1.6\text{cm}$

∴ 도심은 (1.6, 3.4)이다.

08 단면계수
12①, 07④, 96①

그림과 같이 양단 고정인 철골보에 하중이 작용할 때 소요 단면계수는 어느 것이 적당한가? (단, SB 41, 강재 사용, f_t =160MPa)

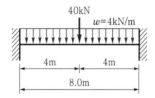

① 383cm^3 ② 415cm^3

③ 513cm^3 ④ 558cm^3

해설 σ(허용 휨응력도)$= \dfrac{M_{\max}(\text{최대 휨모멘트})}{Z(\text{단면계수})}$에서 $Z = \dfrac{M_{\max}}{\sigma}$

이다. 그런데 σ=160MPa이고 $M_{\max}$를 구하기 위하여 다음과 같이 한다.

다음 그림에서 그림 (a)=그림 (b)+그림 (c)이다.

즉, $M_{\max}$의 값도 그림 (b)와 그림 (c)의 휨모멘트 값 중에서 최대값을 합하면 된다.

〈표 1〉, 〈표 2〉를 이용해서 구하도록 한다.

〈표 1〉

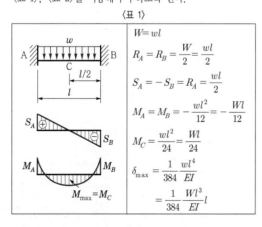

	$W = wl$
	$R_A = R_B = \dfrac{W}{2} = \dfrac{wl}{2}$
	$S_A = -S_B = R_A = \dfrac{wl}{2}$
	$M_A = M_B = -\dfrac{wl^2}{12} = -\dfrac{Wl}{12}$
	$M_C = \dfrac{wl^2}{24} = \dfrac{Wl}{24}$
	$\delta_{\max} = \dfrac{1}{384}\dfrac{wl^4}{EI}$ $= \dfrac{1}{384}\dfrac{Wl^3}{EI}l$

〈표 2〉

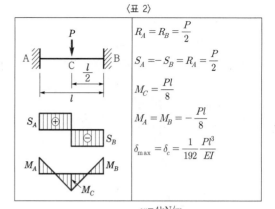

	$R_A = R_B = \dfrac{P}{2}$
	$S_A = -S_B = R_A = \dfrac{P}{2}$
	$M_C = \dfrac{Pl}{8}$
	$M_A = M_B = -\dfrac{Pl}{8}$
	$\delta_{\max} = \delta_c = \dfrac{1}{192}\dfrac{Pl^3}{EI}$

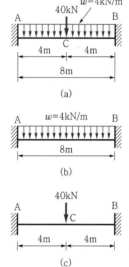

(a)

(b)

(c)

최대 휨모멘트는

㉮ 〈표 1〉에서

  ㉠ 중앙점의 휨모멘트(M_C)$= \dfrac{wl^2}{24}$에서

   w=4kN/m, l=8m이므로

   ∴ $M_C = \dfrac{wl^2}{24} = \dfrac{4×8^2}{24} = 10.67\text{kN} \cdot \text{m}$

  ㉡ 양단부의 휨모멘트(M_A, M_B)$= -\dfrac{wl^2}{12}$에서

   w=4kN/m, l=8m이므로

   ∴ $M_A = M_B = -\dfrac{wl^2}{12} = \dfrac{4×8^2}{12} = -21.34\text{kN} \cdot \text{m}$

㉯ 〈표 2〉에서

  ㉠ 중앙점의 휨모멘트(M_C)$= \dfrac{Pl}{8}$에서

   w=40kN/m, l=8m이므로

   ∴ $M_C = \dfrac{Pl}{8} = \dfrac{40×8}{8} = 40\text{kN} \cdot \text{m}$

  ㉡ 양단부의 휨모멘트(M_A, M_B)$= -\dfrac{Pl}{8}$에서

   w=40kN/m, l=8m이므로

   ∴ $M_A = M_C = -\dfrac{Pl}{8} = -\dfrac{40×8}{8} = -40\text{kN} \cdot \text{m}$

$$\therefore \text{ 최대 휨모멘트}(M_{max}) = -40 - 21.34$$
$$= -61.34\text{kN} \cdot \text{m}$$
$$= -61,340,000\text{N} \cdot \text{mm}$$
$$\therefore Z = \frac{M_{max}}{\sigma} = \frac{61,340,000}{160} = 383,375\text{mm}^3 = 383.375\text{cm}^3$$

09 | 단면계수
21②, 08①, 04①

그림과 같은 단면의 단면계수는 약 얼마인가?

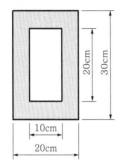

① $2,333\text{cm}^3$
② $2,556\text{cm}^3$
③ $3,000\text{cm}^3$
④ $42,000\text{cm}^3$

해설 Z(단면계수)

$$= \frac{I(\text{도심축에 대한 단면 2차 모멘트})}{y(\text{도심축에서 단면계수를 구하고자 하는 곳까지의 거리})}$$

이다.

그런데 $I = \dfrac{b(\text{보의 폭})h^3(\text{보의 춤})}{12}$ 에서 $b = 20\text{cm}$,

$h = 30\text{cm}$, $b' = 10\text{cm}$, $h' = 20\text{cm}$이므로

$$\therefore I = \frac{bh^3 - b'h'^3}{12} = \frac{20 \times 30^3 - 10 \times 20^3}{12} = 38,333.3\text{cm}^4,$$

$y = 15\text{cm}$

$$\therefore Z = \frac{38,333.3}{15} = 2555.56 = 2,556\text{cm}^3$$

10 | 단면 2차 모멘트
11①, 08②, 96③

그림에서 x축은 단면의 중심축 X에 평행하다.
$I_x = 12,000\text{cm}^4$일 때 I_X 값은?

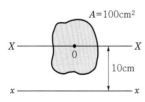

① $2,000\text{cm}^4$
② $1,000\text{cm}^4$
③ $1,250\text{cm}^4$
④ $10,000\text{cm}^4$

해설 단면 2차 모멘트

$$I_x = I_X + Ay^2$$

$$\therefore I_X = I_x - Ay^2$$

그런데 $I_x = 12,000\text{cm}^4$, $A = 100\text{cm}^2$, $y = 10\text{cm}$ 이므로

$$\therefore I_X = 12,000 - 100 \times 10^2 = 2,000\text{cm}^4$$

11 | 휨응력도의 산정 요소
03④, 00③

구조역학에 관한 각종 계수 가운데 휨응력도에 가장 관계가 있는 것은?

① 좌굴계수
② 단면계수
③ 탄성계수
④ 팽창계수

해설 σ(휨응력도) = M(휨모멘트)/Z(단면계수)이다. 그러므로 휨응력도를 구하는 데에는 단면계수가 필요하다.

12 | 단면 2차 반경
19①, 10④

다음 그림에서 진한 부분 단면에 대한 단면 2차 반경 i_x는?

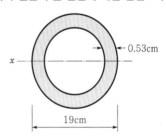

① 1.83cm
② 3.21cm
③ 4.62cm
④ 6.53cm

해설 i(단면 2차 반경) $= \sqrt{\dfrac{I(\text{단면 2차 모멘트})}{A(\text{단면적})}}$ 에서 음영 부분의

단면 2차 모멘트와 단면적을 적용하면,

$$i = \sqrt{\frac{\dfrac{\pi(D^4 - d^4)}{64}}{\dfrac{\pi(D^2 - d^2)}{4}}} = \sqrt{\frac{D^2 + d^2}{16}} \text{ 에서}$$

$D = 19$, $d = 19 - (2 \times 0.53) = 17.94$ 이므로

$$\therefore i = \sqrt{\frac{D^2 + d^2}{16}} = \sqrt{\frac{19^2 + 17.94^2}{16}} = 6.53281\text{cm}$$

13 | 조립 압축재의 단면 2차 반경
16④, 12②

그림과 같은 $2L_s-90\times90\times7$ 조립 압축재의 단면 2차 반경 r_y는 얼마인가? (단, 개재의 중심축에 대한 단면 2차 반경 r_y는 27.6mm, c_y는 24.6mm)

① 38.5mm

② 40.1mm

③ 52.2mm

④ 58.8mm

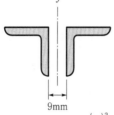

해설 I_Y(y축에 대한 단면 2차 모멘트) $= I_{Y0} + Ay^2 = I_{Y0} + A\left(\dfrac{e}{2}\right)^2$이다. 그런데 형강이 2개이므로 I_Y(Y축에 대한 단면 2차 모멘트) $= 2(I_{Y0} + Ay^2) = 2\left(I_{Y0} + A\left(\dfrac{e}{2}\right)^2\right)$,

i_y(y축에 대한 단면 2차 반경) $= \sqrt{\dfrac{I_Y}{A}}$

$= \sqrt{\dfrac{2I_{Y0} + 2A\left(\dfrac{e}{2}\right)^2}{2A}} = \sqrt{i_y^2 + \left(\dfrac{e}{2}\right)^2}$ 이다.

그런데, $i_y = 27.6$mm,

$e = 2c_y + 9$

$= 2 \times 24.6 + 9$

$= 58.2$mm 이다.

$\therefore r_y = \sqrt{i_y^2 + \left(\dfrac{e}{2}\right)^2}$

$= \sqrt{(27.6)^2 + \left(\dfrac{58.2}{2}\right)^2}$

$= 40.10698 \fallingdotseq 40.1$mm

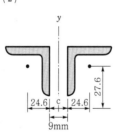

14 | 단면 2차 모멘트
11④, 04②

반원의 도심축에 대한 단면 2차 모멘트 I_{x0}는 얼마인가?

$\left(\text{단}, I_x = \dfrac{\pi R^4}{8}, y_0 = \dfrac{4R}{3\pi}\right)$

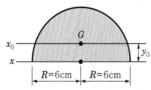

① 142.2cm⁴

② 218.5cm⁴

③ 360.6cm⁴

④ 508.9cm⁴

해설 I_x(도심축과 평행한 축에 대한 단면 2차 모멘트)

$= I_{xo}$(도심축에 대한 단면 2차 모멘트) $+ A$(단면적)y^2(평행한 축에서 도심축까지의 거리)

즉, $I_x = I_{xo} + Ay^2$이다. 그러므로 $I_{xo} = I_x - Ay^2$이다.

그런데 I_{xo}의 값은 원형의 1/2이고, 원형의 단면 2차 모멘트는 $\dfrac{\pi r^4}{4}$(r : 반지름)이다.

그러므로 반원의 지름축에 대한 단면 2차 모멘트는

$\dfrac{\pi r^4}{4} \times \dfrac{1}{2} = \dfrac{\pi r^4}{8}$, $A = \dfrac{\pi r^2}{2}$, $y = \dfrac{4r}{3\pi}$이므로

$I_{xo} = I_x - Ay^2 = \dfrac{\pi r^4}{8} - \dfrac{\pi r^2}{2} \times \left(\dfrac{4r}{3\pi}\right)^2$

$= \dfrac{\pi r^4}{8} - \dfrac{\pi r^2}{2} \times \dfrac{16r^2}{9\pi^2} = \dfrac{\pi r^4}{8} - \dfrac{8r^4}{9\pi}$이다.

위의 식에서 $I_x = \dfrac{\pi r^4}{8} - \dfrac{8r^4}{9\pi}$에서 $r = 6$cm이다.

$\therefore I_x = \dfrac{\pi r^4}{8} - \dfrac{8r^4}{9\pi} = \dfrac{\pi \times 6^4}{8} - \dfrac{8 \times 6^4}{9\pi} = 142.245$cm⁴

15 | 도심까지의 거리
14④, 00③

그림과 같은 T형 단면에서 X축으로부터 단면의 중심 0점까지의 거리 $\overline{y}$ 로서 맞는 것은?

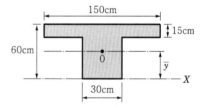

① 15cm

② 30cm

③ 87.5cm

④ 41.25cm

해설 $\overline{y}$(도심)

$= \dfrac{G_{XA}(\text{A도형의 단면 1차 모멘트}) + G_{XB}(\text{B도형의 단면 1차 모멘트})}{A_A(\text{A도형의 단면적}) + A_B(\text{B도형의 단면적})}$

$= \dfrac{(150 \times 15 \times 52.5) + (30 \times 45 \times 22.5)}{(150 \times 15) + (30 \times 45)}$

$= 41.25$cm

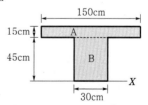

16 | 단면 2차 모멘트
14①, 06①

그림에서 X축에 대한 단면 2차 모멘트로 옳은 것은?

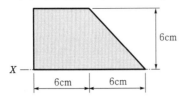

① 220cm^4 ② 240cm^4

③ 400cm^4 ④ 540cm^4

해설 I_X (X축에 대한 단면 2차 모멘트) $= \dfrac{bh^3}{12} + Ay^2 + \dfrac{b'h'^3}{36} + A'y'^2$ 이다.

즉, $I_X = \dfrac{bh^3}{12} + Ay^2 + \dfrac{b'h'^3}{36} + A'y'^2$ 에서 $b=6\text{cm}$, $h=6\text{cm}$, $b'=6\text{cm}$, $h'=6\text{cm}$, $A=36\text{cm}^2$, $y=3\text{cm}$, $A'=18\text{cm}^2$, $y'=2\text{cm}$ 이므로

$$\therefore I_X = \frac{bh^3}{12} + Ay^2 + \frac{b'h'^3}{36} + A'y'^2$$
$$= \frac{6\times 6^3}{12} + 36\times 3^2 + \frac{6\times 6^3}{36} + 18\times 2^2 = 540\text{cm}^4$$

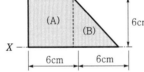

17 | 처짐에 유리한 단면
21④

다음 그림과 같이 단면적이 같은 4개의 단면을 보부재로 각각 사용할 경우 x축에 대한 처짐에 가장 유리한 단면은?

① ②

③ ④

해설 처짐은 **단면 2차 모멘트에 반비례**하고, 단면계수는 단면 2차 모멘트에 비례하므로 단면계수가 크면 처짐에 강하므로 **단면계수를 비교하여 단면계수가 큰 것이 처짐에 강하다는 것**을 알 수 있다.

① Z(단면계수) $= \dfrac{hb^2}{6}$ 이고 단면적으로 나누면

$$\frac{hb^2}{6} \times \frac{1}{bh} = \frac{b}{6} = 0.118b$$

② Z(단면계수) $= \dfrac{\pi d^3}{32}$ 이고 단면적으로 나누면

$$\frac{\pi d^3}{32} \times \frac{1}{\frac{\pi d^2}{4}} = \frac{d}{8}$$

그런데 원의 넓이는 사각형의 넓이와 동일하므로 $\dfrac{\pi d^2}{4} = a^2$ 이다.

$$\therefore d = \sqrt{\frac{4a^2}{\pi}} = \frac{2a}{\sqrt{\pi}}$$ 이므로

$$\frac{d}{8} = \frac{\frac{2a}{\sqrt{\pi}}}{8} = \frac{2a}{8\sqrt{\pi}} = \frac{a}{4\sqrt{\pi}} = 0.141a$$

③ Z(단면계수) $= \dfrac{bh^2}{6}$ 이고 단면적으로 나누면

$$\frac{bh^2}{6} \times \frac{1}{bh} = \frac{h}{6} = 0.167h$$

④ Z(단면계수) $= \dfrac{a^3}{6\sqrt{2}}$ 이고 단면적으로 나누면

$$\frac{a^3}{6\sqrt{2}} \times \frac{1}{a^2} = \frac{a}{6\sqrt{2}} = 0.118a$$

$\therefore h > a > b$ 이므로 단면계수가 큰 것부터 작은 것의 순으로 나열하면 ③ > ② > ④ > ①의 순이다. 그러므로 **③항의 단면이 처짐에 가장 유리하다.**

18 | 단면 2차 반경
11②, 08①

직사각형 단면의 중심을 지나는 X축에 대한 단면 2차 반경은?

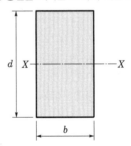

① $\dfrac{bd^3}{12}$ ② $\dfrac{bd^2}{6}$

③ $\dfrac{bd}{3}$ ④ $\dfrac{d}{\sqrt{12}}$

해설 i(단면 2차 반경) $= \sqrt{\dfrac{I(\text{단면 2차 모멘트})}{A(\text{단면적})}}$

여기서, $A=bd$, $I=\dfrac{bd^3}{12}$ 이므로

$$\therefore i = \sqrt{\frac{I}{A}} = \sqrt{\frac{\frac{bd^3}{12}}{bd}} = \frac{d}{\sqrt{12}}\,[\text{cm}]$$

19 | 플랜지의 폭
10①, 04④

그림과 같은 좌우 대칭의 T형 단면의 도심(G)이 플랜지 하단과 일치하게 하려면 플랜지 폭 B의 크기는? (단, 단위 : cm)

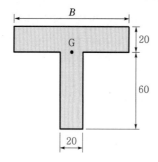

① 360cm ② 180cm
③ 120cm ④ 60cm

해설 도심축을 지나는 축에 대한 단면 1차 모멘트의 값은 0이다.

그러므로 G점을 지나는 X축에 대한 단면 1차 모멘트를 구하면, A_1도형의 단면 1차 모멘트

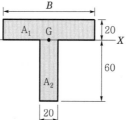

$G_{X1} = 20B \times 10 = 200B$이고,
A_2 도형의 단면 1차 모멘트
$G_{X2} = 20 \times 60 \times (-30)$
   $= -36,000$이다.
그런데 $G_{X1} + G_{X2} = 0$이므로, $200B - 36,000 = 0$
$\therefore B = 180$cm

20 | 단면계수
06④, 99④

지름 32cm의 원형 단면에서 도심축에 대한 단면계수 Z는?

① $\dfrac{32^2}{4}\pi[\text{cm}^3]$ ② $\dfrac{32^2}{64}\pi[\text{cm}^3]$

③ $32^2\pi[\text{cm}^3]$ ④ $\dfrac{32^2}{2}\pi[\text{cm}^3]$

해설
$Z = \dfrac{\dfrac{\pi D^4}{64}}{\dfrac{D}{2}} = \dfrac{\pi D^3}{32}$ 에서 $D = 32$cm이다.

$\therefore Z = \dfrac{\pi D^3}{32} = \dfrac{\pi \times 32^3}{32} = 32^2 \pi\,\text{cm}^3$

21 | 단면의 성질에 관한 기술
05②, 03④

단면의 성질에 관한 다음 기술 중 틀린 것은?

① 도심을 지나는 두 직교축에 대한 단면 2차 모멘트의 합은 방향에 따라 다르다.
② 단면 상승 모멘트의 단위는 cm^4, m^4이다.
③ 직경 D인 원형 단면의 단면계수는 $\dfrac{\pi D^3}{32}$이다.
④ 단면의 도심을 통과하는 축에 대한 단면 1차 모멘트는 0이다.

해설 도심을 지나는 두 직교축에 대한 단면 2차 모멘트의 합은 방향에 관계없이 동일하다.

22 | 단면 2차 모멘트
99①

그림과 같은 단면의 $x - x$축에 관한 단면 2차 모멘트의 값으로서 옳은 것은?

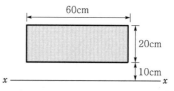

① $360,000\text{cm}^4$
② $420,000\text{cm}^4$
③ $480,000\text{cm}^4$
④ $520,000\text{cm}^4$

해설 $I_{x0} = I_{x0} + Ay^2$에서 $I_{x0} = \dfrac{bh^3}{12} = \dfrac{60 \times 20^3}{12}\text{cm}^4$,
$A = 60 \times 20 = 1,200\text{cm}^2$, $y = 20$cm이므로
$\therefore I_x = I_{x_0} + Ay^2 = \dfrac{60 \times 20^3}{12} + 1,200 \times 20^2 = 520,000\text{cm}^4$

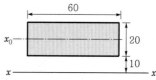

23 | 동일한 단면계수
97②

그림과 같은 3종류의 단면이 같은 재료로 되었으며 x축에 대한 단면계수가 모두 같을 때, 이들 단면의 1변 길이의 비, $d : h : h_1$은?

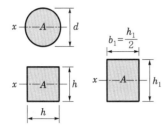

① $\sqrt[3]{\dfrac{32}{\pi}} : \sqrt[3]{6} : \sqrt[3]{12}$

② $\sqrt[3]{\dfrac{32}{\pi}} : \sqrt[3]{6} : 2\sqrt[3]{12}$

③ $\dfrac{\pi}{64} : \dfrac{1}{12} : \dfrac{1}{24}$

④ $\dfrac{1}{32} : \dfrac{1}{12} : \dfrac{1}{6}$

해설 ㉮ 원형의 단면계수$(Z_1) = \dfrac{\dfrac{\pi d^4}{64}}{\dfrac{d}{2}} = \dfrac{\pi d^3}{32}$

㉯ 정사각형의 단면계수$(Z_2) = \dfrac{\dfrac{h^4}{12}}{\dfrac{h}{2}} = \dfrac{h^3}{6}$

㉰ 직사각형의 단면계수$(Z_3) = \dfrac{\dfrac{\dfrac{h_1}{2} h_1^3}{12}}{\dfrac{h_1}{2}} = \dfrac{h_1^3}{12}$

그런데 단면계수가 같으므로 $\dfrac{\pi d^3}{32} = \dfrac{h^3}{6} = \dfrac{h_1^3}{12}$

$\therefore d : h : h_1 = \sqrt[3]{\dfrac{32}{\pi}} : \sqrt[3]{6} : \sqrt[3]{12}$

24 | 도심의 위치
20③

다음과 같은 볼트군의 x_o부터의 도심위치 x를 구하면? (단, 그림의 단위는 mm)

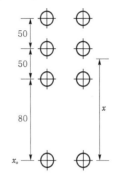

① 80mm
② 89.5mm
③ 90mm
④ 97.5mm

해설 볼트 1개의 면적을 A라고 하고 도심을 구하면
$\therefore y$(도심까지의 거리)
$$= \frac{G_{x_o}}{A} = \frac{(A\times0)+(A\times80)+(A\times130)+(A\times180)}{A+A+A+A}$$
$$= \frac{390A}{4A} = 97.5\text{mm}$$

25 | 단면 2차 모멘트
19②

다음 그림과 같은 도형의 $X-X$축에 대한 단면 2차 모멘트는?

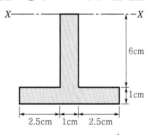

① 326cm^4
② 278cm^4
③ 215cm^4
④ 188cm^4

해설 I_X(도심축과 평행한 축에 대한 단면 2차 모멘트)$=I_{X_o}$(도심축에 대한 단면 2차 모멘트)$+A$(단면적)y^2(도심축과 평행한 축과의 거리)
$$= \frac{1\times6^3}{12}+(1\times6)\times3^2+\frac{6\times1^3}{12}+(6\times1)\times\left(\frac{1}{2}+6\right)^2 = 326\text{cm}^4$$

26 단면계수
16②

그림과 같은 단면의 X축에 대한 단면계수값으로서 옳은 것은?

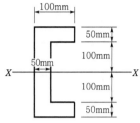

① $1.278 \times 10^6 \text{mm}^3$

② $1.298 \times 10^6 \text{mm}^3$

③ $1.378 \times 10^6 \text{mm}^3$

④ $1.398 \times 10^6 \text{mm}^3$

해설 $Z(\text{단면계수}) = \dfrac{I(\text{단면 2차 모멘트})}{y(\text{도심축으로부터 상·하연까지의 거리})}$

$= \dfrac{I_1 - I_2}{y} = \dfrac{\dfrac{bh^3}{12} - \dfrac{b'h'^3}{12}}{\dfrac{h}{2}} = \dfrac{\dfrac{100 \times 300^3}{12} - \dfrac{50 \times 100^3}{12}}{\dfrac{300}{2}}$

$= 1,277,777.778 \text{mm}^3 = 1.278 \times 10^6 \text{mm}^3$

---

④ 부재의 설계

1 단면의 응력도

01 최대 휨응력도
19①, 06①, 04②, 01④, 96②

그림과 같은 하중을 받는 단순보에 단면 15cm×30cm의 각재를 사용했을 때, 각재에 생기는 최대 휨응력도는? (단, 목재는 결함 없는 균질의 단면이다.)

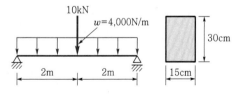

① 8MPa ② 7MPa

③ 6MPa ④ 5MPa

해설 $\sigma_{\max}(\text{최대 휨응력도}) = \dfrac{M_{\max}(\text{최대 휨모멘트})}{Z(\text{단면계수})}$

㉮ $Z = \dfrac{I}{y} = \dfrac{150 \times 300^3/12}{150} = 2,250,000 \text{mm}^3$

㉯ $M_{\max} = \dfrac{Pl}{4} + \dfrac{wl^2}{8} = \dfrac{10,000 \times 4,000}{4} + \dfrac{4 \times 4,000^2}{8}$

$= 18,000,000 \text{N} \cdot \text{mm}$

∴ $\sigma_{\max} = \dfrac{M_{\max}}{Z} = \dfrac{18,000,000}{2,250,000} = 8 \text{MPa}$

---

02 전단응력
21①, 20①,②, 11④, 10④, 09②

그림과 같은 단면에 전단력 50kN이 가해진 경우 중립축에서 상방향으로 100mm 떨어진 지점의 전단응력은?

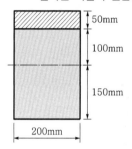

① 0.85MPa

② 0.79MPa

③ 0.73MPa

④ 0.69MPa

해설 $\tau(\text{전단응력도})$

$= \dfrac{S(\text{전단력}) G_X(\text{도심축에 대한 단면 1차 모멘트})}{I_X(\text{도심축에 대한 단면 2차 모멘트}) b(\text{단면의 너비})}$ 이다.

즉, $\tau = \dfrac{SG_X}{I_X b} = \dfrac{6S}{bh^3}\left(\dfrac{h^2}{4} - y^2\right)$ 에서 $S = 50 \text{kN} = 50,000 \text{N}$,

$b = 200 \text{mm}$, $h = 300 \text{mm}$, $y = 100 \text{mm}$ 이므로

∴ $\tau = \dfrac{SG_X}{I_X b} = \dfrac{6S}{bh^3}\left(\dfrac{h^2}{4} - y^2\right) = \dfrac{6 \times 50,000}{200 \times 300^3}\left(\dfrac{300^2}{4} - 100^2\right)$

$= 0.694444 \text{MPa}$

---

03 | 압축반력의 위치
06④, 03④, 02①, 01④, 99④

그림과 같은 독립기초에 $N = 300\text{kN}$, $M = 120\text{kN} \cdot \text{m}$가 작용할 때 기초 슬래브와 지반과의 사이에 접지압을 압축반력만 생기게 하기 위한 최소 기초 길이(l)는?

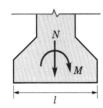

① 1.8m
② 2.0m
③ 2.4m
④ 2.7m

해설 기초 한 단의 반력이 0이 되도록 하려면 **편심거리**(e) = 기초의 폭(L)/6이어야 한다.

즉, $M = Ne$에서 $M = 120\text{kN} \cdot \text{m}$, $N = 300\text{kN}$이므로

$e = \dfrac{M}{N} = \dfrac{120}{300} = 0.4\text{m}$이다.

$\therefore$ 기초의 길이(L) $= 6e = 6 \times 0.4 = 2.4\text{m}$

04 | 세장비
20①,②, 13②, 10①

그림과 같은 압축재에 $V-V$축의 세장비값으로 옳은 것은?
(단, $A = 10\text{cm}^2$, $I_V = 36\text{cm}^4$)

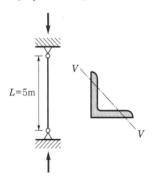

① 270.3
② 263.1
③ 254.8
④ 236.4

해설 λ(세장비)$= \dfrac{l_k(\text{좌굴길이})}{i(\text{단면 2차 최소 반경})}$ 이다. 즉, $\lambda = \dfrac{l_k}{i}$에서

$i = \sqrt{\dfrac{I}{A}} = \sqrt{\dfrac{36}{10}} = 1.897\text{cm}$, $l_k = 500\text{cm}$이다.

$\therefore \lambda = \dfrac{l_k}{i} = \dfrac{500}{1.897} = 263.52$

05 | 탄성좌굴응력도
20③, 14②, 12①, 10④

다음 그림과 같은 압축재 $H-200 \times 200 \times 8 \times 12$가 부재의 중앙 지점에서 약축에 대해 휨변형이 구속되어 있다. 이 부재의 탄성좌굴응력도를 구하면? (단, 단면적 $A = 63.53 \times 10^2 \text{mm}^2$, $I_x = 4.72 \times 10^7 \text{mm}^4$, $I_y = 1.60 \times 10^7 \text{mm}^4$, $E = 205,000\text{MPa}$)

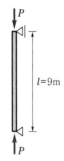

① 252N/mm^2
② 186N/mm^2
③ 132N/mm^2
④ 108N/mm^2

해설 $\sigma_k = \dfrac{\pi^2 EI}{A l_k^{\,2}}$에서 $E = 205,000\text{MPa}$, $I = 4.72 \times 10^7 \text{mm}^4$,

$A = 63.53 \times 10^2 \text{mm}^2$, $l_k = 9,000\text{mm}$이므로

$\therefore \sigma_k = \dfrac{\pi^2 EI}{A l_k^{\,2}} = \dfrac{\pi^2 \times 205,000 \times 4.72 \times 10^7}{6,353 \times 9,000^2} = 185.580\text{N/mm}^2$

06 | 세장비
22②, 19①, 13①, 09④

양단 힌지인 길이 6m의 $H-300 \times 300 \times 10 \times 15$의 기둥이 약축 방향으로 부재 중앙이 가새로 지지되어 있을 때 설계용 세장비는? (단, 이 부재의 단면 2차 반경 $r_x = 13.1\text{cm}$, $r_y = 7.51\text{cm}$이다.)

① 40.0
② 45.8
③ 58.2
④ 66.3

해설 ㉮ λ_x(세장비)$= \dfrac{l_k}{i}$에서 $l_k = 1l = 1 \times 6\text{m} = 600\text{cm}$, $i = 13.1\text{cm}$

이므로

$\therefore \lambda_x = \dfrac{l_k}{i} = \dfrac{600}{13.1} = 45.801$

㉯ λ_y(세장비)$= \dfrac{l_k}{i}$에서 $l_k = 300\text{cm}$, $i = 7.51\text{cm}$이므로

$\therefore \lambda_y = \dfrac{l_k}{i} = \dfrac{300}{7.51} = 39.947$

$\therefore$ ㉮, ㉯ 중에서 큰 세장비 45.801을 택한다.

07 | 최대 지반 반력
21①, 18②, 97③,④

그림과 같은 독립 기초에 $N=480$kN, $M=96$kN·m가 작용할 때 기초 저면에 생기는 최대 지반 반력(접지압)값은?

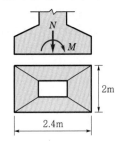

① 0.1MPa
② 0.15MPa
③ 0.2MPa
④ 0.25MPa

해설 편심하중을 받는 경우의 휨응력도

㉮ σ_{min}(최소 조합응력도)$=-\dfrac{P(하중)}{A(단면적)}+\dfrac{M(휨모멘트)}{Z(단면계수)}$

㉯ σ_{max}(최대 조합응력도)$=-\dfrac{P(하중)}{A(단면적)}-\dfrac{M(휨모멘트)}{Z(단면계수)}$

㉯에 의해서 최대 조합응력도를 구하기 위해서
$P=480$kN$=480,000$N, $A=2,000\times2,400=4,800,000$mm^2,
$M=96$kN·m$=96,000,000$N·mm,
$Z=\dfrac{bh^2}{6}=\dfrac{2,000\times2,400^2}{6}=1,920,000,000$mm^{3}이므로

$\therefore \sigma_{max}=-\dfrac{P}{A}-\dfrac{M}{Z}=-\dfrac{480,000}{4,800,000}-\dfrac{96,000,000}{1,920,000,000}$
$=0.15$MPa

08 | 세장비 산정 요소
20④, 15②, 10②

단일 압축재에서 세장비를 구할 때 필요 없는 것은?

① 좌굴길이
② 단면적
③ 단면 2차 모멘트
④ 탄성계수

해설 λ(세장비)$=\dfrac{l_k(좌굴길이)}{i(단면 2차 최소 반경)}$ 이다.

즉, $\lambda=\dfrac{l_k}{i}$ 에서 $i=\sqrt{\dfrac{I}{A}}$ 이고 $l_k=\alpha l$ 이다.

그러므로, 세장비를 구할 때 필요한 사항은 좌굴길이(부재 양단의 지지상태, 부재 길이), 단면 2차 모멘트, 단면적 등이다.

09 | 압축응력도
20③, 14④, 08④

다음 그림과 같이 양단이 고정된 강재 부재에 온도가 $\Delta T=30℃$ 증가될 때 이 부재에 걸리는 압축응력은 얼마인가? (단, 부재 단면적 $A=5,000$mm^2, 강재의 탄성계수 $E_s=2.0\times10^5$MPa, 열팽창계수 $\alpha=1.2\times10^{-5}$/℃이다.)

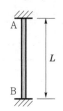

① 36MPa
② 54MPa
③ 72MPa
④ 90MPa

해설 σ(압축응력)$=E$(영계수)ε(변형도)
$\varepsilon=\alpha$(선팽창계수)t(온도의 변화량)
즉 $\sigma=E\varepsilon$이고, $\varepsilon=\alpha t$이므로, $\varepsilon=E\alpha t$이다.
여기서, $E=2.0\times10^5$MPa, $\alpha=1.2\times10^{-5}$/℃, $t=30℃$
$\therefore \sigma=E\alpha t=2.0\times10^5\times1.2\times10^{-5}\times30=72$MPa

10 | 최대 전단응력도
19④, 02②, 97④

원형 단면(반경 $r=180$mm)에 전단력 $S=30$kN이 작용할 때 단면의 최대 전단응력도는?

① 0.193MPa
② 0.293MPa
③ 0.393MPa
④ 0.493MPa

해설 원형 단면의 최대 전단응력도(τ_{max})$=\dfrac{4}{3}\dfrac{S}{\pi r^2}$에서
$S=30$kN$=30,000$N, $r=180$mm이므로
$\therefore \tau_{max}=\dfrac{4}{3}\times\dfrac{30,000}{\pi\times180^2}=0.39317$MPa

11 | 편심거리
19①, 05②, 98②

독립기초(자중 포함)가 축방향력 650kN, 휨모멘트 130kN·m를 받을 때 기초저면의 편심거리는?

① 0.2m
② 0.3m
③ 0.4m
④ 0.6m

해설 e(편심거리)$=\dfrac{M}{P}=\dfrac{130\text{kN·m}}{650\text{kN}}=0.2$m

12 | 최대 전단응력도
07④, 02①, 00②

직사각형 단면의 철근콘크리트보에 발생하는 최대 전단응력도는? (단, 보의 단면적 3,000mm², 최대 전단력은 2,000N이다.)

① 1MPa ② 1.5MPa
③ 10MPa ④ 15MPa

해설 $\tau_{max} = \dfrac{3}{2}\dfrac{S}{bh}$에서 $S=2,000$N, $bh=3,000$mm²이므로

$\therefore \tau_{max} = \dfrac{3}{2}\dfrac{S}{bh} = \dfrac{3}{2}\times\dfrac{2,000}{3,000} = 1$MPa

13 | 접지압응력 분포도
04①, 99②

그림과 같은 기초의 정사각형 저면에 생기는 접지압응력도의 분포도로 올바른 것은? (단, 편심거리 $l=L/6$로 한다.)

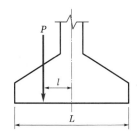

 ①

 ②

③ ④

해설 단면의 핵

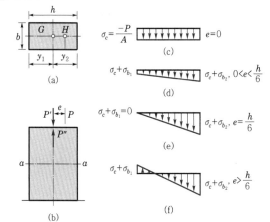

14 | 좌굴하중값
21④, 18①, 96③

그림과 같은 단면을 가진 압축재에서 좌굴길이 $l_k = 25$cm일 때 오일러(Euler)의 좌굴하중값은? (단, 이 재료의 탄성계수 $E=2.1\times10^5$MPa 이다.)

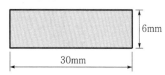

① 18kN ② 43kN
③ 179kN ④ 447kN

해설 P_k(좌굴하중)

$$= \dfrac{\pi^2 E(\text{기둥재료의 영계수})I(\text{최소 단면 2차 모멘트})}{l_k^2(\text{기둥의 좌굴길이})}$$ 에서

$E=2.1\times10^5$MPa, $l_k=250$mm, $I=\dfrac{30\times6^3}{12}=540$mm⁴ 이므로

$\therefore P_k = \dfrac{\pi^2 EI}{l_k^2} = \dfrac{\pi^2\times2.1\times10^5\times540}{250^2} = 17,907.4$N $= 17.9$kN

15 | 최대 압축응력도
22①, 16①, 99④

그림과 같은 기둥 단면이 30cm×30cm인 사각형 단주에서 기둥에 생기는 최대 압축연 응력도는? (단, 재질은 균등한 것으로 본다.)

① -2MPa
② -2.6MPa
③ -3.1MPa
④ -4.1MPa

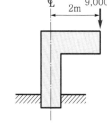

해설 ㉮ 편심하중을 받는 경우의 휨응력도
　㉠ σ_{min} (최소 조합응력도)

$$= -\dfrac{P(\text{하중})}{A(\text{단면적})} + \dfrac{M(\text{휨모멘트})}{Z(\text{단면계수})}$$

　㉡ σ_{max} (최대 조합응력도)

$$= -\dfrac{P(\text{하중})}{A(\text{단면적})} - \dfrac{M(\text{휨모멘트})}{Z(\text{단면계수})}$$

㉯ ㉡의 식을 적용시키면

$$\sigma_{max} = -\dfrac{P}{A} - \dfrac{M}{Z} = -\dfrac{9,000}{300\times300} - \dfrac{9,000\times2,000}{\dfrac{300^3}{6}} = -4.1\text{MPa}$$

16 | 핵반경
21①, 15④, 10②

그림과 같은 원통 단면의 핵반경은?

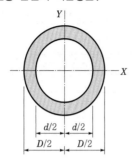

① $\dfrac{D+d}{6}$

② $\dfrac{D}{8}$

③ $\dfrac{D^2+d^2}{8D}$

④ $\dfrac{D+d}{8}$

해설 e(핵거리)$=\dfrac{2i^2(\text{단면 2차 반경})}{h(\text{보의 춤})}$ 이고,

$i=\sqrt{\dfrac{I(\text{단면 2차 모멘트})}{A(\text{단면적})}}$ 이며, $h=D$ 이다.

여기서, $A=\dfrac{\pi(D^2-d^2)}{4}$,

$I=\dfrac{\pi(D^4-d^4)}{64}=\dfrac{\pi(D^2-d^2)(D^2+d^2)}{64}$ 이므로

$\therefore e=\dfrac{2i^2}{h}=\dfrac{2\left(\sqrt{\dfrac{I}{A}}\right)^2}{D}=\dfrac{2I}{AD}=\dfrac{2\times\dfrac{\pi(D^2-d^2)(D^2+d^2)}{64}}{\dfrac{\pi(D^2-d^2)}{4}D}$

$=\dfrac{\dfrac{\pi(D^2-d^2)(D^2+d^2)}{32}}{\dfrac{\pi D(D^2-d^2)}{4}}=\dfrac{4\pi(D^2-d^2)(D^2+d^2)}{32\pi D(D^2-d^2)}$

$=\dfrac{D^2+d^2}{8D}$

17 | 세장비
21①, 14④, 09①

그림과 같이 양단이 회전단인 부재의 좌굴축에 대한 세장비는?

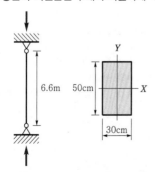

① 76.21

② 84.28

③ 94.64

④ 103.77

해설 좌굴축은 단면 2차 반경이 **최소**인 축으로 일어나므로 Y축을 기준으로 좌굴이 일어난다.

$\lambda(\text{세장비})=\dfrac{l_k(\text{좌굴길이})}{i(\text{단면 2차 반경})}$ 이고,

$i(\text{단면 2차 반경})=\sqrt{\dfrac{I_Y(\text{도심축에 대한 단면 2차 모멘트})}{A(\text{단면적})}}$

이다. 즉, $\lambda=\dfrac{l_k}{\sqrt{\dfrac{I_Y}{A}}}$ 이다.

좌굴길이는 양단이 회전단이므로 $1l=1\times660=660\text{cm}$ 이고,

단면적은 $30\times50=1,500\text{cm}^2$, $I_Y=\dfrac{bh^3}{12}=\dfrac{50\times30^3}{12}=112,500$

cm^3 이다.

$\therefore \lambda=\dfrac{l_k}{\sqrt{\dfrac{I_Y}{A}}}=\dfrac{660}{\sqrt{\dfrac{112,500}{1,500}}}=\dfrac{660}{8.660}=76.2124$

18 | 최대 압축응력도
05①, 97④

그림과 같이 기초에 하중이 가해질 경우 기초 저면에 생기는 최대 압축응력은? (단, $N=1,000\text{kN}$, $l=2.5\text{m}$, $l'=1.6\text{m}$, $e=0.3\text{m}$)

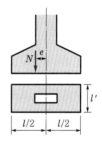

① 0.28MPa

② 0.33MPa

③ 0.38MPa

④ 0.43MPa

해설 σ_{max}(최대 압축응력도)$=-\dfrac{P(\text{하중})}{A(\text{단면적})}-\dfrac{M(\text{휨모멘트})}{Z(\text{단면계수})}$ 에서

$P=1,000\text{kN}$, $A=2.5\times1.6=4\text{m}^2=4,000,000\text{mm}^2$,

$M=1,000,000\times300=300,000,000\text{N}\cdot\text{mm}$,

$Z=\dfrac{I}{y}=\dfrac{\dfrac{bh^3}{12}}{\dfrac{h}{2}}=\dfrac{bh^2}{6}=\dfrac{1,600\times2,500^2}{6}=1,666,666,667\text{mm}^2$ 이

므로

$\therefore \sigma_{max}=-\dfrac{1,000,000}{4,000,000}-\dfrac{300,000,000}{1,666,666,667}=-0.43\text{MPa}$

19 | 전단응력도
00③,④, 99①

그림과 같은 철근콘크리트보에서 전단력에 위험한 단면에서의 전단응력도는? (단, 보 단부의 춤은 65cm이고, 유효높이는 50cm이다.)

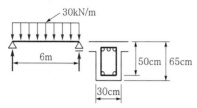

① 0.455MPa
② 0.5MPa
③ 0.545MPa
④ 0.6MPa

해설 V를 구하기 위해서 구조물을 풀이한다.
　㉮ 반력[그림 (b) 참고]
　　㉠ $\Sigma X = 0$에 의해서 $H_A = 0$
　　㉡ $\Sigma Y = 0$에 의해서
　　　$V_A - 180 + V_B = 0$ ················· ①
　　㉢ $\Sigma M_B = 0$에 의해서 $V_A \times 6 - 180 \times 3 = 0$
　　　∴ $V_A = 90\text{kN}(\uparrow)$
　　$V_A = 90\text{kN}$을 식 ①에 대입하면 ∴ $V_B = 90\text{kN}(\uparrow)$

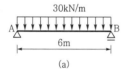

(a)

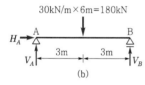

(b)

　㉯ 전단력
　　$0 \leqq x \leqq 6\text{m}$, $S_X = V_A - wx = 90 - 30x$
　　최대 위험 전단력이 작용하는 점은 지점에서 보의 유효춤만큼 떨어진 곳이므로, $x = 50\text{cm} = 0.5\text{m}$인 점의 전단력은
　　$S' = S_{x=0.5} = 90 - 30x = 90 - 30 \times 0.5 = 75\text{kN}$이다.
　　즉, $S = 75\text{kN} = 75,000\text{N}$, $A = 300 \times 500 = 150,000\text{mm}^2$이다.
　　∴ $\tau = \dfrac{S}{A} = \dfrac{75,000}{300 \times 500} = 0.5\text{MPa}$

20 | 동일한 휨응력도
98③

그림과 같은 A, B의 두 보가 같은 휨응력도로 되려면 A보의 폭은 얼마로 하면 좋은가? (단, 두 보는 동일 재질 및 하중이다.)

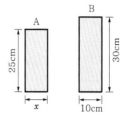

① 16.0cm
② 15.4cm
③ 14.4cm
④ 13.4cm

해설 $\sigma($휨응력도$) = \dfrac{M(\text{휨모멘트})}{Z(\text{단면계수})}$
　그런데 재질이 같으면 휨응력도가 같고, 하중이 같으면 휨모멘트가 같다. 따라서 단면계수도 같아야 한다.
　㉮ A보의 단면계수(Z_A)
　　$= \dfrac{b(\text{보의 폭})h^2(\text{보의 춤}^2)}{6} = \dfrac{x \times 25^2}{6}$
　㉯ B보의 단면계수(Z_B)
　　$= \dfrac{b(\text{보의 폭})h^2(\text{보의 춤}^2)}{6} = \dfrac{10 \times 30^2}{6}$
　그런데 $Z_A = Z_B$이다.
　㉮와 ㉯에서 $\dfrac{x \times 25^2}{6} = \dfrac{10 \times 30^2}{6}$
　$625x = 9,000$
　∴ $x = 14.4\text{cm}$

21 | 오일러의 좌굴하중
19④, 04②

1단은 고정, 1단은 자유인 길이 10m인 철골기둥에서 오일러의 좌굴하중은? (단, $A = 6,000\text{mm}^2$, $I_x = 4,000\text{cm}^4$, $I_y = 2,000\text{cm}^4$, $E = 205,000\text{MPa}$)

① 101.2kN
② 168.4kN
③ 195.7kN
④ 202.4kN

해설 $P_k($좌굴하중$) = \dfrac{\pi^2 E(\text{기둥재료의 영계수})I(\text{최소 단면 2차 모멘트})}{l_k^2(\text{기둥의 좌굴길이})}$
　여기서, $E = 2.05 \times 10^5 \text{MPa}$, $l_k = 2l = 2 \times 10 = 20\text{m} = 20,000\text{mm}$,
　　$I = 20,000,000\text{mm}^4$
　∴ $P_k = \dfrac{\pi^2 EI}{l_k^2} = \dfrac{\pi^2 \times 2.05 \times 10^5 \times 20,000,000}{20,000^2}$
　　$= 101,163.45\text{N} = 101.2\text{kN}$

22 | 최대 휨응력도
22②, 12④

다음 그림과 같은 직사각형 단면을 가지는 보에 최대 휨모멘트 $M=20\text{kN}\cdot\text{m}$가 작용할 때 최대 휨응력은?

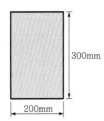

300mm
200mm

① 3.33MPa
② 4.44MPa
③ 5.56MPa
④ 6.67MPa

해설 $M_{max}=20\text{kN}\cdot\text{m}=20,000,000\text{N}\cdot\text{mm}$, $b=200\text{mm}$, $h=300\text{mm}$ 이므로

$$\therefore \sigma = \frac{M_{max}}{Z} = \frac{M_{max}}{\dfrac{bh^2}{6}} = \frac{6M_{max}}{bh^2}$$

$$= \frac{6\times 20,000,000}{200\times 300^2} = 6.67\text{N/mm}^2 = 6.67\text{MPa}$$

23 | 휨응력과 전단응력
21④, 09②

다음 그림과 같은 단면의 단순보에서 보의 중앙점 C 단면에 생기는 휨응력 σ_b와 전단응력 v의 값은?

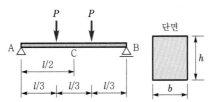

단면

h
b

① $\sigma_b = \dfrac{Pl}{bh^2}$, $v = \dfrac{3Pl}{2bh}$

② $\sigma_b = \dfrac{2Pl}{bh^2}$, $v = 0$

③ $\sigma_b = \dfrac{2Pl}{bh^2}$, $v = \dfrac{3Pl}{2bh}$

④ $\sigma_b = \dfrac{Pl}{bh^2}$, $v = 0$

해설 단순보를 풀이하면
㉮ 반력
　힘의 비김조건에 의해서
　㉠ $\sum M_B = 0$에 의해서
　　$V_A l - \dfrac{2Pl}{3} - \dfrac{Pl}{3} = 0$에서 $V_A = P$

㉡ $\sum Y = 0$에 의해서 $V_A - P - P + V_B = 0$에서
　$V_A = P$이므로 $V_B = P$

㉯ 전단력
　C점의 전단력, 즉 $0 \leq x \leq \dfrac{2l}{3}$인 경우
　$S_C = P - P = 0$
　그런데 C점의 전단응력$(v) = \dfrac{S}{A}$에서 $S=0$, $A=bh$이다.
　$\therefore v = \dfrac{S}{A} = \dfrac{S}{bh} = \dfrac{0}{bh} = 0$

㉰ 휨모멘트
　C점의 휨모멘트, 즉 $0 \leq x \leq \dfrac{2l}{3}$인 경우
　$M_C = Px - P\left(x - \dfrac{l}{3}\right) = \dfrac{Pl}{3}$
　그런데 C점의 휨응력$(\sigma_b) = \dfrac{M}{Z} = \dfrac{M}{I}y = \dfrac{6M}{bh^2}$에서 $M = \dfrac{Pl}{3}$
　이므로
　$\therefore \sigma_b = \dfrac{6M}{bh^2} = \dfrac{6\times \dfrac{Pl}{3}}{bh^2} = \dfrac{2Pl}{bh^2}$

24 | 전단응력도
19①, 13①

$H-300\times 150\times 6.5\times 9$인 형강보가 10kN의 전단력을 받을 때 웨브에 생기는 전단응력도의 크기는 약 얼마인가? (단, 웨브 전단면적 산정 시 플랜지 두께는 제외함)

① 3.46MPa
② 4.46MPa
③ 5.46MPa
④ 6.46MPa

해설 τ(전단응력도)$= \dfrac{S(\text{전단력})}{A(\text{단면적})}$에서 $S=10\text{kN}=10,000\text{N}$,
$A=(300-2\times 9)\times 6.5 = 1,833\text{mm}^2$이므로
$\therefore \tau = \dfrac{S}{A} = \dfrac{10,000}{(300-2\times 9)\times 6.5} = 5.456\text{MPa}$

25 | 편심기초의 균등 지반력
18①, 14②

기초 설계 시 인접 대지와의 관계로 편심기초를 만들고자 한다. 이때 편심기초의 지반력이 균등하도록 하기 위하여 어떤 방법을 이용함이 가장 타당한가?

① 지중보를 설치한다.
② 기초 면적을 넓힌다.
③ 기둥의 단면적을 크게 한다.
④ 기초 두께를 두껍게 한다.

해설 편심기초(기초에 작용하는 하중이 기초의 중심을 지나지 않고, 편심되어 작용하는 기초)의 지반력이 균등하도록 하기 위한 방법으로는 지중보를 설치하는 것이 가장 유리하다.

26 | 좌굴하중 산정요소
19②, 08④

다음 중 압축재의 좌굴하중 산정 시 직접적인 관계가 없는 것은?

① 부재의 푸아송 비
② 부재의 단면 2차 모멘트
③ 부재의 탄성계수
④ 부재의 지지조건

해설 $P_k = \dfrac{\pi^2 EI}{l_k^2}$

여기서, P_k : 좌굴하중
E : 기둥재료의 영계수
l_k : 기둥의 좌굴길이
I : 단면 2차 모멘트

27 | 기초판의 크기
17④, 13④

기초 설계 시 장기 100kN(자중 포함)의 하중을 받는 경우 장기 허용 지내력도 20kN/m²의 지반에서 필요한 기초판의 크기는?

① 1.5m×1.5m
② 1.8m×1.8m
③ 2.1m×2.1m
④ 2.4m×2.4m

해설 기초판의 크기$(A) = \dfrac{P(\text{하중})}{\sigma(\text{허용 지내력도})}$

그런데, $P = 100\text{kN}$, $\sigma = 20\text{kN/m}^2$이므로, $A = \dfrac{P}{\sigma} = \dfrac{100}{20} = 5\text{m}^2$

이상, ①항은 2.25m^2, ②항은 3.24m^2, ③항은 4.41m^2, ④항은 5.76m^2이므로 5m^2 이상인 ④번이 답이다.

28 | 좌굴하중 영향요소
15④, 09④

철골기둥의 좌굴하중(critical buckling load)의 영향을 받지 않는 것은?

① 재료의 항복강도
② 재료의 탄성계수
③ 단면 2차 모멘트
④ 유효 좌굴길이

해설 $P_k = \dfrac{\pi^2 EI}{l_k^2}$이므로 부재의 탄성계수, 단면 2차 모멘트(보의 폭과 보의 춤), 유효 좌굴길이 등이다.

29 | 최대 전단응력도
14②, 11①

그림과 같은 중도리에 $S = 8\text{kN}$의 전단력이 작용할 때 단면 내에 생기는 최대 전단응력도는?

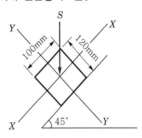

① 1MPa
② 2MPa
③ 4MPa
④ 6MPa

해설 $\tau_{\max} = \dfrac{3S}{2A}$ 에서

$A = 100 \times 120 = 12,000\,\text{mm}^2$, $S = 8\text{kN} = 8,000\text{N}$이므로

$\therefore \tau_{\max} = \dfrac{3S}{2A} = \dfrac{3 \times 8,000}{2 \times 12,000} = 1\text{N/mm}^2 = 1\text{MPa}$

30 | 최대 전단응력도
13④, 06①

그림과 같은 단순보에서 최대 전단응력은 얼마인가?

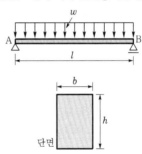

① $\dfrac{2}{3}\dfrac{wl}{bh}$
② $\dfrac{3}{4}\dfrac{wl}{bh}$
③ $\dfrac{4}{3}\dfrac{wl}{bh}$
④ $\dfrac{3}{2}\dfrac{wl}{bh}$

해설 $\tau_{\max}$ (최대 전단응력도) $= \dfrac{3}{2}\dfrac{S_{\max}(\text{최대 전단력})}{A(\text{단면적})}$ 이다.

즉, $\tau_{\max} = \dfrac{3}{2}\dfrac{S_{\max}}{A}$에서 $S_{\max} = \dfrac{wl}{2}$, $A = bh$이므로

$\therefore \tau_{\max} = \dfrac{3}{2}\dfrac{S_{\max}}{A} = \dfrac{3}{2} \times \dfrac{\dfrac{wl}{2}}{bh} = \dfrac{3wl}{4bh}$

31 | 좌굴 길이
13②, 98③

일단(一端) 자유, 타단(他端) 고정의 압축재의 길이가 7m일 때 좌굴 길이는 어느 것을 적용하는가?

① 4.9m
② 3.5m
③ 7.0m
④ 14.0m

해설 $\alpha = \dfrac{l_k(\text{좌굴길이})}{l(\text{원래의 길이})}$ 에서 일단 자유, 타단 고정인 경우

$\alpha = 2$ 이므로 $l_k = \alpha l = 2l$ 이 된다.

$\therefore l_k = 2 \times 7 = 14\,\text{m}$

32 | 최대 전단응력도
08④, 99③

그림에 나타낸 단순보에서 보의 높이 h를 계산하여 최대 전단응력도를 구한 값으로 적당한 것은? (단, $f_b = 9\text{MPa}$, $f_s = 0.7\text{MPa}$)

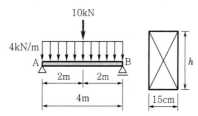

① 약 0.26MPa
② 약 0.36MPa
③ 약 0.46MPa
④ 약 0.55MPa

해설 ㉮ 보의 춤 산정

$\sigma(\text{응력도}) = \dfrac{M_{\max}(\text{최대 휨모멘트})}{Z(\text{단면계수})}$ 에서

$\sigma = 9\text{MPa}, \ Z = \dfrac{bh^2}{6} = \dfrac{150 \times h^2}{6} = 25h^2$

$M_{\max} = \dfrac{Pl}{4} + \dfrac{wl^2}{8} = \dfrac{10 \times 4}{4} + \dfrac{4 \times 4^2}{8} = 18\text{kN} \cdot \text{m}$

$= 18,000,000\text{N} \cdot \text{mm}$

$\therefore \sigma = \dfrac{M_{\max}}{Z}$ 에서 $9 = \dfrac{18,000,000}{25h^2}$

$\therefore h = \sqrt{\dfrac{18,000,000}{25 \times 9}} = 282.843\text{mm}$

㉯ 장방형 단면의 최대 전단응력도

$\tau_{\max} = 1.5 \dfrac{S_{\max}(\text{최대 전단력})}{A(\text{단면적})}$ 이다.

그런데 최대 전단력은

$S_{\max} = \dfrac{P}{2} + \dfrac{wl}{2} = \dfrac{10}{2} \times \dfrac{4 \times 4}{2} = 13\text{kN}$

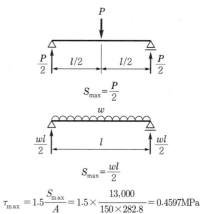

$\therefore \tau_{\max} = 1.5 \dfrac{S_{\max}}{A} = 1.5 \times \dfrac{13,000}{150 \times 282.8} = 0.4597\text{MPa}$

33 | 최대 휨응력도
01①

그림과 같은 보 단면에 휨모멘트가 45kN · m가 작용할 때 단면에 생기는 최대 휨응력도로 옳은 것은?

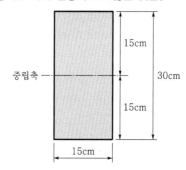

① 30MPa
② 20MPa
③ 15MPa
④ 10MPa

해설 $\sigma(\text{응력도}) = \dfrac{M(\text{휨모멘트})}{Z(\text{단면계수})}$ 에서

$M = 45\text{kN} \cdot \text{m} = 45,000,000\text{N} \cdot \text{mm}$,

$Z = \dfrac{I(\text{단면 2차 모멘트})}{y(\text{도심축에서 상·하연까지의 거리})} = \dfrac{\frac{bh^3}{12}}{\frac{h}{2}} = \dfrac{bh^2}{6}$

$= \dfrac{150 \times 300^2}{6} = 2,250,000\text{mm}^3$ 이므로

$\therefore \sigma = \dfrac{M}{Z} = \dfrac{45,000,000}{2,250,000} = 20\text{MPa}$

34 | 세장비
18②

양단힌지인 길이 6m의 H−300×300×10×15의 기둥이 부재 중앙에서 약축방향으로 가새를 통해 지지되어 있을 때 설계용 세장비는? (단, $r_x = 131mm$, $r_y = 75.1mm$)

① 39.9

② 45.8

③ 58.2

④ 66.3

해설 세장비$\left(\lambda = \dfrac{l_k}{i}\right)$의 산정

㉮ $l_k = 1l = 1 \times 6m = 600cm$, $i = 13.1cm$일 때

$\lambda_x = \dfrac{l_k}{i} = \dfrac{600}{13.1} = 45.801$

㉯ $l_k = 300cm$, $i = 7.51cm$일 때 $\lambda_y = \dfrac{l_k}{i} = \dfrac{300}{7.51} = 39.947$

∴ ㉮와 ㉯ 중에서 큰 세장비 45.801을 선택한다.

35 | 압축응력도의 비
18①

1변의 길이가 각각 50mm(A), 100mm(B)인 두 개의 정사각형 단면에 동일한 압축하중 P가 작용할 때 압축응력도의 비(A : B)는?

① 2 : 1

② 4 : 1

③ 3 : 1

④ 16 : 1

해설 σ(응력도) $= \dfrac{P(\text{하중})}{A(\text{단면적})}$ 이다. 즉, **응력도**는 **하중**에 비례하고 **단면적**에 반비례한다.

∴ $\sigma_A : \sigma_B = \dfrac{1}{A_A} : \dfrac{1}{A_B} = \dfrac{1}{50^2} : \dfrac{1}{100^2} = \dfrac{1}{2,500} : \dfrac{1}{10,000} = 4 : 1$

36 | 편심거리
17②

그림과 같은 하중을 지지하는 단주의 단면에서 인장력을 발생시키지 않는 거리 x의 한계는?

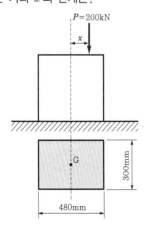

① 40mm

② 60mm

③ 80mm

④ 100mm

해설 단면의 핵에서 인장력이 발생하지 않으려면, 핵거리 안에 있어야 하므로 핵거리(e) $< \dfrac{l}{6}$ 이 성립되어야 한다.

∴ e $< \dfrac{l}{6} = \dfrac{480}{6} = 80mm$ 이내이다. 즉, $x \leq 80mm$이다.

37 | 최대 휨응력도
16②

다음 그림과 같은 부재의 최대 휨응력은 약 얼마인가? (단, 부재의 자중은 무시한다.)

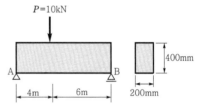

① 1.2MPa

② 2.2MPa

③ 3.6MPa

④ 4.5MPa

해설 $\sigma_{\max}$ (최대 휨응력도) $= \dfrac{M_{\max}(\text{최대 휨모멘트})}{Z(\text{단면계수})}$ 이다.

그런데, $Z = \dfrac{I}{y} = \dfrac{\frac{bh^3}{12}}{\frac{h}{2}} = \dfrac{bh^2}{6} = \dfrac{200 \times 400^2}{6}$ 이고,

$M_{\max} = 6 \times 4 - 10 \times 0 = 24kN \cdot m = 24,000,000N \cdot mm$이다.

∴ $\sigma_{\max} = \dfrac{M_{\max}}{Z} = \dfrac{24,000,000}{\frac{200 \times 400^2}{6}} = 4.5N/mm^2$

$= 4.5MPa$

다음 그림과 같은 H형강 단면의 핵 면적을 구하면?

H $-200 \times 200 \times 8 \times 12$

• $A_s = 6,350 \text{mm}^2$

• $I_x = 4.72 \times 10^7 \text{mm}^4$

• $I_y = 1.60 \times 10^7 \text{mm}^4$

① 932.47mm^2 ② 1864.93mm^2

③ 2797.40mm^2 ④ 3746.23mm^2

해설 단면의 핵은 아래 그림과 같다.

$$e(\text{핵거리}) = \frac{2i^2(\text{단면 2차반경})}{h(\text{보의 춤})}$$

$$= \frac{2\left(\sqrt{\dfrac{I(\text{단면 2차 모멘트})}{A(\text{단면적})}}\right)^2}{h(\text{보의 춤})} = \frac{2\dfrac{I}{A}}{h} = \frac{2I}{Ah}$$

㉮ $e_x(x$축의 핵거리$) = \dfrac{2I_x}{Ah} = \dfrac{2 \times 4.72 \times 10^7}{6,350 \times 200}$

     $= 74.33 \text{mm}$

∴ x축 방향의 길이 $= 74.33 \times 2 = 148.66 \text{mm}$

㉯ $e_y(y$축의 핵거리$) = \dfrac{2I_y}{Ah} = \dfrac{2 \times 1.60 \times 10^7}{6,350 \times 200}$

     $= 25.20 \text{mm}$

∴ y축 방향의 길이 $= 25.20 \times 2 = 50.40 \text{mm}$

∴ 핵면적 $= 148.66 \times 25.2 \times \dfrac{1}{2} \times 2 = 3,746.23 \text{mm}^2$

다음 캔틸레버보 자유단의 처짐각은? (단, 탄성계수 E, 단면 2차 모멘트 I)

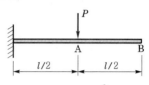

① $\dfrac{Pl^2}{2EI}$ ② $\dfrac{Pl^2}{3EI}$

③ $\dfrac{Pl^2}{6EI}$ ④ $\dfrac{Pl^2}{8EI}$

해설 캔틸레버의 처짐과 처짐각은 다음과 같이 구한다.

고정단과 임의의 지점 사이의 휨모멘트의 면적에 $\dfrac{1}{EI}$ 배 한 것을 분포하중이라고 가정하고, 고정단과 자유단을 교환하여 생각할 때, **각 점의 처짐각은 그 점의 전단력**과 같고, **각 점의 처짐은 휨모멘트와 같다.** 그러므로 문제의 휨모멘트를 구하면 그림 (b)와 같고, 이를 분포하중으로 가정한 후 고정단과 자유단을 교환하면 그림 (c)와 같다. 그림 (c)에서 B점의 전단력을 구하면, $S_A = \dfrac{Pl}{2} \times \dfrac{l}{2} \times \dfrac{1}{2} = \dfrac{Pl^2}{8}$ 이다.

∴ $\theta_B = \dfrac{Pl^2}{8EI}$

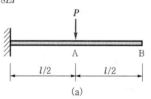

(a)

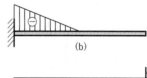

(b)

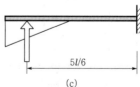

(c)

02 | 처짐
21④, 17②, 13①, 07②

그림과 같은 보의 C점에 대한 처짐은? (단, EI는 전 경간에 걸쳐 일정하다.)

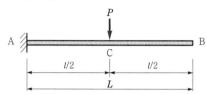

① $\dfrac{Pl^3}{12EI}$

② $\dfrac{Pl^3}{24EI}$

③ $\dfrac{Pl^3}{48EI}$

④ $\dfrac{Pl^3}{96EI}$

해설 보의 처짐과 처짐각

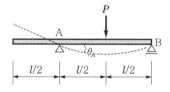

하중상태	처짐각	처짐
(P, l)	$\theta_A = -\dfrac{Pl^2}{2EI}$	$\delta_A = \dfrac{Pl^3}{3EI}$

즉, $\delta_A = \dfrac{Pl^3}{3EI}$에서 $l = \dfrac{l}{2}$이므로, $\delta_A = \dfrac{P\left(\dfrac{l}{2}\right)^3}{3EI} = \dfrac{Pl^3}{24EI}$

03 | 처짐각
22②, 17①, 10④, 09②

그림과 같은 내민보에 집중하중이 작용할 때 A점의 처짐각 θ_A를 구하면?

① $\dfrac{Pl^2}{4EI}$

② $\dfrac{Pl^2}{16EI}$

③ $\dfrac{Pl^2}{128EI}$

④ $\dfrac{Pl^2}{256EI}$

해설 주어진 문제는 내민보이나, A, B 부분은 단순보와 동일하므로 단순보의 처짐각과 일치한다. 즉, $\theta_A = \dfrac{Pl^2}{16EI}$이다.

04 | 처짐
20③, 13②, 12①, 06①

그림과 같은 캔틸레버에서 B점의 처짐은?

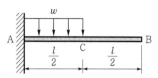

① $\dfrac{wl^4}{128EI}$

② $\dfrac{3wl^4}{384EI}$

③ $\dfrac{3wl^4}{128EI}$

④ $\dfrac{7wl^4}{384EI}$

해설 문제의 하중이 작용하는 경우의 휨모멘트

$M_A = w \times \dfrac{l}{2} \times \dfrac{l}{4} = \dfrac{wl^2}{8}$이고, **공액보**(휨모멘트도를 하중으로 작용시킨 보)의 **B점의 휨모멘트**를 구하면,

$M_A' = M_A \times \dfrac{l}{2} \times \dfrac{1}{3}\left(\dfrac{3l}{8} + \dfrac{l}{2}\right) = \dfrac{wl^2}{8} \times \dfrac{l}{6} \times \dfrac{7l}{8}$

$= \dfrac{7wl^4}{384EI}$

05 | 최대 처짐량
17④, 13①, 02④, 96②

동일 단면 동일 재료를 사용한 캔틸레버보 끝단에 집중하중이 작용하였다. 최대 처짐량이 같을 경우 $P_1 : P_2$는?

① $1 : 4$

② $1 : 8$

③ $4 : 1$

④ $8 : 1$

해설 캔틸레버 끝단에 집중하중이 작용하는 경우 최대 처짐량은

$\delta = \dfrac{Pl^3}{3EI}$이다. P_1이 작용하는 캔틸레버보의 처짐은 $\delta_{P_1} = \dfrac{P_1 l^3}{3EI}$

이고, $\delta_{P_2} = \dfrac{P_2 l^3}{3EI}$이다.

$\delta_{P_1} = \delta_{P_2}$에 의해서 $\dfrac{P_1 (2l)^3}{3EI} = \dfrac{P_2 l^3}{3EI}$이므로 $8P_1 l^3 = P_2 l^3$이다.

∴ $P_1 : P_2 = 1 : 8$

06 | 처짐각
18①, 13④, 12④

그림과 같은 캔틸레버보의 자유단(B점)에서 처짐각은?

① $\dfrac{Pl^2}{2EI}$

② Pl^2

③ $2Pl^2$

④ $\dfrac{5Pl^2}{2EI}$

해설 ㉮ 캔틸레버의 스팬의 중앙 부분에 집중하중이 작용하는 경우의 처짐각(θ_{B_1})

$$\theta_{B_1} = \frac{Pl^2}{8EI} = \frac{P(2l)^2}{8EI}$$

㉯ 캔틸레버의 자유단에 집중하중이 작용하는 경우의 처짐각 (θ_{B_2})

$$\theta_{B_2} = \frac{Pl^2}{2EI} = \frac{P(2l)^2}{2EI}$$

∴ B점의 처짐각(θ_B) $= \theta_{B_1} + \theta_{B_2} = \dfrac{P(2l)^2}{8EI} + \dfrac{P(2l)^2}{2EI}$

$$= \frac{20Pl^2}{8EI} = \frac{5Pl^2}{2EI}$$

07 | 교차보의 최대 휨모멘트
18①, 10②, 09②

그림과 같은 교차보(cross beam) A, B의 최대 휨모멘트의 비로서 옳은 것은? (단, E, I는 동일함)

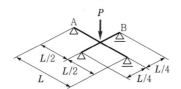

① 1 : 2

② 1 : 3

③ 1 : 4

④ 1 : 8

해설 A보의 분담하중을 P_A, B보의 분담하중을 P_B라고 하면, 즉 $P = P_A + P_B$이다.

㉮ 보의 분담하중을 구하기 위하여 **최대 처짐이 동일함**을 이용하여

㉠ A보의 최대 처짐(δ_A) $= \dfrac{P_A l^3}{48EI}$

㉡ B보의 최대 처짐(δ_B) $= \dfrac{P_B (l/2)^3}{48EI}$

그런데 ㉠=㉡에 의해서, $\delta_A = \delta_B$, 즉 $\dfrac{P_A l^3}{48EI} = \dfrac{P_B l^3}{384EI}$ 에서

$48EIP_B l^3 = 384EIP_A l^3$이다.

$$P_A : P_B = 48 : 384 = 1 : 8$$

$$\therefore \ P_A = \frac{P}{9}, \ P_B = \frac{8P}{9}$$

㉯ **최대 휨모멘트**를 구하면,

㉠ A보의 최대 휨모멘트 $M_A = \dfrac{P_A l}{4} = \dfrac{\frac{P}{9}l}{4}$ 이고,

㉡ B보의 최대 휨모멘트 $M_B = \dfrac{P_A (l/2)}{4} = \dfrac{\frac{8P}{9}(l/2)}{4}$ 이다.

그러므로 $M_A = \dfrac{P_A l}{4} = \dfrac{Pl}{9 \times 4} = \dfrac{Pl}{36}$

$$M_B = \frac{P_A (l/2)}{4} = \frac{\frac{8P}{9}(l/2)}{4} = \frac{8Pl}{72}$$

즉, $M_A = M_B$에서

$$\therefore \ M_A : M_B = \frac{Pl}{36} : \frac{8Pl}{72} = \frac{2Pl}{72} : \frac{8Pl}{72} = 1 : 4$$

08 | 최대 처짐의 비
22①, 14④, 09②

보의 길이가 같은 캔틸레버보에서 작용하는 집중하중의 크기가 $P_1 = P_2$일 때, 보의 단면이 그림과 같다면 최대 처짐 $y_1 : y_2$의 비는?

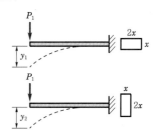

① 2 : 1

② 4 : 1

③ 8 : 1

④ 16 : 1

해설 캔틸레버보에서 집중하중이 작용하는 경우 최대 처짐 $= \dfrac{Pl^3}{3EI}$ 에서 처짐 y_1, y_2는 다음과 같다. 또한, $P_1 = P_2 = P$이고, $E_1 = E_2$, $l_1 = l_2$이므로 **처짐은 단면 2차 모멘트에 반비례**한다.

그런데, $I_1 = \dfrac{2xx^3}{12} = \dfrac{2x^4}{12}$, $I_2 = \dfrac{x(2x)^3}{12} = \dfrac{8x^4}{12}$

그러므로, 단면 2차 모멘트 $I_1 : I_2 = 1 : 4$에 반비례하므로 4 : 1이다.

09 | 단면 2차 모멘트
19②, 11④

다음과 같은 단순보의 최대 처짐량($\delta_{\max}$)이 30cm 이하가 되기 위하여 보의 단면 2차 모멘트는 최소 얼마 이상이 되어야 하는가? (단, 보의 탄성계수는 $E = 1.25 \times 10^4 \text{N/mm}^2$)

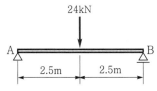

① $15,000\text{cm}^4$ ② $16,700\text{cm}^4$

③ $20,000\text{cm}^4$ ④ $25,000\text{cm}^4$

해설 $\delta_{\max}$(단순보의 중앙 부분에 집중하중이 작용되는 경우 최대

처짐)$= \dfrac{P(\text{집중하중})\, l^3(\text{스팬})}{48E(\text{영계수})\, I(\text{단면 2차 모멘트})}$ 에서 $P = 24,000\text{N}$,

$l = 5,000\text{mm}$, $E = 1.25 \times 10^4 \text{N/mm}^2 = 1.25 \times 10^4 \text{MPa}$ 이므로

$\therefore I = \dfrac{Pl^3}{48E\delta_{\max}}$

$\quad = \dfrac{24,000 \times 5,000^3}{48 \times 1.25 \times 10^4 \times 300}$

$\quad = 16,666,666.67\text{mm}^3 = 16,667\text{cm}^3$

10 | 최대 처짐량
17④, 05②, 02④

그림과 같은 단순보를 $I-200 \times 100 \times 7$로 설계하였다면 최대 처짐량은? (단, $I-200 \times 100 \times 7$의 단면 2차 모멘트 $I_x = 2,180\text{cm}^4$, 탄성계수 $E = 2.1 \times 10^5 \text{MPa}$이다.)

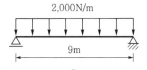

① 32.1mm   ② 33.6mm

③ 34.5mm   ④ 37.3mm

해설 단위 통일에 유의한다.

최대 처짐량($\delta_{\max}$)$= \dfrac{5\omega l^4}{384EI}$ 에서 $\omega = \dfrac{2,000}{1,000} = 2\text{N/mm}$,

$l = 9\text{m} = 9,000\text{mm}$, $E = 2.1 \times 10^5 \text{MPa}$, $I = 21,800,000\text{mm}^4$ 이

므로

$\therefore \delta_{\max} = \dfrac{5\omega l^4}{384EI} = \dfrac{5 \times 2 \times 9,000^4}{384 \times 210,000 \times 21,800,000} = 37.32184\text{mm}$

11 | 처짐량
08②, 03④

그림과 같은 단순보의 최대 처짐이 중앙에서 3cm가 발생하였다. 보의 춤을 2배로 크게 하였을 경우 처짐량은?

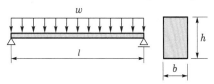

① 0.25cm   ② 0.375cm

③ 0.5cm   ④ 0.725cm

해설 보의 처짐은 **단면 2차 모멘트에 반비례**하므로 춤을 2배로 하면 단면 2차 모멘트는 8배가 되므로 처짐은 1/8이 된다. 따라서 춤을 2배로 하면 처짐은 1/8이다.

$\therefore \delta = 3 \times \dfrac{1}{8} = 0.375\text{cm}$

12 | 최대 처짐량
21②, 14④

다음 그림과 같은 단순보에서 부재길이가 2배로 증가할 때 보의 중앙점 최대 처짐은 몇 배로 증가되는가?

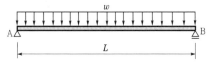

① 2배   ② 4배

③ 8배   ④ 16배

해설 단순보에 등분포하중이 작용하는 경우 중앙점의 최대 처짐

($\delta_{\max}$)$= \dfrac{5\omega l^4}{384EI}$ 이다. 즉 **최대 처짐은 스팬의 4제곱에 비례하**

므로 $2^4 = 16$배이다.

13 | 스프링에 작용하는 힘
21④, 11④

다음 그림과 같이 캔틸레버보가 상수 k를 가지는 스프링에 의해 지지되어 있으며 집중하중 P가 작용하고 있다. 스프링에 걸리는 힘은?

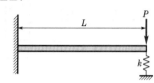

① $\dfrac{PL^3k}{(2EI+kL^3)}$

② $\dfrac{PL^3k}{(3EI+kL^3)}$

③ $\dfrac{PL^3k}{(6EI+kL^3)}$

④ $\dfrac{PL^3k}{(8EI+kL^3)}$

해설 집중하중(P)에 의한 처짐을 $\delta_P = \dfrac{PL^3}{3EI}$, 반력($R_A$)에 의한 처짐을 $\delta_R = \dfrac{R_A L^3}{3EI}$, 스프링에 의한 처짐을 $\delta_S = \dfrac{R_A}{k}$이므로

$\delta_P = \delta_S + \delta_R$

$\dfrac{PL^3}{3EI} = \dfrac{R_A}{k} + \dfrac{R_A L^3}{3EI} = \dfrac{R_A(3EI+kL^3)}{3kEI}$

$\therefore R_A = \dfrac{PL^3k}{3EI+kL^3}$

14 | 처짐각의 비율
18④, 15②

다음 그림과 같은 두 개의 단순보에 크기가 같은($P=wL$) 하중이 작용할 때, A점에서 발생하는 처짐각의 비율(가 : 나)은? (단, 부재의 EI는 일정하다.)

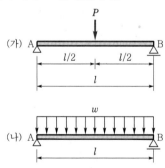

① 1.5 : 1

② 0.67 : 1

③ 1 : 1.5

④ 1 : 0.5

해설 ㈎의 경우, A지점의 처짐각(θ_A) = $\dfrac{Pl^2}{16EI}$이고, ㈏의 경우, A지점의 처짐각(θ_A) = $\dfrac{\omega l^3}{24EI} = \dfrac{Pl^2}{24EI}$이다.

$\therefore$ ㈎ : ㈏ = $\dfrac{Pl^2}{16EI}$: $\dfrac{Pl^2}{24EI}$ = $\dfrac{1}{16}$: $\dfrac{1}{24}$ = 1.5 : 1

15 | 최대 처짐량
18④, 04④

그림과 같은 단순보에서 최대 처짐값은 어느 것인가? (여기서, 보의 단면($b \times h$)은 200mm×300mm이고, 탄성계수 $E = 2.1 \times 10^5$ MPa이다.)

① 13.6mm

② 18.1mm

③ 22.6mm

④ 27.1mm

해설 $\sigma_{\max}$ (단순보의 중앙 부분에 집중하중이 작용되는 경우 최대 처짐)

= $\dfrac{P(집중하중)l^3(스팬)}{48E(영계수)I(단면 2차 모멘트)}$ 에서

$P = 200,000\text{N}$, $l = 8,000\text{mm}$, $E = 210,000\text{MPa}$,

$I = \dfrac{b(보의\ 폭)h^3(보의\ 춤)}{12} = \dfrac{200 \times 300^3}{12} = 450,000,000\text{mm}^3$

이므로

$\therefore \sigma_{\max} = \dfrac{Pl^3}{48EI} = \dfrac{200,000 \times 8,000^3}{48 \times 210,000 \times 450,000,000} = 22.5749\text{mm}$

16 | 최대 처짐량
15④, 08①

다음 중 H형강을 사용한 길이 6m인 단순보에 5kN/m의 등분포하중 재하 시 최대 처짐량은? (단, $E_s = 206,000$MPa, $I_x = 4,720\text{cm}^4$, 좌굴의 영향은 없는 것으로 가정)

① 1.70mm

② 5.69mm

③ 8.68mm

④ 12.49mm

해설 단순보에 등분포하중이 작용하는 경우

처짐(δ_c) = $\dfrac{5w(하중)l^4(스팬)}{384E(탄성계수)I(단면 2차 모멘트)}$ 이다.

여기서, $E = 206,000\text{MPa}$, $l = 6\text{m} = 6,000\text{mm}$,

$w = 5\text{kN/m} = 5\text{N/mm}$, $I_x = 4,720\text{cm}^4 = 4,720 \times 10^4\text{mm}^4$

$\therefore$ 처짐(δ_c) = $\dfrac{5wl^4}{384EI} = \dfrac{5 \times 5 \times 6,000^4}{384 \times 206,000 \times 4,720 \times 10^4}$

= 8.6776mm

17 | 처짐의 비
15②, 11①

다음 그림에서 지간이 같은 2개의 단순보의 하중 P에 의한 처짐 y_1과 y_2와의 비(比)값은 얼마인가?

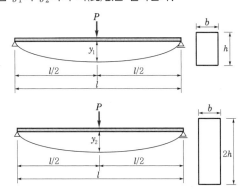

① 2 : 1   ② 4 : 1
③ 6 : 1   ④ 8 : 1

해설 $\delta = \dfrac{Pl^3}{48EI}$에서 단면의 춤이 다르고 **처짐의 비는 단면 2차 모멘트에 반비례**하므로, **춤의 3제곱에 반비례**한다.

$$\therefore y_1 : y_2 = 1 : \dfrac{1}{2^3} = 1 : \dfrac{1}{8} = 8 : 1$$

18 | 처짐각
12①, 09①

그림과 같은 단순보의 양 지점에 모멘트 M이 작용할 때 A 지점의 처짐각은?

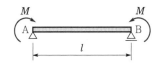

① $\dfrac{Ml}{2EI}$ ② $\dfrac{Ml}{3EI}$

③ $\dfrac{Ml}{4EI}$ ④ $\dfrac{Ml}{6EI}$

해설 단순보의 임의의 점에서 처짐각은 휨모멘트도를 하중으로 생각하고, 그 점의 전단력을 구한 값을 EI로 나눈 값과 같다.
  ㉮ **단순보 풀이**
    ㉠ 반력
      ⓐ $\Sigma M_B = 0$에 의해서
        $V_A l + M - M = 0$에서 $V_A = 0$
      ⓑ $\Sigma_Y = 0$에 의해서
        $V_A - V_B = 0$에서 $V_A = V_B = 0$
    ㉡ 휨모멘트
      $0 \leq x \leq l$인 경우 $M_X = M$이다. 그러므로, 휨모멘트도는 그림 (b)와 같다.

㉯ **처짐각을 구한다.**
  휨모멘트도를 하중으로 작용시키면 그림 (c)와 같고, A′점의 처짐각은 A′점의 전단력을 EI로 나눈 값이다. 즉 힘의 비김 조건에 의해서
$\Sigma M_B' = 0$에 의해서

$$V_A' l - Ml \dfrac{l}{2} = 0$$에서 $V_A' = \dfrac{Ml}{2} = V_B'$이고,

A′점의 처짐각은 A′점의 전단력을 EI로 나눈 값이므로

$$\theta_A' (\text{A′점의 처짐각}) = \dfrac{S_A}{EI} = \dfrac{Ml}{2EI}$$ 이다.

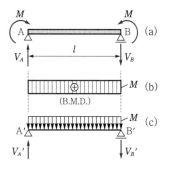

19 | 처짐각
10①, 98③

그림과 같은 단순보에서 A지점의 변각 θ_A값을 구하는 식은? (단, 단순보의 자중은 무시한다.)

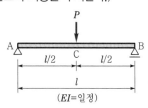

① $\dfrac{Pl^2}{4EI}$ ② $\dfrac{Pl^2}{8EI}$

③ $\dfrac{Pl^2}{16EI}$ ④ $\dfrac{Pl^2}{48EI}$

해설 보의 처짐각(θ)과 처짐(δ)의 공식

하중상태	(P, 캔틸레버)	(w, 캔틸레버)	(P, 단순보 중앙)
처짐각	$\theta_A = -\dfrac{Pl^2}{2EI}$	$\theta_A = -\dfrac{wl^3}{6EI}$	$\theta_A = \dfrac{Pl^2}{16EI}$ $\theta_B = -\dfrac{Pl^2}{16EI}$
처짐	$\delta_A = \dfrac{Pl^3}{3EI}$	$\delta_A = \dfrac{wl^4}{8EI}$	$\delta_C = \dfrac{Pl^3}{48EI}$
하중상태	(w, 단순보)	(M, 단순보 한쪽)	(M, 단순보 양쪽)
처짐각	$\theta_A = \dfrac{wl^3}{24EI}$ $\theta_B = -\dfrac{wl^3}{24EI}$	$\theta_A = \dfrac{Ml}{3EI}$ $\theta_B = -\dfrac{Ml}{6EI}$	$\theta_A = -\dfrac{Ml}{2EI}$ $\theta_B = \dfrac{Ml}{2EI}$
처짐	$\delta_C = \dfrac{5wl^4}{384EI}$	$\delta_{\max} = 0.064\dfrac{Ml^2}{EI}$	$\delta_C = -\dfrac{Ml^2}{8EI}$

20 | 최대 처짐
19④

다음 그림과 같은 보의 C점에서의 최대 처짐은?

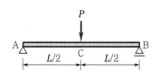

① $\dfrac{PL^3}{2EI}$
② $\dfrac{PL^3}{48EI}$
③ $\dfrac{PL^3}{384EI}$
④ $\dfrac{5PL^3}{384EI}$

해설 단순보의 중앙점에 집중하중이 작용하는 경우의 **최대 처짐**

$(\delta_{\max}) = \dfrac{PL^3}{48EI}$

21 | 하중의 비
18②

동일 단면, 동일 재료를 사용한 캔틸레버보 끝단에 집중하중이 작용하였다. P_1이 작용한 부재의 최대 처짐량이 P_2가 작용한 부재의 최대 처짐량의 2배일 경우 $P_1 : P_2$는?

① 1 : 4
② 1 : 8
③ 4 : 1
④ 8 : 1

해설 구조물의 처짐

㉮ 캔틸레버 끝단에 집중하중이 작용하는 경우 최대 처짐량

 : $\delta = \dfrac{Pl^3}{3EI}$

㉯ P_1이 작용하는 캔틸레버보의 처짐 : $\delta_{P_1} = \dfrac{P_1(2l)^3}{3EI}$

㉰ P_2이 작용하는 캔틸레버보의 처짐 : $\delta_{P_2} = \dfrac{P_2 l^3}{3EI}$

$\delta_{P_1} = 2\delta_{P_2}$

$\dfrac{P_1(2l)^3}{3EI} = 2 \times \dfrac{P_2 l^3}{3EI}$

$\dfrac{8P_1 l^3}{3EI} = \dfrac{2P_2 l^3}{3EI}$

$\therefore P_1 : P_2 = 1 : 4$

[별해] 캔틸레버보의 처짐은 하중(P)과 스팬의 세제곱(l^3)에 비례하고, 탄성계수(E)와 단면 2차 모멘트(I)에 반비례하나, E와 I는 일정하므로 δ(처짐)$= P_1(2l)^3 = 2P_2 l^3$임을 알 수 있다. $8P_1 l^3 = 2P_2 l^3$이므로 $4P_1 = P_2$이다. 따라서 $P_1 : P_2 = 1 : 4$이다.

22 | 처짐각
18①

다음 그림과 같은 캔틸레버보에서 B점의 처짐각(θ_B)은?
(단, EI는 일정함)

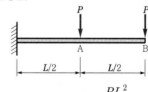

① $-\dfrac{PL^2}{2EI}$
② $-\dfrac{PL^2}{8EI}$
③ $-\dfrac{5PL^2}{8EI}$
④ $-\dfrac{2PL^2}{3EI}$

해설 ㉮ 캔틸레버의 스팬의 중앙 부분에 집중하중이 작용하는 경우

의 처짐각$(\theta_A) = \dfrac{PL^2}{8EI}$

㉯ 캔틸레버의 자유단에 집중하중이 작용하는 경우의 처짐각

$(\theta_B) = \dfrac{PL^2}{2EI}$

∴ B점의 처짐각$(\theta_B) = \theta_A + \theta_B = \dfrac{PL^2}{8EI} + \dfrac{PL^2}{2EI} = \dfrac{5PL^2}{8EI}$

23 | 처짐량
16④

그림과 같은 단순보에서 중앙점의 처짐량이 2cm로 나타났다. 만일 보의 춤을 2배로 크게 하면 처짐량은 얼마로 되는가?

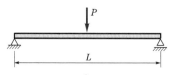

① 1cm ② 0.5cm

③ 0.25cm ④ 0.125cm

해설 단순보의 중앙에 집중하중이 작용하는 경우의 처짐

$\left(\delta_c = \dfrac{Pl^3}{48EI}\right)$은 탄성계수와 단면 2차 모멘트$\left(I = \dfrac{bh^3}{12}\right)$에 반비

례하므로 보의 춤을 2배로 크게 하면, **단면 2차 모멘트는 춤의 세제곱에 반비례한다.**

즉, 처짐은 1/8이 되므로 2cm × 1/8 = 0.25cm이다.

---

❻ 부정정 구조물의 해석

01 | 재단 모멘트 값
22②, 07②, 05②, 02①, 01①, 97④

그림과 같은 라멘에 있어서 A점의 모멘트는 얼마인가? (단, k는 강비이다.)

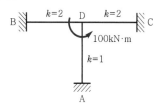

① 10kN · m ② 20kN · m

③ 30kN · m ④ 40kN · m

해설 ㉮ 강비의 합$(\Sigma k) = 2 + 2 + 1 = 5$

㉯ DA부재의 분배모멘트

$M' = \dfrac{k}{\Sigma k} M_D$

$= \dfrac{1}{5} \times 100 = 20 \, \text{kN} \cdot \text{m}$

㉰ 고정단 A의 도달률은 1/2이므로

도달모멘트$(M'') = $ 분배모멘트$(M') \times $ 도달률

∴ $M'' = \dfrac{1}{2} M' = \dfrac{1}{2} \times 20 = 10 \text{kN} \cdot \text{m}$

02 | 재단 모멘트 값
20③, 15②, 11①, 09④, 03①

그림과 같은 구조물에서 절점 B에 외력 $M = 200\text{kN} \cdot \text{m}$가 작용하는 경우 M_{AB}는?

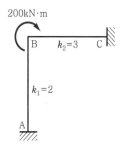

① 20kN · m ② 40kN · m

③ 60kN · m ④ 80kN · m

해설 ㉮ M'(분배모멘트)$= \mu$(분배율)M(모멘트)

그런데 $\mu = \dfrac{k(\text{강비})}{\Sigma k(\text{강비의 합})}$이므로 $M' = \mu M = \dfrac{k}{\Sigma k} M$

∴ $M' = \dfrac{2}{2+3} \times 200 = \dfrac{2}{5} \times 200 = 80\text{kN} \cdot \text{m}$

ⓐ M''(도달모멘트)=도달률×분배모멘트

그런데 도달률 1/2, 분배모멘트 80kN·m이므로

$$\therefore\ M'' = \frac{1}{2} \times 80 = 40\text{kN} \cdot \text{m}$$

03 재단 모멘트 값
16④, 12②

그림과 같은 구조에서 C단에 생기는 모멘트는?

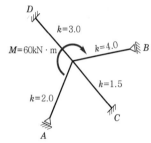

① 2.4kN · m   ② 5kN · m

③ 6.5kN · m   ④ 10kN · m

해설 분배모멘트를 구하면

$$M_{OC} = 60 \times \frac{1.5}{2 \times \frac{3}{4} + 4 \times \frac{3}{4} + 1.5 + 3} = 10\text{kN} \cdot \text{m}$$이고,

도달모멘트=도달률×분배모멘트=0.5×10=5kN·m이다.

04 휨모멘트 0인 경우 보 길이
06②, 04①

그림과 같은 현관 출입구에서 지붕에 등분포하중이 작용할 때, 기둥에 휨모멘트가 생기지 않게 하려면 L은 얼마인가?

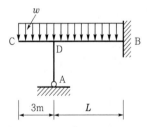

① 2.45m   ② 4.90m

③ 6.12m   ④ 7.35m

해설 D점의 휨모멘트를 같게 하기 위해서

ⓐ CD부분을 **캔틸레버로** 보고 풀이하면,

$$M_D = \frac{wl^2}{2} = \frac{w \times 3^2}{2} = 4.5w$$

ⓑ DB부분을 **양단 고정보로** 보고 풀이하면, $M_D = \frac{wl^2}{12}$

ⓐ, ⓑ에서 $4.5w = \frac{wl^2}{12}$

$$L^2 = 54$$

$$\therefore\ L = \sqrt{54} = 3\sqrt{6}\ \text{m} = 7.348\text{m}$$

05 모멘트의 절대값
19①, 14①, 13④, 10④

그림과 같은 연속보에 있어 절점 B의 회전을 저지시키기 위해 필요한 모멘트의 절대값은?

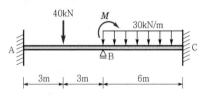

① 30kN · m   ② 60kN · m

③ 90kN · m   ④ 120kN · m

해설 ⓐ $M_{BA} = \frac{Pl}{8}$이다. 그런데, $P=40$kN, $l=6$m이므로

$$M_{BA} = \frac{Pl}{8} = \frac{40 \times 6}{8} = 30\text{kN} \cdot \text{m}$$

ⓑ $M_{BC} = -\frac{\omega l^2}{12}$이다. 그런데, $\omega = 30$kN·m, $l=6$m이므로

$$M_{BC} = -\frac{\omega l^2}{12} = -\frac{30 \times 6^2}{12} = -90\text{kN} \cdot \text{m}$$

$$\therefore\ M_B = M_{BA} + M_{BC} = 30\text{kN} \cdot \text{m} - 90\text{kN} \cdot \text{m} = -60\text{kN} \cdot \text{m}$$

06 휨모멘트 0인 경우 보 길이
17②, 01②, 97①

그림과 같은 구조에서 기둥재의 압축력만 생기게 하려면 A점에서 내민 부재길이 x의 값은?

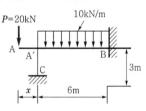

① 3m   ② 2m

③ 1.5m   ④ 1m

해설 A점의 휨모멘트를 없애기 위하여 A점의 좌측과 우측의 휨모멘트를 같게 한다.

ⓐ A'A **부분을 캔틸레버로** 보고 풀이하면

$$M_A' = 20x$$

ⓑ AB **부분을 양단 고정보로** 보고 풀이하면

$$M_A = \frac{wl^2}{12} = \frac{10 \times 6^2}{12} = 30\text{kN} \cdot \text{m}$$

ⓐ와 ⓑ의 휨모멘트는 같으므로

$20x = 30$ $\therefore\ x = 1.5$m

07 수평하중의 값
21②, 18①, 15②, 11②

그림과 같은 부정정 라멘의 B.M.D.에서 P값을 구하면?

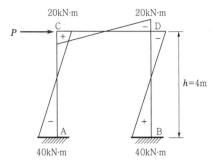

① 20kN
② 30kN
③ 50kN
④ 60kN

해설 수평하중값은 각 기둥의 전단력의 합계 또는 기둥 상부와 하부의 휨모멘트의 합을 기둥의 높이로 나눈 값과 동일하다. 즉,

$$P = -\frac{-20 - 20 - 40 - 40}{4} = 30kN$$

08 기둥의 전단력
01②, 00①, ②

그림과 같은 대칭 라멘의 휨모멘트도에서 기둥의 전단력으로 옳은 것은?

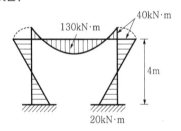

① 10kN
② 15kN
③ 20kN
④ 25kN

해설 $Q = -\dfrac{\sum M_{上} + \sum M_{下}}{h\,(층고)} = -\dfrac{-40 - 20}{4} = 15kN$

09 재단 모멘트 값
18④, 14④, 98②

그림과 같은 구조물에 있어 AB부재의 재단모멘트 M_{AB}에 가장 가까운 것은?

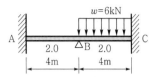

① 0.5kN · m
② 1.0kN · m
③ 1.5kN · m
④ 2.0kN · m

해설 그림과 같은 구조물의 풀이는 **처짐각법을 이용**한다.
변각법의 기본식을 AB, BC 두 부재에 사용하면,
$$M_{AB} = k_1(2\varphi_A + \varphi_B)$$
$$M_{BA} = k_1(\varphi_A + 2\varphi_B)$$
$$M_{BC} = k_2(2\varphi_B + \varphi_C) - C$$
$$M_{CB} = k_2(2\varphi_C + \varphi_B) + C$$
그런데 고정지점에서 처짐각이 0이므로
$$\varphi_A = 0, \quad \varphi_C = 0$$
또한 $k_1 = 2$, $k_2 = 2$이므로 식을 정리하면,
$$M_{AB} = 2\varphi_B, \quad M_{BA} = 2 \times 2\varphi_B = 4\varphi_B$$
$$M_{CB} = 2\varphi_B + C$$
$$M_{BC} = 2 \times 2\varphi_B = 4\varphi_B - C$$
그리고 B지점만이 회전하는 절점이므로 이 점에 대한 절점방정식은 $M_{BA} + M_{BC} = 0$이고
$$C = \frac{wl_2}{12} = \frac{6 \times 4^2}{12} = 8kN \cdot m$$
$$\therefore\ M_{BA} + M_{BC} = 4\varphi_B + 4\varphi_B - 8 = 0$$
$$\therefore\ \varphi_B = 1kN \cdot m$$
$\varphi_B = 1kN \cdot m$를 $M_{AB} = 2\varphi_B$에 대입하면
$$\therefore\ M_{AB} = 2kN \cdot m$$

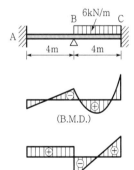

10 | 기둥의 전단력
18①, 14①, 10②

그림과 같은 부정정 라멘에서 CD기둥의 전단력값은?

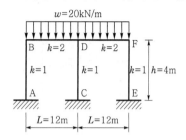

① 0 　　　　　　　② 10kN

③ 20kN 　　　　　④ 30kN

해설 $M_{DB} = \dfrac{wl^2}{12}$ 에서, $w=20\text{kN} \cdot \text{m}$, $l=12\text{m}$이므로

$\therefore\ M_{DB} = \dfrac{20 \times 12^2}{12} = 240\text{kN} \cdot \text{m}$

$M_{DF} = \dfrac{wl^2}{12}$ 에서 $w=20\text{kN} \cdot \text{m}$, $l=12\text{m}$이므로

$\therefore\ M_{DF} = \dfrac{20 \times 12^2}{12} = 240\text{kN} \cdot \text{m}$

$\therefore\ M_{DB}$ 와 M_{DF} 의 값은 동일하므로 CD기둥의 전단력은 0이다.

11 | 지지 모멘트와 수직반력
17②, 12①, 09②

그림과 같은 보에서 A점에 200kN · m의 모멘트가 작용하였을 때 B점이 지지하는 모멘트 및 수직반력은?

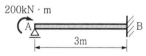

① $M_{BA} = 200\text{kN} \cdot \text{m}$, $V_B = 100\text{kN}$

② $M_{BA} = 200\text{kN} \cdot \text{m}$, $V_B = 50\text{kN}$

③ $M_{BA} = 100\text{kN} \cdot \text{m}$, $V_B = 100\text{kN}$

④ $M_{BA} = 100\text{kN} \cdot \text{m}$, $V_B = 50\text{kN}$

해설 문제의 보를 두 종류의 보로 나누어 생각하고, **변위일치법을 이용**($\delta_1 + \delta_2 = 0$)하며, $V_A(\downarrow)$, $V_B(\uparrow)$로 가정하면,

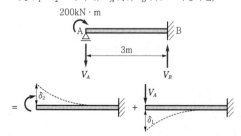

$\delta_1 = \dfrac{Pl^3}{3EI} = \dfrac{V_A \times 3^3}{3EI} = \dfrac{9V_A}{EI}$,

$\delta_2 = -\dfrac{Ml^2}{2EI} = -\dfrac{200 \times 3^2}{2EI} = -\dfrac{900}{EI}$

그런데, $\delta_1 + \delta_2 = 0$, $\dfrac{9V_A}{EI} - \dfrac{900}{EI} = 0$이므로 $9V_A = 900$,

$V_A = 100\text{kN}(\downarrow)$이고,

$\Sigma Y = 0$에 의해서 $-V_A + V_B = 0$, $-100 + V_B = 0$

$\therefore\ V_B = 100\text{kN}(\uparrow)$

$\Sigma M_B = 200 - V_A \times 3 + M_{BA} = 200 - 100 \times 3 + M_{BA} = 0$

$\therefore\ M_{BA} = 100\text{kN} \cdot \text{m}$

12 | 기둥의 좌굴길이
17①, 12②, 98③

그림과 같은 철골가구에서 $K_B / K_C = 0$일 때 기둥의 좌굴길이는? (단, 수평력에 의해 수평 변형이 생길 때)

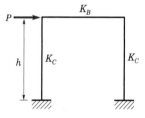

① $0.5h$ 　　　　　② $0.7h$

③ $1.0h$ 　　　　　④ $2.0h$

해설 ㉮ 라멘의 기둥 휨모멘트는 기둥의 강비가 무한대(∞)이면 기둥의 상 · 하단은 고정절점이므로 기둥의 하단에서 최대 휨모멘트가 발생한다.

㉯ 라멘의 기둥 휨모멘트는 기둥의 강비를 0에 접근시키면 기둥의 상단은 자유절점이므로 캔틸레버형(일단은 고정되고, 타단은 자유단의 형)의 기둥과 유사한 기둥이 된다. 즉, 일단 고정, 타단 자유의 기둥이 되므로 좌굴 길이는 $2h$가 된다.

13 | 휨모멘트 값
22②, 16①, 07②

그림과 같은 양단 고정보에서 B단의 휨모멘트 값은?

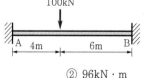

① 24kN · m 　　　　② 96kN · m

③ 144kN · m 　　　④ 248kN · m

해설 3련 모멘트의 정리를 쓰기 위하여 그림과 같이 가정하면,

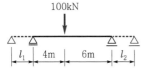

$M_A' = 0$, $M_B' = 0$, $l_1 = 0$, $l_2 = 0$이므로,

㉮ A′ – A – B 사이에서

$$2M_A l + M_B l + \frac{Pb(l^2 - b^2)}{l} = 0 \quad \cdots\cdots\cdots ①$$

㉯ A–B–B′ 사이에서

$$M_A l + 2M_B l + \frac{Pa(l^2 - a^2)}{l} = 0 \quad \cdots\cdots\cdots ②$$

식 ①, ②에서

㉠ $M_A = -\frac{Pab^2}{l^2} = -\frac{100 \times 4 \times 6^2}{10^2} = -144 \text{kN} \cdot \text{m}$

㉡ $M_B = -\frac{Pa^2 b}{l^2} = -\frac{100 \times 4^2 \times 6}{10^2} = -96 \text{kN} \cdot \text{m}$

14 | 부재의 길이
21①, 14②, 11①

그림과 같이 O점에 모멘트가 작용할 때 OB부재와 OC부재에 분배되는 모멘트를 같게 하려면 OC부재의 길이를 얼마로 해야 하는가?

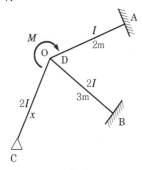

① 3/2m

② 3m

③ 2/3m

④ 9/4m

해설 강비$(k) = \dfrac{I(단면 2차 모멘트)}{l(부재의 길이)}$ 이고, OB부재의 강비 $= \dfrac{2I}{3}$,

OC부재의 강비 $= \dfrac{3}{4} \times \dfrac{2I}{x}$ 이다. 그런데, 분배모멘트가 같기 위

해서는 강비가 동일해야 하므로 $\dfrac{2I}{3} = \dfrac{6I}{4x}$ 이다.

$\therefore x = \dfrac{18I}{8I} = \dfrac{9}{4}$ m

15 | 재단 모멘트의 값
21②, 17②, 12①

그림과 같은 부정정 라멘에서 A점의 M_{AB}는?

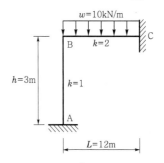

① 0kN · m

② 20kN · m

③ 40kN · m

④ 60kN · m

해설 지점 A의 도달모멘트를 구하기 위하여 우선 **분배모멘트를 구하면**,

$$M_{BA} = M_B \times \frac{1}{1+2}, \quad M_{BC} = M_B \times \frac{2}{1+2} \text{이고},$$

$$M_B = \frac{wl^2}{12} = \frac{10 \times 12^2}{12} = 120 \text{kN} \cdot \text{m이다}.$$

$$\therefore M_{BA} = M_B \times \frac{1}{1+2} = 120 \times \frac{1}{1+2} = 40 \text{kN} \cdot \text{m}$$

그런데, 양단이 고정이므로 도달계수는 1/2이다.

$$\therefore M_{AB} = M_{BA} \times 1/2 = 40 \times 1/2 = 20 \text{kN} \cdot \text{m}$$

16 | 수직변위 산정
15①, 11②, 09①

그림과 같은 정정 라멘에서 A점에 발생하는 수직변위를 옳게 나타낸 것은?

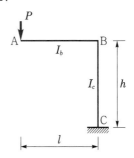

① $\dfrac{Pl^3}{3EI_b} + \dfrac{Pl^2 h}{EI_c}$

② $\dfrac{Pl^3}{3EI_b} + \dfrac{Ph^3}{EI_c}$

③ $\dfrac{Pl^2 h}{3EI_b} + \dfrac{Pl^2 h}{EI_c}$

④ $\dfrac{Pl^3}{3EI_b} + \dfrac{Ph^2 l}{EI_c}$

해설 ㉮ AB부재의 단면 2차 모멘트 : I_b, 휨모멘트 : $-Px$, 단위하중 작용 시 휨모멘트 : $-x$

㉯ BC부재의 단면 2차 모멘트 : I_c, 휨모멘트 : $-Pl$, 단위하중 작용 시 휨모멘트 : $-l$

$$\delta_y = \int_A^B \frac{M_0 M_1}{EI_b}dx + \int_B^C \frac{M_0 M_1}{EI_c}dy \text{에서}$$

$$\therefore \ \delta_y = \frac{1}{EI_b}\int_0^l M_0 M_1 dx + \frac{1}{EI_c}\int_0^h M_0 M_1 dy$$

$$= \frac{1}{EI_b}\int_0^l (-Px)(-x) + \frac{1}{EI_c}\int_0^h (-Pl)(-l)dy$$

$$= \frac{P}{EI_b}\left[\frac{x^3}{3}\right]_0^l + \frac{Pl^2}{EI_c}[y]_0^h = \frac{Pl^3}{3EI_b} + \frac{Pl^2 h}{EI_c}$$

17 | 연속보의 반력값
13②, 10①, 04②

2경간 연속보에서 반력 R_C의 크기는? (단, EI는 일정함)

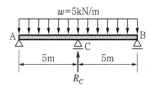

① 31.25kN ② 25kN

③ 18.75kN ④ 11.25kN

해설 ㉮ M_C의 계산

EI가 일정하고 지점의 침하가 없으므로 3련 모멘트를 적용하면,

$M_A = M_B = 0$이고 집중하중항도 0이다.

$$\therefore \ 2M_C(l_1 + l_2) + \frac{1}{4}(w_1 l_1^3 + w_2 l_2^3)$$

$$= 2M_C(5+5) + \frac{1}{4}(5 \times 5^3 + 5 \times 5^3) = 0$$

$$\therefore \ M_C = -15.625 \text{kN} \cdot \text{m}$$

㉯ 반력의 계산

구조와 하중이 대칭으로 작용하였으므로 $R_A = R_B$이고, $M_C = -15.625$kN·m의 C지점의 휨모멘트를 적용하여 R_A를 구한다.

$$R_A \times 5 - 5 \times 5 \times \frac{5}{2} = -15.625 \text{에서}$$

$$R_A \times 5 = 5 \times 5 \times \frac{5}{2} - 15.625 \text{이다.}$$

$$\therefore \ R_A = 9.375 \text{kN}(\uparrow)$$

그런데, $R_A = R_B = 9.375$kN($\uparrow$)이다.

여기서, 힘의 비김 조건 중 $\sum Y = 0$에 의해서

$9.375 + R_C + 9.375 - 2 \times 5 \times 5 = 0$이다.

$$\therefore \ R_C = 31.25 \text{kN}(\uparrow)$$

18 | 분배모멘트의 산정
10④, 08④, 97③

그림과 같은 구조물의 각 부재에 대한 분배모멘트 M_{OA}, M_{OB}, M_{OC}, M_{OD}를 옳게 구한 것은?

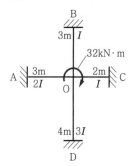

① $M_{OA} = 4.74$kN·m, $M_{OB} = 2.37$kN·m,
  $M_{OC} = 3.55$kN·m, $M_{OD} = 5.34$kN·m

② $M_{OA} = 4.74$kN·m, $M_{OB} = 2.37$kN·m,
  $M_{OC} = 3.91$kN·m, $M_{OD} = 4.98$kN·m

③ $M_{OA} = 9.48$kN·m, $M_{OB} = 4.74$kN·m,
  $M_{OC} = 7.11$kN·m, $M_{OD} = 10.67$kN·m

④ $M_{OA} = 9.48$kN·m, $M_{OB} = 4.74$kN·m,
  $M_{OC} = 7.82$kN·m, $M_{OD} = 9.96$kN·m

해설 분배모멘트를 구하기 위한 순서는 다음과 같다.

㉮ 강비를 구한다.

강비는 단면 2차 모멘트를 부재의 길이로 나누므로

즉, 강비 $= \dfrac{\text{단면 2차 모멘트}}{\text{부재의 길이}}$

AO부재 : BO부재 : CO부재 : DO부재

$$= \frac{2I}{3} : \frac{I}{3} : \frac{I}{2} : \frac{3I}{4} = 8 : 4 : 6 : 9$$

㉯ 분배모멘트를 구한다.

㉠ AO부재의 분배모멘트 :

$$\frac{k}{\Sigma k} = \frac{8}{8+4+6+9} \times 32 \text{kN} \cdot \text{m} = 9.48 \text{kN}$$

㉡ BO부재의 분배모멘트 :

$$\frac{k}{\Sigma k} = \frac{4}{8+4+6+9} \times 32 \text{kN} \cdot \text{m} = 4.74 \text{kN}$$

㉢ CO부재의 분배모멘트 :

$$\frac{k}{\Sigma k} = \frac{6}{8+4+6+9} \times 32 \text{kN} \cdot \text{m} = 7.11 \text{kN}$$

㉣ DO부재의 분배모멘트 :

$$\frac{k}{\Sigma k} = \frac{9}{8+4+6+9} \times 32 \text{kN} \cdot \text{m} = 10.67 \text{kN}$$

19 | 재단 모멘트의 값
19④, 11②

다음 그림에서 부정정보의 부재력 M_{AB}의 크기는?

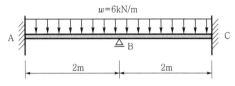

① $2\text{kN} \cdot \text{m}$　② $3\text{kN} \cdot \text{m}$

③ $4\text{kN} \cdot \text{m}$　④ $5\text{kN} \cdot \text{m}$

해설 양단 고정보의 단부 휨모멘트 $= \dfrac{wl^2}{12}$이고, M_{AB}는 AB부재의

A점의 휨모멘트이므로 AB부재를 분리하여 양단 고정보로 가정하면, 고정된 A점의 휨모멘트(M_A)는 다음과 같다.

$$M_A = M_{AB} = \dfrac{wl^2}{12} = \dfrac{6 \times 2^2}{12} = 2\text{kN} \cdot \text{m}$$

20 | 재단 모멘트의 값
19④, 96②

그림과 같은 구조에서 B단에 생기는 모멘트는? (단, K는 강비임)

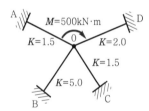

① $125\text{kN} \cdot \text{m}$　② $188 \text{kN} \cdot \text{m}$

③ $250\text{kN} \cdot \text{m}$　④ $300\text{kN} \cdot \text{m}$

해설 ㉮ $M'(분배모멘트) = \mu(분배율)M(모멘트)$

그런데 $\mu = \dfrac{K(강비)}{\Sigma K(강비의 합)}$이므로

$M' = \mu M = \dfrac{K}{\Sigma K}M$

$\therefore M' = \dfrac{5 \times 500}{1.5 + 5.0 + 1.5 + 2.0} = \dfrac{1}{2} \times 500 = 250\text{kN} \cdot \text{m}$

㉯ $M''(도달모멘트) = 도달률 \times 분배모멘트$

그런데 도달률 1/2, 분배모멘트 $250\text{kN} \cdot \text{m}$이므로

$\therefore M'' = \dfrac{1}{2} \times 250 = 125\text{kN} \cdot \text{m}$

21 | 수직반력값
18②, 14④

다음 부정정 구조물의 A단 수직반력은?

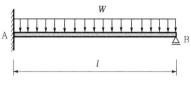

① $\dfrac{5wl}{8}$　② $\dfrac{3wl}{8}$

③ $\dfrac{wl}{2}$　④ $\dfrac{2wl}{3}$

해설 다음 그림을 참고로 하여 풀이하면, **처짐 일치법**에 의해서

$\dfrac{wl^4}{8EI} + \left(-\dfrac{R_B l^3}{3EI}\right) = 0$에 의해서 $R_B = \dfrac{3wl}{8}(\uparrow)$이다.

$\Sigma Y = 0$에 의해서 $-wl + R_A + R_B = 0$이다.

그런데, $R_B = \dfrac{3wl}{8}(\uparrow)$이므로 $-wl + R_A + \dfrac{3wl}{8} = 0$

$\therefore R_A = \dfrac{5wl}{8}(\uparrow)$

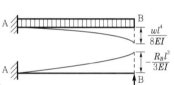

22 | 휨모멘트 0인 경우 작용하중
19②, 13④

그림과 같은 라멘의 AB재에 휨모멘트가 발생하지 않게 하려면 P는 얼마가 되어야 하는가?

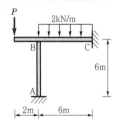

① 3kN

② 4kN

③ 5kN

④ 6kN

해설 AB재에 휨모멘트가 발생하지 않도록 하려면, 즉 **기둥에 휨모멘트가 발생하지 않으려면 양쪽 보**(캔틸레버보와 양단 고정보)**의 휨모멘트가 동일**하여야 한다.

$$P \times 2 = \dfrac{wl^2}{12} = \dfrac{2 \times 6^2}{12} = 6$$

$\therefore P = 3\text{kN}$

23 | 기둥 모멘트 0인 경우, 변곡점
15④, 11④

그림과 같은 강접골조에 수평력 $P=10kN$이 작용하고 기둥의 강비 $k=\infty$인 경우, 기둥의 모멘트가 0이 되는 변곡점의 위치 h_o는? (단, 괄호 안의 기호는 강비이다.)

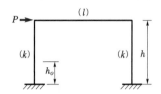

① $0.4h$

② $0.5h$

③ $(4/7)h$

④ h

해설 라멘의 기둥 휨모멘트

⑦ 기둥의 강비가 무한대(∞)이면 기둥의 상·하단은 고정절점이므로 기둥의 하단에서 최대 휨모멘트가 발생한다.

④ 기둥의 강비를 0에 접근시키면 기둥의 상단은 자유절점이므로 캔틸레버형(일단은 고정되고, 타단은 자유단의 형)의 기둥과 유사한 기둥이 된다. 즉 일단 고정 타단 자유의 기둥이 되므로 좌굴길이는 $2h$가 된다.

24 | 휨모멘트의 값
15①, 12④

그림과 같은 양단 고정보에서 A점의 휨모멘트는 얼마인가? (단, EI는 일정)

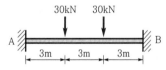

① $-40kN \cdot m$

② $-50kN \cdot m$

③ $-60kN \cdot m$

④ $-70kN \cdot m$

해설 양단 고정보에 집중하중이 작용하는 경우 좌측 고정 지점의 휨모멘트$(M_A)=-\dfrac{Pab^2}{l^2}$이다.

$$\therefore M_A = -\frac{Pab^2}{l^2} - \frac{P'a'b'^2}{l'^2}$$

$$= -\frac{30 \times 3 \times 6^2}{9^2} - \frac{30 \times 6 \times 3^2}{9^2} = -60kN \cdot m$$

25 | 휨모멘트의 값
15①

다음 부정정 구조물의 A단의 휨모멘트 값은?

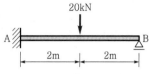

① $-15kN \cdot m$

② $-20kN \cdot m$

③ $-30kN \cdot m$

④ $-40kN \cdot m$

해설 $M_A = -\dfrac{3Pl}{16}$에서 $P=20kN$, $l=4m$이므로

$$\therefore M_A = -\frac{3Pl}{16} = -\frac{3 \times 20 \times 4}{16} = -15kN \cdot m$$

26 | 휨모멘트의 값
05①

양단 고정보의 단부 휨모멘트 값은?

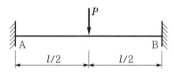

① $-\dfrac{3}{16}Pl$

② $-\dfrac{Pl}{12}$

③ $-\dfrac{Pl}{4}$

④ $-\dfrac{Pl}{8}$

해설 3련 모멘트의 정리를 쓰기 위하여 다음 그림과 같이 가정하면, $M_A'=0$, $M_B'=0$, $l_1=0$, $l_2=0$이므로

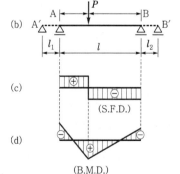

⑦ A'–A–B 사이에서

$$2M_A l + M_B l + \frac{Pb(l^2 - b^2)}{l} = 0 \quad \cdots\cdots\cdots\cdots ①$$

④ A–B–B′ 사이에서

$$M_A l + 2M_B l + \frac{Pa(l^2 - a^2)}{l} = 0 \quad \cdots\cdots\cdots\cdots\cdots ②$$

식 ①, ②에서 $M_A = -\dfrac{Pab^2}{l^2}$, $M_B = -\dfrac{Pa^2 b}{l^2}$

$M_A = -\dfrac{Pab^2}{l^2}$ 에서 $a = \dfrac{l}{2}$, $b = \dfrac{l}{2}$ 이다.

$$\therefore M_A = -\frac{P\frac{l}{2}\left(\frac{l}{2}\right)^2}{l^2} = -\frac{Pl}{8}$$

27 | 휨모멘트의 값
01①, 97①

그림과 같은 보의 양 지점 휨모멘트는?

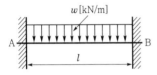

① $-\dfrac{wl^2}{2}$ ② $-\dfrac{wl^2}{16}$

③ $-\dfrac{wl^2}{12}$ ④ $-\dfrac{wl^2}{8}$

해설 ㉮ 반력

$$R_A = R_B = \frac{wl}{2}$$

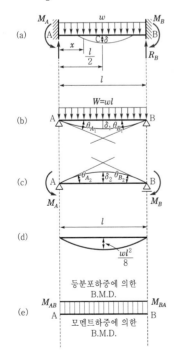

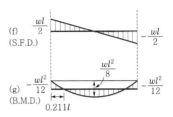

그림 (a)와 같은 고정보를 그림 (b) 및 (c)와 같이 단순보에 등분포하중 w와 두 지점에 그림 (a)의 고정단의 지지모멘트에 해당하는 모멘트 M_A, M_B가 각각 동시에 작용한 것으로 생각하면, 그림 (b)에 있어서 지점 A의 처짐각 θ_{A1}은 모어의 정리에서 $\theta_{A1} = \dfrac{wl^3}{24EI}$ 이 된다.

또, 그림 (c)에 있어서 지점 A의 처짐각 θ_{A2}는 모어의 정리에서 $\theta_{A2} = -\dfrac{M_A l}{2EI}$ 이 된다. 그리고 양 끝이 고정이므로 처짐은 0으로 되어 $\theta_{A1} + \theta_{A2} = 0$ 이다.

따라서 다음과 같다.

$$\frac{wl^3}{24EI} - \frac{M_A l}{2EI} = 0$$

$$\therefore M_A = \frac{wl^2}{12} = M_B$$

㉯ **전단력** : 점 A에서 임의의 거리 x만큼 떨어진 단면 X의 전단력을 S_X라 하고 단면의 왼쪽을 생각하면,

$$S_X = R_A - ux = \frac{wl}{2} - ux$$

$$S_A = S_{x=0} = \frac{wl}{2}$$

$$S_B = S_{x=l} = -\frac{wl}{2}$$

이다. 따라서, 전단력도 그림 (f)와 같이 된다.

㉰ **휨모멘트** : 점 A에서 임의의 거리 x만큼 떨어진 단면 X의 휨모멘트를 M_X라 하고, 단면의 왼쪽을 생각하면,

$$M_X = R_A x - \frac{ux^2}{2} - \frac{wl^2}{12} = \frac{wl}{2}x - \frac{ux^2}{2} - \frac{wl^2}{12}$$

$$M_A = M_{x=0} = -\frac{wl^2}{12}$$

$$M_B = M_{x=l} = -\frac{wl^2}{12} \ 이다.$$

따라서, 휨모멘트도는 그림 (g)와 같이 된다.

그림에서 C점의 설계용 휨모멘트는?

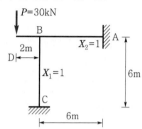

① 0kN · m
② 10kN · m
③ 15kN · m
④ 30kN · m

해설 ㉮ B절점의 절점모멘트 : $M_B = 30 \times 2 = 60$kN · m

㉯ 분배모멘트 : 절점모멘트 $\times \dfrac{k}{\Sigma k}$

∴ BC부재의 분배모멘트 $= 60$kN · m $\times \dfrac{1}{1+1} = 30$kN · m

㉰ 도달모멘트는 양단이 고정인 경우 도달계수는 0.5이므로,
30kN · m $\times 0.5 = 15$kN · m

그림과 같은 부정정보에서 B점의 휨모멘트 M_B의 값은?

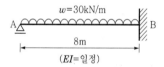

① −30kN · m
② −120kN · m
③ −180kN · m
④ −240kN · m

해설 ㉮ 반력(그림 참고)

㉠ 그림 (a)가 그림 (b)와 같이 A지점이 없는 캔틸레버일 때 A점에 대한 처짐($\delta_A{}'$)

$$\delta_A{}' = \frac{wl^4}{8EI}$$

㉡ 그림 (c)와 같이 하중 R_A에 의하여 A점의 처짐($\delta_A{}''$)

$$\delta_A{}'' = \frac{R_A l^3}{3EI}$$

㉠, ㉡에서 "모든 지점은 하중을 받은 뒤에도 같은 수평선에 있다. 즉, 지점에서의 처짐은 0이다."라는 가정에서
㉠=㉡ ∴ $\delta_A{}' = \delta_A{}''$이므로,

$$\frac{wl^4}{8EI} = \frac{R_A l^3}{3EI}$$

$$\therefore R_A = \frac{3}{8}wl$$

또, $\Sigma Y = 0$에 의해서

$R_A - wl + R_B = 0$, 그런데 $R_A = \dfrac{3}{8}wl$이므로

$$\frac{3}{8}wl - wl + R_B = 0$$

$$\therefore R_B = \frac{5}{8}wl$$

㉯ 휨모멘트

$$M_X = R_A x - \frac{wx^2}{2} = \frac{3wl}{8}x - \frac{w}{2}x^2$$

$$M_B = \frac{3wl^2}{8} - \frac{wl^2}{2} = -\frac{wl^2}{8}$$

그런데 $w = 30$kN/m, $l = 8$m이므로,

$$\therefore M_B = -\frac{wl^2}{8} = -\frac{30 \times 8^2}{8} = -240\text{kN} \cdot \text{m}$$

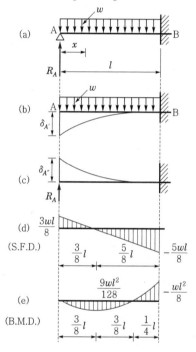

30 | 등분포하중의 값
20③

다음 그림과 같은 구조물에서 기둥에 발생하는 휨모멘트가 0이 되려면 등분포하중 w는?

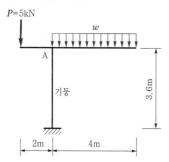

① 2.5kN/m ② 0.8kN/m
③ 1.25kN/m ④ 1.75kN/m

해설 A점의 휨모멘트를 없애기 위하여 A점의 좌측과 우측의 휨모멘트를 같게 한다.

㉮ A′A 부분을 **캔틸레버보**로 보고 풀이하면
$$M_A' = -5 \times 2 = -10\text{kN} \cdot \text{m}$$

㉯ AB 부분을 **양단 고정보**로 보고 풀이하면
$$M_A = -\frac{wl^2}{2} = -\frac{4^2 w}{2} = -8w\text{kN} \cdot \text{m}$$

그런데 ㉮와 ㉯의 휨모멘트는 같아야 하므로
$$-10 = -8w$$
$$\therefore w = \frac{10}{8} = 1.25\text{kN/m}$$

31 | 도달모멘트의 값
18④

다음 부정정 구조물에서 A단에 도달하는 모멘트의 크기는 얼마인가?

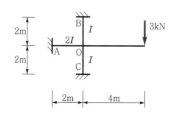

① 1.5kN · m ② 2.0kN · m
③ 2.5kN · m ④ 3.0kN · m

해설 O점의 모멘트는 $3 \times 4 = 12\text{kN} \cdot \text{m}$이고,

OA부재의 분배모멘트 $= \frac{2}{1+2+1} \times 12 = 6\text{kN} \cdot \text{m}$이다.

$\therefore M_{OA}$(도달모멘트) = 도달률 × 분배모멘트
$$= 0.5 \times 6 = 3\text{kN} \cdot \text{m}$$

32 | 도달모멘트의 값
18②

다음 그림과 같은 구조물에서 B단에 발생하는 휨모멘트 값으로 옳은 것은?

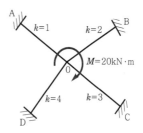

① 2kN · m ② 3kN · m
③ 4kN · m ④ 6kN · m

해설 재단모멘트의 산정

㉮ M'(분배모멘트) $= \mu$(분배율)M(모멘트)에서
$$\mu = \frac{K(\text{강비})}{\sum K(\text{강비의 합})} \text{이므로}$$
$$\therefore M' = \mu M = \frac{K}{\sum K} M = \frac{2}{1+2+3+4} \times 20 = 4\text{kN} \cdot \text{m}$$

㉯ M''(도달모멘트) = 도달률 × 분배모멘트에서 도달률=1/2, 분배모멘트=4kN · m이므로
$$\therefore M'' = \frac{1}{2} \times 4 = 2\text{kN} \cdot \text{m}$$

33 | 도달모멘트의 값
17③

그림에서 B점에 도달되는 모멘트는 얼마인가?

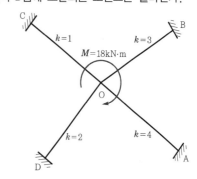

① 2.7kN · m ② 3.0kN · m
③ 5.4kN · m ④ 6.0kN · m

해설 OB부재의 **분배모멘트** = 절점 모멘트 × $\dfrac{\text{부재의 해당 강비}}{\text{강비의 합계}}$

그러므로, OB부재의 분배모멘트 $= 18 \times \dfrac{3}{1+2+3+4} = 5.4\text{kNm}$

이고, 고정단이므로 도달모멘트는 0.5이므로 $0.5 \times 5.4 = 2.7\text{kNm}$

34 | 수평하중의 값
16②

다음 그림과 같은 휨모멘트도를 통해 구조물에 작용하는 수평하중 P를 구하면?

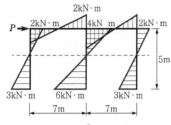

① 2kN

② 3kN

③ 4kN

④ 6kN

해설 수평하중값은 각 기둥의 전단력의 합계 또는 기둥의 상·하부의 휨모멘트의 합을 기둥의 높이로 나눈 값과 동일하다.

$$\therefore P(수평하중) = -\frac{기둥의\ 상\cdot하부\ 휨모멘트의\ 합}{기둥의\ 높이}$$

$$= -\frac{-2-3-4-6-2-3}{5} = 4\text{kN}$$

❶ 철근콘크리트구조의 일반사항

01 | 피복두께
16④, 13①,④, 10①, 09④, 08②, 06②, 00③, 99④

강도설계법에서 흙에 접하는 기둥의 최소 피복두께 기준으로 옳은 것은? (단, 현장치기 콘크리트로서 D25인 철근임)

① 20mm
② 30mm
③ 40mm
④ 50mm

해설 현장치기 콘크리트의 피복두께

(단위 : mm)

구 분	수중에서 치는 콘크리트	흙에 접하여 콘크리트를 친 후 영구히 흙에 묻히는 콘크리트	흙에 접하거나 옥외 공기에 직접 노출되는 콘크리트		옥외의 공기나 흙에 접하지 않는 콘크리트			
			D19 이상	D16 이하, 16mm 이하 철선	슬래브, 벽체, 장선구조		보, 기둥	셸, 절판 부재
					D35 초과	D35 이하		
피복두께	100	75	50	40	40	20	40	20

* 보, 기둥에 있어서 40MPa 이상인 경우에는 규정된 값에서 10mm 저감시킬 수 있다.

02 | 사인장 균열 방지대책
03①, 98①

철근콘크리트보에서 하중 때문에 그림과 같은 균열이 생겼다. 이 균열이 생기지 않게 하기 위해서 취해야 할 적당한 방법은?

① 인장철근을 증가시킨다.
② 압축철근을 증가시킨다.
③ 스터럽(stirrup)을 증가시킨다.
④ 인장및 압축철근의 부착력을 증가시킨다.

해설 경사 방향의 균열(사인장 균열)이 생기지 않게 하기 위해서 취해야 할 가장 적당한 방법은 스터럽(stirrup)을 증가시킨다.

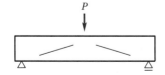

03 | 이형철근의 사용 목적
04④

다음 중 철근콘크리트구조에서 원형철근을 대신하여 이형철근을 사용하는 가장 주된 목적은?

① 압축응력을 크게 하기 위하여
② 전단응력을 크게 하기 위하여
③ 인장응력을 크게 하기 위하여
④ 부착응력을 크게 하기 위하여

해설 철근콘크리트구조에 있어서 원형철근보다 이형철근을 많이 사용하는 이유는 **이형철근에는 마디와 리브가 있어 부착응력이 크기 때문이다.**

04 | 신축줄눈의 위치
04①

철근콘크리트 건물에 있어서 신축줄눈(expansion joint)을 설치해야 하는 위치로 부적당한 것은?

① 기존 건물과 증축 건물과의 접합부
② 저층의 긴 건물과 고층 건물과의 접속부
③ 길이 30m를 넘는 긴 건물
④ 두 고층 사이에 있는 긴 저층 건물

해설 길이 50~60m를 넘는 긴 건물은 신축줄눈을 설치하여야 한다.

05 | 철근콘크리트구조의 기술
08①, 05④, 97③

철근콘크리트구조에 관한 기술 중 틀린 것은?

① 철근과 콘크리트의 선팽창계수는 거의 같다.
② 철근과 콘크리트의 응력전달은 철근 표면의 부착력에 의한다.
③ 철근과 콘크리트의 응력분담은 각각의 단면적비에 의한다.
④ 균형철근비 이상의 인장철근을 갖는 보는 콘크리트가 먼저 허용 응력도에 달한다.

해설 철근과 콘크리트의 **응력분담**은 각각의 **탄성계수비**에 의한다.

06 | 철근콘크리트 보강철근의 기술
19④, 14④

철근콘크리트의 보강철근에 관한 설명으로 옳지 않은 것은?

① 보강철근으로 보강하지 않은 콘크리트는 연성거동을 한다.
② 보강철근은 콘크리트의 크리프를 감소시키고 균열의 폭을 최소화시킨다.
③ 이형철근은 원형강봉의 표면에 돌기를 만들어 철근과 콘크리트의 부착력을 최대가 되도록 한 것이다.
④ 보강철근을 콘크리트 속에 매립함으로써 콘크리트의 휨강도를 증대시킨다.

해설 콘크리트는 취성재료이므로 보강철근으로 보강하지 않은 경우 **취성거동**을 한다.

07 | 철근 배근에 관한 기술
09②, 04②

철근콘크리트구조의 철근 배근에 있어서 잘못된 것은?

① 단순보의 늑근은 중앙부보다 단부에 더 많이 넣는다.
② 연속보의 주근은 단부에서는 상부에 많이 넣는다.
③ 슬래브의 철근은 장변 방향보다 단변 방향에 더 많이 넣는다.
④ 기둥의 띠철근은 상·하단부보다 중앙부에 더 많이 넣는다.

해설 띠철근의 직경은 6mm 이상의 것을 사용하고, 그 간격은 주근 직경의 16배 이하, 띠철근 직경의 48배 이하, 기둥의 최소 치수 이하, 30cm 이하 중의 최소값으로 한다(단, **띠철근은 기둥 상·하단으로부터 기둥의 최대 너비에 해당하는 부분에서는 앞에서 설명한 값의 1/2로 한다.**)

08 | 콘크리트 압축력의 산정
09②, 06①

철근콘크리트의 단근보를 강도설계법으로 설계 시 콘크리트가 받는 압축력으로 옳은 것은? (단, $f_{ck} = 27$MPa, 보의 폭 300mm, 응력블록의 깊이 $a = 120$mm)

① 750kN
② 782kN
③ 826kN
④ 850kN

해설 C(콘크리트의 압축력)$= 0.85\eta f_{ck}$(콘크리트의 압축응력도)b_w(보의 폭)a(응력블록의 깊이)이다.
즉, $C = 0.85\eta f_{ck}b_w a$에서, $\eta = 1$, $f_{ck} = 27$MPa, $b_w = 300$mm, $a = 120$mm이다.
∴ $C = 0.85\eta f_{ck}b_w a = 0.85 \times 1 \times 27 \times 300 \times 120 = 826,000$N
$= 826$kN

09 | 피복두께에 관한 기술
05①, 03②

철근콘크리트조에서 철근의 피복두께에 관한 기술 중 틀린 것은?

① 철근의 피복두께는 주근의 표면부터 콘크리트의 표면까지의 최단거리를 말한다.
② 현장치기 콘크리트 중 흙에 접하거나 옥외의 공기에 직접 노출되는 콘크리트에 사용되는 D19 이상 철근의 최소 피복두께는 50mm 이상이다.
③ 내화를 필요로 하는 구조물의 피복두께는 화열의 온도, 지속 시간, 사용 골재의 성질 등을 고려하여 정하여야 한다.
④ 다발철근의 피복두께는 다발의 등가 지름 이상으로 하여야 한다.

해설 철근의 피복두께는 보의 경우에는 늑근, 기둥의 경우에는 대근 표면과 이것을 덮고 있는 **콘크리트 표면까지의 최단거리**이다.

10 | 등가 단면적의 산정
97④

그림과 같은 주근 4개를 갖는 철근콘크리트 기둥의 등가 단면적으로 맞는 것은? (단, $a = \sqrt{1,000}$ cm, 철근 한 개의 단면적은 1cm², 탄성계수비는 10으로 가정한다.)

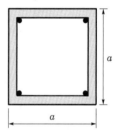

① 1,000cm²
② 1,010cm²
③ 1,036cm²
④ 1,040cm²

해설 유효 등가 단면적
A_e(콘크리트의 등가 단면적)
$= A_c$(콘크리트의 유효 단면적) $+ n$(탄성계수)A_{st}(철근의 전단면적)
$= A_g$(콘크리트의 전단면적) $+ (n-1)A_{st}$(철근의 전단면적)
$= \{1 + (n-1)P_g\}A_g \left(\because P_g = \dfrac{A_{st}}{A_g}\right)$
$A_e = A_g(n-1)A_{st}$에서 $A_g = \sqrt{1,000} \times \sqrt{1,000} = 1,000$cm²,
$n = 10$, $A_{st} = 4$cm²이므로
∴ $A_e = A_g + (n-1)A_{st} = 1,000 + (10-1) \times 4 = 1,036$cm²

11 | 아스팔트 8층 방수공사
02④, 00①

아스팔트 8층 방수공사에서 제3층에 사용되는 것은?

① 블론 아스팔트
② 스트레이트 아스팔트
③ 아스팔트 콤파운드
④ 아스팔트 펠트

해설 아스팔트 방수층은 제1층(아스팔트 프라이머), 제2층(아스팔트 콤파운드), **제3층(아스팔트 펠트)**, 제4층(아스팔트 콤파운드), 제5층(특수 아스팔트 루핑), 제6층(아스팔트 콤파운드), 제7층(특수 아스팔트 루핑), 제8층(아스팔트 콤파운드)의 순으로 형성된다.

12 | 철근콘크리트구조의 기술
00①, 97④

철근콘크리트구조에 관한 다음 사항 중 옳지 않은 것은?

① 원형 기둥의 주근은 4개 이상이어야 한다.
② 스터럽(stirrup)은 보의 단부 부분에 보의 중앙 부분보다 더 많이 넣는다.
③ 플랫 슬래브(flat slab) 구조는 층고를 줄일 수 있다.
④ 기둥과 보의 주근은 D13 이상으로 한다.

해설 기둥 철근 배근 시 주근은 D13(ϕ12) 이상의 것을 장방형의 기둥에서는 4개 이상, **원형 기둥에서는 6개 이상을 사용**한다.

13 | 주근의 종류
99③, 97②

철근콘크리트조에서 주근이라 하기에 적당하지 않은 것은?

① 양단 고정보에서 단부의 상단근
② 캔틸레버의 상단근
③ 압축력을 받는 부재의 압축 방향 철근
④ 4변 고정 슬래브에서 장변 방향의 단부의 상단근

해설 4변 고정 슬래브에서 **단변 방향의 철근이 주근이고, 장변 방향의 철근은 배력근**이다.

14 | 말뚝재료별 구조세칙
20①,②

건축물의 기초구조 설계 시 말뚝재료별 구조세칙으로 옳지 않은 것은?

① 나무말뚝을 타설할 때 그 중심간격은 말뚝머리지름의 2.5배 이상, 또한 600mm 이상으로 한다.
② 기성콘크리트말뚝을 타설할 때 그 중심간격은 말뚝머리지름의 2.5배 이상, 또한 1,100mm 이상으로 한다.

③ 강재말뚝을 타설할 때 그 중심간격은 말뚝머리의 지름 또는 폭의 2.0배 이상(다만, 폐단강관말뚝에 있어서 2.5배), 또한 750mm 이상으로 한다.
④ 현장타설 콘크리트말뚝을 배치할 때 그 중심간격은 말뚝머리지름의 2.0배 이상, 또한 말뚝머리지름에 1,000mm를 더한 값 이상으로 한다.

해설 말뚝재료별 구조세칙

종류	나무	기성 콘크리트	현장타설 (제자리) 콘크리트	강재
간격	말뚝직경의 2.5배 이상		말뚝직경의 2배 이상 (폐단강관말뚝 : 2.5배)	
	600mm 이상	750mm이상	직경+1m 이상	750mm 이상

15 | 콘크리트의 탄성계수
17③

콘크리트 압축강도가 30MPa일 때 보통골재를 사용한 콘크리트의 탄성계수는?

① 2.62×10^4MPa
② 2.75×10^4MPa
③ 2.95×10^4MPa
④ 3.12×10^4MPa

해설 E_c(콘크리트의 탄성계수) $= 8,500\sqrt[3]{f_{cm}}$ 이다.
$f_{cm} = f_{ck} + \Delta f$($f_{ck}$가 40MPa 이하면 4MPa, 60MPa 이상이면 6MPa이고, 그 사이는 직선보간한다)
$\therefore E_c = 8,500\sqrt[3]{f_{cu}} = 8,500\sqrt[3]{f_{ck} + \Delta f} = 8,500\sqrt[3]{30 + 4}$
$= 27,536.7 = 2.75 \times 10^4$MPa

16 | 사인장균열에 관한 기술
20③

철근콘크리트보의 사인장균열에 관한 설명으로 옳지 않은 것은?

① 전단력 및 비틀림에 의하여 발생한다.
② 보의 축과 약 45°의 각도를 이룬다.
③ 주인장응력도의 방향과 사인장균열의 방향은 일치한다.
④ 보의 단부에 주로 발생한다.

해설 **사인장균열**이란 **사인장응력**(휨과 전단력이 동시에 작용하는 보에서 휨응력과 전단응력의 조합에 의해 발생하는 주응력 중에서 인장응력)에 의해 생기는 **균열**로서 **주인장응력의 방향과 사인장균열의 방향은 수직으로 교차**한다.

❷ 철근콘크리트구조 설계

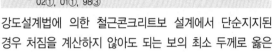
01 보의 최소 두께
19②, 18①, 15①, 13④, 10②, 09②, 06④,
02①, 01①, 98③

강도설계법에 의한 철근콘크리트보 설계에서 단순지지된 경우 처짐을 계산하지 않아도 되는 보의 최소 두께로 옳은 것은? [단, 보통 콘크리트($m_c = 2,300\,\text{kgf/m}^3$)와 설계기준 항복강도가 400MPa인 철근을 사용]

① $l/16$ ② $l/20$
③ $l/24$ ④ $l/28$

해설 처짐을 계산하지 않는 경우 보의 최소 두께

부재	최소 두께(h)			
	단순지지	1단 연속	양단 연속	캔틸레버
보	$l/16$	$l/18.5$	$l/21$	$l/8$

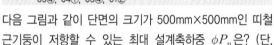
02 최대 설계축하중
19①, 14①,④, 13②, 09①, 07②, 06④,
05④, 04①, 03④, 01②

다음 그림과 같이 단면의 크기가 500mm×500mm인 띠철근기둥이 저항할 수 있는 최대 설계축하중 ϕP_n은? (단, $f_y = 400\text{MPa}$, $f_{ck} = 27\text{MPa}$)

① 3,591kN
② 3,972kN
③ 4,170kN
④ 4,275kN

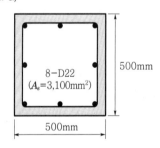

8-D22
($A_s = 3,100\text{mm}^2$)
500mm
500mm

해설 극한강도설계법에 의한 압축재의 설계축하중(ϕP_n)은 다음 값보다 크게 할 수 없다.
㉮ 나선기둥과 합성기둥
$$\phi P_{n(\text{max})} = 0.85\phi \left\{ 0.85 f_{ck}(A_g - A_{st}) + f_y A_{st} \right\}$$
㉯ 띠기둥
$$\phi P_{n(\text{max})} = 0.80\phi \left\{ 0.85 f_{ck}(A_g - A_{st}) + f_y A_{st} \right\}$$
㉯의 해설에 의하여
$\phi P_{n(\text{max})} = 0.80\phi \left\{ 0.85 f_{ck}(A_g - A_{st}) + f_y A_{st} \right\}$이다.
그런데 $\phi = 0.65$, $f_{ck} = 27\text{MPa}$, $A_g = 500 \times 500 = 250,000\text{mm}^2$,
$A_{st} = 3,100\text{mm}^2$, $f_y = 400\text{MPa}$이다.
$$\therefore \phi P_{n(\text{max})} = 0.80\phi \left\{ 0.85 f_{ck}(A_g - A_{st}) + f_y A_{st} \right\}$$
$$= 0.80 \times 0.65 \times [0.85 \times 27 \times (250,000 - 3,100)$$
$$+ 400 \times 3,100] = 3,591,304.6\text{N}$$
$$= 3,591.3\text{kN}$$

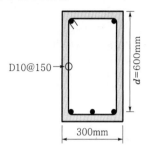
03 설계전단강도
20①,②, 15①, 14②, 11①, 08①, 07②,
05④, 98②

강도설계법에 의한 철근콘크리트보에서 콘크리트만의 설계전단강도는 얼마인가? (단, $f_{ck} = 24\text{MPa}$, $\lambda = 1$, $\phi = 0.75$)

D10@150

$d = 600\text{mm}$

300mm

① 31.5kN
② 75.8kN
③ 110.2kN
④ 145.6kN

해설 $V_C = \frac{1}{6} \lambda \sqrt{f_{ck}}$ **(허용 압축응력도)** b_w **(보의 폭)** d **(보의 유효 춤)**
에서, 즉 $V_C = \frac{1}{6} \lambda \sqrt{f_{ck}}\, b_w\, d$에서
$f_{ck} = 24\text{MPa}$, $b_w = 300\text{mm}$, $d = 600\text{mm}$이다. 그러므로,
$$V_C = \frac{1}{6} \lambda \sqrt{f_{ck}}\, b_w\, d = \frac{1}{6} \times 1 \times \sqrt{24} \times 300 \times 600$$
$= 146,969.3846\text{N} = 146.969\text{kN}$이다.
여기서, 강도저감계수는 0.75이고 설계전단강도=강도저감계수×공칭전단강도이다.
$$\therefore \text{설계전단강도} = 0.75 \times 146.969$$
$$= 110.227\text{kN}$$

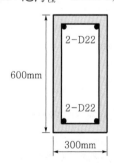
04 균열모멘트
21②, 20④, 17①,④ 15②, 14①, 11④, 00③

그림과 같은 철근콘크리트보의 균열모멘트(M_{cr})값은? (단, 보통 중량 콘크리트 사용, $f_{ck} = 24\text{MPa}$, $f_y = 400\text{MPa}$)

2-D22
600mm
2-D22
300mm

① 21.5kN · m
② 33.6kN · m
③ 42.8kN · m
④ 55.6kN · m

해설 M_{cr}(균열모멘트)$=\dfrac{f_r I_g}{y_t}=\dfrac{0.63\lambda\sqrt{f_{ck}}\,I_g}{y_t}$ 에서, $\lambda=1$,

$$I_g=\dfrac{bh^3}{12}=\dfrac{300\times600^3}{12}=5,400,000,000\,\text{mm}^3,$$

$y_t=300\text{mm}$이므로

$$\therefore\ M_{cr}=\dfrac{f_r I_g}{y_t}=\dfrac{0.63\lambda\sqrt{f_{ck}}\,I_g}{y_t}$$
$$=\dfrac{0.63\times1\times\sqrt{24}\times5,400,000,000}{300}$$
$$=55,554,427.36=55.554\,\text{kN}\cdot\text{m}$$

05 | 균열모멘트
19②, 14②④, 13④, 12①, 11①

폭 $b=250\text{mm}$, 높이 $h=500\text{mm}$인 직사각형 콘크리트보부재의 균열모멘트 M_{cr}은? (단, 경량콘크리트계수 $\lambda=1$, $f_{ck}=24\text{MPa}$)

① $8.3\text{kN}\cdot\text{m}$ ② $16.4\text{kN}\cdot\text{m}$
③ $24.5\text{kN}\cdot\text{m}$ ④ $32.2\text{kN}\cdot\text{m}$

해설 M_{cr}(균열모멘트)$=\dfrac{f_r I_g}{y_t}=\dfrac{0.63\sqrt{f_{ck}}\,I_g}{y_t}$
$$=\dfrac{0.63\times1\times\sqrt{24}\times\dfrac{250\times500^3}{12}}{250}$$
$$=32,149,552.87\,\text{N}\cdot\text{mm}$$
$$=32.15\,\text{kN}\cdot\text{m}$$

06 | 띠철근의 수직 간격
15④, 14②, 08②, 07①, 06②, 98①

다음 조건과 같은 압축 부재에서 사용되는 띠철근의 수직 간격은 얼마 이하이어야 하는가?

• 기둥 단면 : 600mm×500mm
• 주철근 D25, 띠철근 D10

① 400mm   ② 450mm
③ 480mm   ④ 500mm

해설 **띠철근의 수직 간격**은 다음 값의 **최소값**으로 한다.
  ㉮ **주철근 직경의 16배 이하** : $25\text{mm}\times16=400\text{mm}$ 이하
  ㉯ **띠철근 직경의 48배 이하** : $10\times48=480\text{mm}$ 이하
  ㉰ **기둥 단면의 최소 치수 이하** : 500mm 이하
  그러므로, ㉮, ㉯, ㉰의 최소값은 400mm 이하이다.

07 | 극한 변형률
12①, 08④, 05①, 00③

강도설계법에서 휨 또는 휨과 축하중을 동시에 받는 부재의 콘크리트 압축연단에서 극한 변형률은 얼마로 가정하는가? (단, $f_{ck}=32\text{MPa}$)

① 0.0023   ② 0.0033
③ 0.0053   ④ 0.0073

해설 극한강도 설계의 가정에 있어서 재료의 항복점 부분의 응력과 변형을 대상으로 하는 소성이론에 의한 설계방법으로 실하중에 하중률을 곱한 하중을 작용시켰을 때 그 부재는 파괴되지 않는다. 하중을 제거했을 때 원형으로 복귀하는가의 여부로 부재의 강도를 결정하는 방법으로 **극한강도** 상태에서 **압축측 연단의 최대 변형률**은 다음 표와 같다.

f_{ck}(MPa)	≦40	50	60	70	80	90
ϵ_{cu}	0.0033	0.0032	0.0031	0.0030	0.0029	0.0028

08 | 균형철근비
06①, 05④, 04①, 03①, 02①, 00②

강도설계법에서 단철근 직사각형 보의 단면이 $b=300\text{mm}$, $h=550\text{mm}$일 때 균형철근비는? (단, $f_{ck}=21\text{MPa}$, $f_y=400\text{MPa}$이다.)

① 0.0124   ② 0.0222
③ 0.0332   ④ 0.0435

해설 ρ_b(균형철근비)
$$=0.85\beta_1\dfrac{f_{ck}(\text{콘크리트 허용 압축응력도})}{f_y(\text{철근의 항복강도})}$$
$$\dfrac{660}{660+f_y(\text{철근의 항복강도})}$$
여기서, 계수 β_1의 값은 $f_{ck}\leq40\text{MPa}$의 콘크리트는 0.8
즉, $\rho_b=0.85\beta_1\dfrac{f_{ck}}{f_y}\dfrac{660}{660+f_y}$ 에서, $\beta_1=0.8$, $f_{ck}=21\text{MPa}$,
$f_y=400\text{MPa}$이므로,
$$\rho_b(\text{균형철근비})=0.85\times0.8\times\dfrac{21}{400}\times\dfrac{660}{660+400}$$
$$=0.0222283$$

09 | 기둥의 구조 제한
04④, 01②,④, 00①, 97②

철근콘크리트 기둥의 구조 제한 중 가장 적당한 것은?

① 기둥의 단면 최소 치수는 20cm 이상이고, 최소 단면적은 400cm^2 이상이어야 한다.
② 기둥의 주근 개수는 장방형일 때 최소 4개, 원형일 때 8개 이상이어야 한다.
③ 철근의 피복두께는 40mm 이상이어야 한다.
④ 주철근의 간격은 40mm 이상, 철근 직경의 1.0배 이상, 굵은 골재 최대 치수의 4/3배 이상이다.

해설 기둥의 단면 최소 치수는 20cm 이상이고, **최소 단면적은 600cm^2 이상**이어야 하며, 띠철근 기둥(직사각형, 원형 단면)의 주근 개수는 4개 이상, **나선철근 기둥의 주근 개수는 6개 이상**이다. 또한, 철근의 피복두께는 40mm 이상이어야 하고, 주철근의 간격은 40mm 이상, **철근 직경의 1.5배 이상**, 굵은 골재 최대 치수의 4/3배 이상이다.

10 | 단주의 허용 축하중
00②, 99③, 97①,④

그림과 같은 단주의 허용 축하중은? (단, 콘크리트의 설계기준강도 f_{ck} = 18MPa, 철근의 항복강도 f_y = 240MPa, 8–D16의 단면적 A_{st} = 1,592mm^{2}이다.)

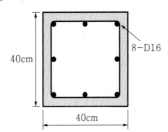

① 900kN
② 1,000kN
③ 1,100kN
④ 1,200kN

해설 허용 축하중(N_0) $= 0.3f_{ck}A_g + 0.4f_yA_{st}$ 에서
f_{ck} = 18MPa, $A_g = 400 \times 400 = 160,000$mm^2, f_y = 240MPa,
A_{st} = 1,592mm^2 이므로
$\therefore N_0 = 0.3f_{ck}A_g + 0.4f_yA_{st}$
$= 0.3 \times 18 \times 160,000 + 0.4 \times 240 \times 1,592$
$= 1,016,832$N
$= 1,016.8$kN

11 | 공칭전단강도
07②, 05①, 03②, 01②, 00③, 99③, 98③

고정하중 및 적재하중에 의한 전단력이 각각 30kN, 20kN일 때 극한강도설계법에서 공칭전단강도로 옳은 것은?

① 81kN
② 79kN
③ 76kN
④ 68kN

해설 소요강도에 있어서 고정하중(D)과 적재하중(L)에 대한 **소요강도(U) = 1.2D + 1.6L**
그런데, 고정하중 30kN, 적재하중 20kN이므로
∴ 소요강도(U) = 1.2 × 고정하중 + 1.6 × 적재하중
= 1.2 × 30 + 1.6 × 20 = 68kN

12 | 띠철근의 사용 목적
03②, 99②, 98③, 96①,③

철근콘크리트 기둥의 띠철근(lateral tie)의 사용 목적으로 틀린 것은?

① 주근의 설계 위치를 유지한다.
② 크리프 양을 줄이는 데 유효하다.
③ 주근의 좌굴을 방지하는 데 효력이 있다.
④ 수평력에 대한 전단 보강의 작용을 한다.

해설 기둥의 띠철근(대근)은 전단력에 대한 보강이 되고, 주근의 위치를 고정하며, 압축력에 의한 주근의 좌굴을 방지하는 역할을 한다. 또한, 복근보에서 **보의 압축철근은 콘크리트의 크리프 양을 줄이는 데 유효한 철근**이다.

13 | 균형철근비의 정의
99①,④, 97②

강도설계법에서 철근콘크리트보의 균형철근비는?

① 인장철근량과 압축철근량이 같은 경우의 철근비이다.
② 인장철근이 기준 항복강도에 도달하기 전에 압축연단 콘크리트의 변형률이 그 극한 변형률에 도달할 때의 압축철근비이다.
③ 압축철근이 기준 항복강도에 도달함과 동시에 압축연단 콘크리트의 변형률이 그 극한 변형률에 도달할 때 단면의 인장철근비이다.
④ 인장철근이 기준 항복강도에 도달함과 동시에 압축연단 콘크리트의 변형률이 그 극한 변형률에 도달할 때 단면의 인장철근비이다.

해설 철근콘크리트보의 인장철근비를 ρ, 균형철근비를 ρ_b라 할 때

㉮ $\rho = \rho_b$인 경우 : 콘크리트(압축측)와 철근(인장측)이 동시에 허용응력도에 도달한다.

㉯ $\rho > \rho_b$인 경우 : 콘크리트(압축측)가 철근(인장측)보다 먼저 허용응력도에 도달한다.

㉰ $\rho < \rho_b$인 경우 : 철근(인장측)이 콘크리트(압축측)보다 먼저 허용응력도에 도달한다.

14 | 전단 보강철근의 종류 04①

철근콘크리트보에서 전단 보강철근으로 볼 수 없는 것은?

① 부재의 축에 직각인 스터럽
② 주인장철근에 30° 각도로 구부린 굽힘 철근
③ 스터럽과 굽힘 철근의 조합
④ 주인장철근에 30° 각도로 설치되는 스터럽

해설 주인장철근에 45° 각도로 설치되는 스터럽

15 | T형보의 유효폭 19②, 13①, 10①, 96③

철근콘크리트 T형보의 유효폭 산정식에 관련된 사항과 거리가 먼 것은?

① 보의 폭
② 슬래브 중심 간 거리
③ 슬래브의 두께
④ 보의 춤

해설 T형보의 유효폭을 산정하는 데에는 바닥판의 두께, 보의 폭, 슬래브 중심 간의 거리, 부재의 스팬 등이 필요하고, 반T형보의 유효폭을 산정하는 데에는 바닥판의 두께, 보의 폭, 부재의 외측에서 슬래브 중심까지의 거리, 부재의 스팬 등이 필요하다.

16 | 최소 철근량 15④, 11①, 08④, 06④

강도설계법 적용 시 그림과 같은 단근 직사각형 보의 최소 철근량은? (단, $f_{ck} = 21\text{MPa}$, $f_y = 400\text{MPa}$)

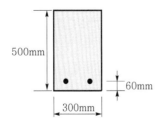

① 354mm^2
② 462mm^2
③ 588mm^2
④ 643mm^2

해설 휨부재의 최소 철근량은 다음 값의 최대값으로 한다.

㉮ $A_s = \dfrac{0.25\sqrt{f_{ck}}}{f_y} b_w d = \dfrac{0.25\sqrt{21}}{400} \times 300 \times (500-60)$
$= 378.06\text{mm}^2$

㉯ $A_s = \dfrac{1.4}{f_y} b_w d = \dfrac{1.4}{400} \times 300 \times (500-60) = 462\text{mm}^2$

㉮와 ㉯에서 최대값을 택하면 462mm^2이다.

17 | 등가 응력블록 깊이 15②, 10②, 04①,②,④

인장철근량 $A_s = 1,500\text{mm}^2$인 단철근 장방향 보에서 사각형 응력분포 깊이 a는 약 얼마인가? [단, $f_{ck} = 24\text{MPa}(240\text{kgf/cm}^2)$, $f_y = 300\text{MPa}(3,000\text{kgf/cm}^2)$, $b = 300\text{mm}$, $d = 500\text{mm}$]

① 65.12mm
② 73.53mm
③ 82.57mm
④ 86.69mm

해설 등가 장방형 응력블록의 산정 : 공칭모멘트(M_n)에 도달할 때 인장철근은 이미 항복했다고 가정하면, 즉 $\Sigma s > \Sigma y$, $f_s = f_y$ 이다.

㉮ C(콘크리트의 압축력)
$= 0.85\eta f_{ck}$(콘크리트의 압축응력도)b_w(보의 폭)a(응력블록의 깊이)
$= 0.85\eta \cdot f_{ck} \cdot b_w \cdot a = 0.85 \times 1 \times 24 \times 300 \cdot a$
$= 6,120a\,[\text{MPa}]$

㉯ T(철근의 인장력)
$= A_{st}$(철근의 단면적)f_y(철근의 항복강도)
$= 1,500 \times 300 = 450,000\text{MPa}$
평형방정식 $C = T$에서 $6,120a = 450,000$
$\therefore a = \dfrac{450,000}{6,120} = 73.53\text{mm}$

18 | 등가 응력블록 깊이 13①, 09①, 04②, ③

강도설계법에 의한 철근콘크리트보 설계에서 그림과 같은 보의 등가 응력블록의 깊이 a값은? [단, $f_{ck} = 21\text{MPa}$, $f_y = 400\text{MPa}$이고, D22 철근 1개의 단면적은 387mm²이며 압축철근은 무시한다(1MPa = 10kgf/cm²)].

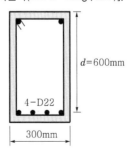

① 85.6mm
② 95.6mm
③ 105.6mm
④ 115.6mm

해설 평형방정식 C(콘크리트의 압축력)$= T$(철근의 인장력)에서

$0.85\eta f_{ck} \cdot b_w \cdot a = A_{st} \cdot f_y$ $\therefore a = \dfrac{A_{st} \cdot f_y}{0.85\eta f_{ck} \cdot b_w}$

$a = \dfrac{A_{st} \cdot f_y}{0.85\eta f_{ck} \cdot b_w}$ 에서 $\eta = 1(f_{ck} \leq 40MPa)$,

$A_{st} = 387 \times 4 = 1,548mm^2$, $f_y = 400MPa$,

$f_{ck} = 21MPa$, $b_w = 300mm$이다.

그러므로, $a = \dfrac{A_{st} \cdot f_y}{0.85\eta f_{ck} \cdot b_w} = \dfrac{1,548 \times 400}{0.85 \times 1 \times 21 \times 300} = 115.63mm$

19 | 설계모멘트
07④, 03②, 99②,③

극한강도설계법에서 단근 직사각형 보의 설계모멘트 강도로
가장 적당한 것은? (단, $b_w = 350mm$, $D = 600mm$, 4–D

22(1548mm²), $f_{ck}(f_c') = 21MPa$, $f_y = 400MPa$, $\phi = 0.85$ 이
며, 철근비는 최소 및 최대 철근비의 범위 내에 있음)

① 258kN · m   ② 298kN · m
③ 309kN · m   ④ 313kN · m

해설 ㉮ 등가 장방형 응력블록의 산정 : 공칭모멘트(M_n)에 도달할 때
인장철근은 이미 항복했다고 가정하면,
즉 $\Sigma s > \Sigma y$, $f_s = f_y$이다.
  ㉠ C(콘크리트의 압축력)
    $= 0.85\eta f_{ck}$(콘크리트의 압축응력도)b_w(보의 폭)a(응력
    블록의 깊이)
    $= 0.85 \times 1 \times 21 \times 350a = 6,247.5a$
  ㉡ T(철근의 인장력)
    $= A_{st}$(철근의 단면적)f_y(철근의 항복강도)
    $= 1,548 \times 400 = 619,200N$
  평형방정식 ㉠=㉡, $C = T$에서 $6,247.5a = 619,200$
  $\therefore a = \dfrac{619,200}{6,247.5} = 99.112mm$
  그리고 $d =$ 보의 춤–피복두께–스터럽의 직경
    $-\left(\dfrac{1}{2} \times 주근의 직경\right)$
    $= 600 - 40 - 10 - \dfrac{1}{2} \times 22 = 539mm$
㉯ 공칭모멘트와 설계모멘트의 산정
  ㉠ M_n(공칭모멘트)$= C\left(d - \dfrac{a}{2}\right)$ 또는 $T\left(d - \dfrac{a}{2}\right)$
    $= 619,200 \times \left(539 - \dfrac{99.112}{2}\right)$
    $= 303,063,724.8N \cdot mm$
    $= 303.064kN \cdot m$
  ㉡ M_d(설계모멘트)$= \phi$(저감계수)M_n(공칭모멘트)이다.
    그런데 $\phi = 0.85$, $M_n = 303.064kN \cdot m$이므로
    $\therefore M_d = \phi M_n = 0.85 \times 303.064$
      $= 257,604kN \cdot m$

20 | 설계 휨강도
07①, 03④, 00①, 99①

다음 그림의 철근콘크리트 단근 장방형 보의 설계 휨강도
M_d은? (단, $f_{ck} = 21MPa$, $f_y = 400MPa$, $\phi = 0.85$,
D22의 단면적 387mm²이다.)

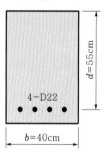

① 211.7kN · m   ② 235.2kN · m
③ 266.7kN · m   ④ 313.7kN · m

해설 ㉮ 등가 장방형 응력블록의 산정 : 공칭모멘트(M_n)에 도달할
때 인장철근은 이미 항복했다고 가정하면, 즉
$\Sigma s > \Sigma y$, $f_s = f_y$이다.
  ㉠ C(콘크리트의 압축력)
    $= 0.85\eta f_{ck}$(콘크리트의 압축응력도)b_w(보의 폭)a(응력블
    록의 깊이)
    $= 0.85\eta f_{ck}ba = 0.85 \times 1 \times 21 \times 400 \times a = 7,140a[N]$
  ㉡ T(철근의 인장력)
    $= A_{st}$(철근의 단면적)f_y(철근의 항복강도)
    $= 387 \times 4 \times 400 = 619,200N$
  평형방정식 $C = T$에서
  $7,140a = 619,200$
  $\therefore a = \dfrac{619,200}{7,140} = 86.72$
㉯ 공칭모멘트와 설계모멘트의 산정
  ㉠ M_n(공칭모멘트)$= C\left(d - \dfrac{a}{2}\right)$ 또는 $T\left(d - \dfrac{a}{2}\right)$
    $= 619,200 \times \left(550 - \dfrac{86.72}{2}\right)$
    $= 313,711,488N \cdot mm$
  ㉡ M_d(설계모멘트)$= \phi$(저감계수)M_n(공칭모멘트)이다.
    그런데 $\phi = 0.85$, $M_n = 313,711,488N \cdot mm$이므로
    $\therefore M_d = \phi M_n = 0.85 \times 313,711,488$
      $= 266,654,764.8N \cdot mm = 266.65kN \cdot m$

21 | 수직스터럽의 간격
21④, 19①, 13①,②

보의 유효깊이 $d=550$mm, 보의 폭 $b_w=300$mm인 보에서 스터럽이 부담할 전단력 $V_s=200$kN일 경우 수직스터럽의 간격으로 가장 타당한 것은? (단, $A_v=142$mm², $f_{yt}=400$MPa, $f_{ck}=24$MPa)

① 120mm　　　　　② 150mm

③ 180mm　　　　　④ 200mm

해설 S(늑근의 간격)

$$=\frac{A_v(\text{늑근 한 쌍의 단면적})f_y(\text{철근의 항복강도})d(\text{보의 유효깊이})}{V_s(\text{전단철근의 공칭전단강도})}$$

$A_v=142$mm², $f_y=400$MPa, $d=550$mm, $V_s=200,000$N이므로

$$\therefore S=\frac{A_v f_y d}{V_s}=\frac{142\times400\times550}{200,000}=156.5\text{mm}\rightarrow150\text{mm}$$

22 | 계수전단력
21①, 05①, 99④, 98③

콘크리트의 공칭전단강도(V_c)가 40kN, 전단 보강근에 의한 공칭전단강도(V_s)가 20kN일 때 계수전단력(V_u)으로 옳은 것은? (단, 강도저감계수는 0.75이다.)

① 60kN　　　　　② 48kN

③ 45kN　　　　　④ 40kN

해설 V_n(공칭전단강도)$=V_c$(콘크리트의 공칭전단강도)$+V_s$(철근의 공칭전단강도)이다. 즉, $V_n=V_c+V_s$이다. 그런데 $V_c=40$kN, $V_s=20$kN이므로 $V_n=\phi(V_c+V_s)=0.75\times(40+20)=45$kN

23 | 최대 철근비
20④, 19②, 18①, 16①

철근콘크리트 단근보에서 균형철근비를 계산한 결과 $\rho_b=$ 0.039이었다. 최대 철근비는?
(단, $E=200,000$MPa, $f_y=400$MPa, $f_{ck}=24$MPa임)

① 0.01863　　　　② 0.02256

③ 0.02607　　　　④ 0.02832

해설 ρ_{max}(최대 철근비)$=$해당 비율$\times$균형철근비

$$=\frac{0.0033+\frac{f_y}{E_s}}{0.0033+\text{최소 허용 변형률}}\times(\text{균형철근비})\text{이다.}$$

그런데, 최소 허용 변형률은 f_y가
500MPa 미만이면 0.004, 500MPa 이상이면
$0.005\times(2\epsilon_y)$이고, $f_y=400$MPa, $E_s=200,000$MPa이다.

그러므로,
ρ_{max}(최대 철근비)$=$해당 비율$\times$균형철근비

$$=\frac{0.0033+\frac{f_y}{E_s}}{0.0033+\text{최소 허용 변형률}}\times(\text{균형철근비})$$

$$=\frac{0.0033+\frac{400}{200,000}}{0.0033+0.004}\times0.039=0.02832\text{이다.}$$

24 | 압축강도와 반비례 요소
06④, 97④

콘크리트의 압축강도가 증가할수록 감소하는 것은?

① 전단응력　　　　② 휨응력

③ 연성응력　　　　④ 부착응력

해설 **콘크리트의 허용 응력도**(허용 전단응력도, 허용 휨응력도, 허용 부착응력도 등)는 **콘크리트의 압축강도**가 증대할수록 증가하나 연성응력은 감소한다.

25 | 균형철근비의 현상
05①, 99③, 97④

철근콘크리트 부재에서 주철근량이 평형철근비와 같으면 어떠한 현상이 일어나는가? (단, 휨하중 재하의 경우)

① 콘크리트가 철근보다 먼저 파괴에 이름
② 철근이 콘크리트보다 먼저 항복함
③ 콘크리트가 파괴될 때 철근도 항복함
④ 부재가 파괴되지 않음

해설 보의 인장철근비와 평형철근비가 같은 경우에는 철근과 콘크리트가 동시에 허용응력도에 도달한다.

26 | 나선기둥의 주철근 개수
04②

철근콘크리트 원형 기둥에서 나선철근으로 둘러싸인 축방향 주철근의 최소 개수는?

① 2개　　　　　　② 4개

③ 6개　　　　　　④ 8개

해설 철근콘크리트 기둥의 단면 모양은 중심축에 대하여 대칭인 정방형, 장방형, 원형 등을 사용하고, 최소 단면 치수는 20cm 이상 또는 기둥 간사이(주요 지점 간의 거리)의 1/15 이상으로 하며, 기둥의 최소 단면적은 600cm² 이상이다. 피철근 기둥(직사각형, 원형 단면)의 주근 개수는 4개 이상, **나선철근 기둥의 주근 개수는 6개 이상**이다.

27 | 인장철근량
03①.②, 02②, 99②

그림과 같은 단근 장방형 보가 평형 변형도 상태에 있다. 강도설계법에 의거할 때 인장철근량으로 가장 옳은 것은? (단, $f_{ck}=21$MPa, $f_y=300$MPa, $a=168$mm)

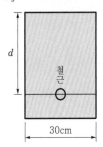

① 20cm^2 ② 25.7cm^2
③ 30cm^2 ④ 35cm^2

> **해설** ㉮ C(콘크리트의 압축력)$=0.85\eta f_{ck}$(콘크리트의 압축기준 강도)b(보의 압축면의 폭)a(등가 장방형 응력블록의 춤)
> ㉯ T(철근의 인장력)$=A_{st}$(철근의 전단면적)f_y(철근의 항복 강도)
> 그런데 평형 변형도의 상태이므로 ㉮=㉯이다.
> 즉, $0.85\eta f_{ck}\cdot b_w\cdot a=A_{st}\cdot f_y$
> $\therefore A_s=\dfrac{0.85\eta f_{ck}\cdot b_w\cdot a}{f_y}$ 가 성립된다.
> $\therefore A_s=\dfrac{0.85\eta f_{ck}\cdot b_w\cdot a}{f_y}$ 에서 $\eta=1$, $f_y=300$MPa,
> $f_{ck}=21$MPa, $b_w=300$mm, $a=168$mm이다.
> $\therefore A_{st}=\dfrac{0.85\eta f_{ck}\cdot b_w\cdot a}{f_y}=\dfrac{0.85\times 1\times 21\times 300\times 168}{300}$
> $=2998.8$mm$^2=29.98$cm$^2\fallingdotseq30$cm^2

28 | 휨모멘트 값의 산정
00③, 98③

허용응력도 설계법에서 그림과 같은 보가 받을 수 있는 장기 휨모멘트 값은?

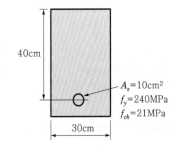

① 16kN · m ② 56kN · m
③ 64kN · m ④ 96kN · m

> **해설** 휨모멘트 $=a_t$(철근의 단면적)f_t(철근의 허용 인장력)jd(응력 중심 간의 거리)이고,
> $a_t=1,000$mm^2, $f_t=\dfrac{2}{3}f_y=\dfrac{2}{3}\times240=160$MPa, $j=0.875$,
> $d=400$mm이므로
> $\therefore M=a_tf_tjd$
> $=1,000\times160\times0.875\times400=56,000,000$kN · mm
> $=56$kN · m

29 | 보의 춤
98①

휨모멘트 $M=85$ kN · m를 받는 단순보의 인장측에 4-D22로 보강하였을 때 가장 적당한 보의 춤 D는? (단, 인장철근비는 평형철근비 이하이며 철근의 허용 인장응력도 $f_{sa}=160$MPa, 4-D22 단면적 $a_t=1,548$mm^{2}이다.)

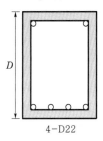

4-D22

① 350mm ② 400mm
③ 450mm ④ 500mm

> **해설** M(휨모멘트)$=a_t$(인장철근의 단면적)f_t(철근의 허용 인장응력도)jd(응력 중심 간의 거리)이고,
> $M=85$ kN · m$=85,000,000$N · mm, $a_t=1,548$mm^2, $f_{sa}=160$MPa,
> $j=0.875$이다.
> $\therefore d=\dfrac{M}{a_tf_{sa}j}=\dfrac{85,000,000}{1,548\times160\times0.875}=392.211$mm
> $\therefore$ 보의 춤$=$주근 직경의 1/2$+$늑근의 직경$+$피복두께$+$보의 유효 춤
> $=\dfrac{22.23}{2}+9.525+30+392.2=442.84$mm

30 | 소요전단강도
17②, 05①, 03②

고정하중 및 활(적재)하중에 의한 전단력이 각각 40kN, 30kN일 때, 강도설계법에서 소요전단강도로 옳은 것은?

① 69kN · m ② 68kN · m
③ 79kN · m ④ 96kN · m

> **해설** 고정하중(D)과 적재하중(L)에 대한 소요강도(U)는 다음 값이상으로 한다.
> $U=1.2D+1.6L$

위의 규정에 의하면, 고정하중 30kN, 적재하중 20kN이므로

소요강도(U)=1.2×고정하중+1.6×적재하중

$\qquad$ =1.2×40+1.6×30=96kN·m

31 | 응력 중심 간 거리
14④, 10①, 08②

다음 그림은 강도설계법에서 단근 직사각형 보의 응력도를 나타낸 것이다. 응력 중심 간 거리$(d-a/2)$로 옳은 것은? (단, $f_{ck}=21\text{MPa}$, $f_y=300\text{MPa}$, $b=300\text{mm}$, $d=540$ mm, $A_{st}=1,161\text{mm}^2$)

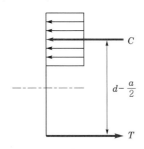

① 507mm

② 524mm

③ 486mm

④ 472mm

해설 $C=T$에 의해서

$0.85\eta f_{ck}$(허용 압축응력도)b_w(보의 폭)a(응력블록의 깊이)

$\quad = A_{st}$(인장철근의 단면적)f_y(철근의 항복강도)

즉, $0.85\eta f_{ck}\cdot b_w\cdot a = A_{st}\cdot f_y$ 이다.

$a=\dfrac{A_{st}f_y}{0.85\eta f_{ck}b_w}=\dfrac{1,161\times300}{0.85\times1\times21\times300}=65.042\text{mm}$

∴ 응력 중심 간 거리$(jd)=d-\dfrac{a}{2}=540-\dfrac{65.042}{2}=507.479\text{mm}$

32 | 균형철근비
14①, 06②, 05④

강도설계법에 따라 다음 그림과 같은 단철근 직사각형 보의 균형철근비를 구하면? (단, $f_{ck}=24\text{MPa}$, $f_y=300\text{MPa}$)

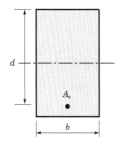

① 0.0124

② 0.0222

③ 0.0332

④ 0.0435

해설 ρ_b (균형철근비)

$=0.85\beta_1\dfrac{f_{ck}(\text{콘크리트 허용 압축응력도})}{f_y(\text{철근의 항복강도})}$

$\qquad\dfrac{660}{660+f_y(\text{철근의 항복강도})}$

여기서, 계수 β_1의 값은 $f_{ck}\leqq40\text{MPa}$의 콘크리트는 0.8

즉, $\rho_b=0.85\beta_1\dfrac{f_{ck}}{f_y}\dfrac{660}{660+f_y}$에서, $\beta_1=0.8$, $f_{ck}=21\text{MPa}$, $f_y=400\text{MPa}$이므로,

ρ_b(균형철근비)$=0.85\times0.8\times\dfrac{21}{400}\times\dfrac{660}{660+400}=0.0222283$

33 | 철근콘크리트에 관한 기술
05①, 01②, 96③

철근콘크리트보에 관한 기술 중 틀린 것은?

① 주요한 보는 복근으로 배근한다.

② 주근은 D10(ϕ9) 이상을 사용한다.

③ 주근의 배치는 특별한 경우를 제외하고는 2단 이하로 한다.

④ 철근의 피복두께는 3cm 이상으로 한다.

해설 철근콘크리트보 배근상의 주의사항 중 주근은 D13, ϕ12 이상의 철근을 쓰고, 배근 단수는 특별한 경우를 제외하고는 2단 이하로 하며, 복근보에서 압축철근을 많이 배근하면 크리프 (creep) 변형이 작아진다.

34 | 보의 주근량 감소 대책
04④, 01①

보의 주근(인장철근)의 양을 줄이기 위한 방법 중 합당하지 않은 것은?

① 보의 높이를 높인다.

② 고강도의 철근을 사용한다.

③ 부착이 문제가 되는 경우 고강도의 콘크리트를 사용한다.

④ 늑근의 양을 증가시킨다.

해설 보의 주근을 줄이기 위한 방법은 보의 높이(춤)를 높이거나, 고강도의 철근을 사용하거나 또는 고강도의 콘크리트를 사용하며, 늑근은 전단력에 대항하는 것이므로 보의 주근의 양과는 무관하다.

35 | T형보의 유효폭
00③

그림과 같은 T형 보의 유효폭 B는? (단, 보의 스팬은 6m이고, 양쪽 슬래브의 중심거리는 3.6m이다.)

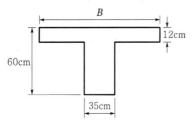

① 110cm
② 150cm
③ 227cm
④ 360cm

> **해설** T형 보의 유효폭(B)
> ㉮ $b = 8(t_1 + t_2)$ (양쪽으로 각각 내민 플랜지 두께)
> $+ b_w$ (보 폭) $= 8 \times (12+12) + 35 = 227$cm
> ㉯ $b = S$ (양쪽 슬래브의 중심 간 거리) $= 360$cm
> ㉰ $b = \dfrac{l\,(부재의\ 스팬)}{4} = \dfrac{600}{4} = 150$cm
> ∴ ㉮, ㉯, ㉰ 중에서 최소값을 택하므로 150cm이다.

36 | 응력 중심 간 거리
98②, 96②

철근콘크리트보에서 응력 중심 거리(jd)란?

① 인장철근 중심에서 압축철근 중심까지
② 인장철근 중심에서 압축측 표면까지
③ 인장철근 중심에서 압축응력의 중심까지
④ 인장철근 중심에서 중립축까지

> **해설** 보의 응력 중심 간의 거리는 휨재(휨모멘트를 받는 부재)의 단면에 있어서 압축응력의 합력(중심)과 인장응력의 합력(중심) 또는 인장철근의 중심까지의 거리를 말한다.

37 | 보의 최소 두께
19④, 18①, 17③

강도설계법에서 처짐을 계산하지 않는 경우, 철근콘크리트 보의 최소 두께 규정으로 옳은 것은? (단, 보통 콘크리트 $m_c = 2,300$kg/m³와 설계기준 항복강도 400MPa 철근을 사용한 부재)

① 1단연속 : $l/18.5$
② 단순지지 : $l/15$
③ 양단연속 : $l/24$
④ 캔틸레버 : $l/10$

> **해설** 처짐을 계산하지 않는 경우 보의 최소 두께
>
> | 부재 | 최소 두께(h) | | | |
> |---|---|---|---|---|
> | | 단순지지 | 1단 연속 | 양단 연속 | 캔틸레버 |
> | 보 | $l/16$ | $l/18.5$ | $l/21$ | $l/8$ |

38 | 활하중 저감계수
19①, 14①

부하면적 36m²인 콘크리트 기둥의 영향면적에 따른 활하중 저감계수(c)로 옳은 것은? (단, $C = 0.3 + \dfrac{4.2}{\sqrt{A}}$, A는 영향면적)

① 0.25
② 0.45
③ 0.65
④ 1

> **해설** 건축물의 구조기준에 의하여 기둥 또는 기초의 경우 영향면적(기둥 또는 기초의 경우에는 부하면적의 4배, 큰 보 또는 연속 보의 경우에는 부하면적의 2배를 각각 적용)은 상층부의 영향 면적을 합한 누계 영향면적으로 하고, 활하중 저감계수는 0.8까지 적용할 수 있다.
> 그러므로, **영향면적 = 부하면적 × 4 = 36 × 4 = 144m²**
> ∴ 활하중 저감계수(c) $= 0.3 + \dfrac{42}{\sqrt{144}} = 0.3 + \dfrac{4.2}{12} = 0.65$

39 | T형보의 유효폭
16④, 12②

그림과 같은 T형 보(G_1)의 유효폭 B의 값은? (단, 슬래브 두께는 120mm, 보의 폭은 300mm)

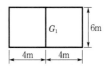

① 150cm
② 192cm
③ 222cm
④ 400cm

> **해설** T형 보의 유효폭(B)은 다음 값의 최소값으로 한다.
> ㉮ $8(t_1 - t_2)$ (양쪽으로 각각 내민 플랜지 두께) + 보의 폭
> $= 8 \times (12+12) + 30 = 222$cm 이하
> ㉯ 양쪽 슬래브의 중심 간 거리 = 400cm 이하
> ㉰ $\dfrac{스팬}{4} = \dfrac{6,000}{4} = 150$cm 이하
> 그러므로 ㉮, ㉯, ㉰의 최소값을 구하면, 150cm 이하이다.

40 | 공칭강도의 산정
16④, 10④

철근콘크리트보에서 고정하중과 활하중에 의하여 구한 설계모멘트 $M_d = 540$kN·m라면 이때의 공칭강도를 구하면? [단, 중립축의 깊이(c)는 220mm, 최외단 압축연단에서 최외단 인장철근까지의 거리(d_t)는 550mm, 철근의 항복강도(f_y)는 400MPa, f_{ck}=27MPa]

① 674kN·m
② 754kN·m
③ 798kN·m
④ 832kN·m

해설 ㉮ **강도저감계수(ϕ)의 산정**
　　㉠ 최외단 인장철근의 변형폭 산정

$$\varepsilon_t(\text{철근의 변형률}) = \frac{d_t - c}{c}\varepsilon_c(\text{콘크리트의 변형률})$$

$$= \frac{550 - 220}{220} \times 0.003$$

$$= 0.0045 < 0.005$$

그러므로, $0.0020 < \varepsilon_t(=0.0045) < 0.005$가 성립된다.
즉, 변화 구간 단면의 부재에 속한다.

　　㉡ 강도저감계수를 구하기 위하여 삼각형의 비례를 이용하면(다음 그림 참고)

$(\varepsilon_t - 0.002) : x = 0.0033 : 0.2$,
즉 $0.0033x = 0.2 \times (\varepsilon_t - 0.002)$

그러므로, $x = \dfrac{0.2 \times (\varepsilon_t - 0.002)}{0.0033}$

$$= \frac{0.2 \times (0.0045 - 0.002)}{0.0033}$$

$$= 0.151515\text{이다.}$$

그러므로, $\Phi = 0.65 + 0.151515 = 0.801515$이다.

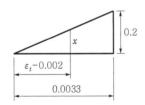

㉯ M_d(공칭설계강도) = ϕ(강도저감계수)M_n(공칭휨강도)
즉, $M_d = \phi M_n$에서

$$\therefore\ M_u = M_n / \Phi = \frac{540}{0.801515} = 673.724\text{kN·m}$$

41 | 보의 최소 폭
14②, 03④

강도설계법으로 설계된 그림과 같은 보에서 이음이 없는 경우 요구되는 보의 최소 폭 b를 구하면? (단, 전단철근의 구부림 내면 반지름을 고려하며, 굵은 골재의 최대 치수는 25mm, 피복두께 400mm이며, 주철근의 직경 22mm, 스터럽의 직경은 10mm로 계산)

① 287.9mm
② 305.9mm
③ 310.3mm
④ 317.5mm

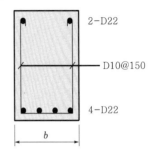

해설 보의 너비 = (2×피복두께) + (2×늑근의 직경) + (2×늑근의 구부림 반경) + (주근의 개수×주근의 직경) + (주근의 개수−1)× 주근의 간격이다.

그런데, 피복두께는 40mm, 늑근의 직경은 10mm, 주근의 직경은 22mm, 주근의 간격은 다음의 값 중 최대값으로 한다.
　㉮ 주철근의 직경 : 22mm 이상, ㉯ 25mm 이상, ㉰ 굵은 골재의 최대 치수의 4/3 이상 : 25×4/3=33.33mm 이상이므로 33.33mm 이상을 택한다.
　㉱ 늑근의 구부림 반경 : D16 이하의 철근을 스터럽과 띠철근으로 사용할 때, 표준 갈고리의 구부림 내면 반경은 $2d_b$(철근, 철선 또는 프리스트레싱 강연선의 공칭지름, mm) 이상이다. 그러므로 띠철근의 내면과 주근과의 거리는 구부림 내면 반경−(주근의 직경/2) = 20−(22/2) = 9mm이다.
　∴ 보의 너비 = (2×피복두께) + (2×늑근의 직경) + (2×늑근의 구부림 반경) + (주근의 개수×주근의 직경) + (주근의 개수−1)×주근의 간격
　　= (2×40) + (2×10) + (2×9) + (4×22) + (4−1)×33.33
　　= 305.99mm

42 | 전단 보강근의 최소 단면적
12①, 06②

계수전단력 V_u 가 콘크리트가 부담하는 전단강도 ϕV_c 의 1/2을 초과하는 철근콘크리트 휨부재의 경우 전단 보강근의 최소 단면적은? (단, f_y 는 전단근의 항복강도, b_w 는 보의 폭, s 는 전단근의 간격이다.)

① $0.35 \dfrac{b_w s}{f_y}$　　　　② $0.35 \dfrac{f_y}{b_w s}$

③ $0.25 \dfrac{b_w s}{f_y}$　　　　④ $0.25 \dfrac{f_y}{b_w s}$

해설 휨부재(프리캐스트 콘크리트 휨부재를 포함) 또는 해석에 의해 전단철근이 필요하고 비틀림을 고려하지 않아도 되는 경우의 전단철근의 최소 단면적은 다음과 같다.

∴ A_v (**전단철근의 최소 단면적**)

$= 0.35 \dfrac{b_w (보의 폭) s (전단철근의 간격)}{f_y (전단철근의 항복강도)}$

43 | 비틀림모멘트의 대책
12①, 03①

비틀림모멘트(torsional moment)에 대하여 주의해야 할 경우가 많은 부재는?

① 지중보
② 기둥
③ 작은 보가 걸치는 외벽선상의 큰 보
④ 양교절 아치

해설 비틀림모멘트는 부재를 비트는(축과 같은 부재가 회전력을 받을 때 생기는 변형의 상태를 말함.) 모멘트로서 작은 보를 받들고 있는 **외벽선상의 큰 보**는 이 모멘트에 유의해야 한다.

44 | 휨강도
09②, 05①

장방형 단면의 폭 b 가 일정하고 높이 h 가 2배로 증가했을 때 휨강도는 몇 배가 되는가? (단, M 은 일정)

① 같다.　　　　② 2배
③ 3배　　　　④ 4배

해설 σ (휨응력도) $= \dfrac{M (휨모멘트)}{Z (단면계수)} = \dfrac{6M}{b (보의 폭) h^2 (보의 춤)}$ 이다.

그러므로 $M = \dfrac{\sigma (휨응력도) b (보의 폭) h^2 (보의 춤)}{6}$

즉 휨강도는 보의 춤의 제곱에 비례하므로 $2^2 = 4$ 배의 휨강도를 갖는다.

45 | 인장철근비와 균형철근비
08④, 03①

강도설계법에서 보를 설계할 때 인장철근비를 균형철근비보다 작게 적용하는 이유로 가장 옳은 것은?

① 균열 단면의 휨강도를 높이기 위해서
② 철근의 배치가 쉽고 시공을 용이하게 하기 위해서
③ 처짐을 감소시키기 위해서
④ 압축 콘크리트의 취성파괴를 막기 위해서

해설 인장철근량이 압축철근량에 비하여 상대적으로 많은 경우에는 콘크리트의 압축연단부가 파괴 변형도에 도달하여 인장철근이 항복하지 않은 상태이므로, 압축부 콘크리트의 파괴에 의한 보의 갑작스런 파괴 양상인 취성파괴가 발생하게 된다. 즉 압축 콘크리트의 **취성파괴를 방지**하고, **연성파괴로 유도**하기 위함이다.

46 | 중립축 거리
08①, 01④

강도설계법에서 철근의 항복강도 $f_y = 300 \text{Mpa}$, $f_{ck} = 27 \text{MPa}$, $d = 550 \text{mm}$ 인 철근콘크리트 균형보의 중립축 거리(C_b)로 맞는 것은?

① 378mm　　　　② 385mm
③ 413mm　　　　④ 427mm

해설 **평형 변형도 상태**는 어떤 단면에서 인장철근의 변형도가 최초로 항복 변형도에 도달할 때 동시에 압축연단의 콘크리트의 최대 변형도가 0.0033에 도달한 상태를 평형 변형도 상태라 하며, 이때의 철근량을 평형철근비(ρ_b)라 한다.

$\dfrac{C_b (압축 연단에서 중립축까지의 거리)}{d (압축 연단으로부터 인장철근 중심까지의 거리)}$

$= \dfrac{\varepsilon_c (콘크리트의 최대 변형도)}{\varepsilon_c (콘크리트의 최대 변형도) + \varepsilon_y (철근의 항복 변형도)}$

$= \dfrac{660}{660 + f_y (철근의 항복강도)}$ 이다.

즉, $C_b = \dfrac{660 d}{660 + f_y}$ 에서, $f_y = 300 \text{MPa}$, $d = 550 \text{mm}$ 이다.

∴ $C_b = \dfrac{660 d}{660 + f_y} = \dfrac{660 \times 550}{660 + 300} = 378.125 \text{mm}$

47 | 소요 인장철근
07④, 05②

고정하중에 의한 모멘트 100kN·m, 적재하중에 의한 모멘트 80kN·m가 작용하는 단근 장방형 보에서 극한강도설계법에 의거하였을 때 소요 인장철근으로 가장 적당한 것은?
[단, $b=300$mm, $d=440$mm, $f_{ck}=21$MPa, $f_y=400$MPa, D22($a_1=387$mm^2), $\phi=0.9$]

① 4-D22
② 5-D22
③ 6-D22
④ 7-D22

해설 M_n(공칭휨강도)$=A_s$(인장철근의 단면적)f_y(철근의 항복강도)$\left\{d(\text{응력 중심 간의 거리})-\dfrac{a(\text{응력블록의 깊이})}{2}\right\}$이다.

즉, $M_n=\dfrac{M_d}{\phi}=A_sf_y\left(d-\dfrac{a}{2}\right)$에서 $A_s=\dfrac{M_n}{f_y\left(d-\dfrac{a}{2}\right)}$이다.

그런데,
$M_n=1.2D+1.6L=1.2\times100+1.6\times80$
$\quad=248$kN·m$=248,000,000$Nmm
$f_y=400$MPa, $d=440$mm, a(응력블록의 깊이)$=\beta_1c$에서
$f_{ck}=21$MPa이므로
$\beta_1=0.8(f_{ck}\le40MPa)$, c(중립축 거리)$=\dfrac{660}{660+f_y}d$
$[\epsilon_c=0.0033(f_{ck}\le40MPa)]$에서
$c=\dfrac{660}{660+f_y}d=\dfrac{660}{660+400}\times440=273.96$mm
$\therefore a=\beta_1c=0.8\times273.96=219.2$mm이다.

그러므로, $A_s=\dfrac{M_n}{\phi f_y\left(d-\dfrac{a}{2}\right)}=\dfrac{248,000,000}{0.9\times400\times\left(440-\dfrac{219.2}{2}\right)}$
$\quad=2,018.33$mm^2

그런데, 1-D22의 단면적은 3.87cm$^2=387$mm^{2}이므로
소요 철근$=2,018.33\div387=5.215$개 ≒ 6개이다.

48 | 최소, 최대 철근비
03④, 01④

강도설계법에서 철근콘크리트 기둥의 축방향 주철근 단면적은 전체 단면적에 대한 최소 및 최대 철근비는 얼마인가?

① 1%와 8%
② 2%와 6%
③ 1%와 6%
④ 2%와 8%

해설 압축 부재의 철근량 제한에 있어서 비합성 압축 부재의 축방향 주철근 단면적은 전체 단면적의 0.01(1%)배 이상, 0.08(8%)배 이하로 해야 하고, 축방향 주철근이 겹침이음되는 경우의 철근비는 0.04를 초과하지 않도록 해야 한다.

49 | 철근콘크리트 단순보의 기술
03②,④

철근콘크리트 단순보에 관한 다음 사항 중에서 옳지 않은 것은?

① 인장철근을 증가시키는 것은 전단력에 대한 유효한 보강법이다.
② 일반적으로 전단응력은 단면의 중립축에서 최대이나 항상 중립축에서 최대는 아니다.
③ 보의 주근은 중앙부에서는 하부에 많이 넣는다.
④ 중요한 보는 복근보로 한다.

해설 보의 늑근을 증가시키는 것은 **전단력에 대한 유효한 보강법**이고, **인장철근을 증가시키는 것은 휨모멘트에 대한 유효한 보강법**이다.

50 | 연성파괴의 형식
02①, 01①

철근콘크리트구조물에서 연성파괴가 일어나는 파괴 형식은?

① 최소 철근 파괴
② 과대 철근 파괴
③ 과소 철근 파괴
④ 최대 철근 파괴

해설 철근은 콘크리트보다 훨씬 큰 변형까지 견딜 수 있으므로 이 보의 파괴는 콘크리트의 상당한 균열 또는 보의 큰 처짐에서도 파괴되지 않는 연성파괴가 된다. 즉, **연성파괴는 과소 철근비에서 발생**하고, **취성파괴는 과대 철근비에서 발생**한다.

51 | 전단응력의 보강
99③

철근콘크리트보의 전단응력을 보강하는 방법 중 틀린 것은?

① 콘크리트의 강도를 높인다.
② 보의 재축방향에 수직한 철근(stirrup)을 보강한다.
③ 보의 길이(span)를 작게 한다.
④ 보의 폭을 증가시킨다.

해설 철근콘크리트보의 전단응력을 보강하는 방법은 **보의 길이(span)를 크게** 하고, 보의 폭을 증가시키며, 콘크리트의 강도를 높인다. 또한, 보의 재축방향에 수직한 철근(stirrup)을 보강한다.

52 | 인장철근비
99②, 97③

그림과 같은 보의 인장철근비의 값으로 가장 적당한 것은? (단, D16=1.99cm^2)

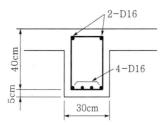

① 0.50%
② 0.55%
③ 0.62%
④ 0.66%

해설 ρ(인장철근비) $= \dfrac{a_t(\text{인장철근의 단면적})}{b_w(\text{보의 폭})d(\text{보의 유효 춤})} \times 100$ 이다.

즉, $\rho = \dfrac{a_t}{b_w d} \times 100$ 에서 $a_t = 4 \times 1.99 = 7.96\text{cm}^2$, $b_w = 30\text{cm}$,

$d = 40\text{cm}$ 이므로

$\therefore \rho = \dfrac{a_t}{b_w d} \times 100 = \dfrac{7.96}{30 \times 40} \times 100 = 0.6633\%$

53 | 인장철근의 단면적
96③

보의 치수 $b = 300\text{mm}$, $D = 750\text{mm}$, $d_t = 50\text{mm}$이고 철근의 허용 인장응력도 $f_t = 160\text{MPa}$일 때 장기하중에 대한 휨모멘트 $M = 30\text{kN} \cdot \text{m}$인 단근 장방형 보의 인장철근 단면적은?

① 2.68cm^2
② 3.06cm^2
③ 6.35cm^2
④ 8.4cm^2

해설 장방형 보와 T형 보의 인장 주근 산정식

$M(\text{휨모멘트}) = a_t(\text{철근의 단면적})f_t(\text{철근의 허용 응력도})$
$\quad j(0.875)d(\text{보의 유효 높이})$

$a_t(\text{철근의 단면적})$

$= \dfrac{M(\text{휨모멘트})}{f_t(\text{철근의 허용 응력도})j(0.875)d(\text{보의 유효 높이})}$

$\therefore a_t = \dfrac{M}{f_t jd} = \dfrac{30,000,000}{160 \times 0.875 \times (750-50)}$

$\quad = 306.1\text{mm}^2 = 3.061\text{cm}^2$

54 | 최대 설계축하중
19④, 16①

다음 단면을 가진 철근콘크리트기둥의 최대 설계축하중(ϕP_n)은? (단, $f_{ck} = 30\text{MPa}$, $f_y = 400\text{MPa}$)

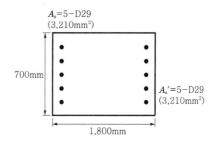

① 12,958kN
② 15,425kN
③ 17,958kN
④ 21,425kN

해설 압축재(기둥)의 최대 설계축하중 산정식

㉮ 띠기둥 : $\phi P_n = 0.65 \times 0.80 \times [0.85f_{ck}(A_g - A_{st}) + f_y A_{st}]$
㉯ 나선기둥 : $\phi P_n = 0.7 \times 0.85 \times [0.85f_{ck}(A_g - A_{st}) + f_y A_{st}]$

위의 식 중 ㉮에 의해서 $f_{ck} = 30\text{MPa}$, $f_y = 400\text{MPa}$, $A_g = 1,800 \times 700 = 1,260,000\text{mm}^2$, $A_{st} = 3,210 + 3,210 = 6,420\text{mm}^2$ 이므로

$\phi P_n = 0.65 \times 0.80 \times [0.85f_{ck}(A_g - A_{st}) + f_y A_{st}]$
$\quad = 0.65 \times 0.80 \times [0.85 \times 30 \times (1,260,000 - 6,420) + 400 \times 6,420]$
$\quad = 17,957,830.8\text{N} \fallingdotseq 17,958\text{kN}$

55 | 공칭휨강도
19④

강도설계법 적용 시 다음 그림과 같은 단철근 직사각형 보 단면의 공칭휨강도 M_n은? (단, $f_{ck} = 21\text{MPa}$, $f_y = 400\text{MPa}$, $A_s = 1,200\text{mm}^2$)

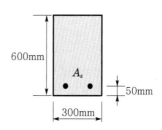

① 162kN · m
② 182kN · m
③ 202kN · m
④ 242kN · m

해설 M_n(공칭휨강도)

$= A_s$(인장철근의 단면적)f_y(철근의 항복강도)

$\left[d(응력 \, 중심 \, 간의 \, 거리) - \dfrac{a(응력블록의 \, 깊이)}{2} \right]$

이다. 또한 $C = T$에 의해서

$0.85\eta f_{ck}$(허용압축응력)b_w(보의 폭)a(응력블록의 깊이)

$= A_s$(인장철근의 단면적)f_y(철근의 항복강도)이므로

$a = \dfrac{A_s f_y}{0.85\eta f_{ck} b_w} = \dfrac{1,200 \times 400}{0.85 \times 1 \times 21 \times 300} = 89.6359\text{mm}$

$\therefore M_n = A_s f_y \left(d - \dfrac{a}{2} \right)$

$= 1,200 \times 400 \times \left(550 - \dfrac{89.6359}{2} \right)$

$= 242,487,395\text{N} \cdot \text{mm} \fallingdotseq 242\text{kN} \cdot \text{m}$

56 | 인장철근의 변형률
18④
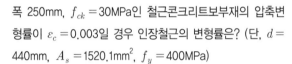

폭 250mm, $f_{ck} = 30$MPa인 철근콘크리트보부재의 압축변형률이 $\varepsilon_c = 0.003$일 경우 인장철근의 변형률은? (단, $d = 440$mm, $A_s = 1520.1\text{mm}^2$, $f_y = 400$MPa)

① 0.00197 ② 0.00368
③ 0.00523 ④ 0.00888

해설 ε_t(인장철근의 변형률)

$= \left[\dfrac{d_c(보의 \, 유효춤) - c(중립축까지의 \, 거리)}{c} \right] \varepsilon_c$(압축변형률)

이다. 여기서, $c = \dfrac{a(응력블록의 \, 깊이)}{\beta_1(등가압축영역의 \, 계수)}$이고

$a = \dfrac{A_s f_y}{0.85\eta f_{ck} b} = \dfrac{1520.1 \times 400}{0.85 \times 1 \times 30 \times 250} \fallingdotseq 95.38\text{mm}$이며,

β_1은 $f_{ck} = 30MPa \leq 40MPa$이므로 $\beta_1 = 0.8$이다.

$\therefore c = \dfrac{a}{\beta_1} = \dfrac{95.38}{0.8} = 119.225\text{mm}$,

$\varepsilon_t = \left(\dfrac{d_c - c}{c} \right) \varepsilon_c = \dfrac{440 - 119.225}{119.225} \times 0.0033 = 0.00888$

57 | 최대 설계축하중
18④

강도설계법에 의한 띠철근을 가진 철근콘크리트의 기둥설계에서 단주의 최대 설계축하중은 약 얼마인가? [단, 기둥의 크기는 400×400, $f_{ck} = 24$MPa, $f_y = 400$MPa, 12-D22($A_s = 4,644\text{mm}^2$), $\phi = 0.65$]

① 2,452kN ② 2,525kN
③ 2,614kN ④ 3,234kN

해설 극한강도설계법에 의한 압축재의 설계축하중(ϕP_n)은 다음 값보다 크게 할 수 없다.

㉮ 나선기둥과 합성기둥

$\phi P_{n\,max} = 0.85\phi\{0.85 f_{ck}(A_g - A_{st}) + f_y A_{st}\}$

㉯ 띠기둥 $\phi P_{n\,max} = 0.80\phi\{0.85 f_{ck}(A_g - A_{st}) + f_y A_{st}\}$

㉯의 해설에 의하여

$\phi P_{n\,max} = 0.80\phi\{0.85 f_{ck}(A_g - A_{st}) + f_y A_{st}\}$이다.

여기서, $\phi = 0.65$, $f_{ck} = 24$MPa, $A_g = 400 \times 400 = 160,000\text{mm}^2$, $A_{st} = 4,644\text{mm}^2$, $f_y = 400$MPa이다.

$\therefore \phi P_{n\,max} = 0.80\phi\{0.85 f_{ck}(A_g - A_{st}) + f_y A_{st}\}$

$= 0.80 \times 0.65 \times [0.85 \times 24 \times (160,000 - 4,644)$

$+ 400 \times 4,644]$

$= 2,613,968.4\text{N} = 2,614\text{kN}$

58 | 철근콘크리트 부재의 휨
18①

강도설계법에 따른 철근콘크리트부재의 휨에 관한 일반사항으로 옳지 않은 것은?

① 콘크리트의 인장강도는 철근콘크리트부재 단면의 축강도와 휨강도 계산에서 무시할 수 있다.

② 휨모멘트 또는 휨모멘트와 축력을 동시에 받는 부재의 콘크리트 압축연단의 극한변형률은 0.003으로 가정한다.

③ 휨부재의 최소 철근량은 $A_{s,min} = \dfrac{0.25\sqrt{f_{ck}}}{f_y} b_w d$ 또는

$A_{s,min} = \dfrac{1.4}{f_y} b_w d$ 중 큰 값 이상이어야 한다.

④ 강도설계법에서는 연성파괴보다는 취성파괴를 유도하도록 설계의 초점을 맞추고 있다.

해설 강도설계법에서 설계의 초점은 **취성파괴보다는 연성파괴**를 유도하기 위함이다.

59 | 공칭전단력
20④

길이 8m의 단순보가 100kN/m의 등분포활하중을 받을 때위험 단면에서 전단철근이 부담해야 하는 공칭전단력(V_s)은 얼마인가? (단, 구조물 자중에 의한 $w_D = 6.72$kN/m, $f_{ck} = 24$MPa, $f_y = 300$MPa, $\lambda = 1$, $b_w = 400$mm, $d = 600$mm, $h = 700$mm)

① 424.43kN ② 530.53kN
③ 565.91kN ④ 571.40kN

해설 전단철근의 공칭전단력 산정

㉮ ω_u(계수하중) = $1.2D + 1.6L$

$= 1.2 \times 6.72 + 1.6 \times 100 = 168.064$kN/m

㉯ $\sum M = 0$; $V_A \times 8 - (168.064 \times 8) \times 4 = 0$

∴ V_A(지점반력) = 672.256kN

㉰ V_u(위험 단면(보의 유효춤만큼 떨어진 단면)의 전단력)

$= V_A - \omega_u x = 672.256 - 168.064 \times 0.6 = 571.418$kN

㉱ V_c(콘크리트가 부담하는 전단력)

$= \phi V_c = \phi \frac{1}{6} \sqrt{f_{ck}} b_w d = 0.75 \times \frac{1}{6} \times \sqrt{24} \times 400 \times 600$

$= 146,969.385$N $= 146.969$kN

∴ V_s(전단철근이 부담해야 하는 전단력)

$= V_u - V_c = 571.418 - 146.969 = 424.449$kN

㉲ V_s(전단철근이 부담해야 하는 전단력)

$= \phi$(강도저감계수) V_n(전단철근의 공칭강도)

∴ $V_n = \dfrac{V_s}{\phi} = \dfrac{424.449}{0.75} = 565.932$kN

60 | 철근의 수평 순간격
17②

다음 그림과 같은 보 단면에서 정착되는 철근의 수평 순간격을 구하면?

[조건]
- D22(인장, 압축철근), 지름 : 22mm로 계산
- D13@150(스터럽), 지름 : 13mm로 계산
- 최소피복두께 : 40mm
- 구부림 최소내면반지름은 무시

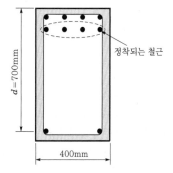

① 60.7mm
② 63.7mm
③ 66.7mm
④ 68.7mm

해설 보 철근의 순간격 $= \dfrac{1}{n(\text{철근의 개수}) - 1}\{b_w(\text{보의 폭}) - 2 \times (\text{피복두께} + \text{늑근의 직경}) - (\text{주근의 개수} \times \text{주근의 직경})\}$이다.

여기서, $n = 4$, $b_w = 400$mm, 피복두께=40mm, 늑근의 직경 =13mm, 주근의 직경=22mm

$\therefore$ 보 철근의 순간격 $= \dfrac{1}{4-1} \times [400 - 2 \times (40 + 13) - (4 \times 22)]$

$= 68.667 \fallingdotseq 68.67$mm

61 | 균형철근비
17①

$f_{ck} = 27$MPa, $f_y = 400$MPa, $d = 550$mm인 철근콘크리트 단근직사각형 보에서 균형철근비 ρ_b를 구하면?(단, $E_s = 2.0 \times 10^5$MPa)

① 0.0260
② 0.0286
③ 0.0325
④ 0.0352

해설 ρ_b(균형철근비) $= 0.85\beta \dfrac{f_{ck}}{f_y}\left(\dfrac{660}{660 + f_y}\right)$이고,

$f_{ck} \leq 28$MPa이므로 $\beta = 0.80$, $f_{ck} = 27$MPa, $f_y = 400$MPa이다.

$\therefore \rho_b$(균형철근비) $= 0.85\beta \dfrac{f_{ck}}{f_y}\left(\dfrac{660}{660 + f_y}\right)$

$= 0.85 \times 0.8 \times \dfrac{27}{400} \times \dfrac{660}{660 + 400} = 0.02858$

62 | 축력으로 면적법 산정
16④

그림과 같은 지상 4층 건물에 기둥 C_1의 1층에 발생하는 계수하중에 의한 축력을 면적법으로 구하면? (단, 보 및 기둥자중은 무시하며, 바닥하중(지붕하중 동일)은 고정하중 = 5kN/m², 활하중 = 3kN/m²이며 활하중 저감은 무시한다.)

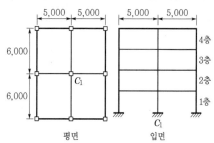

① 1,296kN
② 1,364kN
③ 1,412kN
④ 1,498kN

해설 기둥이 분담해야 할 하중 = 분담해야 할 면적×소요 강도×부담해야 할 층수이고, 기둥 C_1이 분담해야 할 바닥면적은 5m×6m = 30m²이며, 이 부분의 U(소요 강도) = $1.2D + 1.6L$ $= 1.2 \times 5 + 1.6 \times 3 = 10.8$kN/m²이다.

그런데, 기둥 C_1이 1개 층당 분담해야 할 하중은 $10.8 \times 30 =$ 324kN이고, 1층의 기둥 C_1은 4개 층의 하중을 부담해야 하므로 $324 \times 4 = 1,296$kN이다.

63 | 반T형 보의 유효폭
16②

반T형 보의 유효폭으로 옳은 것은? (단, 보의 경간은 6m임.)

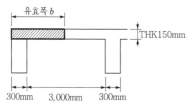

① 800mm
② 1,200mm
③ 1,800mm
④ 2,300mm

해설 반T형 보의 유효폭은 다음 값의 최소값으로 한다.
㉮ (한쪽으로 내민 플랜지 두께의 6배)+b_w(플랜지가 있는 부재의 복부 폭)=$6 \times 150 + 300 = 1,200$mm 이하
㉯ (보의 경간의 1/12)+b_w(플랜지가 있는 부재의 복부 폭)=$\frac{1}{12} \times 6,000 + 300 = 800$mm 이하
㉰ (인접 보와의 내측 거리의 1/2)+b_w(플랜지가 있는 부재의 복부 폭)=$\frac{1}{2} \times 3,000 + 300 = 1,800$mm 이하
∴ ㉮, ㉯, ㉰의 최소값을 택하면, 800mm 이하

64 | 단주의 설계축하중
20③

다음 그림과 같은 띠철근기둥의 설계축하중(ϕP_n)값으로 옳은 것은? (단, $f_{ck} = 24$MPa, $f_y = 400$MPa, 주근 단면적(A_{st})=3,000mm²)

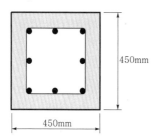

① 2,740kN
② 2,952kN
③ 3,335kN
④ 3,359kN

해설 극한강도설계법에 의한 압축재의 설계축하중(ϕP_n)은 다음 값보다 크게 할 수 없다.
㉮ 나선기둥과 합성기둥
$$\phi P_{n\,max} = 0.85\phi \{0.85f_{ck}(A_g - A_{st}) + f_y A_{st}\}$$
㉯ **띠기둥**
$$\phi P_{n\,max} = 0.80\phi \{0.85f_{ck}(A_g - A_{st}) + f_y A_{st}\}$$
$\phi = 0.65$, $f_{ck} = 24$MPa, $A_g = 450 \times 450 = 202,500$mm², $A_{st} = 3,000$mm², $f_y = 400$MPa이므로
$$\therefore \phi P_{n\,max} = 0.80\phi \{0.85f_{ck}(A_g - A_{st}) + f_y A_{st}\}$$
$$= 0.80 \times 0.65 \times \{0.85 \times 24 \times (202,500 - 3,000)$$
$$+ 400 \times 3,000\}$$
$$= 2,740,296N = 2,740kN$$

65 | 활하중의 영향면적
16①

활하중의 영향면적에 대해 옳게 설명한 것은?

① 기둥 및 기초에서는 부하면적의 6배
② 보에서는 부하면적의 5배
③ 캔틸레버 부분은 영향면적에 단순합산
④ 슬래브에서는 부하면적의 2배

해설 건축물의 구조기준에 의한 활하중의 영향면적은 다음과 같다.

부위	기둥 및 기초	보	슬래브	캔틸레버 부분
부하면적의 배수	4배	2배	1배	4배 또는 2배를 적용하지 않고, 영향면적에 단순 합산한다.

❸ 철근의 이음과 정착

01 | 부착력의 증가 대책
05①, 02②, 01②, 98③, 97①, 96②

철근콘크리트 부재를 설계할 때 부착력이 부족하여 부착력을 증가시키는 방법 중 가장 적절한 조치는?

① 고강도 철근을 사용한다.
② 고강도 콘크리트를 사용한다.
③ 인장철근의 주장을 증가시킨다.
④ 인장철근의 단면적을 증가시킨다.

해설 철근콘크리트의 부착응력

u(철근콘크리트의 부착응력)$=u_c$(철근의 허용 부착응력도)$\sum_o$(철근의 주장)L(정착길이)이므로 철근콘크리트 부재의 부착력을 증가시키기 위한 방법으로는 가는 철근을 많이 사용하고, 정착길이를 늘리며 콘크리트나 보의 춤을 증가시킨다.

02 | 2방향 슬래브의 종류
02②, 01①, 99④, 97②,③,④

다음 슬래브의 형식 중 2방향 슬래브로 간주되는 것은?

① 보이드 슬래브   ② 리브드 슬래브
③ 워플 슬래브   ④ 장선 슬래브

해설 보이드 슬래브(void slab), 리브드 슬래브(ribbed slab) 및 장선 슬래브(joist slab)는 1방향 슬래브이고, **워플 슬래브(waffle slab)는 2방향 슬래브**에 속한다.

03 | 압축 이형철근의 기본 정착길이
14①, 13④, 12①,④, 09②, 07④, 00①

강도설계법에서 압축 이형철근 D22의 기본 정착길이는? (단, D22 철근의 단면적은 387mm², 콘크리트의 압축강도는 24MPa, 철근의 항복강도는 400MPa, 경량 콘크리트계수는 1)

① 405mm   ② 455mm
③ 505mm   ④ 555mm

해설 l_{db}(압축 이형철근의 정착길이)$=\dfrac{0.25d_b f_y}{\lambda \sqrt{f_{ck}}}$

여기서, $d_b=$ D22$=22.225$ mm, $\lambda=1$, $f_y=400$MPa, $f_{ck}=24$MPa이므로

$\therefore l_{db}=\dfrac{0.25\times 22.225\times 400}{1\times \sqrt{24}}=453.67$mm이나,

$0.043d_b f_y=0.043\times 22.225\times 400=382.27$mm **이상**이므로 압축 이형철근의 정착길이는 453.67mm이다.

04 | 최소 수직, 수평 철근비
16④, 14①, 11④, 09②, 08②, 05②

다음 조건을 만족하는 철근콘크리트 벽체의 최소 수직철근량과 최소 수평철근량은 얼마인가? (조건, 벽체 길이 : 3,000mm, 벽체 높이 : 2,600mm, 벽체 두께 : 200mm, $f_y=400$MPa, D16)

① 최소 수직철근량 : 720mm²,
　 최소 수평철근량 : 1,040mm²

② 최소 수직철근량 : 720mm²,
　 최소 수평철근량 : 1,020mm²

③ 최소 수직철근량 : 730mm²,
　 최소 수평철근량 : 1,060mm²

④ 최소 수직철근량 : 730mm²,
　 최소 수평철근량 : 1,040mm²

해설 ㉮ **최소 수직철근 단면적 = 벽체의 수평 단면적(벽의 길이×벽의 두께)×최소 수직철근비**
$=3,000\times 200\times 0.0012=720$mm²

㉯ **최소 수평철근 단면적 = 벽체의 수직 단면적(벽의 높이×벽의 두께)×최소 수평철근비**
$=2,600\times 200\times 0.0020=1,040$mm²

05 | 부계수, 정계수 모멘트
13④, 10②, 07①, 05④, 01②, 00③

보가 있는 2방향 슬래브를 강도설계법에서 직접 설계법으로 계산할 때 $M_0=900$kN·m로 산정되었다. 내부 스팬의 부계수모멘트(kN·m)와 정계수모멘트(kN·m)로 옳은 것은?

① 부계수모멘트 585, 정계수모멘트 315
② 부계수모멘트 630, 정계수모멘트 270
③ 부계수모멘트 315, 정계수모멘트 585
④ 부계수모멘트 270, 정계수모멘트 630

해설 ㉮ **단부의 계수모멘트**$(M_1)=0.65M_0$(계수모멘트)
즉, $M_1=0.65M_0$에서 $M_0=900$kN·m이다.
$\therefore M_1=0.65M_0=0.65\times 900=585$kN·m

㉯ **중앙부의 계수모멘트**$(M_2)=0.35M_0$(계수모멘트)
즉, $M_2=0.35M_0$에서 $M_0=900$kN·m이다.
$\therefore M_2=0.35M_0=0.35\times 900=315$kN·m

정답 01.③ 02.③ 03.② 04.① 05.①

06 | 뚫림전단의 저항면적
13②, 09④, 08④, 99④, 96③

그림과 같은 독립기초에서 뚫림전단(punching shear) 응력도를 계산할 때 검토하는 저항면적으로 합당한 것은?

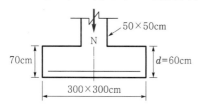

① $25,200\text{cm}^2$ ② $21,600\text{cm}^2$

③ $14,000\text{cm}^2$ ④ $26,400\text{cm}^2$

해설 뚫림전단의 위험단면은 기둥의 끝면에서 사방으로 $d/2$(d : 기초의 춤)만큼 떨어진 곳이므로 저항단면은 다음 그림과 같다. 여기서 $d/2 = 60/2 = 30\text{cm}$이다. 그러므로 위험단면의 크기는 위험단면의 둘레(l_0)×기초의 유효 춤(d)이다.

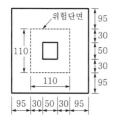

그런데 위험단면의 둘레(l_0) = $4 \times 110 = 440\text{cm}$, 기초의 유효 춤 ($d$) = 60cm이므로
∴ 위험단면의 크기 = 위험단면의 둘레(l_0)×기초의 유효 춤(d)
    = $440 \times 60 = 26,400\text{cm}^2$

07 | 주근의 배근방법
02①, 00②, 98③

그림과 같은 하중 상태에서 주근(主筋)의 배근방법이 옳은 것은?

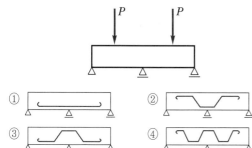

해설 주근의 배근 상태는 휨모멘트도(B.M.D.)와 같고, 배근 상태는 그림 (c)와 같다.

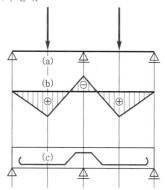

08 | 기본 정착길이
19①, 17①, 16①, 14①, 09②

강도설계법에서 D22 압축철근의 기본 정착길이는? (단, $\lambda = 1$, $f_{ck} = 27\,\text{MPa}$, $f_y = 400\,\text{MPa}$)

① 200.5mm ② 352mm

③ 423.4mm ④ 604.6mm

해설 압축 이형철근의 정착길이

l_{db} (기본 정착길이)

$= \dfrac{0.25d_b(\text{철근의 직경})f_y(\text{철근의 기준 항복강도})}{\lambda\sqrt{f_{ck}}(\text{콘크리트의 기준 압축강도})}$

여기서, $d_b = \text{D}22 = 22.225\text{mm}$, $f_y = 400\text{MPa}$, $f_{ck} = 27\text{MPa}$

∴ $l_{db} = \dfrac{0.25 \times 22.225 \times 400}{1 \times \sqrt{27}} = 427.72\text{mm}$이나,

$0.043d_bf_y = 0.043 \times 22.225 \times 400 = 382.27\text{mm}$ 이상이므로 압축 이형철근의 정착길이는 427.72mm이다.

09 | 슬래브의 최소 두께
12②, 08④ 07①, 06②, 00②

강도설계법의 규준에 의한 양단 연속이고 스팬 4.2m인 1방향 슬래브의 최소 두께는 얼마인가? (단, 처짐을 검토하지 않아도 되며, 보통 콘크리트 사용, f_y는 400MPa)

① 100mm ② 120mm

③ 130mm ④ 150mm

해설 양단 연속인 1방향 슬래브에서 처짐을 계산하지 않는 경우 슬래브의 최소 두께는 $l/28$이다.

∴ 바닥판의 두께 = $\dfrac{\text{스팬}}{28} = \dfrac{420}{28} = 15\text{cm} = 150\text{mm}$

10 | 직접 설계법의 슬래브
22①, 18②, 12②, 02④, 01①

강도설계법에서 직접 설계법을 이용한 슬래브 설계 시 적용조건으로 옳지 않은 것은?

① 각 방향으로 3경간 이상이 연속되어야 한다.
② 슬래브 판들은 단변 경간에 대한 장변 경간의 비가 2 이하인 직사각형이어야 한다.
③ 각 방향으로 연속한 받침부 중심 간 경간 길이의 차이는 긴 경간의 1/3 이하이어야 한다.
④ 모든 하중은 연직하중으로서 슬래브 판 전체에 등분포되어야 하며 활하중은 고정하중의 3배 이하이어야 한다.

해설 슬래브 직접 설계법의 제한사항에 있어서 모든 하중은 연직하중으로서 슬래브 판 전체에 등분포되어야 한다. **활하중은 고정하중의 2배 이하이어야 한다.**

11 | 편심기초의 지반력 균등
20④, 09④, 02②, 98①

기초 설계 시 인접 대지와의 관계로 편심기초를 만들고자 한다. 이때 편심기초의 지반력이 균등하도록 하기 위하여 어떤 방법을 이용하는 것이 적당한가?

① 지중보를 설치한다.   ② 기초 면적을 넓힌다.
③ 기둥을 크게 한다.   ④ 기초 두께를 두껍게 한다.

해설 편심기초의 지반력이 균등하게 분포되도록 하기 위해서는 **지중보를 설치**하는 것이 가장 적당하다.

12 | 철근콘크리트 벽체의 기술
05①, 97②,④, 96②

철근콘크리트 벽체에 관한 기술로서 틀린 것은?

① 두께 200mm 이상의 벽체에 대해서는 수직 및 수평철근을 벽면에 평행하게 양면으로 배치해야 한다.
② 수직 및 수평철근의 간격은 벽두께의 3배 이하, 또한 400mm 이하로 해야 한다.
③ 벽체는 계수 연직 축력이 $0.4A_g f_{ck}$ 이하이고 총수직 철근량이 단면적의 0.01배 이하인 부재를 가리킨다.
④ 지름 16mm 이하의 용접철망이 사용될 경우 벽체의 전체 단면적에 대한 최소 수평철근비는 0.0020이다.

해설 지하실의 외벽을 제외한 **두께 25cm(250mm) 벽체**에 대해서는 철근의 배근을 각 방향으로 **벽면에 평행하게 복배근**한다.

13 | 플랫 슬래브 구조의 기술
04②, 99②, 96②,④

플랫 슬래브(flat slab) 구조에 대한 기술 중 옳지 않은 것은?

① 2방향 배근방식일 경우 슬래브의 두께는 15cm 이상이어야 한다.
② 기둥 상부의 철근이 여러 겹으로 겹쳐지고 두꺼운 바닥판이 되므로 자중이 증대된다.
③ 기둥의 단면 최소 치수는 각 방향의 기둥 중심 거리의 1/30 이상이어야 한다.
④ 내부에 보가 없어 층높이를 낮게 할 수 있고 실내 이용률이 높다.

해설 플랫 슬래브의 기둥 치수는 한 변의 길이 D(원형 기둥에서는 직경)는 그 방향의 기둥 중심 사이의 거리(l)의 1/20 이상, 300mm 이상, 층높이(h)의 1/15 이상 중 최대값을 택하고, **슬래브에 대한 경사가 45° 이하의 주두 부분은 응력 분담을 하지 않는 것으로 본다.**

14 | T형 옹벽의 배근도
01①

그림과 같은 T형 옹벽의 배근도 중 가장 옳은 것은?

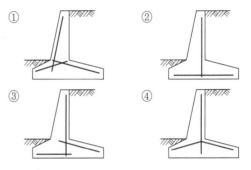

해설 문제 그림에서 인장 및 압축철근은 다음 그림과 같다.

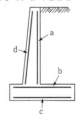

㉮ 인장철근 : a, b, c
㉯ 압축철근 : d
* 철근 배근은 **인장측에 배근**을 한다.

15 | 표준 갈고리 인장철근의 정착
22①, 18②, 17①, 06①

표준 갈고리를 갖는 D22의 인장철근(공칭지름 $d_b = 22.2$mm)의 기본 정착길이는? (단, $f_{ck} = 21$MPa, 도막되지 않은 철근 $f_y = 400$MPa, $\lambda = 1$이다.)

① 100.5mm　　② 153.2mm

③ 465mm　　④ 575mm

해설 l_{hd}(표준 갈고리를 갖는 인장이형철근의 기본 정착길이)

$= \dfrac{0.24\beta d_b f_y}{\lambda \sqrt{f_{ck}}}$ 이다. 다만, 이 값은 **항상 $8d_b$ 이상** 또한 **150mm 이상**이어야 한다. 그러므로,

$l_{hd} = \dfrac{0.24\beta d_b f_y}{\lambda \sqrt{f_{ck}}} = \dfrac{0.24 \times 1 \times 22.2 \times 400}{1 \times \sqrt{21}} = 465.06$mm이고,

$8d_b = 8 \times 22.2 = 177.6$mm 이상 또는 150mm 이상이므로 465.06mm이다.

16 | 슬래브의 최소 두께
99②

허용 응력도 설계법에서 4변 고정인 장방형 슬래브의 $l_x = 3.35$m, $l_y = 5.4$m일 때 슬래브의 최소 두께는 얼마 이상으로 하여야 하는가?

① 9cm　　② 11cm

③ 12cm　　④ 13cm

해설 λ(변장비) $= \dfrac{l_y(\text{장변방향의 순간사이})}{l_x(\text{단변방향의 순간사이})} = \dfrac{5.4}{3.35} = 1.61 \leq 2$

∴ **2방향 바닥판**이다.

㉮ **바닥판 두께**$(t) \geq \dfrac{l_n(\text{장변방향의 순경간})}{36 + 9\beta(\text{변장비})}$

$= \dfrac{540}{36 + 9 \times 1.61}$

$= 10.69$cm

㉯ 8cm 이상

∴ ㉮, ㉯에서 최대값을 택하면 바닥판 두께는 10.69cm 이상이므로 11cm이다.

17 | 3변 고정, 1변 자유 슬래브
98③

그림과 같은 3변 고정, 1변 자유인 슬래브에 등분포하중 작용 시 (A-A) 단면의 주근 배근도 중 옳은 것은?

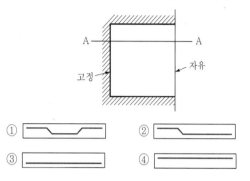

① ② ③ ④

해설 3변 고정, 1변 자유인 철근콘크리트 슬래브에 등분포하중이 작용하면 휨모멘트도는 다음 그림과 같다.

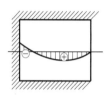

18 | 인장이형철근의 정착길이
19②, 12②, 05④

인장이형철근의 정착길이를 산정할 때 적용되는 보정계수에 해당되지 않는 것은?

① 철근배근위치계수
② 철근도막계수
③ 크리프계수
④ 경량콘크리트계수

해설 인장이형철근의 정착길이를 산정 시 **보정계수**에는 **철근배치위치계수, 철근도막계수** 및 **경량콘크리트계수** 등이 있다.

19 | 전도 방지를 위한 자중
18①, 12②, 97②

그림과 같은 옹벽에 토압 10kN이 가해지는 경우 이 옹벽이 전도되지 않기 위해서는 어느 정도의 자중(自重)을 필요로 하는가?

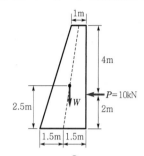

① 11.71kN
② 10.44kN
③ 12.71kN
④ 9.71kN

해설 옹벽의 전도는 옹벽 하단부 좌측 점(A점)을 중심으로 일어나므로 A점에서 일어나는 모멘트의 합이 0이 되어야 한다. 즉, **자중에 의한 휨모멘트와 하중(10kN)에 의한 휨모멘트의 합이 0**이다.

㉮ M_F(하중에 의한 휨모멘트) $= -10 \times 2 = -20 \text{kN} \cdot \text{m}$

㉯ M_W(자중에 의한 휨모멘트) : 자중의 작용선과 A점과의 수직 거리를 구하기 위하여 다음 그림과 같은 삼각형에서 닮음을 이용하면(자중의 작용선 위치를 구하기 위해)

$y : 0.5 = (y+6) : 1.5$에서 $y = 3\text{m}$이고, $3 : 0.5 = 6.5 : x$에서

$x = \dfrac{3.25}{3}$이므로, A점과 자중의 작용선 사이 거리는

$1.5 + (1.5 - x) = 1.5 + \left(1.5 - \dfrac{3.25}{3}\right) = \dfrac{5.75}{3}\text{m}$이므로

$M_W = W(\text{자중}) \times \dfrac{5.75}{3} = \dfrac{5.75}{3}P$이다.

즉, ㉮ + ㉯ $= -20 + \dfrac{5.75}{3}P = 0$

$\therefore P$는 $10.4347 \doteqdot 10.44$kN이다.

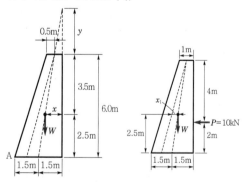

x_1를 구하는 방법을 다음과 같이 생각하여 구할 수 있다.

$3.5 : (3.5 + 2.5) = x_1 : 1$

$\therefore x_1 = \dfrac{3.5}{6}$이므로

W와의 수직 거리 $= \dfrac{15}{6} - \dfrac{3.5}{6} = \dfrac{11.5}{6} = \dfrac{5.75}{3}\text{m}$

20 | 1방향 철근콘크리트 슬래브의 특성
08①, 05①, 98②

1방향 철근콘크리트 슬래브에 관한 설명 중 옳은 것은?

① 1방향 슬래브에서는 정철근 및 부철근에 평행하게 수축·온도 철근을 배치한다.
② 슬래브 끝의 단순 받침부에는 철근을 배치하면 안 된다.
③ 슬래브의 정철근 및 부철근의 중심 간격은 600mm 이하로 해야 한다.
④ 1방향 슬래브의 두께는 최소 100mm 이상으로 해야 한다.

해설 ㉮ 1방향 슬래브에서는 정모멘트 철근 및 부모멘트 철근에 **직각 방향**으로 수축·온도 철근을 배치하여야 한다.
㉯ 슬래브 끝의 단순 받침부에서도 내민 슬래브에 의하여 부모멘트가 일어나는 경우에는 이에 상응하는 **철근을 배치하여야 한다.**
㉰ 슬래브의 정모멘트 철근 및 부모멘트 철근의 중심 간격은 위험단면에서는 **슬래브 두께의 2배 이하**여야 하고, 또한 **300mm 이하**로 하여야 한다. 기타 단면에서는 슬래브 두께의 **3배 이하**로 하고, 또한 **450mm 이하**로 해야 한다.

21 | 슬래브의 주근 배근 형태
07②, 97④

그림과 같은 조건의 슬래브 A-A단면 주근의 배근도 중 합당한 것은?

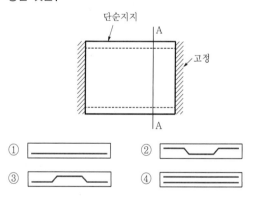

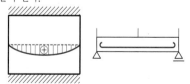

해설 단순지지인 경우의 **휨모멘트도와 철근의 배근도**는 다음 그림과 같이 한다.

22 | 내민보의 배근
01④, 97②

그림과 같은 하중을 받는 내민보의 배근으로 옳은 것은?

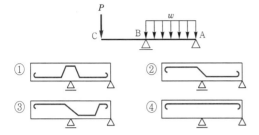

① ② ③ ④

해설 다음 그림에서 알 수 있듯이 CB 부분은 상부에서 인장력을 받으므로 상부에 배근하고 BA 부분은 하부에서 인장력을 받으므로 하부에 배근한다(**휨모멘트도 상태대로 배근한다**).

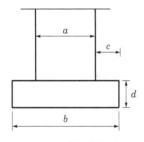

23 | 확대기초의 조건
01④, 98①

그림과 같은 확대기초에 대한 다음 설명에서 올바르게 말한 것은?

1) $a < b$이어야 한다. 2) $c > d$이어야 한다.
3) $a > b$이어야 한다. 4) $c < d$이어야 한다.
5) $a = c$이어야 한다. 6) $a = d$이어야 한다.

① 1)과 4) ② 2)와 5)
③ 3)과 6) ④ 4)와 6)

해설 **확대기초**(상부 수직하중을 하부 지반에 분산시키기 위해 밑면을 확대시킨 기초)는 기초판의 너비≥2×벽두께, 기초판의 두께 =2×벽두께/3, 벽으로부터 기초판의 끝부분까지의 거리는 기초판 두께 미만이어야 하므로 **기초판의 너비>기초판의 두께>벽으로부터 기초판의 끝 부분까지의 거리**이다. 이러한 조건을 만족하는 것은 1)과 4)이다.

24 | 표준 갈고리의 내면 반지름
21④, 18①, 14②

주철근으로 사용된 D22 철근 180° 표준 갈고리의 구부림 최소 내면 반지름(γ)으로 옳은 것은?

① $\gamma = 1\,d_b$ ② $\gamma = 2\,d_b$
③ $\gamma = 2.5\,d_b$ ④ $\gamma = 3\,d_b$

해설 철근의 구부림 최소 내면 반경

주근의 직경	D10~D25	D29~D35	D38 이상	비고
내면 반경	$3d_b$	$4d_b$	$5d_b$	d_b : 주근의 직경

25 | 시간경과계수
20①,②,③

일반 또는 경량콘크리트 휨부재의 크리프와 건조수축에 의한 추가장기처짐 산정과 관련하여 5년 이상일 때 지속하중에 대한 시간경과계수 ξ는 얼마인가?

① 2.4   ② 2.2
③ 2.0   ④ 1.4

해설 시간경과계수

구분	3개월	6개월	12개월	5년 이상
시간경과계수(ξ)	1.0	1.2	1.5	2.0

26 | 슬래브의 하중전달방법
01①, 97②,③

슬래브 중 리브드 슬래브 또는 장선 슬래브(joist slab)와 하중전달방법이 같은 슬래브는?

① 격자 슬래브   ② 보이드 슬래브
③ 플랫 슬래브   ④ $\lambda < 2$인 슬래브

해설 리브드 슬래브, 장선 슬래브, 보이드 슬래브는 1방향 슬래브이고, 격자 슬래브, 플랫 슬래브, $\lambda \le 2$ 슬래브는 2방향 슬래브이다.

27 | 플랫 슬래브의 배근법
01②

플랫 슬래브 구조의 배근방법으로 가장 많이 사용되는 것은?

① 1방향식   ② 2방향식
③ 3방향식   ④ 원형식

해설 **플랫 슬래브의 배근방법**에는 2방향식, 3방향식, 4방향식, 원형 방향식이 있으나 주로 **2방향식과 4방향식이 많이 쓰인다**.

28 | 주근의 배근 간격
00③

허용 응력도 설계법에서 두께 15cm인 슬래브의 주근으로 D10을 사용했을 때 배근 간격의 최대값으로 적당한 것은? (단, D10의 단면적 $a_1 = 0.71cm^2$ 이다.)

① 20cm ② 23cm

③ 27cm ④ 30cm

해설 배근의 최대 간격이므로 최소 철근비가 적용되는데 최소 철근비는 0.2%=0.002이다.

㉮ **최소 철근량**(a_t) $= 100 \times 15 \times 0.002 = 3cm^2$, 즉 1m당 $3cm^2$가 소요된다.

㉯ **1m당 철근의 개수**(n) $= \dfrac{3}{0.71} ≒ 4.23$개

㉰ **철근 간격**(S) $= \dfrac{100}{4.23} = 23.64cm$

∴ 배근 간격의 최대값은 23cm이다.
그런데, 주근의 배근 간격은 20cm 이하이므로 20cm를 택한다.

29 | 독립기초판의 전단 보강
98③

그림과 같은 독립기초판에서 전단 보강이 필요한 경우 우선 하여야 할 것은?

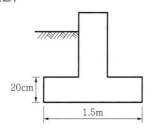

① 전단 보강근을 산출하여 전단 보강을 한다.
② 최소 전단 보강근을 배근하면 된다.
③ 2방향 보 작용을 하는 기초판으로 전단 보강을 한다.
④ 우선 기초판의 두께를 25cm 이상으로 증가시킨다.

해설 **기초판의 윗면부터 하부 철근까지의 깊이**는, 직접기초의 경우에는 **15cm(150mm) 이상**이고, 말뚝기초의 경우에는 30cm(300mm) 이상으로 하여야 하며, 흙에 접하여 콘크리트를 친 후 영구히 흙에 묻혀 있는 **콘크리트의 피복두께는 80mm 이상**이어야 한다. 그러므로, **15cm+8cm=23cm 이상**이므로 기초판의 두께를 **25cm 이상으로 증가시켜야 한다.**

30 | 슬래브의 최소 두께
98①

그림과 같은 4변 고정인 철근콘크리트 슬래브를 산정할 때, 슬래브 두께의 최소값으로 적당한 것은? (단, l_x, l_y는 보의 중심 간 거리이며, 보의 폭은 35cm이다.)

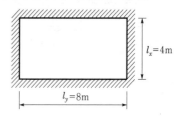

① 8cm ② 10cm

③ 14cm ④ 15cm

해설 **바닥판의 두께 산정**

$\lambda = \dfrac{l_y}{l_x} = \dfrac{800-35}{400-35} = \dfrac{765}{365} ≒ 2.1 > 2$

∴ 1방향 바닥판 공식에 대입하면,

㉮ $t \geq \dfrac{l(\text{단변방향의 보 중심 간 거리})}{28} = \dfrac{400}{28} = 14.29cm$ 이상

㉯ **8cm 이상**

∴ ㉮, ㉯의 최대값을 취하면 바닥판의 두께는 14.29cm 이상이므로 15cm이다.

31 | 플랫플레이트 슬래브의 정의
19②, 99④

보 또는 보의 역할을 하는 리브나 지판이 없이 기둥으로 하중을 전달하는 2방향으로 철근이 배치된 콘크리트 슬래브는?

① 워플 슬래브(Waffle slab)
② 플랫플레이트(Flat plate)
③ 플랫 슬래브(Flat slab)
④ 데크플레이트 슬래브(Deck plate slab)

해설 **워플(격자) 슬래브**는 하중을 감소하기 위하여 함지를 엎어놓은 듯한 거푸집을 이용하여 공동을 형성하여 두 방향 장선구조를 만들어 응력에 저항하도록 한 슬래브이다. **플랫 슬래브**는 건축물의 외부보를 제외하고는 내부에는 보 없이 바닥판으로만 구성하며, 그 하중은 직접 기둥에 전달하는 구조로서 기둥 상부에는 주두 모양으로 확대하며 그 위에 받침판을 두어 바닥판을 지지하는 슬래브이다. **데크플레이트 슬래브**는 얇은 강판을 골모양을 내어 만든 바닥판이다.

32 | 순간 처짐의 한계
22②, 18④

과도한 처짐에 의해 손상되기 쉬운 비구조요소를 지지 또는 부착하지 않은 바닥구조의 활하중 L에 의한 순간처짐의 한계는?

① $\dfrac{l}{180}$ ② $\dfrac{l}{240}$

③ $\dfrac{l}{360}$ ④ $\dfrac{l}{480}$

해설 최대 허용처짐(표 0504.3.2.)

부재의 형태	고려해야 할 처짐	처짐한계
과도한 처짐에 의해 손상되기 쉬운 비구조요소를 지지 또는 부착하지 않은 평지붕구조	활하중 L에 의한 순간처짐	$\dfrac{l}{180}$[1)]
과도한 처짐에 의해 손상되기 쉬운 비구조요소를 지지 또는 부착하지 않은 바닥구조	활하중 L에 의한 순간처짐	$\dfrac{l}{360}$
과도한 처짐에 의해 손상되기 쉬운 비구조요소를 지지 또는 부착한 지붕 또는 바닥구조	전체 처짐 중에서 비구조요소가 부착된 후에 발생하는 처짐 부분(모든 지속하중에 의한 장기처짐과 추가적인 활하중에 의한 순간처짐의 합)[3)]	$\dfrac{l}{480}$[2)]
과도한 처짐에 의해 손상될 염려가 없는 비구조요소를 지지 또는 부착한 지붕 또는 바닥구조		$\dfrac{l}{240}$[4)]

주) 1) 이 제한은 물 고임에 대한 안전성을 고려하지 않았다. 물 고임에 대한 적절한 처짐 계산을 검토하되, 고인 물에 대한 추가처짐을 포함하여 모든 지속하중의 장기적 영향, 솟음, 시공오차 및 배수설비의 신뢰성을 고려하여야 한다.
2) 지지 또는 부착된 비구조요소의 피해를 방지할 수 있는 적절한 조치가 취해지는 경우에 이 제한을 초과할 수 있다.
3) 장기처짐은 0504.3.1.5 또는 0504.3.3.2에 따라 정해지나 비구조요소의 부착 전에 생긴 처짐량을 감소시킬 수 있다. 이 감소량은 해당 부재와 유사한 부재의 시간-처짐특성에 관한 적절한 기술자료를 기초로 결정하여야 한다.
4) 비구조요소에 의한 허용오차 이하이어야 한다. 그러나 전체 처짐에서 솟음을 뺀 값이 이 제한값을 초과하지 않도록 하면 된다. 즉 솟음을 했을 경우에 이 제한을 초과할 수 있다.

33 | 갈고리의 소요정착길이
21①, 14②

다음 그림과 같이 D16 철근이 90° 표준갈고리로 정착되었다면 이 갈고리의 소요정착길이(l_{hb})는 약 얼마인가?

[조건]
- $l_{hb} = \dfrac{0.24\beta d_b f_y}{\lambda \sqrt{f_{ck}}}$
- 철근도막계수 : 1
- 경량콘크리트계수 : 1
- D16의 공칭지름 : 15.9mm
- f_{ck} : 21MPa
- f_y : 400MPa

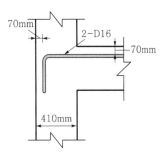

① 233mm ② 243mm

③ 253mm ④ 263mm

해설 l_{dh}(소요정착길이)$= l_{hd}$(표준정착길이)$\times$보정계수에서 콘크리트의 피복두께에 대한 보정계수는 0.7이다.

여기서, $l_{hb} = \dfrac{0.24\beta d_b f_y}{\lambda \sqrt{f_{ck}}}$, $\beta = 1$, $d_b = 15.9$, $f_y = 400\text{MPa}$, $f_{ck} = 21\text{MPa}$, $\lambda = 1$이므로

$$\therefore \ l_{hb} = \dfrac{0.24\beta d_b f_y}{\lambda \sqrt{f_{ck}}} \times 보정계수$$
$$= \dfrac{0.24 \times 1 \times 15.9 \times 400}{1 \times \sqrt{21}} \times 0.7$$
$$= 233.16\text{mm}$$

34 | 수축·온도 철근비
20④, 17②

1방향 철근콘크리트 슬래브에서 철근의 설계기준항복강도가 500MPa인 경우 콘크리트 전체 단면적에 대한 수축·온도 철근비는 최소 얼마 이상이어야 하는가? (단, KCI2012기준, 이형철근 사용)

① 0.0015 ② 0.0016

③ 0.0018 ④ 0.0020

해설 1방향 슬래브의 수축·온도 철근

수축·온도 철근으로 배근되는 이형철근 및 용접철망은 다음의 철근비 이상으로 하여야 하나, 어떤 경우에도 0.0014 이상이어야 하며, 수축·온도 철근비는 콘크리트 전체 단면적에 대한 수축·온도 철근단면적 비로 한다.

㉮ 설계기준강도가 400MPa이하인 이형철근을 사용한 슬래브 : 0.0020

㉯ 설계기준강도가 400MPa를 초과하는 이형철근 또는 용접철망을 사용한 슬래브 : $0.0020\dfrac{400}{f_y}$

㉯에 의해서, $0.0020\dfrac{400}{f_y} = 0.0020 \times \dfrac{400}{500} = 0.0016 \geqq 0.0014$ 이다.

---

35 | 인장이형철근 및 압축이형철근의 정착길이 기준
21②, 17③

인장이형철근 및 압축이형철근의 정착길이(l_d)에 관한 기준으로 옳지 않은 것은? (단, KBC2016 기준)

① 계산에 의하여 산정한 인장이형철근의 정착길이는 항상 250mm 이상이어야 한다.

② 계산에 의하여 산정한 압축이형철근의 정착길이는 항상 200mm 이상이어야 한다.

③ 인장 또는 압축을 받는 하나의 다발철근 내에 있는 개개 철근의 정착길이 l_d는 다발철근이 아닌 경우의 각 철근의 정착길이보다 3개의 철근으로 구성된 다발철근에 대해서 20%를 증가시켜야 한다.

④ 단부에 표준갈고리가 있는 인장이형철근의 정착길이는 항상 $8d_b$ 이상 또한 150mm 이상이어야 한다.

해설 인장이형철근 및 이형철선의 정착길이는 항상 300mm 이상이어야 한다.

---

36 | 슬래브의 최소 두께
15②, ④

다음과 같은 조건의 1방향 슬래브에서 처짐을 계산하지 않고 정할 수 있는 슬래브의 최소 두께는?

- 중심스팬 : 4,200mm
- 양단 연속
- 보통 콘크리트와 설계기준 복합강도 400MPa 철근 사용

① 150mm
② 180mm
③ 200mm
④ 220mm

해설 양단 연속인 1방향 슬래브에서 처짐을 계산하지 않는 경우 슬래브의 최소 두께는 $l/28$이다.

∴ 바닥의 두께 = $\dfrac{스팬}{28} = \dfrac{4,200}{28} = 150\text{mm}$

---

37 | 정적 모멘트
15④, 11②

다음 그림과 같은 슬래브에서 직접 설계법에 의한 설계모멘트를 결정하고자 한다. 화살표 방향 패널 중 빗금친 부분의 정적모멘트 M_o를 구하면? (단, 등분포 고정하중 $w_D = 7.18\text{kPa}$, 등분포 활하중 $w_L = 2.39\text{kPa}$이 작용하고 있으며, 기둥의 단면은 300mm×300mm이다.)

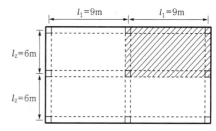

① 406.2kN · m
② 506.2kN · m
③ 706.2kN · m
④ 806.2kN · m

해설 정적모멘트$(M_o) = \dfrac{w_u \, l_2 \, l_n^2}{8}$

여기서, w_u : 계수하중
l_2 : 단변방향의 스팬
l_n : 장변방향의 순간사이

$w_u = 1.2D + 1.6L = 1.2 \times 7.18 + 1.6 \times 2.39 = 12.44\text{kPa}$

∴ $M_o = \dfrac{w_u \, l_2 \, l_n^2}{8} = \dfrac{12.44 \times 6 \times 8.7^2}{8} = 706.1877\text{kN} \cdot \text{m}$

---

38 | 인장이형철근 및 이형철선
11④, 08④

KBC 2009 기준에 따른 인장이형철근 및 이형철선의 정착길이 l_d의 최소값은?

① 150mm
② 200mm
③ 250mm
④ 300mm

해설 l_{db}(인장이형철근 및 이형철선의 기본 정착길이)$= \dfrac{0.6d_b f_y}{\lambda \sqrt{f_{ck}}}$이고,

l_d(인장이형철근 및 이형철선의 정착길이)=보정계수×l_{db}(기본 정착길이)이다. 다만, l_d는 항상 300mm 이상이어야 한다.

---

39 | 프리스트레스트 구조의 정의
08①, 05②

외력에 의해 발생하는 부재 내의 응력에 대응하여 미리 부재 내에 응력을 넣어 외력에 대응토록 하는 원리로 만든 구조는?

① 입체 트러스 구조
② 현수식 구조
③ 프리스트레스트 구조
④ 프리캐스트 구조

해설 **입체 트러스 구조**는 트러스 구조를 입체형태로 구성한 구조이고, **현수식 구조**는 케이블, 망 및 금속 등으로 만든 구조이다. **프리캐스트 구조**는 공장에서 고정시설을 가지고 소요 부재(기둥, 보, 바닥판 등)를 철재 거푸집에 의해 제작하고, 고온다습한 증기 보양실에서 단기 보양하여 기성 제품화한 구조이다.

40 | 인장이형철근의 정착길이
07①, 00③

강도설계법에서 D25 인장철근의 기본 정착길이로 옳은 것은? (단, D25 직경은 25.4mm $f_{ck}(f_c')$ = 24MPa, f_y = 400MPa, $\lambda = 1$이다.)

① 1,204mm
② 1,224mm
③ 1,244mm
④ 1,264mm

해설 l_{db}(인장이형철근 및 이형철선의 기본 정착길이) $= \dfrac{0.6d_b f_y}{\lambda \sqrt{f_{ck}}}$ 이고,

l_d(인장이형철근 및 이형철선의 정착길이) = 보정계수 × l_{db}(기본 정착길이)이다. 다만, l_d는 항상 300mm 이상이어야 한다.

그러므로, $l_{db} = \dfrac{0.6d_b f_y}{\lambda \sqrt{f_{ck}}} = \dfrac{0.6 \times 25.4 \times 400}{1 \times \sqrt{24}} = 1,244.34$mm

41 | 슬래브의 최대 부모멘트
05①, 96③

그림과 같은 4변 고정 슬래브에 10kN/m²의 하중이 작용한다면 최대 부모멘트는?

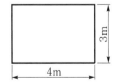

① -4.9kN·m/m
② -5.7kN·m/m
③ -6.3kN·m/m
④ -7.5kN·m/m

해설 주변 고정 바닥판의 휨모멘트

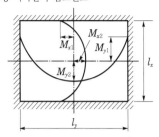

㉮ 단부 : $M_{x1} = -\dfrac{1}{12}\omega_x l_x^2 = -\dfrac{1}{12}\dfrac{l_y^4}{l_x^4 + l_y^4}\omega l_x^2$

㉯ 중앙부 : $M_{x2} = \dfrac{1}{18}\omega_x l_x^2 = \dfrac{1}{18}\dfrac{l_x^4}{l_x^4 + l_y^4}\omega l_x^2$

㉮에 의해서 $M_{x1} = -\dfrac{1}{12}\dfrac{l_y^4}{l_x^4 + l_y^4}\omega l_x^2$

$= -\dfrac{1}{12} \times \dfrac{4^4}{3^4 + 4^4} \times 10 \times 3^2$

$= -5.697$kN·m/m

42 | T형 옹벽의 배근
02④, 01②

그림의 철근콘크리트 옹벽의 철근 배근에서 다른 철근에 비해 없어도 되는 것은?

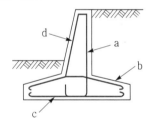

① a철근
② b철근
③ c철근
④ d철근

해설 철근 배근은 인장측에 배근을 하고, 인장철근의 종류에는 a, b, c 등이 있고, **압축철근**은 d이므로 **d철근**이다.

43 | 프리스트레스트 콘크리트
02④, 00②

프리스트레스트 콘크리트에 관한 기술 중 틀린 것은?

① 프리스트레스를 주면 콘크리트의 인장응력도에 의한 균열을 방지할 수 있다.
② 기둥과 같은 압축력을 받는 부재는 프리스트레스를 주면 불리하게 될 경우도 있다.
③ 프리스트레스를 주어서 부재의 처짐량을 조정할 수 있다.
④ 프리스트레스를 주어 사용하면 저강도 콘크리트도 압축강도가 크게 된다.

해설 프리스트레스트 콘크리트 구조에 사용되는 콘크리트는 PC 강재에 의해 높은 압축응력이 가해지기 때문에 고강도이면서 수축 또는 크리프 등의 변형이 적은 균일하고, 고강도 품질의 콘크리트가 요구된다.

44 | 배력근에 관한 기술
02④

배력근에 대한 기술 중에서 부적당한 것은?

① 주근의 위치를 확보해 준다.
② 전단력에 대한 보강근이다.
③ 건조수축에 의한 균열을 방지해 준다.
④ 하중을 고르게 분포시킨다.

해설 배력근(부근)은 인장력과 휨모멘트에 저항하고, 전단력 보강과는 무관하다.

45 | 독립 옹벽의 응력 감소 대책
01③, 96②

그림과 같은 독립 옹벽에서 A 부분을 설치함으로써 가장 구조물의 응력이 줄어드는 부분은?

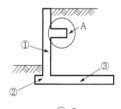

① 1
② 2
③ 3
④ 3의 자유단

해설 A 부분은 독립 옹벽의 미끄러짐을 방지하기 위하여 설치하는 것으로 ①번 부재의 응력이 줄어드는 현상이 일어난다.

46 | 2방향 슬래브에 관한 기술
00②

허용 응력도 설계법에서 철근콘크리트 2방향 슬래브에 관한 기술 중 틀린 것은?

① 휨모멘트에 대한 단면 산정은 장·단 두 방향에 대해 산정한다.
② 장변 방향의 철근은 직경 9mm 이상으로 배근 간격은 슬래브 두께의 2배 이하, 25cm 이하로 한다.
③ 단변 방향의 인장철근은 직경 9mm 이상으로 주간대에서의 배근 간격은 20cm 이하로 한다.
④ 슬래브의 두께는 8cm 이상이어야 한다.

해설 장변 방향의 철근은 직경 9mm(D10) 이상으로 배근 간격은 슬래브 두께의 3배 이하, 30cm 이하로 한다.

47 | 기둥 단면의 최소 치수
00①

플랫 슬래브 구조에서 기둥의 단면 최소 치수 결정 시 틀린 것은?

① 층고 h의 1/15 이상
② 30cm 이상
③ 각 방향의 기둥 중심거리 l_x, l_y의 1/20 이상
④ 슬래브 두께의 2배 이상

해설 플랫 슬래브 구조의 기둥 단면은 슬래브의 두께와 무관하다.

48 | 연속보 배근에 관한 기술
18②

등분포하중을 받는 두 스팬 연속보인 B_1 RC보 부재에서 Ⓐ, Ⓑ, Ⓒ지점의 보 배근에 관한 설명으로 옳지 않은 것은?

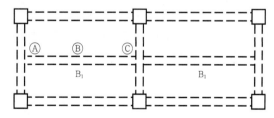

① Ⓐ 단면에서는 하부근이 주근이다.
② Ⓑ 단면에서는 하부근이 주근이다.
③ Ⓐ 단면에서의 스터럽 배치간격은 Ⓑ 단면에서의 경우보다 촘촘하다.
④ Ⓒ 단면에서는 하부근이 주근이다.

해설 보 B1은 **양단고정보**이므로 양단부에서는 주근은 상단에, 늑근은 촘촘하게 배근하고, 중앙부에서는 주근은 하단에, 늑근은 양단부에 비해 느슨하게 배근한다. 그러므로 ㅁ **단면은 단부**이므로 주근은 상부근이다.

49 │ 압축이형철근의 정착길이
20④

압축이형철근(D19)의 기본정착길이를 구하면? (단, 보통 콘크리트 사용, D19의 단면적 : 287mm², f_{ck} = 21MPa, f_y = 400MPa)

① 674mm　　　　　② 570mm
③ 482mm　　　　　④ 415mm

해설 d_b = D19 = 19.05mm, f_y = 400MPa, f_{ck} = 21MPa이므로
l_{db} (**기본정착길이**)

$= \dfrac{0.25 d_b (철근의 직경) f_y (철근의 기준항복강도)}{\lambda \sqrt{f_{ck}} (콘크리트의 기준압축강도)}$

$= \dfrac{0.25 \times 19.05 \times 400}{1 \times \sqrt{21}} = 415.705$mm이나

$0.043 d_b f_y = 0.043 \times 19.05 \times 400 = 327.66$mm **이상**이므로 압축이형철근의 정착길이는 415.71mm이다.

④ 철근콘크리트구조의 사용법

01 │ 장기 처짐 증가율
00②, 97④

아래와 같은 보에서 콘크리트의 수축과 크리프에 의한 장기처짐 증가율이 가장 적은 보는?

① 　　②

③ 　　④

해설 철근콘크리트보에서 **보의 장기처짐**=순간탄성처짐×λ_Δ (**장기추가처짐률**)이므로 장기추가처짐률이 클수록 장기처짐이 커짐을 알 수 있다.

그런데 λ_Δ (**장기추가처짐률**)=$\dfrac{\xi}{1+50\rho'}$ 에서 ξ(시간경과계수)는 일정하므로 ρ'(압축철근비)=$\dfrac{a_c (압축철근 단면적)}{b(보의 폭) d(보의 유효춤)}$ 가 클수록 장기처짐이 작아지는 것을 알 수 있어 ④항으로 오인할 수 있다. 그러나 복근철근비$\left(=\dfrac{압축철근비}{인장철근비}\right)$의 값이 1을 초과할 수 없으므로 ②항이 가장 장기처짐이 작은 것을 알 수 있다.

02 │ 총처짐량
21①, 14④

철근콘크리트 단순보에서 순간탄성처짐이 0.9mm이었다면 1년 뒤 이 부재의 총처짐량을 구하면? (단, 시간경과계수 ξ=1.4, 압축철근비 ρ' = 0.01071)

① 1.52mm　　　　　② 1.72mm
③ 1.92mm　　　　　④ 2.12mm

해설 총침량=순간탄성처짐 + 장기추가처짐
　　　　　=순간탄성처짐 + (순간탄성처짐×장기추가처짐률)
그런데 λ_Δ (장기추가처짐률)=$\dfrac{\xi}{1+50\rho'}$=$\dfrac{1.4}{1+50 \times 0.01071}$
=0.911755이고, 순간탄성처짐은 0.9mm이다.
∴ 총침하량=순간탄성처짐 + (순간탄성처짐×장기추가처짐률)
　　　　　=0.9+0.9×0.911755
　　　　　=1.7206mm

03 | 장기처짐량
21④

압축철근 $A_s' = 2,400\text{mm}^2$로 배근된 복철근보의 탄성처짐이 15mm라 할 때 지속하중에 의해 발생되는 5년 후 장기처짐은? (단, $b = 300\text{mm}$, $d = 400\text{mm}$, 5년 후 지속하중재하에 따른 계수 $\xi = 2.0$)

① 9mm   ② 12mm

③ 15mm   ④ 30mm

해설 총침하량＝단기처짐량＋장기처짐량

$\rho'(\text{압축철근비}) = \dfrac{2,400}{300 \times 400} = 0.02$

$\lambda = \dfrac{\xi}{1+50\rho'} = \dfrac{2}{1+50 \times 0.02} = 1$

∴ 장기처짐량 ＝ 단기처짐량 × λ
$= 15 \times 1 = 15\text{mm}$

04 | 총처짐량
17②, 13②

단근보에서 하중이 재하됨과 동시에 순간 처짐이 20mm가 발생되었다. 이 하중이 5년 이상 지속되는 경우 총처짐량은 얼마인가? (단, $\lambda = \dfrac{\xi}{1+50\rho'}$ 이고 지속하중에 의한 시간 경과계수 ξ는 2이다.)

① 30mm   ② 40mm

③ 60mm   ④ 80mm

해설 총침하량＝단기처짐량＋장기처짐량

장기처짐량 ＝ 단기처짐량 × $\lambda\left(=\dfrac{\xi}{1+50\rho'}\right)$ 이고, ρ'은 단근보인데 압축철근이 없으므로 $\rho' = 0$이다.

∴ $\lambda = \dfrac{\xi}{1+50\rho'} = \dfrac{2}{1+50 \times 0} = 2$이다.

∴ 총침하량 ＝ 단기처짐량 ＋ 장기처짐량 ＝ $20 + (20 \times 2)$
$= 60\text{mm}$

05 | 철근콘크리트보의 처짐의 기술
07④, 04②

철근콘크리트보의 처짐에 관한 기술 중 틀린 것은?

① 단순보의 높이가 $l/16$보다 큰 경우에는 처짐 계산이 필요없다(l은 보의 스팬).

② 처짐 계산 시에 필요한 단면 2차 모멘트 계산 시 콘크리트 부분은 전단면에 적용시킨다.

③ 지속하중에 의한 건조수축 및 크리프는 하중이 구조물에 처음 재하될 때 일어나는 처짐 외에 추가 처짐의 원인이 된다.

④ 장기 처짐은 재하기간, 압축철근의 양 등에 의하여 영향을 받는다.

해설 처짐 계산 시에 필요한 단면 2차 모멘트 계산 시 콘크리트 부분은 비균열 단면의 경우에는 전체 단면, 균열 단면의 경우에는 유효 환산 또는 균열 환산 단면을 적용시킨다.

| 철골구조 계획 |

빈도별 기출문제

❶ 철골구조의 일반사항

01 | 강도 한계상태의 요소
20①,②,④, 14①, 11②

한계상태 설계법에 따라 강구조물을 설계할 때 고려되는 강도 한계상태가 아닌 것은?

① 기둥의 좌굴
② 접합부 파괴
③ 피로파괴
④ 바닥재의 진동

해설 한계상태 설계법의 기본적인 표현은 외적인 **하중계수**(≥1), 부재의 하중 효과, **설계저항계수**(≤1), 이상적인 내력 상태의 공칭(설계)강도 등이다. **강도 한계상태의 요소**에는 골조의 불안정성, **기둥의 좌굴**, 보의 횡좌굴, **접합부 파괴**, 인장부재의 전단면 항복, 피로파괴, 취성파괴 등이 있고, **사용성 한계상태의 요소**에는 부재의 과다한 탄성변형과 잔류변형, **바닥재의 진동**, 장기변형 등이다.

02 | 소성설계의 영향 요소
20④, 09④, 02①, 00③

철골조의 소성설계와 관계없는 항목은?

① 소성 힌지
② 안전율
③ 붕괴기구
④ 형상계수

해설 **소성설계**는 소성 힌지(부재의 전체 단면이 소성상태일 때 이론상으로 무한한 변형이 허용되는 지점), **소성 단면계수**, 붕괴기구(소성 힌지가 발생하여 붕괴에 이르는 과정), 형상계수(항복모멘트에 대한 소성모멘트의 비로 $\frac{소성모멘트}{항복모멘트}$) 및 하중계수(탄성하중에 의한 안전율×형상계수)와 관계가 깊고, 응력도의 **경화영역**, 안전율 및 **전단 중심**과는 **무관**하다.

03 | 바우싱거 효과
20①,②, 15②, 09①

강재의 응력−변형도 시험에서 인장력을 가해 소성 상태에 들어선 강재를 다시 반대 방향으로 압축력을 작용하였을 때의 압축 항복점이 소성상태에 들어서지 않은 강재의 압축 항복점에 비해 낮은 것을 볼 수 있는데 이러한 현상을 무엇이라 하는가?

① 류더스선(Luder's line)
② 바우싱거 효과(Baushinger's effect)
③ 소성 흐름(plastic flow)
④ 응력집중(stress concentration)

해설 **응력집중**은 모재 또는 용접부에 형상적인 노치나 조직의 불연속이 있을 때, 응력이 이곳에 국부적으로 집중되는 현상 또는 부재의 단면이 급격히 변화하는 경우 그 부분에 응력이 집중되는 현상이다. **소성 흐름**은 소성역에 있으며, 응력이 일정한 상태에서 변형이 증대되는 현상이다.

04 | 서로 관계되는 요소
20①,②, 12②, 98②

다음 용어 중 서로 관련이 가장 적은 것은?

① 기둥−메탈 터치(metal touch)
② 인장가새−턴 버클(turn buckle)
③ 주각부−거싯 플레이트(gusset plate)
④ 중도리−새그 로드(sag rod)

해설 **거싯 플레이트**(gusset plate)는 **철골구조의 절점**에 있어 부재의 접합에 덧대는 연결 보강용 강판으로 주로 보에 사용하는 보강판이다.

05 | 소성설계의 영향 요소
17①, 11②, 08④

다음 중 철골구조의 소성설계와 관계 없는 것은?

① 형상계수(form factor)
② 소성 힌지(plastic hinge)
③ 붕괴기구(collapse mechanism)
④ 전단중심(shear center)

해설 소성설계는 소성 힌지, 소성 단면계수, 붕괴기구, 형상계수 및 하중계수와 관계가 깊고, 응력도의 경화 영역, 안전율 및 전단 중심과는 무관하다.

06 | SN강재의 정의
16④, 13①, 10④

건축구조용 압연강이라 하며, 건축물의 내진 성능을 확보하기 위하여 항복점의 상한치 제한 등에 의한 품질의 편차를 줄이고, 용접성 및 냉간가공성을 향상시킨 강재는?

① SN강재
② SM강재
③ TMCP강재
④ SS강재

해설 SM강재는 용접구조용 압연강재로서 SM 490 B 강재의 기호 B는 충격 흡수 에너지를 제한하는 값에 대한 기호이고, TMCP 강재는 두께가 40mm 이상 80mm 이하의 후판인 경우라도 항복강도의 변화가 없고, 용접성이 우수하여 현장용접 이음에 대한 내응력이 우수한 강재이며, SS강재는 일반구조용 압연강재이다.

07 | 소성설계의 영향 요소
15①, 01②, 96①

철골구조에서 소성설계와 관계 없는 항목은?

① 하중계수
② 소성 힌지
③ 붕괴기구
④ 응력도의 경화영역

해설 소성설계는 구조물이나 부재에 있어서 재료의 소성적 성질에 근거하여 극한강도 하중 또는 붕괴 하중을 구하기 위한 설계 방법이다. 소성 힌지, 소성 단면계수, 붕괴기구, 형상계수 및 하중계수와 관계가 깊고, 응력도의 경화영역, 안전율 및 전단 중심과는 무관하다.

08 | 장스팬 구조 계획 시 사항
19②, 10②

다음 중 저층 강구조 장스팬 건물의 구조 계획에서 고려해야 할 사항과 가장 관계가 적은 것은?

① 스팬, 층고, 지붕 형태 등 건물의 형상 선정
② 적정한 골조 간격의 선정
③ 강절점, 활절점, 볼트접합 등의 부재접합 방법 선정
④ 풍하중에 의한 횡변위 고려

해설 풍하중에 의한 횡변위 고려는 초고층, 고층, 단스팬의 건축물이다.

09 | 강구조 이음부 구조 세칙
12②, 10①

한계상태 설계법에 따른 강구조 이음부에 대한 설계 세칙 중 옳지 않은 것은?

① 응력을 전달하는 단속 모살용접 이음부의 길이는 모살 사이즈의 15배 이상 또한 50mm 이상을 원칙으로 한다.
② 응력을 전달하는 겹침이음은 2열 이상의 모살용접을 원칙으로 한다.
③ 고장력볼트의 구멍 중심 간 거리는 공칭직경의 2.5배 이상으로 한다.
④ 고장력볼트의 구멍 중심에서 볼트 머리 또는 너트가 접하는 재의 연단까지 최대 거리는 판두께의 12배 이하 또한 150mm 이하로 한다.

해설 응력을 전달하는 단속 모살용접 이음부의 길이는 모살 사이즈의 10배 이상 또한 30mm 이상을 원칙으로 하고, 응력을 전달하는 겹침이음은 2열 이상의 모살용접을 원칙으로 한다. 겹침 길이는 얇은 쪽 판두께의 5배 이상 또는 25mm 이상 겹치게 해야 한다.

10 | 강구조에 관한 기술
18④, 07②

강구조에 관한 설명으로 옳지 않은 것은?

① 장스팬의 구조물이나 고층구조물에 적합하다.
② 재료가 불에 타지 않기 때문에 내화성이 크다.
③ 강재는 다른 구조재료에 비하여 균질도가 높다.
④ 단면에 비하여 부재길이가 비교적 길고 두께가 얇아 좌굴하기 쉽다.

해설 강(철골)구조의 특징 중 불연성은 있으나 고열에 저항하는 성질인 내화성이 낮은 점이 단점의 하나이다.

11 | 강종의 표시기호
12④, 08④

강재 SM355A에 대한 설명 중 옳지 않은 것은?

① SM은 용접구조용 강재임을 의미한다.
② 기호의 끝 알파벳은 충격흡수에너지시험 보증값에 따라 규정된다.
③ 기호의 끝 알파벳은 A · B · C의 순으로 용접성이 양호함을 의미한다.
④ 최저 인장강도가 355N/mm^{2}임을 나타낸다.

해설 SM355BWNZC에서 구조용 강재 표시법의 의미는 SM(강재의 명칭), 355(강재의 최저 항복강도, MPa), B(샤르피 흡수에너지 등급), W(내후성 등급), N(열처리의 종류), ZC(내라멜라테어 등급)을 나타낸다.

12 | 철골구조에 관한 기술
08①, 03④

철골구조에 관한 기술에서 옳지 않은 것은?

① 고열에 강하며, 내화성이 높다.
② 철근콘크리트구조에 비해 경량이다.
③ 수평력에 대해 강하다.
④ 대규모 건축물이 가능하다.

해설 철골구조는 고열에 약하며, 내화성이 낮다.

13 | 판의 허용 휨응력도
01④

철골구조에서 베이스 플레이트 등 면외 휨을 받는 판의 허용 휨응력도는?

① $f_{b1} = f_y / 1.3$

② $f_{b1} = f_y / 1.5$

③ $f_{b1} = f_y / 1.5\sqrt{3}$

④ $f_{b1} = f_y / 1.1$

해설 베어링 플레이트 등 면외로 휨을 받는 판의 허용 휨응력도
$f_{b1} = f_y / 1.3$
력도의 경화영역, 안전율 및 전단 중심과는 무관하다.

14 | 철골구조에 관한 기술
00③

철골조의 기술 중 옳지 않은 것은?

① 철골구조의 판너비-두께비는 인장력과 관계가 있다.
② 춤이 높고 폭이 작을수록 횡좌굴이 일어나기 쉽다.
③ 횡좌굴은 휨모멘트로 인한 압축응력과 관계가 있다.
④ 같은 단면이라도 사용방법에 따라 횡좌굴이 일어나기도 하고 일어나지 않기도 한다.

해설 철골구조 부재의 판폭과 두께비는 **압축력에 의한 좌굴과 관계**가 있고, 횡좌굴은 춤이 높고 폭이 작을수록 일어나기 쉬우며, 휨모멘트로 인한 압축응력과 관계가 있다. 또한, 같은 단면이라도 사용방법에 따라 횡좌굴이 일어나기도 하고 일어나지 않기도 한다.

15 | 철골구조에 관한 기술
00③

철골구조에 관한 기술 중 옳지 않은 것은?

① 판보(plate girder)에서 웨브 플레이트의 좌굴을 방지하기 위하여 스티프너(stiffner)를 댄다.
② 판보의 커버 플레이트(cover plate)는 플랜지 단면을 크게 하여 주며 전단력에 대한 저항을 높여준다.
③ 트러스(truss)의 설계에 있어서 중도리는 절점 위에 두는 것이 가장 좋다.
④ 트러스 접합에 쓰이는 거싯 플레이트(gusset plate)의 두께는 보통 9mm 정도이다.

해설 판보의 **커버 플레이트**는 플랜지의 단면을 증가시키고, 단면의 증가는 단면 2차 모멘트의 증가와 아울러 **휨모멘트에 대한 저항성을 높여 주는 역할**을 한다. 또한, 트러스의 설계에 있어서 중도리는 절점 위에 두는 것이 좋고, 거싯 플레이트의 두께는 보통 9mm 정도이다.

16 | 강종의 표시기호
19②

다음 강종표시기호에 관한 설명으로 옳지 않은 것은? (단, KS 강종기호 개정사항 반영)

SMA	355	B	W
↓	↓	↓	↓
(가)	(나)	(다)	(라)

① (가) : 용도에 따른 강재의 명칭 구분
② (나) : 강재의 인장강도 구분
③ (다) : 충격흡수에너지등급 구분
④ (라) : 내후성등급 구분

해설 강재의 일반적인 표시기호

SMA	355	B	W	N	ZC
㉠	㉡	㉢	㉣	㉤	㉥

㉠ 강재의 명칭(강종)
㉡ 강재의 항복강도(최저)
㉢ 샤르피흡수에너지등급
㉣ 내후성등급
㉤ 열처리등급
㉥ 내라멜라티어등급

❷ 철골구조 설계

01 | 주각부의 구성요소
22②, 19④, 18④, 11④, 09①,②, 99④

철골구조 주각부의 구성요소가 아닌 것은?

① 커버 플레이트
② 앵커볼트
③ 윙 플레이트
④ 베이스 플레이트

[해설] 철골구조의 주각부는 기둥이 받는 내력을 기초에 전달하는 부분으로 윙 플레이트(힘의 분산을 위함), 베이스 플레이트(힘을 기초에 전달함), 기초와의 접합을 위한 클립앵글, 사이드앵글 및 앵커볼트를 사용한다. **커버 플레이트는 철골구조의 판보에 설치하여 단면계수를 증대시키므로 휨내력의 부족을 보충하는 역할을 한다.**

02 | 중간 스티프너의 사용 목적
07①, 06④, 04④, 01①, 96③

철골 플레이트보에서 중간 스티프너(stiffner)를 사용하는 주된 목적은?

① 웨브 플레이트(web plate)에 생기는 휨모멘트에 저항하기 위해
② 플랜지 앵글(flange angle)의 단면을 작게 하기 위해
③ 플랜지 앵글의 리벳 간격을 넓게 하기 위해
④ 웨브 플레이트의 좌굴을 방지하기 위해

[해설] 스티프너는 웨브 플레이트의 두께가 춤에 비하여 얇은 경우에 **웨브 플레이트의 좌굴을 방지하기 위하여 사용하는 철골조 부재이다.**

03 | 판보에 관한 기술
99②,③, 96①,②

철골조의 판보(plate girder)에 관한 기술 중 틀린 것은?

① 플랜지(flange)판은 보통 3매까지이고 최고 4매이다.
② 웨브(web) 판두께는 6mm 이상으로 한다.
③ 저층에서의 판보의 춤은 스팬의 1/10~1/15 정도로 한다.
④ 플랜지판의 리벳 간격은 직경의 10~15배이다.

[해설] 플랜지판의 리벳 간격은 계산식에 의해서 산정하나, 계산식 이외에는 보통 **리벳 직경의 3~8배로 한다.**

04 | 철골보의 처짐 감소 대책
18②, 12④, 07①, 99②

다음 중 철골보의 처짐을 적게 하는 방법으로 가장 알맞은 것은?

① 철골보의 길이를 길게 한다.
② 웨브의 단면적을 작게 한다.
③ 상부 플랜지의 두께를 줄인다.
④ 단면 2차 모멘트값을 크게 한다.

[해설] δ(보의 처짐)$= \dfrac{Pl^3}{3EI}$에서 철골보의 처짐을 적게 하는 방법으로는 **철골보의 길이를 짧게** 하고, 탄성계수를 크게 하며, **단면 2차 모멘트의 값을 크게** 한다(웨브의 단면적을 크게 하며, 상부 플랜지의 두께를 늘린다).

05 | 기둥과 보의 접합 요소
17①, 11④, 08②, 97①

철골구조에서 기둥−보 접합부에 관계없는 것은?

① 스플릿 티(split−tee)
② 메탈 터치(metal touch)
③ 엔드 플레이트(end plate)
④ 다이어프램(diaphragm)

[해설] **엔드 플레이트 접합**은 고장력볼트를 인장에 사용하는 접합법의 하나로서, 보의 끝 면에 두꺼운 판을 용접하여 이것과 기둥을 볼트로 고정하는 방법이고, **스플릿 티**는 강구조에서 기둥과 보의 접합부에 사용하는 형강이며, **다이어프램**은 강구조에서 중공 단면재나 접합 부분의 강성을 높이거나 응력을 원활하게 전달시키기 위해 단면의 중간에 설치하는 강판이다. 또한, **메탈 터치**는 기둥의 접합부에 인장응력이 생기지 않도록 단면을 서로 밀착하는 경우 압축력 및 휨모멘트는 각각 1/4(25%)이 접착면에서 직접 전달되는 것이다.

06 | 주각부의 명칭
13①, 09④, 06②, 04④, 97①

그림의 철골조 주각 부분으로 A는 무엇인가?

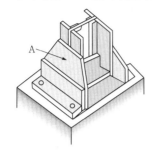

① 베이스 플레이트(base plate)
② 사이드 앵글(side angle)
③ 앵커볼트(anchor bolt)
④ 윙 플레이트(wing plate)

해설

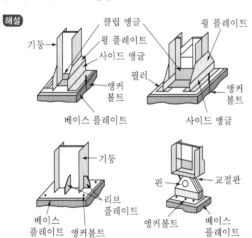

클립 앵글
윙 플레이트
기둥
윙 플레이트
사이드 앵글
필러
앵커볼트
앵커볼트
베이스 플레이트
사이드 앵글

기둥
핀
교절판
리브 플레이트
베이스 플레이트 앵커볼트
앵커볼트
베이스 플레이트

07 | 인장재의 유효 단면적
01④, 00③, 97③, 96③

그림과 같은 편심 인장재의 유효 단면을 약산으로 계산하는 경우 돌출부 A는 일반적으로 어느 것을 택하는가?

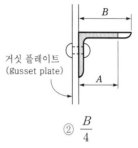

거싯 플레이트
(gusset plate)

① B
② $\dfrac{B}{4}$
③ $\dfrac{B}{3}$
④ $\dfrac{B}{2}$

해설 간단한 **인장재에서는 단일 산형강**이나 채널을 거싯 플레이트 한쪽에만 사용하는 경우에 계산의 번잡을 피하기 위하여 **돌출 각의 1/2을 무시**하여 단순 인장재로서 약산한다.

08 | 엔드탭의 사용 목적
21①, 20④, 18①, 17①, 15①

강구조에서 용접선 단부에 붙인 보조판으로 아크의 시작이나 종단부의 크레이터 등의 결함을 방지하기 위해 붙이는 판은?

① 스티프너
② 윙 플레이트
③ 커버 플레이트
④ 엔드탭

해설 **스티프너**는 웨브의 좌굴(판보의 춤을 높이면 웨브에 발생하는 전단응력, 휨응력 및 지압응력에 의하여 발생)을 방지하기 위하여 설치하는 부재이다. **윙 플레이트**는 주각의 응력을 베이스 플레이트로 전달하기 위한 강판이다. **커버 플레이트**는 철골구조의 절점에 있어서 부재의 접합에 덧대는 연결보강용 강판으로서 절점 형성의 가장 중요한 재료이다.

09 | 커버 플레이트의 매수
06④, 04②, 02②, 99④

판보(plate girder)에서 리벳, 볼트로 접합된 플랜지의 커버 플레이트의 수는 몇 장 이하로 하는가?

① 2장
② 3장
③ 4장
④ 5장

해설 플랜지(flange) 덧판의 겹침 수는 **보통 3장 이하, 최대 4장**까지로 한다.

10 | 인장재의 순단면적
22②, 17①, 13②, 11①

다음 그림과 같은 인장재에서 순단면적을 구하면? (단, F10T−M20 볼트 사용, 판의 두께는 6mm임.)

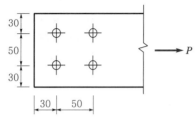

① 296mm^2

② 396mm^2

③ 426mm^2

④ 536mm^2

해설 A_n(유효 단면적) $= A_g$(전단면적) $- n$(볼트의 개수)d(볼트 구멍의 직경)t(판두께)이다.

즉, $A_n = A_g - ndt$ 에서,

$A_g = 6 \times (30+50+30) = 660 \text{mm}^2$, $n = 2$, $d = (20+2)$,

$t = 6$이다.

∴ $A_n = A_g - ndt = 660 - 2 \times (20+2) \times 6 = 396 \text{mm}^2$

11 | 앵글의 유효 단면적
20①,②, 14②, 09③

그림과 같은 앵글(angle)의 유효 단면적으로 옳은 것은? (단, $L_s - 50 \times 50 \times 6$ 사용, $a = 5.644 \text{cm}^2$, $d = 1.7 \text{cm}$)

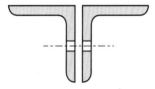

① 8.0cm^2

② 8.5cm^2

③ 9.0cm^2

④ 9.25cm^2

해설 A(유효 단면적) $= A_n$(전체 단면적) $- dt$(결손 단면적)이다.

그러므로, $A = A_n - dt = 5.644 - 1.7 \times 0.6 = 4.624 \text{cm}^2$이다.

그런데, 앵글이 두 개이므로

∴ $2 \times 4.624 = 9.248 = 9.25 \text{cm}^2$

12 | 래티스보에 관한 기술
97③

철골 래티스보에 관한 설명 중 틀린 것은?

① 보의 춤이 50cm 이하에서 많이 사용한다.

② 절점에 모이는 부재의 중심선은 가능한 한 1점에 모이게 한다.

③ 집중하중이 작용하는 곳에서는 웨브 플레이트를 사용한다.

④ 보의 휨저항을 증대하기 위하여 단면이 큰 래티스보를 사용한다.

해설 보의 **휨저항을 증대**하기 위하여 플랜지의 단면을 크게 하거나 **커버 플레이트를 보강**하고, 래티스재는 전단력을 보강하는 보강재이다.

13 | 가새에 관한 기술
20③, 06④, 04②

철골조의 가새에 관한 기술 중 옳지 않은 것은?

① 트러스의 절점 또는 기둥의 절점을 각각 대각선 방향으로 연결하여 구조체의 변형을 방지하는 부재이다.

② 풍하중, 지진력 등의 수평하중에 저항하고 인장응력만 발생한다.

③ 보통 단일 형강재 또는 조립재를 쓰지만 응력이 작은 지붕 가새에는 봉강을 사용한다.

④ 수평 가새는 지붕 트러스의 하현재면(평보면) 및 지붕면(경사면)에 설치한다.

해설 풍하중, 지진력 등의 수평하중에 저항하고 **인장응력과 압축응력이 동시에 발생**한다.

14 | 시어 커넥터의 사용 목적
19④, 09①, 05①

바닥 슬래브와 철골보의 합성작용에 의해서 양재 간에 발생하는 전단력을 부담하도록 설계한 철물은?

① 커버 플레이트(cover plate)

② 스티프너(stiffener)

③ 턴 버클(turn buckle)

④ 시어 커넥터(shear connector)

해설 **커버 플레이트**는 철골구조에서 보나 기둥의 단면적을 늘리기 위하여 플랜지의 외측에 설치하는 강판이고, **스티프너**는 웨브의 양쪽에 대칭으로 대어 웨브의 좌굴을 방지하는 것이다. **턴 버클**은 줄(인장재)을 팽팽하게 당겨 조이는 나사 있는 탕개쇠로서 거푸집 조임 시에 사용한다.

15 | 전단 중심
19②, 14④, 97①

그림과 같은 ㄷ형강(channel)에서 전단 중심(剪斷中心)이 되는 위치는?

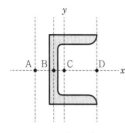

① A점
② B점
③ C점
④ D점

해설 철골에 따른 주축, 중심(도심), 전단 중심은 다음 그림과 같다.

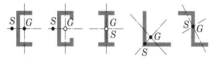

그림에서 축 : 주축, G : 중심(도심), S : 전단 중심

16 | 전소성모멘트
19①, 15④, 11③

다음 그림과 같은 H형강(H-440×300×10×20) 단면의 전소성모멘트(M_P)는 얼마인가? (단, $F_y = 400$MPa)

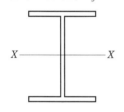

① 963kN · m
② 1,168kN · m
③ 1,363kN · m
④ 1,568kN · m

해설 M_P(전소성모멘트)

$= F_y$(강재의 항복강도) Z_x (x축에 대한 소성탄성계수)

여기서, $F_y = 400$MPa

$Z_x = 2 \times (300 \times 20 \times 210) + 2 \times (10 \times 200 \times 100)$

$= 2,920,000$mm^3

$\therefore \ M_P = F_y Z_x = 400 \times 2,920,000$

$= 1,168,000,000$N · mm $= 1,168$kN · m

17 | 주각부의 이동 방지
22①, 16①, 07②

강구조에서 기초 콘크리트에 매입되어 주각부의 이동을 방지하는 역할을 하는 것은?

① 턴 버클
② 클립 앵글
③ 사이드 앵글
④ 앵커볼트

해설 **클립 앵글**은 철골 접합부를 보강하거나 접합을 목적으로 사용하는 앵글이고, **사이드 앵글**은 철골의 주각부에 있어서 윙 플레이트와 베이스 플레이트를 접합하는 산형강이다.

18 | 플레이트 거더의 구성 부재
07④, 00③

철골조 플레이트 거더(plate girder)의 구성 부재에 해당되지 않는 것은?

① 윙 플레이트(wing plate)
② 필러(filler)
③ 플랜지 앵글(flange angle)
④ 스티프너(stiffner)

해설 플레이트 보의 구성 부재에는 플랜지 앵글, 스티프너, 필러 등이 있다. 윙 플레이트는 주각의 응력을 베이스 플레이트로 전달하기 위한 플레이트 또는 철골구조의 주각부를 보강하여 응력의 분산을 도모하기 위해 설치하는 강판을 말한다.

19 | 전단 연결재의 사용 부분
07④, 97②

다음 중 강구조에서 전단 연결재(shear connector)가 사용되는 부분은?

① 기둥과 보의 접합부
② 기둥의 이음부
③ 합성보와 슬래브 사이
④ 판보의 플랜지와 웨브의 집합

해설 **전단 연결재**는 2개의 구조 부재를 접합하여 일체로 연결할 때, 그 접합 부분에 생기는 전단력에 저항하기 위하여 배치한 접합구로서 강재에 한하지 않고 **합성보와 슬래브**(콘크리트 바닥과 철골보) **사이**, 목재와 목재를 결합할 때 사용한다.

20 | 인장재의 유효 단면적
02①,②, 00②

그림과 같은 철골 인장재의 유효 단면적은? [단, 사용 고장력볼트 M24, 사용강재 ㄷ-200×70×7×10($A = 26.92\text{cm}^2$)]

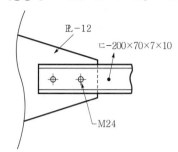

① 18.03cm^2

② 19.47cm^2

③ 24.37cm^2

④ 25.13cm^2

해설 A_n(편심 인장재의 유효 단면적)

= A(전단면적) - A_0(결손 단면적) - A_1(돌출부 단면적의 1/2)

즉, $A_n = A - A_0 - A_1$에서

$A = 26.92\text{cm}^2$, $A_0 = 1 \times (2.4 + 0.3) \times 0.7 = 1.89\text{cm}^2$,

$A_1 = \left(\dfrac{7}{2} \times 1.0 \times 2\right) = 7\text{cm}^2$이다.

∴ $A_n = A - A_0 - A_1 = 26.92 - 1.89 - 7 = 18.03\text{cm}^2$

21 | 일반보의 처짐
99④, 96③

철골구조에서 일반보의 처짐은 스팬 l에 대하여 얼마 이하로 규정하고 있는가?

① $l/100$ 이하

② $l/200$ 이하

③ $l/240$ 이하

④ $l/300$ 이하

해설 철골보의 처짐 관계

부재의 종별	처짐 관계	부재의 종별	처짐 관계
바름 바닥, 천장	$l/360$	중도리	$l/150 \sim l/200$
일반보	$l/300$	크레인보(수동)	$l/500$
내민보	$l/250$	크레인보(자동)	$l/800 \sim l/1,200$

여기서, l : 보의 간사이(스팬)

22 | 단면의 주축
19②, 16①

각종 단면의 주축(主軸)을 표시한 것으로 옳지 않은 것은?

① ② ③ ④

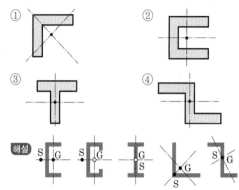

그림에서 축 : 주축, G : 중심(도심), S : 전단 중심

23 | 기둥의 주각에 관한 기술
17④, 07①

강구조 기둥의 주각에 관한 설명 중 틀린 것은?

① 기둥의 응력이 크면 윙 플레이트, 접합 앵글, 리브 등으로 보강하여 응력의 분산을 도모한다.

② 앵커볼트는 기초 콘크리트에 매립되어 주각부의 이동을 방지하는 역할을 한다.

③ 주각은 고정으로만 가정하여 응력을 산정한다.

④ 축력 방향이나 휨모멘트는 베이스 플레이트 저면의 압축력이나 앵커볼트의 인장력에 의해 전달된다.

해설 **주각**은 고정과 핀의 경우로 가정하여 응력을 산정하나, 주로 **핀접합**으로 산정한다.

24 | 판폭두께비
16④, 11①

용접 H형강 H-450×450×20×28의 플랜지 및 웨브에 대한 판폭두께비를 구하면?

① 플랜지 : 16.07, 웨브 : 14.07

② 플랜지 : 16.07, 웨브 : 19.7

③ 플랜지 : 8.04, 웨브 : 14.07

④ 플랜지 : 8.04, 웨브 : 19.7

해설 **형강의 표시방법**은 **춤(높이)×폭(너비)×웨브의 두께×플랜지의 두께**의 순으로 나열하므로 H-450×450×20×28의 의미는 춤이 450mm, 폭이 450mm, 웨브의 두께는 20mm, 플랜지 두께는 28mm 임을 의미한다.

㉠ 플랜지의 판두께비 $= \dfrac{b}{t_f}$ 에서

$b = \dfrac{450}{2} = 25\text{mm}, \ t_f = 28\text{mm}$이다.

$\therefore \ \dfrac{225}{28} = 8.0357 = 8.04$

㉡ 웨브의 판두께비 $= \dfrac{h}{t_w}$ 에서

$h = (450 - 2 \times 28) = 394\text{mm}, \ t_w = 20\text{mm}$이다.

$\therefore \ \dfrac{394}{20} = 19.7$

25 | 전단 중심의 정의
15④, 08①

플랜지에 작용하는 전단력으로 인해 비틀림모멘트가 생기게 되므로 부재가 비틀림 없이 휨을 받으려면 하중의 작용선이 단면의 어느 특정 지점을 지나야 한다. 이 점을 무엇이라 하는가?

① 전단중심(shear center)
② 하중 중심(force center)
③ 강성 중심(rigidity center)
④ 무게 중심(gravity center)

해설 **하중 중심**(force center)은 작용하는 하중의 작용점이고, **강성 중심**(rigidity center)은 건축물에 작용하는 수평력에 대한 저항력 합력의 작용점이며, **무게 중심**(gravity center)은 물체나 질점계에서 각 부분이나 각 질점에 작용하는 중력의 합력의 작용점이다.

26 | 합성보 슬래브의 유효폭
21①, 10④

다음 그림과 같은 콘크리트 슬래브에서 합성보 A의 슬래브 유효폭 b_e를 구하면? (단, 그림의 단위는 mm임)

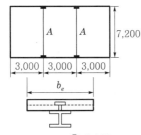

① 1,500mm
② 1,800mm
③ 2,000mm
④ 2,250mm

해설 합성보에서 양쪽에 슬래브가 있는 경우의 유효폭 산정

㉠ **양측 슬래브의 중심 사이의 거리** : $\dfrac{3,000}{2} + \dfrac{3,000}{2}$

$= 3,000\text{mm}$ 이하

㉡ **보의 스팬의 1/4** : $7,200 \times \dfrac{1}{4} = 1,800\text{mm}$ 이하

$\therefore$ ㉠, ㉡에서 최소값을 택하면 $1,800\text{mm}$ 이하

27 | 조립 압축재의 구조 제한
14②, 12①

철골조의 래티스 형식 조립 압축재에 대한 구조 제한에 대한 내용이다. ( ) 안에 알맞은 것은?

부재축에 대한 래티스 부재의 기울기는 다음과 같이 한다.
• 단일 래티스 경우 : (①) 이상
• 복래티스 경우 : (②) 이상

① ① : 50°, ② : 40°
② ① : 60°, ② : 40°
③ ① : 50°, ② : 45°
④ ① : 60°, ② : 45°

해설 철골조의 래티스 형식의 조립 압축재의 구조 제한에서 부재축에 대한 래티스 부재의 기울기는 **단일 래티스의 경우에는 60° 이상, 복래티스의 경우에는 45° 이상**이다.

28 | 커버 플레이트에 관한 기술
18①, 08②

플레이트 거더(plate girder)의 커버 플레이트에 대한 설명 중 잘못된 것은?

① 커버 플레이트의 길이는 보의 휨모멘트에 의하여 결정된다.
② 커버 플레이트는 구조 계산상 필요한 길이보다 여장을 갖도록 설계한다.
③ 커버 플레이트 수는 최대 5장 이하로 한다.
④ 커버 플레이트는 플랜지의 휨내력의 부족을 보완하기 위하여 사용한다.

해설 커버 플레이트의 덧판의 겹침 수는 보통 3장 이하, 최대 4장까지로 한다.

29 | 전단 접합부의 정의
15①, 11①

다음 강구조 접합부 중 회전저항에 유연해서 모멘트를 전달하지 않는 형태로 기둥에 보의 플랜지를 연결하지 않고 웨브만 접합한 형태는?

① 강접 접합부
② 스플릿 티 모멘트 접합부
③ 전단 접합부
④ 반강접 접합부

해설 강접 접합부는 접합부가 모멘트 내력을 가지고 부재의 연속성이 유지되도록 충분한 회전 강성을 갖는 접합 또는 철골구조물의 보 단부에서 회전을 허용하지 않고 100%에 가까운 단부모멘트를 기둥 또는 이음부에 전달하는 개념의 접합부 형태이다. 스플릿 티 접합부는 강접 접합부의 일종이며, 반강접 접합부는 모멘트의 저항능력이 전혀 없는 단순 전단 접합부와 완전 모멘트 저항을 갖는 강접 접합부의 중간적인 거동 특성을 가진다.

30 | 강구조 접합부에 관한 기술
13①, 07②

다음의 강구조의 접합부에 대한 설명 중 옳지 않은 것은?

① 기둥의 이음에서 접합할 기둥 단면의 춤이 상, 하에서 다를 때에는 이음판과 플랜지 사이에 4장 이내의 끼움판을 삽입한다.

② 기둥의 이음에서 이음판은 플랜지, 웨브 모두 양면에 설치하고 면적 분포는 기둥 단면과 가능한 일치시킨다.

③ 기둥과 보의 접합은 보통 핀접합으로 하나, 수평력이 가새 등으로 지지될 때에는 주로 강접합으로 한다.

④ 기둥과 보의 접합에서 강접합의 경우에는 일반적으로 플랜지가 휨모멘트를 모두 부담하는 것으로 설계한다.

해설 기둥과 보의 접합은 보통 모멘트(강)접합으로 하고, 수평력이 가새 등으로 지지될 때에는 주로 단순(전단)접합으로 한다. 보의 접합에서는 비경제적이지만 기둥은 부담이 경감되므로 경제적이다.

31 | 부재의 조건에 관한 기술
12①, 09①

그림과 같은 부재에 관한 설명으로 옳지 않은 것은? (단, 작용하는 전단력은 72kN이다.)

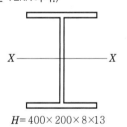

$H = 400 \times 200 \times 8 \times 13$

① 최대 휨응력은 플랜지 바깥면에 생긴다.

② 플랜지의 폭두께비는 15.38이다.

③ 웨브의 폭두께비는 46.75이다.

④ 평균 전단응력은 22.5MPa이다.

해설 ①항은 최대 휨응력은 플랜지의 바깥면에서 생기고, ②항은 플랜지의 폭두께비$(t_f) = \dfrac{\text{플랜지 전체 공칭 폭의 } 1/2}{\text{플랜지의 두께}} = \dfrac{200/2}{13} = 7.69$ 이며, ③항의 웨브의 폭두께비 $= \dfrac{400 - (13 \times 2)}{8} = 46.75$이다. 또한, ④항의 평균전단응력 $= \dfrac{72,000}{8 \times 400} = 22.5\text{MPa}$이다.

32 | 인장재의 순단면적
22①, 17①

그림에서 파단선 a-1-2-3-d의 인장재의 순단면적은? (단, 판두께는 10mm, 볼트 구멍지름은 22mm)

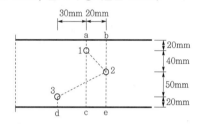

① 690mm^2
② 790mm^2
③ 890mm^2
④ 990mm^2

해설 A_n(인장재의 순단면적)

$= A_g$(전체 단면적)$- n$(리벳의 개수)d(구멍 직경)t(판두께)

$+ \Sigma \dfrac{s^2(\text{피치})}{4g(\text{게이지})} t$

여기서, s(피치)는 게이지 라인상의 리벳 상호 간의 간격으로, 힘의 방향과 수평거리의 리벳의 간격이고, g(게이지)는 게이지 라인 상호 간의 거리로서 힘과의 수직거리의 리벳의 간격이다.

$\therefore A_n = A_g - ndt + \Sigma \dfrac{s^2}{4g} t$

$= 130 \times 10 - 3 \times 22 \times 10 + \dfrac{20^2}{4 \times 40} \times 10 + \dfrac{50^2}{4 \times 50} \times 10$

$= 790\text{mm}^2$

33 | 커버 플레이트의 사용 목적
18①

H형강의 플랜지에 커버 플레이트를 붙이는 주목적으로 옳은 것은?

① 수평부재 간 접합 시 틈새를 메우기 위하여

② 슬래브와의 전단접합을 위하여

③ 웨브 플레이트의 전단내력을 보강을 위하여

④ 휨내력의 보강을 위하여

커버 플레이트는 플랜지의 단면을 크게 하여 주며, 휨에 대한 내력의 부족을 보충하기 위하여 설치하므로 **철골보의 휨내력을 보완하기 위해서는 커버 플레이트를 보강**한다. 또한 ①항은 필러, ②항은 스터드볼트, ③항은 스티프너를 사용한다.

34 | 소성 단면계수의 비
16②

직사각형 단면의 탄성 단면계수에 대한 소성 단면계수의 비(比)는?

① 0.67 　　　　　② 1.20

③ 1.50 　　　　　④ 3.00

해설 ㉮ M_P(소성모멘트)

$$= \frac{F_y(강재의 항복강도) b(보의 폭) d^2(보의 너비)}{4} \frac{2d}{3}$$

$$= \frac{F_y b d^2}{6}$$

㉯ M_y(탄성모멘트) $= M_n$(공칭휨강도)

$$= T(철근의 인장력)\frac{d}{2}$$

$$= C(콘크리트의 압축력)\frac{d}{2}$$

$$= \frac{F_y(강재의 항복강도) b(보의 폭) d^2(보의 너비)}{2} \frac{d}{2}$$

$$= \frac{F_y b d^2}{4}$$

또한, 단면계수의 비는 모멘트비와 일치하므로

$$\frac{Z_p(소성단면계수)}{Z_y(탄성단면계수)} = \frac{M_p}{M_y} = \frac{\dfrac{F_y b d^2}{4}}{\dfrac{F_y b d^2}{6}} = \frac{6 F_y b d^2}{4 F_y b d^2} = 1.5$$

③ 접합부 설계

01 | 용접의 유효 단면적
20④, 18①, 13④, 10②, 04④, 00③

모살치수 8mm, 용접길이 400mm인 양면 모살용접의 유효 단면적은?

① 2,100mm^2 　　　② 3,200mm^2

③ 3,800mm^2 　　　④ 4,300mm^2

해설 $A = 0.7 S l_e$에서 $s = 8mm$, $l_e = l - 2s = 400 - 2 \times 8 = 384mm$

∴ $A = 0.7 \times 8 \times 384 = 2,150.4mm^2$

그런데 양면 모살용접이므로

∴ $2,150.4 \times 2 = 4,300.8mm^2$

02 | 리벳의 허용내력
03②, 02①, 00②④, 98①, 96③

그림과 같은 접합부에서 1개의 리벳이 담당할 수 있는 허용 내력은? (단, 리벳의 허용 전단응력도 $f_s = 120MPa$, 강재의 허용 인장응력도 $f_t = 160MPa$, 허용 지압응력도 $f_l = 300MPa$이다.)

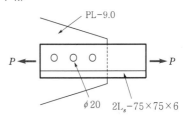

① 54kN 　　　　　② 58kN

③ 62kN 　　　　　④ 66kN

해설 ㉮ 리벳의 허용 전단력은 복전단이므로

$$S = f_s \frac{\pi d^2}{2} = 120 \times \frac{\pi \times 20^2}{2} = 75,398N$$

㉯ 허용측 압축력

$$B = f_l \, dt = 300 \times 20 \times 9 = 54,000N$$

㉰ 리벳의 허용 인장력(B_t) $= f_t \frac{\pi d^2}{4}$

$$= 160 \times \frac{\pi \times 22^2}{4} = 60,821.2N$$

∴ 리벳 1개의 허용 내력은 ㉮, ㉯, ㉰의 최소값이므로 54,000N = 54kN을 택한다.

03 | 볼트의 표시 방법
20①,②, 13④, 10②, 08④

볼트의 기계적 등급을 나타내기 위해 표시하는 F8T, F10T, F11T에서 가운데 숫자는 무엇을 의미하는가?

① 휨강도
② 인장강도
③ 압축강도
④ 전단강도

해설 볼트의 기계적 등급을 나타내기 위한 표시방법 중 **가운데 숫자**는 **인장강도를 의미**한다.

04 | 필릿용접의 최소 치수
21④, 17④, 14①,④ 09③

다음과 같은 조건에서의 필릿용접의 최소 치수(mm)는 얼마인가? (단, 하중저항계수설계법 기준)

접합부의 두꺼운 쪽 소재두께(t[mm]) : $6 \leq t < 13$

① 5mm
② 6mm
③ 7mm
④ 8mm

해설 필릿용접의 최소 치수(mm)

접합부의 얇은 쪽 판두께	$t \leq 6$	$6 < t \leq 13$	$13 < t \leq 19$	$t > 19$
모살용접의 최소 사이즈	3	5	6	8

05 | 용접의 유효 길이
20③, 14④, 10①, 98②, 96②

그림과 같은 모살용접의 유효 길이는?

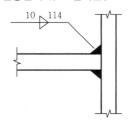

① 1.0cm
② 9.4cm
③ 10.7cm
④ 11.4cm

해설 모살용접의 유효 길이(l_e)=l(용접길이)$-2s$(용접치수)이다.
즉, $l_e = l - 2s$에서 l=114mm, s=10mm이다.
∴ $l_e = l - 2s = 114 - 2 \times 10 = 94$mm $= 9.4$cm

06 | 고장력볼트 접합의 특성
00①, 99③

철골 부재를 접합할 때 접합 부재 상호 간의 마찰력에 의하여 응력을 전달시키는 접합방식은?

① 리벳접합
② 용접접합
③ 보통볼트 접합
④ 고장력볼트 접합

해설 **고장력볼트**는 너트를 강하게 조여 볼트에 강한 인장력이 생기게 하며, 그 인장력의 반력으로 접합된 판 사이에 강한 압력이 작용하여 이에 의한 **마찰저항에 의하여 힘을 전달**한다.

07 | 표준구멍의 직경
19②, 16①, 09③

하중저항계수설계법에 따른 강구조 연결설계기준을 근거로 할 때 고장력볼트의 직경이 M24라면 표준구멍의 직경으로 옳은 것은?

① 26mm
② 27mm
③ 28mm
④ 30mm

해설 고력볼트의 표준구멍직경은 다음과 같다(건축구조기준에 의함).

고력볼트의 직경	M16	M20	M22	M24	M27	M30
표준구멍 직경(mm)	18	22	24	27	30	33

08 | 용접의 목두께
16②, 11①, 08②

다음 그림과 같이 용접을 할 때 용접의 목두께(a)를 구하는 식으로 옳은 것은?

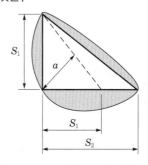

① $a = 1.41S_1$
② $a = 0.7S_1$
③ $a = 0.7S_2$
④ $a = 0.5S_1$

해설 모살용접(접합재의 면을 직각 또는 60~120°로 맞추어 모서리 구석부를 용접하는 것)의 **목두께**(a) $= 0.7S$(**치수 또는 다리길이**)이고, 부등변 모살용접은 치수가 작은 쪽으로 하고, 모살치수는 두께가 다르면 얇은 쪽의 판두께 이하로 한다.

09 | 유효 용접면적
21①, 17④, 15②

다음 모살용접부의 유효 용접면적은?

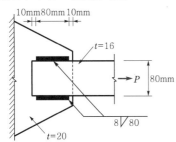

① $716.8mm^2$
② $614.4mm^2$
③ $806.4mm^2$
④ $691.2mm^2$

해설 모살용접의 유효 단면적(A_n)=유효 목두께(a)×용접의 유효 길이(l_e)이고, 유효 목두께(a)=$0.7S$(모살치수)이며, 용접의 유효 길이(l_e) = 용접길이(l)−$2S$(모살치수)이다.

또한, 용접은 양면용접이고, 모살치수는 8mm, 용접길이는 80mm이다.

$$\therefore A_n = 2 \times 0.7S \times (l-2S)$$
$$= 2 \times 0.7 \times 8 \times (80-2 \times 8) = 716.8mm^2$$

10 | 설계인장강도
18④, 14①, 11④

고력볼트 1개의 인장파단한계상태에 대한 설계인장강도는? (단, 볼트의 등급 및 호칭은 F10T, M24, $\phi=0.75$)

① 254kN
② 284kN
③ 304kN
④ 324kN

해설 ϕR_n(고장력볼트의 설계인장강도)=ϕ(강도감소수)n(볼트의 개수)F_{nt}(공칭인장강도)A_b(볼트의 공칭 단면적)

여기서, $\phi=0.75$, $n=1$, $A_b = \dfrac{\pi \times 24^2}{4} = 452.39mm^2$,

$$F_{nt} = 0.75F_u = 0.75 \times (\text{F10T} = 10tf/cm^2 = 100kN/100mm^2$$
$$= 1kN/mm^2) = 0.75kN/mm^2$$

$$\therefore \phi R_n = \phi n F_{nt} A_b = 0.75 \times 1 \times 0.75 \times 452.39$$
$$= 254.46kN$$

11 | 볼트의 설계전단강도
21②, 18④, 12②

다음 그림과 같은 단순 인장 접합부의 강도 한계상태에 따른 고장력볼트의 설계전단강도를 구하면? (단, 강재의 재질은 SS400이며 고장력볼트는 mm^2(F10T), 공칭전단강도 $F_{nv} = 500N/mm^2$)

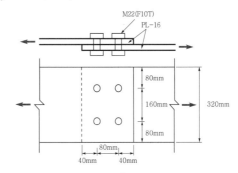

① 540kN
② 550kN
③ 560kN
④ 570kN

해설 고장력볼트의 설계전단강도와 고장력볼트 구멍의 설계지압강도 중 작은 값을 지압 접합부의 설계강도로 한다. 즉 ㉮, ㉯의 최소값을 지압 접합부의 설계강도로 한다.

㉮ ϕR_n(고장력볼트의 설계전단강도)
= ϕ(강도감소계수)n(볼트의 개수)F_{nv}(공칭 전단강도) A_b(볼트의 공칭 단면적)이다.

즉 $\phi R_n = \phi n F_{nv} A_b$에서,

$\phi = 0.75$, $n=4$, $A_b = \dfrac{\pi \times 22^2}{4} = 380mm^2$,

$F_{nv} = 500N/mm^2$이다.

$$\therefore \phi R_n = \phi n F_{nv} A_b = 0.75 \times 4 \times 380 \times 500 = 570kN$$

㉯ ϕR_n(고장력볼트 구멍의 설계지압강도)
= ϕ(강도감소계수)$\times 1.2L_C$(하중 방향의 순간격) t(판두께)F_U(공칭인장강도)
$\leq \phi 2.4d$(볼트의 공칭직경)t(피접합재의 두께) F_u(피접합재의 공칭인장강도)이다.

즉 $\phi R_n = \phi \times 1.2L_C t F_U \leq \phi 2.4d t F_u$에서,
$L_C = 40 - (24/2) = 28mm$, $t=16mm$, $d=22mm$,
$F_u = 1,000N/mm^2$이다.

$$\therefore \phi R_n = \phi \times 1.2L_C t F_U \leq \phi 2.4d t F_u$$
$$= 0.75 \times 1.2 \times 28 \times 16 \times 1,000 = 403.2kN$$
$$\leq 0.75 \times 2.4 \times 22 \times 16 \times 1,000 = 633.6kN$$

$\therefore$ ㉮, ㉯의 최소값 570kN을 고장력볼트의 설계전단강도로 한다.

12 | 토크의 값
21④, 12④, 09①

고장력볼트 F10T−M24의 현장 시공을 위한 2차 조임 토크 값은 얼마인가? (단, 토크계수는 0.13, F10T−M24 볼트의 설계 볼트 장력은 233kN이며 표준 볼트 장력은 설계 볼트 장력에 10%를 할증한다.)

① 568,573N·mm
② 799,656N·mm
③ 1,238,406N·mm
④ 1,689,654N·mm

해설 N_r(조임력)$=k$(토크계수)d(볼트나사의 바깥지름 기준 치수)N(볼트의 축력)

즉, $N_r = kdN$에서 $k = 0.13$, $d = 24$mm,
$N = 233 \times (1+0.1) = 256.3$kN이다.
∴ $N_r = kdN = 0.13 \times 24 \times 256,300 = 799,656$N·mm

13 | 용접 결함의 종류
09②, 08②, 04②

다음 중 용접 결함이 아닌 것은?

① 블로홀(blowhole)
② 언더컷(undercut)
③ 오버랩(overlap)
④ 비드(bead)

해설 **용접의 결함**에는 슬래그 감싸돌기, **언더컷, 오버랩, 블로홀,** 크랙, 피트 등이 있다. **비드**는 용접(아크 또는 가스)에서 용접봉이 1회 통과할 때 용접 표면에 용착된 금속층 또는 원형이나 반원형의 몰딩, 새시나 틀에 고정하기 위해 유리의 주위 전체에 사용하는 금속이나 목재 퍼티를 의미한다.

14 | 철골조의 접합에 관한 기술
00③

철골조의 접합에 관한 기술 중 옳지 않은 것은?

① 트러스 기준선과 각 부재의 게이지 라인(gage line)은 가능한 한 일치시킨다.
② 리벳과 고장력볼트를 병용할 때는 각기 허용 응력에 의한 응력을 부담시킨다.
③ 리벳과 용접을 병용할 때는 각기 허용 응력에 의한 응력을 부담시킨다.
④ 볼트와 리벳을 병용할 때는 리벳이 모든 외력에 저항하도록 한다.

해설 고장력볼트와 리벳을 병용했을 때에는 각기 허용 응력에 의한 응력을 부담시키고, 리벳과 볼트를 병용했을 때에는 리벳이 모든 외력에 저항하도록 하며, **리벳과 용접을 병용**했을 때에는 **용접이 모든 외력에 저항**하도록 한다.

15 | 오버랩의 정의
21①, 17①

강구조 용접에서 용접개시점과 종료점에 용착금속에 결함이 없도록 임시로 부착하는 것은?

① 엔드탭(End tap)
② 오버랩(Overlap)
③ 뒷댐재(Backing Strip)
④ 언더컷(Under cut)

해설 ② **오버랩** : 용접결함의 일종으로 용착금속과 모재가 융합되지 않고 겹쳐진 상태의 결함이다.
③ **뒷댐재** : 루트 부분에 아크가 강하여 녹아떨어지는 것을 방지하기 위한 보조판이다.
④ **언더컷** : 용접결함의 일종으로 용접 상부(모재표면과 용접표면이 교차하는 점)에 따라 모재가 녹아 용착금속이 채워지지 않고 홈으로 남게 되는 결함이다.

16 | 용접기호에 대한 기술
22①, 13②

다음 용접기호에 대한 옳은 설명은?

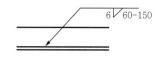

① 맞댐용접이다.
② 용접되는 부위는 화살의 반대쪽이다.
③ 유효목두께는 6mm이다.
④ 용접길이는 60mm이다.

해설 용접기호의 의미는 **모살용접**으로 모살치수는 6mm, 모살(용접)길이는 60mm, 용접피치(용접 중심 간 거리)는 150mm의 간격을 두고 단속용접을 하며, **용접되는 부위는 화살표방향**을 의미한다.

17 | 용접기호에 대한 기술
22②, 13④

다음 그림의 용접기호와 관련된 내용으로 옳은 것은?

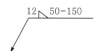

① 양면용접에 용접길이 50mm
② 용접간격 100mm
③ 용접치수 12mm
④ 맞댐(개선)용접

[해설] 제시된 그림은 **단면용접**에 용접길이 50mm, 용접간격 150mm, 용접치수 12mm, 단속모살(필릿)용접이다.

18 | 파단선의 피치
19④, 12④

다음 그림과 같은 구멍 2열에 대하여 파단선 A－B－C를 지나는 순단면적과 동일한 순단면적을 갖는 파단선 D－E－F－G의 피치(s)는? (단, 구멍은 여유폭을 포함해 23mm임)

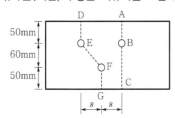

① 3.72cm
② 7.43cm
③ 11.16cm
④ 14.88cm

[해설] 피치(s)를 구하기 위하여 파단면 ABC의 순단면적과 파단면 DEFG의 순단면적이 같다는 조건을 이용해야 한다.

㉮ **파단면 ABC의 순단면적:** $(5+6+5)-1 \times 2.3 = 13.7 \text{cm}$

㉯ **파단면 DEFG의 순단면적:**
$$(5+6+5)-2 \times 2.3 + \frac{s^2}{4 \times 6} = 11.4 + \frac{s^2}{4 \times 6}$$

그런데, 파단면 ABC의 순단면적＝파단면 DEFG의 순단면적에서 $13.7 = 11.4 + \frac{s^2}{4 \times 6}$ 이므로,

$$s = \sqrt{(13.7-11.4) \times (4 \times 6)} = 7.4296 \text{cm} \fallingdotseq 7.43 \text{cm}$$

19 | 인장재의 순 단면적
21①, 16②

다음 그림에서 파단선 A-B-F-C-D의 인장재 순단면적은? (단, 볼트구멍지름 d : 22mm, 인장재두께는 6mm)

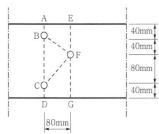

① 1,164mm²
② 1,364mm²
③ 1,564mm²
④ 1,764mm²

[해설] A_n(인장재의 순단면적)＝A_g(전체 단면적)$-n$(리벳의 개수)d(구멍의 직경)t(판두께)$+\sum \frac{s^2(\text{피치})}{4g(\text{게이지})} t$(판두께)

여기서, s(피치)는 게이지라인상의 리벳 상호 간의 간격으로 힘의 방향과 수평거리의 리벳의 간격이고, g(게이지)는 게이지라인 상호 간의 거리로서 힘과 수직거리의 리벳간격이다.

그러므로 $A_g = 200 \times 6 = 1,200 \text{mm}^2$, $n = 3$개, $d = 22 \text{mm}$, $t = 6 \text{mm}$, 파단선 BF의 $s = 80 \text{mm}$, $g = 40 \text{mm}$, 파단선 FC의 $s = 80 \text{mm}$, $g = 80 \text{mm}$이므로,

$$\therefore A_n = A_g - ndt + \sum \frac{s^2}{4g} t$$
$$= 1,200 - 3 \times 22 \times 6 + \frac{80^2}{4 \times 40} \times 6 + \frac{80^2}{4 \times 80} \times 6$$
$$= 1,164 \text{mm}^2$$

20 | 설계전단강도
17②, 13④

고장력볼트 F10T(M20) 일면 전단일 때 볼트 한 개당 설계전단강도(ϕR_u)를 구하면? (단, 고장력볼트의 $F_u = 1,000 \text{MPa}$, $\phi = 0.75$, $F_v = 0.5F_u$임.)

① 117.8kN
② 94.2kN
③ 58.8kN
④ 47.1kN

[해설] ϕR_u (설계전단강도)
$= \phi F_v$ (공칭전단강도)A_b(볼트의 단면적)
$= \phi \times 0.5 F_u$ (공칭인장강도)A_b(볼트의 단면적)
$= 0.75 \times 0.5 \times 1,000 \times \frac{\pi \times 20^2}{4} = 117,809 \text{N} = 117.809 \text{kN}$

21 | 볼트접합에 관한 기술
16②, 11②

철골구조의 볼트접합에 관한 일반사항에 대한 설명으로 옳지 않은 것은?

① 볼트는 가공 정밀도에 따라 상볼트, 중볼트, 흑볼트로 나뉜다.
② 볼트의 중심 사이의 간격을 게이지 라인이라고 한다.
③ 게이지 라인과 게이지 라인과의 거리를 게이지라고 한다.
④ 피치(pitch)는 일반적으로 $3 \sim 4d$(볼트 직경)이며, 최소 피치는 $2.5d$로 한다.

[해설] 볼트의 중심선을 연결한 선을 **게이지 라인**이라 하고, 게이지 라인과 게이지 라인과의 거리를 **게이지**라고 하며, 볼트 중심 사이의 간격을 **피치**라고 한다.

22 | 용접의 유효 목두께
19①, 15①

다음 그림의 모살용접부의 유효 목두께는?

① 4.0mm
② 4.2mm
③ 4.8mm
④ 5.6mm

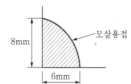

해설 부등변 모살용접의 경우, 치수가 작은 쪽(6mm)으로 하고, 얇은 판 쪽의 두께 이하로 하여야 하므로

∴ a(목두께) $= 0.7S = 0.7 \times 6 = 4.2$mm

23 | 접합방법의 병용의 기술
08①, 98③

철골구조에서 접합방법을 병용했을 때의 다음 기술 중 옳지 못한 것은?

① 고장력볼트와 리벳을 병용하는 경우 각각의 허용 응력에 따라 응력을 분담시킨다.
② 리벳과 볼트를 병용하는 경우 전응력을 리벳이 부담한다.
③ 리벳과 용접을 병용하는 경우 전응력을 용접이 부담한다.
④ 고력볼트와 용접을 병용하는 경우 전응력을 고장력볼트가 분담한다.

해설 **리벳, 볼트, 고장력볼트 및 용접을 병용한 경우**에는 **용접이 전응력을 부담**하고, 리벳과 고장력볼트를 병용한 경우에는 각각의 응력을 분담하며, 고장력볼트와 볼트를 병용한 경우에는 고장력볼트만이 응력을 분담한다. 리벳과 볼트를 병용한 경우에는 리벳이 분담하고, 고장력볼트와 용접을 병용한 경우에는 용접이 전응력을 분담한다.

24 | 고장력볼트 접합의 기술
07④, 06①

다음의 고장력볼트 접합에 대한 설명 중 옳지 않은 것은?

① 접합부의 강성이 높아 수직 방향 접합부의 변형이 거의 없다.
② 접합 판재 유효 단면에서 하중이 적게 전달된다.
③ 볼트의 단위강도가 높아 큰 응력을 받는 접합부에 적당하다.
④ 마찰접합이므로 볼트나 판재에 전단 또는 지압응력이 발생한다.

해설 **고장력볼트 접합**은 **마찰접합**과 **지압접합** 및 **인장접합으로 분류**되고, 일반적으로 고력볼트 접합이라고 하면 마찰접합을 말한다. 고력볼트 접합은 지압응력과 인장응력이 발생하나, **전단응력을 발생하지 않는다.**

25 | 마찰면의 처리방법
02①, 01①

강구조 고장력볼트 마찰접합에서 마찰면의 미끄럼계수가 0.45 이상 확보될 수 있도록 하는 마찰면의 처리방법은?

① 흑피 마감면 처리
② 방청도료 처리
③ 자연발생 녹 또는 블라스트 처리
④ 아연도금 처리

해설 미끄럼계수와 마찰면의 상태

미끄럼 계수	0.05~0.2	0.1~0.3	0.2~0.45	0.25~0.45	0.45~0.75
마찰면의 상태	방청도료	아연도금	흑피	샌드페이터	붉은 녹, 블라스트

26 | 필릿용접의 최소 사이즈
18②

필릿용접의 최소 사이즈에 관한 설명으로 옳지 않은 것은? (단, KBC 2016기준)

① 접합부 얇은 쪽 모재두께가 6mm 이하일 경우 3mm이다.
② 접합부 얇은 쪽 모재두께가 6mm를 초과하고 13mm 이하일 경우 4mm이다.
③ 접합부 얇은 쪽 모재두께가 13mm를 초과하고 19mm 이하일 경우 6mm이다.
④ 접합부 얇은 쪽 모재두께가 19mm를 초과할 경우 8mm이다.

해설 필릿용접의 최소 사이즈(단위 : mm)

접합부의 얇은 쪽 모재두께(t)	$t \leq 6$	$6 < t \leq 13$	$13 < t \leq 19$	$19 < t$
필릿용접의 최소 사이즈	3	5	6	8

27 | 접합부의 최소 설계강도
17②

강구조에서 규정된 별도의 설계하중이 없는 경우 접합부의 최소 설계강도 기준은? (단, 연결재, 새그로드 또는 띠장은 제외)

① 30kN 이상
② 35kN 이상
③ 40kN 이상
④ 45kN 이상

해설 **강구조의 접합부 설계강도는 45kN 이상**이어야 한다. 다만, 연결재, 새그 로드 또는 띠장을 제외한다(건축구조기준 0710. 1. 6 규정).

아래 맞댐용접부에서 A와 D 부위의 명칭으로 옳은 것은?

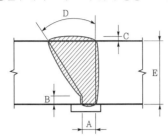

① A : 루트 간격, D : 개선각

② A : 루트면, D : 유효목두께

③ A : 루트 간격, D : 보강살 높이

④ A : 루트면, D : 개선각

해설 A : 루트 간격, B : 루트면, C : 보강살 붙임, D : 개선각, E : 목두께를 의미한다.

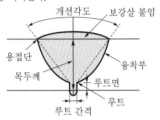

빈도별 기출문제

ENGINEER ARCHITECTURE

❶ 열환경

01 | 의복의 단열성
21④, 15②, 12②

의복의 단열성을 나타내는 단위로서, 그 값이 클수록 인체에서 발생되는 열이 주위 공기로 적게 발산되는 것을 의미하는 것은?

① clo
② dB
③ NC
④ MRT

> **해설** dB은 음압의 단위이고, NC는 소음 허용값이며, MRT는 평균 방사온도를 의미한다.

02 | clo의 단위
05④, 03①

인간이 느끼는 열적 쾌적감을 객관적인 지표로 나타내기 위해 몇 가지 단위가 쓰인다. 그중에서 clo라는 단위가 나타내는 의미는?

① 투습 저항 정도
② 옷의 단열 정도
③ 잠열에 의한 열손실 정도
④ 환기에 의한 열손실 정도

> **해설** clo는 의류의 **열절연성(단열성)을 나타내는 단위**로서 온도 21℃, 상대습도 50%에 있어서 기류속도가 5cm/s 이하인 실내에서 인체 표면에서의 방열량이 1met[50kcal(209kJ)/m² · h]의 대사와 평행되는 착의 상태를 기준으로 한다.

03 | 단열을 위한 권장사항
19④

건축물의 에너지절약설계기준에 따른 건축물의 단열을 위한 권장사항으로 옳지 않은 것은?

① 외벽 부위는 내단열로 시공한다.
② 열손실이 많은 북측 거실의 창 및 문의 면적은 최소화한다.
③ 외피의 모서리 부분은 열교가 발생하지 않도록 단열재를 연속적으로 설치한다.
④ 발코니 확장을 하는 공동주택에는 단열성이 우수한 로이(Low-E)복층창이나 삼중창 이상의 단열성능을 갖는 창을 설치한다.

> **해설** 건축물의 에너지절약설계기준에 따른 **건축물의 단열계획**에서 **외벽 부위는 외단열로 시공**하는 것이 가장 유리하다(건축물에너지절약설계기준 제7조 제3호 나목).

04 | 축열성능의 정의
18②

여름철 실내 최고온도는 외기온도가 가장 높은 시각 이후에 나타나는 것이 일반적이다. 이와 같은 현상은 벽체를 구성하고 있는 재료의 어떤 성능 때문인가?

① 축열성능
② 단열성능
③ 일사반사성능
④ 일사투과성능

> **해설** **축열성능**은 열을 일시 저장하는 성능 또는 부하가 극히 적을 때에 열을 저장하여 최대 부하 시에 열을 사용하는 성능을 말한다. 단열성능은 열이 전달되지 않도록 하는 성능이다. **일사(태양의 조사)반사성능**은 태양의 복사를 반사하는 성능이고, **일사흡수성능**은 태양의 복사를 흡수하는 성능이다.

② 공기환경

01 | 결로 방지대책
20④, 13②, 04①

겨울철 실내 유리창 표면에 발생하기 쉬운 결로를 방지할 수 있는 방법이 아닌 것은?

① 실내에서 발생하는 가습량을 억제한다.
② 실내공기의 움직임을 억제한다.
③ 이중유리로 하여 유리창의 단열 성능을 높인다.
④ 난방기기를 이용하여 유리창 표면온도를 높인다.

해설 실내공기의 움직임을 **촉진한다.**

02 | 단열 및 결로에 관한 기술
19①, 11①

겨울철 주택의 단열 및 결로에 관한 설명으로 옳지 않은 것은?

① 단층유리보다 복층유리의 사용이 단열에 유리하다.
② 벽체 내부로 수증기 침입을 억제할 경우 내부결로 방지에 효과적이다.
③ 단열이 잘 된 벽체에서는 내부결로는 발생하지 않으나 표면결로는 발생하기 쉽다.
④ 실내측 벽 표면온도가 실내공기의 노점온도보다 높은 경우 표면결로는 발생하지 않는다.

해설 단열이 잘된 벽체는 표면결로는 없으나 내부결로가 발생하기 쉽다.

03 | 결로현상
05④, 97④

실내의 결로현상에 관한 설명 중 틀린 것은?

① 외벽의 열관류율이 높을수록 심하다.
② 외벽의 열전도율이 낮을수록 심하다.
③ 실내와 실외의 온도 차가 클수록 심하다.
④ 실내의 상대습도가 높을수록 심하다.

해설 외벽의 열전도율이 낮을수록 **약하다.**

04 | 에너지절약 기계부문 권장사항
16④

건축물의 에너지절약을 위한 기계부문의 권장사항으로 옳지 않은 것은?

① 냉방기기는 전력피크 부하를 줄일 수 있도록 한다.
② 난방 순환수 펌프는 가능한 한 대수제어 또는 가변속제어방식을 채택한다.
③ 폐열회수를 위한 열회수설비를 설치할 때에는 중간기에 대비한 바이패스(by-pass)설비를 설치한다.
④ 위생설비 급탕용 저탕조의 설계온도는 65℃ 이하로 하고 필요한 경우에는 부스터히터 등으로 승온하여 사용한다.

해설 위생설비 급탕용 저탕조의 설계온도는 55℃ 이하로 하고 필요한 경우에는 부스터히터 등으로 승온하여 사용한다(건축물의 에너지절약 설계기준 제9조 6호 규정).

③ 빛환경

01 | 일사조절에 관한 기술
18②, 09①

다음의 일사조절에 대한 설명 중 옳지 않은 것은?

① 일사에 의한 건물의 수열은 방위에 따라 상당한 차이가 있다.
② 추녀와 차양은 창면에서 일사조절방법으로 사용된다.
③ 블라인드, 루버, 롤스크린은 계절이나 시간, 실내의 사용 상황에 따라 일사를 조절할 수 있다.
④ 일사조절의 목적은 일사에 의한 건물의 수열이나 흡열을 작게 하여 동계의 실내 기후의 악화를 방지하는 데 있다.

해설 일사조절은 방위, 계절 및 시간에 따라 변화하므로 **열평형이 이루어져** 실내 쾌적조건을 만족시키도록 한다.

02 | 전 일사량의 정의
18①, 08②

다음은 어떤 수조면의 일사량을 나타낸 것이다. 그 값이 가장 큰 것은?

① 전 일사량   ② 확산 일사량
③ 천공 일사량   ④ 반사 일사량

해설 전 일사량＝직달 일사량＋확산(천공)일사량이고, 직달 일사량은 대기를 통과하여 직접 지표에 이르는 일사성분이고, **확산(천공) 일사량**은 어느 면에 입사하는 일사 중 직달 일사량을 제외한 모든 일사량으로 천공 일사나 지면 또는 주위 건물로부터의 반사 일사로 이루어지는 일사이다.

03 | 조명의 단위
06①, 00③

조명 단위에 대한 조합 중 틀린 것은?

① 광속 : lumen ② 조도 : lux
③ 휘도 : sb ④ 광도 : cd/m^2

해설 **휘도의 단위**는 sb(stilb), nt(nit) 등도 사용하나, 주로 cd/m^2로 통일하고, **광도의 단위**는 cd(candela)를 사용한다.

---

④ 음환경

01 | 흡음과 차음에 관한 기술
20①,②, 16④, 12①

흡음 및 차음에 관한 설명으로 옳지 않은 것은?

① 벽의 차음성능은 투과손실이 클수록 높다.
② 차음성능이 높은 재료는 흡음성능도 높다.
③ 벽의 차음성능은 사용 재료의 면밀도에 크게 영향을 받는다.
④ 벽의 차음성능은 동일 재료에서도 두께와 시공법에 따라 다르다.

해설 차음성능이 높은 재료는 흡음성능이 **낮다.** 즉, 소리를 반사한다.

02 | 음의 세기 레벨
21①, 15②, 08①, 05①

음의 세기가 $10^{-9}W/m^2$일 때 음의 세기 레벨은 몇 dB인가? (단, 기준음의 세기 $I_o = 10^{-12}W/m^2$이다.)

① 3dB ② 30dB
③ 0.3dB ④ 0.03dB

해설 음원의 power level은 음을 발휘하는 것의 음향출력(W)과 기준이 되는 음향출력(W_1)과의 비의 상용대수의 10배를 음원의 power level이라고 하며 단위는 dB이다.

$$\therefore \ power \ level = 10\log\frac{W}{W_1} = 10\log\frac{10^{-9}}{10^{-12}} = 30dB$$

03 | 잔향시간에 관한 기술
22②, 09②, 03④

실내음 환경의 잔향시간에 대한 설명 중 옳은 것은?

① 잔향시간은 음향 청취를 목적으로 하는 공간이 음성 전달을 목적으로 하는 공간보다 짧아야 한다.
② 잔향시간을 길게 하기 위해서는 실내공간의 용적이 작아야 한다.
③ 실의 흡음력이 높을수록 잔향시간은 길어진다.
④ 잔향시간은 실내가 확장음장이라고 가정하여 구해진 개념으로 원리적으로는 음원이나 수음점의 위치에 상관없이 일정하다.

해설 잔향시간은 음향 청취를 목적으로 하는 공간이 음성 전달을 목적으로 하는 공간보다 **길어야** 한다. 잔향시간을 길게 하기 위해서는 실내공간의 용적을 크게 하여야 **하며**, 실의 흡음력이 높을수록 잔향시간은 **짧아진다.** 또한, 영화관은 전기음향 설비가 추가 되므로 잔향시간은 **짧을수록 좋다.**

04 | 잔향시간의 영향 요소
22①, 21②, 18④

다음 중 건축물 실내공간의 잔향시간에 가장 큰 영향을 주는 것은?

① 실의 용적
② 음원의 위치
③ 벽체의 두께
④ 음원의 음압

해설 음의 잔향시간은 **실의 전체 흡음력에 반비례**하고 **실의 용적에 비례**하므로 잔향시간에 큰 영향을 끼치는 요소는 실의 용적과 흡음력이다.

05 | 음의 크기 단위
19①, 13①

음의 대소를 나타내는 감각량을 음의 크기라고 하는데, 음의 크기의 단위는?

① dB ② cd
③ Hz ④ sone

해설

구분	음의 세기	음의 세기 레벨	음압	음압 레벨	음의 크기	음의 크기 레벨
단위	W/m^2	dB	N/m^2	dB	**sone**	phon

CHAPTER **02**

ENGINEER ARCHITECTURE

| 전기설비 |

빈도별 기출문제

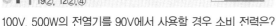

❶ 기초적인 사항

01 | 소비 전력의 산정
19②, 12②,④

100V, 500W의 전열기를 90V에서 사용할 경우 소비 전력은?

① 200W
② 310W
③ 405W
④ 420W

해설 $W(전력) = V(전압)\,I(전류) = I^2(전압)\,R(저항) = \dfrac{V^2(전압)}{R(저항)}$ 이다. 그런데, 100V에 500W의 전열기이므로

$I = \dfrac{W}{V} = \dfrac{500}{100} = 5A$ 이고, $R = \dfrac{V}{I} = \dfrac{100}{5} = 20\,\Omega$ 이므로 90V를

사용하면, $W = \dfrac{V^2}{R} = \dfrac{90^2}{20} = 405W$ 이다.

즉, 소비전력은 전압의 제곱에 비례하므로 전압이 100V에서

90V로 낮아지므로 $\left(\dfrac{90}{100}\right)^2 = \dfrac{8,100}{10,000} = \dfrac{81}{100}$ 이므로

$\dfrac{81}{100} \times 500 = 405W$ 이다.

02 | 안전한 저항
19①, 15②, 12①

다음 중 그 값이 클수록 안전한 것은?

① 접지저항
② 도체저항
③ 접촉저항
④ 절연저항

해설 **접지저항**은 땅 속에 파묻은 접지 전극과 땅의 사이에서 발생하는 전기저항이고, **도체저항**은 도체 자체가 가지고 있는 저항이며, **접촉저항**은 서로 접촉시켰을 때 접촉면에 생기는 저항이다.

03 | 1W의 정의
19①, 09②, 06④

전압이 1V일 때 1A의 전류가 1s 동안 하는 일을 나타내는 것은?

① 1Ω
② 1J
③ 1Wh
④ 1W

해설 1Ω은 도체의 2점 간에 1A의 전류를 흘리기 위해 1V의 전압을 요할 때의 저항값이고, 1J은 에너지 및 일의 단위로서 1에르그 (1다인의 힘이 물체에 작용하여 1cm 움직이는 일)의 10^7배로서 0.239cal에 해당되며, 1Wh는 단위시간에 전류가 하는 일량에 시간을 곱하면 전력량이다.

04 | 약전설비의 종류
18①, 11①, 04④

다음의 전기설비 중 약전설비에 속하는 설비는?

① 변전설비
② 간선설비
③ 피뢰침설비
④ 전화설비

해설 **약전설비**에는 **전화설비, 인터폰설비, 방송설비**, 표지설비, 전기시계설비, 안테나설비, 확성설비 및 경보설비 등이 있고, **강전설비**에는 **전등설비, 변전설비, 간선설비, 피뢰침설비**, 축전지설비, 자가발전설비, 전동기, 전열설비 및 조명설비 등이 있다.

05 | 합성저항
22①, 16①, 11②

10Ω의 저항 10개를 직렬로 접속할 때의 합성저항은 병렬로 접속할 때의 합성저항의 몇 배가 되는가?

① 5배
② 10배
③ 50배
④ 100배

해설 합성저항의 산정

㉮ **직렬저항**$(R) = R_1 + R_2 + \cdots + R_n$
$= 10 + 10 + 10 + 10 + 10 + 10 + 10 + 10 + 10 + 10$
$= 100\,\Omega$

㉯ **병렬저항**$\left(\dfrac{1}{R}\right) = \dfrac{1}{R_1} + \dfrac{1}{R_2} + \cdots + \dfrac{1}{R_n}$

$= \dfrac{1}{10} + \dfrac{1}{10} + \dfrac{1}{10} + \dfrac{1}{10} + \dfrac{1}{10} + \dfrac{1}{10} + \dfrac{1}{10} + \dfrac{1}{10} + \dfrac{1}{10} + \dfrac{1}{10}$

$= 1\Omega$

그러므로, 직렬저항값(100Ω)은 병렬저항값(1Ω)의 100배이다.

정답 01. ③ 02. ④ 03. ④ 04. ④ 05. ④

06 | 소비전력의 산정
21④, 14④

220V, 200W 전열기를 110V에서 사용하였을 경우 소비전력은?

① 50W
② 100W
③ 200W
④ 400W

해설 220V에 200W의 전열기이므로 $I=\dfrac{W}{V}=\dfrac{200}{220}=\dfrac{10}{11}$A이고,

$R=\dfrac{V}{I}=\dfrac{220}{\dfrac{10}{11}}=242\ \Omega$ 이므로 110V를 사용하면 $W=\dfrac{V^2}{R}$

$=\dfrac{110^2}{242}=50$W이다. 또한 **소비전력은 전압의 제곱에 비례**하므로 전압이 220V에서 110V로 낮아지므로 $\left(\dfrac{110}{220}\right)^2=\dfrac{1}{4}$ 이므로 $\dfrac{1}{4}\times200=50$W이다.

07 | 약전설비의 종류
18①

다음 중 약전설비(소세력 전기설비)에 속하지 않는 것은?

① 조명설비
② 전기음향설비
③ 감시제어설비
④ 주차관제설비

해설 **약전설비**에는 **전화설비, 인터폰설비, 방송설비**, 표지설비, 전기기계설비, 안테나설비, 확성설비 및 경보설비 등이 있고, **강전설비**에는 **전등설비, 변전설비, 간선설비**, 피뢰침설비, 축전지설비, 자가발전설비, 전동기, 전열설비 및 **조명설비** 등이 있다.

08 | 약전설비의 종류
17③

다음 중 약전설비에 속하는 것은?

① 변전설비
② 전화설비
③ 축전지설비
④ 자가발전설비

해설 **전등설비는 강전설비**이고, 인터폰설비, 전화설비, 방송설비 등은 약전설비이다.

❷ 조명설비

01 | 조명기구의 개수 산정
13①, 12④, 10①, 09①, 06①,②, 99①

어느 실에 필요한 조명기구의 개수를 구하고자 한다. 그 실의 바닥면적을 A, 평균 조도를 E, 조명률을 U, 보수율을 M, 기구 1개의 광속(光束)을 F라고 할 때 조명기구 개수의 적절한 산정식은?

① $\dfrac{EAM}{FU}$
② $\dfrac{EAF}{UM}$
③ $\dfrac{EA}{FUM}$
④ $\dfrac{E}{AFUM}$

해설 광속의 산정

$$F_0=\dfrac{EA}{UM}[\text{lm}],\quad NF=\dfrac{AED}{U}=\dfrac{EA}{UM}[\text{lm}]$$

여기서, F_0 : 총광속, E : 평균 조도(lx), A : 실내면적(m),
U : 조명률, M : 보수율(유지율), N : 소요 등 수(개),
F : 1등당 광속(lm)

위의 식에서 알 수 있듯이 $N=\dfrac{EA}{FUM}$ 이다.

02 | 조도의 산정
17④, 14④, 11④, 09②, 05④

광속이 2,000lm인 백열전구로부터 2m 떨어진 책상에서 조도를 측정하였더니 200lx가 되었다. 이 책상을 백열전구로부터 4m 떨어진 곳에 놓고 측정하였을 때 조도의 값은?

① 50lx
② 100lx
③ 150lx
④ 200lx

해설 조도$=\dfrac{광속}{거리^2}$ 이다. 그런데, 광속이 일정하면, **조도는 거리의 제곱에 반비례**하므로 거리가 2m에서 4m, 즉 거리가 2배가 되었으므로 조도는 $1/2^2$ $=1/4$이 된다. 그러므로, 200lx의 1/4은 50lx이다.

03 | 광원의 연색성
05②, 98④

다음의 광원 중 연색성이 가장 좋은 것은?

① 메탈 할라이드램프
② 나트륨램프
③ 주광색 형광램프
④ 고압 수은등

해설 **연색성**은 광원을 평가하는 경우에 사용하는 용어로서 광원의 질을 나타내고, 광원이 백색(한결같은 분광 분포)에서 벗어남에 따라 연색성이 나빠진다. 또한, **연색성이 좋은 것부터 나쁜 것 순으로 나열하면, 주광색 형광램프** → 메탈 할라이드램프 → 백색 형광등 → 수은등 → 백열전구 → **나트륨램프**의 순이다.

04 | 조도의 산정
22②, 21②, 17①, 16④

어느 점광원에서 1m 떨어진 곳의 직각면 조도가 200lx일 때, 이 광원에서 2m 떨어진 곳의 직각면 조도는?

① 25lx
② 50lx
③ 100lx
④ 200lx

해설 1칸델라(cd)의 광원에서 1m 떨어진 면의 조도는 1lx이고, $d\,[m]$만큼 떨어진 b면의 조도는 $E = \dfrac{1}{d^2} = \dfrac{\text{광도}}{\text{거리}^2}\,[lx]$이다. 즉, 조도는 **거리의 제곱에 반비례**한다.

$$\therefore\ 200 \times \frac{1}{2^2} = 50lx$$

05 | 조도의 산정
13①, 10①, 99④

지상 6m 되는 곳에 점광원이 있다. 그 광도는 각 방향에 균등하게 100cd라고 한다. 직하면의 조도로 적당한 것은?

① 2.8lux
② 4.7lux
③ 6.8lux
④ 8.7lux

해설 조도 $= \dfrac{\text{광도(칸델라)}}{\text{거리}^2(m^2)}$ 이다. 그런데 광도는 100cd이고, 거리는 6m이다.

$$\therefore\ \text{조도} = \frac{100}{6^2} = 2.77 = 2.8lux$$

06 | 반간접 조명기구의 정의
11①, 06②, 04②

광원에서의 발산광속 중 60~90%는 위 방향으로 향하여 천장이나 윗벽 부분에서 반사되고, 나머지 빛이 아래 방향으로 향하는 방식의 조명기구는?

① 직접 조명기구
② 반직접 조명기구
③ 전반 확산 조명기구
④ 반간접 조명기구

해설 조명기구의 배광 분류

구 분	직접 조명	반직접 조명	전반 확산 조명	직간접 조명	반간접 조명	간접 조명
위 방향	0~10%	10~40%	40~60%	40~60%	60~90%	90~100%
아래 방향	100~90%	90~60%	60~40%	60~40%	40~10%	10~0%

07 | 인공 광원 효율의 기술
05①, 03②

인공 광원의 효율에 대한 설명으로 적합한 것은?

① 광속을 광원의 용량(전력)으로 나눈 값이다.
② 백열등의 광속을 100으로 본 각 광원의 광속비를 말한다.
③ 전 광속에 대한 하향 광속의 비를 말한다.
④ 인공 광원의 유효 수명을 말한다.

해설 **인공 광원의 효율**이란 광속을 광원의 용량(전력)으로 나눈 값을 말한다.

08 | 전반·국부 병용 조명의 사용
02①, 98③

정밀작업이 요구되는 공장에 적당한 조명방식은?

① 국부 조명
② 전반 조명
③ 간접 조명
④ 전반·국부 병용 조명

해설 **국부 조명**은 조명방식 중 가장 간단하고 적은 전력으로 높은 조도를 얻을 수 있으나 방 전체의 균일한 조도를 얻기 어렵고, 물체의 강한 음영이 생기므로 눈이 쉽게 피로해지는 방식으로 **작업면상의 필요한 장소, 즉 어떤 특별한 면을 부분 조명하는 방식**이다. **전반 국부 병용 조명**은 전반 조명과 국부 조명을 병용한 것으로 매우 경제적인 조명방식으로 **정밀작업이 요구되는 공장에 적합한 형식**이다.

09 | 형광등의 점등방식
01④, 97②

형광등 점등방식의 종류에 해당되지 않는 것은?

① 횡기식
② 예열 기동형
③ 즉시 기동형
④ 순시 기동형

해설 형광등의 점등방식에는 누름 버튼식, 글로 스타트식(예열 기동형), 래피드 스타트식(즉시 기동형), 전자 스타트식(순시 점등 방식) 등이 있다.

10 | 조명률의 영향 요소
21②, 11②, 97③

다음 중 조명률에 영향을 끼치는 요소로 볼 수 없는 것은?

① 실의 크기
② 마감재의 반사율
③ 조명기구의 배광
④ 글레어(glare)의 크기

해설 조명률(%) $= \dfrac{\text{작업면의 광속}}{\text{광원의 광속}} \times 100$

즉, 조명률에 영향을 끼치는 요인에는 실의 크기, 마감재의 반사율, 조명기구의 배광 등이 있다. 글레어의 크기와 광원 사이의 간격과는 무관하다.

11 | 조명기구의 개수 산정
21④, 18②

다음과 같은 조건에서 사무실의 평균조도를 800lx로 설계하고자 할 경우 광원이 필요수량은?

[조건]
- 광원 1개의 광속 : 2,000lm
- 실의 면적 : 10m²
- 감광보상률 : 1.5
- 조명률 : 0.6

① 3개   ② 5개
③ 8개   ④ 10개

해설 $F_0 = \dfrac{EA}{UM}[\text{lm}]$, $NF = \dfrac{AED}{U} = \dfrac{EA}{UM}[\text{lm}]$

여기서, F_0 : 총광속, E : 평균조도(lx)
         A : 실내면적(m²), U : 조명률
         D : 감광보상률, M : 보수율(유지율)
         N : 소요등수(개), F : 1등당 광속(lm)
∴ $N = \dfrac{EA}{FUM} = \dfrac{AED}{FU} = \dfrac{10 \times 800 \times 1.5}{2,000 \times 0.6} = 10$개

12 | 감광보상률의 정의
18④, 00②

조명기구를 사용하는 도중에 광원의 능률 저하나 기구의 오염, 손상 등으로 조도가 점차 저하되는데, 인공조명설계 시 이를 고려하여 반영하는 계수는?

① 광도
② 조명률
③ 실지수
④ 감광보상률

해설 **감광보상률**은 조명기구 사용 중에 광원의 능률 저하 또는 기구의 오손 등으로 조도가 점차 저하하므로 광원의 교환 또는 기구의 소제를 할 때까지 필요로 하는 조도를 유지할 수 있도록 미리 여유를 두기 위한 비율로서 **유지율의 역수**이다.

13 | 광천장 조명의 정의
16①, 06②

건축화 조명 중 천장 전면에 광원 또는 조명기구를 배치하고, 발광면을 확산 투과성 플라스틱판이나 루버 등으로 전면을 가리는 조명방법은?

① 다운 라이트 조명
② 코니스 조명
③ 밸런스 조명
④ 광천장 조명

해설 **다운 라이트 조명**은 천장면에 작은 구멍을 많이 뚫어 그 속에 여러 형태의 등기구를 매입한 것이다. **코니스 라이트**는 연속열 조명기구를 벽에 평행이 되도록 천장의 구석에 눈가림판을 설치하여 아래 방향으로 빛을 보내 벽 또는 창을 조명하는 방식이다. **밸런스 라이트**는 연속열 조명기구를 창틀 위에 벽과 평행으로 눈가림판과 같이 설치하여 창의 커튼이나 창 위의 벽체와 천장을 조명방식이다.

14 | 옥내 조명의 설계 순서
04④

옥내 조명의 설계 순서로 옳은 것은?

A : 소요 조도 계산   B : 조명방식, 광원의 선정
C : 조명기구의 선정   D : 조명기구의 배치 결정

① A－B－C－D   ② A－D－C－B
③ B－C－A－D   ④ A－C－D－B

해설 조명 설계의 순서는 소요 조도의 결정 → 전등 종류의 결정 → 조명방식 및 조명기구 → 광원의 크기와 그 배치 → 광속 계산의 순이다.

15 | 눈부심에 관한 기술
19④, 14①

조명설비에서 눈부심에 관한 설명으로 옳지 않은 것은?

① 광원의 크기가 클수록 눈부심이 강하다.
② 광원의 휘도가 작을수록 눈부심이 강하다.
③ 광원이 시선에 가까울수록 눈부심이 강하다.
④ 배경이 어둡고 눈이 암순응 될수록 눈부심이 강하다.

해설 조명설비의 눈부심(glare, 현휘)은 광원의 크기와 휘도가 클수록, 광원이 시선에 가까울수록, 배경이 어둡고 눈이 암순응될수록 **눈부심이 강하다.**

16 | 간접 조명기구에 관한 기술
19①, 10②

간접 조명기구에 대한 설명 중 옳지 않은 것은?

① 직사 눈부심이 없다.
② 매우 넓은 면적이 광원으로서의 역할을 한다.
③ 일반적으로 발산광속 중 상향 광속이 90~100% 정도이다.
④ 천장, 벽면 등은 어두운 색으로 빛이 잘 흡수되도록 해야 한다.

해설 천장, 벽면 등은 **밝은 색**으로 빛이 잘 **반사되도록** 해야 한다.

17 | 직접 조명방식에 관한 기술
15①, 14④

직접 조명방식에 관한 설명으로 옳은 것은?

① 조명률이 크다.
② 실내면 반사율의 영향이 크다.
③ 분위기를 중요시하는 조명에 적합하다.
④ 발산광속 중 상향 광속이 90~100%, 하향 광속이 0~10% 정도이다.

해설 실내면 반사율의 영향이 적고, 분위기를 중요시하는 조명에 **부적합**하며, 발산광속 중 **하향 광속이 90~100%, 상향 광속이 0~10% 정도**이다.

18 | 직접 조명형에 관한 기술
22①, 11②

조명기구의 배광에 따른 분류 중 직접 조명형에 관한 설명으로 옳은 것은?

① 상향광속과 하향광속이 거의 동일하다.
② 천장을 주광원으로 이용하므로 천장의 색에 대한 고려가 필요하다.
③ 매우 넓은 면적이 광원으로서의 역할을 하기 때문에 직사 눈부심이 없다.
④ 작업면에 고조도를 얻을 수 있으나 심한 휘도차 및 짙은 그림자가 생긴다.

해설 ① 직접 조명방식은 상향광속은 0~10%, 하향광속은 90~100% 정도이다.
②항과 ③항은 **간접 조명방식에 대한 설명**이다.

19 | 간접 조명기구에 관한 기술
06④, 04④

조명기구 중 천장과 윗벽 부분이 광원의 역할을 하며, 조도가 균일하고 음영이 유연하나 조명률이 낮은 특성을 갖는 것은?

① 직접 조명기구
② 반직접 조명기구
③ 간접 조명기구
④ 전확산 조명기구

해설 **직접 조명**이란 조명방식 중 거의 모든 광속을 위 방향으로 향하게 발산하여 천장 및 윗벽 부분에서 반사되어 방의 아래 각 부분으로 확산시키는 방식이다. **간접 조명**은 조명기구 중 천장과 윗벽 부분이 광원의 역할을 하며, 조도가 균일하고 음영이 유연하나 조명률이 낮은 특성을 갖는 조명방식이다.

20 | 수조면의 조도에 관한 기술
21①, 08②

광원으로부터 일정 거리 떨어진 수조면의 조도에 관한 설명으로 옳지 않은 것은?

① 광원의 광도에 비례한다.
② $\cos\theta$(입사각)에 비례한다.
③ 거리의 제곱에 반비례한다.
④ 측정점의 반사율에 반비례한다.

해설 수조면의 **조도는 측정점의 반사율**과는 **무관**하다.

21 | 거리의 역제곱의 법칙
19②

점광원으로부터의 거리가 n배가 되면 그 값이 $1/n^2$배가 된다는 "거리의 역제곱의 법칙"이 적용되는 빛환경지표는?

① 조도
② 광도
③ 휘도
④ 복사속

해설 **광도**는 어떤 광원에서 발산하는 빛의 세기를 의미하며, 단위는 칸델라이다. **휘도**는 빛을 방사할 때 표면의 밝기 정도(면의 단위면적당 광도)이다. **복사속**은 파동으로서 공간을 전파해가는 전자기파가 단위시간당 운반하는 에너지의 양으로 단위는 와트(W)이다.

22 | 광원의 연색성에 관한 기술
18①

광원의 연색성에 관한 설명으로 옳지 않은 것은?

① 고압수은램프의 평균연색평가수(Ra)는 100이다.
② 연색성은 수치로 나타낸 것을 연색평가수라고 한다.
③ 평균연색평가수(Ra)가 100에 가까울수록 연색성이 좋다.
④ 물체가 광원에 의하여 조명될 때 그 물체의 색의 보임을 정하는 광원의 성질을 말한다.

해설 광원의 연색성(광원을 평가하는 경우에 사용하는 용어로서 광원의 질을 나타내고, 광원이 백색(한결같은 분광분포)에서 벗어남에 따라 연색성이 나빠진다)평가수를 보면 태양과 백열전구는 100, 주광색 형광램프는 77, 백색 형광램프는 63, 고압수은등은 25~45, 메탈할라이드등은 70, 고압나트륨등은 22 정도로서, **연색성이 좋은 것부터 나쁜 것 순으로 나열**하면 백열전구 → 주광색 형광램프 → 메탈할라이드램프 → 백색 형광램프 → 수은등 → 나트륨램프의 순이다.

23 | 조명기구의 개수 산정
17③

작업면의 필요조도가 400lx, 면적이 10m², 전등 1개의 광속이 2,000lm, 감광 보상률이 1.5, 조명률이 0.6일 때 전등의 소요 수량은?

① 3등
② 5등
③ 8등
④ 10등

해설 N(조명등 개수)

$$= \frac{E(\text{조도})\,A(\text{실의 면적})}{F(\text{조명등 1개의 광속})\,U(\text{조명률})\,M(\text{유지율})}$$

즉, $N = \dfrac{EA}{FUM} = \dfrac{EAD}{FU}$ 에서, $E = 400$, $A = 10\text{m}^2$,

$D = \dfrac{1}{M} = 1.5$, $F = 2,000$, $U = 0.6$이다.

$\therefore\ N = \dfrac{EAD}{FU} = \dfrac{400 \times 10 \times 1.5}{2,000 \times 0.6} = 5(\text{개})$

24 | 조명기구의 배광 분류
17②

조명기구를 배광에 따라 분류할 경우, 다음과 같은 특징을 갖는 것은?

발산광속 중 상향광속이 60~90% 정도이고, 하향광속이 10~40% 정도이며, 천장을 주광원으로 이용한다.

① 직접조명기구
② 반직접조명기구
③ 반간접조명기구
④ 전반확산조명기구

해설 조명기구의 배광 분류

구 분	직접 조명	반직접 조명	전반 확산 조명	직간접 조명	반간접 조명	간접 조명
위 방향	0~10%	10~40%	40~60%	40~60%	60~90%	90~100%
아래 방향	100~90%	90~60%	60~40%	60~40%	40~10%	10~0%

25 | 광원의 연색성에 관한 기술
16②

조명설비에서 연색성에 관한 설명으로 옳지 않은 것은?

① 평균 연색평가수(R_a)가 0에 가까울수록 연색성이 좋다.
② 일반적으로 할로겐전구가 고압수은램프보다 연색성이 좋다.
③ 연색성이란 물체가 광원에 의하여 조명될 때, 그 물체의 색의 보임을 정하는 광원의 성질을 말한다.
④ 평균 연색평가수(R_a)란 많은 물체의 대표색으로서 7종류의 시험색을 사용하여 그 평균값으로부터 구한 것이다.

해설 조명설비에 있어서 평균 연색평가수가 0에 가까울수록 연색성이 좋지 않고, 0에서 멀어질수록 연색성이 좋다.

❸ 전원 및 배전, 배선설비

01 | 수지상식의 사용처
02④, 98④, 96②

전동기가 넓은 범위에 분산되어 설치될 때 적합한 분기회로 배선방식은?

① 분전반식
② 수지상식(樹技狀式)
③ 총괄 제어식
④ 단일식

해설 수지상(나뭇가지)식은 가장 간단하고, 경제적이며, 소규모 건물에 적당하다. 또한, **넓은 범위에 분산되어 설치하는 경우에 적합**하고, 평행식과 평행식－나뭇가지식의 병용식은 대규모 건축물에 적합하다.

02 | 최대 수용전력
18②, 15④, 11④, 01①

전기설비용량이 각각 80kW, 90kW, 100kW의 부하설비가 있다. 그 수용률이 70%인 경우 최대 수요전력으로 적당한 것은?

① 90kW
② 100kW
③ 190kW
④ 270kW

해설 수용률 $= \dfrac{\text{최대 사용전력(kW)}}{\text{수용설비용량(kW)}} \times 100\% = 0.4 \sim 1.0$

그런데 수용률은 70%＝0.7이고,
부하설비용량＝80kW＋90kW＋100kW＝270kW이다. 그러므로
최대 사용전력＝부하설비용량×수용률＝270×0.7＝189kW

03 | 감시제어반
02②, 97①, 96①

감시제어반에 있어서 감시를 위한 표시법이 옳지 않은 것은?

① 전원 표시-백색 램프
② 운전 표시-오렌지색 램프
③ 정지 표시-녹색 램프
④ 고장 표시-버저 또는 벨

해설 운전 표시는 적색이고, 오렌지색 램프나 벨은 고장 표시이다.

04 | 변전실면적의 영향 요소
22②, 20①②, 19④, 15④, 14②, 13④

다음 중 변전실면적에 영향을 주는 요소와 가장 거리가 먼 것은?

① 발전기실의 면적
② 변전설비 변압방식
③ 수전전압 및 수전방식
④ 설치기기와 큐비클의 종류

해설 변전실의 면적에 영향을 끼치는 요소에는 **변압기의 용량, 큐비클의 종류, 수전전압 및 수전방식**, 설치될 기기의 크기와 대수, 장래에 있을 **기기의 증설과 배치방법**, 보수 및 점검을 위한 공간의 확보 등이 있고, **발전기의 용량 및 발전기실의 면적과는 무관**하다.

05 | 목재 몰드 공사의 사용처
06②, 04①, 98②, 96②

다음에서 점검할 수 없는 은폐 장소에 적당치 않은 전기공사는?

① 애자 사용공사
② 목재 몰드 공사
③ 경질 비닐관 공사
④ 케이블 공사

해설 **애자 사용공사**는 절연 효력(600V 이상의 절연)이 있는 절연전선을 놉 애자, 핀 애자, 애관 등을 사용하여 시공하는 공사법이고, **경질 비닐관(합성수지관) 공사**는 무거운 압력이나 충격 등을 받을 염려가 없는 장소 또는 물기나 습기가 있는 장소에 실시하는 공사법이다. **케이블 공사**는 옥내 배선에서 금속관 공사와 동일하게 모든 장소에서 실시할 수 있는 공사이다.

06 | 전압의 구분(저압)
18①, 15④, 01①, 00③, 97②, 96④

전기설비의 전압 구분에서 저압기준으로 옳은 것은?

① 교류 750V 이하, 직류 600V 이하
② 교류 600V 이하, 직류 750V 이하
③ 교류 1,000V 이하, 직류 1,500V 이하
④ 교류 1,500V 이하, 직류 1,000V 이하

해설 전압의 구분

구분	직류	교류
저압	1.5kV 이하	1kV 이하
고압	1.5kV 초과 7kV 이하	1kV 초과 7kV 이하
특고압	7kV 초과	

07 | 전기방식의 종류
00②, 99②, 98②, 97①

다음의 전기방식으로 옳지 못한 것은?

① 단상 2선식
② 단상 3선식
③ 3상 2선식
④ 3상 3선식

해설 배전방식은 단상 2선식, 단상 3선식, 3상 3선식, 3상 4선식이 사용되고 있다.

08 | 금속관 공사의 사용처
22①, 15④, 12④, 09①, 02④, 97②

저압 옥내 배선공사 중 콘크리트 속에 직접 묻을 수 있는 공사는?

① 금속 몰드 공사
② 케이블 공사
③ 플렉시블 전선관 공사
④ 금속관(conduit pipe) 공사

해설 **금속관 배선공사**는 저압 옥내 배선공사 중 철근콘크리트 매설 공사에 많이 사용하며, 습기나 먼지가 있는 장소 등에 가장 완벽한 공사법이다.

09 | 분기회로의 전선 굵기 선정
02④, 97④

전력설비에서 분기회로의 전선 굵기 선정에 관한 기술 중 부적당한 것은?

① 전선의 허용전압강하를 고려한다.
② 직경 1.0mm 전선 이상을 사용한다.
③ 전선의 허용전류를 고려한다.
④ 전선의 기계적 강도를 고려한다.

해설 분기회로의 전선은 **직경 1.6mm의 연동선** 또는 동등 이상의 강도 및 굵기의 것, 단면적이 1mm^2 이상의 MI 케이블 또는 직경 2.3mm 이상의 반경 알루미늄선(경 알루미늄선은 2.0mm 이상)이어야 한다.

10 | 간선의 배선방식

다음에서 대규모 건물에 적당한 간선의 배선방식은?

① 나뭇가지식
② 평행식
③ 나뭇가지 평행 병용식
④ 네트워크식

해설 **대규모 건축물에 적합한 간선방식**에는 평행식과 병용식(평행식과 나뭇가지식의 병용식)이 있으나, 가장 적합한 간선방식은 **평행식**이다.

11 | 부하율의 정의
21①, 19①, 15②, 10①, 09④

다음과 같은 공식을 통해 산출되는 값으로 전기설비가 어느 정도 유효하게 사용되는가를 나타내는 것은?

$$\frac{\text{부하의 평균전력}}{\text{최대 수용전력}} \times 100\%$$

① 부하율　　　　　② 보상률
③ 부등률　　　　　④ 수용률

해설 전력 부하의 산정

㉮ 수용률(%) = $\dfrac{\text{최대 수용전력(kW)}}{\text{수용(부하)설비용량(kW)}} \times 100 = 0.4\sim1.0$

㉯ 부등률(%) = $\dfrac{\text{최대 수용전력의 합(kW)}}{\text{합성 최대 수용전력(kW)}} \times 100 = 1.1\sim1.5$

㉰ 부하율(%) = $\dfrac{\text{평균 수용전력(kW)}}{\text{최대 수용전력(kW)}} \times 100 = 0.25\sim0.6$

12 | 3상 4선식 380/220V의 사용
21④, 18①, 11④, 10②, 00③

3상 동력과 단상 전등 부하를 동시에 사용할 수 있는 방식으로 대형 빌딩이나 공장 등에서 사용되는 배전 방식은?

① 단상 2선식 220V
② 3상 3선식 220V
③ 단상 3선식 220/110V
④ 3상 4선식 380/220V

해설 단상 2선식 110V는 가정용 전등 및 전기기구 등에 사용하고 단상 3선식 110/220V는 일반 사무실과 학교에 사용한다. 3상 4선식 220/380V는 대형 빌딩, 공장 등의 간선회로에 사용하고 3상 동력과 단상 전등 부하를 동시에 사용한다.

13 | 전기샤프트에 관한 기술
20①,②, 19④, 14②

전기샤프트(ES)에 관한 설명으로 옳지 않은 것은?

① 전기샤프트(ES)는 각 층마다 같은 위치에 설치한다.
② 전기샤프트(ES)의 면적은 보, 기둥 부분을 제외하고 산정한다.
③ 전기샤프트(ES)는 전력용(EPS)과 정보통신용(TPS)을 공용으로 설치하는 것이 원칙이다.
④ 전기샤프트(ES)의 점검구는 유지·보수 시 기기의 반입 및 반출이 가능하도록 하여야 한다.

해설 **전기샤프트(ES : Electrical Shaft)**의 건축적 고려사항은 ①, ②, ④항 이외에 다음 사항을 고려하여야 한다.
㉮ 전기샤프트(ES)는 용도별로 전력용(EPS : Electrical Power Shaft)과 정보통신용(TPS : Telecommuication Power Shaft)으로 구분하여 설치하여야 한다. 다만, **각 용도의 설치장비 및 배선이 적은 경우는 공용으로 사용** 가능하다.
㉯ 전기샤프트는 연면적 3,000m^2 이상 건축물의 경우에는 1개층을 기준하여 800m^{2}마다 설치하되 용도에 따라 면적을 달리할 수 있다.
㉰ 전기샤프트의 점검구는 유지보수 시 기기의 반입 및 반출이 가능하도록 하여야 하며 문짝의 폭은 600mm 이상으로 한다.

14 | 합성수지관 공사의 특성
20③, 16②, 08②,④

다음과 같은 특징을 갖는 배선공사방식은?

• 열적 영향이나 기계적 외상을 받기 쉬운 곳이 아니면 금속 배관과 같이 광범위하게 사용 가능하다.
• 관 자체가 절연체이므로 감전의 우려가 없으며 시공이 쉬운 게 장점이다.

① 금속관 공사　　　　② 버스 덕트 공사
③ 합성수지관 공사　　④ 애자 사용공사

해설 **합성수지관(경질 비닐관) 공사**는 무거운 압력이나 충격 등을 받을 염려가 없는 장소 또는 물기나 습기가 있는 장소에 실시하는 공사법으로 절연성, 내식성과 내수성이 좋으므로 부식성 가스 또는 용액을 발산하는 특수 화학공장 또는 연구실의 배선과 습기나 물기가 있는 곳에 적합하다. 열적 영향이나 기계적 외상을 받기 쉬운 곳이 아니면 금속배관과 같이 광범위하게 사용 가능하고, 관 자체가 절연체이므로 감전의 우려가 없으며 시공이 쉬운 게 장점이다.

312　Part 04 · 건축설비

정답 10. ② 11. ① 12. ④ 13. ③ 14. ③

15 | 배선방식 중 평행식의 기술
20④, 15②, 09④, 07④

간선의 배선방식 중 평행식에 대한 설명으로 옳은 것은?

① 설비비가 가장 저렴하다.
② 배선 자재의 소요가 가장 적다.
③ 사고의 영향을 최소화할 수 있다.
④ 전압이 안정되나 부하의 증가에 적응할 수 없다.

해설 설비비가 고가이고, 배선 자재의 소요가 많으며, 전압이 안정되고, 부하의 증가에 적응할 수 있다.

16 | 옥내 배선의 굵기 결정요소
07②, 99②, 98③, 96④

다음 중 옥내 배선의 굵기를 결정하는 주된 요소에 포함되지 않는 것은?

① 허용전류
② 조명방식
③ 전압강하
④ 기계적 강도

해설 전선의 굵기는 기계적 강도, 허용전류 및 전압강하 등에 의해서 결정된다.

17 | 단상 3선식의 사용처
99②, 98③, 97①, 96④

빌딩과 같은 일반 건물에서 많이 채용될 수 있는 전기방식은?

① 단상 3선식
② 단상 4선식
③ 3상 3선식
④ 3상 4선식

해설 200/100V 단상 3선식은 전류를 반감하기 위해 회로전압을 200V로 하고, 한편에서는 100V의 전원도 사용할 수 있도록 한 것이다.

18 | 배선방식 중 평행식의 특성
22②, 18④, 14①, 00③

간선의 배선방식 중 분전반에서 사고가 발생했을 때 그 파급 범위가 가장 적은 것은?

① 루프식
② 평행식
③ 나뭇가지식
④ 나뭇가지 평행식

해설 간선의 배선방식 중 평행식은 큰 용량의 부하, 분산되어 있는 부하에 대하여 단독 회선으로 배선하는 방식으로 사고의 경우 파급되는 범위가 좁고, 배선의 혼잡과 설비비(배선 자재의 소요가 많다)가 많아지므로 대규모 건물에 적당하다. 또한, 전압이 안정(평균화)되고 부하의 증가에 적응할 수 있어, 가장 좋은 방식이다.

19 | 경질 비닐관 공사의 기술
21①, 18②, 08①, 05①

경질 비닐관 공사에 대한 설명으로 옳은 것은?

① 온도 변화에 따라 기계적 강도가 변하지 않는다.
② 자성체이며, 금속관보다 시공이 어렵다.
③ 절연성과 내식성이 강하다.
④ 부식성 가스가 발생하는 곳의 배선에 적합치 않다.

해설 온도 변화에 따라 기계적 강도가 변하고, 비자성체이며 금속관보다 시공이 쉽고, 부식성 가스가 발생하는 곳의 배선에 사용할 수 있다.

20 | 전선의 면적과 관내부의 면적
04①, 00③, 98②

옥내 배선공사 중 금속 전선관 공사로 할 경우 전선관에 넣는 전선의 절연피복을 포함한 단면적의 총합은 전선관 내부 단면적의 몇 % 이하로 해야 하는가?

① 10%
② 20%
③ 30%
④ 40%

해설 전선관의 굵기에 있어서 보통 관내에 전선을 4가닥 이상 삽입할 경우에는 **전선 단면적의 합**이 **파이프 안지름 단면적의 40% 이하**가 되도록 파이프의 굵기를 정하고, 한 개의 전선관 속에는 10가닥 이하가 들어가게 한다.

21 | 부하율의 정의
20③, 13④, 12④

전기설비가 어느 정도 유효하게 사용되는가를 나타내며, 최대 수용전력에 대한 부하의 평균 전력의 비로 표현되는 것은?

① 부하율
② 부등률
③ 수용률
④ 유효율

해설 ㉮ **부등률** $= \dfrac{\text{최대 수용력의 합}}{\text{합성 최대 수용전력}} \times 100\% = 1.1 \sim 1.5$

㉯ **수용률** $= \dfrac{\text{최대 사용전력(kW)}}{\text{수용설비용량(kW)}} \times 100\% = 0.4 \sim 1.0$

22 | 보통 충전의 정의
18②, 13④, 12①

축전지의 충전방식 중 필요할 때마다 표준 시간율로 소정의 충전을 하는 방식은?

① 급속 충전
② 보통 충전
③ 부동 충전
④ 세류 충전

해설 **급속(회복) 충전**은 비교적 단시간에 충전 전류의 2~3배의 전류로 충전하는 방식이고, **부동 충전**은 축전지의 자기 방전을 보충함과 동시에 사용 부하에 대한 전력 공급은 **충전기가 부담**하되, 충전기가 부담하기 어려운 일시적인 대전류 부하는 축전지로 하여금 부담하게 하는 방식이다. **세류(트리클) 충전**은 전지를 장시간 보관하면 자기방전에 의해 용량이 감소하는 방전량만 보충해주는 부동 충전방식의 일종이다.

23 | 알칼리 축전지에 관한 기술
20③, 17④, 05②

알칼리 축전지에 대한 설명으로 옳지 않은 것은?

① 공칭전압은 2V/셀이다.
② 부식성의 가스가 발생하지 않는다.
③ 고율 방전 특성이 좋다.
④ 기대 수명이 10년 이상이다.

해설 공칭전압은 1.2V/셀이다.

24 | 3상 유도 전동기의 속도제어
17②, 11④, 06②

다음 중 3상 유도 전동기의 속도제어방법이 아닌 것은?

① 인버터를 사용하여 주파수를 변화시킨다.
② 독립된 2조의 극수가 서로 다른 고정자 권선을 감아 놓고 필요에 따라 극수를 선택하여 극수를 변화시킨다.
③ 회전자에 접속되어 있는 저항을 변화시켜 비례 추이의 원리로 제어한다.
④ 2선의 접속을 바꿔 회전자계의 방향이 반대로 되도록 한다.

해설 2선의 접속을 바꿔 회전자계의 방향이 반대로 되나, **속도를 제어할 수 없다.**

25 | 유도 전동기의 특성
16④, 08①,④

다음과 같은 특징을 갖는 전동기는?

- 구조와 취급이 간단하고 기계적으로 견고하다.
- 가격이 비교적 싸고 운전이 대체로 쉽다.
- 건축설비에서 가장 널리 사용되고 있다.

① 정류자 전동기
② 유도 전동기
③ 동기 전동기
④ 직류 전동기

해설 유도 전동기는 구조와 취급이 간단하고, 튼튼하며 고장이 적고, 가격이 싸며, 운전 및 취급이 용이하므로 건축설비에서 가장 많이 사용되고 있는 전동기이다.

26 | 교류전압의 산정
15①, 12③, 09①

변압기의 1차측 코일의 권수가 6,000, 2차측 코일의 권수가 200일 때 1차측 코일에 교류전압 3,000V 인가 시 2차측 코일에 발생하는 교류전압[V]은?

① 500
② 200
③ 100
④ 50

해설 변압기의 전압 $\dfrac{V_1}{V_2} = \dfrac{I_1}{I_2} = \dfrac{n_1}{n_2}$ 에서 전압과 전류는 권수에 비례함을 알 수 있으므로 1차측의 권수 : 6,000, 전압 : 3,000V이고, 2차측의 권수 : 200, 전압 : V_2라고 하면, $\dfrac{V_1}{V_2} = \dfrac{n_1}{n_2}$ 에서 $\dfrac{3,000}{V_2} = \dfrac{6,000}{200}$ 이다.

$\therefore V_2 = 100V$

27 | 간선의 배선방식의 종류
08①, 99③, 96④

옥내 배선에서 간선의 배선방식에 속하지 않는 것은?

① 평행식
② 나뭇가지식
③ 나뭇가지 평행식
④ 시그널 컨트롤식

해설

구 분	사고 범위	설비비	사용처
평행식	좁다	비싸다	대규모 건축물
나뭇가지식	넓다	중간	소규모 건축물
평행식과 나뭇가지식	중간	싸다	대규모 건축물

28 | 간선설계의 순서
06①, 03②, 01④

간선설계 순서로서 옳은 것은?

A : 전선 굵기를 결정
B : 배선방법을 선정
C : 부하 용량을 구한다.
D : 전기방식과 배선방식을 결정

① A→B→C→D
② C→D→B→A
③ B→A→D→C
④ D→B→A→C

해설 부하 용량의 산정-전기방식과 배선방식의 결정-배선방법의 선정-전선 굵기의 결정의 순이다.

29 | 축전지실 구조의 기술
01④, 98②

축전지실의 구조에 관한 다음 설명 중 부적당한 것은?

① 축전지실의 배선은 비닐 전선을 사용한다.

② 내진성을 고려한다.

③ 배기설비가 필요하다.

④ 개방형 축전지를 사용할 경우 조명기구는 내알칼리성으로 한다.

해설 개방형 축전지를 사용할 경우 조명기구는 **내산성**으로 한다.

30 | 전선의 굵기 결정요소
16①, 07④, 03②

전선의 굵기를 결정하는 요소와 관계가 없는 것은?

① 기계적 강도

② 전선의 허용전류

③ 전압강하

④ 전선 외곽의 보호관 굵기

해설 전선의 굵기는 기계적 강도, 허용전류, 전압강하 등에 의해서 결정된다.

31 | 전선의 굵기 결정요소
09④, 07④, 05④

간선이나 분기회로 등의 옥내 배선의 굵기를 결정할 때 고려해야 할 사항과 가장 관계가 먼 것은?

① 전선의 허용전류

② 전선의 전압강하

③ 전선의 기계적 강도

④ 전선의 온도 특성

해설 전선의 굵기는 기계적 강도, 허용전류, 전압강하 등에 의해서 결정된다.

32 | 수용률의 정의
03②, 99③

최대 사용전력과 설비용량의 비를 %로 나타내는 것을 무엇이라고 하는가?

① 수용률

② 전류율

③ 전력률

④ 부등률

해설 $수용률 = \dfrac{최대\ 사용전력(kW)}{수용\ 설비용량(kW)} \times 100\% = 0.4 \sim 1.0$

33 | 전선의 굵기 결정요소
02②, 00③, 96②

전선의 굵기 선정에 필요치 않은 사항은?

① 기계적 강도

② 허용전류

③ 전기방식

④ 전압강하

해설 전선의 굵기는 기계적 강도, 허용전류, 전압강하 등에 의해서 결정되며, 전선은 직경 1.6mm의 연동선 또는 동등 이상의 강도 및 굵기의 것, 단면적이 1mm² 이상의 MI 케이블 또는 직경 2.3mm 이상의 반경 알루미늄선(**경알루미늄선**은 2.0mm 이상)이어야 한다.

34 | 서킷 브레이커 스위치의 사용
02②, 99④

분전반의 주개폐기나 각 분기회로용 개폐기로 주로 사용되는 것은?

① 마그넷 스위치(magnet switch)

② 몰드 케이스 서킷 브레이커 스위치(molded case circuit breaker switch)

③ 플로트 스위치(float switch)

④ 캐노피 스위치(canopy switch)

해설 **마그넷 스위치**는 과전류 계전기를 갖춘 전자 접촉기의 총칭으로 전자력에 의해 접점을 움직여서 전류의 개폐를 조작하는 개폐기이고, **플로트 스위치**는 액면의 상하에 따라 움직이는 플로트(부자)의 작동에 의해 전기를 개폐하는 스위치이며, **캐노피 스위치**는 풀스위치의 일종으로 조명기구의 캐노피 내에 넣은 스위치로 밑에서 줄을 잡아당겨 점멸하는 스위치이다.

35 | 3로 스위치의 사용처
00③

아파트의 계단 같은 곳에서 아래층과 위층에서 점멸시킬 수 있는 스위치는?

① 3로 스위치

② 도어 스위치

③ 압력 스위치

④ 나이프 스위치

해설 **도어 스위치**는 냉장고 등의 문에 달아서 회로를 개폐하는 스위치이다. **압력 스위치**는 기압이나 수압 등의 변화에 의해 자동적으로 전기회로를 개폐하는 스위치이다. **나이프 스위치**는 600V 이하의 교류회로의 전로 개폐 시에 사용하는 스위치이다.

36 | 프라이머리 컷 아웃의 사용처
99②, 97①

옥내 배선의 인입구에 장치하는 개폐기는?

① 단로기
② 프라이머리 컷 아웃
③ 전류 제한기
④ 기중 차단기

해설 **단로기**는 개폐기의 일종으로 수용가의 인입구 부근에 설치하여 구분 개폐기로 사용하고, 변압기, 차단기, 피뢰기 등 고전압 기기의 1차측에 설치하여 기기를 점검, 수리할 때 회로를 분리하는 데 사용하는 것이다. **전류 제한기**는 일정한 전류값보다 높은 때에 접점이 열리면서 회로의 전류를 차단하는 장치이며, **기중 차단기**는 전로의 차단을 공기 중에서 하는 차단기이다.

37 | 수용률의 정의
21④, 19④, 15①

최대 수요전력을 구하기 위한 것으로 최대 수요전력의 총 부하용량에 대한 비율로 나타내는 것은?

① 역률
② 수용률
③ 부등률
④ 부하율

해설 **역률**은 교류회로에 전력을 공급할 때의 유효전력(실전력, 실효 전력)과 피상전력과의 비, 즉 역률$=\dfrac{\text{유효전력}}{\text{피상전력}}$이고,

부등률$=\dfrac{\text{최대 수용전력의 합}}{\text{합성 최대 수용전력}}\times100\%$이며,

부하율$=\dfrac{\text{평균 수용전력}}{\text{최대 수용전력}}\times100\%$이다.

38 | 배선방식 중 평행식의 특성
21①, 10②

다음과 같은 특징을 갖는 간선배선방식은?

- 사고 발생 때 타 부하에 파급효과를 최소한으로 억제할 수 있어 다른 부하에 영향을 미치지 않는다.
- 경제적이지 못하다.

① 평행식
② 나뭇가지식
③ 네트워크식
④ 나뭇가지 평행 병용식

해설 간선의 배선방식 중 **나뭇가지식**은 1개의 간선이 각각의 분전반을 거치며 부하에 따라 간선이 변화되는 배선방식이다. **평행식과 나뭇가지식의 병용식**은 집중되어 있는 부하의 중심 부근에 분전반을 설치하고 분전반에서 각 부하에 배선하는 방식이다.

39 | 수용률의 정의
19②, 96③

전력부하 산정에서 수용률 산정방법으로 옳은 것은?

① (부등률/설비용량)×100%
② (최대 수용전력/부등률)×100%
③ (최대 수용전력/설비용량)×100%
④ (부하 각개의 최대 수용전력합계/각 부하를 합한 최대 수용전력)×100%

해설 전력부하의 산정

㉮ 수용률$=\dfrac{\text{최대 수용전력(kW)}}{\text{수용설비용량(kW)}}\times100\%=0.4\sim1.0$

㉯ 부등률$=\dfrac{\text{최대 수용전력의 합(kW)}}{\text{합성 최대 수용전력(kW)}}\times100\%=1.1\sim1.5$

㉰ 부하율$=\dfrac{\text{평균수용전력(kW)}}{\text{최대 수용전력(kW)}}\times100\%=0.25\sim0.6$

40 | 변전실의 위치에 관한 기술
17①, 07①

변전실의 위치에 대한 설명 중 옳지 않은 것은?

① 가능한 한 부하의 중심에서 먼 장소일 것
② 외부로부터 전선의 인입이 쉬운 곳일 것
③ 습기와 먼지가 적은 곳일 것
④ 전기기기의 반출입이 용이할 것

해설 가능한 한 부하의 중심에서 **가까운 장소**일 것

41 | 변전실에 관한 기술
22①, 14④

변전실에 관한 설명으로 옳지 않은 것은?

① 건축물의 최하층에 설치하는 것이 원칙이다.
② 용량의 증설에 대비한 면적을 확보할 수 있는 장소로 한다.
③ 사용부하의 중심에 가깝고 간선의 배선이 용이한 곳으로 한다.
④ 변전실의 높이는 바닥의 케이블트렌치 및 무근콘크리트 설치 여부 등을 고려한 유효높이로 한다.

해설 빌딩의 **변전실**
㉮ **최저 지하층은 피하는 것이 좋다.**
㉯ 부득이한 경우에는 배수설비를 한다.
㉰ 천장높이는 고압은 보 아래 3.0m 이상, 특고압은 보 아래 4.5m 이상으로 한다.

42 | 경질 비닐관 공사의 특성
16④, 09②

다음과 같은 특징을 갖는 배선공사는?

- 열적 영향이나 기계적 외상을 받기 쉽다.
- 관 자체가 절연체이므로 감전의 우려가 없다.
- 화학공장, 연구실의 배선 등에 적합하다.
- 옥내의 점검할 수 없는 은폐 장소에도 사용이 가능하다.

① 금속관 공사
② 버스 덕트 공사
③ 경질 비닐관 공사
④ 라이팅 덕트 공사

해설 **금속관 공사**는 케이블 공사와 함께 건축물의 종류나 장소(철근콘크리트 매설 공사에 많이 사용하며, 습기나 먼지가 있는 장소 등)에 구애됨이 없이 시공이 가능한 공사방법이다. **버스 덕트 공사**는 일반 빌딩에서 주로 대전류 간선에 사용하고, 전선이 굵어지면 버스 덕트를 공장에서 제작해 현장에서 조립하는 방식이다. **라이팅 덕트 공사**는 전선과 전선을 보호하는 것이 일체로 되어 있는 형의 전로재로 덕트 본체에 실링이나 콘센트를 구성해 사용한다.

43 | 배선공사에 관한 기술
21②, 12②

전기설비의 배선공사에 관한 설명으로 옳지 않은 것은?

① 금속관공사는 외부적 응력에 대해 전선보호의 신뢰성이 높다.
② 합성수지관공사는 열적 영향이나 기계적 외상을 받기 쉬운 곳에서는 사용이 곤란하다.
③ 금속덕트공사는 다수 회선의 절연전선이 동일 경로로 부설되는 간선 부분에 사용된다.
④ 플로어덕트공사는 옥내의 건조한 콘크리트 바닥면에 매입 사용되나 강·약전을 동시에 배선할 수 없다.

해설 **플로어덕트공사**(콘크리트슬래브 속에 플로어덕트를 통하게 하여 콘센트를 설치하여 사용하는 방식)는 옥내의 건조한 콘크리트 바닥면(넓은 사무실이나 백화점과 같은 바닥면)에 매입하여 사용하는 방식으로 **강·약전을 동시에 사용할 수 있다.**

44 | 배전반의 정의
19①, 13④

전기설비에서 다음과 같이 정의되는 것은?

전면이나 후면 또는 양면에 계류기, 과전류 차단장치 및 기타 보호장치, 모선 및 계측기 등이 부착되어 있는 하나의 대형 패널 또는 여러 개의 패널, 프레임 또는 패널 조립용으로서, 전면과 후면에서 접근할 수 있는 것

① 캐비닛
② 차단기
③ 배전반
④ 분전반

해설 **캐비닛**은 분전반 등을 수납하는 미닫이문 또는 문짝의 금속제, 합성수지제 또는 목재함이다. **차단기**는 전류를 개폐함과 더불어 과부하, 단락 등의 이상 상태가 발생되었을 때 회로를 차단해서 안전을 유지하며, 고압용과 저압용이 있다. **분전반**은 간선과 분기회로의 연결 역할을 하거나 또는 배선된 간선을 각 실에 분기 배선하기 위하여 개폐나 차단기를 상자에 넣은 것이다.

45 | 전기샤프트의 계획 시 고려사항
22②, 09④

전기샤프트(ES)의 계획 시 고려사항으로 옳지 않은 것은?

① 각 층마다 같은 위치에 설치한다.
② 기기의 배치와 유지보수에 충분한 공간으로 하고 건축적인 마감을 실시한다.
③ 점검구는 유지보수 시 기기의 반출입이 가능하도록 하여야 하며, 점검구 문의 폭은 최소 300mm 이상으로 한다.
④ 공급대상범위의 배선거리, 전압강하 등을 고려하여 가능한 한 공급대상설비 시설위치의 중심부에 위치하도록 한다.

해설 **점검구**는 유지보수 시 기기의 반출입이 가능하도록 해야 하며, **폭은 최소 600mm 이상**으로 한다.

46 | 전선의 굵기 결정요소
17②, 13②

옥내 배선에서 전선의 굵기 산정의 결정요소에 속하지 않는 것은?

① 배전방식
② 허용전류
③ 전압강하
④ 기계적 강도

해설 **전선의 굵기**는 기계적 강도, 허용전류, 전압강하 등에 의해서 결정된다.

47 | 유도 전동기의 특성
16②, 13①

다음 설명에 알맞은 전동기의 종류는?

- 회전자계를 만드는 여자 전류가 전원 측으로부터 흐르는 관계로 역률이 나쁘다는 결점이 있다.
- 구조와 취급이 간단하여 건축설비에서 가장 널리 사용된다.

① 직권 전동기
② 분권 전동기
③ 유도 전동기
④ 동기 전동기

해설 **직권 전동기**는 계자 권선(고정자)과 전기자(회전자)를 직렬로 접속한 전동기이고, **분권 전동기**는 계자 권선(고정자)과 전기자(회전자)를 병렬로 접속한 전동기이다. **동기 전동기**는 동기속도로 회전하는 교류 전동기로서 전원의 주파수가 일정하면 회전속도가 일정하므로 역률 100%로 운전이 되고, 저속도의 것에서는 유도 전동기보다 효율이 높으므로 대형 공기 압축기, 송풍기 등에 사용된다.

48 | 플레밍의 오른손 법칙
22②, 14②

발전기에 적용되는 법칙으로 유도기전력의 방향을 알기 위하여 사용되는 법칙은?

① 옴의 법칙
② 키르히호프의 법칙
③ 플레밍의 왼손의 법칙
④ 플레밍의 오른손의 법칙

해설 ㉮ **옴의 법칙** : 전기회로에 흐르는 **전류**는 전압에 **비례**하고, 저항에 **반비례**한다는 법칙
㉯ **키르히호프의 제1법칙** : 유입전류의 합=유출전류의 합
㉰ **키르히호프의 제2법칙** : 전압강하의 합=기전력의 합
㉱ 플레밍의 왼손 및 오른손법칙의 비교

구분	정의	엄지	검지	중지	적용처
플레밍의 왼손법칙	전자력의 방향	힘	자기장	전류	**전동기**
플레밍의 오른손법칙	유도기전력의 방향	운동	자속	유도기전력	**발전기**

49 | 전압의 구분(고압)
16①, 03②

전기설비의 전압 구분에서 고압의 범위 기준으로 옳은 것은?

① 교류 6,000V 초과, 직류 7,000V 초과
② 교류 7,000V 초과, 직류 6,000V 초과
③ 교류 1kV 초과 7kV 이하, 직류 1.5kV 초과 7kV 이하
④ 교류 1.5kV 초과 7kV 이하, 직류 1kV 초과 7kV 이하

해설 전압의 구분

구분	직류	교류
저압	1.5kV 이하	1kV 이하
고압	1.5kV 초과 7kV 이하	1kV 초과 7kV 이하
특고압	7kV 초과	

50 | 전기에 관한 기초의 기술
15②, 11④

전기에 관한 기초사항으로 옳지 않은 것은?

① 전류는 발열작용, 화학작용, 자기작용을 한다.
② 병렬회로에서는 각각의 저항에 흐르는 전류의 값이 같다.
③ 옴(Ohm)의 법칙은 전압, 전류, 저항 사이의 규칙적인 관계를 나타낸다.
④ 1W란 전압이 1V일 때 1A의 전류가 1s 동안에 하는 일을 말한다.

해설 병렬회로(전압이 일정)에서는 각각의 저항에 흐르는 **전류의 값은 저항에 따라 변화**하고, 직렬회로(전류가 일정)에서는 각각의 저항에 흐르는 전류의 값은 일정하다.

51 | 플로어 덕트 배선의 사용처
14①, 12①

다음 중 옥내의 건조한 노출 장소에 시설할 수 없는 배선공사는?

① 금속관 배선
② 금속 몰드 배선
③ 플로어 덕트 배선
④ 합성수지 몰드 배선

해설 **플로어 덕트 공사**는 바닥면적이 넓은 은행, 회사, 백화점 등의 사무실에 강전류와 약전류 전선을 콘크리트 바닥에 매립하고 여기에 바닥면과 일치하는 플로어 콘센트를 설치하는 공사법으로 **옥내의 건조한 노출 장소에 시설할 수 없는 배선공사**이다.

52 | 수전설비에 관한 기술
07②, 04④

수전설비에 대한 다음 설명 중 틀린 것은?

① 특별 고압 수전설비는 7,000V를 넘는 전압으로 수전하는 방식이다.
② 수전용량 산출에 사용하는 부하율이란 평균 수용전력을 부하밀도로 나눈 것이다.
③ 수전용량 산출에 사용하는 수용률은 최대 수용전력을 부하설비용량으로 나눈 것이다.
④ 부등률이란 수용설비 각각의 최대 수용전력의 합을 합성 최대 수용전력으로 나눈 것이다.

[해설] 수전 용량 산출에 사용하는 부하율이란 평균 수용전력을 **최대 수용전력**으로 나눈 것이다.

53 | 부등률의 최소값
05①

다음 중 그 값이 항상 1(=100%) 이상인 것은?

① 수용률   ② 전압강하율
③ 부하율   ④ 부등률

[해설] 전력 부하의 산정

㉮ 수용률 $= \dfrac{\text{최대 사용전력(kW)}}{\text{수용설비용량(kW)}} \times 100\% = 0.4{\sim}1.0$ 정도

㉯ 부등률 $= \dfrac{\text{최대 수용전력의 합(kW)}}{\text{합성 최대 수용전력(kW)}} \times 100\% = 1.1{\sim}1.5$ 정도

㉰ 부하율 $= \dfrac{\text{평균 수용전력(kW)}}{\text{최대 수용전력(kW)}} \times 100\% = 0.25{\sim}0.6$ 정도

54 | 금속몰드 공사의 사용처
04④

습기가 많은 은폐 장소에는 적당치 않으며, 주로 철근콘크리트 건물에서 기설의 금속관 배선으로부터 증설 배선하는 경우에 이용되는 전기공사법은?

① 금속몰드 공사
② 애자 사용 공사
③ 경질 비닐관 공사
④ 케이블 공사

[해설] 금속몰드 공사는 습기가 많은 은폐 장소에는 적당하지 않으며, 주로 **철근콘크리트** 건물에서 기설의 금속관 공사로부터 증설 배관에 사용되나, 저압 옥내 배선공사방법 중 **사용 전압이 400V가 넘고 전개된 장소**인 경우 사용할 수 없는 공사법이다.

55 | 감시제어반
04①, 02④

감시제어반 설비에 있어서 제어의 종류와 표시법이 잘못 연결된 것은?

① 전원 표시-오렌지색 램프
② 고장 표시-부저 및 벨울림
③ 정지 표시-녹색 램프
④ 운전 표시-적색 램프

[해설] **전원 표시**는 정전 또는 전원이 살아 있는지의 판별 여부에 사용되며 **백색 램프**를 사용하고, **오렌지색 램프나 벨**은 고장 표시에 사용한다.

56 | 전동기의 최소 대수
99①, 96④

전동기에 대한 분기회로 배선은 원칙적으로 분기회로 1회선에 전동기 몇 대까지로 하는가?

① 1대   ② 2대
③ 3대   ④ 5대

[해설] 전동기에 대한 분기회로의 배선은 원칙적으로 1대에 1회선으로 한다.

57 | 플로어덕트배선 공사의 사용
20①,②

다음 중 옥내의 노출된 건조한 장소에 시설할 수 없는 배선방법은? (단, 사용전압이 400V 미만인 경우)

① 금속관배선   ② 버스덕트배선
③ 가요전선관배선   ④ 플로어덕트배선

[해설] 옥내의 노출된 건조한 장소에 시설이 가능한 배선방법에는 금속관배선, 버스덕트배선, 가요전선관배선, 금속몰드배선, 합성수지몰드배선 등이다.

58 | 최대 수용전력의 산정
18④

각각의 최대 수용전력의 합이 1,200kW, 부등률이 1.2일 때 합성 최대 수용전력은?

① 800kW   ② 1,000kW
③ 1,200kW   ④ 1,440kW

[해설] 부등률 $= \dfrac{\text{각 부하의 수용전력의 합}}{\text{합성 최대 전력의 합}}$

$\therefore$ 합성 최대 전력의 합 $= \dfrac{\text{각 부하의 수용전력의 합}}{\text{부등률}}$

$= \dfrac{1,200}{1.2} = 1,000 \text{kW}$

59 | 몰드변압기에 관한 기술
20④

몰드변압기에 관한 설명으로 옳지 않은 것은?

① 내진성이 우수하다.
② 내습성이 우수하다.
③ 반입, 반출이 용이하다.
④ 옥외 설치 및 대용량 제작이 용이하다.

[해설] **몰드변압기**(철심, 권선은 유입변압기와 거의 같지만, 고압권선과 저압권선은 개별적으로 에폭시수지로 몰드한 변압기)는 몰딩된 도체와 절연재의 열팽창계수가 다르므로 온도변화에 따른 열팽창에 의한 수축이 생길 경우 크랙이 발생할 수 있으므로 옥외 설치 및 대용량 제작이 난이하다.

60 | 평균 전력의 산정
17③

합성 최대 수용전력이 1,000kW, 부하율이 0.6일 때 평균 전력(kW)은?

① 600 ② 800
③ 1,000 ④ 1,667

해설 부하율$=\dfrac{평균\ 수용전력(kW)}{최대\ 수용전력(kW)}\times100\%=0.25\sim0.6$이므로, 평균

수용전력=최대 수용전력×부하율이다.
∴ 평균 수용전력=최대 수용전력×부하율=1,000×0.6
=600[kW]

61 | 선간전압의 산정
17②

3상 대칭 성형(Y)결선에서 상전압이 220V일 때 선간전압은 얼마인가?

① 110V ② 220V
③ 380V ④ 440V

해설 3상 교류회로에서 3상 4선식($\Delta-Y$)결선에서 Y결선의 **선간전압**은 **상전압**의 $\sqrt{3}$ **배**이므로
∴ 선간전압=$\sqrt{3}$ ×상전압=$\sqrt{3}$ ×220=381.05V

④ 피뢰침설비

01 | 항공장애등 건축물 높이
02②, 00②, 97④, 96②

항공장애등의 설치가 필요한 건물의 높이는?

① 20m 이상 ② 40m 이상
③ 60m 이상 ④ 90m 이상

해설 지표 또는 수면으로부터 **60m 이상의 높이의 건물**을 설치할 경우 항공장애등과 주간 장애등을 설치한다.

02 | 피뢰침의 보호각
05②, 02①, 01②, 98④

일반 건축물에서 낙뢰의 피해를 안전하게 보호할 수 있는 범위인 보호각은 최대 얼마 이하인가?

① 30° ② 45°
③ 60° ④ 90°

해설 낙뢰의 피해를 안전하게 보호하는 범위인 **피뢰침의 보호각**은 **일반 건물**에 대해서는 돌침 및 수평도체의 **보호각이 60°** 이하이고, 화약류, 가연성 액체나 가스 등의 위험물을 저장, 제조 또는 취급하는 건축물에 대해서는 보호각 45° 이하에 들어가는 원뿔체 내에 있도록 한다.

03 | 피뢰침의 높이
99③

그림과 같은 위험물 저장고에 피뢰침을 설치하고자 한다. 피뢰침의 높이(h)는 최소 얼마 이상이어야 하는가?

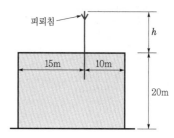

① 10m ② 15m
③ 20m ④ 25m

해설 피뢰침의 보호 부분

화약류, 가연성 액체나 가스 등의 **위험물을 저장, 제조 또는 취급하는 건축물**에 대해서는 **보호각이 45°** 이하이므로
㉮ 15m 부분(피뢰침 좌측 부분)의 피뢰침 높이 :
15×tan 45°=15×1=15m
㉯ 10m 부분(피뢰침 우측 부분)의 피뢰침 높이 :
10×tan 45°=10×1=10m
㉮, ㉯ 중 최대값을 취하면 15m이다.

04 | 피뢰 시스템에 관한 기술
18②, 14①

피뢰 시스템에 관한 설명으로 옳지 않은 것은?

① 피뢰 시스템은 보호 성능 정도에 따라 등급을 구분한다.
② 피뢰 시스템의 등급은 Ⅰ, Ⅱ, Ⅲ의 3등급으로 구분된다.
③ 수뢰 시스템은 보호 범위 산정 방식(보호각, 회전구체법, 메시법)에 따라 설치한다.
④ 피보호 건축물에 적용하는 피뢰 시스템의 등급 및 보호에 관한 사항은 한국산업표준의 낙뢰 리스트 평가에 의한다.

해설 피뢰 시스템의 보호등급은 뇌보호 시스템의 효율에 따라 **4등급으로 구분**하고, 뇌보호 시스템의 효율을 보면, Ⅰ등급은 0.98, Ⅱ등급은 0.95, Ⅲ등급은 0.90, Ⅳ등급은 0.80이다.

05 | 피뢰시설의 보호 범위 산정
16②, 14④

피뢰설비에서 수뢰부 시스템의 설치 시 사용되는 보호 범위 산정방식에 속하지 않는 것은?

① 메시법
② 면적법
③ 보호각법
④ 회전구체법

해설 피뢰설비에서 수뢰부 시스템의 설치 시 사용되는 **보호 범위 산정식**은 **메시법**(보호 건물 주위에 망상 도체를 적당한 간격으로 보호하는 방법), **보호각법**(피뢰침 보호각 내에 보호하는 방법) 및 **회전구체법**(피뢰침과 지면에 닿는 회전구체를 그려 회전구체가 닿지 않는 부분을 보호 범위로 산정하는 방법) 등이 있다.

06 | 고광도 항공장애등 최대 광도
96③

고광도 항공장애등의 최대 광도(cd)는?

① 20cd 이상
② 500cd 이상
③ 1,000cd 이상
④ 2,000cd 이상

해설 고광도 장애등의 **최대 광도**는 2,000cd 이상이고, 저광도 장해등의 최대 광도는 20cd 이상이다.

07 | 항공기 추돌 방지 안전등화
16②

건축물 등에서 항공기의 추돌을 방지하기 위하여 설치하는 각종의 안전등화를 무엇이라 하는가?

① 선회등
② 유도로등
③ 항공등화
④ 항공장애표시등

해설 **선회등**은 야간에 목적지 공항 상공에 접근한 항공기가 활주로로 진입하기 위하여 선회해야 하는 경우에 대비한 등이다. **유도로등**은 화재 등 재해발생 시 피난하는 경우 길안내가 되는 조명기구이며, **항공등화**는 공항 내의 항공기 진입을 위한 조명기구이다.

❺ 통신 및 신호설비

01 | 정도가 높은 전기시계
00③, 99③, 98②, 97①,②

모자식 전기시계에서 모시계 중 가장 정도가 높은 것은?

① 수정식
② 전자식
③ 동기 전동기식
④ 뎀프식

해설 전기시계 중 **모시계를 분류**하면 **수정식, 전자식, 동기 전동기식** 및 **뎀프식**으로 대별된다. 정밀도는 3가지로 나누어져 있으며, **정밀도가 높은 것은 수정식 모시계**이다. 또한, 자시계는 모시계로부터 충격 전류에 의하여 시각을 표시하는 시계로서 유극식과 무극식이 있으나, 유극식이 많이 사용된다. 자시계의 전원은 직류식(복식)이고, 전류는 10~30mA, 전압은 10~30V(12V, 24V)이다.

02 | 대규모 빌딩의 모시계
02②, 97④

대규모 빌딩에 적당한 모시계의 종류는?

① 전자식 Ⅱ급
② 전자식 Ⅰ급
③ 수정식 Ⅱ급
④ 수정식 Ⅰ급

해설 대규모 건축물에 있어서 모시계는 **수정식 Ⅰ급**, 예비로 수정식 Ⅱ급, 또는 전자식 Ⅰ급을 사용한다.

03 | TV 공청설비
20④, 19②, 13④

TV 공청설비의 주요 구성기기에 해당하지 않는 것은?

① 증폭기
② 월패드
③ 컨버터
④ 혼합기

해설 TV 공청설비의 주요 구성기기에는 **증폭기**(확성기 설비의 기기로서 미약한 음성전압을 확대하는 기기), **컨버터**(직류와 교류의 구별, 주파수의 차이 등을 변환하기 위해 사용하는 장치) 및 **혼합기** 등이 있다.

04 | 인터폰의 접속방식
17②, 02①

인터폰설비의 접속방식의 종류가 아닌 것은?

① 모자식
② 상호식
③ 인덕턴스식
④ 복합식

구분	작동원리	접속방식		
		모자식	상호식	복합식
분류	프레스 토크	동시 통화	한 대의 모기에 여러 대의 자기를 접속	어느 기계에서나 임의로 통화가 가능한 형식	모자식과 상호식의 복합방식으로 모기 상호 간 통화가 가능하고, 모기에 접속된 모자 간에도 통화가 가능

인덕턴스식은 교류회로에 코일이 있는 경우 전류의 강도가 변화하면 자기유도에 의해 기전력이 생긴다. 그 자기유도의 크기를 나타내는 방식이다.

05 | TV 공청용 기기
03④, 00①

TV 공청용 기기가 아닌 것은?

① 정합기　　　　　　② 분배기
③ 방향성 결합기　　　④ 검출기

해설 TV 공청용 기기에는 **방향성 결합기(혼합기), 정합기** 및 **분배기**로 구성되고, TV 공청설비의 주요 구성기기에는 증폭기, 컨버터, 혼합기 등이 있다.

---

❻ 방재설비

01 | 비상 콘센트설비 대상건축물
06①, 01①,②, 00②

비상 콘센트는 몇 층 이상의 건물에 설치해야 하는가?
(단, 연면적이 2,000m² 이상임)

① 5층　　　　　　　② 9층
③ 10층　　　　　　　④ 11층

해설 소방 대상물의 **11층 이상**에 **비상 콘텐트를 설치**하여 유사시 필요한 조명기, 파괴기, 배연 등을 소방관이 필요한 층까지 운반하여 소방활동을 원활하게 하기 위한 비상 전원설비이며, **유효 반경은 50m 이내**마다 설치한다.

02 | 도난방지장치의 종류
01④, 97③,④

다음 장치 중에서 도난방지장치가 아닌 것은?

① 누름단추식　　　　② 인덕턴스식
③ 도어 스위치식　　　④ 적외선 방식

해설 **도난방지장치**에는 **도어 스위치식**, 리미터식, 초음파식 검출기, 전파식 검출기, 매트 스위치식, **누름단추식, 적외선 방식**, 바닥 매트 방식, 오디오 모니터식 등의 방식이 있다.

---

03 | 분전반의 접지방식
02②, 01①, 00①,②

분전함의 접지방식으로 알맞은 것은?

① 제1종 접지공사　　　② 제2종 접지공사
③ 제3종 접지공사　　　④ 특수 접지공사

해설 **분전함**, 저압 옥내 배선공사의 금속관 설치공사에서 금속관의 접지방식 등은 **제3종 접지공사**이다.

04 | 비상 콘센트 설비 설치 위치
13②, 98①, 97①

비상 콘센트 설비에서 비상 콘센트의 설치 위치로 가장 알맞은 것은?

① 바닥으로부터 높이 0.5m 이상 1.5m 이하의 위치
② 바닥으로부터 높이 0.8m 이상 1.5m 이하의 위치
③ 바닥으로부터 높이 0.5m 이상 1.8m 이하의 위치
④ 바닥으로부터 높이 0.8m 이상 1.8m 이하의 위치

해설 **비상 콘센트 설비**에서 비상 콘센트의 설치 위치는 **바닥으로부터의 높이 0.8m 이상, 1.5m 이하의 위치**에 설치한다.

05 | 제1종 접지공사의 정의
13④, 07④, 04①

특별고압계기용 변성기의 2차측 전로 및 고압용 또는 특별고압용 기계기구의 철대 및 금속재 외함에 필요한 접지공사의 종류는?

① 제1종 접지공사　　　② 제2종 접지공사
③ 제3종 접지공사　　　④ 특별 제3종 접지공사

해설 접지공사의 방법

접지공사의 종류	접지저항	접지 대상물
제1종 접지	10Ω 이하	고압 및 특고압 기기의 가대, 금속제 외함, 피뢰기, 특고압용 변류기, 변압기의 2차, 고압 축전기 외함
제2종 접지	150/I[Ω] 이하	주상 변압기, 변압기의 저압측 단자
제3종 접지	100Ω 이하	저압, 고압 변성기 2차, 400V 이하의 저압 기기 외함, 유입 개폐기 및 차단기, 배전반의 금속틀, 금속관 공사, 분전반
특 3종 접지	10Ω 이하	400V 초과 기기 외함, 금속 가대

* 여기서, I : 선지락 전류의 암페어 수

고압 전동기와 고압기기의 외함을 접지하는 것은 10Ω 이하로 **1종 접지**이고, 특고압, 고압의 변압기 2차측 전로는 **제2종 접지**이며, 400V 이하의 저압 전동기는 **3종 접지**, 400V 초과의 저압 전동기는 특별 3종 접지이다.

06 | 비상 콘센트 설비의 기술
16④, 09①

다음 중 비상 콘센트 설비에 대한 설명으로 옳지 않은 것은?

① 소방시설 중 화재를 진압하거나 인명구조활동을 위하여 사용하는 소화활동설비에 속한다.
② 건축법상 6층 이상의 층을 설치 대상으로 한다.
③ 전원회로는 각 층에 있어서 2 이상이 되도록 설치하는 것을 원칙으로 한다.
④ 바닥으로부터 높이 0.8m 이상 1.5m 이하의 위치에 설치한다.

해설 비상 콘센트 설비는 건축법상 **11층 이상의 층을** 설치 대상으로 한다.

07 | 통합접지의 정의
21②, 17①

다음 설명에 알맞은 접지의 종류는?

기능상 목적이 서로 다르거나 동일한 목적의 개별 접지들을 전기적으로 서로 연결하여 구현한 접지시스템

① 단독접지
② 공통접지
③ 통합접지
④ 종별접지

해설 **공통접지**는 하나의 접지시스템에 신호, 통신, 보안용 등의 접지를 공통으로 접속한 방식으로, **기능상 목적이 같은 접지들끼리 전기적으로 연결한 접지**방식이다. 개별(독립)접지는 각각의 접지의 기준접지 저항을 달리하여 각각 분리된 접지 시스템 간에 충분한 이격거리를 두고 설치한 후 개별적으로 연결하는 접지방식이다.

08 | 방재센터의 설치 장소
99④, 97③

대규모 빌딩에서 방재센터의 설치가 곤란한 곳은?

① 지하 1층
② 지하 중 1층
③ 지상 1층
④ 지하 2층

해설 **중앙감시실(방재센터)**은 건축물 내의 화재경보를 집중 감시할 수 있는 기능을 갖고 있고, 방재설비의 작동상태 감시와 일상 건축물 관리의 중심적인 역할을 한다. 위치는 **지하 1층, 지하 중 1층 및 지상 1층**이 가장 좋다.

| 위생설비 |

빈도별 기출문제

❶ 기초적인 사항

01 | 유량의 산정
19②, 12④, 08②, 02②, 00②

직경 200mm의 배관을 통하여 물이 1.5m/s의 속도로 흐를 때 유량은?

① 2.83m³/min
② 3.2m³/min
③ 3.83m³/min
④ 6.0m³/min

해설 $Q(유량) = A(단면적)v(유속) = \dfrac{\pi d^2\,(관의\,직경)}{4}v(유속)$에서

$d = 200\text{mm} = 0.2\text{m}$, $v = 1.5\text{m/sec}$이다.

그런데 유량의 단위는 m³/min이므로 $v = 1.5\text{m/sec} \times 60 = 90\text{m/min}$이다.

$\therefore\ Q = \dfrac{\pi d^2}{4}v = \dfrac{\pi \times 0.2^2}{4} \times 90 = 2.826\,\text{m}^3/\text{min}$

02 | 이형 직관의 접합방법
00③, 97④

배관의 횡주관에서 이형 직관의 접합에 사용되는 방법은?

① 유니언 이음
② 편심 이음
③ 신축 이음
④ 크로스 이음

해설 **유니언 이음**은 관 이음으로 관을 회전시킬 수 없는 경우에 사용한다. **신축 이음**은 증기나 온수를 운반하는 긴 배관을 온도 변화에 따른 팽창이나 수축을 흡수하기 위한 이음이다. **크로스 이음**은 +자형으로 연결하는 이음이다.

03 | 체크 밸브의 용도
17②, 09①, 99④

유체를 일정한 방향으로만 흐르게 하고 역류를 방지하는 데 사용되는 밸브는?

① 체크 밸브
② 버터플라이 밸브
③ 게이트 밸브
④ 글로브 밸브

해설 버터플라이 밸브는 구조가 단순하고 밸브 전체의 크기가 작아 설치면적이 적으며, 중량이 작고 가격이 싸다. **밸브의 개폐 시간이 짧고 개폐 조작이 쉬우며, 유체의 저항이 적어 유량 특성을 취하기 쉽다.** 즉, 물배관에 사용하고, 유량의 조절기능보다 개폐의 기능을 위주로 사용되며, 압력손실이 가장 작다.

04 | 마찰손실수두의 산정
14①, 08④, 05①

내경 30mm, 관 길이 3m인 급수관에 1.5m/s의 속도로 물이 흐를 때 마찰손실수두는? (단, 관마찰계수는 0.020이다.)

① 0.2m
② 0.4m
③ 2m
④ 4m

해설 관의 마찰손실수두$(h) = \dfrac{P_1}{r} - \dfrac{P_2}{r} = f\dfrac{l}{d}\dfrac{v^2}{2g}$[m]

여기서, h : 마찰손실수두(m), l : 관의 길이(m),
d : 관의 직경(m), v : 유속(m/s),
g : 중력 가속도(9.8m/s²), f : 손실계수

$h = f\dfrac{l}{d}\dfrac{v^2}{2g}$에서 $f = 0.02$, $l = 3$m, $d = 30\text{mm} = 0.03$m,

$v = 1.5$m/s, $g = 9.8$m/s²이므로

$\therefore\ h = f\dfrac{l}{d}\dfrac{v^2}{2g} = 0.02 \times \dfrac{3}{0.03} \times \dfrac{1.5^2}{2 \times 9.8} = 0.229591$m

05 | 스트레이너의 정의
13④, 11①, 09②

관 속의 유체에 섞여 있는 모래, 쇠부스러기 등의 이물질을 제거하여 기기의 성능을 보호하기 위해 배관에 설치하는 것은?

① 볼탭
② 패킹
③ 체크 밸브
④ 스트레이너

해설 **볼탭**은 지하탱크, 옥상탱크, 기타 탱크의 액면의 상승·하강에 따라 작동하는 볼탭(플로트)의 부력에 의해 자동으로 밸브가 개폐되는 기구이다. **패킹**은 가스(기체) 또는 액체가 새지 않도록 두 부분이 맞닿는 곳에 사용하는 틈메우기 물질 또는 재료이다. **체크 밸브**는 유체의 흐름을 일정한 방향으로만 흐르게 하고, 반대 방향으로는 흐르지 못하게 하는 **역류방지용 밸브**로서 밸브의 작동방식에 따라 스윙형(수직, 수평 배관)과 리프트형(수평 배관)의 2종류가 있다.

정답 01. ① 02. ② 03. ① 04. ① 05. ④

06 | 유속의 산정
13④, 10②, 06④

다음 그림과 같이 관경이 각각 d_A=100mm, d_B=200mm 일 때 유량이 3.0m³/min이라면 A, B 지점에서 유속(m/s)은 각각 얼마인가?

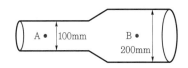

① A : 0.5m/s, B : 0.25m/s
② A : 0.75m/s, B : 0.375m/s
③ A : 3.57m/s, B : 1.38m/s
④ A : 6.37m/s, B : 1.59m/s

해설 Q(유량)=A(관의 단면적)v(유속)이다.

즉, $Q=A_1v_1=A_2v_2$ 가 성립됨을 알 수 있다.

여기서, Q=3.0m³/min = 0.05m³/s 이고, 100mm관의 단면적을 A_1 이라 하면, $A_1=\dfrac{\pi D^2}{4}=\dfrac{\pi\times0.1^2}{4}=0.00785m^2$,

200mm관의 단면적을 A_2 라고 하면,

$A_2=\dfrac{\pi D^2}{4}=\dfrac{\pi\times0.2^2}{4}=0.0314159m^2$ 이다.

$\therefore v_1=\dfrac{Q}{A_1}=\dfrac{0.05}{0.00785}=6.36942m/s$

$v_2=\dfrac{Q}{A_2}=\dfrac{0.05}{0.0314159}=1.59155m/s$

07 | 글로브 밸브의 용도
04①,④, 02②

유로의 폐쇄나 유량의 계속적인 변화에 의한 유량 조절에 적합한 밸브로 스톱 밸브라고도 불리는 것은?

① 글로브 밸브
② 체크 밸브
③ 슬루스 밸브
④ 볼 밸브

해설 슬루스 밸브(게이트 밸브)는 유체의 흐름을 단속하는 대표적인 밸브로서 밸브를 완전히 열면 유체 흐름의 단면적 변화가 없어서 마찰저항이 거의 발생하지 않는 밸브이다. 유체의 흐름에 의한 마찰손실이 적으므로 급수, 급탕(증기) 배관에 주로 사용된다. 특히 증기 배관의 수평관에서 드레인이 고이는 것을 막기 위한 밸브이다.

08 | 베르누이 정리
22②, 15②, 09①

다음과 가장 관계가 깊은 것은?

> 에너지 보존의 법칙을 유체의 흐름에 적용한 것으로서 유체가 갖고 있는 운동에너지, 중력에 의한 위치에너지 및 압력에너지의 총합은 흐름 내 어디에서나 일정하다.

① 뉴턴의 점성법칙
② 베르누이의 정리
③ 오일러의 상태방정식
④ 보일–샤를의 법칙

해설 베르누이 정리는 관 속에 물이 정상 흐름을 하고 유선운동을 한다고 가정하면, 같은 유선상의 각 점에 있어서 **압력수두, 속도수두, 위치(고도)수두의 합은 일정함**을 뜻한다. 또는 에너지 보존의 법칙에서 유체의 흐름에 적용한 것으로서 유체가 갖고 있는 운동에너지, 중력에 의한 위치에너지 및 압력에너지의 총합은 흐름 내 어디에서나 일정함을 뜻한다.
즉, **압력에너지 + 운동에너지 + 위치에너지 = 일정**

09 | 배관재료에 관한 기술
19④, 12④, 10①

배관재료에 관한 설명으로 옳지 않은 것은?

① 주철관은 오·배수관이나 지중 매설 배관에 사용된다.
② 경질 염화비닐관은 내식성은 우수하나 충격에 약하다.
③ 연관은 내식성이 작아 배수용보다는 난방배관에 주로 사용된다.
④ 동관은 전기 및 열전도율이 좋고 전성·연성이 풍부하며 가공도 용이하다.

해설 연관은 내식성이 있어 배수용으로 사용하나, 열에 약하여 **난방배관으로는 부적합**하다.

10 | 펌프의 구경
19④, 17①

수량 20m³/h를 양수하는 데 필요한 펌프의 구경은? (단, 양수펌프 내 유속은 2m/s로 한다.)

① 30mm
② 40mm
③ 50mm
④ 60mm

해설 유량의 산정

Q(유량) = A(단면적)v(유속) = $\dfrac{\pi d^2\ (\text{관의 직경})}{4}v$(유속)

즉, $Q=\dfrac{\pi d^2}{4}v$ 에서

$\therefore d=\sqrt{\dfrac{4Q}{\pi v}}=\sqrt{\dfrac{4\times20,000,000,000}{3,600\times\pi\times2,000}}=59.47mm$

여기서, 유량과 유속의 단위로 환산(m³/h를 mm³/s, m/s를 mm/s)하며, 20m³/h=20,000,000,000mm³/3,600s이고, 2m/s=2,000mm/s가 된다.

11 | 마찰저항
22①, 15④

길이 20m, 지름 400mm의 덕트에 평균속도 12m/s로 공기가 흐를 때 발생하는 마찰저항은? (단, 덕트의 마찰저항계수는 0.02, 공기의 밀도는 1.2kg/m³이다.)

① 7.3Pa
② 8.6Pa
③ 73.2Pa
④ 86.4Pa

해설 공기의 경우에는 물의 경우와 달리 산정함에 유의해야 한다.
  ㉮ h(물의 마찰손실수두)

$$= \lambda(\text{관의 마찰계수}) \frac{l(\text{직관의 길이})}{d(\text{관의 직경})} \frac{v^2(\text{관내 평균유속})}{2g(\text{중력가속도})}$$

  ㉯ h(공기의 마찰손실수두)

$$= \lambda(\text{관의 마찰계수}) \frac{l(\text{직관의 길이})}{d(\text{관의 직경})} \frac{v^2(\text{관내 평균유속})}{2(\text{중력가속도})}$$
$$\rho(\text{공기의 밀도})$$

$$\therefore h = \lambda \frac{l}{d} \frac{v^2}{2} \rho = 0.02 \times \frac{20}{0.4} \times \frac{12^2}{2} \times 1.2 = 86.4\text{Pa}$$

12 | 푸트 밸브의 용도
00③, 96①

저수조에서 고가수조에 물을 양수하기 위한 배관에서 펌프의 흡입 배관에 항상 물이 차 있도록 하기 위해 사용하는 밸브는?

① 앵글 밸브
② 체크 밸브
③ 게이트 밸브
④ 푸트 밸브

해설 앵글 밸브는 유체의 흐름을 직각으로 바꿀 때 사용되는 글로브 밸브의 일종으로 글로브 밸브보다 감압 현상이 적고, 유체의 입구와 출구가 이루는 각이 90°이다. 가격이 싸 널리 쓰이고, 주로 관과 기구의 접속에 이용되고, 배관 중에 사용하는 경우는 극히 드물다.

13 | 국부 마찰저항
99②, 96①

다음의 밸브 및 이음류의 국부 마찰저항이 가장 적은 것은?

① 게이트 밸브
② 글러브 밸브
③ 앵글 밸브
④ 90° 엘보

해설 게이트 밸브(슬루스 밸브) : 0.12, 글러브 밸브 : 4.5, 앵글 밸브 : 2.4, 90° 엘보 : 0.6

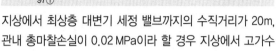

❷ 급수 및 급탕설비

01 | 고가수조의 최소 높이
05④, 04④, 01②, 00③, 99①,③, 98②, 97①

지상에서 최상층 대변기 세정 밸브까지의 수직거리가 20m, 관내 총마찰손실이 0.02 MPa이라 할 경우 지상에서 고가수조 높이는 최저 얼마 이상으로 하는가?

① 9m
② 22m
③ 27m
④ 29m

해설 고가수조의 설치 높이(H) = 100 × (기구의 소요 압력 + 기구의 마찰손실수두) + 최고층의 수전, 또는 기구의 높이이다. 그러므로, $H = 100 \times (0.07 + 0.02) + 20 = 29$m이다.

02 | 펌프의 축동력
16④, 13②, 09②, 00①,④, 96②

전양정 24m, 양수량 13.8m³/h, 효율 60%일 때 펌프의 축동력은?

① 약 0.5kW
② 약 1.0 kW
③ 약 1.5kW
④ 약 3.0 kW

해설 펌프의 축동력 $= \dfrac{WQH}{6,120E} = \dfrac{1,000 \times 13.8 \times 24}{0.6 \times 6,120 \times 60} = 1.50$kW

03 | 본관의 최소 수압
07④, 05②, 04①, 03②, 02①,②, 00②

수도직결식으로 3층 건물에 급수할 경우 본관에서 필요한 최저 수압은? (단, 수도 본관으로부터 3층 급수전까지의 수직고는 8m, 환산 배관 길이는 30m, 배관장 1m당 마찰손실수두는 450mmAq이고, 급수전은 0.03MPa의 수압이 필요하다.)

① 0.245MPa
② 0.35MPa
③ 0.445MPa
④ 0.45MPa

해설 수도 본관의 압력(P_0) ≧ 기구의 필요 압력(P) + 본관에서 기구에 이르는 사이의 저항(P_f) + $\dfrac{\text{기구의 설치 높이}}{100}$ 이다. 그런데 급수전의 소요 압력은 0.03MPa, 본관에서 기구에 이르는 사이의 저항은 0.45mAq(= 0.0045MPa) × 30 = 0.135MPa, 기구의 설치 높이는 8m이다.

$$\therefore P_1 \geqq P + P_f + \frac{h}{100} = 0.03 + 0.135 + \frac{8}{100} = 0.245\text{MPa}$$

여기서, 1mAq = 0.1kgf/cm² = 0.0098MPa ≒ 0.01MPa임에 주의한다.

04 | 신축 이음의 종류
17①, 01①, 98②

급탕배관의 신축 이음의 종류에 들지 않는 것은?

① 루프형 이음
② 슬리브형 이음
③ 벨로스형 이음
④ 칼라형 이음

해설 칼라 이음은 **원심력 콘크리트관 접합법**의 하나로, 양끝을 붙인 외주에 철근콘크리트제 칼라를 끼우고 그 사이에 콤포를 채워서 굳히는 관의 접합이다.

05 | 고가수조의 최소 높이
99④, 95②

기구의 소요 압력 0.07MPa, 배관에서의 마찰손실 0.02MPa, 가장 높은 곳에 설치되어 있는 기구의 높이가 지상 15M 지점에 있을 때, 고가수조의 최소 높이는?

① 9m
② 17m
③ 22m
④ 24m

해설 고가수조의 설치 높이$(H) = 100(P + P_1) + h$
$$= 100 \times (0.07 + 0.02) + 15 = 24m$$

06 | 실양정의 산정
18①, 03④, 00①, 99①, 98①

압력수조식 급수설비에서 수조 내의 최고 압력이 0.35MPa이고, 흡입양정이 5m라면 압력탱크에 급수하기 위해 사용되는 급수펌프의 실양정(actual head)은 얼마인가?

① 3.5m
② 5.0m
③ 35m
④ 40m

해설 펌프의 실양정$(H) = 100P_2$(탱크 내의 최대 압력)$+$흡입양정(h)이다.
즉, $H = 100P_2 + h$에서 $P_2 = 0.35MPa$, $h = 5m$이므로
∴ $H = 100 \times 0.35 + 5 = 40m$

07 | 압력수두
06④, 96②,④

0.25MPa의 수압은 압력수두 얼마에 해당하는가?

① 2.5m
② 3.5m
③ 25m
④ 35m

해설 압력수두$(H) = 10 \times$수압$(P, kg/cm^2) = 100 \times$수압$(P, MPa)$이다.
∴ 압력수두$(H) = 100 \times$수압$(P, MPa) = 100 \times 0.25 = 25m$

08 | 펌프의 구경
01④, 99①, 98④, 96②

35m 높이에 있는 고가수조에 매시 18m³의 물을 양수하기 위한 급수펌프의 구경은? (단, 펌프 내를 흐르는 물의 속도는 2m/s이다.)

① 50mm
② 56.6mm
③ 98.4mm
④ 102.4mm

해설 원심펌프의 용량$(Q) = \dfrac{\pi d^2}{4} v$

여기서, d : 흡입관의 구경(m)
v : 관내 물의 유속(m/s)
Q : 양수량(m³/s)

위의 식에서 펌프의 구경(d)을 구하면, $d = \sqrt{\dfrac{4Q}{\pi v}}$이다.
그런데, $Q = 18m^3/h = 0.005m^3/s$, $v = 2m/s$이다.
∴ $d = \sqrt{\dfrac{4Q}{\pi v}} = \sqrt{\dfrac{4 \times 0.005}{\pi \times 2}}$
$= 0.05642m = 56.4mm$

09 | 공기빼기 밸브의 설치 이유
22①, 11①

다음 중 급수배관계통에서 공기빼기 밸브를 설치하는 가장 주된 이유는?

① 수격작용을 방지하기 위하여
② 관 내면의 부식을 방지하기 위하여
③ 배관의 흐름을 원활하게 하기 위하여
④ 관 표면에 생기는 결로를 방지하기 위하여

해설 수격작용은 물이 거의 비압축성이기 때문에 생기는 현상이므로 기구류의 근처에 공기실(에어 체임버)을 설치하여 체임버 내 공기를 압축시킨다.

10 | 국소식 급탕방식의 기술
20①,②, 13①, 10④

국소식 급탕방식에 관한 설명으로 옳지 않은 것은?

① 배관의 열손실이 적다.
② 급탕 개소와 급탕량이 많은 경우에 유리하다.
③ 급탕 개소마다 가열기의 설치 스페이스가 필요하다.
④ 건물 완공 후에도 급탕 개소의 증설이 비교적 쉽다.

해설 급탕 개소와 급탕량이 많은 경우에 **불리하고**, 이 경우에는 중앙식 급탕방식을 채용한다.

11 실양정의 의미
20①,②, 11④

급수설비에서 펌프의 실양정이 의미하는 것은? (단, 물을 높은 곳으로 보내는 경우)

① 배관계의 마찰손실에 해당하는 높이
② 흡수면에서 토출수면까지의 수직거리
③ 흡수면에서 펌프축 중심까지의 수직거리
④ 펌프축 중심에서 토출수면까지의 수직거리

해설 펌프의 양정은 펌프가 물을 퍼올리는 높이를 말하며, ③항은 **흡입양정**[흡입수면(저수조의 저수위면)에서 펌프 중심까지의 높이]에 해당하며, 토출양정은 펌프 중심에서 고가수조에 양수하는 토출수면까지의 높이이다. 또한, ②항은 **실양정**으로 흡입양정과 토출양정의 합 또는 흡입수면에서 토출수면까지의 높이를 말하고, ④항은 **전양정**(실양정+관내 마찰손실수두)에 해당된다.

12 전동기의 동력
20③, 10②, 01①, 96③

높이 30m의 고가 물탱크에 매분 1m³의 물을 퍼올리기 위한 펌프에 직결되는 전동기의 동력은? (단, 마찰손실수두 6m, 흡입양정 1.5m이고, 펌프효율은 50%일 경우)

① 2.5kW ② 9.8kW
③ 12.3kW ④ 16.7kW

해설 펌프의 축동력 $= \dfrac{WQH}{EK}$

$$= \dfrac{1,000 \times (30+6+1.5)}{6,120 \times 0.5} = 12.25\,\text{kW}$$

13 중간 수조 설치 이유
13①, 07④, 05①

다음 중 초고층 건물에서 중간층에 중간 수조를 설치하는 가장 주된 이유는?

① 물탱크에서 물이 오염될 가능성을 낮추기 위하여
② 정전 등으로 인한 단수를 막기 위하여
③ 저층부의 수압을 줄이기 위하여
④ 옥상층의 면적을 줄이기 위하여

해설 초고층 건축물에 있어서 **옥상층과 중간층에 고가수조를 설치**하는 이유는 최상층과 최하층의 수압 차이가 크므로 이를 방지하기 위하여, 즉 **저층부의 수압을 줄이기 위한 방법**이다.

14 펌프의 이론동력
10④, 08④, 05②, 99②

그림과 같이 하부 수조의 물을 상부 수조로 펌프를 이용하여 이송하는 경우 펌프의 이론동력은 몇 kW인가? (단, 펌프의 양수량=1,000l/min, 펌프 효율=60%, 전 배관길이=30m, 배관 마찰손실=50mmAq/m, 1kW=102kg·m/s, 물의 비중량=1kg/L)

① 5.86
② 5.45
③ 4.49
④ 4.08

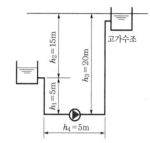

해설 펌프의 축동력$(P) = \dfrac{WQH}{6,120\,E}$ 에서

$W = 1,000\,\text{kg/m}^3$, $Q = 1,000\,l/\text{min} = 1\,\text{m}^3/\text{min}$, $E = 0.6$,
$H = $ 흡입양정 + 토출양정 + 관내 마찰손실수두
$\quad = (20-5) + (50\,\text{mmAq/m} \times 30\,\text{m}) = 16.5\,\text{m}$ 이므로

$\therefore$ 펌프의 축동력$(P) = \dfrac{WQH}{6,120\,E} = \dfrac{1,000 \times 1 \times 16.5}{6,120 \times 0.6}$
$\qquad = 4.493\,\text{kW}$

15 펌프의 양정
01②, 00③, 97②, 96①

급수설비에서 펌프의 흡입양정, 토출양정, 마찰손실수두가 각각 5m, 40m, 5m이고, 토출구의 유속 2m/s 이상을 유지하려고 할 때 펌프의 양정으로 적당한 것은?

① 5m
② 15m
③ 50m
④ 55m

해설 펌프의 전양정 = 흡입양정(m)+토출양정(m)+관내 마찰손실수두(m) + 토출구의 속도수두(m)

그런데, 흡입양정=5m, 토출양정=40m, 관내 마찰손실수두=5m,
토출구의 속도수두$= \dfrac{v^2(\text{유속})}{2g(\text{중력 가속도})} = \dfrac{2^2}{2 \times 9.8} = 0.2\,\text{m}$이므로

$\therefore$ 펌프의 전양정=흡입양정(m)+토출양정(m)+관내 마찰손실수두(m)+토출구의 속도수두(m)
$\qquad = 5+40+5+0.2 = 50.2\,\text{m}$

16 | 신축 이음의 설치 간격
01④, 99④, 97②, 96③

급탕설비에 있어서 직선 배관 시에는 대체로 몇 m마다 1개의 신축 이음을 설치하는 것이 알맞은가? (단, 동관의 경우)

① 10m ② 20m
③ 30m ④ 35m

해설 관의 신축에 대비하여 **강관은** 30m마다, **동관은** 20m마다 1군데씩 신축 이음을 달아야 하며, 특히 수직관은 7~10m마다 1군데씩 신축 이음을 단다.

17 | 보어 홀 펌프의 용도
03④, 97②

깊은 수직 우물의 양수에 사용하는 입형 다단 터빈 펌프로서 흡입 양정이 높아 횡축 펌프로는 양수할 수 없는 경우에 사용되는 펌프는?

① 보어 홀 펌프(bore hole pump)
② 볼류트 펌프(volute pump)
③ 피스톤 펌프(piston pump)
④ 에어 리프트 펌프(air lift pump)

해설 **보어 홀 펌프**(bore hole pump)는 **깊은 수직 우물의 양수에 사용하는 입형 다단 터빈 펌프**(물속의 펌프와 지상의 모터를 중공축으로 연결하여 동작시키는 펌프)로서 **흡입양정이 높아 횡축 펌프로서 양수할 수 없는 경우에 사용**되며, 굽지 않고 수직인 깊은 물(100m 정도) 속에 매달아 사용한다.

18 | 회전수와 양수량
20③, 17①, 06②

양수량이 1m³/min, 전양정이 50m가 되는 펌프에서 회전수를 1.2배 증가시켰을 때 양수량은?

① 1.2배 증가
② 1.7배 증가
③ 2.2배 증가
④ 2.4배 증가

해설 펌프의 회전수, 양수량, 양정 및 축마력의 관계에 있어서 **양수량은 회전수에 비례**하고, 전양정은 회전수의 제곱에 비례하며, 축마력은 회전수의 세제곱에 비례한다.

19 | 크로스 커넥션의 정의
19②, 13④, 10①

크로스 커넥션(cross connection)에 대한 설명으로 가장 알맞은 것은?

① 상수로부터 급수계통(배관)과 그 외의 계통이 직접 접속되어 있는 것
② 관로 내 유체가 급격히 변화하여 압력 변화를 일으키는 것
③ 겨울철 난방을 하고 있는 실내에서 창을 타고 차가운 공기가 하부로 내려오는 현상
④ 급탕·반탕관의 순환거리를 각 계통에 거의 같게 하여 전 계통의 탕의 순환을 촉진하는 방식

해설 **크로스 커넥션**(cross connection)은 **상수로부터 급수 계통**(배관)**과 그 외의 계통이 직접 접속되어 있는 것**으로 급수 계통에 오염이 발생하는 것이고, ②항은 **수격작용**, ③항은 **열의 대류 현상**, ④항은 **온수난방**의 **리버스 리턴 방식**에 대한 설명이다.

20 | 고가수조의 물 공급 순서
16④, 09③, 97②

고가수조 급수방식에서 물 공급 순서로 알맞은 것은?

① 상수도 → 저수조 → 펌프 → 고가수조 → 위생기구
② 상수도 → 고가수조 → 펌프 → 저수조 → 위생기구
③ 상수도 → 고가수조 → 저수조 → 펌프 → 위생기구
④ 상수도 → 저수조 → 고가수조 → 펌프 → 위생기구

해설 고가수조의 급수방식은 **상수원(수돗물, 우물물) → 저수탱크 → 양수펌프 → 고가탱크 → 위생기구**의 순이다.

21 | 가열열량의 산정
12①, 03①, 98②

0℃의 물 400kg을 50℃로 올리는 데 30분이 소요되었다면 가열열량은? (단, 물의 비열은 4.2kJ/kg·K이다.)

① 42,000kJ/h ② 84,000kJ/h
③ 126,000kJ/h ④ 168,000kJ/h

해설 Q(가열열량) $= C$(비열)m(질량)Δt(온도의 변화량)

$$= 4.2 \times 400 \times (50-0) = 84,000 \text{kJ}/30\text{min}$$

그런데, 문제에서는 시간당 가열열량으로 환산해야 하므로 2배를 해야 한다.

$$\therefore \text{가열열량} = \frac{84,000 \text{kJ}}{30 \text{min}}$$

$$= \frac{(84,000 \times 2) \text{kJ}}{(30 \times 2) \text{min}}$$

$$= 168,000 \text{kJ/h}$$

22 | 급수량의 산정
11①, 10①, 03①

연면적 1,500m²인 사무소 건물에서 필요한 1일 급수량은 얼마인가? (단, 이 건물의 유효면적비율은 연면적의 50%, 유효면적당 인원 0.2인/m², 1인 1일당 급수량은 100L/cd)

① 10m³
② 15m³
③ 20m³
④ 25m³

해설 Q(1일 급수량)
$= A$(건축물의 연면적)k(건축물의 유효면적)n(유효면적당 인원수)q(1인 1일 급수량)
즉, $Q = Aknq$에서 $A = 1,500\text{m}^2$, $k = 50\% = 0.5$, $n = 0.2$인/m², $q = 100\text{L/cd}$이다.
$\therefore Q = Aknq = 1,500\text{m}^2 \times 0.5 \times 0.2 \times 100 = 15,000\text{L} = 15\text{m}^3$

23 | 양수펌프의 양수량
04①, 02④, 98④

고가수조의 용량을 V[m³]라 하면 다음에서 양수펌프의 양수량 Q[m³/hr]로 알맞은 것은?

① $Q = 0.5V$
② $Q = 1.0V$
③ $Q = 1.5V$
④ $Q = 2.0V$

해설 펌프의 양수량(m³/h) = 고가수조의 용량×2배 이상이다. 즉, $Q = 2.0V$이다.

24 | 주 배관경
11②, 08④, 05①

샤워기 5개가 설치되어 있는 급수배관의 주 배관경은 얼마인가? (단, 샤워기의 접속 배관경은 20A, 동시 사용률은 70%이다.)

▶ 관 균등표

관경	15	20	25
15	1		
20	2	1	
25	3.7	1.8	1
32	7.2	3.6	2
40	11	5.3	2.9

① 20A
② 25A
③ 32A
④ 40A

해설 접속 배관경은 20A이고, 동시 사용률이 70%이므로 5×0.7 = 3.5개이다. 표에서 20A 관경의 사용 기구 수는 3.5개이므로 3.6을 찾으면 관경은 32A이다.

25 | 펌프의 과부하 발생 원인
02①, 96①

펌프의 운전에서 과부하 현상이 생기는 원인은?

① 흡상 양정이 너무 높을 때
② 펌프와 원동기의 직결 불량
③ 흡수관의 이음 등에서 공기가 샐 때
④ 주파수 증가로 회전수가 과다할 때

해설 펌프의 과부하 현상이 생기는 원인은 **주파수 증가로 회전수가 과다할 때**, 토출밸브가 과다하게 개방된 경우, 과속 회전 시, 규격보다 양정이 과다하게 낮은 경우, 취급액의 점도 비중이 규정보다 큰 경우 등이다.

26 | 수격작용의 발생 원인
19①, 11④, 07①

다음 중 수격작용의 발생 원인이 아닌 것은?

① 감압밸브의 설치
② 밸브의 급폐쇄
③ 배관방법의 불량
④ 수도 본관의 고수압

해설 감압밸브는 기체나 액체를 통과시키되, **밸브 입구의 압력을 일정 압력까지 감압해서 출구로 보내는 밸브**이다.

27 | 수도직결방식의 특성
21②, 18④, 12④

다음 설명에 알맞은 급수방식은?

- 위생 측면에서 가장 바람직한 방식이다.
- 정전으로 인한 단수의 염려가 없다.

① 수도직결방식
② 고가수조방식
③ 압력수조방식
④ 펌프직송방식

해설 **고가탱크방식**은 우물물 또는 상수를 일단 지하 물받이 탱크에 받아 이것을 양수 펌프에 의해 건축물의 옥상 또는 높은 곳에 설치한 탱크로 양수한다. 그 수위를 이용하여 탱크에서 밑으로 세운 급수관에 의해 급수하는 방식이다. **압력탱크방식**은 수도 본관에서 일단 물받이 탱크에 저수한 다음 급수펌프로 압력 탱크에 보내면 압력 탱크에서 공기를 압축 가압하여 그 압력에 의해 물을 필요한 곳으로 급수하는 방식이다. **펌프직송(탱크없는 부스터)방식**은 수도 본관에 의해 물을 물받이 수조에 저수하고, 펌프만을 사용하여 건물 내 필요한 곳에 급수하는 방식이다.

28 | 펌프의 축동력
19④, 15②

펌프의 양수량이 10m³/min, 전양정이 10m, 효율이 80%일 때 이 펌프의 축동력은?

① 20.4kW 　　② 22.5kW
③ 26.5kW 　　④ 30.6kW

해설 펌프의 축동력 $= \dfrac{WQH}{6,120E}(1+\alpha)$
$$= \dfrac{1,000 \times 10 \times 10}{6,120 \times 0.8} \times (1+0)$$
$$= 20.42\text{kW}$$

29 | 각종 급수방식의 비교
22①, 12①

각종 급수방식에 관한 설명으로 옳지 않은 것은?

① 수도직결방식은 정전으로 인한 단수의 염려가 없다.
② 압력수조방식은 단수 시에 일정량의 급수가 가능하다.
③ 수도직결방식은 위생 및 유지·관리측면에서 가장 바람직한 방식이다.
④ 고가수조방식은 수도본관의 영향에 따라 급수압력의 변화가 심하다.

해설 **고가탱크방식**은 우물물 또는 상수를 일단 지하물받이탱크에 받아 이것을 양수펌프에 의해 건축물의 옥상 또는 높은 곳에 설치한 탱크로 양수한다. 그 수위를 이용하여 탱크에서 밑으로 세운 급수관에 의해 급수하는 방식으로 **수도본관의 영향에 무관하게 급수압력이 일정한 급수방식**이다.

30 | 급수배관의 설계 및 시공
18④, 11①

급수배관의 설계 및 시공상의 주의점에 대한 설명으로 옳지 않은 것은?

① 급수관의 모든 기울기는 1/100을 표준으로 한다.
② 수평배관에는 공기나 오물이 정체하지 않도록 한다.
③ 급수 주관으로부터 분기하는 경우는 T 이음쇠를 사용한다.
④ 음료용 급수관과 다른 용도의 배관을 크로스 커넥션해서는 안 된다.

해설 급수관의 기울기는 상향 기울기로 하고, 고가수조식의 수평주관은 하향 기울기로 하며, 급수관의 모든 **기울기는 1/250을 표준**으로 한다.

31 | 상수 오염 방지대책
21②, 15①

급수설비에서 역류를 방지하여 오염으로부터 상수계통을 보호하기 위한 방법으로 옳지 않은 것은?

① 토수구공간을 둔다.
② 각개통기관을 설치한다.
③ 역류방지밸브를 설치한다.
④ 가압식 진공브레이커를 설치한다.

해설 급수관에서 **역류**를 방지하여 오염으로부터 **상수계통을 보호하기 위한 방법**으로는 **토수구공간**을 두고, **역류방지밸브를 설치**하여 대기압식 또는 가압식 진공브레이커를 설치한다. 또한 **통기관**은 봉수의 보호, 배수관의 원활한 배수, 배수관의 환기를 도모하기 위하여 설치하는 기구이므로 **역류와는 무관**하다.

32 | 급탕배관에 관한 기술
17④, 09①

급탕배관에 대한 설명 중 옳지 않은 것은?

① 배관재로 동관을 사용하는 경우 관 내 유속을 느리게 하면 부식되기 쉬우므로 2.0m/s 이상으로 하는 것이 바람직하다.
② 역구배나 공기 정체가 일어나기 쉬운 배관 등 탕수(湯水)의 순환을 방해하는 것은 피한다.
③ 관의 신축을 고려하여 굽힘 부분에는 스위블 이음으로 접합한다.
④ 관의 신축을 고려하여 건물의 벽 관통 부분의 배관에는 슬리브를 사용한다.

해설 배관재로 동관을 사용하는 경우 **관 내 유속을 빠르게 하면 부식되기 쉬우므로 2.0m/s 이하로 하는 것이 바람직**하다.

33 | 급탕설비에 관한 기술
16④, 14①

급탕설비에 관한 설명으로 옳지 않은 것은?

① 냉수, 온수를 혼합 사용해도 압력차에 의한 온도 변화가 없도록 한다.
② 배관은 적정한 압력손실 상태에서 피크 시를 충족시킬 수 있어야 한다.
③ 도피관에는 압력으로 도피시킬 수 있도록 밸브를 설치하고 배수는 직접 배수로 한다.
④ 밀폐형 급탕 시스템에는 온도 상승에 의해 압력을 도피시킬 수 있는 팽창탱크 등의 장치를 설치한다.

해설 급탕설비에서 압력을 도피시킬 수 있도록 하는 **도피관(팽창관)의 도중에는 밸브를 절대로 달아서는 안 되며, 팽창관의 배수는 간접 배수**를 한다.

34 | 중수도의 정의
16①, 12②

건물·시설 등에서 발생하는 오수를 다시 처리하여 생활용수·공업용수 등으로 재이용하는 시설은?

① 배수설비
② 하수 관거
③ 중수도
④ 개인 하수도

해설 **상수도**는 음료용수로 사람에게 공급하기 위해 설비한 공공의 시설이고, **하수도**는 가정 하수, 공장 폐수, 지하수 및 빗물 등의 하수가 흘러 빠지도록 설비한 시설이다.

35 | 동관의 팽창량
16②, 13①

길이가 20m인 동관으로 된 급탕 수평주관에 급탕이 공급되어 관의 온도가 10℃에서 60℃로 온도가 상승한 경우, 동관의 팽창량은? (단, 동관의 선팽창계수는 1.71×10^{-5}이다.)

① 0.86mm
② 8.6mm
③ 17.1mm
④ 171mm

해설 동관의 팽창 길이(Δl) = l(원래의 길이)α(선팽창계수)Δt(온도의 변화량)에서

$l = 20,000\text{mm}$, $\alpha = 1.71 \times 10^{-5}$, $\Delta t = 60 - 10 = 50℃$ 이므로
∴ $\Delta l = l\alpha\Delta t = 20,000 \times 1.71 \times 10^{-5} \times 50 = 17.1\text{mm}$

36 | 펌프직송방식에 관한 기술
15②, 08④

급수방식 중 펌프직송방식에 관한 설명으로 옳지 않은 것은?

① 상향 공급방식이 일반적이다.
② 전력공급이 중단되면 급수가 불가능하다.
③ 자동제어에 필요한 설비비가 적고, 유지관리가 간단하다.
④ 적절한 대수 분할, 압력제어 등에 의해 에너지 절약을 꾀할 수 있다.

해설 급수방식 중 **펌프직송방식**은 자동제어에 필요한 설비비가 **많고, 유지관리가 복잡**(힘들다)하며, 변속펌프방식에서는 비교적 압력 변동이 적다.

37 | 중수도에 관한 기술
10④, 08①

다음의 중수도에 관한 설명 중 틀린 것은?

① 중수도 원수로는 주로 잡용수가 사용되지만 냉각 배수, 하수 처리수 등도 사용된다.
② 일반 하수뿐만 아니라 빗물도 중수도의 원수가 될 수 있다.
③ 중수도의 채용은 어려운 상수도 사정을 완화할 수 있고 하수 처리장의 처리 부하를 줄일 수 있다.
④ 중수도는 냉각용수, 살수용수, 음용수로 주로 사용된다.

해설 중수도는 냉각용수, 살수용수로 사용하나, **음용**, 요리, 세면, 욕탕용으로는 **상수를 사용**하여야 한다.

38 | 간접 가열식 급탕방식의 기술
21②, 17②

간접 가열식 급탕방식에 관한 설명으로 옳지 않은 것은?

① 저압보일러를 써도 되는 경우가 많다.
② 직접가열식에 비해 소규모 급탕설비에 적합하다.
③ 급탕용 보일러는 난방용 보일러와 겸용할 수 있다.
④ 직접가열식에 비해 보일러 내면에 스케일이 발생할 염려가 적다.

해설 중앙식 급탕방식 중 **간접 가열식**은 보일러에서 만들어진 증기 또는 고온수를 열원으로 하고, 저탕조 내에 설치된 코일을 통해 관 내의 물을 가열하는 방식으로 고압 보일러를 쓸 필요가 없다. **대규모 급탕설비에 적당**하며, 난방용 증기를 사용하면 급탕용 보일러를 필요로 하지 않는다.

39 | 간접 가열식의 정의
10②, 05②

중앙식 급탕방식 중 보일러에서 만들어진 증기 또는 고온수를 열원으로 하고, 저탕조 내에 설치된 코일을 통해 관 내의 물을 가열하는 방식은?

① 직접 가열식
② 간접 가열식
③ 기수 혼합식
④ 순간 가열식

해설 **직접 가열식**은 보일러로 가열시킨 온수를 탱크에 저장해 두었다가 급탕관을 통해서 급탕하는 방식으로 대규모 급탕설비에 적합하다. **기수 혼합식**은 국소식 급탕법의 하나이며, 증기와 물을 혼합시켜 급탕을 만드는 방식이다. **순간 가열식**(순간식 급탕 방식)은 저탕조를 지나지 않고 기기 내 배관의 일부를 가열기에서 가열함으로써 급탕을 얻는 방식이다.

40 | 개별식 급탕방식에 관한 기술
21①, 07④

급탕설비 중 개별식 급탕방식에 관한 설명으로 옳지 않은 것은?

① 배관길이가 길어 배관 중의 열손실이 크다.
② 건물 완공 후에도 급탕개소의 증설이 비교적 쉽다.
③ 급탕개소마다 가열기의 설치스페이스가 필요하다.
④ 용도에 따라 필요한 개소에서 필요한 온도의 탕을 비교적 간단하게 얻을 수 있다.

해설 배관의 길이가 **짧아** 배관 중의 **열손실이 작다.**

41 | 슬리브에 관한 기술
09②, 05②

다음 중 슬리브(sleeve)에 대한 설명으로 옳은 것은?

① 배관 시 차후의 교체, 수리를 편리하게 하고 관의 신축에 무리가 생기지 않도록 하기 위해 사용한다.
② 가열장치 내의 압력이 설정 압력을 넘는 경우에 압력을 도피시키기 위해 사용한다.
③ 사이펀작용에 의한 트랩의 봉수 파괴방지를 위해 사용한다.
④ 스케일 부착 및 이물질 투입에 의한 관 폐쇄를 방지하기 위해 사용한다.

해설 슬리브는 배관 등을 자유롭게 신축할 수 있도록 고려된 것으로 관의 교체, 수리를 편리하게 하고 관의 신축에 무리가 생기지 않도록 하기 위하여 사용한다. ②는 도피관, ③은 통기관, ④는 스트레이너에 대한 설명이다.

42 | 급탕설비에 관한 기술
09①, 94④

급탕설비에 관한 설명 중 옳지 않은 것은?

① 급탕 보일러에서 팽창관의 도중에는 밸브를 설치해서는 안 된다.
② 온수 보일러에 의한 직접 가열방식은 가열식 저장탱크에 의한 간접 가열방식보다 보일러가 부식되기 쉽다.
③ 팽창관의 개구 높이는 펌프의 양정만큼 고가수조보다 반드시 높게 해야 한다.
④ 저탕탱크의 설계에 있어서 가열능력을 크게 취하면 저탕량을 적게 할 수 있다.

해설 **팽창관의 개구 높이**는 팽창수가 팽창관으로 넘치지 않게 하기 위해 **고가수조의 최고 수면보다 1.2m 이상 높게** 해야 한다.

43 | 급수용 저수조에 관한 기술
07②, 03②

다음 중 급수용 저수조에 관한 설명으로 옳지 않은 것은?

① 5m³를 초과하는 저수조는 청소·위생 점검 및 보수 등 유지 관리를 위하여 1개의 저수조를 2 이상의 부분으로 구획하거나 저수조를 2개 이상 설치한다.
② 넘침관(over flow pipe)은 간접 배수로 한다.
③ 보수 점검을 위해 30cm 폭의 맨홀을 설치한다.
④ 청소 및 배수를 위해 최하단부에 배수밸브를 설치한다.

해설 **물탱크의 보수 점검** 시 물탱크의 6면(상면, 하면, 좌측면, 우측면, 앞면, 뒷면)의 점검과 수리를 위해 **상면과는 100cm, 기타 면과는 60cm 이상의 공간**을 두어야 하고, 한 변의 길이가 90cm인 각형 또는 지름이 90cm인 원형 맨홀을 설치해야 한다.

44 | 최저 필요 압력
06②, 03①

다음 급수기구 중 최저 필요 압력이 가장 큰 것은?

① 일반 수전
② 샤워기
③ 블로 아웃식 대변기
④ 가스 순간 탕비기

해설 일반 수전은 0.3kg/cm²(0.03MPa), 샤워기는 0.7kg/cm²(0.07MPa), **블로 아웃식 대변기**는 1.0kg/cm²(0.1MPa), 가스 순간 탕비기는 소형은 0.1kg/cm²(0.01MPa), 중형은 0.4kg/cm²(0.04MPa), 대형은 0.5kg/cm²(0.05MPa)이다.

45 | 팽창관에 관한 기술
03④, 00①

급탕설비의 안전장치 중 팽창관에 관한 설명으로 옳은 것은?

① 팽창관의 배수는 직접 배수로 한다.
② 팽창관의 내경은 보일러의 전열면적에 의해 결정한다.
③ 팽창관은 팽창탱크 수면보다 낮은 위치에서 입상시킨다.
④ 팽창관은 보일러나 저탕탱크에서 단독으로 입상시키고 중간에 밸브를 설치한다.

해설 팽창관의 배수는 **간접 배수**로 하고, 팽창관은 **팽창탱크 수면보다 높은 위치에서 입상**시킨다. 팽창관은 보일러나 저장탱크에서 단독으로 입상시키고 **중간에 밸브를 절대로 설치하지 않는다.** 또한, 팽창관에서는 소음 발생이 없으므로 **사일렌서를 설치하지 않는다.**

46 | 급수관 관경의 결정 방법
03①

다음 중 급수관의 관경을 결정하는 방법이 아닌 것은?

① 기구 연결관의 관경에 의한 결정
② 균등표에 의한 관경 결정
③ 마찰저항선도에 의한 관경 결정
④ 배수부하 단위에 의한 결정

해설 급수배관의 관경 결정법은 기구 연결관의 관경(기구 급수 부하 단위)에 의한 방법, 균등표(국부 저항 상당 길이, 수평지관)에 의한 약산법, 마찰저항선도(허용 마찰손실수두, 수직 주관)에 의한 방법 등이 있고, 배수부하 단위는 배수관의 관경 결정의 기초가 된다.

47 | 슬리브 설치 이유
02④, 97①

급수배관이 벽체 또는 건축의 구조부를 관통하는 부분에 슬리브(sleeve)를 설치하는 이유는?

① 방진 및 수리를 위하여   ② 부식방지를 위하여
③ 방동을 위하여   ④ 도장을 위하여

해설 슬리브는 배관 등을 콘크리트벽이나 슬리브에 설치할 때 사용하는 통 모양의 부품이다. 관이 자유롭게 신축할 수 있도록 고려된 것으로, 관의 교체, 수리를 편리하게 하고 관의 신축에 무리가 생기지 않도록 하기 위해 사용한다.

48 | 펌프의 축동력
02②, 00②

물의 비중을 $\gamma[kg/m^3]$, 펌프의 양수량을 $Q[m^3/min]$, 펌프의 양정을 $H[m]$, 펌프의 효율을 $E[\%]$라 할 때 펌프의 축동력(kW)을 바르게 나타낸 것은?

① $PS = \dfrac{\gamma QH}{6,120E}$ ② $PS = \dfrac{\gamma QH}{4,500E}$

③ $PS = \dfrac{\gamma QH}{75E}$ ④ $PS = \dfrac{\gamma QH}{60E}$

해설 펌프의 소요 동력은 펌프의 축동력(펌프의 구동에 필요한 동력)에 여유율(전달효율)을 곱한 것이다. 즉, 펌프의 소요 동력(L) = 펌프의 축동력(P)×[1+여유율(α)]이고,

펌프의 축동력(P) = $\dfrac{WQH}{6,120E}$, 펌프의 축마력(P) = $\dfrac{WQH}{4,500E}$

여기서, P : 펌프의 축동력(kW) 또는 축마력(HP)
W : 물의 단위용적당 중량(1,000kg/m³)
Q : 양수량(m³/min)
H : 양정(m)
α : 여유율(0.1~0.2)
E : 펌프의 효율(0.5~0.75)

49 | 급수 연결관의 관경
01④, 97④

다음에서 급수 연결관 관경이 가장 큰 것은?

① 대변기(세정 밸브)   ② 소변기(시스턴식)
③ 샤워   ④ 세면기

해설 대·소변기의 세정 밸브식의 급수관 관경은 25mm이고, 샤워와 세면기의 급수관 관경은 15mm이다.

50 | 고가수조와 압력수조의 비교
00①

급수방식에서 고가수조와 압력수조방식에 관한 설명으로 옳은 것은?

① 저수량은 압력수조가 더 많다.
② 동력비는 압력수조가 더 비싸다.
③ 펌프양정은 압력수조가 더 작다.
④ 수압은 압력수조가 일정하다.

해설 저수량은 압력수조가 더 적고, 펌프양정은 압력수조가 더 크며, 수압은 고가수조가 일정하다. 또한, 동력비는 압력수조가 더 비싸다.

51 | 급수방식의 종류
99④, 97①

건축물에 대한 급수방식에 있어서 일반적으로 사용되지 않는 것은?

① 고가탱크방식   ② 탱크 없는 부스터 방식
③ 진공펌프방식   ④ 압력탱크방식

해설 급수방식의 종류에는 고가수조방식, 압력수조방식, 수도직결방식, 탱크 없는 부스터(펌프직송)방식 등이 있다.

52 | 온수의 발생량
99④, 93①

125,000kJ/h의 능력을 가진 온수 보일러에서 10℃의 물을 40℃의 온수로 가열할 경우, 시간당 몇 L의 온수를 얻을 수 있는가? (단, 물의 비열은 4.18kJ/kg·K, 물의 비중은 1kg/L이다.)

① 550L   ② 996L
③ 1,676L   ④ 2,095L

해설 Q(열량) = C(비열)m(물체의 질량)$\triangle t$(온도의 변화량)

$\therefore \ m = \dfrac{Q}{C\triangle t} = \dfrac{125,000}{4.18 \times (40-10)} = 996.81L$

53 | 워터 해머의 기술
99①,④

워터 해머(water hammer)에 관하여 잘못 설명한 것은?

① 워터 해머는 일정한 압력과 유속으로 배관 계통을 흐르는 비압축성 유체가 급격히 차단될 때 발생한다.
② 워터 해머에 의한 압력파는 그 힘이 소멸될 때까지 소음과 진동을 유발시킨다.
③ 에어 체임버형 워터 해머 흡수기는 공기실이 감소되면서 그 기능이 저하한다.
④ 워터 해머 현상은 급폐쇄형 밸브를 사용할 때 그 현상이 경감된다.

해설 워터 해머 현상은 급폐쇄형 밸브를 사용할 때 그 현상이 증대되고, 수격작용은 유속에 비례하며, 수압은 유속을 m/sec로 산정한 값의 14배 정도의 수압이 생긴다.

54 | 간접 및 직접 가열식의 비교
98①,③

간접 가열식 중앙 급탕법이 직접 가열식 중앙 급탕법보다 유리한 점을 기술하였다. 이 중에서 옳지 않은 것은?

① 가열코일에 순환하는 증기는 저압으로도 된다.
② 보일러의 스케일 우려가 적다.
③ 관리면에서 유리하다.
④ 열효율면에서 경제적이다.

해설 열효율면에서 비경제적이다.

55 | 압력탱크방식의 특징
97④, 96③

급수방식 중 압력탱크방식의 특징으로 잘못 기술된 것은?

① 반드시 탱크를 높은 곳에 설치하지 않아도 된다.
② 특별히 국부적으로 고압을 필요로 하는 경우에 적합하다.
③ 공기가압방식의 경우 배관 내 부식이 우려된다.
④ 급수 압력을 일정하게 유지할 수 있다.

해설 급수 압력을 일정하게 유지할 수 없다.

56 | 급탕설비에 관한 기술
19②

급탕설비에 관한 설명으로 옳지 않은 것은?

① 냉수, 온수를 혼합사용해도 압력차에 의한 온도변화가 없도록 한다.
② 배관은 적정한 압력손실상태에서 피크시를 충족시킬 수 있어야 한다.
③ 도피관에는 압력을 도피시킬 수 있도록 밸브를 설치하고 배수는 직접배수로 한다.
④ 밀폐형 급탕시스템에는 온도 상승에 의한 압력을 도피시킬 수 있는 팽창탱크 등의 장치를 설치한다.

해설 도피관에는 압력을 도피시킬 수 있도록 밸브의 설치를 금지하고 배수는 간접배수로 한다.

57 | 수도 본관의 최소 압력
19①

수도직결방식의 급수방식에서 수도 본관으로부터 8m 높이에 위치한 기구의 소요압이 70kPa이고 배관의 마찰손실이 20kPa인 경우, 이 기구에 급수하기 위해 필요한 수도 본관의 최소 압력은?

① 약 90kPa
② 약 98kPa
③ 약 170kPa
④ 약 210kPa

해설 수도 본관의 압력(P_o)≥기구의 필요압력(P)+본관에서 기구에 사이에 이르는 저항(P_f)+$\dfrac{\text{기구의 설치높이}(h)}{100}$이다. 그런데 급수전의 소요압력은 70kPa, 본관에서 기구에 이르는 사이의 저항은 20kPa, 기구의 설치높이는 8m이다.

$$\therefore\ P_o \geq P + P_f + \frac{h}{100} = 70 + 20 + \frac{8}{100}$$
$$= 70 + 20 + 80 = 170\text{kPa}$$

여기서, 1mAq=0.1kgf/cm²=0.0098MPa≒0.01MPa, 1kPa=0.1m, 1MPa=100m임에 주의한다.

58 | 물과 얼음의 체적 변화
18④

대기압 하에서 0℃의 물이 0℃의 얼음으로 될 경우의 체적 변화에 관한 설명으로 옳은 것은?

① 체적이 4% 팽창한다.
② 체적이 4% 감소한다.
③ 체적이 9% 팽창한다.
④ 체적이 9% 감소한다.

정답 53. ④ 54. ④ 55. ④ 56. ③ 57. ③ 58. ③

해설 물의 부피는 온도변화에 따라 달라진다. 대기압 하에서 0℃로 되면 얼음으로 상태변화가 생기면서 약 9% 정도 팽창하고, 팽창력은 약 250kg/cm²(=25MPa)라는 큰 값이며 한랭지에서 설비의 배관 파열의 원인이 된다. 물 4℃의 물을 100℃까지 높였을 때 부피는 약 4.3% 팽창($\Delta V = \left(\dfrac{1}{0.958634} - \dfrac{1}{1}\right) \times 100\% = 4.3\%$) 한다. 또한 100℃의 물이 증기로 변화할 때 그 체적의 팽창은 약 1,700배 정도이다.

59 | 수격작용에 관한 기술
16①

급수설비에서 수격작용(워터 해머)에 관한 설명으로 옳지 않은 것은?

① 관경이 클수록 발생하기 쉽다.
② 굴곡 개소로 인해 발생하기 쉽다.
③ 유속이 빠를수록 발생하기 쉽다.
④ 플러시 밸브나 수전류를 급격히 열고 닫을 때 발생하기 쉽다.

해설 **수격작용의 발생원인**으로는 펌프의 양정이 20m, 양수량이 1,600L/min인 경우, 양정이 높은 펌프를 사용하는 경우, 저양정이며 양수량이 과다할 경우, **상부 수평 배관이 긴 경우와 관경이 작을수록**, 유속이 빠를수록, 굴곡 개소가 많을수록, 밸브의 급폐쇄, 배관방법의 불량 및 수도 본관의 고수압의 경우이며, 공기빼기밸브의 설치는 수격작용을 방지한다.

60 | 급수관 관경의 결정요소
18①

급수관의 관경 결정과 관계가 없는 것은?

① 관균등표   ② 동시사용률
③ 마찰저항선도   ④ 동적부하해석법

해설 **급수배관의 관경 결정법**은 기구연결관의 관경(기구급수부하단위)에 의한 방법, **관균등표**(국부저항 상당길이, 수평지관)에 의한 약산법, **마찰저항선도**(허용 마찰손실수두, 수직주관)에 의한 방법 등이 있고, **동적부하해석법은 열부하 계산방법**이다.

61 | 고가수조방식에 관한 기술
20④

급수방식 중 고가수조방식에 관한 설명으로 옳은 것은?

① 대규모의 급수수요에 쉽게 대응할 수 있다.
② 저수조가 없으므로 단수 시에 급수할 수 없다.
③ 수도 본관의 영향을 그대로 받아 수압변화가 심하다.
④ 위생 및 유지·관리측면에서 가장 바람직한 방식이다.

해설 **고가탱크방식**은 우물물 또는 상수를 일단 지하물받이탱크에 받아 이것을 양수펌프에 의해 건축물의 옥상 또는 높은 곳에 설치한 탱크로 양수한다. 그 수위를 이용하여 탱크에서 밑으로 세운 급수관에 의해 급수하는 방식으로 **대규모의 급수수요에 쉽게 대응**할 수 있다. ②, ③, ④항은 수도직결방식에 대한 설명이다.

62 | 펌프 공동현상의 방지대책
17②

펌프에서 발생하는 공동현상(cavitation)의 방지대책으로 가장 알맞은 것은?

① 펌프의 설치위치를 높인다.
② 펌프의 흡입양정을 낮춘다.
③ 펌프의 토출양정을 높인다.
④ 펌프의 토출구경을 확대한다.

해설 **펌프의 공동현상**(cavitation)은 급수압력이 갑자기 증가하여 급수 속의 공기가 기포로 분리되는 현상이며, 방지대책으로는 **펌프의 흡입양정을 낮추는 것이 가장 중요**하다.

63 | 간접 가열식 급탕설비
19①

간접 가열식 급탕설비에 관한 설명으로 옳지 않은 것은?

① 대규모 급탕설비에 적당하다.
② 비교적 안정된 급탕을 할 수 있다.
③ 보일러 내면에 스케일이 많이 생긴다.
④ 가열보일러는 난방용 보일러와 겸용할 수 있다.

해설 중앙식 급탕방식 중 **간접 가열식**은 보일러에서 만들어진 증기 또는 고온수를 열원으로 하고, 저탕조 내에 설치된 코일을 통해 관 내의 물을 가열하는 방식으로 **보일러 내면에 스케일이 생기지 않는다.**

64 | 간접 가열식 급탕설비
18①

간접 가열식 급탕법에 관한 설명으로 옳지 않은 것은?

① 대규모 급탕설비에 적당하다.
② 보일러 내부에 스케일의 발생 가능성이 높다.
③ 가열코일에 순환하는 증기는 저압으로도 된다.
④ 난방용 증기를 사용하면 별도의 보일러가 필요 없다.

해설 중앙급탕방식 중 **간접 가열식**(보일러에서 만들어진 증기 또는 고온수를 열원으로 하고, 저탕조 내에 설치된 코일을 통해 관 내의 물을 가열하는 방식)은 **보일러 내면에 스케일**(때 또는 녹)**이 생기지 않는다.**

정답 59. ① 60. ④ 61. ① 62. ② 63. ③ 64. ②

65 | 펌프의 축동력
16①

다음과 같은 조건에 있는 양수펌프의 축동력은?

[조건]
- 양수량 : 490L/min
- 전양정 : 30m
- 펌프의 효율 : 60%

① 약 3kW
② 약 4kW
③ 약 5kW
④ 약 6kW

해설 P(펌프의 축동력)$= \dfrac{WQH}{6,120E}$이다. 그런데,

$W=1,000\text{kg/m}^3$, $Q=490\text{L/min}=0.49\text{m}^3\text{/min}$,

$H=30\text{m}$, $E=0.6$이다.

$\therefore\ P= \dfrac{WQH}{6,120E} = \dfrac{1,000 \times 0.49 \times 30}{6,120 \times 0.6} = 4.003\text{kW}$

---

❸ 배수 및 통기설비

01 | 봉수의 유효 높이
10④, 05④, 02②, 00②③, 98①

트랩의 적당한 봉수 유효 높이는?

① 50~100mm
② 100~120mm
③ 120~150mm
④ 150~200mm

해설 봉수의 깊이는 **5~10cm 정도**이며, 봉수가 너무 작으면(5cm 이하) 봉수 유지가 곤란하고, 너무 깊으면(10cm 이상) 유수 저항이 증대되어 유수 능력이 감소된다. 또한 자기세정작용이 약해져서 트랩의 바닥에 침전물이 쌓여 막히는 경우가 있다.

02 | 트랩의 봉수 파괴 원인
14②, 12①②, 09①, 06①

다음 중 트랩의 봉수 파괴 원인이 아닌 것은?

① 자기 사이펀작용
② 유도 사이펀작용
③ 증발현상
④ 자정작용

해설 트랩의 봉수 파괴 원인에는 **자기 사이펀**작용, **역압에 의한 흡출**(유인 사이펀) 작용, **모세관 현상**, **증발** 및 **분출작용** 등이다.

03 | 신정 통기관의 정의
14②, 07②, 00③

배수 입상관의 끝부분을 연장하여 대기 중에 개방하는 통기관을 무슨 통기관이라고 하는가?

① 각개 통기관
② 루프 통기관
③ 신정 통기관
④ 도피 통기관

해설 신정 통기관은 **최상부의 배수 수평관이 배수 수직관에 접속된 위치보다도 더욱 위로 배수 수직관을 끌어올려 대기 중에 개구하거나, 배수 수직관의 상부를 배수 수직관과 동일 관경으로 위로 배관**하여 대기 중에 개방하는 통기관으로서 그 층의 기구가 1~2개이고, 또 배수 수직관과 기구의 위치가 가까우면 신정 통기관만으로도 통기가 가능하다. 관경은 배수 수직관과 같거나 그 이상으로 한다.

04 | 위생설비의 트랩
12④, 00③, 97①

다음 트랩 중 그 기능이 위생설비와 관계 없는 것은?

① 버킷트랩
② 그리스 트랩
③ 드럼트랩
④ 벨 트랩

해설 배수 트랩의 종류에는 **S 트랩, P 트랩, 3/4S 트랩, 드럼트랩, 플로어 트랩, 벨(종형) 트랩, 저집기** 등이 있고, **버킷트랩**은 작은 버킷을 사용한 증기 트랩으로 부력을 이용하여 간헐적으로 응축수를 배출하며, **증기환수용**이다.

05 | 통기관의 설치 목적
10②, 07④, 01④, 97④

배수 통기관의 목적이 아닌 것은?

① 트랩의 봉수 보호
② 배수의 원활한 흐름
③ 배관의 소음 감소
④ 배수관 계통의 환기

해설 **배관의 소음 감소와 통기관은 무관**하며, 배관의 소음 감소를 위해서는 배관 주변을 흡음재로 감싸주어야 한다.

06 | 트랩의 봉수 파괴 현상
03①

다음은 트랩의 봉수 파괴 현상에 대한 설명이다. 잘못된 것은?

① 배수가 만수 상태로 흐르면 사이펀작용으로 트랩의 봉수가 파괴된다.
② 감압에 의한 흡인작용으로 압력을 감소시켜 봉수를 파괴한다.
③ 역압에 의한 봉수 파괴 현상은 상층부 기구에서 자주 발생한다.
④ 모세관 작용은 헝겊 등에 의한 흡인식 사이펀작용이다.

해설 대규모 고층 건축물에서 다량의 기구를 동시에 사용할 때, 배수관의 하층부 기구에서 봉수가 파괴되는 원인은 역압에 의한 봉수파괴이다.

07 | 습식 통기관의 정의
99③, 96③

배수 수평지관의 최상류 기구 바로 아래쪽에서 연결하는 통기관의 이름은?

① 습식 통기관 ② 회로 통기관
③ 결합 통기관 ④ 도피 통기관

해설 루프(회로 또는 환상) 통기식 배관은 신정 통기관에 접속하는 환상 통기방식과 여러 개의 기구군에 1개의 통기 지관을 빼내어 통기 수직관에 접속하는 회로 통기방식 등이 있다. 도피(안전) 통기관은 배수 수평지관이 하류에서 배수 수직관에 접속하기 전에 통기관을 취하는 방법(가장 가까운 기구 배수관의 접속점 사이에 설치해서 통기 세로관 또는 회로 통기관과 연결하는)으로, 최하류에서 기구 배수관이 접속된 직후의 배수 수평지관에서 세운 통기관이다.

08 | 통기배관에 관한 기술
13④, 05①, 98②

통기배관에 관한 설명으로 옳지 않은 것은?

① 간접 배수계통의 통기관은 단독 배관한다.
② 통기수직관과 우수수직관은 겸용 배관한다.
③ 각개통기방식에서는 반드시 통기수직관을 설치한다.
④ 배수수직관의 상부는 연장하여 신정통기관으로 사용한다.

해설 분뇨 정화조의 통기관은 단독 배관하고, 지붕을 관통하는 통기관은 지붕으로부터 150mm 이상 입상하여 대기 중에 개구하며, **통기 수직관과 우수 수직관은 별도로 배관**해야 한다.

09 | 통기관의 관경에 관한 기술
13①, 09②, 05②

다음 통기관의 관경에 대한 설명 중 옳지 않은 것은?

① 각개 통기관의 관경은 그것이 접속되는 배수관 관경의 1/2 이상으로 한다.
② 신정 통기관의 관경은 배수 수직관의 관경보다 작게 해서는 안 된다.
③ 회로 통기관의 관경은 배수 수평지관과 통기 수직관 중 큰 쪽 관경의 1/2 이상으로 한다.
④ 결합 통기관의 관경은 통기 수직관과 배수 수직관 중 작은 쪽 관경 이상으로 한다.

해설 회로 통기관의 관경은 배수 수평지관과 통기 수직관 중 **작은 쪽 관경의 1/2 이상**으로 한다.

10 | 배구관의 관경과 구배
22②, 10①

배수관의 관경과 구배에 관한 설명으로 옳지 않은 것은?

① 배관구배를 완만하게 하면 세정력이 저하된다.
② 배수관경을 크게 하면 할수록 배수능력은 향상된다.
③ 배관구배를 너무 급하게 하면 흐름이 빨라 고형물이 남는다.
④ 배관구배를 너무 급하게 하면 관로의 수류에 의한 파손 우려가 높아진다.

해설 배수설비에 있어서 **배수관경을 크게 하면** 할수록 배수능력은 **저하**된다.

11 | 청소구의 설치 위치
18②, 13④

배수관에 있어서 청소구(clean out)를 원칙적으로 설치해야 하는 곳이 아닌 것은?

① 배수 수직관의 최상부
② 배수 수평주관의 기점
③ 배수관이 45도 이상의 각도로 방향을 바꾸는 곳
④ 배수 수평주관과 옥외 배수관의 접속장소와 가까운 곳

해설 배수관에 있어서 **청소구(clean out)는** 배수 수직관의 **최하단부에 설치**해야 한다.

12 | 공용 통기관의 정의
22①, 11②

다음 설명에 알맞은 통기관의 종류는?

> 기구가 반대방향(좌우분기) 또는 병렬로 설치된 기구배수관의 교점에 접속하여 입상하며 그 양 기구의 트랩 봉수를 보호하기 위한 1개의 통기관을 말한다.

① 공용통기관
② 결합통기관
③ 각개통기관
④ 신정통기관

해설 ② **결합통기관** : 고층건축물에서 배수수직주관(배수입주관)을 통기수직주관(통기 수직관)에 연결하는 통기관
③ **각개통기관** : 각 기구마다 통기관을 세우는 통기관
④ **신정통기관** : 배수수직관의 상부를 배수수직관과 동일 관경으로 위로 배관하여 대기 중에 개방하는 통기관

13 | 루프통기방식의 정의
21②, 12②

다음 설명에 알맞은 통기방식은?

- 회로통기방식이라고도 한다.
- 2개 이상의 기구트랩에 공통으로 하나의 통기관을 설치하는 방식이다.

① 공용통기방식   ② 루프통기방식
③ 신정통기방식   ④ 결합통기방식

해설 ① **공용통기방식** : 기구가 반대방향(좌우분기) 또는 병렬로 설치된 기구배수관의 교점에 접속하여 입상하며, 그 양 기구의 트랩봉수를 보호하기 위한 1개의 통기관을 말한다.
③ **신정통기방식** : 배수수직관의 상부를 배수수직관과 동일한 관경으로 위쪽에 배관하여 대기 중에 개방하는 통기관이다.
④ **결합통기방식** : 배수수직관과 통기수직관을 연결하는 통기관이다.

14 | 세정 밸브의 최저 필요압력
17④, 01①

대변기에 설치한 세정 밸브의 최저 필요압력은?

① 0.07MPa 이상   ② 0.05MPa 이상
③ 0.03MPa 이상   ④ 0.01MPa 이상

해설 세정 밸브의 압력은 **최저 필요압력** : 0.07MPa 이상, 표준 필요 압력 : 0.1MPa 이상, 최고 필요 압력 : 0.4MPa 이상이다.

15 | 봉수 깊이에 관한 기술
21①, 07④

배수트랩에서 봉수깊이에 관한 설명으로 옳지 않은 것은?

① 봉수깊이는 50~100mm로 하는 것이 보통이다.
② 봉수깊이가 너무 낮으면 봉수를 손실하기 쉽다.
③ 봉수깊이를 너무 깊게 하면 통수능력이 감소된다.
④ 봉수깊이를 너무 깊게 하면 유수의 저항이 감소된다.

해설 봉수깊이를 너무 깊게 하면 유수의 저항이 **증대된다.**

16 | 통기관의 봉수파괴 방지 불능
22①, 18④

배수트랩의 봉수 파괴원인 중 통기관을 설치함으로써 봉수 파괴를 방지할 수 있는 것이 아닌 것은?

① 분출작용
② 모세관작용
③ 자기사이펀작용
④ 유도사이펀작용

해설 봉수의 보호를 위하여 통기관을 설치하나 통기관으로 봉수의 **파괴를 방지할 수 없는 경우**는 증발작용(집을 오랫동안 비워 두어서 위생기구를 사용하지 않는 경우 트랩의 봉수가 파괴원인)과 **모세관작용**(헝겊 등에 의한 흡인식 사이펀작용)이다.

17 | 트랩의 설치 이유
15②, 06②

다음 중 배수관에 트랩을 설치하는 가장 주된 이유는?

① 하수 가스, 악취 등이 실내로 침입하는 것을 막기 위해
② 배수관의 신축을 조절하기 위해
③ 배수의 소음을 감소하기 위해
④ 배수의 동결을 막기 위해

해설 배수관의 트랩은 하수 가스, 악취 및 벌레 등이 실내로 침입하는 것을 막기 위해 설치한다.

18 | 관트랩의 용도
13④, 08②

구조가 간단하고 자기 사이펀작용을 일으키면 자정작용을 갖는 배수 트랩이다. 사이펀작용을 일으키기 쉽기 때문에 사이펀트랩이라고도 불리는 것은?

① 벨트랩
② 관트랩
③ 드럼트랩
④ 버킷트랩

해설 **관트랩**(사이펀트랩)은 구조가 간단하고 자기 사이펀작용을 일으키면 자정작용을 갖는 배수트랩이다. 사이펀작용을 일으키기 쉽기 때문에 사이펀트랩이라고도 불린다.

19 | 통기관에 관한 기술
10①, 08②

통기관에 대한 설명 중 옳지 않은 것은?

① 사이펀작용 및 배압에 의해서 트랩 봉수가 파괴되는 것을 방지한다.
② 배수관 계통의 환기를 도모하여 관 내를 청결하게 유지한다.
③ 각개 통기방식은 기능적으로 가장 우수하고 이상적이다.
④ 신정 통기방식은 회로 통기방식이라고도 하며 통기 수직관을 설치한 배수·통기 계통에 이용된다.

해설 **습윤(습식) 통기방식**은 환상(루프)통기와 **연결**하여 통기 수직관을 설치한 배수·통기 계통에 이용된다.

20 | 대변기 세정 급수방식
03②, 98②

대변기 세정(洗淨) 급수방식이 아닌 것은?

① 감압밸브 방식
② 로 탱크 방식
③ 세정 밸브 방식
④ 하이 탱크 방식

해설 대변기의 세정 급수방식에는 여러 가지 방식이 있지만 세정 급수방식에 따라 대별하면 세정 탱크식(하이 탱크식과 로 탱크식), 세정 밸브식, 기압 탱크식 등이 있다.

21 | 위생기구와 기구
03②

위생기구와 그와 관계 있는 것들이다. 틀린 것은?

① 세면기-pop-up
② 대변기-siphon jet
③ 소변기-flush valve
④ 욕조-grease trap

해설 그리스 트랩(grease trap)은 저집기의 일종으로 기름기가 많은 배수(호텔 식당의 조리실 바닥의 배수)로부터 기름기를 제거, 분리시키는 장치이다. 분리된 기름기를 제거시켜 배수 파이프가 막히는 것을 방지하는 트랩이다. 욕조는 드럼트랩을 사용한다.

22 | 통기배관에 관한 기술
02④, 99④

통기배관에 대한 설명이 옳게 설명된 것은?

① 환상 통기관은 배수 수평지관의 최상류 배수기구의 상단에 설치한다.
② 도피 통기관은 배수 수평지관과 배수 수직관이 접속되는 부위에 설치한다.
③ 결합 통기관은 배수관을 연장하여 설치한다.
④ 각개 통기방식은 환상 통기방식에 비하여 그 기능이 불확실하다.

해설 환상 통기관은 배수 수평지관의 최상류 배수기구의 하단에 설치하고, 결합 통기관은 배수 수직관과 통기 수직관을 5개 층마다 연결하여 설치하며, 각개 통기방식은 환상 통기방식에 비하여 그 기능이 확실하다.

23 | 배수관, 트랩, 통기관의 기술
01②, 99③

배수관, 트랩, 통기관의 배관에서 옳지 않은 것은?

① 차고 내 배수는 카레이지 트랩을 거쳐 가옥 하수관에 방류한다.
② 욕조의 오버플로관은 트랩의 하부에 접속한다.
③ 2중 트랩이 되지 않도록 연결한다.

④ 냉장고에서의 배수는 일반 배수관에 직결해서는 안 된다.

해설 욕조 등의 오버플로관은 트랩의 상부에 접속한다.

24 | 결합 통기관의 정의
99②

배수설비에서 결합 통기관이란?

① 배수 입주관과 통기 입주관을 연결하는 관
② 배수 수평지관과 통기 입주관을 연결하는 관
③ 환상 통기관과 회로 통기관을 연결하는 관
④ 도피 통기관과 습윤통기관을 연결하는 관

해설 결합 통기관은 고층 건물에 있어서 배수 수직주관(입주관)을 통기 수직주관(입주관)에 연결하는 통기관으로서 층 수가 많은 경우에는 5개 층마다 설치한다.

25 | 배수트랩에 관한 기술
19④

배수트랩에 관한 설명으로 옳지 않은 것은?

① 트랩은 이중으로 설치하면 효과적이다.
② 트랩의 봉수깊이가 너무 깊으면 통수능력이 감소된다.
③ 트랩은 하수가스의 실내침입을 방지하는 역할을 한다.
④ 트랩은 위생기구에 가능한 한 접근시켜 설치하는 것이 좋다.

해설 이중트랩은 기구배수구로부터 흐름 말단까지의 배수로상에 2개 이상의 트랩을 설치한 것으로서 트랩과 트랩 사이의 관 내에 공기가 밀폐되어 있는 상태를 말하고, 이 밀폐된 공기는 배수계통 내의 기압변화가 일어나도 배출이나 보급이 되지 않고 감금된 상태로 된다. 기구로부터의 배수는 이 공기 때문에 흐름이 나빠질 뿐만 아니라 트랩의 봉수를 유지할 수 없게 되므로 반드시 피해야 한다.

26 | 트랩의 구비조건에 관한 기술
19②

트랩의 구비조건으로 옳지 않은 것은?

① 봉수깊이는 50mm 이상 100mm 이하일 것
② 오수에 포함된 오물 등이 부착 또는 침전하기 어려운 구조일 것
③ 봉수부에 이음을 사용하는 경우에는 금속제 이음을 사용하지 않을 것
④ 봉수부의 소제구는 나사식 플러그 및 적절한 가스켓을 이용한 구조일 것

해설 봉수부에 이음을 사용하는 경우에는 금속제 이음을 사용할 것

27 | 통기관의 설치목적
19①

다음 중 통기관의 설치목적으로 옳지 않은 것은 어느 것인가?

① 트랩의 봉수를 보호한다.
② 오수와 잡배수가 서로 혼합되지 않게 한다.
③ 배수계통 내의 배수 및 공기의 흐름을 원활히 한다.
④ 배수관 내에 환기를 도모하여 관 내를 청결하게 유지한다.

해설 통기관의 역할은 봉수의 파괴를 방지하고 배수의 흐름을 원활히 하며 **배수관 내의 환기**를 도모한다.

28 | 결합통기관의 정의
16④

배수수직관 내의 압력변화를 방지 또는 완화하기 위해, 배수수직관으로부터 분기·입상하여 통기수직관에 접속하는 도피통기관은?

① 각개통기관
② 신정통기관
③ 결합통기관
④ 루프통기관

해설 **개별(각개) 통기관**은 각 기구마다 통기관을 세우는 방법으로 통기 효과가 최대이며 가장 이상적인 통기관이다. **신정통기관**은 최상부의 배수수평관이 배수수직관에 접속된 위치보다도 더욱 위로 배수수직관을 끌어올려 대기 중에 개구하거나, 배수수직관의 상부를 배수수직관과 동일 관경으로 위로 배관하여 대기 중에 개방하는 통기관이다. **루프(회로)통기관**은 여러 개의 기구군에 1개의 통기 지관을 빼내어 통기 수직지관에 연결하는 방식이다.

29 | 각개 통기관의 정의
16②

다음 설명에 알맞은 통기관의 종류는?

> 1개의 트랩을 위해 트랩 하류에서 취출하여, 그 기구보다 윗부분에서 통기계통에 접속하거나 또는 대기 중에 개구하도록 설치한 통기관을 말한다.

① 루프 통기관
② 신정 통기관
③ 결합 통기관
④ 각개 통기관

해설 **루프(회로, 환상) 통기관**은 2개 내지 8개 이내의 기구군을 일괄해서 통기하는 통기관이다. **신정 통기관**은 최상부의 배수수평관, 배수수직관에 접속되는 점으로부터 다시 위쪽으로 배수수직관을 치올려 이를 통기관으로 사용하는 통기관이다. **결합 통기관**은 통기 입관에 접속하는 방식으로 층수가 많을 경우 5층마다 설치하는 통기관이다.

④ 오수정화설비

01 | SS의 의미
14④, 11②, 07①

수질과 관련된 용어 중 부유물질로서 오수 중에 현탁되어 있는 물질을 의미하는 것은?

① BOD
② COD
③ SS
④ 염소이온

해설 BOD(Biochemical Oxygen Demand : 생물학적 산소요구량)는 물속의 용존산소에 의하여 영향을 받는 유기물의 양을 간접적으로 나타낼 때의 척도가 되며 하천, 하수, 공장폐수 등의 오염농도를 나타내는 데 사용한다. COD(Chemical Oxygen Demand : 화학적 산소요구량)는 수질오탁지표 중 하나로 값이 작을수록 수질오탁은 작다.

02 | BOD 제거율
12④, 04②

유입 오수의 유량과 BOD 농도가 표와 같고, 유출수의 BOD 농도가 50ppm일 때 BOD 제거율은?

오수 종류	유입량(m^3/일)	BOD 농도(ppm)
변　　기	150	260
주방 배수	20	400
계	170	

① 18%
② 55%
③ 82%
④ 85%

해설 BOD 제거율 $= \dfrac{(\text{유입수 BOD} - \text{유출수 BOD})}{\text{유입수 BOD}} \times 100\%$

$= \dfrac{(150 \times 260) + (400 \times 20) - (50 \times 170)}{(150 \times 260) + (400 \times 20)} \times 100\%$

$= 81.91\%$

03 | 3단 부패 탱크식의 정의
97②,③

종전에 표준정화조라 불리는 것으로 비교적 용량이 큰 것에 적용되는 분뇨정화조는?

① 3단 부패 탱크식
② 5단 살수 여상식
③ 2층 탱크식
④ 임호프 탱크식

해설 **3단 부패 탱크식**은 종전에는 **표준 정화조**라 불리는 것으로 **비교적 용량이 큰 것**에 사용되는 분뇨 정화조이다. **5단 살수 여상식**은 오수를 여과 바닥에 살포하고, 오수 중의 세균이나 기타 생물이 여과 바닥 위에 생물막을 형성한다. 여과재 표면을 흘러내리는 오수 중의 부유물이나 용해성 유기물을 이 생물막에 수착시키는 방법이다.

04 | BOD 부하량
17②

주택의 1인 1일 오수량이 0.05m³/인·일이고, 오수의 BOD 농도가 260g/m³일 때 1인 1일당 BOD 부하량은?

① 5g/인·일
② 13g/인·일
③ 26g/인·일
④ 50g/인·일

해설 1인 1일당 BOD의 부하량=1인 1일 오수량×오수의 BOD의 농도=$0.05m^3$/인·일×$260g/m^3$=13g/인·일

05 | 유입 BOD량
20④

평균BOD 150ppm인 가정오수 1,000m³/d가 유입되는 오수 정화조의 1일 유입 BOD량은?

① 150kg/d
② 300kg/d
③ 45,000kg/d
④ 150,000kg/d

해설 1일 유입 BOD량=1일 유입되는 오수량×평균 BOD

$$= 1,000m^3/d \times \frac{150}{1,000,000}$$

$$= 1,000,000kg/d \times \frac{150}{1,000,000}$$

$$= 150kg/d$$

❺ 소방설비

01 | 정온식 스폿 감지기의 정의
22①, 21②, 20③, 17①,④, 16④, 15②, 08④, 05②, 98①

일정 온도 이상으로 되면 동작하는 것으로 화기를 사용하는 곳에 주로 사용되는 화재 감지기는?

① 이온화식 감지기
② 차동식 스폿 감지기
③ 정온식 스폿 감지기
④ 광전식 스폿 감지기

해설 **이온화식 감지기**는 연기 감지기로서 연기가 감지기 속에 들어가면 연기의 입자로 인해 이온 전류가 변화하는 것을 이용한 것이다. **광전식 감지기**는 연기 입자로 인해서 광전 소자에 대한 입사광량이 변화하는 것을 이용하여 작동하게 하는 것이다. **차동식 스폿형 감지기**는 주위 온도가 일정한 온도 상승률 이상으로 되었을 때 작동하는 것으로 화기를 취급하지 않는 장소에 가장 적합한 감지기이다.

02 | 옥내 소화전의 수원
20③, 14①, 11①,③, 06③, 04①

옥내 소화전을 5개 동시에 사용할 수 있는 수원의 최소 유효 저수량으로 적당한 것은?

① 11m³
② 13m³
③ 21m³
④ 26m³

해설 옥내 소화전 수원의 저수량은 옥내 소화전의 설치 개수가 가장 많은 층의 설치 개수(설치 개수가 5개 이상일 경우에는 5개로 한다)에 $2.6m^3$(=$130l$/min×20min=$2,600l$)를 곱한 양 이상으로 한다.

∴ $2.6×5=13m^3$

03 | 옥내 소화전의 가압송수장치
18①, 09④, 02①, 96②

다음의 옥내 소화전 설비의 펌프를 이용한 가압송수장치에 대한 설명 중 ( ) 안에 들어갈 내용으로 옳게 연결된 것은?

소방 대상물의 어느 층에 있어서도 당해 층의 옥내 소화전(5개 이상 설치된 경우에는 5개의 옥내 소화전)을 동시에 사용할 경우 각 소화전의 노즐 선단에서 방수압력이 (㉠) 이상이고, 방수량이 (㉡) 이상이 되는 성능의 것으로 할 것

① ㉠ 0.17MPa, ㉡ 130l/min
② ㉠ 0.34MPa, ㉡ 250l/min
③ ㉠ 0.17MPa, ㉡ 250l/min
④ ㉠ 0.34MPa, ㉡ 130l/min

해설 옥내 소화전의 제원

구분	방수 압력	방수량	노즐의 구경	호스의 구경
내용	0.17MPa	130l/min	13mm	40mm

구분	호스의 길이	소화전의 높이	설치 간격	저수조의 용량
내용	15m 또는 30m	바닥면상 1.5m 이하	수평거리 25m 이하	소화전의 수량×동시 개구 수×20분

04 | 스프링클러 설비의 수원
22②, 20④, 13①, 12②, 10④

최대 방수구역에 설치된 스프링클러 헤드의 개수가 20개인 경우 스프링클러 설비의 수원의 저수량은 최소 얼마 이상이어야 하는가? (단, 개방형 스프링클러 헤드 사용)

① 16m³
② 32m³
③ 48m³
④ 56m³

해설 개방형 스프링클러 헤드를 사용하는 스프링클러 설비의 수원은 최대 방수구역에 설치된 스프링클러 헤드의 개수가 30개 이하일 경우에는 설치 헤드 수에 $1.6m^3(=80L/min \times 20min)$를 곱한 양 이상으로 해야 한다.

그러므로, $1.6m^3(=80L/min \times 20min) \times 20 = 32m^3$ 이상이다.

05 | 스프링클러 가압송수장치
22①, 17②, 08②, 05④

다음의 스프링클러 설비의 화재안전기준 내용 중 ( ) 안에 알맞은 것은?

가압송수장치의 송수량은 0.1MPa의 방수압력기준으로 ( ) 이상의 방수성능을 가진 기준 개수의 모든 헤드로부터의 방수량을 충족시킬 수 있는 양 이상으로 할 것

① 130L/min
② 110L/min
③ 90L/min
④ 80L/min

해설 스프링클러의 방수압력은 0.1MPa 이상이고, 방수량은 80L/min 이상이다.

06 | 화재감지기의 차동식 정의
18④, 11④, 96②

화재감지기 중 실내온도의 상승률, 즉 상승 속도가 일정한 값을 넘었을 때 동작하는 것은?

① 차동식
② 정온식
③ 보상식
④ 스폿형

해설 정온식 스폿형 감지기(바이메탈식)는 국소의 온도가 일정 온도(75℃)를 넘으면 작동하는 것으로, 화재 시의 온도 상승으로 바이메탈이 팽창(금속의 팽창)하여 접점을 닫아 화재신호를 발신하며, 보일러실, 주방 등 항상 화기를 취급하는 장소에 적합하다. 보상식 스폿형 감지기는 온도 상승률이 일정한 값을 초과할 경우와 온도가 일정한 값을 초과한 경우에 동작하는 2가지 기능을 겸비하고 있어 이상적이다.

07 | 화재감지기의 차동식 정의
11①, 10④, 01②

주위 온도가 일정 온도 상승률 이상이 되었을 때 작동하는 것으로 국소적 열효과에 의하여 작동하는 감지기는 무엇인가?

① 차동식 스폿형 감지기
② 정온식 스폿형 감지기
③ 정온식 감지선형 감지기
④ 광전식 연기 감지기

해설 차동식 스폿형 감지기는 1개 국소의 열효과에 의해서 작용하는 것으로 주위 온도가 일정한 온도 상승률 이상으로 되었을 때 작동하는 것이며, 가장 널리 사용되고 있는 형식으로서 화기를 취급하지 않는 장소에 가장 적합한 감지기이다.

08 | 화재감지기의 차동식 정의
02④, 00③

가장 널리 사용되고 있는 형식으로서 화기를 취급하지 않는 사무실 등의 장소에 가장 적합한 감지기는?

① 차동식 분포형 감지기
② 차동식 스폿형 감지기
③ 정온식 스폿형 감지기
④ 보상식 스폿형 감지기

해설 차동식 스폿형 감지기는 4m 이상 8m 미만, 차동식 분포형 감지기는 8m 이상 15m 미만의 높이에 설치하고, 정온식은 열을 다량으로 취급하는 곳(보일러실, 주방 등), 연기식은 계단, 복도 및 층고가 높은 곳에 설치한다.

09 | 소화기구 대상물의 연면적
21①, 15④

화재안전기준에 따라 소화기구를 설치하여야 하는 특정 소방대상물의 연면적기준은?

① $10m^2$ 이상
② $25m^2$ 이상
③ $33m^2$ 이상
④ $50m^2$ 이상

해설 화재안전기준에 따라 소화기구를 설치하여야 할 특정 소방대상물은 다음과 같다.
㉮ 연면적 $33m^2$ 이상인 것. 다만, 노유자시설의 경우에는 투척용 소화용구 등을 화재안전기준에 따라 산정된 소화기 수량의 1/2 이상으로 설치할 수 있다.
㉯ ㉮에 해당하지 않는 시설로서 지정문화재 및 가스시설
㉰ 터널

10 | 연결살수설비의 헤드의 수
21④, 18④

개방형 헤드를 사용하는 연결살수설비에 있어서 하나의 송수구역에 설치하는 살수헤드의 수는 최대 얼마 이하가 되도록 하여야 하는가?

① 10개
② 20개
③ 30개
④ 40개

해설 개방형 헤드를 사용하는 연결살수설비에 있어서 하나의 송수구역에 설치하는 살수헤드의 수는 10개 이하가 되도록 하여야 한다(화재안전기준 NFSC 503의 제4조 ④항).

11 | 연결송수관설비의 방수구의 기술
21④, 18④

연결송수관설비의 방수구에 관한 설명으로 옳지 않은 것은?

① 방수구의 위치표시는 표시등 또는 축광식 표지로 한다.

② 호스접결구는 바닥으로부터 0.5m 이상 1m 이하의 위치에 설치한다.

③ 개폐기능을 가진 것으로 설치하여야 하며, 평상시 닫힌 상태를 유지하도록 한다.

④ 연결송수관설비의 전용 방수구 또는 옥내소화전방수구로서 구경 50mm의 것으로 설치한다.

해설 연결송수관설비의 전용 방수구 또는 옥내소화전방수구로서 **구경 65mm의 것으로 설치**한다.

12 | 소화활동설비의 종류
19②, 16②

소방시설은 소화설비, 경보설비, 피난설비, 소화용수설비, 소화활동설비로 구분할 수 있다. 다음 중 소화활동설비에 속하는 것은?

① 제연설비   ② 비상방송설비

③ 스프링클러설비   ④ 자동화재탐지설비

해설 **소화활동설비의 종류**에는 **제연설비**, 연결송수관설비, 연결살수설비, 비상콘센트설비, 무선통신 보조설비, 연소방지설비 및 방화벽 등이 있다. **비상방송설비**와 **자동화재탐지설비는 경보설비**, **스프링클러설비는 소화설비**에 속한다.

13 | 옥내 소화전 설비에 관한 기술
16①, 12①

옥내 소화전 설비에 관한 설명으로 옳지 않은 것은?

① 옥내 소화전 방수구는 바닥면에서 높이가 1.5m 이하가 되도록 설치한다.

② 옥내 소화전 설비의 송수구는 소방차가 쉽게 접근할 수 있고 노출된 장소에 설치한다.

③ 전동기에 따른 펌프를 이용하는 가압송수장치를 설치하는 경우, 펌프는 전용으로 하는 것이 원칙이다.

④ 당해 층의 옥내 소화전을 동시에 사용할 경우 각 소화전의 노즐 선단에서의 방수압력은 최소 0.7MPa 이상이 되어야 한다.

해설 당해 층의 **옥내 소화전**을 동시에 사용할 경우 각 소화전의 노즐 선단에서의 **방수압력은 최소 0.17MPa 이상**이고, 방수량은 $130l$/min이다.

14 | 스프링클러 헤드의 기준 개수
19①, 14④

스프링클러 설치 장소가 아파트인 경우, 스프링클러 헤드의 기준 개수는? (단, 폐쇄형 스프링클러 헤드를 사용하는 경우)

① 10개

② 20개

③ 30개

④ 40개

해설 스프링클러의 설치 기준에 있어서 기준 개수로는 **아파트는 10개**, 판매시설, 복합상가 및 11층 이상인 소방 대상물은 30개이다.

15 | 옥내 소화전 설비의 방수구
16④, 12②

다음의 옥내 소화전 설비에 관한 설명 중 ( ) 안에 알맞은 내용은?

> 옥내 소화전 방수구는 특정 소방 대상물의 층마다 설치하되, 해당 특정 소방 대상물의 각 부분부터 옥내 소화전 방수구까지 수평거리가 ( )m 이하가 되도록 할 것

① 40

② 35

③ 30

④ 25

해설 옥내 소화전 방수구는 특정 소방 대상물의 층마다 설치하되, 해당 특정 소방 대상물의 각 부분부터 옥내 소화전 방수구까지 **수평거리는 25m 이하**가 되도록 해야 한다.

16 | 옥내 소화전의 방수 시간
10②, 02①

옥내 소화전을 동시에 개구하였을 때 적어도 몇 분간 물을 방수할 수 있어야 하는가?

① 20분

② 30분

③ 40분

④ 50분

해설 **옥내 소화전의 저수조 용량**은 옥내 소화전의 1개 방수량×동시 개구 수×20분이다. 옥내 소화전을 동시에 개구했을 때 물을 방수할 수 있어야 하는 최소 시간이다. 또한 옥내 소화전 설비에 가압수조를 이용한 가압송수장치를 설치하였을 경우, 화재안전기준에 따른 방수량 및 방수압이 최소 유지될 수 있는 시간은 20분이다.

17 | 자동 화재탐지설비에 관한 기술
08①, 04④

자동 화재탐지설비에 관한 기술 중 옳지 않은 것은?

① 차동식 감지기는 주위 온도가 일정한 온도 상승률 이상이 되었을 때 작동하는 감지기이다.
② 정온식 감지기는 주위 온도가 일정한 온도 이상이 되었을 때 동작하는 것으로 보일러실 등에 설치한다.
③ 이온화식 감지기는 감지기 주위의 공기가 일정한 농도의 연기를 포함하게 되면 작동하는 감지기이다.
④ 광전식 감지기는 차동식 감지기와 정온식 감지기의 기능을 합친 것이다.

해설 **보상식 감지기**는 **차동식**(온도가 급격히 상승할 때 작동) 감지기와 **정온식**(일정 온도에 도달하면 작동) **감지기의 성능을** 함께 갖춘 감지기이다.

18 | A급 화재의 정의
20①,②

다음 설명에 알맞은 화재의 종류는?

나무, 섬유, 종이, 고무, 플라스틱류와 같은 일반 가연물이 타고 나서 재가 남는 화재

① A급 화재   ② B급 화재
③ C급 화재   ④ K급 화재

해설 화재의 분류

분류	A급 화재	B급 화재	C급 화재	D급 화재	E급 화재	F급 화재
	일반화재	유류화재	전기화재	금속화재	가스화재	식용유화재
색깔	백색	황색	청색	무색	황색	–

19 | 옥내소화전설비의 수원
18②

옥내소화전설비의 설치대상 건축물로서 옥내소화전의 설치대수가 가장 많은 층의 설치대수가 6개인 경우 옥내소화전설비수원의 유효저수량은 최소 얼마 이상이 되어야 하는가?

① 7.8m³   ② 10.4m³
③ 13.0m³   ④ 15.6m³

해설 옥내소화전수원의 저수량은 옥내소화전의 설치개수가 가장 많은 층의 설치개수(설치개수가 5개 이상일 경우에는 5개로 한다)에 2.6m³를 곱한 양 이상으로 한다.
∴ 2.6×5=13m³

---

⑥ 가스설비

01 | 가스배관 경로 선정 시 사항
20③, 15①, 12④, 09④

가스배관 경로 선정 시 주의해야 할 사항으로 옳지 않은 것은?

① 옥내 배관은 매립하여 견고하게 한다.
② 장래의 증설 및 이설 등을 고려한다.
③ 손상이나 부식 및 전식을 받지 않도록 한다.
④ 주요 구조부를 관통하지 않도록 한다.

해설 옥내 배관은 가스 누출 점검을 위하여 **노출 배관을 원칙으로** 한다.

02 | 가스계량기에 관한 기술
19②, 17①, 14④

가스사용시설의 가스계량기에 관한 설명으로 옳지 않은 것은?

① 가스계량기와 전기점멸기와의 거리는 30cm 이상 유지하여야 한다.
② 가스계량기와 전기계량기와의 거리는 60cm 이상 유지하여야 한다.
③ 가스계량기와 전기개폐기와의 거리는 60cm 이상 유지하여야 한다.
④ 공동주택의 경우 가스계량기는 일반적으로 대피공간이나 주방에 설치된다.

해설 **가스계량기의 설치금지장소는 공동주택의 대피공간**, 사람이 거주하는 곳(방, 거실 및 **주방** 등) 및 가스계량기에 나쁜 영향을 미칠 우려가 있는 장소이다.

03 | 거버너에 관한 기술
21②, 17②, 13②

가스설비에 사용되는 거버너(governor)에 관한 설명으로 옳은 것은?

① 실내에서 발생되는 배기가스를 외부로 배출시키는 장치
② 연소가 원활히 이루어지도록 외부로부터 공기를 받아들이는 장치
③ 가스가 누설되거나 지진이 발생했을 때 가스 공급을 긴급히 차단하는 장치
④ 가스 공급회사로부터 공급받은 가스를 건물에서 사용하기에 적합한 압력으로 조정하는 장치

해설 **거버너(governor)**는 가스 공급회사로부터 공급받은 **가스를 건물에서 사용하기에 적합한 압력으로 조정하는 장치이다.** ①항은 환기설비, ②항은 공기흡입장치, ③항은 가스 **차단 밸브이다.**

04 | 도시가스 중압의 기준
19①, 05①

도시가스에서 중압의 가스 압력은?

① 0.05MPa 이상, 0.1MPa 미만
② 0.01MPa 이상, 0.1MPa 미만
③ 0.1MPa 이상, 1MPa 미만
④ 1MPa 이상, 100MPa 미만

해설 도시가스의 공급 압력은 저압 : 0.1MPa 미만, **중압 : 0.1MPa 이상 1MPa 미만**, 고압 : 1MPa 이상이다.

05 | 액화천연가스에 관한 기술
19④, 16①

액화천연가스(LNG)에 관한 설명으로 옳지 않은 것은?

① 공기보다 가볍다.
② 무공해, 무독성이다.
③ 프로필렌, 부탄, 에탄이 주성분이다.
④ 대규모의 저장시설을 필요로 하며, 공급은 배관을 통하여 이루어진다.

해설 **액화천연가스(LNG)**는 메탄을 주성분으로 천연가스를 냉각(1기압하에서 -162℃)하여 액화시킨 가스이다. **액화석유가스(LPG)**는 석유의 탄화수소 중 액화하기 쉬운 가스로서 프로판, **프로필렌, 부탄**, 부틸렌 및 약간의 **에탄**, 에틸렌을 포함하고 있는 가스이다.

06 | 도시가스 고압의 기준
22②, 18②

압력에 따른 도시가스의 분류에서 고압의 기준으로 옳은 것은?

① 0.1MPa 이상
② 1MPa 이상
③ 10MPa 이상
④ 100MPa 이상

해설 도시가스의 공급압력은 저압일 때 0.1MPa 미만, 중압일 때 0.1MPa 이상 1MPa 미만, 고압일 때 1MPa 이상이다.

07 | 도시가스 배관시공에 관한 기술
18①, 12②

도시가스 배관시공에 관한 설명으로 옳지 않은 것은?

① 배관 도중에 신축 흡수를 위한 이음을 한다.
② 건물의 주요 구조부를 관통하지 않도록 한다.
③ 건물 내에서는 반드시 은폐 배관으로 한다.
④ 건물의 규모가 크고 배관 연장이 길 경우는 계통을 나누어 배관한다.

해설 **도시가스 배관 시** 건물 내에서는 가스 누출 점검을 위해 반드시 **노출 배관**을 해야 한다.

08 | 가스관과 전기나 전화 케이블
01①, 98④

가스관을 지하에 매설할 경우 전기나 전화 케이블과의 이격거리는 최소 몇 cm인가?

① 30
② 60
③ 90
④ 100

해설 가스 계량기의 설치 위치는 계량 성능에 영향을 주는 장소가 아니고, 가스 계량기의 검침, 검사, 교환 등의 작업이 용이하며 미터 콕의 조작에 지장이 없는 장소여야 한다. 또한, **전기 개폐기, 전기 미터에서는 60cm 이상** 떨어져야 한다.

09 | 액화석유가스 봄베의 보관온도
98③, 96④

액화석유가스 봄베의 보관온도는?

① 20℃ 이하
② 40℃ 이하
③ 50℃ 이하
④ 60℃ 이하

해설 LP가스 용기는 옥외에 두고, 2m 이내에는 화기의 접근을 금하며, **용기(봄베)의 온도는 40℃ 이하**로 보관해야 한다.

10 | 가스관의 색상
18④

일반적으로 가스사용시설의 지상배관 표면색상은 어떤 색상으로 도색하는가?

① 백색
② 황색
③ 청색
④ 적색

해설 배관의 색채

종 류	식별색	종 류	식별색
물	청색	산·알칼리	회자색
증기	진한 적색	기름	진한 황적색
공기	백색	전기	엷은 황적색
가스	**황색**		

11 | 정압기의 기능
20④

도시가스설비에서 도시가스압력을 사용처에 맞게 낮추는 감압기능을 갖는 기기는?

① 기화기
② 정압기
③ 압송기
④ 가스홀더

해설 ① **기화기** : 액체를 열 또는 압력의 작용에 의해서 기체로 변화시키는 장치
③ **압송기** : 펌프 등에 의해 유체에 압력을 가하여 송출하는 장치
④ **가스홀더** : 가스를 일시적으로 저장하는 설비로 안정공급을 유지하기 위한 역할을 함

CHAPTER 04

ENGINEER ARCHITECTURE

| 공기조화설비 |

빈도별 기출문제

❶ 기초적인 사항

01 | 공기의 성질에 관한 기술
08①, 04②, 99④, 98②, 96③

공기의 성질에 관한 설명 중 옳지 않은 것은?

① 공기를 가열하면 상대습도는 낮아진다.
② 공기를 냉각하면 절대습도는 높아진다.
③ 건구온도와 습구온도가 동일하면 상대습도는 100%이다.
④ 습구온도는 건구온도보다 높을 수 없다.

해설 포화범위 내에서 공기를 가열하거나 냉각해도 **절대습도는 변함이 없다.** 즉 일정하다.

02 | 습공기 가열 시 불변 요소
22②, 20③, 19②, 18④, 13①,②, 08①, 00③, 96②

다음 중 습공기를 가열할 경우 상태값이 변하지 않는 것은?

① 엔탈피
② 절대습도
③ 상대습도
④ 습구온도

해설 습공기를 가열할 경우, **엔탈피는 증가**하고, **상대습도는 감소**하며, **습구온도는 상승**한다. 또한, **절대습도는** 어느 상태의 공기 중에 포함되어 있는 건조 공기 중량에 대한 수분의 중량비로서 단위는 kg/kg으로서 **공기를 가열한 경우에도 변화하지 않는다.**

03 | 현열비의 산정
22②, 21②, 19①, 14①, 12①, 10①, 08①, 01④, 98③

냉방부하 계산결과 현열부하가 620W, 잠열부하가 155W일 경우 현열비는?

① 0.2
② 0.25
③ 0.4
④ 0.8

해설 현열비 $= \dfrac{\text{현열}}{\text{전열}(= \text{현열} + \text{잠열})} = \dfrac{620}{620+155} = 0.8$

04 | 혼합공기의 온도 산정
16①, 11①, 09①, 07①,②, 06①, 02②, 96①

35℃의 옥외공기 30%와 27℃의 실내공기 70%를 혼합하였다. 혼합공기의 온도는?

① 28.2℃
② 29.4℃
③ 30.6℃
④ 32.6℃

해설 열적 평형상태에 의해서, $m_1(t_1 - T) = m_2(T - t_2)$ 이다.

그러므로, $T = \dfrac{m_1 t_1 + m_2 t_2}{m_1 + m_2}$ 이다.

그런데 $m_1 = 70$, $m_2 = 30$, $t_1 = 27$, $t_2 = 35$℃이므로

$\therefore T = \dfrac{m_1 t_1 + m_2 t_2}{m_1 + m_2} = \dfrac{70 \times 27 + 30 \times 35}{70 + 30} = 29.4$ ℃

05 | 온열감각의 영향 4요소
03②, 02①, 00① 98④, 96②

실내에서 사람의 온열감각에 영향을 미치는 4가지 요소로서 가장 적당한 것은?

① 기온, 습도, 전도, 복사열
② 열관류, 열전도, 복사열, 대류열
③ 기온, 습도, 기류, 복사열
④ 기온, 습도, 기류, 압력

해설 인체의 온도 감각에 영향을 끼치는 환경의 열적 요소는 **기온, 습도, 기류, 복사열** 등으로 이는 **열환경의 4요소**이기도 하다.

06 | 습공기선도의 요소
15②

공기의 건구온도와 상대습도를 알고 있을 때 습공기선도를 통해 구할 수 없는 것은?

① 엔탈피
② 절대습도
③ 습구온도
④ 탄산가스 함유량

해설 습공기선도로 알 수 있는 것은 습도(절대습도, 비습도, 상대습도 등), 온도(건구온도, 습구온도, 노점온도 등), 수증기 분압, 비체적, 열수분비, 엔탈피, 현열비 등이다.

07 | 공기의 성질에 관한 기술
20①,②, 15①, 12②, 08④, 05④

어떤 상태의 공기를 절대습도의 변화없이 건구온도만 상승시킬 때, 그 공기의 상태 변화를 나타낸 다음 내용 중 옳은 것은?

① 엔탈피는 증가한다.
② 상대습도는 증가한다.
③ 노점온도는 감소한다.
④ 비체적은 감소한다.

해설 절대습도의 변화 없이 건구온도만 상승시킬 때, 엔탈피는 증가하고, 상대습도는 감소하며, 비체적은 증가한다. 특히, 노점온도와 절대습도는 변함이 없다.

08 | 열관류율의 산정
16②, 11③, 09④, 06①,②, 96③

다음과 같은 벽체의 열관류율은?

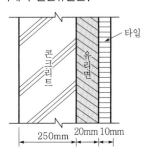

250mm 20mm 10mm

- 내표면 열전달률 : $8W/m^2 \cdot K$
- 외표면 열전달률 : $20W/m^2 \cdot K$
- 재료의 열전도율
  - 콘크리트 : $1.2W/m \cdot K$
  - 유리면 : $0.036W/m \cdot K$
  - 타일 : $1.1W/m \cdot K$

① 약 $0.90W/m^2 \cdot K$
② 약 $1.05W/m^2 \cdot K$
③ 약 $1.20W/m^2 \cdot K$
④ 약 $1.35W/m^2 \cdot K$

해설 열관류율은 한 면이 외기에 접했을 때

$$\frac{1}{K} = \frac{1}{\alpha_0} + \Sigma\frac{d}{\lambda} + \frac{1}{\alpha_i} + \frac{1}{c}$$

$$= \frac{1}{8} + \frac{0.25}{1.2} + \frac{0.02}{0.036} + \frac{0.01}{1.1} + \frac{1}{20} = 0.947979m^2 \cdot K/W$$

$$\therefore K = 1.0548W/m^2 \cdot K$$

09 | 습공기선도의 요소
11①, 05④, 02④, 00③, 98④, 97②

다음 용어 중에서 습공기선도와 관계가 없는 것은?

① 현열비
② 엔탈피
③ 열용량
④ 노점온도

해설 습공기선도로 알 수 있는 것은 습도(절대습도, 비습도, 상대습도 등), 온도(건구온도, 습구온도, 노점온도 등), 수증기 분압, 비체적, 열수분비, 엔탈피 및 현열비 등이다. **습공기의 기류, 열용량, 탄산가스 함유량 및 열관류율은 습공기선도에서 알 수 없는 사항**이다.

10 | 공기의 상태 변화
21④, 17②, 99①, 97①

건구온도 30℃, 상대습도 60%인 공기를 냉수코일에 통과시켰을 때 공기의 상태 변화는? (단, 냉수 입구 수온 : 5℃, 냉수 출구 수온 : 10℃)

① 건구온도는 낮아지고 절대습도는 높아진다.
② 수증기압은 높아지고 상대습도는 낮아진다.
③ 수증기압은 낮아지고 상대습도는 높아진다.
④ 건구온도는 낮아지고 상대습도는 높아진다.

해설 습공기선도를 참고하여 보면 다음 그림과 같다.

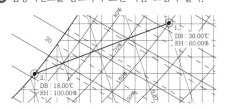

1. DB : 30.00℃ RH : 60.00%
2. DB : 18.00℃ RH : 100.00%

① 건구온도는 낮아지고, 절대습도는 일정하다.
② 수증기압은 일정하고, 상대습도는 낮아진다.
③ 수증기압은 일정하고, 상대습도는 높아진다.

11 | 현열부하의 산정
21②, 20③, 18①, 17②, 14②, 97②

다음과 같은 조건에 있는 실의 틈새바람에 의한 현열부하는?

[조건]
- 실의 체적 : 400m³
- 환기횟수 : 0.5회/h
- 실내온도 : 20℃, 외기온도 : 0℃
- 공기의 밀도 : 1.2kg/m³, 비열 : 1.01kJ/kg · K

① 약 654W
② 약 972W
③ 약 1,347W
④ 약 1654W

해설 Q(열량)$= c$(비열)m(질량)Δt(온도의 변화량)
$= c$(비열)ρ(밀도)V(체적)Δt(온도의 변화량)이다.
그러므로, $Q = c\rho V\Delta t$에서 $c = 1.01kJ/m^3 \cdot K$, $\rho = 1.2kg/m^3$,
$\Delta t = 20 - 0 = 20℃$, $V =$실의 체적×환기 횟수$= 400 \times 0.5 = 200m^3/h$이다.
$\therefore Q = c\rho V\Delta t = 1.01 \times 1.2 \times 200 \times 20$
$= 4,848kJ/h = 1,346.67J/s = 1,346.67W$
여기서, $1W = 1J/s$이다.

12 | 냉방부하 중 현열
20①,②, 19②, 10②, 08①

다음 중 냉방부하 계산 시 현열만을 고려하는 것은?

① 벽체로부터의 취득열량
② 극간풍에 의한 취득열량
③ 인체의 발생열량
④ 외기의 도입으로 인한 취득열량

해설 현열과 잠열부하를 발생하는 것은 **틈새바람(극간풍)에 의한 부하**, 실내 발생열 중 **인체 및 기타의 열원기기**, **환기부하(신선 외기 도입에 의한 부하)** 등이다.

13 | 열관류율의 정의
01②, 99③, 97④

열관류율에 대한 옳은 설명은?

① 벽체와 같은 고체를 통하여 공기층에서 공기층으로 열이 전해지는 비율
② 어떤 물체를 열량이 통과할 때 이동한 열량에 대한 저항의 정도
③ 유체와 고체 사이의 열의 이동에 관한 비율의 정도
④ 재료의 두께와 열전도율과의 비율

해설 ②항은 **열저항계수**, ③항은 **열전달률**, ④항은 **열전도저항**에 대한 설명이다.

14 | 습공기선도의 요소
12④, 06①, 01④, 98②

습공기의 건구온도와 습구온도를 알 때 습공기선도를 사용하여 알 수 있는 것이 아닌 것은?

① 습공기의 엔탈피
② 습공기의 상대습도
③ 습공기의 기류
④ 습공기의 절대습도

해설 습공기선도로 알 수 없는 것은 습공기의 기류, 열용량, 탄산가스 함유량 및 열관류율 등이다.

15 | 습공기선도의 변화
06②, 99③

그림과 같은 공기선도상에서 공기가 ①의 상태에서 ②의 상태로 변화하는 과정을 설명한 것은?

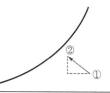

① 가열 가습
② 냉각 감습
③ 가열 감습
④ 냉각 가습

해설 다음 그림은 습공기선도상의 각 과정을 나타낸 것이다. 대부분의 과정이 모두 직선으로 표시된다.
1→2 : 현열 가열, 1→3 : 현열 냉각, 1→4 : 가습, 1→5 : 감습
1→6 : 가열 가습, 1→7 : 가열 감습, 1→8 : **냉각 가습**, 1→9 : 냉각 감습

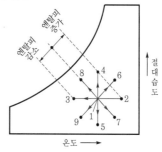

〈공기조화의 각 과정〉

16 | 혼합공기의 온도 산정
22①, 19②, 17①, 16②

건구온도 26℃인 실내공기 8,000m³/h와 건구온도 32℃인 외부공기 2,000m³/h를 단열 혼합하였을 때 혼합공기의 건구온도는?

① 27.2℃
② 27.6℃
③ 28.0℃
④ 29.0℃

해설 열적 평형상태에 의해서

$m_1(t_1 - T) = m_2(T - t_2)$ 에서 $T = \dfrac{m_1 t_1 + m_2 t_2}{m_1 + m_2}$ 이다.

그런데 $m_1 = 8,000m^3$, $m_2 = 2,000m^3$, $t_1 = 26℃$, $t_2 = 32℃$이다.

$\therefore T = \dfrac{m_1 t_1 + m_2 t_2}{m_1 + m_2} = \dfrac{8,000 \times 26 + 2,000 \times 32}{8,000 + 2,000} = 27.2℃$

17 | 습공기의 상태 변화
19②, 16④, 12①

습공기의 상태 변화에 관한 설명으로 옳지 않은 것은?

① 가열하면 엔탈피는 증가한다.
② 냉각하면 비체적은 감소한다.
③ 가열하면 절대습도는 증가한다.
④ 냉각하면 습구온도는 감소한다.

해설 포화 범위 내에서 공기를 가열하거나 **냉각해도 절대습도는 변함이 없다.** 즉 일정하다. 또한 온도가 높아지면 상대습도는 낮아진다.

18 | 유효(실감)온도의 구성
02②, 00②, 97③

실내의 온열 환경 요소로 온도, 습도, 기류 3요소에 의한 체감표시법은?

① 작용온도
② 수정 유효온도
③ 유효온도(실감온도)
④ 효과온도

해설 쾌적지표

구분	기온	습도	기류	복사열
유효온도	○	○	○	×
수정 · 신 · 표준 유효온도, 등가감각온도	○	○	○	○
작용(효과) · 등가 · 합성 온도	○	×	○	○

19 | 상대습도(RH) 100%에서 온도
17①, 99②, 97①

상대습도(RH) 100%에서 같지 않게 나타나는 온도는?

① 건구온도
② 효과온도
③ 습구온도
④ 노점온도

해설 상대습도(RH)가 100%인 경우에는 건구온도, 습구온도, 노점온도는 같게 나타난다.

20 | 냉방부하 중 현열부하
12④, 08④, 06①

냉방부하 중 현열부하로만 작용하는 것은?

① 인체 부하
② 외기 부하
③ 조명기구 부하
④ 틈새바람에 의한 부하

해설 현열과 잠열 부하를 발생하는 것은 **틈새바람(극간풍)에 의한 부하**, 실내 발생열 중 인체 및 기타의 열원기기, 환기부하(신선 외기 도입에 의한 부하) 등이다.

21 | 공조부하 중 현열 및 잠열
21④, 20④, 14④

공조부하 중 현열과 잠열이 동시에 발생하는 것은?

① 인체의 발생열량
② 벽체로부터의 취득열량
③ 유리로부터의 취득열량
④ 덕트로부터의 취득열량

해설 냉방부하 중 **현열부하만 발생**하는 것은 전열부하(온도차에 의하여 외벽, 천장, 유리, 바닥 등을 통한 관류열량), 일사에 의한 부하, 실내 발생열 중 조명기구, 송풍기부하, 덕트의 열손실, 재열부하, 혼합손실(이중덕트의 냉온풍혼합손실), 배관 열손실 및 펌프에서의 열취득 등이다. **현열과 잠열부하를 발생**하는 것은 틈새바람에 의한 부하, 실내 발생열 중 **인체 및 기타의 열원기기**, 환기부하(신선 외기에 의한 부하) 등이다.

22 | 손실열량의 산정
04②, 03②, 02①

외기온도 −10℃, 실내온도 20℃, 열전도율 0.2W/m · K, 열관류율 0.5W/m² · K, 방위계수 1.1, 구조체 전열면적 15m²인 외벽에서의 난방 손실열량은?

① 243.5W
② 245.5W
③ 247.5W
④ 249.5W

해설 H_L(전열 손실량) = K(열관류율) × K_1(방위계수) × K_2(천장 높이에 따른 할증계수) × A(면적) × Δt(실내외의 온도 차)

즉 $H_L = KK_1K_2A\Delta t$ 에서
$K = 0.5\text{W/m}^2 \cdot \text{K}$, $K_1 = 1.1$, $K_2 = 1$, $A = 15\text{m}^2$,
$\Delta t = 20 - (-10) = 30℃$ 이므로
$\therefore H_L = KK_1K_2A\Delta t$
$= 0.5 \times 1.1 \times 1 \times 15 \times 30 = 247.5\text{W}$

23 | 상대습도의 산정
99③, 97④

건구온도 21℃, 상대습도 50%의 공기를 건구온도 30℃로 가열하였을 때 상대습도는? (단, 21℃ 공기의 포화 수증기압은 18.7mmHg이고, 30℃ 공기의 포화 수증기압은 31.7mmHg이다.)

① 29.5%
② 36.0%
③ 43.5%
④ 50.0%

해설 상대습도란 습공기 중에 함유된 수증기량과 똑같은 온도에서의 포화 수증기량의 비를 백분율로 나타낸 것이다.

㉮ 상대습도 $=\dfrac{수증기\ 분압}{포화수증기\ 분압}\times100(\%)$, 그런데 상대습도는 50%이고, 포화 수증기의 분압은 18.7mmHg이다. 그러므로, 수증기 분압=포화수증기 분압×상대습도 $=18.7\times0.5=9.35\text{mmHg}$

㉯ 30℃의 상대습도 $=\dfrac{수증기\ 분압}{포화수증기\ 분압}\times100(\%)$

$=\dfrac{9.35}{31.7}\times100=29.495\%$

24 | 엔탈피에 관한 기술
22①, 13④, 10④

습공기의 엔탈피에 관한 설명으로 옳은 것은?

① 건구온도가 높을수록 커진다.
② 절대습도가 높을수록 작아진다.
③ 수증기의 엔탈피에서 건공기의 엔탈피를 뺀 값이다.
④ 습공기를 냉각, 가습할 경우 엔탈피는 항상 감소한다.

해설 **습공기의 엔탈피**는 건공기의 **엔탈피**(건공기의 온도×공기의 정압비열)+수증기의 엔탈피×대기 중의 절대습도로서, **절대습도와 건구온도가 높아질수록 커지고**, 습공기를 냉각, 가습할 경우 **엔탈피는 항상 증가한다.**

25 | 노점온도의 정의
22①, 09②, 07④

습공기가 냉각될 때 어느 정도의 온도에 다다르면 공기 중에 포함되어 있던 수증기가 작은 물방울로 변화하는데, 이때의 온도를 무엇이라 하는가?

① 노점온도
② 상대온도
③ 엔탈피
④ 유효온도

해설 **엔탈피**는 물체의 상태에 따라 정해지는 상태량으로서 내부에 갖는 열에너지의 총화이다. **유효온도**는 실내기의 환경이 인체의 생리면에 미치는 영향을 고려한 척도로서, 온도, 습도 및 기류의 3요소의 종합 효과를 나타낸 것이다.

26 | 유효온도의 정의
19④, 00③

기온, 습도, 기류의 3요소의 조합에 의한 실내온열감각을 기온의 척도로 나타낸 것은?

① 작용온도
② 등가온도
③ 유효온도
④ 등온지수

해설 쾌적지표의 요소

구분	기온	습도	기류	복사열
유효온도	○	○	○	×
(신·수정·표준)유효온도, 등가감각온도	○	○	○	○
작용(효과)온도, 등가온도, 합성온도	○	×	○	○

27 | 등온지수의 정의
19②, 14①

온열지표 중 기온, 습도, 기류, 주벽면 온도의 4요소를 조합하여 체감과의 관계를 나타낸 것은?

① 작용온도
② 불쾌지수
③ 등온지수
④ 유효온도

해설 **작용온도**는 인체로부터의 대류+복사 방열량과 같은 방열량이 되는 기온과 주벽의 온도가 동일한 가상실의 온도이다. **불쾌지수**는 미국에서 냉방온도 설정을 위해 만든 것이나, 여름철 그 날의 무더움을 나타내는 지표이다. **유효(실감, 감각)온도**는 온도, 습도, 기류의 3요소를 어느 범위 내에서 여러 가지로 조합하면 인체의 온열감에 대하여 등감적인 효과를 내는 온도이다.

28 | 물리적 온열 4요소
21②, 14②

온열감각에 영향을 미치는 물리적 온열 4요소에 속하지 않는 것은?

① 기온
② 습도
③ 일사량
④ 복사열

해설 열환경의 구성인자 또는 실내에서 **사람의 온열감각에 영향을 미치는 4가지 요소**에는 기온, 습도, 풍속(기류) 및 주위 벽의 **열복사** 등이 있다. **일사량과는 무관**하다.

29 | 열관류율의 산정 요소
16①, 03④

열관류율의 계산에 필요 없는 것은?

① 공기층의 열저항
② 재료의 두께
③ 재료의 열전도율
④ 실내 복사열

해설 **열관류율 산정 시 필요한 요소**에는 실내·외 열전달률, 공기층의 열저항, 재료의 두께 및 재료의 열전도율 등이다.

30 | 습공기선도의 요소
20④, 16②

습공기의 건구온도와 습구온도를 알 때 습공기선도를 사용하여 구할 수 있는 상태값이 아닌 것은?

① 엔탈피
② 비체적
③ 기류속도
④ 절대습도

해설 습공기선도로 알 수 있는 것은 습도(절대습도, 비습도,. 상대습도 등), 온도(건구온도, 습구온도, 노점온도 등), 수증기 분압, **비체적, 열수분비, 엔탈피** 및 현열비 등이다. 습공기의 기류, 열용량 및 열관류율은 습공기선도에서 **알 수 없는 사항**이다.

31 | 현열비의 정의
21④, 09②

엔탈피변화량에 대한 현열변화량의 비를 의미하는 것은?

① 현열비
② 잠열비
③ 유인비
④ 열수분비

해설 ㉮ **유인비**는 분출구에서 분출된 1차 공기와 유인된 2차 공기의 관계를 나타내는 것이다.

$$유인비 = \frac{1차\ 공기량 + 2차\ 공기량}{1차\ 공기량}$$

32 | 습도를 고려하지 않는 온도
20④, 17②

실내열환경지표 중 공기의 습도가 고려되지 않은 것은?

① 작용온도
② 유효온도
③ 등온지수
④ 신유효온도

해설 **유효(체감, 감각)온도**는 온도, 습도 및 기류를 조합한 것이고, **등온지수**는 등가온도와 동일한 의미로서 기온, 기류 및 평균복사온도를 조합한 지표이며, **신유효 온도**는 온열의 4요소(기온, 습도, 기류 및 주위벽 복사열)와 작업의 강도, 의복상태를 고려하고, 인체표면으로부터 주위환경에의 방열량을 구한 것이다.

33 | 송풍량의 산정
10②, 09④

냉방부하가 42,000kJ/h인 어느 실에 16℃의 공기를 공급하여 냉방을 하고자 할 때 필요한 송풍량은? (단, 실내온도는 26℃이며, 공기의 밀도는 1.2kJ/m³·K이다.)

① 3,200m³/h
② 3,500m³/h
③ 4,000m³/h
④ 4,200m³/h

해설 Q(열량) $= c$(비열)m(질량)Δt(온도의 변화량)
$\quad\quad\quad = c$(비열)ρ(밀도)V(체적)Δt(온도의 변화량)이다.

그러므로, $V = \dfrac{Q}{c\rho\Delta t}$ 에서 $Q = 42,000$kJ/h, $c = 1.01$kJ/m³·K,
$\rho = 1.2$kg/m³, $\Delta t = 26 - 16 = 10$℃이다.

$\therefore V = \dfrac{Q}{c\rho\Delta t} = \dfrac{42,000}{1.01 \times 1.2 \times 10} = 3,465.35$m³/h

34 | 손실열량(현열량)의 산정
09④, 05②

실의 크기가 9m×7m×3m인 교실에서, 환기를 시간당 1회 행할 때 환기로 인한 손실열량(현열량)은? (단, 공기의 밀도는 1.2kJ/m³·K, 실내온도 20℃, 외기온도는 −5℃이다.)

① 3,450kJ/h
② 4,600kJ/h
③ 5,717kJ/h
④ 11,900kJ/h

해설 Q(열량) $= c$(비열)m(질량)Δt(온도의 변화량)
$\quad\quad\quad = c$(비열)ρ(밀도)V(체적)Δt(온도의 변화량)이다.

그러므로, $Q = c\rho V\Delta t$에서 $c = 1.01$kJ/m³·K, $\rho = 1.2$kg/m³,
$\Delta t = 20 - (-5) = 25$℃, $V =$ 실의 체적×환기 횟수$= 9 \times 7 \times 3 = 189$m³/h이다.

$\therefore Q = c\rho V\Delta t = 1.01 \times 1.2 \times 189 \times 25 = 5,726.7$kJ/h

35 | 난방은 제외, 냉방을 적용 부하
09②, 98③

다음 중 냉·난방부하의 계산에서 난방의 경우는 일반적으로 고려하지 않으나 냉방의 경우는 반드시 계산해야 하는 항목은?

① 외벽, 유리창을 통한 관류부하
② 도입 외기에 의한 외기부하
③ 인체부하
④ 바닥을 통한 관류부하

해설 **인체부하**는 **냉방부하**에서만 **계산**한다.

36 | 송풍량의 산정식
06②, 03②

냉방 시의 송풍량을 구하는 식 가운데서 옳은 것은? (단, q_s, q_L : 실내 현열 및 잠열 부하(kW), Q : 송풍량(m^3/s), t_i, t_d : 실내공기온도, 송풍공기온도(℃))

① $Q = \dfrac{q_s}{1.01 \times 1.2(t_i - t_d)}$

② $Q = \dfrac{q_s + q_L}{1.01 \times 1.2(t_i - t_d)}$

③ $Q = \dfrac{q_s}{1.01(t_i - t_d)}$

④ $Q = \dfrac{q_s + q_L}{1.01(t_i - t_d)}$

해설 송풍량의 산정에서 공기의 정압비열은
$1.01kJ/kg \cdot K(0.24kcal/kg \cdot ℃ \times 4.1868kJ/kcal = 1.005kJ/kg \cdot K ≒ 1.01kJ/kg \cdot K)$이고, 공기의 밀도는 $1.2kg/m^2 \cdot K$이다.

37 | 용어와 단위 연결
05①, 98①

다음 용어의 단위가 옳지 않은 것은?

① 열관류율 – $W/m^2 \cdot K$

② 열전도율 – $W/m \cdot K$

③ 손실열량 – W

④ 비열 – $kJ/m^3 \cdot K$

해설 비열의 단위는 $kJ/kg \cdot K$이다.

38 | 상당 외기온도의 정의
04②, 97②

외벽의 온도는 일사에 의한 복사열의 흡수로 외기온도보다 높게 되는데, 냉방부하 계산 시에 사용되는 이 온도를 무엇이라 하는가?

① 유효온도

② 상당 외기온도

③ 습구온도

④ 효과온도

해설 **상당 외기온도**는 햇빛(일사)을 고려한 외기온도를 외계 온도에 상당하는 것으로 취급하는 온도로서, 벽에서의 침입 열량을 계산하거나, 냉방부하 계산 시에 사용한다.

39 | 용어와 단위 연결
01①, 98③

단위의 조합으로 옳지 않은 것은?

① 공기의 비열–$kJ/kg \cdot K$

② 절대습도–kg/kg

③ 상대습도–%

④ 엔탈피–kJ/m^3

해설 **엔탈피**의 단위는 kJ/kg이다.

40 | 엔탈피의 단위
00③, 96④

엔탈피(enthalpy)의 단위로 옳은 것은?

① $kcal/kg$

② m^3/kg

③ $kcal/kg \cdot m$

④ $kg \cdot m/kcal$

해설 **엔탈피**란 물체가 보유하는 전체 열량을 말하며, 물체의 상태에 따라서 정해지는 상태의 양으로서 내부에 갖는 열에너지의 총화를 말한다. 열역학상 엄밀한 의미로 나타내면 내부 에너지와 외부에 대하여 한 일의 에너지의 합이다. **단위는 kcal/kg이다.**

41 | 평균복사온도의 산정
19①

가로, 세로, 높이가 각각 4.5×4.5×3m인 실의 각 벽면 표면온도가 18℃, 천장면 20℃, 바닥면 30℃일 때 평균복사온도(MRT)는?

① 15.2℃

② 18.0℃

③ 21.0℃

④ 27.2℃

해설 $MRT = \dfrac{\sum t_s A}{\sum A}$

$= \dfrac{\text{각 면의 표면온도} \times \text{각 면의 표면적}}{\text{각 표면적의 합계}}$

$= \dfrac{(4.5 \times 4.5 \times 20) + (4.5 \times 4.5 \times 30) + (4.5 \times 3 \times 18 \times 4)}{(4.5 \times 4.5 \times 2) + (4.5 \times 3 \times 4)}$

$= 21℃$

여기서, t_s : 각 벽체의 표면온도(℃)

A : 각 벽체의 표면적(m^2)

42 | 송풍량의 산정
18④

어떤 사무실의 취득현열량이 15,000W일 때 실내온도를 26℃로 유지하기 위하여 16℃의 외기를 도입할 경우 실내에 공급하는 송풍량은 얼마로 해야 하는가? (단, 공기의 정압비열은 1.01kJ/kg · K, 밀도는 1.2kg/m³이다.)

① 2,455m³/h

② 4,455m³/h

③ 6,455m³/h

④ 8,455m³/h

해설 Q(현열부하) $= c$(비열)m(중량)Δt(온도의 변화량)

$$= c(비열)\rho(밀도)V(체적, 송풍량)\Delta t(온도의 변화량)$$

$$\therefore V = \frac{Q}{c\rho\Delta t} = \frac{15,000\text{W}}{1.01\text{kJ/kg} \cdot \text{K} \times 1.2\text{kg/m}^3 \times (26-16)}$$

$$= \frac{15,000\text{J/s}}{1,010\text{J/kg} \cdot \text{K} \times 1.2\text{kg/m}^3 \times (26-16)}$$

$$= 1.238\text{m}^3/\text{s}$$

$$= 4,455.45\text{m}^3/\text{h}$$

43 | 외기부하의 산정
18②

다음과 같은 조건에서 바닥면적 300m², 천장고 2.7m인 실의 난방부하 산정 시 틈새바람에 의한 외기부하는?

[조건]
- 실내 건구온도 : 20℃
- 외기온도 : −10℃
- 환기횟수 : 0.5회/h
- 공기의 비열 : 1.01kJ/kg · K
- 공기의 밀도 : 1.2kg/m³

① 3.4kW ② 4.1kW

③ 4.7kW ④ 5.2kW

해설 외기부하의 산정

Q(현열부하) $= c$(비열)m(중량)Δt(온도의 변화량)

$$= c(비열)\rho(밀도)V(체적)\Delta t(온도의 변화량)$$

$$= 1.01 \times 1.2 \times (300 \times 2.7) \times 0.5 \times [20-(-10)]$$

$$= 14,725.8\text{kJ/h} = 4,090.5\text{J/s}$$

$$= 4,090.5\text{W} \fallingdotseq 4.1\text{kW}$$

44 | 엔탈피의 정의
16①

습공기의 엔탈피를 가장 올바르게 표현한 것은?

① 공기 1m³의 중량

② 건공기에 포함된 수증기의 중량

③ 건공기와 수증기에 포함된 열량

④ 공기 중의 수분량과 포화수증기량의 비율

해설 엔탈피는 열역학상 중요한 것으로, 그 물체가 보유하는 열량의 합계 또는 물체의 상태에 따라 정해지는 상태량으로서 내부에 갖는 열에너지의 총합이다.

건조 및 습기의 엔탈피는 다음과 같다.

㉮ 건조공기의 엔탈피 $= C_{pa}$(공기의 정압비열)t(건조 공기의 온도) $= 0.24t$

㉯ 습공기의 엔탈피 $=$ 건조공기의 엔탈피 $+$ 수증기의 엔탈피 $\times$ 대기 중의 절대습도

❷ 환기 및 배연설비

01 | 필요환기량의 산정
14③, 12①,④, 06④, 03③, 97②

다음과 같은 조건에서 실내 CO_2 허용한도를 0.15%로 하려면 필요환기량은?

[조건]
- 재실자 1인당 탄산가스 배출량 : 0.03m³/h
- 외부 신선 공기의 CO_2 함유량 : 0.02%
- 실내 재실자 : 30명

① 90m³/h

② 231m³/h

③ 692m³/h

④ 1,059m³/h

해설 필요환기량$(Q) = \dfrac{\text{유해가스 발생량[m}^3/\text{h]}}{\text{유해 가스 허용 농도}(P) - \text{급기 중의 가스 농도}(P_s)}$

여기서, 유해가스 발생량 : $0.03 \times 30 = 0.9\text{m}^3/\text{h}$

유해가스 허용농도 : $0.15\% = 0.0015$

급기 중의 가스농도 : $0.02\% = 0.0002$

$$\therefore 필요환기량 = \frac{0.9}{0.0015-0.0002} = 692.31\text{m}^3/\text{h}$$

02 | 필요환기량의 산정
21①, 14①, 13①, 12②, 11②, 08②

다음과 같은 조건에서 2,000명을 수용하는 극장의 실온을 20℃로 유지하기 위한 필요환기량은?

> [조건]
> • 외기온도 : 10℃
> • 1인당 발열량(현열) : 60W
> • 공기의 정압비열 : 1.01kJ/kg · K
> • 공기의 밀도 : 1.2kg/m³
> • 전등 및 기타 부하는 무시한다.

① 11,110m³/h
② 21,222m³/h
③ 30,444m³/h
④ 35,644m³/h

해설 Q(가열열량) $= c$(비열)m(질량)Δt(온도의 변화량)
$= c$(비열)ρ(밀도)V(체적)Δt(온도의 변화량)

$$\therefore V(\text{필요환기량}) = \frac{Q}{c\rho\Delta t}$$

$$= \frac{60 \times 2,000 \times \frac{3,600}{1,000}}{1.01 \times 1.2 \times (20 - 10)}$$

$$= 35,643.56 \leftrightarrows 35,644 \text{m}^3/\text{h}$$

여기서, $\frac{3,600}{1,000}$ 의 3,600은 초를 시간으로 환산하고, 1,000은 J을 kJ로 환산하기 위한 숫자이다.

03 | 3종 환기방식
20①,②, 09①, 03②

다음 중 실내를 부압으로 유지하며 실내의 냄새나 유해 물질을 다른 실로 흘려 보내지 않으므로 주방, 화장실, 유해가스 발생장소 등에 사용되는 환기방식은?

①
(급기구-배기구)

②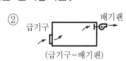
(급기구-배기팬)

③
(급기팬-배기구)

④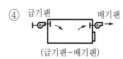
(급기팬-배기팬)

해설 ②항은 급기구와 배기팬으로 제3종 환기방식(흡출식)이고, ③항은 급기팬과 배기구로 제2종 환기방식(압입식)이며, ④항은 급기팬과 배기팬으로 제1종 환기방식(병용식)이다.

04 | 3종 환기방식
00①, 99①, 96②

가스 미터실, 전용 정압기실을 건물 내의 지상층 중 외기와 접하는 실에 설치한 경우 환기시설방법은?

① 제1종
② 제2종
③ 제3종
④ 제2, 3종 환기법

해설 제3종 환기(흡출식)는 가스 미터실, 전용 정압기실을 건물 내의 지상층 중 외기와 접하는 실에 설치한 경우이다. 이 환기방식은 대형 식당 주방에 적합한 경우로, **실내를 부압**으로 유지하며 실내의 냄새나 유해물질을 다른 실로 흘려 보내지 않는다. 주방, 화장실, 유해가스 발생장소 등에 사용되는 **제3종 환기(흡출식)**방식의 경우 급기는 개구부, 배기는 배풍기를 사용한다.

05 | 실내공기오염의 척도
19④, 17②

실내공기오염의 종합적 지표로서 사용되는 오염물질은?

① 부유분진
② 이산화탄소
③ 일산화탄소
④ 이산화질소

해설 실내공기오염의 척도로서 **이산화탄소농도**가 사용되는 가장 주된 이유는 농도에 따라 **실내공기오염과 비례**하기 때문이다.

06 | 자연환기에 관한 기술
22②, 17③

자연환기에 관한 설명으로 옳은 것은?

① 풍력환기에 의한 환기량은 풍속에 반비례한다.
② 풍력환기에 의한 환기량은 유량계수에 비례한다.
③ 중력환기에 의한 환기량은 공기의 입구와 출구가 되는 두 개구부의 수직거리에 반비례한다.
④ 중력환기에서 실내온도가 외기온도보다 높을 경우 공기는 건물 상부의 개구부에서 실내로 들어와서 하부의 개구부로 나간다.

해설 풍력환기에 의한 **환기량은 풍속에 비례**하고, 공기의 입구와 출구가 되는 두 개구부의 **수직거리에 비례**하며, 중력환기에 있어서 **실내온도가 외기온도보다 높을 경우 공기는 건물 상부의 개구부에서 나가고, 하부의 개구부로 들어온다.**

07 | 필요환기량의 산정
18①, 15④

100명을 수용하고 있는 회의실에서 1인당 CO_2 배출량이 17l/h 일 때 실내의 CO_2 농도를 1,000ppm 이하로 유지시키기 위한 필요환기량은? (단, 외기의 CO_2 농도는 300ppm이다.)

① 약 1,120m^3/h
② 약 1,750m^3/h
③ 약 2,140m^3/h
④ 약 2,430m^3/h

해설 필요환기량(Q) = $\dfrac{\text{실내에서의 } CO_2 \text{ 발생량}}{CO_2 \text{의 허용농도} - \text{외기의 } CO_2 \text{ 농도}}$

$= \dfrac{17 \times 100}{\dfrac{1,000}{1,000,000} - \dfrac{300}{1,000,000}} = 2,428,571.479 l/h = 2,429\text{m}^3/h$

08 | 실내공기오염의 척도
07④, 01②

실내공기오염의 척도로서 이산화탄소 농도가 사용되는 이유는?

① 농도에 따라 악취가 발생하기 때문에
② 농도에 따라 호흡이 곤란해지므로
③ 농도에 따라 실내공기오염과 비례하므로
④ 농도에 따라 실내온도가 상승하므로

해설 실내공기오염의 척도로서 **이산화탄소 농도**가 사용되는 가장 주된 이유는 농도에 따라 **실내공기오염과 비례**하기 때문이다.

09 | 필요환기량의 산정
20①, ②

실내CO_2 발생량이 17L/h, 실내CO_2허용농도가 0.1%, 외기의 CO_2농도가 0.04%일 경우 필요환기량은?

① 약 28.3m^3/h
② 약 35.0m^3/h
③ 약 40.3m^3/h
④ 약 42.5m^3/h

해설 필요환기량(Q)

$= \dfrac{\text{유해가스 발생량[m}^3/\text{h]}}{\text{유해가스허용농도}(P) - \text{급기 중의 가스농도}(P_s)}$

그런데 유해가스 발생량 : 17L/h, 실내CO_2허용농도 : 0.1%= 0.001, 외기 중의 CO_2농도 : 0.04%=0.0004이다.

∴ 필요환기량= $\dfrac{17\text{L/h}}{0.001 - 0.0004} = 28,333.33\text{L/h} = 28.33\text{m}^3/h$

10 | 필요환기량의 산정
19④, 18①

실내의 탄산가스허용농도가 1,000ppm, 외기의 탄산가스농도가 400ppm일 때 실내 1인당 필요한 환기량은? (단, 실내 1인당 탄산가스배출량은 15L/h이다.)

① 15m^3/h
② 20m^3/h
③ 25m^3/h
④ 30m^3/h

해설 필요환기량(Q)

$= \dfrac{\text{유해가스 발생량}}{\text{유해가스허용농도}(P) - \text{급기 중의 가스농도}(P_s)}\left[\text{m}^3/\text{h}\right]$ 에서 탄산가스 발생량=15L/h, 탄산가스허용농도=1,000ppm $= \dfrac{1,000}{1,000,000}$, 급기 중의 탄산가스농도=400ppm $= \dfrac{400}{1,000,000}$ 이므로

∴ 필요환기량= $\dfrac{15}{\dfrac{1,000}{1,000,000} - \dfrac{400}{1,000,000}}$

$= 25,000\text{L/h} = 25\text{m}^3/h$

11 | PM10의 의미
18②

실내공기 중에 부유하는 직경 10μm 이하의 미세먼지를 의미하는 것은?

① VOC10
② PMV10
③ PM10
④ SS10

해설 VOC는 휘발성 유기화합물, PMV는 열쾌적도, SS는 부유물질, **PM은 미세먼지의 직경을 의미**한다.

❸ 난방설비

01 | 역환수방식의 선택 이유
12②, 07①, 98④

온수난방에서 복관식 배관에 역환수방식(reverse return)을 채택하는 이유는?

① 공사비를 절약할 목적으로
② 순환펌프를 설치하기 위해
③ 온수의 순환을 평균화시킬 목적으로
④ 중력식으로 온수를 순환하기 위해

해설 역환수방식(리버스 리턴 방식)은 온수난방에 있어서 복관식 배관법의 한 가지로서, 열원에서 방열기까지 보내는 관과 되돌리는 관의 길이를 거의 같게 하는 방식이다. 마찰저항을 균등하게 하여 방열기 위치에 관여치 않고 냉·온수가 평균적으로 흘러 순환이 국부적으로 일어나지 않도록 하는 방식이다.

02 | 보일러의 정격출력
11④, 04④, 97①

난방부하 = q_h, 급탕부하 = q_w, 배관손실 = q_p, 예열부하 = q_a 이고, 보일러의 상용출력= H 라면 보일러의 정격출력은?

① $H + q_p$
② $q_h + q_w + q_p$
③ $H + q_a$
④ $q_h + q_p + q_a$

해설 보일러의 전부하(정격출력)=난방부하+급탕·급기 부하+ 배관부하+ 예열부하

03 | 상당 방열면적의 산정
03④, 02④, 01①,④, 98③, 97③

온수 방열기의 전체 방열량이 3,138W일 때 상당 방열면적(m^2)은?

① 4.2
② 6
③ 7.8
④ 9.2

해설 상당 방열면적(EDR)은 표준 방열량(증기의 경우에는 650 kcal/m²·h=0.756kW/m², 온수의 경우에는 450 kcal/m²·h= 0.523kW/m²)을 내는 방열면이다.

$$\therefore \ 방열면적(A) = \frac{손실열량}{523} = \frac{3,138}{523} = 6m^2$$

04 | 난방용 트랩의 종류
07②,④, 03①, 99①

다음에서 난방용 트랩이 아닌 것은?

① 버킷트랩(bucket trap)
② 드럼트랩(drum trap)
③ 플로트 트랩(float trap)
④ 벨로스 트랩(bellows trap)

해설 증기 트랩의 종류에는 **방열기(열동) 트랩, 플로트 트랩, 버킷 트랩**, 리턴 트랩 및 충동 트랩 등이 있다. **드럼트랩**은 **배수용 트랩**으로 주방용 개수기 및 그 밖의 개수류에 사용하는 트랩으로 관 트랩에 비하여 다량의 봉수를 가지고 있기 때문에 봉수가 잘 빠지지 않는 것이 특징이다.

05 | 방열기 트랩의 기능
06②,④, 97③

방열기의 환수구에 설치하여 증기관 내에 생긴 응축수만을 보일러에 환수시키기 위한 장치는?

① 리턴 콕
② 2중 서비스 밸브
③ 방열기 트랩
④ 방열기 밸브

해설 **리턴 콕**은 온수 방열기의 출구측에서 온수의 유량 조절용으로 사용하는 콕이고, **2중 서비스 밸브**는 응축수의 동결을 방지하기 위하여 한랭지 배관에 주로 사용하는 밸브로서 방열기 밸브와 열동 트랩을 조합한 밸브이며, **방열기 밸브**는 방열기의 **환수구에 설치하여 증기관 내에 생기는 응축수만을 보일러 등에 환수시키기 위하여 사용하는 장치**이다.

06 | 온수 순환 수량의 산정
18④, 11①, 07④, 00②

방열기의 입구 수온이 90℃, 출구 수온이 85℃이다. 난방부하가 3.5kW인 방을 온수난방하려고 한다. 방열기의 온수 순환 수량은 얼마인가? (단, 물의 비열은 4.2kJ/kg·K)

① 300kg/h
② 600kg/h
③ 900kg/h
④ 1,200kg/h

해설 $G = \dfrac{3,600Q}{C\Delta t} = \dfrac{3,600 \times 3.5}{4.2 \times 5} = 600 kg/h$

07 | 복사난방의 정의
04④

방열기를 설치하지 않아 실내 바닥면의 이용도가 높으며 실내의 온도 분포가 균등하고 쾌감도가 높은 난방방식은?

① 온풍난방　　　　　② 증기난방
③ 고온수난방　　　　④ 복사난방

해설 복사난방방식은 건축물에서 로비 부분과 같이 외기 침입량이 많고 층고가 높은 부분의 난방방식이다. 직접 난방방식에서 실내의 온도 분포가 비교적 고른 난방방식이다.

08 | 소요 방열면적의 산정
99③,④

어느 방의 손실열량이 15,120W일 때 이 방에 증기난방에 의한 방열기를 설치할 경우 소요 방열면적은? (단, 표준상태의 조건)

① 10m²　　　　　　② 15m²
③ 17m²　　　　　　④ 20m²

해설 증기난방의 경우 표준 방열량이 650 kcal/m² · h=0.756kW/m² 이다.

$$\therefore \ \mathbf{방열면적}(A) = \frac{손실열량}{756} = \frac{15,120}{756} = 20\text{m}^2$$

09 | 주철제 보일러에 관한 기술
19④, 16④, 11①

주철제 보일러에 대한 설명 중 옳지 않은 것은?

① 재질이 약해 고압으로는 사용이 곤란하다.
② 재질이 주철이므로 내식성이 약하여 수명이 짧다.
③ 규모가 비교적 작은 건물의 난방용으로 사용된다.
④ 섹션(section)으로 분할되므로 반입, 조립, 증설이 쉽다.

해설 재질이 주철이므로 내식성이 강하고, 수명이 길다.

10 | 증기난방에 관한 기술
15①, 08④, 05④

증기난방에 대한 설명 중 옳지 않은 것은?

① 예열시간이 길고, 간헐 운전에 사용할 수 없다.
② 온수난방에 비하여 배관경이나 방열기가 작아진다.
③ 스팀 해머를 발생할 수 있다.
④ 증기의 유량 제어가 어려우므로 실온 조절이 곤란하다.

해설 예열시간이 **짧아** 간헐 운전에 사용할 수 있다.

11 | 리턴 콕의 용도
02②, 00③, 96②

온수의 유량을 조절하기 위하여 온수 방열기의 환수 밸브로 사용되는 것은?

① 리턴 콕　　　　　　② 2중 서비스 밸브
③ 글로브 밸브　　　　④ 앵글 밸브

해설 2중 서비스 밸브는 한랭지 배관에서 주로 사용된다. 하향 급기식 배관에서는 방열기 밸브를 닫기 때문에 하향 수직관 내의 응축수의 동결을 방지하기 위해 방열기 밸브와 열동 트랩을 조합한 밸브이다. 글로브 밸브(스톱 밸브, 구형 밸브)는 유로의 폐쇄나 유량의 계속적인 변화에 의한 유량조절에 적합한 밸브이다. 유체에 대한 저항이 큰 것이 결점이기는 하나 슬루스 밸브(게이트 밸브)에 비해 소형이고 값이 싸며, 가볍다. 유로를 폐쇄하는 경우나 유량의 조절에 적합한 밸브이다. 앵글 밸브는 유체의 흐름을 직각으로 바꿀 때 사용되는 글로브 밸브의 일종이다. 글로브 밸브보다 감압 현상이 적고, 유체의 입구와 출구가 이루는 각이 90°이다. 가격이 싸고 널리 쓰이며, 주로 관과 기구의 접속에 이용되며, 배관 중에 사용하는 경우는 극히 드물다.

12 | 실내의 상하 온도 차 감소
04②, 98②

실내의 상하 온도 차를 작게 하는 방법을 설명하였다. 틀린 것은?

① 방열기를 창 밑에 설치하여 실온을 균일하게 한다.
② 외벽면을 보온하거나 창을 2중 유리로 한다.
③ 방열면의 온도가 높은 것을 택한다.
④ 옥외로부터 극간풍을 줄인다.

해설 방열면의 온도가 낮은 것을 택한다.

13 | 방열기의 설치 위치
03①

다음과 같은 사무실에서 방열기의 설치 위치로 가장 적당한 곳은?

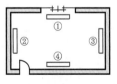

① ①　　　　　　　② ②
③ ③　　　　　　　④ ④

해설 방열기의 위치와 공기순환은 자연대류식 방열기는 난방부하가 가장 큰 외벽의 창 밑 같은 곳에 설치하는 것이 좋다.

14 | 복사난방의 용도
02④, 98①

건축물에서 로비 부분과 같이 외기 침입량이 많고 층고가 높은 부분의 난방방식으로 적합한 것은?

① 온수난방
② 증기난방
③ 온풍난방
④ 복사난방

[해설] 복사난방방식은 실내의 벽, 천장, 바닥 등에 파이프 코일을 배관하여 복사열로서 난방하는 방식으로 **방열기를 설치하지 않아 실내 바닥면의 이용도가 높으며** 실내의 온도 분포가 균등하고 쾌감도가 높은 난방방식이다. 직접 난방방식에서 실내의 온도 분포가 비교적 고른 난방방식이다.

15 | 증기난방에 관한 기술
00①, 97①

증기난방에 관해 옳은 것은?

① 응축수의 환수방식에 따라 저압식과 고압식이 있다.
② 증기관은 익스팬션 조인트를 사용하지 않는 장점이 있다.
③ 고압 증기난방 시는 주 증기관의 도중에 가압밸브를 설치하여 증기를 가압 공급한다.
④ 순구배 증기 주관의 관말에는 트랩장치를 설치한다.

[해설] 응축수의 **환수방식**에 따라 **중력환수식, 기계환수식** 및 **진공환수식** 등이 있고, 증기관은 **익스팬션 조인트를 사용**한다. 고압 증기난방 시는 주 증기관의 도중에 **감압밸브를 설치**하여 증기를 감압 공급한다.

16 | 증기 트랩의 종류
99②, 96②,④

증기 트랩의 종류를 나열한 것이다. 관련 없는 것은?

① 방열기 트랩
② 버킷트랩
③ 드럼트랩
④ 플로트 트랩

[해설] 증기 트랩은 방열기의 환수구(하부 태핑) 또는 증기배관의 최말단부 등에 부착하여 증기관 내에 생기는 응축수만을 보일러 등에 환수시키기 위하여 사용하는 장치이다. 종류에는 **방열기(열동) 트랩, 플로트 트랩, 버킷트랩,** 리턴 트랩 및 충동 트랩 등이 있다. **드럼트랩은 배수용 트랩**으로 주방용 개수기 및 그 밖의 개수류에 사용한다.

17 | 증기난방에 관한 기술
22②, 19④, 12④

증기난방에 관한 설명으로 옳지 않은 것은?

① 온수난방에 비해 예열시간이 짧다.
② 온수난방에 비해 한랭지에서 동결의 우려가 적다.
③ 운전 시 증기해머로 인한 소음을 일으키기 쉽다.
④ 온수난방에 비해 부하변동에 따른 실내방열량의 제어가 용이하다.

[해설] 증기난방은 온수난방에 비해 부하변동에 따른 **실내방열량의 제어가 난이**하다.

18 | 증기난방에 관한 기술
22①, 09④, 06②

다음 중 증기난방에 대한 설명으로 옳지 않은 것은?

① 응축수 환수관 내에 부식이 발생하기 쉽다.
② 온수난방에 비해 방열기 크기나 배관의 크기가 작아도 된다.
③ 방열기를 바닥에 설치하므로 복사난방에 비해 실내 바닥의 유효면적이 줄어든다.
④ 온수난방에 비해 예열시간이 길어서 충분한 난방감을 느끼는 데 시간이 걸린다.

[해설] 온수난방에 비해 **예열시간이 짧아서** 충분한 난방감을 느끼는 **시간이 짧다.**

19 | 지역난방의 보일러
21①, 09①, 05②

다음 중 지역난방에 적용하기에 가장 적합한 보일러는?

① 수관보일러
② 관류보일러
③ 입형보일러
④ 주철제보일러

[해설] **수관보일러**는 고압, 대용량이며 대형 건물 또는 병원이나 호텔 등과 같이 고압증기를 다량 사용하는 곳 또는 **지역난방 등에 주로 사용**되는 보일러이다.

20 | 지역난방방식에 관한 기술
18④, 10①

지역난방방식에 관한 설명으로 옳지 않은 것은?

① 열원설비의 집중화로 관리가 용이하다.
② 설비의 고도화로 대기오염 등 공해를 방지할 수 있다.
③ 각 건물의 이용시간차를 이용하면 보일러의 용량을 줄일 수 있다.
④ 고온수난방을 채용할 경우 감압장치가 필요하며 응축수트랩이나 환수관이 복잡해진다.

해설 **지역난방**은 열병합발전방식이다. 에너지의 이용효율을 높이고 환경공해의 개선을 위해 전기와 난방용 열매를 동시에 생산해 주택, 아파트단지, 빌딩 등에 난방하는 방식이다. 또한 지역난방에서 고온수난방을 채용할 경우 감압장치가 필요하고, **응축수트랩은 필요 없으며 환수관이 간단해진다.**

21 | 증기난방에 관한 기술
18②, 07①

다음의 증기난방에 대한 설명 중 옳지 않은 것은?

① 온수난방에 비해 부하 변동에 따른 실내 방열량의 제어가 용이하다.
② 온수난방에 비해 예열시간이 짧다.
③ 온수난방에 비해 한랭지에서는 동결의 우려가 적다.
④ 온수난방에 비해 열의 운반 능력이 크므로 시설비가 작아진다.

해설 온수난방에 비해 부하 변동에 따른 실내 **방열량의 제어가 어렵다.**

22 | 증기난방에 관한 기술
17②, 14①

증기난방에 관한 설명으로 옳지 않은 것은?

① 계통별 용량 제어가 곤란하다.
② 한랭지에서 동결의 우려가 적다.
③ 예열시간이 온수난방에 비하여 짧다.
④ 부하 변동에 따른 실내 방열량의 제어가 쉽다.

해설 부하 변동에 따른 실내 **방열량의 제어가 어렵다.**

23 | 각종 보일러에 관한 기술
16①, 09②

다음의 각종 보일러에 대한 설명 중 옳은 것은?

① 노통 연관 보일러는 부하 변동에 잘 적응되며, 보유 수면이 넓어서 급수 용량 제어가 쉽다.
② 관류 보일러는 보유 수량이 많아 예열시간이 길다.
③ 주철제 보일러는 사용 내압이 높아 고압용으로 주로 사용되며 용량도 크다.
④ 수관 보일러는 소용량으로 소규모 건물에 적합하며 지역난방으로는 사용이 불가능하다.

해설 **관류 보일러**는 보유 수량이 적어 예열시간이 짧으며, 주철제 보일러는 사용 내압이 낮아 저압용으로 주로 사용한다. **수관 보일러**는 대용량으로 대규모 건축물에 적합하며, 지역난방으로도 사용이 가능하다.

24 | 복사난방방식의 특징
15②, 03①

복사난방방식의 특징이 아닌 것은?

① 열용량이 커서 예열시간이 짧다.
② 수직 온도 분포가 균일하고 실내가 쾌적하다.
③ 대류난방에 비하여 설비비가 비싸다.
④ 실온을 낮게 유지할 수 있어서 열손실이 적다.

해설 **열용량이 크기 때문에** 방열량의 조절이 어렵고, **예열시간이 길다.**

25 | 온수 순환수량의 산정
14④, 03①

급탕배관 계통에서 총손실열량이 30,000kcal/h이고, 급탕온도가 80℃, 반탕온도가 70℃라면 순환수량(L/min)은 얼마인가?

① 50L/min
② 100L/min
③ 1,000L/min
④ 3,000L/min

해설 Q(열량)=c(비열)m(질량)Δt(온도의 변화량)
$\quad\quad$=c(비열)ρ(밀도)V(체적)Δt(온도의 변화량)이다.

$$\therefore m = \frac{Q}{c\Delta t} = \frac{126,000\text{kJ/h}}{4.2\text{kJ/kg} \cdot \text{K} \times (80-70)}$$
$$= 3,000\text{kg/h} = 50\text{kg/min}$$

여기서, 1W=1J/s이고 1h=3,600s임에 유의할 것

26 | 고온수난방방식에 관한 기술
11①, 99④

고온수난방방식에 대한 설명으로 옳지 않은 것은?

① 공급과 환수의 온도 차를 크게 할 수 있으므로 열수송량이 크다.

② 공업용과 같이 고압 증기를 다량으로 필요로 할 경우에는 부적당하다.

③ 배관은 상하 구배가 가능하고 지형이나 건물의 상황에 의한 높이의 변화가 가능하다.

④ 지역난방에는 이용할 수 없으며 높이가 높고 건축면적이 넓은 단일 건물에 주로 이용된다.

해설 지역난방에는 **이용할 수 있으며** 높이가 높고 건축면적이 넓은 **복합건물에 주로 이용**된다.

27 | 정격출력의 정의
09②, 07②

연속해서 운전할 수 있는 보일러의 능력으로서 난방부하, 급탕부하, 배관부하, 예열부하의 합이며 일반적으로 보일러 선정 시에 기준이 되는 출력의 표시방법은?

① 과부하 출력

② 상용출력

③ 정미출력

④ 정격출력

해설 ㉮ **보일러의 전부하(정격출력)**=난방부하 + 급탕·급기부하+
배관부하+ 예열부하
㉯ **보일러의 상용출력**=보일러의 전부하(정격출력) – 예열부하
=난방부하 + 급탕·급기 부하 + 배관부하

28 | 온수난방에 관한 기술
21④, 13①

온수난방에 관한 설명으로 옳지 않은 것은?

① 증기난방에 비해 예열시간이 길다.

② 온수의 잠열을 이용하여 난방하는 방식이다.

③ 한랭지에서 운전 정지 중에 동결의 우려가 있다.

④ 증기난방에 비해 난방부하변동에 따른 온도조절이 비교적 용이하다.

해설 **온수난방**은 **온수의 현열을 이용**하는 난방방식이고, 증기의 잠열을 이용하는 난방방식은 증기난방이다.

29 | 온수난방과 증기난방의 비교
21①, 17③

온수난방과 비교한 증기난방의 설명으로 옳은 것은?

① 예열시간이 길다.

② 한랭지에서 동결의 우려가 있다.

③ 부하변동에 따른 방열량 제어가 용이하다.

④ 열매온도가 높으므로 방열기의 방열면적이 작아진다.

해설 **증기난방**은 온수난방에 비해 예열시간이 짧고 한랭지에서 동결의 우려가 없으며 부하변동에 따른 방열량의 제어가 난이하다. 특히 **열매온도가 높으므로 방열기의 배관과 방열면적이 작아지고** 시설비가 저렴하다.

30 | 보일러 마력의 산정
98③, 97④

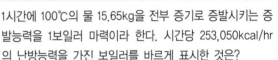

1시간에 100℃의 물 15.65kg을 전부 증기로 증발시키는 증발능력을 1보일러 마력이라 한다. 시간당 253,050kcal/hr의 난방능력을 가진 보일러를 바르게 표시한 것은?

① 20마력

② 25마력

③ 30마력

④ 35마력

해설 1보일러 마력=15.65kg/h×539kcal/kg=8,435kcal/h이고, 전열면적은 0.929m²이다.
$$\therefore \text{보일러 마력}=\frac{\text{난방능력}}{8,435\text{kcal/h}}=\frac{253,050}{8,435}=30\text{마력}$$

31 | 온풍로에 관한 기술
03②

온풍로(hot air furnace)에 관한 기술로 옳은 것은?

① 난방용 보일러에 비하여 열효율은 약간 낮으나 운전비가 많이 든다.

② 장치의 열용량이 크므로 더워지는 데 시간이 걸린다.

③ 추운 곳에서 운전정지 중에도 동결의 우려는 없다.

④ 발생한 열을 급탕, 기타의 용도로도 이용한다.

해설 난방용 보일러에 비하여 열효율은 약간 낮으나 **운전비가 적게** 든다. 장치의 **열용량이 적어** 예열시간이 **짧으나** 발생한 열을 급탕, 기타의 용도로도 **이용할 수 없다**.

32 | 환산증발량의 산정
02②, 99②

보일러의 발생열량이 5,500(kcal/h)이라면 환산증발량(kg/h)은?

① 8.4
② 10.2
③ 12.5
④ 14.1

해설 **환산 증발량**은 상당 또는 기준 증발량이라 한다. 실제 증발량 (단위시간에 발생하는 증기량 kg/h를 말하는 것으로, 사용하는 연료에 따라 좌우됨)이 흡수한 전열량을 가지고 100℃의 온수에서 같은 온도의 증기로 할 수 있는 증발량을 말한다.

$$G_e = \frac{G_s(i_s - i_w)}{539}$$

여기서, G_e : 환산 증발량(kg/h)

G_s : 실제 증발량(kg/h)

i_s : 실제의 증기 엔탈피(kcal/kg)

i_w : 급수의 엔탈피(kcal/kg)

∴ 환산 증발량 $= \dfrac{\text{발생열량}}{539} = \dfrac{5,500}{539} = 10.20\,\text{kg/h}$

33 | 온수난방과 증기난방의 비교
01④, 97③

온수난방에 대하여 증기난방의 특성이 아닌 것은?

① 신속한 가열이 가능하므로 간헐 운전에 적합하다.
② 비교적 고온이므로 실내온도 차가 발생하지 않는다.
③ 소음이 많이 난다.
④ 배관이 쉽게 부식된다.

해설 비교적 저온이나, 실내온도 차가 발생한다.

34 | 3방 밸브의 기능
01①, 96④

온수 보일러의 온수 출구 및 환수구에 밸브를 설치하는데, 부주의로 밸브가 닫힌 채로 운전하는 경우의 위험을 방지하기 위하여 설치하는 것은?

① 넘침관
② 3방 밸브
③ 리프트 이음
④ 감압밸브

해설 **넘침관**은 옥상탱크, 고가탱크 또는 팽창탱크 등의 상부에서 설계된 수면 이상으로 물이 흘러 넘치는 것을 막기 위하여 탱크의 측벽 상부에 부착된 관이다. **리프트 이음**은 진공환수식의 난방장치에서 진공펌프 앞에 설치하는 이음으로, 환수관을 방열기보다 위쪽으로 배관할 때 또는 진공펌프를 환수주관보다 위에 설치할 때 사용되는 이음이다. **감압밸브**는 고압 배관과 저압 배관 사이에 설치하여 저압 측의 증기 사용량의 증감에 관계없이 또는 고압 측 압력의 변동에 관계없이 밸브의 리프트를 자동적으로 조절하여 증기 유량과 저압측의 압력을 일정하게 유지하는 역할을 한다.

35 | 온수난방과 증기난방의 비교
00①, 98④

온수난방방식이 증기난방방식보다 유리한 점이 아닌 것은?

① 방열면 온도가 낮아 실내환경이 좋다.
② 방열기의 크기가 작아진다.
③ 부식이 적고 방부대책이 쉽다.
④ 소음이 적다.

해설 방열기의 크기가 **커진다**.

36 | 리프트 피팅의 기능
00③

진공 증기난방장치에서 방열기가 보일러보다 1.5m 정도 아래에 설치되어 있다. 이 방열기에서 생긴 응축수를 보일러로 환수하기 위하여 일반적으로 쓰이는 장치는?

① 스프링 피스(spring piece)
② 팽창탱크(expansion tank)
③ 역지변(check valve)
④ 리프트 피팅(lift fitting)

해설 **체크 밸브(역지변)**는 유체의 흐름을 한 방향으로만 흐르게 하고, 반대 방향으로는 흐르지 못하게 하는 역류방지용 밸브이다. **팽창탱크**는 온수난방설비의 운전 중 장치 내의 온도 상승으로 인한 물의 팽창으로 야기되는 압력을 흡수하고, 운전 중 장치 내를 소정의 압력으로 유지하여 온수온도를 확보하는 기구이다.

37 | 증기 배관의 설치방법의 기술
99②, 97①

증기 배관의 설치방법에 대한 설명이 잘못된 것은?

① 증기 수평관의 기울기는 가능한 순구배로 한다.
② 증기 수평 주관의 말단에는 관말 트랩을 설치한다.
③ 증기 주관의 최소 관경은 32mm 이상으로 한다.
④ 증기 주관에서 분기되는 가지 배관은 주관 아래 방향으로 분기한다.

해설 증기 주관에서 분기되는 가지 배관은 상향 수직관의 응축수가 정체하지 않고, 주관에 흘러내리도록 주관 **위 방향으로 분기**하며, 횡주관에서 편심 이형 이음쇠를 사용할 때는 **아래쪽이 수평**이 되도록 한다.

38 | 바닥복사난방방식의 기술
19②

바닥복사난방방식에 관한 설명으로 옳지 않은 것은?

① 열용량이 커서 예열시간이 짧다.
② 방을 개방상태로 하여도 난방효과가 있다.
③ 다른 난방방식에 비교하여 쾌적감이 높다.
④ 실내에 방열기를 설치하지 않으므로 바닥이나 벽면을 유용하게 이용할 수 있다.

해설 바닥복사난방방식은 열용량이 커서 예열시간이 길다.

39 | 수관식 보일러에 관한 기술
19①

수관식 보일러에 관한 설명으로 옳지 않은 것은?

① 사용압력이 연관식보다 낮다.
② 설치면적이 연관식보다 넓다.
③ 부하변동에 대한 추종성이 높다.
④ 대형 건물과 같이 고압증기를 다량 사용하는 곳이나 지역난방 등에 사용된다.

해설 수관식 보일러는 사용압력이 연관식보다 높고 부하변동에 대한 추종성이 높다.

40 | 수관 보일러의 정의
17③

보일러 하부의 물드럼과 상부의 기수드럼을 연결하는 다수의 관을 연소실 주위에 배치한 구조로 상부 기수드럼 내의 증기를 사용하는 보일러는?

① 수관 보일러
② 관류 보일러
③ 주철제 보일러
④ 노통연관 보일러

해설 관류보일러는 효율이 80~90%로, 증기를 사용해 고압 대용량에 적합하고, 고온수를 사용할 경우 지역난방용으로 사용한다. 주철제 보일러는 증기와 온수를 사용해 중·소 건물의 급탕 및 난방용으로 사용한다. 노통연관 보일러는 부하변동에 잘 적응되며, 보유수면이 넓어서 급수 용량제어가 쉽다.

41 | 난방방식에 관한 기술
20③

난방방식에 관한 설명으로 옳지 않은 것은?

① 증기난방은 잠열을 이용한 난방이다.
② 온수난방은 온수의 현열을 이용한 난방이다.
③ 온풍난방은 온습도조절이 가능한 난방이다.
④ 복사난방은 열용량이 작으므로 간헐난방에 적합하다.

해설 복사난방은 열용량이 크기 때문에 외기온도의 급변에 대해서 곧 발열을 조절할 수 없으므로 간헐난방에 부적합하다.

❹ 공기조화용 기기

01 | 스플릿형 댐퍼의 사용처
21④, 16②, 13④, 09④, 02①

공조설비의 덕트 분기부에 설치하는 댐퍼는?

① 버터플라이형
② 평행익형
③ 대향익형
④ 스플릿형

해설 스플릿 댐퍼는 덕트 분기부에 설치하여 풍량조절용으로 사용하고, ①항은 소형 덕트에 사용하며, ②항과 ③항은 대형 덕트에 사용한다.

02 | 압축식 냉동기의 구성요소
18②, 10④, 07④, 06①

압축식 냉동기의 주요 구성요소가 아닌 것은?

① 재생기
② 압축기
③ 증발기
④ 응축기

해설 압축식과 흡수식 냉동기의 비교

구분	에너지	구성요소		위치
압축식	기계에너지	응축기 증발기	압축기, 팽창밸브	고압부와 저압부 사이
흡수식	열에너지		흡수기, 재생(발생)기	열교환기 설치

03 | 냉각탑에 관한 기술
20④, 17①, 05①

냉동장치의 하나인 냉각탑(cooling tower)에 대한 설명으로 옳은 것은?

① 냉각탑은 대기 중에서 기체 냉매를 냉각시켜 액체 냉매로 응축하기 위한 설비이다.
② 냉각탑은 고압의 액체 냉매를 증발시켜 냉동 효과를 얻게 하는 설비이다.
③ 냉각탑은 발생기에서 나온 수증기를 냉각시켜 물이 되도록 하는 설비이다.
④ 냉각탑은 냉매를 응축시키는 데 사용된 냉각수를 재사용하기 위하여 냉각시키는 설비이다.

해설 냉각탑은 냉온 열원장치를 구성하는 기기의 하나로, 수랭식 냉동기에 필요한 **냉각수를 순환시켜 이용하기 위한 장치**이다. 필요한 순환 냉각수는 냉각탑에서 물과 공기의 접촉에 의해 냉각시키며, 냉각탑 출구 수온과 냉각탑 입구 공기의 습구온도의 차는 보통 4~5℃이다.

04 | 흡수식 냉동기의 특성
19④, 11②, 09②

다음의 설명에 알맞은 냉동기는?

• 기계적 에너지가 아닌 열에너지에 의해 냉동 효과를 얻는다.
• 구조는 증발기, 흡수기, 재생기(발생기), 응축기 등으로 구성되어 있다.

① 터보식 냉동기
② 스크루식 냉동기
③ 흡수식 냉동기
④ 왕복동식 냉동기

해설 **터보식 냉동기**는 터보 송풍기(날개 차에 8~24개의 뒤로 굽은 날개를 가진 송풍기를 말하며, 고속 회전이므로 약간 소음이 높은 결점이 있으나 효율이 60~80% 정도로 높아 보일러 등에 가장 많이 사용)를 사용하여 임펠러의 회전에 의한 원심력으로 냉매 가스를 압축하는 형식의 냉동기이다. **스크루식 냉동기**는 이 모양의 암수 로터의 2축이 평행하고 나사가 서로 물려 있으며, 케이싱 내부에 냉매의 작동실이 형성되어 로터가 회전함으로써 흡입, 압축, 배출의 행정이 반복되는 냉동기이다. **왕복동식 냉동기**는 증기 압축사이클에 의한 냉동기에서 압축기로서의 피스톤의 왕복동 시스템을 사용하고 있는 냉동기이다.

05 | 덕트 치수의 결정 방법
17④, 10④, 06④

다음 중 덕트의 치수를 결정하는 방법이 아닌 것은?

① 등속법
② 등마찰법
③ 정압 재취득법
④ 균등법

해설 덕트 치수를 결정하는 방법에는 **등속법, 정압법(등마찰손실법), 정압 재취득법** 등이 있다.

06 | 냉각탑의 설치 위치
06②, 99①

냉각탑은 어디에 설치하는 것이 좋은가?

① 지하실
② 보일러실
③ 바람이 안 통하는 곳
④ 바람이 잘 통하는 옥상

해설 냉각탑의 급기와 배기가 혼입되지 않도록 충분한 통풍이 확보되는 곳이므로 **바람이 잘 통하는 옥상**이 가장 알맞다.

07 | 흡수식 냉동기의 특성
22②, 15④, 13②

다음의 냉동기 중 기계적 에너지가 아닌 열에너지에 의해 냉동 효과를 얻는 것은?

① 원심식 냉동기
② 흡수식 냉동기
③ 스크루식 냉동기
④ 왕복동식 냉동기

해설 **원심식 냉동기**는 압축기, 응축기, 증발기 등이 일체로 구성되고, 비교적 진동이 적은 냉동기이다. **스크루식 냉동기**는 신뢰성이 확보된 고성능의 압축기로 대공간에 적용하여 에너지 절감을 실현할 수 있고, 친환경 고효율 냉동기이다. **왕복동식 냉동기**는 증기 압축 사이클에 의한 냉동기에서 압축기로서의 피스톤의 왕복동 시스템을 사용하고 있는 냉동기로서 압축기, 응축기, 증발기 및 팽창밸브 등으로 구성되고, 소용량의 냉동기이다.

08 | 흡수식 냉동기의 구성 요소
21②, 04④

흡수식 냉동기의 주요 구성 부분이 아닌 것은?

① 응축기
② 압축기
③ 증발기
④ 재생기

해설 **압축식 냉동기**는 **압축기**, 응축기, 증발기 및 **팽창밸브**로 구성된다. **흡수식 냉동기**는 흡수기, 응축기, **재생(발생)기** 및 증발기로 구성된다.

09 | 압축식의 냉동사이클
22①, 21①, 17③

압축식 냉동기의 냉동사이클로 옳은 것은?

① 압축 → 응축 → 팽창 → 증발
② 압축 → 팽창 → 응축 → 증발
③ 응축 → 증발 → 팽창 → 압축
④ 팽창 → 증발 → 응축 → 압축

해설 냉동 사이클은 다음 그림과 같다.

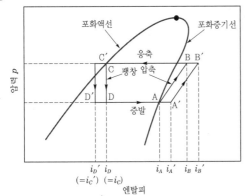

10 | 냉각탑에 관한 기술
19②, 13④

난방설비의 냉각탑에 관한 설명으로 옳은 것은?

① 열에너지에 의해 냉동 효과를 얻는 장치
② 냉동기의 냉각수를 재활용하기 위한 장치
③ 임펠러의 원심력에 의해 냉매 가스를 압축하는 장치
④ 물과 브롬화리튬 혼합용액으로부터 냉매인 수증기와 흡수제인 LiBr으로 분리시키는 장치

해설 냉동장치의 **냉각탑**은 냉동기의 냉매를 응축시키는 데 사용된 **냉각수를 재활용하기 위한 장치**이고, ①항은 **흡수식 냉동기**, ③항은 **압축식 냉동기**에 대한 설명이다.

11 | 고속 덕트에 관한 기술
19①, 13④

고속 덕트에 관한 설명으로 옳지 않은 것은?

① 원형 덕트의 사용이 불가능하다.
② 동일한 풍량을 송풍할 경우 저속 덕트에 비해 송풍기 동력이 많이 든다.
③ 공장이나 창고 등과 같이 소음이 별로 문제가 되지 않는 곳에서 사용한다.
④ 동일한 풍량을 송풍할 경우 저속 덕트에 비해 덕트의 단면치수가 작아도 된다.

해설 원형 덕트의 사용이 가능하다.

12 | 고속 덕트의 특징
16④, 09①

공기조화설비에서 사용되는 고속 덕트의 특징으로 옳은 것은?

① 소음 및 진동이 발생하지 않는다.
② 덕트 설치 공간을 작게 할 수 있다.
③ 공장이나 창고에는 사용할 수 없다.
④ 공기 혼합상자가 필요하다.

해설 고속 덕트는 소음 및 진동이 발생하고, 공장이나 창고에는 사용할 수 있으며, 공기 혼합상자가 필요하지 않다.

13 | 흡수식 냉동기에 관한 기술
16②, 12②

흡수식 냉동기에 관한 설명으로 옳지 않은 것은?

① 열에너지가 아닌 기계적 에너지에 의해 냉동 효과를 얻는다.
② 냉방용의 흡수 냉동기는 물과 브롬화리튬의 혼합용액을 사용한다.
③ 증발기, 흡수기, 재생기(발생기), 응축기 등으로 구성되어 있다.
④ 2중 효용 흡수식 냉동기는 단효용 흡수식 냉동기보다 에너지 절약적이다.

해설 흡수식 냉동기는 재생기(발생기), 응축기, 증발기, 흡수기 등으로 구성되고, 압축 행정은 기계적인 방법이 아닌 열에너지에 의해 냉동 효과를 얻는 냉동기이다. 열에너지가 아닌 기계적 에너지에 의해 냉동 효과를 얻는 것은 압축식 냉동기이다.

14 | 터보식 냉동기에 관한 기술
21④, 13①

터보식 냉동기에 관한 설명으로 옳지 않은 것은?

① 임펠러의 원심력에 의해 냉매가스를 압축한다.
② 대용량에서는 압축효율이 좋고 비례제어가 가능하다.
③ 대 · 중형 규모의 중앙식 공조에서 냉방용으로 사용된다.
④ 기계적 에너지가 아닌 열에너지에 의해 냉동효과를 얻는다.

해설 터보식 냉동기는 압축식 냉동기에 속하므로 열에너지가 아닌 **기계적 에너지에 의해 냉동효과를 얻는다.**

15 | 터보 냉동기의 특징의 기술
11④, 08①

터보 냉동기의 특징에 대한 설명 중 옳지 않은 것은?

① 임펠러 회전에 의한 원심력으로 냉매 가스를 압축한다.
② 일반적으로 대용량에는 부적합하며 비례 제어가 불가능하다.
③ 30% 이하의 출력에서는 서징(surging) 현상이 일어나므로 운전이 곤란하다.
④ 왕복동식에 비하여 진동이 작다.

해설 왕복동식 냉동기는 일반적으로 대용량에는 부적합하며 비례 제어가 불가능하다.

16 | 밀폐식 냉각탑의 용도
02④, 98①

대기오염이 특히 심한 경우에 냉각탑으로 가장 적합한 것은?

① 밀폐식 냉각탑
② 증발식 냉각탑
③ 대향류형 냉각탑
④ 직교류형 냉각탑

해설 **밀폐식 냉각탑**은 일반 냉각탑의 경우 물과 공기가 직접 접촉하여 수질이 악화되는데, 이를 방지하기 위하여 탑 안에 열교환기를 삽입하여 탑 내의 순환수와 냉각수를 금속면을 통해 접촉시킴으로써 냉각효과를 얻는 냉각탑이다. 특히, **대기오염이 심한 경우에 사용**한다.

17 | 고속 덕트의 풍속
00③, 96③

고속 덕트 방식의 풍속은 일반적으로 얼마 이상인가?

① 10m/s　　　　② 16m/s
③ 25m/s　　　　④ 40m/s

해설 **저속 덕트 방식의 풍속**은 10~15m/s 이하, **고속 덕트 방식의 풍속**은 20~25m/s 이하, 보통은 16m/s 이상을 고속 덕트라고 한다.

18 | 고속 덕트와 저속 덕트의 비교
00③

공기조화설비의 고속 덕트 방식을 저속 덕트 방식과 비교한 기술로서 부적당한 것은?

① 송풍기용 전동기의 용량이 커진다.
② 공기 배분의 조정에 불리하다.
③ 소음기를 필요로 한다.
④ 덕트 내의 정압이 높다.

해설 고속 및 저속 덕트의 비교에서 **팬의 전압(정압+동압)과 송풍량이 일정한 경우**, **저속 덕트**는 고속 덕트보다 덕트의 크기가 크고 풍속은 느리므로 마찰손실수두$\left(h = f\frac{l}{d}\frac{v^2}{2}\rho,\ h = f\frac{l}{d}\frac{v^2}{2g}\right)$가 작아져 **정압은 높아지며, 전압이 일정하다고 하면 동압**$\left(\frac{v^2}{2}\rho\right)$은 속도의 제곱에 비례하므로 **정압은 높아진다.** 즉, **고속 덕트는 마찰손실이 커지고 풍속이 고속으로 동압이 높아지므로 정압은 낮아진다.**

19 | 가장 우수한 공기여과기
00②, 96①

공기여과기 중 성능이 가장 우수한 것은?

① 점착식 공기여과기
② 전기 집진기
③ 건식 공기여과기
④ 습식 공기여과기

해설 **점착식 공기여과기**는 글래스울, 금속울 또는 특수하게 만든 금속망을 적당한 점도의 기름에 담가 통과하는 공기 중의 먼지를 이 유면에 점착시켜 제거하는 여과기이다. **건식 공기여과기**는 염화비닐섬유, 비닐 스폰지, 합성유지 섬유 등 건조 섬유층을 통과시켜 공기를 여과하는 기구로서 섬유질의 먼지를 제거하는 여과기이다. **습식 공기여과기**는 일반적으로 공기 세정기라고 하며, 아연 철판제 케이싱 안에 물을 분출시켜 그 안에 공기를 통과시켜 여과하는 여과기이다.

20 | 바이패스 팩터의 의미
17②

공기조화기 설계에서 사용되는 바이패스 팩터(bypass factor)의 의미로 옳은 것은?

① 급기팬을 통과하는 공기 중 건공기의 비율
② 공기조화기의 도입 외기와 환기(return air)의 비율
③ 실내로부터의 환기(return air) 중 공기조화기로 도입되는 공기의 비율
④ 냉·온수코일의 통과 공기 중 냉·온수코일과 접촉하지 않고 통과하는 공기의 비율

해설 바이패스 팩터는 냉각 또는 가열코일과 접촉하지 않고 그대로 통과하는 공기의 비율로서 공기조화기의 송풍량 계산에 사용한다.

⑤ 공기조화방식

01 | 이중 덕트 방식의 정의
18④, 00①, 99③, 98③, 97①

공기조화방식 중 냉풍과 온풍을 실내의 체임버(chamber)에서 자동적으로 혼합하여 각 실에 공급하는 송풍방식은?

① 이중 덕트 방식
② 멀티존 유닛 방식
③ 유인 유닛 방식
④ 각층 유닛 방식

해설 유인 유닛 방식은 실내에 유인 유닛을 설치하고, 1차 공기를 고속 덕트를 통해 각 유닛에 송풍하면 유인 작용을 일으켜 실내공기를 2차 공기로 하여 유인된 실내공기는 유닛 속의 코일에 의해 냉각 또는 가열된 후 1, 2차 혼합 공기로 되어 실내로 송풍하는 방식이다. **각층 유닛 방식은 각 층 또는 각 구역마다 공기조화 유닛을 설치하는 방식이다.**

02 | 전공기 방식의 종류
18②, 11②, 02①

공조방식 중 전공기 방식이 아닌 것은?

① 팬코일 유닛(FCU) 방식
② 단일 덕트 정풍량(CAV) 방식
③ 이중 덕트 방식
④ 멀티존 유닛 방식

해설 **전공기 방식**은 단일 덕트 방식(변풍량, 정풍량), 이중 덕트 방식, 멀티존 방식 등이 있고, **공기 · 수방식**은 팬코일 유닛 덕트 병용 방식, 각 층 유닛 방식, 유인 유닛 방식, 복사 냉 · 난방 방식 등이 있다. **수방식**은 팬코일 유닛 방식, **냉매방식**은 패키지 방식, 멀티존 유닛 방식 등이 있다.

03 | 변풍량 단일 덕트 방식의 정의
17④, 02②, 00②

공조방식 중 급기온도를 일정하게 하고 송풍량을 가변시켜서 실내온도를 조절하는 방식은?

① 정풍량 단일 덕트 방식
② 변풍량 단일 덕트 방식
③ FCU 방식
④ 이중 덕트 방식

해설 단일 덕트 **정풍량** 방식은 모든 공기조화방식의 기본으로 중앙의 공기처리장치인 공조기와 공기조화 반송장치로 구성된다. 단일 덕트를 통하여 여름에는 냉풍, 겨울에는 온풍을 일정량 공급하여 공기조화하는 방식이다. **단일 덕트 변풍량 방식은** 정풍량 방식의 장점 외에 변풍량 유닛을 사용하는 에너지 절약형 공기조화방식으로 송풍온도를 일정하게 하고 실내 부하 변동에 따라 취출구 앞에 설치한 VAV 유닛에 의해서 송풍량을 변화시켜 제어하는 방식이다. **온도조절기가 댐퍼 모터를 작동시켜 댐퍼의 개도로 풍량을 조절하여 부하 변동에 대처한다.**

04 | 전공기 방식의 종류
17②, 00③, 96①

공기조화방식에서 전 공기식(全空氣式) 공조방법은?

① 이중 덕트 방식
② 팬코일 유닛 방식
③ 패키지 방식
④ 유인 유닛 방식

해설 팬코일 유닛 방식은 수방식, 패키지 방식은 냉매방식, 유인 유닛 방식은 공기 · 수방식이다.

05 | 전공기 방식과 수공기 방식
01①, 97②

전공기 방식과 수공기 방식에 대한 공조방식을 비교 설명한 것 중 전공기 방식의 특징이 아닌 것은?

① 열반송을 위한 공간이 증가한다.
② 반송능력이 증가한다.
③ 실내환경이 좋다.
④ 개별 제어가 용이하다.

해설 전공기 방식은 **개별 제어가 어려우나**, 수방식은 개별 제어가 쉽다.

06 | 이중 덕트 방식에 관한 기술
22②, 13④, 10②

공기조화방식 중 이중 덕트 방식에 관한 설명으로 옳지 않은 것은?

① 전공기식 방식이다.
② 덕트가 2개의 계통이므로 설비비가 많이 든다.
③ 부하 특성이 다른 다수의 실이나 존에도 적용할 수 있다.
④ 냉풍과 온풍을 혼합하는 혼합상자가 필요 없으므로 소음과 진동도 적다.

해설 공기조화방식 중 **이중 덕트 방식**은 냉풍과 온풍을 실내의 혼합 유닛 또는 체임버(chamber)에서 자동적으로 혼합하여 각 실에 공급하는 송풍방식으로, 냉풍과 온풍을 혼합하는 혼합상자가 필요하므로 소음과 진동도 크다.

07 | 전열교환기에 관한 기술
19①, 08①

공조시스템의 전열교환기에 관한 설명으로 옳지 않은 것은?

① 공기 대 공기의 열교환기로서 현열만 교환이 가능하다.
② 공조기는 물론 보일러나 냉동기의 용량을 줄일 수 있다.
③ 공기방식의 중앙공조시스템이나 공장 등에서 환기에서의 에너지회수방식으로 사용된다.
④ 전열교환기를 사용한 공조시스템에서 중간기(봄, 가을)를 제외한 냉방기와 난방기의 열회수량은 실내·외의 온도차가 클수록 많다.

해설 전열(현열과 잠열)교환기는 환기 시 실내의 열을 뺏기지 않도록 그 열을 외부에서 들어오는 급기에 보내어 실내에 되돌리는 열교환기이다. 배기의 공기 대 급기의 공기와의 공기 대 공기의 **열교환기로서 전열(현열과 잠열)**을 교환한다.

08 | 팬코일 유닛 방식의 기술
18①, 10①

공기조화방식 중 팬코일 유닛 방식에 대한 설명으로 옳지 않은 것은?

① 덕트 방식에 비해 유닛의 위치 변경이 쉽다.
② 유닛을 창문 밑에 설치하면 콜드 드래프트를 줄일 수 있다.
③ 전공기 방식으로 각 실에 수배관으로 인한 누수의 염려가 없다.
④ 각 실의 유닛은 수동으로도 제어할 수 있고, 개별 제어가 쉽다.

해설 전수방식으로 각 실에 수배관으로 인한 **누수의 염려가 있다.**

09 | 각종 공기조화방식에 관한 기술
13②, 10④

각종 공기조화방식에 관한 설명으로 옳지 않은 것은?

① 단일 덕트 방식은 전공기 방식이다.
② 이중 덕트 방식은 냉·온풍의 혼합으로 인한 혼합손실이 있다.
③ 팬코일 유닛 방식은 전공기 방식으로 수배관으로 인한 누수의 우려가 없다.
④ 단일 덕트 방식은 부하 특성이 다른 여러 개의 실이나 존이 있는 건물에는 적용하기가 곤란하다.

해설 **팬코일 유닛 방식**은 실내 소형 공조기(전동기 직결의 소형 송풍기, 냉·온수 코일, 필터 등)를 각 실에 설치하여 중앙 기계실로부터 온수 또는 냉수를 공급하여 공기조화를 하는 **전수방식으로 수배관으로 인한 누수의 우려가 있다.**

10 | 각종 공조방식에 관한 기술
12②, 09①

다음의 공기조화방식에 대한 설명 중 옳은 것은?

① 전공기방식은 중간기 외기 냉방은 불가능하나, 다른 방식에 비해 열매의 반송동력이 적게 든다.
② 공기·수방식은 각 실의 온도제어는 곤란하나, 관리 측면에서 유리하다.
③ 전수방식은 실내공기가 오염되기 쉬우나 개별 제어, 개별 운전이 가능한 장점이 있다.
④ 전공기방식의 종류에는 단일 덕트 방식, 팬코일 유닛 방식 등이 있다.

해설 **전공기방식**은 중간기 **외기 냉방은 가능**하나, 다른 방식에 비해 열매의 **반송동력이 많이 든다.** 공기·수방식은 각 실의 **온도 제어는 가능**하나, 관리 측면에서 불리하다. **전공기방식의 종류**에는 단일 덕트 방식, 이중 덕트 방식 및 멀티존 유닛 방식 등이 있다.

11 | 단일 덕트 방식에 관한 기술
15④, 08④

공기조화방식 중 단일 덕트 방식에 대한 설명으로 옳지 않은 것은?

① 냉·온풍의 혼합손실이 없다.
② 이중 덕트 방식에 비해 덕트 스페이스가 적게 든다.
③ 각 실이나 존의 부하 변동에 즉시 대응할 수 있다.
④ 부하 특성이 다른 여러 개의 실이나 존이 있는 건물에 적용하기가 곤란하다.

해설 각 실이나 존의 부하 변동에 즉시 **대응할 수 없다.**

12 | 공기조화방식의 종류
04①, 98④

공기조화방식이 아닌 것은?

① 이중 덕트 방식
② 팬코일 유닛 방식
③ 탱크리스 부스터 방식
④ 패키지 유닛 방식

해설 **이중 덕트 방식**은 냉풍과 온풍의 2개의 풍도를 설비하여 말단에 설치한 혼합 유닛(냉풍과 온풍을 실내의 챔버에서 자동으로 혼합)으로 냉풍과 온풍을 합해 송풍함으로써 공기조화를 하는 방식이다. **팬코일 유닛 방식**은 중앙 공조방식 중 전수방식으로서 펌프에 의해 냉·온수를 이송하므로 송풍기에 의한 공기의 이송동력보다 적게 드는 공조방식이다. **패키지 유닛 방식**은 패키지 유닛[송풍기, 가열코일(또는 냉각코일), 공기여과기 및 냉동기 등을 내장한 공장 제작의 공조기]을 사용하여 정풍량 단일 덕트 방식으로 필요한 온습도, 공기 청정도를 유지하는 냉매방식의 공기조화방식이다. 또한, **탱크리스 부스터 방식**은 급수방식의 일종이다.

13 | 변풍량 방식의 송풍량 조절
20④, 18②

변풍량 단일덕트방식에서 송풍량 조절의 기준이 되는 것은?

① 실내 청정도
② 실내 기류속도
③ 실내 현열부하
④ 실내 잠열부하

> **해설** **변풍량방식**(공조방식 중 급기온도를 일정하게 하고 송풍량을 가변시켜서 실내온도를 조절하는 방식)의 **송풍량 조절**은 실내의 **현열부하에 따라 변화**한다.

14 | 공기조화방식의 종류
03④

공기조화설비방식이 아닌 것은?

① 리버스 리턴 방식
② 멀티존 유닛 방식
③ 단일 덕트 방식
④ 팬코일 유닛 방식

> **해설** **단일 덕트 정풍량방식**은 모든 공기조화방식의 기본으로, 중앙의 공기처리장치인 공조기와 공기조화반송장치로 구성되며, 단일 덕트를 통하여 여름에는 냉풍, 겨울에는 온풍을 일정량 공급하여 공기조화하는 방식이다. **멀티존 유닛 방식**은 공기조화기에 냉온 양 열원 코일을 설치하고, 각 존의 부하 상태에 따라 냉·온풍의 혼합비를 바꾸어서 송풍 공기를 필요 온·습도로 유지하여 각 존별 덕트에 공급하는 방식이다. **리버스 리턴 방식**은 온수난방의 복관식 배관법의 일종이다.

15 | 이중 덕트 방식에 관한 기술
02④, 99②

이중 덕트(Dual duct) 방식에 대한 설명 중 틀린 것은?

① 공조기 내부에 있는 유닛에서 각 존별로 온풍과 냉풍을 혼합하여 내보낸다.
② 냉·난방을 동시에 할 수 있고 부하의 변동에 쉽게 대처할 수 있다.
③ 중간기에는 냉·온풍의 혼합에서 생기는 에너지 손실이 많게 된다.
④ 덕트 스페이스가 많이 필요하고 설치비가 비교적 높다.

> **해설** **멀티존 유닛 방식**은 공조기 내부에 있는 유닛에서 각 존별로 온풍과 냉풍을 혼합하여 내보낸다.

16 | 강당의 공기조화방식
02②, 00②

800명을 수용하는 강당을 공기조화할 경우 가장 많이 쓰이는 방식은?

① 전 덕트 방식으로 중앙식
② 유닛 방식으로 중앙식
③ 덕트와 유닛 방식의 병용식
④ 복사난방방식

> **해설** 800명 이상을 수용하는 강당의 공기조화설비는 **전 덕트 방식**으로 **중앙식** 공기조화설비를 사용하는 것이 유리하다.

17 | 변풍량 방식의 기술
02①

변풍량(variable air volume) 방식의 공기조화 시스템에 대한 설명 중 틀린 것은?

① 실내 부하의 변화에 따라 송풍온도를 변화시켜 실온을 일정하게 유지한다.
② 부하가 작을 경우 송풍기의 동력이 낮아지므로 에너지를 절약할 수 있다.
③ 각 실의 개별 제어가 용이하고 부하의 변동에 쉽게 대응할 수 있다.
④ 주로 건물의 내부 존(interior zone) 냉방을 위해 설치된다.

> **해설** **정풍량 방식**은 실내 부하의 변화에 따라 송풍온도를 변화시켜 실온을 일정하게 유지한다.

18 | 전공기방식의 종류
01②, 96③

다음 공기조화방식에서 전공기방식(all air system)은?

① 멀티존 유닛(multi zone unit) 방식
② 유인 유닛(induction unit) 방식
③ 팬코일 유닛(fan coil unit) 방식
④ 복사 냉·난방방식

> **해설** 유인 유닛(induction unit) 방식과 복사 냉·난방방식은 **공기·수방식**, 팬코일 유닛(fan coil unit) 방식은 **수방식**이다.

19 | 팬코일 유닛방식의 특징
97③

다음 특징을 갖는 공조방식은?

- 외주부에 설치하여 콜드 드래프트를 방지한다.
- 개별 제어가 용이하다.
- 보수 및 점검 개소가 증가한다.

① VAV 방식 ② FCU 방식
③ 단일 덕트 방식 ④ 패키지 방식

해설 **팬코일 유닛 방식**은 실내 소형 공조기(전동기 직결의 소형 송풍기, 냉·온수 코일, 필터 등)를 각 실에 설치하여 중앙 기계실로부터 온수 또는 냉수를 공급하여 공기조화를 하는 방식이다. **외주부에 설치하여 콜드 드래프트를 방지**하고, **개별 제어가 쉬우며, 보수 및 점검 개소가 증가**한다.

20 | 팬코일 유닛방식에 관한 기술
19④

공기조화방식 중 팬코일유닛방식에 관한 설명으로 옳지 않은 것은?

① 각 실에 수배관으로 인한 누수의 우려가 있다.
② 덕트샤프트나 스페이스가 필요 없거나 작아도 된다.
③ 각 실의 유닛은 수동으로도 제어할 수 있고 개별제어가 쉽다.
④ 유닛을 창문 밑에 설치하면 콜드드래프트(cold draft)가 발생할 우려가 높다.

해설 유닛을 창문 밑에 설치하면 콜드드래프트가 **발생할 우려가 낮다.**

21 | 전수방식에 관한 기술
20③

공기조화방식 중 전수방식에 관한 설명으로 옳지 않은 것은?

① 각 실의 제어가 용이하다.
② 실내 배관에 의한 누수의 우려가 있다.
③ 극장의 관객석과 같이 많은 풍량을 필요로 하는 곳에 주로 사용된다.
④ 열매체가 증기 또는 냉온수이므로 열의 운송동력이 공기에 비해 적게 소요된다.

해설 **전수방식**은 물만을 열매로 하여 실내 유닛으로 공기를 냉각, 가열하는 것으로써, 실내의 열은 처리가 가능하나 외기를 공급하지 못하기 때문에 공기의 정화 및 환기를 충분히 할 수 없다. 따라서 **문의 개폐 등에 의해서 공기가 실내로 유입되는 경우와 적은 인원이 단시간 재실하는 경우**에 사용하며, 겨울철의 가습도 공조기로 하기에는 부적합하다.

| 승강설비 |

빈도별 기출문제

1 엘리베이터설비

01 | 리밋 스위치의 기능
21①, 20④, 17②, 16④, 14④, 11②, 07②, 06②, 04①, 02④

카(car)가 최상층이나 최하층에서 정상 운행 위치를 벗어나 그 이상으로 운행하는 것을 방지하는 엘리베이터 안전장치는?

① 카운터 웨이트(counter weight)
② 가이드 레일(guide rail)
③ 완충기(buffer)
④ 리밋 스위치(limit switch)

해설 **카운터 웨이트**는 권상기의 부하를 줄이기 위해 사용하는 것이다. **완충기**는 모든 정지장치가 고장나거나 로프가 끊어져서 카가 최하층 슬래브에 추락한 경우 낙하 충격을 흡수 완화시키기 위한 스프링 장치이다. 또한, **가이드 레일**은 엘리베이터의 승강기 또는 균형추의 승강을 가이드하기 위해 승강로 안에 수직으로 설치한 레일이다.

02 | 엘리베이터의 구동방식
11②, 98③, 97①,②, 96①

대규모 사무실 빌딩에 운행속도가 150m/분인 승용(乘用) 엘리베이터의 구동방식은?

① 교류 1단
② 교류 2단
③ 직류 기어드
④ 직류 기어리스

해설 ①항은 30m/분, ②항은 45~60m/분, ③항은 90~105m/분, ④항은 120~240m/분이다.

03 | 제한 스위치의 기능
03①, 02②, 01①, 00②, 98①, 97④, 96③

엘리베이터의 안전장치로서 종점 스위치가 고장났을 때 작동하여 전동기를 정지시킴과 동시에 전자 브레이크를 작동시켜 케이지를 급정지시키는 것은?

① 조속기
② 완충기
③ 착상 계전기
④ 제한 스위치

해설 **제한 스위치**는 종점 스위치가 고장인 경우 종점을 지난 카는 제한 스위치가 작동하여 모터의 회로를 끊고, 동시에 전자 브레이크를 작동하여 카를 급정지시킨다.

04 | 승합 전자동방식의 정의
10①, 09④, 99④

승객 자신이 운전하는 엘리베이터로 목적층 단추나 승강장의 호출신호로 시동, 정지를 이루는 조작방식이며 또한 누른 순서에 관계없이 각 호출에 응하여 자동적으로 정지하는 엘리베이터 운전방식은?

① 단식 자동방식
② 카 스위치 방식
③ 승합 전자동방식
④ 시그널 컨트롤 방식

해설 **단식 자동방식**은 승객 자신이 운전하는 엘리베이터로, 목적층 단추가 승강장으로부터 호출신호에 의하여 자동으로 시동, 정지를 이루는 조작방식이다. **카 스위치 단식 자동 병용식**은 평상시는 운전원이 타고 카 스위치 자동 착상방식으로 운전하는 방식으로 한산할 때에는 단식 자동방식으로 승객이 운전하는 방식이며, **시그널 승합 전자동방식**은 평상시는 운전원이 타고 시그널 컨트롤 방식으로 운전하는 방식으로 한산할 때에는 승합 전자동식으로 승객이 운전하는 방식이다.

05 | 고속 엘리베이터의 구동방식
03②, 01①, 99③,④, 96②

고속 엘리베이터의 구동방식으로 가장 적당한 것은?

① 교류 1단
② 교류 2단
③ 직류 기어드
④ 직류 기어리스

해설 엘리베이터의 정격속도가 **고속**인 경우에는 엘리베이터의 구동방식은 **직류 기어리스** 방식을 사용한다.

정답 01. ④ 02. ④ 03. ④ 04. ③ 05. ④

06 | 엘리베이터의 안전장치
19④, 11①, 07④, 05②

다음 중 엘리베이터의 안전장치와 가장 관계가 먼 것은?

① 조속기
② 전자 브레이크
③ 종점 스위치
④ 핸드 레일

해설 **조속기, 전자 브레이크**(전동기의 토크 손실이 생겼을 때 엘리베이터를 정지시킨다.) 및 종점 스위치 등은 **엘리베이터의 안전장치**이고, **핸드 레일**(손스침 안전장치)은 **에스컬레이터의 안전장치**로서 에스컬레이터의 이동속도와 동일하게 이동하는 장치이다.

07 | 로프식과 유압식의 비교
15①, 12④, 10②, 07②

로프식 엘리베이터와 유압식 엘리베이터를 비교할 때 유압식 엘리베이터의 장점은?

① 전동기 출력이 작다.
② 기계실 위치가 자유롭다.
③ 기계실 발열량이 작다.
④ 속도의 범위가 자유롭다.

해설 유압식 엘리베이터는 로프식 엘리베이터에 비하여 전동기의 **출력이 크고** 기계실의 **발열량이 크며**, 속도의 범위가 **자유롭지 못한 단점**이 있다.

08 | 정격속도가 180m/분의 방식
02②, 00①

정격속도가 180m/분인 엘리베이터의 구동방식은?

① 교류 1단
② 교류 2단
③ 직류 기어드
④ 직류 기어리스

해설 ①항은 30m/분, ②항은 45~60m/분, ③항은 90~105m/분, ④항은 120~240m/분이다.

09 | 승합 전자동 방식의 정의
19①, 15④, 10④

승객 스스로 운전하는 전자동 엘리베이터로 카 버튼이나 승강장의 호출신호로 기동, 정지를 이루는 엘리베이터 조작방식은?

① 카 스위치 방식
② 승합 전자동 방식
③ 시그널 컨트롤 방식
④ 레코드 컨트롤 방식

해설 **카 스위치 방식**은 운전원이 조작반의 스타트 핸들을 조작하여 시동 및 정지시키는 방식이다. **레코드 컨트롤 방식**은 운전원이 목적층과 승강장의 호출신호를 보고, 조작반의 목적층 버튼을 누르면 순서에 의해서 자동적으로 목적층에 정지하는 방식이다. **시그널 컨트롤 방식**은 운전원의 조작반 핸들 조작으로 출발하고, 조작반의 목적층 단추를 눌러서 정지하거나 승강장으로부터의 호출신호에 의해 층의 순서에 따라 자동적으로 정지한다.

10 | 엘리베이터 기계실의 기술
05①, 03④, 00③

엘리베이터의 기계실에 관한 설명으로 옳지 않은 것은?

① 기계실의 위치는 대부분의 경우 승강로의 위쪽에 설치한다.
② 기계실의 바닥면적은 승강로 수평투영면적과 같은 크기로 한다.
③ 기계실의 벽과 바닥은 방음구조, 진동방지구조로 한다.
④ 기계실은 발열이 많으므로 환기시킨다.

해설 기계실의 바닥면적은 승강로 수평투영면적의 **2배 이상을 원칙**으로 하나, 교류는 2.0~2.5배, 직류는 2.5~3.0배, 군관리 운전의 직류 엘리베이터는 3.0~3.5배 정도로 한다.

11 | 엘리베이터 과속의 안전장치
99②, 96④

엘리베이터의 과속에 대한 안전장치가 아닌 것은?

① 조속기
② 전자 브레이크
③ 종점 스위치
④ 도어 스위치

해설 **도어 스위치**는 마이크로 스위치를 이용해 엘리베이터의 문을 개폐할 수 있도록 작동하는 스위치로서 **엘리베이터의 문이 완전히 닫히지 않은 경우에는 운전 불능**이 된다.

12 | 유압식 엘리베이터의 기술
21④, 15②, 08④

유압식 엘리베이터에 대한 설명 중 옳지 않은 것은?

① 오버 헤드가 작다.
② 기계실의 위치가 자유롭다.
③ 큰 적재량으로 승강 행정이 짧은 경우에는 적용할 수 없다.
④ 지하주차장 엘리베이터와 같이 지하층에만 운전하는 경우 적용할 수 있다.

해설 큰 적재량으로 승강 행정이 짧은 경우에 **적용할 수 있다.**

13 | 운행속도가 가장 높은 방식
15②, 12②

다음 중 운행속도가 가장 높은 엘리베이터 방식은?

① 직류 기어리스　　② 직류 기어드
③ 교류 2단　　　　④ 교류 1단

해설 엘리베이터의 운행속도가 빠른 순서 : 직류 기어리스(150~240 m/min) → 직류 기어드(90~105m/min) → 교류 2단(45~60m/min) → 교류 1단(30m/min)의 순이다.

14 | 기계실의 설치 장치
13④, 10①

엘리베이터의 주요 기기의 설치 위치는 기계실, 승강로, 승강장 등으로 나눌 수 있다. 다음 중 기계실에 설치하는 것은?

① 가이드 레일　　② 완충기
③ 균형추　　　　④ 권상기

해설 가이드 레일, 완충기 및 균형추는 승강로에 설치하고, 기계실에는 권상기(권상전동기), 전자 브레이크, 제어반, 시중(기동)반, 배플차(도르래) 및 전력 발전기 등이 있다.

15 | 엘리베이터 정원 1인당 하중
13①, 08②

승객용 엘리베이터의 정원을 정할 때 적용하는 한 사람당의 하중은?

① 55kg　　　　② 65kg
③ 75kg　　　　④ 85kg

해설 엘리베이터의 케이지 바닥면적과 적재량과의 관계는 승용 엘리베이터의 경우 적재하중이 정해지면 1인당 하중을 65kg으로 하여 최대 정원을 정한다.

16 | 엘리베이터의 안전장치
21②, 14②

엘리베이터의 안전장치에 속하지 않는 것은?

① 균형추　　　　② 완충기
③ 조속기　　　　④ 전자브레이크

해설 엘리베이터의 안전장치에는 전기적 안전장치(주접촉기, 과부하계전기, 전자브레이크, 승강스위치, 도어스위치, 비상정지버튼, 안전스위치, 슬롯다운스위치, 파이널리밋스위치, 도어안전스위치, 비상벨 및 전화기 등)와 기계적 안전장치(도어인터로크장치, 조속기, 비상정지, 완충기, 구출구, 수동핸들, 자동착상장치, 제어반 등) 등이 있다. 균형추는 권상기(전동기축의 회전력을 로프차에 전달하는 기구)의 부하를 가볍게 하고자 카의 반대측 로프에 장치한 것으로 중량=전중량+최대 적재량×(0.4~0.6)이다.

17 | 승합 전자동방식의 정의
22②, 16①

엘리베이터의 조작방식 중 무운전원방식으로 다음과 같은 특징을 갖는 것은?

> 승객 스스로 운전하는 전자동 엘리베이터로, 승강장으로부터의 호출신호로 기동, 정지를 이루는 조작방식이며, 누른 순서에 상관없이 각 호출에 응하여 자동적으로 정지한다.

① 단식 자동방식
② 카 스위치방식
③ 승합 전자동방식
④ 시그널 콘트롤 방식

해설

구분	시동	정지	비고
카 스위치방식	운전원이 조작	운전원 (자동, 수동)	운전원방식
단식 자동방식	승강장의 호출에 의해 자동		무운전원방식
신호 제어방식	운전원이 조작	조작반, 승강장 호출	운전원방식

18 | 시그널컨트롤방식의 정의
22①, 09①

다음 설명에 알맞은 요운전원 엘리베이터 조작방식은?

> 기동은 운전원의 버튼조작으로 하며, 정지는 목적층 단추를 누르는 것과 승강장의 호출신호로 층의 순서대로 자동정지한다.

① 카스위치방식
② 전자동군관리방식
③ 레코드컨트롤방식
④ 시그널컨트롤방식

해설 ① 카스위치방식 : 운전원이 조작반의 스타트핸들을 조작하여 시동 및 정지시키는 방식
② 전자동군관리방식 : 3~8대의 엘리베이터가 서로 연락하며 빌딩 내 교통수요변동에 대응하는 효율적인 수송을 하는 엘리베이터 조작방식
③ 레코드컨트롤방식 : 운전원이 목적층과 승강장의 호출신호를 보고 조작반의 목적층버튼을 누르면 순서에 의해서 자동적으로 목적층에 정지하는 방식

19 | 엘리베이터의 안전장치의 기술
10④, 06①

엘리베이터의 안전장치에 관한 설명으로 맞는 것은?

① 전동기가 회전을 정지하였을 경우 스프링의 힘으로 브레이크 드럼을 눌러 엘리베이터를 정지시켜 주는 장치는 전자 브레이크(magnetic brake)이다.

② 사고 발생 시 층 사이에서 카(car) 내의 승객이 카 밖으로 나가려고 할 경우 승강로의 벽과 카 사이의 공간으로 승객이 추락하는 것을 방지하기 위한 장치는 조속기(governor)이다.

③ 리밋 스위치에 의한 조속기의 동작에 의해 비상시 엘리베이터를 안전하게 정지시키도록 하는 장치로 가이드 레일을 움켜잡아 정지시키는 장치는 역·결상 릴레이이다.

④ 카(car)가 최상층이나 최하층에서 정상 위치를 벗어나 그 이상으로 운행하는 것을 방지하는 안전장치는 끼임 방지장치(safety shoe)이다.

> **해설** ②항은 **추락방지판**, ③항은 **비상정지장치**, ④항은 **제한스위치**이다.

20 | 직류와 교류의 비교
01②, 96③

직류 엘리베이터에 대한 교류 엘리베이터의 특성을 설명한 것으로 옳지 않은 것은?

① 기동 토크가 크다.
② 속도를 임의로 선택할 수 없다.
③ 승차 시 승강 기분이 좋지 않다.
④ 착상오차가 크다.

> **해설** 교류 엘리베이터는 직류 엘리베이터에 비하여 기동 토크가 작다.

21 | 엘리베이터에 관한 기술
00②, 97④

엘리베이터에 관해 옳은 것은?

① 고속용은 직류 전동기(기어리스)를 사용한다.
② 일반적으로 화물용은 고속이고 승객용은 저속이다.
③ 카운터웨이트 중량=카의 중량+최대 적재중량
④ 사용하는 로프는 20mm 이상 2본으로 매단다.

> **해설** 일반적으로 **화물용은 저속**이고 **승객용은 고속**이며, 카운터 웨이트 중량=카의 중량+**최대 적재중량**×(0.4~0.6)이고, 사용하는 로프는 **12mm 이상 3본**으로 매단다.

22 | 엘리베이터의 서비스층 분할
00①, 97③

엘리베이터의 서비스층 분할을 하는 데 1개의 뱅크가 분담할 수 있는 가장 적합한 서비스층은 다음 중 어느 것인가?

① 3~4층
② 5~6층
③ 7~8층
④ 8~15층

> **해설** **20층을 넘는 건축물**에 있어서는 수송시간의 단축과 유효율의 향상을 위해 조닝(건축물을 몇 층으로 분할해 각기의 층에 엘리베이터의 그룹을 할당해 서비스하는 일)을 하는데, **각 조닝의 플로어 수는 10층 전후, 최대 15층 이하**로 하고, 서비스 플로어를 정확히 해 잘못 타는 일이 없도록 하여야 하며, 건축 내의 수직 교통수단이 분단되므로 다른 층에 갈아타는 층을 설치해야 한다.

23 | 엘리베이터의 안전장치
99③, 96①

엘리베이터의 안전장치와 관련 없는 것은?

① 조속기
② 종점 스위치
③ 3로 스위치
④ 리밋 스위치

> **해설** **조속기**(승강기의 속도를 모니터하여 과속을 감시하는 장치 또는 기관의 회전속도를 일정하게 유지하기 위한 제어장치), **종점 스위치**(제일 높은 층과 제일 아래층에서 정지의 스위치를 잊은 경우에도 위·아래 종점에서 차를 자동으로 정지시키는 장치) 및 **리밋(제한) 스위치**(종점 스위치가 고장인 경우 종점을 지난 카는 제한 스위치가 작동하여 모터의 회로를 끊고, 동시에 전자 브레이크를 작동하여 카를 급정지시킨다) 등은 **엘리베이터의 안전장치**이다. **3로 스위치**는 3개의 단자를 구비한 전환용 용수철 스위치로 **전등을 2개소 이상의 스위치에서 점멸할 때 사용**한다.

24 | 무운전원 방식의 종류
98④

엘리베이터의 운전방식에서 무운전원(無運轉員) 방식이 아닌 것은?

① 단식 자동방식
② 승합 전자동식
③ 하강승합 자동방식
④ 시그널 컨트롤 방식

> **해설** **운전원 방식**에는 카 스위치 방식, 기억 제어 방식, **신호제어(signal control) 방식** 등이 있다. **무운전원 방식**에는 **단식 자동방식, 승합 전자동방식, 하강승합 자동방식** 등이 있다. **병용 방식**에는 카 스위치 단식 자동 병용식, 카 스위치 승합 전자동식, 시그널 승합 전자동방식 등이 있다.

25 │ 직류 엘리베이터의 기술
18①

직류 엘리베이터에 관한 설명으로 옳지 않은 것은?

① 임의의 기동토크를 얻을 수 있다.
② 고속 엘리베이터용으로 사용이 가능하다.
③ 원활한 가감속이 가능하여 승차감이 좋다.
④ 교류 엘리베이터에 비하여 가격이 저렴하다.

해설 **직류 엘리베이터**(착상오차가 적고 부하에 의한 속도변동이 없으며, 속도의 선택과 제어가 가능)는 **교류 엘리베이터에 비해서 가격이 비쌈**(교류의 1.5~2배) 단점이 있다.

---

❷ 에스컬레이터설비

01 │ 교차형 배치의 특성
01④, 97①,②

에스컬레이터의 배열방식 중 승강객의 구분이 명확하여 혼잡이 적고 점유면적이 적게 차지하는 형은?

① 단열 중복형
② 교차형
③ 복렬형
④ 2열 중복형

해설 에스컬레이터의 배열방식 중 **교차형**은 **승객의 구분이 명확**해 **혼잡이 적고, 점유면적이 작은** 특성을 갖고 있다.

02 │ 에스컬레이터의 정격속도
02①

백화점에 에스컬레이터를 설치할 경우 가장 적당한 에스컬레이터의 정격속도는?

① 16m/분 이하
② 30m/분 이하
③ 45m/분 이하
④ 60m/분 이하

해설 **에스컬레이터**의 특징은 수송능력이 큰 장점을 갖고 있는 점이고, 에스컬레이터의 기울기는 보통 30° 정도이고, 그 속도는 30m/min 이하이다.

---

03 │ 에스컬레이터의 경사도
19②, 13②,④

다음의 에스컬레이터의 경사도에 관한 설명 중 ( ) 안에 알맞은 것은?

> 에스컬레이터의 경사도는 (㉠)를 초과하지 않아야 한다. 다만, 높이가 6m 이하이고, 공칭속도가 0.5m/s 이하인 경우에는 경사도를 (㉡)까지 증가시킬 수 있다.

① ㉠ 25°, ㉡ 30°
② ㉠ 25°, ㉡ 35°
③ ㉠ 30°, ㉡ 35°
④ ㉠ 30°, ㉡ 40°

해설 에스컬레이터의 **경사도는 30°를 초과하지 않아야** 한다. 다만, 높이가 6m 이하이고, 공칭속도가 0.5m/s 이하인 경우에는 **경사도를 35° 까지 증가**시킬 수 있다.

04 │ 스텝을 주행시키는 기능
17①, 09④

에스컬레이터의 좌우에 설치되어 있으며, 스텝을 주행시키는 역할을 하는 것은?

① 스텝 체인
② 스커트 가드
③ 핸드레일
④ 가드레일

해설 **스커트 가드**는 에스컬레이터의 난간에 이어져 밟는 판과 접하는 패널이고, **가드레일**은 엘리베이터의 승강기 또는 균형추의 승강을 가이드하기 위해 승강로 안에 수직으로 설치한 레일이다. **핸드레일**(손스침 안전장치)은 **에스컬레이터의 안전장치**로서 에스컬레이터의 이동속도와 동일하게 이동하는 장치이다.

05 │ 공칭 수송능력
16②, 15④

1,200형 에스컬레이터의 공칭 수송능력은?

① 4,800인/h
② 6,000인/h
③ 7,200인/h
④ 9,000인/h

해설 에스컬레이터의 수송능력은 에스컬레이터의 너비에 따라 다음과 같이 결정된다.

너 비	1,200mm	900mm	800mm	600mm
수송인원	8,000명/h	6,000명/h	5,000명/h	4,000명/h
비 고	대인 2인	대인 1인, 어린이 1인이 병렬		대인 1인

---

06 | 에스컬레이터에 관한 기술
12④, 09②

다음 에스컬레이터에 대한 설명 중 옳지 않은 것은?

① 기다리는 시간이 없고 연속적으로 승객을 수송할 수 있다.
② 수송능력이 엘리베이터의 약 10배 정도이다.
③ 정격속도는 하강 방향을 고려하여 60m/min 정도가 가장 바람직하다.
④ 기계실이 필요하지 않으며 피트가 간단하다.

해설 정격속도는 **하강 방향의 안전**을 고려하여 **30m/min 이하**가 가장 바람직하다.

07 | 에스컬레이터에 관한 기술
10④, 08①

에스컬레이터에 관한 설명 중 옳지 않은 것은?

① 수송능력은 엘리베이터의 10배 정도이다.
② 연속적으로 승객을 수송할 수 있다.
③ 에스컬레이터의 경사는 일반적으로 30° 이하로 한다.
④ 에스컬레이터는 장거리 대량 수송을 할 때 효과적이다.

해설 에스컬레이터는 **단거리 대량 수송**을 할 때 효과적이고, 엘리베이터는 장거리 고속 수송용 승강설비이다.

08 | 교차형에 관한 기술
00③, 97③

에스컬레이터의 배열방식 중 교차형에 대한 설명 중 옳지 않은 것은?

① 교통이 연속된다.
② 승강객의 구분이 명확하므로 혼잡이 적다.
③ 점유면적이 좁다.
④ 승객의 시야가 넓다.

해설 승객의 시야가 좁다.

09 | 에스컬레이터 설비의 기술
00③, 96④

에스컬레이터 설비에 대한 설명 중 옳지 않은 것은?

① 엘리베이터에 비해 많은 승객을 운반한다.
② 속도는 30m/min 이하로 한다.
③ 사용하는 전동기의 동력은 대체로 7.5~11kW이다.
④ 경사는 수평에 대하여 60° 이하로 한다.

해설 경사는 수평에 대하여 **30° 이하**로 한다.

10 | 에스컬레이터의 정격속도
00③

에스컬레이터를 설치하는 경우 에스컬레이터의 정격속도는 하강 방향의 안전성을 고려할 때 분당 몇 m 이하로 하는가?

① 20m
② 30m
③ 40m
④ 50m

해설 에스컬레이터의 정격속도는 **하향 방향의 안전**을 고려해 **30m/min 이하**로 한다.

11 | 에스컬레이터의 정격속도
00①

에스컬레이터의 정격속도는 분당 몇 m/min 이하로 하는가?

① 10m/min
② 20m/min
③ 30m/min
④ 40m/min

해설 에스컬레이터의 정격속도는 **하향 방향의 안전**을 고려하여 **30m/min 이하**로 한다.

12 | 에스컬레이터의 경사도
18④

에스컬레이터의 경사도는 최대 얼마 이하로 하여야 하는가? (단, 공칭속도가 0.5m/s를 초과하는 경우이며 기타 조건은 무시)

① 25°
② 30°
③ 35°
④ 40°

해설 에스컬레이터의 경사도와 정격속도
㉮ 에스컬레이터의 정격속도는 30m/min 이하이다.
㉯ 공칭속도가 0.5m/s인 경우로서 기타 조건은 무시한 경우 **에스컬레이터의 경사도는 30°**를 초과하지 않아야 한다.

13 | 에스컬레이터에 관한 기술
16④

에스컬레이터에 관한 설명으로 옳지 않은 것은?

① 수송량에 비해 점유면적이 작다.
② 수송능력이 엘리베이터보다 작다.
③ 대기시간이 없고 연속적인 수송설비이다.
④ 연속 운전되므로 전원설비가 부담이 적다.

해설 에스컬레이터는 **수송능력은 엘리베이터의 약 10배 정도**이다. 짧은 거리의 대량 수송에 적합하고, 수송량에 비해 점유면적이 작으며, 연속 운전되므로 전원설비에 부담이 적다.

❸ 기타 수송설비

01 | 이동 보도에 관한 기술
07④, 05④, 03②

이동 보도에 대한 설명 중 잘못된 것은?

① 이동속도는 30~50m/분이다.

② 승객을 수직으로 수송하는 방식이다.

③ 수평으로부터 10° 이내의 경사로 되어 있다.

④ 주로 역이나 공항 등에 이용된다.

해설 승객을 수평으로 수송하는 방식이다.

02 | 전동 덤웨이터의 적재량
98②

전동 덤웨이터의 적재량은?

① 100kg까지　　　　② 300kg까지

③ 500kg까지　　　　④ 1,000kg까지

해설 **전동 덤웨이터**는 사람을 운반하지 않고 화물만 운반하는 장치로서 케이지의 바닥면적은 약 1m² 이하, 천장의 높이는 1.2m 이하로 승강할 수 없는 구조로 되어 있다. 전동기의 용량은 3HP 정도로 하며, **적재량은 500kg 정도**이다. 또한, 덤웨이터의 속도는 15, 20, 30m/min 등이다.

03 | 이동식 보도에 관한 기술
18②

이동식 보도에 관한 설명으로 옳지 않은 것은?

① 속도는 60~70m/min이다.

② 주로 역이나 공항 등에 이용된다.

③ 승객을 수평으로 수송하는 데 사용된다.

④ 수평으로부터 10° 이내의 경사로 되어 있다.

해설 이동식 보도의 속도는 40~50m/min이다.

빈도별 기출문제

ENGINEER ARCHITECTURE

① 총칙

01 | 태양열 주택의 건축면적 산정
20①,②,③ 18②,④ 15①,④ 14③ 12①,②, 10②, 09④ 97④

태양열을 주된 에너지원으로 이용하는 주택의 건축면적 산정 시 기준이 되는 것은?

① 건축물 외벽의 외곽선
② 전체 외벽 두께의 중심선
③ 건축물의 외벽 중 내측 내력벽의 중심선
④ 건축물의 외벽 중 외측 내력벽의 중심선

해설 관련 법규 : 법 제84조, 영 제119조, 규칙 제43조, 해설 법규 : 규칙 제43조 ①항
태양열을 주된 에너지원으로 이용하는 주택의 건축면적과 단열재를 구조체의 외기측에 설치하는 단열 공법으로 건축된 건축물의 건축면적은 **건축물의 외벽 중 내측 내력벽의 중심선**을 기준으로 한다.

02 | 도로의 최소폭
22①,② 19④ 17④ 10②,④ 05④ 96①

막다른 도로의 길이가 15m일 때, 이 도로가 건축법령상 도로이기 위한 최소폭은?

① 2m
② 3m
③ 4m
④ 6m

해설 관련 법규 : 법 제2조, 영 제3조의 3, 해설 법규 : 영 제3조의 3 2호
막다른 도로로서 그 도로의 너비가 그 길이에 따라 각각 다음 표에 정하는 기준 이상인 도로

막다른 도로의 길이	10m 미만	10m 이상 35m 미만	35m 이상
도로의 너비	2m	3m	6m (도시지역이 아닌 읍·면 지역 4m)

03 | 층수 산정에 관한 기술
22① 18① 07④ 03② 01① 99③

층수 산정에 관한 내용 중 옳지 않은 것은?

① 지하층은 건축물의 층수에 산입하지 아니한다.
② 층의 구분이 명확하지 아니한 건축물은 당해 건축물의 높이가 4m마다 하나의 층으로 산정한다.
③ 건축물의 부분에 따라 그 층수를 달리하는 경우에는 각 부분에 따라 평균한 층의 수를 층수로 한다.
④ 계단탑, 장식탑으로서 그 수평투영면적의 합계가 당해 건축물의 건축면적의 1/8 이하인 것은 건축물의 층수에 산입하지 아니한다.

해설 관련 법규 : 법 제73조, 영 제119조, 해설 법규 : 영 제119조 ①항 9호
층수 산정 방법에서 건축물의 부분에 따라 그 층수를 달리하는 경우에는 그중 가장 많은 층의 수를 층수로 한다.

04 | 거실의 평균 반자 높이
16④ 14① 12④ 99②

그림과 같은 거실의 평균 반자 높이는? (단, 단위는 m)

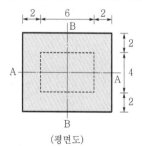

(평면도)

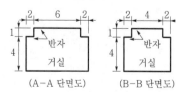

(A-A 단면도) (B-B 단면도)

① 5.0m
② 4.6m
③ 4.5m
④ 4.3m

해설 관련 법규 : 법 제84조, 영 제119조, 해설 법규 : 영 제119조 ①항 7호

반자 높이는 방의 바닥면으로부터 반자까지의 높이로 한다. 다만, 한 방에서 반자 높이가 다른 부분이 있는 경우에는 그 각 부분의 반자 면적에 따라 가중평균한 높이로 한다.

$$\therefore \text{거실의 반자 높이} = \frac{\text{실의 체적}}{\text{실의 면적}}$$

$$= \frac{(2+4+2) \times (2+6+2) \times 4 + (4 \times 6) \times 1}{(2+4+2) \times (2+6+2)}$$

$$= 4.3\text{m}$$

05 | 거실의 평균 반자 높이
06①, 99①, 98①,②,③,④

그림과 같은 단면을 가진 거실의 반자 높이로서 옳은 것은?

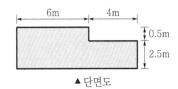

▲ 단면도

① 2.5m   ② 2.8m
③ 3.0m   ④ 2.75m

해설 관련 법규 : 법 제84조, 영 제119조, 해설 법규 : 영 제119조 ①항 7호

반자 높이는 방의 바닥면으로부터 반자까지의 높이로 한다. 다만, 한 방에서 반자 높이가 다른 부분이 있는 경우에는 그 각 부분의 반자의 면적에 따라 가중평균한 높이로 한다.

$$\therefore \text{반자 높이} = \frac{\text{실의 단면적}}{\text{실의 너비}}$$

$$= \frac{\{(6+4) \times (2.5+0.5)\} - (4 \times 0.5)}{6+4} = 2.8\text{m}$$

06 | 고층 건축물의 정의
17①,④, 15②, 14②, 12④

건축법령상 고층 건축물의 정의로 옳은 것은?

① 층수가 20층 이상이거나 높이가 80m 이상인 건축물
② 층수가 30층 이상이거나 높이가 120m 이상인 건축물
③ 층수가 40층 이상이거나 높이가 160m 이상인 건축물
④ 층수가 50층 이상이거나 높이가 200m 이상인 건축물

해설 관련 법규 : 법 제2조, 해설 법규 : 법 제2조 ①항 19호

고층 건축물이란 층수가 30층 이상이거나 높이가 120m 이상인 건축물이다.

07 | 지하층의 정의
20③, 16④, 11④, 96②

다음은 건축법령상 지하층의 정의 내용이다. ( ) 안에 알맞은 것은?

> 지하층이란 건축물의 바닥이 지표면 아래에 있는 층으로서 바닥에서 지표면까지의 평균 높이가 해당 층 높이의 ( ) 이상인 것을 말한다.

① 2분의 1   ② 3분의 1
③ 3분의 2   ④ 4분의 1

해설 관련 법규 : 법 제2조, 해설 법규 : 법 제2조 ①항 5호

지하층이란 건축물의 바닥이 지표면 아래에 있는 층으로서 바닥에서 지표면까지의 평균 높이가 해당 층 높이의 1/2 이상인 것을 말한다.

08 | 바닥면적의 산정
09②, 00③, 99②,④

아래 공동주택의 평면도에서 발코니 면적은 바닥면적에 얼마나 산입되는가?

① 바닥면적에 산입되지 않는다.
② 1.35m²
③ 8.1m²
④ 3.6m²

해설 관련 법규 : 법 제84조, 영 제119조, 해설 법규 : 영 제119조 ①항 3호 나목

건축물의 노대등의 바닥은 난간 등의 설치 여부에 관계없이 노대등의 면적(외벽의 중심선으로부터 노대등의 끝부분까지의 면적)에서 노대등이 접한 가장 긴 외벽에 접한 길이에 1.5m를 곱한 값을 공제한 면적을 바닥면적에 산입한다.

$$\therefore \text{바닥면적} = \text{노대등의 면적} - \text{가장 긴 외벽의 길이} \times 1.5\text{m}$$

$$= 4.5 \times 1.8 - (4.5 \times 1.5) = 1.35\text{m}^2$$

09 | 리모델링이 쉬운 구조
21④, 17①, 14②, 13④

건축법령에 따른 리모델링이 쉬운 구조에 속하지 않는 것은?

① 구조체가 철골구조로 구성되어 있을 것
② 구조체에서 건축설비, 내부마감재료 및 외부마감재료를 분리할 수 있을 것
③ 개별 세대 안에서 구획된 실의 크기, 개수 또는 위치 등을 변경할 수 있을 것
④ 각 세대는 인접한 세대와 수직 또는 수평 방향으로 통합하거나 분할할 수 있을 것

해설 관련 법규 : 법 제8조, 영 제6조의 4, 해설 법규 : 영 제6조의 5 ①항
리모델링이 쉬운 구조는 ②, ③, ④항이고, **구조체가 철골구조로 구성되어 있을 것**과 각 층마다 하나의 방화구획으로 구획되어 있을 것과는 리모델링이 쉬운 구조와는 무관하다.

10 | 공동주택의 종류
21④, 16②, 13④, 96③

건축법령상 공동주택에 속하지 않는 것은?

① 기숙사
② 연립주택
③ 다중주택
④ 다세대주택

해설 관련 법규 : 영 제3조의 5, (별표 1), 해설 법규 : (별표 1)의 2호
공동주택의 종류에는 아파트, **연립주택, 다세대주택 및 기숙사** 등이 있고, **다중주택은 단독주택**에 속한다.

11 | 주요 구조부
09①, 96③,④

다음 중 건축물의 주요 구조부에 속하는 것은?

① 간벽
② 샛기둥
③ 주계단
④ 최하층 바닥

해설 관련 법규 : 법 제2조, 해설 법규 : 법 제2조 ①항 7호
주요 구조부란 내력벽, 기둥, 바닥, 보, 지붕틀 및 **주계단**을 말한다. 다만, **샛기둥, 최하층 바닥**, 작은 보, 차양, 옥외 계단, 기타 이와 유사한 것으로, 건축물의 구조상 중요하지 아니한 부분을 제외한다.

12 | 대지면적의 산정
12④

다음과 같은 대지의 대지면적은?

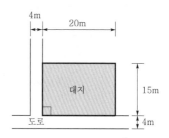

① 294m²
② 296m²
③ 298m²
④ 300m²

해설 관련 법규 : 법 제46조, 법 제84조, 영 제119조, 해설 법규 : 영 제119조 ①항 1호
대지면적의 산정은 **대지의 수평투영면적**으로 하나, 대지에 건축선이 정해진 경우에는 그 건축선과 도로 사이의 대지면적 및 **도로 모퉁이에서의 건축선**($2 \times 2 \times 1/2 = 2m^2$), 대지에 도시·군계획시설인 도로·공원 등이 있는 경우에는 그 도시·군계획시설에 포함되는 대지면적에서 제외한다.
∴ $15 \times 20 - (2 \times 2 \times 1/2) = 298m^2$

13 | 아파트의 정의
19④, 16①, 11②

건축법령상 아파트의 정의로 가장 알맞은 것은?

① 주택으로 쓰는 층수가 3개층 이상인 주택
② 주택으로 쓰는 층수가 5개층 이상인 주택
③ 주택으로 쓰는 층수가 7개층 이상인 주택
④ 주택으로 쓰는 층수가 10개층 이상인 주택

해설 관련 법규 : 법 제2조, 영 제3조의 5, (별표 1), 해설 법규 : (별표 1)

구분		규모	
		바닥면적의 합계	주택으로 사용되는 층수
단독 주택	다중주택	330m² 이하	3개층 이하 (지하층 제외)
	다가구주택	660m² 이하, 19세대 이하	
공동 주택	**아파트**	**–**	**5개층 이상**
	다세대주택	660m² 이하	4개층 이하
	연립주택	660m² 초과	

* 다중주택의 바닥면적은 부설주차장 면적을 제외한다.

14 바닥면적의 산정 기준
15①.④, 10②

다음은 건축물의 바닥면적에 관한 기준 내용이다. (   ) 안에 알맞은 것은?

> 벽, 기둥의 구획이 없는 건축물은 그 지붕 끝부분으로부터 수평거리 (   )m를 후퇴한 선으로 둘러싸인 수평투영면적으로 한다.

① 1
② 1.5
③ 1.8
④ 2

해설 관련 법규 : 법 제84조, 영 제119조, 해설 법규 : 영 제119조 ①항 3호 가목
건축물의 바닥면적의 산정에서 벽, 기둥의 구획이 없는 건축물은 그 지붕 끝부분으로부터 **수평거리 1.0m를 후퇴한** 선으로 둘러싸인 수평투영면적으로 한다.

15 계단탑의 바닥면적의 최대치
12②, 06①, 04①

건축면적 800m²인 건축물의 층수에 산입되지 아니하는 계단탑의 바닥면적으로서 최대로 할 수 있는 면적은? (단, 사업계획 승인대상인 공동주택 중 세대별 전용면적이 85m² 이하인 경우는 제외)

① 80m²
② 100m²
③ 160m²
④ 200m²

해설 관련 법규 : 법 제84조, 영 제119조, 해설 법규 : 영 제119조 ①항 9호
층수는 승강기탑(옥상 출입용 승강기 포함)·계단탑·망루·장식탑·옥탑 그 밖에 이와 비슷한 **건축물의 옥상 부분**으로서 그 **수평투영면적의 합계가 당해 건축물의 건축면적의 1/8**(주택법의 규정에 따른 사업계획 승인대상인 공동주택 중 세대별 전용면적이 85m² 이하인 경우에는 1/6) **이하인 건축물은 층수에 산입하지 아니한다.**
∴ 800m²×1/8=100m² 이하

16 건축물의 용도 분류
10①, 07②, 01②

다음 중 용도별 건축물의 종류가 잘못 연결된 것은?

① 다가구주택 – 단독주택
② 연립주택 – 공동주택
③ 바닥면적이 500m²인 보건소 – 제1종 근린생활시설
④ 바닥면적이 600m²인 교회 – 제2종 근린생활시설

해설 관련 법규 : 법 제2조, 영 제3조의 5, (별표 1), 해설 법규 : (별표 1) 6호
바닥면적이 500m² 미만인 교회는 제2종 근린생활시설이고, 바닥면적이 500m² 이상인 교회는 종교시설에 속한다.

17 지방건축위원회 심의 대상 건축물
09②, 04①, 02②

다음 중 건축법령에 따라 건축 시 지방건축위원회의 건축심의를 받는 대상 건축물에 속하지 않는 것은?

① 종합병원의 용도로 쓰이는 바닥면적의 합계가 6,000m²인 건축물
② 17층의 사무소
③ 연면적 10,000m²의 아파트
④ 16층의 관광호텔

해설 관련 법규 : 법 제4조, 영 제5조의 5, 해설 법규 : 영 제5조의 5 ①항
문화 및 집회시설(전시장 및 동·식물원은 제외), 종교시설, 판매시설, 운수시설 중 여객용 시설, **의료시설 중 종합병원**, 숙박시설 중 관광숙박시설의 용도에 쓰이는 바닥면적의 합계가 5,000m² 이상인 건축물과 16층 이상인 건축물 구조안전에 관한 사항은 **지방건축위원회의 심의사항**이다.

18 내화구조의 기준
08④, 03②, 98②

다음 중 내화구조에 속하지 않는 것은?

① 철근콘크리트조 기둥의 경우 그 작은 지름이 20cm인 것
② 철근콘크리트조 바닥의 경우 두께가 10cm인 것
③ 철근콘크리트조로 된 보
④ 철근콘크리트조로 된 지붕

해설 관련 법규 : 영 제2조, 피난규칙 제3조, 해설 법규 : 피난규칙 제3조 3호
기둥의 경우 그 작은 지름이 **25cm 이상**인 것이다.

19 바닥면적의 산입 요소
07①, 04①, 99①

다음의 시설을 20층의 공동주택으로서 지상층에 설치한 경우 바닥면적에 산입되는 것은?

① 전기실
② 생활폐기물 보관시설
③ 조경시설
④ 탁아소

해설 관련 법규 : 법 제84조, 영 제119조, 해설 법규 : 영 제119조 ①항 3호 마목
공동주택으로서 지상층에 설치한 기계실, 전기실, 어린이놀이터, 조경시설 및 생활폐기물 보관함의 면적은 **바닥면적에 산입하지 아니한다.**

---

14. ① 15. ② 16. ④ 17. ③ 18. ① 19. ④

빈도별 기출문제로 한 번에 합격하기 **383**

20 | 건축법에 관한 기술
05①, 01②, 00③

건축법에 대한 설명 중 옳지 않은 것은?

① 대지면적은 대지의 수평투영면적으로 한다.
② 건축면적은 건축물의 외벽의 중심선으로 둘러싸인 부분의 수평투영면적으로 한다.
③ 바닥면적은 건축물의 각 층 또는 그 일부로서 벽, 기둥, 기타 이와 비슷한 구획의 중심선으로 둘러싸인 부분의 수평투영면적으로 한다.
④ 연면적은 하나의 건축물의 지상층의 바닥면적의 합계로 한다.

해설 관련 법규 : 법 제84조, 영 제119조, 해설 법규 : 영 제119조 ①항 4호
하나의 건축물의 각 층 바닥면적의 합계로 한다. 다만, 용적률의 산정에 있어서 지하층의 면적과 지상층의 주차용(당해 건축물의 부속용도인 경우에 한함)으로 쓰는 면적, 초고층 건축물과 준초고층 건축물에 설치하는 피난안전구역의 면적, 건축물의 경사 지붕 아래에 설치하는 대피공간의 면적 등은 제외하나, 연면적은 지하층의 면적을 **포함**한 하나의 건축물의 각 층의 바닥면적의 합계로 한다.

21 | 다중이용 건축물의 정의
08①, 06②, 04④

건축법상 다중이용 건축물에 해당되는 것은?

① 15층이며 바닥면적의 합계가 4,000m²인 판매시설
② 바닥면적의 합계가 3,000m²인 종합병원
③ 바닥면적의 합계가 3,000m²인 문화 및 집회시설(전시장 및 동·식물원을 제외한다.)
④ 16층인 관광숙박시설

해설 관련 법규 : 영 제2조, 해설 법규 : 영 제2조 17호
15층이며 바닥면적의 합계가 5,000m²인 판매시설, 바닥면적의 합계가 5,000m²인 종합병원과 바닥면적의 합계가 5,000m²인 문화 및 집회시설(동물원·식물원은 제외)은 **다중이용 건축물**이다.

22 | 건축설비의 종류
06④, 02④, 96①

다음 중 건축설비가 아닌 것은?

① 굴뚝   ② 피뢰침
③ 셔터   ④ 승강기

해설 관련 법규 : 법 제2조, 해설 법규 : 법 제2조 ①항 4호
건축설비란 건축물에 설치하는 전기, 전화설비, 초고속 정보통신설비, 지능형 홈네트워크 설비, 가스, 급수, 배수(配水), 배수(排水), 환기, 난방, 냉방, 소화, 배연 및 **오물처리설비, 굴뚝, 승강기, 피뢰침, 국기 게양대,** 공동시청 안테나, **유선방송 수신시설,** 우편함, 저수조, 방범시설, 그 밖에 국토교통부령이 정하는 설비를 말한다.

23 | 바닥면적의 제외 요소
01④

바닥면적의 산정 방식에서 예외로 인정될 수 없는 것은?

① 35층 아파트의 지상층에 설치한 기계실
② 사무소 지상층에 설치한 기름탱크
③ 사무실 지하에 설치한 물탱크
④ 아파트 1층의 필로티 부분

해설 관련 법규 : 법 제84조, 영 제119조, 해설 법규 : 영 제119조 ①항 3호 라목
사무소 지상층에 설치한 기름탱크는 바닥면적에 산입한다.

24 | 방화구조의 기준
00②, 98③, ④

방화구조의 기준에 관한 기술 중 옳지 않은 것은?

① 철망 모르타르로서 그 바름두께가 2 cm 이상인 것
② 두께 1.2 cm 이상의 암면 보온판 위에 석면 시멘트판을 붙인 것
③ 심벽에 흙으로 맞벽치기한 것
④ 시멘트 모르타르 위에 타일을 붙인 것으로 그 두께의 합계가 2.5 cm 이상인 것

해설 관련 법규 : 법 제2조, 영 제2조 8호, 피난·방화 규칙 제4조, 해설 법규 : 피난·방화 규칙 제4조 1, 2, 3, 6호
①, ③ 및 ④항 이외에 석고판 위에 시멘트 모르타르 또는 회반죽을 바른 것으로서 그 두께의 합계가 2.5cm 이상인 것은 **방화구조**이다.

25 | 건축물의 높이 산정
97①,②, 96③

건축면적이 500m²인 건축물의 옥상 각 부분의 높이가 그림과 같은 경우 건축물의 높이로서 맞는 것은? (단, ⓐ 피뢰침의 높이 : 5m, ⓑ 광고탑의 면적 : 20m², 높이 : 10m, ⓒ 망루의 면적 : 30m², 높이 : 15m)

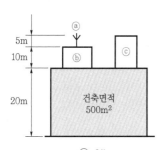

① 23m
② 25m
③ 30m
④ 35m

해설 관련 법규 : 법 제84조, 영 제119조, 해설 법규 : 영 제119조 ①항 5호 다목

건축물의 옥상에 설치되는 승강기탑·계단탑·**망루·장식탑**·옥탑 등으로서 그 수평투영면적의 합계가 당해 건축물의 **건축면적의 1/8**[(20+30)/500=1/10](주택법에 따른 사업계획 승인대상인 공동주택 중 세대별 전용면적이 85m² 이하인 경우에는 1/6) 이하인 경우로서 그 부분의 높이가 **12m를 넘는 경우에는 그 넘는 부분만 해당 건축물의 높이에 산입**한다.

∴ 건축물의 높이=본 건축물의 높이+(망루 부분의 높이-12)
=20+(15-12)=23m

26 | 건축물의 용도 분류
22②, 19②, 09④

건축물과 해당 건축물의 용도의 연결이 옳지 않은 것은?

① 주유소-자동차 관련 시설
② 야외음악당-관광휴게시설
③ 치과의원-제1종 근린생활시설
④ 일반음식점-제2종 근린생활시설

해설 법 제2조, 영 제3조의 4, (별표 1), 해설 법규 : (별표 1)

주유소는 **위험물 저장 및 처리시설**에 속하고, 자동차 관련 시설(건설기계 관련 시설을 포함)의 종류에는 주차장, 세차장, 폐차장, 검사장, 매매장, 정비공장, 운전학원 및 정비학원(운전 및 정비 관련 직업훈련시설을 포함), 여객자동차운수사업법, 화물자동차운수사업법 및 건설기계관리법에 따른 차고 및 주기장 등이 있다.

27 | 건축면적의 산정
97③

그림과 같은 건축물의 건축면적으로서 옳은 것은?

(입면도)

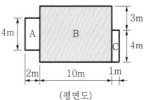
(평면도)

① 70m²
② 74m²
③ 78m²
④ 82m²

해설 관련 법규 : 법 제84조, 영 제119조, 해설 법규 : 영 제119조 ①항 2호

㉮ A부분은 **1m를 후퇴한 선까지**이므로 $4×(2-1)=4m²$
㉯ B부분의 전체이므로 $10×7=70m²$
㉰ C부분의 **지표면상 1m 이하의 부분**이므로 건축면적에 산입하지 않는다.

∴ ㉮, ㉯, ㉰에서 $4+70=74m²$

28 | 초고층 건축물의 정의
19④, 13①

건축법령상 초고층 건축물의 정의로 옳은 것은?

① 층수가 30층 이상이거나 높이가 90m 이상인 건축물
② 층수가 30층 이상이거나 높이가 120m 이상인 건축물
③ 층수가 50층 이상이거나 높이가 150m 이상인 건축물
④ 층수가 50층 이상이거나 높이가 200m 이상인 건축물

해설 관련 법규 : 영 제2조, 해설 법규 : 영 제2조 15호

초고층 건축물이란 **층수가 50층 이상**이거나 **높이가 200m 이상인 건축물**이고, 준초고층 건축물이란 고층 건축물 중 초고층 건축물이 아닌 것이다.

29 | 건축의 종류
19①, 10①

다음 중 건축에 속하지 않는 것은?

① 대수선
② 이전
③ 증축
④ 개축

해설 관련 법규 : 법 제2조, 영 제2조, 해설 법규 : 법 제2조 8호

건축이란 건축물을 **신축·증축·개축·재축(再築)**하거나 건축물을 **이전**하는 것을 말한다.

30 | 다세대주택의 정의
18④, 14④

다음은 건축법령상 다세대주택의 정의이다. ( ) 안에 알맞은 것은?

주택으로 쓰는 1개 동의 바닥면적 합계 (㉠) 이하이고, 층수가 (㉡) 이하인 주택(2개 이상의 동을 지하주차장으로 연결하는 경우에는 각각의 동으로 본다.

① ㉠ 330m² ㉡ 3개층
② ㉠ 330m² ㉡ 4개층
③ ㉠ 660m² ㉡ 3개층
④ ㉠ 660m² ㉡ 4개층

해설 관련 법규 : 법 제2조, 영 제3조의 5, (별표 1),
해설 법규 : (별표 1) 2호 다목
다세대주택은 주택으로 쓰이는 한 개 동의 바닥면적의 합계가 **660m² 이하**이고, 층수가 **4개 층 이하**인 주택(2개 이상의 동을 지하주차장으로 연결하는 경우에는 각각의 동으로 본다.)

31 | 건축법의 용어에 관한 기술
22②, 11④

건축법령상 용어의 정의가 옳지 않은 것은?

① 초고층 건축물이란 층수가 50층 이상이거나 높이가 200m 이상인 건축물을 말한다.
② 증축이란 기존 건축물이 있는 대지에서 건축물의 건축면적, 연면적, 층수 또는 높이를 늘리는 것을 말한다.
③ 개축이란 건축물이 천재지변이나 그 밖의 재해로 멸실된 경우 그 대지에 종전과 같은 규모의 범위에서 다시 축조하는 것을 말한다.
④ 부속건축물이란 같은 대지에서 주된 건축물과 분리된 부속용도의 건축물로서 주된 건축물을 이용 또는 관리하는 데에 필요한 건축물을 말한다.

해설 관련 법규 : 법 제2조, 영 제2조, 해설법규 : 영 제2조 3호
개축이란 기존 건축물의 전부 또는 일부[내력벽·기둥·보·지붕틀(한옥의 경우에는 지붕틀의 범위에서 서까래는 제외) 중 셋 이상이 포함되는 경위]를 철거하고 그 대지에 종전과 같은 규모의 범위에서 건축물을 다시 축조하는 것을 말한다. ③항은 **재축**에 해당된다.

32 | 건축물의 면적 등 기본 원칙
18②, 15②

건축물의 면적, 높이 및 층수 산정의 기본 원칙으로 옳지 않은 것은?

① 대지면적은 대지의 수평투영면적으로 한다.
② 연면적은 하나의 건축물 각 층의 거실면적 합계로 한다.
③ 건축면적은 건축물의 외벽(외벽이 없는 경우에는 외곽 부분의 기둥)의 중심선으로 둘러싸인 부분의 수평투영면적으로 한다.
④ 바닥면적은 건축물의 각 층 또는 그 일부로서 벽, 기둥, 그 밖에 이와 비슷한 구획의 중심선으로 둘러싸인 부분의 수평투영면적으로 한다.

해설 관련 법규 : 법 제84조, 영 제119조, 해설 법규 : 영 제119조 ①항 4호
건축물의 **연면적**은 하나의 건축물 각 층의 **바닥면적의 합계**로 하되, 용적률 산정시에는 별도로 규정한다.

33 | 다중이용 건축물의 종류
18②, 15①

건축법령상 다중이용 건축물에 해당되지 않는 것은? (단, 해당하는 용도로 쓰는 바닥면적의 합계가 5000m²인 건축물인 경우)

① 종교시설
② 판매시설
③ 업무시설
④ 의료시설 중 종합병원

해설 관련 법규 : 영 제2조, 해설 법규 : 영 제2조 17호
다중이용 건축물은 문화 및 집회시설(동물원·식물원은 제외), **종교시설, 판매시설,** 운수시설 중 여객용 시설, **의료시설 중 종합병원,** 숙박시설 중 관광숙박시설로서 바닥면적의 합계가 5,000m² 이상인 건축물과 16층 이상인 건축물이다.

34 | 방화구조의 기준
18①, 10①

다음 중 두께에 관계없이 방화구조에 해당되는 것은?

① 석고판 위에 시멘트 모르타르를 바른 것
② 심벽에 흙으로 맞벽치기한 것
③ 철망 모르타르로 붙인 것
④ 시멘트 모르타르 위에 타일을 붙인 것

해설 관련 법규 : 영 제2조, 피난규칙 제4조, 해설 법규 : 피난규칙 제4조 6호
석고판 위에 시멘트 모르타르를 바른 것은 그 두께의 합계가 **2.5cm 이상,** 철망 모르타르로 붙인 것은 바름두께가 **2.0cm 이상,** 시멘트 모르타르 위에 타일을 붙인 것은 그 두께의 합계가 **2.5cm 이상**이다.

정답 30. ④ 31. ③ 32. ② 33. ③ 34. ②

35 | 바닥면적의 산입 요소
17①, 13②

건축물의 필로티 부분을 건축법상의 바닥면적에 산입하는 경우에 해당되는 것은?

① 공중의 통행에 전용되는 경우
② 차량의 주차에 전용되는 경우
③ 업무시설의 휴식 공간으로 전용되는 경우
④ 공동주택의 놀이 공간으로 전용되는 경우

해설 관련 법규 : 법 제84조, 영 제119조, 해설 법규 : 영 제119조 ①항 3호 다목
필로티나 그 밖에 이와 비슷한 구조(벽면적의 1/2 이상이 그 층의 바닥면에서 위층 바닥 아래면까지 공간으로 된 것만 해당)의 부분은 그 부분이 **공중의 통행**이나 **차량의 통행** 또는 **주차에 전용되는 경우**와 **공동주택의 경우**에는 바닥면적에 산입하지 아니한다.

36 | 건축면적의 산정
12①, 10①

그림과 같은 일반 건축물의 건축면적은? (단, 평면도 건물 치수는 두께 300mm인 외벽의 중심 치수이고, 지붕선 치수는 지붕 외곽선 치수임)

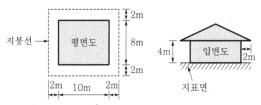

① 80m²
② 100m²
③ 120m²
④ 168m²

해설 관련 법규 : 법 제84조, 영 제119조, 해설 법규 : 영 제119조 ①항 2호
건축면적이란 처마, 차양, 부연, 그 밖에 이와 비슷한 것으로서 그 외벽의 중심선으로부터 **수평거리 1m 이상 돌출된 부분**이 있는 건축물로서 기타 건축물의 건축면적은 그 돌출된 끝부분으로부터 1m를 후퇴한 선으로 둘러싸인 부분의 수평투영면적으로 한다.
$$\therefore 건축면적 = (2+10+2-2) \times (2+8+2-2) = 120m^2$$

37 | 건축물의 높이 산정
17①, 09①

다음 도면과 같은 경우 건축법상 건축물의 높이는?

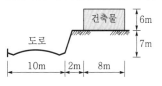

① 6m
② 9m
③ 9.5m
④ 13m

해설 관련 법규 : 법 제84조, 영 제119조, 해설 법규 : 영 제119조 ①항 5호 가목 (2)
건축물의 대지에 지표면이 전면도로보다 높은 경우에는 그 고저 차의 1/2 높이만큼 올라온 위치에 당해 전면도로의 면이 있는 것으로 산정하므로, 즉 3.5m가 상승한 것으로 본다.
$$\therefore 3.5+6 = 9.5m$$

38 | 두께에 무관한 내화구조의 부위
14①, 10②

철근콘크리트조인 경우 두께에 관계없이 내화구조로 인정되는 것은?

① 바닥
② 지붕
③ 내력벽
④ 외벽 중 비내력벽

해설 관련 법규 : 법 제 50조, 영 제2조, 피난·방화 규칙 제3조, 해설 법규 : 피난·방화 규칙 제3조 6호
①항의 바닥은 10cm 이상, ③항의 내력벽은 10cm 이상, ④항의 외벽 중 비내력벽은 7cm 이상이라야 내화구조이다.
* 기둥, 보(지붕틀 포함), 지붕, 계단은 철근콘크리트조인 경우 두께와 관계없이 내화구조이다.

39 | 연면적의 산정
13④, 11④

다음과 같은 조건에 있는 건축물의 연면적은? (단, 용적률을 산정하는 경우의 연면적)

• 지하층의 바닥면적 : 100m²
• 1층 바닥면적 : 100m²
• 2층 바닥면적 : 70m²
• 3층 바닥면적 : 50m²
• 4층 다락방(층고 1.5m) : 30m²
• 옥상 물탱크실 : 10m²
• 옥상 냉각탑 : 10m²

① 220m²
② 320m²
③ 350m²
④ 370m²

해설 관련 법규 : 법 제84조, 영 제119조, 해설 법규 : 영 제119조 ①항 4호

연면적은 하나의 건축물 각 층(지상층과 지하층)의 바닥면적의 **합계**로 하나, 지하층의 면적은 용적률 산정 시 연면적에서 제외되고, 층고가 1.5m 이하인 4층 다락방과 옥상의 물탱크, 옥상의 냉각탑은 바닥면적에서 제외되므로, 연면적은 1층, 2층 및 3층 바닥면적의 합계, 즉 연면적=100+70+50=220m²이다.

40 | 다중이용 건축물의 정의
12②, 11④

건축법령상 다중이용 건축물에 해당하지 않는 것은?

① 판매시설의 용도로 쓰는 바닥면적의 합계가 5,000m²인 건축물
② 종합병원의 용도로 쓰는 바닥면적의 합계가 5,000m²인 건축물
③ 관광숙박시설의 용도로 쓰는 바닥면적의 합계가 5,000m²인 건축물
④ 업무시설의 용도로 쓰는 바닥면적의 합계가 5,000m²인 건축물

해설 관련 법규 : 영 제2조, 해설 법규 : 영 제2조 17호

문화 및 집회시설(동물원·식물원은 제외), 종교시설, 판매시설, 운수시설(여객용 시설만 해당), 의료시설 중 종합병원 및 숙박시설 중 관광숙박시설의 용도로 쓰는 바닥면적의 합계가 5,000m² 이상인 건축물과 16층 이상인 건축물은 다중이용 건축물이다.

41 | 문화 및 집회시설의 종류
10④, 00③

건축물의 용도 분류상 문화 및 집회시설에 해당되는 것은?

① 전시장
② 종교집회장
③ 바닥면적의 합계가 900m²인 공공도서관
④ 바닥면적의 합계가 400m²인 당구장

해설 관련 법규 : 법 제2조, 영 제3조의 5, (별표 1),
해설 법규 : (별표 1) 5호

전시장은 문화 및 집회시설, **종교집회장**은 바닥면적의 합계가 500m² 미만인 것은 **제2종 근린생활시설**, 바닥면적의 합계가 500m² 이상인 것은 **종교시설**, **바닥면적의 합계가 1,000m² 미만인 공공도서관**은 **제1종 근린생활시설**, 바닥면적의 합계가 500m² 미만인 **당구장**은 **제2종 근린생활시설**이다.

42 | 건축물의 바닥면적에 관한 기술
09④, 03②

건축물의 바닥면적에 대한 설명 중 옳지 않은 것은?

① 벽·기둥의 구획이 없는 건축물에 있어서는 그 지붕 끝부분으로부터 수평거리 1.5m를 후퇴한 선으로 둘러싸인 수평투영면적으로 한다.
② 공동주택으로서 지상층에 설치한 어린이놀이터의 경우 당해 부분의 면적은 바닥면적에 산입하지 아니한다.
③ 필로티는 당해 부분이 공중의 통행·주차에 전용되는 경우에는 바닥면적에 산입하지 아니한다.
④ 층고가 1.5m인 계단탑은 바닥면적에 산입하지 아니한다.

해설 관련 법규 : 법 제84조, 영 제119조, 해설 법규 : 영 제119조 3호 가목

벽·기둥의 구획이 없는 건축물은 그 지붕 끝부분으로부터 수평거리 **1.0m**를 후퇴한 선으로 둘러싸인 부분의 수평투영면적으로 한다.

43 | 건축물의 면적등의 기본 원칙
09②, 03①

건축물의 높이·층수 등의 산정 방법에 관한 기준 내용으로 옳지 않은 것은?

① 난간벽(그 벽 면적의 1/2 이상이 공간으로 되어 있는 것만 해당한다)은 그 건축물의 높이에 산입하지 아니한다.
② 처마 높이는 지표면으로부터 건축물의 지붕틀 또는 이와 비슷한 수평재를 지지하는 벽·깔도리 또는 기둥의 상단까지의 높이로 한다.
③ 층고는 방의 바닥 구조체 중간으로부터 위층 바닥 구조체의 중간까지의 높이로 한다.
④ 층의 구분이 명확하지 아니한 건축물은 그 건축물의 높이 4m마다 하나의 층으로 산정한다.

해설 관련 법규 : 법 제84조, 영 제119조, 해설 법규 : 영 제119조 ①항 8호

층고는 방의 바닥 구조체 **윗면으로부터** 위층 바닥 구조체의 **윗면까지의 높이**로 한다. 다만, 한 방에서 층의 높이가 다른 부분이 있는 경우에는 그 각 부분 높이에 따른 면적에 따라 가중 평균한 높이로 한다.

44 | 건축주의 정의
19②, 16④

건축법령상 다음과 같이 정의되는 용어는?

> 건축물의 건축·대수선·용도변경, 건축설비의 설치 또는 공작물의 축조에 관한 공사를 발주하거나 현장관리인을 두어 스스로 그 공사를 하는 자

① 건축주　　　　② 건축사
③ 설계자　　　　④ 공사시공자

해설 **설계자**는 자기의 책임(보조자의 도움을 받는 경우를 포함)으로 설계도서를 작성하고 그 설계도서에서 의도하는 바를 해설하며, 지도하고 자문에 응하는 자이다. **건축사**는 국토교통부장관이 시행하는 자격시험에 합격한 사람으로서 건축물의 설계와 공사감리 등의 업무를 수행하는 사람이며, **공사시공자**는 「건설산업기본법」에 따른 건설공사를 하는 자이다.

45 | 리모델링에 대비한 특례
18②, 16②

다음은 건축법상 리모델링에 대비한 특례 등에 관한 기준 내용이다. ( ) 안에 알맞은 것은?

> 리모델링이 쉬운 구조의 공동주택의 건축을 촉진하기 위하여 공동주택을 대통령령으로 정하는 구조로 하여 건축허가를 신청하면 제56조, 제60조 및 제61조에 따른 기준을 ( )의 범위에서 대통령령으로 정하는 비율로 완화하여 적용할 수 있다.

① 100분의 110
② 100분의 120
③ 100분의 140
④ 100분의 150

해설 관련 법규 : 법 제8조, 해설 법규 : 제8조
리모델링이 쉬운 구조의 공동주택의 건축을 촉진하기 위하여 공동주택을 대통령령으로 정하는 구조로 하여 건축허가를 신청하면 제56조(건축물의 용적률), 제60조(건축물의 높이 제한) 및 제61조(일조 등의 확보를 위한 건축물의 높이 제한)에 따른 **기준을 120/100의 범위**에서 대통령령으로 정하는 비율로 완화하여 적용할 수 있다.

46 | 면적 등의 산정방법에 관한 기술
21②, 17③

면적 등의 산정방법에 대한 기본원칙으로 옳지 않은 것은?

① 대지면적은 대지의 수평투영면적으로 한다.
② 건축면적은 건축물의 외벽의 중심선으로 둘러싸인 부분의 수평투영면적으로 한다.
③ 바닥면적은 건축물의 각 층 또는 그 일부로서 벽, 기둥, 그 밖에 이와 비슷한 구획의 중심선으로 둘러싸인 부분의 수평투영면적으로 한다.
④ 용적률 산정 시 적용하는 연면적은 지하층을 포함하여 하나의 건축물 각 층의 바닥면적의 합계로 한다.

해설 관련 법규 : 법 제84조, 영 제119조, 해설 법규 : 영 제119조 ①항 4호
연면적은 하나의 건축물 각 층의 바닥면적의 합계로 하되, **용적률을 산정**할 때에는 **지하층의 면적**, 지상층의 주차용(해당 건축물의 부속용도인 경우만 해당)으로 쓰는 면적, 초고층 건축물과 준초고층 건축물에 설치하는 피난안전구역의 면적 및 건축물의 경사지붕 아래에 설치하는 대피공간의 면적은 **제외한다**.

47 | 지방건축위원회의 심의사항
14②,④

지방건축위원회의 심의사항에 속하지 않는 것은?

① 건축선의 지정에 관한 사항
② 층수가 16층인 건축물의 구조안전에 관한 사항
③ 건축법에 따른 표준설계도서의 인정에 관한 사항
④ 판매시설의 용도로 쓰는 바닥면적의 합계가 5,000m² 인 건축물의 구조 안전에 관한 사항

해설 관련 법규 : 법 제4조, 영 제5조의 5, 해설 법규 : 영 제5조 ①항
건축법에 따른 **표준설계도서의 인정에 관한 사항**은 **중앙건축위원회의 심의사항**이다. ④항은 다중이용 건축물에 해당된다.

48 | 숙박시설의 종류
08④, 99③

다음 중 건축법상의 숙박시설에 해당되지 않는 것은?

① 휴양 콘도미니엄　　　② 가족호텔
③ 일반 숙박시설　　　　④ 유스호스텔

해설 관련 법규 : 법 제2조, 영 제3조의 5, (별표 1), 해설 법규 : (별표 1) 15호
숙박시설의 종류에는 일반 숙박시설, 생활숙박시설, 관광숙박시설(관광호텔, **수상관광호텔**, 한국전통호텔, **가족호텔**, 호스텔, 소형 호텔, 의료관광호텔 및 휴양 콘도미니엄), 바닥면적의 합계가 500m² 이상인 다중생활시설 등이 있고, **유스호스텔**은 **수련시설**이다.

49 | 2 이상의 필지를 하나의 대지
08①

건축법상 2 이상의 필지를 하나의 대지로 할 수 있는 토지가 아닌 것은?

① 각 필지의 지번 부여 지역이 서로 다른 경우
② 토지의 소유자가 다르고 소유권 외의 권리 관계는 같은 경우
③ 각 필지의 도면의 축척이 다른 경우
④ 서로 인접하고 있는 필지로서 각 필지의 지반이 연속되지 아니한 경우

해설 관련 법규 : 법 제2조, 영 제3조, 해설 법규 : 영 제3조 ①항 1호
토지의 소유자가 서로 다르거나, 소유권 외의 권리 관계가 다른 경우는 **건축법상 2 이상의 필지를 하나의 대지로 할 수 없는 토지**이다.

50 | 용어의 정의에 관한 기술
06④, 00③

다음 용어의 정의로 옳지 않은 것은?

① 대지란 공간정보의 구축 및 관리 등에 관한 법률에 따라 각 필지로 나눈 토지를 말한다.
② 거실이란 건축물 안에서 거주, 집무, 작업, 집회, 오락, 기타 이와 유사한 목적을 위하여 사용되는 방을 말한다.
③ 건축이란 건축물을 신축, 증축, 개축, 재축 또는 대수선하는 것을 말한다.
④ 내화구조란 화재에 견딜 수 있는 성능을 가진 구조로서 국토교통부령이 정하는 기준에 적합한 구조를 말한다.

해설 관련 법규 : 법 제2조, 해설 법규 : 법 제2조 ①항 8호
건축이란 건축물을 신축, 증축, 개축, 재축 또는 **이전**하는 것을 말한다.

51 | 공용 건축물의 특례
05④, 03④

공용 건축물은 건축하고자 할 때 허가권자와 협의한 경우 건축법상 특례가 적용되는 것은?

① 건축허가 및 신고
② 설계도서 제출
③ 공사감리자 선정
④ 착공신고

해설 관련 법규 : 법 제29조, 해설 법규 : 법 제29조 ③항
국가나 지방자치단체가 건축물의 소재지를 관할하는 **허가권자와 협의한 경우**에는 제11조(**건축허가**), 제14조(**건축신고**), 제19조(**용도변경**), 제20조(**가설건축물**) 및 제83조(**옹벽 등의 공작물에의 준용**)에 따른 **허가를 받았거나, 신고한 것으로 본다.**

52 | 건축면적의 산정 방법에 관한 기술
05④, 03①

건축면적의 산정 방법에 관한 내용으로 옳지 않은 것은?

① 건축면적은 건축물의 외벽의 중심선으로 둘러싸인 부분의 수평투영면적으로 한다.
② 지표면으로부터 1m 이하에 있는 건축물의 부분은 건축면적 산정에서 제외된다.
③ 태양열을 주된 에너지원으로 이용하는 주택인 경우 그 건축면적의 산정 방법은 건축물의 외벽 중 내측 내력벽의 중심선을 기준으로 한다.
④ 건축물의 차양과 부연은 건축물의 건축면적 산정에서 제외된다.

해설 관련 법규 : 법 제84조, 영 제119조, 해설 법규 : 영 제119조 ①항 2호
건축면적은 건축물의 외벽(외벽이 없는 경우 외곽 기둥)의 중심선으로 둘러싸인 부분의 수평투영면적으로 하나, 처마, 차양, 부연, 그 밖에 이와 비슷한 것으로서 당해 외벽의 중심선으로부터 수평거리 1m 이상 돌출된 부분이 있는 건축물로서 기타 건축물의 건축면적은 그 돌출된 끝부분으로부터 1m 수평거리를 후퇴한 선으로 둘러싸인 부분의 수평투영면적으로 한다.

53 | 건축물의 용도 분류
05②, 02②

다음 건축물의 용도 분류상 관계가 잘못된 것은?

① 다중주택 – 단독주택
② 장례식장 – 의료시설
③ 동·식물원 – 문화 및 집회시설
④ 여객자동차 터미널 – 운수시설

해설 관련 법규 : 법 제2조, 영 제3조의 5, (별표 1), 해설 법규 : (별표 1) 28호
장례식장은 장례식장으로 분류하고, 의료시설에 부수되는 장례식장은 제외한다.

54 | 다중이용 건축물의 정의
04②, 02①

다중이용 건축물에 해당되지 않는 것은?

① 운동시설 중 체육관-바닥면적의 합계 5,000m² 이상
② 문화 및 집회시설(전시장 및 동·식물원 제외)-바닥면적의 합계 5,000m² 이상
③ 의료시설 중 종합병원-바닥면적의 합계 5,000m² 이상
④ 숙박시설 중 관광숙박시설-바닥면적의 합계 5,000m² 이상

해설 관련 법규 : 영 제2조, 해설 법규 : 영 제2조 17호
운동시설 중 체육관은 다중이용 건축물이 아니다.

55 | 바닥면적의 산정 요소
98③,④

바닥면적 산정 시 포함되는 것은?

① 층고가 1.5m인 다락
② 승강기탑(옥상 출입용 승강기 포함)
③ 지상층에 설치하는 물탱크
④ 20층 공동주택으로서 지상층에 설치한 어린이놀이터

해설 관련 법규 : 법 제84조, 영 제119조, 해설 법규 : 영 제119조 ①항
3호 라목
승강기탑(옥상 출입용 승강장을 포함), 계단탑, 장식탑, 다락
[층고가 1.5m(경사진 형태의 지붕인 경우에는 1.8m) 이하인
것만 해당], 건축물의 내부에 설치하는 냉방설비 배기장치 전
용 설치공간(각 세대나 실별로 외부 공기에 직접 닿는 곳에 설
치하는 경우로서 1m² 이하로 한정), 건축물의 외부 또는 내부
에 설치하는 굴뚝, 더스트슈트, 설비덕트, 그 밖에 이와 비슷
한 것과 **옥상·옥외 또는 지하에 설치하는 물탱크**, 기름탱크,
냉각탑, 정화조, 도시가스 정압기, 그 밖에 이와 비슷한 것을
설치하기 위한 구조물과 건축물 간에 화물의 이동에 이용되는
컨베이어벨트만을 설치하기 위한 구조물은 **바닥면적에 산입하
지 않는다.**

56 | 건축물의 높이 산정
97③,④

**그림과 같은 건축물의 높이로서 맞는 것은? (단, 망루 부분
의 바닥면적은 당해 건축물의 건축면적의 1/100이다.)**

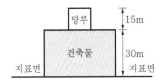

① 45m
② 35m
③ 33m
④ 30m

해설 관련 법규 : 법 제73조, 영 제119조, 해설 법규 : 영 제119조 ①항
5호 나목·다목
㉮ 건축물의 높이 산정에 있어 건축물의 대지 지표면과 인접
대지의 지표면 간에 고저 차가 있는 경우에는 그 지표면의
평균 수평면을 지표면으로 본다.
㉯ 건축물의 높이는 건축물 자체의 높이에 망루와 계단실의
수평투영면적의 합계가 건축면적의 1/8(1/10) 이내이므로
건축물의 높이에서 12m를 제외한 부분은 건축물의 높이에
산입한다.
∴ 건축물의 높이＝본 건축물의 높이＋망루 부분의 높이
＝30+(15-12)＝33m

57 | 내화구조의 기준
97②,④

건축법상 내화구조가 아닌 것은?

① 철골조 기둥
② 철근콘크리트 기둥
③ 벽돌조 벽으로 두께가 20 cm인 것
④ 철근콘크리트 계단

해설 관련 법규 : 영 제2조, 피난규칙 제3조, 해설 법규 : 피난규칙 제3
조 3호
기둥(작은 지름이 25cm 이상인 것)의 내화구조는 철근콘크리
트조 또는 철골철근콘크리트조, **철골을 두께 6cm**(경량 골재를
사용하는 경우에는 5cm) **이상의 철망 모르타르 또는 두께
7cm 이상의 콘크리트 블록, 벽돌 또는 석재로 덮은 것**, 철골
을 두께 5cm 이상의 콘크리트로 덮은 것

58 | 제1종 근린생활시설의 종류
97①,②

다음 중 제1종 근린생활시설이 아닌 것은?

① 의원, 접골원
② 지역자치센터, 이용원
③ 세탁소, 목욕장
④ 전염병원, 마약진료소

해설 관련 법규 : 법 제2조, 영 제3조의 5, (별표 1),
해설 법규 : (별표 1)의 3, 9호
전염병원과 마약진료소는 의료시설 중 격리병원이다.

59 | 건축물 높이의 측정 기준
96①,②

**건축물의 높이를 측정하고자 할 때 그 측정 기준이 되는 밑
부분의 위치는? (단, 전면도로에 의한 건축물의 높이를 제
한하는 경우이다.)**

① 도로면의 중심선
② 도로 경계선의 위치
③ 건축물의 지표면
④ 건축물의 1층 바닥면

해설 관련 법규 : 법 제84조, 영 제119조, 해설 법규 : 영 제119조 ①항
5호 가목 (1), (2)
건축물의 높이는 지표면으로부터 그 건축물의 상단까지의 높이
[건축물의 1층 전체에 필로티(건축물을 사용하기 위한 경비실,계
단실, 승강기실 그 밖에 이와 비슷한 것을 포함한다.)가 설치되어
있는 경우에는 건축물의 높이 제한과 일조 등의 확보를 위한 건축
물의 높이 제한 규정을 적용할 때 필로티의 층고를 제외한 높이]로
한다. 다만, **건축물의 높이 제한에 따른 건축물의 높이는 전면도
로의 중심선으로부터의 높이로 산정한다.**

60 | 연립주택의 정의
18①

건축법령상 연립주택의 정의로 알맞은 것은?

① 주택으로 쓰는 층수가 5개 층 이상인 주택
② 주택으로 쓰는 1개 동의 바닥면적의 합계가 660m² 이하이고, 층수가 4개 층 이하인 주택
③ 주택으로 쓰는 1개 동의 바닥면적의 합계가 660m²를 초과하고, 층수가 4개 층 이하인 주택
④ 1개 동의 주택으로 쓰이는 바닥면적의 합계가 330m² 이하이고 주택으로 쓰는 층수가 3개 층 이하인 주택

해설 관련 법규 법 제2조, 영 제3조의 5, (별표 1), 해설 법규 : (별표 1)
단독 및 공동주택의 규모

구분		규모	
		바닥면적의 합계	주택으로 사용하는 층수
단독 주택	다중주택	330m² 이하	3개 층 이하 (지하층 제외)
	다가구주택	660m² 이하, 19세대 이하	
공동 주택	아파트		5개 층 이상
	다세대주택	660m² 이하	4개 층 이하
	연립주택	**660m² 초과**	

61 | 건축물의 용도 분류
17③

다음 중 해당 용도로 사용되는 바닥면적의 합계에 의해 건축물의 용도 분류가 다르게 되지 않는 것은?

① 오피스텔
② 종교집회장
③ 골프연습장
④ 휴게음식점

해설 관련 법규 : 법 제2조, 영 제3조의 5, (별표 1), 해설 법규 : (별표 1)
종교집회장은 500m² 미만은 제2종 근린생활시설, 500m² 이상은 종교시설에 속하고, **골프연습장**은 500m² 미만은 제2종 근린생활시설, 500m² 이상은 운동시설에 속하며, **휴게음식점**은 300m² 미만은 제1종 근린생활시설, 300m² 이상은 제2종 근린생활시설이다.

62 | 건축물의 면적 등의 기본 원칙
20③

건축물의 면적, 높이 및 층수 등의 산정방법에 관한 설명으로 옳은 것은?

① 건축물의 높이 산정 시 건축물의 대지에 접하는 전면도로의 노면에 고저차가 있는 경우에는 그 건축물이 접하는 범위의 전면도로 부분의 수평거리에 따라 가중평균한 높이의 수평면을 전면도로면으로 본다.
② 용적률 산정 시 연면적에는 지하층의 면적과 지상층의 주차용으로 쓰는 면적을 포함시킨다.
③ 건축면적은 건축물의 내벽의 중심선으로 둘러싸인 부분의 수평투영면적으로 한다.
④ 건축물의 층수는 지하층을 포함하여 산정하는 것이 원칙이다.

해설 관련 법규 : 법 제84조, 영 제119조, 해설 법규 : 영 제119조 ①항
2, 4, 9호
②항은 하나의 건축물 각 층의 바닥면적의 합계로 하되, 용적률을 산정할 때에는 **지하층의 면적, 지상층의 주차용**(해당 건축물의 부속용도인 경우만 해당한다)으로 쓰는 면적, 초고층 건축물과 준초고층 건축물에 설치하는 피난안전구역의 면적, 건축물의 경사지붕 아래에 설치하는 대피공간의 **면적은 제외**한다.
③항은 **건축면적은 건축물의 외벽**(외벽이 없는 경우에는 외곽 부분의 기둥을 말한다)**의 중심선**으로 둘러싸인 부분의 수평투영면적으로 한다.
④항은 층수는 승강기탑(옥상 출입용 승강장을 포함), 계단탑, 망루, 장식탑, 옥탑, 그 밖에 이와 비슷한 건축물의 옥상 부분으로서 그 수평투영면적의 합계가 해당 건축물 건축면적의 1/8(주택법에 따른 사업계획승인대상인 공동주택 중 세대별 전용면적이 85m² 이하인 경우에는 1/6) 이하인 것과 **지하층은 건축물의 층수에 산입하지 아니한다.**

63 | 용어의 정의에 관한 기술
17②

다음 중 건축법령에 따른 용어의 정의가 옳지 않은 것은?

① 고층건축물이란 층수가 30층 이상이거나 높이가 120m 이상인 건축물을 말한다.
② 리빌딩이란 건축물의 노후화를 억제하거나 기능 향상 등을 위하여 대수선하거나 일부 증축하는 행위를 말한다.
③ 지하층이란 건축물의 바닥이 지표면 아래에 있는 층으로서 바닥에서 지표면까지 평균높이가 해당 층 높이의 2분의 1 이상인 것을 말한다.
④ 발코니란 건축물의 내부와 외부를 연결하는 완충공간으로서 전망이나 휴식 등의 목적으로 건축물 외벽에 접하여 부가적으로 설치되는 공간을 말한다.

해설 관련 법규 : 법 제2조, 해설 법규 : 법 제2조 ①항 10호
"**리모델링**"이란 건축물의 노후화를 억제하거나 **기능향상**을 위하여 **대수선**하거나 일부 **증축**하는 **행위**를 말한다.

64 | 바닥면적의 산정
17②

다음은 건축법령상 바닥면적 산정에 관한 기준 내용이다. ( ) 안에 포함되지 않는 것은?

> 공동주택으로서 지상층에 설치한 ( )의 면적은 바닥면적에 산입하지 아니한다.

① 기계실   ② 탁아소
③ 조경시설   ④ 어린이놀이터

해설 관련 법규 : 법 제84조, 영 제119조, 해설 법규 : 영 제119조 ①항 3호 마목
공동주택으로서 지상층에 설치한 **기계실**, 전기실, **어린이놀이터**, **조경시설** 및 생활폐기물 보관함의 면적은 **바닥면적에 산입하지 아니한다.**

65 | 다중이용건축물의 정의
17①

건축법령상 다중이용건축물에 속하지 않는 것은?

① 층수가 16층인 판매시설
② 층수가 20층인 관광숙박시설
③ 종합병원으로 쓰는 바닥면적의 합계가 3,000m²인 건축물
④ 종교시설로 쓰는 바닥면적의 합계가 5,000m²인 건축물

해설 관련 법규 : 영 제2조, 해설 법규 : 영 제2조 17호
문화 및 집회시설(동물원·식물원은 제외), 종교시설, 판매시설, 운수시설 중 여객자동차 터미널, **의료시설 중 종합병원**, 숙박시설 중 관광숙박시설의 용도에 쓰이는 **바닥면적의 합계가 5,000m² 이상인 건축물**과 16층 이상인 건축물은 **다중이용건축물**이다.

❷ 건축물의 건축

01 | 특별시장 또는 광역시장의 허가
14①, 12②, 10④, 02④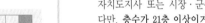

건축물을 특별시나 광역시에 건축하는 경우 특별시장 또는 광역시장의 허가를 받아야 하는 대상 건축물 기준으로 옳은 것은?

① 층수가 21층 이상이거나 연면적의 합계가 100,000m² 이상인 건축물
② 층수가 21층 이상이거나 연면적의 합계가 50,000m² 이상인 건축물
③ 층수가 15층 이상이거나 연면적의 합계가 100,000m² 이상인 건축물
④ 층수가 15층 이상이거나 연면적의 합계가 50,000m² 이상인 건축물

해설 관련 법규 : 법 제11조, 영 제8조, 해설 법규 : 영 제8조 ①항
건축물을 건축하거나 대수선하려는 자는 특별자치시장·특별자치도지사 또는 시장·군수·구청장의 허가를 받아야 한다. 다만, **층수가 21층 이상이거나 연면적의 합계가 100,000m² 이상인 건축물**[공장, 창고 및 지방건축위원회의 심의를 거친 건축물(특별시 또는 광역시의 건축조례로 정하는 바에 따라 해당 지방건축위원회의 심의사항으로 할 수 있는 건축물에 한정하며, 초고층 건축물을 제외)은 제외]을 **건축**(연면적의 3/10 이상을 증축하여 층수가 21층 이상으로 되거나 연면적의 합계가 100,000m² 이상으로 되는 경우를 포함)하려면 **특별시장 또는 광역시장의 허가**를 받아야 한다.

02 | 건축계획서의 포함 내용
16④, 15②, 11②, 06①, 03①, 01②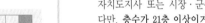

건축허가 신청에 필요한 기본설계도서 중 건축계획서에 포함되어야 할 사항이 아닌 것은?

① 건축물의 용도별 면적
② 건축물의 규모
③ 공개공지 및 조경계획
④ 주차장 규모

해설 관련 법규 : 법 제11조, 영 제8조, 규칙 제6조 (별표 2),
해설 법규 : 규칙 제6조 (별표 2)
건축허가 신청 시 기본설계도서 중 건축계획서에 포함되어야 할 사항은 개요(위치, 대지면적 등), 지역·지구 및 도시계획 사항, **건축물의 규모**(건축면적, 연면적, 높이, 층수 등), **건축물의 용도별 면적**, 주차장의 규모, 에너지 절약 계획서, 노인 및 장애인 등을 위한 편의시설 설치계획서 등이다.

03 | 가설건축물의 신고
11①, 09②, 03①, 02④, 01④

가설건축물의 존치기간, 설치 기준 및 절차에 따라 특별자치시장·특별자치도지사·시장·군수·구청장에게 신고하여야 할 가설건축물에 해당되지 않는 것은?

① 전시를 위한 견본주택
② 농업·어업용 고정식 온실
③ 공장 또는 창고시설에 설치하거나, 인접 대지에 설치하는 천막
④ 연면적이 15m²인 조립식 구조로 된 경비용 가설건축물

해설 관련 법규 : 법 제20조, 영 제15조, 해설 법규 : 영 제15조 ⑤항 6호
조립식 구조로 된 경비용에 쓰이는 가설건축물로서 연면적이 10m² 이하인 것은 허가를 할 수 있다.

04 | 설계도서의 종류
20④, 19④, 11④, 07②, 97②,④

건축허가 신청에 필요한 설계도서에 해당하지 않는 것은?

① 배치도
② 투시도
③ 건축계획서
④ 실내마감도

해설 관련 법규 : 법 제11조, 영 제8조, 규칙 제6조, (별표 2), 해설 법규 : 규칙 제6조, (별표 2)
건축허가 신청에 필요한 기본설계도서에는 **건축계획서, 배치도, 평면도, 입면도, 단면도, 구조도, 구조계산서, 시방서, 실내마감도,** 소방설비도 등이나, 표준설계도서에 의한 경우에는 건축계획서와 배치도에 한한다.

05 | 설계설명서에 표시할 사항
21①, 20③, 17①, 13②, 12①

대형 건축물의 건축허가 사전승인 신청 시 제출 도서 중 설계설명서에 표시해야 할 사항에 해당하지 않는 것은?

① 시공방법
② 동선계획
③ 개략공정계획
④ 각부 구조계획

해설 관련 법규 : 법 제11조, 규칙 제7조, (별표 3), 해설 법규 : (별표 3)
대형 건축물의 건축허가 사전승인 신청 시 설계설명서에 표시하여야 할 사항은 공사개요(위치·대지면적·공사기간·공사금액 등), 사전 조사사항(지반고·기후·동결 심도·수용 인원·상하수도 주변 지역을 포함한 지질 및 지형·인구·교통·지역·지구·토지이용현황·시설물 현황 등), 건축계획(배치·평면·입면계획·**동선계획**·개략 조경계획·주차 계획 및 **교통처리계획** 등), **시공방법, 개략공정계획,** 주요 설비계획, 주요 자재사용계획 및 기타 필요한 사항 등이다.

06 | 용도변경 시 분류된 시설군
16①, 08①, 05②, 03①

건축법상 건축물의 용도변경 시 분류된 시설군이 아닌 것은?

① 영업시설군
② 문화 및 집회시설군
③ 공업시설군
④ 주거업무시설군

해설 관련 법규 : 법 제19조, 해설 법규 : 법 제19조 ④항
용도변경의 시설군의 종류에는 자동차 관련 시설군, 산업 등 시설군, 전기통신시설군, 문화 및 집회시설군, 영업시설군, 교육 및 복지시설군, 근린생활시설군, 주거업무시설군, 그 밖의 시설군 등이 있다.

07 | 상주 공사감리의 대상 규모
14④, 07②, 00③, 97①

건축 분야의 건축사보 한 명 이상을 전체 공사기간 동안 공사현장에서 감리업무를 수행하게 하여야 하는 건축공사의 바닥면적 기준은? (단, 축사 또는 작물재배사의 건축공사는 제외)

① 바닥면적의 합계가 1,000m² 이상인 건축공사
② 바닥면적의 합계가 2,000m² 이상인 건축공사
③ 바닥면적의 합계가 5,000m² 이상인 건축공사
④ 바닥면적의 합계가 10,000m² 이상인 건축공사

해설 관련 법규 : 법 제25조, 영 제19조, 해설 법규 : 영 제19조 ⑤항
바닥면적의 합계가 5,000m² 이상인 건축공사(다만, 축사 또는 작물 재배사의 건축공사는 제외), 연속된 5개 층(지하층을 포함) 이상으로서 바닥면적의 합계가 3,000m² 이상인 건축공사, 아파트 건축공사, 준다중이용 건축물 건축공사를 감리하는 경우에는 건축사보(기술사사무소 또는 건설엔지니어링사업자 등에 소속되어 있는 사람으로서 해당 분야 기술계 자격을 취득한 사람과 건설사업관리를 수행할 자격이 있는 사람을 포함) 중 **건축 분야의 건축사보 한 명 이상을 전체 공사기간 동안,** 토목·전기 또는 기계 분야의 건축사보 한 명 이상을 각 분야별 해당 공사기간 동안 각각 공사현장에서 감리업무를 수행하게 해야 한다. 이 경우 건축사보는 해당 분야의 건축공사의 설계·시공·시험·검사·공사감독 또는 감리업무 등에 2년 이상 종사한 경력이 있는 사람이어야 한다.

08 | 상세시공도면의 작성
14①, 13④, 09①, 03④

다음 중 공사감리자가 필요하다고 인정할 경우 공사시공자로 하여금 상세시공도면을 작성하도록 요청할 수 있는 공사 기준은?

① 연면적의 합계가 3,000m² 이상인 건축공사
② 연면적의 합계가 5,000m² 이상인 건축공사
③ 연면적의 합계가 10,000m² 이상인 건축공사
④ 연면적의 합계가 15,000m² 이상인 건축공사

해설 관련 법규 : 법 제25조, 영 제19조, 해설 법규 : 법 제25조 ⑤항
연면적의 합계가 5,000m² 이상인 건축공사의 공사감리자는
필요하다고 인정하는 경우에는 공사시공자로 하여금 상세시공
도면을 작성하도록 요청할 수 있다.

09 | 건축계획서의 포함내용
21④, 06①, 99①

건축허가 신청에 필요한 기본설계도서 중 건축계획서에 포
함되어야 할 사항으로 옳지 않은 것은?

① 토지형질변경계획
② 주차장 규모
③ 건축물의 용도별 면적
④ 지역·지구 및 도시계획사항

해설 관련 법규 : 법 제11조, 영 제8조, 규칙 제6조, 해설 법규 : 규칙
제6조 ①항, (별표 2)
공개공지 및 조경계획, 토지형질변경계획은 건축계획서에 포
함될 사항과 무관하다.

10 | 옹벽도와 흙막이 도면의 첨부
14④, 06①, 05②, 01④

건축신고 대상 건축물로서 착공신고를 할 때 토지굴착 및
옹벽도 중 흙막이 구조 도면을 첨부하여야 하는 건축물은?

① 층수가 6층 이상인 건축물
② 지하 2층 이상의 지하층을 설치하는 건축물
③ 너비 12m 이상인 도로변에 지하층을 설치하는 건축물
④ 인접 대지 경계선으로부터 2m 이내에 지하층을 설치하
는 건축물

해설 관련 법규 : 법 제21조, 규칙 제14조, 해설 법규 : 규칙 제14조 ①항
2호, (별표 4의 2)
건축신고 대상 건축물로서 착공신고를 할 때 토지굴착 및 옹
벽도 중 흙막이 구조 도면을 첨부해야 하는 건축물은 지하 2층
이상의 지하층을 설치하는 경우이다.

11 | 특별시장 또는 광역시장의 허가
17①, 09④, 06②

다음 중 특별시장 또는 광역시장의 건축허가 대상의 조건이
되는 건축물은?

① 20층의 호텔
② 25층의 사무소
③ 연면적 90,000m²의 공동주택
④ 연면적 150,000m²의 공장

해설 관련 법규 : 법 제11조, 영 제8조, 규칙 제6조,
해설 법규 : 영 제8조 ①항
층수가 21층 이상이거나 연면적의 합계가 100,000m² 이상인
건축물(공장, 창고 및 지방건축위원회의 심의를 거친 건축물
(특별시 또는 광역시의 건축조례로 정하는 바에 따라 해당 지
방건축위원회의 심의사항으로 할 수 있는 건축물에 한정하며,
초고층 건축물을 제외)은 제외)을 건축(연면적의 3/10 이상을
증축하여 층수가 21층 이상으로 되거나 연면적의 합계가
100,000m² 이상으로 되는 경우를 포함)하려면 특별시장 또는
광역시장의 허가를 받아야 한다.

12 | 공사 감리업무의 내용
12①, 01①, 97③

공사감리자가 수행하여야 하는 감리업무에 해당하지 않는
것은? (단, 기타 공사 감리 계약으로 정하는 사항은 제외)

① 상세시공도면의 검토·확인
② 공사현장에서의 안전 관리의 지도
③ 설계 변경의 적정 여부의 검토·확인
④ 공사 금액의 적정 여부의 검토·확인

해설 관련 법규 : 법 제25조, 영 제19조, 규칙 제19조의 2, 해설 법규 :
규칙 제19조의 2 ①항
공사감리자는 시공계획 및 공사관리의 적정여부의 확인, 공사
현장에서의 안전관리의 지도, 공정표의 검토, 상세시공도면의
검토·확인, 구조물의 위치와 규격의 적정여부와 품질시험의
실시여부 및 시험성과, 설계변경의 적정여부의 검토·확인 등
의 업무를 수행한다.

13 | 감리중간보고서 작성 제출 시기
18①, 08④, 03④

건축법에 따르면 공사감리자는 공사의 공정이 대통령령으
로 정하는 진도에 다다른 때에는 감리중간보고서를 작성하
여 건축주에게 제출하여야 하는데, 다음 중 대통령령으로
정하는 진도에 다다른 때에 해당하지 않는 것은?

① 당해 건축물의 구조가 철근콘크리트조인 경우 기초 공
사 시 철근 배치를 완료한 경우
② 당해 건축물의 구조가 철골조인 경우 기초공사에 있어
주춧돌의 설치를 완료한 경우
③ 당해 건축물의 구조가 철골철근콘크리트조인 경우 지
붕 슬래브 배근을 완료한 경우
④ 당해 건축물의 구조가 철근콘크리트조이며 5층 이상의
건축물인 경우 지상 5개 층마다 상부 철골조 배근을 완
료한 경우

해설 관련 법규 : 법 제25조, 영 제19조, 규칙 제19조의 2, 해설 법규 : 영 제19조 ③항

"공사의 공정이 대통령령으로 정하는 진도에 다다른 경우"란 공사(하나의 대지에 둘 이상의 건축물을 건축하는 경우에는 각각의 건축물에 대한 공사)의 공정이 다음의 구분에 따른 단계에 다다른 경우를 말한다.

① 해당 건축물의 구조가 철근콘크리트조·철골철근콘크리트조·조적조 또는 보강콘크리트블럭조인 경우: 기초공사 시 철근배치, 지붕슬래브배근, 지상 5개 층마다 상부 슬래브배근을 완료한 경우

② 해당 건축물의 구조가 철골조인 경우: 기초공사 시 철근배치, 지붕철골 조립을 완료, 지상 3개 층마다 또는 높이 20m마다 주요구조부의 조립을 완료한 경우

③ 해당 건축물의 구조가 제① 또는 제② 외의 구조인 경우: 기초공사에서 거푸집 또는 주춧돌의 설치를 완료한 단계

14 | 허가대상 용도변경
21②, 13④, 12①

다음 중 용도변경 시 허가를 받아야 하는 경우에 해당하지 않는 것은?

① 주거업무시설군에 속하는 건축물의 용도를 근린생활시설군에 해당하는 용도로 변경하는 경우

② 문화 및 집회시설군에 속하는 건축물의 용도를 영업시설군에 해당하는 용도로 변경하는 경우

③ 전기통신시설군에 속하는 건축물의 용도를 산업 등의 시설군에 해당하는 용도로 변경하는 경우

④ 교육 및 복지시설군에 속하는 건축물의 용도를 문화 및 집회시설군에 해당하는 용도로 변경하는 경우

해설 관련 법규 : 법 제19조, 해설 법규 : 법 제19조 ②항 1호

문화 및 집회시설군에 속하는 건축물의 용도를 영업시설군에 해당하는 용도로 변경하는 경우에는 신고 대상이다.

15 | 공사 감리업무의 내용
20④, 07④, 03④

공사감리자의 업무사항으로 맞지 않는 것은?

① 시공계획 및 공사 관리의 적정 여부의 확인

② 상세시공도면의 작성·검토

③ 공정표의 검토

④ 설계 변경의 적정 여부의 검토·확인

해설 관련 법규 : 법 제25조, 영 제19조, 규칙 제19조의 2, 해설 법규 : 규칙 제19조의 2 ①항

공사감리자는 다음의 업무를 수행한다.

① 건축물 및 대지가 이 법 및 관계 법령에 적합하도록 공사시공자 및 건축주를 지도

② 시공계획 및 공사관리의 적정여부의 확인

③ 건축공사의 하도급과 관련된 다음의 확인

㉮ 수급인(하수급인을 포함)이 시공자격을 갖춘 건설사업자에게 건축공사를 하도급했는지에 대한 확인

㉯ 수급인이 공사현장에 건설기술인을 배치했는지에 대한 확인

④ 공사현장에서의 안전관리의 지도, 공정표의 검토, 상세시공도면의 검토·확인

⑤ 구조물의 위치와 규격의 적정여부와 품질시험의 실시여부 및 시험성과, 설계변경의 적정여부의 검토·확인

⑥ 기타 공사감리계약으로 정하는 사항

16 | 신고 규모 건축물의 연면적
21①, 18①

건축물의 건축 시 허가대상건축물이라 하더라도 미리 특별자치시장·특별자치도지사 또는 시장·군수·구청장에게 국토교통부령으로 정하는 바에 따라 신고를 하면 건축허가를 받은 것으로 보는 소규모 건축물의 연면적기준은?

① 연면적의 합계가 $100m^2$ 이하인 건축물

② 연면적의 합계가 $150m^2$ 이하인 건축물

③ 연면적의 합계가 $200m^2$ 이하인 건축물

④ 연면적의 합계가 $300m^2$ 이하인 건축물

해설 관련 법규 : 법 제14조, 영 제11조, 해설 법규 : 영 제11조 ③항

소규모 건축물로서 대통령령으로 정하는 건축물은 연면적의 합계가 $100m^2$ 이하인 건축물과 건축물의 높이를 3m 이하의 범위에서 증축하는 건축물 등이다.

17 | 신고로 허가를 갈음하는 건축물
18④, 09②

다음 중 허가 대상 건축물이라 하더라도 건축신고를 하면 건축허가를 받은 것으로 보는 건축물이 아닌 것은?

① 연면적의 합계가 $80m^2$인 건축물의 건축

② 바닥면적의 합계 $80m^2$를 증축하는 건축물

③ 건축물의 높이 4m를 증축하는 건축물

④ 연면적 $150m^2$이고 2층인 건축물의 대수선

해설 관련 법규 : 법 제14조, 영 제11조, 해설 법규 : 영 제11조 ③항 2호

건축물의 높이를 3m 이하의 범위에서 증축하는 건축물은 건축신고를 하면 건축허가를 받은 것으로 본다.

18 | 신고로 허가를 갈음하는 건축물
22①, 17②

건축허가대상 건축물이라 하더라도 건축신고를 하면 건축허가를 받은 것으로 보는 경우에 속하지 않는 것은? (단, 층수가 2층인 건축물의 경우)

① 바닥면적의 합계가 75m^{2}의 증축
② 바닥면적의 합계가 75m^{2}의 재축
③ 바닥면적의 합계가 75m^{2}의 개축
④ 연면적의 합계가 250m^{2}인 건축물의 대수선

해설 관련 법규 : 법 제14조, 영 제11조, 해설 법규 : 법 제14조 ①항 3호
건축허가 대상 건축물이라 하더라도 **건축신고를 하면 건축허가를 받은 것으로 보는 경우**는 대수선의 경우에는 연면적의 합계가 200m^2 미만이고, 3층 미만인 건축물이다.

19 | 용도변경 시 허가 규정
19①, 14①

다음 중 허가 대상에 속하는 용도변경은?

① 숙박시설에서 의료시설로의 용도변경
② 판매시설에서 문화 및 집회시설로의 용도변경
③ 제1종 근린생활시설에서 업무시설로의 용도변경
④ 제1종 근린생활시설에서 공동주택으로의 용도변경

해설 관련 법규 : 법 제19조, 해설 법규 : 법 제19조 ②항 1호
숙박시설(영업시설군)에서 **의료시설**(교육 및 복지시설군), **제1종 근린생활시설**(근린생활시설군)에서 **업무시설**(주거업무시설군), **제1종 근린생활시설**(근린생활시설군)에서 **공동주택**(주거업무시설군)으로의 용도변경은 **신고 대상**이다. **판매시설**(영업시설군)에서 **문화 및 집회시설**(문화 및 집회시설군)으로의 용도변경은 **허가 대상**이다.

20 | 허용오차
21①, 08①

건축물 관련 건축기준의 허용오차범위기준이 2% 이내가 아닌 것은?

① 출구너비
② 반자높이
③ 평면길이
④ 벽체두께

해설 관련 법규 : 법 제26조, 규칙 제20조, (별표 5), 해설 법규 : 규칙 제20조, (별표 5)
건축물 관련 건축기준의 허용오차

구분	오차범위
건축물높이	2% 이내(1m 초과 불가)
평면길이	2% 이내 (전체 길이 1m 초과 불가, 각 실의 길이 10cm 초과 불가)
출구너비, 반자높이	2% 이내
벽체두께, 바닥판두께	**3% 이내**

21 | 허용오차
22①, 16②

다음 중 건축물 관련 건축기준의 허용되는 오차범위(%)가 가장 큰 것은?

① 평면길이
② 출구너비
③ 반자높이
④ 바닥판두께

해설 관련 법규 : 법 제26조, 규칙 제20조, (별표 5), 해설 법규 : 규칙 제20조, (별표 5)
건축물 관련 건축기준의 허용오차

항목	건축물 높이	평면길이	출구너비, 반자높이	벽체두께, 바닥판두께
오차 범위	2% 이내 (1m 초과 불가)	2% 이내 (전체 길이 1m 초과 불가, 각 실의 길이 10cm 초과 불가)	2% 이내	3% 이내

22 | 사용승인 신청
20④, 16④

다음은 건축물의 사용승인에 관한 기준 내용이다. ( ) 안에 알맞은 것은?

건축주가 허가를 받았거나 신고를 한 건축물의 건축공사를 완료한 후 그 건축물을 사용하려면 공사감리자가 작성한 (㉮)와 국토교통부령으로 정하는 (㉯)를 첨부하여 허가권자에게 사용승인을 신청하여야 한다.

① ㉮ 설계도서, ㉯ 시방서
② ㉮ 시방서, ㉯ 설계도서
③ ㉮ 감리완료보고서, ㉯ 공사완료도서
④ ㉮ 공사완료도서, ㉯ 감리완료보고서

해설 관련 법규 : 법 제22조, 해설 법규 : 법 제22조 1항
건축주가 허가를 받았거나 신고를 한 건축물의 건축공사를 완료[하나의 대지에 둘 이상의 건축물을 건축하는 경우 동(棟)별 공사를 완료한 경우를 포함]한 후 그 건축물을 사용하려면 **공사감리자가 작성한 감리완료보고서**(공사감리자를 지정한 경우만 해당)와 **국토교통부령으로 정하는 공사완료도서**를 첨부하여 허가권자에게 사용승인을 신청하여야 한다.

23 | 공사 감리업무의 내용
18④, 17②

건축법령상 공사감리자가 수행하여야 하는 감리업무에 속하지 않는 것은?

① 공정표의 검토
② 상세시공도면의 작성 및 확인
③ 공사현장에서의 안전관리의 지도
④ 설계변경의 적정 여부의 검토 및 확인

해설 관련 법규 : 법 제25조, 영 제19조, 규칙 제19조의 2, 해설 법규 : 규칙 제19조의 2
공사감리자가 수행하여야 하는 감리업무는 다음과 같다.
㉮ 공사시공자가 설계도서에 따라 적합하게 시공하는지 여부의 확인
㉯ 공사시공자가 사용하는 건축자재가 관계 법령에 의한 기준에 적합한 건축자재인지 여부의 확인
㉰ 기타 공사감리에 관한 사항으로서 공사감리자는 다음의 업무를 수행한다.
  ㉠ 건축물 및 대지가 관계 법령에 적합하도록 공사시공자 및 건축주를 지도
  ㉡ 시공계획 및 공사관리의 적정 여부 확인
  ㉢ 공사현장에서의 안전관리 지도, 공정표의 검토
  ㉣ 상세시공도면의 검토, 확인
  ㉤ 구조물의 위치와 규격의 적정 여부의 검토, 확인
  ㉥ 품질시험의 실시 여부 및 시험성과의 검토, 확인
  ㉦ 설계변경의 적정 여부의 검토, 확인

24 | 가설건축물의 신고 규모
14①, 09④

다음의 가설건축물과 관련된 기준 내용 중 밑줄 친 대통령령으로 정하는 용도의 가설건축물에 속하지 않는 것은?

재해 복구, 흥행, 전람회, 공사용 가설건축물 등 <u>대통령령으로 정하는 용도의 가설건축물</u>을 축조하려는 자는 대통령령으로 정하는 존치기간, 설치 기준 및 절차에 따라 특별자치시장 · 특별자치도지사 또는 시장 · 군수 · 구청장에게 신고한 후 착공하여야 한다.

① 전시를 위한 견본주택
② 연면적이 50m² 인 간이 축사용 비닐하우스
③ 공사에 필요한 규모의 공사용 가설건축물
④ 조립식 경량구조로 된 외벽이 없는 임시 자동차 차고

해설 관련 법규 : 법 제20조, 영 제15조, 해설 법규 : 영 제15조 ⑤항 10호
연면적이 100m² 이상인 간이 축사용, 가축분뇨처리용, 가축운동용, 가축의 비가림용 비닐하우스 또는 천막(벽 또는 지붕이 합성수지 재질로 된 것과 지붕 면적의 1/2 이하가 합성강판으로 된 것을 포함)구조이다.

25 | 신고로 허가를 갈음하는 건축물
15②, 14②

허가 대상 건축물이라 하더라도 미리 특별자치시장, 특별자치도지사 또는 시장 · 군수 · 구청장에게 신고를 하면 건축허가를 받은 것으로 보는 경우에 속하지 않는 것은?

① 바닥면적의 합계가 85m² 이내의 신축
② 바닥면적의 합계가 85m² 이내의 증축
③ 바닥면적의 합계가 85m² 이내의 재축
④ 연면적이 200m² 미만이고 3층 미만인 건축물의 대수선

해설 관련 법규 : 법 제14조, 영 제11조, 규칙 제12조, 해설 법규 : 법 제14조 ①항 1호
허가 대상 건축물이라고 하더라도 미리 특별자치시장, 특별자치도지사 또는 시장, 군수, 구청장에게 신고를 하면 허가를 받는 것으로 보는 경우는 바닥면적의 합계가 85m² 이내의 증축, 개축 또는 재축 등이다.

26 | 산업 등 시설군의 건축물 용도
15②, 13②

용도변경과 관련된 시설군 중 산업 등 시설군에 속하는 건축물의 용도가 아닌 것은?

① 운수시설   ② 창고시설
③ 장례시설   ④ 발전시설

해설 관련 법규 : 법 제19조, 영 제14조, 규칙 제12조의 2, 해설 법규 : 영 제14조 ⑤항
산업 등 시설군에는 운수시설, 창고시설, 공장, 위험물 저장 및 처리시설, 자원순환 관련 시설, 묘지 관련 시설 및 장례시설 등이고, 발전시설은 전기통신시설군이다.

27 | 허용오차
11④, 05④

다음 중 대지 관련, 건축물 관련 건축 기준의 비율(%)로서의 허용오차에서 가장 큰 비율로 인정해 주는 것은?

① 건축물의 높이
② 건폐율
③ 용적률
④ 건축선의 후퇴거리

해설 관련 법규 : 법 제26조, 규칙 제20조, 해설 법규 : 규칙 제20조, (별표 5)
①항의 건폐율은 0.5% 이내, ②항의 용적률은 1% 이내, ③항의 건축물 높이는 2% 이내, ④항의 건축선의 후퇴거리는 3% 이내이다.

28 | 허가의 가설건축물 구조
07②, 04④

도시계획시설 또는 도시계획시설 예정지에 건축을 허가할 수 있는 가설건축물의 구조가 아닌 것은?

① 철골철근콘크리트구조
② 벽돌 구조
③ 철골 구조
④ 블록 구조

해설 관련 법규 : 법 제15조, 영 제15조, 해설 법규 : 영 제15조 ①항 1호
가설건축물의 구조는 **철근콘크리트조 또는 철골철근콘크리트조가 아닐 것.**

29 | 사용승인에 관한 기술
07②, 96③

건축물의 사용승인에 관한 기술에서 기준에 맞지 않는 것은?

① 건축주는 허가를 받았거나 신고를 한 건축물의 건축공사를 완료한 후 그 건축물을 사용하고자 하는 경우에 허가권자에게 사용승인을 신청하여야 한다.
② 특별시장 또는 광역시장은 사용승인을 한 경우 3일 이내에 그 사실을 군수 또는 구청장에게 알려서 건축물대장에 적게 하여야 한다.
③ 건축주는 사용승인을 신청할 때 공사감리자가 작성한 감리완료보고서(공사감리자가 지정된 경우) 및 국토교통부령이 정하는 공사완료도서를 첨부한다.
④ 허가권자는 사용승인 신청서를 받은 날부터 7일 이내에 사용승인을 위한 현장검사를 하여야 한다.

해설 관련 법규 : 법 제22조, 영 제17조, 규칙 제16조, 해설 법규 : 법 제22조 ⑥항
특별시장 또는 광역시장은 사용승인을 한 경우 **지체 없이** 그 사실을 군수 또는 구청장에게 알려서 건축물 대장에 적게 해야 한다.

30 | 허가의 가설건축물 기준
07①, 00③

도시계획시설 또는 도시계획시설 예정지에 건축을 허가할 수 있는 가설건축물의 기준이 아닌 것은?

① 층수   ② 연면적
③ 존치기간   ④ 구조

해설 관련 법규 : 법 제20조, 영 제15조, 해설 법규 : 영 제15조 ①항
층수는 4층 미만, 존치기간은 3년 이내, 구조는 철근콘크리트조 또는 철골철근콘크리트조가 아닐 것.

31 | 허용오차
06④, 98②

연면적이 5,000m^{2}일 때 용적률의 최대 허용오차는?

① 20m^2 ② 30m^2
③ 40m^2 ④ 50m^2

해설 관련 법규 : 법 제26조, 규칙 제20조, (별표 5), 해설 법규 : 규칙 제20조, (별표 5)
용적률은 1% 이내로서 연면적 30m^{2}를 초과할 수 없다.
그러므로, 5,000×0.01=50m^{2}이나, 30m^{2}를 초과할 수 없으므로 30m^{2}이다.

32 | 허가대상 용도변경
18②

다음 중 허가대상에 속하는 용도변경은?

① 영업시설군에서 근린생활시설군으로의 용도변경
② 교육 및 복지시설군에서 영업시설군으로의 용도변경
③ 근린생활시설군에서 주거업무시설군으로의 용도변경
④ 산업 등의 시설군에서 전기통신시설군으로의 용도변경

해설 관련 법규 : 법 제19조, 영 제14조, 해설 법규 : 법 제19조 ②항 2호
용도변경의 시설군에는 ① 자동차 관련 시설군, ② 산업 등 시설군, ③ 전기통신시설군, ④ 문화 및 집회시설군, ⑤ **영업시설군**, ⑥ **교육 및 복지시설군**, ⑦ 근린생활시설군, ⑧ 주거업무시설군, ⑨ 그 밖의 시설군 등이 있다. **신고대상은 ① → ⑨**의 순이고, **허가대상은 ⑨ → ①**의 순이다.

❸ 건축물의 유지와 관리

01 | 멸실 신고
10②, 09②, 99②

건축허가를 받아 건축한 2층의 주택이 태풍으로 인해 멸실되었을 경우 멸실 후 며칠 이내에 신고해야 하는가?

① 10일
② 15일
③ 30일
④ 신고할 필요 없음

해설 관련 법규 : 법 제36조, 규칙 제24조, 해설 법규 : 법 제36조 ②항
건축물의 소유자나 관리자는 건축물이 재해로 멸실될 경우 멸실 후 **30일 이내**에 신고해야 한다.

02 | 건축지도원에 관한 기술
22①, 21②, 02①

건축지도원에 관한 설명으로 틀린 것은?

① 허가를 받지 아니하고 건축하거나 용도변경한 건축물의 단속업무를 수행한다.
② 건축지도원은 시장, 군수, 구청장이 지정할 수 있다.
③ 건축지도원의 자격과 업무범위는 국토교통부령으로 정한다.
④ 건축신고를 하고 건축 중에 있는 건축물의 시공지도와 위법시공 여부의 확인ㆍ지도 및 단속업무를 수행한다.

해설 관련 법규 : 법 제37조, 영 제24조, 해설 법규 : 법 제37조 ②항
㉮ 특별자치시장ㆍ특별자치도지사 또는 시장ㆍ군수ㆍ구청장은 이 법 또는 이 법에 따른 명령이나 처분에 위반되는 건축물의 발생을 예방하고 건축물을 적법하게 유지ㆍ관리하도록 지도하기 위하여 대통령령으로 정하는 바에 따라 건축지도원을 지정할 수 있다.
㉯ **건축지도원의 자격과 업무범위 등은 대통령령**으로 정한다.

03 | 철거 등에 관한 기술
08①, 00②

건축물의 철거 등에 관한 기술 중 옳지 않은 것은?

① 허가 대상 건축물이 멸실된 경우에는 건축물 철거ㆍ멸실신고서를 특별자치시장ㆍ특별자치도지사 또는 시장ㆍ군수ㆍ구청장에게 제출(전자문서로 제출하는 것을 포함)해야 한다.
② 건축물의 소유자 또는 관리자는 그 건축물을 철거하는 경우 특별자치시장ㆍ특별자치도지사 또는 시장, 군수, 구청장에게 신고해야 한다.
③ 건축물의 소유자는 그 건축물이 재해로 인하여 멸실된 경우에는 멸실 후 30일 이내에 신고해야 한다.
④ 허가 대상 건축물을 철거하고자 하는 자는 철거 예정일 7일 전까지 건축물 철거, 멸실신고서를 특별자치시장ㆍ특별자치도지사 또는 시장ㆍ군수ㆍ구청장에게 제출해야 한다.

해설 관련 법규 : 법 제36조, 규칙 제24조, 해설 법규 : 규칙 제24조 ①항
허가대상 건축물을 철거하고자 하는 자는 철거 예정일 3일 전까지 건축물 철거, 멸실신고서를 특별자치시장ㆍ특별자치도지사 또는 시장, 군수, 구청장에게 제출해야 한다.

04 | 건축지도원의 업무
05②, 00②

건축지도원의 업무가 아닌 것은?

① 건축신고를 하고 건축 중에 있는 건축물의 시공계획 및 공사 관리의 지도
② 건축설비 등이 법령에 적합하게 유지, 관련되는지의 확인, 지도 및 단속
③ 허가를 받지 아니하고 용도변경한 건축물의 단속
④ 신고를 하지 아니하고 건축하는 건축물의 단속

해설 관련 법규 : 법 제37조, 영 제24조, 해설 법규 : 영 제24조 ②항
건축지도원의 업무는 ②, ③ 및 ④항 외에 건축신고를 하고 건축 중에 있는 **건축물의 시공 지도와 위법 시공 여부의 확인ㆍ지도 및 단속** 등이 있다.

❹ 건축물의 대지와 도로

01 | 공개공지 또는 공개공간 설치 시설
11①, 08①, 07①, 05①, 03②, 02②, 98③

바닥면적의 합계가 5,000m² 이상인 건축물의 용도로서 다음 중 공개공지를 확보하지 않아도 되는 것은?

① 위락시설
② 문화 및 집회시설
③ 업무시설
④ 숙박시설

해설 관련 법규 : 법 제43조, 영 제27조의 2, 해설 법규 : 영 제27조의 2 ①항 1호
위락시설과 의료시설은 공개공지(공지 : 공터) 또는 공개공간을 확보해야 하는 건축물과는 무관하다.

02 | 공개공지 또는 공개공간 설치 시설
22②, 20④, 18①, 14②, 11②, 10①,②

건축법상 일반이 사용할 수 있도록 대통령령으로 정하는 기준에 따라 소규모 휴식시설 등의 공개공지 또는 공개공간을 설치하여야 하는 대상 지역에 속하지 않는 것은? (단, 특별자치시장·특별자치도지사 또는 시장·군수·구청장이 도시화의 가능성이 크다고 인정하여 지정·공고하는 지역 제외)

① 준주거지역
② 준공업지역
③ 전용주거지역
④ 일반주거지역

해설 관련 법규 : 법 제43조, 영 제27조의 2, 해설 법규 : 법 제43조 ①항
일반주거지역, 준주거지역, 상업지역, 준공업지역 및 특별자치도지사 또는 시장·군수·구청장이 도시화의 가능성이 크다고 인정하여 지정·공고하는 지역의 하나에 해당하는 지역의 환경을 쾌적하게 조성하기 위하여 다음에서 정하는 용도와 규모의 건축물은 일반이 사용할 수 있도록 대통령령으로 정하는 기준에 따라 **소규모 휴식시설 등의 공개공지(공지 : 공터) 또는 공개공간을 설치**하여야 한다.
㉮ 문화 및 집회시설, 종교시설, 판매시설(농수산물 유통시설은 제외), 운수시설(여객용 시설만 해당), 업무시설 및 숙박시설로서 해당 용도로 쓰는 바닥면적의 합계가 5,000m² 이상인 건축물
㉯ 그 밖에 다중이 이용하는 시설로서 건축조례로 정하는 건축물

03 | 가로모퉁이 건축선
12①, 04②, 01②, 98③

그림과 같은 대지의 도로 모퉁이 부분의 건축선으로서 도로 경계선의 교차점에서의 거리 "a"로 옳은 것은?

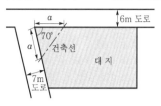

① 1m
② 2m
③ 3m
④ 4m

해설 관련 법규 : 법 제46조, 영 제31조, 해설 법규 : 영 제31조 ①항
도로 모퉁이에 위치한 대지의 규정에 의하여 도로의 너비가 각각 6m, 7m이고, 교차각이 90° 미만이므로, **도로 경계선의 교차점으로부터 4m씩 후퇴**해야 한다.

04 | 대지와 도로의 관계
20③, 18④, 17①, 14①, 09①, 07④

다음의 대지와 도로와의 관계에 대한 기준 내용 중 ( ) 안에 알맞은 것은?

> 연면적의 합계가 2천 제곱미터(공장인 경우에는 3천 제곱미터) 이상인 건축물(축사, 작물재배사, 그 밖에 이와 비슷한 건축물로서 건축조례로 정하는 규모의 건축물은 제외)의 대지는 너비 (㉠) 이상의 도로에 (㉡) 이상 접하여야 한다.

① ㉠ 8m, ㉡ 6m
② ㉠ 8m, ㉡ 4m
③ ㉠ 6m, ㉡ 4m
④ ㉠ 4m, ㉡ 2m

해설 관련 법규 : 법 제44조, 영 제28조, 해설 법규 : 영 제28조 ②항
건축물의 대지가 접하는 도로의 너비, 대지가 도로에 접하는 부분의 길이, 그 밖에 대지와 도로의 관계에 있어서, **연면적의 합계가 2,000m²(공장 3,000m²) 이상인 건축물(축사, 작물재배사는 제외)의 대지는 너비 6m 이상의 도로에 4m 이상 접해**야 한다.

05 | 조경면적의 산정
18④, 08②, 07④, 05①, 04④

대지면적이 1,500m²이고 조경면적이 대지면적의 10%로 정해진 지역에 건축물을 신축할 때 옥상에 조경을 150m² 시공할 경우 지표면의 조경면적은 최소 얼마 이상으로 하여야 하는가?

① 안해도 된다.
② 50m²
③ 75m²
④ 100m²

해설 관련 법규 : 법 제42조, 영 제27조, 해설 법규 : 영 제27조 ③항
지표면의 조경면적은 $1,500 \times 0.1 = 150m^2$이고, 옥상 부분의 조경면적의 2/3는 $150 \times 2/3 = 100m^2$이나 조경면적, 즉 $150m^2$의 50/100을 초과할 수 없으므로 $75m^2$밖에 인정을 받을 수 없다.
∴ 대지 안에 조경을 해야 할 면적=150-75=75m^2 이상

06 | 건축선에 따른 건축 제한
21④, 19②, 14②, 13④, 10①

다음의 건축선에 따른 건축 제한과 관련된 기준 내용 중 ( ) 안에 알맞은 것은?

> 도로면으로부터 높이 (   )m 이하에 있는 출입구, 창문, 그 밖에 이와 유사한 구조물은 열고 닫을 때 건축선의 수직면을 넘지 아니하는 구조로 한다.

① 3
② 4.5
③ 6
④ 10

해설 관련 법규 : 법 제47조, 해설 법규 : 법 제47조 ②항
건축선에 따른 건축 제한에 있어서 도로면으로부터 높이 4.5m 이하에 있는 출입문, 창문, 그 밖에 이와 유사한 구조물은 열고 닫을 때 건축선의 수직면을 넘지 아니하는 구조로 하여야 한다.

07 | 공개공지 등의 확보의 기술
11①, 04④, 02④, 96③

공개공지 등의 확보에 대한 기술 중 옳지 않은 것은?

① 연면적의 합계가 $5,000m^2$ 이상인 업무시설은 공개공지를 확보해야 한다.
② 일반주거지역은 소규모 휴식시설의 공개공지를 확보해야 한다.
③ 연면적의 합계가 $5,000m^2$ 이상인 숙박시설은 공개공간을 확보해야 한다.
④ 전용공업지역은 소규모 휴식시설의 공개공지 또는 공개공간을 설치해야 한다.

해설 관련 법규 : 법 제43조, 영 제27조의 2, 해설 법규 : 법 제43조 ①항 4호
일반주거지역, 준주거지역, 상업지역, 준공업지역, 특별자치도지사 또는 시장·군수·구청장이 도시화의 가능성이 크다고 인정하여 지정·공고하는 지역의 하나에 해당하는 지역은 소규모 휴식시설의 공개공지 또는 공개공간을 설치해야 한다.

08 | 대지와 도로의 접하는 길이
21②, 17②, 16④, 12④

건축물의 대지는 원칙적으로 최소 얼마 이상이 도로에 접하여야 하는가? (단, 자동차만의 통행에 사용되는 도로는 제외)

① 1m
② 2m
③ 3m
④ 4m

해설 관련 법규 : 법 제44조, 해설 법규 : 법 제44조 ①항
건축물의 대지는 2m 이상이 도로(자동차만의 통행에 사용되는 도로는 제외)에 접하여야 한다. 다만, 해당 건축물의 출입에 지장이 없다고 인정되는 경우와 건축물의 주변에 대통령령으로 정하는 공지가 있는 경우에 해당하면 그러하지 아니하다.

09 | 대지 안의 조경 기준
21①, 19②, ④, 17③

다음은 대지의 조경에 관한 기준 내용이다. (   ) 안에 알맞은 것은?

> 면적이 (   ) 이상인 대지에 건축을 하는 건축주는 용도지역 및 건축물의 규모에 따라 해당 지방자치단체의 조례로 정하는 기준에 따라 대지에 조경이나 그 밖에 필요한 조치를 하여야 한다.

① $100m^2$
② $200m^2$
③ $300m^2$
④ $500m^2$

해설 관련 법규 : 법 제42조, 해설 법규 : 법 제42조 ①항
면적이 $200m^2$ 이상인 대지에 건축을 하는 건축주는 용도지역 및 건축물의 규모에 따라 해당 지방자치단체의 조례로 정하는 기준에 따라 대지에 조경이나 그 밖에 필요한 조치를 하여야 한다.

10 | 건축선에 관한 기술
04①, 06②

건축선에 관한 내용으로 옳은 것은?

① 소요 너비에 미달되는 너비의 도로인 경우에는 그 중심선으로부터 당해 소요 너비에 상당하는 수평거리를 후퇴한 선으로 한다.
② 지상 및 지표하의 건축물은 건축선의 수직면을 넘어서는 아니 된다.
③ 도로면으로부터 높이 5.0m 이하에 있는 창문은 개폐 시 건축선의 수직면을 넘는 구조로 하여서는 아니 된다.
④ 도로의 교차각이 90°인 당해 도로의 너비와 교차되는 도로의 너비가 각각 6m인 도로 모퉁이 부분의 건축선은 그 대지에 접한 도로 경계선의 교차점으로부터 도로 경계선에 따라 각각 3m씩 후퇴한 2점을 연결한 선으로 한다.

해설 관련 법규 : 법 제47조, 영 제31조, 해설 법규 : 법 제47조 ①, ②항
소요 너비에 미달되는 너비의 도로인 경우에는 그 중심선으로 부터 당해 소요 너비의 **1/2에 상당**하는 수평거리를 후퇴한 선 으로 하고, 지표하의 건축물은 건축선의 수직면을 **넘어도 되 며**, 도로면으로부터 높이 **4.5m 이하**에 있는 창문은 개폐 시 건축선의 수직면을 넘는 구조로 하여서는 아니 된다.

11 | 가로모퉁이 건축선
13①, 06④, 00②

두 도로의 교차각이 90° 미만이고, 교차되는 도로의 너비가 각각 4m와 6m인 도로 모퉁이에 있는 대지의 건축선은 도 로 경계선의 교차점에서 도로 경계선을 따라 각각 얼마를 후퇴하여 2점을 연결한 선으로 하는가?

① 1m
② 2m
③ 3m
④ 4m

해설 관련 법규 : 법 제46조, 영 제31조, 해설 법규 : 영 제31조 ①항
도로 모퉁이에 위치한 대지의 규정에 의하여 도로의 너비가 각각 4m, 6m이고, 교차각이 90° 미만이므로, **도로 경계선의 교차점으로부터 3m씩 후퇴**해야 한다.

12 | 공개공지 또는 공개공간 설치 완화
11④, 06②, 00②

공개공지 또는 공개공간의 설치 시 건축물에 적용되는 건축 법의 완화 규정은?

① 건폐율
② 용적률
③ 대지면적의 최소 한도
④ 대지 안의 공지

해설 관련 법규 : 법 제43조, 영 제27조의 2, 해설 법규 : 영 제27조의 2 ④항 1, 2호
공개공지 또는 공개공간을 설치하는 경우의 건축 기준의 완화 규정은 **용적률**(당해 지역에 적용되는 용적률의 1.2배 이하), **건축물의 높이 제한**(당해 건축물에 적용되는 높이 기준의 1.2 배 이하) 등이다.

13 | 대지 안의 조경 기준
09④, 00③, 96②

다음 건축물 중 대지 안의 조경을 해야 하는 것은?

① 면적 $4,000m^2$인 대지에 건축하는 공장
② 연면적의 합계가 $1,500m^2$인 공장
③ 녹지지역에 건축하는 건축물
④ 축사

해설 관련 법규 : 법 제42조, 영 제27조, 해설 법규 : 영 제27조 ①항 3호
연면적의 합계가 $1,500m^2$ 미만인 공장은 대지 안의 조경 등의 조치를 하지 아니할 수 있으나, $1,500m^2$ **이상**인 경우에는 대 지 안의 조경 등의 조치를 **해야 한다**.

14 | 대지 안 조경 제외
21④, 04②

대지의 조경이 있어 조경 등의 조치를 하지 아니할 수 있는 건축물기준으로 옳지 않은 것은?

① 면적 5천제곱미터 미만인 대지에 건축하는 공장
② 연면적의 합계가 1천500제곱미터 미만인 공장
③ 연면적의 합계가 2천제곱미터 미만인 물류시설
④ 녹지지역에 건축하는 건축물

해설 관련 법규 : 법 제42조, 영 제27조, 해설 법규 : 영 제27조 ①항 3호
연면적의 합계가 $1,500m^2$ 미만인 물류시설(주거지역 또는 상 업지역에 건축하는 것은 제외)로서 국토교통부령으로 정하는 것은 대지의 조경을 하지 않을 수 있다.

15 | 건축선에 관한 기술
05②, 03①

건축선에 관한 내용으로 옳지 않은 것은?

① 건축물 및 담장은 건축선의 수직면을 넘어서는 아니 된 다.(다만, 지표하의 부분은 그러하지 아니하다.)
② 도로와 접한 부분에 있어서 건축물을 건축할 수 있는 선은 대지와 도로의 경계선으로 한다.
③ 소요 너비에 미달되는 너비의 도로의 경우에는 그 경계 선으로부터 당해 소요 너비의 1/2에 상당하는 수평거 리를 후퇴한 선을 건축선으로 한다.
④ 도로면으로부터 높이 4.5m 이하에 있는 출입구·창문, 그 밖에 이와 유사한 구조물은 개폐 시에 건축선의 수 직면을 넘는 구조로 하여서는 아니 된다.

해설 관련 법규 : 법 제46조, 영 제31조, 해설 법규 : 법 제46조 ①항
소요 너비에 미달되는 너비의 도로의 경우에는 그 **중심선으로** 부터 당해 소요 너비의 1/2에 상당하는 수평거리를 후퇴한 선 을 건축선으로 한다.

16 | 조경면적의 산정
15①, 09①

대지면적이 $600m^2$일 때 옥상에 조경면적을 $60m^2$ 설치할 경우 대지에 설치하여야 하는 최소 조경면적은? (단, 조경 설치 기준은 대지면적의 10%임.)

① $10m^2$
② $15m^2$
③ $20m^2$
④ $30m^2$

해설 관련 법규 : 법 제42조, 영 제27조, 해설 법규 : 영 제27조 ③항
지표면의 조경면적은 $600×0.1=60m^2$이고, **옥상 부분의 조경면 적의 2/3**는 $60×2/3=40m^2$이나 조경면적, 즉 $60m^2$의 50/100을 **초과할 수 없으므로** $30m^2$밖에 인정을 받을 수 없다.
∴ 대지 안에 조경을 하여야 할 면적=$60-30=30m^2$ 이상

17 | 환경보전을 위한 단의 넓이
06④, 03②

환경보전을 위한 필요 조치사항으로 굴착 부분의 비탈면 높이가 3m를 넘는 높이의 비탈면에는 높이 3m 이내마다 단을 만들어 주어야 한다. 이 때 단의 넓이 기준으로 옳은 것은?

① 비탈면적의 1/3 이상
② 비탈면적의 1/4 이상
③ 비탈면적의 1/5 이상
④ 비탈면적의 1/6 이상

해설 관련 법규 : 법 제41조, 규칙 제26조, 해설 법규 : 규칙 제26조 ②항 2호
높이가 3m를 넘는 경우에는 높이 3m 이내마다 그 **비탈면적의 1/5 이상**에 해당하는 면적의 단을 만들 것. 다만, 허가권자가 그 비탈면의 토질, 경사도를 고려하여 붕괴의 우려가 없다고 인정하는 경우에는 그러하지 아니하다.

18 | 대지 안 조경 제외
06④, 96①

다음 중 대지 안에 조경면적을 확보하지 않아도 되는 시설물은?

① 대지면적 400m² 이상 건축물
② 산업 단지 안의 공장
③ 읍 · 면의 생산녹지지역 안의 건축물
④ 연면적 합계가 1,000m²인 상업지역 내의 물류시설

해설 관련 법규 : 법 제42조, 영 제27조, 해설 법규 : 영 제27조 ①항 2호
대지면적 400m² 이상 건축물, 읍 · 면의 생산녹지지역 안의 건축물, 연면적 합계가 1,000m²인 상업지역 내의 물류시설은 조경면적을 확보해야 한다.

19 | 대지 안 조경 제외
22①,②, 16④

건축법령상 건축을 하는 경우 조경 등의 조치를 하지 아니할 수 있는 건축물기준으로 옳지 않은 것은? (단, 면적이 200m² 이상인 대지에 건축을 하는 경우)

① 축사
② 녹지지역에 건축하는 건축물
③ 연면적 합계가 2,000m² 미만인 공장
④ 면적 5,000m² 미만인 대지에 건축하는 공장

해설 관련 법규 : 법 제42조, 영 제27조, 해설 법규 : 영 제27조 1항
녹지지역에 건축하는 건축물, 면적 5,000m² 미만인 대지에 건축하는 공장, 연면적의 합계가 1,500m² 미만인 공장, 산업단지의 공장, 대지에 염분이 함유되어 있는 경우 또는 건축물 용도의 특성상 조경 등의 조치를 하기가 곤란하거나 조경 등의

조치를 하는 것이 불합리한 경우로서 건축조례로 정하는 건축물, 축사, 가설건축물, 연면적의 합계가 1,500m² 미만인 물류시설(주거지역 또는 상업지역에 건축하는 것은 제외)로서 국토교통부령으로 정하는 것, 자연환경보전지역·농림지역 또는 관리지역(지구단위계획구역으로 지정된 지역은 제외한다.)의 건축물 및 건축조례로 정하는 건축물은 **조경 등의 조치를 하지 아니할 수 있다.**

20 | 가로모퉁이 건축선
06①, 00③

도로의 너비가 각각 7m이고 그 교차각이 90°인 도로 모퉁이에 위치한 대지의 도로 모퉁이 부분의 건축선은 대지에 접한 도로 경계선의 교차점으로부터 도로 경계선을 따라 각각 얼마를 후퇴하여야 하는가?

① 후퇴하지 않는다.   ② 2m
③ 3m   ④ 4m

해설 관련 법규 : 법 제46조, 영 제31조, 해설 법규 : 영 제31조 ①항
도로 모퉁이에 위치한 대지의 규정에 의하여 도로의 너비가 7m이고, 교차각이 90°이므로, **도로 경계선의 교차점으로부터 3m씩 후퇴**해야 한다.

21 | 공개공지 또는 공개공간 시설
21①, 18②

건축법령상 건축물의 대지에 공개공지 또는 공개공간을 확보하여야 하는 대상건축물에 속하지 않는 것은? (단, 해당 용도로 쓰는 바닥면적의 합계가 5,000m²인 건축물의 경우)

① 종교시설   ② 의료시설
③ 업무시설   ④ 숙박시설

해설 관련 법규 : 법 제43조, 영 제27조의 2, 해설 법규 : 법 제43조 ①항
일반주거지역, 준주거지역, 상업지역, 준공업지역 및 특별자치도지사 또는 시장 · 군수 · 구청장이 도시화의 가능성이 크다고 인정하여 지정 · 공고하는 지역의 하나에 해당하는 지역의 환경을 쾌적하게 조성하기 위하여 다음에서 정하는 용도와 규모의 건축물은 일반이 사용할 수 있도록 대통령령으로 정하는 기준에 따라 **소규모 휴식시설 등의 공개공지(공지 : 공터)** 또는 **공개공간을 설치**하여야 한다.
㉮ 문화 및 집회시설, **종교시설**, 판매시설(농수산물 유통시설은 제외), 운수시설(여객용 시설만 해당), **업무시설** 및 **숙박시설**로서 해당 용도로 쓰는 바닥면적의 합계가 5,000m² 이상인 건축물
㉯ 그 밖에 다중이 이용하는 시설로서 건축조례로 정하는 건축물

22 | 조경면적의 산정
06①, ②

대지면적이 500m²일 때 옥상에 조경을 한 경우 조경면적으로 인정받을 수 있는 최대 면적은? (단, 조경설치 기준은 대지면적의 10%로 한다.)

① 15m²
② 20m²
③ 25m²
④ 30m²

해설 관련 법규 : 법 제42조, 영 제27조, 해설 법규 : 영 제27조 ③항
지표면의 조경면적은 $500 \times 0.1 = 50m^2$이고, **옥상 조경면적은 조경면적의 50/100을 초과할 수 없으므로** $50 \times 50/100 = 25m^2$를 초과할 수 없다.

23 | 옥상 조경에 관한 기술
03①, 01①

대지 안의 조경면적에서 옥상 조경 기준에 관한 내용으로 옳은 것은?

① 옥상 조경면적의 2/3를 인정하되 전체 조경면적의 60/100을 초과할 수 없다.
② 옥상 조경면적의 1/2을 인정하되 전체 조경면적의 50/100을 초과할 수 없다.
③ 옥상 조경면적의 2/3를 인정하되 전체 조경면적의 50/100을 초과할 수 없다.
④ 옥상 조경면적의 1/3을 인정하되 전체 조경면적의 50/100을 초과할 수 없다.

해설 관련 법규 : 법 제42조, 영 제27조, 해설 법규 : 영 제27조 ③항
건축물의 옥상에 조경을 하는 경우에는 **옥상 부분의 조경면적의 2/3에 해당하는** 면적을 대지 안의 조경면적으로 산정할 수 있으며, 옥상의 조경면적은 대지 안의 조경 규정에 의한 **조경면적의 50/100을 초과할 수 없다.**

24 | 공개공지 또는 공개공간 설치 완화
02②, 01④

공개공지를 확보한 경우 건축법 규정에 의한 높이 제한이 30m일 때 당해 건축물에 적용되는 높이 기준은 얼마인가?

① 30m 이하
② 33m 이하
③ 36m 이하
④ 39m 이하

해설 관련 법규 : 법 제43조, 영 제27조의 2, 해설 법규 : 영 제27조의 2 ④항 2호
공개공지 또는 공개공간을 설치하는 경우의 건축 기준의 완화 규정은 용적률(해당지역에 적용되는 용적률의 1.2배 이하), 건축물의 높이 제한(**해당 건축물에 적용되는 높이 기준의 1.2배 이하**) 등이다. 그러므로 규정에 의하여 30m×1.2=36m 이하이다.

25 | 대지와 도로의 영향 요소
00②, ④

대지와 도로와의 관계에 영향을 주지 아니하는 것은?

① 건축물의 연면적
② 건축물의 용도
③ 건축물의 대지가 도로에 접하는 부분의 길이
④ 건축물의 대지가 접하는 도로의 너비

해설 관련 법규 : 법 제44조, 영 제28조, 해설 법규 : 영 제28조 ②항
건축물의 대지가 접하는 도로의 너비, 대지가 도로에 접하는 부분의 길이, 그 밖에 대지와 도로의 관계에 있어서, **연면적의 합계가** 2,000m²(공장 3,000m²) 이상인 건축물(축사, 작물재배사는 제외)의 대지는 너비 6m 이상의 도로에 4m 이상 접하여야 한다.

26 | 대지 및 도로에 관한 기술
20④

건축물의 대지 및 도로에 관한 설명으로 틀린 것은?

① 손궤의 우려가 있는 토지에 대지를 조성하고자 할 때 옹벽의 높이가 2m 이상인 경우에는 이를 콘크리트구조로 하여야 한다.
② 면적이 100m² 이상인 대지에 건축을 하는 건축주는 대지에 조경이나 그 밖에 필요한 조치를 하여야 한다.
③ 연면적의 합계가 2천m²(공장인 경우 3천m²) 이상인 건축물(축사, 작물재배사, 그 밖에 이와 비슷한 건축물로서 건축조례로 정하는 규모의 건축물은 제외)의 대지는 너비 6m 이상의 도로에 4m 이상 접하여야 한다.
④ 도로면으로부터 높이 4.5m 이하에 있는 창문은 열고 닫을 때 건축선의 수직면을 넘지 아니하는 구조로 하여야 한다.

해설 관련 법규 : 법 제42조, 영 제27조, 해설 법규 : 영 제27조 ①항
면적이 200m² 이상인 대지에 건축을 하는 건축주는 용도지역 및 건축물의 규모에 따라 해당 지방자치단체의 조례로 정하는 기준에 따라 대지 안의 조경이나 그 밖에 필요한 조치를 하여야 한다.

27 | 공개공지 또는 공개공간 시설
17①

다음 중 건축물의 대지에 공개공지 또는 공개공간을 확보하여야 하는 대상건축물에 속하는 것은? (단, 일반주거지역의 경우)

① 업무시설로서 해당 용도로 쓰는 바닥면적의 합계가 3,000m²인 건축물
② 숙박시설로서 해당 용도로 쓰는 바닥면적의 합계가 4,000m²인 건축물
③ 종교시설로서 해당 용도로 쓰는 바닥면적의 합계가 5,000m²인 건축물
④ 문화 및 집회시설로서 해당 용도로 쓰는 바닥면적의 합계가 4,000m²인 건축물

해설 관련 법규 : 법 제43조, 영 제27조의 2, 해설 법규 : 법 제43조 ①항
일반주거지역, 준주거지역, 상업지역, 준공업지역 및 특별자치도지사 또는 시장·군수·구청장이 도시화의 가능성이 크다고 인정하여 지정·공고하는 지역의 하나에 해당하는 지역의 환경을 쾌적하게 조성하기 위하여 다음에서 정하는 용도와 규모의 건축물은 일반이 사용할 수 있도록 대통령령으로 정하는 기준에 따라 소규모 휴식시설 등의 공개공지(공지 : 공터) 또는 공개공간을 설치하여야 한다.
㉮ 문화 및 집회시설, 종교시설, 판매시설(농수산물유통시설은 제외), 운수시설(여객용 시설만 해당), 업무시설 및 숙박시설로서 해당 용도로 쓰는 바닥면적의 합계가 5,000m² 이상인 건축물
㉯ 그 밖에 다중이 이용하는 시설로서 건축조례로 정하는 건축물

28 | 도시지역의 별도의 건축선
20③

시장·군수·구청장이 국토의 계획 및 이용에 관한 법률에 따른 도시지역에서 건축선을 따로 지정할 수 있는 최대 범위는?

① 2m
② 3m
③ 4m
④ 6m

해설 관련 법규 : 법 제46조, 영 제31조, 해설 법규 : 영 제31조 ②항
특별자치시장·특별자치도지사 또는 시장·군수·구청장은 국토의 계획 및 이용에 관한 법률에 따른 도시지역에는 4m 이하의 범위에서 건축선을 따로 지정할 수 있다.

29 | 공개공지 또는 공개공간 시설
16①

건축법령상 일반주거지역, 준주거지역, 상업지역 또는 준공업지역의 환경을 쾌적하게 조성하기 위하여 대지에 공개공지 또는 공개공간을 확보하여야 하는 대상 건축물에 속하지 않는 것은? (단, 건축조례로 정하는 건축물은 제외)

① 숙박시설로서 해당 용도로 쓰는 바닥면적 합계가 5,000m² 이상인 건축물
② 의료시설로서 해당 용도로 쓰는 바닥면적 합계가 5,000m² 이상인 건축물
③ 업무시설로서 해당 용도로 쓰는 바닥면적 합계가 5,000m² 이상인 건축물
④ 종교시설로서 해당 용도로 쓰는 바닥면적 합계가 5,000m² 이상인 건축물

해설 관련 법규 : 법 제43조, 영 제27조의 2, 해설 법규 : 영 제27조의 2 1항 1호
문화 및 집회시설, 종교시설, 판매시설(「농수산물 유통 및 가격안정에 관한 법률」에 따른 농수산물유통시설은 제외한다), 운수시설(여객용 시설만 해당한다), 업무시설 및 숙박시설로서 해당 용도로 쓰는 바닥면적의 합계가 5,000m² 이상인 건축물은 공개공지 및 공개공간을 확보하여야 한다.

30 | 내진능력의 공개 건축물의 층수
22①

사용승인을 받는 즉시 건축물의 내진능력을 공개하여야 하는 대상건축물의 층수기준은? (단, 목구조 건축물의 경우이며 기타의 경우는 고려하지 않는다.)

① 2층 이상
② 3층 이상
③ 6층 이상
④ 16층 이상

해설 관련 법규 : 법 제48조의 3, 해설 법규 : 법 제48조의 3 ①항
다음의 어느 하나에 해당하는 건축물의 건축을 하고자 하는 자는 사용승인을 받은 즉시 건축물이 지진 발생에 견딜 수 있는 능력(내진능력)을 공개하여야 한다.
㉮ 층수가 2층(주요 구조부인 기둥과 보를 설치하는 건축물로서 그 기둥과 보가 목재인 목구조 건축물의 경우에는 3층) 이상인 건축물
㉯ 연면적이 200m²(목구조 건축물의 경우에는 500m²) 이상인 건축물
㉰ 그 밖에 건축물의 규모와 중요도를 고려하여 대통령령으로 정하는 건축물

❺ 건축물의 구조 및 재료

01 | 연소의 우려가 있는 부분
99①,②,③,④

다음 그림과 같은 건축물에서 연소할 우려가 있는 부분의 외벽 길이의 합계로서 옳은 것은? (단, 단층 목조 건축물이다.)

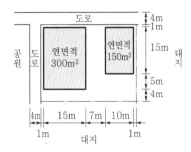

① 60m
② 62m
③ 64m
④ 66m

해설 관련 법규 : 법 제50조, 영 제57조, 피난·방화규칙 제22조, 해설 법규 : 피난·방화규칙 제22조 ②항
"연소할 우려가 있는 부분"이라 함은 인접대지경계선·도로중심선 또는 동일한 대지안에 있는 2동 이상의 건축물(연면적의 합계가 500m² 이하인 건축물은 이를 하나의 건축물로 본다) 상호의 외벽간의 중심선으로부터 1층에 있어서는 3m 이내, 2층 이상에 있어서는 5m 이내의 거리에 있는 건축물의 각 부분을 말한다. 다만, 공원·광장·하천의 공지나 수면 또는 내화구조의 벽 기타 이와 유사한 것에 접하는 부분을 제외한다.
다음 그림에서 알 수 있듯이 연소할 우려가 있는 부분의 길이는 20+15+10+15+2=62m이다.

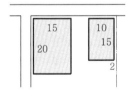

02 | 배연설비의 설치 대상 건축물
10②, 09②, 07①, 06④, 05①, 03④,
02①, 00①, 98①

건축법에 따라 피난층이 아닌 경우 6층 이상인 건축물에 배연설비를 의무적으로 설치해야 할 대상이 아닌 것은?

① 호텔의 객실
② 관광휴게시설에 쓰이는 거실
③ 학교의 전산실
④ 병원의 입원실

해설 관련 법규 : 법 제62조, 영 제51조, 설비규칙 제14조,
해설 법규 : 설비규칙 제14조 ①항
6층 이상인 건축물로서 교육연구시설 중 연구소, 병원은 의료시설, 관광휴게시설 등은 배연설비를 설치하여야 하나, **학교의 전산실은 무관**하다.

03 | 공연장 관람실의 출구 개소
12②, 11④, 08④, 06④, 04①, 00③

문화 및 집회시설 중 공연장의 개별 관람실 바닥면적이 600m²인 경우, 이 개별 관람실에 설치하여야 하는 출구의 최소 개소는? (단, 각 출구의 유효 너비를 1.5m로 하는 경우)

① 1개소
② 2개소
③ 3개소
④ 4개소

해설 관련 법규 : 법 제49조, 영 제38조, 피난규칙 제10조, 피난·방화규칙 제15조의 2, 해설 법규 : 피난·방화 규칙 제15조의 2 ③항
개별 관람실 출구의 유효 너비 합계는 개별 관람실의 바닥면적 100m²마다 0.6m의 비율로 산정한 너비 이상으로 할 것.
즉, 관람실 출구의 유효 너비 합계
$=\dfrac{\text{개별 관람실의 면적}}{100}\times0.6m=\dfrac{600}{100}\times0.6m=3.6m$ 이상이다.
∴ 출구의 최소 개수
$=\dfrac{\text{출구 유효 너비의 합계}}{\text{출구의 유효 너비}}=\dfrac{3.6}{1.5}=2.4$개 → 3개소

04 | 옥상 광장 등의 설치 기준
21④, 18②, 15①, 11②, 05②, 96①

다음의 옥상 광장 등의 설치에 관한 기준 내용 중 ( ) 안에 알맞은 것은?

옥상 광장 또는 2층 이상인 층에 있는 노대나 그 밖에 이와 비슷한 것의 주위에는 높이 ( ) 이상의 난간을 설치하여야 한다. 다만, 그 노대등에 출입할 수 없는 구조인 경우에는 그러하지 아니하다.

① 1.0m
② 1.2m
③ 1.5m
④ 1.8m

해설 관련 법규 : 법 제49조, 영 제40조, 피난·방화 규칙 제13조,
해설 법규 : 영 제40조 ①항
옥상 광장 또는 2층 이상인 층에 있는 노대등(노대나 그 밖에 이와 비슷한 것)의 주위에는 높이 **1.2m 이상**의 난간을 설치하여야 한다. 다만, 그 노대등에 출입할 수 없는 구조인 경우에는 그러하지 아니하다.

05 | 거실의 반자 높이
21①, 20④, 12①, 10②,④, 03②, 00②,③

다음의 거실의 반자 높이와 관련된 기준 내용 중 ( ) 안에 해당되지 않는 건축물의 용도는?

( )의 용도에 쓰이는 건축물의 관람실 또는 집회실로서 그 바닥면적이 200m² 이상인 것의 반자의 높이는 4m(노대의 아랫부분의 높이는 2.7m) 이상이어야 한다. 다만, 기계환기장치를 설치하는 경우에는 그러하지 아니하다.

① 종교시설
② 장례식장
③ 위락시설 중 유흥주점
④ 문화 및 집회시설 중 전시장

해설 관련 법규 : 법 제49조, 영 제50조, 피난·방화 규칙 제16조,
해설 법규 : 피난·방화 규칙 제16조 ②항
문화 및 집회시설(**전시장 및 동·식물원은 제외**), 종교시설, 장례식장 또는 위락시설 중 유흥주점의 용도에 쓰이는 건축물의 관람실 또는 집회실로서 그 바닥면적이 200m² 이상인 것의 반자의 높이는 4m(노대의 아랫부분의 높이는 2.7m) 이상이어야 한다. 다만, 기계환기장치를 설치하는 경우에는 그러하지 아니하다.

06 | 직통계단을 2개소 이상 설치
18④, 13④, 97①,②,③,④

피난층 외의 층으로서 피난층 또는 지상으로 통하는 직통계단을 2개소 이상 설치하여야 하는 대상 기준으로 옳지 않은 것은?

① 지하층으로서 그 층 거실의 바닥면적의 합계가 200m² 이상인 것
② 위락시설 중 주점영업 또는 장례시설의 용도로 쓰는 층으로서 그 층에서 해당 용도로 쓰는 바닥면적의 합계가 200m² 이상인 것
③ 판매시설의 용도로 쓰는 3층 이상의 층으로서 그 층의 해당 용도로 쓰는 거실의 바닥면적의 합계가 200m² 이상인 것
④ 업무시설 중 오피스텔의 용도로 쓰는 층으로서 그 층의 해당 용도로 쓰는 거실의 바닥면적의 합계가 200m² 이상인 것

해설 관련 법규 : 법 제49조, 영 제34조, 해설 법규 : 영 제34조 ②항 3호
업무시설 중 오피스텔의 용도로 쓰는 층으로서 그 층의 해당 용도로 쓰는 거실의 바닥면적의 합계가 300m² **이상**인 것은 **직통계단을 2개소 이상 설치**하여야 한다.

07 | 회전문과 계단 등의 이격 거리
18②, 15④, 13②, 06②, 00①

건축물의 출입구에 설치하는 회전문은 기준상 계단이나 에스컬레이터로부터 몇 m 이상의 거리를 두도록 되어 있는가?

① 1.0m 이상
② 1.5m 이상
③ 2.0m 이상
④ 2.5m 이상

해설 관련 법규 : 법 제49조, 영 제39조, 피난규칙 제12조,
해설 법규 : 피난규칙 제12조 1호
회전문은 계단이나 에스컬레이터로부터 **2m 이상**의 거리를 둘 것

08 | 옥상 광장의 설치
14②, 13①, 96②

10층인 건축물로서 5층 이상의 층이 특정 용도인 경우 피난 용도로 쓸 수 있는 옥상 광장을 설치하지 않아도 되는 것은?

① 종교시설
② 숙박시설
③ 판매시설
④ 장례시설

해설 관련 법규 : 법 제49조, 영 제40조, 피난규칙 제13조,
해설 법규 : 영 제40조 ②항
5층 이상의 층이 제2종 근린생활시설 중 공연장·종교집회장·인터넷컴퓨터게임시설 제공업소(300m² 이상인 것), 문화 및 집회시설(전시장 및 동·식물원은 제외), **종교시설, 판매시설,** 위락시설 중 주점영업 또는 **장례시설**의 용도에 쓰는 경우에는 피난의 용도에 쓸 수 있는 **광장을 옥상에 설치**하여야 한다.

09 | 구조안전의 확인 대상 건축물
10②, 99①,②,③,④

건축물을 건축하거나 대수선하는 경우 국토교통부령으로 정하는 구조기준 등에 따라 그 구조의 안전을 확인하여야 하는 대상 건축물 기준으로 옳지 않은 것은?

① 층수가 2층 이상인 건축물
② 높이가 11m 이상인 건축물
③ 처마 높이가 9m 이상인 건축물
④ 기둥과 기둥 사이의 거리가 10m 이상인 건축물

해설 관련 법규 : 법 제48조, 영 제32조, 해설 법규 : 영 제32조 ②항 3호
높이가 13m **이상**인 건축물은 **구조의 안전을 확인**하여야 한다.

10 | 채광 및 환기를 위한 창문 설치
22②, 11①, 09④, 08②, 99④

국토교통부령으로 정하는 기준에 따라 채광 및 환기를 위한 창문 등이나 설비를 설치하여야 하는 대상에 속하지 않는 것은?

① 의료시설의 병실
② 숙박시설의 객실
③ 사무소의 설계 제도실
④ 교육연구시설 중 학교의 교실

해설 관련 법규 : 법 제49조, 영 제51조, 피난 · 방화 규칙 제17조, 해설 법규 : 영 제51조 ①항
단독주택 및 공동주택의 거실, **교육연구시설 중 학교의 교실**, **의료시설의 병실** 및 숙박시설의 객실에는 채광 및 환기를 위한 창문 등이나 설비를 설치하여야 한다.

11 | 피난계단의 설치
20①, ②, 17②, 09①

다음의 피난계단의 설치와 관련된 기준 내용 중 (   ) 안에 알맞은 것은?

> 5층 이상 또는 지하 2층 이하인 층에 설치하는 직통계단은 피난계단 또는 특별피난계단으로 설치하여야 하는데, (   )의 용도로 쓰는 층으로부터의 직통계단은 그중 1개소 이상을 특별피난계단으로 설치하여야 한다.

① 의료시설
② 교육연구시설
③ 숙박시설
④ 판매시설

해설 관련 법규 : 법 제49조, 영 제35조, 해설 법규 : 영 제35조 ①, ③항
5층 이상 또는 지하 2층 이하의 층에 설치하는 직통계단은 피난계단 또는 특별피난계단으로 설치하여야 하나, **판매시설의 용도에 쓰이는 층으로부터의 직통계단은 그중 1개소 이상을 특별피난계단으로 설치하여야 한다.

12 | 공연장의 개별관람실의 기술
19④, 10④, 00①, 99③

문화 및 집회시설 중 공연장의 개별관람실을 다음과 같이 계획하였을 경우 옳지 않은 것은? (단, 개별관람실의 바닥면적은 1,000m²이다.)

① 각 출구의 유효너비는 1.5m 이상으로 하였다.
② 관람실로부터 바깥쪽으로의 출구로 쓰이는 문을 밖여닫이로 하였다.
③ 개별관람실의 바깥쪽에는 그 양쪽 및 뒤쪽에 각각 복도를 설치하였다.
④ 개별관람실의 출구는 3개소 설치하였으며 출구의 유효너비의 합계는 4.5m로 하였다.

해설 관련 법규 : 영 제38조, 피난규칙 제10조, 해설 법규 : 피난규칙 제10조 ②항 2호
문화 및 집회시설 중 공연장의 개별관람실 출구의 유효너비의 합계는 개별관람실의 바닥면적 100m²마다 0.6m의 비율로 산정한 너비 이상으로 할 것

$$\therefore \text{출구의 유효너비의 합계} = \frac{1,000}{100} \times 0.6 = 6\text{m 이상}$$

13 | 피난안전구역의 구조 및 설비
19②, 18①, 15②, 14④

건축물에 설치하는 피난안전구역의 구조 및 설비에 관한 기준 내용으로 옳지 않은 것은?

① 피난안전구역의 높이는 1.8m 이상으로 할 것
② 피난안전구역의 내부마감재료는 불연재료로 설치할 것
③ 비상용 승강기는 피난안전구역에서 승하차할 수 있는 구조로 설치할 것
④ 건축물의 내부에서 피난안전구역으로 통하는 계단은 특별피난계단의 구조로 설치할 것

해설 관련 법규 : 법 제49조, 영 제34조, 피난 · 방화 규칙 제8조의 2, 해설 법규 : 피난 · 방화 규칙 제8조의 2 ③항 8호
피난안전구역의 높이는 2.1m 이상일 것

14 | 내부에 설치하는 피난계단의 구조
12①, 04②, 00①, ④

건축물의 내부에 설치하는 피난계단의 구조에 관한 기술 중 옳지 않은 것은?

① 계단실의 실내에 접하는 부분(바닥 및 반자 등 실내에 면한 모든 부분)의 마감(마감을 위한 바탕을 포함)은 불연재료 또는 준불연재료로 할 것
② 계단실의 바깥쪽과 접하는 창문(망이 들어있는 유리의 붙박이창으로서 그 면적이 각각 1m² 이하인 것은 제외) 등은 당해 건축물의 다른 부분에 설치하는 창문 등으로부터 2m 이상의 거리를 두고 설치할 것
③ 건축물의 내부와 접하는 계단실의 창문 등은 망이 들어있는 유리의 붙박이창으로서 그 면적을 각각 1m² 이하로 할 것
④ 건축물의 내부에서 계단실로 통하는 출입구의 유효 너비는 0.9m 이상으로 할 것

해설 관련 법규 : 법 제49조, 영 제35조, 피난 · 방화 규칙 제9조, 해설 법규 : 피난 · 방화 규칙 제9조 ②항 1호 나목
계단실의 실내에 접하는 부분(바닥 및 반자 등 실내에 면한 모든 부분)의 마감(마감을 위한 바탕을 포함)은 **불연재료**로 할 것

15 | 지하층의 구조 및 설비의 기술
08①,②, 03②, 96③

건축물에 설치하는 지하층의 구조 및 설비에 대한 기준으로 옳지 않은 것은?

① 거실의 바닥면적이 50m² 이상인 층에는 직통계단 외에 피난층 또는 지상으로 통하는 비상탈출구 및 환기통을 설치할 것

② 바닥면적이 1,000m² 이상인 층에는 피난층 또는 지상으로 통하는 직통계단을 방화구획으로 구획되는 각 부분마다 1개소 이상 설치할 것

③ 거실의 바닥면적의 합계가 500m² 이상인 층에는 환기설비를 설치할 것

④ 지하층의 바닥면적이 300m² 이상인 층에는 식수공급을 위한 급수전을 1개소 이상 설치할 것

> **해설** 관련 법규 : 법 제53조, 피난규칙 제25조, 해설 법규 : 피난규칙 제25조 ①항 3호
> 거실의 바닥면적의 합계가 1,000m² **이상**인 층에는 환기설비를 설치할 것

16 | 계단의 설치 기준에 관한 기술
07①, 02①, 98①,②

계단의 설치 기준으로 옳은 것은?

① 계단을 대체하여 설치하는 경사로는 그 경사도가 1 : 8을 넘어야 하며, 표면을 거친면으로 미끄러지지 아니하는 재료로 마감하여야 한다.

② 모든 공동주택의 주 계단·피난계단 또는 특별피난계단에 설치하는 난간 및 바닥은 아동의 이용에 안전하고 노약자 및 신체 장애인의 이용에 편리한 구조로 하여야 한다.

③ 업무시설의 주 계단·피난계단 또는 특별피난계단에 설치하는 난간 손잡이는 벽 등으로부터 5cm 이상 떨어지도록 하고, 계단으로부터의 높이는 85cm가 되도록 한다.

④ 돌음 계단의 단너비는 그 넓은 너비의 끝부분으로부터 30cm의 위치에서 측정한다

> **해설** 관련 법규 : 법 제49조, 영 제48조, 피난·방화 규칙 제15조, 해설 법규 : 피난·방화 규칙 제15조 ③, ④, ⑤항
> ①항의 경우는 1 : 8을 **넘지 않아야** 하고, ②항의 경우는 **공동주택 중 기숙사는 제외**하며, ④항의 돌음계단의 단너비는 그 **좁은 너비의 끝부분**으로부터 30cm의 위치에서 측정한다.

17 | 지하층 구조에 관한 기술
02①, 01①,④, 00③

지하층의 구조로서 옳지 않은 것은?

① 거실의 바닥면적의 합계가 1,000m² 이상인 층에는 환기설비를 설치할 것

② 지하층의 바닥면적이 300m² 이상인 층에는 식수공급을 위한 급수전을 1개소 이상 설치할 것

③ 비상탈출구의 유효 너비는 0.75m 이상으로 하고, 유효 높이는 1.5m 이상으로 할 것

④ 거실의 바닥면적이 100m² 이상인 층에는 직통계단 외에 피난층 또는 지상으로 통하는 비상탈출구 및 환기통을 설치할 것(직통계단이 2개소 이상 설치되어 있는 경우에는 그러하지 아니하다.)

> **해설** 관련 법규 : 법 제53조, 피난규칙 제25조, 해설 법규 : 피난규칙 제25조 ①항 1호
> 지하층의 구조
>
> | 구분 | 면적의 합계 | 설치시설 |
> |---|---|---|
> | 거실 | 바닥면적의 합계가 50m² 이상 | 비상탈출구 및 환기통 |
> | | 바닥면적의 합계가 1,000m² 이상 | 환기설비 |
> | 바닥 | 바닥면적의 합계가 1,000m² 이상 | 피난 또는 특별피난계단 (방화구획마다 1개소 이상) |
> | | 바닥면적의 합계가 300m² 이상 | 식수 공급의 급수전 |

18 | 거실의 반자 높이 최소치
98③

거실 반자 높이의 최소치로서 맞는 것은?

① 2.1m 이상

② 2.3m 이상

③ 2.4m 이상

④ 3.0m 이상

> **해설** 관련 법규 : 법 제49조, 영 제50조, 피난·방화 규칙 제16조, 해설 법규 : 피난·방화 규칙 제16조 ①항
> **거실의 반자**(반자가 없는 경우에는 보 또는 바로 위층 바닥판의 밑면, 기타 이와 유사한 것) 높이는 **2.1m 이상**으로 하여야 한다.

19 | 공연장의 개별 관람실에 관한 기술
15④, 13④, 11①

문화 및 집회시설 중 공연장의 개별 관람실의 출구에 관한 기준 내용으로 옳지 않은 것은? (단, 개별 관람실의 바닥면적이 300m² 이상인 경우)

① 관람실별로 2개소 이상 설치하여야 한다.
② 각 출구의 유효 너비는 1.2m 이상이어야 한다.
③ 바깥쪽으로의 출구로 쓰이는 문은 안여닫이로 하여서는 아니 된다.
④ 개별 관람실 출구의 유효 너비의 합계는 개별 관람실의 바닥면적 100m²마다 0.6m의 비율로 산정한 너비 이상으로 하여야 한다.

해설 관련 법규 : 영 제38조, 피난규칙 제10조, 해설 법규 : 피난규칙 제10조 ②항 2호
문화 및 집회시설 중 공연장의 개별 관람실(바닥면적이 300m² 이상인 것에 한한다)의 출구는 다음의 기준에 적합하게 설치하여야 한다.
㉮ 관람실별로 2개소 이상 설치할 것
㉯ 각 출구의 **유효** 너비는 **1.5m 이상**일 것
㉰ 개별 관람실 출구의 유효 너비의 합계는 개별 관람실의 바닥면적 100m²마다 0.6m의 비율로 산정한 너비 이상으로 할 것

20 | 주요 구조부를 내화구조 건축물
09②, 08②, 00③

주요 구조부를 내화구조로 해야 하는 대상 건축물 기준으로 옳지 않은 것은?

① 장례시설의 용도로 쓰는 건축물로서 관람실 또는 집회실의 바닥면적의 합계가 200m² 이상인 것
② 문화 및 집회시설 중 전시장의 용도로 쓰는 건축물로서 그 용도로 쓰는 바닥면적의 합계가 400m² 이상인 것
③ 공장의 용도로 쓰는 건축물로서 그 용도에 쓰는 바닥면적의 합계가 2,000m² 이상인 것
④ 건축물의 2층이 단독주택 중 다중주택의 용도로 쓰는 건축물로서 그 용도로 쓰는 바닥면적의 합계가 400m² 이상인 것

해설 관련 법규 : 법 제50조, 영 제56조, 해설 법규 : 영 제56조 ①항 3호
문화 및 집회시설 중 전시장 또는 동·식물원, 판매시설, 운수시설, 교육연구시설에 설치하는 체육관·강당, 수련시설, 운동시설 중 체육관·운동장, 위락시설(주점영업의 용도로 쓰는 것은 제외한다), 창고시설, 위험물저장 및 처리시설, 자동차 관련 시설, 방송통신시설 중 방송국·전신전화국·촬영소, 묘지 관련시설 중 화장시설·동물화장시설 또는 관광휴게시설의 용도로 쓰는 건축물로서 그 용도로 쓰는 **바닥면적의 합계가 500m² 이상인 건축물**의 주요구조부와 지붕은 **내화구조**로 해야 한다.

21 | 방화벽의 구조에 관한 기술
07④, 04④, 02②

방화벽의 구조에 관한 설명 중 옳지 않은 것은?

① 내화구조로서 홀로 설 수 있는 구조일 것
② 방화벽에 설치하는 출입문의 너비 및 높이는 각각 2.7m 이하로 할 것
③ 방화벽의 양쪽 끝과 위쪽 끝을 건축물의 외벽면 및 지붕면으로부터 0.5m 이상 튀어나오게 할 것
④ 방화벽에 설치하는 출입문에는 60+방화문 또는 60분방화문을 설치할 것

해설 관련 법규 : 법 제50조, 영 제57조, 피난·방화 규칙 제21조, 해설 법규 : 피난·방화 규칙 제21조 ①항 3호
방화벽에 설치하는 출입문의 너비 및 높이는 각각 **2.5m 이하**로 할 것

22 | 바깥쪽으로 나가는 출구 설치
07④, 01①, 00③,④

국토교통부령이 정하는 기준에 따라 당해 건축물로부터 바깥쪽으로 나가는 출구 설치 대상이 아닌 건축물은?

① 문화 및 집회시설 중 관람장
② 의료시설 중 전염병원
③ 연면적이 5,000m² 이상인 창고시설
④ 승강기를 설치하여야 하는 건축물

해설 관련 법규 : 법 제49조, 영 제39조, 피난·방화 규칙 : 제11조, 해설 법규 : 영 제39조 ①항
의료시설 중 **전염병원**은 바깥쪽으로의 출구 설치 대상 건축물이 아니다.

23 | 방화구획의 설치 기준의 기술
07②, 05①, 02②

방화구획의 설치 기준으로서 옳지 않은 것은?

① 10층 이하의 층은 바닥면적 1,000m² 이내마다 구획한다.
② 11층 이상의 층은 바닥면적 200m² 이내마다 구획한다.
③ 냉방시설의 풍도가 방화구획을 관통하는 댐퍼는 철재로서 철판의 두께가 1.5mm 이상으로 한다.
④ 4층 이상의 층과 지하층은 층마다 구획한다.

해설 관련 법규 : 법 제49조, 영 제46조, 피난·방화 규칙 제14조, 해설 법규 : 영 제46조, 피난·방화 규칙 제14조 ①항 2호
3층 이상의 층과 지하층은 층마다 구획할 것

24 | 창의 채광상 유효한 면적의 산정
04②, 98③, 96①

창의 채광상 유효한 면적의 산정 방법 중 적합한 것은?

① 천창은 보통 창 면적의 3배의 면적을 가진 것으로 본다.
② 수시로 개방할 수 있는 미닫이로 구획된 2개의 거실은 1개의 거실로 본다.
③ 2중창은 그 면적의 7/10의 면적을 가진 것으로 본다.
④ 개구부 외측에 너비 90 cm 이상의 마루가 있을 경우에는 일반 개구부 면적의 7/10의 면적으로 본다.

해설 관련 법규 : 법 제49조, 영 제51조, 피난 · 방화 규칙 제17조,
해설 법규 : 피난 · 방화 규칙 제17조 ③항
채광 및 환기의 규정을 적용함에 있어서 수시로 개방할 수 있는 미닫이로 구획된 2개의 거실은 채광 및 환기에 필요한 창문 등의 최소 면적의 규정을 적용함에 있어서는 이를 **1개의 거실**로 본다.

25 | 옥상 광장에 관한 기술
01①, 99③, 96③

다음 설명 중 옳지 않은 것은?

① 옥상 광장 또는 2층 이상의 층에 있는 노대등에는 높이 1.2m 이상의 난간을 설치해야 한다.
② 헬리포트의 주위 한계선은 백색으로 하되, 그 선의 너비는 38cm로 해야 한다.
③ 5층을 장례시설의 용도로 사용할 경우에는 반드시 옥상 광장을 설치해야 한다.
④ 각 층 바닥면적이 1,000m²인 층수가 18층인 건축물의 옥상에는 헬리포트를 설치해야 한다.

해설 관련 법규 : 법 제49조, 영 제40조, 해설 법규 : 영 제40조 ③항
층수가 11 이상인 건축물로서 **11층 이상인 층의 바닥면적의 합계가 10,000m² 이상**인 건축물(공동주택에 있어서는 지붕을 평지붕으로 하는 경우에 한한다) 옥상에는 헬리포트를 설치하여야 한다.
11층 이상의 바닥면적=1,000m²×(18−10)=8,000m²이므로 옥상에는 헬리포트를 설치하지 않아도 된다.

26 | 헬리콥터 착륙장 설치 기준의 기술
99①,②, 97①

재해 발생 시 인명 구출을 위한 헬리콥터 착륙장 설치 기준 중 옳지 않은 것은?

① 착륙대의 주위 한계선은 백색으로 표시하되 그 선의 너비는 38cm로 하여야 한다.
② 반지름 12m 이내에는 헬리콥터의 이 · 착륙에 장애가 되는 건축물 · 공작물 · 조경시설 또는 난간 등을 설치하지 아니할 것
③ 착륙대의 중앙 부분에는 지름 8m인 Ⓗ 표시를 백색으로 하여야 한다.
④ 헬리포터의 길이와 너비는 각각 25m 이상으로 하여야 한다.

해설 관련 법규 : 법 제49조, 영 제40조, 피난규칙 제13조,
해설 법규 : 영 제40조 ③항, 피난규칙 제13조
헬리포트의 길이와 너비는 각각 **22m 이상**으로 할 것. 다만, 건축물의 옥상 바닥의 길이와 너비가 각각 22m 이하인 경우에는 헬리포트의 길이와 너비를 각각 **15m까지 감축**할 수 있다.
헬리포트의 중앙부분에는 지름 8m의 "Ⓗ"표지를 백색으로 하되, "H"표지의 선의 너비는 38cm로, "O"표지의 선의 너비는 60cm로 할 것. 헬리포트로 통하는 출입문에 피난 용도로 쓸 수 있는 광장을 옥상에 설치해야 하는 건축물과 피난 용도로 쓸 수 있는 광장을 옥상에 설치하는 다중이용 건축물 및 연면적 1,000m² 이상인 공동주택 외의 부분에 따른 비상문자동개폐장치를 설치할 것

27 | 지하층 비상탈출구의 유효 너비
22②, 19②, 07②

지하층의 비상탈출구에 관한 기준 중 비상탈출구의 유효 너비와 유효 높이 기준으로 옳은 것은? (단, 주택의 경우 제외)

① 유효 너비 0.5m 이상, 유효 높이 1.75m 이상
② 유효 너비 0.75m 이상, 유효 높이 1.5m 이상
③ 유효 너비 1.5m 이상, 유효 높이 1.75m 이상
④ 유효 너비 1.75m 이상, 유효 높이 1.5m 이상

해설 관련 법규 : 법 제53조, 피난 · 방화 규칙 제25조,
해설 법규 : 피난 · 방화 규칙 제25조 ②항 1호
비상탈출구의 **유효 너비는 0.75m 이상**, 유효 높이는 1.5m 이상이어야 한다.

28 | 지하층과 피난층 사이의 개방공간
21②, 18①, 13②

다음은 지하층과 피난층 사이의 개방공간 설치와 관련된 기준 내용이다. ( ) 안에 알맞은 것은?

> 바닥면적의 합계가 ( ) 이상인 공연장·집회장·관람장 또는 전시장을 지하층에 설치하는 경우에는 각 실에 있는 자가 지하층 각 층에서 건축물 밖으로 피난하여 옥외 계단 또는 경사로 등을 이용하여 피난층으로 대피할 수 있도록 천장이 개방된 외부 공간을 설치하여야 한다.

① 500m²   ② 1,000m²
③ 2,000m²   ④ 3,000m²

해설 관련 법규 : 법 제49조, 영 제37조, 해설 법규 : 영 제37조
바닥면적의 합계가 **3,000m² 이상**인 공연장·집회장·관람장 또는 전시장을 지하층에 설치하는 경우에는 각 실에 있는 자가 지하층 각 층에서 건축물 밖으로 피난하여 옥외 계단 또는 경사로 등을 이용하여 피난층으로 대피할 수 있도록 천장이 개방된 외부 공간을 설치하여야 한다.

29 | 목조 건축물의 연면적 기준
21①, 13④, 04④

목조 건축물의 구조를 국토교통부령이 정하는 바에 따라 방화구조로 하거나 불연재료로 하여야 하는 연면적 기준은?

① 500m² 이상
② 1,000m² 이상
③ 1,500m² 이상
④ 2,000m² 이상

해설 관련 법규 : 법 제50조, 영 제57조, 피난·방화 규칙 제21조, 해설 법규 : 영 제57조 ③항
연면적이 **1,000m² 이상**인 목조 건축물은 그 **외벽 및 처마 밑**의 연소할 우려가 있는 부분을 방화구조로 하되, 그 지붕은 불연재료로 하여야 한다.

30 | 안벽의 내수재료 마감
18②, 13①, 09①

바닥으로부터 높이 1m까지의 안벽의 마감을 내수재료로 하지 않아도 되는 것은?

① 아파트의 욕실
② 건축물의 최하층에 있는 거실(바닥이 목조인 경우만 해당)
③ 제1종 근린생활시설 중 휴게음식점의 조리장
④ 제2종 근린생활시설 중 휴게음식점의 조리장

해설 관련 법규 : 법 제49조, 영 제52조, 피난·방화 규칙 제18조, 해설 법규 : 영 제52조
다음의 하나에 해당하는 욕실 또는 조리장의 바닥과 그 바닥으로부터 높이 1m까지의 안벽의 마감은 이를 내수재료로 하여야 한다.
㉮ 건축물의 최하층에 있는 거실(바닥이 목조인 경우만 해당)
㉯ **제1종 근린생활시설 중 목욕장의 욕실과 휴게음식점의 조리장**
㉰ **제2종 근린생활시설 중 일반 음식점 및 휴게음식점의 조리장과 숙박시설의 욕실**

31 | 주요 구조부를 내화구조 건축물
22②, 19④, 16②

건축물의 주요 구조부를 내화구조로 하여야 하는 대상 건축물에 속하지 않는 것은?

① 공장의 용도로 쓰는 건축물로서 그 용도로 쓰는 바닥면적 합계가 500m²인 건축물
② 판매시설의 용도로 쓰는 건축물로서 그 용도로 쓰는 바닥면적 합계가 500m²인 건축물
③ 창고시설의 용도로 쓰는 건축물로서 그 용도로 쓰는 바닥면적 합계가 500m²인 건축물
④ 문화 및 집회시설 중 전시장의 용도로 쓰는 건축물로서 그 용도로 쓰는 바닥면적 합계가 500m²인 건축물

해설 관련 법규 : 법 제50조, 영 제56조, 피난·방화규칙 제20조의 2, 해설 법규 : 영 제56조 1항 3호
공장의 용도로 쓰는 건축물로서 그 용도로 쓰는 바닥면적의 합계가 2,000m² 이상인 건축물은 주요 구조부를 내화구조로 하여야 한다. 다만, 화재의 위험이 적은 공장으로서 국토교통부령으로 정하는 공장은 제외한다.

32 | 특별피난계단의 구조 기준의 기술
22①, 17①

특별피난계단의 구조에 관한 기준내용으로 틀린 것은?

① 계단은 내화구조로 하되 피난층 또는 지상까지 직접 연결되도록 한다.
② 계단실 및 부속실의 실내에 접하는 부분의 마감은 불연재료로 한다.
③ 출입구의 유효너비는 0.9m 이상으로 하고 피난의 방향으로 열 수 있도록 한다.
④ 건축물의 내부에서 노대 또는 부속실로 통하는 출입구에는 60+방화문, 60분방화문 또는 30분방화문을 설치하고, 노대 또는 부속실로부터 계단실로 통하는 출입구에는 60+방화문, 60분방화문을 설치하도록 한다.

33 | 특별피난계단의 구조 기준의 기술
22②, 19④

특별피난계단의 구조에 관한 기준내용으로 옳지 않은 것은?

① 계단실에는 예비전원에 의한 조명설비를 할 것
② 계단은 내화구조로 하되 피난층 또는 지상까지 직접 연결되도록 할 것
③ 출입구의 유효너비는 0.9m 이상으로 하고 피난의 방향으로 열 수 있을 것
④ 계단실의 노대 또는 부속실에 접하는 창문은 그 면적을 각각 3m² 이하로 할 것

34 | 회전문의 구조에 관한 기술
21④, 00③

건축물의 출입구에 설치하는 회전문의 구조에 대한 설명으로 옳지 않은 것은?

① 계단이나 에스컬레이터로부터 2미터 이상의 거리를 둘 것
② 틈 사이를 고무와 고무펠트의 조합체 등을 사용하여 신체나 물건 등에 손상이 없도록 할 것
③ 출입에 지장이 없도록 일정한 방향으로 회전하는 구조로 할 것
④ 회전문의 회전속도는 분당 회전수가 10회를 넘지 아니하도록 할 것

35 | 배연설비의 설치 대상 건축물
21②, 18④

건축물의 거실에 국토교통부령으로 정하는 기준에 따라 배연설비를 하여야 하는 대상건축물에 속하지 않는 것은? (단, 피난층의 거실은 제외하며 6층 이상인 건축물의 경우)

① 종교시설   ② 판매시설
③ 위락시설   ④ 방송통신시설

36 | 배연설비의 설치 대상 건축물
22②, 20④

건축물의 거실(피난층의 거실 제외)에 국토교통부령으로 정하는 기준에 따라 배연설비를 설치하여야 하는 대상건축물의 용도에 속하지 않는 것은? (단, 6층 이상인 건축물의 경우)

① 종교시설
② 판매시설
③ 방송통신시설 중 방송국
④ 교육연구시설 중 연구소

37 | 계단 및 복도에 관한 기술
21②, 04④

계단 및 복도의 설치기준에 관한 설명으로 틀린 것은?

① 높이가 3m를 넘은 계단에는 높이 3m 이내마다 유효너비 120cm 이상의 계단참을 설치할 것

② 거실 바닥면적의 합계가 100m² 이상인 지하층에 설치하는 계단인 경우 계단 및 계단참의 유효너비는 120cm 이상으로 할 것

③ 계단을 대체하여 설치하는 경사로의 경사도는 1 : 6을 넘지 아니할 것

④ 문화 및 집회시설 중 공연장의 개별관람실(바닥면적이 300m² 이상인 경우)의 바깥쪽에는 그 양쪽 및 뒤쪽에 각각 복도를 설치할 것

해설 관련 법규 : 법 제49조, 영 제48조, 피난·방화규칙 제15조, 해설 법규 : 피난·방화규칙 제15조 ⑤항 1호
㉮ 계단을 대체하여 설치하는 경사로의 경사도는 1 : 8을 넘지 아니할 것
㉯ 표면을 거친 면으로 하거나 미끄러지지 아니하는 재료로 마감할 것
㉰ 경사로의 직선 및 굴절 부분의 유효너비는 장애인·노인·임산부 등의 편의증진 보장에 관한 법률이 정하는 기준에 적합할 것

38 | 문을 안여닫이로 금지 건축물
21①, 17①

건축물의 관람실 또는 집회실로부터 바깥쪽으로의 출구로 쓰이는 문을 안여닫이로 해서는 안 되는 건축물은?

① 위락시설
② 수련시설
③ 문화 및 집회시설 중 전시장
④ 문화 및 집회시설 중 동·식물원

해설 관련 법규 : 법 제49조, 영 제38조, 피난·방화규칙 10조, 해설 법규 : 피난·방화규칙 제10조 ①항
제2종 근린생활시설 중 공연장·종교집회장(바닥면적의 합계가 300m² 이상), 문화 및 집회시설(전시장 및 동·식물원은 제외), 종교시설, **위락시설**, 장례시설의 용도에 쓰이는 건축물의 관람실 또는 집회실로부터의 출구는 **안여닫이로 하여서는 아니 된다.**

39 | 거실의 조도 기준
21④, 12②

다음 중 거실의 용도에 따른 조도기준이 가장 낮은 것은? (단, 바닥에서 85cm의 높이에 있는 수평면의 조도기준)

① 독서
② 회의
③ 판매
④ 일반사무

해설 관련 법규 : 법 제49조, 영 제51조, 피난·방화규칙 제17조, (별표 1의 3), 해설 법규 : (별표 1의 3)
거실의 용도에 따른 조도기준

구분	700lux	300lux	150lux	70lux	별30lux
거주			독서, 식사, 조리	기타	
집무	설계, 제도, 계산	일반사무	기타		
작업	검사, 시험, 정밀검사, 수술	일반작업, 제조, 판매	포장, 세척	기타	
집회		회의	집회	공연, 관람	
오락			오락 일반		기타

40 | 직통계단을 2개소 이상 설치
20④, 17③

다음의 직통계단의 설치에 관한 기준 내용 중 밑줄 친 "다음 각 호의 어느 하나에 해당하는 용도 및 규모의 건축물"의 기준 내용으로 옳지 않은 것은?

법 제49조 제1항에 따라 피난층 외의 층이 <u>다음 각 호의 어느 하나에 해당하는 용도 및 규모의 건축물</u>에는 국토교통부령으로 정하는 기준에 따라 피난층 또는 지상으로 통하는 직통계단을 2개소 이상 설치하여야 한다.

① 지하층으로서 그 층 거실의 바닥면적의 합계가 200m² 이상인 것

② 종교시설의 용도로 쓰는 층으로서 그 층에서 해당 용도로 쓰는 바닥면적의 합계가 200m² 이상인 것

③ 숙박시설의 용도로 쓰는 3층 이상의 층으로서 그 층의 해당 용도로 쓰는 거실의 바닥면적의 합계가 200m² 이상인 것

④ 업무시설 중 오피스텔의 용도로 쓰는 층으로서 그 층의 해당 용도로 쓰는 거실의 바닥면적의 합계가 200m² 이상인 것

관련 법규 : 법 제49조, 영 제34조, 해설 법규 : 영 제34조 ②항 3호

공동주택(층당 4세대 이하인 것은 제외) 또는 **업무시설 중 오피스텔**의 용도로 쓰는 층으로서 그 층의 해당 용도로 쓰는 **거실의 바닥면적의 합계가 300m² 이상인 것**은 피난층 또는 지상으로 통하는 직통계단을 2개소 이상 설치하여야 한다.

41 | 직통계단의 설치
22①, 18①

다음은 건축법령상 직통계단의 설치에 관한 기준내용이다. ( ) 안에 알맞은 것은?

> 초고층건축물에는 피난층 또는 지상으로 통하는 직통계단과 직접 연결되는 피난안전구역(건축물의 피난·안전을 위하여 건축물 중간층에 설치하는 대피공간)을 지상층으로부터 최대 ( )층마다 1개소 이상 설치하여야 한다.

① 10개 ② 20개
③ 30개 ④ 40개

관련 법규 : 법 제49조, 영 제34조, 해설 법규 : 영 제34조 ②항
초고층건축물에는 피난층 또는 지상으로 통하는 직통계단과 직접 연결되는 피난안전구역(건축물의 피난·안전을 위하여 건축물 중간층에 설치하는 대피공간)을 지상층으로부터 **최대 30개 층마다 1개소 이상 설치**하여야 한다.

42 | 직통계단의 보행거리
21②, 96③

건축물의 피난층 외의 층에서 피난층 또는 지상으로 통하는 직통계단을 거실의 각 부분으로부터 계단에 이르는 보행거리가 최대 얼마 이내가 되도록 설치하여야 하는가? (단, 건축물의 주요 구조부는 내화구조이고, 층수는 15층으로 공동주택이 아닌 경우)

① 30m ② 40m
③ 50m ④ 60m

관련 법규 : 법 제49조, 영 제34조, 해설 법규 : 영 제34조 ①항
건축물의 피난층(직접 지상으로 통하는 출입구가 있는 층 및 피난안전구역) 외의 층에서는 피난층 또는 지상으로 통하는 **직통계단**(경사로를 포함)을 거실의 각 부분으로부터 계단(거실로부터 가장 가까운 거리에 있는 1개소의 계단)에 이르는 **보행거리가 30m 이하**가 되도록 설치해야 한다. 다만, **건축물**(지하층에 설치하는 것으로서 바닥면적의 합계가 300m² 이상인 공연장·집회장·관람장 및 전시장은 제외)의 주요 구조부가 내화구조 또는 불연재료로 된 건축물은 그 보행거리가 50m(층수가 16층 이상인 공동주택의 경우 16층 이상인 층에 대해서는 40m) 이하가 되도록 설치할 수 있으며, 자동화생산시설에 스프링클러 등 자동식 소화설비를 설치한 공장으로서 국토교통

부령으로 정하는 공장인 경우에는 그 보행거리가 75m(무인화공장인 경우에는 100m) 이하가 되도록 설치할 수 있다.

43 | 피난용 승강기에 관한 기술
21④, 19②

피난용 승강기의 설치에 관한 기준내용으로 옳지 않은 것은?

① 예비전원으로 작동하는 조명설비를 설치할 것
② 승강장의 바닥면적은 승강기 1대당 5m² 이상으로 할 것
③ 각 층으로부터 피난층까지 이르는 승강로를 단일구조로 연결하여 설치할 것
④ 승강장의 출입구 부근의 잘 보이는 곳에 해당 승강기가 피난용 승강기임을 알리는 표지를 설치할 것

관련 법규 : 법 제64조, 피난·방화규칙 제30조, 해설 법규 : 피난·방화규칙 제30조 1호 마목
피난용 승강기 승강장의 바닥면적은 **피난용 승강기 1대에 대하여 6m² 이상**으로 할 것

44 | 범죄 예방 기준에 관한 기술
21④, 16④

국토교통부장관이 정한 범죄 예방의 기준에 따라 건축하여야 하는 대상 건축물에 속하지 않는 것은?

① 수련시설
② 공동주택 중 연립주택
③ 업무시설 중 오피스텔
④ 숙박시설 중 다중생활시설

관련 법규 : 법 제53조의 2, 영 제61조의 3, 해설 법규 : 영 제61조의 3
범죄예방 기준에 따라 건축하여야 하는 대상 건축물은 **공동주택 중 세대수가 500세대 이상인 아파트**, 제1종 근린생활시설 중 일용품을 판매하는 소매점, 제2종 근린생활시설 중 다중생활시설, 문화 및 집회시설(동·식물원은 제외), 교육연구시설(연구소 및 도서관은 제외), 노유자시설, **수련시설, 업무시설 중 오피스텔, 숙박시설 중 다중생활시설** 등이 있다.

45 | 옥상 광장의 설치
21②, 16①

피난 용도로 쓸 수 있는 광장을 옥상에 설치하여야 하는 대상에 속하지 않는 것은?

① 5층 이상인 층이 종교시설의 용도로 쓰는 경우
② 5층 이상인 층이 판매시설의 용도로 쓰는 경우
③ 5층 이상인 층이 장례시설의 용도로 쓰는 경우
④ 5층 이상인 층이 문화 및 집회시설 중 전시장의 용도로 쓰는 경우

해설 관련 법규 : 법 제39조, 영 제40조, 해설 법규 : 영 제40조 2항
5층 이상인 층이 제2종 근린생활시설 중 공연장·종교집회장·인터넷컴퓨터게임시설 제공업소(해당 용도로 쓰는 바닥면적의 합계가 각각 300m² 이상인 경우만 해당한다.), **문화 및 집회시설 (전시장 및 동·식물원은 제외), 종교시설, 판매시설,** 위락시설 중 주점영업 또는 **장례시설의 용도로 쓰는 경우**에는 피난 용도로 쓸 수 있는 **광장을 옥상에 설치**하여야 한다.

46 | 피난안전구역의 구조 및 설비
18①, 13④

피난안전구역의 구조 및 설비에 관한 기준 내용으로 옳지 않은 것은?

① 피난안전구역의 높이는 2.1m 이상일 것
② 비상용 승강기는 피난안전구역에서 승·하차할 수 있는 구조로 설치할 것
③ 건축물의 내부에서 피난안전구역으로 통하는 계단은 피난계단의 구조로 설치할 것
④ 피난안전구역에는 식수공급을 위한 급수전을 1개소 이상 설치하고 예비전원에 의한 조명설비를 설치할 것

해설 관련 법규 : 법 제49조, 영 제34조, 피난·방화 규칙 제8조의 2, 해설 법규 : 피난·방화 규칙 제8조의 2 ③항 3호
건축물의 내부에서 피난안전구역으로 통하는 계단은 **특별피난계단**의 구조로 설치할 것

47 | 지하층의 구조 및 설비의 기술
19①, 15④

건축물에 설치하는 지하층의 구조 및 설비에 관한 기준 내용으로 옳지 않은 것은?

① 거실의 바닥면적의 합계가 1000m² 이상인 층에는 환기설비를 설치할 것
② 거실의 바닥면적이 30m² 이상인 층에는 피난층으로 통하는 비상탈출구를 설치할 것
③ 지하층의 바닥면적이 300m² 이상인 층에는 식수공급을 위한 급수전을 1개소 이상 설치할 것
④ 문화 및 집회시설 중 공연장의 용도에 쓰이는 층으로서 그 층의 거실의 바닥면적의 합계가 50m² 이상인 건축물에는 직통계단을 2개소 이상 설치할 것

해설 지하층의 거실의 바닥면적이 50m² **이상**인 층에는 직통계단 외에 피난층 또는 지상으로 통하는 비상탈출구 및 환기통을 설치할 것. 다만, 직통계단이 2개소 이상 설치되어 있는 경우에는 그러하지 아니하다.

48 | 내부의 피난계단의 구조
19①, 14④

건축물의 내부에 설치하는 피난계단의 구조에 관한 기준 내용으로 옳지 않은 것은?

① 계단의 유효 너비는 0.9m 이상으로 할 것
② 계단실의 실내에 접하는 부분의 마감은 불연재료로 할 것
③ 계단은 내화구조로 하고 피난층 또는 지상까지 직접 연결되도록 할 것
④ 건축물의 내부에서 계단실로 통하는 출입구의 유효 너비는 0.9m 이상으로 할 것

해설 관련 법규 : 법 제49조, 영 제35조, 피난·방화 규칙 제9조, 해설 법규 : 피난·방화 규칙 제9조 ②항
건축물의 **바깥쪽에 설치하는 피난계단**의 유효 너비는 0.9m 이상으로 하나, 내부에 설치하는 피난계단의 유효 너비에 대한 규정은 없다.

49 | 공연장의 개별 관람실의 기술
15②, 14①

문화 및 집회시설 중 공연장의 개별 관람실의 출구에 관한 설명으로 옳지 않은 것은? (단, 개별 관람실의 바닥면적은 500m²이다.)

① 관람실별로 2개소 이상 설치하여야 한다.
② 각 출구의 유효 너비는 1.2m 이상으로 하여야 한다.
③ 바깥쪽으로의 출구로 쓰이는 문은 안여닫이로 하여서는 안 된다.
④ 개별 관람실 출구의 유효 너비의 합계는 3m 이상으로 하여야 한다.

해설 관련 법규 : 법 제49조, 영 제38조, 피난·방화 규칙 제10조, 해설 법규 : 피난·방화 규칙 제10조 ②항
각 출구의 유효 너비는 1.5m **이상**으로 하여야 한다.

50 | 건축물의 바깥쪽에 경사로 대상 건축물
14②, 11①

피난층 또는 피난층의 승강장으로부터 건축물의 바깥쪽에 이르는 통로에 경사로를 설치하여야 하는 대상 건축물에 속하지 않는 것은?

① 교육연구시설 중 학교
② 연면적이 5000m²인 위락시설
③ 연면적이 5000m²인 판매시설
④ 제1종 근린생활시설 중 공중화장실

관련 법규 : 법 제49조, 영 제39조, 피난·방화 규칙 제11조,

해설 법규 : 피난·방화 규칙 제11조 ⑤항

다음의 어느 하나에 해당하는 건축물의 피난층 또는 피난층의 승강장으로부터 건축물의 바깥쪽에 이르는 통로에는 경사로를 설치하여야 한다.

① 제1종 근린생활시설 중 지역자치센터·파출소·지구대·소방서·우체국·방송국·보건소·공공도서관·지역건강보험조합 기타 이와 유사한 것으로서 동일한 건축물안에서 당해 용도에 쓰이는 바닥면적의 합계가 1,000m² 미만인 것

② 제1종 근린생활시설 중 마을회관·마을공동작업소·마을공동구판장·변전소·양수장·정수장·대피소·공중화장실 기타 이와 유사한 것

③ 연면적이 5,000m² 이상인 판매시설, 운수시설

④ 교육연구시설 중 학교

⑤ 업무시설중 국가 또는 지방자치단체의 청사와 외국공관의 건축물로서 제1종 근린생활시설에 해당하지 아니하는 것

⑥ 승강기를 설치하여야 하는 건축물

51 | 구조기술사의 구조 안전 확인
12①, 10④

건축물을 건축하는 경우 해당 건축물의 설계자가 국토교통부령으로 정하는 구조기준 등에 따라 그 구조의 안전을 확인할 때 건축구조기술사의 협력을 받아야 하는 대상 건축물 기준으로 옳지 않은 것은?

① 다중이용 건축물

② 6층 이상인 건축물

③ 기둥과 기둥 사이의 거리가 20m 이상인 건축물

④ 한쪽 끝은 고정되고 다른 끝은 지지되지 아니한 구조로 된 보·차양 등이 외벽의 중심선으로부터 2m 이상 돌출된 건축물

해설 관련 법규 : 법 제68조, 영 제91조의 3,

해설 법규 : 영 제91조의 3 ①항

한쪽 끝은 고정되고 다른 끝은 지지되지 아니한 구조로 된 보·차양 등이 외벽의 중심선으로부터 **3m 이상** 돌출된 건축물은 **건축구조기술사**의 **협력을 받아야 하는 건축물**이다.

52 | 공연장의 개별 관람실의 기술
11②, 09④

공연장의 개별 관람실에 다음과 같이 출구를 설치하였다. 관련 기준에 부합되지 않는 것은? (단, 개별 관람실의 바닥면적은 900m²이다.)

① 출구를 3개소 설치하였다.

② 각 출구의 유효 너비를 1.9m로 하였다.

③ 출구의 유효 너비의 합계를 5.0m로 하였다.

④ 출구로 쓰이는 문을 바깥여닫이로 하였다.

해설 관련 법규 : 법 제49조, 영 제38조, 피난규칙 제10조,

해설 법규 : 피난규칙 제10조 ②항 3호

문화 및 집회시설 중 공연장의 **개별 관람실**(바닥면적이 300m² 이상인 것)의 **출구의 유효 너비의 합계**

$$= \frac{개별\ 관람실의\ 면적}{100} \times 0.6m\ 이상으로\ 설치하여야\ 한다.$$

$$\therefore\ 출구의\ 유효\ 너비의\ 합계 = \frac{900}{100} \times 0.6m = 5.4m\ 이상$$

53 | 지하층의 구조 및 설비의 기술
10①, 09②

건축물에 설치하는 지하층의 구조 및 설비에 관한 기준 내용으로 옳지 않은 것은?

① 거실의 바닥면적이 50m² 이상인 층에는 직통계단 외에 피난층 또는 지상으로 통하는 비상탈출구 및 환기통을 설치할 것

② 바닥면적이 1,000m² 이상인 층에는 피난층 또는 지상으로 통하는 직통계단을 방화구획으로 구획되는 각 부분마다 1개소 이상 설치하되, 이를 피난계단 또는 특별피난계단으로 할 것

③ 거실의 바닥면적의 합계가 1,000m² 이상인 층에는 환기설비를 설치할 것

④ 지하층의 바닥면적이 200m² 이상인 층에는 식수공급을 위한 급수전을 1개소 이상 설치할 것

해설 관련 법규 : 법 제53조, 피난규칙 제25조,

해설 법규 : 피난규칙 제25조 ①항 4호

지하층의 바닥면적이 300m² 이상인 층에는 식수공급을 위한 급수전을 1개소 이상 설치할 것

54 | 방화구획의 설치 기준
09④, 96③

방화구획의 설치 기준에 대한 내용으로 옳지 않은 것은?

① 10층 이하의 층은 바닥면적 1,000m² 이내마다 구획할 것

② 11층 이상의 층은 바닥면적 500m² 이내마다 구획할 것

③ 3층 이상의 층과 지하층은 층마다 구획할 것

④ 10층 이하의 층은 스프링클러 기타 이와 유사한 자동식 소화설비를 설치한 경우에는 바닥면적 3,000m² 이내마다 구획할 것

해설 관련 법규 : 법 제49조, 영 제46조, 피난·방화 규칙 제14조,

해설 법규 : 피난·방화 규칙 제14조 ①항 3호

11층 이상의 층은 바닥면적 200m² **이내마다 구획**할 것

55 | 지하층에 비상탈출구에 관한 기술
06④, 04④

지하층에 설치하는 비상탈출구에 대한 기술 중 틀린 것은?

① 비상탈출구에서 피난층 또는 지상으로 통하는 복도나 직통계단까지 이르는 피난통로의 유효 너비는 0.75m 이상으로 할 것

② 비상탈출구는 출입구로부터 2m 이상 떨어진 곳에 설치할 것

③ 비상탈출구의 유효 너비는 0.75m 이상으로 하고, 유효 높이는 1.5m 이상으로 할 것

④ 지하층의 바닥으로부터 비상탈출구의 아랫부분까지의 높이가 1.2m 이상이 되는 경우에는 벽체에 발판의 너비가 20cm 이상인 사다리를 설치할 것

해설 관련 법규 : 법 제53조, 피난·방화 규칙 제25조,
해설 법규 : 피난·방화 규칙 제25조 ②항 3호
비상탈출구는 출입구로부터 **3m 이상** 떨어진 곳에 설치할 것

56 | 계단의 설치 기준에 관한 기술
06②, 02④

연면적 200m² 를 초과하는 건축물에 설치하는 계단의 설치 기준으로 옳지 않은 것은?

① 높이가 3m를 넘는 계단에는 높이 3m 이내마다 유효너비 1.2m 이상의 계단참을 설치할 것

② 높이가 1.2m를 넘는 계단 및 계단참의 양옆에는 난간을 설치할 것

③ 난간·벽 등의 손잡이는 최대 지름이 3.2cm 이상, 3.8cm 이하인 원형 또는 타원형의 단면으로 할 것

④ 계단을 대체하여 설치하는 경사로의 경사도는 1 : 8을 넘지 아니할 것

해설 관련 법규 : 법 제49조, 영 제48조, 피난·방화 규칙 제15조,
해설 법규 : 피난·방화 규칙 제15조 ①항 2호
계단의 설치 기준
① **높이가 1m를 넘는 계단 및 계단참의 양옆에는 난간**(벽 또는 이에 대치되는 것을 포함)**을 설치할 것**
② 너비가 3m를 넘는 계단에는 계단의 중간에 너비 3m 이내마다 난간을 설치할 것. 다만, 계단의 단높이가 15cm 이하이고, 계단의 단너비가 30cm 이상인 경우에는 그러하지 아니하다.
③ 계단의 유효 높이(계단의 바닥 마감면부터 상부 구조체의 하부 마감면까지의 연직방향의 높이)는 2.1m 이상으로 할 것

57 | 지하층의 구조 및 설비의 기술
05④, 00③

건축물에 설치하는 지하층의 구조 및 설비에 관한 기준으로 옳지 않은 것은?

① 거실의 바닥면적이 50m² 이상인 층에는 직통계단 외에 피난층 또는 지상으로 통하는 비상탈출구 및 환기통을 설치할 것

② 바닥면적이 1,000m² 이상인 층에는 피난층 또는 지상으로 통하는 직통계단을 방화구획으로 구획되는 각 부분마다 1개소 이상 설치하되, 이를 피난계단 및 특별피난계단의 구조로 할 것

③ 거실의 바닥면적의 합계가 1,000m² 이상인 층에는 환기설비를 할 것

④ 지하층의 바닥면적이 200m² 이상인 층에는 식수공급을 위한 급수전을 1개소 이상 설치할 것

해설 관련 법규 : 법 제53조, 설비규칙 제25조,
해설 법규 : 설비규칙 제25조 ①항 4호
지하층의 바닥면적이 300m² 이상인 층에는 식수공급을 위한 급수전을 1개소 이상 설치할 것

58 | 판매시설의 출입구 유효너비
99④, 98①

판매시설의 용도로 사용되는 바닥면적 400m² 의 5층 매장에서 피난층에 설치하는 건축물의 바깥쪽으로의 출입구의 유효너비 합계의 최소치로 옳은 것은?

① 102cm
② 108cm
③ 144cm
④ 240cm

해설 관련 법규 : 법 제49조, 피난·방화 규칙 제11조,
해설 법규 : 피난·방화 규칙 제11조 ④항
판매시설의 용도에 쓰이는 피난층에 설치하는 건축물의 바깥쪽으로의 출구의 유효 너비의 합계는 해당 용도에 쓰이는 **바닥면적이 최대인 층에 있어서의 해당 용도의 바닥면적 100m²마다 0.6m 이상의 비율로 산정한 너비 이상**으로 하여야 한다.

$$\therefore \text{출입구의 유효너비의 합계} = \frac{\text{최대층의 바닥 면적}}{100m^2} \times 0.6$$
$$= \frac{400}{100} \times 0.6$$
$$= 240cm$$

59 | 방화구획에 관한 기술
97①, 96②

다음은 방화구획에 관한 설명이다. 틀린 것은?

① 바닥면적의 합이 1,000m² 이내마다 구획해야 한다.
② 자동식 소화설비를 설치할 경우는 바닥면적은 2/3를 감한 면적으로 산출한다.
③ 11층 이상 모든 건물의 경우에는 모든 층은 바닥면적 300m² 이내마다 구획한다.
④ 3층 이상의 모든 층과 지하층에 있어서는 층마다 구획한다.

> **해설** 관련 법규 : 법 제49조, 영 제46조, 피난 · 방화 규칙 제14조,
> 해설 법규 : 피난 · 방화 규칙 제14조 ①항 3호
> 11층 이상의 층은 바닥면적 200m²(스프링클러 기타 이와 유사한 자동식 소화설비를 설치한 경우에는 바닥면적 600m²) **이내마다 구획**한다. 다만, 벽 및 반자의 실내에 접하는 부분의 마감을 불연재료로 한 경우에는 바닥면적 500m²(스프링클러 기타 이와 유사한 자동식 소화설비를 설치한 경우에는 바닥면적 1,500m²) 이내마다 구획한다.

60 | 대규모 건축물의 방화벽
19①

다음의 대규모 건축물의 방화벽에 관한 기준내용 중 ( ) 안에 공통으로 들어갈 내용은?

> 연면적 ( ) 이상인 건축물은 방화벽으로 구획하되 각 구획된 바닥면적의 합계는 ( ) 미만이어야 한다.

① 500m²
② 1,000m²
③ 1,500m²
④ 3,000m²

> **해설** 관련 법규 : 법 제50조, 영 제57조, 해설 법규 : 영 제57조 ①항
> 연면적 1,000m² 이상인 건축물은 방화벽으로 구획하되, 각 구획된 바닥면적의 합계는 1,000m² 미만이어야 한다. 다만, 주요구조부가 내화구조이거나 불연재료인 건축물과 제56조 제1항 제5호 단서에 따른 건축물 또는 내부설비의 구조상 방화벽으로 구획할 수 없는 창고시설의 경우에는 그러하지 아니하다.

61 | 내화구조의 구획 연면적 기준
20④

주요 구조부가 내화구조 또는 불연재료로 된 건축물로서 국토교통부령으로 정하는 기준에 따라 내화구조로 된 바닥 · 벽 및 갑종 방화문으로 구획하여야 하는 연면적 기준은?

① 400m² 초과
② 500m² 초과
③ 1,000m² 초과
④ 1,500m² 초과

> **해설** 관련 법규 : 법 제49조, 영 제46조, 피난 · 방화규칙 제14조,
> 해설 법규 : 피난 · 방화규칙 제14조 ①항 3호
> 주요 구조부가 내화구조 또는 불연재료로 된 건축물로서 연면적이 1,000m²를 넘는 것은 국토교통부령으로 정하는 기준에 따라 **내화구조로 된 바닥 · 벽** 및 제64조에 따른 **갑종 방화문**(국토교통부장관이 정하는 기준에 적합한 자동방화셔터를 포함)**으로 구획**(**방화구획**)하여야 한다. 다만, 원자력안전법 제2조에 따른 원자로 및 관계 시설은 원자력안전법에서 정하는 바에 따른다.

62 | 지하층의 구조에 관한 기술
18④

건축물에 설치하는 지하층의 구조에 관한 기준내용으로 옳지 않은 것은?

① 지하층에 설치하는 비상탈출구의 유효너비는 0.75m 이상으로 할 것
② 거실의 바닥면적의 합계가 1,000m² 이상인 층에는 환기설비를 설치할 것
③ 지하층의 바닥면적이 300m² 이상인 층에는 식수공급을 위한 급수전을 1개소 이상 설치할 것
④ 거실의 바닥면적이 33m² 이상인 층에는 직통계단 외에 피난층 또는 지상으로 통하는 비상탈출구를 설치할 것

> **해설** 관련 법규 : 법 제53조, 피난 · 방화규칙 제25조,
> 해설 법규 : 피난 · 방화규칙 제25조 ①항 1호
> **거실의 바닥면적이 50m² 이상인 층**에는 직통계단 외에 피난층 또는 지상으로 통하는 **비상탈출구 및 환기통을 설치**할 것. 다만, 직통계단이 2개소 이상 설치되어 있는 경우에는 그러하지 아니하다.

63 | 배연설비의 설치 대상 건축물
18②

건축물의 거실(피난층의 거실 제외)에 국토교통부령으로 정하는 기준에 따라 배연설비를 설치하여야 하는 대상 건축물에 속하지 않는 것은?

① 6층 이상인 건축물로서 종교시설의 용도로 쓰는 건축물
② 6층 이상인 건축물로서 판매시설의 용도로 쓰는 건축물
③ 6층 이상인 건축물로서 방송통신시설 중 방송국의 용도로 쓰는 건축물
④ 6층 이상인 건축물로서 교육연구시설 중 연구소의 용도로 쓰는 건축물

해설 관련 법규 : 법 제49조, 영 제51조, 해설 법규 : 영 제51조 ②항
배연설비를 설치하여야 하는 건축물은 다음과 같다.
㉮ **6층 이상인 건축물**로서 제2종 근린생활시설 중 공연장, 종교집회장, 인터넷컴퓨터게임시설제공업소 및 다중생활시설(공연장, 종교집회장 및 인터넷컴퓨터게임시설제공업소는 해당 용도로 쓰는 바닥면적의 합계가 각각 300m² 이상인 경우만 해당), 문화 및 집회시설, **종교시설**, **판매시설**, 운수시설, 의료시설(요양병원 및 정신병원은 제외), **교육연구시설 중 연구소**, 노유자시설 중 아동 관련 시설, 노인복지시설(노인요양시설은 제외), 수련시설 중 유스호스텔, 운동시설, 업무시설, 숙박시설, 위락시설, 관광휴게시설 및 장례시설 등
㉯ 의료시설 중 요양병원 및 정신병원, 노유자시설 중 노인요양시설·장애인거주시설 및 장애인의료재활시설

64 | 주요 구조부를 내화구조 건축물
18②

주요 구조부를 내화구조로 해야 하는 대상건축물기준으로 옳은 것은?

① 장례시설의 용도로 쓰는 건축물로서 집회실의 바닥면적의 합계가 150m² 이상인 건축물
② 판매시설의 용도로 쓰는 건축물로서 그 용도로 쓰는 바닥면적의 합계가 300m² 이상인 건축물
③ 운수시설의 용도로 쓰는 건축물로서 그 용도로 쓰는 바닥면적의 합계가 400m² 이상인 건축물
④ 문화 및 집회시설 중 전시장의 용도로 쓰는 건축물로서 그 용도로 쓰는 바닥면적의 합계가 500m² 이상인 건축물

해설 관련 법규 : 법 제50조, 영 제56조, 해설 법규 : 영 제56조
①항은 200m² 이상, ②항은 500m² 이상, ③항은 500m² 이상인 경우에 주요 구조부를 내화구조로 하여야 하며, ④항은 옳은 내용이다.

65 | 경사지붕 아래 대피공간의 기술
17③

건축법령에 따라 건축물의 경사지붕 아래에 설치하는 대피공간에 관한 기준 내용으로 옳지 않은 것은?

① 특별피난계단 또는 피난계단과 연결되도록 할 것
② 관리사무소 등과 긴급 연락이 가능한 통신시설을 설치할 것
③ 대피공간의 면적은 지붕 수평투영면적의 20분의 1 이상일 것
④ 출입구는 유효너비 0.9m 이상으로 하고, 그 출입구에는 60+방화문, 60분방화문을 설치할 것

해설 관련 법규 : 법 제49조, 영 제40조, 피난·방화규칙 제13조,
해설 법규 : 피난·방화규칙 제13조 ③항
대피공간의 면적은 지붕 수평투영면적의 1/10 이상일 것

66 | 지하층의 구조 및 설비의 기술
17②

건축물에 설치하는 지하층의 구조 및 설비에 관한 기준 내용으로 옳지 않은 것은?

① 거실의 바닥면적의 합계가 1,000m² 이상인 층에는 환기설비를 설치할 것
② 지하층의 바닥면적이 300m² 이상인 층에는 식수공급을 위한 급수전을 1개소 이상 설치할 것
③ 거실의 바닥면적이 30m² 이상인 층에는 직통계단 외에 피난층 또는 지상으로 통하는 비상탈출구 및 환기통을 설치할 것
④ 바닥면적이 1,000m² 이상인 층에는 피난층 또는 지상으로 통하는 직통계단을 관련 규정에 의한 방화구획으로 구획되는 각 부분마다 1개소 이상 설치하되, 이를 피난계단 또는 특별피난계단의 구조로 할 것

해설 관련 법규 : 법 제53조, 피난·방화규칙 제25조,
해설 법규 : 피난방화규칙 제25조 ①항 1호
지하층의 구조 및 설비에 있어서 **거실의 바닥면적이 50m² 이상인 층**에는 직통계단 외에 피난층 또는 지상으로 통하는 **비상탈출구 및 환기통을 설치**할 것. 다만, 직통계단이 2개소 이상 설치되어 있는 경우에는 그러하지 아니하다.

67 | 공연장의 개별 관람의 기술
16④

문화 및 집회시설 중 공연장의 개별 관람실의 출구를 다음과 같이 설치하였을 경우 옳지 않은 것은? (단, 개별 관람실의 바닥면적이 800m²인 경우)

① 출구는 모두 바깥여닫이로 하였다.
② 관람실별로 2개소 이상 설치하였다.
③ 각 출구의 유효 너비를 1.6m로 하였다.
④ 각 출구의 유효 너비의 합계를 4.5m로 하였다.

해설 관련 법규 : 법 제49조, 영 제38조, 피난ㆍ방화규칙 제10조, 해설 법규 : 피난ㆍ방화규칙 제10조 2항 3호
개별 관람실 출구의 유효 너비의 합계는 개별 관람실의 바닥면적 100m²마다 0.6m의 비율로 산정한 너비 이상으로 할 것
∴ 개별 관람실 출구의 유효 너비의 합계
$$= \frac{개별\ 관람실의\ 바닥면적}{100} \times 0.6 = \frac{800}{100} \times 0.6$$
$$= 4.8m\ 이상$$

68 | 공연장 관람실의 출구 개소
17③

문화 및 집회시설 중 공연장의 개별 관람실 바닥면적이 2,000m²일 경우 개별 관람실의 출구는 최소 몇 개소 이상 설치하여야 하는가? (단, 각 출구의 유효너비를 2m로 하는 경우)

① 3개소   ② 4개소
③ 5개소   ④ 6개소

해설 관련 법규 : 법 제49조, 영 제38조, 피난규칙 제10조, 피난ㆍ방화규칙 제15조의 2, 해설 법규 : 피난ㆍ방화 규칙 제15조의 2 ③항
개별 관람실 출구의 유효너비 합계는 개별 관람실의 바닥면적 100m²마다 0.6m의 비율로 산정한 너비 이상으로 할 것
㉮ 관람실 출구의 유효너비 합계
$$= \frac{개별\ 관람실의\ 면적}{100} \times 0.6 = \frac{2,000}{100} \times 0.6m = 12m\ 이상$$
㉯ 출구의 최소 개수 $= \dfrac{출구\ 유효너비의\ 합계}{출구의\ 유효너비}$
$$= \frac{12}{2} = 6개소$$

69 | 범죄 예방의 기준 대상 건축물
16②

범죄 예방의 기준에 따라 건축하여야 하는 대상 건축물에 속하지 않는 것은?

① 수련시설
② 업무시설 중 오피스텔
③ 숙박시설 중 일반숙박시설
④ 공동주택 중 세대수가 500세대인 아파트

해설 관련 법규 : 법 제53조의 2, 영 제61조의 3,
해설 법규 : 영 제61조의 3
범죄 예방 기준에 따라 건축하여야 할 대상 건축물은 공동주택 중 세대수가 500세대 이상인 아파트, 제1종 근린생활시설 중 일용품을 판매하는 소매점, 제2종 근린생활시설 중 다중생활시설, 문화 및 집회시설(동ㆍ식물원은 제외), 교육연구시설(연구소 및 도서관은 제외), 노유자시설, **수련시설, 업무시설 중 오피스텔** 및 숙박시설 중 다중생활시설 등이 있다.

70 | 바깥쪽으로 출구 설치 건축물
16①

건축물로부터 바깥쪽으로 나가는 출구를 국토교통부령으로 정하는 기준에 따라 설치하여야 하는 대상 건축물에 속하지 않는 것은?

① 종교시설
② 의료시설 중 종합병원
③ 교육연구시설 중 학교
④ 문화 및 집회시설 중 관람장

해설 관련 법규 : 법 제49조, 영 제39조, 해설 법규 : 영 제39조 1항
제2종 근린생활시설 중 공연장ㆍ종교집회장ㆍ인터넷컴퓨터게임시설 제공업소(해당 용도로 쓰는 바닥면적의 합계가 각각 300m² 이상인 경우만 해당), **문화 및 집회시설**(전시장 및 동ㆍ식물원은 제외), **종교시설**, 판매시설, 업무시설 중 국가 또는 지방자치단체의 청사, 위락시설, 연면적이 5,000m² 이상인 창고시설, **교육연구시설 중 학교**, 장례시설, 승강기를 설치하여야 하는 건축물 등은 **건축물로부터 바깥쪽으로 나가는 출구를 설치**하여야 한다.

71 | 지하층의 구조 및 설비에 의한 기준
16①

다음은 건축물에 설치하는 지하층의 구조 및 설비에 관한 기준 내용이다. ( ) 안에 알맞은 것은?

> 거실의 바닥면적이 ( ) 이상인 층에는 직통계단 외에 피난층 또는 지상으로 통하는 비상탈출구 및 환기통을 설치할 것. 다만, 직통계단이 2개소 이상 설치되어 있는 경우에는 그러하지 아니하다.

① $30m^2$
② $50m^2$
③ $80m^2$
④ $100m^2$

해설 관련 법규 : 법 제53조, 피난·방화규칙 제25조,
해설 법규 : 피난·방화규칙 제25조 1항 1호
거실의 바닥면적이 **$50m^2$ 이상인 층**에는 직통계단 외에 피난층 또는 지상으로 통하는 **비상탈출구 및 환기통**을 설치한다. 다만, 직통계단이 2개소 이상 설치되어 있는 경우에는 그러하지 아니하다.

---

6 지역 및 지구의 건축물

01 | 건폐율의 규정
15①, 13①, 11①, 08②, 06①, 04①, 97③

용도지역 안에서 정할 수 있는 건폐율이 잘못된 것은?

① 중심상업지역 – 90% 이하
② 제2종 전용주거지역 – 70% 이하
③ 제1종 일반주거지역 – 60% 이하
④ 농림지역 – 20% 이하

해설 관련 법규 : 법 제55조, 국토법 제77조, 국토영 제84조,
해설 법규 : 국토영 제84조 ①항
각 지역에 따른 건폐율 (단위 : %)

구분	주거지역						상업지역				공업지역		녹지지역			관리지역			농림	자연환경보전지역
	전용		일반			준	중심	근린	일반,유통	전용	일반	준	보전	생산	자연	보전	생산	계획		
	1종	2종	1종	2종	3종															
건폐율	50		60		50	70	90	70	80		70			20			40		20	20

제2종 전용주거지역의 건폐율은 50% 이하이다.

---

02 | 최대 건축 연면적의 산정
10①, 97①,②, 96③

다음 그림과 같은 대지에 최대한의 연면적을 가진 건축물을 건축하고자 한다. 층수는 지하 1층($200m^2$), 지상 5층으로 하고자 할 경우에 최대한 건축할 수 있는 연면적은? (단, 건폐율은 50%, 용적률은 200%이다.)

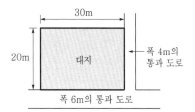

① $1,196m^2$
② $1,200m^2$
③ $1,396m^2$
④ $1,695m^2$

해설 관련 법규 : 법 제46조, 제55조, 제56조, 영 제41조, 제119조, 국토법 제77조, 제78조, 국토영 제84조, 제85조, 해설 법규 : 영 제31조, 제119조 ①항 2, 3, 4호

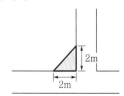

㉮ 대지면적의 산정 : 가로 모퉁이의 건축선에 의한 규정에 의하여 대지면적에서 제외되는 부분은 다음 그림과 같다.
그림에서 알 수 있듯이,
대지면적 = $30 \times 20 - \{2 \times 2 \times (1/2)\} = 598m^2$이다.
㉯ 건폐율 및 **최대건축면적의 산정** : 건폐율은 50/100이므로 최대 건축면적 = $598 \times 50/100 = 299m^2$
㉰ 용적률 및 **최대 연면적의 산정** : 용적률은 200% 이하이므로 최대 건축 연면적 = $598 \times (200/100) = 1,196m^2$
㉱ 지하층의 면적은 용적률 산정에 있어서는 연면적에서 제외하며, 건축물의 연면적 산정에 있어서 지하층의 면적을 포함한다. 왜냐하면, 지하층을 대피시설로 사용하기 위함이다.
∴ 최대 건축 연면적 = $1,196 + 200 = 1,396m^2$

---

3 | 최대 건축면적의 산정
99①,③, 98①,②,③,④

제2종 일반주거지역 내에서 그림과 같은 대지에 주택을 건축할 수 있는 최대 건축면적은?

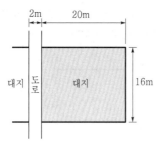

① 164.4m²

② 169.2m²

③ 182.4m²

④ 187.2m²

해설 관련 법규 : 법 제55조, 국토법 제77조, 국토영 제84조,
해설 법규 : 국토영 제84조 ①항 3호, 영 제119조 ①항 1, 2호

㉮ 대지면적의 산정 : 도로의 너비가 4m 미만이므로 도로의 중심선으로부터 2m를 확보하여야 한다.
∴ 대지면적 = (20-1)×16 = 304m²

㉯ 건축면적의 산정 : 제2종 일반주거지역의 건폐율 60% 이하를 적용하면 304×60/100 = 182.4m² 이하이다.
∴ 최대 건축면적 = 182.4m²

4 | 정북의 인접 대지 경계선과의 거리
17④, 16④, 15①, 11④, 09①

전용주거지역이나 일반주거지역에서 건축물을 건축하는 경우에는 건축물의 각 부분을 정북 방향으로의 인접 대지 경계선으로부터 일정거리 이상을 띄어 건축하여야 하는데, 높이 9m 이하인 부분은 원칙적으로 인접 대지 경계선으로부터 최소 얼마 이상 띄어야 하는가?

① 0.5m

② 1.0m

③ 1.5m

④ 2.0m

해설 관련 법규 : 법 제61조, 영 제86조, 해설 법규 : 영 제86조 ①항 1호
전용주거지역이나 일반주거지역에서 건축물을 건축하는 경우에는 건축물의 각 부분을 정북 방향으로의 인접 대지 경계선으로부터 일정거리를 띄어 건축하여야 하는데, 높이가 9m 이하인 부분은 인접 대지 경계선으로부터 1.5m 이상, 높이가 9m를 초과하는 부분은 인접 대지 경계선으로부터 해당 건축물 각 부분의 높이의 1/2 이상으로 하여야 한다.

5 | 정북의 인접 대지 경계선과의 거리
09②, 98①,②,③,④

일반주거지역 내에서 그림과 같은 건물을 건축할 경우 인접 대지 경계선으로부터 띄어야 할 최소 거리 x는? (단, 건물은 9m 높이의 3층 주택임.)

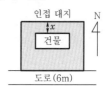

① 1.5m

② 2.0m

③ 2.5m

④ 3.0m

해설 관련 법규 : 법 제61조, 영 제86조, 해설 법규 : 영 제86조 ①항
전용주거지역 또는 일반주거지역 안에서 건축물을 건축하는 경우에는 건축물의 각 부분을 정북 방향으로의 인접 대지 경계선으로부터 높이 9m 이하인 부분은 인접 대지 경계선으로부터 1.5m 이상, 높이 9m를 초과하는 부분은 인접 대지 경계선으로부터 당해 건축물의 각 부분의 높이의 1/2 이상을 띄어야 한다.

6 | 대지의 분할 최소 면적
21①, 06②, 03②, 98②,③

대지를 분할할 때 최소한의 면적 기준으로 부적합한 것은?

① 주거지역 : 60m²

② 상업지역 : 100m²

③ 공업지역 : 150m²

④ 녹지지역 : 200m²

해설 관련 법규 : 법 제57조, 영 제80조, 해설 법규 : 영 제80조 2호
건축물이 있는 대지의 분할 제한은 주거지역 : 60m² 이상, 상업지역 : 150m² 이상, 공업지역 : 150m² 이상, 녹지지역 : 200m² 이상, 기타 지역 : 60m² 이상이다.

7 | 용적률의 규정
21④, 18④, 16①, 15②

국토의 계획 및 이용에 관한 법률에 따른 용도지역에서의 용적률 최대 한도 기준이 옳지 않은 것은? (단, 도시지역의 경우)

① 주거지역 : 500% 이하

② 녹지지역 : 100% 이하

③ 공업지역 : 400% 이하

④ 상업지역 : 1000% 이하

관련 법규 : 국토법 제78조, 국토영 제85조, 해설 법규 : 국토법 제78조

①항은 전용공업지역의 용적률이고, ②항은 제1종 일반주거지역의 용적률이며, ④항은 생산관리지역 및 보전관리지역의 용적률이다. 또한, 생산관리지역에서의 용적률은 50% 이상 80% 이하이다.

각 지역에 따른 용적률 (단위 : % 이하)

지역	도시지역				관리지역			농림	자연환경 보전지역
구분	주거	상업	공업	녹지	보전	생산	계획		
용적률	500	1,500	400	100	80		100		80

08 | 대지 분할의 제한 조건
07①, 05①④, 03④

건축물이 있는 대지의 분할 제한 조건과 관련이 없는 규정은?

① 대지와 도로의 관계
② 건축물의 피난시설·용도 제한 규정
③ 대지 안의 공지
④ 일조 등의 확보를 위한 건축물의 높이 제한

해설 관련 법규 : 법 제57조, 해설 법규 : 법 제57조 ②항

건축물이 있는 대지는 제44조(대지와 도로의 관계), 제55조(건폐율), 제56조(용적률), 제58조(대지 안의 공지), 제60조(건축물의 높이 제한) 및 제61조(일조 등의 확보를 위한 건축물의 높이 제한)에 따른 기준에 못 미치게 분할할 수 없다.

09 | 용적률의 200% 완화 규정
00①②, 98②

대지면적의 일부를 공공시설 부지로 제공하는 경우에 해당 용적률의 200%의 범위 안에서 완화할 수 있는 대지가 있어야 할 지역, 지구 또는 구역으로 부적합한 것은?

① 주택재건축사업을 위한 정비구역
② 상업지역
③ 미관지구
④ 주택재개발사업에 의한 정비구역

해설 관련 법규 : 법 제56조, 국토법 제78조, 국토영 제85조, 해설 법규 : 국토영 제85조 ⑧항

용적률 200% 이하의 범위 안에서 건축조례가 정하는 비율로 완화할 수 있는 조건

㉮ 조건 : 대지면적의 일부를 공원, 광장, 도로, 하천 등의 공지로 설치, 조성하여 제공하는 경우
㉯ 지역 : **상업지역**, 도시 및 주거환경정비사업법에 의한 **주택재개발사업**, 도시환경정비사업 및 **주택재건축사업**을 시행하기 위한 **정비구역**이다.

10 | 건축 가능 최대 층수 산정
99②, 98①, 97④

일반상업지역 내 방화지구에서 그림과 같은 대지에 철근콘크리트조의 건축물을 건축하고자 할 경우 최대 몇 층까지 건축이 가능한가? (단, 건축면적은 건폐율의 한도 내에서 최대로 하고 각 층의 바닥면적은 건축면적과 동일하게 건축한다.)

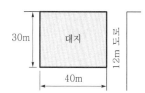

① 13층 ② 14층
③ 15층 ④ 18층

해설 관련 법규 : 법 제55조, 법 제56조, 국토법 제77조, 제78조, 국토영 제84조, 제85조, 해설 법규 : 국토영 제84조 ①항 3호, 제85조 ①항 1호, 영 제119조 ①항 2, 4, 9호

㉮ 대지면적의 산정 : $30 \times 40 = 1,200 \text{m}^2$

㉯ 건폐율 및 최대 건축면적의 산정 : 일반상업지역 안에서 방화지구 내 내화구조(철근콘크리트구조)인 경우의 건폐율은 80% 이상, 90% 이하이므로,

∴ 최대건축면적 $= 1,200 \times 90/100 = 1,080 \text{m}^2$

㉰ 연면적 및 최대 건축 연면적의 산정 : 일반상업지역의 용적률은 300% 이상, 1,300% 이하이고, 너비 25m 이상인 도로에 20m 이상 접한 대지 안의 건축면적이 1,000㎡ 이상인 건축물에 있어서는 규정에 의한 해당 용적률에 120%를 곱한 비율이므로,

∴ 용적률 $= 1,300\% \times (120/100) = 1,625\%$

최대 건축 연면적 $= 1,200 \times (1,625/100) = 19,500 \text{m}^2$

㉱ 최대 층수의 산정 : 최대 층수는 최대 연면적/최대 건축면적이고, 층수 산정의 방식을 적용하면 최대 층수$=19,500/1,080$ $=18$층, 60㎡가 남으므로 이 60㎡는 건축면적의 $60/1,080=$ $1/18 \langle 1/8$이므로 층수에서 제외된다.

그러므로 최대 층수는 18층이다.

11 | 가로구역의 최고 높이 지정
21④, 01③, 00③

허가권자가 가로구역을 단위로 하여 건축물의 최고 높이를 지정할 경우 고려하지 않아도 되는 사항은?

① 도시·군관리계획 등의 토지이용계획
② 해당 가로구역에 접하는 대지의 너비
③ 도시미관 및 경관계획
④ 해당 가로구역의 상수도 수용능력

해설 관련 법규 : 법 제60조, 영 제82조, 해설 법규 : 영 제82조 ①항
허가권자가 가로구역을 단위로 하여 건축물의 최고 높이를 지정·공고함에 있어 고려하여야 할 사항은 도시·군관리계획 등의 토지이용계획, 해당 가로구역이 접하는 도로의 너비, 해당 가로구역의 상·하수도 등 간선시설의 수용능력, 도시미관 및 경관계획, 해당 도시의 장래발전계획 등이다.

12 | 용적률 산정 시 제외되는 연면적
19②, 14②

용적률 산정에 사용되는 연면적에 포함되는 것은?

① 지하층의 면적
② 층고가 2.1m인 다락의 면적
③ 준초고층 건축물에 설치하는 피난안전구역의 면적
④ 건축물의 경사 지붕 아래에 설치하는 대피공간의 면적

해설 관련 법규 : 법 제84조, 영 제119조, 해설 법규 : 영 제119조 ①항 4호
연면적은 하나의 건축물 각 층의 바닥면적의 합계로 하되, 용적률을 산정할 때에는 ①, ③, ④항 외에 지상층의 주차용(해당 건축물의 부속용도인 경우만 해당)으로 쓰는 **면적과 초고층 건축물에 설치하는 피난안전구역의 면적을 제외**하나, 층고가 2.1m인 **다락의 면적은 연면적에 포함**된다.

13 | 일조 등을 위한 건축물 높이
17②, 15④

다음은 일조 등의 확보를 위한 건축물의 높이 제한과 관련된 기준 내용이다. ( ) 안에 알맞은 것은?

( ) 안에서 건축하는 건축물의 높이는 일조 등의 확보를 위하여 정북 방향(正北方向)의 인접 대지 경계선으로부터의 거리에 따라 대통령령으로 정하는 높이 이하로 하여야 한다.

① 전용주거지역과 준주거지역
② 일반주거지역과 준주거지역
③ 일반상업지역과 준주거지역
④ 전용주거지역과 일반주거지역

해설 관련 법규 : 법 제61조, 영 제86조, 규칙 제36조, 해설 법규 : 영 제86조 ①항
전용주거지역과 일반주거지역 안에서 건축하는 건축물의 높이는 일조 등의 확보를 위하여 정북 방향의 인접 대지 경계선으로부터의 거리에 따라 대통령령으로 정하는 높이 이하로 하여야 한다.

14 | 건폐율의 최대 한도
21②, 17②

다음 중 국토의 계획 및 이용에 관한 법령에 따른 용도지역 안에서의 건폐율 최대 한도가 가장 높은 것은?

① 준주거지역
② 중심상업지역
③ 일반상업지역
④ 유통상업지역

해설 관련 법규 : 법 제77조, 국토영 제84조, 해설 법규 : 국토영 제84조 ①항 7호
각 지역의 용적률을 보면, 준주거 지역은 70% 이하, **중심상업지역은 90% 이하**, 일반상업지역은 80% 이하, 유통상업지역은 80% 이하로 규정하고 있다.

15 | 정북의 인접 대지 경계선과의 거리
12②, 00③

정남 방향의 인접 대지 경계선으로부터 거리에 따라 건축물의 높이를 제한할 수 있는 경우에 해당하지 않는 것은?

① 주택법에 따른 대지조성사업지구인 경우
② 도시개발법에 따른 도시개발구역인 경우
③ 택지개발촉진법에 따른 택지개발지구인 경우
④ 국토의 계획 및 이용에 관한 법률에 따른 농림지역인 경우

해설 관련 법규 : 법 제61조, 영 제86조, 해설 법규 : 영 제86조 ①항 3호
국토의 계획 및 이용에 관한 법률에 의한 농림지역은 정남 방향의 인접 대지 경계선으로부터 일정 거리를 띄어야 하는 경우가 아니다.

16 | 건축 가능한 건축물의 최대 규모
07④, 97③

제1종 전용주거지역 안에 있는 300m²의 대지에 건축할 수 있는 건축물의 최대 규모는? (단, A : 건축면적, B : 연면적)

① A : 150m², B : 300m²
② A : 180m², B : 200m²
③ A : 180m², B : 900m²
④ A : 150m², B : 450m²

해설 관련 법규 : 법 제55조, 제56조, 국토법 제77조, 제78조, 국토영 제84조, 제85조, 해설 법규 : 국토영 제84조 ①항 3호, 제85조 ①항 1호, 영 제119조 ①항 2, 4호
㉮ **건축면적의 산정** : 건축면적＝대지면적×건폐율
그런데 제1종 전용주거지역의 건폐율은 50% 이하이고, 대지면적은 300m²이다.
∴ 건축면적＝300×50/100＝150m²
㉯ **연면적의 산정** : 건축 연면적＝대지면적×(용적률/100)
그런데 제1종 전용주거지역의 용적률은 50% 이상, 100% 이하이고, 대지면적은 300m²이다.
∴ 건축 연면적＝300×(100/100)＝300m²
㉮, ㉯에 의하여 건축면적은 150m²이고, 건축 연면적은 300m²이다.

17 | 건폐율의 한도
19②, 17③

용도지역에 따른 건폐율의 최대 한도로 옳지 않은 것은? (단, 도시지역의 경우)

① 녹지지역 : 30% 이하　② 주거지역 : 70% 이하
③ 공업지역 : 70% 이하　④ 상업지역 : 90% 이하

해설 관련 법규 : 국토법 제77조, 해설 법규 : 국토법 제77조 ①항 1호
도시지역의 건폐율의 규정을 보면, 주거지역 및 공업지역은 70% 이하, 상업지역은 90% 이하, 녹지지역은 20% 이하이다.

18 | 일조 등을 위한 건축물의 높이
21①, 16①

다음은 일조 등의 확보를 위한 건축물의 높이 제한에 관한 기준 내용이다. ( ) 안의 내용으로 옳은 것은?

> 전용주거지역이나 일반주거지역에서 건축물을 건축하는 경우에는 법 제61조 제1항에 따라 건축물의 각 부분을 정북(正北) 방향으로의 인접 대지 경계선으로부터 다음 각 호의 범위에서 건축조례로 정하는 거리 이상을 띄어 건축하여야 한다.
> 1. 높이 9m 이하인 부분 : 인접 대지 경계선으로부터 (㉮) 이상
> 2. 높이 9m를 초과하는 부분 : 인접 대지 경계선으로부터 해당 건축물 각 부분 높이의 (㉯) 이상

① ㉮ 1m　　　　　　② ㉮ 1.5m
③ ㉯ 1/3　　　　　　④ ㉯ 2/3

해설 관련 법규 : 법 제61조, 영 제86조, 해설 법규 : 영 제86조 1항 2, 3호
일조 등의 확보를 위한 건축물의 높이 제한에 있어서 전용주거지역이나 일반주거지역에서 건축물을 건축하는 경우에는 건축물의 각 부분을 정북 방향으로의 인접 대지 경계선으로부터 다음의 범위를 정하는 거리 이상을 띄어 건축하여야 한다.
㉮ 높이 9m 이하인 부분 : **인접 대지 경계선으로부터 1.5m 이상**
㉯ 높이 9m를 초과하는 부분 : 인접 대지 경계선으로부터 해당 건축물 **각 부분 높이의 1/2 이상**

19 | 건폐율의 정의
97②, 96③

건폐율의 정의로 옳은 것은?

① 건축물 연면적의 대지면적에 대한 비율
② 대지면적의 건축물 연면적에 대한 비율
③ 건축면적의 대지면적에 대한 비율
④ 대지면적의 건축면적에 대한 비율

해설 관련 법규 : 법 제55조, 해설 법규 : 법 제55조
건폐율이란 대지의 면적에 대한 **건축면적**(대지에 건축물이 둘 이상 있는 경우에는 이들 건축면적의 합계로 한다)의 **비율**을 말한다.

$$건폐율 = \frac{건축면적(대지에\ 건축물이\ 둘\ 이상\ 있는\ 경우에는\ 이들\ 건축면적의\ 합계)}{대지면적}$$

20 | 생산관리지역에서의 용적률
05④, 03②

생산관리지역에서의 용적률로 옳은 것은?

① 150% 이상 300% 이하
② 100% 이상 200% 이하
③ 80% 이상 100% 이하
④ 50% 이상 80% 이하

해설 관련 법규 : 법 제56조, 국토법 제78조, 국토영 제85조, 해설 법규 : 국토영 제85조 ①항
각 지역에 따른 용적률　　　　　　　　　　(단위 : % 이하)

구분	주거지역						상업지역			
	전용		일반			준주거	중심	근린	일반	유통
	1종	2종	1종	2종	3종					
건폐율	50~100	50~150	100~200	100~250	100~300	200~500	200~1,500	200~900	200~1,300	200~1,100

구분	공업지역			녹지지역			관리지역			농림	자연환경보전지역
	전용	일반	준	보전	생산	자연	보전	생산	계획		
용적률	150~300	150~350	150~400	50~80	50~100		50~80		50~100	50~80	

21 | 용적률 120% 이하의 규정 내용
04①, 01①

용적률의 기준에 120% 이하의 범위 안에서 조례가 정하는 비율로 할 수 있는 규정의 내용과 관계가 없는 것은?

① 용도지역
② 대지에 접한 도로의 너비와 길이
③ 대지면적
④ 건축면적

해설 관련 법규 : 법 제56조, 국토법 제78조, 국토영 제85조,
해설 법규 : 국토영 제85조 ⑦항
용적률의 기준에 120% 이하로 할 수 있는 규정은 용도지역[준주
거지역, 상업지역(중심, 일반, 근린상업지역), 공업지역(전용,
일반, 준공업지역), **대지에 접한 도로의 너비와 길이**(공원, 광장
(교통광장 제외), 하천 그 밖에 건축이 금지된 공지를 전면도로
로 하는 대지 안의 건축물, 공원, 광장(교통광장 제외), 하천 그
밖에 건축이 금지된 공지에 20m 이상 접하거나, 너비 25m 이상
의 도로에 20m 이상 접한 대지안의 **건축면적**(1,000m² 이상) 등
이다.

22 | 일조 등의 확보를 위한 건축물의 높이
00③, 99②

일조 등의 확보를 위한 건축물의 높이 제한에 있어서 관련
이 없는 것은?

① 건축물의 연면적
② 정북 방향 및 인접 대지 경계선
③ 건축물의 높이
④ 연속 일조 시간

해설 관련 법규 : 법 제61조, 영 제86조, 해설 법규 : 영 제86조 ①항
건축물의 일조 등의 확보를 위한 일반 건축물의 **정북 방향 높
이 제한에 규정된 내용은 용도지역**(전용주거지역, 일반주거지
역), 건축물의 높이(9m 이하 또는 초과), 정북 방향의 인접 대
지 경계선, 연속 일조 시간 등이다.

23 | 대지의 분할
99①, 97③

다음 그림과 같이 위치한 대지에 주거용인 기존 건축물이
있는 대지를 건축법을 위배하지 않고 대지 "B" 부분을 분할
하고자 할 때 x의 최소 거리는? (단, 이 지역은 준주거지역
이며 방화지구이다. 또한 기존 건축물의 주요 구조부와 내
벽이 내화구조이며, 건축면적은 180m²이다.)

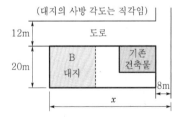

① 12.3m   ② 21.0m
③ 25.0m   ④ 31.5m

해설 관련 법규 : 법 제55조, 제57조, 영 제80조, 국토법 제77조, 국토
영 제84조, 해설 법규 : 영 제80조 ①항, 국토영 제84조 ⑥항
㉮ 기존 건축물의 최소 대지면적 : 준주거지역 · 일반상업지
역 · 근린상업지역 · 공업지역(전용, 일반, 준) 중 방화지구
내의 건축물은 건폐율의 규정에 불구하고 80% 이상, 90%
이하의 범위 안에서 건축조례가 정하는 비율을 초과하여서
는 아니 된다. 그러므로 건폐율에 의한 최소 대지면적은
180/(90/100)=200m² 이상이고, 준주거지역의 대지면적의
분할 제한은 60m² 이상이므로 최소 대지면적은 200m² 이
상이다.
㉯ B 부분(공지 부분)의 대지면적의 최소 한도는 60m² 이상이
다. 그러므로 총 대지면적은 200+60=260m²이다. 그런데
대지의 길이가 20m이므로 260/20=13.0m이다.
∴ x=13.0+8=21.0m

24 | 용적률의 한도
98①, 97④

용적률의 한도에 대하여 기술한 것 중 틀린 것은?

① 자연녹지지역 : 50% 이상, 100% 이하
② 생산녹지지역 : 50% 이상, 100% 이하
③ 계획관리지역 : 50% 이상, 100% 이하
④ 전용공업지역 : 150% 이상, 250% 이하

해설 관련 법규 : 법 제56조, 국토법 제78조, 국토영 제85조,
해설 법규 : 국토영 제85조 ①항
전용공업지역의 용적률은 150% 이상, 300% 이하이다.

25 | 정북의 인접 대지 경계선과의 거리
19①

전용주거지역 또는 일반주거지역 안에서 높이 8m의 2층 건
축물을 건축하는 경우 건축물의 각 부분은 일조 등의 확보
를 위하여 정북방향으로의 인접 대지경계선으로부터 최소
얼마 이상 띄어 건축하여야 하는가?

① 1m   ② 1.5m
③ 2m   ④ 3m

해설 관련 법규 : 법 제61조, 영 제86조, 규칙 제36조, 해설 법규 : 영
제86조 ①항 2호
전용주거지역이나 일반주거지역에서 건축물을 건축하는 경우
에는 일조 등의 확보를 위하여 건축물의 각 부분을 정북방향
으로의 인접 대지경계선으로부터 다음의 거리 이상을 띄어 건
축하여야 한다.
㉮ 높이 9m 이하인 부분 : 인접 대지경계선으로부터 1.5m 이상
㉯ 높이 9m를 초과하는 부분 : 인접 대지경계선으로부터 해당
건축물 각 부분 높이의 1/2 이상

❼ 건축설비 등

01 | 승용 승강기 최소 대수
11①, 05②, 01①, 97①, 96①,②,④

6층 이상의 거실면적의 합계가 12,000m²인 12층의 공동주택에 설치하여야 하는 8인승 승용 승강기의 최소 대수는?

① 2대 　　　　　② 3대
③ 4대 　　　　　④ 5대

해설 관련 법규 : 법 제64조, 영 제89조, 설비규칙 : 제5조, (별표 1의 2), 해설 법규 : (별표 1의 2)
공동주택의 승강기 설치에 있어서 3,000m² 이하까지는 1대이고, 3,000m²를 초과하는 경우에는 그 초과하는 매 3,000m² 이내마다 1대의 비율로 가산한 대수로 설치한다.
∴ 승용 승강기의 설치 대수
$$= 1 + \frac{6\text{층 이상의 거실 면적의 합} - 3,000}{3,000}$$
$$= 1 + \frac{12,000 - 3,000}{3,000} = 4\text{대}$$

02 | 비상용 승강기 승강장의 구조 기준
18④, 13②, 09②, 07①,②, 05①, 03②, 01①, 00③

비상용 승강기의 승강장의 구조 기준으로 옳지 않은 것은?
① 승강장은 각 층의 내부와 연결될 수 있도록 할 것
② 벽 및 반자가 실내에 접하는 부분의 마감재료(마감을 위한 바탕을 포함)는 난연재료로 할 것
③ 승강장의 바닥면적은 비상용 승강기 1대에 대하여 6m² 이상으로 할 것
④ 피난층이 있는 승강장의 출입구로부터 도로 또는 공지에 이르는 거리가 30m 이하일 것

해설 관련 법규 : 법 제64조, 설비규칙 제10조, 해설 법규 : 설비규칙 제10조 2호 라목
승강장은 벽 및 반자가 실내에 접하는 부분의 마감재료(마감을 위한 바탕을 포함)는 **불연재료**로 할 것

03 | 공작물의 건축법 적용
08④, 06②, 03④, 99①,②,③,④, 98③

다음의 공작물 중 건축법의 적용을 받는 것은? (단, 건축물과 분리하여 축조하는 경우)
① 바닥면적 20m²인 지하대피호
② 높이 2m의 광고탑
③ 높이 8m의 골프장의 철탑
④ 높이 7m의 고가수조

해설 관련 법규 : 법 제83조, 영 제118조, 해설 법규 : 영 제118조 ①항 7호
옹벽 등의 공작물에의 준용의 규정은 바닥면적 30m²를 넘는 지하대피호, 높이 4m를 넘는 광고탑, 높이 6m를 넘는 골프장의 철탑, 높이 8m를 넘는 고가수조이다.

04 | 냉방 및 환기 배기구 설치 높이
20①,②, 16②, 15①, 09②, 07②, 06①

상업지역 및 주거지역에서 도로에 접한 대지의 건축물에 설치하는 냉방시설 및 환기시설의 배기구 설치 높이는?
① 도로면으로부터 1.5m 이상
② 도로면으로부터 2.0m 이상
③ 건축물 1층 바닥에서 1.5m 이상
④ 건축물 1층 바닥에서 2.0m 이상

해설 관련 법규 : 설비규칙 제23조, 해설 법규 : 설비규칙 제23조 ③항 1호
상업지역 및 주거지역에서 건축물에 설치하는 **냉방시설 및 환기시설의 배기구**는 도로면으로부터 2m 이상의 높이에 설치할 것

05 | 개별난방방식 기준의 기술
22①, 05①, 04②, 02①, 00③, 99③

공동주택과 오피스텔의 난방설비를 개별난방방식으로 하는 경우에 대한 기준 중 옳지 않은 것은?
① 보일러실의 윗부분에는 그 면적이 0.5m² 이상인 환기창을 설치할 것
② 보일러는 거실 외의 곳에 설치하되, 보일러를 설치하는 곳과 거실 사이의 경계벽은 출입구를 제외하고는 내화구조의 벽으로 구획할 것
③ 보일러의 연도는 방화구조로서 공동연도로 설치할 것
④ 기름보일러를 설치하는 경우에는 기름저장소를 보일러실 외의 다른 곳에 설치할 것

해설 관련 법규 : 법 제62조, 영 제87조, 설비규칙 : 제13조, 해설 법규 : 설비규칙 제13조 ①항 7호
보일러의 연도는 **내화구조**로서 공동연도로 설치할 것

06 | 비상용 승강기 최소 대수
15②, 11①, 07②, 01④, 98②

높이 31m를 넘는 부분의 바닥면적이 최대인 층의 바닥면적이 3,500m²일 때 비상용 승강기 대수는?
① 1대 　　　　　② 2대
③ 3대 　　　　　④ 4대

정답 01. ③ 02. ② 03. ③ 04. ② 05. ③ 06. ②

관련 법규 : 법 제64조, 영 제90조, 해설 법규 : 영 제90조 ①항 2호
비상용 승강기의 설치 대수

$$= 1 + \frac{31\text{m를 넘는 각 층의 최대 바닥면적} - 1,500}{3,000} \text{ 대}$$

그런데 31m를 넘는 각 층의 최대 바닥면적이 $3,500\text{m}^2$이므로
(소수점 이하는 무조건 반올림)

$$\therefore \text{ 비상용 승강기의 설치 대수} = 1 + \frac{3,500 - 1,500}{3,000} ≒ 2\text{대}$$

07 | 비상용 승강기 최소 대수
98①,③,④, 97③,④

높이 31m를 넘는 층의 최대 바닥면적이 $3,000\text{m}^2$인 호텔의
비상용 승강기의 최소 설치 대수는?

① 1대
② 2대
③ 3대
④ 4대

관련 법규 : 법 제64조, 영 제90조, 해설 법규 : 영 제90조 ①항 2호
비상용 승강기의 설치 대수

$$= 1 + \frac{31\text{m를 넘는 각 층의 최대 바닥면적} - 1,500}{3,000} \text{ 대}$$

그런데, 31m를 넘는 각 층의 최대 바닥면적이 $3,000\text{m}^2$이므로
(소수점 이하는 무조건 반올림)

$$\therefore \text{ 비상용 승강기의 설치 대수} = 1 + \frac{3,000 - 1,500}{3,000} ≒ 2\text{대}$$

08 | 승용 승강기 최대 설치 대상물
20④, 13④, 06①, 04④

6층 이상의 거실면적의 합계가 $5,000\text{m}^2$인 경우, 다음 중
승용 승강기를 가장 많이 설치해야 하는 것은? (단, 8인승
승용 승강기를 설치하는 경우)

① 위락시설
② 숙박시설
③ 판매시설
④ 업무시설

관련 법규 : 법 제64조, 영 제89조, 설비규칙 제5조, (별표 1의 2),
해설 법규 : (별표 1의 2)
승용 승강기를 많이 설치하는 것부터 적게 설치하는 순으로
나열하면, 문화 및 집회시설(공연장, 집회장 및 관람장에 한
함), **판매시설**, 의료시설 → 문화 및 집회시설(전시장 및 동식
물원에 한함), **업무시설, 숙박시설, 위락시설** → 공동주택, 교
육연구시설, 노유자시설 및 그 밖의 시설의 순이다.

09 | 승용 승강기 최소 대수
17①, 13②, 10①, 01②

각 층의 거실면적이 $1,000\text{m}^2$인 15층의 다음 건축물 중 설
치하여야 하는 승용 승강기의 최소 대수가 가장 많은 것은?
(단, 8인승 승용 승강기인 경우)

① 위락시설
② 업무시설
③ 교육연구시설
④ 문화 및 집회시설 중 집회장

관련 법규 : 법 제64조, 영 제89조, 설비규칙 제5조 (별표 1의 2),
해설 법규 : (별표 1의 2)
승용 승강기 설치에 있어서 설치 대수가 많은 것부터 작은 것
의 순으로 늘어놓으면 **문화 및 집회시설**(공연장, **집회장** 및 관
람장에 한함) → **업무시설, 숙박시설, 위락시설** → **교육연구시
설**의 순이다.

10 | 비상용 승강기 최소 대수
22②, 21④, 18④, 13①

높이 31m를 넘는 각 층의 바닥면적 중 최대 바닥면적이
$5,000\text{m}^2$인 업무시설에 원칙적으로 설치하여야 하는 비상
용 승강기의 최소 대수는?

① 1대
② 2대
③ 3대
④ 4대

관련 법규 : 법 제64조, 영 제90조, 해설 법규 : 영 제90조 ①항 2호
비상용 승강기의 설치 대수(무조건 반올림)

$$= 1 + \frac{31\text{m를 넘는 각 층 중 최대 바닥면적} - 1,500}{3,000} \text{이다.}$$

$$\therefore \text{ 승강기 대수} = \frac{5,000 - 1,500}{3,000} + 1 = 2.167\text{대} \rightarrow 3\text{대}$$

11 | 급수관 지름에 관한 기술
20①,②, 07④, 02②

다음은 주거용 건축물의 급수관의 지름에 관한 것이다. 부
적합한 것은?

① 가구 또는 세대 수가 1일 때 급수관 지름의 최소 기준
은 15mm이다.
② 가구 또는 세대 수가 7일 때 급수관 지름의 최소 기준
은 25mm이다.
③ 가구 또는 세대 수가 18일 때 급수관 지름의 최소 기준
은 50mm이다.
④ 가구 또는 세대 수의 구분이 불분명한 건축물에 있어서
주거에 쓰이는 바닥면적 85m^2 초과 150m^2 이하는 3가
구로 산정한다.

해설 관련 법규 : 법 제62조, 영 제87조, 설비규칙 제18조, (별표 3),
해설 법규 : (별표 3)
가구 또는 세대 수가 7세대(6~8세대)일 때 급수관 지름의 최소 기준은 32mm이다.

12 | 개별난방방식의 기술
20③, 08②, 07④

오피스텔의 난방설비를 개별난방방식으로 하는 경우에 대한 기준 내용 중 옳지 않은 것은?

① 보일러의 연도는 내화구조로서 공동연도로 설치할 것
② 보일러는 거실 외의 곳에 설치할 것
③ 보일러실의 윗부분에는 그 면적이 $0.5m^2$ 이상인 환기창을 설치할 것
④ 기름보일러를 설치하는 경우에는 기름저장소를 보일러실에 설치할 것

해설 관련 법규 : 법 제62조, 영 제87조, 설비규칙 : 제13조,
해설 법규 : 설비규칙 제13조 5호
기름보일러를 설치하는 경우에는 기름저장소를 **보일러실 외의 다른 곳에 설치할 것**

13 | 승용 승강기 최소 대수
17②, 14④, 07①

각 층별 바닥면적이 $5,000m^2$이고 각 층별 거실면적의 합계가 $3,000m^2$인 14층 숙박시설에 승용 승강기를 24인승으로 설치하고자 할 때 필요한 최소 대수는 얼마인가?

① 5대
② 6대
③ 7대
④ 8대

해설 관련 법규 : 법 제64조, 영 제89조, 설비규칙 제5조 (별표 1의 2),
해설 법규 : (별표 1의 2)
숙박시설의 승용 승강기 설치 대수는 1대에 $3,000m^2$를 초과하는 경우에는 그 초과하는 매 $2,000m^2$ 이내마다 1대의 비율로 산정한다.

즉, 설치 대수 $=1+\dfrac{6층 이상의 거실면적의 합계-3,000}{2,000}$

이고, 6층 이상의 거실의 바닥면적이 $3,000\times(14-5)=27,000m^2$ 이다.

∴ 설치 대수
$=1+\dfrac{6층 이상의 거실면적의 합계-3,000}{2,000}$
$=1+\dfrac{27,000-3,000}{2,000}=13대$

그런데, 16인승 이상의 엘리베이터는 2대로 산정하므로 $13\div2=6.5$대 → 7대이다.

14 | 급수관 지름의 최소 기준
08④, 03②, 02④

주거용 건축물에서 음용수 급수관 지름의 최소 기준은? (단, 가구 수는 16가구이다.)

① 50mm
② 40mm
③ 30mm
④ 20mm

해설 관련 법규 : 법 제62조, 영 제87조, 설비규칙 제18조, (별표 3),
해설 법규 : 설비규칙 제18조, (별표 3)
㉮ 주거용 건축물 급수관의 지름

가구 또는 세대 수	1	2~3	4~5	6~8	9~16	17 이상
급수관 지름의 최소기준(mm)	15	20	25	32	40	50

㉯ 바닥면적에 따른 가구 수의 산정

바닥면적	$85m^2$ 이하	$85m^2$ 초과 $150m^2$ 이하	$150m^2$ 초과 $300m^2$ 이하	$300m^2$ 초과 $500m^2$ 이하	$500m^2$ 초과
가구의 수	1	3	5	16	17

15 | 관계전문기술자와의 협력의 기준
08②, 03①, 02②

다음은 건축법령상 관계전문기술자와의 협력에 관한 기준 내용이다. ( ) 안에 알맞은 내용은?

( )를 수반하는 건축물의 설계자 및 공사감리자는 토지굴착 등에 관하여 국토교통부령이 정하는 바에 따라 국가기술자격법에 따른 토목분야기술사 또는 국토개발 분야의 지질 및 기반 기술사의 협력을 받아야 한다.

① 깊이 8m 이상의 토지굴착공사 또는 높이 3m 이상의 옹벽 등의 공사
② 깊이 8m 이상의 토지굴착공사 또는 높이 5m 이상의 옹벽 등의 공사
③ 깊이 10m 이상의 토지굴착공사 또는 높이 3m 이상의 옹벽 등의 공사
④ 깊이 10m 이상의 토지굴착공사 또는 높이 5m 이상의 옹벽 등의 공사

해설 관련 법규 : 법 제68조, 영 제91조의 3,
해설 법규 : 영 제91조의 3 ③항
깊이 10m 이상의 토지굴착공사 또는 5m 이상의 옹벽 등의 공사를 수반하는 건축물의 설계자 및 공사감리자는 토지굴착 등에 관하여 국토교통부령으로 정하는 바에 따라 국가기술자격법에 따른 **토목분야기술사** 또는 국토 개발 분야의 **지질 및 기반 기술사의 협력**을 받아야 한다.

16 | 승용승강기 최소 대수
19④, ②, 08①

층수가 15층이며 6층 이상의 거실면적의 합계가 15,000m²인 종합병원에 설치하여야 하는 승용승강기의 최소 대수는? (단, 8인승 승용승강기의 경우)

① 6대 ② 7대
③ 8대 ④ 9대

해설 관련 법규 : 법 제64조, 영 제89조, 설비규칙 제5조 (별표 1의 2),
해설 법규 : (별표 1의 2)
종합병원의 승용승강기 설치대수는 기본 2대에 3,000m²를 초과하는 경우에는 그 초과하는 매 2,000m² 이내마다 1대의 비율로 산정한다. 즉

$$설치대수 = 2 + \frac{6층\ 이상의\ 거실면적의\ 합계 - 3,000}{2,000}\ 이다.$$

$$\therefore\ 설치대수 = 2 + \frac{15,000 - 3,000}{2,000}$$
$$= 8대$$

17 | 비상용 승강기에 관한 기술
10②, 02①, 97②

비상용 승강기에 대한 설명 중 옳지 않은 것은?

① 높이 31m를 초과하는 건축물에는 비상용 승강기를 설치하는 것이 원칙이다.
② 높이 31m를 넘는 각 층을 거실 외의 용도로 쓰는 건축물에는 비상용 승강기를 설치하지 아니할 수 있다.
③ 높이 31m를 넘는 각 층의 바닥면적의 합계가 400m²인 건축물에는 비상용 승강기를 설치하지 아니할 수 있다.
④ 높이 31m를 넘는 층수가 5개 층으로서 해당 각 층의 바닥면적의 합계가 300m² 이내마다 방화구획으로 구획한 건축물에는 비상용 승강기를 설치하지 아니할 수 있다.

해설 관련 법규 : 법 제64조, 설비규칙 제9조,
해설 법규 : 설비규칙 제9조 3호
높이 31m를 넘는 층수가 **4개 층 이하**로서 해당 각 층의 바닥면적의 합계가 200m²(**벽 및 반자가 실내에 접하는 부분의 마감을 불연재료로 한 경우에는 500m²**) 이내마다 방화구획으로 구획한 건축물에는 비상용 승강기를 설치하지 아니할 수 있다.

18 | 급수관 지름의 최소 기준
21①, 10①, 08②

주거에 쓰이는 바닥면적의 합계가 200m²인 주거용 건축물에 설치하는 음용수용 급수관의 최소 지름은?

① 25mm ② 32mm
③ 40mm ④ 50mm

해설 관련 법규 : 법 제62조, 영 제87조, 설비규칙 제18조, (별표 3),
해설 법규 : (별표 3)
주거에 쓰이는 바닥면적의 합계가 200m²(5가구)인 주거용 건축물에 설치하는 음용수용 급수관의 최소 지름은 25mm이다.

19 | 피뢰설비에 관한 기술
05①, 04④, 02④

피뢰설비의 구조기준으로 옳지 않은 것은?

① 접지는 환경오염을 일으킬 수 있는 시공방법이나 화학 첨가물 등을 사용하지 아니할 것
② 전기적 연속성이 있다고 판단되기 위하여는 건축물 금속 구조체의 최상단부와 지표레벨 사이의 전기저항은 0.5Ω 이하이어야 한다.
③ 피뢰설비는 한국산업표준이 정하는 피뢰레벨 등급에 적합한 피뢰설비일 것
④ 피뢰설비의 재료는 최소 단면적이 피복이 없는 동선을 기준으로 수뢰부, 인하도선 및 접지극은 50mm² 이상이거나 이와 동등 이상의 성능을 갖출 것

해설 관련 법규 : 영 제87조, 설비규칙 제20조,
해설 법규 : 설비규칙 제20조 4호
전기적 연속성이 있다고 판단되기 위하여는 건축물 금속 구조체의 최상단부와 지표레벨 사이의 전기저항는 0.2Ω 이하이어야 한다.

20 | 비상용 승강기 승강장의 구조 기준
19④, 11④

비상용 승강기의 승강장의 구조에 관한 기준내용으로 옳지 않은 것은?

① 채광이 되는 창문이 있거나 예비전원에 의한 조명설비를 할 것
② 벽 및 반자가 실내에 접하는 부분의 마감재료는 불연재료로 할 것
③ 피난층이 있는 승강장의 출입구로부터 도로 또는 공지에 이르는 거리가 50m 이하일 것
④ 옥내에 승강장을 설치하는 경우 승강장의 바닥면적은 비상용 승강기 1대에 대하여 6m² 이상으로 할 것

해설 관련 법규 : 법 제64조, 설비규칙 제14조,
해설 법규 : 설비규칙 제10조 2호 사목
피난층이 있는 승강장의 출입구(승강장이 없는 경우에는 승강로의 출입구)로부터 도로 또는 공지(공원·광장 기타 이와 유사한 것으로서 피난 및 소화를 위한 당해 대지에의 출입에 지장이 없는 것)에 이르는 **거리가 30m 이하일 것**

21 | 관계전문기술자와의 협력의 기준
18①, 15②

건축물에 가스, 급수, 배수, 환기설비를 설치하는 경우 건축기계설비기술사 또는 공조냉동기계기술사의 협력을 받아야 하는 대상 건축물에 속하지 않는 것은?

① 기숙사로서 해당 용도에 사용되는 바닥면적의 합계가 2000m²인 건축물
② 판매시설로서 해당 용도에 사용되는 바닥면적의 합계가 2000m²인 건축물
③ 의료시설로서 해당 용도에 사용되는 바닥면적의 합계가 2000m²인 건축물
④ 숙박시설로서 해당 용도에 사용되는 바닥면적의 합계가 2000m²인 건축물

해설 관련 법규 : 법 제68조, 영 제91조의 3, 설비규칙 제2조,
해설 법규 : 설비규칙 제2조 4, 5호
관계전문기술자(건축기계설비기술사 또는 공조냉동기계기술사)의 협력을 받아야 하는 건축물은 기숙사, 의료시설, 유스호스텔 및 숙박시설은 해당 용도로 사용되는 바닥면적의 합계가 2,000m² 이상이고, 판매시설, 연구소, 업무시설은 **바닥면적의 합계가 3,000m² 이상인 건축물**이다.

22 | 공작물의 건축법 적용
18①, 15②

공작물을 축조할 때 특별자치시장·특별자치도지사 또는 시장·군수·구청장에게 신고를 하여야 하는 대상 공작물 기준으로 옳지 않은 것은? (단, 건축물과 분리하여 축조하는 경우)

① 높이 2m를 넘는 담장
② 높이 4m를 넘는 굴뚝
③ 높이 4m를 넘는 광고탑
④ 높이 4m를 넘는 장식탑

해설 관련 법규 : 법 제83조, 영 제118조,
해설 법규 : 영 제118조 ①항 1호
공작물을 축조할 때 특별자치시장·특별자치도지사 또는 시장·군수·구청장에게 **신고하여야** 하는 공작물 중 굴뚝은 6m를 넘는 규모이다.

23 | 개별난방방식 기준의 기술
17①, 08①

다음 중 공동주택의 개별난방설비 설치 기준으로 옳지 않은 것은?

① 보일러의 연도는 내화구조로서 공동연도로 설치할 것
② 보일러실 윗부분에는 그 면적 최소 1.0m² 이상인 환기창을 설치할 것
③ 보일러를 설치하는 곳과 거실 사이의 경계벽은 출입구를 제외하고는 내화구조의 벽으로 구획할 것
④ 기름보일러를 설치하는 경우에는 기름저장소를 보일러실 외의 다른 곳에 설치할 것

해설 관련 법규 : 법 제62조, 영 제87조, 설비규칙 : 제13조,
해설 법규 : 설비규칙 제13조 2호
보일러실 윗부분에는 그 면적 최소 0.5m² 이상인 환기창을 설치할 것

24 | 공작물의 건축법 적용
14④, 05②

공작물을 축조할 때 특별자치시장·특별자치도지사 또는 시장·군수·구청장에게 신고를 하여야 하는 대상 공작물 기준으로 옳지 않은 것은? (단, 건축물과 분리하여 축조하는 경우)

① 높이 4m를 넘는 광고판
② 높이 4m를 넘는 기념탑
③ 높이 8m를 넘는 고가수조
④ 바닥면적 20m²를 넘는 지하대피호

해설 옹벽 등의 공작물에의 준용의 규정은 높이 8m를 넘는 고가수조, 높이 6m를 넘는 골프장의 **철탑, 굴뚝, 기념탑, 장식탑**, 높이 4m를 넘는 **광고탑, 광고판**, 높이 2m를 넘는 **옹벽**, 바닥면적 30m² 넘는 **지하대피호** 등이다.

25 | 승용 승강기 최소 대수
14②, 10④

층수가 16층이며, 각 층의 거실면적이 1000m²인 관광호텔에 설치하여야 하는 승용 승강기의 최소 대수는? (단, 8인승 승강기의 경우)

① 3대   ② 4대
③ 5대   ④ 6대

해설 관련 법규 : 법 제64조, 영 제89조, 설비규칙 제5조, (별표 1의 2),
해설 법규 : (별표 1의 2)

호텔은 숙박시설에 속하고, 승용 승강기의 설치 대수는 1대에
3,000m²를 초과하는 2,000m² 이내마다 1대씩 추가한다.

∴ 승용 승강기 설치 대수

$$=1+\left(\frac{6층 이상의 거실 면적-3,000}{2,000}\right)$$

$$=1+\left(\frac{(11\times1,000)-3,000}{2,000}\right)=5대$$

26 | 승용 승강기 최소 대수
14①, 96③

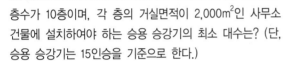

층수가 10층이며, 각 층의 거실면적이 2,000m²인 사무소
건물에 설치하여야 하는 승용 승강기의 최소 대수는? (단,
승용 승강기는 15인승을 기준으로 한다.)

① 4대 　　　　　　② 5대
③ 6대 　　　　　　④ 7대

해설 관련 법규 : 법 제64조, 영 제89조, (별표 1의 2),
해설 법규 : (별표 1의 2)

사무소 건축물은 업무시설이고, 6층 이상의 거실면적의 합계
는 2,000×5 = 10,000m²이다.

∴ 승용 승강기 대수

$$=1+\frac{6층 이상의 거실면적의 합계-3,000}{2,000}$$

$$=1+\frac{10,000-3,000}{2,000}$$

$$=4.5대 → 5대(8인승)$$

27 | 승용 승강기 설치 제외 규정
22①, 17④

다음은 승용 승강기의 설치에 관한 기준내용이다. 밑줄 친
"대통령령으로 정하는 건축물"에 대한 기준내용으로 옳은
것은?

> 건축주는 6층 이상으로서 연면적이 2천m² 이상인 건축물(대
> 통령령으로 정하는 건축물은 제외한다)을 건축하려면 승강기
> 를 설치하여야 한다.

① 층수가 6층인 건축물로서 각 층 거실의 바닥면적 300m²
이내마다 1개소 이상의 직통계단을 설치한 건축물
② 층수가 6층인 건축물로서 각 층 거실의 바닥면적 500m²
이내마다 1개소 이상의 직통계단을 설치한 건축물
③ 층수가 10층인 건축물로서 각 층 거실의 바닥면적 300m²
이내마다 1개소 이상의 직통계단을 설치한 건축물
④ 층수가 10층인 건축물로서 각 층 거실의 바닥면적 500m²
이내마다 1개소 이상의 직통계단을 설치한 건축물

해설 관련 법규 : 법 제64조, 영 제89조, 해설 법규 : 영 제89조

승용 승강기 설치 제외기준은 층수가 6층인 건축물로서 각 층
거실면적의 합계가 300m² 이내마다 1개소 이상의 직통계단을
설치한 건축물이다.

28 | 특별건축구역의 지정
19②, 16②

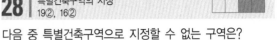

다음 중 특별건축구역으로 지정할 수 없는 구역은?

① 도로법에 따른 접도구역
② 택지개발촉진법에 따른 택지개발사업구역
③ 국가가 국제행사 등을 개최하는 도시 또는 지역의 사업
구역
④ 지방자치단체가 국제행사 등을 개최하는 도시 또는 지
역의 사업구역

해설 관련 법규 : 법 제69조, 해설 법규 : 법 제69조 ②항

개발제한구역의 지정 및 관리에 관한 특별조치법에 따른 개발제한
구역, 자연공원법에 따른 자연공원, **도로법에 따른 접도구역** 및
산지관리법에 따른 보전산지는 **특별건축구역으로 지정할 수 없다.**

29 | 승용 승강기 최대 설치 대상물
12④, 02②

승용 승강기 설치 대상 건축물로서 6층 이상 거실면적의 합
계가 6000m²인 경우, 승용 승강기의 최소 설치 대수가 가
장 많은 것부터 적은 순으로 올바르게 나열된 것은? (단, 8
인승 승강기의 경우)

① 병원 > 숙박시설 > 공동주택
② 공연장 > 위락시설 > 도매시장
③ 집회장 > 공동주택 > 업무시설
④ 공동주택 > 관람장 > 위락시설

해설 관련 법규 : 법 제64조, 영 제89조, 설비규칙 제5조 (별표 1의 2),
해설 법규 : (별표 1의 2)

승용 승강기 설치에 있어서 **설치 대수가 많은 것부터 작은 것의
순으로 늘어놓으면 문화 및 집회시설**(공연장, 집회장 및 관람장에
한함), 판매 및 영업시설(도매시장, 소매시장 및 시장에 한함),
의료시설(병원 및 격리병원에 한함) → 문화 및 집회시설(전시장
및 동·식물원에 한함), 업무시설, **숙박시설**, 위락시설 → **공동주
택**, 교육 연구 및 복지시설, 기타 시설의 순이다.

30 | 비상용 승강기 승강장의 배연설비
12①, 00②

특별피난계단 및 비상용 승강기의 승강장에 설치하는 배연설비에 관한 기준 내용으로 옳지 않은 것은?

① 배연기에는 예비전원을 설치할 것

② 배연기가 외기에 접하지 아니하는 경우에는 배연기를 설치할 것

③ 배연기는 배연구의 열림에 따라 자동적으로 작동하고, 충분한 공기 배출 또는 가압 능력이 있을 것

④ 배연기는 평상시에 열린 상태를 유지하고, 닫힌 경우에는 배연에 의한 기류로 인하여 열리지 아니하도록 할 것

해설 관련 법규 : 법 제64조, 설비규칙 제14조,
해설 법규 : 설비규칙 제14조 ②항 3호
특별피난계단 및 비상용승강기의 승강장에 설치하는 배연설비의 구조는 ①, ②, ③항 이외에 배연구는 평상시에는 닫힌 상태를 유지하고, 연 경우에는 배연에 의한 기류로 인하여 닫히지 아니하도록 할 것. 배연구 및 배연풍도는 불연재료로 하고, 화재가 발생한 경우 원활하게 배연시킬 수 있는 규모로서 외기 또는 평상시에 사용하지 아니하는 굴뚝에 연결할 것. 배연구에 설치하는 수동개방장치 또는 자동개방장치(열감지기 또는 연기감지기에 의한 것을 말한다)는 손으로도 열고 닫을 수 있도록 할 것. 또한, 공기유입방식을 급기가압방식 또는 급·배기방식으로 하는 경우에는 소방관계법령의 규정에 적합하게 할 것 등의 기준에 적합하여야 한다.

31 | 개별난방방식 기준의 기술
09①, 01②

공동주택과 오피스텔의 난방설비를 개별난방방식으로 하는 경우의 기준 내용으로 옳지 않은 것은?

① 보일러 실의 윗부분에는 그 면적이 $0.5m^2$ 이상인 환기창을 설치할 것

② 기름보일러를 설치하는 경우에는 기름저장소를 보일러실 외의 다른 곳에 설치할 것

③ 오피스텔의 경우에는 난방구획마다 내화구조로 된 벽·바닥과 60+방화문, 60분방화문으로 된 출입문으로 구획할 것. 다만, 가스보일러에 의한 난방설비를 설치하고 가스를 중앙집중공급방식으로 공급하는 경우에 한함

④ 보일러를 설치하는 곳과 거실 사이의 경계벽은 출입구를 제외하고는 방화구조의 벽으로 구획할 것

해설 관련 법규 : 법 제62조, 영 제87조, 설비규칙 : 제13조,
해설 법규 : 설비규칙 제13조 ①항 7호
보일러를 설치하는 곳과 거실 사이의 경계벽은 출입구를 제외하고는 **내화구조의 벽**으로 구획할 것

32 | 피뢰설비 기준에 관한 기술
07④, 06②

건축물에 설치하는 피뢰설비에 관한 기준으로 옳지 않은 것은?

① 측면 낙뢰를 방지하기 위하여 높이가 60m를 초과하는 건축물 등에는 지면에서 건축물 높이의 $\frac{3}{5}$이 되는 지점부터 상단 부분까지의 측면에 수뢰부를 설치할 것

② 피뢰설비의 인하도선을 대신하여 철골조의 철골구조물과 철근콘크리트조의 철근구조체 등을 사용하는 경우에는 전기적 연속성이 보장될 것

③ 피뢰설비의 재료는 최소 단면적이 피복이 없는 동선을 기준으로 수뢰부, 인하도선 및 접지극은 $50mm^2$ 이상이거나 이와 동등 이상의 성능을 갖출 것

④ 돌침은 건축물의 맨 윗부분으로부터 25cm 이상 돌출시켜 설치할 것

해설 관련 법규 : 법 제55조, 설비규칙 제20조,
해설 법규 : 설비규칙 제20조 5호
측면 낙뢰를 방지하기 위하여 높이가 60m를 초과하는 건축물 등에는 지면에서 건축물 높이의 **4/5가 되는 지점**부터 상단 부분까지의 측면에 수뢰부를 설치할 것

33 | 개별난방방식의 기준에 관한 기술
05④, 03④

공동주택과 오피스텔의 난방설비를 개별난방방식으로 하는 경우의 기준으로 옳은 것은?

① 보일러는 거실 외의 곳에 설치하되, 보일러를 설치하는 곳과 거실 사이의 경계벽은 출입구를 제외하고는 방화구조의 벽으로 구획할 것

② 보일러실의 윗부분에는 그 면적이 $0.3m^2$ 이상인 환기창을 설치하고, 보일러실의 윗부분과 아랫부분에는 각각 지름 10cm 이상의 공기 흡입구 및 배기구를 항상 열려있는 상태로 바깥 공기에 접하도록 설치할 것

③ 기름보일러를 설치하는 경우에는 기름저장소를 보일러실 외의 다른 곳에 설치할 것

④ 오피스텔의 경우에는 난방구획마다 방화구조로 된 벽·바닥과 60+방화문, 60분방화문으로 된 출입문으로 구획할 것. 다만, 가스보일러에 의한 난방설비를 설치하고 가스를 중앙집중공급방식으로 공급하는 경우에 한함

해설 관련 법규 : 법 제62조, 영 제87조, 설비규칙 : 제13조,

해설 법규 : 설비규칙 제13조 ①항 1, 2, 6호, ②항

보일러는 거실 외의 곳에 설치하되, 보일러를 설치하는 곳과 거실 사이의 경계벽은 출입구를 제외하고는 **내화구조**의 벽으로 구획하며, 보일러실의 윗부분에는 그 면적이 $0.5m^2$ 이상인 환기창을 설치하고, 보일러실의 윗부분과 아랫부분에는 각각 지름 10cm 이상의 공기 흡입구 및 배기구를 항상 열려 있는 상태로 바깥 공기에 접하도록 설치하며, 오피스텔의 경우에는 난방구획마다 **내화구조**로 된 벽·바닥과 60+방화문, 60분방화문으로 된 출입문으로 구획할 것. 다만, 가스보일러에 의한 난방설비를 설치하고, 가스를 중앙집중공급방식으로 공급하는 경우에 한함

34 | 승용 승강기 최소 대수
05①, 99①

각 층의 바닥면적이 1만 m^2인 지하 6층 지상 11층인 병원에 의무적으로 설치하여야 하는 최소 승용 승강기의 대수는? (단, 8인승 승강기의 경우)

① 29대　　　　　　② 31대
③ 40대　　　　　　④ 41대

해설 관련 법규 : 법 제64조, 영 제89조, 설비규칙 제5조 (별표 1의 2),

해설 법규 : (별표 1의 2)

문화 및 집회시설(공연장, 집회장 및 관람장만 해당), 판매시설, **의료시설** 등의 승용 승강기 설치에 있어서 $3,000m^2$ 이하까지는 2대이고, $3,000m^2$를 초과하는 경우에는 그 초과하는 매 $2,000m^2$ 이내마다 1대의 비율로 가산한 대수로 설치한다. (**병원은 의료시설**에 속하며, 소수점 이하는 올림)

∴ 승용 승강기 설치 대수

$$= 2 + \frac{6층\ 이상의\ 거실면적의\ 합 - 3,000}{2,000}$$

$$= 2 + \frac{10,000 \times (11-6) - 3,000}{2,000} ≒ 31대$$

35 | 배관설비의 기준에 관한 기술
03②, 02①

배관설비로서 배수용으로 쓰이는 배관설비의 기준으로 옳지 않은 것은?

① 배출시키는 빗물 또는 오수의 양 및 수질에 따라 그에 적당한 용량 및 경사를 지게 하거나 그에 적합한 재질을 사용할 것
② 우수관과 오수관은 분리하여 배관할 것
③ 배관설비의 오수에 접하는 부분은 방수재료를 사용할 것
④ 지하실 등 공공하수도로 자연 배수를 할 수 없는 곳에는 배수용량에 맞는 강제 배수시설을 설치할 것

해설 관련 법규 : 법 제62조, 영 제87조, 설비규칙 제17조,

해설 법규 : 설비규칙 제17조 ②항 3호

배관설비의 오수에 접하는 부분은 **내수재료**를 사용할 것

36 | 승용 승강기 최소 대수 비교
18①

6층 이상의 거실면적의 합계가 $3,000m^2$인 경우 건축물의 용도별 설치하여야 하는 승용 승강기의 최소 대수가 옳은 것은? (단, 15인승 승강기의 경우)

① 업무시설 － 2대　　　② 의료시설 － 2대
③ 숙박시설 － 2대　　　④ 위락시설 － 2대

해설 관련 법규 : 법 제64조, 영 제89조, 설비규칙 제5조, (별표 1의 2),

해설 법규 : (별표 1의 2)

승용 승강기를 많이 설치하는 것부터 적게 설치하는 순으로 나열하면 문화 및 집회시설(공연장, 집회장 및 관람장에 한함), **판매시설**, 의료시설 → 문화 및 집회시설(전시장 및 동식물원에 한함), **업무시설, 숙박시설, 위락시설** → 공동주택, 교육연구시설, 노유자시설 및 그 밖의 시설의 순이다. 또한, 승용 승강기 설치대수는 업무시설, 숙박시설, 위락시설인 경우 1대이다.

37 | 차수설비 설치에 관한 기술
19④

다음은 차수설비의 설치에 관한 기준내용이다. ( ) 안에 알맞은 것은?

「국토의 계획 및 이용에 관한 법률」에 따른 방재지구에서 연면적 ( ) 이상의 건축물을 건축하려는 자는 빗물 등의 유입으로 건축물이 침수되지 아니하도록 해당 건축물의 지하층 및 1층의 출입구(주차장의 출입구를 포함한다)에 차수설비를 설치하여야 한다. 다만, 법 제5조 제1항에 따른 허가권자가 침수의 우려가 없다고 인정하는 경우에는 그러하지 아니하다.

① $3,000m^2$　　　　　② $5,000m^2$
③ $10,000m^2$　　　　④ $20,000m^2$

해설 관련 법규 : 설비규칙 제17조의 2,

해설 법규 : 설비규칙 제17조의 2 ①항

「국토의 계획 및 이용에 관한 법률」에 따른 방재지구와 「자연재해대책법」에 따른 자연재해위험지구에 해당하는 지역에서 연면적 $10,000m^2$ 이상의 건축물을 건축하려는 자는 빗물 등의 유입으로 건축물이 침수되지 아니하도록 해당 건축물의 지하층 및 1층의 출입구(주차장의 출입구를 포함)에 차수판 등 해당 건축물의 침수를 방지할 수 있는 설비(차수설비)를 설치하여야 한다. 다만, 허가권자가 침수의 우려가 없다고 인정하는 경우에는 그러하지 아니하다.

38 | 전기설비 설치 면적기준
19①

다음과 같은 경우 연면적 1,000㎡인 건축물의 대지에 확보하여야 하는 전기설비 설치공간의 면적기준은?

> ㉠ 수전전압 : 저압
> ㉡ 전력수전용량 : 200kW

① 가로 2.5m, 세로 2.8m
② 가로 2.5m, 세로 4.6m
③ 가로 2.8m, 세로 2.8m
④ 가로 2.8m, 세로 4.6m

해설 관련 법규 : 법 제62조, 영 제87조, 설비규칙 제20조의 2, (별표 3의 3), 해설 법규 : 설비규칙 제20조의 2, (별표 3의 3)
전기설비 설치공간 확보기준(제20조의 2 관련)

수전전압	전력수전용량	확보면적
특고압 또는 고압	100kW 이상	가로 2.8m, 세로 2.8m
저압	75kW 이상 150kW 미만	가로 2.5m, 세로 2.8m
	150kW 이상 200kW 미만	가로 2.8m, 세로 2.8m
	200kW 이상 300kW 미만	가로 2.8m, 세로 4.6m
	300kW 이상	가로 2.8m 이상, 세로 4.6m 이상

39 | 관계전문기술자와의 협력의 기준
17②

급수·배수·환기·난방설비를 건축물에 설치하는 경우, 건축기계설비기술사 또는 공조냉동기계기술사의 협력을 받아야 하는 대상 건축물에 속하지 않는 것은?

① 아파트
② 연립주택
③ 기숙사로서 해당 용도에 사용되는 바닥면적의 합계가 2,000㎡인 건축물
④ 업무시설로서 해당 용도에 사용되는 바닥면적의 합계가 2,000㎡인 건축물

해설 관련 법규 : 법 제68조, 영 제91조의 3, 설비규칙 제2조, 해설 법규 : 설비규칙 제2조 4, 5호
판매시설, 연구소, 업무시설에 해당하는 건축물로서 해당 용도에 사용되는 **바닥면적의 합계가 3,000㎡ 이상**인 건축물은 관계 전문기술사(건축기계설비기술사, 공조냉동기계기술사)의 협력을 받아야 한다.

40 | 공작물의 건축법 적용
17②

공작물을 축조할 때 특별자치시장·특별자치도지사 또는 시장·군수·구청장에게 신고를 하여야 하는 대상 공작물 기준으로 옳지 않은 것은? (단, 건축물과 분리하여 축조하는 경우)

① 높이 2m를 넘는 옹벽
② 높이 4m를 넘는 광고탑
③ 높이 4m를 넘는 장식탑
④ 높이 6m를 넘는 굴뚝

해설 관련 법규 : 법 제83조, 영 제118조, 해설 법규 : 영 제118조 ①항
높이 6m를 넘는 굴뚝, 장식탑, 기념탑, 높이 4m를 넘는 광고탑, 광고판, 높이 8m를 넘는 고가수조, 높이 2m를 넘는 옹벽 또는 담장, 바닥면적 30㎡를 넘는 지하대피호, 높이 6m를 넘는 골프연습장 등의 운동시설을 위한 철탑, 주거지역·상업지역에 설치하는 통신용 철탑, 그 밖에 이와 비슷한 공작물을 축조(건축물과 분리하여 축조)할 때 특별자치시장·특별자치도지사 또는 시장·군수·구청장에게 신고를 하여야 한다.

❶ 총칙

01 | 주차전용건축물의 기준
19④, 13④, 09②, 07①, 03①

어느 건축물에서 주차장 외의 용도로 사용되는 부분이 판매시설인 경우, 이 건축물이 주차전용건축물이기 위해서는 주차장으로 사용되는 부분의 연면적비율이 최소 얼마 이상이어야 하는가?

① 50%
② 70%
③ 85%
④ 95%

해설 관련 법규 : 법 제2조, 영 제1조의 2, 해설 법규 : 영 제1조의 2
주차전용건축물은 건축물의 연면적 중 주차장으로 사용되는 부분의 비율이 95% 이상인 것이나 주차장 외의 용도로 사용되는 단독주택, 공동주택, 제1종 및 제2종 근린생활시설, 문화 및 집회시설, 종교시설, 판매시설, 운수시설, 운동시설, 업무시설, 창고시설 또는 자동차 관련 시설인 경우에는 주차장으로 사용되는 부분의 비율이 70% 이상이어야 한다.

02 | 주차장의 형태
16④, 14④, 12④, 96②

주차장의 형태 중 기계식 주차장이 아닌 것은?

① 지하식
② 지평식
③ 건축물식
④ 공작물식

해설 관련 법규 : 법 제6조, 규칙 제2조,
해설 법규 : 법 제6조, 규칙 제2조 1, 2호
주차장의 형태에는 자주식 주차장[(지하식, 지평식 또는 건축물식(공작물식 포함) 등]과 기계식 주차장(지하식, 건축물식) 등이 있다.

03 | 장애인용 주차단위구획
16①, 12④, 11④, 05④

주차장에서 장애인용 주차단위구획의 최소 크기는? (단, 평행주차형식 외의 경우)

① 2.3m×5.0m
② 2.5m×5.1m
③ 3.3m×5.0m
④ 2.0m×6.0m

해설 관련 법규 : 법 제6조, 규칙 제3조,
해설 법규 : 규칙 제3조 ①항 2호
지체장애인의 전용주차장의 주차단위구획은 주차대수 1대에 대하여 너비 3.3m 이상, 길이 5m 이상으로 한다.

04 | 주차장의 형태
14②, 07②, 01④

주차장 법령상 자주식 주차장의 형태에 속하지 않는 것은?

① 지하식
② 지평식
③ 기계식
④ 건축물식

해설 관련 법규 : 법 제6조, 규칙 제2조, 해설 법규 : 규칙 제2조 1, 2호
주차장의 형태에는 자주식 주차장[(지하식, 지평식 또는 건축물식(공작물식 포함) 등]과 기계식 주차장(지하식, 건축물식) 등이 있다.

05 | 주차전용 건축물의 기준
10①, 09④, 00③

건축물의 연면적 중 주차장으로 사용되는 부분의 비율이 70%인 경우 주차전용 건축물로 볼 수 없는 것은?

① 주차장 외의 용도로 사용되는 부분이 종교시설인 경우
② 주차장 외의 용도로 사용되는 부분이 의료시설인 경우
③ 주차장 외의 용도로 사용되는 부분이 운동시설인 경우
④ 주차장 외의 용도로 사용되는 부분이 업무시설인 경우

해설 관련 법규 : 법 제2조, 영 제1조의 2, 해설 법규 : 영 제1조의 2 ①항
①항의 종교시설, ③항의 운동시설, ④항의 업무시설에는 주차장으로 사용되는 부분의 비율이 70% 이상인 것을 말하고, 의료시설은 95%이다.

정답 01. ② 02. ② 03. ③ 04. ③ 05. ②

06 주차단위구획
19②, 15①

주차장의 주차단위구획 기준으로 옳지 않은 것은? (단, 평행주차형식으로 일반형인 경우)

① 너비 1.0m 이상, 길이 2.3m 이상
② 너비 1.7m 이상, 길이 4.5m 이상
③ 너비 2.0m 이상, 길이 6.0m 이상
④ 너비 2.3m 이상, 길이 5.0m 이상

해설 관련 법규 : 법 제6조, 규칙 제3조, 해설 법규 : 규칙 제3조 ①항
평행주차형식의 주차구획

구분	경형	일반형	보도와 차도의 구분이 없는 주거지역의 도로	이륜 자동차
너비(m)	1.7	2.0	2.0	1.0
길이(m)	4.5	6.0	5.0	2.3
면적(m^2)	7.65	12	10	2.3

07 주차장 수급 실태 조사
18②, 14④

다음은 주차장 수급 실태 조사의 조사구역에 관한 설명이다. ( ) 안에 알맞은 것은?

사각형 또는 삼각형 형태로 조사구역을 설정하되 조사구역 바깥 경계선의 최대거리가 ( )를 넘지 아니하도록 한다.

① 100m
② 100m
③ 300m
④ 400m

해설 관련 법규 : 법 제3조, 규칙 제1조의 2,
해설 법규 : 규칙 제1조의 2 ①항 1호
사각형 또는 삼각형 형태로 조사구역을 설정하되 **조사구역 바깥 경계선의 최대거리가 300m를 넘지 아니하도록** 한다.

08 주차전용건축물의 기준
20③, 17①

주차전용건축물이란 건축물의 연면적 중 주차장으로 사용되는 부분의 비율이 최소 얼마 이상인 건축물을 말하는가? (단, 주차장 외의 용도가 자동차관련시설인 경우)

① 70%
② 80%
③ 90%
④ 95%

해설 관련 법규 : 법 제2조, 영 제1조의 2, 해설 법규 : 영 제1조의 2 ①항
주차전용건축물은 건축물의 연면적 중 **주차장으로 사용되는 부분의 비율이 95% 이상**인 것이나, 주차장 외의 용도로 사용되는 단독주택, 공동주택, **제1종** 및 제2종 근린생활시설, **문화 및 집회시설**, 종교시설, 판매시설, 운수시설, **운동시설**, 업무시설, 창고시설 또는 자동차 관련 시설인 경우에는 주차장으로 사용되는 부분의 비율이 **70% 이상**이어야 한다.

09 주차장의 종류
17④, 16④

주차장법령상 다음과 같이 정의되는 주차장의 종류는?

도로의 노면 또는 교통광장(교차점광장만 해당)의 일정한 구역에 설치된 주차장으로서 일반(一般)의 이용에 제공되는 것

① 노외주차장
② 노상주차장
③ 부설주차장
④ 기계식 주차장

해설 관련 법규 : 법 제2조, 해설 법규 : 법 제2조 1호 가목
㉮ **노외주차장** : 도로의 노면 및 교통광장 외의 장소에 설치된 주차장으로서 일반의 이용에 제공되는 것
㉯ **부설주차장** : 건축물, 골프연습장, 그 밖에 주차수요를 유발하는 시설에 부대하여 설치된 주차장으로서 해당 건축물·시설의 이용자 또는 일반의 이용에 제공되는 것
㉰ **기계식 주차장** : 기계식 주차장치를 설치한 노외주차장 및 부설주차장

10 주차전용 건축물의 기준
12②, 08②

연면적이 12,000m^2인 제1종 근린생활시설과 주차장이 복합된 건축물의 경우, 주차전용 건축물이 되려면 주차장으로 사용되는 부분의 연면적이 최소 얼마 이상이어야 하는가?

① 8,400m^2
② 9,600m^2
③ 10,800m
④ 11,400m^2

해설 관련 법규 : 법 제2조, 영 제1조의 2, 해설 법규 : 영 제1조의 2 ①항
주차전용 건축물은 건축물의 연면적 중 **주차장으로 사용되는 부분의 비율이 95% 이상**인 것이나, 주차장 외의 용도로 사용되는 단독주택, 공동주택, **제1종** 및 제2종 근린생활시설, **문화 및 집회시설**, 종교시설, 판매시설, 운수시설, **운동시설**, 업무시설, 창고시설 또는 자동차 관련 시설인 경우에는 주차장으로 사용되는 부분의 비율이 **70% 이상**이어야 한다.
∴ 12,000×0.7=8,400m^2 이상

11 주차구획의 면적
04②, 97④

다음 중 주차장의 주차구획 시 주차대수 한 대당 가장 작게 구획할 수 있는 면적은? (단, 평행주차 외의 일반형)

① 10.0m^2
② 11.5m^2
③ 12.5m^2
④ 13.75m^2

해설 관련 법규 : 법 제6조, 규칙 제3조,
해설 법규 : 법 제6조, 규칙 제3조 ①항 2호
평행주차형식 외의 경우이며, 일반형 주차장의 주차단위구획은 **너비×길이 = 2.5m×5.0m = 12.5m^2 이상**이다.

12 주차구획의 면적
97③, 96③

도시계획구역 안의 건축물에 설치하는 평행주차형식의 일반형 주차장의 주차대수 1대당의 최소 면적은?

① 10m^2

② 11.5m^2

③ 12.0m^2

④ 15m^2

해설 관련 법규 : 법 제6조, 규칙 제3조,
해설 법규 : 법 제6조, 규칙 제3조 ①항 1, 2호
평행주차형식의 경우이며, **일반형 주차장의 주차단위구획**은
너비 × 길이 = 2.0m × 6.0m = 12m^2 이상이다.

13 주차장 수급 실태 조사 구역의 설정
17③

주차장의 수급 실태를 조사하려는 경우, 조사구역의 설정기준으로 옳지 않은 것은?

① 원형 형태로 조사구역을 설정한다.

② 각 조사구역은 「건축법」에 따른 도로를 경계로 구분한다.

③ 조사구역 바깥 경계선의 최대거리가 300m를 넘지 아니하도록 한다.

④ 주거기능과 상업·업무기능이 섞여 있는 지역의 경우에는 주차시설 수급의 적정성, 지역적 특성 등을 고려하여 같은 특성을 가진 지역별로 조사구역을 설정한다.

해설 관련 법규 : 법 제3조, 규칙 제1조의 2,
해설 법규 : 규칙 제1조의 2 ①항 1호
사각형 또는 **삼각형 형태로 조사구역을 설정**하되 조사구역 바깥 경계선의 최대거리가 300m를 넘지 아니하도록 한다.

❷ 노상주차장

01 노상주차장의 기준에 관한 기술
12①, 09①, 01①, 00②

노상주차장의 설비 기준에 관한 기준 중 틀린 것은?

① 원칙적으로 종단구배가 4%를 초과하는 도로에 설치하여서는 아니 된다.

② 주차대수 20대마다 장애인 전용 주차단위구획을 1면씩 확보한다.

③ 너비 6m 미만의 도로에 설치하여서는 아니 된다.

④ 고가도로에 설치하여서는 아니 된다.

해설 관련 법규 : 법 제6조, 규칙 제4조, 해설 법규 : 규칙 제4조 ①항
특별시장·광역시장·시장·군수 또는 구청장이 설치하는 노상주차장의 주차대수 규모가 **20대 이상 50대 미만**인 경우에는 **장애인 전용 주차구획을 1면 이상 설치**하여야 하고, 주차대수 규모가 50대 이상인 경우에는 주차대수의 2%부터 4%까지의 범위에서 장애인의 주차 수요를 고려하여 해당 지방자치단체의 조례로 정하는 비율 이상이다.

02 노상주차장의 기준에 관한 기술
07①, 04②, 03①, 97②

노상주차장의 구조·설비 기준에 관한 내용으로 옳은 것은?

① 종단경사도가 4%를 초과하는 도로에 설치하여서는 아니 된다. 다만, 종단경사도가 6% 이하의 도로로서 보도와 차도의 구별이 되어 있고, 그 차도의 너비가 13m 이상인 경우에는 그러하지 아니하다.

② 종단경사도가 4%를 초과하는 도로에 설치하여서는 아니 된다. 다만, 종단경사도가 4% 이하의 도로로서 보도와 차도의 구별이 되어 있고, 그 차도의 너비가 13m 이상인 경우에는 그러하지 아니하다.

③ 종단경사도가 6%를 초과하는 도로에 설치하여서는 아니 된다. 다만, 종단경사도가 6% 이하의 도로로서 보도와 차도의 구별이 되어 있고, 그 차도의 너비가 13m 이상인 경우에는 그러하지 아니하다.

④ 종단경사도가 6%를 초과하는 도로에 설치하여서는 아니 된다. 다만, 종단경사도가 4% 이하의 도로로서 보도와 차도의 구별이 되어 있고, 그 차도의 너비가 13m 이상인 경우에는 그러하지 아니하다.

해설 관련 법규 : 법 제6조, 규칙 제4조, 해설 법규 : 규칙 제4조 4호
노상주차장의 구조 및 설비 기준에 있어서 **종단경사도가 4%를 초과하는 도로**에 설치하여서는 아니된다. 다만, **종단경사도가 6% 이하인 도로**로서 보도와 차도의 구별이 되어 있고 그 차도의 너비가 13m 이상인 경우와 **종단경사도가 6% 이하인 도로**로서 해당 시장·군수 또는 구청장이 안전에 지장이 없다고 인정하는 도로에 주거지역에 설치된 노상주차장으로서 인근 주민의 자동차를 위한 경우에 해당하는 노상주차장을 설치하는 경우에는 그러하지 아니하다.

❸ 노외주차장

01 | 차로의 너비
13②, 09②, 05④, 02②, 00③, 98③,④

이륜 자동차 전용 외의 노외주차장의 차로의 너비 중 가장 넓혀야 하는 주차 방식은?

① 60° 대향주차 ② 직각주차
③ 평행주차 ④ 교차주차

해설 관련 법규 : 법 제6조, 규칙 제6조,
해설 법규 : 규칙 제6조 ①항 4호
이륜 자동차 전용 외의 주차 형식에 따라서 **차로의 너비를 작은 것부터 큰 것으로 나열**하면 다음과 같다.
㉮ 출입구가 2개인 경우 : 평행주차–45° 대향주차, 교차주차–60° 대향주차–**직각주차**
㉯ 출입구가 1개인 경우 : 평행주차, 45° 대향주차, 교차주차–60° 대향주차–**직각주차**

02 | 지하식 또는 건축물식 노외주차장
21④, 20④, 18④, 15②, 09②, 99④, 96③

지하식 또는 건축물식 노외주차장의 차로에 관한 기준 내용으로 옳지 않은 것은?

① 높이는 주차 바닥면으로부터 2.3m 이상으로 하여야 한다.
② 곡선 부분은 자동차가 4m 이상의 내변 반경으로 회전이 가능하도록 하여야 한다.
③ 경사로의 종단경사도는 직선 부분에서는 17%를, 곡선 부분에서는 14%를 초과하여서는 아니 된다.
④ 주차대수 규모가 50대 이상인 경우의 경사로는 너비 6m 이상인 2차선의 차로를 확보하거나 진입차로와 진출차로를 분리하여야 한다.

해설 관련 법규 : 법 제6조, 규칙 제6조,
해설 법규 : 규칙 제6조 ①항 5호 나목
곡선 부분은 자동차가 6m(같은 경사로를 이용하는 주차장의 총주차대수가 50대 이하인 경우에는 5m, 이륜 자동차 전용 노외주차장의 경우에는 3m) 이상의 내변 반경으로 회전할 수 있도록 하여야 한다.

03 | 노외주차장의 설치의 계획기준
12①, 11②, 10②, 09④, 08①, 06④

다음의 노외주차장의 설치에 대한 계획기준 내용 중 (   ) 안에 알맞은 것은?

> 특별시장·광역시장·시장·군수 또는 구청장이 설치하는 노외주차장의 주차대수 규모가 (   )대 이상인 경우에는 주차대수의 2%부터 4%까지의 범위에서 장애인의 주차수요를 고려하여 지방자치단체의 조례로 정하는 비율 이상의 장애인 전용 주차단위구획을 설치하여야 한다.

① 20 ② 30
③ 40 ④ 50

해설 관련 법규 : 법 제12조, 규칙 제5조, 해설 법규 : 규칙 제5조 8호
특별시장·광역시장·시장·군수 또는 구청장이 설치하는 **노외주차장의 주차대수 규모가 50대 이상인 경우에는 주차대수의 2%부터 4%까지의 범위에서 장애인의 주차수요를 고려하여** 지방자치단체의 조례로 정하는 비율 이상의 장애인 전용 주차단위구획을 설치하여야 한다.

04 | 노외주차장의 출구 및 입구를 설치
11②, 09①, 04①, 98①,②, 97③

다음 중 노외주차장의 출구 및 입구를 설치할 수 있는 곳은?

① 종단기울기가 10% 이하의 도로
② 횡단보도에서 5m 이내의 도로의 부분
③ 초등학교의 출입구로부터 20m 이내의 도로의 부분
④ 장애인복지시설의 출입구로부터 20m 이내의 도로의 부분

해설 관련 법규 : 법 제12조, 규칙 제5조,
해설 법규 : 규칙 제5조 5호 다목
횡단보도(육교 및 지하횡단보도를 포함)로부터 5m 이내에 있는 도로 부분, **초등학교·장애인복지시설의 출입구로부터 20m 이내**에 있는 도로의 부분, 종단구배 10%를 초과하는 도로의 부분에는 출구와 입구를 설치하여서는 아니 된다.

05 | 내부공간의 일산화탄소 농도
20①,②, 12①, 02①, 97②

노외주차장의 내부공간 일산화탄소의 농도는 주차장을 이용하는 차량이 빈번한 시각의 전후 8시간의 평균치가 몇 ppm 이하로 유지되어야 하는가?

① 30ppm 이하
② 50ppm 이하
③ 80ppm 이하
④ 100ppm 이하

해설 관련 법규 : 법 제6조, 규칙 제6조, 해설 법규 : 규칙 제6조 ①항 8호
노외주차장 내부공간의 일산화탄소 농도는 주차장을 이용하는 차량이 가장 빈번한 시각의 앞뒤 8시간의 평균치가 **50ppm 이하**(「다중이용시설 등의 실내 공기질 관리법」에 따른 실내 주차장은 25ppm 이하)로 유지되어야 한다.

06 | 차로의 너비
14②, 13①, 11④, 00②

다음 중 이륜 자동차 전용 외의 노외주차장으로서 출입구가 1개인 경우 차로의 너비가 다른 주차 형식은?

① 평행주차
② 교차주차
③ 45° 대향주차
④ 60° 대향주차

해설 관련 법규 : 법 제6조, 규칙 제6조,
해설 법규 : 규칙 제6조 ①항 3호
이륜 자동차 외의 노외주차장의 차로 너비는 출입구가 1개인 경우 평행주차-5.0m 이상, 60° 대향주차-5.5m 이상, 45° 대향주차-5.0m 이상, 교차주차-5.0m 이상, 직각주차-6.0m 이상이다.

07 | 주차전용 건축물의 조례의 기준
08①, 07②, 99①,②, 98①

주차장 정비 지구 안에서 건축하는 주차전용 건축물에 대해 지방자치단체의 조례에서 정할 수 있는 규정의 상한선은 얼마인가?

	건폐율	용적률	대지면적의 최소 한도
①	90/100 이하	1,300% 이하	$45m^2$ 이상
②	95/100 이하	1,500% 이하	$50m^2$ 이상
③	80/100 이하	1,300% 이하	$40m^2$ 이상
④	90/100 이하	1,500% 이하	$45m^2$ 이상

해설 관련 법규 : 법 제12조의 2, 해설 법규 : 법 제12조의 2
주차전용 건축물에 있어서 **건폐율은 90/100 이하**, 용적률은 **1,500% 이하**, 대지면적의 최소 한도는 **$45m^2$ 이상**까지 따로 정할 수 있다.

08 | 노외주차장의 출구 및 입구를 설치
03④

다음 중 노외주차장의 출구 및 입구를 설치할 수 있는 곳은?

① 초등학교의 출입구로부터 20m의 도로의 부분
② 종단 기울기가 12%인 도로의 부분
③ 육교에서 3m 떨어진 도로의 부분
④ 유치원의 출입구로부터 25m에 있는 도로의 부분

해설 관련 법규 : 법 제6조, 규칙 제5조,
해설 법규 : 규칙 제5조 5호 라목
유치원·초등학교의 출입구로부터 **20m 이내**에 있는 도로의 부분, 종단경사도가 **10% 초과** 도로의 부분, 육교에서 **5m 이내**에 있는 도로의 부분에는 **출구와 입구를 설치하여서는 아니** 된다.

09 | 노외주차장의 구조·설비에 관한 기술
22①, 12②, 08④, 06④, 03①

다음은 노외주차장의 구조·설비에 관한 기준 내용이다. ( ) 안에 알맞은 것은?

> 자동차용 승강기로 운반된 자동차가 주차구획까지 자주식으로 들어가는 노외주차장의 경우에는 주차대수 ( )대마다 1대의 자동차용 승강기를 설치하여야 한다.

① 10대
② 15대
③ 20대
④ 30대

해설 관련 법규 : 법 제6조, 규칙 제6조,
해설 법규 : 규칙 제6조 ①항 6호
자동차용 승강기로 운반된 자동차가 주차단위구획까지 자주식으로 들어가는 노외주차장의 경우에는 **주차대수 30대마다 1대의 자동차용 승강기를 설치**하여야 한다. 이 경우 자동차용 승강기의 출구와 입구가 따로 설치되어 있거나 주차장의 내부에서 자동차가 방향전환을 할 수 있을 때에는 진입로를 설치하고 전면공지 또는 방향전환장치를 설치하지 아니할 수 있다.

10 | 차로의 너비
19④, 08②, 00③, 99③

노외주차장의 출입구가 2개인 경우 주차형식에 따른 차로의 최소 너비가 옳지 않은 것은? (단, 이륜자동차 전용 외의 노외주차장의 경우)

① 직각주차 : 6.0m
② 평행주차 : 3.3m
③ 45도 대향주차 : 3.5m
④ 60도 대향주차 : 5.0m

해설 관련 법규 : 법 제6조, 규칙 제6조,

해설 법규 : 규칙 제6조 ①항 3호

이륜자동차 전용 노외주차장 외의 노외주차장

주차형식	차로의 너비	
	출입구가 2개 이상인 경우	출입구가 1개인 경우
평행주차	3.3m	5.0m
직각주차	6.0m	6.0m
60° 대향주차	4.5m	5.5m
45° 대향주차, 교차주차	3.5m	5.0m

11 | 노외주차장(지하·건축물식)
11①,④, 09④, 02②

지하식 또는 건축물식 노외주차장의 차로의 구조에 관한 기준 내용으로 옳지 않은 것은?

① 높이는 주차 바닥면으로부터 2.3m 이상으로 하여야 한다.

② 경사로의 종단경사도는 직선 부분에서는 15%를, 곡선 부분에서는 12%를 초과하여서는 아니 된다.

③ 주차대수 규모가 50대 이상인 경우의 경사로는 너비 6m 이상인 2차선의 차로를 확보하거나 진입차로와 진출 차로를 분리하여야 한다.

④ 굴곡 부분은 자동차가 6m(같은 경사로를 이용하는 주차장의 총주차대수가 50대 이하인 경우에는 5m) 이상인 내변 반경으로 회전이 가능하도록 하여야 한다.

해설 관련 법규 : 법 제6조, 규칙 제6조,

해설 법규 : 규칙 제6조 ①항 5호 라목

경사로의 종단경사도는 직선 부분에서는 17%를, 곡선 부분에서는 14%를 초과하여서는 아니 된다.

12 | 건축물식 노외주차장의 차로 기준
08④, 04④, 01②, 96③

다음 중 건축물식 노외주차장의 차로에 관한 기준 내용으로 옳지 않은 것은?

① 경사로의 종단경사도는 직선 부분에서는 17%를, 곡선 부분에서는 14%를 초과하여서는 아니 된다.

② 높이는 주차 바닥면으로부터 2.3m 이상으로 하여야 한다.

③ 경사로의 노면은 이를 거친 면으로 하여야 한다.

④ 경사로의 차로 너비는 곡선형인 경우에 3.3m 이상으로 하여야 한다.

해설 관련 법규 : 법 제6조, 규칙 제6조, 해설 법규 : 규칙 제6조 5호 다목

경사로의 차로 너비는 곡선형인 경우에 3.6m(2차로의 경우에는 6.5m) 이상으로 하여야 한다.

13 | 노외주차장(지하·건축물식)
17①, 13②, 10④

지하식 또는 건축물식 노외주차장에서 경사로가 직선형인 경우 경사로의 차로 너비는 최소 얼마 이상으로 하여야 하는가? (단, 2차선인 경우)

① 5m　　　　② 6m

③ 7m　　　　④ 8m

해설 관련 법규 : 법 제6조, 규칙 제6조,

해설 법규 : 규칙 제6조 5호 다목

경사로의 차로 너비는 직선형인 경우에는 3.3m 이상(2차로의 경우에는 6m 이상)으로 하고, 곡선형인 경우에는 3.6m 이상(2차로의 경우에는 6.5m 이상)으로 하며, 경사로의 양쪽 벽면으로부터 30cm 이상의 지점에 높이 10cm 이상 15cm 미만의 연석을 설치하여야 한다. 이 경우 연석 부분은 차로의 너비에 포함되는 것으로 본다.

14 | 노외주차장 설치에 관한 기술
06②, 05④, 04④

노외주차장의 설치에 대한 계획 기준으로 옳지 않은 것은?

① 토지이용 현황을 참작한다.

② 전반적인 주차 수요를 참작한다.

③ 자연녹지지역이 아닌 지역이어야 한다.

④ 입구와 출구를 따로 설치해야 하는 경우도 있다.

해설 관련 법규 : 법 제12조, 규칙 제5조, 해설 법규 : 규칙 제5조 3호

노외주차장을 설치하는 지역은 녹지지역이 아닌 지역이어야 하나, 자연녹지지역은 기타의 규정에 의하여 그러하지 아니한 경우가 있다.

15 | 주차전용 건축물에 대한 제한
06①, 04④, 00③

노외주차장인 주차전용 건축물에 대한 제한으로 옳지 않은 것은?

① 대지가 너비 12m 미만의 도로에 접하는 경우 건축물의 각 부분의 높이는 그 부분으로부터 대지에 접한 도로의 반대쪽 경계선까지의 수평거리의 3배로 한다.

② 대지면적의 최소 한도는 45m² 이상으로 한다.

③ 대지가 2 이상의 도로에 접하는 경우에는 이들 도로 중 가장 좁은 도로를 기준으로 하여 건축물의 높이를 제한한다.

④ 건폐율은 100분의 90 이하이다.

해설 관련 법규 : 법 제12조의 2, 해설 법규 : 법 제12조의 2 4호 가목

대지가 2 이상의 도로에 접하는 경우에는 이들 도로 중 가장 넓은 도로를 기준으로 하여 건축물의 높이를 제한한다.

16 | 주차전용 건축물의 최고 높이
04①, 98③,④

그림과 같은 주차전용 건축물을 건축할 경우 A점의 최고 높이는?

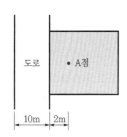

도로 · A점

10m 2m

① 15m
③ 24m
② 18m
④ 36m

해설 관련 법규 : 법 제12조의 2, 해설 법규 : 법 제12조의 2 4호 나목
주차전용 건축물의 높이제한에 있어서 **대지가 너비 12m 미만의 도로에 접하는 경우**, 건축물의 각 부분의 높이는 그 부분으로부터 대지에 접한 도로(대지가 둘 이상의 도로에 접하는 경우에는 가장 넓은 도로)의 반대쪽 경계선까지의 **수평거리의 3배 이하**이므로 건축물 각 부분의 높이＝(10+2)×3＝36m 이하이다.

17 | 노외주차장의 출구 및 입구를 설치
19①, 18④, 10④

노외주차장의 출구 및 입구를 설치할 수 있는 곳은?

① 육교에서 4m 떨어진 도로의 부분
② 지하횡단보도에서 10m 떨어진 도로의 부분
③ 초등학교 출입구로부터 8m 떨어진 도로의 부분
④ 장애인복지시설 출입구로부터 15m 떨어진 도로의 부분

해설 관련 법규 : 법 제12조, 규칙 제5조,
해설 법규 : 규칙 제5조 5호 나목
횡단보도(육교 및 지하횡단보도를 포함)로부터 **5m 이내**에 있는 도로의 부분, 초등학교 출입구로부터 **20m 이내**에 있는 도로의 부분, 장애인복지시설 출입구로부터 **20m 이내**에 있는 도로의 부분에는 출구와 입구를 설치하여서는 아니 된다.

18 | 차로의 너비
16②, 11①, 99①

출입구의 개소에 관계없이 노외주차장의 차로의 너비를 최소 6m 이상으로 하여야 하는 주차형식은? (단, 이륜자동차 전용 외의 노외주차장의 경우)

① 평행주차
② 직각주차
③ 교차주차
④ 45° 대향주차

해설 관련 법규 : 법 제6조, 규칙 제6조, 해설 법규 : 규칙 제6조 ①항 3호
이륜자동차 이외의 노외주차장의 출입구 개수와 차로의 너비

주차형식	차로의 너비	
	출입구가 2개 이상	출입구가 1개
평행주차	3.3m	5.0m
직각주차	6.0m	
60° 대향주차	4.5m	5.5m
45° 대향주차, 교차주차	3.5m	5.0m

19 | 노외주차장을 설치할 수 있는 지역
18①, 10④

자연녹지지역으로서 노외주차장을 설치할 수 있는 지역에 해당하지 않는 것은?

① 주차장의 설치를 목적으로 토지의 형질 변경 허가를 받은 지역
② 토지의 형질변경 없이 주차장의 설치가 가능한 지역
③ 택지개발사업 등의 단지조성사업 등에 따라 주차수요가 많은 지역
④ 특별시장·광역시장·시장·군수 또는 구청장이 특히 주차장의 설치가 필요하다고 인정하는 지역

해설 관련 법규 : 법 제12조, 규칙 제5조, 해설 법규 : 규칙 제5조 3호
자연녹지지역으로서 노외주차장을 설치할 수 있는 지역은 ①, ② 및 ④ 외에 **하천구역 및 공유수면으로서 주차장이 설치되어도 해당 하천 및 공유수면의 관리에 지장을 주지 아니하는 지역** 등이다.

20 | 노외주차장 설치의 기준
21④, 11①

노외주차장의 설치에 관한 계획기준내용 중 (   ) 안에 알맞은 것은?

주차대수 400대를 초과하는 규모의 노외주차장의 경우에는 노외주차장의 출구와 입구를 각각 따로 설치하여야 한다. 다만, 출입구의 너비의 합이 (   )m 이상으로서 출구와 입구가 차선 등으로 분리되는 경우에는 함께 설치할 수 있다.

① 4.5
② 5.0
③ 5.5
④ 6.0

해설 관련 법규 : 법 제12조, 규칙 제5조, 해설 법규 : 규칙 제5조 7호
주차대수 400대를 초과하는 규모의 노외주차장의 경우에는 노외주차장의 출구와 입구는 각각 따로 설치하여야 한다. 다만, 출입구의 너비의 합이 **5.5m 이상**으로서 출구와 입구가 차선 등으로 분리되는 경우에는 함께 설치할 수 있다.

21 | 바닥면의 최소 조도 기준
12④, 97③

건축물식에 의한 자주식 주차장인 노외주차장의 주차구획 및 차로의 경우, 벽면으로부터 50cm 이내를 제외한 바닥면의 최소 조도 기준은?

① 10lux 이상   ② 30lux 이상
③ 50lux 이상   ④ 70lux 이상

해설 관련 법규 : 법 제6조, 규칙 제6조, 해설 법규 : 규칙 제6조 ①항 9호
자주식 주차장으로서 지하식 또는 건축물식 노외주차장에는 벽면에서부터 50cm 이내를 제외한 바닥면의 최소 조도와 최대 조도를 다음과 같이 한다.
㉮ 주차단위구획 및 차로 : **최소 조도는 10럭스 이상**, 최대 조도는 최소 조도의 10배 이내
㉯ 주차장 출구 및 입구 : 최소 조도는 300럭스 이상, 최대 조도는 없음.
㉰ 사람이 출입하는 통로 : 최소 조도는 50럭스 이상, 최대 조도는 없음.

22 | 차로의 너비
11①, 99①

이륜 자동차 전용 외의 출입구의 개수에 관계없이 노외주차장의 차로의 너비를 6m로 하여야 하는 주차 형식은?

① 평행주차   ② 직각주차
③ 대향주차   ④ 교차주차

해설 관련 법규 : 법 제6조, 규칙 제6조, 해설 법규 : 규칙 제6조 ①항 4호
이륜 자동차 전용 외의 주차장 출입구 개수에 관계없이 **직각주차**의 경우에는 **차로의 너비를 6m로** 하여야 한다.

23 | 주차전용 건축물에 관한 기술
06②, 01②

주차전용 건축물에 관한 설명으로 옳지 않은 것은?

① 기계식 주차장의 연면적의 산정에는 관리사무소의 면적을 합산하여 계산한다.
② 시장은 부설주차장의 설치를 제한하는 지역의 주차전용 건축물의 경우에는 조례에 따라 시설의 종류를 구역별로 제한할 수 있다.
③ 연면적 중 주차장으로 사용되는 부분의 비율이 95% 이상인 것은 주차전용 건축물이다.
④ 연면적 중 주차장 외의 용도로 판매시설로 사용되는 부분의 비율이 95%인 것은 주차전용 건축물이다.

해설 관련 법규 : 법 제2조, 영 제1조의 2, 해설 법규 : 영 제1조의 2
연면적 중 **주차장 외의 용도**인 판매시설로 사용되는 경우, 주차장으로 사용되는 부분의 비율이 70% 이상인 것은 주차전용 건축물이다.

24 | 노외주차장의 구조 및 설비
21②, 06①

주차장법령상 노외주차장의 구조 및 설비기준에 관한 다음 설명에서 ⓐ~ⓒ에 들어갈 내용이 모두 옳은 것은?

> 노외주차장의 출구 부분의 구조는 해당 출구로부터 (ⓐ)미터(이륜자동차 전용 출구의 경우에는 1.3미터)를 후퇴한 노외주차장의 차로의 중심선상 (ⓑ)미터의 높이에서 도로의 중심선에 직각으로 향한 왼쪽·오른쪽 각각 (ⓒ)도의 범위 안에서 해당 도로를 통행하는 자를 확인할 수 있어야 한다.

① ⓐ 1, ⓑ 1.2, ⓒ 45
② ⓐ 2, ⓑ 1.4, ⓒ 60
③ ⓐ 3, ⓑ 1.6, ⓒ 60
④ ⓐ 2, ⓑ 1.2, ⓒ 45

해설 관련 법규 : 법 제6조, 규칙 제6조,
해설 법규 : 규칙 제6조 ①항 2호
노외주차장의 출구 부근의 구조는 해당 출구로부터 **2미터**(이륜자동차 전용 출구의 경우에는 1.3미터)를 후퇴한 노외주차장의 차로의 중심선상 **1.4미터**의 높이에서 도로의 중심선에 직각으로 향한 왼쪽·오른쪽 각각 **60도**의 범위 안에서 해당 도로를 통행하는 자를 확인할 수 있도록 하여야 한다.

25 | 부대 시설의 면적
21①, 10②

노외주차장에 설치할 수 있는 부대시설(전기자동차 충전시설은 제외)의 총면적은 주차장 총시설면적의 최대 얼마를 초과하여서는 아니 되는가?

① 5%
② 10%
③ 20%
④ 30%

해설 관련 법규 : 법 제6조, 규칙 제6조, 해설 법규 : 규칙 제6조 ④항
노외주차장에 설치할 수 있는 부대시설은 다음과 같다. 다만, 전기자동차 충전시설을 제외한 **부대시설의 총면적**은 **주차장 총시설면적**(주차장으로 사용되는 면적과 주차장 외의 용도로 사용되는 면적을 합한 면적)**의 20%를 초과**하여서는 아니 된다.

26 | 노외주차장의 구조 및 설비
06①, 00③

노외주차장의 구조 및 설비 기준에 관한 설명이 잘못된 것은?

① 노외주차장 출입구의 최소 너비는 3.5m이다.

② 노외주차장 출입구의 너비를 5.5m 이상으로 하여야 하는 주차대수의 최소 규모는 100대이다.

③ 자동차용 승강기로 운반된 자동차가 주차단위구획까지 자주식으로 들어가는 노외주차장의 경우에는 주차대수 30대마다 1대의 자동차용 승강기를 설치하여야 한다.

④ 자주식 주차장으로서 지하식 또는 건축물식 노외주차장에는 벽면에서부터 50센티미터 이내를 제외한 주차단위구획 및 차로의 최소 조도는 10럭스 이상이다.

해설 관련 법규 : 법 제6조, 규칙 제6조, 해설 법규 : 규칙 제6조 ①항 4호
노외주차장의 출입구 너비는 3.5m 이상으로 하여야 하며, **주차대수 규모가 50대 이상인 경우에는 출구와 입구를 분리하거나 너비 5.5m 이상의 출입구를 설치**하여 소통이 원활하도록 하여야 한다.

27 | 노외주차장의 출구 및 입구 설치
05①, 97④

노외주차장의 출구 및 입구의 설치 금지 위치로 부적합한 곳은?

① 초등학교 출입구로부터 10m 이내의 도로의 부분

② 지하횡단보도에서 10m 이내의 도로의 부분

③ 장애인복지시설 출입구로부터 15m 이내의 도로의 부분

④ 육교에서 5m 이내의 도로의 부분

해설 관련 법규 : 법 제12조, 규칙 제5조,
해설 법규 : 규칙 제5조 5호 나목
초등학교 출입구로부터 20m 이내에 있는 도로의 부분, 장애인복지시설 출입구로부터 20m 이내에 있는 도로의 부분, 횡단보도(육교 및 지하횡단보도를 포함)로부터 5m 이내에 있는 도로의 부분에는 **출구와 입구를 설치하여서는 아니 된다.**

28 | 출입구의 최소 너비
04①, 99②

출구와 입구를 구분하지 않고 주차대수의 규모가 60대인 노외주차장을 설치하는 경우에 당해 주차장 출입구의 최소 너비는?

① 3.5m   ② 4.5m

③ 5.5m   ④ 6.5m

해설 관련 법규 : 법 제6조, 규칙 제6조, 해설 법규 : 규칙 제6조 ①항
노외주차장의 출입구의 너비는 3.5m 이상으로 하나, 주차대수 규모가 50대 이상인 경우에는 출구와 입구를 분리하거나, **너비 5.5m 이상의 출입구를 설치하여 소통이 원활하도록 하여야 한다.**

29 | 자동차용 승강기 설치 대수
03②, 00②

자동차용 승강기로 운반된 자동차가 주차단위구획까지 자주식으로 들어가는 노외주차장에 주차대수 200대를 설치하여야 한다면 자동차용 승강기는 몇 대를 설치하여야 하는가?

① 10대   ② 9대

③ 7대   ④ 5대

해설 관련 법규 : 법 제6조, 규칙 제6조,
해설 법규 : 규칙 제6조 ①항 6호
자동차용 승강기로 운반된 자동차가 주차구획까지 자주식으로 들어가는 **자동차용 승강기의 설치 대수는 주차대수 30대마다 1대를 설치**하여야 한다.
∴ 200÷30=6.67대≒7대

30 | 노외주차장 구조 및 설비의 기술
01②, 97①

노외주차장의 구조 및 설비 기준에 규정되어 있지 아니한 것은?

① 출입구의 너비

② 외부 공간의 일산화탄소 농도

③ 자동차 출입을 위한 경보장치

④ 자주식 주차장으로서 지하식에 의한 노외주차장의 조명장치

해설 관련 법규 : 법 제6조, 규칙 제6조, 해설 법규 : 규칙 제6조 7호
내부공간의 일산화탄소 농도(주차장법 시행규칙 제6조 ①항 8호), 출입구의 너비(주차장법 시행규칙 제6조 ①항 4호), 자동차 출입을 위한 경보장치(주차장법 시행규칙 제6조 ①항 10호), 자주식 주차장으로서 건축물식에 의한 노외주차장의 주차단위구획 및 차로의 조명장치(주차장법 시행규칙 제6조 ①항 9호)등이 규정되어 있다.

31 | 노외주차장의 구조·설비에 관한 기술
19②

노외주차장의 구조·설비에 관한 기준내용으로 옳지 않은 것은?

① 출입구의 너비 3.0m 이상으로 하여야 한다.
② 주차구획선의 긴 변과 짧은 변 중 한 변 이상이 차로에 접하여야 한다.
③ 지하식인 경우 차로의 높이는 주차 바닥면으로부터 2.3m 이상으로 하여야 한다.
④ 주차에 사용되는 부분의 높이는 주차 바닥면으로부터 2.1m 이상으로 하여야 한다.

해설 관련 법규 : 법 제6조, 규칙 제6조, 해설 법규 : 규칙 제6조 ①항 4호
노외주차장의 출입구너비는 3.5m 이상으로 하여야 하며, 주차대수규모가 50대 이상인 경우에는 출구와 입구를 분리하거나 너비 5.5m 이상의 출입구를 설치하여 소통이 원활하도록 하여야 한다.

④ 부설주차장

01 | 부설주차장의 부지 인근 설치 규정
11②, 10②, 09②, 08④, 06②

부설주차장의 규모가 주차대수 300대 이하인 경우 시설물의 부지 인근에 단독 또는 공동으로 부설주차장을 설치할 수 있다. 다음 중 부지 인근의 범위에 관한 기준 내용으로 알맞은 것은?

① 당해 부지의 경계선으로부터 부설주차장의 경계선까지의 직선거리 200m 이내 또는 도보거리 500m 이내
② 당해 부지의 경계선으로부터 부설주차장의 경계선까지의 직선거리 300m 이내 또는 도보거리 500m 이내
③ 당해 부지의 경계선으로부터 부설주차장의 경계선까지의 직선거리 200m 이내 또는 도보거리 600m 이내
④ 당해 부지의 경계선으로부터 부설주차장의 경계선까지의 직선거리 300m 이내 또는 도보거리 600m 이내

해설 관련 법규 : 법 제19조, 영 제7조, 해설 법규 : 영 제7조 ②항
주차대수가 300대 이하인 경우, 다음의 부지 인근에 단독 또는 공동으로 부설주차장을 설치하여야 한다.
㉮ 당해 부지의 경계선으로부터 부설주차장의 경계선까지 직선거리 300m 이내 또는 도보거리 600m 이내
㉯ 당해 시설물이 소재하는 동, 리(행정 동, 리) 및 당해 시설물과의 통행 여건이 편리하다고 인정되는 인접 동, 리

02 | 시설물 인근에 단독 또는 공동 설치
14①, 10①, 09①, 07④, 02②

시설물의 부지 인근에 단독 또는 공동으로 설치할 수 있는 부설건축물의 규모는 주차대수 최대 얼마인가?

① 120대　　② 150대
③ 300대　　④ 400대

해설 관련 법규 : 법 제19조, 영 제7조, 해설 법규 : 영 제7조 ①항
부설주차장의 주차대수가 300대 이하이면 시설물의 부지 인근에 단독 또는 공동으로 부설주차장을 설치할 수 있다.

03 | 시설물과 주차구획 설치기준
20①,②, 19①, 15②

다음 중 부설주차장 설치대상시설물의 종류와 설치기준의 연결이 옳지 않은 것은?

① 골프장 – 1홀당 10대
② 숙박시설 – 시설면적 200m²당 1대
③ 위락시설 – 시설면적 150m²당 1대
④ 문화 및 집회시설 중 관람장 – 정원 100명당 1대

해설 관련 법규 : 법 제19조, 영 제6조, (별표 1), 해설 법규 : (별표 1)
위락시설은 시설면적 100m²당 1대의 주차장을 확보하여야 한다.

04 | 시설물과 주차구획 설치기준
19②, 14④, 13②, 10②

부설주차장의 설치 대상 시설물 종류와 설치 기준의 연결이 옳은 것은?

① 판매시설 – 시설면적 100m² 당 1대
② 위락시설 – 시설면적 150m² 당 1대
③ 종교시설 – 시설면적 200m² 당 1대
④ 숙박시설 – 시설면적 200m² 당 1대

해설 관련 법규 : 법 제19조, 영 제6조, (별표 1),
해설 법규 : 영 제6조 ①항, (별표 1)
판매시설은 시설면적 150m²당, 위락시설은 시설면적 100m²당, 종교시설은 시설면적 150m²당, 숙박시설은 시설면적 200m²당 1대의 주차단위구획을 설치하여야 한다.

05 | 부설주차장 설치 의무 면제 시설
08②, 07④, 02①, 00③

다음 중 부설주차장을 설치하지 아니할 수 있는 건축물은?

① 교회　　② 수녀원
③ 교육원　　④ 기도원

관련 법규 : 법 제19조, 영 제6조, (별표 1),

해설 법규 : 영 제6조 ①항, (별표 1)

부설주차장을 설치하지 아니할 수 있는 건축물은 제1종 근린생활시설 중 변전소, 양수장, 정수장, 대피소, 공중화장실, 종교시설 중 수도원, 수녀원, 제실 및 사당, 동물 및 식물 관련 시설(도축장 및 도계장을 제외), 방송통신시설(방송국, 전신전화국, 통신용 시설 및 촬영소에 한함) 중 송·수신 및 중계시설, 주차전용 건축물(노외주차장인 주차전용 건축물에 한함)에 주차장 외의 용도로 설치하는 시설물(판매시설 중 백화점·쇼핑센터·대형점과 문화 및 집회시설 중 영화관·전시장·예식장은 제외), 도시철도법에 의한 역사 및 전통한옥 밀집지역 안에 있는 전통한옥 등이다.

06 | 시설물과 주차구획 설치 기준
14①, 05②, 00①

부설주차장 설치 기준에서 시설물과 설치 기준의 연결이 잘못된 것은?

① 위락시설 – 시설면적당

② 관람장 – 시설면적당

③ 옥외 수영장 – 정원당

④ 골프장 – 1홀당

해설 관련 법규 : 법 제19조, 영 제6조, (별표 1),

해설 법규 : 영 제6조 ①항, (별표 1)

의료시설은 시설면적, 관람장은 정원(관객 수)로 100인당 1대 이상의 주차구획을 산정한다.

07 | 부설주차장의 추가없이 용도변경
13①, 05②, 03④

사용승인 후 5년이 경과한 연면적 1,000m² 미만의 건축물의 용도를 변경하는 경우 부설주차장을 추가로 확보하지 아니하고 건축물을 용도변경할 수 있는 용도는?

① 유흥주점   ② 공연장

③ 집회장   ④ 병원

해설 관련 법규 : 법 제19조, 영 제6조, 해설 법규 : 영 제6조 ④항 단서

부설주차장의 추가 설치 예외 규정

① 사용승인 후 5년이 지난 연면적 1,000m² 미만의 건축물의 용도를 변경하는 경우에는 부설주차장을 추가로 확보하지 아니하고 건축물의 용도를 변경할 수 있다. 다만, 문화 및 집회시설 중 공연장·집회장·관람장, 위락시설(유흥주점) 및 주택 중 다세대주택·다가구주택의 용도로 변경하는 경우는 제외한다.

② 해당 건축물 안에서 용도 상호간의 변경을 하는 경우에는 부설주차장을 추가로 확보하지 아니하고 건축물의 용도를 변경할 수 있다. 다만, 부설주차장 설기기준이 높은 용도의 면적이 증가하는 경우는 제외한다.

08 | 부설주차장의 총주차 8대 이하
07①, 05①, 02④

부설주차장의 총주차대수 규모가 8대 이하인 자주식 주차장의 구조 및 설비 기준으로 옳지 않은 것은?

① 차로의 너비는 2.4m 이상으로 한다.

② 보도와 차도의 구분이 있는 12m 이상의 도로에 접하여 있고 주차대수가 5대 이하인 부설주차장은 당해 주차장의 이용에 지장이 없는 경우에 한하여 그 도로를 차로로 하여 직각주차 형식으로 주차단위구획을 배치할 수 있다.

③ 주차대수 5대 이하인 주차단위구획은 차로를 기준으로 하여 세로로 2대까지 접하여 배치할 수 있다.

④ 보행인의 통행로가 필요한 경우에는 시설물과 주차단위구획 사이에 0.5m 이상의 거리를 두어야 한다.

해설 관련 법규 : 법 제19조, 규칙 제11조,

해설 법규 : 규칙 제11조 ⑤항 1호

차로의 너비는 2.5m 이상으로 하나, 주차단위구획과 접하여 있는 차로의 너비는 다음 표와 같다.

주차형식	평행주차	직각주차	60° 대향주차	45° 대향 및 교차주차
차로의 너비	3.0m	6.0m	4.0m	3.5m

09 | 부설주차장의 주차 최소 대수
98③,④, 96③

상업지역 내에서 시설면적 15,000m²인 사무소 건축물에 설치해야 할 주차장은 최소 몇 대를 주차할 수 있어야 하는가?

① 50대   ② 75대

③ 100대   ④ 150대

해설 관련 법규 : 법 제19조, 영 제6조, (별표 1),

해설 법규 : 영 제6조 ①항, (별표 1)

업무시설 중 사무소는 시설면적 150m²당 1대 이상의 주차장 면적을 확보하여야 한다.

$$\therefore \text{주차대수} = \frac{\text{시설면적}}{150} = \frac{15,000}{150} = 100\text{대 이상}$$

10 | 부설주차장의 주차면적의 산정
97③,④, 96③

일반상업지역 안에서 시설면적이 4,800m² 인 도매시장의 용도와 시설면적이 5,000m²인 숙박시설의 용도로 된 복합용 건축물을 신축하고자 할 때 주차면적(통로 제외)으로 맞는 사항은 다음 중 어느 것인가? (단, 평행주차의 일반형 주차장)

① 684m²
② 800m²
③ 900m²
④ 980m²

해설 관련 법규 : 법 제19조, 영 제6조, 규칙 제3조, (별표 1),
해설 법규 : 규칙 제3조, (별표 1)
㉮ 판매시설 중 도매시장의 경우에는 시설면적 150m²당 1대 이상의 주차장을 설치하여야 한다.

$$\therefore \text{도매시장의 주차대수} = \frac{\text{시설면적}}{150} = \frac{4,800}{150} = 32\text{대 이상}$$

㉯ 숙박시설은 시설면적 200m²당 1대의 주차장을 설치하여야 한다.

$$\text{숙박시설의 주차대수} = \frac{\text{시설면적}}{200} = \frac{5,000}{200} = 25\text{대 이상}$$

그러므로, 총주차대수=32+25=57대이고, 1대의 주차장 면적은 2.0m×6m=12m²이므로, 주차장 면적은 12m²/대×57대= 684m² 이상이다.

11 | 시설물과 주차구획 설치 기준
18②, 12②, 99④

부설주차장의 설치 대상 시설물이 판매시설인 경우, 설치 기준으로 옳은 것은?

① 시설면적 100m²당 1대
② 시설면적 150m²당 1대
③ 시설면적 200m²당 1대
④ 시설면적 300m²당 1대

해설 관련 법규 : 법 제19조, 영 제6조, (별표 1),
해설 법규 : 영 제6조 ①항, (별표 1)
부설주차장의 설치 대상 시설물이 판매시설인 경우, 시설면적 150m²당 1대의 기준으로 주차장을 설치하여야 한다.

12 | 시설물과 주차구획 설치 기준
19④, 10④

부설주차장의 설치대상시설물이 업무시설인 경우 설치기준으로 옳은 것은? (단, 외국공관 및 오피스텔은 제외)

① 시설면적 100m²당 1대
② 시설면적 150m²당 1대
③ 시설면적 200m²당 1대
④ 시설면적 350m²당 1대

해설 관련 법규 : 법 제19조, 영 제6조, (별표 1), 해설 법규 : (별표 1)
문화 및 집회시설(관람장은 제외), 종교시설, 판매시설, 운수시설, 의료시설(정신병원·요양소 및 격리병원은 제외), 운동시설(골프장·골프연습장 및 옥외수영장은 제외), **업무시설 (외국공관 및 오피스텔은 제외)**, 방송·통신시설 중 방송국, 장례식장의 주차대수는 시설면적 150m²당 1대 이상이다.

13 | 부설주차장의 주차 최소 대수
17④, 15①

부설주차장 설치 대상 시설물로서 시설면적이 1400m² 인 제2종 근린생활시설에 설치하여야 하는 부설주차장의 최소 대수는?

① 7대 　　　　　 ② 9대
③ 10대 　　　　 ④ 14대

해설 관련 법규 : 법 제19조, 영 제6조, (별표 1), 해설 법규 : (별표 1)
부설주차장의 설치에 있어서 제2종 근린생활시설은 시설면적 200m²당 1대의 주차면적을 확보하여야 한다.

$$\therefore \text{주차대수} = \frac{1,400}{200} = 7\text{대 이상}$$

14 | 시설물과 주차구획 설치 기준
14②, 11②

다음 중 부설주차장에 설치하여야 하는 최소 주차대수가 가장 많은 시설물은?

① 15타석을 갖춘 골프연습장
② 정원이 300명인 옥외 수영장
③ 시설면적이 3000m²인 위락시설
④ 시설면적이 3000m²인 판매시설

해설 관련 법규 : 법 제19조, 영 제6조, (별표 1),
해설 법규 : 영 제6조 ①항, (별표 1)
㉮ 골프연습장은 1타석당 1대 이상이므로 15대 이상
㉯ 옥외 수영장은 정원 15명당 1대 이상이므로,
　300/15=20대 이상
㉰ 위락시설은 시설면적 100m²당 1대 이상이므로,
　3,000/100=30대 이상
㉱ 판매시설은 시설면적 150m²당 1대 이상이므로
　3,000/150=20대 이상

15 | 부설주차장의 주차 최소 대수
04②, 96① ▢▢▢▢▢

총 연면적(시설면적) 40,000m²인 호텔에 설치해야 할 부설주차장의 최소 주차대수는 몇 대인가? (단, 호텔 내에는 부대시설로서 18홀 골프장이 설치되어 있다.)

① 150대   ② 220대
③ 330대   ④ 380대

해설 관련 법규 : 법 제19조, 영 제6조, (별표 1),
　　　　해설 법규 : 영 제6조 ①항, (별표 1)
호텔은 숙박시설에 속하고, 숙박시설은 시설면적 200m²마다 1대를 설치하며, 골프장은 1홀당 10대의 주차면적을 확보하여야 한다.
∴ 주차대수＝숙박시설의 주차대수＋골프장의 주차대수
$$= \frac{40,000}{200} + (18 \times 10) = 380\text{대 이상}$$

16 | 부설주차장의 주차 최소 대수
98①, 96② ▢▢▢▢▢

도시계획구역 내의 상업지역 안에 오피스텔을 건축할 경우 이 건축물에 필요한 주차장에는 최소한 몇 대를 주차할 수 있어야 하는가? (단, 오피스텔의 시설면적은 6,000m²이고, 광역시 지역으로 세대당 전용면적이 57m², 세대수는 105세대임.)

① 74대   ② 85대
③ 93대   ④ 105대

해설 관련 법규 : 법 제19조, 영 제6조, (별표 1),
　　　　해설 법규 : 영 제6조 ①항, (별표 1)
오피스텔은 시설면적 85m²당 1대의 주차대수, 세대당 주차대수 0.7대 이상이어야 하므로, 오피스텔의 주차대수＝시설면적/85＝6,000/85＝70.6≒71대 이상이고, 105×0.7＝74대 이상이어야 하므로 최대 대수인 74대이다.

17 | 부설주차장의 인근 설치 거리
18② ▢▢▢▢▢

시설물의 부지 인근에 부설주차장을 설치하는 경우 해당부지의 경계선으로부터 부설주차장의 경계선까지의 거리기준으로 옳은 것은?

① 직선거리 300m 이내
② 도보거리 800m 이내
③ 직선거리 500m 이내
④ 도보거리 1,000m 이내

해설 관련 법규 : 법 제19조, 영 제7조, 해설 법규 : 영 제7조 ②항
주차대수가 300대 이하인 경우 다음의 부지 인근에 단독 또는 공동으로 부설주차장을 설치하여야 한다.
㉮ 당해 부지의 경계선으로부터 부설주차장의 경계선까지 직선거리 300m 이내 또는 도보거리 600m 이내
㉯ 당해 시설물이 소재하는 동, 리(행정 동, 리) 및 당해 시설물과의 통행여건이 편리하다고 인정되는 인접 동, 리

18 | 부설주차장의 인근 설치 거리
17② ▢▢▢▢▢

다음의 부설주차장의 설치에 관한 기준 내용 중 밑줄 친 "대통령령으로 정하는 규모"로 옳은 것은?

> 부설주차장이 <u>대통령령으로 정하는 규모</u> 이하이면 시설물의 부지 인근에 단독 또는 공동으로 부설주차장을 설치할 수 있다.

① 주차대수 100대의 규모 ② 주차대수 200대의 규모
③ 주차대수 300대의 규모 ④ 주차대수 400대의 규모

해설 관련 법규 : 법 제19조, 영 제7조, 해설 법규 : 영 제7조 ②항
주차대수가 300대 이하인 경우, 당해 부지의 경계선으로부터 부설주차장의 경계선까지 직선거리 300m 이내 또는 도보거리 600m 이내 또는 당해 시설물이 소재하는 동, 리(행정 동, 리) 및 당해 시설물과의 통행여건이 편리하다고 인정되는 인접 동, 리의 부지 인근에 단독 또는 공동으로 부설주차장을 설치할 수 있다.

19 | 부설주차장의 주차 최소 대수
16① ▢▢▢▢▢

설치하여야 하는 부설주차장의 최소 규모(설치대수)의 크기 관계가 옳은 것은?

> ㉮ 시설면적이 600m²인 위락시설
> ㉯ 시설면적이 800m²인 숙박시설
> ㉰ 타석 수가 5타석인 골프연습장
> ㉱ 시설면적이 900m²인 판매시설

① ㉮ = ㉱ > ㉰ > ㉯   ② ㉮ > ㉱ = ㉰ > ㉯
③ ㉰ > ㉱ > ㉮ > ㉯   ④ ㉯ > ㉱ = ㉮ > ㉯

해설 관련 법규 : 법 제19조, 영 제6조, (별표 1), 해설 법규 : (별표 1)
㉮ 위락시설은 시설면적 100m²당 1대이므로 6대, ㉯ 숙박시설은 시설면적 200m²당 1대이므로 4대, ㉰ 골프연습장은 타석당 1대이므로 5대, ㉱ 판매시설은 시설면적 150m²당 1대이므로 6대이다. ∴ ㉮ = ㉱ > ㉰ > ㉯이다.

❺ 기계식 주차장

01 | 기계식 주차장의 정류장 확보
17①, 05①④, 02②, 00①

주차대수가 300대인 기계식 주차장의 진입로 또는 전면공지와 접하는 장소에 정류장을 확보하여야 하는 규모는?

① 7대　　　　　　② 10대
③ 14대　　　　　　④ 15대

해설 관련 법규 : 법 제19조의 5, 규칙 제16조의 2,
해설 법규 : 규칙 제16조의 2 ①항 3호
기계식 주차장에는 도로에서 기계식 주차장 출입구까지의 차로(진입로) 또는 전면공지와 접하는 장소에 자동차가 대기할 수 있는 장소(정류장)를 설치하여야 한다. 이 경우 주차대수가 20대를 초과하는 매 20대마다 1대분의 정류장을 확보하여야 한다.
그러므로 주차대수를 N이라고 하면,

$$\therefore \text{ 정류장의 대수 산정} = \frac{N-20}{20} = \frac{300-20}{20} = 14\text{대}$$

02 | 기계식 주차장 설치 기준의 기술
08①, 01④, 00③

다음의 기계식 주차장의 설치 기준에 관한 내용 중 (　) 안에 알맞은 것은?

> 기계식 주차장에는 진입로 또는 전면공지와 접하는 장소에 정류장을 설치하여야 한다. 이 경우 주차대수가 (　)대를 초과하는 매 (　)대마다 1대분의 정류장을 확보하여야 한다.

① 10　　　　　　② 20
③ 30　　　　　　④ 40

해설 관련 법규 : 법 제19조의 5, 규칙 16조의 2,
해설 법규 : 규칙 제16조의 2 ①항 3호
기계식 주차장에는 도로에서 기계식 주차장치 출입구까지의 차로("진입로") 또는 전면공지와 접하는 장소에 자동차가 대기할 수 있는 장소("정류장")를 설치하여야 한다. 이 경우 **주차대수 20대를 초과하는 20대마다 1대분의 정류장**을 확보하여야 한다.

03 | 중형 기계식의 주차 자동차 규모
07④, 03①, 00③

다음 중 중형 기계식 주차장에 주차할 수 있는 자동차의 길이, 너비, 높이, 무게 기준으로 옳지 않은 것은?

① 길이 : 5.05m 이하　　② 너비 : 1.90m 이하
③ 높이 : 1.55m 이하　　④ 무게 : 2,200kg 이하

해설 관련 법규 : 법 제19조의 5, 규칙 제16조의 2,
해설 법규 : 규칙 제16조의 2 1호 가목
중형 기계식 주차장(길이 5.05m 이하, 너비 1.9m 이하, 높이 1.55m 이하, **무게 1,850kg 이하**인 자동차를 주차할 수 있는 기계식 주차장)은 너비 8.1m 이상, 길이 9.5m 이상의 전면공지 또는 직경 4m 이상의 방향전환장치와 그 방향전환장치에 접한 너비 1m 이상의 여유공지 등이다.

04 | 기계식 주차장에 관한 기술
06①, 04④, 02①

기계식 주차장에 관한 기술이 잘못된 것은?

① 중형 기계식 주차장의 전면공지는 너비 8.1m, 길이 9.5m 이상이다.
② 자동차를 입·출고하는 사람이 출입하는 통로는 너비 0.5m 이상, 높이는 1.8m 이상으로 한다.
③ 주차대수가 20대를 초과하는 매 20대마다 1대분의 정류장을 확보해야 한다.
④ 대형 기계식 주차장의 방향전환장치는 직경이 4m 이상, 여유공지의 너비는 1m 이상이다.

해설 관련 법규 : 법 제19조의 5, 규칙 제16조의 2,
해설 법규 : 규칙 제16조의 2 ①항 1호 나목
대형 기계식 주차장의 방향전환장치는 직경이 4.5m 이상, 여유공지의 너비는 1m 이상이다.

05 | 기계식 주차장의 사용과 정기검사
07④, 03④, 00②

다음 중 기계식 주차장의 사용검사와 정기검사의 유효기간으로 옳은 것은?

① 사용검사 2년, 정기검사 3년
② 사용검사 3년, 정기검사 3년
③ 사용검사 3년, 정기검사 2년
④ 사용검사 2년, 정기검사 2년

해설 관련 법규 : 법 제19조의 9, 영 제12조의 3,
해설 법규 : 영 제12조의 3 ①항
기계식 주차장 사용검사의 유효기간은 3년으로 하고, **정기검사의 유효기간은 2년**으로 하며, 정기검사의 검사기간은 사용검사 또는 정기검사의 유효기간만료일 전후 각각 31일 이내로 한다. 이 경우 해당 검사기간 이내에 적합판정을 받은 경우에는 사용검사 또는 정기검사의 유효기간 만료일에 정기검사를 받은 것으로 본다.

06 | 중형 기계식 주차장치의 출입구
21②, 05①, 99④

중형 기계식 주차장의 기계식 주차장치 출입구의 크기는?
(단, 기계식 주차장치의 안전 기준)

① 너비 2.3m 이상, 높이 1.6m 이상
② 너비 2.1m 이상, 높이 1.8m 이상
③ 너비 2.4m 이상, 높이 1.6m 이상
④ 너비 2.4m 이상, 높이 1.8m 이상

해설 관련 법규 : 법 제19조의 7, 규칙 제16조의 5,
해설 법규 : 규칙 제16조의 5 제2호
기계식 주차장치 출입구의 크기는 다음과 같다.

구 분	너 비	높 이	예외 규정
중형 기계식 주차장	2.3m 이상	1.6m 이상	사람이 통행하는 기계식 주차장치 출입구의 높이는 1.8m 이상으로 한다.
대형 기계식 주차장	2.4m 이상	1.9m 이상	

07 | 정류장의 기준에 관한 기술
13④, 05②

기계식 주차장에는 도로에서 기계식 주차장치 출입구까지의 차로 또는 전면공지와 접하는 장소에 자동차가 대기할 수 있는 장소(정류장)를 설치하여야 한다. 다음 중 정류장의 기준으로 적합한 것은?

① 주차대수가 10대를 초과하는 매 10대마다 1대분의 정류장을 확보
② 주차대수가 10대를 초과하는 매 20대마다 1대분의 정류장을 확보
③ 주차대수가 20대를 초과하는 매 10대마다 1대분의 정류장을 확보
④ 주차대수가 20대를 초과하는 매 20대마다 1대분의 정류장을 확보

해설 관련 법규 : 법 제19조의 5, 규칙 16조의 2,
해설 법규 : 규칙 제16조의 2 ①항 3호
기계식 주차장에는 도로에서 기계식 주차장치 출입구까지의 차로(진입로) 또는 전면공지와 접하는 장소에 자동차가 대기할 수 있는 장소(정류장)를 설치하여야 한다. 이 경우 **주차대수 20대를 초과하는 20대마다 1대분의 정류장을 확보**하여야 한다.

❶ 총칙

01 | 공동구의 설치 목적
11④, 08②, 02④, 01①

도시계획 결정에 의한 공동구의 설치 목적이 아닌 것은?

① 미관의 개선
② 도로 구조의 보전
③ 교통의 원활한 소통
④ 유수지의 충분한 확보

해설 관련 법규 : 법 제2조, 해설 법규 : 법 제2조 9호
공동구라 함은 지하 매설물(전기, 가스, 수도 등의 공급설비, 통신시설, 하수도시설 등)을 공동 수용함으로써 **미관의 개선**, **도로 구조의 보전** 및 **교통의 원활한 소통**을 위하여 지하에 설치하는 시설물을 말한다.

02 | 기반시설의 종류
14②, 06①, 03①

국토의 계획 및 이용에 관한 법령에 따른 기반시설에 속하지 않는 것은?

① 아파트
② 방재시설
③ 공간시설
④ 환경기초시설

해설 관련 법규 : 법 제2조, 해설 법규 : 법 제2조 6호
기반시설은 교통시설(도로·철도·항만·공항·주차장·자동차정류장·궤도·차량 검사 및 면허시설), **공간시설**(광장·공원·녹지·유원지·공공공지), 유통·공급시설(유통업무설비, 수도·전기·가스·열공급설비, 방송·통신시설, 공동구·시장, 유류저장 및 송유설비), 공공·문화체육시설(학교·공공청사·문화시설·공공필요성이 인정되는 체육시설·연구시설·사회복지시설·공공직업훈련시설·청소년수련시설), **방재시설**(하천·유수지·저수지·방화설비·방풍설비·방수설비·사방설비·방조설비), 보건위생시설(장사시설·도축장·종합의료시설), **환경기초시설**(하수도·폐기물처리 및 재활용시설·빗물저장 및 이용시설·수질오염방지시설·폐차장) 등이 있다.

03 | 기반시설 중 광장의 종류
13②, 12④, 10①

국토의 계획 및 이용에 관한 법률에 의한 기반시설 중 광장의 종류에 속하지 않는 것은?

① 교통광장
② 전시광장
③ 지하광장
④ 경관광장

해설 관련 법규 : 법 제2조, 영 제2조, 해설 법규 : 영 제2조 ②항 3호
광장의 종류에는 **교통광장·일반광장·경관광장·지하광장·**건축물 부설광장 등이 있다.

04 | 기반시설 자동차정류장의 종류
17①, 08④

국토의 계획 및 이용에 관한 법률에 따른 기반시설 중 자동차정류장의 구분에 속하지 않는 것은?

① 여객자동차터미널
② 고속터미널
③ 화물터미널
④ 공영차고지

해설 관련 법규 : 법 제2조, 영 제2조, 해설 법규 : 영 제2조 ②항 2호
자동차정류장의 종류에는 **여객자동차터미널, 화물터미널, 공영차고지**, 공동차고지, 화물자동차휴게소, 복합환승센터 등이 있다.

05 | 기반시설 중 도로의 세분
14④, 12①

국토의 계획 및 이용에 관한 법령에 따른 기반시설 중 도로의 세분에 속하지 않는 것은?

① 고속도로
② 일반도로
③ 고가도로
④ 보행자 전용도로

해설 관련 법규 : 법 제2조, 영 제2조, 해설 법규 : 영 제2조 ②항 1호
도로를 세분하면, **일반도로**, 자동차 전용도로, **보행자 전용도로**, 자전거 전용도로, **고가도로** 및 지하도로 등이 있다.

06 | 도시·군관리계획의 정의
08④, 02④

특별시·광역시·특별자치시·특별자치도·시 또는 군의 개발·정비 및 보전을 위하여 수립하는 토지 이용, 교통, 환경, 경관, 안전, 산업, 정보통신, 보건, 복지, 안보, 문화 등에 관한 계획을 무엇이라고 하는가?

① 도시·군관리계획
② 광역도시계획
③ 도시·군계획시설
④ 재개발사업

해설 관련 법규 : 법 제2조, 해설 법규 : 법 제2조 4호
⑦ "**광역도시계획**"이란 제10조에 따라 지정된 광역계획권의 장기발전방향을 제시하는 계획을 말한다.
⑭ "**도시·군계획시설**"이란 기반시설 중 도시·군관리계획으로 결정된 시설을 말한다.

07 | 공공시설의 기반시설
19②, 16②

국토의 계획 및 이용에 관한 법령상 광장, 공원, 녹지, 유원지, 공동공지가 속하는 기반시설은?

① 교통시설
② 공간시설
③ 환경기초시설
④ 보건위생시설

해설 관련 법규 : 법 제2조, 영 제2조~4조의 2, 영 제2조 1항 6호 기반시설의 분류
⑦ **교통시설** : 도로·철도·항만·공항·주차장·자동차정류장·궤도, 자동차 및 건설기계검사시설
⑭ **공간시설** : 광장·공원·녹지·유원지·공공공지
⑮ **보건위생시설** : 장사시설·도축장·종합의료시설
⑯ **환경기초시설** : 하수도·폐기물처리시설·수질오염방지시설·폐차장

08 | 광역시설의 종류
13①, 08④

다음 중 국토의 계획 및 이용에 관한 법령에 따른 광역시설에 속하지 않는 것은? (단, 2 이상의 특별시·광역시·특별자치시·특별자치도·시 또는 군이 공동으로 이용하는 시설)

① 항만
② 장사시설
③ 수질오염방지시설
④ 하수도(하수종말처리시설 제외)

해설 관련 법규 : 법 제2조, 영 제3조, 해설 법규 : 영 제3조 1, 2호
2 이상의 특별시, 광역시, 특별자치시, 특별자치도, 시 또는 군이 공동으로 이용하는 시설에는 항만, 장사시설, 수질오염방지시설, 하수도(하수종말처리시설에 한함) 등이 있고, **하수도(종말처리장시설을 제외)**는 **2 이상의 특별시, 광역시, 특별자치시, 특별자치도, 시 또는 군(광역시의 관할 구역에 있는 군은 제외)의 관할 구역에 걸치는 시설**이다.

09 | 공공시설의 종류
20④

다음 중 국토의 계획 및 이용에 관한 법령상 공공시설에 속하지 않는 것은?

① 공동구
② 방풍설비
③ 사방설비
④ 쓰레기처리장

해설 관련 법규 : 법 제2조, 영 제4조, 해설 법규 : 영 제4조
"공공시설"은 다음과 같다.
① 도로·공원·철도·수도·항만·공항·광장·녹지·공공공지·**공동구**·하천·유수지·방화설비·**방풍설비**·방수설비·**사방설비**·방조설비·하수도·구거(도랑)
② 행정청이 설치하는 시설로서 주차장, 저수지 및 그 밖에 국토교통부령으로 정하는 시설
③ 「스마트도시 조성 및 산업진흥 등에 관한 법률」에 따른 시설

❷ 광역도시계획

01 | 광역도시계획의 내용
04④, 02④

다음 중 광역도시계획 내용에 포함되지 않는 것은?

① 광역계획권의 공간구조와 기능 분담에 관한 사항
② 광역계획권의 녹지관리체계와 환경보전에 관한 사항
③ 광역계획권의 경제, 사회, 문화적 특성과 복지시설 등 제반환경에 관한 사항
④ 광역계획권의 문화·여가공간 및 방재에 관한 사항

해설 관련 법규 : 법 제12조, 영 제9조, 해설 법규 : 법 제12조, 영 제9조
광역도시권의 지정목적 달성에 필요한 정책 방향 또는 광역도시계획권의 내용은 ①, ②, ④ 외에 **광역시설의 배치, 규모, 설치에 관한 사항**, **경관계획에 관한 사항**, **광역계획권의 교통 및 물류유통체계에 관한 사항** 등이 있다.

❸ 도시·군기본계획

01 | 도시·군기본계획의 내용
13④, 12④, 10②, 07②

국토의 계획 및 이용에 관한 법률상 도시·군기본계획에 포함 되어야 하는 내용이 아닌 것은?

① 토지의 이용 및 개발에 관한 사항
② 토지의 용도별 수요 및 공급에 관한 사항
③ 공원·녹지에 관한 사항
④ 주차장의 설치·정비 및 관리에 관한 사항

[해설] 관련 법규 : 법 제19조, 해설 법규 : 법 제19조 ①항
도시기본계획에는 ①, ② 및 ③항 외에 지역적 특성 및 계획의 방향·목표에 관한 사항, 공간구조, 생활권의 설정 및 인구의 배분에 관한 사항, 환경보전 및 관리에 관한 사항, 기반시설에 관한 사항, 경관에 관한 사항, 기후 변화 대응 및 에너지 절약에 관한 사항, 방재 및 안전에 관한 사항 등이 있다.

02 | 도시·군기본계획의 내용
06②, 04②, 01①

도시·군기본계획의 내용에 포함되지 않는 정책 방향 사항은?

① 환경의 보전 및 관리에 관한 사항
② 공원·녹지에 관한 사항
③ 공간구조, 생활권의 설정 및 인구의 배분에 관한 사항
④ 주택 건설 촉진에 관한 사항

[해설] 관련 법규 : 법 제19조, 해설 법규 : 법 제19조 ①항
도시·군기본계획의 내용에는 ①, ②, ③항 이외에 지역적 특성 및 계획의 방향·목표에 관한 사항, 토지의 이용 및 개발에 관한 사항, 토지의 용도별 수요 및 공급에 관한 사항, 기반시설에 관한 사항, 경관에 관한 사항, 기후변화 대응 및 에너지 절약에 관한 사항, 방재·방범 등 안전에 관한 사항, 지역적 특성 및 계획의 방향·목표에 관한 사항을 제외한 사항의 단계별 추진에 관한 사항에 대한 정책 방향이 포함되어야 한다.

❹ 도시·군관리계획

① 도시·군관리계획의 수립 절차

01 | 도시·군기본계획의 내용
18④, 16①, 15④, 13①, 10④

다음 중 도시·군관리계획에 포함되지 않는 것은?

① 도시개발사업이나 정비 사업에 관한 계획
② 광역계획권의 장기발전방향을 제시하는 계획
③ 기반시설의 설치·정비 또는 개량에 관한 계획
④ 용도지역·용도지구의 지정 또는 변경에 관한 계획

[해설] 관련 법규 : 법 제2조, 해설 법규 : 법 제2조 4호
도시·군관리계획이란 특별시, 광역시, 특별자치시, 특별자치도, 시 또는 군의 개발·정비 및 보전을 위하여 수립하는 토지 이용, 교통, 환경, 경관, 안전, 산업, 정보통신, 보건, 복지, 안보, 문화 등에 관한 계획으로 ①, ③ 및 ④ 외에 **개발제한구역·도시자연공원구역·시가화조정구역·수산자원보호구역의 지정 또는 변경에 관한 계획, 지구단위계획구역의 지정 또는 변경에 관한 계획과 지구단위계획, 입지규제최소구역의 지정 또는 변경에 관한 계획과 입지규제최소구역계획** 등이다.

02 | 도시·군계획시설 결정의 실효
13④, 09②, 02②

다음의 도시·군계획시설 결정의 실효와 관련된 기준 내용 중 (   ) 안에 알맞은 내용은?

> 도시·군계획시설 결정이 고시된 도시·군계획시설에 대하여 그 고시일부터 (   )년이 지날 때까지 그 시설의 설치에 관한 도시·군계획시설사업이 시행되지 아니하는 경우 그 도시·군계획시설 결정은 그 고시일부터 (   )년이 되는 날의 다음 날에 그 효력을 잃는다.

① 5년
② 10년
③ 15년
④ 20년

[해설] 관련 법규 : 법 제48조, 해설 법규 : 법 제48조 ①항
도시·군계획시설 결정이 고시된 도시·군계획시설에 대하여 그 고시일부터 **20년**이 지날 때까지 그 시설의 설치에 관한 도시·군계획시설사업이 시행되지 아니하는 경우 그 도시·군계획시설 결정은 그 고시일부터 **20년**이 되는 날의 다음 날에 그 효력을 잃는다.

03 | 도시·군기본계획의 정비 기간
22①, 04①

특별시장·광역시장·특별자치시장·특별자치도지사·시장 또는 군수가 관할 구역의 도시·군기본계획에 대하여 타당성을 전반적으로 재검토하여 정비하여야 하는 기간의 기준은?

① 5년 　　　　　 ② 10년
③ 15년 　　　　　 ④ 20년

해설 관련 법규 : 법 제23조, 해설 법규 : 법 제23조
　　　도시·군기본계획의 정비에 있어서 특별시장·광역시장·특별자치시장·특별자치도지사·시장 또는 군수는 5년마다 관할 구역의 도시·군기본계획에 대하여 그 타당성 여부를 전반적으로 재검토하여 이를 정비하여야 한다.

04 | 관계지방의회의 의견 청취 내용
09④, 00②

해당지방의회의 의견을 청취하여야 할 내용이 아닌 것은?

① 광역시설의 설치·정비 또는 개량에 관한 도시·군관리 결정 또는 변경 결정
② 도로 중 주간선도로의 설치·정비 또는 개량에 관한 도시·군관리계획의 결정 또는 변경 결정
③ 자동차정류장 중 화물터미널의 설치·정비 또는 개량에 관한 도시·군관리계획의 결정 또는 변경 결정
④ 하수도 중 종말처리장의 설치·정비 또는 개량에 관한 도시·군관리계획의 결정 또는 변경 결정

해설 관련 법규 : 법 제28조, 영 제22조, 해설 법규 : 영 제22조 ⑦항
　　　국토교통부장관, 시·도지사, 시장 또는 군수는 도시·군관리계획을 입안하려면 **해당 지방의회의 의견을 들어야 하는 사항**은 용도지역·용도지구 또는 용도구역의 지정 또는 변경지정, 광역도시계획에 포함된 광역시설의 설치·정비 또는 개량에 관한 도시·군관리계획의 결정 또는 변경 결정, 도로 중 주간선도로, **철도 중 도시철도, 자동차정류장 중 여객자동차터미널**(시외버스 운송 사업용에 한정), 공원(소공원 및 어린이 공원 제외), 유통 업무설비, **학교 중 대학**, 운동장, 공공 청사 중 지방자치단체의 청사, 화장장, 공동묘지, 납골시설, 하수도(하수종말처리장에 한함), 폐기물처리시설, 수질오염방지시설의 설치·정비 또는 개량에 관한 도시·군관리계획의 결정 또는 변경 결정

05 | 도시·군기본계획의 승인권자
07④, 04④

국토의 계획 및 이용에 관한 법률상 도시·군기본계획은 누구의 승인을 받아야 하는가?

① 시장·군수 　　　　 ② 특별시장·광역시장
③ 도지사 　　　　　　 ④ 대통령

해설 관련 법규 : 법 제22조의 2, 해설 법규 : 법 제22조의 2 ①항
　　　시장 또는 군수는 도시·군기본계획을 수립하거나 변경하려면 대통령령으로 정하는 바에 따라 **도지사의 승인**을 받아야 한다.

06 | 도시·군관리계획도서 중 계획도
17①

다음은 도시·군관리계획도서 중 계획도에 관한 기준 내용이다. ( ) 안에 알맞은 것은? (단, 모든 축척의 지형도가 간행되어 있는 경우)

> 도시·군관리계획도서 중 계획도는 ( )의 지형도에 도시·군관리계획사항을 명시한 도면으로 작성하여야 한다.

① 축척 100분의 1 또는 축척 500분의 1
② 축척 500분의 1 또는 축척 2천분의 1
③ 축척 1천분의 1 또는 축척 5천분의 1
④ 축척 3천분의 1 또는 축척 1만분의 1

해설 관련 법규 : 법 제25조, 영 제18조, 해설 법규 : 영 제18조 ①항
　　　도시·군관리계획도서 중 **계획도는 축척 1/1,000 또는 축척 1/5,000**(축척 1/1,000 또는 축척 1/5,000의 지형도가 간행되어 있지 아니한 경우에는 축척 1/25,000)의 지형도(수치지형도를 포함)에 도시·군관리계획사항을 명시한 도면으로 작성하여야 한다. 다만, 지형도가 간행되어 있지 아니한 경우에는 해도·해저지형도 등의 도면으로 지형도에 갈음할 수 있다.

2 용도지역·용도지구 및 용도구역에서의 행위 제한

01 시가화조정구역의 지정 기준의 기술
22①,②, 20④, 15④, 12④, 11④, 09②, 08①, 03④, 00②

다음의 시가화조정구역의 지정과 관련된 기준 내용 중 밑줄 친 대통령령으로 정하는 기간으로 옳은 것은?

> 시·도지사는 직접 또는 관계 행정기관의 장의 요청을 받아 도시지역과 그 주변 지역의 무질서한 시가화를 방지하고 계획적·단계적인 개발을 도모하기 위하여 <u>대통령령으로 정하는 기간</u> 동안 시가화를 유보할 필요가 있다고 인정되면 시가화조정구역의 지정 또는 변경을 도시·군관리계획으로 결정할 수 있다.

① 3년 이상 10년 이내
② 3년 이상 20년 이내
③ 5년 이상 10년 이내
④ 5년 이상 20년 이내다

해설 관련 법규 : 법 제39조, 영 제32조, 해설 법규 : 영 제32조 ①항
시·도지사는 직접 또는 관계 행정기관의 장의 요청을 받아 도시지역과 그 주변지역의 무질서한 시가화를 방지하기 위하여 계획적·단계적인 개발을 도모하기 위하여 **5년 이상 20년 이내의 기간** 동안 시가화를 유보할 필요가 있다고 인정되면 시가화조정구역의 지정 또는 변경을 도시·군관리계획으로 결정할 수 있다.
다만, 국가계획과 연계하여 시가화조정구역의 지정 또는 변경이 필요한 경우에는 국토교통부장관이 직접 시가화조정구역의 지정 또는 변경을 도시·군관리계획으로 결정할 수 있다.

02 용도 지구의 종류
16④, 09①, 07②, 06④, 05④, 04②, 03①,②

국토의 계획 및 이용에 관한 법률상 용도 지구에 포함되지 않는 것은?

① 특정용도제한지구   ② 보호지구
③ 취락지구   ④ 시설용지지구

해설 관련 법규 : 법 제37조, 영 제31조,
해설 법규 : 법 제37조 ①항, 영 제31조 ②항
경관지구(자연·시가지·특화), 고도지구, 방화지구, 방재지구(시가지·자연), 보호지구(역사문화환경·중요시설물·생태계), 취락지구(자연·집단), 개발진흥지구(주거·산업·유통·관광·휴양·복합·특정), 특정용도제한지구 및 복합용도지구 등이 있다.

03 준주거지역의 지정 목적
20④, 18④, 17④, 15①, 10④, 09①, 98③

주거 기능을 위주로 이를 지원하는 일부 상업·업무 기능을 보완하기 위하여 필요한 때 지정하는 지역은?

① 전용주거지역   ② 준주거지역
③ 일반주거지역   ④ 유통상업지역

해설 관련 법규 : 법 제36조, 영 제30조, 해설 법규 : 영 제30조 1호 다목
준주거지역은 주거 기능을 위주로 이를 지원하는 일부 **상업·업무 기능을 보완**하기 위하여 필요한 지역에 지정한다.

04 제2종 일반주거지역의 지정 목적
22①, 16④, 12①, 05②,④, 04②, 01②

중층주택을 중심으로 편리한 주거 환경을 조성하기 위하여 필요한 지역은?

① 제1종 일반주거지역
② 제2종 일반주거지역
③ 제1종 전용주거지역
④ 제2종 전용주거지역

해설 관련 법규 : 법 제36조, 영 제30조, 해설 법규 : 영 제30조 1호 나목
제2종 일반주거지역은 중층주택을 중심으로 편리한 주거환경을 조성하기 위하여 필요한 지역에 지정한다.

05 지구단위계획의 정의
21②, 19①, 15④, 13④, 08④

도시·군계획 수립 대상지역의 일부에 대하여 토지 이용을 합리화하고 그 기능을 증진시키며 미관을 개선하고 양호한 환경을 확보하며, 그 지역을 체계적·계획적으로 관리하기 위하여 수립하는 도시·군관리계획으로 정의되는 것은?

① 지구단위계획
② 입지규제최소구역계획
③ 광역도시계획
④ 도시·군기본계획

해설 관련 법규 : 법 제2조, 해설 법규 : 법 제2조 4호
㉮ **입지규제최소구역계획**이란 입지규제최소구역에서의 토지의 이용 및 건축물의 용도·건폐율·용적률·높이 등의 제한에 관한 사항 등 입지규제최소구역의 관리에 필요한 사항을 정하기 위하여 수립하는 도시·군관리계획을 말한다.
㉯ **광역도시계획**이란 제10조에 따라 지정된 광역계획권의 장기발전방향을 제시하는 계획을 말한다.
㉰ **도시·군기본계획**이란 특별시·광역시·특별자치시·특별자치도·시 또는 군의 관할 구역에 대하여 기본적인 공간구조와 장기발전방향을 제시하는 종합계획으로서 도시·군관리계획 수립의 지침이 되는 계획을 말한다.

06 | 제2종 일반주거지역의 건축가능
22②, 18④, 15①, 14①, 11②

다음 중 제2종 일반주거지역 안에서 건축할 수 있는 건축물에 속하지 않는 것은?

① 종교시설
② 숙박시설
③ 노유자시설
④ 제1종 근린생활시설

해설 관련 법규 : 국토법 제76조, 영 제71조, 해설 법규 : (별표 5)
제2종 일반주거지역에 건축할 수 있는 건축물은 단독주택, 공동주택, **제1종 근린생활시설**, 교육연구시설 중 유치원, 초등학교, 중학교, 고등학교, **노유자시설 및 종교시설** 등이고, 숙박시설은 **제2종 일반주거지역 안의 건축이 불가능**하다.

07 | 협의와 심의 변경가능사항
21①, 17①, 12②, 05②, 98②

지구단위계획 중 관계 행정기관의 장과 협의, 국토교통부장관과의 협의 및 중앙도시계획위원회 또는 지방도시계획위원회의 심의를 거치지 아니하고 변경할 수 있는 사항에 관한 기준 내용으로 옳은 것은?

① 건축선의 2m 이내 변경인 경우
② 획지면적의 30% 이내 변경인 경우
③ 가구면적의 20% 이내 변경인 경우
④ 건축물 높이의 30% 이내 변경인 경우

해설 관련 법규 : 법 제28조, 영 제22조, 해설 법규 : 영 제22조 ⑦항
①항은 건축선의 **1m 이내** 변경인 경우이고, ③항은 가구면적의 **10% 이내** 변경인 경우이며, ④항은 건축물 높이의 **20% 이내** 변경인 경우이다.

08 | 제1종 전용주거지역의 지정 목적
21④, 16②, 12④, 11①, 02②

주거지역 중 단독주택 중심의 양호한 주거 환경을 보호하기 위하여 지정하는 지역은?

① 제1종 전용주거지역
② 제2종 전용주거지역
③ 제1종 일반주거지역
④ 제2종 일반주거지역

해설 관련 법규 : 법 제36조, 영 제30조, 해설 법규 : 영 제30조 1호 가목
제1종 전용주거지역은 단독주택 중심의 양호한 주거환경을 보호, 제2종 전용주거지역은 공동주택 중심의 양호한 주거환경을 보호, 제1종 일반주거지역은 저층주택을 중심으로 편리한 주거환경을 조성, 제2종 일반주거지역은 중층주택을 중심으로 편리한 주거 환경을 조성하기 위하여 필요한 지역이다.

09 | 제3종 일반주거지역의 지정 목적
21①, 13①, 12②, 09④, 03④

용도지역의 세분에 있어서 중·고층 주택을 중심으로 편리한 주거환경을 조성하기 위하여 필요한 지역은?

① 제1종 일반주거지역
② 제2종 일반주거지역
③ 제3종 일반주거지역
④ 준주거지역

해설 관련 법규 : 법 제36조, 영 제30조, 해설 법규 : 영 제30조 1호 나목
제3종 일반주거지역은 중·고층주택을 중심으로 편리한 주거환경을 조성하기 위하여 필요한 지역에 지정한다.

10 | 자연보호지구 지정 목적
15①, 10①, 02④, 99①

도시·군관리계획 결정에 따라 보호지구를 세분하여 지정하는 경우 문화재·전통사찰 등 역사·문화적으로 보존가치가 큰 시설 및 지역의 보호와 보존을 위하여 필요한 지구는?

① 역사문화환경보호지구
② 자연보호지구
③ 중요시설물보호지구
④ 생태계보호지구

해설 관련 법규 : 법 제37조, 영 제31조, 해설 법규 : 법 제37조 ①항 5호
보호지구의 종류에는 역사문화환경보호지구(문화재·전통사찰 등 역사·문화적으로 보존가치가 큰 시설 및 지역의 보호와 보존)·중요시설물보호지구(중요시설물(항만, 공항 등)의 보호와 기능의 유지 및 증진)·생태계보호지구(야생동식물서식처 등 생태적으로 보존가치가 큰 지역의 보호와 보존) 등이 있다.

11 | 보호지구의 종류
11②, 09②, 04①

다음 중 보호지구의 종류에 속하지 않는 것은?

① 역사문화환경보호지구
② 자연보호지구
③ 중요시설물보호지구
④ 생태계보호지구

해설 관련 법규 : 법 제37조, 해설 법규 : 법 제37조 ①항 5호
보호지구의 종류에는 역사문화환경보호지구(문화재·전통사찰 등 역사·문화적으로 보존가치가 큰 시설 및 지역의 보호와 보존)·중요시설물보호지구[중요시설물(항만, 공항, 공용시설, 교정시설, 군사시설)의 보호와 기능의 유지 및 증진)]·생태계보호지구(야생동식물서식처 등 생태적으로 보존가치가 큰 지역의 보호와 보존) 등이 있다.

12 | 지구단위계획의 내용
11①, 09①, 03①

지구단위계획의 내용에 포함되어야 하는 사항이 아닌 것은?

① 교통처리계획
② 건축물의 용도 제한
③ 건축물의 사선 제한
④ 건축물의 건폐율 또는 용적률

해설 관련 법규 : 법 제52조, 해설 법규 : 법 제52조 ①항
지구단위계획구역의 지정목적을 이루기 위하여 지구단위계획에는 다음의 사항 중 ㉮와 ㉯의 사항을 포함한 둘 이상의 사항이 포함되어야 한다. 다만, ㉯를 내용으로 하는 지구단위계획의 경우에는 그러하지 아니하다.
㉮ 용도지역이나 용도지구를 대통령령으로 정하는 범위에서 세분하거나 변경하는 사항
㉯ 기존의 용도지구를 폐지하고 그 용도지구에서의 건축물이나 그 밖의 시설의 용도·종류 및 규모 등의 제한을 대체하는 사항
㉰ 대통령령으로 정하는 기반시설의 배치와 규모
㉱ 도로로 둘러싸인 일단의 지역 또는 계획적인 개발·정비를 위하여 구획된 일단의 토지의 규모와 조성계획
㉲ **건축물의 용도제한, 건축물의 건폐율 또는 용적률**, 건축물 높이의 최고한도 또는 최저한도
㉳ 건축물의 배치·형태·색채 또는 건축선에 관한 계획
㉴ 환경관리계획 또는 경관계획
㉵ 보행안전 등을 고려한 **교통처리계획**
㉶ 그 밖에 토지이용의 합리화, 도시나 농·산·어촌의 기능 증진 등에 필요한 사항으로서 대통령령으로 정하는 사항

13 | 중심상업지역의 지정 목적
06④, 00③, 99①

국토의 계획 및 이용에 관한 법률상 도심·부도심의 업무 및 상업 기능의 확충을 위하여 필요한 지역은?

① 유통상업지역
② 근린상업지역
③ 일반상업지역
④ 중심상업지역

해설 관련 법규 : 법 제36조, 영 제30조, 해설 법규 : 영 제30조 2호 가목
중심상업지역은 도심·부도심의 업무 및 상업 기능의 확충을 위하여 필요한 지역이고, 일반상업지역은 일반적인 상업 및 업무 기능을 담당하게 하기 위하여 필요한 지역이며, 근린상업지역은 근린 지역에서의 일용품 및 서비스의 공급을 위하여 필요한 지역이다. 또한, 유통상업지역은 도시 내 및 지역 간 유통 기능의 증진을 위하여 필요한 지역이다.

14 | 개발밀도관리구역의 정의
20③, 18①, 16④

국토의 계획 및 이용에 관한 법령상 다음과 같이 정의되는 용어는?

> 개발로 인하여 기반시설이 부족할 것으로 예상되나 기반시설을 설치하기 곤란한 지역을 대상으로 건폐율이나 용적률을 강화하여 적용하기 위하여 지정하는 구역

① 시가화조정구역
② 개발밀도관리구역
③ 기반시설부담구역
④ 지구단위계획구역

해설 관련 법규 : 법 제2조, 법 제39조, 해설 법규 : 법 제2조 18호
㉮ **시가화조정구역**은 도시지역과 그 주변 지역의 무질서한 시가화를 방지하고 계획적·단계적인 개발을 도모하기 위하여 5년 이상 20년 이내의 시가화를 유보할 필요가 있다고 인정되면 시가화조정구역의 지정 또는 변경을 도시·군관리계획으로 결정할 수 있다.
㉯ **기반시설부담구역**은 개발밀도관리구역 외의 지역으로서 개발로 인하여 도로, 공원, 녹지 등 대통령령으로 정하는 기반시설의 설치가 필요한 지역을 대상으로 기반시설을 설치하거나 그에 필요한 용지를 확보하게 하기 위하여 제67조에 따라 지정·고시하는 구역을 말한다.

15 | 시가지방재지구의 지정 목적
21②, 19②, 18②

다음 설명에 알맞은 용도지구의 세분은?

> 건축물·인구가 밀집되어 있는 지역으로서 시설개선 등을 통하여 재해예방이 필요한 지구

① 시가지방재지구
② 특정개발진흥지구
③ 복합개발진흥지구
④ 중요시설보호지구

해설 관련 법규 : 법 제37조, 영 제31조, 해설 법규 : 영 제31조 ②항 4호
특정개발진흥지구는 주거기능, 공업기능, 유통·물류기능 및 관광·휴양기능 외의 기능을 중심으로 특정한 목적을 위하여 개발·정비할 필요가 있는 지구이다. **복합개발진흥지구**는 주거기능, 공업기능, 유통·물류기능 및 관광·휴양기능 중 2 이상의 기능을 중심으로 개발·정비할 필요가 있는 지구이다. **중요시설물보호지구**는 중요시설물(항만, 공항, 공용시설(공공업무시설, 공공의 필요성이 인정되는 문화시설, 집회시설, 운동시설 및 그 밖에 이와 유사한 시설로서 도시·군계획조례로 정하는 시설))의 보호와 기능의 유지 및 증진 등을 위하여 필요한 지구이다.

16 | 제2종 전용주거지역의 건축 가능
17②, 13④

국토의 계획 및 이용에 관한 법령상 제2종 전용주거지역 안에서 건축할 수 있는 건축물에 속하지 않는 것은?

① 공동주택
② 판매시설
③ 노유자시설
④ 교육연구시설 중 고등학교

해설 관련 법규 : 법 제76조, 영 제71조, 해설 법규 : (별표 3)
공동주택은 제2종 전용주거지역에 건축할 수 있고, 노유자시설과 교육연구시설 중 고등학교는 도시·군 계획조례가 정하는 바에 의하여 건축할 수 있는 건축물이다.

17 | 중요시설물보호지구의 지정 목적
16②, 08①

문화재, 중요시설물(항만, 공항 등) 및 문화적·생태적으로 보존가치가 큰 지역의 보호와 보존을 위하여 필요한 지구는?

① 고도지구
② 중요시설물보호지구
③ 개발진흥지구
④ 복합용도지구

해설 관련 법규 : 법 제37조, 영 제31조, 해설 법규 : 법 제37조 ①항 5호
고도지구는 쾌적한 환경 조성 및 토지의 효율적 이용을 위하여 건축물 높이의 최고한도를 규제할 필요가 있는 지구이고, 개발진흥지구는 주거기능·상업기능·공업기능·유통물류기능·관광기능·휴양기능 등을 집중적으로 개발·정비할 필요가 있는 지구이며, 복합용도지구는 지역의 토지이용상황, 개발수요 및 주변 여건 등을 고려하여 효율적이고 복합적인 토지이용을 도모하기 위하여 특정시설의 입지를 완화할 필요가 있는 지구이다.

18 | 제1종 일반주거지역의 건축 가능
15④, 14②

제1종 일반주거지역 안에서 건축할 수 있는 건축물에 속하지 않는 것은?

① 단독주택
② 노유자시설
③ 공동주택 중 아파트
④ 제1종 근린생활시설

해설 관련 법규 : 법 제76조, 영 제71조, 해설 법규 : (별표 4)
제1종 일반주거지역에 건축할 수 있는 건축물은 **공동주택(아파트는 제외), 단독주택, 노유자시설, 제1종 근린생활시설,** 교육연구시설 중 유치원, 초등학교, 중학교 및 고등학교이다.

19 | 제2종 전용주거지역의 지정 목적
15②, 00③

공동주택 중심의 양호한 주거환경을 보호하기 위하여 필요한 지역은 어느 것인가?

① 제1종 전용주거지역
② 제2종 전용주거지역
③ 제1종 일반주거지역
④ 제2종 일반주거지역

해설 관련 법규 : 법 제36조, 영 제30조, 해설 법규 : 영 제30조 1호 가목
제2종 전용주거지역은 공동주택 중심의 양호한 주거환경을 보호하기 위하여 필요한 지역에 지정한다.

20 | 경관지구의 종류
14④, 96③

다음 중 경관지구의 종류에 속하지 않는 것은?

① 자연경관지구
② 시가지경관지구
③ 생태경관지구
④ 특화경관지구

해설 관련 법규 : 법 제37조, 해설 법규 : 법 제37조 ②항 1호
경관지구의 종류에는 자연경관지구(산지·구릉지 등 자연경관을 보호하거나 유지)·시가지경관지구(지역 내 주거지, 중심지 등 시가지의 경관을 보호 또는 유지)·특화경관지구(지역 내 주요 수계의 수변 또는 문화적 보존가치가 큰 건축물 주변의 경관 등 특별한 경관을 보호 또는 유지) 등이 있다.

21 | 용도지구의 종류
22②, 17②

국토의 계획 및 이용에 관한 법령상 용도지구에 속하지 않는 것은?

① 경관지구
② 미관지구
③ 방재지구
④ 취락지구

해설 관련 법규 : 법 제37조, 영 제31조,
해설법규 : 법 제37조 ①항, 영 제31조 ②항
지구의 종류에는 **경관지구**(자연·시가지·특화), 고도지구, 방화지구, **방재지구**(시가지·자연), 보호지구(역사문화환경·중요시설물·생태계), **취락지구**(자연·집단), 개발진흥지구(주거·산업·유통·관광·휴양·복합·특정), 특정용도제한지구 및 복합용도지구 등이 있다.

22 | 제2종 일반주거지역의 건축 가능
20④, 17①

제2종 일반주거지역 안에서 건축할 수 있는 건축물에 속하지 않는 것은? (단, 도시·군계획조례가 정하는 바에 따라 건축할 수 있는 건축물을 포함)

① 아파트
② 노유자시설
③ 문화 및 집회시설 중 전시장
④ 문화 및 집회시설 중 관람장

해설 관련 법규 : 법 제76조, 영 제71조, 해설 법규 : (별표 5)
제2종 일반주거지역에 건축할 수 있는 건축물은 단독주택, 공동주택, **제1종 근린생활시설**, 교육연구시설 중 유치원, 초등학교, 중학교, 고등학교, **노유자시설** 및 **종교시설** 등이고, 문화 및 집회시설(관람장 제외)은 도시·군계획조례가 정하는 바에 따라 건축할 수 있다.

23 | 제1종 일반주거지역의 건축 가능
21④, 18①

제1종 일반주거지역 안에서 건축할 수 있는 건축물에 속하지 않는 것은?

① 아파트
② 단독주택
③ 노유자시설
④ 교육연구시설 중 고등학교

해설 관련 법규 : 법 제76조, 영 제71조, (별표 4),
해설 법규 : 영 제71조, (별표 4)
제1종 일반주거지역에 건축할 수 있는 건축물은 **단독주택**, 공동주택(**아파트는 제외**), 제1종 근린생활시설, 교육연구시설 중 유치원, 초등학교, 중학교 및 **고등학교**, **노유자시설** 등이다.

24 | 입지규제최소구역의 지정 목적
19④, 17②

도시지역에서 복합적인 토지이용을 증진시켜 도시정비를 촉진하고 지역거점을 육성할 필요가 있다고 인정되는 지역을 대상으로 지정하는 용도구역은?

① 개발제한구역
② 시가화조정구역
③ 입지규제최소구역
④ 도시자연공원구역

해설 관련 법규 : 법 제38조, 해설 법규 : 법 제38조 ①항
개발제한구역의 지정은 국토교통부장관이 도시의 무질서한 확산을 방지하고 도시주변의 자연환경을 보전하여 도시민의 건전한 생활환경을 확보하기 위하여 도시의 개발을 제한할 필요가 있거나 국방부장관의 요청이 있어 보안상 도시의 개발을 제한할 필요가 있다고 인정되면 개발제한구역의 지정 또는 변경을 도시·군관리계획으로 결정할 수 있다. **시가화 조정구역**은 시·도지사는 직접 또는 관계 행정기관의 장의 요청을 받아 도시지역과 그 주변지역의 무질서한 시가화를 방지하고 계

획적·단계적인 개발을 도모하기 위하여 5년 이상 20년 이내의 기간 동안 시가화를 유보할 필요가 있다고 인정되면 시가화 조정구역의 지정 또는 변경을 도시·군관리계획으로 결정할 수 있다. **도시자연공원구역**은 시·도지사 또는 대도시 시장은 도시의 자연환경 및 경관을 보호하고, 도시민에게 건전한 여가·휴식공간을 제공하기 위하여 도시지역 안에서 식생이 양호한 산지개발을 제한할 필요가 있다고 인정하면 도시자연공원구역의 지정 또는 변경을 도시·군관리계획으로 결정할 수 있다.

25 | 제1종 전용주거지역의 건축가능
19④, 16①

다음 중 제1종 전용주거지역 안에서 건축할 수 있는 건축물에 속하지 않는 것은? (단, 도시·군계획조례가 정하는 바에 의하여 건축할 수 있는 건축물 포함)

① 노유자시설
② 공동주택 중 아파트
③ 교육연구시설 중 고등학교
④ 제2종 근린생활시설 중 종교집회장

해설 관련 법규 : 법 제76조, 영 제71조, (별표 2), 해설 법규 : (별표 2)
제1종 전용주거지역 안에는 공동주택 중 연립주택과 다세대주택의 건축은 가능하나, **아파트의 건축은 불가능**하다.

26 | 제1종 일반주거지역의 지정 목적
14④, 11④

저층주택을 중심으로 편리한 주거환경을 조성하기 위하여 주거지역을 세분화하여 지정한 지역은?

① 제1종 일반주거지역
② 제2종 일반주거지역
③ 제3종 일반주거지역
④ 제4종 일반주거지역

해설 관련 법규 : 법 제36조, 영 제30조, 해설 법규 : 영 제30조 1호 나목
제1종 일반주거지역은 저층주택을 중심으로 편리한 주거환경을 조성하기 위하여 필요한 지역에 지정한다.

27 | 특정개발진흥지구의 지정 목적
14①, 07④

주거기능, 공업기능, 유통·물류기능 및 관광·휴양기능 외의 기능을 중심으로 특정한 목적을 위하여 개발·정비할 필요가 있는 지구는?

① 고도지구
② 특정개발진흥지구
③ 취락지구
④ 복합용도지구

관련 법규 : 법 제37조, 영 제31조, 해설 법규 : 법 제37조 ①항 6호
고도지구는 쾌적한 환경 조성 및 토지의 효율적 이용을 위하여 건축물 높이의 최고한도를 규제할 필요가 있는 지구이고, 취락지구는 녹지지역 · 관리지역 · 농림지역 · 자연환경보전지역 · 개발제한구역 또는 도시자연공원구역의 취락을 정비하기 위한 지구이며, 복합용도지구는 지역의 토지이용상황, 개발수요 및 주변여건 등을 고려하여 효율적이고 복합적인 토지이용을 도모하기 위하여 특정시설의 입지를 완화할 필요가 있는 지구이다.

28 | 준주거지역의 건축 가능 건축물
13②, 12②

준주거지역 안에서 건축할 수 없는 건축물에 속하지 않는 것은?

① 단독주택　　　　　② 종교시설
③ 운동시설　　　　　④ 숙박시설

관련 법규 : 법 제76조, 영 제71조, 해설 법규 : (별표 7)
준주거지역 내에서 원칙적으로 건축할 수 없는 건축물에는 제2종 근린생활시설 중 단란주점, 판매시설 중 일반게임제공업의 시설, 의료시설 중 격리병원, 숙박시설, 위락시설, 공장, 위험물 저장 및 처리 시설, 자동차 관련 시설 중 폐차장, 자원순환 관련 시설, 묘지 관련 시설 등이 있고, **지역 여건 등을 고려하여 도시 · 군계획조례로 정하는 바에 따라 건축할 수 없는 건축물**에는 제2종 근린생활시설 중 안마시술소, 문화 및 집회시설(공연장 및 전시장은 제외), 판매시설, 운수시설, 숙박시설 중 생활숙박시설, 공장, 창고시설, 위험물 저장 및 처리 시설, 자동차 관련 시설, 동물 및 식물 관련 시설, 교정 및 군사시설, 발전시설, 관광 휴게시설, 장례시설 등이 있다.

29 | 시가화조정구역의 허가 거부 금지
13②, 07②

다음 중 시가화조정구역 안에서 허가를 거부할 수 없는 행위에 속하지 않는 것은?

① 1가구당 기존 축사를 포함하여 $300m^2$ 이하의 축사의 설치
② 시가화조정구역 안의 토지 또는 그 토지와 일체가 되는 토지에서 생산되는 생산물의 저장에 필요한 것으로서 기존 창고면적을 포함하여 그 토지 면적의 0.5% 이하의 창고의 설치
③ 1가구당 기존 퇴비사의 면적을 포함하여 $100m^2$ 이하의 퇴비사의 설치
④ 과수원에서 기존 관리용 건축물의 면적을 포함하여 $66m^2$ 이하의 관리용 건축물의 설치

관련 법규 : 법 제81조, 영 제89조, (별표 25),
해설 법규 : (별표 25)
관리용 건축물의 설치에 있어서 과수원, 초지, 유실수 단지 또는 원예 단지 안에 설치하되, 생산에 직접 공여되는 토지면적의 0.5% 이하로서 **기존 관리용 건축물의 면적을 포함하여 $33m^2$ 이하**의 경우는 시가화조정구역 안에서 허가를 거부할 수 없다.

30 | 준주거지역의 건축 가능 건축물
12①, 06④

다음 중 준주거지역 안에서 건축할 수 있는 건축물은? (단, 도시 · 군계획조례가 정하는 건축물은 제외)

① 격리병원
② 위락시설
③ 자연순환관련시설
④ 교육연구시설

관련 법규 : 법 제76조, 영 제71조, 해설 법규 : (별표 7)
준주거지역 내에서 원칙적으로 건축할 수 없는 건축물에는 제2종 근린생활시설 중 단란주점, 판매시설 중 일반게임제공업의 시설, 의료시설 중 격리병원, 숙박시설, 위락시설, 공장, 위험물 저장 및 처리 시설, 자동차 관련 시설 중 폐차장, 자원순환 관련 시설, 묘지 관련 시설 등이 있다.

31 | 시가화조정구역의 지정의 기술
08①, 03②

시가화조정구역의 지정에 관한 설명으로 옳지 않은 것은?

① 시가화조정구역의 지정에 관한 도시 · 군관리계획의 결정은 시가화 유보기간이 만료된 날의 15일 후부터 그 효력을 상실한다.
② 시가화 유보기간은 5년 이상 20년 이내의 범위 안에서 결정한다.
③ 도시지역과 그 주변지역의 무질서한 시가화를 방지하고 도시의 계획적 · 단계적인 개발을 도모하기 위하여 지정한다.
④ 국토교통부장관은 시가화조정구역의 지정을 도시 · 군관리 계획으로 결정할 수 있다.

관련 법규 : 법 제39조, 해설 법규 : 법 제39조 ②항
시가화조정구역의 지정에 관한 **도시 · 군관리계획의 결정은 시가화 유보기간이 끝난 날의 다음 날부터 그 효력을 잃는다.** 이 경우 국토교통부장관 또는 시 · 도지사는 대통령령으로 정하는 바에 따라 그 사실을 고시하여야 한다.

32 | 각 지역의 건축 가능 건축물
07④, 04①

각각의 지역에서 조례에서도 건축이 허용되지 않는 것은?

① 제1종 일반주거지역 – 안마시술소
② 일반상업지역 – 기숙사
③ 일반공업지역 – 자동차관련시설
④ 자연녹지지역 – 창고(물품저장시설)

[해설] 관련 법규 : 법 제76조, 영 제71조, 해설 법규 : (별표 4)
제1종 일반주거지역에 건축할 수 있는 건축물은 공동주택(아파트는 제외), 단독주택, 노유자시설, 제1종 근린생활시설, 교육연구시설 중 유치원, 초등학교, 중학교 및 고등학교 등이 있다.

33 | 협의와 심의 변경가능사항
07①, 05①

다음 중 관계 행정기관의 장과의 협의를 거치지 아니하고도 지구단위계획을 변경할 수 있는 사항은?

① 건축물 높이의 30% 이내의 변경인 경우
② 획지면적의 20% 이내의 변경인 경우
③ 가구면적의 20% 이내의 변경인 경우
④ 건축선의 2m 이내의 변경인 경우

[해설] 관련 법규 : 법 제30조, 영 제25조, 해설 법규 : 영 제25조 ④항
건축물 높이의 20% 이내의 변경인 경우, 획지면적의 30% 이내의 변경인 경우, 가구면적의 10% 이내의 변경인 경우, 건축선의 1m 이내의 변경인 경우 등이다.

34 | 지구단위계획구역의 지정 대상
06④, 04②

지구단위계획구역의 지정 대상에 속하지 않는 것은?

① 대지조성사업지구
② 도시재건축사업구역
③ 관광특구
④ 택지개발지구

[해설] 관련 법규 : 법 제51조, 해설 법규 : 법 제51조 ①항
지구단위계획구역으로 지정할 수 있는 지역에는 ①, ③ 및 ④항 외에 용도지구, 도시개발구역, 택지개발지구, 산업단지와 준산업단지, 도시지역의 체계적·계획적인 관리 또는 개발이 필요한 지역 등이 있다.

35 | 개발행위허가없이 할 수 있는 행위
02②, 00①

개발행위허가를 받지 아니하고 행할 수 있는 행위는?

① 토지의 형질변경
② 흙·모래·자갈·바위 등의 토석을 채취하는 행위.
③ 녹지지역·관리지역·농림지역 및 자연환경보전지역 안에서 관계법령에 따른 허가·인가 등을 받지 아니하고 행하는 토지의 분할
④ 건축물의 대수선

[해설] 관련 법규 : 법 제56조, 영 제51조, 해설 법규 : 영 제51조 ①항 1호
건축법에 따른 건축물의 건축, 즉 **신축, 증축, 개축, 재축** 및 이전 등이므로 대수선은 개발행위허가를 받지 않아도 된다.

36 | 자연경관지구의 지정 목적
19①

다음 설명에 알맞은 용도지구의 세분은?

산지·구릉지 등 자연경관을 보호하거나 유지하기 위하여 필요한 지구

① 자연경관지구   ② 자연방재지구
③ 특화경관지구   ④ 생태계보호지구

[해설] 관련 법규 : 법 제37조, 영 제31조, 해설 법규 : 영 제31조 ②항 1호
② **자연 방재지구**는 토지의 이용도가 낮은 해안변, 하천변, 급경사지 주변 등의 지역으로서 건축제한 등을 통하여 재해 예방이 필요한 지구
③ **특화경관지구**는 지역 내 주요 수계의 수변 또는 문화적 보존가치가 큰 건축물 주변의 경관 등 특별한 경관을 보호 또는 유지하거나 형성하기 위하여 필요한 지구
④ **생태계보호지구**는 야생동식물서식처 등 생태적으로 보존가치가 큰 지역의 보호와 보존을 위하여 필요한 지구

37 | 지구단위계획의 정의
18②

도시·군계획수립대상지역의 일부에 대하여 토지이용을 합리화하고 그 기능을 증진시키며 미관을 개선하고 양호한 환경을 확보하며, 그 지역을 체계적·계획적으로 관리하기 위하여 수립하는 도시·군관리계획은?

① 광역도시계획   ② 지구단위계획
③ 지구경관계획   ④ 택지개발계획

[해설] 관련 법규 : 법 제2조, 해설 법규 : 법 제2호 5호
"광역도시계획"이란 제10조에 따라 지정된 광역계획권의 장기 발전방향을 제시하는 계획을 말한다.

38 | 공공시설부지 제공 시 완화 적용
18②

도시지역에 지정된 지구단위계획구역 내에서 건축물을 건축하려는 자가 그 대지의 일부를 공공시설부지로 제공하는 경우 그 건축물에 대하여 완화하여 적용할 수 있는 항목이 아닌 것은?

① 건축선
② 건폐율
③ 용적률
④ 건축물의 높이

해설 관련 법규 : 영 제46조, 해설 법규 : 영 제46조 ①항
공공시설 등의 부지를 제공하는 경우에는 다음의 비율까지 **건폐율·용적률** 및 높이제한을 **완화하여 적용**할 수 있다. 다만, 지구단위계획구역 안의 일부 토지를 공공시설 등의 부지로 제공하는 자가 해당 지구단위계획구역 안의 다른 대지에서 건축물을 건축하는 경우에는 나목의 비율까지 그 용적률을 완화하여 적용할 수 있다.
㉮ 완화할 수 있는 **건폐율**=해당 용도지역에 적용되는 건폐율 ×[1+공공시설 등의 부지로 제공하는 면적(공공시설 등의 부지를 제공하는 자가 법 제65조 제2항에 따라 용도가 폐지되는 공공시설을 무상으로 양수받은 경우에는 그 양수받은 부지면적을 빼고 산정한다. 이하 이 조에서 같다)÷원래의 대지면적] 이내
㉯ 완화할 수 있는 **용적률**=해당 용도지역에 적용되는 용적률 +[1.5×(공공시설 등의 부지로 제공하는 면적×공공시설 등 제공부지의 용적률)÷공공시설 등의 부지제공 후의 대지면적] 이내
㉰ 완화할 수 있는 **높이**=「건축법」 제60조에 따라 제한된 높이×(1+공공시설 등의 부지로 제공하는 면적÷원래의 대지면적) 이내

39 | 기반시설 설치비용의 부과대상
22②

기반시설부담구역에서 기반시설 설치비용의 부과대상인 건축행위의 기준으로 옳은 것은?

① 100제곱미터(기존 건축물의 연면적 포함)를 초과하는 건축물의 신축·증축
② 100제곱미터(기존 건축물의 연면적 제외)를 초과하는 건축물의 신축·증축
③ 200제곱미터(기존 건축물의 연면적 포함)를 초과하는 건축물의 신축·증축
④ 200제곱미터(기존 건축물의 연면적 제외)를 초과하는 건축물의 신축·증축

해설 관련 법규 : 법 제68조, 해설법규 : 법 68조 ①항
기반시설 설치비용의 부과대상 및 산정기준
기반시설부담구역에서 기반시설 설치비용의 부과대상인 건축행위는 단독주택 및 숙박시설 등 대통령령으로 정하는 시설로서 200m²(기존 건축물의 연면적 포함)를 초과하는 건축물의

신축·증축행위로 한다. 다만, 기존 건축물을 철거하고 신축하는 경우에는 기존 건축물의 건축연면적을 초과하는 건축행위만 부과대상으로 한다.

40 | 준주거지역의 건축 가능 건축물
17③

준주거지역 안에서 건축할 수 없는 건축물에 속하지 않는 것은?

① 위락시설
② 자원순환 관련 시설
③ 의료시설 중 격리병원
④ 문화 및 집회시설 중 공연장

해설 관련 법규 : 법 제76조, 영 제71조, 해설 법규 : 영 제71조 (별표 7)
문화 및 집회시설(공연장 및 전시장은 제외)은 지역 여건 등을 고려하여 도시·군계획조례로 정하는 바에 따라 건축할 수 없는 건축물에 속한다.

41 | 용도지구의 종류
17②

국토의 계획 및 이용에 관한 법령에 따른 용도지구에 속하지 않는 것은?

① 경관지구
② 방재지구
③ 시설보호지구
④ 도시설계지구

해설 관련 법규 : 법 제37조, 영 제31조, 해설 법규 : 영 제31조
용도지구의 종류에는 **경관**(자연, 수변, 시가지)지구, 미관(중심지, 역사·문화, 일반)지구, 고도(최고·최저)지구, 보존(역사·문화, 중심시설물, 생태계)지구, **시설보호**(학교, 공용, 항만·공항)**지구**, 취락(자연, 집단)지구, 개발진흥(주거, 산업유통, 관광휴양, 복합, 특정)지구 및 **방재지구** 등이 있다.

42 | 용도지구의 종류
16①

국토의 계획 및 이용에 관한 법률에 따른 용도지구의 종류에 속하지 않는 것은?

① 취락지구
② 고도지구
③ 주차장정비지구
④ 특정용도제한지구

해설 관련 법규 : 법 제37조, 해설 법규 : 법 제37조 1항
국토교통부장관, 시·도지사 또는 **대도시 시장**은 경관지구, 미관지구, **고도지구**, 방화지구, 방재지구, 보존지구, 시설보호지구, **취락지구**, 개발진흥지구, **특정용도 제한지구** 등의 용도지구의 지정 또는 변경을 도시·군관리계획으로 결정한다.

❺ 도시계획위원회

01 | 중앙도시계획위원회의 기출
14①, 09④, 99②

중앙도시계획위원회에 관한 설명으로 옳지 않은 것은?

① 위원장 및 부위원장은 위원 중에서 국토교통부장관이 임명하거나 위촉한다.
② 공무원이 아닌 위원의 수는 10명 이상으로 하고, 그 임기는 2년으로 한다.
③ 위원장·부위원장 각 1명을 포함한 15명 이상 50명 이내의 위원으로 구성한다.
④ 회의는 재적 위원 과반수의 출석으로 개의하고, 출석 위원 과반수의 찬성으로 의결한다.

해설 관련 법규 : 법 제107조, 해설 법규 : 법 제107조 ①항
위원장·부위원장 각 1명을 포함한 **25명 이상 30명 이내**의 위원으로 구성한다.

02 | 중앙도시계획위원회의 기출
22①, 10②

중앙도시계획위원회에 관한 설명으로 틀린 것은?

① 위원장·부위원장 각 1명을 포함한 25명 이상 30명 이하의 위원으로 구성한다.
② 위원장은 국토교통부장관이 되고, 부위원장은 위원 중 국토교통부장관이 임명한다.
③ 공무원이 아닌 위원의 수는 10명 이상으로 하고, 그 임기는 2년으로 한다.
④ 도시·군계획에 관한 조사·연구업무를 수행한다.

해설 관련 법규 : 법 제107조, 해설 법규 : 법 제107조 ②항
중앙도시계획위원회의 **위원장 및 부위원장**은 위원 중에서 **국토교통부장관이 임명하거나 위촉**한다.

MEMO

MEMO

저 자 약 력

저자 정하정
- **약력**
  - 인하대학교 공과대학 건축공학과 졸업
  - 동국대학교 산업기술환경대학원 건설공학 졸업
  - 전) 유한공업고등학교 교사
- **저서**
  『한 권으로 끝내는 건축기사(성안당)』 외 다수 집필
  『건축구조역학』, 『건축법규』, 『건축계획일반』 등 교육인적자원부
  고등학교 교재 다수 집필

건축기사
필기 빈도별 기출문제로
한 번에 합격하기

2021. 1. 19. 초 판 1쇄 발행
2023. 1. 18. 1차 개정증보 1판 1쇄 발행

지은이 | 정하정
펴낸이 | 이종춘
펴낸곳 | BM ㈜도서출판 **성안당**
주소 | 04032 서울시 마포구 양화로 127 첨단빌딩 3층(출판기획 R&D 센터)
      | 10881 경기도 파주시 문발로 112 파주 출판 문화도시(제작 및 물류)
전화 | 02) 3142-0036
      | 031) 950-6300
팩스 | 031) 955-0510
등록 | 1973. 2. 1. 제406-2005-000046호
출판사 홈페이지 | www.cyber.co.kr
ISBN | 978-89-315-6497-6 (13540)
정가 | 26,000원

이 책을 만든 사람들
기획 | 최옥현
진행 | 김원갑
교정·교열 | 최동진
전산편집 | 더기획
표지 디자인 | 박원석
홍보 | 김계향, 박지연, 유미나, 이준영, 정단비
국제부 | 이선민, 조혜란
마케팅 | 구본철, 차정욱, 오영일, 나진호, 강호묵
마케팅 지원 | 장상범
제작 | 김유석